.NET 开发经典名著

C#高级编程(第10版)

C# 6 & .NET Core 1.0

[美] Christian Nagel 著

李 铭 译

清华大学出版社

北京

Christian Nagel
Professional C# 6 and .NET Core 1.0
EISBN：978-1-119-09660-3
Copyright © 2016 by John Wiley & Sons, Inc.
All Rights Reserved. This translation published under license.
Trademarks: Wiley, the Wiley logo, Wrox, the Wrox logo, Programmer to Programmer, and related trade dress are trademarks or registered trademarks of John Wiley & Sons, Inc. and/or its affiliates, in the United States and other countries, and may not be used without written permission. All other trademarks are the property of their respective owners. John Wiley & Sons, Inc., is not associated with any product or vendor mentioned in this book.

本书中文简体字版由 Wiley Publishing, Inc. 授权清华大学出版社出版。未经出版者书面许可，不得以任何方式复制或抄袭本书内容。

北京市版权局著作权合同登记号 图字：01-2016-5204

Copies of this book sold without a Wiley sticker on the cover are unauthorized and illegal.

本书封面贴有 Wiley 公司防伪标签，无标签者不得销售。
版权所有，侵权必究。侵权举报电话：010-62782989　13701121933

图书在版编目(CIP)数据

C#高级编程(第 10 版) C# 6 & .NET Core 1.0/(美) 克里斯琴·内格尔 (Christian Nagel) 著；李铭 译.
—北京：清华大学出版社，2017（2019.1重印）
(.NET 开发经典名著)
书名原文：Professional C# 6.0 and .NET Core 1.0
ISBN 978-7-302-46196-8

Ⅰ.①C… Ⅱ.①克… ②李… Ⅲ.①C 语言—程序设计 ②计算机网络—程序设计 Ⅳ.①TP312C②TP393

中国版本图书馆 CIP 数据核字(2017)第 019996 号

责任编辑：王　军　于　平
装帧设计：牛静敏
责任校对：成凤进
责任印制：杨　艳

出版发行：清华大学出版社
　　　　　网　　址：http://www.tup.com.cn，http://www.wqbook.com
　　　　　地　　址：北京清华大学学研大厦 A 座　　　邮　编：100084
　　　　　社 总 机：010-62770175　　　　　　　　　邮　购：010-62786544
　　　　　投稿与读者服务：010-62776969，c-service@tup.tsinghua.edu.cn
　　　　　质量反馈：010-62772015，zhiliang@tup.tsinghua.edu.cn
印 装 者：三河市铭诚印务有限公司
经　　销：全国新华书店
开　　本：185mm×260mm　　印　张：92.5　　插　页：1　　字　数：2482 千字
版　　次：2017 年 3 月第 1 版　　印　次：2019 年 1 月第 4 次印刷
定　　价：198.00 元

产品编号：067811-03

译 者 序

C#是微软公司在2000年6月发布的一种新的编程语言，由Delphi语言的设计者Hejlsberg带领微软公司的开发团队开发，是一种安全的、稳定的、简单的、优雅的、由C和C++衍生出来的面向对象的编程语言。它在继承C和C++强大功能的同时，去掉了它们的一些复杂特性(例如没有宏以及不允许多重继承)。C#综合了Visual Basic简单的可视化操作和C++的高运行效率，以其强大的操作能力、优雅的语法风格、创新的语言特性和便捷的面向组件编程支持，成为.NET开发的首选语言。

自.NET推出以来，大约每两年就推出一个新的主要版本。从.NET Core的特性可以看出，自.NET第1版以来，这个技术在.NET历史上给.NET带来的变化最大：

- .NET Framework要求把开发过程中使用的.NET运行库版本安装到目标系统上。而在.NET Core 1.0中，框架(包括运行库)是与应用程序一起交付的。即使更新运行库，也不影响现有的应用程序。
- Visual Studio 2013附带着C# 5和.NET Framework 4.5。.NET Framework 4.5很大，有20 000多个类。只要添加新功能，.NET Framework就会变得越来越大。目前.NET Core的框架与.NET Framework 4.6一样巨大，但.NET Core 1.0以模块化的方法设计。该框架分成数量众多的NuGet包。根据应用程序决定需要什么包。
- NuGet包可以独立于.NET Framework发布，所以.NET Core可以很快更新，发布周期更短。
- .NET Core是开源的。
- .NET Core支持多个平台。新版本的.NET Core不仅运行在Windows上，还运行在Linux和Mac系统上。
- .NET Core可以编译为本地代码，得到更大的性能提升。

本书在第Ⅰ部分阐述C#语言的背景知识。首先介绍C#的基本语法和数据类型，再介绍C#的面向对象功能，之后是C#中的一些高级编程主题。第Ⅱ部分首先介绍Visual Studio 2015，接着论述C# 6新增的.NET编译器平台、应用程序的测试，之后介绍了独立于应用程序类型的.NET Core和Windows运行库主题。第Ⅲ部分的主题是构建应用程序与XAML——Universal Windows应用程序和WPF。先介绍XAML的基础，给基于XAML的应用程序指定样式，再关注MVVM(Model-View-View Model)模式。在UWP应用程序和WPF应用程序的介绍性章节后，有两章的内容讨论UWP应用程序的具体特征，另外两章讨论WPF应用程序。本部分的最后，使用ClickOnce部署WPF应用程序。第Ⅳ部分阐述Web应用程序和服务，还包含关于ADO.NET的两章。先论述了ADO.NET和Entity Framework，接着介绍如何创建自己的Windows服务，然后学习ASP.NET的新版本ASP.NET Core 1.0，以及ASP.NET MVC 6的特点。接下来讨论ASP.NET Web API，使用ASP.NET技术WebHooks和SignalR的形式发布和订阅Web应用程序，这部分的最后讨论部署。

本书对上一版做了全面更新，使C#代码适用于最新版本的.NET Core 1.0。本书由.NET专家Christian Nagel编写，书中包含开发人员使用C#所需要的所有内容。本书适合希望提高编程技巧、有经验的C#程序员使用，也适用于刚开始使用C#的专业开发人员。

在这里要感谢清华大学出版社的编辑们，他们为本书的出版投入了巨大的热情并付出了很多心血。没有他们的帮助和鼓励，本书不可能顺利付梓。本书全部章节由李铭翻译、黄静审校。参与本书翻译的还有孔祥亮、陈跃华、杜思明、熊晓磊、曹汉鸣、陶晓云、王通、方峻、李小凤、曹晓松、蒋晓冬、邱培强、洪妍、李亮辉、高娟妮、曹小震、陈笑。在此，一并表示感谢！

  对于这本经典之作，译者在翻译过程中力求忠于原文，做到"信、达、雅"，但是鉴于译者水平有限，错误和失误在所难免。如有任何意见和建议，请不吝指正，感激不尽！

译 者

作者简介

Christian Nagel 是 Visual Studio 和开发技术方向的 Microsoft MVP，担任微软开发技术代言人(Microsoft Regional Director)已经超过 15 年。Christian 是 thinktecture 的合伙人，并创办了 CN innovation，通过这两家公司为如何使用 Microsoft 平台开发解决方案提供培训和咨询。他拥有 25 年以上的软件开发经验。

Christian Nagel 最初在 Digital Equipment 公司通过 PDP 11 和 VAX / VMS 系统开始他的计算机职业生涯，接触过各种语言和平台。在 2000 年，.NET 只有一个技术概览版时，他就开始使用各种技术建立.NET 解决方案。目前，他主要使用几个 Microsoft Azure 服务产品，讲授 Universal Windows Platform 应用和 ASP.NET MVC 的开发。

在软件开发领域工作多年以后，Christian 仍然热爱学习和使用新技术，并通过多种形式教别人如何使用新技术。他的 Microsoft 技术知识非常渊博，编写了很多书，拥有微软认证培训师(MCT)和微软认证解决方案开发专家(MCSD)认证。Christian 在国际会议上(如 TechEd、BASTA！和 TechDays)经常发言。他创立了 INETA Europe 来支持.NET 用户组。他的联系网站是 www.cninnovation.com，其 Twitter 账号是@christiannagel。

技术编辑简介

István Novák 是 SoftwArt 的合伙人和首席技术顾问，SoftwArt 是匈牙利的一家小型 IT 咨询公司。István 是一名软件架构师和社区的传教士。在过去的 25 年里，他参加了 50 多个企业软件开发项目。2002 年，他在匈牙利与他人合作出版了第一本关于.NET 开发的图书。2007 年，他获得微软最有价值专家(MVP)头衔。2011 年，他成为微软开发技术代言人(Microsoft Regional Director)。István 与他人合作出版了 *Visual Studio 2010 and .NET 4 Six-in-One*(Wiley，2010)和《Windows 8 应用开发入门经典》，独立编写了《Visual Studio 2010 LightSwitch 开发入门经典》。

István 从匈牙利的布达佩斯技术大学获得硕士学位和软件技术的博士学位。他与妻子和两个女儿居住在匈牙利的 Dunakeszi。他是一个充满激情的初级潜水员，常常在一年的任何季节，到红海潜水。

致 谢

我要感谢 Charlotte Kughen，他让本书的文本更具可读性。我经常在深夜写作，而.NET Core 在不断演变。Charlotte 为我提供了巨大的帮助，使我写出的文字易于阅读。可以肯定，Charlotte 现在精通编程的许多知识。也特别感谢 István Novák，他撰写了一些好书。

尽管.NET Core 的飞速发展和我在书中使用的临时构建还存在一些问题，但 István 向我挑战，改进了代码示例，让读者更容易理解。谢谢你们：Charlotte 和 István，你们让本书的质量上了一个大台阶。

我也要感谢 Kenyon Brown、Jim Minatel，以及 Wiley 出版社帮助出版本书的其他人。我还想感谢我的妻子和孩子，为了编写本书，我花费了大量的时间，包括晚上和周末，但你们很理解并支持我。Angela、Stephanie 和 Matthias，你们是我深爱的人。没有你们，本书不可能顺利出版。

前　言

对于开发人员，把 C#语言和.NET 描述为最重要的新技术一点都不夸张。.NET 提供了一种环境。在这种环境中，可以开发在 Windows 上运行的几乎所有应用程序。在 Windows 上运行的是.NET Framework 以前的版本，新版本.NET Core 1.0 不仅在 Windows 上运行，还在 Linux 和 Mac 系统上运行。C#是专门用于.NET 的编程语言。例如，使用 C#可以编写 Web 页面、Windows Presentation Foundation(WPF)应用程序、REST Web 服务、分布式应用程序的组件、数据库访问组件、传统的 Windows 桌面应用程序，以及可以联机/脱机运行的 Universal Windows Platform (UWP)应用程序。本书介绍.NET Core 1.0 和完整的.NET Framework，即.NET Framework 4.6。如果读者使用以前的版本编写代码，本书的一些章节就不适用。

在可能的情况下，本书的示例都使用了.NET Core 1.0。本书的代码在 Windows 系统上创建，但也可以在其他平台上运行。可能需要对示例进行较小的改变，才能使它们在 Linux 上运行。阅读第 1 章可以了解如何构建用于 Linux 平台的应用程序，什么程序不能在 Linux 上运行？WPF 应用程序仍然需要完整的.NET Framework，仅在 Windows 上运行。UWP 应用程序使用.NET Core，但还需要 Windows 运行库。这些应用程序也需要 Windows。这些 UI 技术都包含在本书的第Ⅲ部分中。

那么，.NET 和 C#有什么优点？

0.1　.NET Core 的重要性

为了理解.NET Core 的重要性，就一定要考虑.NET Framework。.NET Framework 1.0 在 2002 年发布，此后大约每两年就推出一个新的主要版本。Visual Studio 2013 附带着 C# 5 和.NET 4.5。.NET Framework 4.5 十分巨大，有 20 000 多个类。

 注意：第 1 章详细介绍了.NET Framework 和 C#的版本。

这个巨大的框架有什么问题？.NET Core 是如何解决的?

对于新的开发人员来说，掌握这个巨大的框架并不容易。其中保留了旧应用程序很重要的许多内容，但它们对新的应用程序并不重要。对于有经验的开发人员来说，在这些技术中选择一个最好的是不容易的。必须为 Web 应用程序选择使用 ASP.NET Web Forms 还是 ASP.NET MVC，为客户端应用程序选择使用 Windows Forms 和 WPF 还是 Universal Windows Platform，为数据访问选择 Entity Framework 还是 LINQ to SQL，为存储集合选择使用 Array List 还是

List<T>。这对于一些有经验的开发人员而言，选择是显而易见的，但对于大多数开发人员来说，选择并不是那么容易。刚开始接触.NET 的开发人员就更困难了。

.NET Core 基于较小的单元——小型 NuGet 包。Console 类只用于控制台应用程序。在.NET Framework 中，Console 类可用于 mscorlib，mscorlib 是每个.NET 应用程序都引用的程序集。使用.NET Core，必须显式地决定使用 NuGet 包 System.Console；否则，Console 类就不可用。

较小的包更容易摆脱框架的某些部分。如果需要给遗留应用程序使用旧的集合类，它们就可以通过 NuGet 包 System.Collections.NonGeneric 来使用。对于新的应用程序，可以定义能使用的软件包列表，System.Collections.NonGeneric 可以排除在这个列表之外。

如今，开发要快得多。在许多产品中，客户会收到产品的持续更新，而不是每两年接收一次新版本。甚至 Windows 10 都具备这么快的步伐。客户在每次更新时都收到较小的新特性，但收到新特性的速度更快。.NET Framework 目前的发布周期是两年，还不够快。一些技术，如 Entity Framework，已经绕过了这个问题，它可以通过 NuGet 包提供新功能，而 NuGet 包可以独立于.NET Framework 来发布。

更新较小的包，就允许更快的创新。.NET Core 基于许多小型 NuGet 包，所以更容易改变。.NET Core 和 ASP.NET 现在是开源的。.NET Core 的源代码在 http://www.github.com/dotnet 上，ASP.NET 的源代码在 http://www.github.com/aspnet 上。

发布.NET 时，Windows 在客户端和服务器上都有很大的市场份额。现在，世界更加碎片化。许多公司决定不通过 ASP.NET 运行服务器端代码，因为它不在 Linux 上运行。而 ASP.NET Core 1.0 和.NET Core 可以在 Linux 上运行。

.NET Core 独立于平台，支持 Windows、Linux 和 Mac 系统。对于客户端应用程序，可以在 iPhone 和 Android 上使用.NET 和 Xamarin。

.NET Framework 要求把开发过程中使用的.NET 运行库版本安装到目标系统上。基于客户需求，许多应用程序的开发都受到要使用的.NET Framework 版本的限制。这不仅是基于客户端的应用程序开发的问题，也是基于服务器的应用程序开发的问题。我们不得不转回旧的.NET 运行库版本，因为供应商不支持最新的版本。而有了.NET Core，运行库会和应用程序一起交付给客户。

建立 ASP.NET 时，与 Active Server Pages(ASP，使用运行在服务器上的 JavaScript 或 VBScript 代码建立)的兼容是一个重要的方面。现在不再需要了。建立 ASP.NET Web Forms 时，开发人员不需要知道任何关于 JavaScript 和 HTML 的内容，一切都可以用服务器端代码完成。现在，因为有了大量的 JavaScript 框架和 HTML 的增强，所以需要对 JavaScript 和 HTML 进行更多的控制。

在新版本的 ASP.NET 中，性能在框架体系结构中有很大的作用。只有真正需要的东西才施加性能影响。如果 Web 应用程序没有静态文件，就必须显式地决定是否使用它，否则就不会对它有性能影响。通过细粒度的控制，可以决定需要什么特性。

为了得到更大的性能提升，.NET Core 可以构建为本地代码。这不仅在 Windows 上是可能的，在 Linux 和 Mac 系统上也是可行的。这样，在程序启动时可以得到特别的性能改进，而且使用更少的内存。

现在，遗留的应用程序有一个问题。大多数应用程序都不能轻松地切换到.NET Core 上。完整的.NET Framework(仅运行在 Windows 上)也在进化。它进化的步伐没有.NET Core 那么大，因为它是一个成熟的框架。在撰写本书时，发布了.NET 4.6.1，与之前的版本相比，其更新比较小。使用 Windows Forms 或 ASP.NET Web Forms 编写的应用程序仍然需要使用完整的框架，但它们可以利用.NET 4.6.1 的增强功能。通过.NET 4.6.1，还可以使用为.NET Core 建立的 NuGet 包。许多新的 NuGet 包采用便携的方式建立。通过 ASP.NET MVC 5 Web 应用程序，还可以决定改为运行在 ASP.NET Core 1.0 上的 ASP.NET MVC 6。ASP.NET Core 1.0 允许使用.NET Core 或.NET 4.6。这可以简化转换过程。然而，要在 Linux 上运行 ASP.NET MVC，则需要迁移 ASP.NET MVC 应用程序来使用.NET Core，但之前也不能在 Linux 上运行。

下面总结.NET Core 的一些特性：
- .NET Core 是开源的。
- NuGet 包较小，允许更快的创新。
- .NET Core 支持多个平台。
- .NET Core 可以编译为本地代码。
- ASP.NET 可以在 Windows 和 Linux 上运行。

从.NET Core 的特性可以看出，自.NET 第 1 版以来，这个技术在.NET 历史上给.NET 带来的变化最大。这是一个新的开始，我们可以用更快的步伐继续新的开发旅程。

0.2 C#的重要性

C#在 2002 年发布时，是一个用于.NET Framework 的开发语言。C#的设计思想来自于 C++、Java 和 Pascal。Anders Hejlsberg 从 Borland 来到微软公司，带来了开发 Delphi 语言的经验。Hejlsberg 在微软公司开发了 Java 的 Microsoft 版本 J++，之后创建了 C#。

C#一开始不仅作为一种面向对象的通用编程语言，而且是一种基于组件的编程语言，支持属性、事件、特性(注解)和构建程序集(包括元数据的二进制文件)。

随着时间的推移，C#增强了泛型、语言集成查询(Language Integrated Query，LINQ)、lambda 表达式、动态特性和更简单的异步编程。C#编程语言并不简单，因为它提供了很多特性，但它的实际使用的功能不断进化着。因此，C#不仅仅是面向对象或基于组件的语言，它还包括函数式编程的理念，开发各种应用程序的通用语言会实际应用这些理念。

0.3 C# 6 的新特性

在 C# 6 中有一个新的 C#编译器。它完成源代码的清理。现在自定义程序也可以使用编译器管道的特性，并使用 Visual Studio 的许多特性。

这个新的 C#编译器平台允许用许多新特性改进 C#。虽然这些特性都没有 LINQ 或 async 关键字的影响大，但许多改进都提高了开发人员的效率。C# 6 有哪些变化？

0.3.1 静态的 using 声明

静态的 using 声明允许调用静态方法时不使用类名。

C# 5

```
using System;
// etc.
Console.WriteLine("Hello, World!");
```

C# 6

```
using static System.Console;
// etc.
WriteLine("Hello, World");
```

using static 关键字参见第 2 章。

0.3.2 表达式体方法

表达式体方法只包括一个可以用 lambda 语法编写的语句：

C# 5

```
public bool IsSquare(Rectangle rect)
{
  return rect.Height == rect.Width;
}
```

C# 6

```
public bool IsSquare(Rectangle rect) => rect.Height == rect.Width;
```

表达式体方法参见第 3 章。

0.3.3 表达式体属性

与表达式体方法类似，只有 get 存取器的单行属性可以用 lambda 语法编写：

C# 5

```
public string FullName
{
  get
  {
    return FirstName + " " + LastName;
  }
}
```

C# 6

```
public string FullName => FirstName + " " + LastName;
```

表达式体属性参见第 3 章。

0.3.4 自动实现的属性初始化器

自动实现的属性可以用属性初始化器来初始化：

C# 5

```csharp
public class Person
{
  public Person()
  {
    Age = 24;
  }
  public int Age {get; set;}
}
```

C# 6

```csharp
public class Person
{
  public int Age {get; set;} = 42;
}
```

自动实现的属性初始化器参见第 3 章。

0.3.5 只读的自动属性

为了实现只读属性，C# 5 需要使用完整的属性语法；而在 C# 6 中，可以使用自动实现的属性：

C# 5

```csharp
private readonly int _bookId;

public BookId
{
  get
  {
    return _bookId;
  }
}
```

C# 6

```csharp
public BookId {get;}
```

只读的自动属性参见第 3 章。

0.3.6 nameof 运算符

使用新的 nameof 运算符，可以访问字段名、属性名、方法名或类型名。这样，在重构时，就不会遗漏名称的改变：

C# 5

```
public void Method(object o)
{
  if (o == null) throw new ArgumentNullException("o");
```

C# 6

```
public void Method(object o)
{
  if (o == null) throw new ArgumentNullException(nameof(o));
```

nameof 运算符参见第 8 章。

0.3.7 空值传播运算符

空值传播运算符简化了空值的检查：

C# 5

```
int? age = p == null ? null : p.Age;
```

C# 6

```
int? age = p?.Age;
```

新语法也有触发事件的优点：

C# 5

```
var handler = Event;
if (handler != null)
{
  handler(source, e);
}
```

C# 6

```
handler?.Invoke(source, e);
```

空值传播运算符参见第 8 章。

0.3.8 字符串插值

字符串插值删除了对 string.Format 的调用，它不在字符串中使用编号的格式占位符，占位符可以包含表达式：

C# 5

```
public override ToString()
{
  return string.Format("{0}, {1}", Title, Publisher);
```

C# 6

```
public override ToString() => $"{Title} {Publisher}";
```

与 C# 5 语法相比，C# 6 示例的代码减少了许多，不仅因为它使用了字符串插值，还使用了表达式体方法。

字符串插值还可以使用字符格式，把它分配给 FormattableString 时会获得特殊的功能。字符串插值参见第 10 章。

0.3.9 字典初始化器

字典现在可以用字典初始化器来初始化，类似于集合初始化器。

C# 5

```
var dict = new Dictionary<int, string>();
dict.Add(3, "three");
dict.Add(7, "seven");
```

C# 6

```
var dict = new Dictionary<int, string>()
{
  [3] = "three",
  [7] = "seven"
};
```

字典初始化器参见第 11 章。

0.3.10 异常过滤器

异常过滤器允许在捕获异常之前过滤它们。

C# 5

```
try
{
  //etc.
}
catch (MyException ex)
{
  if (ex.ErrorCode != 405) throw;
  // etc.
}
```

C# 6

```
try
{
```

```
  //etc.
}
catch (MyException ex) when (ex.ErrorCode == 405)
{
  // etc.
}
```

新语法的一大优势是,它不仅减少了代码的长度,而且没有改变堆栈跟踪——在 C# 5 中会改变堆栈跟踪。异常过滤器参见第 14 章。

0.3.11 Catch 中的 await

await 现在可以在 catch 子句中使用。C# 5 需要一种变通方法:

C# 5

```
bool hasError = false;
string errorMessage = null;
try
{
  //etc.
}
catch (MyException ex)
{
  hasError = true;
  errorMessage = ex.Message;
}
if (hasError)
{
  await new MessageDialog().ShowAsync(errorMessage);
}
```

C# 6

```
try
{
  //etc.
}
catch (MyException ex)
{
  await new MessageDialog().ShowAsync(ex.Message);
}
```

这个功能不需要增强的 C#语法,现在就能工作。这个增强需要微软公司大量的投资才能实现,但是否使用这个平台真的没有关系。对用户来说,这意味着需要更少的代码——仅仅是比较两个版本。

注意：新的 C# 6 语言特性参见后面的章节，本书的所有章节都使用了新的 C#语法。

0.4　UWP 的新内容

Windows 8 引入一种新的编程 API：Windows 运行库(Windows Runtime)。使用 Windows 运行库的应用程序可以通过 Microsoft Store 来使用，且有许多不同的名称。最初称它为 Metro 应用程序或 Metro 样式的应用程序，也称为 Modern 应用程序、Windows Store 应用程序(尽管它们也可以通过 PowerShell 脚本来安装，不使用商店)和 Universal 应用程序。这里可能遗漏了一些名字。如今，这些都只是 Windows 应用程序，运行在 UWP(Universal Windows Platform，通用 Windows 平台)上。

这些应用程序的理念是，让最终用户很容易通过 Microsoft 商店找到它们，提供便于触屏的环境，这个环境是现代的用户界面，看起来很干净、光滑，并允许流畅地交互，而且应用程序是可以信任的。更重要的是，已经了解 Windows 用户界面的用户应该被新的环境所吸引。

第 1 版的设计准则有诸多限制，有一些缺陷。如何在应用程序中寻找东西？许多用户在右边找不到工具栏，却发现它允许搜索许多应用程序。Windows 8.1 把搜索功能搬到桌面的一个搜索框中。同时，如果用户不在屏幕上从上扫到下或从下扫到上，就经常找不到位于顶部或底部的应用栏。

Windows 10 使设计更加开放。可以使用对应用程序有用的东西，在用户界面上做出决定，因为它与用户和应用程序最匹配。当然，它仍然最适合创建出好看的、光滑的、流畅的设计。最好让用户与应用程序愉快地交互，确定如何完成任务应该不是很难。

新的 Windows 运行库是 Windows 运行库 3.0，它基于以前的版本，定义了 XAML 用户界面，实现了应用程序的生命周期，支持后台功能，在应用程序之间共享数据等。事实上，新版本的运行库在所有区域都提供了更多的功能。

Windows 应用程序现在使用.NET Core。通过 NuGet 包与 Windows 应用程序可以使用相同的.NET 库。最后，本地代码编译后，应用程序启动更快，消耗的内存更少。

与提供的附加功能相比，可能更重要的是现在可用的普遍性。Visual Studio 2013 的第一次更新为 Windows 8 应用程序包括了一个新的项目类型：通用(Universal)应用程序。在这里，通用应用程序用 3 个项目实现：一个项目用于 Windows 应用程序，一个项目用于 Windows Phone 应用程序，另一个是共享的代码项目。甚至可以在这些平台之间共享 XAML 代码。新的通用项目模板包括一个项目。相同的二进制代码不仅可以用于 Windows 和 Windows Phone，还可以用于 Xbox、物联网(Internet of Things，IoT)设备和 HoloLens 等。当然，这些不同的平台所提供的功能不可能用于所有地方，但是使用这个不同的功能，仍然可以创建二进制图像，在每个 Windows 10 设备上运行。

0.5 编写和运行 C#代码的环境

.NET Core 运行在 Windows、Linux 和 Mac 操作系统上。使用 Visual Studio Code(https://code.visualstudio.com)，可以在任何操作系统上创建和构建程序。最好用的开发工具是 Visual Studio 2015，也是本书使用的工具。可以使用 Visual Studio Community 2015 版(https://www.visualstudio.com)，但本书介绍的一些功能只有 Visual Studio 的企业版提供。需要企业版时会提到。Visual Studio 2015 需要 Windows 操作系统，要求使用 Windows 8.1 或更高版本。

要构建和运行本书中的 WPF 应用程序，需要 Windows 平台。Windows 7 仍支持运行 WPF 应用程序。

要构建通用的 Windows 应用程序，可以使用 Windows 8.1 和 Visual Studio，但要测试和运行这些应用程序，就需要 Windows 10 设备。

0.6 本书的内容

本书首先在第 1 章介绍.NET 的整体体系结构，给出编写托管代码所需要的背景知识。此后概述不同的应用程序类型，学习如何用新的开发环境 CLI 编译程序。之后本书分几部分介绍 C#语言及其在各个领域中的应用。

第 I 部分——C#语言

该部分给出 C#语言的良好背景知识。尽管这一部分假定读者是有经验的编程人员，但它没有假设读者拥有任何特定语言的知识。首先介绍 C#的基本语法和数据类型，再介绍 C#的面向对象特性，之后介绍 C#中的一些高级编程主题，如委托、lambda 表达式、语言集成查询(LINQ)、反射和异步编程。

第 II 部分——.NET Core 与 Windows Runtime

该部分首先介绍全世界 C#开发人员都使用的主要 IDE：Visual Studio 2015。第 17 章学习 Visual Studio 企业版可用的工具。

第 18 章还要学习 C#编译器的工作原理，以及如何使用.NET 编译器平台以编程方式修改代码。

用 C#代码创建功能时，不要跳过创建单元测试的步骤。一开始需要更多的时间，但随着时间的推移，添加功能和维护代码时，就会看到其优势。第 19 章介绍如何创建单元测试、网络测试和编码的 UI 测试。

第 20～28 章介绍独立于应用程序类型的.NET Core 和 Windows 运行库。第 20 章学习如何从应用程序中写出也可以在生产环境中使用的诊断信息。第 21 章和第 22 章介绍了使用任务并行库(Task Parallel Library，TPL)进行并行编程，以及用于同步的各种对象。第 23 章学习如何访问文件系统，读取文件和目录，了解如何使用 System.IO 名称空间中的流和 Windows 运行库中的流来编写 Windows 应用程序。第 24 章利用流来了解安全性，以及如何加密数据，允许进行安全的转换。还将学习使用套接字和使用更高级别的抽象(如 HttpClient，见第 25 章)

的联网的核心基础。第26章讨论了Microsoft Composition，它允许创建容器和部件之间的独立性。第27章论述如何将对象序列化到XML和JSON中，以及用于读取和编写XML的不同技术。最后，第28章学会使用本地化的技术本地化应用程序，该技术对Windows和Web应用程序都非常重要。

第III部分——Windows应用程序

该部分的主题是使用XAML语法构建应用程序——UWP(通用Windows应用程序)和WPF。第29章介绍XAML的基础，包括XAML语法、依赖属性，以及标记扩展(可以创建自己的XAML语法)。第30章学习如何给基于XAML的应用程序指定样式。第31章主要关注MVVM(Model-View-View Model)模式，学习利用基于XAML的应用程序中的数据绑定特性，允许在很多UWP应用程序和WPF应用程序之间共享代码。使用Xamarin也可以为iPhone和Android平台分享很多开发代码。然而，本书不探讨如何使用Xamarin进行开发。论述UWP应用程序和WPF应用程序的介绍性章节后，有两章的内容讨论UWP应用程序的具体特征，另外两章讨论WPF应用程序。第32章和第33章介绍具体的XAML控件与UWP应用程序，如RelativePanel和AdaptiveTrigger、新编译的绑定、应用程序生命周期、共享数据和创建后台任务。第34章和第35章论述WPF专用特性，如Ribbon控件，显示分层数据的TreeView、WPF专用的数据绑定功能，创建流和固定文档，创建XPS(XML Paper Specification)文件。

该部分的最后，第36章使用ClickOnce部署WPF应用程序，且包含在商店中获得UWP应用程序的信息。

第IV部分——Web应用程序和服务

该部分阐述Web应用程序和服务，还包含关于ADO.NET的两章内容。虽然也可以在客户应用程序中使用ADO.NET(第37章)和Entity Framework(第38章)，但通常这些技术在服务器上使用，从客户端调用服务。

第39章学习如何创建自己的Windows服务，操作系统启动时，Windows服务就会运行。

ASP.NET的新版本ASP.NET Core 1.0参见第40章。其中讨论了ASP.NET的基础，以及如何使用这些基础知识建立ASP.NET MVC 6。ASP.NET MVC 6的特点参见第41章。

> 注意：本书没有介绍ASP.NET Web Forms，尽管ASP.NET 4.6为ASP.NET Web Forms提供了新特性。本书只论述使用ASP.NET Core 1.0的ASP.NET新技术版本。

第42章讨论了ASP.NET MVC 6的REST服务特性：ASP.NET Web API。Web应用程序的发布和订阅技术使用ASP.NET技术WebHooks和SignalR的形式，在第43章中讨论。第44章讨论了使用SOAP和WCF与服务交流的旧技术。

与前一部分一样，该部分的最后讨论部署，包括部署运行在互联网信息服务器(Internet Information Server，IIS)上的网站，或使用Microsoft Azure托管网站。

0.7 如何下载本书的示例代码

在读者学习本书中的示例时,可以手工输入所有的代码,也可以使用本书附带的源代码文件。本书使用的所有源代码都可以从本书合作站点 http://www.wrox.com/go/professionalcsharp6 上下载。登录到站点 http://www.wrox.com/ 上,使用 Search 工具或书名列表就可以找到本书。接着单击本书细目页面上的 Download Code 链接,就可以获得所有的源代码。也可以扫描封底的二维码获取本书的源代码。

> 注意:许多图书的书名都很相似,所以通过 ISBN 查找本书是最简单的,本书英文版的 ISBN 是 978-1-119-09660-3。

在下载了代码后,只需要用自己喜欢的解压缩软件对它进行解压缩即可。另外,也可以进入 http://www.wrox.com/dynamic/books/download.aspx 上的 Wrox 代码下载主页,查看本书和其他 Wrox 图书的所有代码。

.NET Core 更新很快,所以本书的源代码也可以在 http://www.github.com/ProfessionalCSharp 上获得。注意,GitHub 上的源代码提供了实时的源文件,它们会与 Visual Studio 的次要更新版本一起更新,还有新的实验性 C#特性。为了在本书出版后,更新源代码和额外的示例,可以查看 GitHub 网站。对应本书印刷版本的稳定的源代码可以从 Wrox 网站上获得。

0.8 勘误表

尽管我们已经尽力来保证不出现错误,但错误总是难免的,如果你在本书中找到了错误,如拼写错误或代码错误,请告诉我们,我们将非常感激。通过勘误表,可以让其他读者避免受挫,当然,这还有助于提供更高质量的信息。

要在网站上找到本书的勘误表,可以登录 http://www.wrox.com,通过 Search 工具或书名列表查找本书,然后在本书的细目页面上,单击 Book Errata 链接。在这个页面上可以查看 Wrox 编辑已提交和粘贴的所有勘误项。完整的图书列表还包括每本书的勘误表,网址是 www.wrox.com/misc-pages/ booklist.shtml。

如果在 Book Errata 页面上没有看到你找出的错误,请进入 www.worx.com/contact/techsupport.shtml,填写表单,发电子邮件,我们就会检查你的信息,如果是正确的,就在本书的勘误表中粘贴一条消息,我们将在本书的后续版本中采用。

0.9 p2p.wrox.com

P2P 邮件列表是为作者和读者之间的讨论而建立的。读者可以在 p2p.wrox.com 上加入 P2P 论坛。该论坛是一个基于 Web 的系统,用于发送与 Wrox 图书相关的信息和相关技术,与其他读者和技术用户交流。该论坛提供了订阅功能,当论坛上有新帖子时,会给你发送你选择的主题。Wrox 作者、编辑和其他业界专家和读者都会在这个论坛上讨论。

在 http://p2p.wrox.com 上有许多不同的论坛，不只是可以帮助读者阅读本书，在读者开发自己的应用程序时，也可以从这个论坛中获益。要加入这个论坛，必须执行下面的步骤：

(1) 进入 p2p.wrox.com，单击 Register 链接。

(2) 阅读其内容，单击 Agree 按钮。

(3) 提供加入论坛所需要的信息及愿意提供的可选信息，单击 Submit 按钮。

(4) 然后就可以收到一封电子邮件，其中的信息描述了如何验证账户，完成加入过程。

注意：不加入 P2P 也可以阅读论坛上的信息，但只有加入论坛后，才能发送自己的信息。

加入论坛后，就可以发送新信息，回应其他用户的帖子。可以随时在 Web 上阅读信息。如果希望某个论坛给自己发送新信息，可以在论坛列表中单击该论坛对应的 Subscribe to this Forum 图标。

对于如何使用 Wrox P2P 的更多信息，可阅读 P2P FAQ，了解论坛软件的工作原理，以及许多针对 P2P 和 Wrox 图书的常见问题解答。要阅读 FAQ，可以单击任意 P2P 页面上的 FAQ 链接。

目 录

第Ⅰ部分 C# 语 言

第1章 .NET 应用程序体系结构 ………2
- 1.1 选择技术 ………2
- 1.2 回顾.NET 历史 ………3
  - 1.2.1 C# 1.0——一种新语言 ………3
  - 1.2.2 带有泛型的 C# 2 和.NET 2 ………5
  - 1.2.3 .NET 3.0——Windows Presentation Foundation ………5
  - 1.2.4 C# 3 和.NET 3.5——LINQ ………5
  - 1.2.5 C# 4 和.NET 4.0——dynamic 和 TPL ………6
  - 1.2.6 C# 5 和异步编程 ………6
  - 1.2.7 C# 6 和.NET Core ………7
  - 1.2.8 选择技术，继续前进 ………8
- 1.3 .NET 2015 ………8
  - 1.3.1 .NET Framework 4.6 ………9
  - 1.3.2 .NET Core 1.0 ………10
  - 1.3.3 程序集 ………11
  - 1.3.4 NuGet 包 ………12
  - 1.3.5 公共语言运行库 ………13
  - 1.3.6 .NET Native ………14
  - 1.3.7 Windows 运行库 ………14
- 1.4 Hello, World ………15
- 1.5 用.NET 4.6 编译 ………16
- 1.6 用.NET Core CLI 编译 ………17
  - 1.6.1 设置环境 ………18
  - 1.6.2 构建应用程序 ………18
  - 1.6.3 打包和发布应用程序 ………21
- 1.7 应用程序类型和技术 ………22
  - 1.7.1 数据访问 ………22
  - 1.7.2 Windows 桌面应用程序 ………23
  - 1.7.3 UWP ………24
  - 1.7.4 SOAP 服务和 WCF ………24
  - 1.7.5 Web 服务和 ASP.NET Web API ………24
  - 1.7.6 WebHooks 和 SignalR ………25
  - 1.7.7 Windows 服务 ………25
  - 1.7.8 Web 应用程序 ………25
  - 1.7.9 Microsoft Azure ………26
- 1.8 开发工具 ………27
  - 1.8.1 Visual Studio Community ………27
  - 1.8.2 Visual Studio Professional with MSDN ………27
  - 1.8.3 Visual Studio Enterprise with MSDN ………27
  - 1.8.4 Visual Studio Code ………28
- 1.9 小结 ………28

第2章 核心 C# ………29
- 2.1 C#基础 ………30
- 2.2 用 Visual Studio 创建 Hello, World! ………30
  - 2.2.1 创建解决方案 ………30
  - 2.2.2 创建新项目 ………31
  - 2.2.3 编译和运行程序 ………33
  - 2.2.4 代码的详细介绍 ………35
- 2.3 变量 ………36
  - 2.3.1 初始化变量 ………37
  - 2.3.2 类型推断 ………38
  - 2.3.3 变量的作用域 ………39
  - 2.3.4 常量 ………41
- 2.4 预定义数据类型 ………41

	2.4.1	值类型和引用类型 …………… 42
	2.4.2	.NET 类型 …………………… 43
	2.4.3	预定义的值类型 ……………… 43
	2.4.4	预定义的引用类型 …………… 46
2.5	程序流控制 ………………………… 48
	2.5.1	条件语句 ……………………… 48
	2.5.2	循环 …………………………… 51
	2.5.3	跳转语句 ……………………… 55
2.6	枚举 ………………………………… 55
2.7	名称空间 …………………………… 57
	2.7.1	using 语句 …………………… 58
	2.7.2	名称空间的别名 ……………… 59
2.8	Main()方法 ………………………… 60
2.9	使用注释 …………………………… 61
	2.9.1	源文件中的内部注释 ………… 61
	2.9.2	XML 文档 …………………… 62
2.10	C#预处理器指令 …………………… 63
	2.10.1	#define 和#undef ………… 63
	2.10.2	#if、#elif、#else 和#endif … 64
	2.10.3	#warning 和 #error ……… 65
	2.10.4	#region 和#endregion …… 65
	2.10.5	#line ……………………… 65
	2.10.6	#pragma …………………… 65
2.11	C#编程准则 ………………………… 66
	2.11.1	关于标识符的规则 ………… 66
	2.11.2	用法约定 …………………… 67
2.12	小结 ………………………………… 70

第 3 章 对象和类型 …………………… 71
3.1	创建及使用类 ……………………… 72
3.2	类和结构 …………………………… 72
3.3	类 …………………………………… 73
	3.3.1	字段 …………………………… 73
	3.3.2	属性 …………………………… 74
	3.3.3	方法 …………………………… 76
	3.3.4	构造函数 ……………………… 81
	3.3.5	只读成员 ……………………… 85
	3.3.6	只读字段 ……………………… 85
3.4	匿名类型 …………………………… 88

3.5	结构 ………………………………… 89
	3.5.1	结构是值类型 ………………… 90
	3.5.2	结构和继承 …………………… 91
	3.5.3	结构的构造函数 ……………… 91
3.6	按值和按引用传递参数 …………… 91
	3.6.1	ref 参数 ……………………… 92
	3.6.2	out 参数 ……………………… 93
3.7	可空类型 …………………………… 94
3.8	枚举 ………………………………… 95
3.9	部分类 ……………………………… 97
3.10	扩展方法 …………………………… 99
3.11	Object 类 ………………………… 100
3.12	小结 ……………………………… 101

第 4 章 继承 …………………………… 102
4.1	继承 ……………………………… 102
4.2	继承的类型 ……………………… 102
	4.2.1	多重继承 …………………… 103
	4.2.2	结构和类 …………………… 103
4.3	实现继承 ………………………… 103
	4.3.1	虚方法 ……………………… 104
	4.3.2	多态性 ……………………… 106
	4.3.3	隐藏方法 …………………… 107
	4.3.4	调用方法的基类版本 ……… 108
	4.3.5	抽象类和抽象方法 ………… 109
	4.3.6	密封类和密封方法 ………… 110
	4.3.7	派生类的构造函数 ………… 110
4.4	修饰符 …………………………… 112
	4.4.1	访问修饰符 ………………… 113
	4.4.2	其他修饰符 ………………… 113
4.5	接口 ……………………………… 114
	4.5.1	定义和实现接口 …………… 115
	4.5.2	派生的接口 ………………… 118
4.6	is 和 as 运算符 ………………… 120
4.7	小结 ……………………………… 121

第 5 章 托管和非托管的资源 ……… 122
5.1	资源 ……………………………… 122
5.2	后台内存管理 …………………… 123
	5.2.1	值数据类型 ………………… 123

5.2.2　引用数据类型……………125
　　5.2.3　垃圾回收………………127
5.3　强引用和弱引用………………129
5.4　处理非托管的资源……………130
　　5.4.1　析构函数或终结器………130
　　5.4.2　IDisposable 接口…………131
　　5.4.3　using 语句………………132
　　5.4.4　实现 IDisposable 接口和
　　　　　析构函数……………133
　　5.4.5　IDisposable 和终结器的
　　　　　规则……………………134
5.5　不安全的代码…………………135
　　5.5.1　用指针直接访问内存……135
　　5.5.2　指针示例：
　　　　　PointerPlayground………143
　　5.5.3　使用指针优化性能………147
5.6　平台调用………………………150
5.7　小结……………………………154

第6章　泛型………………………155
6.1　泛型概述………………………155
　　6.1.1　性能………………………156
　　6.1.2　类型安全…………………157
　　6.1.3　二进制代码的重用………157
　　6.1.4　代码的扩展………………158
　　6.1.5　命名约定…………………158
6.2　创建泛型类……………………158
6.3　泛型类的功能…………………162
　　6.3.1　默认值……………………163
　　6.3.2　约束………………………163
　　6.3.3　继承………………………166
　　6.3.4　静态成员…………………167
6.4　泛型接口………………………167
　　6.4.1　协变和抗变………………168
　　6.4.2　泛型接口的协变…………169
　　6.4.3　泛型接口的抗变…………170
6.5　泛型结构………………………171
6.6　泛型方法………………………173
　　6.6.1　泛型方法示例……………174

　　6.6.2　带约束的泛型方法………175
　　6.6.3　带委托的泛型方法………176
　　6.6.4　泛型方法规范……………176
6.7　小结……………………………178

第7章　数组和元组………………179
7.1　同一类型和不同类型的多个
　　对象……………………………179
7.2　简单数组………………………180
　　7.2.1　数组的声明………………180
　　7.2.2　数组的初始化……………180
　　7.2.3　访问数组元素……………181
　　7.2.4　使用引用类型……………182
7.3　多维数组………………………183
7.4　锯齿数组………………………184
7.5　Array 类…………………………185
　　7.5.1　创建数组…………………185
　　7.5.2　复制数组…………………186
　　7.5.3　排序………………………187
7.6　数组作为参数…………………190
　　7.6.1　数组协变…………………190
　　7.6.2　ArraySegment<T>…………191
7.7　枚举……………………………191
　　7.7.1　IEnumerator 接口…………192
　　7.7.2　foreach 语句………………192
　　7.7.3　yield 语句…………………193
7.8　元组……………………………197
7.9　结构比较………………………198
7.10　小结……………………………201

第8章　运算符和类型强制转换……202
8.1　运算符和类型转换……………202
8.2　运算符…………………………203
　　8.2.1　运算符的简化操作………204
　　8.2.2　运算符的优先级和关联性…212
8.3　类型的安全性…………………213
　　8.3.1　类型转换…………………213
　　8.3.2　装箱和拆箱………………217
8.4　比较对象的相等性……………218

XXI

	8.4.1	比较引用类型的相等性	218
	8.4.2	比较值类型的相等性	219
8.5	运算符重载		219
	8.5.1	运算符的工作方式	220
	8.5.2	运算符重载的示例：Vector 结构	221
	8.5.3	比较运算符的重载	225
	8.5.4	可以重载的运算符	227
8.6	实现自定义的索引运算符		228
8.7	实现用户定义的类型强制转换		230
	8.7.1	实现用户定义的类型强制转换	231
	8.7.2	多重类型强制转换	237
8.8	小结		240

第 9 章 委托、lambda 表达式和事件 …… 241

9.1	引用方法		241
9.2	委托		242
	9.2.1	声明委托	242
	9.2.2	使用委托	243
	9.2.3	简单的委托示例	246
	9.2.4	Action<T>和 Func<T>委托	248
	9.2.5	BubbleSorter 示例	248
	9.2.6	多播委托	251
	9.2.7	匿名方法	254
9.3	lambda 表达式		255
	9.3.1	参数	256
	9.3.2	多行代码	256
	9.3.3	闭包	257
9.4	事件		258
	9.4.1	事件发布程序	258
	9.4.2	事件侦听器	260
	9.4.3	弱事件	261
9.5	小结		263

第 10 章 字符串和正则表达式 …… 264

10.1	System.String 类		265
	10.1.1	构建字符串	266
	10.1.2	StringBuilder 成员	269
10.2	字符串格式		270
	10.2.1	字符串插值	270
	10.2.2	日期时间和数字的格式	272
	10.2.3	自定义字符串格式	274
10.3	正则表达式		275
	10.3.1	正则表达式概述	275
	10.3.2	RegularExpressionsPlayaround 示例	276
	10.3.3	显示结果	279
	10.3.4	匹配、组和捕获	280
10.4	小结		283

第 11 章 集合 …… 284

11.1	概述		284
11.2	集合接口和类型		285
11.3	列表		285
	11.3.1	创建列表	287
	11.3.2	只读集合	294
11.4	队列		294
11.5	栈		298
11.6	链表		300
11.7	有序列表		305
11.8	字典		306
	11.8.1	字典初始化器	307
	11.8.2	键的类型	307
	11.8.3	字典示例	308
	11.8.4	Lookup 类	312
	11.8.5	有序字典	313
11.9	集		313
11.10	性能		315
11.11	小结		316

第 12 章 特殊的集合 …… 317

12.1	概述		317
12.2	处理位		317
	12.2.1	BitArray 类	318
	12.2.2	BitVector32 结构	320
12.3	可观察的集合		323

12.4	不变的集合	324
12.4.1	使用构建器和不变的集合	327
12.4.2	不变集合类型和接口	327
12.4.3	使用 LINQ 和不变的数组	328
12.5	并发集合	328
12.5.1	创建管道	329
12.5.2	使用 BlockingCollection	332
12.5.3	使用 ConcurrentDictionary	333
12.5.4	完成管道	334
12.6	小结	335

第 13 章 LINQ ... 337

- 13.1 LINQ 概述 ... 337
  - 13.1.1 列表和实体 ... 338
  - 13.1.2 LINQ 查询 ... 341
  - 13.1.3 扩展方法 ... 342
  - 13.1.4 推迟查询的执行 ... 343
- 13.2 标准的查询操作符 ... 345
  - 13.2.1 筛选 ... 347
  - 13.2.2 用索引筛选 ... 347
  - 13.2.3 类型筛选 ... 348
  - 13.2.4 复合的 from 子句 ... 348
  - 13.2.5 排序 ... 349
  - 13.2.6 分组 ... 350
  - 13.2.7 LINQ 查询中的变量 ... 351
  - 13.2.8 对嵌套的对象分组 ... 352
  - 13.2.9 内连接 ... 353
  - 13.2.10 左外连接 ... 355
  - 13.2.11 组连接 ... 355
  - 13.2.12 集合操作 ... 358
  - 13.2.13 合并 ... 360
  - 13.2.14 分区 ... 360
  - 13.2.15 聚合操作符 ... 362
  - 13.2.16 转换操作符 ... 363
  - 13.2.17 生成操作符 ... 365
- 13.3 并行 LINQ ... 365
  - 13.3.1 并行查询 ... 365
  - 13.3.2 分区器 ... 366
  - 13.3.3 取消 ... 367
- 13.4 表达式树 ... 367
- 13.5 LINQ 提供程序 ... 370
- 13.6 小结 ... 371

第 14 章 错误和异常 ... 372

- 14.1 简介 ... 372
- 14.2 异常类 ... 373
- 14.3 捕获异常 ... 374
  - 14.3.1 实现多个 catch 块 ... 377
  - 14.3.2 在其他代码中捕获异常 ... 380
  - 14.3.3 System.Exception 属性 ... 380
  - 14.3.4 异常过滤器 ... 381
  - 14.3.5 重新抛出异常 ... 382
  - 14.3.6 没有处理异常时发生的情况 ... 386
- 14.4 用户定义的异常类 ... 386
  - 14.4.1 捕获用户定义的异常 ... 387
  - 14.4.2 抛出用户定义的异常 ... 389
  - 14.4.3 定义用户定义的异常类 ... 392
- 14.5 调用者信息 ... 394
- 14.6 小结 ... 396

第 15 章 异步编程 ... 397

- 15.1 异步编程的重要性 ... 397
- 15.2 异步模式 ... 398
  - 15.2.1 同步调用 ... 405
  - 15.2.2 异步模式 ... 406
  - 15.2.3 基于事件的异步模式 ... 407
  - 15.2.4 基于任务的异步模式 ... 408
- 15.3 异步编程的基础 ... 410
  - 15.3.1 创建任务 ... 410
  - 15.3.2 调用异步方法 ... 411
  - 15.3.3 延续任务 ... 411
  - 15.3.4 同步上下文 ... 412
  - 15.3.5 使用多个异步方法 ... 412
  - 15.3.6 转换异步模式 ... 413

15.4 错误处理 414
　　15.4.1 异步方法的异常处理 415
　　15.4.2 多个异步方法的异常处理 415
　　15.4.3 使用 AggregateException 信息 416
15.5 取消 417
　　15.5.1 开始取消任务 417
　　15.5.2 使用框架特性取消任务 417
　　15.5.3 取消自定义任务 418
15.6 小结 419

第 16 章 反射、元数据和动态编程 420
16.1 在运行期间检查代码和动态编程 420
16.2 自定义特性 421
　　16.2.1 编写自定义特性 422
　　16.2.2 自定义特性示例：WhatsNewAttributes 425
16.3 反射 428
　　16.3.1 System.Type 类 428
　　16.3.2 TypeView 示例 430
　　16.3.3 Assembly 类 433
　　16.3.4 完成 WhatsNewAttributes 示例 434
16.4 为反射使用动态语言扩展 438
　　16.4.1 创建 Calculator 库 438
　　16.4.2 动态实例化类型 440
　　16.4.3 用反射 API 调用成员 442
　　16.4.4 使用动态类型调用成员 442
16.5 dynamic 类型 443
16.6 DLR 448
16.7 包含 DLR ScriptRuntime 449
16.8 DynamicObject 和 ExpandoObject 451
　　16.8.1 DynamicObject 451
　　16.8.2 ExpandoObject 453
16.9 小结 455

第 Ⅱ 部分 .NET Core 与 Windows Runtime

第 17 章 Visual Studio 2015 458
17.1 使用 Visual Studio 2015 458
　　17.1.1 Visual Studio 的版本 461
　　17.1.2 Visual Studio 设置 461
17.2 创建项目 462
　　17.2.1 面向多个版本的.NET Framework 463
　　17.2.2 选择项目类型 464
17.3 浏览并编写项目 469
　　17.3.1 构建环境：CLI 和 MSBuild 469
　　17.3.2 Solution Explorer 470
　　17.3.3 使用代码编辑器 477
　　17.3.4 学习和理解其他窗口 481
　　17.3.5 排列窗口 485
17.4 构建项目 485
　　17.4.1 构建、编译和生成代码 486
　　17.4.2 调试版本和发布版本 486
　　17.4.3 选择配置 488
　　17.4.4 编辑配置 488
17.5 调试代码 490
　　17.5.1 设置断点 490
　　17.5.2 使用数据提示和调试器可视化工具 491
　　17.5.3 Live Visual Tree 492
　　17.5.4 监视和修改变量 493
　　17.5.5 异常 494
　　17.5.6 多线程 495
17.6 重构工具 495
17.7 体系结构工具 497
　　17.7.1 代码地图 498
　　17.7.2 层关系图 499
17.8 分析应用程序 500
　　17.8.1 诊断工具 500
　　17.8.2 Concurrency Visualizer 504
　　17.8.3 代码分析器 505

17.8.4　Code Metrics ················ 506
17.9　小结 ····························· 506

第18章　.NET 编译器平台 ············ 507
18.1　简介 ····························· 507
18.2　编译器管道 ······················· 509
18.3　语法分析 ························· 509
  18.3.1　使用查询节点 ············ 515
  18.3.2　遍历节点 ················ 517
18.4　语义分析 ························· 519
  18.4.1　编译 ····················· 520
  18.4.2　语义模型 ················ 521
18.5　代码转换 ························· 522
  18.5.1　创建新树 ················ 522
  18.5.2　使用语法重写器 ········ 524
18.6　Visual Studio Code 重构 ········ 529
  18.6.1　VSIX 包 ················· 529
  18.6.2　代码重构提供程序 ······ 532
18.7　小结 ····························· 537

第19章　测试 ······························ 538
19.1　概述 ····························· 538
19.2　使用 MSTest 进行单元测试 ····· 539
  19.2.1　使用 MSTest 创建单元
     测试 ···················· 539
  19.2.2　运行单元测试 ············ 541
  19.2.3　使用 MSTest 预期异常 ··· 543
  19.2.4　测试全部代码路径 ······ 544
  19.2.5　外部依赖 ················ 544
  19.2.6　Fakes Framework ······· 547
  19.2.7　IntelliTest ················ 549
19.3　使用 xUnit 进行单元测试 ······ 549
  19.3.1　使用 xUnit 和.NET Core · 550
  19.3.2　创建 Fact 属性 ··········· 550
  19.3.3　创建 Theory 属性 ········ 551
  19.3.4　用 dotnet 工具运行单元
     测试 ···················· 552
  19.3.5　使用 Mocking 库 ········ 552
19.4　UI 测试 ························· 556
19.5　Web 测试 ······················· 559
  19.5.1　创建 Web 测试 ··········· 560
  19.5.2　运行 Web 测试 ··········· 562
  19.5.3　Web 负载测试 ··········· 563
19.6　小结 ····························· 565

第20章　诊断和 Application Insights ···· 566
20.1　诊断概述 ························· 566
20.2　使用 EventSource 跟踪 ········ 567
  20.2.1　EventSource 的简单用法 ··· 568
  20.2.2　跟踪工具 ················ 570
  20.2.3　派生自 EventSource ····· 572
  20.2.4　使用注释和 EventSource ·· 574
  20.2.5　创建事件清单模式 ······ 576
  20.2.6　使用活动 ID ············ 578
20.3　创建自定义侦听器 ············· 581
20.4　使用 Application Insights ······ 582
  20.4.1　创建通用 Windows 应用
     程序 ···················· 583
  20.4.2　创建 Application Insights
     资源 ···················· 583
  20.4.3　配置 Windows 应用程序 ·· 584
  20.4.4　使用收集器 ·············· 586
  20.4.5　编写自定义事件 ········· 587
20.5　小结 ····························· 588

第21章　任务和并行编程 ············ 590
21.1　概述 ····························· 590
21.2　Parallel 类 ······················ 591
  21.2.1　使用 Parallel.For()方法
     循环 ···················· 591
  21.2.2　提前停止 Parallel.For ···· 594
  21.2.3　Parallel.For()的初始化 ··· 595
  21.2.4　使用 Parallel.ForEach()
     方法循环 ··············· 596
  21.2.5　通过 Parallel.Invoke()方法
     调用多个方法 ·········· 597
21.3　任务 ····························· 597
  21.3.1　启动任务 ················ 597
  21.3.2　Future——任务的结果 ··· 600
  21.3.3　连续的任务 ·············· 601

	21.3.4	任务层次结构	602
	21.3.5	从方法中返回任务	603
	21.3.6	等待任务	603
21.4	取消架构		604
	21.4.1	Parallel.For()方法的取消	604
	21.4.2	任务的取消	605
21.5	数据流		607
	21.5.1	使用动作块	607
	21.5.2	源和目标数据块	608
	21.5.3	连接块	609
21.6	小结		611

第22章 任务同步 612

- 22.1 概述 613
- 22.2 线程问题 613
  - 22.2.1 争用条件 614
  - 22.2.2 死锁 616
- 22.3 lock 语句和线程安全 618
- 22.4 Interlocked 类 623
- 22.5 Monitor 类 624
- 22.6 SpinLock 结构 625
- 22.7 WaitHandle 基类 626
- 22.8 Mutex 类 627
- 22.9 Semaphore 类 628
- 22.10 Events 类 630
- 22.11 Barrier 类 633
- 22.12 ReaderWriterLockSlim 类 636
- 22.13 Timer 类 639
- 22.14 小结 641

第23章 文件和流 643

- 23.1 概述 644
- 23.2 管理文件系统 644
  - 23.2.1 检查驱动器信息 645
  - 23.2.2 使用 Path 类 646
  - 23.2.3 创建文件和文件夹 647
  - 23.2.4 访问和修改文件的属性 648
  - 23.2.5 创建简单的编辑器 649
  - 23.2.6 使用 File 执行读写操作 651
- 23.3 枚举文件 653
- 23.4 使用流处理文件 654
  - 23.4.1 使用文件流 655
  - 23.4.2 读取流 659
  - 23.4.3 写入流 659
  - 23.4.4 复制流 660
  - 23.4.5 随机访问流 661
  - 23.4.6 使用缓存的流 663
- 23.5 使用读取器和写入器 663
  - 23.5.1 StreamReader 类 663
  - 23.5.2 StreamWriter 类 664
  - 23.5.3 读写二进制文件 665
- 23.6 压缩文件 666
  - 23.6.1 使用压缩流 667
  - 23.6.2 压缩文件 668
- 23.7 观察文件的更改 668
- 23.8 使用内存映射的文件 670
  - 23.8.1 使用访问器创建内存映射文件 671
  - 23.8.2 使用流创建内存映射文件 673
- 23.9 使用管道通信 675
  - 23.9.1 创建命名管道服务器 675
  - 23.9.2 创建命名管道客户端 677
  - 23.9.3 创建匿名管道 677
- 23.10 通过 Windows 运行库使用文件和流 679
  - 23.10.1 Windows 应用程序编辑器 679
  - 23.10.2 把 Windows Runtime 类型映射为.NET 类型 682
- 23.11 小结 684

第24章 安全性 685

- 24.1 概述 685
- 24.2 验证用户信息 686
  - 24.2.1 使用 Windows 标识 686
  - 24.2.2 Windows Principal 687
  - 24.2.3 使用声称 688
- 24.3 加密数据 690
  - 24.3.1 创建和验证签名 692

24.3.2 实现安全的数据交换……694
24.3.3 使用 RSA 签名和散列……697
24.3.4 实现数据的保护…………700
24.4 资源的访问控制………………703
24.5 使用证书发布代码……………706
24.6 小结……………………………707

第 25 章 网络……………………………708
25.1 网络………………………………708
25.2 HttpClient 类……………………709
 25.2.1 发出异步的 Get 请求………709
 25.2.2 抛出异常……………………710
 25.2.3 传递标题……………………711
 25.2.4 访问内容……………………713
 25.2.5 用 HttpMessageHandler 自定义请求…………………713
 25.2.6 使用 SendAsync 创建 HttpRequestMessage………714
 25.2.7 使用 HttpClient 和 Windows Runtime……………………715
25.3 使用 WebListener 类……………717
25.4 使用实用工具类…………………720
 25.4.1 URI……………………………721
 25.4.2 IPAddress……………………722
 25.4.3 IPHostEntry…………………723
 25.4.4 Dns……………………………724
25.5 使用 TCP…………………………725
 25.5.1 使用 TCP 创建 HTTP 客户程序……………………726
 25.5.2 创建 TCP 侦听器……………728
 25.5.3 创建 TCP 客户端……………736
 25.5.4 TCP 和 UDP…………………740
25.6 使用 UDP…………………………740
 25.6.1 建立 UDP 接收器……………741
 25.6.2 创建 UDP 发送器……………742
 25.6.3 使用多播……………………745
25.7 使用套接字………………………745
 25.7.1 使用套接字创建侦听器……746
 25.7.2 使用 NetworkStream 和套接字……………………749

25.7.3 通过套接字使用读取器和写入器……………………749
25.7.4 使用套接字实现接收器……751
25.8 小结………………………………753

第 26 章 Composition……………………754
26.1 概述………………………………754
26.2 Composition 库的体系结构……756
 26.2.1 使用特性的 Composition……757
 26.2.2 基于约定的部件注册………763
26.3 定义协定…………………………766
26.4 导出部件…………………………770
 26.4.1 创建部件……………………770
 26.4.2 使用部件的部件……………776
 26.4.3 导出元数据…………………776
 26.4.4 使用元数据进行惰性加载……………………………778
26.5 导入部件…………………………779
 26.5.1 导入连接……………………782
 26.5.2 部件的惰性加载……………784
 26.5.3 读取元数据…………………784
26.6 小结………………………………786

第 27 章 XML 和 JSON…………………787
27.1 数据格式…………………………787
 27.1.1 XML…………………………788
 27.1.2 .NET 支持的 XML 标准……789
 27.1.3 在框架中使用 XML…………790
 27.1.4 JSON…………………………790
27.2 读写流格式的 XML………………792
 27.2.1 使用 XmlReader 类读取 XML……………………793
 27.2.2 使用 XmlWriter 类…………797
27.3 在.NET 中使用 DOM……………798
 27.3.1 使用 XmlDocument 类读取……………………………799
 27.3.2 遍历层次结构………………799
 27.3.3 使用 XmlDocument 插入节点……………………………800
27.4 使用 XPathNavigator 类…………802

27.4.1	XPathDocument 类	802
27.4.2	XPathNavigator 类	803
27.4.3	XPathNodeIterator 类	803
27.4.4	使用 XPath 导航 XML	803
27.4.5	使用 XPath 评估	804
27.4.6	用 XPath 修改 XML	805

27.5 在 XML 中序列化对象 …… 806
  27.5.1 序列化简单对象 …… 807
  27.5.2 序列化一个对象树 …… 809
  27.5.3 没有特性的序列化 …… 811

27.6 LINQ to XML …… 814
  27.6.1 XDocument 对象 …… 815
  27.6.2 XElement 对象 …… 816
  27.6.3 XNamespace 对象 …… 817
  27.6.4 XComment 对象 …… 818
  27.6.5 XAttribute 对象 …… 819
  27.6.6 使用 LINQ 查询 XML 文档 …… 820
  27.6.7 查询动态的 XML 文档 …… 821
  27.6.8 转换为对象 …… 822
  27.6.9 转换为 XML …… 823

27.7 JSON …… 824
  27.7.1 创建 JSON …… 825
  27.7.2 转换对象 …… 825
  27.7.3 序列化对象 …… 827

27.8 小结 …… 828

第 28 章 本地化 …… 829

28.1 全球市场 …… 830
28.2 System.Globalization 名称空间 …… 830
  28.2.1 Unicode 问题 …… 830
  28.2.2 区域性和区域 …… 831
  28.2.3 使用区域性 …… 835
  28.2.4 排序 …… 841
28.3 资源 …… 843
  28.3.1 资源读取器和写入器 …… 843
  28.3.2 使用资源文件生成器 …… 844
  28.3.3 通过 ResourceManager 使用资源文件 …… 845
  28.3.4 System.Resources 名称空间 …… 846
28.4 使用 WPF 本地化 …… 846
28.5 使用 ASP.NET Core 本地化 …… 848
  28.5.1 注册本地化服务 …… 848
  28.5.2 注入本地化服务 …… 849
  28.5.3 区域性提供程序 …… 850
  28.5.4 在 ASP.NET Core 中使用资源 …… 851
28.6 本地化通用 Windows 平台 …… 852
  28.6.1 给 UWP 使用资源 …… 853
  28.6.2 使用多语言应用程序工具集进行本地化 …… 854
28.7 创建自定义区域性 …… 856
28.8 小结 …… 857

第Ⅲ部分 Windows 应用程序

第 29 章 核心 XAML …… 860

29.1 XAML 的作用 …… 860
29.2 XAML 概述 …… 861
  29.2.1 使用 WPF 把元素映射到类上 …… 862
  29.2.2 通过通用 Windows 应用程序把元素映射到类上 …… 863
  29.2.3 使用自定义 .NET 类 …… 864
  29.2.4 把属性用作特性 …… 865
  29.2.5 把属性用作元素 …… 866
  29.2.6 使用集合和 XAML …… 867
29.3 依赖属性 …… 867
  29.3.1 创建依赖属性 …… 868
  29.3.2 值变更回调和事件 …… 869
  29.3.3 强制值回调和 WPF …… 870
29.4 路由事件 …… 871
  29.4.1 用于 Windows 应用程序的路由事件 …… 871
  29.4.2 WPF 的冒泡和隧道 …… 873
  29.4.3 用 WPF 实现自定义路由事件 …… 875
29.5 附加属性 …… 876

29.6	标记扩展	879
	29.6.1 创建自定义标记扩展	880
	29.6.2 XAML 定义的标记扩展	882
29.7	小结	882

第 30 章 样式化 XAML 应用程序……883

- 30.1 样式设置 …… 883
- 30.2 形状 …… 884
- 30.3 几何图形 …… 887
  - 30.3.1 使用段的几何图形 …… 887
  - 30.3.2 使用 PML 的几何图形 …… 888
  - 30.3.3 合并的几何图形(WPF) …… 889
- 30.4 变换 …… 889
  - 30.4.1 缩放 …… 890
  - 30.4.2 平移 …… 890
  - 30.4.3 旋转 …… 891
  - 30.4.4 倾斜 …… 891
  - 30.4.5 组合变换和复合变换 …… 891
  - 30.4.6 使用矩阵的变换 …… 891
  - 30.4.7 变换布局 …… 892
- 30.5 画笔 …… 893
  - 30.5.1 SolidColorBrush …… 893
  - 30.5.2 LinearGradientBrush …… 894
  - 30.5.3 ImageBrush …… 894
  - 30.5.4 WebViewBrush …… 894
  - 30.5.5 只用于 WPF 的画笔 …… 895
- 30.6 样式和资源 …… 898
  - 30.6.1 样式 …… 898
  - 30.6.2 资源 …… 900
  - 30.6.3 从代码中访问资源 …… 901
  - 30.6.4 动态资源(WPF) …… 902
  - 30.6.5 资源字典 …… 903
  - 30.6.6 主题资源(UWP) …… 905
- 30.7 模板 …… 906
  - 30.7.1 控件模板 …… 907
  - 30.7.2 数据模板 …… 912
  - 30.7.3 样式化 ListView …… 913
  - 30.7.4 ListView 项的数据模板 …… 915
  - 30.7.5 项容器的样式 …… 915
  - 30.7.6 项面板 …… 916
  - 30.7.7 列表视图的控件模板 …… 917
- 30.8 动画 …… 918
  - 30.8.1 时间轴 …… 919
  - 30.8.2 缓动函数 …… 921
  - 30.8.3 关键帧动画 …… 927
  - 30.8.4 过渡(UWP 应用程序) …… 928
- 30.9 可视化状态管理器 …… 931
  - 30.9.1 用控件模板预定义状态 …… 932
  - 30.9.2 定义自定义状态 …… 933
  - 30.9.3 设置自定义的状态 …… 934
- 30.10 小结 …… 934

第 31 章 模式和 XAML 应用程序……935

- 31.1 使用 MVVM 的原因 …… 935
- 31.2 定义 MVVM 模式 …… 936
- 31.3 共享代码 …… 938
  - 31.3.1 使用 API 协定和通用 Windows 平台 …… 938
  - 31.3.2 使用共享项目 …… 939
  - 31.3.3 使用移动库 …… 941
- 31.4 示例解决方案 …… 942
- 31.5 模型 …… 942
  - 31.5.1 实现变更通知 …… 943
  - 31.5.2 使用 Repository 模式 …… 944
- 31.6 视图模型 …… 946
  - 31.6.1 命令 …… 948
  - 31.6.2 服务和依赖注入 …… 949
- 31.7 视图 …… 952
  - 31.7.1 注入视图模型 …… 953
  - 31.7.2 用于 WPF 的数据绑定 …… 953
  - 31.7.3 用于 UWP 的已编译数据绑定 …… 955
- 31.8 使用事件传递消息 …… 957
- 31.9 IoC 容器 …… 959
- 31.10 使用框架 …… 961
- 31.11 小结 …… 961

第32章 Windows 应用程序：用户界面 ·············· 962

- 32.1 概述 ·············· 962
- 32.2 导航 ·············· 963
  - 32.2.1 导航回最初的页面 ·············· 963
  - 32.2.2 重写 Page 类的导航 ·············· 965
  - 32.2.3 在页面之间导航 ·············· 965
  - 32.2.4 后退按钮 ·············· 967
  - 32.2.5 Hub ·············· 969
  - 32.2.6 Pivot ·············· 971
  - 32.2.7 应用程序 shell ·············· 972
  - 32.2.8 汉堡按钮 ·············· 976
  - 32.2.9 分隔视图 ·············· 977
  - 32.2.10 给 SplitView 窗格添加内容 ·············· 979
- 32.3 布局 ·············· 981
  - 32.3.1 VariableSizedWrapGrid ·············· 981
  - 32.3.2 RelativePanel ·············· 983
  - 32.3.3 自适应触发器 ·············· 984
  - 32.3.4 XAML 视图 ·············· 988
  - 32.3.5 延迟加载 ·············· 988
- 32.4 命令 ·············· 989
- 32.5 已编译的数据绑定 ·············· 992
  - 32.5.1 已编译绑定的生命周期 ·············· 992
  - 32.5.2 给已编译的数据模板使用资源 ·············· 994
- 32.6 控件 ·············· 995
  - 32.6.1 TextBox 控件 ·············· 995
  - 32.6.2 AutoSuggest ·············· 996
  - 32.6.3 Inking ·············· 998
  - 32.6.4 读写笔触的选择器 ·············· 1001
- 32.7 小结 ·············· 1002

第33章 高级 Windows 应用程序 ·············· 1003

- 33.1 概述 ·············· 1003
- 33.2 应用程序的生命周期 ·············· 1004
- 33.3 应用程序的执行状态 ·············· 1004
- 33.4 导航状态 ·············· 1007
  - 33.4.1 暂停应用程序 ·············· 1008
  - 33.4.2 激活暂停的应用程序 ·············· 1009
  - 33.4.3 测试暂停 ·············· 1010
  - 33.4.4 页面状态 ·············· 1011
- 33.5 共享数据 ·············· 1013
  - 33.5.1 共享源 ·············· 1014
  - 33.5.2 共享目标 ·············· 1017
- 33.6 应用程序服务 ·············· 1023
  - 33.6.1 创建模型 ·············· 1024
  - 33.6.2 为应用程序服务连接创建后台任务 ·············· 1025
  - 33.6.3 注册应用程序服务 ·············· 1026
  - 33.6.4 调用应用程序服务 ·············· 1027
- 33.7 相机 ·············· 1029
- 33.8 Geolocation 和 Mapcontrol ·············· 1031
  - 33.8.1 使用 MapControl ·············· 1031
  - 33.8.2 使用 Geolocator 定位信息 ·············· 1034
  - 33.8.3 街景地图 ·············· 1036
  - 33.8.4 继续请求位置信息 ·············· 1037
- 33.9 传感器 ·············· 1037
  - 33.9.1 光线 ·············· 1038
  - 33.9.2 罗盘 ·············· 1040
  - 33.9.3 加速计 ·············· 1041
  - 33.9.4 倾斜计 ·············· 1042
  - 33.9.5 陀螺仪 ·············· 1042
  - 33.9.6 方向 ·············· 1043
  - 33.9.7 Rolling Marble 示例 ·············· 1044
- 33.10 小结 ·············· 1046

第34章 带 WPF 的 Windows 桌面应用程序 ·············· 1047

- 34.1 概述 ·············· 1048
- 34.2 控件 ·············· 1048
  - 34.2.1 简单控件 ·············· 1048
  - 34.2.2 内容控件 ·············· 1049
  - 34.2.3 带标题的内容控件 ·············· 1050
  - 34.2.4 项控件 ·············· 1052
  - 34.2.5 带标题的项控件 ·············· 1052
  - 34.2.6 修饰 ·············· 1052

34.3	布局	1053
	34.3.1 StackPanel	1054
	34.3.2 WrapPanel	1054
	34.3.3 Canvas	1055
	34.3.4 DockPanel	1056
	34.3.5 Grid	1056
34.4	触发器	1058
	34.4.1 属性触发器	1058
	34.4.2 多触发器	1059
	34.4.3 数据触发器	1060
34.5	菜单和功能区控件	1062
	34.5.1 菜单控件	1062
	34.5.2 功能区控件	1063
34.6	Commanding	1065
	34.6.1 定义命令	1066
	34.6.2 定义命令源	1067
	34.6.3 命令绑定	1067
34.7	数据绑定	1068
	34.7.1 BooksDemo 应用程序内容	1069
	34.7.2 用 XAML 绑定	1070
	34.7.3 简单对象的绑定	1073
	34.7.4 更改通知	1075
	34.7.5 对象数据提供程序	1077
	34.7.6 列表绑定	1079
	34.7.7 主从绑定	1082
	34.7.8 多绑定	1082
	34.7.9 优先绑定	1084
	34.7.10 值的转换	1086
	34.7.11 动态添加列表项	1087
	34.7.12 动态添加选项卡中的项	1088
	34.7.13 数据模板选择器	1089
	34.7.14 绑定到 XML 上	1091
	34.7.15 绑定的验证和错误处理	1093
34.8	TreeView	1101
34.9	DataGrid	1106
	34.9.1 自定义列	1108
	34.9.2 行的细节	1109
	34.9.3 用 DataGrid 进行分组	1109
	34.9.4 实时成型	1112
34.10	小结	1118

第 35 章	用 WPF 创建文档	1119
35.1	简介	1119
35.2	文本元素	1120
	35.2.1 字体	1120
	35.2.2 TextEffect	1121
	35.2.3 内联	1123
	35.2.4 块	1124
	35.2.5 列表	1126
	35.2.6 表	1126
	35.2.7 块的锚定	1128
35.3	流文档	1130
35.4	固定文档	1134
35.5	XPS 文档	1137
35.6	打印	1139
	35.6.1 用 PrintDialog 打印	1139
	35.6.2 打印可见元素	1140
35.7	小结	1142

第 36 章	部署 Windows 应用程序	1143
36.1	部署是应用程序生命周期的一部分	1143
36.2	部署的规划	1144
	36.2.1 部署选项	1144
	36.2.2 部署要求	1144
	36.2.3 部署 .NET 运行库	1145
36.3	传统的部署选项	1145
	36.3.1 xcopy 部署	1146
	36.3.2 Windows Installer	1146
36.4	ClickOnce	1147
	36.4.1 ClickOnce 操作	1147
	36.4.2 发布 ClickOnce 应用程序	1147
	36.4.3 ClickOnce 设置	1149
	36.4.4 ClickOnce 文件的应用程序缓存	1151

	36.4.5 应用程序的安装……1151	38.4.1	创建关系……1184
	36.4.6 ClickOnce 部署 API……1152	38.4.2	用.NET CLI 迁移……1185
36.5	UWP 应用程序……1153	38.4.3	用 MSBuild 迁移……1187
	36.5.1 创建应用程序包……1153	38.4.4	创建数据库……1188
	36.5.2 Windows App Certification Kit……1155	38.4.5	数据注释……1189
		38.4.6	流利 API……1190
	36.5.3 旁加载……1156	38.4.7	在数据库中搭建模型……1191
36.6	小结……1156	38.5	使用对象状态……1191

第Ⅳ部分 Web 应用程序和服务

		38.5.1	用关系添加对象……1192
第 37 章	ADO.NET……1158	38.5.2	对象的跟踪……1193
37.1	ADO.NET 概述……1158	38.5.3	更新对象……1194
	37.1.1 示例数据库……1159	38.5.4	更新未跟踪的对象……1195
	37.1.2 NuGet 包和名称空间……1160	38.6	冲突的处理……1196
37.2	使用数据库连接……1160		38.6.1 最后一个更改获胜……1196
	37.2.1 管理连接字符串……1161		38.6.2 第一个更改获胜……1198
	37.2.2 连接池……1162	38.7	使用事务……1202
	37.2.3 连接信息……1162		38.7.1 使用隐式的事务……1202
37.3	命令……1162		38.7.2 创建显式的事务……1204
	37.3.1 ExecuteNonQuery() 方法……1164	38.8	小结……1206
		第 39 章	Windows 服务……1207
	37.3.2 ExecuteScalar()方法……1165	39.1	Windows 服务……1207
	37.3.3 ExecuteReader()方法……1165	39.2	Windows 服务的体系结构……1209
	37.3.4 调用存储过程……1167		39.2.1 服务程序……1209
37.4	异步数据访问……1168		39.2.2 服务控制程序……1210
37.5	事务……1169		39.2.3 服务配置程序……1210
37.6	小结……1173		39.2.4 Windows 服务的类……1211
第 38 章	Entity Framework Core……1174	39.3	创建 Windows 服务程序……1211
38.1	Entity Framework 简史……1174		39.3.1 创建服务的核心功能……1211
38.2	Entity Framework 简介……1176		39.3.2 QuoteClient 示例……1214
	38.2.1 创建模型……1176		39.3.3 Windows 服务程序……1218
	38.2.2 创建上下文……1177		39.3.4 线程化和服务……1221
	38.2.3 写入数据库……1178		39.3.5 服务的安装……1222
	38.2.4 读取数据库……1179		39.3.6 安装程序……1222
	38.2.5 更新记录……1180	39.4	Windows 服务的监控和控制……1226
	38.2.6 删除记录……1180		
38.3	使用依赖注入……1181		39.4.1 MMC 管理单元……1226
38.4	创建模型……1184		39.4.2 net.exe 实用程序……1227
			39.4.3 sc.exe 实用程序……1227

	39.4.4	Visual Studio Server Explorer	1227
	39.4.5	编写自定义 ServiceController 类	1228
39.5	故障排除和事件日志		1236
39.6	小结		1237

第40章 ASP.NET Core 1238

- 40.1 ASP.NET Core 1.0 ……………… 1238
- 40.2 Web 技术 ……………… 1239
  - 40.2.1 HTML ……………… 1239
  - 40.2.2 CSS ……………… 1240
  - 40.2.3 JavaScript 和 TypeScript ……………… 1240
  - 40.2.4 脚本库 ……………… 1240
- 40.3 ASP.NET Web 项目 ……………… 1241
- 40.4 启动 ……………… 1245
- 40.5 添加静态内容 ……………… 1248
  - 40.5.1 使用 JavaScript 包管理器：npm ……………… 1249
  - 40.5.2 用 gulp 构建 ……………… 1250
  - 40.5.3 通过 Bower 使用客户端库 ……………… 1252
- 40.6 请求和响应 ……………… 1254
  - 40.6.1 请求标题 ……………… 1256
  - 40.6.2 查询字符串 ……………… 1258
  - 40.6.3 编码 ……………… 1259
  - 40.6.4 表单数据 ……………… 1260
  - 40.6.5 cookie ……………… 1261
  - 40.6.6 发送 JSON ……………… 1262
- 40.7 依赖注入 ……………… 1262
  - 40.7.1 定义服务 ……………… 1263
  - 40.7.2 注册服务 ……………… 1263
  - 40.7.3 注入服务 ……………… 1264
  - 40.7.4 调用控制器 ……………… 1264
- 40.8 使用映射的路由 ……………… 1265
- 40.9 使用中间件 ……………… 1266
- 40.10 会话状态 ……………… 1268
- 40.11 配置 ASP.NET ……………… 1270
  - 40.11.1 读取配置 ……………… 1271
  - 40.11.2 基于环境的不同配置 ……………… 1271
  - 40.11.3 用户密钥 ……………… 1272
- 40.12 小结 ……………… 1273

第41章 ASP.NET MVC 1274

- 41.1 为 ASP.NET MVC 6 建立服务 ……………… 1274
- 41.2 定义路由 ……………… 1276
  - 41.2.1 添加路由 ……………… 1277
  - 41.2.2 使用路由约束 ……………… 1278
- 41.3 创建控制器 ……………… 1278
  - 41.3.1 理解动作方法 ……………… 1278
  - 41.3.2 使用参数 ……………… 1279
  - 41.3.3 返回数据 ……………… 1280
  - 41.3.4 使用 Controller 基类和 POCO 控制器 ……………… 1281
- 41.4 创建视图 ……………… 1283
  - 41.4.1 向视图传递数据 ……………… 1283
  - 41.4.2 Razor 语法 ……………… 1284
  - 41.4.3 创建强类型视图 ……………… 1285
  - 41.4.4 定义布局 ……………… 1286
  - 41.4.5 用部分视图定义内容 ……………… 1290
  - 41.4.6 使用视图组件 ……………… 1294
  - 41.4.7 在视图中使用依赖注入 ……………… 1296
  - 41.4.8 为多个视图导入名称空间 ……………… 1296
- 41.5 从客户端提交数据 ……………… 1296
  - 41.5.1 模型绑定器 ……………… 1298
  - 41.5.2 注解和验证 ……………… 1299
- 41.6 使用 HTML Helper ……………… 1300
  - 41.6.1 简单的 Helper ……………… 1300
  - 41.6.2 使用模型数据 ……………… 1301
  - 41.6.3 定义 HTML 特性 ……………… 1302
  - 41.6.4 创建列表 ……………… 1302
  - 41.6.5 强类型化的 Helper ……………… 1303
  - 41.6.6 编辑器扩展 ……………… 1304
  - 41.6.7 实现模板 ……………… 1304

XXXIII

- 41.7 标记辅助程序·················1305
  - 41.7.1 激活标记辅助程序·········1306
  - 41.7.2 使用锚定标记辅助
    程序······················1306
  - 41.7.3 使用标签标记辅助
    程序······················1307
  - 41.7.4 使用输入标记辅助
    程序······················1308
  - 41.7.5 使用表单进行验证·········1309
  - 41.7.6 创建自定义标记辅助
    程序······················1310
- 41.8 实现动作过滤器···············1313
- 41.9 创建数据驱动的应用程序·····1315
  - 41.9.1 定义模型·················1315
  - 41.9.2 创建数据库···············1317
  - 41.9.3 创建服务·················1319
  - 41.9.4 创建控制器···············1321
  - 41.9.5 创建视图·················1324
- 41.10 实现身份验证和授权··········1327
  - 41.10.1 存储和检索用户
    信息·····················1327
  - 41.10.2 启动身份系统············1328
  - 41.10.3 执行用户注册············1329
  - 41.10.4 设置用户登录············1331
  - 41.10.5 验证用户的身份··········1332
- 41.11 小结······························1333

第42章 ASP.NET Web API ·············1334
- 42.1 概述···························1334
- 42.2 创建服务·····················1335
  - 42.2.1 定义模型·················1336
  - 42.2.2 创建存储库···············1336
  - 42.2.3 创建控制器···············1338
  - 42.2.4 修改响应格式·············1341
  - 42.2.5 REST 结果和状态码·······1341
- 42.3 创建异步服务·················1342
- 42.4 创建.NET 客户端··············1345
  - 42.4.1 发送 GET 请求············1345
  - 42.4.2 从服务中接收 XML·······1349
  - 42.4.3 发送 POST 请求···········1350
  - 42.4.4 发送 PUT 请求············1351
  - 42.4.5 发送 DELETE 请求········1352
- 42.5 写入数据库···················1353
  - 42.5.1 定义数据库···············1353
  - 42.5.2 创建存储库···············1354
- 42.6 创建元数据···················1356
- 42.7 创建和使用 OData 服务······1358
  - 42.7.1 创建数据模型·············1358
  - 42.7.2 创建服务·················1359
  - 42.7.3 OData 查询················1360
- 42.8 小结···························1361

第43章 WebHooks 和 SignalR········1362
- 43.1 概述···························1362
- 43.2 SignalR 的体系结构···········1363
- 43.3 使用 SignalR 的简单聊天
  程序·····························1364
  - 43.3.1 创建集线器···············1364
  - 43.3.2 用 HTML 和 JavaScript
    创建客户端···············1365
  - 43.3.3 创建 SignalR .NET
    客户端···················1367
- 43.4 分组连接·····················1370
  - 43.4.1 用分组扩展集线器·······1371
  - 43.4.2 用分组扩展 WPF
    客户端···················1372
- 43.5 WebHooks 的体系结构·······1375
- 43.6 创建 Dropbox 和 GitHub
  接收器·····························1376
  - 43.6.1 创建 Web 应用程序······1376
  - 43.6.2 为 Dropbox 和 GitHub
    配置 WebHooks··········1377
  - 43.6.3 实现处理程序············1377
  - 43.6.4 用 Dropbox 和 GitHub
    配置应用程序············1379
  - 43.6.5 运行应用程序············1380
- 43.7 小结···························1382

第 44 章 WCF ·········· 1383
- 44.1 WCF 概述 ·········· 1383
  - 44.1.1 SOAP ·········· 1385
  - 44.1.2 WSDL ·········· 1385
- 44.2 创建简单的服务和客户端 ·········· 1386
  - 44.2.1 定义服务和数据协定 ·········· 1386
  - 44.2.2 数据访问 ·········· 1389
  - 44.2.3 服务的实现 ·········· 1390
  - 44.2.4 WCF 服务宿主和 WCF 测试客户端 ·········· 1391
  - 44.2.5 自定义服务宿主 ·········· 1393
  - 44.2.6 WCF 客户端 ·········· 1395
  - 44.2.7 诊断 ·········· 1397
  - 44.2.8 与客户端共享协定程序集 ·········· 1399
- 44.3 协定 ·········· 1400
  - 44.3.1 数据协定 ·········· 1400
  - 44.3.2 版本问题 ·········· 1401
  - 44.3.3 服务协定和操作协定 ·········· 1401
  - 44.3.4 消息协定 ·········· 1402
  - 44.3.5 错误协定 ·········· 1403
- 44.4 服务的行为 ·········· 1404
- 44.5 绑定 ·········· 1408
  - 44.5.1 标准绑定 ·········· 1408
  - 44.5.2 标准绑定的功能 ·········· 1409
  - 44.5.3 WebSocket ·········· 1410
- 44.6 宿主 ·········· 1414
  - 44.6.1 自定义宿主 ·········· 1414
  - 44.6.2 WAS 宿主 ·········· 1415
  - 44.6.3 预配置的宿主类 ·········· 1415
- 44.7 客户端 ·········· 1416
  - 44.7.1 使用元数据 ·········· 1417
  - 44.7.2 共享类型 ·········· 1418
- 44.8 双工通信 ·········· 1418
  - 44.8.1 双工通信的协定 ·········· 1418
  - 44.8.2 用于双工通信的服务 ·········· 1419
  - 44.8.3 用于双工通信的客户应用程序 ·········· 1420
- 44.9 路由 ·········· 1421
  - 44.9.1 路由示例应用程序 ·········· 1422
  - 44.9.2 路由接口 ·········· 1423
  - 44.9.3 WCF 路由服务 ·········· 1423
  - 44.9.4 为故障切换使用路由器 ·········· 1424
  - 44.9.5 改变协定的桥梁 ·········· 1425
  - 44.9.6 过滤器的类型 ·········· 1426
- 44.10 小结 ·········· 1426

第 45 章 部署网站和服务 ·········· 1427
- 45.1 部署 Web 应用程序 ·········· 1427
- 45.2 部署前的准备 ·········· 1428
  - 45.2.1 创建 ASP.NET 4.6 Web 应用程序 ·········· 1428
  - 45.2.2 创建 ASP.NET Core 1.0 Web 应用程序 ·········· 1429
  - 45.2.3 ASP.NET 4.6 的配置文件 ·········· 1430
  - 45.2.4 ASP.NET Core 1.0 的配置文件 ·········· 1431
- 45.3 部署到 IIS ·········· 1433
  - 45.3.1 使用 IIS Manager 准备 Web 应用程序 ·········· 1433
  - 45.3.2 Web 部署到 IIS ·········· 1437
- 45.4 部署到 Microsoft Azure ·········· 1440
  - 45.4.1 创建 SQL 数据库 ·········· 1440
  - 45.4.2 用 SQL Azure 测试本地网站 ·········· 1440
  - 45.4.3 部署到 Microsoft Azure Web 应用 ·········· 1441
- 45.5 部署到 Docker ·········· 1441
- 45.6 小结 ·········· 1442

第 I 部分

C# 语 言

- 第 1 章 .NET 应用程序体系结构
- 第 2 章 核心 C#
- 第 3 章 对象和类型
- 第 4 章 继承
- 第 5 章 托管和非托管的资源
- 第 6 章 泛型
- 第 7 章 数组和元组
- 第 8 章 运算符和类型强制转换
- 第 9 章 委托、lambda 表达式和事件
- 第 10 章 字符串和正则表达式
- 第 11 章 集合
- 第 12 章 特殊的集合
- 第 13 章 LINQ
- 第 14 章 错误和异常
- 第 15 章 异步编程
- 第 16 章 反射、元数据和动态编程

第 1 章

.NET 应用程序体系结构

本章要点
- 回顾.NET 的历史
- 理解.NET Framework 4.6 和.NET Core 1.0 之间的差异
- 程序集和 NuGet 包
- 公共语言运行库
- Windows 运行库的特性
- 编写 "Hello, World!" 程序
- 通用 Windows 平台
- 创建 Windows 应用程序的技术
- 创建 Web 应用程序的技术

本章源代码下载：

打开网页 www.wrox.com/go/professionalcsharp6，单击 Download Code 选项卡即可下载本章源代码。本章代码分为以下几个主要的示例文件：
- DotnetHelloWorld
- HelloWorldApp (.NET Core)

1.1 选择技术

近年来，.NET 已经成为在 Windows 平台上创建任意类型的应用程序的巨大生态系统。有了.NET，可以创建 Windows 应用程序、Web 服务、Web 应用程序以及用于 Microsoft Phone 的应用程序。

.NET 的最新版本对上一版进行了很大的修改——也许是.NET 自问世以来最大的修改。.NET 的大部分代码已开放，还可以为其他平台创建应用程序。.NET 的新版本(.NET Core)和 NuGet 包允许微软公司以更短的更新周期提供新特性。应该使用什么技术来创建应用程序并不容易决定。本章将

提供这方面的帮助。其中包含用于创建 Windows、Web 应用程序和服务的不同技术的信息，指导选择什么技术进行数据库访问，凸显了.NET 和.NET Core 之间的差异。

1.2 回顾.NET 历史

要更好地理解.NET 和 C#的可用功能，最好先了解它的历史。表 1-1 显示了.NET 的版本、对应的公共语言运行库(Common Language Runtime，CLR)的版本、C#的版本和 Visual Studio 的版本，并指出相应版本的发布年份。除了知道使用什么技术之外，最好也知道不推荐使用什么技术，因为这些技术会被代替。

表 1-1

.NET	CLR	C#	Visual Studio
1.0	1.0	1.0	2002
1.1	1.1	1.2	2003
2.0	2.0	2.0	2005
3.0	2.0	2.0	2005+扩展版
3.5	2.0	3.0	2008
4.0	4.0	4.0	2010
4.5	4.0	5.0	2012
4.5.1	4.0	5.0	2013
4.6	4.0	6	2015
.NET Core 1.0	CoreCLR	6	2015 +扩展版

下面各小节详细介绍表 1-1，以及 C#和.NET 的发展。

1.2.1 C# 1.0 —— 一种新语言

C# 1.0 是一种全新的编程语言，用于.NET Framework。开发它时，.NET Framework 由大约 3000 个类和 CLR 组成。

(创建 Java 的 Sun 公司申请)法庭判决不允许微软公司更改 Java 代码后，Anders Hejlsberg 设计了 C#。Hejlsberg 为微软公司工作之前，在 Borland 公司设计了 Delphi 编程语言(一种 Object Pascal 语言)。Hejlsberg 在微软公司负责 J++(Java 编程语言的微软版本)。鉴于 Hejlsberg 的背景，C#编程语言主要受到 C++、Java 和 Pascal 的影响。

因为 C#的创建晚于 Java 和 C++，所以微软公司分析了其他语言中典型的编程错误，完成了一些不同的工作来避免这些错误。这些不同的工作包括：

- 在 if 语句中，布尔(Boolean)表达式是必须的(C++也允许在这里使用整数值)。
- 允许使用 struct 和 class 关键字创建值类型和引用类型(Java 只允许创建自定义引用类型；在 C++中，struct 和 class 之间的区别只是访问修饰符的默认值不同)。
- 允许使用虚拟方法和非虚拟方法 (这类似于 C++，Java 总是创建虚拟方法)。

当然，阅读本书，你会看到更多的变化。

现在，C#是一种纯粹的面向对象编程语言，具备继承、封装和多态性等特性。C#也提供了基于组件的编程改进，如委托和事件。

在.NET 和 CLR 推出之前，每种编程语言都有自己的运行库。在 C++中，C++运行库与每个 C++程序链接起来。Visual Basic 6 有自己的运行库 VBRun，Java 的运行库是 Java 虚拟机(Java Virtual Machine, JVC)——可以与 CLR 相媲美。CLR 是每种.NET 编程语言都使用的运行库。推出 CLR 时，微软公司提供了 JScript .NET、Visual Basic .NET、Managed C++ 和 C#。JScript .NET 是微软公司的 JavaScript 编译器，与 CLR 和.NET 类一起使用。Visual Basic .NET 是提供.NET 支持的 Visual Basic。现在再次简称为 Visual Basic。Managed C++是混合了本地 C++代码与 Managed .NET 代码的语言。今天与.NET 一起使用的新 C++语言是 C++/ CLR。

.NET 编程语言的编译器生成中间语言(Intermediate Language，IL)代码。IL 代码看起来像面向对象的机器码，使用工具 ildasm.exe 可以打开包含.NET 代码的 DLL 或 EXE 文件来检查 IL 代码。CLR 包含一个即时(Just-In-Time，JIT)编译器，当程序开始运行时，JIT 编译器会从 IL 代码生成本地代码。

注意：IL 代码也称为托管代码。

CLR 的其他部分是垃圾回收器(GC)、调试器扩展和线程实用工具。垃圾回收器负责清理不再引用的托管内存，这个安全机制使用代码访问安全性来验证允许代码做什么；调试器扩展允许在不同的编程语言之间启动调试会话 (例如，在 Visual Basic 中启动调试会话，在 C#库内继续调试)；线程实用工具负责在底层平台上创建线程。

.NET Framework 的第 1 版已经很大了。类在名称空间内组织，以便于导航可用的 3000 个类。名称空间用来组织类，允许在不同的名称空间中有相同的类名，以解决冲突。.NET Framework 的第 1 版允许使用 Windows Forms(名称空间 System.Windows.Forms)创建 Windows 桌面应用程序，使用 ASP.NET Web Forms (System.Web)创建 Web 应用程序，使用 ASP.NET Web Services 与应用程序和 Web 服务通信，使用.NET Remoting 在.NET 应用程序之间更迅速地通信，使用 Enterprise Services 创建运行在应用程序服务器上的 COM +组件。

ASP.NET Web Forms 是创建 Web 应用程序的技术，其目标是开发人员不需要了解 HTML 和 JavaScript。服务器端控件会创建 HTML 和 JavaScript，这些控件的工作方式类似于 Windows Forms 本身。

C# 1.2 和.NET 1.1 主要是错误修复版本，改进较小。

注意：继承在第 4 章中讨论，委托和事件在第 9 章中讨论。

注意：.NET 的每个新版本都有 Professional C#图书的新版本。对于.NET 1.0，这本书已经是第 2 版了，因为第 1 版是以.NET 1.0 的 Beta 2 为基础出版的。目前，本书是第 10 版。

1.2.2 带有泛型的 C# 2 和.NET 2

C# 2 和.NET 2 是一个巨大的更新。在这个版本中，改变了 C#编程语言，建立了 IL 代码，所以需要新的 CLR 来支持 IL 代码的增加。一个大的变化是泛型。泛型允许创建类型，而不需要知道使用什么内部类型。所使用的内部类型在实例化(即创建实例)时定义。

C#编程语言中的这个改进也导致了 Framework 中多了许多新类型，例如 System.Collections.Generic 名称空间中新的泛型集合类。有了这个类，1.0 版本定义的旧集合类就很少用在新应用程序中了。当然，旧类现在仍然在工作，甚至在新的.NET Core 版本中也是如此。

注意：本书一直在使用泛型，详见第 6 章。第 11 章介绍了泛型集合类。

1.2.3 .NET 3.0——Windows Presentation Foundation

发布.NET 3.0 时，不需要新版本的 C#。3.0 版本只提供了新的库，但它发布了大量新的类型和名称空间。Windows Presentation Foundation(WPF)可能是新框架最大的一部分，用于创建 Windows 桌面应用程序。Windows Forms 包括本地 Windows 控件，且基于像素；而 WPF 基于 DirectX，独立绘制每个控件。WPF 中的矢量图形允许无缝地调整任何窗体的大小。WPF 中的模板还允许完全自定义外观。例如，用于苏黎世机场的应用程序可以包含看起来像一架飞机的按钮。因此，应用程序的外观可以与之前开发的传统 Windows 应用程序非常不同。System.Windows 名称空间下的所有内容都属于 WPF，但 System.Windows.Forms 除外。有了 WPF，用户界面可以使用 XML 语法设计 XAML(XML for Applications Markup Language)。

.NET 3.0 推出之前，ASP.NET Web Services 和.NET Remoting 用于应用程序之间的通信。Message Queuing 是用于通信的另一个选择。各种技术有不同的优点和缺点，它们都用不同的 API 进行编程。典型的企业应用程序必须使用一个以上的通信 API，因此必须学习其中的几项技术。WCF(Windows Communication Foundation) 解决了这个问题。WCF 把其他 API 的所有选项结合到一个 API 中。然而，为了支持 WCF 提供的所有功能，需要配置 WCF。

.NET 3.0 版本的第三大部分是 Windows WF(Workflow Foundation)和名称空间 System.Workflow。微软公司不是为几个不同的应用程序创建自定义的工作流引擎(微软公司本身为不同的产品创建了几个工作流引擎)，而是把工作流引擎用作.NET 的一部分。

有了.NET 3.0，Framework 的类从.NET 2.0 的 8 000 个增加到约 12 000 个。

注意：在本书中，WPF 参见第 29、30、31、34、35 和 36 章。WCF 详见第 44 章。

1.2.4 C# 3 和.NET 3.5——LINQ

.NET 3.5 和新版本 C# 3 一起发布。主要改进是使用 C#定义的查询语法，它允许使用相同的语法来过滤和排序对象列表、XML 文件和数据库。语言增强不需要对 IL 代码进行任何改变，因为这里使用的 C#特性只是语法糖。所有的增强也可以用旧的语法实现，只是需要编写更多的代码。C# 语言很容易进行这些查询。有了 LINQ 和 lambda 表达式，就可以使用相同的查询语法来访问对象集合、数据库和 XML 文件。

为了访问数据库并创建 LINQ 查询，LINQ to SQL 发布为.NET 3.5 的一部分。在.NET 3.5 的第一个更新中，发布了 Entity Framework 的第一个版本。LINQ to SQL 和 Entity Framework 都提供了从层次结构到数据库关系的映射和 LINQ 提供程序。Entity Framework 更强大，但 LINQ to SQL 更简单。随着时间的推移，LINQ to SQL 的特性在 Entity Framework 中实现了，并且 Entity Framework 会一直保留这些特性(现在它看起来与第一个版本非常不同)。

另一种引入为.NET 3.5 一部分的技术是 System.AddIn 名称空间，它提供了插件模型。这个模型提供了甚至在过程外部运行插件的强大功能，但它使用起来也很复杂。

注意：LINQ 详见第 13 章，Entity Framework 的最新版本与.NET 3.5 版本有很大差别，参见第 38 章。

1.2.5　C# 4 和.NET 4.0——dynamic 和 TPL

C# 4 的主题是动态集成脚本语言，使其更容易使用 COM 集成。C#语法扩展为使用 dynamic 关键字、命名参数和可选参数，以及用泛型增强的协变和逆变。

其他改进在.NET Framework 中进行。有了多核 CPU，并行编程就变得越来越重要。任务并行库(Task Parallel Library，TPL)使用 Task 类和 Parallel 类抽象出线程，更容易创建并行运行的代码。

因为用.NET 3.0 创建的工作流引擎没有履行自己的诺言，所以全新的 Windows Workflow Foundation 成为.NET 4.0 的一部分。为了避免与旧工作流引擎冲突，新的工作流引擎是在 System.Activity 名称空间中定义的。

C# 4 的增强还需要一个新版本的运行库。运行库从版本 2 跳到版本 4。

发布 Visual Studio 2010 时，附带了一项创建 Web 应用程序的新技术：ASP.NET MVC 2.0。与 ASP.NET Web Forms 不同，这项技术需要编写 HTML 和 JavaScript，并使用 C#和.NET 的服务器端功能。ASP.NET MVC 是定期更新的。

注意：C# 4 的 dynamic 关键字参见第 16 章。任务并行库参见第 21 章。ASP.NET 5 和 ASP.NET MVC 6 参见第 40 和 41 章。

1.2.6　C# 5 和异步编程

C# 5 只有两个新的关键字：async 和 await。然而，它大大简化了异步方法的编程。在 Windows 8 中，触摸变得更加重要，不阻塞 UI 线程也变得更加重要。用户使用鼠标，习惯于花些时间滚动屏幕。然而，在触摸界面上使用手势时，反应不及时很不好。

Windows 8 还为 Windows Store 应用程序(也称为 Modern 应用程序、Metro 应用程序、通用 Windows 应用程序，最近称为 Windows 应用程序)引入了一个新的编程接口：Windows 运行库。这是一个本地运行库，看起来像是使用语言投射的.NET。许多 WPF 控件都为新的运行库重写了，.NET Framework 的一个子集可以使用这样的应用程序。

System.AddIn 框架过于复杂、缓慢，所以用.NET 4.5 创建了一个新的合成框架：Managed Extensibility Framework 和名称空间 System.Composition。

独立于平台的通信的新版本是由 ASP.NET Web API 提供的。WCF 提供有状态和无状态的服务，以及许多不同的网络协议，而 ASP.NET Web API 则简单得多，它是基于 Representational State Transfer(REST)软件架构风格的。

注意：C# 5 的 async 和 await 关键字在第 15 章中详细讨论。其中也介绍.NET 在不同时期使用的不同异步模式。

MEF 参见第 26 章。Windows 应用程序参见第 29～33 章，ASP.NET Web API 参见第 42 章。

1.2.7　C# 6 和.NET Core

C# 6 没有由泛型、LINQ 和异步带来的巨大改进，但有许多小而实用的语言增强，可以在几个地方减少代码的长度。很多改进都通过新的编译器引擎 Roslyn 来实现。

注意：Roslyn 参见第 18 章。

完整的.NET Framework 并不是近年来使用的唯一.NET Framework。有些场景需要较小的框架。2007 年，发布了 Microsoft Silverlight 的第一个版本(代码名为 WPF/E，即 WPF Everywhere)。Silverlight 是一个 Web 浏览器插件，支持动态内容。Silverlight 的第一个版本只支持通过 JavaScript 编程。第 2 个版本包含.NET Framework 的子集。当然，不需要服务器端库，因为 Silverlight 总是在客户端运行，但附带 Silverlight 的框架 Framework 也删除了核心特性中的类和方法，使其更简洁，便于移植到其他平台。用于桌面的 Silverlight 最新版本(第 5 版)在 2011 年 12 月发布。Silverlight 也用于 Windows Phone 的编程。Silverlight 8.1 进入 Windows Phone 8.1，但这个版本的 Silverlight 也不同于桌面版本。

在 Windows 桌面上，有如此巨大的.NET 框架，需要更快的开发节奏，也需要较大的改进。在 DevOps 中，开发人员和操作员一起工作，甚至是同一个人不断地给用户提供应用程序和新特性，需要使新特性快速可用。由于框架巨大，且有许多依赖关系，创建新的特性或修复缺陷是一项不容易完成的任务。

有了几个较小的.NET Framework(如 Silverlight、用于 Windows Phone 的 Silverlight)，在.NET 的桌面版本和较小版本之间共享代码就很重要。在不同.NET 版本之间共享代码的一项技术是可移植库。随着时间的推移，有了许多不同的.NET Framework 和版本，可移植库的管理已成为一场噩梦。

为了解决所有这些问题，需要.NET 的新版本(是的，的确需要解决这些问题)。Framework 的新版本命名为.NET Core。.NET Core 较小，带有模块化的 NuGet 包以及分布给每个应用程序的运行库是开源的，不仅可用于 Windows 的桌面版，也可用于许多不同的 Windows 设备，以及 Linux 和 OS X。

为了创建 Web 应用程序，完全重写了 ASP.NET Core 1.0。这个版本不完全向后兼容老版本，需要对现有的 ASP.NET MVC(和 ASP.NET MVC 6)代码进行一些修改。然而，与旧版本相比，它也有很多优点，例如每一个网络请求的开销较低，性能更好，也可以在 Linux 上运行。ASP.NET Web Forms 不包含在这个版本中，因为 ASP.NET Web Forms 不是专为最佳性能而设计的，它基于 Windows Forms 应用程序开发人员熟悉的模式来提高开发人员的友好性。

当然，并不是所有的应用程序都很容易改为使用.NET Core。所以这个巨大的框架也会进行改进——即使这些改进的完成速度没有.NET Core 那么快，也是要改进的。.NET Framework 完整的新版本是 4.6。ASP.NET Web Forms 的小更新包在完整的.NET 上可用。

> **注意**：Roslyn 参见第 18 章。C#语言的变化参见第 I 部分中所有的语言章节，例如，只读属性参见第 3 章，nameof 运算符和空值传播参见第 8 章，字符串插值参见第 10 章，异常过滤器参见第 14 章。本书尽可能使用.NET Core。.NET Core 和 NuGet 包的更多信息参见本章后面的内容。

1.2.8 选择技术，继续前进

知道框架内技术相互竞争的原因后，就更容易选择用于编写应用程序的技术。例如，如果创建新的 Windows 应用程序，使用 Windows Forms 就不好。而应该使用基于 XAML 的技术，例如 Windows 应用程序，或者使用 WPF 的 Windows 桌面应用程序。

如果创建 Web 应用程序，肯定应使用 ASP.NET Core 与 ASP.NET MVC 6。做这个选择时要排除 ASP.NET Web Forms。如果访问数据库，就应该使用 Entity Framework 而不是 LINQ to SQL，应该选择 Managed Extensibility Framework 而不是 System.AddIn。

旧应用程序仍在使用 Windows Forms、ASP.NET Web Forms 和其他一些旧技术。只为改变现有的应用程序而使用新技术是没有意义的。进行修改必须有巨大的优势，例如，维护代码已经是一个噩梦，需要大量的重构以缩短客户要求的发布周期，或者使用一项新技术可以减少更新包的编码时间。根据旧有应用程序的类型，使用新技术可能不值得。可以允许应用程序仍使用旧技术，因为在未来的许多年仍将支持 Windows Forms 和 ASP.NET Web Forms。

本书的内容以新技术为基础，展示创建新应用程序的最佳技术。如果仍然需要维护旧应用程序，可以参考本书的老版本，其中介绍了 ASP.NET Web Forms、Windows Forms、System.AddIn 和其他仍然在.NET Framework 中可用的旧技术。

1.3 .NET 2015

.NET 2015 是所有.NET 技术的总称。图 1-1 给出了这些技术的总图。左边代表.NET Framework 4.6 技术，如 WPF 和 ASP.NET 4。ASP.NET Core 1.0 也可以在.NET Framework 4.6 上运行。右边代表新的.NET Core 技术。ASP.NET Core 1.0 和 UWP 运行在.NET Core 上。还可以创建在.NET Core 上运行的控制台应用程序。

.NET Core 的一个组成部分是一个新的运行库 CoreCLR。这个运行库从 ASP.NET Core 1.0 开始使用。不使用 CoreCLR 运行库，.NET 也可以编译为本地代码。UWP 自动利用这个特性，这些.NET 应用程序编译为本地代码之后，在 Windows Store 中提供。也可以把其他.NET Core 应用程序以及运行在 Linux 上的应用程序编译为本地代码。

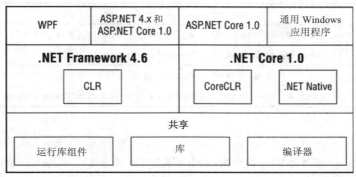

图 1-1

在图 1-1 的下方，.NET Framework 4.6 和.NET Core 1.0 之间还有一些共享的内容。运行库组件是共享的，如垃圾回收器的代码和 RyuJIT(这是一个新的 JIT 编译器，把 IL 代码编译为本地代码)。垃圾回收器由 CLR、CoreCLR 和.NET Native 使用。RyuJIT 即时编译器由 CLR 和 CoreCLR 使用。库可以在基于.NET Framework 4.6 和.NET Core 1.0 的应用程序之间共享。NuGet 包的概念帮助把这些库放在一个在所有 .NET 平台上都可用的公共包上。当然，所有这些技术都使用新的.NET 编译器平台。

1.3.1 .NET Framework 4.6

.NET Framework 4.6 是.NET Framework 在过去 10 年不断增强的结果。1.2 节讨论的许多技术都基于这个框架。这个框架用于创建 Windows Forms 和 WPF 应用程序。此外，ASP.NET 5 可以在.NET Core 上运行，也可以在.NET Framework 4.6 上运行。

如果希望继续使用 ASP.NET Web Forms，就应选择 ASP.NET 4.6 和.NET Framework 4.6。ASP.NET 4.6 与 4.5 版本相比，也有新特性，比如支持 HTTP2(HTTP 协议的一个新版本，参见第 25 章)，用 Roslyn 编译器编译，以及异步模型绑定。然而，不能把 ASP.NET Web Forms 切换到.NET Core。

在目录%windows%\Microsoft.NET\Framework\v4.0.30319 下可以找到框架的库以及 CLR。

可用于.NET Framework 的类组织在 System 名称空间中。表 1-2 描述的名称空间提供了层次结构的思路。

表 1-2

名 称 空 间	说 明
System.Collections	这是集合的根名称空间。子名称空间也包含集合，如 System.Collections.Concurrent 和 System.Collections.Generic
System.Data	这是访问数据库的名称空间。System.Data.SqlClient 包含访问 SQL Server 的类
System.Diagnostics	这是诊断信息的根名称空间，如事件记录和跟踪(在 System.Diagnostics.Tracing 名称空间中)
System.Globalization	该名称空间包含的类用于全球化和本地化应用程序
System.IO	这是文件 IO 的名称空间，其中的类访问文件和目录，包括读取器、写入器和流
System.Net	这是核心网络的名称空间，比如访问 DNS 服务器，用 System.Net.Sockets 创建套接字
System.Threading	这是线程和任务的根名称空间。任务在 System.Threading.Tasks 中定义

(续表)

名称空间	说明
System.Web	这是 ASP.NET 的根名称空间。在这个名称空间下面定义了许多子名称空间，如 System.Web.UI、System.Web.UI.WebControls 和 System.Web.Hosting
System.Windows	这是用于带有 WPF 的 Windows 桌面应用程序的根名称空间。子名称空间有 System.Windows.Shapes、System.Windows.Data 和 System.Windows.Documents

注意：一些新的.NET 类使用以 Microsoft 开头而不是以 System 开头的名称空间，比如用于 Entity Framework 的 Microsoft.Data.Entity，用于新的依赖关系注入框架的 Microsoft.Extensions.DependencyInjection。

1.3.2 .NET Core 1.0

.NET Core 1.0 是新的.NET，所有新技术都使用它，是本书的一大关注点。这个框架是开源的，可以在 http://www.github.com/dotnet 上找到它。运行库是 CoreCLR 库；包含集合类的框架、文件系统访问、控制台和 XML 等都在 CoreFX 库中。

.NET Framework 要求必须在系统上安装应用程序需要的特定版本，而在.NET Core 1.0 中，框架(包括运行库)是与应用程序一起交付的。以前，把 ASP.NET Web 应用程序部署到共享服务器上有时可能有问题，因为提供程序安装了旧版本的.NET。这种情况已经一去不复返了。现在可以同时提交应用程序和运行库，而不依赖服务器上安装的版本。

.NET Core 1.0 以模块化的方式设计。该框架分成数量很多的 NuGet 包。根据应用程序决定需要什么包。添加新功能时，.NET Framework 就变得越来越大。删除不再需要的旧功能是不可能的，比如添加了泛型集合类，旧的集合类就是不必要的。.NET Remoting 被新的通信技术取代，或 LINQ to SQL 已经更新为 Entity Framework。删除某个功能，会破坏应用程序。这不适用于.NET Core，因为应用程序会发布它需要的部分框架。

目前.NET Core 的框架与.NET Framework 4.6 一样庞大。然而，这可以改变，它可以变得更大，但因为模块化，其增长潜力不是问题。.NET Core 已经如此之大，本书不可能包括每个类型。在 http://www.github.com/dotnet /corefx 中可以看到所有的源代码。例如，旧的非泛型集合类已被包含在.NET Core 中，使旧代码更容易进入新平台。

.NET Core 可以很快更新。即使更新运行库，也不影响现有的应用程序，因为运行库与应用程序一起安装。现在，微软公司可以增强.NET Core，包括运行库，发布周期更短。

注意：为了使用.NET Core 开发应用程序，微软公司创建了新的命令行实用程序.NET Core Command Line (CLI)。

1.3.3 程序集

.NET 程序的库和可执行文件称为程序集(assembly)。程序集是包含编译好的、面向.NET Framework 的代码的逻辑单元。

程序集是完全自描述性的,它是一个逻辑单元而不是物理单元,这意味着它可以存储在多个文件中(动态程序集存储在内存中,而不是存储在文件中)。如果一个程序集存储在多个文件中,其中就会有一个包含入口点的主文件,该文件描述了程序集中的其他文件。

可执行代码和库代码使用相同的程序集结构。唯一的区别是可执行的程序集包含一个主程序入口点,而库程序集不包含。

程序集的一个重要特征是它们包含的元数据描述了对应代码中定义的类型和方法。程序集也包含描述程序集本身的程序集元数据,这种程序集元数据包含在一个称为"清单(manifest)"的区域中,可以检查程序集的版本及其完整性。

由于程序集包含程序的元数据,因此调用给定程序集中的代码的应用程序或其他程序集不需要引用注册表或其他数据源就能确定如何使用该程序集。

在.NET Framework 4.6 中,程序集有两种类型:私有程序集和共享程序集。共享程序集不适用于 UWP,因为所有代码都编译到一个本机映像中。

1. 私有程序集

私有程序集一般附带在某个软件上,且只能用于该软件。附带私有程序集的常见情况是,以可执行文件或许多库的方式提供应用程序,这些库包含的代码只能用于该应用程序。

系统可以保证私有程序集不被其他软件使用,因为应用程序只能加载位于主执行文件所在文件夹或其子文件夹中的私有程序集。

用户一般会希望把商用软件安装在它自己的目录下,这样软件包不存在覆盖、修改或在无意间加载另一个软件包的私有程序集的风险。私有程序集只能用于自己的软件包,这样,用户对什么软件使用它们就有了更大的控制权。因此,不需要采取安全措施,因为这没有其他商用软件用某个新版本的程序集覆盖原来私有程序集的风险(但软件专门执行怀有恶意的损害性操作的情况除外)。名称也不会有冲突。如果私有程序集中的类正巧与另一个人的私有程序集中的类同名,是不会有问题的,因为给定的应用程序只能使用它自己的一组私有程序集。

因为私有程序集是完全自包含的,所以部署它的过程就很简单。只需要把相应的文件放在文件系统的对应文件夹中即可(不需要注册表项),这个过程称为"0 影响(xcopy)安装"。

2. 共享程序集

共享程序集是其他应用程序可以使用的公共库。因为其他软件可以访问共享程序集,所以需要采取一定的保护措施来防止以下风险:

- 名称冲突,指另一个公司的共享程序集实现的类型与自己的共享程序集中的类型同名。因为客户端代码理论上可以同时访问这些程序集,所以这是一个严重的问题。
- 程序集被同一个程序集的不同版本覆盖——新版本与某些已有的客户端代码不兼容。

这些问题的解决方法是把共享程序集放在文件系统的特定子目录树中,称为全局程序集缓存(Global Assembly Cache,GAC)。与私有程序集不同,不能简单地把共享程序集复制到对应的文件夹中,而需要专门安装到缓存中。有许多.NET 工具可以完成这个过程,并要求对程序集进行检查,在程序集缓存中设置一个小的文件夹层次结构,以确保程序集的完整性。

为了避免名称冲突,应根据私钥加密法为共享程序集指定一个名称(而对于私有程序集,只需要指定与其主文件名相同的名称即可)。该名称称为强名(strong name),并保证其唯一性,它必须由要引用共享程序集的应用程序来引用。

与覆盖程序集的风险相关的问题,可以通过在程序集清单中指定版本信息来解决,也可以通过同时安装来解决。

1.3.4 NuGet 包

在早期,程序集是应用程序的可重用单元。添加对程序集的一个引用,以使用自己代码中的公共类型和方法,此时,仍可以这样使用(一些程序集必须这样使用)。然而,使用库可能不仅意味着添加一个引用并使用它。使用库也意味着一些配置更改,或者可以通过脚本来利用的一些特性。这是在 NuGet 包中打包程序集的一个原因。

NuGet 包是一个 zip 文件,其中包含程序集(或多个程序集)、配置信息和 PowerShell 脚本。

使用 NuGet 包的另一个原因是,它们很容易找到,它们不仅可以从微软公司找到,也可以从第三方找到。NuGet 包很容易在 NuGet 服务器 http://www.nuget.org 上获得。

在 Visual Studio 项目的引用中,可以打开 NuGet 包管理器(NuGet Package Manager, 见图 1-2),在该管理器中可以搜索包,并将其添加到应用程序中。这个工具允许搜索还没有发布的包(包括预发布选项),定义应该在哪个 NuGet 服务器中搜索包。

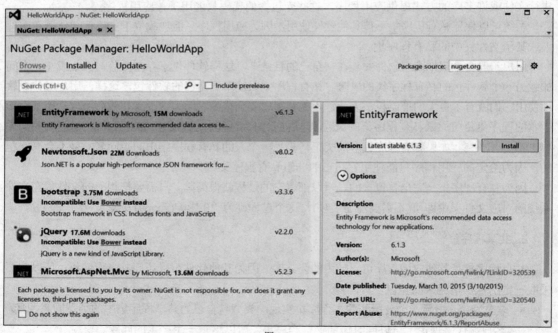

图 1-2

注意：使用 NuGet 服务器中的第三方包时，如果一个包以后才能使用，就总是有风险。还需要检查包的支持可用性。使用包之前，总要检查项目的链接信息。对于包的来源，可以选择 Microsoft and .NET，只获得微软公司支持的包。第三方包也包括在 Microsoft and .NET 部分中，但它们是微软公司支持的第三方包。

也可以让开发团队使用自己的 NuGet 服务器。可以定义开发团队只允许使用自己服务器中的包。

因为.NET Core 是模块化的，所以所有应用程序(除了最简单的应用程序)都需要额外的 NuGet 包。为了更容易找到包，本书使用.NET Core 构建的每个示例应用程序都显示了一个表格，列出需要添加的包和名称空间。

注意：NuGet 包管理器的更多信息参见第 17 章。

1.3.5　公共语言运行库

UWP(通用 Windows 平台)利用 Native .NET 把 IL 编译成本地代码。在所有其他场景中，使用.NET Framework 4.6 的应用程序和使用.NET Core 1.0 的应用程序都需要 CLR(Common Language Runtime，公共语言运行库)。然而，.NET Core 使用 CoreCLR，而.NET Framework 使用 CLR。

在 CLR 执行应用程序之前，编写好的源代码(使用 C#或其他语言编写的代码)都需要编译。在.NET 中，编译分为两个阶段：

(1) 将源代码编译为 Microsoft 中间语言(Intermediate Language，IL)。

(2) CLR 把 IL 编译为平台专用的本地代码。

IL 代码在.NET 程序集中可用。在运行时，JIT 编译器编译 IL 代码，创建特定于平台的本地代码。

新的 CLR 和 CoreCLR 包括一个新的 JIT 编译器 RyuJIT。新的 JIT 编译器不仅比以前的版本快，还在用 Visual Studio 调试时更好地支持 Edit & Continue 特性。Edit & Continue 特性允许在调试时编辑代码，可以继续调试会话，而不需要停止并重新启动过程。

CLR 还包括一个带有类型加载器的类型系统，类型加载器负责从程序集中加载类型。类型系统中的安全基础设施验证是否允许使用某些类型系统结构，如继承。

创建类型的实例后，实例还需要销毁，内存也需要回收。CLR 的另一个功能是垃圾回收器。垃圾回收器从托管堆中清除不再引用的内存。第 5 章解释其工作原理和执行的时间。

CLR 还负责线程的处理。在 C#中创建托管的线程不一定来自底层操作系统。线程的虚拟化和管理由 CLR 负责。

注意：如何在 C#中创建和管理线程参见第 21 章和第 22 章。

1.3.6 .NET Native

.NET Native 是.NET 2015 的一个新特性，它将托管程序编译成本地代码。对于 Windows 应用程序，这会生成优化的代码，其启动时间可以缩短 60%，内存的使用减少 15%～20%。

最初，.NET Native 把 UWP 应用编译为本地代码，以部署到 Windows Store。现在，.NET Native 将来也可以用于其他 .NET Core 应用程序，不过它目前还不能用于.NET Core 1.0 版本中，但可用于.NET Core 的将来版本中。可以把运行在 Windows 和 Linux 上的.NET Core 应用程序编译为本地代码。当然，在每一个平台上需要不同的本地映像。在后台.NET Native 共享 C++优化器，以生成本地代码。

1.3.7 Windows 运行库

从 Windows 8 开始，Windows 操作系统提供了另一种框架：Windows 运行库(Windows Runtime)。这个运行库由 WUP(Windows Universal Platform，Windows 通用平台)使用，Windows 8 使用第 1 版，Windows 8.1 使用第 2 版，Windows 10 使用第 3 版。

与.NET Framework 不同，这个框架是使用本地代码创建的。当它用于.NET 应用程序时，所包含的类型和.NET 类似。在语言投射的帮助下，Windows 运行库可以用于 JavaScript、C++和.NET 语言，它看起来像编程环境的本地代码。不仅方法因区分大小写而行为不同；方法和类型也可以根据所处的位置有不同的名称。

Windows 运行库提供了一个对象层次结构，它在以 Windows 开头的名称空间中组织。这些类没有复制.NET Framework 的很多功能；相反，提供了额外的功能，用于在 UWP 上运行的应用程序。如表 1-3 所示。

表 1-3

名 称 空 间	说 明
Windows.ApplicationModel	这个名称空间及其子名称空间(如 Windows.ApplicationModel.Contracts)定义了类，用于管理应用程序的生命周期，与其他应用程序通信
Windows.Data	Windows.Data 定义了子名称空间，来处理文本、JSON、PDF 和 XML 数据
Windows.Devices	地理位置、智能卡、服务设备点、打印机、扫描仪等设备可以用 Windows.Devices 子名称空间访问
Windows.Foundation	Windows.Foundation 定义了核心功能。集合的接口用名称空间 Windows.Foundation.Collections 定义。这里没有具体的集合类。相反，.NET 集合类型的接口映射到 Windows 运行库类型
Windows.Media	Windows.Media 是播放、捕获视频和音频、访问播放列表和语音输出的根名称空间
Windows.Networking	这是套接字编程、数据后台传输和推送通知的根名称空间
Windows.Security	Windows.Security.Credentials 中的类提供了密码的安全存储区；Windows.Security.Credentials.UI 提供了一个选择器，用于从用户处获得凭证
Windows.Services.Maps	这个名称空间包含用于定位服务和路由的类
Windows.Storage	有了 Windows.Storage 及其子名称空间，就可以访问文件和目录，使用流和压缩
Windows.System	Windows.System 名称空间及其子名称空间提供了系统和用户的信息，也提供了一个启动其他应用程序的启动器
Windows.UI.Xaml	在这个名称空间中，可以找到很多用于用户界面的类型

1.4 Hello, World

下面进入编码，创建一个 Hello, World 应用程序。自 20 世纪 70 年代以来，Brian Kernighan 和 Dennis Ritchie 编写了 The C Programming Language 一书，使用 Hello,World 应用程序开始学习编程语言就成为一个传统。有趣的是，自 C#发明以来，Hello, World 的语法用 C# 6 改变后，这一简单的程序第一次看起来非常不同。

创建第一个示例不借助于 Visual Studio，而是使用命令行工具和简单的文本编辑器(如记事本)，以便看到后台会发生什么。之后，就转而使用 Visual Studio，因为它便于编程。

在文本编辑器中输入以下源代码，并用.cs 作为扩展名(如 HelloWorld.cs)保存它。Main()方法是.NET 应用程序的入口点。CLR 在启动时调用一个静态的 Main()方法。Main()方法需要放到一个类中。这里的类称为 Program，但是可以给它指定任何名字。WriteLine 是 Console 类的一个静态方法。Console 类的所有静态成员都用第一行中的 using 声明打开。using static System.Console 打开 Console 类的静态成员，所以不需要输入类名，就可以调用方法 WriteLine()(代码文件 Dotnet / HelloWorld.cs)：

```
using static System.Console;

class Program
{
  static void Main()
  {
    WriteLine("Hello, World!");
  }
}
```

如前所述，Hello, World 的语法用 C# 6 略加改变。在 C# 6 推出之前，using static 并不可用，只能通过 using 声明打开名称空间。当然，下面的代码仍然适用于 C# 6(代码文件 Dotnet/ HelloWorld2.cs)：

```
using System;

class Program
{
  static void Main()
  {
    Console.WriteLine("Hello, World!");
  }
}
```

using 声明可以减少打开名称空间的代码。编写 Hello,World 程序的另一种方式是删除 using 声明，在调用 WriteLine()方法时，给 Console 类添加 System 名称空间(代码文件 Dotnet/HelloWorld3.cs)：

```
class Program
{
  static void Main()
  {
    System.Console.WriteLine("Hello, World!");
  }
}
```

编写源代码之后，需要编译代码来运行它。

1.5 用.NET 4.6 编译

对源文件运行 C#命令行编译器(csc.exe)，就可以编译这个程序，如下所示：

```
csc HelloWorld.cs
```

如果想使用 csc 命令在命令行上编译代码，就应该知道，.NET 命令行工具(包括 csc)只有设置了某些环境变量后才可用。根据安装.NET(和 Visual Studio)的方式，计算机可能设置了这些环境变量，也可能没有设置。

> **注意**：如果没有设置环境变量，则有 3 个选择。第一个选择是在调用 csc 可执行文件时添加路径。它位于% ProgramFiles %\MsBuild\14.0\Bin\csc.exe。如果安装了 dotnet 工具，则 csc 在%ProgramFiles%\dot.net\bin\csc.exe 上。第二个选择是在运行 csc 前，从命令提示符下运行批处理文件% Microsoft Visual Studio 2015%\Common7\vsvars32.bat，其中%Microsoft Visual Studio 2015%是安装 Visual Studio 2015 的文件夹。第三个选择、也是最容易的方式，是使用 Visual Studio 2015 命令提示符代替 Windows 命令提示符。要在"开始"菜单中找到 Visual Studio 2015 命令提示符，选择 Programs | Microsoft Visual Studio 2015 | Visual Studio Tools。Visual Studio 2015 命令提示符只是一个命令提示符窗口，它打开时会自动运行 vsvars32.bat。

编译代码，生成一个可执行文件 HelloWorld.exe，在命令行上可以运行它。也可以在 Windows 资源管理器中运行它，就像运行任何其他可执行文件一样。试一试：

```
> csc HelloWorld.cs
Microsoft (R) Visual C# Compiler version 1.1.0.51109
Copyright (C) Microsoft Corporation. All rights reserved.
> HelloWorld
Hello World!
```

以这种方式编译可执行程序，会生成一个程序集，其中包含 IL(中间语言)代码。程序集可以使用中间语言反汇编程序(Intermediate Language Disassembler，IL DASM)工具读取。如果运行 ildasm.exe，打开 HelloWorld.exe，会发现程序集包含一个 Program 类型和一个 Main()方法，如图 1-3 所示。

双击树视图中的 MANIFEST 节点，显示程序集的元数据信息(如图 1-4 所示)。这个程序集会利用 mscorlib 程序集(因为 Console 类位于 mscorlib 程序集里)、一些配置和 HelloWorld 程序集的版本。

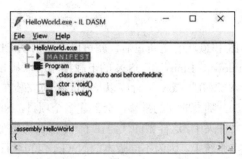

图 1-3

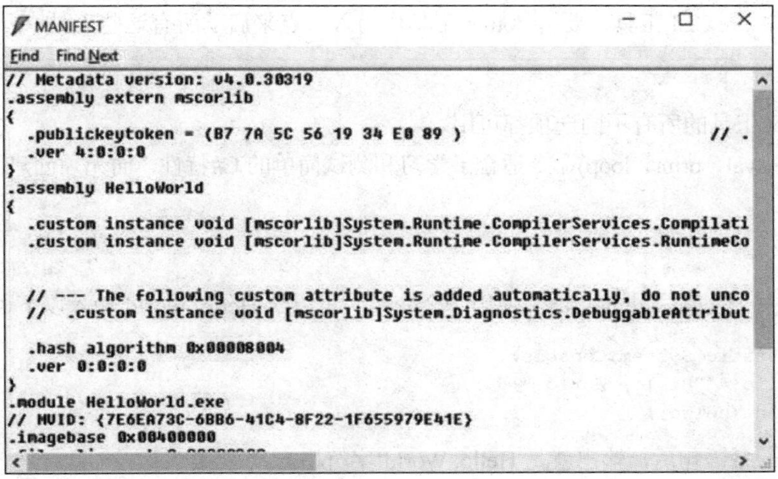

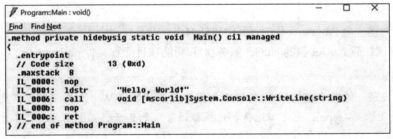

图 1-4

双击 Main()方法，显示该方法的 IL 代码(如图 1-5 所示)。不管编译 Hello, World 代码的什么版本，结果都是一样的。都是调用 mscorlib 程序集中定义的 System.Console.WriteLine 方法，传递字符串，之后加载字符串 Hello, World!。CLR 的一个特性是 JIT 编译器。运行该应用程序时，JIT 编译器把 IL 代码编译为本地代码。

图 1-5

1.6 用.NET Core CLI 编译

如果没有 Visual Studio 的帮助，使用新的.NET Core CLI(Command Line，命令行)就需要做一些准备，才能编译应用程序。下面看看编译 Hello, World 示例应用程序的新工具。

1.6.1 设置环境

安装了 Visual Studio 2015 和最新的更新包后，就可以立即启动 CLI 工具。否则，就需要安装.NET Core 和 CLI 工具。Windows、Linux 和 OS X 的下载指令可以从 http://dotnet.github.io 获取。

在 Windows 上，不同版本的.NET Core 运行库以及 NuGet 包安装在用户配置文件中。使用.NET 时，这个文件夹的大小会增加。随着时间的推移，会创建多个项目，NuGet 包不再存储在项目中，而是存储在这个用户专用的文件夹中。这样做的优势在于，不需要为每个不同的项目下载 NuGet 包。这个 NuGet 包下载后，它就在系统上。因为不同版本的 NuGet 包和运行库都是可用的，所有的不同版本都存储在这个文件夹中。不时地检查这个文件夹，删除不再需要的旧版本，可能很有趣。

安装.NET Core CLI 工具，要把 dotnet 工具作为入口点来启动所有这些工具。开始时：

```
> dotnet
```

会看到，dotnet 工具的所有不同选项都可用。

repl(read、eval、print、loop)命令适合于学习和测试简单的 C#特性，而无须创建程序。用 dotnet 工具启动 repl：

```
> dotnet repl
```

这会启动一个交互式 repl 会话。使用一个变量，可以给 Hello, World 输入以下语句：

```
> using static System.Console;
> var hello = "Hello, World!";
> WriteLine(hello);
```

输入最后一条语句后，输出就是 Hello, World!字符串。

dotnet repl 命令不可用于 dotnet 工具的 Preview 2 版本，但在将来可以作为其扩展用于该工具。

1.6.2 构建应用程序

dotnet 工具提供了一种简单的方法来创建 Hello, World 应用程序。创建一个新的目录 HelloWorldApp，用命令提示符进入这个目录。然后输入如下命令：

```
> dotnet new
```

这个命令创建一个 Program.cs 文件(其中包括 Hello, World 应用程序的代码)、一个 NuGet.config 文件(定义了应该加载 NuGet 包的 NuGet 服务器)和新的项目配置文件 project.json。

> **注意**：使用 dotnet new，还可以创建库和 ASP.NET Web 应用程序所需要的初始文件(使用选项--type)。也可以选择其他编程语言，如 F#和 Visual Basic(使用选项--lang)。

创建的项目配置文件是 project.json。这个文件采用 JavaScript Object Notation(JSON)格式，定义了框架应用程序信息，如版本、描述、作者、标签、依赖的库和应用程序支持的框架。生成的项目配置文件如下面的代码片段所示(代码文件 HelloWorldApp/project.json)：

```
{
  "version": "1.0.0-*",
  "buildOptions": {
```

```
    "emitEntryPoint": true
  },
  "dependencies": {
    "NETStandard.Library": "1.0.0-*"
  },
  "frameworks" : {
    "netstandardapp1.5": {
       "imports": "dnxcore50"
    }
  },
  "runtimes" : {
    "ubuntu.14.04-x64": { },
    "win7-x64": { },
    "win10-x64": { },
    "osx.10.10-x64": { },
    "osx.10.11-x64": { }
  }
}
```

通过 compilationOptions 设置来设置 emitEntryPoint。如果把 Main()方法创建为程序的入口点，这就是必要的。这个 Main()方法在运行应用程序时调用。库不需要这个设置。

对于依赖关系部分，可以添加程序的所有依赖项，如需要编译程序的额外 NuGet 包。默认情况下，NetStandard.Library 添加为一个依赖项。NetStandard.Library 是一个引用的 NuGet 包，这个包引用了其他 NuGet 包。有了它，就可以避免添加很多其他的包，如 Console 类的 System.Console、泛型集合类的 System.Collections 等。NetStandard.Library 1.0 是一个标准，定义了所有.NET 平台必须支持的一组程序集，在网站 https://github.com/dotnet/corefx/blob/master/Documentation/project-docs/standard-platform.md 上，可以找到一长串.NET 1.0 中的程序集及其版本号，以及.NET 标准的 1.1、1.2、1.3 和 1.4 版本中添加的程序集。

NetStandard.Library 1.0 有一个依赖项，可以支持.NET Framework 4.5.2 及以上版本(对.NET 4、4.5、4.5.1 的支持结束于 2016 年 1 月)、.NET Core 1.0、UWP 10.0 和其他.NET Framework，如 Windows Phone Silverlight 8.0、Mono 和 Mono/Xamarin。对 1.3 版本的修改有限支持.NET 4.6、.NET Core 1.0、UWP 10.0 和 Mono/Xamarin 平台。1.4 版本有限支持.NET 4.6.1、.NET Core 1.0 和 Mono/Xamarin 平台，但版本越新，可用的程序集列表就越大。

project.json 中的 frameworks 部分列出了应用程序支持的.NET Framework。默认情况下，应用程序只从.NET Core 1.0 构建为 netstandardapp1.5 moniker 指定的名称。netstandardapp1.5 与.NET Core 1.0 所构建的应用程序一起使用。通过库可以使用 netstandard1.0 moniker。这允许在.NET Core 应用程序和使用.NET Framework 的应用程序中使用库。netstandardapp1.5 内的 imports 部分引用旧名称 dnxcore50，该旧名称映射到新名字上。这允许使用仍在使用旧名称的包。

.NET Core 是框架的新开源版本，可用于 Windows、Linux 和 OS X。应该支持的运行库需要添加到 runtimes 部分。前面的代码片段显示了对 Ubuntu Linux 发行版、Windows 7(也允许在 Windows 8 上运行应用程序)、Windows 10 和 OS X 的支持。

添加字符串 net46，为 .NET Framework 4.6 构建程序：

```
"frameworks" : {
  "netstandardapp1.5" : { }
  "net46" : { }
}
```

给 frameworks 部分添加 net46，就不再支持非 Windows 运行库，因此需要删除这些运行库。还可以添加额外的元数据，比如描述、作者信息、标签、项目和许可 URL：

```
"version": "1.0.0-*",
"description": "HelloWorld Sample App for Professional C#",
"authors": [ "Christian Nagel" ],
"tags": [ "Sample", "Hello", "Wrox" ],
"projectUrl": "http://github.com/professionalCSharp/",
"licenseUrl": "",
```

给 project.json 文件添加多个框架时，可以在 frameworks 下面的 dependencies 部分中为每个框架指定专门的依赖项。dependencies 部分中指定的依赖项，若处于 frameworks 部分所在的层次上，就指定了所有框架共同的依赖项。

有了项目结构后，就可以使用如下命令下载应用程序的所有依赖项：

```
> dotnet restore
```

此时，命令提示符定位在 project.json 文件所在的目录。这个命令会下载应用程序所需要的所有依赖项，即 project.json 文件中定义的项。指定版本 1.0.0-*，会得到版本 1.0.0，*表示可用的最新版本。在 project.lock.json 文件中，可以看到检索了什么 NuGet 包的哪个版本，包括依赖项的依赖项。记住，包存储在用户专门的文件夹中。

要编译应用程序，启动命令 dotnet build，输出如下——为.NET Core 1.0 和.NET Framework 4.6 编译：

```
> dotnet build
Compiling HelloWorldApp for .NETStandardApp, Version=1.5"
Compilation succeeded.
  0 Warning(s)
  0 Error(s)
Time elapsed 00:00:02.6911660

Compiling HelloWorldApp for .NETFramework,Version=v4.6
Compilation succeeded.
  0 Warning(s)
  0 Error(s)
Time elapsed 00:00:03.3735370
```

编译过程的结果是 bin/debug/[netstandardapp1.5|net46]文件夹中包含 Program 类的IL 代码的程序集。如果比较.NET Core 与.NET 4.6 的编译结果，会发现一个包含 IL 代码和.NET Core 的 DLL，和包含 IL 代码和.NET 4.6 的 EXE。为.NET Core 生成的程序集有一个对 System.Console 程序集的依赖项，而.NET 4.6 程序集在 mscorlib 程序集中找到 Console 类。

还可以使用下面的命令行把程序编译成本地代码：

```
> dotnet build --native
```

编译为本地代码，会加快应用程序的启动，消耗更少的内存。本地编译过程会把应用程序的 IL 代码以及所有依赖项编译为单一的本地映像。别指望.NET Core 的所有功能都可用于编译为本地代码，但是随着时间的推移，微软公司的继续发展，越来越多的应用程序可以编译为本地代码。

要运行应用程序，可以使用 dotnet 命令：

```
> dotnet run
```

要使用特定版本的框架启动应用程序，可以使用-framework 选项。这个框架必须用 project.json 文件配置：

```
> dotnet run --framework net46
```

启动 bin/debug 目录中的可执行程序，也可以运行应用程序。

> **注意**：前面是在 Windows 上构建和运行 Hello, World 应用程序，而 dotnet 工具在 Linux 和 OS X 上的工作方式是相同的。可以在这两个平台上使用相同的 dotnet 命令。在使用 dotnet 命令之前，只需要准备基础设施：为 Ubuntu Linux 使用 sudo 实用工具，在 OS X 上安装一个 PKG 包，参见 http://dotnet.github。安装好.NET Core CLI 后，就可以通过本小节介绍的方式使用 dotnet 工具——只是.NET Framework 4.6 是不可用的。除此之外，可以恢复 NuGet 包，用 dotnet restore、dotnet build 和 dotnet run 编译和运行应用程序。
>
> 本书的重点是 Windows，因为 Visual Studio 2015 提供了一个比其他平台更强大的开发平台，但本书的许多代码示例是基于.NET Core 的，所以也能够在其他平台上运行。还可以使用 Visual Studio Code(一个免费的开发环境)，直接在 Linux 和 OS X 上开发应用程序，参见 1.8 节，了解 Visual Studio 不同版本的更多信息。

1.6.3 打包和发布应用程序

使用 dotnet 工具还可以创建一个 NuGet 包，发布应用程序，以进行部署。

命令 dotnet pack 创建了可以放在 NuGet 服务器上的 NuGet 包。开发人员现在可以使用下面的命令来引用包：

```
> dotnet pack
```

用 HelloWorldApp 运行这个命令，会创建文件 HelloWorldApp.1.0.0.nupkg，其中包含用于所有支持框架的程序集。NuGet 包是一个 ZIP 文件。如果用 zip 扩展名重命名该文件，就可以轻松地查看它的内容。对于示例应用程序，创建了两个文件夹 dnxcore500 和 net46，其中包含各自的程序集。文件 HelloWorldApp.nuspec 是一个 XML 文件，它描述了 NuGet 包，列出了支持框架的内容，还列出了安装 NuGet 包之前所需要的程序集依赖项。

要发布应用程序，还需要在目标系统上有运行库。发布所需要的文件可以用 dotnet publish 命令创建：

```
> dotnet publish
```

使用可选参数,可以指定用于发布的特定运行库(选项-r)或不同的输出目录(选项-o)。在 Windows 系统上运行这个命令后,会创建 win7-x64 文件夹,其中包含目标系统上需要的所有文件。注意,在.NET Core 中包含运行库,因此不管安装的运行库是什么版本都没有关系。

1.7 应用程序类型和技术

可以使用 C#创建控制台应用程序,本章的大多数示例都是控制台应用程序。对于实际的程序,控制台应用程序并不常用。使用 C#创建的应用程序可以使用与.NET 相关的许多技术。本节概述可以用 C#编写的不同类型的应用程序。

1.7.1 数据访问

在介绍应用程序类型之前,先看看所有应用程序类型都使用的技术:数据访问。

文件和目录可以使用简单的 API 调用来访问,但简单的 API 调用对于有些场景而言不够灵活。使用流 API 有很大的灵活性,流提供了更多的特性,例如加密或压缩。阅读器和写入器简化了流的使用。所有可用的不同选项都包含在第 23 章中。也可能以 XML 或 JSON 格式序列化完整的对象。第 27 章讨论了这些选项。

为了读取和写入数据库,可以直接使用 ADO.NET(参见第 37 章);也可以使用抽象层:ADO.NET Entity Framework (参见第 38 章)。Entity Framework 提供了从对象层次结构到数据库关系的映射。

ADO.NET Entity Framework 进行了若干次迭代。Entity Framework 的不同版本值得讨论,以很好地理解 NuGet 包的优点。还要了解不应继续使用 Entity Framework 的哪些部分。

表 1-4 描述了 Entity Framework 的不同版本和每个版本的新特性。

表 1-4

Entity Framework	说 明
1.0	.NET 3.5 SP1 可用。这个版本提供了通过 XML 文件把表映射到对象的映射
4.0	在.NET 4 中,Entity Framework 从第 1 版跳到第 4 版
4.1	支持代码优先
4.2	修复错误
4.3	添加了迁移
5.0	与.NET 4.5 一起发布,提供性能改进,支持新的 SQL Server 特性
6.0	移动到 NuGet 包中
7.0	完全重写,也支持 NoSQL、也运行在 Windows 应用程序上

下面介绍一些细节。Entity Framework 最初发布为.NET Framework 类的一部分,和.NET Framework 一起预装。Entity Framework 1 是.NET 3.5 第一个服务包的一部分,它有一个特性更新:.NET 3.5 Update 1。

第 2 版有许多新特性，因此决定和.NET 4 一起跳到第 4 版。之后，Entity Framework 以比.NET Framework 更快的节奏发布新版本。要得到 Entity Framework 的更新版本，必须把一个 NuGet 包添加到应用程序中(版本 4.1、4.2、4.3)。这种方法有一个问题。已经通过.NET Framework 发布的类必须用以前的方式使用。只有新添加的功能，如代码优先，用 NuGet 包添加。

Entity Framework 5.0 与.NET 4.5 一起发布。其中的一些类附带在预装的.NET Framework 中，而附加的特性是 NuGet 包的一部分。NuGet 包也允许给 Entity Framework 5.0 和.NET 4.0 应用程序安装 NuGet 包。然而在现实中，Entity Framework 5.0 添加到.NET 4.0 项目中时，(通过脚本)决定的包就是 Entity Framework 4.4，因为一些类型必须属于.NET 4.5，而不是.NET 4。

下一个版本的 Entity Framework 解决了这个问题，它把所有 Entity Framework 类型移动到 NuGet 包中；忽略框架本身附带的类型。这允许同时使用 Framework 6.0 与旧版本，而不会局限于 Framework 4.5。为了不与框架的类冲突，有些类型移到不同的名称空间中。对此，ASP.NET Web Forms 的一些特性有一个问题，因为它们使用了 Entity Framework 的原始类，而这些类映射到新类没有那么轻松。

在发布不同版本的过程中，Entity Framework 提供了不同的选项，把数据库表映射到类。前两个选项是 Database First 和 Model First。在这两个选项中，映射是通过 XML 文件完成的。XML 文件通过图形设计器表示，可以把实体从工具箱拖动到设计器中，进行映射。

在 4.1 版本中，添加了通过代码来映射的选项：代码优先(Code First)。代码优先并不意味着数据库不能事先存在。两者都是可能的：数据库可以动态地创建，数据库也可以在编写代码之前存在。使用代码优先，不通过 XML 文件进行映射。相反，属性或流利的 API 可以以编程方式定义映射。

Entity Framework Core 1.0 是 Entity Framework 的完全重新设计，新名称反映了这一点。代码需要更改，把应用程序从 Entity Framework 的旧版本迁移到新版本。旧的映射变体，如 Database First 和 Model First 已被删除，因为代码优先是更好的选择。完全重新设计也支持关系数据库和 NoSQL。Azure Table Storage 现在是可以使用 Entity Framework 的一个选项。

1.7.2　Windows 桌面应用程序

为了创建 Windows 桌面应用程序，可以使用两种技术：Windows Forms 和 Windows Presentation Foundation。Windows Forms 包含包装本地 Windows 控件的类；它基于像素图形。Windows Presentation Foundation(WPF)是较新的技术，基于矢量图形。

WPF 在构建应用程序时利用了 XAML。XAML 是指可扩展的应用程序标记语言(Extensible Application Markup Language)。这种在微软环境中创建应用程序的方式在 2006 年引入，是.NET Framework 3.0 的一部分。.NET 4.5 给 WPF 引入了新特性，如功能区控件和实时塑造。

XAML 是用来创建表单的 XML 声明，表单代表 WPF 应用程序的所有可视化方面和行为。虽然可以以编程方式使用 WPF 应用程序，但 WPF 是迈向声明性编程方向的一步，软件业正转向这个方向。声明性编程意味着，不使用 C#、Visual Basic 或 Java 等编译语言通过编程方式创建对象，而是通过 XML 类型的编程方式声明一切对象。第 29 章介绍了 XAML(使用 XML Paper Specification、Windows Workflow Foundation 和 Windows Communication Foundation)。第 30 章涵盖了 XAML 样式和资源。第 34 章提供控件、布局和数据绑定的细节。打印和创建文档是 WPF 的另一个重要方面，参见第 35 章。

WPF 的未来是什么？ UWP 是用于未来的新应用程序的 UI 平台吗？UWP 的优点是也支持移动设备。只要一些用户没有升级到 Windows 10，就需要支持旧的操作系统，如 Windows 7。UWP

应用程序不在 Windows 7/8 上运行。可以使用 WPF。如果还愿意支持移动设备，最好共享尽可能多的代码。通过支持 MVVM 模式，可以使用尽可能多的通用代码，通过 WPF 和 UWP 创建应用程序。这种模式参见第 31 章。

1.7.3 UWP

UWP(Universal Windows Platform，通用 Windows 平台)是微软公司的一个战略平台。使用 UWP 创建 Windows 应用程序时，只能使用 Windows 10 和 Windows 的更新版本，但不限于 Windows 的桌面版本。使用 Windows 10 有很多不同的选择，如 Phone、Xbox、Surface Hub、HoloLens 和 IoT。还有一个适用于所有这些设备的 API!

一个适用于所有这些设备的 API？是的！每个设备系列都可以添加自己的软件开发工具包(Software Development Kit，SDK)，来添加不是 API 的一部分、但对所有设备可用的功能。添加这些 SDK 不会破坏应用程序，但需要以编程方式检查，这种 SDK 中的 API 在运行应用程序的平台上是否可用。根据需要区分的 API 调用数，代码可能变得混乱，依赖注入可能是更好的选择。

注意：第 31 章讨论了依赖注入，以及对基于 XAML 的应用程序有用的其他模式。

可以决定什么设备系列支持应用程序。并不是所有的设备系列都可用于每个应用程序。

在 Windows 10 后，会有新版本的 Windows 吗？Windows 11 尚未计划。对于 Windows 应用程序(也称为 Metro 应用程序、Windows Store 应用程序、Modern 应用程序和 UWP)，应针对 Windows 8 或 Windows 8.1。Windows 8 应用程序通常也在 Windows 8.1 上运行，但 Windows 8.1 应用程序不在 Windows 8 上运行。这是非常不同的。为 UWP 创建应用程序时，目标版本是 10.0.10130.0，定义了可用的最低版本和要测试的最新版本，并假设它在未来版本上运行。根据可以为应用程序使用的功能，以及希望用户拥有的版本，可以决定要支持的最低版本。个人用户通常会自动更新版本；企业用户可能会坚持使用旧版本。

运行在 UWP 上的 Windows 应用程序利用了 Windows 运行库和.NET Core。讨论这些应用程序类型的最重要部分是第 32 章和第 33 章。

1.7.4 SOAP 服务和 WCF

Windows Communication Foundation(WCF)是一个功能丰富的技术，旨在取代在 WCF 以前可用的通信技术，它为基于标准的 Web 服务使用的所有特性提供基于 SOAP 的通信，如安全性、事务、双向和单向通信、路由、发现等。WCF 允许一次性构建服务，然后在一个配置文件中进行更改，让这个服务用于许多方面(甚至在不同的协议下)。WCF 是一种强大而复杂的方式，用来连接完全不同的系统。第 44 章将介绍它。

1.7.5 Web 服务和 ASP.NET Web API

ASP.NET Web API 是非常容易通信的一个选项，能满足分布式应用程序 90%以上的需求。这项技术基于 REST (Representational State Transfer)，它定义了无状态、可伸缩的 Web 服务的指导方针和最佳实践。

客户端可以接收 JSON 或 XML 数据。JSON 和 XML 也可以格式化来使用 Open Data 规范(OData)。

这个新 API 的功能是便于通过 JavaScript 和 UWP 使用 Web 客户端。

ASP.NET Web API 是创建微服务的一个好方法。创建微服务的方法定义了更小的服务，可以独立运行和部署，可以自己控制数据存储。

ASP.NET 5 是 ASP.NET Web API 的旧版本，从 ASP.NET MVC 分离而来，现在与 ASP.NET MVC 6 合并，使用相同的类型和特征。

注意：ASP.NET Web API 和微服务的更多信息参见第 42 章。

1.7.6 WebHooks 和 SignalR

对于实时 Web 功能以及客户端和服务器端之间的双向通信，可以使用的 ASP.NET 技术是 WebHooks 和 SignalR。

只要信息可用，SignalR 就允许将信息尽快推送给连接的客户。SignalR 使用 WebSocket 技术，在 WebSocket 不可用时，它可以回退到基于拉的通信机制。

WebHooks 可以集成公共服务，这些服务可以调用公共 ASP.NET Web API 服务。WebHooks 技术从 GitHub 或 Dropbox 和其他服务中接收推送通知。

1.7.7 Windows 服务

Web 服务无论是通过 WCF 完成还是通过 ASP.NET Web 服务完成，都需要一个主机才能运行。IIS(Internet Information Server，互联网信息服务器)通常是一个很好的选择，因为它提供了所有的服务，但它也可以是自定义程序。使用自定义选项创建一个后台进程，在运行 Windows 时启动的是 Windows 服务。这个程序设计为在基于 Windows NT 内核的操作系统的后台运行。希望程序持续运行，做好响应事件的准备，而不是让用户显式地启动时，就可以使用服务。一个很好的例子是 Web 服务器上的 World Wide Web 服务，它监听来自客户端的 Web 请求。

很容易用 C#编写服务。.NET Framework 基类在 System.ServiceProcess 名称空间中，处理与服务相关的许多样板任务。此外，Visual Studio .NET 允许创建 C# Windows 服务(Service)项目，它给基本 Windows 服务使用 C#源代码。第 39 章探讨了如何编写 C# Windows 服务。

1.7.8 Web 应用程序

最初引入 ASP.NET 1，从根本上改变了 Web 编程模型。ASP.NET 5 是新的主要版本，允许使用.NET Core 提高性能和可伸缩性。这个新版本也可以在 Linux 系统上运行，这个需求很高。

在 ASP.NET 5 中，不再包含 ASP.NET Web Forms(它仍然可以使用，在.NET 4.6 中更新)，所以本书关注现代技术 ASP.NET MVC 6，它是 ASP.NET 5 的一部分。

ASP.NET MVC 基于著名的 MVC(模型-视图-控制器)模式，更容易进行单元测试。它还允许把编写用户界面代码与 HTML、CSS、JavaScript 清晰地分离，它只在后台使用 C#。

注意：第 41 章介绍了 ASP.NET MVC 6。

1.7.9　Microsoft Azure

现在，在考虑开发图片时不能忽视云。虽然没有专门的章节讨论云技术，但在本书的几章中都引用了 Microsoft Azure。

Microsoft Azure 提供了软件即服务(Software as a Service，SaaS)、基础设施即服务(Infrastructure as a Service，IaaS)和平台即服务(Platform as a Service，PaaS)。下面介绍这些 Microsoft Azure 产品。

1. SaaS

SaaS 提供了完整的软件，不需要处理服务器的管理和更新等。Office 365 是一个 SaaS 产品，它通过云产品使用电子邮件和其他服务。与开发人员相关的 SaaS 产品是 Visual Studio Online，它不是在浏览器中运行的 Visual Studio。Visual Studio Online 是云中的 Team Foundation Server，可以用作私人代码库，跟踪错误和工作项，以及构建和测试服务。

2. IaaS

另一个服务产品是 IaaS。这个服务产品提供了虚拟机。用户负责管理操作系统，维护更新。当创建虚拟机时，可以决定不同的硬件产品，从共享核心开始，到最多 32 核(这个数据会很快改变)。32 核、448 GB 的 RAM 和 6144 GB 的本地 SSD 属于计算机的"G 系列"，命名为哥斯拉。

对于预装的操作系统，可以在 Windows、Windows Server、Linux 和预装了 SQL Server、BizTalk Server、SharePoint 和 Oracle 的操作系统之间选择。

作者经常给一周只需要几个小时的环境使用虚拟机，因为虚拟机按小时支付费用。如果想尝试在 Linux 上编译和运行.NET Core 程序，但没有 Linux 计算机，在 Microsoft Azure 上安装这样一个环境是很容易的。

3. PaaS

对于开发人员来说，Microsoft Azure 最相关的部分是 PaaS。可以为存储和读取数据而访问服务，使用应用程序服务的计算和联网功能，在应用程序中集成开发者服务。

为了在云中存储数据，可以使用关系数据存储 SQL Database。SQL Database 与 SQL Server 的本地版本大致相同。也有一些 NoSQL 解决方案，例如，DocumentDB 存储 JSON 数据，Storage 存储 blob(如图像或视频)和表格数据(这是非常快的，提供了大量的数据)。

Web 应用程序可以用于驻留 ASP.NET MVC 解决方案，API 应用程序可以用来驻留 ASP.NET Web API 服务。

Visual Studio Online 是开发者服务(Developer Service)产品的一部分。在这里也可以找到 Visual Studio Application Insights。它的发布周期更短，对于获得用户如何使用应用程序的信息越来越重要。

用户因为可能找不到哪些菜单，而从未使用过它们？用户在应用程序中使用什么路径来完成任务？在 Visual Studio Application Insights 中，可以得到良好的匿名用户信息，找出用户关于应用程序的问题，使用 DevOps 可以快速解决这些问题。

注意：第 20 章介绍了跟踪特性以及如何使用 Microsoft Azure 的 Visual Studio Application Insights 产品。第 45 章不仅说明了如何部署到本地 IIS 上，还描述了如何部署到 Microsoft Azure Web Apps 上。

1.8 开发工具

第 2 章会讨论很多 C#代码，而本章的最后一部分介绍开发工具和 Visual Studio 2015 的版本。

1.8.1 Visual Studio Community

这个版本的 Visual Studio 是免费的，具备以前专业版的功能。使用时间有许可限制。它对开源项目和培训、学术和小型专业团队是免费的。Visual Studio Express 版本以前是免费的，但该产品允许在 Visual Studio 中使用插件。

1.8.2 Visual Studio Professional with MSDN

这个版本比 Community 版包括更多的功能，例如 CodeLens 和 Team Foundation Server，来进行源代码管理和团队协作。有了这个版本，也会得到 MSDN 订阅，其中包括微软公司的几个服务器产品，用于开发和测试。

1.8.3 Visual Studio Enterprise with MSDN

Visual Studio 2013 有高级版和旗舰版。而 Visual Studio 2015 有企业版。这个版本提供了旗舰版的功能，但采用高级版的价格。与专业版一样，这个版本包含很多测试工具，如 Web 负载和性能测试、使用 Microsoft Fakes 进行单元测试隔离，以及编码的 UI 测试(单元测试是所有 Visual Studio 版本的一部分)。通过 Code Clone 可以找到解决方案中的代码克隆。Visual Studio 企业版还包含架构和建模工具，以分析和验证解决方案体系结构。

注意：有了 MSDN 订阅，就有权免费使用 Microsoft Azure，每月具体的数量视 MSDN 订阅的类型而定。

注意：第 17 章详细介绍了 Visual Studio 2015 几个特性的使用。第 19 章阐述单元测试、Web 测试和创建编码的 UI 测试。

> **注意**：本书中的一些功能，如编码的 UI 测试，需要 Visual Studio 企业版。使用 Visual Studio Community 版可以完成本书的大部分内容。

1.8.4　Visual Studio Code

与其他 Visual Studio 版本相比，Visual Studio Code 是一个完全不同的开发工具。Visual Studio 2015 提供了基于项目的特性以及一组丰富的模板和工具，而 Visual Studio Code 是一个代码编辑器，几乎不支持项目管理。然而，Visual Studio Code 不仅在 Windows 上运行，也在 Linux 和 OS X 上运行。

对于本书的许多章节，可以使用 Visual Studio Code 作为开发编辑器。但不能创建 WPF、UWP 或 WCF 应用程序，也无法获得第 17 章介绍的特性。Visual Studio Code 代码可以用于.NET Core 控制台应用程序，以及使用.NET Core 的 ASP.NET Core 1.0 Web 应用程序。

可以从 http://code.visualstudio.com 下载 Visual Studio Code。

1.9　小结

本章涵盖了很多重要的技术和技术的变化。了解一些技术的历史，有助于决定新的应用程序应该使用哪些技术，现有的应用程序应该如何处理。

.NET Framework 4.6 和.NET Core 1.0 是有差异的。本章讨论了如何在这两种环境中创建并运行"Hello,World!"应用程序，但没有使用 Visual Studio。

本章阐述了公共语言运行库(CLR)的功能，介绍了用于访问数据库和创建 Windows 应用程序的技术。论述了 ASP.NET Core 1.0 的优点。

第 2 章开始使用 Visual Studio 创建"Hello,World!"应用程序，继续讨论 C#语法。

第 2 章

核 心 C#

本章要点

- 用 Visual Studio 创建 Hello, World!
- 声明变量
- 变量的初始化和作用域
- C#的预定义数据类型
- 在 C#程序中指定执行流
- 枚举
- 名称空间
- Main()方法
- 使用内部注释和文档编制功能
- 预处理器指令
- C#编程的推荐规则和约定

本章源代码下载地址(wrox.com)：

打开网页 http://www.wrox.com/go/professionalcsharp6，单击 Download Code 选项卡即可下载本章源代码。本章代码分为以下几个主要的示例文件：

- HelloWorldApp
- VariablesSample
- VariableScopeSample
- IfStatement
- ForLoop
- EnumerationsSample
- NamespacesSample
- ArgumentsSample
- StringSample

2.1　C#基础

理解了C#的用途后,就该学习如何使用它了。本章将介绍C#编程的基础知识,这也是后续章节的基础。阅读完本章后,读者就有足够的C#知识来编写简单的程序了,但还不能使用继承或其他面向对象的特性。这些内容将在后面的几章中讨论。

2.2　用 Visual Studio 创建 Hello, World!

第 1 章解释了如何使用.NET 4.6 的 csc 编译器和.NET Core 1.0 的 dotnet 工具编写 C#程序 Hello,World!。还可以使用 Visual Studio 2015 创建它,这是本章的内容。

　　注意：在第1章,Visual Studio 用作代码编辑器和编译器,没有使用 Visual Studio 的所有其他特性。第 17 章介绍了 Visual Studio 提供的所有其他选项和特性。

2.2.1　创建解决方案

首先,在 Visual Studio 中创建一个解决方案文件。解决方案允许组合多个项目,打开解决方案中的所有项目。

选择 File | New Project 命令,然后选择 Installed | Templates | Other Project Types | Visual Studio Solutions,可以创建空的解决方案。选择 Blank Solution 模板(如图 2-1 所示)。在 New Project 对话框中,可以定义解决方案的名称以及应该存储解决方案的目录。也可以指定解决方案是否应该添加到 Git 存储库中,进行源代码控制管理。

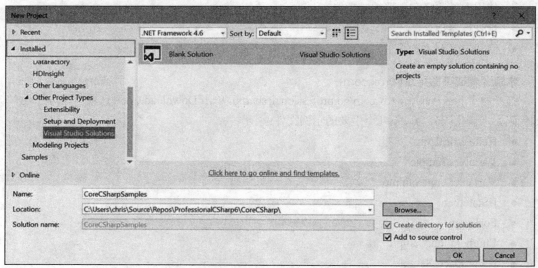

图 2-1

创建解决方案后，在 Solution Explorer 中会看到解决方案的内容(如图 2-2 所示)。目前，只有一个解决方案文件，其中没有任何内容。

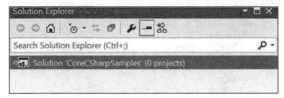

图 2-2

2.2.2 创建新项目

现在添加一个新项目来创建 Hello, World!应用程序。在 Solution Explorer 中右击解决方案，或者使用工具栏中的 Menu 按钮打开上下文菜单(如图 2-2 所示)，选择 Add|New Project 命令，打开 Add New 对话框。也可以选择 File｜Add｜New Project。在 Add New 对话框中，选择 Console Application (Package)模板，来创建一个面向.NET Core 的控制台应用程序。这个项目类型在 Installed｜Templates｜Visual C#｜Web 的树中(如图 2-3 所示)。把应用程序的名称设置为 HelloWorldApp。

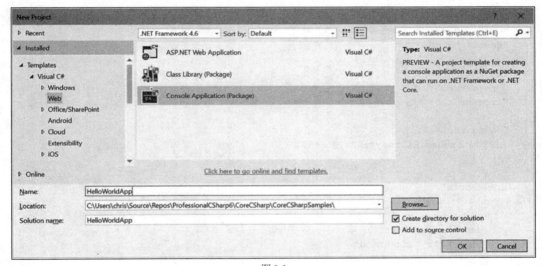

图 2-3

注意：要打开应用程序的上下文菜单，可以使用不同的选项：选择一项，右击，打开上下文菜单(如果是左撇子，就左击)；或选择一项，按键盘上的菜单键(通常位于右侧 Alt 和 Ctrl 键之间)。如果键盘上没有菜单键，就按下 Shift + F10。最后，如果有触摸板，就可以执行双指触摸。

Solution Explorer 不再是空的。它现在显示项目和属于该项目的所有文件(如图 2-4 所示)。

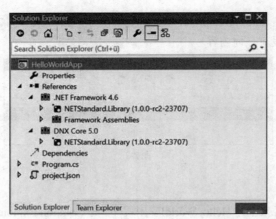

图 2-4

在第 1 章，项目文件由 dotnet 工具创建，现在在 Visual Studio 模板中创建。指定了两个框架.NET 4.6 和.NET Core 1.0。在两个框架中，都引用了 NetStandard.Library 1.0 (代码文件 HelloWorldApp / project.json)：

```
{
  "version": "1.0.0-*",
  "description": "",
  "authors": [ "" ],
  "tags": [ "" ],
  "projectUrl": "",
  "licenseUrl": "",

  "dependencies": {
    "NETStandard.Library": "1.0.0-*"
  },

  "frameworks": {
    "net46": { },
    "netstandardapp1.5": {
      "dependencies": { },
      "imports": "dnxcore50"
    }
  },
  "runtimes": {
    "win7-x64": { },
    "win10-x64": { }
  }
}
```

生成的 C#源文件 Program.cs 在 Program 类中包含 Main 方法，Program 类在 HelloWorldApp 名称空间中定义 (代码文件 HelloWorldApp /Program.cs)：

```
using System;
using System.Collections.Generic;
using System.Linq;
using System.Threading.Tasks;

namespace HelloWorldApp
```

```
{
  class Program
  {
    static void Main(string[] args)
    {
    }
  }
}
```

把它改为 Hello, World!应用程序。需要打开名称空间,以使用 Console 类的 WriteLine 方法,还需要调用 WriteLine 方法。还要修改 Program 类的名称空间。Program 类现在在 Wrox.HelloWorldApp 名称空间中定义(代码文件 HelloWorldApp / Program.cs):

```
using static System.Console;

namespace Wrox.HelloWorldApp
{
  class Program
  {
    static void Main()
    {
      WriteLine("Hello, World!");
    }
  }
}
```

在 Solution Explorer 中选择项目,使用上下文菜单,打开 Properties(或 View｜Property Pages 命令)打开项目配置(如图 2-5 所示)。在 Application 选项卡,可以选择应用程序的名称、默认名称空间(这只用于新添加的项目)和应该用于解决方案的.NET Core 版本。如果选择的版本与默认选项不同,则创建一个 global.json 文件,其中包含这个配置设置。

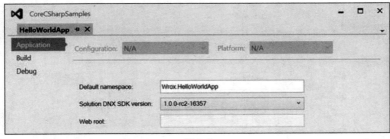

图 2-5

2.2.3 编译和运行程序

Build 菜单为构建项目提供了不同的选项。可以使用 Build｜Build Solution 命令构建解决方案的所有项目,也可以使用 Build｜Build HelloWorldApp 命令构建单个项目。还可以看一看 Build 菜单中的其他选项。

为了生成持久的文件,可以在项目属性的 Build 选项卡中选中 Produce outputs on build 复选框(如图 2-6 所示)。

选中 Produce outputs on build 复选框,构建程序后,可以看到在 File Explorer 中,目录 artifacts 包含的子目录支持列出的所有.NET Framework 版本和二进制文件。

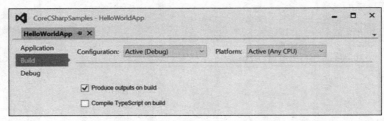

图 2-6

可以在 Visual Studio 中选择 Debug｜Start Without Debugging 命令运行应用程序。这将启动应用程序，如图 2-7 所示。

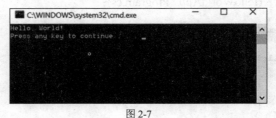

图 2-7

注意：一定不要用 Debug｜Start Debugging 命令启动应用程序；否则，就看不到应用程序的输出，因为控制台窗口在应用程序完成后立即关闭。可以使用这种方法来运行应用程序，设置断点，调试应用程序，或在 Main 方法结束前添加 ReadLine 方法。

可以使用项目属性中的 Debug 选项卡，配置运行应用程序时应该使用的运行库版本(如图 2-8 所示)。

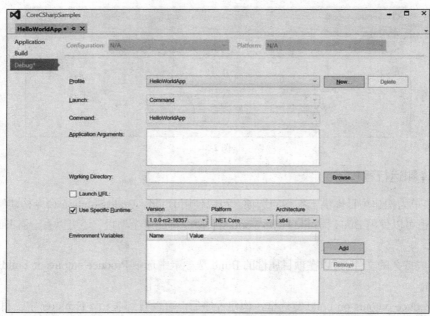

图 2-8

提示:一个解决方案有多个项目时,可以指定应该运行什么项目,方法是在 Solution Explorer 中选择项目,打开上下文菜单,从中选择 Set as Startup Project (或 Project | Set as Startup Project)命令。也可以在 Solution Explorer 中选择解决方案,并选择 Set as Startup Project,打开解决方案的属性页,在其中可以选择启动项目。还可以定义多个要启动的项目。

2.2.4 代码的详细介绍

下面讨论 C#源代码。首先对 C#语法做一些一般性的解释。在 C#中,与其他 C 风格的语言一样,语句都以分号(;)结尾,并且语句可以写在多个代码行上,不需要使用续行字符。用花括号({})把语句组合为块。单行注释以两个斜杠字符开头(//),多行注释以一个斜杠和一个星号(/*)开头,以一个星号和一个斜杠(*/)结尾。在这些方面,C#与 C++和 Java 一样,但与 Visual Basic 不同。分号和花括号使 C#代码与 Visual Basic 代码的外观差异很大。如果以前使用的是 Visual Basic,就应特别注意每条语句结尾的分号。对于新接触 C 风格语言的用户,忽略分号常常是导致编译错误的最主要原因之一。另一个方面是,C#区分大小写,即 myVar 与 MyVar 是两个不同的变量。

在上面的代码示例中,前几行代码与名称空间有关(如本章后面所述),名称空间是把相关类组合在一起的方式。namespace 关键字声明了应与类相关的名称空间。其后花括号中的所有代码都被认为是在这个名称空间中。编译器在 using 语句指定的名称空间中查找没有在当前名称空间中定义但在代码中引用的类。这与 Java 中的 import 语句和 C++中的 using namespace 语句非常类似。

```
using static System.Console;

namespace Wrox
{
```

在 Program.cs 文件中使用 using static 指令的原因是下面要使用一个库类 System.Console。using static System.Console 语句允许引用这个类的静态成员,而忽略名称空间和类名。仅声明 using System,在调用 WriteLine()方法时需要添加类名:

```
using System;

// etc.
Console.WriteLine("Hello World!");
```

忽略整个 using 语句,调用 WriteLine()方法时就必须添加名称空间的名称:

```
System.Console.WriteLine("Hello World!");
```

标准的 System 名称空间包含了最常用的.NET 类型。在 C#中做的所有工作都依赖于.NET 基类,认识到这一点非常重要;在本例中,使用了 System 名称空间中的 Console 类,以写入控制台窗口。C#没有用于输入和输出的内置关键字,而是完全依赖于.NET 类。

注意：本章和后续章节中几乎所有示例都使用 Console 类的静态成员，所以假定所有的代码片段都包含 using static System.Console;语句。

在源代码中，声明一个类 Program。但是，因为该类位于 Wrox.HelloWorldApp 名称空间中，所以其完整的名称是 Wrox.HelloWorldApp.Program：

```
namespace Wrox.HelloWorldApp
{
  class Program
  {
```

所有的 C#代码都必须包含在类中。类的声明包括 class 关键字，其后是类名和一对花括号。与类相关的所有代码都应放在这对花括号中。

Program 类包含一个方法 Main()。每个 C#可执行文件(如控制台应用程序、Windows 应用程序、Windows 服务和 Web 应用程序)都必须有一个入口点——Main()方法(注意，M 大写)：

```
static void Main()
{
```

在程序启动时调用该方法。该方法要么没有返回值(void)，要么返回一个整数(int)。注意，在 C#中，方法定义的格式如下：

```
[modifiers] return_type MethodName([parameters])
{
  // Method body. NB. This code block is pseudo-code.
}
```

第一个方括号中的内容表示一些可选关键字。修饰符(modifiers)用于指定用户所定义的方法的某些特性，例如可以在何处调用该方法。在本例中，Main()方法没有使用 public 访问修饰符，如果需要对 Main()方法进行单元测试，可以给它使用 public 访问修饰符。运行库不需要使用 public 访问修饰符，仍可以调用方法。运行库没有创建类的实例，调用方法时，需要修饰符 static。把返回类型设置为 void，在本例中，不包含任何参数。

最后，看看代码语句：

```
WriteLine("Hello World!");
```

在本例中，只调用了 System.Console 类的 WriteLine()方法，把一行文本写到控制台窗口上。WriteLine()是一个静态方法，在调用之前不需要实例化 Console 对象。

对 C#基本语法有了大致的认识后，下面就详细讨论 C#的各个方面。因为没有变量不可能编写出重要的程序，所以首先介绍 C#中的变量。

2.3 变量

在 C#中声明变量使用下述语法：

```
datatype identifier;
```

例如：

```
int i;
```

该语句声明 int 变量 i。实际上编译器不允许在表达式中使用这个变量，除非用一个值初始化了该变量。

声明 i 之后，就可以使用赋值运算符(=)给它赋值：

```
i = 10;
```

还可以在一行代码中(同时)声明变量，并初始化它的值：

```
int i = 10;
```

如果在一条语句中声明和初始化了多个变量，那么所有的变量都具有相同的数据类型：

```
int x = 10, y =20;   // x and y are both ints
```

要声明不同类型的变量，需要使用单独的语句。在一条多变量的声明中，不能指定不同的数据类型：

```
int x = 10;
bool y = true;                   // Creates a variable that stores true or false
int x = 10, bool y = true;   // This won't compile!
```

注意上面例子中的 "//" 和其后的文本，它们是注释。"//" 字符串告诉编译器，忽略该行后面的文本，这些文本仅为了让人更好地理解程序，它们并不是程序的一部分。本章后面会详细讨论代码中的注释。

2.3.1 初始化变量

变量的初始化是 C#强调安全性的另一个例子。简单地说，C#编译器需要用某个初始值对变量进行初始化，之后才能在操作中引用该变量。大多数现代编译器把没有初始化标记为警告，但 C#编译器把它当成错误来看待。这就可以防止我们无意中从其他程序遗留下来的内存中检索垃圾值。

C#有两个方法可确保变量在使用前进行了初始化：

- 变量是类或结构中的字段，如果没有显式初始化，则创建这些变量时，其默认值就是 0(类和结构在后面讨论)。
- 方法的局部变量必须在代码中显式初始化，之后才能在语句中使用它们的值。此时，初始化不是在声明该变量时进行的，但编译器会通过方法检查所有可能的路径，如果检测到局部变量在初始化之前就使用了其值，就会标记为错误。

例如，在 C#中不能使用下面的语句：

```
static int Main()
{
  int d;
  WriteLine(d); // Can't do this! Need to initialize d before use
  return 0;
}
```

注意在这段代码中，演示了如何定义 Main()，使之返回一个 int 类型的数据，而不是 void 类型。在编译这些代码时，会得到下面的错误消息：

```
Use of unassigned local variable 'd'
```

考虑下面的语句：

```
Something objSomething;
```

在 C#中，这行代码仅会为 Something 对象创建一个引用，但这个引用还没有指向任何对象。对该变量调用方法或属性会导致错误。

在 C#中实例化一个引用对象，需要使用 new 关键字。如上所述，创建一个引用，使用 new 关键字把该引用指向存储在堆上的一个对象：

```
objSomething = new Something();    // This creates a Something on the heap
```

2.3.2 类型推断

类型推断使用 var 关键字。声明变量的语法有些变化：使用 var 关键字替代实际的类型。编译器可以根据变量的初始化值"推断"变量的类型。例如：

```
var someNumber = 0;
```

就变成：

```
int someNumber = 0;
```

即使 someNumber 从来没有声明为 int，编译器也可以确定，只要 someNumber 在其作用域内，就是 int 类型。编译后，上面两个语句是等价的。

下面是另一个小例子(代码文件 VariablesSample/Program.cs)：

```
using static System.Console;

namespace Wrox
{
  class Program
  {
    static void Main()
    {
      var name = "Bugs Bunny";
      var age = 25;
      var isRabbit = true;
      Type nameType = name.GetType();
      Type ageType = age.GetType();
      Type isRabbitType = isRabbit.GetType();
      WriteLine($"name is type {nameType}");
      WriteLine($"age is type {ageType}");
      WriteLine($"isRabbit is type {isRabbitType}");
    }
  }
}
```

这个程序的输出如下：

```
name is type System.String
age is type System.Int32
isRabbit is type System.Bool
```

需要遵循一些规则：
- 变量必须初始化。否则，编译器就没有推断变量类型的依据。
- 初始化器不能为空。
- 初始化器必须放在表达式中。
- 不能把初始化器设置为一个对象，除非在初始化器中创建了一个新对象。

第 3 章在讨论匿名类型时将详细探讨这些规则。

声明了变量，推断出了类型后，就不能改变变量的类型了。变量的类型确定后，就遵循其他变量类型遵循的强类型化规则。

2.3.3 变量的作用域

变量的作用域是可以访问该变量的代码区域。一般情况下，确定作用域遵循以下规则：
- 只要类在某个作用域内，其字段(也称为成员变量)也在该作用域内。
- 局部变量存在于表示声明该变量的块语句或方法结束的右花括号之前的作用域内。
- 在 for、while 或类似语句中声明的局部变量存在于该循环体内。

1. 局部变量的作用域冲突

大型程序在不同部分为不同的变量使用相同的变量名很常见。只要变量的作用域是程序的不同部分，就不会有问题，也不会产生多义性。但要注意，同名的局部变量不能在同一作用域内声明两次。例如，不能使用下面的代码：

```
int x = 20;
// some more code
int x = 30;
```

考虑下面的代码示例(代码文件 VariableScopeSample/Program.cs)：

```
using static System.Console;

namespace VariableScopeSample
{
  class Program
  {
    static int Main()
    {
      for (int i = 0; i < 10; i++)
      {
        WriteLine(i);
      } // i goes out of scope here
      // We can declare a variable named i again, because
      // there's no other variable with that name in scope
      for (int i = 9; i >= 0; i-)
      {
        WriteLine(i);
      } // i goes out of scope here.
```

```
        return 0;
      }
    }
}
```

这段代码很简单,使用两个 for 循环打印 0~9 的数字,再逆序打印 0~9 的数字。重要的是在同一个方法中,代码中的变量 i 声明了两次。可以这么做的原因是 i 在两个相互独立的循环内部声明,所以每个变量 i 对各自的循环来说是局部变量。

下面是另一个例子(代码文件 VariableScopeSample2/Program.cs):

```
static int Main()
{
  int j = 20;
  for (int i = 0; i < 10; i++)
  {
    int j = 30;  // Can't do this - j is still in scope
    WriteLine(j + i);
  }
  return 0;
}
```

如果试图编译它,就会产生如下错误:

```
error CS0136: A local variable named 'j' cannot be declared in
this scope because that name is used in an enclosing local scope
to define a local or parameter
```

其原因是:变量 j 是在 for 循环开始之前定义的,在执行 for 循环时仍处于其作用域内,直到 Main() 方法结束执行后,变量 j 才超出作用域。第 2 个 j (不合法)虽然在循环的作用域内,但作用域嵌套在 Main() 方法的作用域内。因为编译器无法区分这两个变量,所以不允许声明第二个变量。

2. 字段和局部变量的作用域冲突

某些情况下,可以区分名称相同(尽管其完全限定名不同)、作用域相同的两个标识符。此时编译器允许声明第二个变量。原因是 C#在变量之间有一个基本的区分,它把在类型级别声明的变量看成字段,而把在方法中声明的变量看成局部变量。

考虑下面的代码片段(代码文件 VariableScopeSample3/Program.cs):

```
using static System.Console;

namespace Wrox
{
  class Program
  {
    static int j = 20;
    static void Main()
    {
      int j = 30;
      WriteLine(j);
      return;
    }
  }
}
```

虽然在 Main()方法的作用域内声明了两个变量 j，这段代码也会编译：一个是在类级别上定义的 j，在类 Program 删除前(在本例中，是 Main()方法终止，程序结束时)是不会超出作用域的；一个是在 Main()中定义的 j。这里，在 Main()方法中声明的新变量 j 隐藏了同名的类级别变量，所以在运行这段代码时，会显示数字 30。

但是，如果要引用类级别变量，该怎么办？可以使用语法 object.fieldname，在对象的外部引用类或结构的字段。在上面的例子中，访问静态方法中的一个静态字段(静态字段详见 2.3.4 小节)，所以不能使用类的实例，只能使用类本身的名称：

```
// etc.
static void Main()
{
  int j = 30;
  WriteLine(j);
  WriteLine(Program.j);
}
// etc.
```

如果要访问实例字段(该字段属于类的一个特定实例)，就需要使用 this 关键字。

2.3.4 常量

顾名思义，常量是其值在使用过程(生命周期)中不会发生变化的变量。在声明和初始化变量时，在变量的前面加上关键字 const，就可以把该变量指定为一个常量：

```
const int a = 100; // This value cannot be changed.
```

常量具有如下特点：
- 常量必须在声明时初始化。指定了其值后，就不能再改写了。
- 常量的值必须能在编译时用于计算。因此，不能用从变量中提取的值来初始化常量。如果需要这么做，应使用只读字段(详见第 3 章)。
- 常量总是隐式静态的。但注意，不必(实际上，是不允许)在常量声明中包含修饰符 static。

在程序中使用常量至少有 3 个好处：
- 由于使用易于读取的名称(名称的值易于理解)替代了较难读取的数字和字符串，常量使程序变得更易于阅读。
- 常量使程序更易于修改。例如，在 C#程序中有一个 SalesTax 常量，该常量的值为 6%。如果以后销售税率发生变化，把新值赋给这个常量，就可以修改所有的税款计算结果，而不必查找整个程序去修改税率为 0.06 的每个项。
- 常量更容易避免程序出现错误。如果在声明常量的位置以外的某个地方将另一个值赋给常量，编译器就会标记错误。

2.4 预定义数据类型

前面介绍了如何声明变量和常量，下面要详细讨论 C#中可用的数据类型。与其他语言相比，C#对其可用的类型及其定义有更严格的描述。

2.4.1 值类型和引用类型

在开始介绍 C#中的数据类型之前，理解 C#把数据类型分为两种非常重要：
- 值类型
- 引用类型

下面几节将详细介绍值类型和引用类型的语法。从概念上看，其区别是值类型直接存储其值，而引用类型存储对值的引用。

这两种类型存储在内存的不同地方：值类型存储在堆栈(stack)中，而引用类型存储在托管堆(managed heap)上。注意区分某个类型是值类型还是引用类型，因为这会有不同的影响。例如，int 是值类型，这表示下面的语句会在内存的两个地方存储值 20：

```
// i and j are both of type int
i = 20;
j = i;
```

但考虑下面的代码。这段代码假定已经定义了类 Vector，Vector 是一个引用类型，它有一个 int 类型的成员变量 Value：

```
Vector x, y;
x = new Vector();
x.Value = 30; // Value is a field defined in Vector class
y = x;
WriteLine(y.Value);
y.Value = 50;
WriteLine(x.Value);
```

要理解的重要一点是在执行这段代码后，只有一个 Vector 对象。x 和 y 都指向包含该对象的内存位置。因为 x 和 y 是引用类型的变量，声明这两个变量只保留了一个引用——而不会实例化给定类型的对象。两种情况下都不会真正创建对象。要创建对象，就必须使用 new 关键字，如上所示。因为 x 和 y 引用同一个对象，所以对 x 的修改会影响 y，反之亦然。因此上面的代码会显示 30 和 50。

如果变量是一个引用，就可以把其值设置为 null，表示它不引用任何对象：

```
y = null;
```

如果将引用设置为 null，显然就不可能对它调用任何非静态的成员函数或字段，这么做会在运行期间抛出一个异常。

在 C#中，基本数据类型(如 bool 和 long)都是值类型。如果声明一个 bool 变量，并给它赋予另一个 bool 变量的值，在内存中就会有两个 bool 值。如果以后修改第一个 bool 变量的值，第二个 bool 变量的值也不会改变。这些类型是通过值来复制的。

相反，大多数更复杂的 C#数据类型，包括我们自己声明的类，都是引用类型。它们分配在堆中，其生存期可以跨多个函数调用，可以通过一个或几个别名来访问。CLR 实现一种精细的算法，来跟踪哪些引用变量仍是可以访问的，哪些引用变量已经不能访问了。CLR 会定期删除不能访问的对象，把它们占用的内存返回给操作系统。这是通过垃圾回收器实现的。

把基本类型(如 int 和 bool)规定为值类型，而把包含许多字段的较大类型(通常在有类的情况下)

规定为引用类型，C#设计这种方式是为了得到最佳性能。如果要把自己的类型定义为值类型，就应把它声明为一个结构。

2.4.2 .NET 类型

数据类型的 C#关键字(如 int、short 和 string)从编译器映射到.NET 数据类型。例如，在 C#中声明一个 int 类型的数据时，声明的实际上是.NET 结构 System.Int32 的一个实例。这听起来似乎很深奥，但其意义深远：这表示在语法上，可以把所有的基本数据类型看成支持某些方法的类。例如，要把 int i 转换为 string 类型，可以编写下面的代码：

```
string s = i.ToString();
```

应强调的是，在这种便利语法的背后，类型实际上仍存储为基本类型。基本类型在概念上用.NET 结构表示，所以肯定没有性能损失。

下面看看 C#中定义的内置类型。我们将列出每个类型，以及它们的定义和对应.NET 类型的名称。C#有 15 个预定义类型，其中 13 个是值类型，两个是引用类型(string 和 object)。

2.4.3 预定义的值类型

内置的.NET 值类型表示基本类型，如整型和浮点类型、字符类型和布尔类型。

1. 整型

C#支持 8 个预定义的整数类型，如表 2-1 所示。

表 2-1

名　称	.NET 类型	说　明	范围(最小～最大)
sbyte	System.SByte	8 位有符号的整数	$-128 \sim 127\ (-2^7 \sim 2^7-1)$
short	System.Int16	16 位有符号的整数	$-32\ 768 \sim 32\ 767\ (-2^{15} \sim 2^{15}-1)$
int	System.Int32	32 位有符号的整数	$-2\ 147\ 483\ 648 \sim 2\ 147\ 483\ 647\ (-2^{31} \sim 2^{31}-1)$
long	System.Int64	64 位有符号的整数	$-9\ 223\ 372\ 036\ 854\ 775\ 808 \sim$ $9\ 223\ 372\ 036\ 854\ 775\ 807\ (-2^{63} \sim 2^{63}-1)$
byte	System.Byte	8 位无符号的整数	$0 \sim 255\ (0 \sim 2^8-1)$
ushort	System.UInt16	16 位无符号的整数	$0 \sim 65\ 535\ (0 \sim 2^{16}-1)$
uint	System.UInt32	32 位无符号的整数	$0 \sim 4\ 294\ 967\ 295\ (0 \sim 2^{32}-1)$
ulong	System.UInt64	64 位无符号的整数	$0 \sim 18\ 446\ 744\ 073\ 709\ 551\ 615\ (0 \sim 2^{64}-1)$

有些 C#类型的名称与 C++和 Java 类型一致，但定义不同。例如，在 C#中，int 总是 32 位有符号的整数。而在 C++中，int 是有符号的整数，但其位数取决于平台(在 Windows 上是 32 位)。在 C#中，所有的数据类型都以与平台无关的方式定义，以备将来从 C#和.NET 迁移到其他平台上。

byte 是 0~255(包括 255)的标准 8 位类型。注意，在强调类型的安全性时，C#认为 byte 类型和 char 类型完全不同，它们之间的编程转换必须显式请求。还要注意，与整数中的其他类型不同，byte 类型在默认状态下是无符号的，其有符号的版本有一个特殊的名称 sbyte。

在.NET 中，short 不再很短，现在它有 16 位长。int 类型更长，有 32 位。long 类型最长，其值有 64 位。所有整数类型的变量都能被赋予十进制或十六进制的值，后者需要 0x 前缀：

```
long x = 0x12ab;
```

如果对一个 int、uint、long 还是 ulong 类型的整数没有任何显式的声明，则该变量默认为 int 类型。为了把输入的值指定为其他整数类型，可以在数字后面加上如下字符：

```
uint ui = 1234U;
long l = 1234L;
ulong ul = 1234UL;
```

也可以使用小写字母 u 和 l，但后者会与整数 1 混淆。

2. 浮点类型

C#提供了许多整数数据类型，也支持浮点类型，如表 2-2 所示。

表 2-2

名 称	.NET 类型	说 明	位 数	范围(大致)
float	System.Single	32 位单精度浮点数	7	$\pm 1.5 \times 10^{245} \sim \pm 3.4 \times 10^{38}$
double	System.Double	64 位双精度浮点数	15/16	$\pm 5.0 \times 10^{-2324} \sim \pm 1.7 \times 10^{308}$

float 数据类型用于较小的浮点值，因为它要求的精度较低。double 数据类型比 float 数据类型大，提供的精度也大一倍(15 位)。

如果在代码中对某个非整数值(如 12.3)硬编码，则编译器一般假定该变量是 double。如果想指定该值为 float，可以在其后加上字符 F(或 f)：

```
float f = 12.3F;
```

3. decimal 类型

decimal 类型表示精度更高的浮点数，如表 2-3 所示。

表 2-3

名 称	.NET 类型	说 明	位 数	范围(大致)
decimal	System.Decimal	128 位高精度十进制数表示法	28	$\pm 1.0 \times 10^{-28} \sim \pm 7.9 \times 10^{28}$

.NET 和 C#数据类型一个重要的优点是提供了一种专用类型进行财务计算，这就是 decimal 类型。使用 decimal 类型提供的 28 位的方式取决于用户。换言之，可以用较大的精确度(带有美分)来表示较小的美元值，也可以在小数部分用更多的舍入来表示较大的美元值。但应注意，decimal 类型不是基本类型，所以在计算时使用该类型会有性能损失。

要把数字指定为 decimal 类型而不是 double、float 或整数类型，可以在数字的后面加上字符 M(或 m)，如下所示：

```
decimal d = 12.30M;
```

4. bool 类型

C#的 bool 类型用于包含布尔值 true 或 false，如表 2-4 所示。

表 2-4

名 称	.NET 类型	说 明	位 数	值
bool	System.Boolean	表示 true 或 false	NA	true 或 false

bool 值和整数值不能相互隐式转换。如果变量(或函数的返回类型)声明为 bool 类型，就只能使用值 true 或 false。如果试图使用 0 表示 false，非 0 值表示 true，就会出错。

5. 字符类型

为了保存单个字符的值，C#支持 char 数据类型，如表 2-5 所示。

表 2-5

名 称	.NET 类型	值
char	System.Char	表示一个 16 位的(Unicode)字符

char 类型的字面量是用单引号括起来的，如'A'。如果把字符放在双引号中，编译器会把它看成字符串，从而产生错误。

除了把 char 表示为字符字面量之外，还可以用 4 位十六进制的 Unicode 值(如'\u0041')、带有强制类型转换的整数值(如(char)65)或十六进制数('\x0041')表示它们。它们还可以用转义序列表示，如表 2-6 所示。

表 2-6

转 义 序 列	字 符
\'	单引号
\"	双引号
\\	反斜杠
\0	空
\a	警告
\b	退格
\f	换页
\n	换行
\r	回车
\t	水平制表符
\v	垂直制表符

2.4.4 预定义的引用类型

C#支持两种预定义的引用类型：object 和 string，如表 2-7 所示。

表 2-7

名 称	.NET 类型	说 明
object	System.Object	根类型，其他类型都是从它派生而来的(包括值类型)
string	System.String	Unicode 字符串

1. object 类型

许多编程语言和类层次结构都提供了根类型，层次结构中的其他对象都从它派生而来。C# 和.NET 也不例外。在 C#中，object 类型就是最终的父类型，所有内置类型和用户定义的类型都从它派生而来。这样，object 类型就可以用于两个目的：

- 可以使用 object 引用来绑定任何特定子类型的对象。例如，第 8 章将说明如何使用 object 类型把堆栈中的值对象装箱，再移动到堆中。object 引用也可以用于反射，此时必须有代码来处理类型未知的对象。
- object 类型实现了许多一般用途的基本方法，包括 Equals()、GetHashCode()、GetType()和 ToString()。用户定义的类需要使用一种面向对象技术——重写(见第 4 章)，来提供其中一些方法的替代实现代码。例如，重写 ToString()时，要给类提供一个方法，给出类本身的字符串表示。如果类中没有提供这些方法的实现代码,编译器就会使用 object 类型中的实现代码，它们在类上下文中的执行不一定正确。

后面将详细讨论 object 类型。

2. string 类型

C#有 string 关键字，在遮罩下转换为.NET 类 System.String。有了它，像字符串连接和字符串复制这样的操作就很简单了：

```
string str1 = "Hello ";
string str2 = "World";
string str3 = str1 + str2; // string concatenation
```

尽管这是一个值类型的赋值，但 string 是一个引用类型。string 对象被分配在堆上，而不是栈上。因此，当把一个字符串变量赋予另一个字符串时，会得到对内存中同一个字符串的两个引用。但是，string 与引用类型的常见行为有一些区别。例如，字符串是不可改变的。修改其中一个字符串，就会创建一个全新的 string 对象，而另一个字符串不发生任何变化。考虑下面的代码(代码文件 StringSample/Program.cs)：

```
using static System.Console;

class Program
{
    static void Main()
    {
```

```
        string s1 = "a string";
        string s2 = s1;
        WriteLine("s1 is " + s1);
        WriteLine("s2 is " + s2);
        s1 = "another string";
        WriteLine("s1 is now " + s1);
        WriteLine("s2 is now " + s2);
    }
}
```

其输出结果为：

```
s1 is a string
s2 is a string
s1 is now another string
s2 is now a string
```

改变 s1 的值对 s2 没有影响，这与我们期待的引用类型正好相反。当用值 a string 初始化 s1 时，就在堆上分配了一个新的 string 对象。在初始化 s2 时，引用也指向这个对象，所以 s2 的值也是 a string。但是当现在要改变 s1 的值时，并不会替换原来的值，在堆上会为新值分配一个新对象。s2 变量仍指向原来的对象，所以它的值没有改变。这实际上是运算符重载的结果，运算符重载详见第 8 章。基本上，string 类已实现，其语义遵循一般的、直观的字符串规则。

字符串字面量放在双引号中("...")；如果试图把字符串放在单引号中，编译器就会把它当成 char 类型，从而抛出错误。C#字符串和 char 一样，可以包含 Unicode 和十六进制数转义序列。因为这些转义序列以一个反斜杠开头，所以不能在字符串中使用没有经过转义的反斜杠字符，而需要用两个反斜杠字符(\\)来表示它：

```
string filepath = "C:\\ProCSharp\\First.cs";
```

即使用户相信自己可以在任何情况下都记住要这么做，但输入两个反斜杠字符会令人迷惑。幸好，C#提供了替代方式。可以在字符串字面量的前面加上字符@，在这个字符后的所有字符都看成其原来的含义——它们不会解释为转义字符：

```
string filepath = @"C:\ProCSharp\First.cs";
```

甚至允许在字符串字面量中包含换行符：

```
string jabberwocky = @"'Twas brillig and the slithy toves
Did gyre and gimble in the wabe.";
```

那么 jabberwocky 的值就是：

```
'Twas brillig and the slithy toves
Did gyre and gimble in the wabe.
```

C# 6 定义了一种新的字符串插值格式，用$前缀来标记。这个前缀在 2.3 节中使用过。可以使用字符串插值格式，改变前面演示字符串连接的代码片段。对字符串加上$前缀，就允许把花括号放在包含一个变量甚或代码表达式的字符串中。变量或代码表达式的结果放在字符串中花括号所在的位置：

```
public static void Main()
{
  string s1 = "a string";
  string s2 = s1;
  WriteLine($"s1 is {s1}");
  WriteLine($"s2 is {s2}");
  s1 = "another string";
  WriteLine($"s1 is now {s1}");
  WriteLine($"s2 is now {s2}");
}
```

 注意：字符串和字符串插值功能参见第 10 章。

2.5 程序流控制

本节将介绍 C#语言最基本的重要语句：控制程序流的语句。它们不是按代码在程序中的排列位置顺序执行的。

2.5.1 条件语句

条件语句可以根据条件是否满足或根据表达式的值来控制代码的执行分支。C#有两个控制代码的分支的结构：if 语句，测试特定条件是否满足；switch 语句，比较表达式和多个不同的值。

1. if 语句

对于条件分支，C#继承了 C 和 C++的 if…else 结构。对于用过程语言编程的人，其语法非常直观：

```
if (condition)
  statement(s)
else
  statement(s)
```

如果在条件中要执行多个语句，就需要用花括号({ … })把这些语句组合为一个块(这也适用于其他可以把语句组合为一个块的 C#结构，如 for 和 while 循环)。

```
bool isZero;
if (i == 0)
{
  isZero = true;
  WriteLine("i is Zero");
}
else
{
  isZero = false;
  WriteLine("i is Non-zero");
}
```

还可以单独使用 if 语句，不加最后的 else 语句。也可以合并 else if 子句，测试多个条件(代码文件 IfStatement/Program.cs)。

```csharp
using static System.Console;

namespace Wrox
{
  class Program
  {
    static void Main()
    {
      WriteLine("Type in a string");
      string input;
      input = ReadLine();
      if (input == "")
      {
        WriteLine("You typed in an empty string.");
      }
      else if (input.Length < 5)
      {
        WriteLine("The string had less than 5 characters.");
      }
      else if (input.Length < 10)
      {
        WriteLine("The string had at least 5 but less than 10 Characters.");
      }
      WriteLine("The string was " + input);
    }
  }
```

添加到if子句中的else if语句的个数不受限制。

注意,在上面的例子中,声明了一个字符串变量input,让用户在命令行输入文本,把文本填充到 input 中,然后测试该字符串变量的长度。代码还显示了在C#中如何进行字符串处理。例如,要确定 input 的长度,可以使用 input.Length。

对于if,要注意的一点是如果条件分支中只有一条语句,就无须使用花括号:

```csharp
if (i == 0)
   WriteLine("i is Zero");         // This will only execute if i == 0
WriteLine("i can be anything");    // Will execute whatever the
                                   // value of i
```

但是,为了保持一致,许多程序员只要使用if语句,就加上花括号。

提示: 在if语句中不使用花括号,可能在维护代码时导致错误。无论if语句返回 true 还是 false,都常常给 if 语句添加第二个语句。每次都使用花括号,就可以避免这个编码错误。

使用if语句的一个指导原则是只有语句和if语句写在同一行上,才不允许程序员使用花括号。遵守这条指导原则,程序员就不太可能在添加第二个语句时不添加花括号。

前面介绍的 if 语句还演示了用于比较数值的一些 C#运算符。特别注意，C#使用"=="对变量进行等于比较。此时不要使用"="，一个"="用于赋值。

在 C#中，if 子句中的表达式必须等于布尔值(Boolean)。不能直接测试整数(如从函数中返回的值)，而必须明确地把返回的整数转换为布尔值 true 或 false，例如，将值与 0 或 null 进行比较：

```
if (DoSomething() != 0)
{
  // Non-zero value returned
}
else
{
  // Returned zero
}
```

2. switch 语句

switch…case 语句适合于从一组互斥的可执行分支中选择一个执行分支。其形式是 switch 参数的后面跟一组 case 子句。如果 switch 参数中表达式的值等于某个 case 子句旁边的某个值，就执行该 case 子句中的代码。此时不需要使用花括号把语句组合到块中；只需要使用 break 语句标记每段 case 代码的结尾即可。也可以在 switch 语句中包含一条 default 子句，如果表达式不等于任何 case 子句的值，就执行 default 子句的代码。下面的 switch 语句测试 integerA 变量的值：

```
switch (integerA)
{
  case 1:
    WriteLine("integerA = 1");
    break;
  case 2:
    WriteLine("integerA = 2");
    break;
  case 3:
    WriteLine("integerA = 3");
    break;
  default:
    WriteLine("integerA is not 1, 2, or 3");
    break;
}
```

注意 case 值必须是常量表达式；不允许使用变量。

C 和 C++程序员应很熟悉 switch…case 语句，而 C#的 switch…case 语句更安全。特别是它禁止几乎所有 case 中的失败条件。如果激活了块中靠前的一条 case 子句，后面的 case 子句就不会被激活，除非使用 goto 语句特别标记也要激活后面的 case 子句。编译器会把没有 break 语句的 case 子句标记为错误，从而强制实现这一约束：

```
Control cannot fall through from one case label ('case 2:') to another
```

在有限的几种情况下，这种失败是允许的，但在大多数情况下，我们不希望出现这种失败，而且这会导致出现很难察觉的逻辑错误。让代码正常工作，而不是出现异常，这样不是更好吗？

但在使用 goto 语句时，会在 switch…cases 中重复出现失败。如果确实想这么做，就应重新考虑设计方案了。

下面的代码说明了如何使用 goto 模拟失败，得到的代码会非常混乱：

```
// assume country and language are of type string
switch(country)
{
  case "America":
    CallAmericanOnlyMethod();
    goto case "Britain";
  case "France":
    language = "French";
    break;
  case "Britain":
    language = "English";
    break;
}
```

但有一种例外情况。如果一条 case 子句为空，就可以从这条 case 子句跳到下一条 case 子句，这样就可以用相同的方式处理两条或多条 case 子句了(不需要 goto 语句)。

```
switch(country)
{
  case "au":
  case "uk":
  case "us":
    language = "English";
    break;
  case "at":
  case "de":
    language = "German";
    break;
}
```

在 C#中，switch 语句的一个有趣的地方是 case 子句的顺序是无关紧要的，甚至可以把 default 子句放在最前面！因此，任何两条 case 都不能相同。这包括值相同的不同常量，所以不能这样编写：

```
// assume country is of type string
const string england = "uk";
const string britain = "uk";
switch(country)
{
  case england:
  case britain:    // This will cause a compilation error.
    language = "English";
    break;
}
```

上面的代码还说明了 C#中的 switch 语句与 C++中的 switch 语句的另一个不同之处：在 C#中，可以把字符串用作测试的变量。

2.5.2 循环

C#提供了 4 种不同的循环机制(for、while、do…while 和 foreach)，在满足某个条件之前，可以重复执行代码块。

1. for 循环

C#的 for 循环提供的迭代循环机制是在执行下一次迭代前,测试是否满足某个条件,其语法如下:

```
for (initializer; condition; iterator):
  statement(s)
```

其中:
- initializer 是指在执行第一次循环前要计算的表达式(通常把一个局部变量初始化为循环计数器)。
- condition 是在每次循环的新迭代之前要测试的表达式(它必须等于 true,才能执行下一次迭代)。
- iterator 是每次迭代完要计算的表达式(通常是递增循环计数器)。

当 condition 等于 false 时,迭代停止。

for 循环是所谓的预测试循环,因为循环条件是在执行循环语句前计算的,如果循环条件为假,循环语句就根本不会执行。

for 循环非常适合用于一个语句或语句块重复执行预定的次数。下面的例子就是 for 循环的典型用法,这段代码输出 0~99 的整数:

```
for (int i = 0; i < 100; i = i + 1)
{
  WriteLine(i);
}
```

这里声明了一个 int 类型的变量 i,并把它初始化为 0,用作循环计数器。接着测试它是否小于 100。因为这个条件等于 true,所以执行循环中的代码,显示值 0。然后给该计数器加 1,再次执行该过程。当 i 等于 100 时,循环停止。

实际上,上述编写循环的方式并不常用。C#在给变量加 1 时有一种简化方式,即不使用 i=i+1,而简写为 i++:

```
for (int i = 0; i < 100; i++)
{
  // etc.
}
```

也可以在上面的例子中给循环变量 i 使用类型推断。使用类型推断时,循环结构变成:

```
for (var i = 0; i < 100; i++)
{
  // etc.
}
```

嵌套的 for 循环非常常见,在每次迭代外部循环时,内部循环都要彻底执行完毕。这种模式通常用于在矩形多维数组中遍历每个元素。最外部的循环遍历每一行,内部的循环遍历某行上的每个列。下面的代码显示数字行,它还使用另一个 Console 方法 Console.Write(),该方法的作用与

Console.WriteLine()相同，但不在输出中添加回车换行符(代码文件 ForLoop/Program.cs)：

```
using static System.Console;

namespace Wrox
{
  class Program
  {
    static void Main()
    {
      // This loop iterates through rows
      for (int i = 0; i < 100; i+=10)
      {
        // This loop iterates through columns
        for (int j = i; j < i + 10; j++)
        {
          Write($" {j}");
        }
        WriteLine();
      }
    }
  }
}
```

尽管 j 是一个整数，但它会自动转换为字符串，以便进行连接。

上述例子的结果是：

```
 0  1  2  3  4  5  6  7  8  9
10 11 12 13 14 15 16 17 18 19
20 21 22 23 24 25 26 27 28 29
30 31 32 33 34 35 36 37 38 39
40 41 42 43 44 45 46 47 48 49
50 51 52 53 54 55 56 57 58 59
60 61 62 63 64 65 66 67 68 69
70 71 72 73 74 75 76 77 78 79
80 81 82 83 84 85 86 87 88 89
90 91 92 93 94 95 96 97 98 99
```

尽管在技术上，可以在 for 循环的测试条件中计算其他变量，而不计算计数器变量，但这不太常见。也可以在 for 循环中忽略一个表达式(甚至所有表达式)。但此时，要考虑使用 while 循环。

2. while 循环

与 for 循环一样，while 也是一个预测试循环。其语法是类似的，但 while 循环只有一个表达式：

```
while(condition)
   statement(s);
```

与 for 循环不同的是，while 循环最常用于以下情况：在循环开始前，不知道重复执行一个语句或语句块的次数。通常，在某次迭代中，while 循环体中的语句把布尔标志设置为 false，结束循环，如下面的例子所示：

```
bool condition = false;
```

```
while (!condition)
{
  // This loop spins until the condition is true.
  DoSomeWork();
  condition = CheckCondition();   // assume CheckCondition() returns a bool
}
```

3. do…while 循环

do…while 循环是 while 循环的后测试版本。这意味着该循环的测试条件要在执行完循环体之后评估。因此 do…while 循环适用于循环体至少执行一次的情况：

```
bool condition;
do
{
  // This loop will at least execute once, even if Condition is false.
  MustBeCalledAtLeastOnce();
  condition = CheckCondition();
} while (condition);
```

4. foreach 循环

foreach 循环可以迭代集合中的每一项。现在不必考虑集合的准确概念(第 11 章将详细介绍集合)，只需要知道集合是一种包含一系列对象的对象即可。从技术上看，要使用集合对象，就必须支持 IEnumerable 接口。集合的例子有 C#数组、System.Collection 名称空间中的集合类，以及用户定义的集合类。从下面的代码中可以了解 foreach 循环的语法，其中假定 arrayOfInts 是一个 int 类型数组：

```
foreach (int temp in arrayOfInts)
{
  WriteLine(temp);
}
```

其中，foreach 循环每次迭代数组中的一个元素。它把每个元素的值放在 int 类型的变量 temp 中，然后执行一次循环迭代。

这里也可以使用类型推断。此时，foreach 循环变成：

```
foreach (var temp in arrayOfInts)
{
  // etc.
}
```

temp 的类型推断为 int，因为这是集合项的类型。

注意，foreach 循环不能改变集合中各项(上面的 temp)的值，所以下面的代码不会编译：

```
foreach (int temp in arrayOfInts)
{
  temp++;
  WriteLine(temp);
}
```

如果需要迭代集合中的各项，并改变它们的值，应使用 for 循环。

2.5.3 跳转语句

C#提供了许多可以立即跳转到程序中另一行代码的语句,在此,先介绍 goto 语句。

1. goto 语句

goto 语句可以直接跳转到程序中用标签指定的另一行(标签是一个标识符,后跟一个冒号):

```
goto Label1;
  WriteLine("This won't be executed");
Label1:
  WriteLine("Continuing execution from here");
```

goto 语句有两个限制。不能跳转到像 for 循环这样的代码块中,也不能跳出类的范围;不能退出 try…catch 块后面的 finally 块(第 14 章将介绍如何用 try…catch…finally 块处理异常)。

goto 语句的名声不太好,在大多数情况下不允许使用它。一般情况下,使用它肯定不是面向对象编程的好方式。

2. break 语句

前面简要提到过 break 语句——在 switch 语句中使用它退出某个 case 语句。实际上,break 语句也可以用于退出 for、foreach、while 或 do…while 循环,该语句会使控制流执行循环后面的语句。

如果该语句放在嵌套的循环中,就执行最内部循环后面的语句。如果 break 放在 switch 语句或循环外部,就会产生编译错误。

3. continue 语句

continue 语句类似于 break 语句,也必须在 for、foreach、while 或 do…while 循环中使用。但它只退出循环的当前迭代,开始执行循环的下一次迭代,而不是退出循环。

4. return 语句

return 语句用于退出类的方法,把控制权返回方法的调用者。如果方法有返回类型,return 语句必须返回这个类型的值;如果方法返回 void,应使用没有表达式的 return 语句。

2.6 枚举

枚举是用户定义的整数类型。在声明一个枚举时,要指定该枚举的实例可以包含的一组可接受的值。不仅如此,还可以给值指定易于记忆的名称。如果在代码的某个地方,要试图把一个不在可接受范围内的值赋予枚举的一个实例,编译器就会报告错误。

从长远来看,创建枚举可以节省大量时间,减少许多麻烦。使用枚举比使用无格式的整数至少有如下 3 个优势:

- 如上所述,枚举可以使代码更易于维护,有助于确保给变量指定合法的、期望的值。
- 枚举使代码更清晰,允许用描述性的名称表示整数值,而不是用含义模糊、变化多端的数来表示。

- 枚举也使代码更易于输入。在给枚举类型的实例赋值时，Visual Studio 2015 会通过IntelliSense 弹出一个包含可接受值的列表框，减少了按键次数，并能够让我们回忆起可选的值。

可以定义如下的枚举：

```
public enum TimeOfDay
{
  Morning = 0,
  Afternoon = 1,
  Evening = 2
}
```

本例在枚举中使用一个整数值，来表示一天的每个阶段。现在可以把这些值作为枚举的成员来访问。例如，TimeOfDay.Morning 返回数字 0。使用这个枚举一般是把合适的值传送给方法，并在 switch 语句中迭代可能的值(代码文件 EnumerationSample/Program.cs)。

```
class Program
{
  static void Main()
  {
    WriteGreeting(TimeOfDay.Morning);
  }

  static void WriteGreeting(TimeOfDay timeOfDay)
  {
    switch(timeOfDay)
    {
      case TimeOfDay.Morning:
        WriteLine("Good morning!");
        break;
      case TimeOfDay.Afternoon:
        WriteLine("Good afternoon!");
        break;
      case TimeOfDay.Evening:
        WriteLine("Good evening!");
        break;
      default:
        WriteLine("Hello!");
        break;
    }
  }
}
```

在 C#中，枚举的真正强大之处是它们在后台会实例化为派生自基类 System.Enum 的结构。这表示可以对它们调用方法，执行有用的任务。注意因为.NET Framework 的实现方式，在语法上把枚举当成结构不会造成性能损失。实际上，一旦代码编译好，枚举就成为基本类型，与 int 和 float 类似。

可以检索枚举的字符串表示，例如，使用前面的 TimeOfDay 枚举：

```
TimeOfDay time = TimeOfDay.Afternoon;
WriteLine(time.ToString());
```

会返回字符串 Afternoon。

另外，还可以从字符串中获取枚举值：

```
TimeOfDay time2 = (TimeOfDay) Enum.Parse(typeof(TimeOfDay), "afternoon", true);
WriteLine((int)time2);
```

这段代码说明了如何从字符串中获取枚举值,并将其转换为整数。要从字符串转换,需要使用静态的 Enum.Parse()方法,这个方法有 3 个参数。第 1 个参数是要使用的枚举类型,其语法是关键字 typeof 后跟放在括号中的枚举类名。typeof 运算符将在第 8 章详细论述。第 2 个参数是要转换的字符串。第 3 个参数是一个 bool,指定在进行转换时是否忽略大小写。最后,注意 Enum.Parse()方法实际上返回一个对象引用——我们需要把这个字符串显式转换为需要的枚举类型(这是一个拆箱操作的例子)。对于上面的代码,将返回 1,作为一个对象,对应于 TimeOfDay.Afternoon 的枚举值。在显式转换为 int 时,会再次生成 1。

System.Enum 上的其他方法可以返回枚举定义中值的个数或列出值的名称等。详细信息参见 MSDN 文档。

2.7 名称空间

如前所述,名称空间提供了一种组织相关类和其他类型的方式。与文件或组件不同,名称空间是一种逻辑组合,而不是物理组合。在 C#文件中定义类时,可以把它包括在名称空间定义中。以后,在定义另一个类(在另一个文件中执行相关操作)时,就可以在同一个名称空间中包含它,创建一个逻辑组合,该组合告诉使用类的其他开发人员:这两个类是如何相关的以及如何使用它们:

```
using System;

namespace CustomerPhoneBookApp
{
  public struct Subscriber
  {
    // Code for struct here..
  }
}
```

把一个类型放在名称空间中,可以有效地给这个类型指定一个较长的名称,该名称包括类型的名称空间,名称之间用句点(.)隔开,最后是类名。在上面的例子中,Subscriber 结构的全名是 CustomerPhoneBookApp.Subscriber。这样,有相同短名的不同类就可以在同一个程序中使用了。全名常常称为完全限定的名称。

也可以在名称空间中嵌套其他名称空间,为类型创建层次结构:

```
namespace Wrox
{
  namespace ProCSharp
  {
    namespace Basics
    {
      class NamespaceExample
      {
        // Code for the class here..
```

```
      }
    }
  }
}
```

每个名称空间名都由它所在名称空间的名称组成，这些名称用句点分隔开，开头是最外层的名称空间，最后是它自己的短名。所以 ProCSharp 名称空间的全名是 Wrox.ProCSharp，NamespaceExample 类的全名是 Wrox.ProCSharp.Basics.NamespaceExample。

使用这个语法也可以在自己的名称空间定义中组织名称空间，所以上面的代码也可以写为：

```
namespace Wrox.ProCSharp.Basics
{
  class NamespaceExample
  {
    // Code for the class here..
  }
}
```

注意不允许声明嵌套在另一个名称空间中的多部分名称空间。

名称空间与程序集无关。同一个程序集中可以有不同的名称空间，也可以在不同的程序集中定义同一个名称空间中的类型。

应在开始一个项目之前就计划定义名称空间的层次结构。一般可接受的格式是 CompanyName.ProjectName.SystemSection。所以在上面的例子中，Wrox 是公司名，ProCSharp 是项目，对于本章，Basics 是部分名。

2.7.1 using 语句

显然，名称空间相当长，输入起来很繁琐，用这种方式指定某个类也不总是必要的。如本章开头所述，C#允许简写类的全名。为此，要在文件的顶部列出类的名称空间，前面加上 using 关键字。在文件的其他地方，就可以使用其类型名称来引用名称空间中的类型了：

```
using System;
using Wrox.ProCSharp;
```

如前所述，很多 C#文件都以语句 using System;开头，这仅是因为微软公司提供的许多有用的类都包含在 System 名称空间中。

如果 using 语句引用的两个名称空间包含同名的类型，就必须使用完整的名称(或者至少较长的名称)，确保编译器知道访问哪个类型。例如，假如类 NamespaceExample 同时存在于 Wrox.ProCSharp.Basics 和 Wrox.ProCSharp.OOP 名称空间中。如果要在名称空间 Wrox.ProCSharp 中创建一个类 Test，并在该类中实例化一个 NamespaceExample 类，就需要指定使用哪个类：

```
using Wrox.ProCSharp.OOP;
using Wrox.ProCSharp.Basics;

namespace Wrox.ProCSharp
{
```

```csharp
class Test
{
  static void Main()
  {
    Basics.NamespaceExample nSEx = new Basics.NamespaceExample();
    // do something with the nSEx variable.
  }
}
```

公司应花一些时间开发一种名称空间模式，这样其开发人员才能快速定位他们需要的功能，而且公司内部使用的类名也不会与现有的类库相冲突。本章后面将介绍建立名称空间模式的规则和其他命名约定。

2.7.2 名称空间的别名

using 关键字的另一个用途是给类和名称空间指定别名。如果名称空间的名称非常长，又要在代码中多次引用，但不希望该名称空间的名称包含在 using 语句中(例如，避免类名冲突)，就可以给该名称空间指定一个别名，其语法如下：

```csharp
using alias = NamespaceName;
```

下面的例子(前面例子的修订版本)给 Wrox.ProCSharp.Basics 名称空间指定别名 Introduction，并使用这个别名实例化了在该名称空间中定义的 NamespaceExample 对象。注意名称空间别名的修饰符是"::"。因此将强制先从 Introduction 名称空间别名开始搜索。如果在相同的作用域中引入了 Introduction 类，就会发生冲突。即使出现了冲突，"::"运算符也允许引用别名。NamespaceExample 类有一个方法 GetNamespace()，该方法调用每个类都有的 GetType()方法，以访问表示类的类型的 Type 对象。下面使用这个对象来返回类的名称空间名(代码文件 NamespaceSample/Program.cs)：

```csharp
using Introduction = Wrox.ProCSharp.Basics;
using static System.Console;

class Program
{
  static void Main()
  {
    Introduction::NamespaceExample NSEx =
      new Introduction::NamespaceExample();
    WriteLine(NSEx.GetNamespace());
  }
}

namespace Wrox.ProCSharp.Basics
{
  class NamespaceExample
  {
    public string GetNamespace()
```

```
        {
            return this.GetType().Namespace;
        }
    }
}
```

2.8 Main()方法

本章的开头提到过，C#程序是从方法 Main()开始执行的。根据执行环境，有不同的要求：
- 使用了 static 修饰符
- 在任意类中
- 返回 int 或 void 类型

虽然显式指定 public 修饰符是很常见的，因为按照定义，必须在程序外部调用该方法，但给该入口点方法指定什么访问级别并不重要，即使把该方法标记为 private，它也可以运行。

前面的例子只介绍了不带参数的 Main()方法。但在调用程序时，可以让 CLR 包含一个参数，将命令行参数传递给程序。这个参数是一个字符串数组，传统上称为args(但 C#可以接受任何名称)。在启动程序时，程序可以使用这个数组，访问通过命令行传送的选项。

下面的例子在传送给 Main()方法的字符串数组中循环，并把每个选项的值写入控制台窗口(代码文件 ArgumentsSample/Program.cs)：

```csharp
using System;
using static System.Console;

namespace Wrox
{
  class Program
  {
    static void Main(string[] args)
    {
      for (int i = 0; i < args.Length; i++)
      {
        WriteLine(args[i]);
      }
    }
  }
}
```

在 Visual Studio 2015 中运行应用程序时，要给程序传递参数，可以在项目属性的 Debug 部分定义参数，如图 2-9 所示。运行应用程序，会在控制台上显示所有参数值。

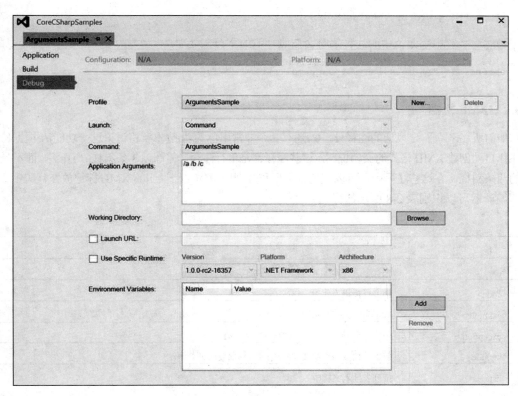

图 2-9

2.9 使用注释

本节的内容是给代码添加注释,该主题表面看来十分简单,但实际可能很复杂。注释有助于阅读代码的其他开发人员理解代码,而且可以用来为其他开发人员生成代码的文档。

2.9.1 源文件中的内部注释

本章开头提到过,C#使用传统的 C 风格注释方式:单行注释使用// …,多行注释使用/* … */:

```
// This is a single-line comment
/* This comment
   spans multiple lines. */
```

单行注释中的任何内容,即从//开始一直到行尾的内容都会被编译器忽略。多行注释中"/*"和"*/"之间的所有内容也会被忽略。显然不能在多行注释中包含"*/"组合,因为这会被当成注释的结尾。

实际上,可以把多行注释放在一行代码中:

```
WriteLine(/* Here's a comment! */ "This will compile.");
```

像这样的内联注释在使用时应小心,因为它们会使代码难以理解。但这样的注释在调试时是非常有用的,例如,在运行代码时要临时使用另一个值:

```
DoSomething(Width, /*Height*/ 100);
```

当然,字符串字面值中的注释字符会按照一般的字符来处理:

```
string s = "/* This is just a normal string .*/";
```

2.9.2 XML 文档

如前所述,除了 C 风格的注释外,C#还有一个非常出色的功能(本章将讨论这一功能):根据特定的注释自动创建 XML 格式的文档说明。这些注释都是单行注释,但都以 3 条斜杠(///)开头,而不是通常的两条斜杠。在这些注释中,可以把包含类型和类型成员的文档说明的 XML 标记放在代码中。

编译器可以识别表 2-8 所示的标记。

表 2-8

标 记	说 明
\<c\>	把行中的文本标记为代码,例如\<c\>int i = 10;\</c\>
\<code\>	把多行标记为代码
\<example\>	标记为一个代码示例
\<exception\>	说明一个异常类(编译器要验证其语法)
\<include\>	包含其他文档说明文件的注释(编译器要验证其语法)
\<list\>	把列表插入文档中
\<para\>	建立文本的结构
\<param\>	标记方法的参数(编译器要验证其语法)
\<paramref\>	表明一个单词是方法的参数(编译器要验证其语法)
\<permission\>	说明对成员的访问(编译器要验证其语法)
\<remarks\>	给成员添加描述
\<returns\>	说明方法的返回值
\<see\>	提供对另一个参数的交叉引用(编译器要验证其语法)
\<seealso\>	提供描述中的"参见"部分(编译器要验证其语法)
\<summary\>	提供类型或成员的简短小结
\<typeparam\>	用在泛型类型的注释中,以说明一个类型参数
\<typepararef\>	类型参数的名称
\<value\>	描述属性

要了解它们的工作方式,可以在 2.9.1 小节的 Calculator.cs 文件中添加一些 XML 注释。我们给类及其 Add()方法添加一个\<summary\>元素,也给 Add()方法添加一个\<returns\>元素和两个\<param\>元素:

```
// MathLib.cs
namespace Wrox.MathLib
{
  ///<summary>
  ///   Wrox.MathLib.Calculator class.
  ///   Provides a method to add two doublies.
```

```
///</summary>
public class Calculator
{
  ///<summary>
  ///   The Add method allows us to add two doubles.
  ///</summary>
  ///<returns>Result of the addition (double)</returns>
  ///<param name="x">First number to add</param>
  ///<param name="y">Second number to add</param>
  public static double Add(double x, double y) => x + y;
}
```

2.10　C#预处理器指令

除了前面介绍的常用关键字外，C#还有许多名为"预处理器指令"的命令。这些命令从来不会转化为可执行代码中的命令，但会影响编译过程的各个方面。例如，使用预处理器指令可以禁止编译器编译代码的某一部分。如果计划发布两个版本的代码，即基本版本和拥有更多功能的企业版本，就可以使用这些预处理器指令。在编译软件的基本版本时，使用预处理器指令可以禁止编译器编译与附加功能相关的代码。另外，在编写提供调试信息的代码时，也可以使用预处理器指令。实际上，在销售软件时，一般不希望编译这部分代码。

预处理器指令的开头都有符号#。

注意：C++开发人员应该知道，在 C 和 C++中预处理器指令非常重要。但是，在 C#中，并没有那么多的预处理器指令，它们的使用也不太频繁。C#提供了其他机制来实现许多 C++指令的功能，如定制特性。还要注意，C#并没有一个像C++那样的独立预处理器，所谓的预处理器指令实际上是由编译器处理的。尽管如此，C#仍保留了一些预处理器指令名称，因为这些命令会让人觉得就是预处理器。

下面简要介绍预处理器指令的功能。

2.10.1　#define 和#undef

#define 的用法如下所示：

```
#define DEBUG
```

它告诉编译器存在给定名称的符号，在本例中是 DEBUG。这有点类似于声明一个变量，但这个变量并没有真正的值，只是存在而已。这个符号不是实际代码的一部分，而只在编译器编译代码时存在。在 C#代码中它没有任何意义。

#undef 正好相反——它删除符号的定义：

```
#undef DEBUG
```

如果符号不存在，#undef 就没有任何作用。同样，如果符号已经存在，则#define 也不起作用。必须把#define 和#undef 命令放在 C#源文件的开头位置，在声明要编译的任何对象的代码之前。

#define 本身并没有什么用，但与其他预处理器指令(特别是#if)结合使用时，它的功能就非常强大了。

 注意：这里应注意一般 C#语法的一些变化。预处理器指令不用分号结束，一般一行上只有一条命令。这是因为对于预处理器指令，C#不再要求命令使用分号进行分隔。如果编译器遇到一条预处理器指令，就会假定下一条命令在下一行。

2.10.2 #if、#elif、#else 和#endif

这些指令告诉编译器是否要编译代码块。考虑下面的方法：

```
int DoSomeWork(double x)
{
  // do something
#if DEBUG
    WriteLine($"x is {x}");
#endif
}
```

这段代码会像往常那样编译，但 Console.WriteLine 方法调用包含在#if 子句内。这行代码只有在前面的#define 指令定义了符号 DEBUG 后才执行。当编译器遇到#if 指令后，将先检查相关的符号是否存在，如果符号存在，就编译#if 子句中的代码。否则，编译器会忽略所有的代码，直到遇到匹配的#endif 指令为止。一般是在调试时定义符号 DEBUG，把与调试相关的代码放在#if 子句中。在完成了调试后，就把#define 指令注释掉，所有的调试代码会奇迹般地消失，可执行文件也会变小，最终用户不会被这些调试信息弄糊涂(显然，要做更多的测试，确保代码在没有定义 DEBUG 的情况下也能工作)。这项技术在 C 和 C++编程中十分常见，称为条件编译(conditional compilation)。

#elif(=else if)和#else 指令可以用在#if 块中，其含义非常直观。也可以嵌套#if 块：

```
#define ENTERPRISE
#define W10
// further on in the file
#if ENTERPRISE
   // do something
   #if W10
     // some code that is only relevant to enterprise
     // edition running on W10
   #endif
#elif PROFESSIONAL
   // do something else
#else
   // code for the leaner version
#endif
```

#if 和#elif 还支持一组逻辑运算符"!"、"=="、"!=" 和 "||"。如果符号存在，就被认为是 true，否则为 false，例如：

```
#if W10 && (ENTERPRISE==false) // if W10 is defined but ENTERPRISE isn't
```

2.10.3 #warning 和 #error

另两个非常有用的预处理器指令是#warning 和#error。当编译器遇到它们时，会分别产生警告或错误。如果编译器遇到#warning 指令，会向用户显示#warning 指令后面的文本，之后编译继续进行。如果编译器遇到#error 指令，就会向用户显示后面的文本，作为一条编译错误消息，然后会立即退出编译，不会生成 IL 代码。

使用这两条指令可以检查#define 语句是不是做错了什么事，使用#warning 语句可以提醒自己执行某个操作：

```
#if DEBUG && RELEASE
  #error "You've defined DEBUG and RELEASE simultaneously!"
#endif
#warning "Don't forget to remove this line before the boss tests the code!"
  WriteLine("*I hate this job.*");
```

2.10.4 #region 和#endregion

#region 和#endregion 指令用于把一段代码视为有给定名称的一个块，如下所示：

```
#region Member Field Declarations
  int x;
  double d;
  Currency balance;
#endregion
```

这看起来似乎没有什么用，它根本不影响编译过程。这些指令真正的优点是它们可以被某些编辑器识别，包括 Visual Studio 编辑器。这些编辑器可以使用这些指令使代码在屏幕上更好地布局。第 17 章会详细介绍。

2.10.5 #line

#line 指令可以用于改变编译器在警告和错误信息中显示的文件名和行号信息。这条指令用得并不多。如果编写代码时，在把代码发送给编译器前，要使用某些软件包改变输入的代码，该指令最有用，因为这意味着编译器报告的行号或文件名与文件中的行号或编辑的文件名不匹配。#line 指令可以用于还原这种匹配。也可以使用语法#line default 把行号还原为默认的行号：

```
#line 164 "Core.cs"   // We happen to know this is line 164 in the file
                      // Core.cs, before the intermediate
                      // package mangles it.
// later on
#line default        // restores default line numbering
```

2.10.6 #pragma

#pragma 指令可以抑制或还原指定的编译警告。与命令行选项不同，#pragma 指令可以在类或方法级别实现，对抑制警告的内容和抑制的时间进行更精细的控制。下面的例子禁止"字段未使用"警告，然后在编译 MyClass 类后还原该警告。

```
#pragma warning disable 169
```

```
public class MyClass
{
  int neverUsedField;
}
#pragma warning restore 169
```

2.11　C#编程准则

本节介绍编写 C#程序时应该牢记和遵循的准则。大多数 C#开发人员都遵守这些规则，所以在这些规则的指导下编写程序，可以方便其他开发人员使用程序的代码。

2.11.1　关于标识符的规则

本小节将讨论可用的变量、类和方法等的命名规则。注意本节所介绍的规则不仅是准则，也是 C#编译器强制使用的。

标识符是给变量、用户定义的类型(如类和结构)和这些类型的成员指定的名称。标识符区分大小写，所以 interestRate 和 InterestRate 是不同的变量。确定在 C#中可以使用什么标识符有两条规则：

- 尽管可以包含数字字符，但它们必须以字母或下划线开头。
- 不能把 C#关键字用作标识符。

C#包含如表 2-9 所示的保留关键字。

表 2-9

abstract	event	new	struct
as	explicit	null	switch
base	extern	object	this
bool	false	operator	throw
break	finally	out	true
byte	fixed	override	try
case	float	params	typeof
catch	for	private	uint
char	foreach	protected	ulong
checked	goto	public	unchecked
class	if	readonly	unsafe
const	implicit	ref	ushort
continue	in	return	using
decimal	int	sbyte	virtual
default	interface	sealed	void
delegate	internal	short	volatile
do	is	sizeof	while
double	lock	stackalloc	
else	long	static	
enum	namespace	string	

如果需要把某一保留字用作标识符(例如,访问一个用另一种语言编写的类),那么可以在标识符的前面加上前缀符号@,告知编译器其后的内容是一个标识符,而不是 C#关键字(所以 abstract 不是有效的标识符,@abstract 才是)。

最后,标识符也可以包含 Unicode 字符,用语法\uXXXX 来指定,其中 XXXX 是 Unicode 字符的 4 位十六进制编码。下面是有效标识符的一些例子:
- Name
- überfluß
- _Identifier
- \u005fIdentifier

最后两个标识符完全相同,可以互换(因为 005f 是下划线字符的 Unicode 代码),所以这些标识符在同一个作用域内不要声明两次。注意,虽然从语法上看,在标识符中可以使用下划线字符,但大多数情况下最好不要这么做,因为它不符合微软公司的变量命名规则,这种命名规则可以确保开发人员使用相同的命名约定,易于阅读他人编写的代码。

> **注意**:为什么 C#最新版本添加的一些新关键字没有列在保留字列表中?原因是,如果它们添加到保留字列表中,就会破坏利用新 C#关键字的现有代码。解决方案是把这些关键字定义为上下文关键字,以改进语法;它们只能用在某些具体的代码中。例如,async 关键字只能用于方法声明,也可以用作变量名。编译器不会因此出现冲突。

2.11.2 用法约定

在任何开发语言中,通常有一些传统的编程风格。这些风格不是语言自身的一部分,而是约定,例如,变量如何命名,类、方法或函数如何使用等。如果使用某语言的大多数开发人员都遵循相同的约定,不同的开发人员就很容易理解彼此的代码,这一般有助于程序的维护。约定主要取决于语言和环境。例如,在 Windows 平台上编程的 C++开发人员一般使用前缀 psz 或 lpsz 表示字符串:char *pszResult; char *lpszMessage;,但在 UNIX 系统上,则不使用任何前缀:char*Result; char *Message;。

从本书中的示例代码中可以总结出,C#中的约定是命名变量时不使用任何前缀:string Result; string Message;。

> **注意**:变量名用带有前缀字母的方法来表示某种数据类型,这种约定称为 Hungarian 表示法。这样,其他阅读该代码的开发人员就可以立即从变量名中了解它代表什么数据类型。在有了智能编辑器和 IntelliSense 之后,人们普遍认为 Hungarian 表示法是多余的。

在许多语言中,用法约定是随着语言的使用逐渐演变而来的,但是对于 C#和整个.NET Framework,微软公司编写了非常多的用法准则,详见.NET/C# MSDN 文档。这说明,从一开始,.NET 程序就有非常高的互操作性,开发人员可以以此来理解代码。用法准则还得益于 20 年来面向对象编程的发展，因此相关的新闻组已经仔细考虑了这些用法规则，而且已经为开发团体所接受。所以我们应遵守这些准则。

但要注意，这些准则与语言规范不同。用户应尽可能遵循这些准则。但如果有很好的理由不遵循它们，也不会有什么问题。例如，不遵循这些准则，也不会出现编译错误。一般情况下，如果不遵循用法准则，就必须有充分的理由。准则应是正确的决策，而不是一种束缚。如果比较本书的后续示例，应注意到许多示例都没有遵循该约定。这通常是因为某些准则适用于大型程序，而不适用于小示例。如果编写一个完整的软件包，就应遵循这些准则，但它们并不适合于只有 20 行代码的独立程序。在许多情况下，遵循约定会使这些示例难以理解。

编程风格的准则非常多。这里只介绍一些比较重要的，以及最适合于用户的准则。如果用户要让代码完全遵循用法准则，就需要参考 MSDN 文档。

1. 命名约定

使程序易于理解的一个重要方面是给对象选择命名的方式，包括变量、方法、类、枚举和名称空间的命名方式。

显然，这些名称应反映对象的目的，且不与其他名称冲突。在.NET Framework 中，一般规则也是变量名要反映变量实例的目的，而不反映数据类型。例如，height 就是一个比较好的变量名，而 integerValue 就不太好。但是，这种规则是一种理想状态，很难达到。在处理控件时，大多数情况下使用 confirmationDialog 和 chooseEmployeeListBox 等变量名比较好，这些变量名说明了变量的数据类型。

名称的约定包括以下几个方面。

(1) 名称的大小写

在许多情况下，名称都应使用 Pascal 大小写形式。Pascal 大小写形式指名称中单词的首字母大写，如 EmployeeSalary、ConfirmationDialog、PlainTextEncoding。注意，名称空间和类，以及基类中的成员等的名称都应遵循 Pascal 大小写规则，最好不要使用带有下划线字符的单词，即名称不应是 employee_salary。其他语言中常量的名称常常全部大写，但在 C#中最好不要这样，因为这种名称很难阅读，而应全部使用 Pascal 大小写形式的命名约定：

```
const int MaximumLength;
```

还推荐使用另一种大小写模式：camel 大小写形式。这种形式类似于 Pascal 大小写形式，但名称中第一个单词的首字母不大写，如 employeeSalary、confirmationDialog、plainTextEncoding。有 3 种情况可以使用 camel 大小写形式：

- 类型中所有私有成员字段的名称：

```
private int subscriberId;
```

但要注意成员字段的前缀名常常用一条下划线开头：

```
private int _subscriberId;
```

- 传递给方法的所有参数的名称：

```
public void RecordSale(string salesmanName, int quantity);
```

- 用于区分同名的两个对象——比较常见的是属性封装字段：

```
private string employeeName;
public string EmployeeName
{
    get
    {
        return employeeName;
    }
}
```

如果这么做，则私有成员总是使用 camel 大小写形式，而公有的或受保护的成员总是使用 Pascal 大小写形式，这样使用这段代码的其他类就只能使用 Pascal 大小写形式的名称了(除了参数名以外)。

还要注意大小写问题。C#区分大小写，所以在 C#中，仅大小写不同的名称在语法上是正确的，如上面的例子所示。但是，有时可能从 Visual Basic 应用程序中调用程序集，而 Visual Basic 不区分大小写，如果使用仅大小写不同的名称，就必须使这两个名称不能在程序集的外部访问(上例是可行的，因为仅私有变量使用了 camel 大小写形式的名称)。否则，Visual Basic 中的其他代码就不能正确使用这个程序集。

(2) 名称的风格

名称的风格应保持一致。例如，如果类中的一个方法名为 ShowConfirmationDialog()，另一个方法就不能被命名为 ShowDialogWarning()或 WarningDialogShow()，而应是 ShowWarningDialog()。

(3) 名称空间的名称

名称空间的名称非常重要，一定要仔细考虑，以避免一个名称空间的名称与其他名称空间同名。记住，名称空间的名称是.NET 区分共享程序集中对象名的唯一方式。如果一个软件包的名称空间使用的名称与另一个软件包相同，而这两个软件包都由同一个程序使用，就会出问题。因此，最好用自己的公司名创建顶级的名称空间，再嵌套技术范围较窄、用户所在小组或部门或者类所在软件包的名称空间。Microsoft 建议使用如下的名称空间：<CompanyName>.<TechnologyName>，例如：

```
WeaponsOfDestructionCorp.RayGunControllers
WeaponsOfDestructionCorp.Viruses
```

(4) 名称和关键字

名称不应与任何关键字冲突，这非常重要。实际上，如果在代码中，试图给某一项指定与 C#关键字同名的名称，就会出现语法错误，因为编译器会假定该名称表示一条语句。但是，由于类可能由其他语言编写的代码访问，所以不能使用其他.NET 语言中的关键字作为对应的名称。一般来说，C++关键字类似于 C#关键字，不太可能与 C++混淆，只有 Visual C++常用的关键字以两个下划线字符开头。与 C#一样，C++关键字都是小写字母，如果要遵循公有类和成员使用 Pascal 风格名称的约定，则在它们的名称中至少有一个字母大写，因此不会与 C++关键字冲突。另一方面，Visual Basic 的问题会多一些，因为 Visual Basic 的关键字要比 C#的多，而且它不区分大小写，不能依赖于 Pascal 风格的名称来区分类和成员。

查看 MSDN 文档：http://msdn.microsoft.com/library。在 Development Tools and Languages, C# reference 中，有一个很长的 C#关键字列表，不应该用于类和成员。如果可以使用 Visual Basic 语言访问类，还要检查 Visual Basic 关键字的列表。

2. 属性和方法的使用

类中出现混乱的一个方面是某个特定数量是用属性还是方法来表示。这没有硬性规定,但一般情况下,如果该对象的外观像变量,就应使用属性来表示它(属性详见第 3 章),即:

- 客户端代码应能读取它的值。最好不要使用只写属性,例如,应使用 SetPassword()方法,而不是 Password 只写属性。
- 读取该值不应花太长的时间。实际上,如果是属性,通常表明读取过程花的时间相对较短。
- 读取该值不应有任何明显的和不希望的负面效应。进一步说,设置属性的值,不应有与该属性不直接相关的负面效应。设置对话框的宽度会改变该对话框在屏幕上的外观,这是可以的,因为它与该属性相关。
- 可以按照任何顺序设置属性。尤其在设置属性时,最好不要因为还没有设置另一个相关的属性而抛出异常。例如,如果为了使用访问数据库的类,需要设置 ConnectionString、UserName 和 Password,应确保已经实现了该类,这样用户才能按照任何顺序设置它们。
- 顺序读取属性应有相同的结果。如果属性的值可能会出现预料不到的改变,就应把它编写为一个方法。在监控汽车运动的类中,把 speed 设置为属性就不合适,而应使用 GetSpeed()方法;另一方面,应把 Weight 和 EngineSize 设置为属性,因为对于给定的对象,它们是不变的。

如果要编码的相关项满足上述所有条件,就把它设置为属性,否则就应使用方法。

3. 字段的使用

字段的用法非常简单。字段应总是私有的,但在某些情况下也可以把常量或只读字段设置为公有。原因是如果把字段设置为公有,就不利于在以后扩展或修改类。

遵循上面的准则就可以培养良好的编程习惯,而且这些准则应与面向对象的编程风格一起使用。

最后要记住以下有用的备注:微软公司在保持一致性方面相当谨慎,在编写.NET 基类时遵循了它自己的准则。在编写.NET 代码时应很好地遵循这些规则,对于基类来说,就是要弄清楚类、成员、名称空间的命名方式,以及类层次结构的工作方式等。类与基类之间的一致性有助于提高可读性和可维护性。

2.12 小结

本章介绍了一些 C#的基本语法,包括编写简单的 C#程序需要掌握的内容。我们讲述了许多基础知识,但其中有许多是熟悉 C 风格语言(甚至 JavaScript)的开发人员能立即领悟的。

C#语法与 C++/Java 语法非常类似,但仍存在一些细微区别。在许多领域,将这些语法与功能结合起来会提高编码速度,如高质量的字符串处理功能。C#还有一个已定义的强类型系统,该系统基于值类型和引用类型的区别。第 3 章和第 4 章将介绍 C#的面向对象编程特性。

第 3 章

对象和类型

本章要点

- 类和结构的区别
- 类成员
- 表达式体成员
- 按值和按引用传递参数
- 方法重载
- 构造函数和静态构造函数
- 只读字段
- 枚举
- 部分类
- 静态类
- Object 类，其他类型都从该类派生而来

本章源代码下载地址(wrox.com)：

打开网页 http://www.wrox.com/go/professionalcsharp6，单击 Download Code 选项卡即可下载本章源代码。本章代码分为以下几个主要的示例文件：

- MathSample
- MethodSample
- StaticConstructorSample
- StructsSample
- PassingByValueAndByReference
- OutKeywordSample
- EnumSample
- ExtensionMethods

3.1 创建及使用类

到目前为止,我们介绍了组成 C#语言的主要模块,包括变量、数据类型和程序流语句,并简要介绍了一个只包含 Main()方法的完整小例子。但还没有介绍如何把这些内容组合在一起,构成一个完整的程序,其关键就在于对类的处理。这就是本章的主题。第 4 章将介绍继承以及与继承相关的特性。

注意:本章将讨论与类相关的基本语法,但假定你已经熟悉了使用类的基本原则,例如,知道构造函数或属性的含义,因此本章主要阐述如何把这些原则应用于 C#代码。

3.2 类和结构

类和结构实际上都是创建对象的模板,每个对象都包含数据,并提供了处理和访问数据的方法。类定义了类的每个对象(称为实例)可以包含什么数据和功能。例如,如果一个类表示一个顾客,就可以定义字段 CustomerID、FirstName、LastName 和 Address,以包含该顾客的信息。还可以定义处理在这些字段中存储的数据的功能。接着,就可以实例化类的一个对象,来表示某个顾客,为这个实例设置相关字段的值,并使用其功能。

```
class PhoneCustomer
{
  public const string DayOfSendingBill = "Monday";
  public int CustomerID;
  public string FirstName;
  public string LastName;
}
```

结构不同于类,因为它们不需要在堆上分配空间(类是引用类型,总是存储在堆(heap)上),而结构是值类型,通常存储在栈(stack)上,另外,结构不支持继承。

较小的数据类型使用结构可提高性能。但在语法上,结构与类非常相似,主要的区别是使用关键字 struct 代替 class 来声明结构。例如,如果希望所有的 PhoneCustomer 实例都分布在栈上,而不是分布在托管堆上,就可以编写下面的语句:

```
struct PhoneCustomerStruct
{
  public const string DayOfSendingBill = "Monday";
  public int CustomerID;
  public string FirstName;
  public string LastName;
}
```

对于类和结构,都使用关键字 new 来声明实例:这个关键字创建对象并对其进行初始化。在下面的例子中,类和结构的字段值都默认为 0:

```
var myCustomer = new PhoneCustomer();           // works for a class
var myCustomer2 = new PhoneCustomerStruct();// works for a struct
```

在大多数情况下，类要比结构常用得多。因此，我们先讨论类，然后指出类和结构的区别，以及选择使用结构而不使用类的特殊原因。但除非特别说明，否则就可以假定用于类的代码也适用于结构。

注意：类和结构的一个重要区别是，类类型的对象通过引用传递，结构类型的对象按值传递。

3.3 类

类包含成员，成员可以是静态或实例成员。静态成员属于类；实例成员属于对象。静态字段的值对每个对象都是相同的。而每个对象的实例字段都可以有不同的值。静态成员关联了 static 修饰符。成员的种类见表 3-1。

表 3-1

成 员	说 明
字段	字段是类的数据成员，它是类型的一个变量，该类型是类的一个成员
常量	常量与类相关(尽管它们没有 static 修饰符)。编译器使用真实值代替常量
方法	方法是与特定类相关联的函数
属性	属性是可以从客户端访问的函数组，其访问方式与访问类的公共字段类似。C#为读写类中的属性提供了专用语法，所以不必使用那些名称中嵌有 Get 或 Set 的方法。因为属性的这种语法不同于一般函数的语法，所有在客户端代码中，虚拟的对象被当作实际的东西
构造函数	构造函数是在实例化对象时自动调用的特殊函数。它们必须与所属的类同名，且不能有返回类型。构造函数用于初始化字段的值
索引器	索引器允许对象用访问数组的方式访问。索引器参见第 8 章
运算符	运算符执行的最简单的操作就是加法和减法。在两个整数相加时，严格地说，就是对整数使用 "+" 运算符。C#还允许指定把已有的运算符应用于自己的类(运算符重载)。第 8 章将详细论述运算符
事件	事件是类的成员，在发生某些行为(如修改类的字段或属性，或者进行了某种形式的用户交互操作)时，它可以让对象通知调用方。客户可以包含所谓 "事件处理程序" 的代码来响应该事件。第 9 章将详细介绍事件
析构函数	析构函数或终结器的语法类似于构造函数的语法，但是在 CLR 检测到不再需要某个对象时调用它。它们的名称与类相同，但前面有一个 "~" 符号。不可能预测什么时候调用终结器。终结器详见第 5 章
类型	类可以包含内部类。如果内部类型只和外部类型结合使用，就很有趣

下面详细介绍类成员。

3.3.1 字段

字段是与类相关的变量。前面的例子已经使用了 PhoneCustomer 类中的字段。

一旦实例化 PhoneCustomer 对象，就可以使用语法 Object.FieldName 来访问这些字段，如下例所示：

```
var customer1 = new PhoneCustomer();
customer1.FirstName = "Simon";
```

常量与类的关联方式和变量与类的关联方式相同。使用 const 关键字来声明常量。如果把它声明为 public，就可以在类的外部访问它。

```
class PhoneCustomer
{
  public const string DayOfSendingBill = "Monday";
  public int CustomerID;
  public string FirstName;
  public string LastName;
}
```

最好不把字段声明为 public。如果修改类的公共成员，使用这个公共成员的每个调用程序也需要更改。例如，如果希望在下一个版本中检查最大的字符串长度，公共字段就需要更改为一个属性。使用公共字段的现有代码，必须重新编译，才能使用这个属性(尽管在调用程序看来，语法与属性相同)。如果只在现有的属性中改变检查，那么调用程序不需要重新编译就能使用新版本。

最好把字段声明为 private，使用属性来访问字段，如下一节所述。

3.3.2 属性

属性(property)的概念是：它是一个方法或一对方法，在客户端代码看来，它(们)是一个字段。

下面把前面示例中变量名为 _firstName 的名字字段改为私有。FirstName 属性包含 get 和 set 访问器，来检索和设置支持字段的值：

```
class PhoneCustomer
{
  private string _firstName;
  public string FirstName
  {
    get { return _firstName; }
    set { _firstName = value; }
  }
  // etc.
}
```

get 访问器不带任何参数，且必须返回属性声明的类型。也不应为 set 访问器指定任何显式参数，但编译器假定它带一个参数，其类型也与属性相同，并表示为 value。

下面的示例使用另一个命名约定。下面的代码包含一个属性 Age，它设置了一个字段 age。在这个例子中，age 表示属性 Age 的后备变量。

```
private int age;
public int Age
{
  get { return age; }
  set { age = value; }
}
```

注意这里所用的命名约定。我们采用 C#的区分大小写模式，使用相同的名称，但公有属性采用 Pascal 大小写形式命名，如果存在一个等价的私有字段，则它采用 camel 大小写形式命名。在早期.NET 版本中，此命名约定由微软的 C#团队优先使用。最近他们使用的命名约定是给字段名加上下划线作为前缀。这会为识别字段而不是局部变量提供极大的便利。

> **注意**：微软团队使用一种或另一种命名约定。使用类型的私有成员时，.NET 没有严格的命名约定。然而，在团队里应该使用相同的约定。.NET Core 团队转向使用下划线作为字段的前缀，这是本书大多数地方使用的约定(参见 https://github.com/dotnet/corefx/blob/master/Documentation/coding-guidelines/coding-style.md)。

1. 自动实现的属性

如果属性的 set 和 get 访问器中没有任何逻辑，就可以使用自动实现的属性。这种属性会自动实现后备成员变量。前面 Age 示例的代码如下：

```csharp
public int Age { get; set; }
```

不需要声明私有字段。编译器会自动创建它。使用自动实现的属性，就不能直接访问字段，因为不知道编译器生成的名称。

使用自动实现的属性，就不能在属性设置中验证属性的有效性。所以在上面的例子中，不能检查是否设置了无效的年龄。

自动实现的属性可以使用属性初始化器来初始化：

```csharp
public int Age { get; set; } = 42;
```

2. 属性的访问修饰符

C#允许给属性的 get 和 set 访问器设置不同的访问修饰符，所以属性可以有公有的 get 访问器和私有或受保护的 set 访问器。这有助于控制属性的设置方式或时间。在下面的代码示例中，注意 set 访问器有一个私有访问修饰符，而 get 访问器没有任何访问修饰符。这表示 get 访问器具有属性的访问级别。在 get 和 set 访问器中，必须有一个具备属性的访问级别。如果 get 访问器的访问级别是 protected，就会产生一个编译错误，因为这会使两个访问器的访问级别都不是属性。

```csharp
public string Name
{
  get
  {
    return _name;
  }
  private set
  {
    _name = value;
  }
}
```

通过自动实现的属性，也可以设置不同的访问级别：

```
public int Age { get; private set; }
```

注意：也可以定义只有 get 或 set 访问器的属性。在创建只有 set 访问器的属性之前，最好创建一个方法来代替。可以将只有 get 访问器的属性用于只读访问。自动实现的、只有 get 访问器的属性是 C# 6 新增的，参见"只读成员"一节。

注意：一些开发人员可能会担心，前面我们列举了许多情况，其中标准 C#编码方式导致了大材小用，例如，通过属性访问字段，而不是直接访问字段。这些额外的函数调用是否会增加系统开销，导致性能下降？其实，不需要担心这种编程方式会在 C# 中带来性能损失。C#代码会编译为 IL，然后在运行时 JIT 编译为本地可执行代码。JIT 编译器可生成高度优化的代码，并在适当的时候随意地内联代码(即，用内联代码来替代函数调用)。如果实现某个方法或属性仅是调用另一个方法，或返回一个字段，则该方法或属性肯定是内联的。

通常不需要改变内联的行为，但在通知编译器有关内联的情况时有一些控制。使用属性 MethodImpl 可以定义不应用内联的方法 (MethodImplOptions.NoInlining)，或内联应该由编译器主动完成(MethodImplOptions.AggressiveInlining)。对于属性，需要直接将这个属性应用于 get 和 set 访问器。

3.3.3 方法

注意，正式的 C#术语区分函数和方法。在 C#术语中，"函数成员"不仅包含方法，也包含类或结构的一些非数据成员，如索引器、运算符、构造函数和析构函数等，甚至还有属性。这些都不是数据成员，字段、常量和事件才是数据成员。

1. 方法的声明

在 C#中，方法的定义包括任意方法修饰符(如方法的可访问性)、返回值的类型，然后依次是方法名、输入参数的列表(用圆括号括起来)和方法体(用花括号括起来)。

```
[modifiers] return_type MethodName([parameters])
{
  // Method body
}
```

每个参数都包括参数的类型名和在方法体中的引用名称。但如果方法有返回值，则 return 语句就必须与返回值一起使用，以指定出口点，例如：

```
public bool IsSquare(Rectangle rect)
{
  return (rect.Height == rect.Width);
}
```

如果方法没有返回值，就把返回类型指定为 void，因为不能省略返回类型。如果方法不带参数，仍需要在方法名的后面包含一对空的圆括号()。此时 return 语句就是可选的——当到达右花括号时，方法会自动返回。

2. 表达式体方法

如果方法的实现只有一个语句，C# 6 为方法定义提供了一个简化的语法：表达式体方法。使用新的语法，不需要编写花括号和 return 关键字，而使用运算符=>(lambda 操作符)区分操作符左边的声明和操作符右边的实现代码。

下面的例子与前面的方法 IsSquare 相同，但使用表达式体方法语法实现。lambda 操作符的右侧定义了方法的实现代码。不需要花括号和返回语句。返回的是语句的结果，该结果的类型必须与左边方法声明的类型相同，在下面的代码片段中，该类型是 bool：

```csharp
public bool IsSquare(Rectangle rect) => rect.Height == rect.Width;
```

3. 调用方法

在下面的例子中，说明了类的定义和实例化、方法的定义和调用的语法。类 Math 定义了静态成员和实例成员(代码文件 MathSample/Math.cs)：

```csharp
public class Math
{
  public int Value { get; set; }

  public int GetSquare() => Value * Value;

  public static int GetSquareOf(int x) => x * x;

  public static double GetPi() => 3.14159;

}
```

Program 类利用 Math 类，调用静态方法，实例化一个对象，来调用实例成员(代码文件 MathSample/ Program.cs)：

```csharp
using static System.Console;

namespace MathSample
{
  class Program
  {
    static void Main()
    {
      // Try calling some static functions.
      WriteLine($"Pi is {Math.GetPi()}");
      int x = Math.GetSquareOf(5);
      WriteLine($"Square of 5 is {x}");

      // Instantiate a Math object
      var math = new Math();   // instantiate a reference type

      // Call instance members
```

```
    math.Value = 30;
    WriteLine($"Value field of math variable contains {math.Value}");
    WriteLine($"Square of 30 is {math.GetSquare()}");
  }
}
```

运行 MathSample 示例，会得到如下结果：

```
Pi is 3.14159
Square of 5 is 25
Value field of math variable contains 30
Square of 30 is 900
```

从代码中可以看出，Math 类包含一个属性和一个方法，该属性包含一个数字，该方法计算该数字的平方。这个类还包含两个静态方法，一个返回 pi 的值，另一个计算作为参数传入的数字的平方。

这个类有一些功能并不是设计 C#程序的好例子。例如，GetPi()通常作为 const 字段来执行，而好的设计应使用目前还没有介绍的概念。

4. 方法的重载

C#支持方法的重载——方法的几个版本有不同的签名(即，方法名相同，但参数的个数和/或数据类型不同)。为了重载方法，只需要声明同名但参数个数或类型不同的方法即可：

```
class ResultDisplayer
{
  public void DisplayResult(string result)
  {
    // implementation
  }

  public void DisplayResult(int result)
  {
    // implementation
  }
}
```

不仅参数类型可以不同，参数的数量也可以不同，如下一个示例所示。一个重载的方法可以调用另一个重载的方法：

```
class MyClass
{
  public int DoSomething(int x)
  {
    return DoSomething(x, 10); // invoke DoSomething with two parameters
  }

  public int DoSomething(int x, int y)
  {
    // implementation
  }
}
```

注意： 对于方法重载，仅通过返回类型不足以区分重载的版本。仅通过参数名称也不足以区分它们。需要区分参数的数量和/或类型。

5. 命名的参数

调用方法时，变量名不需要添加到调用中。然而，如果有如下的方法签名，用于移动矩形：

```
public void MoveAndResize(int x, int y, int width, int height)
```

用下面的代码片段调用它，就不能从调用中看出使用了什么数字，这些数字用于哪里：

```
r.MoveAndResize(30, 40, 20, 40);
```

可以改变调用，明确数字的含义：

```
r.MoveAndResize(x: 30, y: 40, width: 20, height: 40);
```

任何方法都可以使用命名的参数调用。只需要编写变量名，后跟一个冒号和所传递的值。编译器会去掉变量名，创建一个方法调用，就像没有变量名一样——这在编译后的代码中没有差别。

还可以用这种方式更改变量的顺序，编译器会重新安排，获得正确的顺序。其真正的优势是下一节所示的可选参数。

6. 可选参数

参数也可以是可选的。必须为可选参数提供默认值。可选参数还必须是方法定义的最后的参数：

```
public void TestMethod(int notOptionalNumber, int optionalNumber = 42)
{
  WriteLine(optionalNumber + notOptionalNumber);
}
```

这个方法可以使用一个或两个参数调用。传递一个参数，编译器就修改方法调用，给第二个参数传递 42。

```
TestMethod(11);
TestMethod(11, 22);
```

注意： 因为编译器用可选参数改变方法，传递默认值，所以在程序集的新版本中，默认值不应该改变。在新版本中修改默认值，如果调用程序在没有重新编译的另一个程序集中，就会使用旧的默认值。这就是为什么应该只给可选参数提供永远不会改变的值。如果默认值更改时，总是重新编译调用的方法，这就不是一个问题。

可以定义多个可选参数，如下所示：

```
public void TestMethod(int n, int opt1 = 11, int opt2 = 22, int opt3 = 33)
{
```

```
    WriteLine(n + opt1 + opt2 + opt3);
}
```

这样，该方法就可以使用 1、2、3 或 4 个参数调用。下面代码中的第一行给可选参数指定值 11、22 和 33。第二行传递了前三个参数，最后一个参数的值是 33：

```
TestMethod(1);
TestMethod(1, 2, 3);
```

通过多个可选参数，命名参数的特性就会发挥作用。使用命名参数，可以传递任何可选参数，例如，下面的例子仅传递最后一个参数：

```
TestMethod(1, opt3: 4);
```

注意：注意使用可选参数时的版本控制问题。一个问题是在新版本中改变默认值；另一个问题是改变参数的数量。添加另一个可选参数看起来很容易，因为它是可选的。然而，编译器更改调用代码，填充所有的参数，如果以后添加另一个参数，早期编译的调用程序就会失败。

7. 个数可变的参数

使用可选参数，可以定义数量可变的参数。然而，还有另一种语法允许传递数量可变的参数——这个语法没有版本控制问题。

声明数组类型的参数（示例代码使用一个 int 数组），添加 params 关键字，就可以使用任意数量的 int 参数调用该方法。

```
public void AnyNumberOfArguments(params int[] data)
{
  foreach (var x in data)
  {
    WriteLine(x);
  }
}
```

注意：数组参见第 7 章。

AnyNumberOfArguments 方法的参数类型是 int[]，可以传递一个 int 数组，或因为 params 关键字，可以传递一个或任何数量的 int 值：

```
AnyNumberOfArguments(1);
AnyNumberOfArguments(1, 3, 5, 7, 11, 13);
```

如果应该把不同类型的参数传递给方法，可以使用 object 数组：

```
public void AnyNumberOfArguments(params object[] data)
{
```

```
// etc.
```

现在可以使用任何类型调用这个方法：

```
AnyNumberOfArguments("text", 42);
```

如果 params 关键字与方法签名定义的多个参数一起使用，则 params 只能使用一次，而且它必须是最后一个参数：

```
WriteLine(string format, params object[] arg);
```

前面介绍了方法的许多方面，下面看看构造函数，这是一种特殊的方法。

3.3.4 构造函数

声明基本构造函数的语法就是声明一个与包含的类同名的方法，但该方法没有返回类型：

```
public class MyClass
{
  public MyClass()
  {
  }
  // rest of class definition
```

没有必要给类提供构造函数，到目前为止本书的例子中没有提供这样的构造函数。一般情况下，如果没有提供任何构造函数，编译器会在后台生成一个默认的构造函数。这是一个非常基本的构造函数，它只能把所有的成员字段初始化为标准的默认值(例如，引用类型为空引用，数值数据类型为 0，bool 为 false)。这通常就足够了，否则就需要编写自己的构造函数。

构造函数的重载遵循与其他方法相同的规则。换言之，可以为构造函数提供任意多的重载，只要它们的签名有明显的区别即可：

```
    public MyClass()    // zeroparameter constructor
    {
      // construction code
    }
    public MyClass(int number)    // another overload
    {
      // construction code
    }
```

但是，如果提供了带参数的构造函数，编译器就不会自动提供默认的构造函数。只有在没有定义任何构造函数时，编译器才会自动提供默认的构造函数。在下面的例子中，因为定义了一个带单个参数的构造函数，编译器会假定这是可用的唯一构造函数，所以它不会隐式地提供其他构造函数：

```
public class MyNumber
{
  private int _number;
  public MyNumber(int number)
  {
    _number = number;
```

```
    }
}
```

如果试图使用无参数的构造函数实例化 MyNumber 对象，就会得到一个编译错误：

```
var numb = new MyNumber();    // causes compilation error
```

注意，可以把构造函数定义为 private 或 protected，这样不相关的类就不能访问它们：

```
public class MyNumber
{
  private int _number;
  private MyNumber(int number)   // another overload
  {
    _number = number;
  }
}
```

这个例子没有为 MyNumber 定义任何公有的或受保护的构造函数。这就使 MyNumber 不能使用 new 运算符在外部代码中实例化(但可以在 MyNumber 中编写一个公有静态属性或方法，以实例化该类)。这在下面两种情况下是有用的：

- 类仅用作某些静态成员或属性的容器，因此永远不会实例化它。在这种情况下，可以用 static 修饰符声明类。使用这个修饰符，类只能包含静态成员，不能实例化。
- 希望类仅通过调用某个静态成员函数来实例化(这就是所谓对象实例化的类工厂方法)。单例模式的实现如下面的代码片段所示：

```
public class Singleton
{
  private static Singleton s_instance;

  private int _state;
  private Singleton(int state)
  {
    _state = state;
  }

  public static Singleton Instance
  {
    get { return s_instance ?? (s_instance = new MySingleton(42); }
  }
}
```

Singleton 类包含一个私有构造函数，所以只能在类中实例化它本身。为了实例化它，静态属性 Instance 返回字段 s_instance。如果这个字段尚未初始化(null)，就调用实例构造函数，创建一个新的实例。为了检查 null，使用合并操作符。如果这个操作符的左边是 null，就处理操作符的右边，调用实例构造函数。

 注意：合并操作符参见第 8 章。

1. 从构造函数中调用其他构造函数

有时，在一个类中有几个构造函数，以容纳某些可选参数，这些构造函数包含一些共同的代码。例如，下面的情况：

```
class Car
{
  private string _description;
  private uint _nWheels;

  public Car(string description, uint nWheels)
  {
    _description = description;
    _nWheels = nWheels;
  }

  public Car(string description)
  {
    _description = description;
    _nWheels = 4;
  }
  // etc.
```

这两个构造函数初始化相同的字段，显然，最好把所有的代码放在一个地方。C#有一个特殊的语法，称为构造函数初始化器，可以实现此目的：

```
class Car
{
  private string _description;
  private uint _nWheels;

  public Car(string description, uint nWheels)
  {
    _description = description;
    _nWheels = nWheels;
  }

  public Car(string description) : this(description, 4)
  {
  }
  // etc
```

这里，this 关键字仅调用参数最匹配的那个构造函数。注意，构造函数初始化器在构造函数的函数体之前执行。现在假定运行下面的代码：

```
var myCar = new Car("Proton Persona");
```

在本例中，在带一个参数的构造函数的函数体执行之前，先执行带两个参数的构造函数(但在本例中，因为在带一个参数的构造函数的函数体中没有代码，所以没有区别)。

C#构造函数初始化器可以包含对同一个类的另一个构造函数的调用(使用前面介绍的语法)，也可以包含对直接基类的构造函数的调用(使用相同的语法，但应使用 base 关键字代替 this)。初始化器中不能有多个调用。

2. 静态构造函数

C#的一个新特征是也可以给类编写无参数的静态构造函数。这种构造函数只执行一次，而前面的构造函数是实例构造函数，只要创建类的对象，就会执行它。

```
class MyClass
{
  static MyClass()
  {
    // initialization code
  }
  // rest of class definition
}
```

编写静态构造函数的一个原因是，类有一些静态字段或属性，需要在第一次使用类之前，从外部源中初始化这些静态字段和属性。

.NET 运行库没有确保什么时候执行静态构造函数，所以不应把要求在某个特定时刻(例如，加载程序集时)执行的代码放在静态构造函数中。也不能预计不同类的静态构造函数按照什么顺序执行。但是，可以确保静态构造函数至多运行一次，即在代码引用类之前调用它。在C#中，通常在第一次调用类的任何成员之前执行静态构造函数。

注意，静态构造函数没有访问修饰符，其他 C#代码从来不显式调用它，但在加载类时，总是由.NET 运行库调用它，所以像 public 或 private 这样的访问修饰符就没有任何意义。出于同样原因，静态构造函数不能带任何参数，一个类也只能有一个静态构造函数。很显然，静态构造函数只能访问类的静态成员，不能访问类的实例成员。

无参数的实例构造函数与静态构造函数可以在同一个类中定义。尽管参数列表相同，但这并不矛盾，因为在加载类时执行静态构造函数，而在创建实例时执行实例构造函数，所以何时执行哪个构造函数不会有冲突。

如果多个类都有静态构造函数，先执行哪个静态构造函数就不确定。此时静态构造函数中的代码不应依赖于其他静态构造函数的执行情况。另一方面，如果任何静态字段有默认值，就在调用静态构造函数之前分配它们。

下面用一个例子来说明静态构造函数的用法。该例子的思想基于包含用户首选项的程序(假定用户首选项存储在某个配置文件中)。为了简单起见，假定只有一个用户首选项——BackColor，它表示要在应用程序中使用的背景色。因为这里不想编写从外部数据源中读取数据的代码，所以假定该首选项在工作日的背景色是红色，在周末的背景色是绿色。程序仅在控制台窗口中显示首选项——但这足以说明静态构造函数是如何工作的。

类 UserPreferences 用 static 修饰符声明，因此它不能实例化，只能包含静态成员。静态构造函数根据星期几初始化 BackColor 属性（代码文件 StaticConstructorSample / UserPreferences.cs）：

```
public static class UserPreferences
{
  public static Color BackColor { get; }

  static UserPreferences()
  {
    DateTime now = DateTime.Now;
```

```
    if (now.DayOfWeek == DayOfWeek.Saturday
        || now.DayOfWeek == DayOfWeek.Sunday)
    {
      BackColor = Color.Green;
    }
    else
    {
      BackColor = Color.Red;
    }
  }
}
```

这段代码使用了 .NET Framework 类库提供的 System.DateTime 结构。DateTime 结构实现了返回当前时间的静态属性 Now，DayOfWeek 属性是 DateTime 的实例属性，返回一个类型 DayOfWeek 的枚举值。

Color 定义为 enum 类型，包含几种颜色。enum 类型详见"枚举"一节(代码文件 StaticConstructor-Sample/Enum.cs)::

```
public enum Color
{
    White,
    Red,
    Green,
    Blue,
    Black
}
```

Main 方法调用 WriteLine 方法，把用户首选的背景色写到控制台(代码文件 StaticConstructorSample/Program.cs)：

```
class Program
{
  static void Main()
  {
    WriteLine(
      $"User-preferences: BackColor is: {UserPreferences.BackColor}");
  }
}
```

编译并运行这段代码，会得到如下结果：

```
User-preferences: BackColor is: Color Red
```

当然，如果在周末执行上述代码，颜色首选项就是 Green。

3.3.5 只读成员

如果不希望在初始化后修改数据成员，就可以使用 readonly 关键字。下面详细描述只读字段和只读属性。

3.3.6 只读字段

为了保证对象的字段不能改变，字段可以用 readonly 修饰符声明。带有 readonly 修饰符的字段只能在构造函数中分配值。它与 const 修饰符不同。编译器通过 const 修饰符，用其值取代了使用它的变量。编译器知道常量的值。只读字段在运行期间通过构造函数指定。与常量字段相反，只读字段可以是实例成员。使用只读字段作为类成员时，需要把 static 修饰符分配给该字段。

如果有一个用于编辑文档的程序，因为要注册，所以需要限制可以同时打开的文档数。现在假定要销售该软件的不同版本，而且顾客可以升级他们的版本，以便同时打开更多的文档。显然，不能在源代码中对最大文档数进行硬编码，而是需要一个字段来表示这个最大文档数。这个字段必须是只读的——每次启动程序时，从注册表键或其他文件存储中读取。代码如下所示：

```
public class DocumentEditor
{
    private static readonly uint s_maxDocuments;

    static DocumentEditor()
    {
        s_maxDocuments = DoSomethingToFindOutMaxNumber();
    }
}
```

在本例中，字段是静态的，因为每次运行程序的实例时，只需要存储最大文档数一次。这就是在静态构造函数中初始化它的原因。如果只读字段是一个实例字段，就要在实例构造函数中初始化它。例如，假定编辑的每个文档都有一个创建日期，但不允许用户修改它(因为这会覆盖过去的日期)。

如前所述，日期用基类 System.DateTime 表示。下面的代码在构造函数中使用 DateTime 结构初始化 _creationTime 字段。初始化 Document 类后，创建时间就不能改变了：

```
public class Document
{
    private readonly DateTime _creationTime;
    public Document()
    {
        _creationTime = DateTime.Now;
    }
}
```

在上面的代码段中，CreationDate 和 MaxDocuments 的处理方式与任何其他字段相同，但因为它们是只读的，所以不能在构造函数外部赋值：

```
void SomeMethod()
{
    s_maxDocuments = 10; // compilation error here. MaxDocuments is readonly
}
```

还要注意，在构造函数中不必给只读字段赋值。如果没有赋值，它的值就是其特定数据类型的默认值，或者在声明时给它初始化的值。这适用于只读的静态字段和实例字段。

1. 只读属性

在属性定义中省略 set 访问器，就可以创建只读属性。因此，如下代码把 Name 变成只读属性：

```
private readonly string _name;
```

```csharp
public string Name
{
  get
  {
    return _name;
  }
}
```

用 readonly 修饰符声明字段，只允许在构造函数中初始化属性的值。

同样，在属性定义中省略 get 访问器，就可以创建只写属性。但是，这是不好的编程方式，因为这可能会使客户端代码的作者感到迷惑。一般情况下，如果要这么做，最好使用一个方法替代。

2. 自动实现的只读属性

C# 6 提供了一个简单的语法，使用自动实现的属性创建只读属性，访问只读字段。这些属性可以使用属性初始化器来初始化。

```csharp
public string Id { get; } = Guid.NewGuid().ToString();
```

在后台，编译器会创建一个只读字段和一个属性，其 get 访问器可以访问这个字段。初始化器的代码进入构造函数的实现代码，并在调用构造函数体之前调用。

当然，只读属性也可以在构造函数中初始化，如下面的代码片段所示：

```csharp
public class Person
{
  public Person(string name)
  {
    Name = name;
  }
  public string Name { get; }
}
```

3. 表达式体属性

C# 6 中与属性相关的另一个扩展是表达式体属性。类似于表达式体方法，表达式体属性不需要花括号和返回语句。表达式体属性是带有 get 访问器的属性，但不需要编写 get 关键字。只是 get 访问器的实现后跟 lambda 操作符。对于 Person 类，FullName 属性使用表达式体属性实现，通过该属性返回 FirstName 和 LastName 属性值的组合：

```csharp
public class Person
{
  public Person(string firstName, string lastName)
  {
    FirstName = firstName;
    LastName = lastName;
  }
  public string FirstName { get; }
  public string LastName { get; }
  public string FullName => $"{FirstName} {LastName}";
}
```

4. 不可变的类型

如果类型包含可以改变的成员，它就是一个可变的类型。使用 readonly 修饰符，编译器会在状态改变时报错。状态只能在构造函数中初始化。如果对象没有任何可以改变的成员，只有只读成员，它就是一个不可变类型。其内容只能在初始化时设置。这对于多线程是非常有用的，因为多个线程可以访问信息永远不会改变的同一个对象。因为内容不能改变，所以不需要同步。

不可变类型的一个例子是 String 类。这个类没有定义任何允许改变其内容的成员。诸如 ToUpper(把字符串更改为大写)的方法总是返回一个新的字符串，但传递到构造函数的原始字符串保持不变。

3.4 匿名类型

第 2 章讨论了 var 关键字，它用于表示隐式类型化的变量。var 与 new 关键字一起使用时，可以创建匿名类型。匿名类型只是一个继承自 Object 且没有名称的类。该类的定义从初始化器中推断，类似于隐式类型化的变量。

如果需要一个对象包含某个人的姓氏、中间名和名字，则声明如下：

```
var captain = new
{
  FirstName = "James",
  MiddleName = "T",
  LastName = "Kirk"
};
```

这会生成一个包含 FirstName、MiddleName 和 LastName 属性的对象。如果创建另一个对象，如下所示：

```
var doctor = new
{
  FirstName = "Leonard",
  MiddleName = string.Empty,
  LastName = "McCoy"
};
```

那么 captain 和 doctor 的类型就相同。例如，可以设置 captain = doctor。只有所有属性都匹配，才能设置 captain = doctor。

如果所设置的值来自于另一个对象，就可以简化初始化器。如果已经有一个包含 FirstName、MiddleName 和 LastName 属性的类，且有该类的一个实例(person)，captain 对象就可以初始化为：

```
var captain = new
{
  person.FirstName,
  person.MiddleName,
  person.LastName
};
```

person 对象的属性名应投射到新对象名 captain，所以 captain 对象应有 FirstName、MiddleName

和 LastName 属性。

这些新对象的类型名未知。编译器为类型"伪造"了一个名称，但只有编译器才能使用它。我们不能也不应使用新对象上的任何类型反射，因为这不会得到一致的结果。

3.5 结构

前面介绍了类如何封装程序中的对象，也介绍了如何将它们存储在堆中，通过这种方式可以在数据的生存期上获得很大的灵活性，但性能会有一定的损失。因为托管堆的优化，这种性能损失比较小。但是，有时仅需要一个小的数据结构。此时，类提供的功能多于我们需要的功能，由于性能原因，最好使用结构。看看下面的例子：

```
public class Dimensions
{
  public double Length { get; set; }
  public double Width { get; set; }
}
```

上面的代码定义了类 Dimensions，它只存储了某一项的长度和宽度。假定编写一个布置家具的程序，让人们试着在计算机上重新布置家具，并存储每件家具的尺寸。表面看来使字段变为公共字段会违背编程规则，但这里的关键是我们实际上并不需要类的全部功能。现在只有两个数字，把它们当成一对来处理，要比单个处理方便一些。既不需要很多方法，也不需要从类中继承，也不希望.NET 运行库在堆中遇到麻烦和性能问题，只需要存储两个 double 类型的数据即可。

为此，只需要修改代码，用关键字 struct 代替 class，定义一个结构而不是类，如本章前面所述：

```
public struct Dimensions
{
  public double Length { get; set; }
  public double Width { get; set; }
}
```

为结构定义函数与为类定义函数完全相同。下面的代码说明了结构的构造函数和属性(代码文件 StructsSample/Dimension.cs)：

```
public struct Dimensions
{
  public double Length { get; set; }
  public double Width { get; set; }

  public Dimensions(double length, double width)
  {
    Length = length;
    Width = width;
  }

  public double Diagonal => Math.Sqrt(Length * Length + Width * Width);
}
```

结构是值类型，不是引用类型。它们存储在栈中或存储为内联(如果它们是存储在堆中的另一个对象的一部分)，其生存期的限制与简单的数据类型一样。
- 结构不支持继承。
- 对于结构，构造函数的工作方式有一些区别。如果没有提供默认的构造函数，编译器会自动提供一个，把成员初始化为其默认值。
- 使用结构，可以指定字段如何在内存中布局(第16章在介绍特性时将详细论述这个问题)。

因为结构实际上是把数据项组合在一起，所以有时大多数或者全部字段都声明为public。严格来说，这与编写.NET代码的规则相反——根据Microsoft，字段(除了const字段之外)应总是私有的，并由公有属性封装。但是，对于简单的结构，许多开发人员都认为公有字段是可接受的编程方式。

下面几节将详细说明类和结构之间的区别。

3.5.1 结构是值类型

虽然结构是值类型，但在语法上常常可以把它们当作类来处理。例如，在上面的Dimensions类的定义中，可以编写下面的代码：

```
var point = new Dimensions();
point.Length = 3;
point.Width = 6;
```

注意，因为结构是值类型，所以new运算符与类和其他引用类型的工作方式不同。new运算符并不分配堆中的内存，而是只调用相应的构造函数，根据传送给它的参数，初始化所有的字段。对于结构，可以编写下述完全合法的代码：

```
Dimensions point;
point.Length = 3;
point.Width = 6;
```

如果Dimensions是一个类，就会产生一个编译错误，因为point包含一个未初始化的引用——不指向任何地方的一个地址，所以不能给其字段设置值。但对于结构，变量声明实际上是为整个结构在栈中分配空间，所以就可以为它赋值了。但要注意下面的代码会产生一个编译错误，编译器会抱怨用户使用了未初始化的变量：

```
Dimensions point;
double D = point.Length;
```

结构遵循其他数据类型都遵循的规则：在使用前所有的元素都必须进行初始化。在结构上调用new运算符，或者给所有的字段分别赋值，结构就完全初始化了。当然，如果结构定义为类的成员字段，在初始化包含的对象时，该结构会自动初始化为0。

结构会影响性能的值类型，但根据使用结构的方式，这种影响可能是正面的，也可能是负面的。正面的影响是为结构分配内存时，速度非常快，因为它们将内联或者保存在栈中。在结构超出了作用域被删除时，速度也很快，不需要等待垃圾回收。负面影响是，只要把结构作为参数来传递或者把一个结构赋予另一个结构(如 A=B，其中A和B是结构)，结构的所有内容就被复制，而对于类，则只复制引用。这样就会有性能损失，根据结构的大小，性能损失也不同。注意，结构主要用于小的数据结构。

但当把结构作为参数传递给方法时，应把它作为ref参数传递，以避免性能损失——此时只传递了结构在内存中的地址,这样传递速度就与在类中的传递速度一样快了。但如果这样做,就必须注意被调用的方法可以改变结构的值。

3.5.2 结构和继承

结构不是为继承设计的。这意味着:它不能从一个结构中继承。唯一的例外是对应的结构(和C#中的其他类型一样)最终派生于类 System.Object。因此,结构也可以访问 System.Object 的方法。在结构中,甚至可以重写 System.Object 中的方法——如重写 ToString()方法。结构的继承链是:每个结构派生自 System.ValueType 类,System.ValueType 类又派生自 System.Object。ValueType 并没有给 Object 添加任何新成员,但提供了一些更适合结构的实现方式。注意,不能为结构提供其他基类:每个结构都派生自 ValueType。

3.5.3 结构的构造函数

为结构定义构造函数的方式与为类定义构造函数的方式相同。

前面说过,默认构造函数把数值字段都初始化为 0,且总是隐式地给出,即使提供了其他带参数的构造函数,也是如此。

在 C# 6 中,也可以实现默认的构造函数,为字段提供初始值(这一点在早期的 C#版本中未实现)。为此,只需要初始化每个数据成员:

```
public Dimensions()
{
  Length = 0;
  Width = 1;
}
public Dimensions(double length, double width)
{
  Length = length;
  Width = width;
}
```

另外,可以像类那样为结构提供 Close()或 Dispose()方法。第 5 章将讨论 Dispose()方法。

3.6 按值和按引用传递参数

假设有一个类型 A,它有一个 int 类型的属性 X。ChangeA 方法接收类型 A 的参数,把 X 的值改为 2(代码文件 PassingByValueAndByReference / Program.cs):

```
public static void ChangeA(A a)
{
  a.X = 2;
}
```

Main()方法创建类型 A 的实例,把 X 初始化为 1,调用 ChangeA 方法:

```
static void Main()
{
  A a1 = new A { X = 1 };
```

```
    ChangeA(a1);
    WriteLine($"a1.X: {a1.X}");
}
```

输出是什么？1 还是 2 ？

答案视情况而定。需要知道 A 是一个类还是结构。下面先假定 A 是结构：

```
public struct A
{
    public int X { get; set; }
}
```

结构按值传递，通过按值传递，ChangeA 方法中的变量 a 得到堆栈中变量 a1 的一个副本。在方法 ChangeA 的最后修改、销毁副本。a1 的内容从不改变，一直是 1。

A 作为一个类时，是完全不同的：

```
public class A
{
    public int X { get; set; }
}
```

类按引用传递。这样，a 变量把堆上的同一个对象引用为变量 a1。当 ChangeA 修改 a 的 X 属性值时，把它改为 a1.X，因为它是同一个对象。这里，结果是 2。

3.6.1 ref 参数

也可以通过引用传递结构。如果 A 是结构类型，就添加 ref 修饰符，修改 ChangeA 方法的声明，通过引用传递变量：

```
public static void ChangeA(ref A a)
{
    a.X = 2;
}
```

从调用端也可以看出这一点，所以给方法参数应用了 ref 修饰符后，在调用方法时需要添加它：

```
static void Main()
{
    A a1 = new A { X = 1 };
    ChangeA(ref a1);
    WriteLine($"a1.X: {a1.X}");
}
```

现在，与类类型一样，结构也按引用传递，所以结果是 2。

类类型如何使用 ref 修饰符？下面修改 ChangeA 方法的实现：

```
public static void ChangeA(A a)
{
    a.X = 2;
    a = new A { X = 3 };
}
```

使用 A 类型的类，可以预期什么结果？当然，Main()方法的结果不是 1，因为按引用传递是通过类类型实现的。a.X 设置为 2，就改变了原始对象 a1。然而，下一行 a = new A { X = 3 }现在在堆上创建一个新对象，和一个对新对象的引用。Main()方法中使用的变量 a1 仍然引用值为 2 的旧对象。ChangeA 方法结束后，没有引用堆上的新对象，可以回收它。所以这里的结果是 2。

把 A 作为类类型，使用 ref 修饰符，传递对引用的引用(在 C++术语中，是一个指向指针的指针)，它允许分配一个新对象，Main()方法显示了结果 3：

```
public static void ChangeA(ref A a)
{
  a.X = 2;
  a = new A { X = 3 };
}
```

最后，一定要理解，C#对传递给方法的参数继续应用初始化要求。任何变量传递给方法之前，必须初始化，无论是按值还是按引用传递。

3.6.2 out 参数

如果方法返回一个值，该方法通常声明返回类型，并返回结果。如果方法返回多个值，可能类型还不同，该怎么办？这有不同的选项。一个选项是声明类和结构，把应该返回的所有信息都定义为该类型的成员。另一个选项是使用元组类型。第三个选项是使用 out 关键字。

下面的例子使用通过 Int32 类型定义的 Parse 方法。ReadLine 方法获取用户输入的字符串。假设用户输入一个数字，int.Parse 方法把它转换为字符串，并返回该数字(代码文件 OutKeywordSample / Program.cs)：

```
string input1 = ReadLine();
int n = int.Parse(input1);
WriteLine($"n: {n}");
```

然而，用户并不总是输入希望他们输入的数据。如果用户没有输入数字，就会抛出一个异常。当然，可以捕获异常，并相应地处理用户，但"正常"情况不这么做。也许可以认为，"正常"情况就是用户输入了错误的数据。处理异常参见第 14 章。

要处理类型错误的数据，更好的方法是使用 Int32 类型的另一个方法：TryParse。TryParse 声明为无论解析成功与否，都返回一个 bool 类型。解析的结果(如果成功)是使用 out 修饰符返回一个参数：

```
public static bool TryParse(string s, out int result);
```

调用这个方法，result 变量需要在调用这个方法之前定义。使用 out 参数，变量不需要预先初始化，变量在方法中初始化。类似于 ref 关键字，out 关键字也需要在调用方法时提供，而不仅仅在声明方法时提供：

```
string input2 = ReadLine();
int result;
if (int.TryParse(input2, out result))
{
  WriteLine($"n: {n}");
}
else
```

```
{
    WriteLine("not a number");
}
```

3.7 可空类型

引用类型(类)的变量可以为空,而值类型(结构)的变量不能。在一些情况下,这可能是一个问题,如把C#类型映射到数据库或XML类型。数据库或XML数量可以为空,而int或double不能为空。

处理这个冲突的一个方法是使用映射到数据库数字类型的类(这由Java实现)。使用引用类型,映射到允许空值的数据库数字,有一个重要的缺点:它带来了额外的开销。对于引用类型,需要垃圾收集器进行清理。值类型不需要用垃圾收集器清理;变量超出作用域时,从内存中删除。

C#有一个解决方案:可空类型。可空类型是可以为空的值类型。可空类型只需要在类型的后面添加"?"(它必须是结构)。与基本结构相比,值类型唯一的开销是一个可以确定它是否为空的布尔成员。

在下面的代码片段中,x1是一个普通的int,x2是一个可以为空的int。因为x2是可以为空的int,所以可以把null分配给x2:

```
int x1 = 1;
int? x2 = null;
```

因为int值可以分配给int?,所以给int?传递一个int变量总是会成功,编译器会接受它:

```
int? x3 = x1;
```

反过来是不正确的。int?不能直接分配给int。这可能失败,因此需要一个类型转换:

```
int x4 = (int)x3;
```

当然,如果x3是null,类型转换操作就会生成一个异常。更好的方法是使用可空类型的HasValue和Value属性。HasValue返回true或false,这取决于可空类型是否有值,Value返回底层的值。使用条件操作符填充x5,不会抛出异常。如果x3是null,HasValue就返回false,这里给变量x5提供-1:

```
int x5 = x3.HasValue ? x3.Value : -1;
```

使用合并操作符,可空类型可以使用较短的语法。如果x3是null,则用变量x6给它设置-1,否则提取x3的值:

```
int x6 = x3 ?? -1;
```

> **注意:** 对于可空类型,可以使用能用于基本类型的所有可用操作符,例如,可用于int?的+、-、*、/等。每个结构类型都可以使用可空类型,而不仅是预定义的C#类型。

3.8 枚举

枚举是一个值类型，包含一组命名的常量，如这里的 Color 类型。枚举类型用 enum 关键字定义(代码文件 EnumSample/Color.cs)：

```
public enum Color
{
  Red,
  Green,
  Blue
}
```

可以声明枚举类型的变量，如变量 c1，用枚举类型的名称作为前缀，设置一个命名常量，来赋予枚举中的一个值(代码文件 EnumSample/Program.cs)：

```
Color c1 = Color.Red;
WriteLine(c1);
```

运行程序，控制台输出显示 Red，这是枚举的常量值。

默认情况下，enum 的类型是 int。这个基本类型可以改为其他整数类型(byte、short、int、带符号的 long 和无符号变量)。命名常量的值从 0 开始递增，但它们可以改为其他值：

```
public enum Color : short
{
  Red = 1,
  Green = 2,
  Blue = 3
}
```

使用强制类型转换可以把数字改为枚举值，把枚举值改为数字。

```
Color c2 = (Color)2;
short number = (short)c2;
```

还可以使用 enum 类型把多个选项分配给一个变量，而不仅仅是一个枚举常量。为此，分配给常量的值必须是不同的位，Flags 属性需要用枚举设置。

枚举类型 DaysOfWeek 为每天定义了不同的值。要设置不同的位，可以使用用 0x 前缀指定的十六进制值轻松地完成，Flags 属性是编译器创建值的另一个字符串表示的信息，例如给 DaysOfWeek 的一个变量设置值 3，结果是 Monday，如果使用 Flags 属性，结果就是 Tuesday(代码文件 EnumSample/DaysOfWeek.cs)：

```
[Flags]
public enum DaysOfWeek
{
  Monday = 0x1,
  Tuesday = 0x2,
  Wednesday = 0x4,
  Thursday = 0x8,
  Friday = 0x10,
  Saturday = 0x20,
```

```
    Sunday = 0x40
}
```

有了这个枚举声明，就可以使用逻辑或运算符为一个变量指定多个值 (代码文件 EnumSample / Program.cs)：

```
DaysOfWeek mondayAndWednesday = DaysOfWeek.Monday | DaysOfWeek.Wednesday;
WriteLine(mondayAndWednesday);
```

运行程序，输出日期的字符串表示：

```
Monday, Tuesday
```

设置不同的位，也可以结合单个位来包括多个值，如 Weekend 的值 0x60 是用逻辑或运算符结合了 Saturday 和 Sunday。Workday 则结合了从 Monday 到 Friday 的所有日子，AllWeek 用逻辑或运算符结合了 Workday 和 Weekend (代码文件 EnumSample / DaysOfWeek.cs)：

```
[Flags]
public enum DaysOfWeek
{
  Monday = 0x1,
  Tuesday = 0x2,
  Wednesday = 0x4,
  Thursday = 0x8,
  Friday = 0x10,
  Saturday = 0x20,
  Sunday = 0x40,
  Weekend = Saturday | Sunday
  Workday = 0x1f,
  AllWeek = Workday | Weekend
}
```

有了这些代码，就可以把 DaysOfWeek.Weekend 直接分配给变量，指定用逻辑或运算符结合 DaysOfWeek.Saturday 和 DaysOfWeek.Sunday 的单个值，也可以得到相同的结果。输出会显示 Weekend 的字符串表示。

```
DaysOfWeek weekend = DaysOfWeek.Saturday | DaysOfWeek.Sunday;
WriteLine(weekend);
```

使用枚举，类 Enum 有时非常有助于动态获得枚举类型的信息。枚举提供了方法来解析字符串，获得相应的枚举常数，获得枚举类型的所有名称和值。

下面的代码片段使用字符串和 Enum.TryParse 来获得相应的 Color 值(代码文件 EnumSample/Program.cs)：

```
Color red;
if (Enum.TryParse<Color>("Red", out red))
{
  WriteLine($"successfully parsed {red}");
}
```

注意： Enum.TryParse<T>()是一个泛型方法，其中 T 是泛型参数类型。这个参数类型需要用方法调用定义。

Enum.GetNames 方法返回一个包含所有枚举名的字符串数组：

```
foreach (var day in Enum.GetNames(typeof(Color)))
{
  WriteLine(day);
}
```

运行应用程序，输出如下：

```
Red
Green
Blue
```

为了获得枚举的所有值，可以使用方法 Enum.GetValues。Enum.GetValues 返回枚举值的一个数组。为了获得整数值，需要把它转换为枚举的底层类型，为此应使用 foreach 语句：

```
foreach (short val in Enum.GetValues(typeof(Color)))
{
  WriteLine(val);
}
```

3.9 部分类

partial 关键字允许把类、结构、方法或接口放在多个文件中。一般情况下，某种类型的代码生成器生成了一个类的某部分，所以把类放在多个文件中是有益的。假定要给类添加一些从工具中自动生成的内容。如果重新运行该工具，前面所做的修改就会丢失。partial 关键字有助于把类分开放在两个文件中，而对不由代码生成器定义的文件进行修改。

partial 关键字的用法是：把 partial 放在 class、struct 或 interface 关键字的前面。在下面的例子中，SampleClass 类驻留在两个不同的源文件 SampleClassAutogenerated.cs 和 SampleClass.cs 中：

```
//SampleClassAutogenerated.cs
partial class SampleClass
{
  public void MethodOne() { }
}

//SampleClass.cs
partial class SampleClass
{
  public void MethodTwo() { }
}
```

编译包含这两个源文件的项目时，会创建一个 SampleClass 类，它有两个方法 MethodOne()和 MethodTwo()。

如果声明类时使用了下面的关键字,则这些关键字就必须应用于同一个类的所有部分:

- public
- private
- protected
- internal
- abstract
- sealed
- new
- 一般约束

在嵌套的类型中,只要 partial 关键字位于 class 关键字的前面,就可以嵌套部分类。在把部分类编译到类型中时,属性、XML 注释、接口、泛型类型的参数属性和成员会合并。有如下两个源文件:

```
// SampleClassAutogenerated.cs
[CustomAttribute]
partial class SampleClass: SampleBaseClass, ISampleClass
{
  public void MethodOne() { }
}

// SampleClass.cs
[AnotherAttribute]
partial class SampleClass: IOtherSampleClass
{
  public void MethodTwo() { }
}
```

编译后,等价的源文件变成:

```
[CustomAttribute]
[AnotherAttribute]
partial class SampleClass: SampleBaseClass, ISampleClass, IOtherSampleClass
{
  public void MethodOne() { }

  public void MethodTwo() { }
}
```

注意:尽管 partial 关键字很容易创建跨多个文件的巨大的类,且不同的开发人员处理同一个类的不同文件,但该关键字并不用于这个目的。在这种情况下,最好把大类拆分成几个小类,一个类只用于一个目的。

部分类可以包含部分方法。如果生成的代码应该调用可能不存在的方法,这就是非常有用的。扩展部分类的程序员可以决定创建部分方法的自定义实现代码,或者什么也不做。下面的代码片段包含一个部分类,其方法 MethodOne 调用 APartialMethod 方法。APartialMethod 方法用 partial 关键字声明;因此不需要任何实现代码。如果没有实现代码,编译器将删除这个方法调用:

```
//SampleClassAutogenerated.cs
partial class SampleClass
{
  public void MethodOne()
  {
    APartialMethod();
  }

  public partial void APartialMethod();
}
```

部分方法的实现可以放在部分类的任何其他地方,如下面的代码片段所示。有了这个方法,编译器就在 MethodOne 内创建代码,调用这里声明的 APartialMethod:

```
// SampleClass.cs
partial class SampleClass: IOtherSampleClass
{
  public void APartialMethod()
  {
    // implementation of APartialMethod
  }
}
```

部分方法必须是 void 类型,否则编译器在没有实现代码的情况下无法删除调用。

3.10 扩展方法

有许多扩展类的方式。继承就是给对象添加功能的好方法。扩展方法是给对象添加功能的另一个选项,在不能使用继承时,也可以使用这个选项(例如类是密封的)。

 注意:扩展方法也可以用于扩展接口。这样,实现该接口的所有类就有了公共功能。

扩展方法是静态方法,它是类的一部分,但实际上没有放在类的源代码中。

假设希望用一个方法扩展 string 类型,该方法计算字符串中的单词数。GetWordCount 方法利用 String.Split 方法把字符串分割到字符串数组中,使用 Length 属性计算数组中元素的个数 (代码文件 ExtensionMethods / Program.cs):

```
public static class StringExtension
{
  public static int GetWordCount(this string s) =>
    s.Split().Length;
}
```

使用 this 关键字和第一个参数来扩展字符串。这个关键字定义了要扩展的类型。

即使扩展方法是静态的,也要使用标准的实例方法语法。注意,这里使用 fox 变量而没有使用类型名来调用 GetWordCount ()。

```
string fox = "the quick brown fox jumped over the lazy dogs down " +
    "9876543210 times";
int wordCount = fox.GetWordCount();
WriteLine($"{wordCount} words");
```

在后台，编译器把它改为调用静态方法：

```
int wordCount = StringExtension.GetWordCount(fox);
```

使用实例方法的语法，而不是从代码中直接调用静态方法，会得到一个好得多的语法。这个语法还有一个好处：该方法的实现可以用另一个类取代，而不需要更改代码——只需要运行新的编译器。

编译器如何找到某个类型的扩展方法？this 关键字必须匹配类型的扩展方法，而且需要打开定义扩展方法的静态类所在的名称空间。如果把 StringExtensions 类放在名称空间 Wrox.Extensions 中，则只有用 using 指令打开 Wrox.Extensions，编译器才能找到 GetWordCount 方法。如果类型还定义了同名的实例方法，扩展方法就永远不会使用。类中已有的任何实例方法都优先。当多个同名的扩展方法扩展相同的类型，打开所有这些类型的名称空间时，编译器会产生一个错误，指出调用是模棱两可的，它不能决定在多个实现代码中选择哪个。然而，如果调用代码在一个名称空间中，这个名称空间就优先。

注意：语言集成查询(Language Integrated Query，LINQ)利用了许多扩展方法。

3.11 Object 类

前面提到，所有的.NET 类最终都派生自 System.Object。实际上，如果在定义类时没有指定基类，编译器就会自动假定这个类派生自 Object。本章没有使用继承，所以前面介绍的每个类都派生自 System.Object(如前所述，对于结构，这个派生是间接的：结构总是派生自 System.ValueType，System.ValueType 又派生自 System.Object)。

其实际意义在于，除了自己定义的方法和属性等外，还可以访问为 Object 类定义的许多公有的和受保护的成员方法。这些方法可用于自己定义的所有其他类中。

下面将简要总结每个方法的作用：

- **ToString()方法**：是获取对象的字符串表示的一种便捷方式。当只需要快速获取对象的内容，以进行调试时，就可以使用这个方法。在数据的格式化方面，它几乎没有提供选择：例如，在原则上日期可以表示为许多不同的格式，但 DateTime.ToString()没有在这方面提供任何选择。如果需要更复杂的字符串表示，例如，考虑用户的格式化首选项或区域性，就应实现 IFormattable 接口。
- **GetHashCode()方法**：如果对象放在名为映射(也称为散列表或字典)的数据结构中，就可以使用这个方法。处理这些结构的类使用该方法确定把对象放在结构的什么地方。如果希望把类用作字典的一个键，就需要重写 GetHashCode()方法。实现该方法重载的方式有一些相当严格的限制，这些将在第 11 章介绍字典时讨论。

- Equals()(两个版本)和 ReferenceEquals()方法：注意有 3 个用于比较对象相等性的不同方法，这说明.NET Framework 在比较相等性方面有相当复杂的模式。这 3 个方法和比较运算符 "=="在使用方式上有微妙的区别。而且，在重写带一个参数的虚 Equals()方法时也有一些限制，因为 System.Collections 名称空间中的一些基类要调用该方法，并希望它以特定的方式执行。第 8 章在介绍运算符时将探讨这些方法的使用。
- Finalize()方法：第 5 章将介绍这个方法，它最接近 C++风格的析构函数，在引用对象作为垃圾被回收以清理资源时调用它。Object 中实现的 Finalize()方法实际上什么也没有做，因而被垃圾回收器忽略。如果对象拥有对未托管资源的引用，则在该对象被删除时，就需要删除这些引用，此时一般要重写 Finalize()。垃圾收集器不能直接删除这些对未托管资源的引用，因为它只负责托管的资源，于是它只能依赖用户提供的 Finalize()。
- GetType()方法：这个方法返回从 System.Type 派生的类的一个实例，因此可以提供对象成员所属类的更多信息，包括基本类型、方法、属性等。System.Type 还提供了.NET 的反射技术的入口点。这个主题详见第 16 章。
- MemberwiseClone()方法：这是 System.Object 中唯一没有在本书的其他地方详细论述的方法。不需要讨论这个方法，因为它在概念上相当简单，它只复制对象，并返回对副本的一个引用(对于值类型，就是一个装箱的引用)。注意，得到的副本是一个浅表复制，即它复制了类中的所有值类型。如果类包含内嵌的引用，就只复制引用，而不复制引用的对象。这个方法是受保护的，所以不能用于复制外部的对象。该方法不是虚方法，所以不能重写它的实现代码。

3.12 小结

本章介绍了 C#中声明和处理对象的语法，论述了如何声明静态和实例字段、属性、方法和构造函数。还讨论了 C# 6 中新增的特性。例如，表达式体方法和属性、自动实现的只读属性、结构的默认构造函数。

我们还阐述了 C#中的所有类型最终都派生自类 System.Object，这说明所有的类型都开始于一组基本的实用方法，包括 ToString()。

本章多次提到了继承，第 4 章将介绍 C#中的实现(implementation)继承和接口继承。

第 4 章

继 承

本章要点
- 继承的类型
- 实现继承
- 访问修饰符
- 接口
- Is 和 as 运算符

本章源代码下载地址(wrox.com)：

打开网页 http://www.wrox.com/go/professionalcsharp6，单击 Download Code 选项卡即可下载本章源代码。本章代码分为以下几个主要的示例文件：

- VirtualMethods
- InheritanceWithConstructors
- UsingInterfaces

4.1 继承

面向对象的三个最重要的概念是继承、封装和多态性。第 3 章谈到如何创建单独的类，来安排属性、方法和字段。当某类型的成员声明为 private 时，它们就不能从外部访问。它们封装在类型中。本章的重点是继承和多态性。

第 3 章提到，所有类最终都派生于 System.Object。本章介绍如何创建类的层次结构，多态性如何应用于 C#，还描述与继承相关的所有 C#关键字。

4.2 继承的类型

首先介绍一些面向对象(Object-Oriented，OO)术语，看看 C#在继承方面支持和不支持的功能。

- **单重继承**：表示一个类可以派生自一个基类。C#就采用这种继承。
- **多重继承**：多重继承允许一个类派生自多个类。C#不支持类的多重继承，但允许接口的多重继承。
- **多层继承**：多层继承允许继承有更大的层次结构。类 B 派生自类 A，类 C 又派生自类 B。其中，类 B 也称为中间基类，C#支持它，也很常用。
- **接口继承**：定义了接口的继承。这里允许多重继承。接口和接口继承参见本章后面的"接口"一节。

下面讨论继承和 C#的某些特定问题。

4.2.1 多重继承

一些语言(如 C++)支持所谓的"多重继承"，即一个类派生自多个类。对于实现继承，多重继承会给生成的代码增加复杂性，还会带来一些开销。因此，C#的设计人员决定不支持类的多重继承，因为支持多重继承会增加复杂性，还会带来一些开销。

而 C#又允许类型派生自多个接口。一个类型可以实现多个接口。这说明，C#类可以派生自另一个类和任意多个接口。更准确地说，因为 System.Object 是一个公共的基类，所以每个 C#类(除了 Object 类之外)都有一个基类，还可以有任意多个基接口。

4.2.2 结构和类

第 3 章区分了结构(值类型)和类(引用类型)。使用结构的一个限制是结构不支持继承，但每个结构都自动派生自 System.ValueType。不能编码实现结构的类型层次，但结构可以实现接口。换言之，结构并不支持实现继承，但支持接口继承。定义的结构和类可以总结为：

- 结构总是派生自 System.ValueType，它们还可以派生自任意多个接口。
- 类总是派生自 System.Object 或用户选择的另一个类，它们还可以派生自任意多个接口。

4.3 实现继承

如果要声明派生自另一个类的一个类，就可以使用下面的语法：

```
class MyDerivedClass: MyBaseClass
{
  // members
}
```

如果类(或结构)也派生自接口，则用逗号分隔列表中的基类和接口：

```
public class MyDerivedClass: MyBaseClass, IInterface1, IInterface2
{
  // members
}
```

如果类和接口都用于派生，则类总是必须放在接口的前面。

对于结构,语法如下(只能用于接口继承):

```csharp
public struct MyDerivedStruct: IInterface1, IInterface2
{
  // members
}
```

如果在类定义中没有指定基类,C#编译器就假定 System.Object 是基类。因此,派生自 Object 类(或使用 object 关键字),与不定义基类的效果是相同的。

```csharp
class MyClass // implicitly derives from System.Object
{
  // members
}
```

下面的例子定义了基类 Shape。无论是矩形还是椭圆,形状都有一些共同点:形状都有位置和大小。定义相应的类时,位置和大小应包含在 Shape 类中。Shape 类定义了只读属性 Position 和 Shape,它们使用自动属性初始化器来初始化(代码文件 VirtualMethods/Shape.cs):

```csharp
public class Position
{
  public int X { get; set; }
  public int Y { get; set; }
}

public class Size
{
  public int Width { get; set; }
  public int Height { get; set; }
}

public class Shape
{
  public Position Position { get; } = new Position();
  public Size Size { get; } = new Size();
}
```

4.3.1 虚方法

把一个基类方法声明为 virtual,就可以在任何派生类中重写该方法:

```csharp
public class Shape
{
  public virtual void Draw()
  {
    WriteLine($"Shape with {Position} and {Size}");
  }
}
```

如果实现代码只有一行,在 C# 6 中,也可以把 virtual 关键字和表达式体的方法(使用 lambda 运算符)一起使用。这个语法可以独立于修饰符,单独使用:

```csharp
public class Shape
{
```

```
    public virtual void Draw() => WriteLine($"Shape with {Position} and {Size}");
}
```

也可以把属性声明为 virtual。对于虚属性或重写属性，语法与非虚属性相同，但要在定义中添加关键字 virtual，其语法如下所示：

```
public virtual Size Size { get; set; }
```

当然，也可以给虚属性使用完整的属性语法：

```
private Size _size;
public virtual Size Size
{
  get
  {
    return _size;
  }
  set
  {
    _size = value;
  }
}
```

为了简单起见，下面的讨论将主要集中于方法，但其规则也适用于属性。

C#中虚函数的概念与标准 OOP 的概念相同：可以在派生类中重写虚函数。在调用方法时，会调用该类对象的合适方法。在 C#中，函数在默认情况下不是虚拟的，但(除了构造函数以外)可以显式地声明为 virtual。这遵循 C++的方式，即从性能的角度来看，除非显式指定，否则函数就不是虚拟的。而在 Java 中，所有的函数都是虚拟的。但 C#的语法与 C++的语法不同，因为 C#要求在派生类的函数重写另一个函数时，要使用 override 关键字显式声明(代码文件 VirtualMethods/Concrete-Shapes.cs)：

```
public class Rectangle : Shape
{
  public override void Draw() =>
      WriteLine($"Rectangle with {Position} and {Size}");
}
```

重写方法的语法避免了 C++中很容易发生的潜在运行错误：当派生类的方法签名无意中与基类版本略有差别时，该方法就不能重写基类的方法。在 C#中，这会出现一个编译错误，因为编译器会认为函数已标记为 override，但没有重写其基类的方法。

Size 和 Position 类型重写了 ToString()方法。这个方法在基类 Object 中声明为 virtual：

```
public class Position
{
  public int X { get; set; }
  public int Y { get; set; }
  public override string ToString() => $"X: {X}, Y: {Y}";
}

public class Size
{
```

```
    public int Width { get; set; }
    public int Height { get; set; }
    public override string ToString() => $"Width: {Width}, Height: {Height}";
}
```

注意：基类 Object 的成员参见第 3 章。

注意：重写基类的方法时，签名(所有参数类型和方法名)和返回类型必须完全匹配。否则，以后创建的新成员就不覆盖基类成员。

在 Main()方法中，实例化的矩形 r，初始化其属性，调用其方法 Draw() (代码文件 VirtualMethods/Program.cs)：

```
var r = new Rectangle();
r.Position.X = 33;
r.Position.Y = 22;
r.Size.Width = 200;
r.Size.Height = 100;
r.Draw();
```

运行程序，查看 Draw()方法的输出：

```
Rectangle with X: 33, y: 22 and Width: 200, Height: 100
```

成员字段和静态函数都不能声明为 virtual，因为这个概念只对类中的实例函数成员有意义。

4.3.2 多态性

使用多态性，可以动态地定义调用的方法，而不是在编译期间定义。编译器创建一个虚拟方法表(vtable)，其中列出了可以在运行期间调用的方法，它根据运行期间的类型调用方法。

在下面的例子中，DrawShape()方法接收一个 Shape 参数，并调用 Shape 类的 Draw()方法(代码文件 VirtualMethods/Program.cs)：

```
public static void DrawShape(Shape shape)
{
  shape.Draw();
}
```

使用之前创建的矩形调用方法。尽管方法声明为接收一个 Shape 对象，但任何派生 Shape 的类型(包括 Rectangle)都可以传递给这个方法：

```
DrawShape(r);
```

运行这个程序，查看 Rectangle.Draw 方法()而不是 Shape.Draw()方法的输出。输出行从 Rectangle 开始。如果基类的方法不是虚拟方法或没有重写派生类的方法，就使用所声明对象(Shape)的类型的 Draw()方法，因此输出从 Shape 开始：

```
Rectangle with X: 33, y: 22 and Width: 200, Height: 100
```

4.3.3 隐藏方法

如果签名相同的方法在基类和派生类中都进行了声明，但该方法没有分别声明为 virtual 和 override，派生类方法就会隐藏基类方法。

在大多数情况下，是要重写方法，而不是隐藏方法，因为隐藏方法会造成对于给定类的实例调用错误方法的危险。但是，如下面的例子所示，C#语法可以确保开发人员在编译时收到这个潜在错误的警告，从而使隐藏方法(如果这确实是用户的本意)更加安全。这也是类库开发人员得到的版本方面的好处。

假定有一个类 Shape：

```
public class Shape
{
  // various members
}
```

在将来的某一刻，要编写一个派生类 Ellipse，用它给 Shape 基类添加某个功能，特别是要添加该基类中目前没有的方法——MoveBy()：

```
public class Ellipse: Shape
{
  public void MoveBy(int x, int y)
  {
    Position.X += x;
    Position.Y += y;
  }
}
```

过了一段时间，基类的编写者决定扩展基类的功能。为了保持一致，他也添加了一个名为 MoveBy() 的方法，该方法的名称和签名与前面添加的方法相同，但并不完成相同的工作。这个新方法可能声明为 virtual，也可能不是。

如果重新编译派生的类，会得到一个编译器警告，因为出现了一个潜在的方法冲突。然而，也可能使用了新的基类，但没有编译派生类；只是替换了基类程序集。基类程序集可以安装在全局程序集缓存中(许多 Framework 程序集都安装在此)。

现在假设基类的 MoveBy() 方法声明为虚方法，基类本身调用 MoveBy() 方法。会调用哪个方法？基类的方法还是前面定义的派生类的 MoveBy() 方法？因为派生类的 MoveBy() 方法没有用 override 关键字定义(这是不可能的，因为基类 MoveBy()方法以前不存在)，编译器假定派生类的 MoveBy() 方法是一个完全不同的方法，与基类的方法没有任何关系，只是名字相同。这种方法的处理方式就好像它有另一个名称一样。

编译 Ellipse 类会生成一个编译警告，提醒使用 new 关键词隐藏方法。在实践中，不使用 new 关键字会得到相同的编译结果，但避免出现编译器警告：

```
public class Ellipse: Shape
{
  new public void Move(Position newPosition)
  {
```

```
    Position.X = newPosition.X;
    Position.Y = newPosition.Y;
  }
  //. . . other members
}
```

不使用 new 关键字，也可以重命名方法，或者，如果基类的方法声明为 virtual，且用作相同的目的，就重写它。然而，如果其他方法已经调用了此方法，简单的重命名会破坏其他代码。

> **注意**：new 方法修饰符不应该故意用于隐藏基类的成员。这个修饰符的主要目的是处理版本冲突，在修改派生类后，响应基类的变化。

4.3.4 调用方法的基类版本

C#有一种特殊的语法用于从派生类中调用方法的基类版本：base.<MethodName>()。例如，派生类 Shape 声明了 Move()方法，想要在派生类 Rectangle 中调用它，以使用基类的实现代码。为了添加派生类中的功能，可以使用 base 调用它(代码文件 VirtualMethods / Shape.cs)：

```
public class Shape
{
  public virtual void Move(Position newPosition)
  {
    Position.X = newPosition.X;
    Position.Y = newPosition.Y;
    WriteLine($"moves to {Position}");
  }
  //. . . other members
}
```

Move()方法在 Rectangle 类中重写，把 Rectangle 一词添加到控制台。写出文本之后，使用 base 关键字调用基类的方法(代码文件 VirtualMethods / ConcreteShapes.cs)：

```
public class Rectangle: Shape
{
  public override void Move(Position newPosition)
  {
    Write("Rectangle ");
    base.Move(newPosition);
  }
  //. . . other members
}
```

现在，矩形移动到一个新位置(代码文件 VirtualMethods / Program.cs)：

```
r.Move(new Position { X = 120, Y = 40 });
```

运行应用程序，输出是 Rectangle 和 Shape 类中 Move()方法的结果：

```
Rectangle moves to X: 120, Y: 40
```

注意：使用 base 关键字，可以调用基类的任何方法——而不仅仅是已重写的方法。

4.3.5 抽象类和抽象方法

C#允许把类和方法声明为 abstract。抽象类不能实例化，而抽象方法不能直接实现，必须在非抽象的派生类中重写。显然，抽象方法本身也是虚拟的(尽管也不需要提供 virtual 关键字，实际上，如果提供了该关键字，就会产生一个语法错误)。如果类包含抽象方法，则该类也是抽象的，也必须声明为抽象的。

下面把 Shape 类改为抽象类。因为其他类需要派生自这个类。新方法 Resize 声明为抽象，因此它不能有在 Shape 类中的任何实现代码(代码文件 VirtualMethods / Shape.cs)：

```csharp
public abstract class Shape
{
  public abstract void Resize(int width, int height);   // abstract method
}
```

从抽象基类中派生类型时，需要实现所有抽象成员。否则，编译器会报错：

```csharp
public class Ellipse : Shape
{
  public override void Resize(int width, int height)
  {
    Size.Width = width;
    Size.Height = height;
  }
}
```

当然，实现代码也可以如下面的例子所示。抛出类型 NotImplementationException 的异常也是一种实现方式，在开发过程中，它通常只是一个临时的实现：

```csharp
public override void Resize(int width, int height)
{
  throw new NotImplementedException();
}
```

注意：异常详见第 14 章。

使用抽象的 Shape 类和派生的 Ellipse 类，可以声明 Shape 的一个变量。不能实例化它，但是可以实例化 Ellipse，并将其分配给 Shape 变量(代码文件 VirtualMethods / Program.cs)：

```csharp
Shape s1 = new Ellipse();
DrawShape(s1);
```

4.3.6 密封类和密封方法

如果不应创建派生自某个自定义类的类，该自定义类就应密封。给类添加 sealed 修饰符，就不允许创建该类的子类。密封一个方法，表示不能重写该方法。

```
sealed class FinalClass
{
  // etc
}

class DerivedClass: FinalClass     // wrong. Cannot derive from sealed class.
{
  // etc
}
```

在把类或方法标记为 sealed 时，最可能的情形是：如果在库、类或自己编写的其他类的操作中，类或方法是内部的，则任何尝试重写它的一些功能，都可能导致代码的不稳定。例如，也许没有测试继承，就对继承的设计决策投资。如果是这样，最好把类标记为 sealed。

密封类有另一个原因。对于密封类，编译器知道不能派生类，因此用于虚拟方法的虚拟表可以缩短或消除，以提高性能。string 类是密封的。没有哪个应用程序不使用字符串，最好使这种类型保持最佳性能。把类标记为 sealed 对编译器来说是一个很好的提示。

将一个方法声明为 sealed 的目的类似于一个类。方法可以是基类的重写方法，但是在接下来的例子中，编译器知道，另一个类不能扩展这个方法的虚拟表；它在这里终止继承。

```
class MyClass: MyBaseClass
{
  public sealed override void FinalMethod()
  {
    // implementation
  }
}

class DerivedClass: MyClass
{
  public override void FinalMethod()  // wrong. Will give compilation error
  {
  }
}
```

要在方法或属性上使用 sealed 关键字，必须先从基类上把它声明为要重写的方法或属性。如果基类上不希望有重写的方法或属性，就不要把它声明为 virtual。

4.3.7 派生类的构造函数

第 3 章介绍了单个类的构造函数是如何工作的。这样，就产生了一个有趣的问题，在开始为层次结构中的类(这个类继承了其他也可能有自定义构造函数的类)定义自己的构造函数时，会发生什么情况？

假定没有为任何类定义任何显式的构造函数，这样编译器就会为所有的类提供默认的初始化构造函数，在后台会进行许多操作，但编译器可以很好地解决类的层次结构中的所有问题，每个类中的每个字段都会初始化为对应的默认值。但在添加了一个我们自己的构造函数后，就要通过派生类的层次结构高效地控制构造过程，因此必须确保构造过程顺利进行，不要出现不能按照层次结构进行构造的问题。

为什么派生类会有某些特殊的问题？原因是在创建派生类的实例时，实际上会有多个构造函数起作用。要实例化的类的构造函数本身不能初始化类，还必须调用基类中的构造函数。这就是为什么要通过层次结构进行构造的原因。

在之前的 Shape 类型示例中，使用自动属性初始化器初始化属性：

```
public class Shape
{
  public Position Position { get; } = new Position();
  public Size Size { get; } = new Size();
}
```

在幕后，编译器会给类创建一个默认的构造函数，把属性初始化器放在这个构造函数中：

```
public class Shape
{
  public Shape()
  {
    Position = new Position();
    Size = new Size();
  }
  public Position Position { get; };
  public Size Size { get; };
}
```

当然，实例化派生自 Shape 类的 Rectangle 类型，Rectangle 需要 Position 和 Size，因此在构造派生对象时，调用基类的构造函数。

如果没有在默认构造函数中初始化成员，编译器会自动把引用类型初始化为 null，值类型初始化为 0，布尔类型初始化为 false。布尔类型是值类型，false 与 0 是一样的，所以这个规则也适用于布尔类型。

对于 Ellipse 类，如果基类定义了默认构造函数，只把所有成员初始化为其默认值，就没有必要创建默认的构造函数。当然，仍可以提供一个构造函数，使用构造函数初始化器，调用基构造函数：

```
public class Ellipse : Shape
{
  public Ellipse()
    : base()
  {
  }
}
```

构造函数总是按照层次结构的顺序调用：先调用 System.Object 类的构造函数，再按照层次结构由上向下进行，直到到达编译器要实例化的类为止。为了实例化 Ellipse 类型，先调用 Object 构造函数，再调用 Shape 构造函数，最后调用 Ellipse 构造函数。这些构造函数都处理它自己类中字段的初始化。

现在，改变 Shape 类的构造函数。不是对 Size 和 Position 属性进行默认的初始化，而是在构造函数内赋值(代码文件 InheritanceWithConstructors/Shape.cs)：

```
public abstract class Shape
{
  public Shape(int width, int height, int x, int y)
  {
    Size = new Size { Width = width, Height = height };
    Position = new Position { X = x, Y = y };
  }
  public Position Position { get; }
  public Size Size { get; }
}
```

当删除默认构造函数，重新编译程序时，不能编译 Ellipse 和 Rectangle 类，因为编译器不知道应该把什么值传递给基类唯一的非默认值构造函数。这里需要在派生类中创建一个构造函数，用构造函数初始化器初始化基类构造函数(代码文件 InheritanceWithConstructors / ConcreteShapes.cs)：

```
public Rectangle(int width, int height, int x, int y)
    : base(width, height, x, y)
{
}
```

把初始化代码放在构造函数块内太迟了，因为基类的构造函数在派生类的构造函数之前调用。这就是为什么在构造函数块之前声明了一个构造函数初始化器。

如果希望允许使用默认的构造函数创建 Rectangle 对象，仍然可以这样做。如果基类的构造函数没有默认的构造函数，也可以这样做，只需要在构造函数初始化器中为基类构造函数指定值，如下所示。在接下来的代码片段中，使用了命名参数，否则很难区分传递的 width、height、x 和 y 值。

```
public Rectangle()
    : base(width: 0, height: 0, x: 0, y: 0)
{
}
```

注意：命名参数参见第3章。

这个过程非常简洁，设计也很合理。每个构造函数都负责处理相应变量的初始化。在这个过程中，正确地实例化了类，以备使用。如果在为类编写自己的构造函数时遵循同样的规则，就会发现，即便是最复杂的类也可以顺利地初始化，并且不会出现任何问题。

4.4 修饰符

前面已经遇到许多所谓的修饰符，即应用于类型或成员的关键字。修饰符可以指定方法的可见性，如 public 或 private；还可以指定一项的本质，如方法是 virtual 或 abstract。C#有许多访问修饰符，下面讨论完整的修饰符列表。

4.4.1 访问修饰符

表 4-1 中的修饰符确定了是否允许其他代码访问某一项。

表 4-1

修 饰 符	应 用 于	说 明
public	所有类型或成员	任何代码均可以访问该项
protected	类型和内嵌类型的所有成员	只有派生的类型能访问该项
internal	所有类型或成员	只能在包含它的程序集中访问该项
private	类型和内嵌类型的所有成员	只能在它所属的类型中访问该项
protected internal	类型和内嵌类型的所有成员	只能在包含它的程序集和派生类型的任何代码中访问该项

 注意：public、protected 和 private 是逻辑访问修饰符。internal 是一个物理访问修饰符，其边界是一个程序集。

注意，类型定义可以是内部或公有的，这取决于是否希望在包含类型的程序集外部访问它：

```
public class MyClass
{
  // etc.
```

不能把类型定义为 protected、private 或 protected internal，因为这些修饰符对于包含在名称空间中的类型没有意义。因此这些修饰符只能应用于成员。但是，可以用这些修饰符定义嵌套的类型(即，包含在其他类型中的类型)，因为在这种情况下，类型也具有成员的状态。于是，下面的代码是合法的：

```
public class OuterClass
{
  protected class InnerClass
  {
    // etc.
  }
  // etc.
}
```

如果有嵌套的类型，则内部的类型总是可以访问外部类型的所有成员。所以，在上面的代码中，InnerClass 中的代码可以访问 OuterClass 的所有成员，甚至可以访问 OuterClass 的私有成员。

4.4.2 其他修饰符

表 4-2 中的修饰符可以应用于类型的成员，而且有不同的用途。在应用于类型时，其中的几个修饰符也是有意义的。

表 4-2

修饰符	应用于	说明
new	函数成员	成员用相同的签名隐藏继承的成员
static	所有成员	成员不作用于类的具体实例,也称为类成员,而不是实例成员
virtual	仅函数成员	成员可以由派生类重写
abstract	仅函数成员	虚拟成员定义了成员的签名,但没有提供实现代码
override	仅函数成员	成员重写了继承的虚拟或抽象成员
sealed	类、方法和属性	对于类,不能继承自密封类。对于属性和方法,成员重写已继承的虚拟成员,但任何派生类中的任何成员都不能重写该成员。该修饰符必须与 override 一起使用
extern	仅静态[DllImport]方法	成员在外部用另一种语言实现。这个关键字的用法参见第 5 章

4.5 接口

如前所述,如果一个类派生自一个接口,声明这个类就会实现某些函数。并不是所有的面向对象语言都支持接口,所以本节将详细介绍 C#接口的实现。下面列出 Microsoft 预定义的一个接口 System.IDisposable 的完整定义。IDisposable 包含一个方法 Dispose(),该方法由类实现,用于清理代码:

```
public interface IDisposable
{
   void Dispose();
}
```

上面的代码说明,声明接口在语法上与声明抽象类完全相同,但不允许提供接口中任何成员的实现方式。一般情况下,接口只能包含方法、属性、索引器和事件的声明。

比较接口和抽象类:抽象类可以有实现代码或没有实现代码的抽象成员。然而,接口不能有任何实现代码;它是纯粹抽象的。因为接口的成员总是抽象的,所以接口不需要 abstract 关键字。

类似于抽象类,永远不能实例化接口,它只能包含其成员的签名。此外,可以声明接口类型的变量。

接口既不能有构造函数(如何构建不能实例化的对象?)也不能有字段(因为这隐含了某些内部的实现方式)。接口定义也不允许包含运算符重载,但设计语言时总是会讨论这个可能性,未来可能会改变。

在接口定义中还不允许声明成员的修饰符。接口成员总是隐式为 public,不能声明为 virtual。如果需要,就应由实现的类来声明,因此最好实现类来声明访问修饰符,就像本节的代码那样。

例如,IDisposable。如果类希望声明为公有类型,以便它实现方法 Dispose(),该类就必须实现 IDisposable。在 C#中,这表示该类派生自 IDisposable 类。

```
class SomeClass: IDisposable
{
   // This class MUST contain an implementation of the
```

```
   // IDisposable.Dispose() method, otherwise
   // you get a compilation error.
   public void Dispose()
   {
     // implementation of Dispose() method
   }
   // rest of class
}
```

在这个例子中,如果 SomeClass 派生自 IDisposable 类,但不包含与 IDisposable 类中签名相同的 Dispose()实现代码,就会得到一个编译错误,因为该类破坏了实现 IDisposable 的一致协定。当然,编译器允许类有一个不派生自 IDisposable 类的 Dispose()方法。问题是其他代码无法识别出 SomeClass 类,来支持 IDisposable 特性。

注意:IDisposable 是一个相当简单的接口,它只定义了一个方法。大多数接口都包含许多成员。IDisposable 的正确实现代码没有这么简单,参见第 5 章。

4.5.1 定义和实现接口

下面开发一个遵循接口继承规范的小例子来说明如何定义和使用接口。这个例子建立在银行账户的基础上。假定编写代码,最终允许在银行账户之间进行计算机转账业务。许多公司可以实现银行账户,但它们一致认为,表示银行账户的所有类都实现接口 IBankAccount。该接口包含一个用于存取款的方法和一个返回余额的属性。这个接口还允许外部代码识别由不同银行账户实现的各种银行账户类。我们的目的是允许银行账户彼此通信,以便在账户之间进行转账业务,但还没有介绍这个功能。

为了使例子简单一些,我们把本例子的所有代码都放在同一个源文件中,但实际上不同的银行账户类不仅会编译到不同的程序集中,而且这些程序集位于不同银行的不同机器上。但这些内容对于我们的目的过于复杂了。为了保留一定的真实性,我们为不同的公司定义不同的名称空间。

首先,需要定义 IBankAccount 接口(代码文件 UsingInterfaces/IBankAccount.cs):

```
namespace Wrox.ProCSharp
{
  public interface IBankAccount
  {
    void PayIn(decimal amount);
    bool Withdraw(decimal amount);
    decimal Balance { get; }
  }
}
```

注意,接口的名称为 IBankAccount。接口名称通常以字母 I 开头,以便知道这是一个接口。

注意: 如第2章所述,在大多数情况下,.NET的用法规则不鼓励采用所谓的Hungarian表示法,在名称的前面加一个字母,表示所定义对象的类型。接口是少数几个推荐使用Hungarian表示法的例外之一。

现在可以编写表示银行账户的类了。这些类不必彼此相关,它们可以是完全不同的类。但它们都表示银行账户,因为它们都实现了 IBankAccount 接口。

下面是第一个类,一个由 Royal Bank of Venus 运行的存款账户(代码文件 UsingInterfaces/VenusBank.cs):

```
namespace Wrox.ProCSharp.VenusBank
{
  public class SaverAccount: IBankAccount
  {
    private decimal _balance;

    public void PayIn(decimal amount) => _balance += amount;

    public bool Withdraw(decimal amount)
    {
      if (_balance >= amount)
      {
        _balance -= amount;
        return true;
      }
      WriteLine("Withdrawal attempt failed.");
      return false;
    }

    public decimal Balance => _balance;

    public override string ToString() =>
        $"Venus Bank Saver: Balance = {_balance,6:C}";
  }
}
```

实现这个类的代码的作用一目了然。其中包含一个私有字段 balance,当存款或取款时就调整这个字段。如果因为账户中的金额不足而取款失败,就会显示一条错误消息。还要注意,因为我们要使代码尽可能简单,所以不实现额外的属性,如账户持有人的姓名。在现实生活中,这是最基本的信息,但对于本例不必要这么复杂。

在这段代码中,唯一有趣的一行是类的声明:

```
public class SaverAccount: IBankAccount
```

SaverAccount 派生自一个接口 IBankAccount,我们没有明确指出任何其他基类(当然这表示 SaverAccount 直接派生自 System.Object)。另外,从接口中派生完全独立于从类中派生。

SaverAccount 派生自 IBankAccount,表示它获得了 IBankAccount 的所有成员,但接口实际上并不实现其方法,所以 SaverAccount 必须提供这些方法的所有实现代码。如果缺少实现代码,编译器就会产生错误。接口仅表示其成员的存在性,类负责确定这些成员是虚拟还是抽象的(但只有在类本身是抽象的,这些函数才能是抽象的)。在本例中,接口的任何函数不必是虚拟的。

为了说明不同的类如何实现相同的接口,下面假定 Planetary Bank of Jupiter 还实现一个类 GoldAccount 来表示其银行账户中的一个(代码文件 UsingInterfaces/JupiterBank.cs):

```
namespace Wrox.ProCSharp.JupiterBank
{
  public class GoldAccount: IBankAccount
  {
    // etc
  }
}
```

这里没有列出 GoldAccount 类的细节,因为在本例中它基本上与 SaverAccount 的实现代码相同。GoldAccount 与 SaverAccount 没有关系,它们只是碰巧实现相同的接口而已。

有了自己的类后,就可以测试它们了。首先需要一些 using 语句:

```
using Wrox.ProCSharp;
using Wrox.ProCSharp.VenusBank;
using Wrox.ProCSharp.JupiterBank;
using static System.Console;
```

然后需要一个 Main()方法(代码文件 UsingInterfaces/Program.cs):

```
namespace Wrox.ProCSharp
{
  class Program
  {
    static void Main()
    {
      IBankAccount venusAccount = new SaverAccount();
      IBankAccount jupiterAccount = new GoldAccount();

      venusAccount.PayIn(200);
      venusAccount.Withdraw(100);
      WriteLine(venusAccount.ToString());

      jupiterAccount.PayIn(500);
      jupiterAccount.Withdraw(600);
      jupiterAccount.Withdraw(100);
      WriteLine(jupiterAccount.ToString());
    }
  }
}
```

这段代码的执行结果如下:

```
> BankAccounts
Venus Bank Saver: Balance = $100.00
Withdrawal attempt failed.
Jupiter Bank Saver: Balance = $400.00
```

在这段代码中,要点是把两个引用变量声明为 IBankAccount 引用的方式。这表示它们可以指向实现这个接口的任何类的任何实例。但我们只能通过这些引用调用接口的一部分方法——如果要调用由类实现的但不在接口中的方法，就需要把引用强制转换为合适的类型。在这段代码中，我们调用了 ToString()(不是 IBankAccount 实现的)，但没有进行任何显式的强制转换，这只是因为 ToString() 是一个 System.Object()方法，因此 C#编译器知道任何类都支持这个方法(换言之，从任何接口到 System.Object 的数据类型强制转换是隐式的)。第 8 章将介绍强制转换的语法。

接口引用完全可以看成类引用——但接口引用的强大之处在于，它可以引用任何实现该接口的类。例如，我们可以构造接口数组，其中数组的每个元素都是不同的类：

```
IBankAccount[] accounts = new IBankAccount[2];
accounts[0] = new SaverAccount();
accounts[1] = new GoldAccount();
```

但注意，如果编写了如下代码，就会生成一个编译器错误：

```
accounts[1] = new SomeOtherClass();       // SomeOtherClass does NOT implement
                                          // IBankAccount: WRONG!!
```

这会导致一个如下所示的编译错误：

```
Cannot implicitly convert type 'Wrox.ProCSharp. SomeOtherClass' to
'Wrox.ProCSharp.IBankAccount'
```

4.5.2 派生的接口

接口可以彼此继承，其方式与类的继承方式相同。下面通过定义一个新的 ITransferBankAccount 接口来说明这个概念，该接口的功能与 IBankAccount 相同，只是又定义了一个方法，把资金直接转到另一个账户上(代码文件 UsingInterfaces/ ITransferBankAccount)：

```
namespace Wrox.ProCSharp
{
  public interface ITransferBankAccount: IBankAccount
  {
    bool TransferTo(IBankAccount destination, decimal amount);
  }
}
```

因为 ITransferBankAccount 派生自 IBankAccount，所以它拥有 IBankAccount 的所有成员和它自己的成员。这表示实现(派生自)ITransferBankAccount 的任何类都必须实现 IBankAccount 的所有方法和在 ITransferBankAccount 中定义的新方法 TransferTo()。没有实现所有这些方法就会产生一个编译错误。

注意，TransferTo()方法对于目标账户使用了 IBankAccount 接口引用。这说明了接口的用途：在实现并调用这个方法时，不必知道转账的对象类型，只需要知道该对象实现 IBankAccount 即可。

下面说明 ITransferBankAccount：假定 Planetary Bank of Jupiter 还提供了一个当前账户。CurrentAccount 类的大多数实现代码与 SaverAccount 和 GoldAccount 的实现代码相同(这仅是为了使例子更简单，一般是不会这样的)，所以在下面的代码中，我们仅突出显示了不同的地方(代码文件 UsingInterfaces/ JupiterBank.cs)：

```
public class CurrentAccount: ITransferBankAccount
```

```csharp
{
  private decimal _balance;

  public void PayIn(decimal amount) => _balance += amount;

  public bool Withdraw(decimal amount)
  {
    if (_balance >= amount)
    {
      _balance -= amount;
      return true;
    }
    WriteLine("Withdrawal attempt failed.");
    return false;
  }

  public decimal Balance => _balance;

  public bool TransferTo(IBankAccount destination, decimal amount)
  {
    bool result = Withdraw(amount);
    if (result)
    {
      destination.PayIn(amount);
    }
    return result;
  }

  public override string ToString() =>
    $"Jupiter Bank Current Account: Balance = {_balance,6:C}";

}
```

可以用下面的代码验证该类:

```csharp
static void Main()
{
  IBankAccount venusAccount = new SaverAccount();
  ITransferBankAccount jupiterAccount = new CurrentAccount();
  venusAccount.PayIn(200);
  jupiterAccount.PayIn(500);
  jupiterAccount.TransferTo(venusAccount, 100);
  WriteLine(venusAccount.ToString());
  WriteLine(jupiterAccount.ToString());
}
```

这段代码的结果如下所示,可以验证,其中说明了正确的转账金额:

```
> CurrentAccount
Venus Bank Saver: Balance = $300.00
Jupiter Bank Current Account: Balance = $400.00
```

4.6 is 和 as 运算符

在结束接口和类的继承之前，需要介绍两个与继承有关的重要运算符：is 和 as。

如前所述，可以把具体类型的对象直接分配给基类或接口——如果这些类型在层次结构中有直接关系。例如，前面创建的 SaverAccount 可以直接分配给 IBankAccount，因为 SaverAccount 类型实现了 IBankAccount 接口：

```
IBankAccount venusAccount = new SaverAccount();
```

如果一个方法接受一个对象类型，现在希望访问 IBankAccount 成员，该怎么办？该对象类型没有 IBankAccount 接口的成员。此时可以进行类型转换。把对象(也可以使用任何接口中任意类型的参数，把它转换为需要的类型)转换为 IBankAccount，再处理它：

```
public void WorkWithManyDifferentObjects(object o)
{
  IBankAccount account = (IBankAccount)o;
  // work with the account
}
```

只要总是给这个方法提供一个 IBankAccount 类型的对象，这就是有效的。当然，如果接受一个 object 类型的对象，有时就会传递无效的对象。此时会得到 InvalidCastException 异常。在正常情况下接受异常从来都不好。此时应使用 is 和 as 运算符。

不是直接进行类型转换，而应检查参数是否实现了接口 IBankAccount。as 运算符的工作原理类似于类层次结构中的 cast 运算符——它返回对象的引用。然而，它从不抛出 InvalidCastException 异常。相反，如果对象不是所要求的类型，这个运算符就返回 null。这里，最好在使用引用前验证它是否为空，否则以后使用以下引用，就会抛出 NullReferenceException 异常：

```
public void WorkWithManyDifferentObjects(object o)
{
  IBankAccount account = o as IBankAccount;
  if (account != null)
  {
    // work with the account
  }
}
```

除了使用 as 运算符之外，还可以使用 is 运算符。is 运算符根据条件是否满足，对象是否使用指定的类型，返回 true 或 false。验证条件是 true 后，可以进行类型转换，因为现在，类型转换总会成功：

```
public void WorkWithManyDifferentObjects(object o)
{
  if (o is IBankAccount)
  {
    IBankAccount account = (IBankAccount)o;
    // work with the account
  }
}
```

在类层次结构内部的类型转换,不会抛出基于类型转换的异常,且使用 is 和 as 运算符都是可行的。

4.7 小结

本章介绍了如何在 C#中进行继承。C#支持多接口继承和单一实现继承,还提供了许多有用的语法结构,以使代码更健壮,如 override 关键字,它表示函数应在何时重写基类函数,new 关键字表示函数在何时隐藏基类函数,构造函数初始化器的硬性规则可以确保构造函数以健壮的方式进行交互操作。

第 5 章介绍了接口 IDisposable 的细节,解释了如何管理在本机代码中分配的资源。

第 5 章

托管和非托管的资源

本章要点
- 运行期间在栈和堆上分配空间
- 垃圾回收
- 使用析构函数和 System.IDisposable 接口来释放非托管的资源
- C#中使用指针的语法
- 使用指针实现基于栈的高性能数组
- 平台调用，访问本机 API

本章源代码下载地址(wrox.com)：
打开网页 www.wrox.com/go/professionalcsharp6，单击 Download Code 选项卡即可下载本章源代码。本章代码分为以下几个主要的示例文件：
- PointerPlayground
- PointerPlayground2
- QuickArray
- PlatformInvokeSample

5.1 资源

资源是一个被反复使用的术语。术语"资源"的一个用法是本地化。在本地化中，资源用于翻译文本和图像。基于用户的区域，加载正确的资源。术语"资源"的另一个用法在本章中介绍。这里，资源用于另一个主题：使用托管和非托管的资源——存储在托管或本机堆中的对象。尽管垃圾收集器释放存储在托管堆中的托管对象，但不释放本机堆中的对象。必须由开发人员自己释放它们。

使用托管环境时，很容易被误导，注意不到内存管理，因为垃圾收集器(GC)会处理它。很多工作都由 GC 完成；了解它是如何工作的，什么是大小对象堆，以及什么数据类型存储在堆栈上是非常有益的。同时，垃圾收集器处理托管的资源，那么非托管资源呢？它们需要由开发人员释放。程序可能是完全托管的程序，但是框架的类型呢？例如，文件类型包装了一个本地文件句柄。这个文件句柄需要释放。为了尽早释放这个句柄，最好了解 IDisposable 接口和 using 语句，参见本章的内容。

本章介绍内存管理和内存访问的各个方面。如果很好地理解了内存管理和 C#提供的指针功能，也就能很好地集成 C#代码和原来的代码，并能在非常注重性能的系统中高效地处理内存。

5.2 后台内存管理

C#编程的一个优点是程序员不需要担心具体的内存管理，垃圾回收器会自动处理所有的内存清理工作。用户可以得到像 C++语言那样的效率，而不需要考虑像在 C++中那样内存管理工作的复杂性。虽然不必手动管理内存，但仍需要理解后台发生的事情。理解程序在后台如何管理内存有助于提高应用程序的速度和性能。本节要介绍给变量分配内存时在计算机的内存中发生的情况。

> 注意：本节不详细介绍许多主题的相关内容。应把这一节看作是一般过程的简化向导，而不是实现的确切说明。

5.2.1 值数据类型

Windows 使用一个虚拟寻址系统，该系统把程序可用的内存地址映射到硬件内存中的实际地址上，这些任务完全由 Windows 在后台管理。其实际结果是 32 位处理器上的每个进程都可以使用 4GB 的内存——无论计算机上实际有多少物理内存(在 64 位处理器上，这个数字会更大)。这个 4GB 的内存实际上包含了程序的所有部分，包括可执行代码、代码加载的所有 DLL，以及程序运行时使用的所有变量的内容。这个 4GB 的内存称为虚拟地址空间，或虚拟内存。为了方便起见，本章将它简称为内存。

> 注意：在.NET Core 应用程序中，在 Visual Studio Project Properties 的 Debug 设置中选择体系结构，指定是调试 32 位还是 64 位应用程序(见图 5-1)。选择 x86 时，就调试运行在 32 位和 64 位系统上的 32 位应用程序；选择 x64 时，就调试运行在 64 位系统上的 64 位应用程序。如果看不到不同的选项，就必须安装具体的运行库，参见第 1 章。

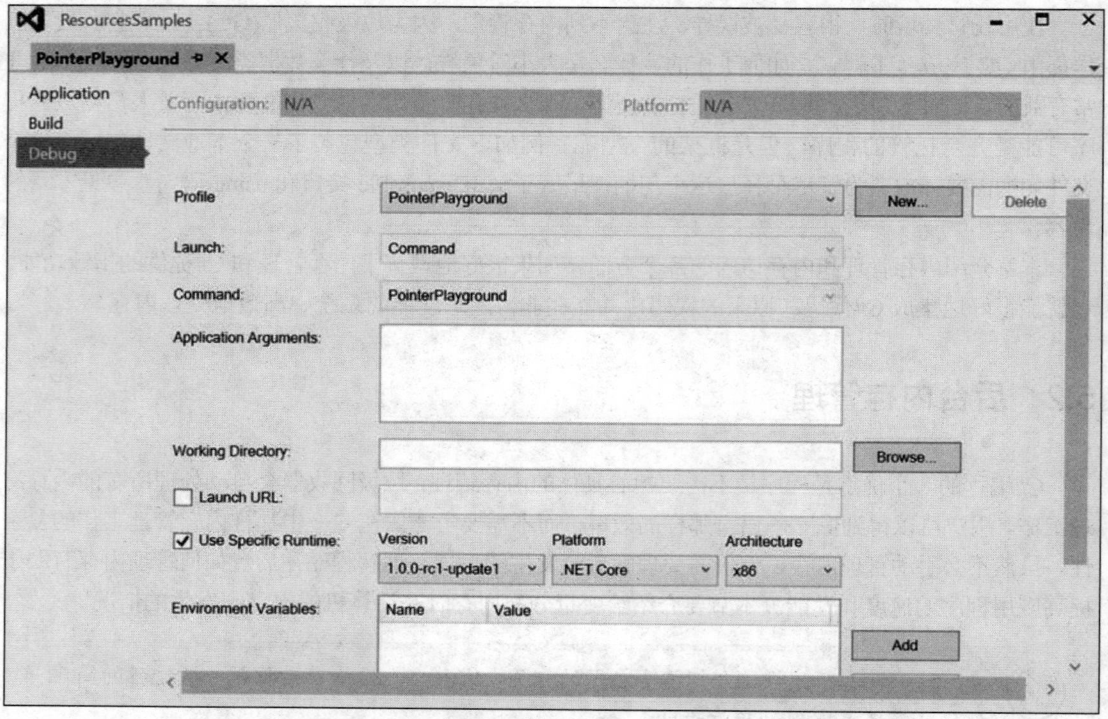

图 5-1

4GB 中的每个存储单元都是从 0 开始往上排序的。要访问存储在内存的某个空间中的一个值，就需要提供表示该存储单元的数字。在任何复杂的高级语言中，编译器负责把人们可以理解的变量名转换为处理器可以理解的内存地址。

在处理器的虚拟内存中，有一个区域称为栈。栈存储不是对象成员的值数据类型。另外，在调用一个方法时，也使用栈存储传递给方法的所有参数的副本。为了理解栈的工作原理，需要注意在 C#中的变量作用域。如果变量 a 在变量 b 之前进入作用域，b 就会首先超出作用域。考虑下面的代码：

```
{
  int a;
  // do something
  {
    int b;
    // do something else
  }
}
```

首先声明变量 a。接着在内部代码块中声明了 b。然后内部代码块终止，b 就超出作用域，最后 a 超出作用域。所以 b 的生存期完全包含在 a 的生存期中。在释放变量时，其顺序总是与给它们分配内存的顺序相反，这就是栈的工作方式。

还要注意，b 在另一个代码块中(通过另一对嵌套的花括号来定义)。因此，它包含在另一个作用域中。这称为块作用域或结构作用域。

我们不知道栈具体在地址空间的什么地方，这些信息在进行 C#开发时是不需要知道的。栈指针

(操作系统维护的一个变量)表示栈中下一个空闲存储单元的地址。程序第一次开始运行时，栈指针指向为栈保留的内存块末尾。栈实际上是向下填充的，即从高内存地址向低内存地址填充。当数据入栈后，栈指针就会随之调整，以始终指向下一个空闲存储单元。这种情况如图 5-2 所示。在该图中，显示了栈指针 800000(十六进制的 0xC3500)，下一个空闲存储单元是地址 799999。

下面的代码会告诉编译器，需要一些存储空间以存储一个整数和一个双精度浮点数，这些存储单元分别称为 nRacingCars 和 engineSize。声明每个变量的代码行表示开始请求访问这个变量，闭合花括号标识这两个变量超出作用域的地方。

```
{
    int nRacingCars = 10;
    double engineSize = 3000.0;
    // do calculations;
}
```

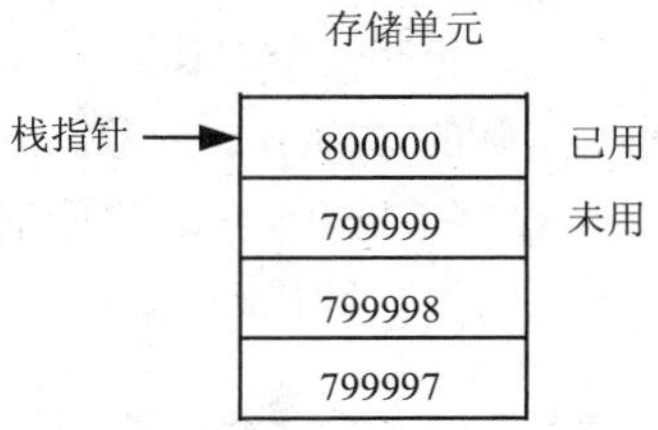

图 5-2

假定使用如图 5-2 所示的栈。nRacingCars 变量进入作用域，赋值为 10，这个值放在存储单元 799996~799999 上，这 4 个字节就在栈指针所指空间的下面。有 4 个字节是因为存储 int 要使用 4 个字节。为了容纳该 int，应从栈指针对应的值中减去 4，所以它现在指向位置 799996，即下一个空闲单元(799995)。

下一行代码声明变量 engineSize(这是一个 double 数)，把它初始化为 3000.0。一个 double 数要占用 8 个字节，所以值 3000.0 放在栈上的存储单元 799988~799995 上，栈指针对应的值减去 8，再次指向栈上的下一个空闲单元。

当 engineSize 超出作用域时，运行库就知道不再需要这个变量了。因为变量的生存期总是嵌套的，当 engineSize 在作用域中时，无论发生什么情况，都可以保证栈指针总是会指向存储 engineSize 的空间。为了从内存中删除这个变量，应给栈指针对应的值递增 8，现在它指向 engineSize 末尾紧接着的空间。此处就是放置闭合花括号的地方。当 nRacingCars 也超出作用域时，栈指针对应的值就再次递增 4。从栈中删除 enginesize 和 nRacingCars 之后，此时如果在作用域中又放入另一个变量，从 799999 开始的存储单元就会被覆盖，这些空间以前是存储 nRacingCars 的。

如果编译器遇到 int i、j 这样的代码行，则这两个变量进入作用域的顺序是不确定的。两个变量是同时声明的，也是同时超出作用域的。此时，变量以什么顺序从内存中删除就不重要了。编译器在内部会确保先放在内存中的那个变量后删除，这样就能保证该规则不会与变量的生存期冲突。

5.2.2 引用数据类型

尽管栈有非常高的性能，但它还没有灵活到可以用于所有的变量。变量的生存期必须嵌套，在许多情况下，这种要求都过于苛刻。通常我们希望使用一个方法分配内存，来存储一些数据，并在方法退出后的很长一段时间内数据仍是可用的。只要是用 new 运算符来请求分配存储空间，就存在这种可能性——例如，对于所有的引用类型。此时就要使用托管堆。

如果读者以前编写过需要管理低级内存的 C++代码，就会很熟悉堆(heap)。托管堆和 C++使用的堆不同，它在垃圾回收器的控制下工作，与传统的堆相比有很显著的优势。

托管堆(简称为堆)是处理器的可用内存中的另一个内存区域。要了解堆的工作原理和如何为引用数据类型分配内存，看看下面的代码：

```
void DoWork()
{
  Customer arabel;
  arabel = new Customer();
  Customer otherCustomer2 = new EnhancedCustomer();
}
```

在这段代码中，假定存在两个类 Customer 和 EnhancedCustomer。EnhancedCustomer 类扩展了 Customer 类。

首先，声明一个 Customer 引用 arabel，在栈上给这个引用分配存储空间，但这仅是一个引用，而不是实际的 Customer 对象。arabel 引用占用 4 个字节的空间，足够包含 Customer 对象的存储地址(需要 4 个字节把 0～4GB 之间的内存地址表示为一个整数值)。

然后看下一行代码：

```
arabel = new Customer();
```

这行代码完成了以下操作：首先，它分配堆上的内存，以存储 Customer 对象(一个真正的对象，不只是一个地址)。然后把变量 arabel 的值设置为分配给新 Customer 对象的内存地址(它还调用合适的 Customer()构造函数初始化类实例中的字段，但此处我们不必担心这部分)。

Customer 实例没有放在栈中，而是放在堆中。在这个例子中，现在还不知道一个 Customer 对象占用多少字节，但为了讨论方便，假定是 32 个字节。这 32 个字节包含了 Customer 的实例字段，和.NET 用于识别和管理其类实例的一些信息。

为了在堆上找到存储新 Customer 对象的一个存储位置，.NET 运行库在堆中搜索，选取第一个未使用的且包含 32 个字节的连续块。为了讨论方便，假定其地址是 200000，arabel 引用占用栈中的 799996~799999 位置。这表示在实例化 arabel 对象前，内存的内容应如图 5-3 所示。

给 Customer 对象分配空间后，内存的内容应如图 5-4 所示。注意，与栈不同，堆上的内存是向上分配的，所以空闲空间在已用空间的上面。

图 5-3　　　　　　　　　　　　　　图 5-4

下一行代码声明了一个 Customer 引用，并实例化一个 Customer 对象。在这个例子中，用一行代码在栈上为 otherCustomer2 引用分配空间，同时在堆上为 mrJones 对象分配空间：

```
Customer otherCustomer2 = new EnhancedCustomer();
```

该行把栈上的 4 个字节分配给 otherCustomer2 引用，它存储在 799992~799995 位置上，而 otherCustomer2 对象在堆上从 200032 开始向上分配空间。

从这个例子可以看出，建立引用变量的过程要比建立值变量的过程更复杂，且不能避免性能的系统开销。实际上，我们对这个过程进行了过分的简化，因为.NET 运行库需要保存堆的状态信息，在堆中添加新数据时,这些信息也需要更新。尽管有这些性能开销,但仍有一种机制,在给变量分配内存时,不会受到栈的限制。把一个引用变量的值赋予另一个相同类型的变量,就有两个变量引用内存中的同一对象了。当一个引用变量超出作用域时,它会从栈中删除,如上一节所述,但引用对象的数据仍保留在堆中,一直到程序终止,或垃圾回收器删除它为止,而只有在该数据不再被任何变量引用时,它才会被删除。

这就是引用数据类型的强大之处,在 C#代码中广泛使用了这个特性。这说明,我们可以对数据的生存期进行非常强大的控制,因为只要保持对数据的引用,该数据就肯定存在于堆上。

5.2.3 垃圾回收

由上面的讨论和图 5-3 和图 5-4 可以看出,托管堆的工作方式非常类似于栈,对象会在内存中一个挨一个地放置,这样就很容易使用指向下一个空闲存储单元的堆指针来确定下一个对象的位置。在堆上添加更多的对象时,也容易调整。但这比较复杂,因为基于堆的对象的生存期与引用它们的基于栈的变量的作用域不匹配。

在垃圾回收器运行时,它会从堆中删除不再引用的所有对象。垃圾回收器在引用的根表中找到所有引用的对象,接着在引用的对象树中查找。在完成删除操作后,堆会立即把对象分散开来,与已经释放的内存混合在一起,如图 5-5 所示。

如果托管的堆也是这样,在其上给新对象分配内存就成为一个很难处理的过程,运行库必须搜索整个堆,才能找到足够大的内存块来存储每个新对象。但是,垃圾回收器不会让堆处于这种状态。只要它释放了能释放的所有对象,就会把其他对象移动回堆的端部,再次形成一个连续的内存块。因此,堆可以继续像栈那样确定在什么地方存储新对象。当然,在移动对象时,这些对象的所有引用都需要用正确的新地址来更新,但垃圾回收器也会处理更新问题。

图 5-5

垃圾回收器的这个压缩操作是托管的堆与非托管的堆的区别所在。使用托管的堆,就只需要读取堆指针的值即可,而不需要遍历地址的链表,来查找一个地方放置新数据。

> **注意**:一般情况下,垃圾回收器在.NET 运行库确定需要进行垃圾回收时运行。可以调用 System.GC.Collect()方法,强迫垃圾回收器在代码的某个地方运行。System.GC 类是一个表示垃圾回收器的.NET 类,Collect()方法启动一个垃圾回收过程。但是,GC 类适用的场合很少,例如,代码中有大量的对象刚刚取消引用,就适合调用垃圾回收器。但是,垃圾回收器的逻辑不能保证在一次垃圾收集过程中,所有未引用的对象都从堆中删除。

> **注意**:在测试过程中运行 GC 是很有用的。这样,就可以看到应该回收的对象仍然未回收而导致的内存泄漏。因为垃圾回收器的工作做得很好,所以不要在生产代码中以编程方式回收内存。如果以编程方式调用 Collect,对象会更快地移入下一代,如下所示。这将导致 GC 运行更多的时间。

创建对象时，会把这些对象放在托管堆上。堆的第一部分称为第 0 代。创建新对象时，会把它们移动到堆的这个部分中。因此，这里驻留了最新的对象。

对象会继续放在这个部分，直到垃圾回收过程第一次进行回收。这个清理过程之后仍保留的对象会被压缩，然后移动到堆的下一部分上或世代部分——第 1 代对应的部分。

此时，第 0 代对应的部分为空，所有的新对象都再次放在这一部分上。在垃圾回收过程中遗留下来的旧对象放在第 1 代对应的部分上。老对象的这种移动会再次发生。接着重复下一次回收过程。这意味着，第 1 代中在垃圾回收过程中遗留下来的对象会移动到堆的第 2 代，位于第 0 代的对象会移动到第 1 代，第 0 代仍用于放置新对象。

注意：有趣的是，在给对象分配内存空间时，如果超出了第 0 代对应的部分的容量，或者调用了 GC.Collect()方法，就会进行垃圾回收。

这个过程极大地提高了应用程序的性能。一般而言，最新的对象通常是可以回收的对象，而且可能也会回收大量比较新的对象。如果这些对象在堆中的位置是相邻的，垃圾回收过程就会更快。另外，相关的对象相邻放置也会使程序执行得更快。

在.NET 中，垃圾回收提高性能的另一个领域是架构处理堆上较大对象的方式。在.NET 下，较大对象有自己的托管堆，称为大对象堆。使用大于 85 000 个字节的对象时，它们就会放在这个特殊的堆上，而不是主堆上。.NET 应用程序不知道两者的区别，因为这是自动完成的。其原因是在堆上压缩大对象是比较昂贵的，因此驻留在大对象堆上的对象不执行压缩过程。

在进一步改进垃圾回收过程后，第二代和大对象堆上的回收现在放在后台线程上进行。这表示，应用程序线程仅会为第 0 代和第 1 代的回收而阻塞，减少了总暂停时间，对于大型服务器应用程序尤其如此。服务器和工作站默认打开这个功能。

有助于提高应用程序性能的另一个优化是垃圾回收的平衡，它专用于服务器的垃圾回收。服务器一般有一个线程池，执行大致相同的工作。内存分配在所有线程上都是类似的。对于服务器，每个逻辑服务器都有一个垃圾回收堆。因此其中一个堆用尽了内存，触发了垃圾回收过程时，所有其他堆也可能会得益于垃圾的回收。如果一个线程使用的内存远远多于其他线程，导致垃圾回收，其他线程可能不需要垃圾回收，这就不是很高效。垃圾回收过程会平衡这些堆——小对象堆和大对象堆。进行这个平衡过程，可以减少不必要的回收。

为了利用包含大量内存的硬件，垃圾回收过程添加了 GCSettings.LatencyMode 属性。把这个属性设置为 GCLatencyMode 枚举的一个值，可以控制垃圾回收器进行回收的方式。表 5-1 列出了 GCLatencyMode 可用的值。

表 5-1 GCLatencyMode 的设置

成 员	说 明
Batch	禁用并发设置，把垃圾回收设置为最大吞吐量。这会重写配置设置
Interactive	工作站的默认行为。它使用垃圾回收并发设置，平衡吞吐量和响应
LowLatency	保守的垃圾回收。只有系统存在内存压力时，才进行完整的回收。只应用于较短时间，执行特定的操作
SustainedLowLatency	只有系统存在内存压力时，才进行完整的内存块回收

(续表)

成员	说　　明
NoGCRegion	.NET 4.6 新增成员。对于 GCSettings，这是一个只读属性。可以在代码块中调用 GC.TryStartNoGC-Region 和 EndNoGCRegion 来设置它。调用 TryStartNoGCRegion，定义需要可用的、GC 试图访问的内存大小。成功调用 TryStartNoGCRegion 后，指定不应运行的垃圾回收器，直到调用 EndNoGCRegion 为止

LowLatency 或 NoGCRegion 设置使用的时间应为最小值，分配的内存量应尽可能小。如果不小心，就可能出现溢出内存错误。

5.3 强引用和弱引用

垃圾回收器不能回收仍在引用的对象的内存——这是一个强引用。它可以回收不在根表中直接或间接引用的托管内存。然而，有时可能会忘记释放引用。

> 注意：如果对象相互引用，但没有在根表中引用，例如，对象 A 引用 B，B 引用 C，C 引用 A，则 GC 可以销毁所有这些对象。

在应用程序代码内实例化一个类或结构时，只要有代码引用它，就会形成强引用。例如，如果有一个类 MyClass，并创建了一个变量 myClassVariable 来引用该类的对象，那么只要 myClassVariable 在作用域内，就存在对 MyClass 对象的强引用，如下所示：

```
var myClassVariable = new MyClass();
```

这意味着垃圾回收器不会清理 MyClass 对象使用的内存。一般而言这是好事，因为可能需要访问 MyClass 对象，可以创建一个缓存对象，它引用其他几个对象，如下：

```
var myCache = new MyCache();
myCache.Add(myClassVariable);
```

现在使用完 myClassVariable 了。它可以超出作用域，或指定为 null：

```
myClassVariable = null;
```

如果垃圾回收器现在运行，就不能释放 myClassVariable 引用的内存，因为该对象仍在缓存对象中引用。这样的引用可以很容易忘记，使用 WeakReference 可以避免这种情况。

> 注意：使用事件很容易错过引用的清理。此时也可以使用弱引用。

弱引用允许创建和使用对象，但是垃圾回收器碰巧在运行，就会回收对象并释放内存。由于存在潜在的 bug 和性能问题，一般不会这么做，但是在特定的情况下使用弱引用是很合理的。弱引用对小对象也没有意义，因为弱引用有自己的开销，这个开销可能是比小对象更大。

弱引用是使用 WeakReference 类创建的。使用构造函数，可以传递强引用。示例代码创建了一个 DataObject，并传递构造函数返回的引用。在使用 WeakReference 时，可以检查 IsAlive 属性。再次使用该对象时，WeakReference 的 Target 属性就返回一个强引用。如果属性返回的值不是 null，就可以使用强引用。因为对象可能在任意时刻被回收，所以在引用该对象前必须确认它存在。成功检索强引用后，可以通过正常方式使用它，现在它不能被垃圾回收，因为它有一个强引用：

```
// Instantiate a weak reference to MathTest object
var myWeakReference = new WeakReference(new DataObject());

if (myWeakReference.IsAlive)
{
  DataObject strongReference = myWeakReference.Target as DataObject;
  if (strongReference != null)
  {
    // use the strongReference
  }
}
else
{
  // reference not available
}
```

5.4 处理非托管的资源

垃圾回收器的出现意味着，通常不需要担心不再需要的对象，只要让这些对象的所有引用都超出作用域，并允许垃圾回收器在需要时释放内存即可。但是，垃圾回收器不知道如何释放非托管的资源(例如，文件句柄、网络连接和数据库连接)。托管类在封装对非托管资源的直接或间接引用时，需要制定专门的规则，确保非托管的资源在回收类的一个实例时释放。

在定义一个类时，可以使用两种机制来自动释放非托管的资源。这些机制常常放在一起实现，因为每种机制都为问题提供了略为不同的解决方法。这两种机制是：
- 声明一个析构函数(或终结器)，作为类的一个成员
- 在类中实现 System.IDisposable 接口

下面依次讨论这两种机制，然后介绍如何同时实现它们，以获得最佳的效果。

5.4.1 析构函数或终结器

前面介绍了构造函数可以指定必须在创建类的实例时进行的某些操作。相反，在垃圾回收器销毁对象之前，也可以调用析构函数。由于执行这个操作，因此析构函数初看起来似乎是放置释放非托管资源、执行一般清理操作的代码的最佳地方。但是，事情并不是如此简单。

 注意：在讨论 C#中的析构函数时，在底层的.NET 体系结构中，这些函数称为终结器(finalizer)。在 C#中定义析构函数时，编译器发送给程序集的实际上是 Finalize() 方法。它不会影响源代码，但如果需要查看生成的 IL 代码，就应知道这个事实。

C++开发人员应很熟悉析构函数的语法。它看起来类似于一个方法,与包含的类同名,但有一个前缀波形符(~)。它没有返回类型,不带参数,没有访问修饰符。下面是一个例子:

```
class MyClass
{
  ~MyClass()
  {
    // Finalizer implementation
  }
}
```

C#编译器在编译析构函数时,它会隐式地把析构函数的代码编译为等价于重写 Finalize()方法的代码,从而确保执行父类的 Finalize()方法。下面列出的 C#代码等价于编译器为~MyClass()析构函数生成的 IL:

```
protected override void Finalize()
{
  try
  {
    // Finalizer implementation
  }
  finally
  {
    base.Finalize();
  }
}
```

如上所示,在~MyClass()析构函数中实现的代码封装在 Finalize()方法的一个 try 块中。对父类的 Finalize()方法的调用放在 finally 块中,确保该调用的执行。第 14 章会讨论 try 块和 finally 块。

有经验的 C++开发人员大量使用了析构函数,有时不仅用于清理资源,还提供调试信息或执行其他任务。C#析构函数要比 C++析构函数的使用少得多。与 C++析构函数相比,C#析构函数的问题是它们的不确定性。在销毁 C++对象时,其析构函数会立即运行。但由于使用 C#时垃圾回收器的工作方式,无法确定 C#对象的析构函数何时执行。所以,不能在析构函数中放置需要在某一时刻运行的代码,也不应寄望于析构函数会以特定顺序对不同类的实例调用。如果对象占用了宝贵而重要的资源,应尽快释放这些资源,此时就不能等待垃圾回收器来释放了。

另一个问题是 C#析构函数的实现会延迟对象最终从内存中删除的时间。没有析构函数的对象会在垃圾回收器的一次处理中从内存中删除,但有析构函数的对象需要两次处理才能销毁:第一次调用析构函数时,没有删除对象,第二次调用才真正删除对象。另外,运行库使用一个线程来执行所有对象的 Finalize()方法。如果频繁使用析构函数,而且使用它们执行长时间的清理任务,对性能的影响就会非常显著。

5.4.2　IDisposable 接口

在 C#中,推荐使用 System.IDisposable 接口替代析构函数。IDisposable 接口定义了一种模式(具有语言级的支持),该模式为释放非托管的资源提供了确定的机制,并避免产生析构函数固有的与垃圾回收器相关的问题。IDisposable 接口声明了一个 Dispose()方法,它不带参数,返回 void。MyClass 类的 Dispose()方法的实现代码如下:

```csharp
class MyClass: IDisposable
{
  public void Dispose()
  {
    // implementation
  }
}
```

Dispose()方法的实现代码显式地释放由对象直接使用的所有非托管资源，并在所有也实现 IDisposable 接口的封装对象上调用 Dispose()方法。这样，Dispose()方法为何时释放非托管资源提供了精确的控制。

假定有一个 ResourceGobbler 类，它需要使用某些外部资源，且实现 IDisposable 接口。如果要实例化这个类的实例，使用它，然后释放它，就可以使用下面的代码：

```csharp
var theInstance = new ResourceGobbler();

// do your processing

theInstance.Dispose();
```

但是，如果在处理过程中出现异常，这段代码就没有释放 theInstance 使用的资源，所以应使用 try 块，编写下面的代码：

```csharp
ResourceGobbler theInstance = null;
try
{
  theInstance = new ResourceGobbler();
  // do your processing
}
finally
{
  theInstance?.Dispose();
}
```

5.4.3 using 语句

使用 try/finally，即使在处理过程中出现了异常，也可以确保总是在 theInstance 上调用 Dispose() 方法，总是释放 theInstance 使用的任意资源。但是，如果总是要重复这样的结构，代码就很容易被混淆。C#提供了一种语法，可以确保在实现 IDisposable 接口的对象的引用超出作用域时，在该对象上自动调用 Dispose()方法。该语法使用了 using 关键字来完成此工作——该关键字在完全不同的环境下，它与名称空间没有关系。下面的代码生成与 try 块等价的 IL 代码：

```csharp
using (var theInstance = new ResourceGobbler())
{
  // do your processing
}
```

using 语句的后面是一对圆括号，其中是引用变量的声明和实例化，该语句使变量的作用域限定在随后的语句块中。另外，在变量超出作用域时，即使出现异常，也会自动调用其 Dispose()方法。

> **注意**：using 关键字在 C#中有多个用法。using 声明用于导入名称空间。using 语句处理实现 IDisposable 的对象，并在作用域的末尾调用 Dispose 方法。

> **注意**：.NET Framework 中的几个类有 Close 和 Dispose 方法。如果常常要关闭资源(如文件和数据库)，就实现 Close 和 Dispose 方法。此时 Close()方法只是调用 Dispose()方法。这种方法在类的使用上比较清晰，还支持 using 语句。新类只实现了 Dispose 方法，因为我们已经习惯了它。

5.4.4 实现 IDisposable 接口和析构函数

前面的章节讨论了自定义类所使用的释放非托管资源的两种方式：

- 利用运行库强制执行的析构函数，但析构函数的执行是不确定的，而且，由于垃圾回收器的工作方式，它会给运行库增加不可接受的系统开销。
- IDisposable 接口提供了一种机制，该机制允许类的用户控制释放资源的时间，但需要确保调用 Dispose()方法。

如果创建了终结器，就应该实现 IDisposable 接口。假定大多数程序员都能正确调用 Dispose()方法，同时把实现析构函数作为一种安全机制，以防没有调用 Dispose()方法。下面是一个双重实现的例子：

```
using System;

public class ResourceHolder: IDisposable
{
  private bool _isDisposed = false;

  public void Dispose()
  {
    Dispose(true);
    GC.SuppressFinalize(this);
  }

  protected virtual void Dispose(bool disposing)
  {
    if (!_isDisposed)
    {
      if (disposing)
      {
        // Cleanup managed objects by calling their
        // Dispose() methods.
      }
      // Cleanup unmanaged objects
    }
```

```
    _isDisposed = true;
}

~ResourceHolder()
{
  Dispose (false);
}

public void SomeMethod()
{
  // Ensure object not already disposed before execution of any method
  if(_isDisposed)
  {
    throw new ObjectDisposedException("ResourceHolder");
  }

  // method implementation…
}
```

从上述代码可以看出，Dispose()方法有第二个 protected 重载方法，它带一个布尔参数，这是真正完成清理工作的方法。Dispose(bool)方法由析构函数和 IDisposable.Dispose()方法调用。这种方式的重点是确保所有的清理代码都放在一个地方。

传递给 Dispose(bool) 方法的参数表示 Dispose(bool) 方法是由析构函数调用，还是由 IDisposable.Dispose()方法调用——Dispose(bool)方法不应从代码的其他地方调用，其原因是:

- 如果使用者调用 IDisposable.Dispose()方法，该使用者就指定应清理所有与该对象相关的资源，包括托管和非托管的资源。
- 如果调用了析构函数，原则上所有的资源仍需要清理。但是在这种情况下，析构函数必须由垃圾回收器调用，而且用户不应试图访问其他托管的对象，因为我们不再能确定它们的状态了。在这种情况下，最好清理已知的非托管资源，希望任何引用的托管对象还有析构函数，这些析构函数执行自己的清理过程。

_isDisposed 成员变量表示对象是否已被清理，并确保不试图多次清理成员变量。它还允许在执行实例方法之前测试对象是否已清理，如 SomeMethod()方法所示。这个简单的方法不是线程安全的，需要调用者确保在同一时刻只有一个线程调用方法。要求使用者进行同步是一个合理的假定，在整个.NET 类库中(例如，在 Collection 类中)反复使用了这个假定。第 21 和 22 章将讨论线程和同步。

最后，IDisposable.Dispose()方法包含一个对 System.GC.SuppressFinalize()方法的调用。GC 类表示垃圾回收器，SuppressFinalize()方法则告诉垃圾回收器有一个类不再需要调用其析构函数了。因为 Dispose()方法已经完成了所有需要的清理工作，所以析构函数不需要做任何工作。调用 SuppressFinalize()方法就意味着垃圾回收器认为这个对象根本没有析构函数。

5.4.5 IDisposable 和终结器的规则

学习了终结器和 IDisposable 接口后，就已经了解了 Dispose 模式和使用这些构造的规则。因为释放资源是托管代码的一个重要方面，下面总结如下规则:

- 如果类定义了实现 IDisposable 的成员，该类也应该实现 IDisposable。

- 实现 IDisposable 并不意味着也应该实现一个终结器。终结器会带来额外的开销，因为它需要创建一个对象，释放该对象的内存，需要 GC 的额外处理。只在需要时才应该实现终结器，例如，发布本机资源。要释放本机资源，就需要终结器。
- 如果实现了终结器，也应该实现 IDisposable 接口。这样，本机资源可以早些释放，而不仅是在 GC 找出被占用的资源时，才释放资源。
- 在终结器的实现代码中，不能访问已终结的对象了。终结器的执行顺序是没有保证的。
- 如果所使用的一个对象实现了 IDisposable 接口，就在不再需要对象时调用 Dispose 方法。如果在方法中使用这个对象，using 语句比较方便。如果对象是类的一个成员，就让类也实现 IDisposable。

5.5 不安全的代码

如前所述，C#非常擅长于对开发人员隐藏大部分基本内存管理，因为它使用了垃圾回收器和引用。但是，有时需要直接访问内存。例如，由于性能问题，要在外部(非.NET 环境)的 DLL 中访问一个函数，该函数需要把一个指针当作参数来传递(许多 Windows API 函数就是这样)。本节将论述 C#直接访问内存的内容的功能。

5.5.1 用指针直接访问内存

下面把指针当作一个新论题来介绍，而实际上，指针并不是新东西。因为在代码中可以自由使用引用，而引用就是一个类型安全的指针。前面已经介绍了表示对象和数组的变量实际上存储相应数据(被引用者)的内存地址。指针只是一个以与引用相同的方式存储地址的变量。其区别是 C#不允许直接访问在引用变量中包含的地址。有了引用后，从语法上看，变量就可以存储引用的实际内容。

C#引用主要用于使 C#语言易于使用，防止用户无意中执行某些破坏内存中内容的操作。另一方面，使用指针，就可以访问实际内存地址，执行新类型的操作。例如，给地址加上 4 个字节，就可以查看甚至修改存储在新地址中的数据。

下面是使用指针的两个主要原因：

- **向后兼容性**——尽管.NET 运行库提供了许多工具，但仍可以调用本地的 Windows API 函数。对于某些操作这可能是完成任务的唯一方式。这些 API 函数都是用 C++或 C#语言编写的，通常要求把指针作为其参数。但在许多情况下，还可以使用 DllImport 声明，以避免使用指针，例如，使用 System.IntPtr 类。
- **性能**——在一些情况下，速度是最重要的，而指针可以提供最优性能。假定用户知道自己在做什么，就可以确保以最高效的方式访问或处理数据。但是，注意在代码的其他区域中，不使用指针，也可以对性能进行必要的改进。请使用代码配置文件，查找代码中的瓶颈，Visual Studio 中就包含一个代码配置文件。

但是，这种低级的内存访问也是有代价的。使用指针的语法比引用类型的语法更复杂。而且，指针使用起来比较困难，需要非常高的编程技巧和很强的能力，仔细考虑代码所完成的逻辑操作，才能成功地使用指针。如果不仔细，使用指针就很容易在程序中引入细微的、难以查找的错误。例如，很容易重写其他变量，导致栈溢出，访问某些没有存储变量的内存区域，甚至重写.NET 运行库所需要的代码信息,因而使程序崩溃。

另外,如果使用指针,就必须授予代码运行库的代码访问安全机制的高级别信任,否则就不能执行它。在默认的代码访问安全策略中,只有代码运行在本地计算机上,这才是可能的。如果代码必须运行在远程地点,如 Internet,用户就必须给代码授予额外的许可,代码才能工作。除非用户信任你和你的代码,否则他们不会授予这些许可,第 24 章将讨论代码访问安全性。

尽管有这些问题,但指针在编写高效的代码时是一种非常强大和灵活的工具。

注意:这里强烈建议不要轻易使用指针,否则代码不仅难以编写和调试,而且无法通过 CLR 施加的内存类型安全检查。

1. 用 unsafe 关键字编写不安全的代码

因为使用指针会带来相关的风险,所以 C#只允许在特别标记的代码块中使用指针。标记代码所用的关键字是 unsafe。下面的代码把一个方法标记为 unsafe:

```
unsafe int GetSomeNumber()
{
  // code that can use pointers
}
```

任何方法都可以标记为 unsafe——无论该方法是否应用了其他修饰符(例如,静态方法、虚方法等)。在这种方法中,unsafe 修饰符还会应用到方法的参数上,允许把指针用作参数。还可以把整个类或结构标记为 unsafe,这表示假设所有的成员都是不安全的:

```
unsafe class MyClass
{
  // any method in this class can now use pointers
}
```

同样,可以把成员标记为 unsafe:

```
class MyClass
{
  unsafe int* pX; // declaration of a pointer field in a class
}
```

也可以把方法中的一块代码标记为 unsafe:

```
void MyMethod()
{
  // code that doesn't use pointers
  unsafe
  {
    // unsafe code that uses pointers here
  }
  // more 'safe' code that doesn't use pointers
}
```

但要注意，不能把局部变量本身标记为 unsafe：

```
int MyMethod()
{
  unsafe int *pX; // WRONG
}
```

如果要使用不安全的局部变量，就需要在不安全的方法或语句块中声明和使用它。在使用指针前还有一步要完成。C#编译器会拒绝不安全的代码，除非告诉编译器代码包含不安全的代码块。通过 DNX，可以在 project.json 文件的 compilationOptions 中把 allowUnsafe 设置为 true(代码文件 PointerPlayground/project.json)：

```
"compilationOptions": {"allowUnsafe": true},
```

在传统的 csc 编译器中，可以设置/unsafe 选项，或者使用 Visual Studio 2015 在 Project 设置中把 Build 配置指定为 Allow Unsafe Code：

```
csc /unsafe MySource.cs
```

2. 指针的语法

把代码块标记为 unsafe 后，就可以使用下面的语法声明指针：

```
int* pWidth, pHeight;
double* pResult;
byte*[] pFlags;
```

这段代码声明了 4 个变量，pWidth 和 pHeight 是整数指针，pResult 是 double 型指针，pFlags 是字节型的数组指针。我们常常在指针变量名的前面使用前缀 p 来表示这些变量是指针。在变量声明中，符号*表示声明一个指针，换言之，就是存储特定类型的变量的地址。

声明了指针类型的变量后，就可以用与一般变量相同的方式使用它们，但首先需要学习另外两个运算符：

- &表示"取地址"，并把一个值数据类型转换为指针，例如，int 转换为*int。这个运算符称为寻址运算符。
- *表示"获取地址的内容"，把一个指针转换为值数据类型(例如，*float 转换为 float)。这个运算符称为"间接寻址运算符"(有时称为"取消引用运算符")。

从这些定义中可以看出，&和*的作用是相反的。

> 注意：符号&和*也表示按位 AND(&)和乘法(*)运算符，为什么还可以以这种方式使用它们？答案是在实际使用时它们是不会混淆的，用户和编译器总是知道在什么情况下这两个符号有什么含义，因为按照指针的定义，这些符号总是以一元运算符的形式出现——它们只作用于一个变量，并出现在代码中该变量的前面。另一方面，按位 AND 和乘法运算符是二元运算符，它们需要两个操作数。

下面的代码说明了如何使用这些运算符：

```
int x = 10;
int* pX, pY;
pX = &x;
pY = pX;
*pY = 20;
```

首先声明一个整数 x，其值是 10。接着声明两个整数指针 pX 和 pY。然后把 pX 设置为指向 x(换言之，把 pX 的内容设置为 x 的地址)。然后把 pX 的值赋予 pY，所以 pY 也指向 x。最后，在语句 *pY = 20 中，把值 20 赋予 pY 指向的地址包含的内容。实际上是把 x 的内容改为 20，因为 pY 指向 x。注意在这里，变量 pY 和 x 之间没有任何关系。只是此时 pY 碰巧指向存储 x 的存储单元而已。

要进一步理解这个过程，假定 x 存储在栈的存储单元 0x12F8C4~0x12F8C7 中(十进制就是 1243332~1243335，即有 4 个存储单元，因为一个 int 占用 4 个字节)。因为栈向下分配内存，所以变量 pX 存储在 0x12F8C0~0x12F8C3 的位置上，pY 存储在 0x12F8BC~0x12F8BF 的位置上。注意，pX 和 pY 也分别占用 4 个字节。这不是因为一个 int 占用 4 个字节，而是因为在 32 位处理器上，需要用 4 个字节存储一个地址。利用这些地址，在执行完上述代码后，栈应如图 5-6 所示。

0x12F8C4-0x12F8C7	x=20 (=0x14)
0x12F8C0-0x12F8C3	pX=0x12F8C4
0x12F8BC-0x12F8BF	pY=012F8C4

图 5-6

注意：这个示例使用 int 来说明该过程，其中 int 存储在 32 位处理器中栈的连续空间上，但并不是所有的数据类型都会存储在连续的空间中。原因是 32 位处理器最擅长于在 4 个字节的内存块中检索数据。这种计算机上的内存会分解为 4 个字节的块，在 Windows 上，每个块有时称为 DWORD，因为这是 32 位无符号 int 数在.NET 出现之前的名字。这是从内存中获取 DWORD 的最高效的方式——跨越 DWORD 边界存储数据通常会降低硬件的性能。因此，.NET 运行库通常会给某些数据类型填充一些空间，使它们占用的内存是 4 的倍数。例如，short 数据占用两个字节，但如果把一个 short 放在栈中，栈指针仍会向下移动 4 个字节，而不是两个字节，这样，下一个存储在栈中的变量就仍从 DWORD 的边界开始存储。

可以把指针声明为任意一种值类型——即任何预定义的类型 uint、int 和 byte 等，也可以声明为一个结构。但是不能把指针声明为一个类或数组，因为这么做会使垃圾回收器出现问题。为了正常工作，垃圾回收器需要知道在堆上创建了什么类的实例，它们在什么地方。但如果代码开始使用指针处理类，就很容易破坏堆中.NET 运行库为垃圾回收器维护的与类相关的信息。在这里，垃圾回收器可以访问的任何数据类型称为托管类型，而指针只能声明为非托管类型，因为垃圾回收器不能处理它们。

3. 将指针强制转换为整数类型

由于指针实际上存储了一个表示地址的整数，因此任何指针中的地址都可以和任何整数类型之间相互转换。指针到整数类型的转换必须是显式指定的，隐式的转换是不允许的。例如，编写下面的代码是合法的：

```
int x = 10;
int* pX, pY;
pX = &x;
pY = pX;
*pY = 20;
ulong y = (ulong)pX;
int* pD = (int*)y;
```

把指针 pX 中包含的地址强制转换为一个 uint，存储在变量 y 中。接着把 y 强制转换回一个 int*，存储在新变量 pD 中。因此 pD 也指向 x 的值。

把指针的值强制转换为整数类型的主要目的是显示它。虽然插入字符串和 Console.Write()方法没有带指针的重载方法，但是必须把指针的值强制转换为整数类型，这两个方法才能接受和显示它们：

```
WriteLine($"Address is {pX}"); // wrong -- will give a compilation error
WriteLine($"Address is {(ulong)pX}"); // OK
```

可以把一个指针强制转换为任何整数类型，但是，因为在 32 位系统上，一个地址占用 4 个字节，把指针强制转换为除了 uint、long 或 ulong 之外的数据类型，肯定会导致溢出错误(int 也可能导致这个问题，因为它的取值范围是–20 亿~20 亿，而地址的取值范围是 0~40 亿)。如果创建 64 位应用程序，就需要把指针强制转换为 ulong 类型。

还要注意，checked 关键字不能用于涉及指针的转换。对于这种转换，即使在设置 checked 的情况下，发生溢出时也不会抛出异常。.NET 运行库假定，如果使用指针，就知道自己要做什么，不必担心可能出现的溢出。

4. 指针类型之间的强制转换

也可以在指向不同类型的指针之间进行显式的转换。例如：

```
byte aByte = 8;
byte* pByte= &aByte;
double* pDouble = (double*)pByte;
```

这是一段合法的代码，但如果要执行这段代码，就要小心了。在上面的示例中，如果要查找指针 pDouble 指向的 double 值，就会查找包含 1 个 byte(aByte)的内存，和一些其他内存，并把它当作包含一个 double 值的内存区域来对待——这不会得到一个有意义的值。但是，可以在类型之间转换，实现 C union 类型的等价形式，或者把指针强制转换为其他类型，例如，把指针转换为 sbyte，来检查内存的单个字节。

5. void 指针

如果要维护一个指针，但不希望指定它指向的数据类型，就可以把指针声明为 void：

```
int* pointerToInt;
void* pointerToVoid;
pointerToVoid = (void*)pointerToInt;
```

void 指针的主要用途是调用需要 void*参数的 API 函数。在 C#语言中，使用 void 指针的情况并不是很多。特殊情况下，如果试图使用*运算符取消引用 void 指针，编译器就会标记一个错误。

6. 指针算术的运算

可以给指针加减整数。但是，编译器很智能，知道如何执行这个操作。例如，假定有一个 int 指针，要在其值上加 1。编译器会假定我们要查找 int 后面的存储单元，因此会给该值加上 4 个字节，即加上一个 int 占用的字节数。如果这是一个 double 指针，加 1 就表示在指针的值上加 8 个字节，即一个 double 占用的字节数。只有指针指向 byte 或 sbyte(都是 1 个字节)时，才会给该指针的值加上 1。

可以对指针使用运算符+、−、+=、−=、++和−−，这些运算符右边的变量必须是 long 或 ulong 类型。

注意：不允许对 void 指针执行算术运算。

例如，假定有如下定义：

```
uint u = 3;
byte b = 8;
double d = 10.0;
uint* pUint= &u;        // size of a uint is 4
byte* pByte = &b;       // size of a byte is 1
double* pDouble = &d;   // size of a double is 8
```

下面假定这些指针指向的地址是：
- pUint: 1243332
- pByte: 1243328
- pDouble: 1243320

执行这段代码后：

```
++pUint;             // adds (1*4) = 4 bytes to pUint
pByte -= 3;          // subtracts (3*1) = 3 bytes from pByte
double* pDouble2 = pDouble + 4; // pDouble2 = pDouble + 32 bytes (4*8 bytes)
```

指针应包含的内容是：
- pUint: 1243336
- pByte: 1243325
- pDouble2: 1243352

注意：一般规则是，给类型为 T 的指针加上数值 X，其中指针的值为 P，则得到的结果是 P+ X*(sizeof(T))。使用这条规则时要小心。如果给定类型的连续值存储在连续的存储单元中，指针加法就允许在存储单元之间移动指针。但如果类型是 byte 或 char，其总字节数不是 4 的倍数，连续值就不是默认地存储在连续的存储单元中。

如果两个指针都指向相同的数据类型，则也可以把一个指针从另一个指针中减去。此时，结果是一个 long，其值是指针值的差被该数据类型所占用的字节数整除的结果：

```
double* pD1 = (double*)1243324;  // note that it is perfectly valid to
                                 // initialize a pointer like this.
double* pD2 = (double*)1243300;
long L = pD1-pD2;                // gives the result 3 (=24/sizeof(double))
```

7. sizeof 运算符

这一节将介绍如何确定各种数据类型的大小。如果需要在代码中使用某种类型的大小，就可以使用 sizeof 运算符，它的参数是数据类型的名称，返回该类型占用的字节数。例如：

```
int x = sizeof(double);
```

这将设置 x 的值为 8。

使用 sizeof 的优点是不必在代码中硬编码数据类型的大小，使代码的移植性更强。对于预定义的数据类型，sizeof 返回下面的值。

```
sizeof(sbyte) = 1;   sizeof(byte) = 1;
sizeof(short) = 2;   sizeof(ushort) = 2;
sizeof(int) = 4;     sizeof(uint) = 4;
sizeof(long) = 8;    sizeof(ulong) = 8;
sizeof(char) = 2;    sizeof(float) = 4;
sizeof(double) = 8;  sizeof(bool) = 1;
```

也可以对自己定义的结构使用 sizeof，但此时得到的结果取决于结构中的字段类型。不能对类使用 sizeof。

8. 结构指针：指针成员访问运算符

结构指针的工作方式与预定义值类型的指针的工作方式完全相同。但是这有一个条件：结构不能包含任何引用类型，这是因为前面介绍的一个限制——指针不能指向任何引用类型。为了避免这种情况，如果创建一个指针，它指向包含任何引用类型的任何结构，编译器就会标记一个错误。

假定定义了如下结构：

```
struct MyStruct
{
  public long X;
  public float F;
}
```

就可以给它定义一个指针：

```
MyStruct* pStruct;
```

然后对其进行初始化：

```
var myStruct = new MyStruct();
pStruct = &myStruct;
```

也可以通过指针访问结构的成员值：

```
(*pStruct).X = 4;
(*pStruct).F = 3.4f;
```

但是，这个语法有点复杂。因此，C#定义了另一个运算符，用一种比较简单的语法，通过指针访问结构的成员，它称为指针成员访问运算符，其符号是一个短划线，后跟一个大于号，它看起来像一个箭头：–>。

> **注意**：C++开发人员能识别指针成员访问运算符。因为 C++使用这个符号完成相同的任务。

使用这个指针成员访问运算符，上述代码可以重写为：

```
pStruct->X = 4;
pStruct->F = 3.4f;
```

也可以直接把合适类型的指针设置为指向结构中的一个字段：

```
long* pL = &(Struct.X);
float* pF = &(Struct.F);
```

或者

```
long* pL = &(pStruct->X);
float* pF = &(pStruct->F);
```

9. 类成员指针

前面说过，不能创建指向类的指针，这是因为垃圾回收器不维护关于指针的任何信息，只维护关于引用的信息，因此创建指向类的指针会使垃圾回收器不能正常工作。

但是，大多数类都包含值类型的成员，可以为这些值类型成员创建指针，但这需要一种特殊的语法。例如，假定把上面示例中的结构重写为类：

```
class MyClass
{
  public long X;
  public float F;
}
```

然后就可以为它的字段 X 和 F 创建指针了，方法与前面一样。但这么做会产生一个编译错误：

```
var myObject = new MyClass();
long* pL = &(myObject.X);   // wrong -- compilation error
float* pF = &(myObject.F);  // wrong -- compilation error
```

尽管 X 和 F 都是非托管类型，但它们嵌入在一个对象中，这个对象存储在堆上。在垃圾回收的过程中，垃圾回收器会把 MyObject 移动到内存的一个新单元上，这样，pL 和 pF 就会指向错误的存储地址。由于存在这个问题，因此编译器不允许以这种方式把托管类型的成员的地址分配给指针。

解决这个问题的方法是使用 fixed 关键字，它会告诉垃圾回收器，可能有引用某些对象的成员的指针，所以这些对象不能移动。如果要声明一个指针，则使用 fixed 的语法，如下所示：

```
var myObject = new MyClass();
```

```
fixed (long* pObject = &(myObject.X))
{
  // do something
}
```

在关键字 fixed 后面的圆括号中，定义和初始化指针变量。这个指针变量(在本例中是 pObject)的作用域是花括号标识的 fixed 块。这样，垃圾回收器就知道，在执行 fixed 块中的代码时，不能移动 myObject 对象。

如果要声明多个这样的指针，就可以在同一个代码块前放置多条 fixed 语句：

```
var myObject = new MyClass();
fixed (long* pX = &(myObject.X))
fixed (float* pF = &(myObject.F))
{
  // do something
}
```

如果要在不同的阶段固定几个指针，就可以嵌套整个 fixed 块：

```
var myObject = new MyClass();
fixed (long* pX = &(myObject.X))
{
  // do something with pX
  fixed (float* pF = &(myObject.F))
  {
    // do something else with pF
  }
}
```

如果这些变量的类型相同，就可以在同一个 fixed 块中初始化多个变量：

```
var myObject = new MyClass();
var myObject2 = new MyClass();
fixed (long* pX = &(myObject.X), pX2 = &(myObject2.X))
{
  // etc.
}
```

在上述情况中，是否声明不同的指针，让它们指向相同或不同对象中的字段，或者指向与类实例无关的静态字段，这一点并不重要。

5.5.2 指针示例：PointerPlayground

为了理解指针，最好编写一个使用指针的程序，再使用调试器。下面给出一个使用指针的示例：PointerPlayground。它执行一些简单的指针操作，显示结果，还允许查看内存中发生的情况，并确定变量存储在什么地方(代码文件 PointerPlayground/Program.cs)：

```
using System;
using static System.Console;

namespace PointerPlayground
{
  public class Program
```

```
        {
            unsafe public static void Main()
            {
                int x=10;
                short y = -1;
                byte y2 = 4;
                double z = 1.5;
                int* pX = &x;
                short* pY = &y;
                double* pZ = &z;

                WriteLine($"Address of x is 0x{(ulong)&x:X}, " +
                    $"size is {sizeof(int)}, value is {x}");
                WriteLine($"Address of y is 0x{(ulong)&y2:X}, " +
                    $"size is {sizeof(short)}, value is {y}");
                WriteLine($"Address of y2 is 0x{(ulong)&y2:X}, " +
                    $"size is {sizeof(byte)}, value is {y2}");
                WriteLine($"Address of z is 0x{(ulong)&z:X}, " +
                    $"size is {sizeof(double)}, value is {z}");
                WriteLine($"Address of pX=&x is 0x{(ulong)&pX:X}, " +
                    $"size is {sizeof(int*)}, value is 0x{(ulong)pX:X}");
                WriteLine($"Address of pY=&y is 0x{(ulong)&pY:X}, " +
                    $"size is {sizeof(short*)}, value is 0x{(ulong)pY:X}");
                WriteLine($"Address of pZ=&z is 0x{(ulong)&pZ:X}, " +
                    $"size is {sizeof(double*)}, value is 0x{(ulong)pZ:X}");

                *pX = 20;
                WriteLine($"After setting *pX, x = {x}");
                WriteLine($"*pX = {*pX}");

                pZ = (double*)pX;
                WriteLine($"x treated as a double = {*pZ}");

                ReadLine();
            }
        }
    }
```

这段代码声明了 4 个值变量：

- int x
- short y
- byte y2
- double z

它还声明了指向其中 3 个值的指针：pX、pY 和 pZ。

然后显示这 3 个变量的值，以及它们的大小和地址。注意在获取 pX、pY 和 pZ 的地址时，我们查看的是指针的指针，即值的地址的地址！还要注意，与显示地址的常见方式一致，在 WriteLine() 命令中使用{0:X}格式说明符，确保该内存地址以十六进制格式显示。

最后，使用指针 pX 把 x 的值改为 20，执行一些指针类型强制转换，如果把 x 的内容当作 double 类型，就会得到无意义的结果。

编译并运行这段代码，得到下面的结果：

```
Address of x is 0x376943D5A8, size is 4, value is 10
Address of y is 0x376943D5A0, size is 2, value is -1
Address of y2 is 0x376943D598, size is 1, value is 4
Address of z is 0x376943D590, size is 8, value is 1.5
Address of pX=&x is 0x376943D588, size is 8, value is 0x376943D5A8
Address of pY=&y is 0x376943D580, size is 8, value is 0x376943D5A0
Address of pZ=&z is 0x376943D578, size is 8, value is 0x376943D590
After setting *pX, x = 20
*pX = 20
x treated as a double = 9.88131291682493E-323
```

注意：用 CoreCLR 运行应用程序时，每次运行应用程序都会显示不同的地址。

检查这些结果，可以证实"后台内存管理"一节描述的栈操作，即栈向下给变量分配内存。注意，这还证实了栈中的内存块总是按照 4 个字节的倍数进行分配。例如，y 是一个 short 数(其大小为 2 字节)，其地址是 0xD4E710(十六进制)，表示为该变量分配的存储单元是 0xD4E710~0xD4E713。如果.NET 运行库严格地逐个排列变量，则 y 应只占用两个存储单元，即 0xD4E712 和 0xD4E713。

下一个示例 PointerPlayground2 介绍指针的算术，以及结构指针和类成员。开始时，定义一个结构 CurrencyStruct，它把货币值表示为美元和美分，再定义一个等价的类 CurrencyClass(代码文件 PointerPlayground2/Currency.cs)：

```
internal struct CurrencyStruct
{
  public long Dollars;
  public byte Cents;

  public override string ToString() => $"$ {Dollars}.{Cents}";
}

internal class CurrencyClass
{
  public long Dollars = 0;
  public byte Cents = 0;

  public override string ToString() => $"$ {Dollars}.{Cents}";
}
```

定义好结构和类后，就可以对它们应用指针了。下面的代码是一个新的示例。这段代码比较长，我们对此将做详细讲解。首先显示 CurrencyStruct 结构的字节数，创建它的两个实例和一些指针，然后使用 pAmount 指针初始化一个 CurrencyStruct 结构 amount1 的成员，显示变量的地址(代码文件 PointerPlayground2/Program.cs)：

```
unsafe public static void Main()
{
  WriteLine($"Size of CurrencyStruct struct is {sizeof(CurrencyStruct)}");
  CurrencyStruct amount1, amount2;
  CurrencyStruct* pAmount = &amount1;
  long* pDollars = &(pAmount->Dollars);
  byte* pCents = &(pAmount->Cents);
```

```
WriteLine("Address of amount1 is 0x{(ulong)&amount1:X}");
WriteLine("Address of amount2 is 0x{(ulong)&amount2:X}");
WriteLine("Address of pAmount is 0x{(ulong)&pAmount:X}");
WriteLine("Address of pDollars is 0x{(ulong)&pDollars:X}");
WriteLine("Address of pCents is 0x{(ulong)&pCents:X}");
pAmount->Dollars = 20;
*pCents = 50;
WriteLine($"amount1 contains {amount1}");
```

现在根据栈的工作方式，执行一些指针操作。因为变量是按顺序声明的，所以 amount2 存储在 amount1 后面的地址中。sizeof(CurrencyStruct)运算符返回 16(见后面的屏幕输出)，所以 CurrencyStruct 结构占用的字节数是 4 的倍数。在递减了 Currency 指针后，它就指向 amount2：

```
--pAmount;     // this should get it to point to amount2
WriteLine($"amount2 has address 0x{(ulong)pAmount:X} " +
    $"and contains {*pAmount}");
```

在调用 WriteLine()语句时，它显示了 amount2 的内容，但还没有对它进行初始化。显示出来的东西就是随机的垃圾——在执行该示例前内存中存储在该单元中的内容。但这有一个要点：一般情况下，C#编译器会禁止使用未初始化的变量，但在开始使用指针时，就很容易绕过许多通常的编译检查。此时我们这么做，是因为编译器无法知道我们实际上要显示的是 amount2 的内容。因为知道了栈的工作方式，所以可以说出递减 pAmount 的结果是什么。使用指针算术，可以访问编译器通常禁止访问的各种变量和存储单元，因此指针算术是不安全的。

接下来在 pCents 指针上进行指针运算。pCents 指针目前指向 amount1.Cents，但此处的目的是使用指针算术让它指向 amount2.Cents，而不是直接告诉编译器我们要做什么。为此，需要从 pCents 指针所包含的地址中减去 sizeof(Currency)：

```
// do some clever casting to get pCents to point to cents
// inside amount2
CurrencyStruct* pTempCurrency = (CurrencyStruct*)pCents;
pCents = (byte*) ( -pTempCurrency );
WriteLine("Address of pCents is now 0x{0:X}", (ulong)&pCents);
```

最后，使用 fixed 关键字创建一些指向类实例中字段的指针，使用这些指针设置这个实例的值。注意，这也是我们第一次查看存储在堆中(而不是栈)的项的地址：

```
WriteLine("\nNow with classes");
// now try it out with classes
var amount3 = new CurrencyClass();

fixed(long* pDollars2 = &(amount3.Dollars))
fixed(byte* pCents2 = &(amount3.Cents))
{
  WriteLine($"amount3.Dollars has address 0x{(ulong)pDollars2:X}");
  WriteLine($"amount3.Cents has address 0x{(ulong)pCents2:X}");
  *pDollars2 = -100;
  WriteLine($"amount3 contains {amount3}");
}
```

编译并运行这段代码，得到如下所示的结果：

```
Size of CurrencyStruct struct is 16
Address of amount1 is 0xD290DCD7C0
Address of amount2 is 0xD290DCD7B0
Address of pAmount is 0xD290DCD7A8
Address of pDollars is 0xD290DCD7A0
Address of pCents is 0xD290DCD798
amount1 contains $ 20.50
amount2 has address 0xD290DCD7B0 and contains $ 0.0
Address of pCents is now 0xD290DCD798

Now with classes
amount3.Dollars has address 0xD292C91A70
amount3.Cents has address 0xD292C91A78
amount3 contains $ -100.0
```

注意，在这个结果中，显示了未初始化的 amount2 的值，CurrencyStruct 结构的字节数是 16，大于其字段的字节数(一个 long 数占用 8 个字节，加上 1 个字节等于 9 个字节)。

5.5.3 使用指针优化性能

前面用许多篇幅介绍了使用指针可以完成的各种任务，但在前面的示例中，仅是处理内存，让有兴趣的人们了解实际上发生了什么事，并没有帮助人们编写出更好的代码！本节将应用我们对指针的理解，用一个示例来说明使用指针可以大大提高性能。

1. 创建基于栈的数组

本节将探讨指针的一个主要应用领域：在栈中创建高性能、低系统开销的数组。第 2 章介绍了 C#如何支持数组的处理。第 7 章详细介绍了数组。C#很容易使用一维数组和矩形或锯齿形多维数组，但有一个缺点：这些数组实际上都是对象，它们是 System.Array 的实例。因此数组存储在堆上，这会增加系统开销。有时，我们希望创建一个使用时间比较短的高性能数组，不希望有引用对象的系统开销。而使用指针就可以做到，但指针只对于一维数组比较简单。

为了创建一个高性能的数组，需要使用另一个关键字：stackalloc。stackalloc 命令指示.NET 运行库在栈上分配一定量的内存。在调用 stackalloc 命令时，需要为它提供两条信息：

- 要存储的数据类型
- 需要存储的数据项数

例如，要分配足够的内存，以存储 10 个 decimal 数据项，可以编写下面的代码：

```
decimal* pDecimals = stackalloc decimal[10];
```

注意，这条命令只分配栈内存。它不会试图把内存初始化为任何默认值，这正好符合我们的目的。因为要创建一个高性能的数组，给它不必要地初始化相应值会降低性能。

同样，要存储 20 个 double 数据项，可以编写下面的代码：

```
double* pDoubles = stackalloc double[20];
```

虽然这行代码指定把变量的个数存储为一个常数，但它等于在运行时计算的一个数字。所以可以把上面的示例写为：

```
int size;
```

```
size = 20; // or some other value calculated at runtime
double* pDoubles = stackalloc double[size];
```

从这些代码段中可以看出，stackalloc 的语法有点不寻常。它的后面紧跟要存储的数据类型名(该数据类型必须是一个值类型)，之后把需要的项数放在方括号中。分配的字节数是项数乘以 sizeof(数据类型)。在这里，使用方括号表示这是一个数组。如果给 20 个 double 数分配存储单元，就得到了一个有 20 个元素的 double 数组，最简单的数组类型是逐个存储元素的内存块，如图 5-7 所示。

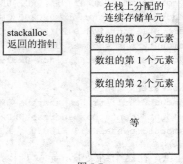

图 5-7

在图 5-7 中，显示了 stackalloc 返回的指针，stackalloc 总是返回分配数据类型的指针，它指向新分配内存块的顶部。要使用这个内存块，可以取消对已返回指针的引用。例如，给 20 个 double 数分配内存后，把第一个元素(数组的元素 0)设置为 3.0，可以编写下面的代码：

```
double* pDoubles = stackalloc double[20];
*pDoubles = 3.0;
```

要访问数组的下一个元素，可以使用指针算术。如前所述，如果给一个指针加 1，它的值就会增加它指向的数据类型的字节数。在本例中，就会把指针指向已分配的内存块中的下一个空闲存储单元。因此可以把数组的第二个元素(元素编号为 1)设置为 8.4：

```
double* pDoubles = stackalloc double[20];
*pDoubles = 3.0;
*(pDoubles + 1) = 8.4;
```

同样，可以用表达式*(pDoubles+X)访问数组中下标为 X 的元素。

这样，就得到一种访问数组中元素的方式，但对于一般目的，使用这种语法过于复杂。C#为此定义了另一种语法。对指针应用方括号时，C#为方括号提供了一种非常精确的含义。如果变量 p 是任意指针类型，X 是一个整数，表达式 p[X]就被编译器解释为*(p+X)，这适用于所有的指针，不仅仅是用 stackalloc 初始化的指针。利用这个简洁的表示法，就可以用一种非常方便的语法访问数组。实际上，访问基于栈的一维数组所使用的语法与访问由 System.Array 类表示的基于堆的数组完全相同：

```
double* pDoubles = stackalloc double [20];
pDoubles[0] = 3.0; // pDoubles[0] is the same as *pDoubles
pDoubles[1] = 8.4; // pDoubles[1] is the same as *(pDoubles+1)
```

  注意：把数组的语法应用于指针并不是新东西。自从开发出 C 和 C++语言以来，它就是这两种语言的基础部分。实际上，C++开发人员会把这里用 stackalloc 获得的、基于栈的数组完全等同于传统的基于栈的 C 和 C++数组。这种语法和指针与数组的链接方式是 C 语言在 20 世纪 70 年代后期流行起来的原因之一，也是指针的使用成为 C 和 C++中一种流行的编程技巧的主要原因。

尽管高性能的数组可以用与一般 C#数组相同的方式访问，但需要注意：在 C#中，下面的代码会抛出一个异常：

```
double[] myDoubleArray = new double [20];
myDoubleArray[50] = 3.0;
```

抛出异常的原因是：使用越界的下标来访问数组：下标是 50，而允许的最大下标是 19。但是，如果使用 stackalloc 声明了一个等价的数组，对数组进行边界检查时，这个数组中就没有封装任何对象，因此下面的代码不会抛出异常：

```
double* pDoubles = stackalloc double [20];
pDoubles[50] = 3.0;
```

在这段代码中，我们分配了足够的内存来存储 20 个 double 类型的数。接着把 sizeof(double)存储单元的起始位置设置为该存储单元的起始位置加上 50*sizeof(double)个存储单元，来保存双精度值 3.0。但这个存储单元超出了刚才为 double 数分配的内存区域。谁也不知道这个地址存储了什么数据。最好是只使用某个当前未使用的内存，但所重写的存储单元也有可能是在栈上用于存储其他变量，或者是某个正在执行的方法的返回地址。因此，使用指针获得高性能的同时，也会付出一些代价：需要确保自己知道在做什么，否则就会抛出非常古怪的运行错误。

2. QuickArray 示例

下面用一个 stackalloc 示例 QuickArray 来结束关于指针的讨论。在这个示例中，程序仅要求用户提供为数组分配的元素数。然后代码使用 stackalloc 给 long 型数组分配一定的存储单元。这个数组的元素是从 0 开始的整数的平方，结果显示在控制台上(代码文件 QuickArray/Program.cs)：

```
using static System.Console;

namespace QuickArray
{
  public class Program
  {
    unsafe public static void Main()
    {
      Write("How big an array do you want? \n> ");
      string userInput = ReadLine();
      uint size = uint.Parse(userInput);

      long* pArray = stackalloc long[(int) size];
      for (int i = 0; i < size; i++)
      {
        pArray[i] = i*i;
      }

      for (int i = 0; i < size; i++)
      {
        WriteLine($"Element {i} = {*(pArray + i)}");
      }

      ReadLine();
    }
```

```
        }
    }
```

运行这个示例，得到如下所示的结果：

```
How big an array do you want?
> 15
Element 0 = 0
Element 1 = 1
Element 2 = 4
Element 3 = 9
Element 4 = 16
Element 5 = 25
Element 6 = 36
Element 7 = 49
Element 8 = 64
Element 9 = 81
Element 10 = 100
Element 11 = 121
Element 12 = 144
Element 13 = 169
Element 14 = 196
```

5.6 平台调用

并不是 Windows API 调用的所有特性都可用于.NET Framework。旧的 Windows API 调用是这样，Windows 10 或 Windows Server 2016 中的新功能也是这样。也许开发人员会编写一些 DLL，导出非托管的方法，在 C#中使用它们。

要重用一个非托管库，其中不包含 COM 对象，只包含导出的功能，就可以使用平台调用(P / Invoke)。有了 P / Invoke，CLR 会加载 DLL，其中包含应调用的函数，并编组参数。

要使用非托管函数，首先必须确定导出的函数名。为此，可以使用 dumpbin 工具和 /exports 选项。例如，命令：

```
dumpbin /exports c:\windows\system32\kernel32.dll | more
```

列出 DLL kernel32.dll 中所有导出的函数。这个示例使用 Windows API 函数 CreateHardLink 来创建到现有文件的硬链接。使用此 API 调用，可以用几个文件名引用相同的文件，只要文件名在一个硬盘上即可。这个 API 调用不能用于.NET Framework 4.5.1，因此必须使用平台调用。

为了调用本机函数，必须定义一个参数数量相同的 C#外部方法，用非托管方法定义的参数类型必须用托管代码映射类型。

在 C++中，Windows API 调用 CreateHardLink 有如下定义：

```
BOOL CreateHardLink(
    LPCTSTR lpFileName,
    LPCTSTR lpExistingFileName,
    LPSECURITY_ATTRIBUTES lpSecurityAttributes);
```

这个定义必须映射到.NET 数据类型上。非托管代码的返回类型是 BOOL；它仅映射到 bool 数据类型。LPCTSTR 定义了一个指向 const 字符串的 long 指针。Windows API 给数据类型使用 Hungarian 命名约定。LP 是一个 long 指针，C 是一个常量，STR 是以 null 结尾的字符串。T 把类型标志为泛型类型，根据编译器设置为 32 还是 64 位，该类型解析为 LPCSTR(ANSI 字符串)或 LPWSTR(宽 Unicode 字符串)。C 字符串映射到.NET 类型为 String。LPSECURITY_ATTRIBUTES 是一个 long 指针，指向 SECURITY_ATTRIBUTES 类型的结构。因为可以把 NULL 传递给这个参数，所以把这种类型映射到 IntPtr 是可行的。该方法的 C#声明必须用 extern 修饰符标记，因为在 C#代码中，这个方法没有实现代码。相反，该方法的实现代码在 DLL kernel32.dll 中，它用属性[DllImport]引用。.NET 声明 CreateHardLink 的返回类型是 bool，本机方法 CreateHardLink 返回一个布尔值，所以需要一些额外的澄清。因为 C++有不同的 Boolean 数据类型(例如，本机 bool 和 Windows 定义的 BOOL 有不同的值)，所以特性[MarshalAs]指定.NET 类型 bool 应该映射为哪个本机类型：

```
[DllImport("kernel32.dll", SetLastError="true",
          EntryPoint="CreateHardLink", CharSet=CharSet.Unicode)]
[return: MarshalAs(UnmanagedType.Bool)]
public static extern bool CreateHardLink(string newFileName,
                                string existingFilename,
                                IntPtr securityAttributes);
```

注意：网站 http://www.pinvoke.net 非常有助于从本机代码到托管代码的转换。

可以用[DllImport]特性指定的设置在表 5-2 中列出。

表 5-2

DLLIMPORT 属性或字段	说　　明
EntryPoint	可以给函数的 C#声明指定与非托管库不同的名称。非托管库中方法的名称在 EntryPoint 字段中定义
CallingConvention	根据编译器或用来编译非托管函数的编译器设置，可以使用不同的调用约定。调用约定定义了如何处理参数，把它们放在堆栈的什么地方。可以设置一个可枚举的值，来定义调用约定。Windows API 在 Windows 操作系统上通常使用 StdCall 调用约定，在 Windows CE 上使用 Cdecl 调用约定。把值设置为 CallingConvention.Winapi，可让 Windows API 用于 Windows 和 Windows CE 环境
CharSet	字符串参数可以是 ANSI 或 Unicode。通过 CharSet 设置，可以定义字符串的管理方式。用 CharSet 枚举定义的值有 Ansi、Unicode 和 Auto.CharSet。Auto 在 Windows NT 平台上使用 Unicode，在微软的旧操作系统上使用 ANSI
SetLastError	如果非托管函数使用 Windows API SetLastError 设置一个错误，就可以把 SetLastError 字段设置为 true。这样，就可以使用 Marshal.GetLastWin32Error 读取后面的错误号

为了使 CreateHardLink 方法更易于在.NET 环境中使用，应该遵循如下规则：
- 创建一个内部类 NativeMethods，来包装平台调用的方法调用。
- 创建一个公共类，给.NET 应用程序提供本机方法的功能。

- 使用安全特性来标记所需的安全。

在接下来的例子中，类 FileUtility 中的公共方法 CreateHardLink 可以由.NET 应用程序使用。这个方法的文件名参数，与本机 Windows API 方法 CreateHardLink 的顺序相反。第一个参数是现有文件的名称，第二个参数是新的文件。这类似于框架中的其他类，如 File.Copy。

因为第三个参数用来传递新文件名的安全特性，此实现代码不使用它，所以公共方法只有两个参数。返回类型也改变了。它不通过返回 false 值来返回一个错误，而是抛出一个异常。如果出错，非托管方法 CreateHardLink 就用非托管 API SetLastError 设置错误号。要从.NET 中读取这个值，[DllImport] 字段 SetLastError 设置为 true。在托管方法 CreateHardLink 中，错误号是通过调用 Marshal.GetLastWin32Error 读取的。要从这个号中创建一个错误消息，应使用 System.ComponentModel 名称空间中的 Win32Exception 类。这个类通过构造函数接受错误号，并返回一个本地化的错误消息。如果出错，就抛出 IOException 类型的异常，它有一个类型 Win32Exception 的内部异常。应用公共方法 CreateHardLink 的 FileIOPermission 特性，检查调用程序是否拥有必要的许可。.NET 安全性详见第 24 章(代码文件 PInvokeSample / NativeMethods.cs)。

```csharp
using System;
using System.ComponentModel;
using System.IO;
using System.Runtime.InteropServices;
using System.Security;
using System.Security.Permissions;

namespace Wrox.ProCSharp.Interop
{
  [SecurityCritical]
  internal static class NativeMethods
  {
    [DllImport("kernel32.dll", SetLastError = true,
      EntryPoint = "CreateHardLinkW", CharSet = CharSet.Unicode)]
    [return: MarshalAs(UnmanagedType.Bool)]
    private static extern bool CreateHardLink(
      [In, MarshalAs(UnmanagedType.LPWStr)] string newFileName,
      [In, MarshalAs(UnmanagedType.LPWStr)] string existingFileName,
      IntPtr securityAttributes);


    internal static void CreateHardLink(string oldFileName,
                        string newFileName)
    {
      if (!CreateHardLink(newFileName, oldFileName, IntPtr.Zero))
      {
        var ex = new Win32Exception(Marshal.GetLastWin32Error());
        throw new IOException(ex.Message, ex);
      }
    }
  }

  public static class FileUtility
  {
    [FileIOPermission(SecurityAction.LinkDemand, Unrestricted = true)]
    public static void CreateHardLink(string oldFileName,
```

```
                        string newFileName)
    {
      NativeMethods.CreateHardLink(oldFileName, newFileName);
    }
  }
}
```

现在可以使用这个类来轻松地创建硬链接。如果程序的第一个参数传递的文件不存在，就会得到一个异常，提示"系统无法找到指定的文件"。如果文件存在，就得到一个引用原始文件的新文件名。很容易验证它：在一个文件中改变文本，它就会出现在另一个文件中(代码文件 **PInvokeSample** / Program.cs)：

```
using PInvokeSampleLib;
using System.IO;
using static System.Console;

namespace PInvokeSample
{
  public class Program
  {
    public static void Main(string[] args)
    {
      if (args.Length != 2)
      {
        WriteLine("usage: PInvokeSample " +
          "existingfilename newfilename");
        return;
      }
      try
      {
        FileUtility.CreateHardLink(args[0], args[1]);
      }
      catch (IOException ex)
      {
        WriteLine(ex.Message);
      }
    }
  }
}
```

调用本地方法时，通常必须使用 Windows 句柄。Windows 句柄是一个 32 位或 64 位值，根据句柄类型，不允许使用一些值。在.NET 1.0 中，句柄通常使用 IntPtr 结构，因为可以用这种结构设置每一个可能的 32 位值。然而，对于一些句柄类型，这会导致安全问题，可能还会出现线程竞态条件，在终结阶段泄露句柄。所以.NET 2.0 引入了 SafeHandle 类。SafeHandle 类是一个抽象的基类，用于每个 Windows 句柄。Microsoft.Win32.SafeHandles 名称空间里的派生类是 SafeHandleZeroOrMinusOneIsInvalid 和 SafeHandleMinusOneIsInvalid。顾名思义，这些类不接受无效的 0 或 1 值。进一步派生的句柄类型是 SafeFileHandle、SafeWaitHandle、SafeNCryptHandle 和 SafePipeHandle，可以供特定的 Windows API 调用使用。

例如，为了映射 Windows API CreateFile，可以使用以下声明，返回一个 SafeFileHandle。当然，通常可以使用.NET 类 File 和 FileInfo。

```
[DllImport("Kernel32.dll", SetLastError = true,
           CharSet = CharSet.Unicode)]
internal static extern SafeFileHandle CreateFile(
  string fileName,
  [MarshalAs(UnmanagedType.U4)] FileAccess fileAccess,
  [MarshalAs(UnmanagedType.U4)] FileShare fileShare,
  IntPtr securityAttributes,
  [MarshalAs(UnmanagedType.U4)] FileMode creationDisposition,
  int flags,
  SafeFileHandle template);
```

5.7 小结

要想成为真正优秀的 C#程序员，必须牢固掌握存储单元和垃圾回收的工作原理。本章描述了 CLR 管理以及在堆和栈上分配内存的方式，讨论了如何编写正确地释放非托管资源的类，并介绍如何在 C#中使用指针，这些都是很难理解的高级主题，初学者常常不能正确实现。至少本章有助于理解如何使用 IDisposable 接口和 using 语句释放资源。

第 6 章继续讨论 C#语言的一个重要结构：泛型，它也影响 IL 代码的生成。

第 6 章

泛　型

本章要点
- 泛型概述
- 创建泛型类
- 泛型类的特性
- 泛型接口
- 泛型结构
- 泛型方法

本章源代码下载地址(wrox.com)：

打开网页 http://www.wrox.com/go/professionalcsharp6，单击 Download Code 选项卡即可下载本章源代码。本章代码分为以下几个主要的示例文件：
- 链表对象
- 链表示例
- 文档管理器
- 协变和抗变
- 泛型方法
- 专用

6.1　泛型概述

泛型是 C#和.NET 的一个重要概念。泛型不仅是 C#编程语言的一部分，而且与程序集中的 IL(Intermediate Language，中间语言)代码紧密地集成。有了泛型，就可以创建独立于被包含类型的类和方法。我们不必给不同的类型编写功能相同的许多方法或类，只创建一个方法或类即可。

另一个减少代码的选项是使用 Object 类，但使用派生自 Object 类的类型进行传递不是类型安全的。泛型类使用泛型类型，并可以根据需要用特定的类型替换泛型类型。这就保证了类型安全性：

如果某个类型不支持泛型类，编译器就会出现错误。

泛型不仅限于类，本章还将介绍用于接口和方法的泛型。用于委托的泛型参见第 9 章。

泛型不仅存在于 C#中，其他语言中有类似的概念。例如，C++模板就与泛型相似。但是，C++ 模板和.NET 泛型之间有一个很大的区别。对于 C++模板，在用特定的类型实例化模板时，需要模板的源代码。相反，泛型不仅是 C#语言的一种结构，而且是 CLR(Common Language Runtime)定义的。所以，即使泛型类是在 C#中定义的，也可以在 Visual Basic 中用一个特定的类型实例化该泛型。

下面几节介绍泛型的优点和缺点，尤其是：
- 性能
- 类型安全性
- 二进制代码重用
- 代码的扩展
- 命名约定

6.1.1 性能

泛型的一个主要优点是性能。第 11 章介绍了 System.Collections 和 System.Collections.Generic 名称空间的泛型和非泛型集合类。对值类型使用非泛型集合类，在把值类型转换为引用类型，和把引用类型转换为值类型时，需要进行装箱和拆箱操作。

注意：装箱和拆箱详见第 8 章，这里仅简要复习一下这些术语。

值类型存储在栈上，引用类型存储在堆上。C#类是引用类型，结构是值类型。.NET 很容易把值类型转换为引用类型，所以可以在需要对象(对象是引用类型)的任意地方使用值类型。例如，int 可以赋予一个对象。从值类型转换为引用类型称为装箱。如果方法需要把一个对象作为参数，同时传递一个值类型，装箱操作就会自动进行。另一方面，装箱的值类型可以使用拆箱操作转换为值类型。在拆箱时，需要使用类型强制转换运算符。

下面的例子显示了 System.Collections 名称空间中的 ArrayList 类。ArrayList 存储对象，Add()方法定义为需要把一个对象作为参数，所以要装箱一个整数类型。在读取 ArrayList 中的值时，要进行拆箱，把对象转换为整数类型。可以使用类型强制转换运算符把 ArrayList 集合的第一个元素赋予变量 i1，在访问 int 类型的变量 i2 的 foreach 语句中，也要使用类型强制转换运算符：

```
var list = new ArrayList();
list.Add(44);    // boxing - convert a value type to a reference type

int i1 = (int)list[0];   // unboxing - convert a reference type to
                         // a value type

foreach (int i2 in list)
{
  WriteLine(i2);   // unboxing
}
```

装箱和拆箱操作很容易使用，但性能损失比较大，遍历许多项时尤其如此。

System.Collections.Generic 名称空间中的 List<T>类不使用对象，而是在使用时定义类型。在下面的例子中，List<T>类的泛型类型定义为 int，所以 int 类型在 JIT(Just-In-Time)编译器动态生成的类中使用，不再进行装箱和拆箱操作：

```
var list = new List<int>();
list.Add(44);  // no boxing - value types are stored in the List<int>

int i1 = list[0];  // no unboxing, no cast needed

foreach (int i2 in list)
{
  WriteLine(i2);
}
```

6.1.2 类型安全

泛型的另一个特性是类型安全。与 ArrayList 类一样，如果使用对象，就可以在这个集合中添加任意类型。下面的例子在 ArrayList 类型的集合中添加一个整数、一个字符串和一个 MyClass 类型的对象：

```
var list = new ArrayList();
list.Add(44);
list.Add("mystring");
list.Add(new MyClass());
```

如果这个集合使用下面的 foreach 语句迭代，而该 foreach 语句使用整数元素来迭代，编译器就会接受这段代码。但并不是集合中的所有元素都可以强制转换为 int，所以会出现一个运行时异常：

```
foreach (int i in list)
{
  WriteLine(i);
}
```

错误应尽早发现。在泛型类 List<T>中，泛型类型 T 定义了允许使用的类型。有了 List<int>的定义，就只能把整数类型添加到集合中。编译器不会编译这段代码，因为 Add()方法的参数无效：

```
var list = new List<int>();
list.Add(44);
list.Add("mystring");    // compile time error
list.Add(new MyClass()); // compile time error
```

6.1.3 二进制代码的重用

泛型允许更好地重用二进制代码。泛型类可以定义一次，并且可以用许多不同的类型实例化。不需要像 C++模板那样访问源代码。

例如，System.Collections.Generic 名称空间中的 List<T>类用一个 int、一个字符串和一个 MyClass 类型实例化：

```
var list = new List<int>();
list.Add(44);
```

```
var stringList = new List<string>();
stringList.Add("mystring");

var myClassList = new List<MyClass>();
myClassList.Add(new MyClass());
```

泛型类型可以在一种语言中定义,在任何其他.NET 语言中使用。

6.1.4 代码的扩展

在用不同的特定类型实例化泛型时,会创建多少代码?因为泛型类的定义会放在程序集中,所以用特定类型实例化泛型类不会在 IL 代码中复制这些类。但是,在 JIT 编译器把泛型类编译为本地代码时,会给每个值类型创建一个新类。引用类型共享同一个本地类的所有相同的实现代码。这是因为引用类型在实例化的泛型类中只需要 4 个字节的内存地址(32 位系统),就可以引用一个引用类型。值类型包含在实例化的泛型类的内存中,同时因为每个值类型对内存的要求都不同,所以要为每个值类型实例化一个新类。

6.1.5 命名约定

如果在程序中使用泛型,在区分泛型类型和非泛型类型时就会有一定的帮助。下面是泛型类型的命名规则:

- 泛型类型的名称用字母 T 作为前缀。
- 如果没有特殊的要求,泛型类型允许用任意类替代,且只使用了一个泛型类型,就可以用字符 T 作为泛型类型的名称。

```
public class List<T> { }

public class LinkedList<T> { }
```

- 如果泛型类型有特定的要求(例如,它必须实现一个接口或派生自基类),或者使用了两个或多个泛型类型,就应给泛型类型使用描述性的名称:

```
public delegate void EventHandler<TEventArgs>(object sender,
    TEventArgs e);

public delegate TOutput Converter<TInput, TOutput>(TInput from);

public class SortedList<TKey, TValue> { }
```

6.2 创建泛型类

首先介绍一个一般的、非泛型的简化链表类,它可以包含任意类型的对象,以后再把这个类转化为泛型类。

在链表中,一个元素引用下一个元素。所以必须创建一个类,它将对象封装在链表中,并引用下一个对象。类 LinkedListNode 包含一个属性 Value,该属性用构造函数初始化。另外,LinkedListNode 类包含对链表中下一个元素和上一个元素的引用,这些元素都可以从属性中访问(代码文件 Linked-ListObjects/LinkedListNode.cs)。

```csharp
public class LinkedListNode
{
  public LinkedListNode(object value)
  {
    Value = value;
  }

  public object Value { get; private set; }

  public LinkedListNode Next { get; internal set; }
  public LinkedListNode Prev { get; internal set; }
}
```

LinkedList 类包含 LinkedListNode 类型的 First 和 Last 属性,它们分别标记了链表的头尾。AddLast()方法在链表尾添加一个新元素。首先创建一个 LinkedListNode 类型的对象。如果链表是空的, First 和 Last 属性就设置为该新元素; 否则, 就把新元素添加为链表中的最后一个元素。通过实现 GetEnumerator()方法, 可以用 foreach 语句遍历链表。GetEnumerator()方法使用 yield 语句创建一个枚举器类型。

```csharp
public class LinkedList: IEnumerable
{
  public LinkedListNode First { get; private set; }
  public LinkedListNode Last { get; private set; }

  public LinkedListNode AddLast(object node)
  {
    var newNode = new LinkedListNode(node);
    if (First == null)
    {
      First = newNode;
      Last = First;
    }
    else
    {
      LinkedListNode previous = Last;
      Last.Next = newNode;
      Last = newNode;
      Last.Prev = previous;
    }
    return newNode;
  }

  public IEnumerator GetEnumerator()
  {
    LinkedListNode current = First;
    while (current != null)
    {
      yield return current.Value;
      current = current.Next;
    }
  }
}
```

注意：yield语句创建一个枚举器的状态机，详细介绍请参见第7章。

现在可以对于任意类型使用 LinkedList 类了。在下面的代码段中，实例化了一个新 LinkedList 对象，添加了两个整数类型和一个字符串类型。整数类型要转换为一个对象，所以执行装箱操作，如前面所述。通过 foreach 语句执行拆箱操作。在 foreach 语句中，链表中的元素被强制转换为整数，所以对于链表中的第 3 个元素，会发生一个运行时异常，因为把它强制转换为 int 时会失败(代码文件 LinkedLisObjects/Program.cs)。

```
var list1 = new LinkedList();
list1.AddLast(2);
list1.AddLast(4);
list1.AddLast("6");

foreach (int i in list1)
{
  WriteLine(i);
}
```

下面创建链表的泛型版本。泛型类的定义与一般类类似，只是要使用泛型类型声明。之后，泛型类型就可以在类中用作一个字段成员，或者方法的参数类型。LinkedListNode 类用一个泛型类型 T 声明。属性 Value 的类型是 T，而不是 object。构造函数也变为可以接受 T 类型的对象。也可以返回和设置泛型类型，所以属性 Next 和 Prev 的类型是 LinkedListNode<T>(代码文件 LinkedListSample/LinkedListNode.cs)。

```
public class LinkedListNode<T>
{
  public LinkedListNode(T value)
  {
    Value = value;
  }

  public T Value { get; private set; }
  public LinkedListNode<T> Next { get; internal set; }
  public LinkedListNode<T> Prev { get; internal set; }
}
```

下面的代码把 LinkedList 类也改为泛型类。LinkedList<T>包含 LinkedListNode<T>元素。LinkedList 中的类型 T 定义了类型 T 的属性 First 和 Last。AddLast()方法现在接受类型 T 的参数，并实例化 LinkedListNode<T>类型的对象。

除了 IEnumerable 接口，还有一个泛型版本 IEnumerable<T>。IEnumerable<T>派生自 IEnumerable，添加了返回 IEnumerator<T>的 GetEnumerator()方法，LinkedList<T>实现泛型接口 IEnumerable<T>(代码文件 LinkedListSample/LinkedList.cs)。

注意： 枚举与接口 IEnumerable 和 IEnumerator 详见第 7 章。

```
public class LinkedList<T>: IEnumerable<T>
{
  public LinkedListNode<T> First { get; private set; }
  public LinkedListNode<T> Last { get; private set; }

  public LinkedListNode<T> AddLast(T node)
  {
    var newNode = new LinkedListNode<T>(node);
    if (First == null)
    {
      First = newNode;
      Last = First;
    }
    else
    {
      LinkedListNode<T> previous = Last;
      Last.Next = newNode;
      Last = newNode;
      Last.Prev = previous;
    }
    return newNode;
  }

  public IEnumerator<T> GetEnumerator()
  {
    LinkedListNode<T> current = First;

    while (current != null)
    {
      yield return current.Value;
      current = current.Next;
    }
  }

  IEnumerator IEnumerable.GetEnumerator() => GetEnumerator();
}
```

使用泛型 LinkedList<T>，可以用 int 类型实例化它，且无需装箱操作。如果不使用 AddLast() 方法传递 int，就会出现一个编译器错误。使用泛型 IEnumerable<T>，foreach 语句也是类型安全的，如果 foreach 语句中的变量不是 int，就会出现一个编译器错误(代码文件 LinkedListSample/Program.cs)。

```
var list2 = new LinkedList<int>();
list2.AddLast(1);
list2.AddLast(3);
list2.AddLast(5);

foreach (int i in list2)
{
```

```
  WriteLine(i);
}
```

同样，可以对于字符串类型使用泛型 LinkedList<T>，将字符串传递给 AddLast()方法。

```
var list3 = new LinkedList<string>();
list3.AddLast("2");
list3.AddLast("four");
list3.AddLast("foo");

foreach (string s in list3)
{
  WriteLine(s);
}
```

注意：每个处理对象类型的类都可以有泛型实现方式。另外，如果类使用了层次结构，泛型就非常有助于消除类型强制转换操作。

6.3 泛型类的功能

在创建泛型类时，还需要一些其他 C#关键字。例如，不能把 null 赋予泛型类型。此时，如下一节所述，可以使用 default 关键字。如果泛型类型不需要 Object 类的功能，但需要调用泛型类上的某些特定方法，就可以定义约束。

本节讨论如下主题：
- 默认值
- 约束
- 继承
- 静态成员

首先介绍一个使用泛型文档管理器的示例。文档管理器用于从队列中读写文档。先创建一个新的控制台项目 DocumentManager，并添加 DocumentManager<T>类。AddDocument()方法将一个文档添加到队列中。如果队列不为空，IsDocumentAvailable 只读属性就返回 true(代码文件 DocumentManager/DocumentManager.cs)。

注意：在.NET Core 中，这个示例需要引用 NuGet 包 System. Collections。

```
using System;
using System.Collections.Generic;

namespace Wrox.ProCSharp.Generics
{
  public class DocumentManager<T>
```

```
{
    private readonly Queue<T> documentQueue = new Queue<T>();

    public void AddDocument(T doc)
    {
      lock (this)
      {
        documentQueue.Enqueue(doc);
      }
    }

    public bool IsDocumentAvailable => documentQueue.Count > 0;
  }
}
```

第 21 和 22 章将讨论线程和 lock 语句。

6.3.1 默认值

现在给 DocumentManager<T>类添加一个 GetDocument()方法。在这个方法中，应把类型 T 指定为 null。但是，不能把 null 赋予泛型类型。原因是泛型类型也可以实例化为值类型，而 null 只能用于引用类型。为了解决这个问题，可以使用 default 关键字。通过 default 关键字，将 null 赋予引用类型，将 0 赋予值类型。

```
public T GetDocument()
{
  T doc = default(T);
  lock (this)
  {
    doc = documentQueue.Dequeue();
  }
  return doc;
}
```

> 注意：default 关键字根据上下文可以有多种含义。switch 语句使用 default 定义默认情况。在泛型中，取决于泛型类型是引用类型还是值类型，泛型 default 将泛型类型初始化为 null 或 0。

6.3.2 约束

如果泛型类需要调用泛型类型中的方法，就必须添加约束。

对于 DocumentManager<T>，文档的所有标题应在 DisplayAllDocuments()方法中显示。Document 类实现带有 Title 和 Content 属性的 IDocument 接口(代码文件 DocumentManager/Document.cs)：

```
public interface IDocument
{
  string Title { get; set; }
  string Content { get; set; }
}
```

```csharp
public class Document: IDocument
{
  public Document()
  {
  }

  public Document(string title, string content)
  {
    Title = title;
    Content = content;
  }

  public string Title { get; set; }
  public string Content { get; set; }
}
```

要使用 DocumentManager<T>类显示文档，可以将类型 T 强制转换为 IDocument 接口，以显示标题(代码文件 DocumentManager/DocumentManager.cs)：

```csharp
public void DisplayAllDocuments()
{
  foreach (T doc in documentQueue)
  {
    WriteLine(((IDocument)doc).Title);
  }
}
```

问题是，如果类型 T 没有实现 IDocument 接口，这个类型强制转换就会导致一个运行时异常。最好给 DocumentManager<TDocument>类定义一个约束：TDocument 类型必须实现 IDocument 接口。为了在泛型类型的名称中指定该要求，将 T 改为 TDocument。where 子句指定了实现 IDocument 接口的要求。

```csharp
public class DocumentManager<TDocument>
    where TDocument: IDocument
{
```

注意：给泛型类型添加约束时，最好包含泛型参数名称的一些信息。现在，示例代码给泛型参数使用 TDocument，来代替 T。对于编译器而言，参数名不重要，但更具可读性。

这样就可以编写 foreach 语句，从而使类型 TDocument 包含属性 Title。Visual Studio IntelliSense 和编译器都会提供这个支持。

```csharp
public void DisplayAllDocuments()
{
  foreach (TDocument doc in documentQueue)
  {
    WriteLine(doc.Title);
  }
}
```

在 Main()方法中，用 Document 类型实例化 DocumentManager<TDocument>类，而 Document
类型实现了需要的 IDocument 接口。接着添加和显示新文档，检索其中一个文档(代码文件
DocumentManager/ Program.cs)：

```
public static void Main()
{
  var dm = new DocumentManager<Document>();
  dm.AddDocument(new Document("Title A", "Sample A"));
  dm.AddDocument(new Document("Title B", "Sample B"));

  dm.DisplayAllDocuments();

  if (dm.IsDocumentAvailable)
  {
    Document d = dm.GetDocument();
    WriteLine(d.Content);
  }
}
```

DocumentManager 现在可以处理任何实现了 IDocument 接口的类。

在示例应用程序中介绍了接口约束。泛型支持几种约束类型，如表 6-1 所示。

表 6-1

约　　束	说　　明
where T : struct	对于结构约束，类型 T 必须是值类型
where T : class	类约束指定类型 T 必须是引用类型
where T : IFoo	指定类型 T 必须实现接口 IFoo
where T : Foo	指定类型 T 必须派生自基类 Foo
where T : new()	这是一个构造函数约束，指定类型 T 必须有一个默认构造函数
where T1 : T2	这个约束也可以指定，类型 T1 派生自泛型类型 T2

　　注意：只能为默认构造函数定义构造函数约束，不能为其他构造函数定义构造函数约束。

使用泛型类型还可以合并多个约束。where T : IFoo, new()约束和 MyClass<T>声明指定，类型 T
必须实现 IFoo 接口，且必须有一个默认构造函数。

```
public class MyClass<T>
   where T: IFoo, new()
{
  //...
```

> **注意**：在C#中，where子句的一个重要限制是，不能定义必须由泛型类型实现的运算符。运算符不能在接口中定义。在where子句中，只能定义基类、接口和默认构造函数。

6.3.3 继承

前面创建的 LinkedList<T>类实现了 IEnumerable<T>接口：

```
public class LinkedList<T>: IEnumerable<T>
{
  //...
```

泛型类型可以实现泛型接口，也可以派生自一个类。泛型类可以派生自泛型基类：

```
public class Base<T>
{
}

public class Derived<T>: Base<T>
{
}
```

其要求是必须重复接口的泛型类型，或者必须指定基类的类型，如下例所示：

```
public class Base<T>
{
}

public class Derived<T>: Base<string>
{
}
```

于是，派生类可以是泛型类或非泛型类。例如，可以定义一个抽象的泛型基类，它在派生类中用一个具体的类实现。这允许对特定类型执行特殊的操作：

```
public abstract class Calc<T>
{
  public abstract T Add(T x, T y);
  public abstract T Sub(T x, T y);
}

public class IntCalc: Calc<int>
{
  public override int Add(int x, int y) => x + y;

  public override int Sub(int x, int y) => x - y;
}
```

还可以创建一个部分的特殊操作，如从 Query 中派生 StringQuery 类，只定义一个泛型参数，如字符串 TResult。要实例化 StringQuery，只需要提供 TRequest 的类型：

```
public class Query<TRequest, TResult>
{
}

public StringQuery<TRequest> : Query<TRequest, string>
{
}
```

6.3.4 静态成员

泛型类的静态成员需要特别关注。泛型类的静态成员只能在类的一个实例中共享。下面看一个例子，其中 StaticDemo<T>类包含静态字段 x：

```
public class StaticDemo<T>
{
  public static int x;
}
```

由于同时对一个 string 类型和一个 int 类型使用了 StaticDemo<T>类，因此存在两组静态字段：

```
StaticDemo<string>.x = 4;
StaticDemo<int>.x = 5;
WriteLine(StaticDemo<string>.x);    // writes 4
```

6.4 泛型接口

使用泛型可以定义接口，在接口中定义的方法可以带泛型参数。在链表的示例中，就实现了 IEnumerable<out T>接口，它定义了 GetEnumerator()方法，以返回 IEnumerator<out T>。.NET 为不同的情况提供了许多泛型接口，例如，IComparable<T>、ICollection<T>和 IExtensibleObject<T>。同一个接口常常存在比较老的非泛型版本，例如，.NET 1.0 有基于对象的 IComparable 接口。IComparable<in T>基于一个泛型类型：

```
public interface IComparable<in T>
{
  int CompareTo(T other);
}
```

 注意：不要混淆用于泛型参数的 in 和 out 关键字。参见"协变和抗变"一节。

比较老的非泛型接口 IComparable 需要一个带 CompareTo()方法的对象。这需要强制转换为特定的类型，例如，Person 类要使用 LastName 属性，就需要使用 CompareTo()方法：

```csharp
public class Person: IComparable
{
  public int CompareTo(object obj)
  {
    Person other = obj as Person;
    return this.lastname.CompareTo(other.LastName);
  }
  //
```

实现泛型版本时，不再需要将 object 的类型强制转换为 Person：

```csharp
public class Person: IComparable<Person>
{
  public int CompareTo(Person other) => LastName.CompareTo(other.LastName);
  //...
```

6.4.1 协变和抗变

在.NET 4 之前，泛型接口是不变的。.NET 4 通过协变和抗变为泛型接口和泛型委托添加了一个重要的扩展。协变和抗变指对参数和返回值的类型进行转换。例如，可以给一个需要 Shape 参数的方法传送 Rectangle 参数吗？下面用示例说明这些扩展的优点。

在.NET 中，参数类型是协变的。假定有 Shape 和 Rectangle 类，Rectangle 派生自 Shape 基类。声明 Display()方法是为了接受 Shape 类型的对象作为其参数：

```csharp
public void Display(Shape o) { }
```

现在可以传递派生自 Shape 基类的任意对象。因为 Rectangle 派生自 Shape，所以 Rectangle 满足 Shape 的所有要求，编译器接受这个方法调用：

```csharp
var r = new Rectangle { Width= 5, Height=2.5 };
Display(r);
```

方法的返回类型是抗变的。当方法返回一个 Shape 时，不能把它赋予 Rectangle，因为 Shape 不一定总是 Rectangle。反过来是可行的：如果一个方法像 GetRectangle()方法那样返回一个 Rectangle，

```csharp
public Rectangle GetRectangle();
```

就可以把结果赋予某个 Shape：

```csharp
Shape s = GetRectangle();
```

在.NET Framework 4 版本之前，这种行为方式不适用于泛型。自 C# 4 以后，扩展后的语言支持泛型接口和泛型委托的协变和抗变。下面开始定义 Shape 基类和 Rectangle 类(代码文件 Variance/Shape.cs 和 Rectangle.cs)：

```csharp
public class Shape
{
  public double Width { get; set; }
  public double Height { get; set; }
```

```
    public override string ToString() => $"Width: {Width}, Height: {Height}";
}

public class Rectangle: Shape
{
}
```

6.4.2 泛型接口的协变

如果泛型类型用 out 关键字标注，泛型接口就是协变的。这也意味着返回类型只能是 T。接口 IIndex 与类型 T 是协变的，并从一个只读索引器中返回这个类型(代码文件 Variance/IIndex.cs)：

```
public interface IIndex<out T>
{
  T this[int index] { get; }
  int Count { get; }
}
```

IIndex<T>接口用 RectangleCollection 类来实现。RectangleCollection 类为泛型类型 T 定义了 Rectangle：

> **注意**：如果对接口 IIndex 使用了读写索引器，就把泛型类型 T 传递给方法，并从方法中检索这个类型。这不能通过协变来实现——泛型类型必须定义为不变的。不使用 out 和 in 标注，就可以把类型定义为不变的(代码文件 Variance/RectangleCollection)。

```
public class RectangleCollection: IIndex<Rectangle>
{
  private Rectangle[] data = new Rectangle[3]
  {
    new Rectangle { Height=2, Width=5 },
    new Rectangle { Height=3, Width=7 },
    new Rectangle { Height=4.5, Width=2.9 }
  };

  private static RectangleCollection _coll;
  public static RectangleCollection GetRectangles() =>
    _coll ?? (coll = new RectangleCollection());

  public Rectangle this[int index]
  {
    get
    {
      if (index < 0 || index > data.Length)
        throw new ArgumentOutOfRangeException("index");
      return data[index];
    }
  }

  public int Count => data.Length;
}
```

> **注意：**RectangleCollection.GetRectangles()方法使用了本章后面将会介绍的合并运算符(coalescing operator)。如果变量 col1 为 null，那么将会调用运算符的右侧，以创建RectangleCollection 的一个新实例，并将其赋给变量 col1。之后，会从 GetRectangles()方法中返回变量 col1。这个运算符详见第 8 章。

RectangleCollection.GetRectangle()方法返回一个实现 IIndex<Rectangle>接口的 RectangleCollection 类，所以可以把返回值赋予 IIndex<Rectangle>类型的变量 rectangle。因为接口是协变的，所以也可以把返回值赋予 IIndex<Shape>类型的变量。Shape 不需要 Rectangle 没有提供的内容。使用 shapes 变量，就可以在 for 循环中使用接口中的索引器和 Count 属性(代码文件 Variance/Program.cs)：

```csharp
public static void Main()
{
  IIndex<Rectangle> rectangles = RectangleCollection.GetRectangles();
  IIndex<Shape> shapes = rectangles;

  for (int i = 0; i < shapes.Count; i++)
  {
    WriteLine(shapes[i]);
  }
}
```

6.4.3 泛型接口的抗变

如果泛型类型用 in 关键字标注，泛型接口就是抗变的。这样，接口只能把泛型类型 T 用作其方法的输入(代码文件 Variance/IDisplay.cs)：

```csharp
public interface IDisplay<in T>
{
  void Show(T item);
}
```

ShapeDisplay 类实现 IDisplay<Shape>，并使用 Shape 对象作为输入参数(代码文件 Variance/ShapeDisplay.cs)：

```csharp
public class ShapeDisplay: IDisplay<Shape>
{
  public void Show(Shape s) =>
    WriteLine($"{s.GetType().Name} Width: {s.Width}, Height: {s.Height}");
}
```

创建 ShapeDisplay 的一个新实例，会返回 IDisplay<Shape>，并把它赋予 shapeDisplay 变量。因为 IDisplay<T>是抗变的，所以可以把结果赋予 IDisplay<Rectangle>，其中 Rectangle 派生自 Shape。这次接口的方法只能把泛型类型定义为输入，而 Rectangle 满足 Shape 的所有要求(代码文件 Variance/Program.cs)：

```
public static void Main()
{
  //...
  IDisplay<Shape> shapeDisplay = new ShapeDisplay();
  IDisplay<Rectangle> rectangleDisplay = shapeDisplay;
  rectangleDisplay.Show(rectangles[0]);
}
```

6.5 泛型结构

与类相似，结构也可以是泛型的。它们非常类似于泛型类，只是没有继承特性。本节介绍泛型结构 Nullable<T>，它由.NET Framework 定义。

.NET Framework 中的一个泛型结构是 Nullable<T>。数据库中的数字和编程语言中的数字有显著不同的特征，因为数据库中的数字可以为空，而 C#中的数字不能为空。Int32 是一个结构，而结构实现同值类型，所以结构不能为空。这种区别常常令人很头痛，映射数据也要多做许多辅助工作。这个问题不仅存在于数据库中，也存在于把 XML 数据映射到.NET 类型。

一种解决方案是把数据库和 XML 文件中的数字映射为引用类型，因为引用类型可以为空值。但这也会在运行期间带来额外的系统开销。

使用 Nullable<T>结构很容易解决这个问题。下面的代码段说明了如何定义 Nullable<T>的一个简化版本。结构 Nullable<T>定义了一个约束：其中的泛型类型 T 必须是一个结构。把类定义为泛型类型后，就没有低系统开销这个优点了，而且因为类的对象可以为空，所以对类使用 Nullable<T>类型是没有意义的。除了 Nullable<T>定义的 T 类型之外，唯一的系统开销是 hasValue 布尔字段，它确定是设置对应的值，还是使之为空。除此之外，泛型结构还定义了只读属性 HasValue 和 Value，以及一些运算符重载。把 Nullable<T>类型强制转换为 T 类型的运算符重载是显式定义的，因为当 hasValue 为 false 时，它会抛出一个异常。强制转换为 Nullable<T>类型的运算符重载定义为隐式的，因为它总是能成功地转换：

```
public struct Nullable<T>
    where T: struct
{
  public Nullable(T value)
  {
    _hasValue = true;
    _value = value;
  }
  private bool _hasValue;
  public bool HasValue => _hasValue;

  private T _value;
  public T Value
  {
    get
    {
      if (!_hasValue)
      {
```

```
        throw new InvalidOperationException("no value");
      }
      return _value;
    }
  }

  public static explicit operator T(Nullable<T> value) => _value.Value;

  public static implicit operator Nullable<T>(T value) => new Nullable<T>(value);

  public override string ToString() => !HasValue ? string.Empty : _value.ToString();
}
```

在这个例子中，Nullable<T>用 Nullable<int>实例化。变量 x 现在可以用作一个 int，进行赋值或使用运算符执行一些计算。这是因为强制转换了 Nullable<T>类型的运算符。但是，x 还可以为空。Nullable<T>的 HasValue 和 Value 属性可以检查是否有一个值，该值是否可以访问：

```
Nullable<int> x;
x = 4;
x += 3;
if (x.HasValue)
{
  int y = x.Value;
}
x = null;
```

因为可空类型使用得非常频繁，所以 C#有一种特殊的语法，它用于定义可空类型的变量。定义这类变量时，不使用泛型结构的语法，而使用"?"运算符。在下面的例子中，变量 x1 和 x2 都是可空的 int 类型的实例：

```
Nullable<int> x1;
int? x2;
```

可空类型可以与 null 和数字比较，如上所示。这里，x 的值与 null 比较，如果 x 不是 null，它就与小于 0 的值比较：

```
int? x = GetNullableType();
if (x == null)
{
  WriteLine("x is null");
}
else if (x < 0)
{
  WriteLine("x is smaller than 0");
}
```

知道了 Nullable<T>是如何定义的之后，下面就使用可空类型。可空类型还可以与算术运算符一起使用。变量 x3 是变量 x1 和 x2 的和。如果这两个可空变量中任何一个的值是 null，它们的和就是 null。

```
int? x1 = GetNullableType();
```

```
int? x2 = GetNullableType();
int? x3 = x1 + x2;
```

 注意：这里调用的 GetNullableType()方法只是一个占位符，它对于任何方法都返回一个可空的 int。为了进行测试，简单起见，可以使实现的 GetNullableType()返回 null 或返回任意整数。

非可空类型可以转换为可空类型。从非可空类型转换为可空类型时，在不需要强制类型转换的地方可以进行隐式转换。这种转换总是成功的：

```
int y1 = 4;
int? x1 = y1;
```

但从可空类型转换为非可空类型可能会失败。如果可空类型的值是 null，并且把 null 值赋予非可空类型，就会抛出 InvalidOperationException 类型的异常。这就是需要类型强制转换运算符进行显式转换的原因：

```
int? x1 = GetNullableType();
int y1 = (int)x1;
```

如果不进行显式类型转换，还可以使用合并运算符从可空类型转换为非可空类型。合并运算符的语法是"??"，为转换定义了一个默认值，以防可空类型的值是 null。这里，如果 x1 是 null，y1 的值就是 0。

```
int? x1 = GetNullableType();
int y1 = x1 ?? 0;
```

6.6 泛型方法

除了定义泛型类之外，还可以定义泛型方法。在泛型方法中，泛型类型用方法声明来定义。泛型方法可以在非泛型类中定义。

Swap<T>()方法把 T 定义为泛型类型，该泛型类型用于两个参数和一个变量 temp：

```
void Swap<T>(ref T x, ref T y)
{
  T temp;
  temp = x;
  x = y;
  y = temp;
}
```

把泛型类型赋予方法调用，就可以调用泛型方法：

```
int i = 4;
int j = 5;
Swap<int>(ref i, ref j);
```

但是，因为 C#编译器会通过调用 Swap()方法来获取参数的类型，所以不需要把泛型类型赋予方法调用。泛型方法可以像非泛型方法那样调用：

```
int i = 4;
int j = 5;
Swap(ref i, ref j);
```

6.6.1 泛型方法示例

下面的例子使用泛型方法累加集合中的所有元素。为了说明泛型方法的功能，下面使用包含 Name 和 Balance 属性的 Account 类(代码文件 GenericMethods/Account.cs)：

 注意：在.NET Core 中，这个示例需要引用 NuGet 包 System.Collections。

```
public class Account
{
  public string Name { get; }
  public decimal Balance { get; private set; }

  public Account(string name, Decimal balance)
  {
    Name = name;
    Balance = balance;
  }
}
```

其中应累加余额的所有账户操作都添加到 List<Account>类型的账户列表中(代码文件 GenericMethods/Program.cs)：

```
var accounts = new List<Account>()
{
  new Account("Christian", 1500),
  new Account("Stephanie", 2200),
  new Account("Angela", 1800),
  new Account("Matthias", 2400)
};
```

累加所有Account对象的传统方式是用foreach语句遍历所有的Account对象，如下所示。foreach 语句使用 IEnumerable 接口迭代集合的元素，所以 AccumulateSimple()方法的参数是 IEnumerable 类型。foreach 语句处理实现 IEnumerable 接口的每个对象。这样，AccumulateSimple()方法就可以用于所有实现 IEnumerable<Account>接口的集合类。在这个方法的实现代码中，直接访问 Account 对象的 Balance 属性(代码文件 GenericMethods/Algorithm.cs)：

```
public static class Algorithms
{
  public static decimal AccumulateSimple(IEnumerable<Account> source)
  {
```

```
    decimal sum = 0;
    foreach (Account a in source)
    {
        sum += a.Balance;
    }
    return sum;
}
```

AccumulateSimple()方法的调用方式如下：

```
decimal amount = Algorithms.AccumulateSimple(accounts);
```

6.6.2 带约束的泛型方法

第一个实现代码的问题是，它只能用于 Account 对象。使用泛型方法就可以避免这个问题。

Accumulate()方法的第二个版本接受实现了 IAccount 接口的任意类型。如前面的泛型类所述，泛型类型可以用 where 子句来限制。用于泛型类的这个子句也可以用于泛型方法。Accumulate()方法的参数改为 IEnumerable<T>。IEnumerable<T>是泛型集合类实现的泛型接口(代码文件 GenericMethods/ Algorithms.cs)。

```
public static decimal Accumulate<TAccount>(IEnumerable<TAccount> source)
    where TAccount: IAccount
{
    decimal sum = 0;

    foreach (TAccount a in source)
    {
        sum += a.Balance;
    }
    return sum;
}
```

重构的 Account 类现在实现接口 IAccount(代码文件 GenericMethods/Account.cs)：

```
public class Account: IAccount
{
    //...
```

IAccount 接口定义了只读属性 Balance 和 Name(代码文件 GenericMethods/IAccount.cs)：

```
public interface IAccount
{
    decimal Balance { get; }
    string Name { get; }
}
```

将 Account 类型定义为泛型类型参数，就可以调用新的 Accumulate()方法(代码文件 GenericMethods/Program.cs)：

```
decimal amount = Algorithm.Accumulate<Account>(accounts);
```

因为编译器会从方法的参数类型中自动推断出泛型类型参数,所以以如下方式调用 Accumulate()方法是有效的:

```
decimal amount = Algorithm.Accumulate(accounts);
```

6.6.3 带委托的泛型方法

泛型类型实现 IAccount 接口的要求过于严格。下面的示例提示了,如何通过传递一个泛型委托来修改 Accumulate()方法。第 9 章详细介绍了如何使用泛型委托,以及如何使用 lambda 表达式。

这个 Accumulate()方法使用两个泛型参数 T1 和 T2。第一个参数 T1 用于实现 IEnumerable<T1>参数的集合,第二个参数使用泛型委托 Func<T1, T2, TResult>。其中,第 2 个和第 3 个泛型参数都是 T2 类型。需要传递的方法有两个输入参数(T1 和 T2)和一个 T2 类型的返回值(代码文件 GenericMethods/Algorithm.cs):

```
public static T2 Accumulate<T1, T2>(IEnumerable<T1> source,
                                     Func<T1, T2, T2> action)
{
  T2 sum = default(T2);
  foreach (T1 item in source)
  {
    sum = action(item, sum);
  }
  return sum;
}
```

在调用这个方法时,需要指定泛型参数类型,因为编译器不能自动推断出该类型。对于方法的第 1 个参数,所赋予的 accounts 集合是 IEnumerable<Account>类型。对于第 2 个参数,使用一个 lambda 表达式来定义 Account 和 decimal 类型的两个参数,返回一个小数。对于每一项,通过 Accumulate()方法调用这个 lambda 表达式(代码文件 GenericMethods/Program.cs):

```
decimal amount = Algorithm.Accumulate<Account, decimal>(
                 accounts, (item, sum) => sum += item.Balance);
```

不要为这种语法伤脑筋。该示例仅说明了扩展 Accumulate()方法的可能方式。

6.6.4 泛型方法规范

泛型方法可以重载,为特定的类型定义规范。这也适用于带泛型参数的方法。Foo()方法定义了 4 个版本,第 1 个版本接受一个泛型参数,第 2 个版本是用于 int 参数的专用版本。第 3 个 Foo 方法接受两个泛型参数,第 4 个版本是第 3 个版本的专用版本,其第一个参数是 int 类型。在编译期间,会使用最佳匹配。如果传递了一个 int,就选择带 int 参数的方法。对于任何其他参数类型,编译器会选择方法的泛型版本(代码文件 Specialization/Program.cs):

```
public class MethodOverloads
{
```

```
  public void Foo<T>(T obj)
  {
    WriteLine($"Foo<T>(T obj), obj type: {obj.GetType().Name}");
  }

  public void Foo(int x)
  {
    WriteLine("Foo(int x)");
  }

  public void Foo<T1, T2>(T1 obj1, T2 obj2)
  {
    WriteLine($"Foo<T1, T2>(T1 obj1, T2 obj2); {obj1.GetType().Name} " +
      $"{obj2.GetType().Name}");
  }

  public void Foo<T>(int obj1, T obj2)
  {
    WriteLine($"Foo<T>(int obj1, T obj2); {obj2.GetType().Name}");
  }

  public void Bar<T>(T obj)
  {
    Foo(obj);
  }
}
```

Foo()方法现在可以通过任意参数类型来调用。下面的示例代码传递了 int 和 string 值，调用所有 4 个 Foo 方法：

```
static void Main()
{
  var test = new MethodOverloads();
  test.Foo(33);
  test.Foo("abc");
  test.Foo("abc", 42);
  test.Foo(33, "abc");
}
```

运行该程序，可以从输出中看出选择了最佳匹配的方法：

```
Foo(int x)
Foo<T>(T obj), obj type: String
Foo<T1, T2>(T1 obj1, T2 obj2); String Int32
Foo<T>(int obj1, T obj2); String
```

需要注意的是，所调用的方法是在编译期间而不是运行期间定义的。这很容易举例说明：添加一个调用 Foo()方法的 Bar()泛型方法，并传递泛型参数值：

```
public class MethodOverloads
{
  // ...
  public void Bar<T>(T obj)
```

```
    {
        Foo(obj);
    }
```

Main()方法现在改为调用传递一个 int 值的 Bar()方法：

```
static void Main()
{
    var test = new MethodOverloads();
    test.Bar(44);
```

从控制台的输出可以看出，Bar()方法选择了泛型 Foo()方法，而不是用 int 参数重载的 Foo()方法。原因是编译器是在编译期间选择 Bar()方法调用的 Foo()方法。由于 Bar()方法定义了一个泛型参数，而且泛型 Foo()方法匹配这个类型，所以调用了 Foo()方法。在运行期间给 Bar()方法传递一个 int 值不会改变这一点。

```
Foo<T>(T obj), obj type: Int32
```

6.7 小结

本章介绍了 CLR 中一个非常重要的特性：泛型。通过泛型类可以创建独立于类型的类，泛型方法是独立于类型的方法。接口、结构和委托也可以用泛型的方式创建。泛型引入了一种新的编程方式。我们介绍了如何实现相应的算法(尤其是操作和谓词)以用于不同的类，而且它们都是类型安全的。泛型委托可以去除集合中的算法。

本书还将探讨泛型的更多特性和用法。第 9 章介绍了常常实现为泛型的委托，第 11 章论述了泛型集合类，第 13 章讨论了泛型扩展方法。第 7 章说明如何对于数组使用泛型方法。

第 7 章

数组和元组

本章要点
- 简单数组
- 多维数组
- 锯齿数组
- Array 类
- 作为参数的数组
- 枚举
- 元组
- 结构比较

本章源代码下载地址(wrox.com)：

打开网页 http://www.wrox.com/go/professionalcsharp6，单击 Download Code 选项卡即可下载本章源代码。本章代码分为以下几个主要的示例文件：

- SimpleArrays
- SortingSample
- ArraySegment
- YieldSample
- TuplesSample
- StructuralComparison

7.1 同一类型和不同类型的多个对象

如果需要使用同一类型的多个对象，就可以使用集合(参见第 11 章)和数组。C#用特殊的记号声明、初始化和使用数组。Array 类在后台发挥作用，它为数组中元素的排序和过滤提供了几个方法。使用枚举器，可以迭代数组中的所有元素。

如果需要使用不同类型的多个对象，可以使用 Tuple(元组)类型。

7.2 简单数组

如果需要使用同一类型的多个对象，就可以使用数组。数组是一种数据结构，它可以包含同一类型的多个元素。

7.2.1 数组的声明

在声明数组时，应先定义数组中元素的类型，其后是一对空方括号和一个变量名。例如，下面声明了一个包含整型元素的数组：

```
int[] myArray;
```

7.2.2 数组的初始化

声明了数组后，就必须为数组分配内存，以保存数组的所有元素。数组是引用类型，所以必须给它分配堆上的内存。为此，应使用 new 运算符，指定数组中元素的类型和数量来初始化数组的变量。下面指定了数组的大小。

```
myArray = new int[4];
```

注意：值类型和引用类型请参见第 3 章。

在声明和初始化数组后，变量 myArray 就引用了 4 个整型值，它们位于托管堆上，如图 7-1 所示。

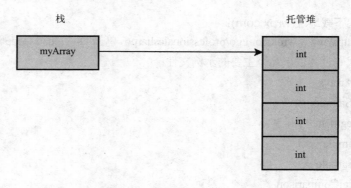

图 7-1

注意：在指定了数组的大小后，如果不复制数组中的所有元素，就不能重新设置数组的大小。如果事先不知道数组中应包含多少个元素，就可以使用集合。集合请参见第 11 章。

除了在两个语句中声明和初始化数组之外，还可以在一个语句中声明和初始化数组：

```
int[] myArray = new int[4];
```

还可以使用数组初始化器为数组的每个元素赋值。数组初始化器只能在声明数组变量时使用，不能在声明数组之后使用。

```
int[] myArray = new int[4] {4, 7, 11, 2};
```

如果用花括号初始化数组，则还可以不指定数组的大小，因为编译器会自动统计元素的个数：

```
int[] myArray = new int[] {4, 7, 11, 2};
```

使用 C#编译器还有一种更简化的形式。使用花括号可以同时声明和初始化数组，编译器生成的代码与前面的例子相同：

```
int[] myArray = {4, 7, 11, 2};
```

7.2.3 访问数组元素

在声明和初始化数组后，就可以使用索引器访问其中的元素了。数组只支持有整型参数的索引器。

通过索引器传递元素编号，就可以访问数组。索引器总是以 0 开头，表示第一个元素。可以传递给索引器的最大值是元素个数减 1，因为索引从 0 开始。在下面的例子中，数组 myArray 用 4 个整型值声明和初始化。用索引器对应的值 0、1、2 和 3 就可以访问该数组中的元素。

```
int[] myArray = new int[] {4, 7, 11, 2};
int v1 = myArray[0]; // read first element
int v2 = myArray[1]; // read second element
myArray[3] = 44;     // change fourth element
```

注意：如果使用错误的索引器值(大于数组的长度)，就会抛出 IndexOutOfRangeException 类型的异常。

如果不知道数组中的元素个数，则可以在 for 语句中使用 Length 属性：

```
for (int i = 0; i < myArray.Length; i++)
{
  WriteLine(myArray[i]);
}
```

除了使用 for 语句迭代数组中的所有元素之外，还可以使用 foreach 语句：

```
foreach (var val in myArray)
{
  WriteLine(val);
}
```

注意：foreach 语句利用了本章后面讨论的 IEnumerable 和 IEnumerator 接口，从第一个索引遍历数组，直到最后一个索引。

7.2.4 使用引用类型

除了能声明预定义类型的数组，还可以声明自定义类型的数组。下面用 Person 类来说明，这个类有自动实现的属性 Firstname 和 Lastname，以及从 Object 类重写的 ToString()方法(代码文件 SimpleArrays/Person.cs)：

```
public class Person
{
  public string FirstName { get; set; }
  public string LastName { get; set; }

  public override string ToString() => $"{FirstName} {LastName}";
}
```

声明一个包含两个 Person 元素的数组与声明一个 int 数组类似：

```
Person[] myPersons = new Person[2];
```

但是必须注意，如果数组中的元素是引用类型，就必须为每个数组元素分配内存。若使用了数组中未分配内存的元素，就会抛出 NullReferenceException 类型的异常。

注意：第 14 章介绍了错误和异常的详细内容。

使用从 0 开始的索引器，可以为数组的每个元素分配内存：

```
myPersons[0] = new Person { FirstName="Ayrton", LastName="Senna" };
myPersons[1] = new Person { FirstName="Michael", LastName="Schumacher" };
```

图 7-2 显示了 Person 数组中的对象在托管堆中的情况。myPersons 是存储在栈上的一个变量，该变量引用了存储在托管堆上的 Person 元素对应的数组。这个数组有足够容纳两个引用的空间。数组中的每一项都引用了一个 Person 对象，而这些 Person 对象也存储在托管堆上。

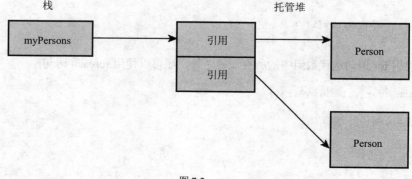

图 7-2

与 int 类型一样，也可以对自定义类型使用数组初始化器：

```
Person[] myPersons2 =
{
  new Person { FirstName="Ayrton", LastName="Senna"},
  new Person { FirstName="Michael", LastName="Schumacher"}
};
```

7.3 多维数组

一般数组(也称为一维数组)用一个整数来索引。多维数组用两个或多个整数来索引。

图 7-3 是二维数组的数学表示法，该数组有 3 行 3 列。第 1 行的值是 1、2 和 3，第 3 行的值是 7、8 和 9。

$a = \begin{bmatrix} 1, 2, 3 \\ 4, 5, 6 \\ 7, 8, 9 \end{bmatrix}$

图 7-3

在 C#中声明这个二维数组，需要在方括号中加上一个逗号。数组在初始化时应指定每一维的大小(也称为阶)。接着，就可以使用两个整数作为索引器来访问数组中的元素：

```
int[,] twodim = new int[3, 3];
twodim[0, 0] = 1;
twodim[0, 1] = 2;
twodim[0, 2] = 3;
twodim[1, 0] = 4;
twodim[1, 1] = 5;
twodim[1, 2] = 6;
twodim[2, 0] = 7;
twodim[2, 1] = 8;
twodim[2, 2] = 9;
```

注意：声明数组后，就不能修改其阶数了。

如果事先知道元素的值，就可以使用数组索引器来初始化二维数组。在初始化数组时，使用一个外层的花括号，每一行用包含在外层花括号中的内层花括号来初始化。

```
int[,] twodim = {
                  {1, 2, 3},
                  {4, 5, 6},
                  {7, 8, 9}
                };
```

注意：使用数组初始化器时，必须初始化数组的每个元素，不能遗漏任何元素。

在花括号中使用两个逗号，就可以声明一个三维数组：

```
int[,,] threedim = {
          { { 1, 2 }, { 3, 4 } },
          { { 5, 6 }, { 7, 8 } },
          { { 9, 10 }, { 11, 12 } }
          };

WriteLine(threedim[0, 1, 1]);
```

7.4 锯齿数组

二维数组的大小对应于一个矩形，如对应的元素个数为 3×3。而锯齿数组的大小设置比较灵活，在锯齿数组中，每一行都可以有不同的大小。

图 7-4 比较了有 3×3 个元素的二维数组和锯齿数组。图 7-4 中的锯齿数组有 3 行，第 1 行有两个元素，第 2 行有 6 个元素，第 3 行有 3 个元素。

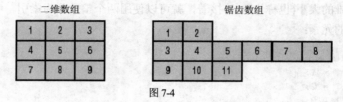

图 7-4

在声明锯齿数组时，要依次放置左右括号。在初始化锯齿数组时，只在第 1 对方括号中设置该数组包含的行数。定义各行中元素个数的第 2 个方括号设置为空，因为这类数组的每一行包含不同的元素个数。之后，为每一行指定行中的元素个数：

```
int[][] jagged = new int[3][];
jagged[0] = new int[2] { 1, 2 };
jagged[1] = new int[6] { 3, 4, 5, 6, 7, 8 };
jagged[2] = new int[3] { 9, 10, 11 };
```

迭代锯齿数组中所有元素的代码可以放在嵌套的 for 循环中。在外层的 for 循环中迭代每一行，在内层的 for 循环中迭代一行中的每个元素：

```
for (int row = 0; row < jagged.Length; row++)
{
  for (int element = 0; element < jagged[row].Length; element++)
  {
    WriteLine($"row: {row}, element: {element}, value: {jagged[row][element]}");
  }
}
```

该迭代结果显示了所有的行和每一行中的各个元素：

```
row: 0, element: 0, value: 1
row: 0, element: 1, value: 2
row: 1, element: 0, value: 3
row: 1, element: 1, value: 4
row: 1, element: 2, value: 5
row: 1, element: 3, value: 6
```

```
row: 1, element: 4, value: 7
row: 1, element: 5, value: 8
row: 2, element: 0, value: 9
row: 2, element: 1, value: 10
row: 2, element: 2, value: 11
```

7.5 Array 类

用方括号声明数组是 C#中使用 Array 类的表示法。在后台使用 C#语法，会创建一个派生自抽象基类 Array 的新类。这样，就可以使用 Array 类为每个 C#数组定义的方法和属性了。例如，前面就使用了 Length 属性，或者使用 foreach 语句迭代数组。其实这是使用了 Array 类中的 GetEnumerator() 方法。

Array 类实现的其他属性有 LongLength 和 Rank。如果数组包含的元素个数超出了整数的取值范围，就可以使用 LongLength 属性来获得元素个数。使用 Rank 属性可以获得数组的维数。

下面通过了解不同的功能来看看 Array 类的其他成员。

7.5.1 创建数组

Array 类是一个抽象类，所以不能使用构造函数来创建数组。但除了可以使用 C#语法创建数组实例之外，还可以使用静态方法 CreateInstance() 创建数组。如果事先不知道元素的类型，该静态方法就非常有用，因为类型可以作为 Type 对象传递给 CreateInstance() 方法。

下面的例子说明了如何创建类型为 int、大小为 5 的数组。CreateInstance() 方法的第 1 个参数应是元素的类型，第 2 个参数定义数组的大小。可以用 SetValue() 方法设置对应元素的值，用 GetValue() 方法读取对应元素的值(代码文件 SimpleArrays/Program.cs)：

```
Array intArray1 = Array.CreateInstance(typeof(int), 5);
for (int i = 0; i < 5; i++)
{
  intArray1.SetValue(33, i);
}

for (int i = 0; i < 5; i++)
{
  WriteLine(intArray1.GetValue(i));
}
```

还可以将已创建的数组强制转换成声明为 int[] 的数组：

```
int[] intArray2 = (int[])intArray1;
```

CreateInstance() 方法有许多重载版本，可以创建多维数组和不基于 0 的数组。下面的例子就创建了一个包含 2×3 个元素的二维数组。第一维基于 1，第二维基于 10：

```
int[] lengths = { 2, 3 };
int[] lowerBounds = { 1, 10 };
Array racers = Array.CreateInstance(typeof(Person), lengths, lowerBounds);
```

SetValue() 方法设置数组的元素，其参数是每一维的索引：

```
racers.SetValue(new Person
{
  FirstName = "Alain",
  LastName = "Prost"
}, 1, 10);
racers.SetValue(new Person
{
  FirstName = "Emerson",
  LastName = "Fittipaldi"
}, 1, 11);
racers.SetValue(new Person
{
  FirstName = "Ayrton",
  LastName = "Senna"
}, 1, 12);
racers.SetValue(new Person
{
  FirstName = "Michael",
  LastName = "Schumacher"
}, 2, 10);
racers.SetValue(new Person
{
  FirstName = "Fernando",
  LastName = "Alonso"
}, 2, 11);
racers.SetValue(new Person
{
  FirstName = "Jenson",
  LastName = "Button"
}, 2, 12);
```

尽管数组不是基于 0，但可以用一般的 C#表示法为它赋予一个变量。只需要注意不要超出边界即可：

```
Person[,] racers2 = (Person[,])racers;
Person first = racers2[1, 10];
Person last = racers2[2, 12];
```

7.5.2 复制数组

因为数组是引用类型，所以将一个数组变量赋予另一个数组变量，就会得到两个引用同一数组的变量。而复制数组，会使数组实现 ICloneable 接口。这个接口定义的 Clone()方法会创建数组的浅表副本。

如果数组的元素是值类型，以下代码段就会复制所有值，如图 7-5 所示：

```
int[] intArray1 = {1, 2};
int[] intArray2 = (int[])intArray1.Clone();
```

如果数组包含引用类型，则不复制元素，而只复制引用。图 7-6 显示了变量 beatles 和 beatlesClone，其中 beatlesClone 通过从 beatles 中调用 Clone()方法来创建。beatles 和 beatlesClone

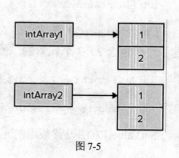

图 7-5

引用的 Person 对象是相同的。如果修改 beatlesClone 中一个元素的属性，就会改变 beatles 中的对应对象(代码文件 SimpleArray/Program.cs)。

```
Person[] beatles = {
                new Person { FirstName="John", LastName="Lennon" },
                new Person { FirstName="Paul", LastName="McCartney" }
              };
Person[] beatlesClone = (Person[])beatles.Clone();
```

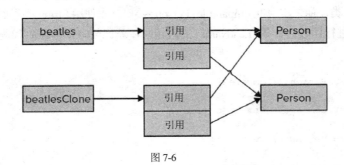

图 7-6

除了使用 Clone()方法之外，还可以使用 Array.Copy()方法创建浅表副本。但 Clone()方法和 Copy()方法有一个重要区别：Clone()方法会创建一个新数组，而 Copy()方法必须传递阶数相同且有足够元素的已有数组。

 注意：如果需要包含引用类型的数组的深层副本，就必须迭代数组并创建新对象。

7.5.3 排序

Array 类使用 Quicksort 算法对数组中的元素进行排序。Sort()方法需要数组中的元素实现 IComparable 接口。因为简单类型(如 System.String 和 System.Int32)实现 IComparable 接口，所以可以对包含这些类型的元素排序。

在示例程序中，数组名称包含 string 类型的元素，这个数组可以排序(代码文件 SortingSample/Program.cs)。

```
string[] names = {
    "Christina Aguilera",
    "Shakira",
    "Beyonce",
    "Lady Gaga"
  };

Array.Sort(names);

foreach (var name in names)
{
  WriteLine(name);
}
```

该应用程序的输出是排好序的数组：

```
Beyonce
Christina Aguilera
Lady Gaga
Shakira
```

如果对数组使用自定义类，就必须实现 IComparable 接口。这个接口只定义了一个方法 CompareTo()，如果要比较的对象相等，该方法就返回 0。如果该实例应排在参数对象的前面，该方法就返回小于 0 的值。如果该实例应排在参数对象的后面，该方法就返回大于 0 的值。

修改 Person 类，使之实现 IComparable<Person>接口。先使用 String 类中的 CompareTo()方法对 LastName 的值进行比较。如果 LastName 的值相同，就比较 FirstName(代码文件 SortingSample/Person.cs)：

```
public class Person: IComparable<Person>
{
  public int CompareTo(Person other)
  {
    if (other == null) return 1;

    int result = string.Compare(this.LastName, other.LastName);
    if (result == 0)
    {
      result = string.Compare(this.FirstName, other.FirstName);
    }
    return result;
  }
  //...
```

现在可以按照姓氏对 Person 对象对应的数组排序(代码文件 SortingSample/Program.cs)：

```
Person[] persons = {
      new Person { FirstName="Damon", LastName="Hill" },
      new Person { FirstName="Niki", LastName="Lauda" },
      new Person { FirstName="Ayrton", LastName="Senna" },
      new Person { FirstName="Graham", LastName="Hill" }
    };

    Array.Sort(persons);
    foreach (var p in persons)
    {
      WriteLine(p);
    }
```

使用 Person 类的排序功能，会得到按姓氏排序的姓名：

```
Damon Hill
Graham Hill
Niki Lauda
Ayrton Senna
```

如果 Person 对象的排序方式与上述不同，或者不能修改在数组中用作元素的类，就可以实现 IComparer 接口或 IComparer<T>接口。这两个接口定义了方法 Compare()。要比较的类必须实现这两个接口之一。IComparer 接口独立于要比较的类。这就是 Compare()方法定义了两个要比较的参数的原因。其返回值与 IComparable 接口的 CompareTo()方法类似。

类 PersonComparer 实现了 IComparer<Person>接口，可以按照 firstName 或 lastName 对 Person 对象排序。枚举 PersonCompareType 定义了可用于 PersonComparer 的排序选项：FirstName 和 LastName。排序方式由 PersonComparer 类的构造函数定义，在该构造函数中设置了一个 PersonCompareType 值。实现 Compare()方法时用一个 switch 语句指定是按 FirstName 还是 LastName 排序(代码文件 SortingSample/PersonComparer.cs)。

```
public enum PersonCompareType
{
  FirstName,
  LastName
}

public class PersonComparer: IComparer<Person>
{
  private PersonCompareType _compareType;

  public PersonComparer(PersonCompareType compareType)
  {
    _compareType = compareType;
  }

  public int Compare(Person x, Person y)
  {
    if (x == null && y == null) return 0;
    if (x == null) return 1;
    if (y == null) return -1;

    switch (_compareType)
    {
      case PersonCompareType.FirstName:
        return string.Compare(x.FirstName, y.FirstName);
      case PersonCompareType.LastName:
        return string.Compare(x.LastName, y.LastName);
      default:
        throw new ArgumentException("unexpected compare type");
    }
  }
}
```

现在，可以将一个 PersonComparer 对象传递给 Array.Sort()方法的第 2 个参数。下面按名字对 persons 数组排序(代码文件 SortingSample/Program.cs)：

```
Array.Sort(persons, new PersonComparer(PersonCompareType.FirstName));
foreach (var p in persons)
{
  WriteLine(p);
}
```

persons 数组现在按名字排序：

```
Ayrton Senna
Damon Hill
```

```
Graham Hill
Niki Lauda
```

注意：Array 类还提供了 Sort 方法，它需要将一个委托作为参数。这个参数可以传递给方法，从而比较两个对象，而不需要依赖 IComparable 或 IComparer 接口。第 9 章将介绍如何使用委托。

7.6 数组作为参数

数组可以作为参数传递给方法，也可以从方法返回。要返回一个数组，只需要把数组声明为返回类型，如下面的方法 GetPersons()所示：

```
static Person[] GetPersons()
{
  return new Person[] {
      new Person { FirstName="Damon", LastName="Hill" },
      new Person { FirstName="Niki", LastName="Lauda" },
      new Person { FirstName="Ayrton", LastName="Senna" },
      new Person { FirstName="Graham", LastName="Hill" }
  };
}
```

要把数组传递给方法，应把数组声明为参数，如下面的 DisplayPersons()方法所示：

```
static void DisplayPersons(Person[] persons)
{
  //...
}
```

7.6.1 数组协变

数组支持协变。这表示数组可以声明为基类，其派生类型的元素可以赋予数组元素。
例如，可以声明一个 object[]类型的参数，给它传递一个 Person[]：

```
static void DisplayArray(object[] data)
{
  //…
}
```

注意：数组协变只能用于引用类型，不能用于值类型。另外，数组协变有一个问题，它只能通过运行时异常来解决。如果把 Person 数组赋予 object 数组，object 数组就可以使用派生自 object 的任何元素。例如，编译器允许把字符串传递给数组元素。但因为 object 数组引用 Person 数组，所以会出现一个运行时异常 ArrayTypeMismatchException。

7.6.2 ArraySegment<T>

结构 ArraySegment<T>表示数组的一段。如果需要使用不同的方法处理某个大型数组的不同部分，那么可以把相应的数组部分复制到各个方法中。此时，与创建多个数组相比，更有效的方法是使用一个数组，将整个数组传递给不同的方法。这些方法只使用数组的某个部分。方法的参数除了数组以外，还应包括数组内的偏移量以及该方法应该使用的元素数。这样一来，方法就需要至少 3 个参数。当使用数组段时，只需要一个参数就可以了。ArraySegment<T>结构包含了关于数组段的信息(偏移量和元素个数)。

SumOfSegments()方法提取一组 ArraySegment<int>元素，计算该数组段定义的所有整数之和，并返回整数和(代码文件 ArraySegmentSample/Program.cs)：

```
static int SumOfSegments(ArraySegment<int>[] segments)
{
  int sum = 0;
  foreach (var segment in segments)
  {
    for (int i = segment.Offset; i < segment.Offset + segment.Count; i++)
    {
      sum += segment.Array[i];
    }
  }
  return sum;
}
```

使用这个方法时，传递了一个数组段。第一个数组元素从 ar1 的第一个元素开始，引用了 3 个元素；第二个数组元素从 ar2 的第 4 个元素开始，引用了 3 个元素；

```
int[] ar1 = { 1, 4, 5, 11, 13, 18 };
int[] ar2 = { 3, 4, 5, 18, 21, 27, 33 };

var segments = new ArraySegment<int>[2]
{
  new ArraySegment<int>(ar1, 0, 3),
  new ArraySegment<int>(ar2, 3, 3)
};
var sum = SumOfSegments(segments);
```

注意：数组段不复制原数组的元素，但原数组可以通过 ArraySegment<T>访问。如果数组段中的元素改变了，这些变化就会反映到原数组中。

7.7 枚举

在 foreach 语句中使用枚举，可以迭代集合中的元素，且无须知道集合中的元素个数。foreach 语句使用了一个枚举器。图 7-7 显示了调用 foreach 方法的客户端和集合之间的关系。数组或集合实现带 GetEumerator()方法的 IEumerable 接口。GetEumerator()方法返回一个实现 IEumerator 接口的枚举。接着，foreach 语句就可以使用 IEumerable 接口迭代集合了。

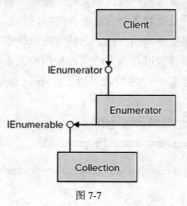

图 7-7

  注意：GetEnumerator()方法用 IEnumerable 接口定义。foreach 语句并不真的需要在集合类中实现这个接口。有一个名为 GetEnumerator()的方法，它返回实现了 IEnumerator 接口的对象就足够了。

7.7.1 IEnumerator 接口

foreach 语句使用 IEnumerator 接口的方法和属性，迭代集合中的所有元素。为此，IEnumerator 定义了 Current 属性，来返回光标所在的元素，该接口的 MoveNext()方法移动到集合的下一个元素上，如果有这个元素，该方法就返回 true。如果集合不再有更多的元素，该方法就返回 false。

这个接口的泛型版本 IEnumerator<T>派生自接口 IDisposable，因此定义了 Dispose()方法，来清理给枚举器分配的资源。

  注意：IEnumerator 接口还定义了 Reset()方法，以与 COM 交互操作。许多.NET 枚举器通过抛出 NotSupportedException 类型的异常，来实现这个方法。

7.7.2 foreach 语句

C#的 foreach 语句不会解析为 IL 代码中的 foreach 语句。C#编译器会把 foreach 语句转换为 IEnumerator 接口的方法和属性。下面是一条简单的 foreach 语句，它迭代 persons 数组中的所有元素，并逐个显示它们：

```
foreach (var p in persons)
{
    WriteLine(p);
}
```

foreach 语句会解析为下面的代码段。首先，调用 GetEnumerator()方法，获得数组的一个枚举器。

在 while 循环中——只要 MoveNext()返回 true——就用 Current 属性访问数组中的元素：

```
IEnumerator<Person> enumerator = persons.GetEnumerator();
while (enumerator.MoveNext())
{
  Person p = enumerator.Current;
  WriteLine(p);
}
```

7.7.3 yield 语句

自 C#的第 1 个版本以来，使用 foreach 语句可以轻松地迭代集合。在 C# 1.0 中，创建枚举器仍需要做大量的工作。C# 2.0 添加了 yield 语句，以便于创建枚举器。yield return 语句返回集合的一个元素，并移动到下一个元素上。yield break 可停止迭代。

下一个例子是用 yield return 语句实现一个简单集合的代码。HelloCollection 类包含 GetEnumerator()方法。该方法的实现代码包含两条 yield return 语句，它们分别返回字符串 Hello 和 World(代码文件 YieldSample/Program.cs)。

```
using System;
using System.Collections;

namespace Wrox.ProCSharp.Arrays
{
  public class HelloCollection
  {
    public IEnumerator<string> GetEnumerator()
    {
      yield return "Hello";
      yield return "World";
    }
  }
```

> **注意**：包含 yield 语句的方法或属性也称为迭代块。迭代块必须声明为返回 IEnumerator 或 IEnumerable 接口，或者这些接口的泛型版本。这个块可以包含多条 yield return 语句或 yield break 语句，但不能包含 return 语句。

现在可以用 foreach 语句迭代集合了：

```
public void HelloWorld()
  {
    var helloCollection = new HelloCollection();
    foreach (var s in helloCollection)
    {
      WriteLine(s);
    }
  }
}
```

使用迭代块，编译器会生成一个 yield 类型，其中包含一个状态机，如下面的代码段所示。yield

类型实现 IEnumerator 和 IDisposable 接口的属性和方法。在下面的例子中，可以把 yield 类型看作内部类 Enumerator。外部类的 GetEnumerator()方法实例化并返回一个新的 yield 类型。在 yield 类型中，变量 state 定义了迭代的当前位置，每次调用 MoveNext()时，当前位置都会改变。MoveNext() 封装了迭代块的代码，并设置了 current 变量的值，从而使 Current 属性根据位置返回一个对象。

```csharp
public class HelloCollection
{
  public IEnumerator GetEnumerator() => new Enumerator(0);

  public class Enumerator: IEnumerator<string>, IEnumerator, IDisposable
  {
    private int _state;
    private string _current;

    public Enumerator(int state)
    {
      _state = state;
    }

    bool System.Collections.IEnumerator.MoveNext()
    {
      switch (state)
      {
        case 0:
          _current = "Hello";
          _state = 1;
          return true;
        case 1:
          _current = "World";
          _state = 2;
          return true;
        case 2:
          break;
      }
      return false;
    }

    void System.Collections.IEnumerator.Reset()
    {
      throw new NotSupportedException();
    }

    string System.Collections.Generic.IEnumerator<string>.Current => current;

    object System.Collections.IEnumerator.Current => current;

    void IDisposable.Dispose()
    {
    }
  }
}
```

注意：yield 语句会生成一个枚举器，而不仅仅生成一个包含的项的列表。这个枚举器通过 foreach 语句调用。从 foreach 中依次访问每一项时，就会访问枚举器。这样就可以迭代大量的数据，而无须一次把所有的数据都读入内存。

1. 迭代集合的不同方式

在下面这个比 Hello World 示例略大但比较真实的示例中，可以使用 yield return 语句，以不同方式迭代集合的类。类 MusicTitles 可以用默认方式通过 GetEnumerator()方法迭代标题，用 Reverse()方法逆序迭代标题，用 Subset()方法迭代子集(代码文件 YieldSample/MusicTitles.cs)：

```csharp
public class MusicTitles
{
  string[] names = { "Tubular Bells", "Hergest Ridge", "Ommadawn", "Platinum" };

  public IEnumerator<string> GetEnumerator()
  {
    for (int i = 0; i < 4; i++)
    {
      yield return names[i];
    }
  }

  public IEnumerable<string> Reverse()
  {
    for (int i = 3; i >= 0; i-)
    {
      yield return names[i];
    }
  }

  public IEnumerable<string> Subset(int index, int length)
  {
    for (int i = index; i < index + length; i++)
    {
      yield return names[i];
    }
  }
}
```

注意：类支持的默认迭代是定义为返回 IEnumerator 的 GetEnumerator()方法。命名的迭代返回 IEnumerable。

迭代字符串数组的客户端代码先使用 GetEnumerator()方法，该方法不必在代码中编写，因为这是 foreach 语句默认使用的方法。然后逆序迭代标题，最后将索引和要迭代的项数传递给 Subset()方法，来迭代子集(代码文件 YieldSample/Program.cs)：

```
var titles = new MusicTitles();
foreach (var title in titles)
{
  WriteLine(title);
}
WriteLine();

WriteLine("reverse");
foreach (var title in titles.Reverse())
{
  WriteLine(title);
}
WriteLine();

WriteLine("subset");
foreach (var title in titles.Subset(2, 2))
{
  WriteLine(title);
}
```

2. 用 yield return 返回枚举器

使用 yield 语句还可以完成更复杂的任务，例如，从 yield return 中返回枚举器。在 Tic-Tac-Toe 游戏中有 9 个域，玩家轮流在这些域中放置一个"十"字或一个圆。这些移动操作由 GameMoves 类模拟。方法 Cross()和 Circle()是创建迭代类型的迭代块。变量 cross 和 circle 在 GameMoves 类的构造函数中设置为 Cross()和 Circle()方法。这些字段不设置为调用的方法，而是设置为用迭代块定义的迭代类型。在 Cross()迭代块中，将移动操作的信息写到控制台上，并递增移动次数。如果移动次数大于 8，就用 yield break 停止迭代；否则，就在每次迭代中返回 yield 类型 circle 的枚举对象。Circle()迭代块非常类似于 Cross()迭代块，只是它在每次迭代中返回 cross 迭代器类型(代码文件 YieldSample/GameMoves.cs)。

```
public class GameMoves
{
  private IEnumerator _cross;
  private IEnumerator _circle;

  public GameMoves()
  {
    _cross = Cross();
    _circle = Circle();
  }

  private int _move = 0;
  const int MaxMoves = 9;

  public IEnumerator Cross()
  {
    while (true)
    {
      WriteLine($"Cross, move {_move}");
```

```
      if (++_move >= MaxMoves)
      {
        yield break;
      }
      yield return _circle;
    }
  }

  public IEnumerator Circle()
  {
    while (true)
    {
      WriteLine($"Circle, move {move}");
      if (++_move >= MaxMoves)
      {
        yield break;
      }
      yield return _cross;
    }
  }
}
```

在客户端程序中，可以以如下方式使用 GameMoves 类。将枚举器设置为由 game.Cross()返回的枚举器类型，以设置第一次移动。在 while 循环中，调用 enumerator.MoveNext()。第一次调用 enumerator.MoveNext()时，会调用 Cross()方法，Cross()方法使用 yield 语句返回另一个枚举器。返回的值可以用 Current 属性访问，并设置为 enumerator 变量，用于下一次循环：

```
var game = new GameMoves();
IEnumerator enumerator = game.Cross();
while (enumerator.MoveNext())
{
  enumerator = enumerator.Current as IEnumerator;
}
```

这个程序的输出会显示交替移动的情况，直到最后一次移动：

```
Cross, move 0
Circle, move 1
Cross, move 2
Circle, move 3
Cross, move 4
Circle, move 5
Cross, move 6
Circle, move 7
Cross, move 8
```

7.8 元组

数组合并了相同类型的对象，而元组合并了不同类型的对象。元组起源于函数编程语言(如 F#)，在这些语言中频繁使用元组。在.NET Framework 中，元组可用于所有的.NET 语言。

.NET Framework 定义了 8 个泛型 Tuple 类和一个静态 Tuple 类，它们用作元组的工厂。不同的泛型 Tuple 类支持不同数量的元素。例如，Tuple<T1>包含一个元素，Tuple<T1, T2>包含两个元素，依此类推。

方法 Divide()返回包含两个成员的元组 Tuple<int, int>。泛型类的参数定义了成员的类型，它们都是整数。元组用静态 Tuple 类的静态 Create()方法创建。Create()方法的泛型参数定义了要实例化的元组类型。新建的元组用 result 和 remainder 变量初始化，返回这两个变量相除的结果(代码文件 TupleSample/Program.cs)：

```
public static Tuple<int, int> Divide(int dividend, int divisor)
{
  int result = dividend / divisor;
  int remainder = dividend % divisor;

  return Tuple.Create(result, remainder);
}
```

下面的代码说明了 Divide()方法的调用。可以用属性 Item1 和 Item2 访问元组的项：

```
var result = Divide(5, 2);
WriteLine($"result of division: {result.Item1}, remainder: {result.Item2}");
```

如果元组包含的项超过 8 个，就可以使用带 8 个参数的 Tuple 类定义。最后一个模板参数是 TRest，表示必须给它传递一个元组。这样，就可以创建带任意个参数的元组了。

下面说明这个功能：

```
public class Tuple<T1, T2, T3, T4, T5, T6, T7, TRest>
```

其中，最后一个模板参数是一个元组类型，所以可以创建带任意多项的元组：

```
var tuple = Tuple.Create<string, string, string, int, int, int, double,
    Tuple<int, int>>("Stephanie", "Alina", "Nagel", 2009, 6, 2, 1.37,
        Tuple.Create<int, int>(52, 3490));
```

7.9 结构比较

数组和元组都实现接口 IStructuralEquatable 和 IStructuralComparable。这两个接口不仅可以比较引用，还可以比较内容。这些接口都是显式实现的，所以在使用时需要把数组和元组强制转换为这个接口。IStructuralEquatable 接口用于比较两个元组或数组是否有相同的内容，IStructuralComparable 接口用于给元组或数组排序。

对于说明 IStructuralEquatable 接口的示例，使用实现 IEquatable 接口的 Person 类。IEquatable 接口定义了一个强类型化的 Equals()方法，以比较 FirstName 和 LastName 属性的值(代码文件 StructuralComparison/Person.cs)：

```
public class Person: IEquatable<Person>
{
  public int Id { get; private set; }
  public string FirstName { get; set; }
  public string LastName { get; set; }
```

```csharp
public override string ToString() => $"{Id}, {FirstName} {LastName}";

public override bool Equals(object obj)
{
  if (obj == null)
  {
    return base.Equals(obj);
  }
  return Equals(obj as Person);
}

public override int GetHashCode() => Id.GetHashCode();

public bool Equals(Person other)
{
  if (other == null)
    return base.Equals(other);

  return Id == other.Id && FirstName == other.FirstName &&
    LastName == other.LastName;
}
```

现在创建了两个包含 Person 项的数组。这两个数组通过变量名 janet 包含相同的 Person 对象，和两个内容相同的不同 Person 对象。比较运算符"!="返回 true，因为这其实是两个变量 persons1 和 persons2 引用的两个不同数组。因为 Array 类没有重写带一个参数的 Equals()方法，所以用"=="运算符比较引用也会得到相同的结果，即这两个变量不相同(代码文件 StructuralComparison/Program.cs)：

```csharp
var janet = new Person { FirstName = "Janet", LastName = "Jackson" };
Person[] persons1 = {
  new Person
  {
    FirstName = "Michael",
    LastName = "Jackson"
  },
  janet
};

Person[] persons2 = {
  new Person
  {
    FirstName = "Michael",
    LastName = "Jackson"
  },
  janet
};

if (persons1 != persons2)
{
  WriteLine("not the same reference");
}
```

对于 IStructuralEquatable 接口定义的 Equals() 方法，它的第一个参数是 object 类型，第二个参数是 IEqualityComparer 类型。调用这个方法时，通过传递一个实现了 IEqualityComparer<T>的对象，就可以定义如何进行比较。通过 EqualityComparer<T>类完成 IEqualityComparer 的一个默认实现。这个实现检查该类型是否实现了 IEquatable 接口，并调用 IEquatable.Equals()方法。如果该类型没有实现 IEquatable，就调用 Object 基类中的 Equals()方法进行比较。

Person 实现 IEquatable<Person>，在此过程中比较对象的内容，而数组的确包含相同的内容：

```
if ((persons1 as IStructuralEquatable).Equals(persons2,
    EqualityComparer<Person>.Default))
{
  WriteLine("the same content");
}
```

下面看看如何对元组执行相同的操作。这里创建了两个内容相同的元组实例。当然，因为引用 t1 和 t2 引用了两个不同的对象，所以比较运算符 "!=" 返回 true：

```
var t1 = Tuple.Create(1, "Stephanie");
var t2 = Tuple.Create(1, "Stephanie");
if (t1 != t2)
{
  WriteLine("not the same reference to the tuple");
}
```

Tuple<>类提供了两个 Equals()方法：一个重写了 Object 基类中的 Equals()方法，并把 object 作为参数，第二个由 IStructuralEqualityComparer 接口定义，并把 object 和 IEqualityComparer 作为参数。可以给第一个方法传送另一个元组，如下所示。这个方法使用 EqualityComparer<object>.Default 获取一个 ObjectEqualityComparer<object>，以进行比较。这样，就会调用 Object.Equals()方法比较元组的每一项。如果每一项都返回 true，Equals()方法的最终结果就是 true，这里因为 int 和 string 值都相同，所以返回 true：

```
if (t1.Equals(t2))
{
  WriteLine("the same content");
}
```

还可以使用类 TupleComparer 创建一个自定义的 IEqualityComparer，如下所示。这个类实现了 IEqualityComparer 接口的两个方法 Equals()和 GetHashCode()：

```
class TupleComparer: IEqualityComparer
{
  public new bool Equals(object x, object y) => x.Equals(y);

  public int GetHashCode(object obj) => obj.GetHashCode();
}
```

注意：实现 IEqualityComparer 接口的 Equals()方法需要 new 修饰符或者隐式实现的接口，因为基类 Object 也定义了带两个参数的静态 Equals()方法。

使用 TupleComparer，给 Tuple<T1, T2>类的 Equals()方法传递一个新实例。Tuple 类的 Equals()
方法为要比较的每一项调用 TupleComparer 的 Equals()方法。所以，对于 Tuple<T1, T2>类，要调用
两次 TupleComparer，以检查所有项是否相等：

```
if (t1.Equals(t2, new TupleComparer()))
{
  WriteLine("equals using TupleComparer");
}
```

7.10 小结

本章介绍了创建和使用简单数组、多维数组和锯齿数组的 C#表示法。C#数组在后台使用 Array 类，这样就可以用数组变量调用这个类的属性和方法。

我们还探讨了如何使用 IComparable 和 IComparer 接口给数组中的元素排序，描述了如何使用和创建枚举器、IEnumerable 和 IEnumerator 接口，以及 yield 语句。

最后介绍了如何在数组中组织相同类型的对象，在元组中组织不同类型的对象。

第 8 章介绍运算符和强制类型转换。

第 8 章

运算符和类型强制转换

本章要点

- C#中的运算符
- 使用 C# 6 的新运算符 nameof 和空值传播
- 隐式和显式转换
- 使用装箱技术把值类型转换为引用类型
- 比较值类型和引用类型
- 重载标准的运算符以支持自定义类型
- 实现索引运算符
- 通过类型强制转换在引用类型之间转换

本章源代码下载地址(wrox.com):

打开网页 http://www.wrox.com/go/professionalcsharp6，单击 Download Code 选项卡即可下载本章源代码。本章代码分为以下几个主要的示例文件：

- OperatorOverloadingSample
- OperatorOverloadingSample2
- OverloadingComparisonSample
- CustomIndexerSample
- CastingSample

8.1 运算符和类型转换

前几章介绍了使用 C#编写有用程序所需要的大部分知识。本章将首先讨论基本语言元素，接着论述 C#语言的强大扩展功能。

8.2 运算符

C#运算符非常类似于 C++和 Java 运算符,但有一些区别。

C#支持表 8-1 中的运算符。

表 8-1

类　　别	运　算　符
算术运算符	+ －* / %
逻辑运算符	& | ^ ~ && || !
字符串连接运算符	+
递增和递减运算符	++ －－
移位运算符	<< >>
比较运算符	== != <> <=> =
赋值运算符	= += －= *= /= %= &= |= ^= <<= >>=
成员访问运算符(用于对象和结构)	.
索引运算符(用于数组和索引器)	[]
类型转换运算符	()
条件运算符(三元运算符)	?:
委托连接和删除运算符(见第 9 章)	+ －
对象创建运算符	new
类型信息运算符	sizeof is typeof as
溢出异常控制运算符	checked unchecked
间接寻址运算符	[]
名称空间别名限定符(见第 2 章)	::
空合并运算符	??
空值传播运算符	?. ?[]
标识符的名称运算符	nameof()

> **注意**:有 4 个运算符(sizeof、*、->和&)只能用于不安全的代码(这些代码忽略了 C#的类型安全性检查),这些不安全的代码见第 5 章的讨论。

使用 C#运算符的一个最大缺点是,与 C 风格的语言一样,对于赋值(=)和比较(==)运算,C#使用不同的运算符。例如,下述语句表示"使 x 等于 3":

```
x = 3;
```

如果要比较 x 和另一个值,就需要使用两个等号(==):

```
if (x == 3)
{
}
```

幸运的是，C#非常严格的类型安全规则防止出现常见的 C 错误，也就是在逻辑语句中使用赋值运算符代替比较运算符。在 C#中，下述语句会产生一个编译器错误：

```
if (x = 3)
{
}
```

习惯使用与字符(&)来连接字符串的 Visual Basic 程序员必须改变这个习惯。在 C#中，使用加号 (+)连接字符串，而 "&" 符号表示两个不同整数值的按位 AND 运算。"|" 符号则在两个整数之间执行按位 OR 运算。Visual Basic 程序员可能还没有使用过取模(%)运算符，它返回除运算的余数，例如，如果 x 等于 7，则 x % 5 会返回 2。

在 C#中很少会用到指针，因此也很少用到间接寻址运算符(->)。使用它们的唯一场合是在不安全的代码块中，因为只有在此 C#才允许使用指针。指针和不安全的代码见第 5 章。

8.2.1 运算符的简化操作

表 8-2 列出了 C#中的全部简化赋值运算符。

表 8-2

简化运算符	等 价 于
x++,++x	x = x + 1
x--,--x	x = x–1
x+= y	x = x + y
x-= y	x = x – y
x *= y	x = x * y
x /= y	x = x / y
x %= y	x = x % y
x >>= y	x = x >> y
x <<= y	x = x << y
x &= y	x = x & y
x |= y	x = x	y

为什么用两个例子来分别说明 "++" 递增和 "−−" 递减运算符？把运算符放在表达式的前面称为前置，把运算符放在表达式的后面称为后置。要点是注意它们的行为方式有所不同。

递增或递减运算符可以作用于整个表达式，也可以作用于表达式的内部。当 x++ 和 ++x 单独占一行时，它们的作用是相同的，对应于语句 x = x + 1。但当它们用于较长的表达式内部时，把运算符放在前面(++x)会在计算表达式之前递增 x；换言之，递增了 x 后，在表达式中使用新值进行计算。而把运算符放在后面(x++)会在计算表达式之后递增 x——使用 x 的原始值计算表达式。下面的例子

使用 "++" 增量运算符说明了它们的区别：

```
int x = 5;

if (++x == 6) // true - x is incremented to 6 before the evaluation
{
   WriteLine("This will execute");
}

if (x++ == 7) // false - x is incremented to 7 after the evaluation
{
   WriteLine("This won't");
}
```

判断第一个 if 条件得到 true，因为在计算表达式之前，x 值从 5 递增为 6。然而，第二条 if 语句中的条件为 false，因为在计算整个表达式(x == 6)后，x 值才递增为 7。

前置运算符--x 和后置运算符 x--与此类似，但它们是递减，而不是递增。

其他简化运算符，如+=和—=，需要两个操作数，通过对第一个操作数执行算术、逻辑运算，从而改变该操作数的值。例如，下面两行代码是等价的：

```
x += 5;
x = x + 5;
```

下面介绍在 C#代码中频繁使用的基本运算符和类型强制转换运算符。

1. 条件运算符

条件运算符(?:)也称为三元运算符，是 if...else 结构的简化形式。其名称的出处是它带有 3 个操作数。它首先判断一个条件，如果条件为真，就返回一个值；如果条件为假，则返回另一个值。其语法如下：

```
condition ? true_value: false_value
```

其中 condition 是要判断的布尔表达式，true_value 是 condition 为真时返回的值，false_value 是 condition 为假时返回的值。

恰当地使用三元运算符，可以使程序非常简洁。它特别适合于给调用的函数提供两个参数中的一个。使用它可以把布尔值快速转换为字符串值 true 或 false。它也很适合于显示正确的单数形式或复数形式，例如：

```
int x = 1;
string s = x + " ";
s += (x == 1 ? "man": "men");
WriteLine(s);
```

如果 x 等于 1，这段代码就显示 1 man；如果 x 等于其他数，就显示其正确的复数形式。但要注意，如果结果需要本地化为不同的语言，就必须编写更复杂的例程，以考虑到不同语言的不同语法规则。

2. checked 和 unchecked 运算符

考虑下面的代码：

```
byte b = byte.MaxValue;
b++;
WriteLine(b);
```

byte 数据类型只能包含 0~255 的数,给 byte.MaxValue 分配一个字节,得到 255。对于 255,字节中所有可用的 8 个位都得到设置:11111111。所以递增这个值会导致溢出,得到 0。

CLR 如何处理这个溢出取决于许多因素,包括编译器选项;所以只要有未预料到的溢出风险,就需要用某种方式确保得到我们希望的结果。

为此,C#提供了 checked 和 unchecked 运算符。如果把一个代码块标记为 checked,CLR 就会执行溢出检查,如果发生溢出,就抛出 OverflowException 异常。下面修改上述代码,使之包含 checked 运算符:

```
byte b = 255;
checked
{
   b++;
}
WriteLine(b);
```

运行这段代码,就会得到一条错误信息:

`System.OverflowException: Arithmetic operation resulted in an overflow.`

注意:用/checked 编译器选项进行编译,就可以检查程序中所有未标记代码的溢出。

如果要禁止溢出检查,则可以把代码标记为 unchecked:

```
byte b = 255;
unchecked
{
   b++;
}
WriteLine(b);
```

在本例中不会抛出异常,但会丢失数据——因为 byte 数据类型不能包含 256,溢出的位会被丢弃,所以 b 变量得到的值是 0。

注意,unchecked 是默认行为。只有在需要把几行未检查的代码放在一个显式标记为 checked 的大代码块中时,才需要显式地使用 unchecked 关键字。

注意:默认编译设置是/unchecked,因为执行检查会影响性能。使用/checked 时,每一个算术运算的结果都需要验证其值是否越界。算术运算也可以用于使用 i++的 for 循环中。为了避免这种性能影响,最好一直使用默认的/unchecked 编译器设置,在需要时使用 checked 运算符。

3. is 运算符

is 运算符可以检查对象是否与特定的类型兼容。短语"兼容"表示对象或者是该类型,或者派生自该类型。例如,要检查变量是否与 object 类型兼容,可以使用下面的代码:

```
int i = 10;
if (i is object)
{
   WriteLine("i is an object");
}
```

int 和所有 C#数据类型一样,也从 object 继承而来;在本例中,表达式 i is object 将为 true,并显示相应的消息。

4. as 运算符

as 运算符用于执行引用类型的显式类型转换。如果要转换的类型与指定的类型兼容,转换就会成功进行;如果类型不兼容,as 运算符就会返回 null 值。如下面的代码所示,如果 object 引用实际上不引用 string 实例,把 object 引用转换为 string 就会返回 null:

```
object o1 = "Some String";
object o2 = 5;

string s1 = o1 as string;  // s1 = "Some String"
string s2 = o2 as string;  // s2 = null
```

as 运算符允许在一步中进行安全的类型转换,不需要先使用 is 运算符测试类型,再执行转换。

注意:is 和 as 运算符也用于继承,参见第 4 章。

5. sizeof 运算符

使用 sizeof 运算符可以确定栈中值类型需要的长度(单位是字节):

```
WriteLine(sizeof(int));
```

其结果是显示数字 4,因为 int 有 4 个字节长。

如果对复杂类型(而非基本类型)使用 sizeof 运算符,就需要把代码放在 unsafe 块中,如下所示:

```
unsafe
{
  WriteLine(sizeof(Customer));
}
```

第 5 章将详细论述不安全的代码。

6. typeof 运算符

typeof 运算符返回一个表示特定类型的 System.Type 对象。例如,typeof(string)返回表示

System.String 类型的 Type 对象。在使用反射技术动态地查找对象的相关信息时，这个运算符很有用。第 16 章将介绍反射。

7. nameof 运算符

nameof 是新的 C# 6 运算符。该运算符接受一个符号、属性或方法，并返回其名称。

这个运算符如何使用？一个例子是需要一个变量的名称时，如检查参数是否为 null：

```
public void Method(object o)
{
  if (o == null) throw new ArgumentNullException(nameof(o));
```

当然，这类似于传递一个字符串来抛出异常，而不是使用 nameof 运算符。然而，如果名称拼错，传递字符串并不会显示一个编译器错误。另外，改变参数的名称时，就很容易忘记更改传递到 ArgumentNullException 构造函数的字符串。

```
if (o == null) throw new ArgumentNullException("o");
```

对变量的名称使用 nameof 运算符只是一个用例。还可以使用它来得到属性的名称，例如，在属性 set 访问器中触发改变事件(使用 INotifyPropertyChanged 接口)，并传递属性的名称。

```
public string FirstName
{
  get { return _firstName; }
  set
  {
    _firstName = value;
    OnPropertyChanged(nameof(FirstName));
  }
}
```

nameof 运算符也可以用来得到方法的名称。如果方法是重载的，它同样适用，因为所有的重载版本都得到相同的值：方法的名称。

```
public void Method()
{
  Log($"{nameof(Method)} called");
```

8. index 运算符

前面的第 7 章中使用了索引运算符(括号)访问数组。这里传递数值 2，使用索引运算符访问数组 arr1 的第三个元素：

```
int[] arr1 = {1, 2, 3, 4};
int x = arr1[2]; // x == 3
```

类似于访问数组元素，索引运算符用集合类实现(参见第 11 章)。

索引运算符不需要把整数放在括号内，并且可以用任何类型定义。下面的代码片段创建了一个泛型字典，其键是一个字符串，值是一个整数。在字典中，键可以与索引器一起使用。在下面的示例中，字符串 first 传递给索引运算符，以设置字典里的这个元素，然后把相同的字符串传递给索引器来检索此元素：

```
var dict = new Dictionary<string, int>();
dict["first"] = 1;
int x = dict["first"];
```

 注意：本章后面的"实现自定义索引运算符"一节将介绍如何在自己的类中创建索引运算符。

9. 可空类型和运算符

值类型和引用类型的一个重要区别是，引用类型可以为空。值类型(如 int)不能为空。把 C#类型映射到数据库类型时，这是一个特殊的问题。数据库中的数值可以为空。在早期的 C#版本中，一个解决方案是使用引用类型来映射可空的数据库数值。然而，这种方法会影响性能，因为垃圾收集器需要处理引用类型。现在可以使用可空的 int 来替代正常的 int。其开销只是使用一个额外的布尔值来检查或设置空值。可空类型仍然是值类型。

在下面的代码片段中，变量 i1 是一个 int，并给它分配 1。i2 是一个可空的 int，给它分配 i1。可空性使用?与类型来定义。给 int？分配整数值的方式类似于 i1 的分配。变量 i3 表明，也可以给可空类型分配 null。

```
int i1 = 1;
int? i2 = 2;
int? i3 = null;
```

每个结构都可以定义为可空类型，如下面的 long?和 DateTime？所示：

```
long? l1 = null;
DateTime? d1 = null;
```

如果在程序中使用可空类型，就必须考虑 null 值在与各种运算符一起使用时的影响。通常可空类型与一元或二元运算符一起使用时，如果其中一个操作数或两个操作数都是 null，其结果就是 null。例如：

```
int? a = null;

int? b = a + 4;      // b = null
int? c = a * 5;      // c = null
```

但是在比较可空类型时，只要有一个操作数是 null，比较的结果就是 false。即不能因为一个条件是 false，就认为该条件的对立面是 true，这种情况在使用非可空类型的程序中很常见。例如，在下面的例子中，如果 a 是空，则无论 b 的值是+5 还是-5，总是会调用 else 子句：

```
int? a = null;
int? b = -5;

if (a >= b)
```

```
    {
        WriteLine("a >= b");
    }
    else
    {
        WriteLine("a < b");
    }
```

注意：null 值的可能性表示，不能随意合并表达式中的可空类型和非可空类型，详见 8.3.1 小节的内容。

注意：使用 C#关键字?和类型声明时，例如 int ?，编译器会解析它，以使用泛型类型 Nullable<int>。C#编译器把速记符号转换为泛型类型，减少输入量。

10. 空合并运算符

空合并运算符(??)提供了一种快捷方式，可以在处理可空类型和引用类型时表示 null 值的可能性。这个运算符放在两个操作数之间，第一个操作数必须是一个可空类型或引用类型；第二个操作数必须与第一个操作数的类型相同，或者可以隐式地转换为第一个操作数的类型。空合并运算符的计算如下：

- 如果第一个操作数不是 null，整个表达式就等于第一个操作数的值。
- 如果第一个操作数是 null，整个表达式就等于第二个操作数的值。

例如：

```
int? a = null;
int b;

b = a ?? 10;      // b has the value 10
a = 3;
b = a ?? 10;      // b has the value 3
```

如果第二个操作数不能隐式地转换为第一个操作数的类型，就生成一个编译时错误。

空合并运算符不仅对可空类型很重要，对引用类型也很重要。在下面的代码片段中，属性 Val 只有在不为空时才返回_val 变量的值。如果它为空，就创建 MyClass 的一个新实例，分配给 val 变量，最后从属性中返回。只有在变量_val 为空时，才执行 get 访问器中表达式的第二部分。

```
private MyClass _val;
public MyClass Val
{
    get { return _val ?? (_val = new MyClass()); }
}
```

11. 空值传播运算符

C# 6 的一个杰出新功能是空值传播运算符。生产环境中的大量代码行都会验证空值条件。访问作为方法参数传递的成员变量之前,需要检查它,以确定该变量的值是否为 null,否则会抛出一个 NullReferenceException。.NET 设计准则指定,代码不应该抛出这些类型的异常,应该检查空值条件。然而,很容易忘记这样的检查。下面的这个代码片段验证传递的参数 p 是否非空。如果它为空,方法就只是返回,而不会继续执行:

```csharp
public void ShowPerson(Person p)
{
  if (p == null) return;
  string firstName = p.FirstName;
  //...
}
```

使用空值传播运算符来访问 FirstName 属性(p?.FirstName),当 p 为空时,就只返回 null,而不继续执行表达式的右侧。

```csharp
public void ShowPerson(Person p)
{
  string firstName = p?.FirstName;
  //...
}
```

使用空值传播运算符访问 int 类型的属性时,不能把结果直接分配给 int 类型,因为结果可以为空。解决这个问题的一种选择是把结果分配给可空的 int:

```csharp
int? age = p?.Age;
```

当然,要解决这个问题,也可以使用空合并运算符,定义另一个结果(例如 0),以防止左边的结果为空:

```csharp
int age = p?.Age ?? 0;
```

也可以结合多个空值传播运算符。下面访问 Person 对象的 Address 属性,这个属性又定义了 City 属性。Person 对象需要进行 null 检查,如果它不为空,Address 属性的结果也不为空:

```csharp
Person p = GetPerson();
string city = null;
if (p != null && p.Address != null)
{
  city = p.Address.City;
}
```

使用空值传播运算符时,代码会更简单:

```csharp
string city = p?.Address?.City;
```

还可以把空值传播运算符用于数组。在下面的代码片段中,使用索引运算符访问值为 null 的数组变量元素时,会抛出 NullReferenceException:

```csharp
int[] arr = null;
```

```
int x1 = arr[0];
```

当然,可以进行传统的 null 检查,以避免这个异常条件。更简单的版本是使用?[0]访问数组中的第一个元素。如果结果是 null,空合并运算符就返回 x1 变量的值:

```
int x1 = arr?[0] ?? 0;
```

8.2.2 运算符的优先级和关联性

表 8-3 显示了 C#运算符的优先级,其中顶部的运算符有最高的优先级(即在包含多个运算符的表达式中,最先计算该运算符)。

表 8-3

组	运 算 符
基本运算符	() . [] x++ x-- new typeof sizeof checked unchecked
一元运算符	+ - ! ~ ++x --x 和数据类型强制转换
乘/除运算符	* / %
加/减运算符	+ -
移位运算符	<< >>
关系运算符	< > <= >= is as
比较运算符	== !=
按位 AND 运算符	&
按位 XOR 运算符	^
按位 OR 运算符	|
条件 AND 运算符	&&
条件 OR 运算符	||
空合并运算符	??
条件运算符	?:
赋值运算符和 lambda	= += -= *= /= %= &= |= ^= <<= >>= >>>= =>

除了运算符优先级之外,对于二元运算符,需要注意运算符是从左向右还是从右到左计算。除了少数运算符之外,所有的二元运算符都是左关联的。例如:

```
x + y + z
```

就等于:

```
(x + y) + z
```

需要先注意运算符的优先级,再考虑其关联性。在以下表达式中,先计算 y 和 z 相乘,再把计算的结果分配给 x,因为乘法的优先级高于加法:

```
x + y * z
```

关联性的重要例外是赋值运算符,它们是右关联。下面的表达式从右到左计算:

```
x = y = z
```

因为存在右关联性，所有变量 x、y、z 的值都是 3，且该运算符是从右到左计算的。如果这个运算符是从左到右计算，就不会是这种情况：

```
int z = 3;
int y = 2;
int x = 1;
x = y = z;
```

一个重要的、可能误导的右关联运算符是条件运算符。表达式

```
a ? b: c ? d: e
```

等于：

```
a = b: (c ? d: e)
```

这是因为该运算符是右关联的。

注意：在复杂的表达式中，应避免利用运算符优先级来生成正确的结果。使用圆括号指定运算符的执行顺序，可以使代码更整洁，避免出现潜在的冲突。

8.3 类型的安全性

第 1 章提到中间语言(IL)可以对其代码强制实现强类型安全性。强类型化支持.NET 提供的许多服务，包括安全性和语言的交互性。因为 C#语言会编译为 IL，所以 C#也是强类型的。此外，这说明数据类型并不总是可无缝互换。本节将介绍基本类型之间的转换。

注意：C#也支持不同引用类型之间的轮换，在与其他类型相互转换时还允许定义所创建的数据类型的行为方式。本章稍后将详细讨论这两个主题。
另一方面，泛型可以避免对一些常见的情形进行类型转换，详见第 6 章和第 11 章。

8.3.1 类型转换

我们常常需要把数据从一种类型转换为另一种类型。考虑下面的代码：

```
byte value1 = 10;
byte value2 = 23;
byte total;
total = value1 + value2;
WriteLine(total);
```

在试图编译这些代码行时，会得到一条错误消息：

```
Cannot implicitly convert type 'int' to 'byte'
```

问题是，我们把两个 byte 型数据加在一起时，应返回 int 型结果，而不是另一个 byte 数据。这是因为 byte 包含的数据只能为 8 位，所以把两个 byte 型数据加在一起，很容易得到不能存储在单个 byte 型数据中的值。如果要把结果存储在一个 byte 变量中，就必须把它转换回 byte 类型。C#支持两种转换方式：隐式转换和显式转换。

1. 隐式转换

只要能保证值不会发生任何变化，类型转换就可以自动(隐式)进行。这就是前面代码失败的原因：试图从 int 转换为 byte，而可能丢失了 3 个字节的数据。编译器不允许这么做，除非我们明确告诉它这就是我们希望的结果！如果在 long 类型变量而非 byte 类型变量中存储结果，就不会有问题了：

```
byte value1 = 10;
byte value2 = 23;
long total;                // this will compile fine
total = value1 + value2;
WriteLine(total);
```

程序可以顺利编译，而没有任何错误，这是因为 long 类型变量包含的数据字节比 byte 类型多，所以没有丢失数据的危险。在这些情况下，编译器会很顺利地转换，我们也不需要显式提出要求。

表 8-4 列出了 C#支持的隐式类型转换。

表 8-4

源 类 型	目 标 类 型
sbyte	short、int、long、float、double、decimal、BigInteger
byte	short、ushort、int、uint、long、ulong、float、double、decimal、BigInteger
short	int、long、float、double、decimal、BigInteger
ushort	int、uint、long、ulong、float、double、decimal、BigInteger
int	long、float、double、decimal、BigInteger
uint	long、ulong、float、double、decimal、BigInteger
long、ulong	float、double、decimal、BigInteger
float	double、BigInteger
char	ushort、int、uint、long、ulong、float、double、decimal、BigInteger

注意，只能从较小的整数类型隐式地转换为较大的整数类型，而不能从较大的整数类型隐式地转换为较小的整数类型。也可以在整数和浮点数之间转换；然而，其规则略有不同。尽管可以在相同大小的类型之间转换，如 int/uint 转换为 float, long/ulong 转换为 double，但是也可以从 long/ulong 转换回 float。这样做可能会丢失 4 个字节的数据，但这仅表示得到的 float 值比使用 double 得到的值精度低；编译器认为这是一种可以接受的错误，因为值的数量级不会受到影响。还可以将无符号的变量分配给有符号的变量，只要无符号变量值的大小在有符号变量的范围之内即可。

在隐式地转换值类型时，对于可空类型需要考虑其他因素：

- 可空类型隐式地转换为其他可空类型，应遵循表 8-4 中非可空类型的转换规则。即 int?隐式地转换为 long?、float?、double?和 decimal?。

- 非可空类型隐式地转换为可空类型也遵循表 8-5 中的转换规则，即 int 隐式地转换为 long?、float?、double?和 decimal?。
- 可空类型不能隐式地转换为非可空类型，此时必须进行显式转换，如下一节所述。这是因为可空类型的值可以是 null，但非可空类型不能表示这个值。

2. 显式转换

有许多场合不能隐式地转换类型，否则编译器会报告错误。下面是不能进行隐式转换的一些场合：

- int 转换为 short——会丢失数据。
- int 转换为 uint——会丢失数据。
- uint 转换为 int——会丢失数据。
- float 转换为 int——会丢失小数点后面的所有数据。
- 任何数字类型转换为 char——会丢失数据。
- decimal 转换为任何数字类型——因为 decimal 类型的内部结构不同于整数和浮点数。
- int?转换为 int——可空类型的值可以是 null。

但是，可以使用类型强制转换(cast)显式地执行这些转换。在把一种类型强制转换为另一种类型时，有意地迫使编译器进行转换。类型强制转换的一般语法如下：

```
long val = 30000;
int i = (int)val;    // A valid cast. The maximum int is 2147483647
```

这表示，把强制转换的目标类型名放在要转换值之前的圆括号中。对于熟悉 C 的程序员，这是类型强制转换的典型语法。对于熟悉 C++类型强制转换关键字(如 static_cast)的程序员，这些关键字在 C#中不存在，必须使用 C 风格的旧语法。

这种类型强制转换是一种比较危险的操作，即使在从 long 转换为 int 这样简单的类型强制转换过程中，如果原来 long 的值比 int 的最大值还大，就会出现问题：

```
long val = 3000000000;
int i = (int)val;        // An invalid cast. The maximum int is 2147483647
```

在本例中，不会报告错误，但也得不到期望的结果。如果运行上面的代码，并将输出结果存储在 i 中，则其值为：

```
-1294967296
```

最好假定显式类型强制转换不会给出希望的结果。如前所述，C#提供了一个 checked 运算符，使用它可以测试操作是否会导致算术溢出。使用 checked 运算符可以检查类型强制转换是否安全，如果不安全，就要迫使运行库抛出一个溢出异常：

```
long val = 3000000000;
int i = checked((int)val);
```

记住，所有的显式类型强制转换都可能不安全，在应用程序中应包含代码来处理可能失败的类型强制转换。第 14 章将使用 try 和 catch 语句引入结构化异常处理。

使用类型强制转换可以把大多数基本数据类型从一种类型转换为另一种类型。例如，下面的代码给 price 加上 0.5，再把结果强制转换为 int：

```
double price = 25.30;
int approximatePrice = (int)(price + 0.5);
```

这会把价格四舍五入为最接近的美元数。但在这个转换过程中，小数点后面的所有数据都会丢失。因此，如果要使用这个修改过的价格进行更多的计算，最好不要使用这种转换；如果要输出全部计算或部分计算的近似值，且不希望由于小数点后面的多位数据而麻烦用户，这种转换就很合适。

下面的例子说明了把无符号整数转换为 char 时会发生的情况：

```
ushort c = 43;
char symbol = (char)c;
WriteLine(symbol);
```

输出结果是 ASCII 码为 43 的字符，即 "+" 符号。可以尝试数字类型(包括 char)之间的任何转换，这种转换是可行的，例如，把 decimal 转换为 char，或把 char 转换为 decimal。

值类型之间的转换并不仅限于孤立的变量。还可以把类型为 double 的数组元素转换为类型为 int 的结构成员变量：

```
struct ItemDetails
{
  public string Description;
  public int ApproxPrice;
}

//..

double[] Prices = { 25.30, 26.20, 27.40, 30.00 };

ItemDetails id;
id.Description = "Hello there.";
id.ApproxPrice = (int)(Prices[0] + 0.5);
```

要把一个可空类型转换为非可空类型，或转换为另一个可空类型，并且其中可能会丢失数据，就必须使用显式的类型强制转换。甚至在底层基本类型相同的元素之间进行转换时，也要使用显式的类型强制转换，例如，int?转换为 int，或 float?转换为 float。这是因为可空类型的值可以是 null，而非可空类型不能表示这个值。只要可以在两种等价的非可空类型之间进行显式的类型强制转换，对应可空类型之间显式的类型强制转换就可以进行。但如果从可空类型强制转换为非可空类型，且变量的值是 null，就会抛出 InvalidOperationException 异常。例如：

```
int? a = null;
int b = (int)a;      // Will throw exception
```

谨慎地使用显式的类型强制转换，就可以把简单值类型的任何实例转换为几乎任何其他类型。但在进行显式的类型转换时有一些限制，就值类型来说，只能在数字、char 类型和 enum 类型之间转换。不能直接把布尔型强制转换为其他类型，也不能把其他类型转换为布尔型。

如果需要在数字和字符串之间转换，就可以使用.NET 类库中提供的一些方法。Object 类实现了一个 ToString()方法，该方法在所有的.NET 预定义类型中都进行了重写，并返回对象的字符串表示：

```
int i = 10;
string s = i.ToString();
```

同样，如果需要分析一个字符串，以检索一个数字或布尔值，就可以使用所有预定义值类型都支持的 Parse()方法：

```
string s = "100";
int i = int.Parse(s);
WriteLine(i + 50);    // Add 50 to prove it is really an int
```

注意，如果不能转换字符串(例如，要把字符串 Hello 转换为一个整数)，Parse()方法就会通过抛出一个异常注册一个错误。第 14 章将介绍异常。

8.3.2 装箱和拆箱

第 2 章介绍了所有类型，包括简单的预定义类型(如 int 和 char)和复杂类型(如从 object 类型中派生的类和结构)。这意味着可以像处理对象那样处理字面值：

```
string s = 10.ToString();
```

但是，C#数据类型可以分为在栈上分配内存的值类型和在托管堆上分配内存的引用类型。如果 int 不过是栈上一个 4 字节的值，该如何在它上面调用方法？

C#的实现方式是通过一个有点魔术性的方式，即装箱(boxing)。装箱和拆箱(unboxing)可以把值类型转换为引用类型，并把引用类型转换回值类型。这些操作包含在 8.6 节中，因为它们是基本的操作，即把值强制转换为 object 类型。装箱用于描述把一个值类型转换为引用类型。运行库会为堆上的对象创建一个临时的引用类型"箱子"。

该转换可以隐式地进行，如上面的例子所述。还可以显式地进行转换：

```
int myIntNumber = 20;
object myObject = myIntNumber;
```

拆箱用于描述相反的过程，其中以前装箱的值类型强制转换回值类型。这里使用术语"强制转换"，是因为这种转换是显式进行的。其语法类似于前面的显式类型转换：

```
int myIntNumber = 20;
object myObject = myIntNumber;          // Box the int
int mySecondNumber = (int)myObject;     // Unbox it back into an int
```

只能对以前装箱的变量进行拆箱。当 myObject 不是装箱的 int 类型时，如果执行最后一行代码，就会在运行期间抛出一个运行时异常。

这里有一个警告：在拆箱时必须非常小心，确保得到的值变量有足够的空间存储拆箱的值中的所有字节。例如，C#的 int 类型只有 32 位，所以把 long 值(64 位)拆箱为 int 时，会导致抛出一个 InvalidCastException 异常：

```
long myLongNumber = 333333423;
object myObject = (object)myLongNumber;
int myIntNumber = (int)myObject;
```

8.4 比较对象的相等性

在讨论了运算符并简要介绍了相等运算符后，就应考虑在处理类和结构的实例时，"相等"意味着什么。理解对象相等的机制对逻辑表达式的编程非常重要，另外对实现运算符重载和类型强制转换也非常重要，本章后面将讨论运算符重载。

对象相等的机制有所不同，这取决于比较的是引用类型(类的实例)还是值类型(基本数据类型、结构或枚举的实例)。下面分别介绍引用类型和值类型的相等性。

8.4.1 比较引用类型的相等性

System.Object 定义了 3 个不同的方法来比较对象的相等性：ReferenceEquals()和两个版本的Equals()。再加上比较运算符(==)，实际上有4种比较相等性的方法。这些方法有一些细微的区别，下面就介绍它们。

1. ReferenceEquals()方法

ReferenceEquals()是一个静态方法，其测试两个引用是否指向类的同一个实例，特别是两个引用是否包含内存中的相同地址。作为静态方法，它不能重写，所以 System.Object 的实现代码保持不变。如果提供的两个引用指向同一个对象实例，则 ReferenceEquals()总是返回 true；否则就返回 false。但是，它认为 null 等于 null：

```
SomeClass x, y;
x = new SomeClass();
y = new SomeClass();
bool B1 = ReferenceEquals(null, null);   // returns true
bool B2 = ReferenceEquals(null, x);       // returns false
bool B3 = ReferenceEquals(x, y);          // returns false because x and y
                                          // point to different objects
```

2. Equals()虚方法

Equals()虚版本的 System.Object 实现代码也可以比较引用。但因为这是虚方法，所以可以在自己的类中重写它，从而按值来比较对象。特别是如果希望类的实例用作字典中的键，就需要重写这个方法，以比较相关值。否则，根据重写 Object.GetHashCode()的方式，包含对象的字典类要么不工作，要么工作的效率非常低。在重写 Equals()方法时要注意，重写的代码不应抛出异常。同理，这是因为如果抛出异常，字典类就会出问题，一些在内部调用这个方法的.NET 基类也可能出问题。

3. 静态的 Equals()方法

Equals()的静态版本与其虚实例版本的作用相同，其区别是静态版本带有两个参数，并对它们进行相等性比较。这个方法可以处理两个对象中有一个是 null 的情况；因此，如果一个对象可能是 null，这个方法就可以抛出异常，提供额外的保护。静态重载版本首先要检查传递给它的引用是否为 null。如果它们都是 null，就返回 true(因为 null 与 null 相等)。如果只有一个引用是 null，它就返回 false。如果两个引用实际上引用了某个对象，它就调用 Equals()的虚实例版本。这表示在重写 Equals()的实例版本时，其效果相当于也重写了静态版本。

4. 比较运算符(==)

最好将比较运算符看作严格的值比较和严格的引用比较之间的中间选项。在大多数情况下，下面的代码表示正在比较引用：

```
bool b = (x == y);    // x, y object references
```

但是，如果把一些类看作值，其含义就会比较直观，这是可以接受的方法。在这些情况下，最好重写比较运算符，以执行值的比较。后面将讨论运算符的重载，但一个明显例子是 System.String 类，Microsoft 重写了这个运算符，以比较字符串的内容，而不是比较它们的引用。

8.4.2 比较值类型的相等性

在比较值类型的相等性时，采用与引用类型相同的规则：ReferenceEquals()用于比较引用，Equals()用于比较值，比较运算符可以看作一个中间项。但最大的区别是值类型需要装箱，才能把它们转换为引用，进而才能对它们执行方法。另外，Microsoft 已经在 System.ValueType 类中重载了实例方法 Equals()，以便对值类型进行合适的相等性测试。如果调用 sA.Equals(sB)，其中 sA 和 sB 是某个结构的实例，则根据 sA 和 sB 是否在其所有的字段中包含相同的值而返回 true 或 false。另一方面，在默认情况下，不能对自己的结构重载 "==" 运算符。在表达式中使用(sA == sB)会导致一个编译错误，除非在代码中为存在问题的结构提供了 "==" 的重载版本。

另外，ReferenceEquals()在应用于值类型时总是返回 false，因为为了调用这个方法，值类型需要装箱到对象中。即使编写下面的代码：

```
bool b = ReferenceEquals(v,v);    // v is a variable of some value type
```

也会返回 false，因为在转换每个参数时，v 都会被单独装箱，这意味着会得到不同的引用。出于上述原因，调用 ReferenceEquals()来比较值类型实际上没有什么意义，所以不能调用它。

尽管 System.ValueType 提供的 Equals()默认重写版本肯定足以应付绝大多数自定义的结构，但仍可以针对自己的结构再次重写它，以提高性能。另外，如果值类型包含作为字段的引用类型，就需要重写 Equals()，以便为这些字段提供合适的语义，因为 Equals()的默认重写版本仅比较它们的地址。

8.5 运算符重载

本节将介绍为类或结构定义的另一种类型的成员：运算符重载。C++开发人员应很熟悉运算符重载。但是，因为这对于 Java 和 Visual Basic 开发人员来说是全新的概念，所以这里要解释一下。C++开发人员可以直接跳到主要的运算符重载示例上。

运算符重载的关键是在对象上不能总是只调用方法或属性，有时还需要做一些其他工作，例如对数值进行相加、相乘或逻辑操作(如比较对象)等。假定已经定义了一个表示数学矩阵的类。在数学领域中，矩阵可以相加和相乘，就像数字一样。所以可以编写下面的代码：

```
Matrix a, b, c;
// assume a, b and c have been initialized
Matrix d = c * (a + b);
```

通过重载运算符，就可以告诉编译器，"+"和"*"对 Matrix 对象执行什么操作，以便编写类似于上面的代码。如果用不支持运算符重载的语言编写代码，就必须定义一个方法，以执行这些操作。结果肯定不太直观，可能如下所示：

```
Matrix d = c.Multiply(a.Add(b));
```

学习到现在可以知道，像"+"和"*"这样的运算符只能用于预定义的数据类型，原因很简单：编译器知道所有常见的运算符对于这些数据类型的含义。例如，它知道如何把两个 long 数据加起来，或者如何对两个 double 数据执行相除操作，并且可以生成合适的中间语言代码。但在定义自己的类或结构时，必须告诉编译器：什么方法可以调用，每个实例存储了什么字段等所有信息。同样，如果要对自定义的类使用运算符，就必须告诉编译器相关的运算符在这个类的上下文中的含义。此时就要定义运算符的重载。

要强调的另一个问题是重载不仅仅限于算术运算符。还需要考虑比较运算符 ==、<、>、!=、>=和<=。例如，考虑语句 if(a==b)。对于类，这条语句在默认状态下会比较引用 a 和 b。检测这两个引用是否指向内存中的同一个地址，而不是检测两个实例实际上是否包含相同的数据。对于 string 类，这种行为就会重写，于是比较字符串实际上就是比较每个字符串的内容。可以对自己的类进行这样的操作。对于结构，"=="运算符在默认状态下不做任何工作。试图比较两个结构，看看它们是否相等，就会产生一个编译错误，除非显式地重载了"=="，告诉编译器如何进行比较。

在许多情况下，重载运算符用于生成可读性更高、更直观的代码，包括：

- 在数学领域中，几乎包括所有的数学对象：坐标、矢量、矩阵、张量和函数等。如果编写一个程序执行某些数学或物理建模，就几乎肯定会用类表示这些对象。
- 图形程序在计算屏幕上的位置时，也使用与数学或坐标相关的对象。
- 表示大量金钱的类(例如，在财务程序中)。
- 字处理或文本分析程序也有表示语句、子句等方面的类，可以使用运算符合并语句(这是字符串连接的一种比较复杂的版本)。

但是，也有许多类型与运算符重载并不相关。不恰当地使用运算符重载，会使使用类型的代码更难理解。例如，把两个 DateTime 对象相乘，在概念上没有任何意义。

8.5.1 运算符的工作方式

为了理解运算符是如何重载的，考虑一下在编译器遇到运算符时会发生什么情况就很有用。用加法运算符(+)作为例子，假定编译器处理下面的代码：

```
int myInteger = 3;
uint myUnsignedInt = 2;
double myDouble = 4.0;
long myLong = myInteger + myUnsignedInt;
double myOtherDouble = myDouble + myInteger;
```

考虑当编译器遇到下面这行代码时会发生什么情况：

```
long myLong = myInteger + myUnsignedInt;
```

编译器知道它需要把两个整数加起来，并把结果赋予一个 long 型变量。调用一个方法把数字加在一起时，表达式 myInteger + myUnsignedInt 是一种非常直观和方便的语法。该方法接受两个参数

myInteger 和 myUnsignedInt，并返回它们的和。所以编译器完成的任务与任何方法调用一样——它会根据参数类型查找最匹配的"+"运算符重载，这里是带两个整数参数的"+"运算符重载。与一般的重载方法一样，预定义的返回类型不会因为编译器调用方法的哪个版本而影响其选择。在本例中调用的重载方法接受两个 int 参数，返回一个 int 值，这个返回值随后会转换为 long 类型。

下一行代码让编译器使用"+"运算符的另一个重载版本：

```
double myOtherDouble = myDouble + myInteger;
```

在这个实例中，参数是一个 double 类型的数据和一个 int 类型的数据，但"+"运算符没有这种复合参数的重载形式，所以编译器认为，最匹配的"+"运算符重载是把两个 double 数据作为其参数的版本，并隐式地把 int 强制转换为 double。把两个 double 数据加在一起与把两个整数加在一起完全不同，浮点数存储为一个尾数和一个指数。把它们加在一起要按位移动一个 double 数据的尾数，从而使两个指数有相同的值，然后把尾数加起来，移动所得到尾数的位，调整其指数，保证答案有尽可能高的精度。

现在，看看如果编译器遇到下面的代码会发生什么：

```
Vector vect1, vect2, vect3;
// initialize vect1 and vect2
vect3 = vect1 + vect2;
vect1 = vect1*2;
```

其中，Vector 是结构，稍后再定义它。编译器知道它需要把两个 Vector 实例加起来，即 vect1 和 vect2。它会查找"+"运算符的重载，该重载版本把两个 Vector 实例作为参数。

如果编译器找到这样的重载版本，它就调用该运算符的实现代码。如果找不到，它就要看看有没有可以用作最佳匹配的其他"+"运算符重载，例如，某个运算符重载对应的两个参数是其他数据类型，但可以隐式地转换为 Vector 实例。如果编译器找不到合适的运算符重载，就会产生一个编译错误，就像找不到其他方法调用的合适重载版本一样。

8.5.2 运算符重载的示例：Vector 结构

本章的示例使用如下依赖项和名称空间(除非特别注明)：

依赖项：

NETStandard.Library

名称空间：

```
System
static System.Console
```

本小节将开发一个结构 Vector 来说明运算符重载，这个 Vector 结构表示一个三维数学矢量。如果数学不是你的强项，不必担心，我们会使这个例子尽可能简单。就此处而言，三维矢量只是 3 个 (double) 数字的集合，说明物体的移动速度。表示数字的变量是_x、_y 和_z，_x 表示物体向东移动的速度，_y 表示物体向北移动的速度，_z 表示物体向上移动的速度(高度)。把这 3 个数字组合起来，就得到总移动量。例如，如果_x=3.0、_y=3.0、_z=1.0，一般可以写作(3.0, 3.0, 1.0)，表示物体向东移动 3 个单位，向北移动 3 个单位，向上移动 1 个单位。

矢量可以与其他矢量或数字相加或相乘。在这里我们还使用术语"标量",它是简单数字的数学用语——在C#中就是一个 double 数据。相加的作用很明显。如果先移动(3.0, 3.0, 1.0)矢量对应的距离,再移动(2.0, –4.0, –4.0)矢量对应的距离,总移动量就是把这两个矢量加起来。矢量的相加指把每个对应的组成元素分别相加,因此得到(5.0, –1.0, –3.0)。此时,数学表达式总是写成 c=a+b,其中 a 和 b 是矢量,c 是结果矢量。这与 Vector 结构的使用方式一样。

 注意:这个例子将作为一个结构而不是类来开发,但这并不重要。运算符重载用于结构和类时,其工作方式是一样的。

下面是 Vector 的定义——包含只读属性、构造函数和重写的 ToString()方法,以便轻松地查看 Vector 的内容,最后是运算符重载(代码文件 OperatorOverloadingSample/Vector.cs):

```csharp
struct Vector
{
  public Vector(double x, double y, double z)
  {
    X = x;
    Y = y;
    Z = z;
  }

  public Vector(Vector v)
  {
    X = v.X;
    Y = v.Y;
    Z = v.Z;
  }

  public double X { get; }
  public double Y { get; }
  public double Z { get; }

  public override string ToString() => $"( {X}, {Y}, {Z} )";
}
```

这里提供了两个构造函数,通过传递每个元素的值或者提供另一个复制其值的 Vector 来指定矢量的初始值。第二个构造函数带一个 Vector 参数,通常称为复制构造函数,因为它们允许通过复制另一个实例来初始化一个类或结构实例。

下面是 Vector 结构的有趣部分——为"+"运算符提供支持的运算符重载:

```csharp
public static Vector operator +(Vector left, Vector right) =>
  new Vector(left.X + right.X, left.Y + right.Y, left.Z + right.Z);
```

运算符重载的声明方式与静态方法基本相同,但 operator 关键字告诉编译器,它实际上是一个自定义的运算符重载,后面是相关运算符的实际符号,在本例中就是"+"。返回类型是在使用这个运算符时获得的类型。在本例中,把两个矢量加起来会得到另一个矢量,所以返回类型也是 Vector。对于这个特定的"+"运算符重载,返回类型与包含的类一样,但并不一定是这种情况,在本示例中稍后将看到。两个参数就是要操作的对象。对于二元运算符(带两个参数)，如 "+" 和 "–" 运算符，第一个参数是运算符左边的值，第二个参数是运算符右边的值。

这个实现代码返回一个新的矢量，该矢量用 left 和 right 变量的 x、y 和 z 属性初始化。

C#要求所有的运算符重载都声明为 public 和 static，这表示它们与其类或结构相关联，而不是与某个特定实例相关联，所以运算符重载的代码体不能访问非静态类成员，也不能访问 this 标识符；这是可行的，因为参数提供了运算符执行其任务所需要知道的所有输入数据。

下面需要编写一些简单的代码来测试 Vector 结构(代码文件 OperatorOverloadingSample/Program.cs):

```
static void Main()
{
  Vector vect1, vect2, vect3;

  vect1 = new Vector(3.0, 3.0, 1.0);
  vect2 = new Vector(2.0, -4.0, -4.0);
  vect3 = vect1 + vect2;

  WriteLine($"vect1 = {vect1}");
  WriteLine($"vect2 = {vect2}");
  WriteLine($"vect3 = {vect3}");
}
```

把这些代码另存为 Vectors.cs，编译并运行它，结果如下：

```
vect1 = ( 3, 3, 1 )
vect2 = ( 2, -4, -4 )
vect3 = ( 5, -1, -3 )
```

矢量除了可以相加之外，还可以相乘、相减和比较它们的值。本节通过添加几个运算符重载，扩展了这个 Vector 例子。这并不是一个功能齐全的真实的 Vector 类型，但足以说明运算符重载的其他方面了。首先要重载乘法运算符，以支持标量和矢量的相乘以及矢量和矢量的相乘。

矢量乘以标量只意味着矢量的每个组成元素分别与标量相乘，例如，2×(1.0, 2.5, 2.0)就等于(2.0, 5.0, 4.0)。相关的运算符重载如下所示(代码文件 OperatorOverloadingSample2/Vector.cs)：

```
public static Vector operator *(double left, Vector right) =>
  new Vector(left * right.X, left * right.Y, left * right.Z);
```

但这还不够，如果 a 和 b 声明为 Vector 类型，就可以编写下面的代码：

```
b = 2 * a;
```

编译器会隐式地把整数 2 转换为 double 类型，以匹配运算符重载的签名。但不能编译下面的代码：

```
b = a * 2;
```

编译器处理运算符重载的方式与方法重载是一样的。它会查看给定运算符的所有可用重载，找到与之最匹配的重载方式。上面的语句要求第一个参数是 Vector，第二个参数是整数，或者可以隐式转换为整数的其他数据类型。我们没有提供这样一个重载。有一个运算符重载，其参数依次是一个 double 和一个 Vector，但编译器不能交换参数的顺序，所以这是不可行的。需要显式地定义一个运算符重载，其参数依次是一个 Vector 和一个 double，有两种方式可以实现这样的运算符重载。第一种方式是对矢量乘法进行分解，和处理所有运算符的方式一样，显式执行矢量相乘操作：

```
public static Vector operator *(Vector left, double right) =>
    new Vector(right * left.X, right * left.Y, right * left.Z);
```

前面已经编写了实现基本相乘操作的代码，最好重用该代码：

```
public static Vector operator *(Vector left, double right) =>
    right * left;
```

这段代码会有效地告诉编译器，如果有 Vector 和 double 数据的相乘操作，编译器就颠倒参数的顺序，调用另一个运算符重载。本章的示例代码使用第二个版本，因为它看起来比较简洁，同时阐述了该行为的思想。利用这个版本可以编写出可维护性更好的代码，因为不需要复制代码，就可在两个独立的重载中执行相乘操作。

下一个要重载的乘法运算符支持矢量相乘。在数学领域，矢量相乘有两种方式，但这里我们感兴趣的是点积或内积，其结果实际上是一个标量。这就是我们介绍这个例子的原因：算术运算符不必返回与定义它们的类相同的类型。

在数学术语中，如果有两个矢量(x, y, z)和(X, Y, Z)，其内积就定义为 $x*X+y*Y+z*Z$ 的值。两个矢量这样相乘很奇怪，但这实际上很有用，因为它可以用于计算各种其他的数。当然，如果要使用 Direct3D 或 DirectDraw 编写代码来显示复杂的 3D 图形，那么在计算对象放在屏幕上的什么位置时，中间常常需要编写代码来计算矢量的内积。这里我们关心的是使用 Vector 编写出 double X = a * b，其中 a 和 b 是两个 Vector 对象，并计算出它们的点积。相关的运算符重载如下所示：

```
public static double operator *(Vector left, Vector right) =>
    left.X * right.X + left.Y * right.Y + left.Z * right.Z;
```

理解了算术运算符后，就可以用一个简单的测试方法来检验它们是否能正常运行：

```
static void Main()
{
    // stuff to demonstrate arithmetic operations
    Vector vect1, vect2, vect3;

    vect1 = new Vector(1.0, 1.5, 2.0);
    vect2 = new Vector(0.0, 0.0, -10.0);
    vect3 = vect1 + vect2;

    WriteLine($"vect1 = {vect1}");
    WriteLine($"vect2 = {vect2}");
    WriteLine($"vect3 = vect1 + vect2 = {vect3}");
    WriteLine($"2 * vect3 = {2 * vect3}");
    WriteLine($"vect3 += vect2 gives {vect3 += vect2}");
    WriteLine($"vect3 = vect1 * 2 gives {vect3 = vect1 * 2}");
    WriteLine($"vect1 * vect3 = {vect1 * vect3}");
}
```

运行此代码，得到如下所示的结果：

```
vect1 = ( 1, 1.5, 2 )
vect2 = ( 0, 0, -10 )
vect3 = vect1 + vect2 = ( 1, 1.5, -8 )
2 * vect3 = ( 2, 3, -16 )
vect3 += vect2 gives ( 1, 1.5, -18 )
vect3 = vect1 * 2 gives ( 2, 3, 4 )
vect1 * vect3 = 14.5
```

这说明,运算符重载会给出正确的结果,但如果仔细看看测试代码,就会惊奇地注意到,实际上它使用的是没有重载的运算符——相加赋值运算符(+=):

```
WriteLine($"vect3 += vect2 gives {vect3 += vect2}");
```

虽然"+="一般计为单个运算符,但实际上它对应的操作分为两步:相加和赋值。与C++语言不同,C#不允许重载"="运算符;但如果重载"+"运算符,编译器就会自动使用"+"运算符的重载来执行"+="运算符的操作。—=、*=、/=和&=等所有赋值运算符也遵循此原则。

8.5.3 比较运算符的重载

本章前面介绍过,C#中有 6 个比较运算符,它们分为 3 对:

- ==和!=
- >和<
- >=和<=

> **注意**: .NET 指南指定,在比较两个对象时,如果==运算符返回 true,就应总是返回 true。所以应在不可改变的类型上只重载==运算符。

C#语言要求成对重载比较运算符。即,如果重载了"==",也就必须重载"!=";否则会产生编译器错误。另外,比较运算符必须返回布尔类型的值。这是它们与算术运算符的根本区别。例如,两个数相加或相减的结果理论上取决于这些数值的类型。前面提到,两个 Vector 对象的相乘会得到一个标量。另一个例子是.NET 基类 System.DateTime。两个 DateTime 实例相减,得到的结果不是一个 DateTime,而是一个 System.TimeSpan 实例。相比之下,如果比较运算得到的不是布尔类型的值,就没有任何意义。

除了这些区别外,重载比较运算符所遵循的原则与重载算术运算符相同。但比较两个数并不如想象得那么简单。例如,如果只比较两个对象引用,就是比较存储对象的内存地址。比较运算符很少进行这样的比较,所以必须编写代码重载运算符,比较对象的值,并返回相应的布尔结果。下面对 Vector 结构重载"=="和"!="运算符。首先是实现"=="重载的代码(代码文件 OverloadingComparisonSample/Vector.cs):

```
public static bool operator ==(Vector left, Vector right)
{
  if (object.ReferenceEquals(left, right)) return true;

  return left.X == right.X && left.Y == right.Y && left.Z == right.Z;
}
```

这种方式仅根据 Vector 组成元素的值来对它们进行相等性比较。对于大多数结构，这就是我们希望的方式，但在某些情况下，可能需要仔细考虑相等性的含义。例如，如果有嵌入的类，那么是应比较引用是否指向同一个对象(浅度比较)，还是应比较对象的值是否相等(深度比较)？

浅度比较是比较对象是否指向内存中的同一个位置，而深度比较是比较对象的值和属性是否相等。应根据具体情况进行相等性检查，从而有助于确定要验证的结果。

注意：不要通过调用从 System.Object 中继承的 Equals()方法的实例版本来重载比较运算符。如果这么做，在 objA 是 null 时判断(objA==objB)，就会产生一个异常，因为.NET 运行库会试图判断 null.Equals(objB)。采用其他方法(重写 Equals()方法以调用比较运算符)比较安全。

还需要重载运算符 "!="，采用的方式如下：

```
public static bool operator !=(Vector left, Vector right) => !(left == right);
```

现在重写 Equals 和 GetHashCode 方法。这些方法应该总是在重写==运算符时进行重写，否则编译器会报错。

```
public override bool Equals(object obj)
{
  if (obj == null) return false;
  return this == (Vector)obj;
}

public override int GetHashCode() =>
  X.GetHashCode() + (Y.GetHashCode() << 4) + (Z.GetHashCode() << 8);
```

Equals 方法可以转而调用==运算符。散列代码的实现应比较快速，且总是对相同的对象返回相同的值。这个方法在使用字典时很重要。在字典中，它用来建立对象的树，所以最好把返回值分布到整数范围内。double 类型的 GetHashCode 方法返回 double 值的整数表示。对于 Vector 类型，只是添加底层类型的散列值。如果散列代码有不同的值，例如，值(5.0, 2.0, 0.0)和(2.0, 5.0, 0.0)——所返回散列值的 Y 和 Z 值就按位移动 4 和 8 位，再添加数字。

对于值类型，也应该实现接口 IEquatable<T>。这个接口是 Equals 方法的一个强类型化版本，由基类 Object 定义。有了所有其他代码，就很容易实现该方法：

```
public bool Equals(Vector other) => this == other;
```

像往常一样，应该用一些测试代码快速检查重写方法的工作情况。这次定义 3 个 Vector 对象，并进行比较(代码文件 OverloadingComparisonSample/Program.cs)：

```
static void Main()
{
  var vect1 = new Vector(3.0, 3.0, -10.0);
  var vect2 = new Vector(3.0, 3.0, -10.0);
  var vect3 = new Vector(2.0, 3.0, 6.0);

  WriteLine($"vect1 == vect2 returns {(vect1 == vect2)}");
```

```
        WriteLine($"vect1 == vect3 returns {(vect1 == vect3)}");
        WriteLine($"vect2 == vect3 returns {(vect2 == vect3)}");

        WriteLine();

        WriteLine($"vect1 != vect2 returns {(vect1 != vect2)}");
        WriteLine($"vect1 != vect3 returns {(vect1 != vect3)}");
        WriteLine($"vect2 != vect3 returns {(vect2 != vect3)}");
    }
```

在命令行上运行该示例，生成如下结果：

```
vect1 == vect2 returns True
vect1 == vect3 returns False
vect2 == vect3 returns False

vect1 != vect2 returns False
vect1 != vect3 returns True
vect2 != vect3 returns True
```

8.5.4 可以重载的运算符

并不是所有的运算符都可以重载。可以重载的运算符如表 8-5 所示。

表 8-5

类　　别	运　算　符	限　　制
算术二元运算符	+、*、/、-、%	无
算术一元运算符	+、-、++、--	无
按位二元运算符	&、|、^、<<、>>	无
按位一元运算符	!、~、true、false	true 和 false 运算符必须成对重载
比较运算符	==、!=、>=、<、<=、>	比较运算符必须成对重载
赋值运算符	+=、-=、*=、/=、>>=、<<=、%=、&=、|=、^=	不能显式地重载这些运算符，在重写单个运算符(如 +、-、%等)时，它们会被隐式地重写
索引运算符	[]	不能直接重载索引运算符。第 2 章介绍的索引器成员类型允许在类和结构上支持索引运算符
类型强制转换运算符	()	不能直接重载类型强制转换运算符。用户定义的类型强制转换(本章后面介绍)允许定义定制的类型强制转换行为

> **注意**：为什么要重载 true 和 false 操作符？有一个很好的原因：根据所使用的技术或框架，哪些整数值代表 true 或 false 是不同的。在许多技术中，0 是 false，1 是 true；其他技术把非 0 值定义为 true，还有一些技术把 –1 定义为 false。

8.6 实现自定义的索引运算符

自定义索引器不能使用运算符重载语法来实现，但是它们可以用与属性非常相似的语法来实现。首先看看数组元素的访问。这里创建一个 int 元素数组。第二行代码使用索引器来访问第二个元素，并给它传递42。第三行使用索引器来访问第三个元素，并给该元素传递变量 x。

```
int[] arr1 = {1, 2, 3};
arr1[1] = 42;
int x = arr1[2];
```

 注意：数组在第7章阐述。

CustomIndexerSample 使用如下依赖项和名称空间：

依赖项：

```
NETStandard.Library
```

名称空间：

```
System
System.Collections.Generic
System.Linq
static System.Console
```

要创建自定义索引器，首先要创建一个 Person 类，其中包含 FirstName、LastName 和 Birthday 只读属性(代码文件 CustomIndexerSample/Person.cs)：

```csharp
public class Person
{
  public DateTime Birthday { get; }
  public string FirstName { get; }
  public string LastName { get; }

  public Person(string firstName, string lastName, DateTime birthDay)
  {
    FirstName = firstName;
    LastName = lastName;
    Birthday = birthDay;
  }

  public override string ToString() => $"{FirstName} {LastName}";
}
```

类 PersonCollection 定义了一个包含 Person 元素的私有数组字段，以及一个可以传递许多 Person 对象的构造函数(代码文件 CustomIndexerSample/PersonCollection.cs)：

```csharp
public class PersonCollection
{
```

```
    private Person[] _people;

    public PersonCollection(params Person[] people)
    {
        _people = people.ToArray();
    }
}
```

为了允许使用索引器语法访问 PersonCollection 并返回 Person 对象，可以创建一个索引器。索引器看起来非常类似于属性，因为它也包含 get 和 set 访问器。两者的不同之处是名称。指定索引器要使用 this 关键字。this 关键字后面的括号指定索引使用的类型。数组提供 int 类型的索引器，所以这里使用 int 类型直接把信息传递给被包含的数组 people。get 和 set 访问器的使用非常类似于属性。检索值时调用 get 访问器，在右边传递 Person 对象时调用 set 访问器。

```
public Person this[int index]
{
    get { return _people[index]; }
    set { _people[index] = value; }
}
```

对于索引器，不能仅定义 int 类型作为索引类型。任何类型都是有效的，如下面的代码所示，其中把 DateTime 结构作为索引类型。这个索引器用来返回有指定生日的每个人。因为多个人员可以有相同的生日，所以不是返回一个 Person 对象，而是用接口 IEnumerable < Person >返回一个 Person 对象列表。所使用的 Where 方法根据 lambda 表达式进行过滤。Where 方法在名称空间 System.Linq 中定义：

```
public IEnumerable<Person> this[DateTime birthDay]
{
    get { return _people.Where(p => p.Birthday == birthDay); }
}
```

使用 DateTime 类型的索引器检索人员对象，但不允许把人员对象设置为只有 get 访问器，而没有 set 访问器。在 C# 6 中有一个速记符号，可使用表达式主体的成员创建相同的代码(属性也可使用该语法)：

```
public IEnumerable<Person> this[DateTime birthDay] =>
    _people.Where(p => p.Birthday == birthDay);
```

示例应用程序的 Main 方法创建一个 PersonCollection 对象，给构造函数传递四个 Person 对象。在第一个 WriteLine 方法中，使用索引器的 get 访问器和 int 参数访问第三个元素。在 foreach 循环中，带有 DateTime 参数的索引器用来传递指定的日期(代码文件 CustomIndexerSample/Program.cs)：

```
static void Main()
{
    var p1 = new Person("Ayrton", "Senna", new DateTime(1960, 3, 21));
    var p2 = new Person("Ronnie", "Peterson", new DateTime(1944, 2, 14));
    var p3 = new Person("Jochen", "Rindt", new DateTime(1942, 4, 18));
    var p4 = new Person("Francois", "Cevert", new DateTime(1944, 2, 25));
    var coll = new PersonCollection(p1, p2, p3, p4);
```

```
  WriteLine(coll[2]);

  foreach (var r in coll[new DateTime(1960, 3, 21)])
  {
    WriteLine(r);
  }
  ReadLine();
}
```

运行程序，第一个 WriteLine 方法把 Jochen Rindt 写到控制台；foreach 循环的结果是 Ayrton Senna，因为他的生日是第二个索引器中指定的日期。

8.7 实现用户定义的类型强制转换

本章前面(见 8.3.1 节中关于显式转换的部分)介绍了如何在预定义的数据类型之间转换数值，这通过类型强制转换过程来完成。C#允许进行两种不同类型的强制转换：隐式强制转换和显式强制转换。本节将讨论这两种类型的强制转换。

显式强制转换要在代码中显式地标记强制转换，即应该在圆括号中写出目标数据类型：

```
int i = 3;
long l = i;            // implicit
short s = (short)i;    // explicit
```

对于预定义的数据类型，当类型强制转换可能失败或丢失某些数据时，需要显式强制转换。例如：
- 把 int 转换为 short 时，short 可能不够大，不能包含对应 int 的数值。
- 把有符号的数据类型转换为无符号的数据类型时，如果有符号的变量包含一个负值，就会得到不正确的结果。
- 把浮点数转换为整数数据类型时，数字的小数部分会丢失。
- 把可空类型转换为非可空类型时，null 值会导致异常。

此时应在代码中进行显式强制转换，告诉编译器你知道存在丢失数据的危险，因此编写代码时要把这种可能性考虑在内。

C#允许定义自己的数据类型(结构和类)，这意味着需要某些工具支持在自定义的数据类型之间进行类型强制转换。方法是把类型强制转换运算符定义为相关类的一个成员运算符。类型强制转换运算符必须标记为隐式或显式，以说明希望如何使用它。我们应遵循与预定义的类型强制转换相同的指导原则；如果知道无论在源变量中存储什么值，类型强制转换总是安全的，就可以把它定义为隐式强制转换。然而，如果某些数值可能会出错，如丢失数据或抛出异常，就应把数据类型转换定义为显式强制转换。

注意：如果源数据值会使类型强制转换失败，或者可能会抛出异常，就应把任何自定义类型强制转换定义为显式强制转换。

定义类型强制转换的语法类似于本章前面介绍的重载运算符。这并不是偶然现象，类型强制转换在某种情况下可以看作是一种运算符，其作用是从源类型转换为目标类型。为了说明这种语法，下面的代码从本节后面介绍的结构 Currency 示例中节选而来：

```
public static implicit operator float (Currency value)
{
  // processing
}
```

运算符的返回类型定义了类型强制转换操作的目标类型，它有一个参数，即要转换的源对象。这里定义的类型强制转换可以隐式地把 Currency 型的值转换为 float 型。注意，如果数据类型转换声明为隐式，编译器就可以隐式或显式地使用这个转换。如果数据类型转换声明为显式，编译器就只能显式地使用它。与其他运算符重载一样，类型强制转换必须同时声明为 public 和 static。

> 注意：C++开发人员应注意，这种情况与 C++中的用法不同，在 C++中，类型强制转换用于类的实例成员。

8.7.1 实现用户定义的类型强制转换

本节将在示例 SimpleCurrency 中介绍隐式和显式的用户定义类型强制转换用法。在这个示例中，定义一个结构 Currency，它包含一个正的 USD($)金额。C#为此提供了 decimal 类型，但如果要进行比较复杂的财务处理，仍可以编写自己的结构和类来表示相应的金额，在这样的类上实现特定的方法。

> 注意：类型强制转换的语法对于结构和类是一样的。本示例定义了一个结构，但把 Currency 声明为类也是可行的。

首先，Currency 结构的定义如下所示(代码文件 CastingSample/Currency.cs)：

```
public struct Currency
{
  public uint Dollars { get; }
  public ushort Cents { get; }

  public Currency(uint dollars, ushort cents)
  {
    Dollars = dollars;
    Cents = cents;
  }

  public override string ToString() => $"${Dollars}.{Cents,-2:00}";
}
```

Dollars 和 Cents 属性使用无符号的数据类型，可以确保 Currency 实例只能包含正值。采用这样的限制是为了在后面说明显式强制转换的一些要点。可以像这样使用一个类来存储公司员工的薪水信息。员工的薪水不会是负值！

下面先假定要把 Currency 实例转换为 float 值，其中 float 值的整数部分表示美元。换言之，应编写下面的代码：

```
var balance = new Currency(10, 50);
float f = balance; // We want f to be set to 10.5
```

为此,需要定义一种类型强制转换。给 Currency 的定义添加下述代码:

```
public static implicit operator float (Currency value) =>
  value.Dollars + (value.Cents/100.0f);
```

这种类型强制转换是隐式的。在本例中这是一种合理的选择,因为在 Currency 的定义中,可以存储在 Currency 中的值也都可以存储在 float 数据中。在这种强制转换中,不应出现任何错误。

> **注意**:这里有一点欺骗性:实际上,当把 uint 转换为 float 时,精确度会降低,但 Microsoft 认为这种错误并不重要,因此把从 uint 到 float 的类型强制转换都当作隐式转换。

但是,如果把 float 型转换为 Currency 型,就不能保证转换肯定成功了;float 型可以存储负值,而 Currency 实例不能,且 float 型存储数值的数量级要比 Currency 型的(uint) Dollars 字段大得多。所以,如果 float 型包含一个不合适的值,把它转换为 Currency 型就会得到意想不到的结果。因此,从 float 型转换到 Currency 型就应定义为显式转换。下面是我们的第一次尝试,这次不会得到正确的结果,但有助于解释原因:

```
public static explicit operator Currency (float value)
{
  uint dollars = (uint)value;
  ushort cents = (ushort)((value-dollars)*100);
  return new Currency(dollars, cents);
}
```

下面的代码现在可以成功编译:

```
float amount = 45.63f;
Currency amount2 = (Currency)amount;
```

但是,下面的代码会抛出一个编译错误,因为它试图隐式地使用一个显式的类型强制转换:

```
float amount = 45.63f;
Currency amount2 = amount;  // wrong
```

把类型强制转换声明为显式,就是警告开发人员要小心,因为可能会丢失数据。但这不是我们希望的 Currency 结构的行为方式。下面编写一个测试程序,并运行该示例。其中有一个 Main()方法,它实例化一个 Currency 结构,并试图进行几次转换。在这段代码的开头,以两种不同的方式计算 balance 的值,因为要使用它们来说明后面的内容(代码文件 CastingSample/Program.cs):

```
static void Main()
{
 try
 {
   var balance = new Currency(50,35);

   WriteLine(balance);
   WriteLine($"balance is {balance}"); // implicitly invokes ToString
```

```
    float balance2= balance;
    WriteLine($"After converting to float, = {balance2}");

    balance = (Currency) balance2;

    WriteLine($"After converting back to Currency, = {balance}");
    WriteLine("Now attempt to convert out of range value of " +
                "-$50.50 to a Currency:");

    checked
    {
      balance = (Currency) (-50.50);
      WriteLine($"Result is {balance}");
    }
  }
  catch(Exception e)
  {
    WriteLine($"Exception occurred: {e.Message}");
  }
}
```

注意，所有的代码都放在一个 try 块中，以捕获在类型强制转换过程中发生的任何异常。在 checked 块中还添加了把超出范围的值转换为 Currency 的测试代码，以试图捕获负值。运行这段代码，得到如下所示的结果：

```
50.35
Balance is $50.35
After converting to float, = 50.35
After converting back to Currency, = $50.34
Now attempt to convert out of range value of -$50.50 to a Currency:
Result is $4294967246.00
```

这个结果表示代码并没有像我们希望的那样工作。首先，从 float 型转换回 Currency 型得到一个错误的结果$50.34，而不是$50.35。其次，在试图转换明显超出范围的值时，没有生成异常。

第一个问题是由舍入错误引起的。如果类型强制转换用于把 float 值转换为 uint 值，计算机就会截去多余的数字，而不是执行四舍五入。计算机以二进制而非十进制方式存储数字，小数部分 0.35 不能用二进制小数来精确表示(像 1/3 这样的分数不能精确地表示为十进制小数，它应等于循环小数 0.3333)。所以，计算机最后存储了一个略小于 0.35 的值，它可以用二进制格式精确地表示。把该数字乘以 100，就会得到一个小于 35 的数字，它截去了 34 美分。显然在本例中，这种由截去引起的错误是很严重的，避免该错误的方式是确保在数字转换过程中执行智能的四舍五入操作。

幸运的是，Microsoft 编写了一个类 System.Convert 来完成该任务。System.Convert 对象包含大量的静态方法来完成各种数字转换，我们需要使用的是 Convert.ToUInt16()。注意，在使用 System.Convert 类的方法时会造成额外的性能损失，所以只应在需要时使用它们。

下面看看为什么没有抛出期望的溢出异常。此处的问题是溢出异常实际发生的位置根本不在 Main()例程中——它是在强制转换运算符的代码中发生的，该代码在 Main()方法中调用，而且没有标记为 checked。

其解决方法是确保类型强制转换本身也在 checked 环境下进行。进行了这两处修改后，修订的转换代码如下所示。

```
public static explicit operator Currency (float value)
{
  checked
  {
    uint dollars = (uint)value;
    ushort cents = Convert.ToUInt16((value-dollars)*100);
    return new Currency(dollars, cents);
  }
}
```

注意,使用 Convert.ToUInt16()计算数字的美分部分,如上所示,但没有使用它计算数字的美元部分。在计算美元值时不需要使用 System.Convert,因为在此我们希望截去 float 值。

> **注意**:System.Convert 类的方法还执行它们自己的溢出检查。因此对于本例的情况,不需要把对 Convert.ToUInt16()的调用放在 checked 环境下。但把 value 显式地强制转换为美元值仍需要 checked 环境。

这里没有给出这个新的 checked 强制转换的结果,因为在本节后面还要对 SimpleCurrency 示例进行一些修改。

> **注意**:如果定义了一种使用非常频繁的类型强制转换,其性能也非常好,就可以不进行任何错误检查。如果对用户定义的类型强制转换和没有检查的错误进行了清晰的说明,这也是一种合理的解决方案。

1. 类之间的类型强制转换

Currency 示例仅涉及与 float(一种预定义的数据类型)来回转换的类。但类型转换不一定会涉及任何简单的数据类型。定义不同结构或类的实例之间的类型强制转换是完全合法的,但有两点限制:

- 如果某个类派生自另一个类,就不能定义这两个类之间的类型强制转换(这些类型的强制转换已经存在)。
- 类型强制转换必须在源数据类型或目标数据类型的内部定义。

为说明这些要求,假定有如图 8-1 所示的类层次结构。

换言之,类 C 和 D 间接派生于 A。在这种情况下,在 A、B、C 或 D 之间唯一合法的自定义类型强制转换就是类 C 和 D 之间的转换,因为这些类并没有互相派生。对应的代码如下所示(假定希望类型强制转换是显式的,这是在用户定义的类之间定义类型强制转换的通常情况):

```
public static explicit operator D(C value)
{
  //...
}
```

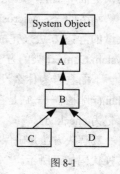

图 8-1

```
public static explicit operator C(D value)
{
  //...
}
```

对于这些类型强制转换,可以选择放置定义的地方——在 C 的类定义内部,或者在 D 的类定义内部,但不能在其他地方定义。C#要求把类型强制转换的定义放在源类(或结构)或目标类(或结构)的内部。这一要求的副作用是不能定义两个类之间的类型强制转换,除非至少可以编辑其中一个类的源代码。这是因为,这样可以防止第三方把类型强制转换引入类中。

一旦在一个类的内部定义了类型强制转换,就不能在另一个类中定义相同的类型强制转换。显然,对于每一种转换只能有一种类型强制转换,否则编译器就不知道该选择哪个类型强制转换了。

2. 基类和派生类之间的类型强制转换

要了解这些类型强制转换是如何工作的,首先看看源和目标数据类型都是引用类型的情况。考虑两个类 MyBase 和 MyDerived,其中 MyDerived 直接或间接派生自 MyBase。

首先是从 MyDerived 到 MyBase 的转换,代码如下(假定提供了构造函数):

```
MyDerived derivedObject = new MyDerived();
MyBase baseCopy = derivedObject;
```

在本例中,是从 MyDerived 隐式地强制转换为 MyBase。这是可行的,因为对类型 MyBase 的任何引用都可以引用 MyBase 类的对象或派生自 MyBase 的对象。在 OO 编程中,派生类的实例实际上是基类的实例,但加入了一些额外的信息。在基类上定义的所有函数和字段也都在派生类上得到定义。

下面看看另一种方式,编写如下的代码:

```
MyBase derivedObject = new MyDerived();
MyBase baseObject = new MyBase();
MyDerived derivedCopy1 = (MyDerived) derivedObject;   // OK
MyDerived derivedCopy2 = (MyDerived) baseObject;      // Throws exception
```

上面的代码都是合法的 C#代码(从语法的角度来看是合法的),它说明了把基类强制转换为派生类。但是,在执行时最后一条语句会抛出一个异常。在进行类型强制转换时,会检查被引用的对象。因为基类引用原则上可以引用一个派生类的实例,所以这个对象可能是要强制转换的派生类的一个实例。如果是这样,强制转换就会成功,派生的引用设置为引用这个对象。但如果该对象不是派生类(或者派生于这个类的其他类)的一个实例,强制转换就会失败,并抛出一个异常。

注意,编译器已经提供了基类和派生类之间的强制转换,这种转换实际上并没有对讨论的对象进行任何数据转换。如果要进行的转换是合法的,它们也仅是把新引用设置为对对象的引用。这些强制转换在本质上与用户定义的强制转换不同。例如,在前面的 SimpleCurrency 示例中,我们定义了 Currency 结构和 float 数之间的强制转换。在 float 型到 Currency 型的强制转换中,实际上实例化了一个新的 Currency 结构,并用要求的值初始化它。在基类和派生类之间的预定义强制转换则不是这样。如果实际上要把 MyBase 实例转换为真实的 MyDerived 对象,该对象的值根据 MyBase 实例的内容来确定,就不能使用类型强制转换语法。最合适的选项通常是定义一个派生类的构造函数,它以基类的实例作为参数,让这个构造函数完成相关的初始化:

```
class DerivedClass: BaseClass
{
  public DerivedClass(BaseClass base)
  {
    // initialize object from the Base instance
  }
  // etc.
```

3. 装箱和拆箱类型强制转换

前面主要讨论了基类和派生类之间的类型强制转换，其中，基类和派生类都是引用类型。类似的原则也适用于强制转换值类型，尽管在转换值类型时，不可能仅仅复制引用，还必须复制一些数据。

当然，不能从结构或基本值类型中派生。所以基本结构和派生结构之间的强制转换总是基本类型或结构与 System.Object 之间的转换(理论上可以在结构和 System.ValueType 之间进行强制转换，但一般很少这么做)。

从结构(或基本类型)到 object 的强制转换总是一种隐式的强制转换，因为这种强制转换是从派生类型到基本类型的转换，即第 2 章简要介绍的装箱过程。例如，使用 Currency 结构：

```
var balance = new Currency(40,0);
object baseCopy = balance;
```

在执行上述隐式的强制转换时，balance 的内容被复制到堆上，放在一个装箱的对象中，并且 baseCopy 对象引用被设置为该对象。在后台实际发生的情况是：在最初定义 Currency 结构时，.NET Framework 隐式地提供另一个(隐藏的)类，即装箱的 Currency 类，它包含与 Currency 结构相同的所有字段，但它是一个引用类型，存储在堆上。无论定义的这个值类型是一个结构，还是一个枚举，定义它时都存在类似的装箱引用类型，对应于所有的基本值类型，如 int、double 和 uint 等。不能也不必在源代码中直接通过编程访问某些装箱类，但在把一个值类型强制转换为 object 型时，它们是在后台工作的对象。在隐式地把 Currency 转换为 object 时，会实例化一个装箱的 Currency 实例，并用 Currency 结构中的所有数据进行初始化。在上面的代码中，baseCopy 对象引用的就是这个已装箱的 Currency 实例。通过这种方式，就可以实现从派生类型到基本类型的强制转换，并且值类型的语法与引用类型的语法一样。

强制转换的另一种方式称为拆箱。与在基本引用类型和派生引用类型之间的强制转换一样，这是一种显式的强制转换，因为如果要强制转换的对象不是正确的类型，就会抛出一个异常：

```
object derivedObject = new Currency(40,0);
object baseObject = new object();
Currency derivedCopy1 = (Currency)derivedObject;   // OK
Currency derivedCopy2 = (Currency)baseObject;      // Exception thrown
```

上述代码的工作方式与前面关于引用类型的代码一样。把 derivedObject 强制转换为 Currency 会成功执行，因为 derivedObject 实际上引用的是装箱 Currency 实例——强制转换的过程是把已装箱的 Currency 对象的字段复制到一个新的 Currency 结构中。第二种强制转换会失败，因为 baseObject 没有引用已装箱的 Currency 对象。

在使用装箱和拆箱时，这两个过程都把数据复制到新装箱或拆箱的对象上，理解这一点非常重要。这样，对装箱对象的操作就不会影响原始值类型的内容。

8.7.2 多重类型强制转换

在定义类型强制转换时必须考虑的一个问题是，如果在进行要求的数据类型转换时没有可用的直接强制转换方式，C#编译器就会寻找一种转换方式,把几种强制转换合并起来。例如，在 Currency 结构中，假定编译器遇到下面几行代码：

```
var balance = new Currency(10,50);
long amount = (long)balance;
double amountD = balance;
```

首先初始化一个 Currency 实例，再把它转换为 long 型。问题是没有定义这样的强制转换。但是，这段代码仍可以编译成功。因为编译器知道我们已经定义一个从 Currency 到 float 的隐式强制转换，而且它知道如何显式地从 float 强制转换为 long。所以它会把这行代码编译为中间语言(IL)代码，IL 代码首先把 balance 转换为 float 型，再把结果转换为 long 型。把 balance 转换为 double 型时，在上述代码的最后一行中也执行了同样的操作。因为从 Currency 到 float 的强制转换和从 float 到 double 的预定义强制转换都是隐式的，所以可以在编写代码时把这种转换当作一种隐式转换。如果要显式地指定强制转换过程，则可以编写如下代码：

```
var balance = new Currency(10,50);
long amount = (long)(float)balance;
double amountD = (double)(float)balance;
```

但是在大多数情况下，这会使代码变得比较复杂，因此是不必要的。相比之下，下面的代码会产生一个编译错误：

```
var balance = new Currency(10,50);
long amount = balance;
```

原因是编译器可以找到的最佳匹配转换仍是首先转换为 float 型，再转换为 long 型。但需要显式地指定从 float 型到 long 型的转换。

并非所有这些转换都会带来太多的麻烦。毕竟转换的规则非常直观，主要是为了防止在开发人员不知情的情况下丢失数据。但是，在定义类型强制转换时如果不小心，编译器就有可能指定一条导致不期望结果的路径。例如，假定编写 Currency 结构的其他小组成员要把一个 uint 数据转换为 Currency 型，其中该 uint 数据中包含了美分的总数(是美分而非美元，因为我们不希望丢失美元的小数部分)。为此应编写如下代码来实现强制转换：

```
// Do not do this!
public static implicit operator Currency (uint value) =>
    new Currency(value/100u, (ushort)(value%100));
```

注意，在这段代码中，第一个 100 后面的 u 可以确保把 value/100u 解释为一个 uint 值。如果写成 value/100，编译器就会把它解释为一个 int 型的值，而不是 uint 型的值。

在这段代码中清楚地标注了 "Do not do it(不要这么做)"。下面说明其原因。看看下面的代码段，它把包含值 350 的一个 uint 数据转换为一个 Currency，再转换回 uint 型。那么在执行完这段代码后，bal2 中又将包含什么？

```
uint bal = 350;
Currency balance = bal;
uint bal2 = (uint)balance;
```

答案不是 350，而是 3！而且这是符合逻辑的。我们把 350 隐式地转换为 Currency，得到的结果是 balance.Dollars=3 和 balance.Cents=50。然后编译器进行通常的操作，为转换回 uint 型指定最佳路径。balance 最终会被隐式地转换为 float 型(其值为 3.5)，然后显式地转换为 uint 型，其值为 3。

当然，在其他示例中，转换为另一种数据类型后，再转换回来有时会丢失数据。例如，把包含 5.8 的 float 数值转换为 int 数值，再转换回 float 数值，会丢失数字中的小数部分，得到 5，但原则上，丢失数字的小数部分和一个整数被大于 100 的数整除的情况略有区别。Currency 现在成为一种相当危险的类，它会对整数进行一些奇怪的操作。

问题是，在转换过程中如何解释整数存在冲突。从 Currency 型到 float 型的强制转换会把整数 1 解释为 1 美元，但从 uint 型到 Currency 型的强制转换会把这个整数解释为 1 美分，这是很糟糕的一个示例。如果希望类易于使用，就应确保所有的强制转换都按一种互相兼容的方式执行，即这些转换直观上应得到相同的结果。在本例中，显然要重新编写从 uint 型到 Currency 型的强制转换，把整数值 1 解释为 1 美元：

```
public static implicit operator Currency (uint value) =>
    new Currency(value, 0);
```

偶尔你也会觉得这种新的转换方式可能根本不必要。但实际上，这种转换方式可能非常有用。没有这种强制转换，编译器在执行从 uint 型到 Currency 型的转换时，就只能通过 float 型来进行。此时直接转换的效率要高得多，所以进行这种额外的强制转换会提高性能，但需要确保它的结果与通过 float 型进行转换得到的结果相同。在其他情况下，也可以为不同的预定义数据类型分别定义强制转换，让更多的转换隐式地执行，而不是显式地执行，但本例不是这样。

测试这种强制转换是否兼容，应确定无论使用什么转换路径，它是否都能得到相同的结果(而不是像在从 float 型到 int 型的转换过程中那样丢失数据)。Currency 类就是一个很好的示例。看看下面的代码：

```
var balance = new Currency(50, 35);
ulong bal = (ulong) balance;
```

目前，编译器只能采用一种方式来完成这个转换：把 Currency 型隐式地转换为 float 型，再显式地转换为 ulong 型。从 float 型到 ulong 型的转换需要显式转换，本例就显式指定了这个转换，所以编译是成功的。

但假定要添加另一种强制转换，从 Currency 型隐式地转换为 uint 型，就需要修改 Currency 结构，添加从 uint 型到 Currency 型的强制转换和从 Currency 型到 uint 型的强制转换。这段代码可以用作 SimpleCurrency2 示例(代码文件 CastingSample/Currency.cs)：

```
public static implicit operator Currency (uint value) =>
    new Currency(value, 0);

public static implicit operator uint (Currency value) =>
    value.Dollars;
```

现在，编译器从 Currency 型转换到 ulong 型可以使用另一条路径：先从 Currency 型隐式地转换为 uint 型，再隐式地转换为 ulong 型。该采用哪条路径？ C#有一些严格的规则(本书不详细讨论这些规则，有兴趣的读者可参阅 MSDN 文档)，告诉编译器如何确定哪条是最佳路径。但最好自己设计类型强制转换，让所有的转换路径都得到相同的结果(但没有精确度的损失)，此时编译器选择哪条路径就不重要了(在本例中，编译器会选择 Currency→uint→ulong 路径，而不是 Currency→float→ulong 路径)。

为了测试 SimpleCurrency2 示例，给 SimpleCurrency 测试程序中的 Main()方法添加如下代码(代码文件 CastingSample/Program.cs)：

```
static void Main()
{
  try
  {
    var balance = new Currency(50,35);

    WriteLine(balance);
    WriteLine($"balance is {balance}");

    uint balance3 = (uint) balance;

    WriteLine($"Converting to uint gives {balance3}");
  }
  catch (Exception ex)
  {
    WriteLine($"Exception occurred: {e.Message}");
  }
}
```

运行这个示例，得到如下所示的结果：

```
50
balance is $50.35
Converting to uint gives 50
```

这个结果显示了到 uint 型的转换是成功的，但在转换过程中丢失了 Currency 的美分部分(小数部分)。把负的 float 类型强制转换为 Currency 型也产生了预料中的溢出异常，因为 float 型到 Currency 型的强制转换本身定义了一个 checked 环境。

但是，这个输出结果也说明了进行强制转换时最后一个要注意的潜在问题：结果的第一行没有正确显示余额，显示了 50，而不是$50.35。

这是为什么？问题是在把类型强制转换和方法重载合并起来时，会出现另一个不希望的错误源。WriteLine()语句使用格式字符串隐式地调用 Currency.ToString()方法，以确保 Currency 显示为一个字符串。

但是，第 1 行的 Console.WriteLine()方法只把原始 Currency 结构传递给 Console.WriteLine()。目前 Console.WriteLine()有许多重载版本，但它们的参数都不是 Currency 结构。所以编译器会到处搜索，看看它能把 Currency 强制转换为什么类型，以便与 Console.WriteLine()的一个重载方法匹配。如上所示，Console.WriteLine()的一个重载方法可以快速而高效地显示 uint 型，且其参数是一个 uint 值。因此应把 Currency 隐式地强制转换为 uint 型。

实际上，Console.WriteLine()有另一个重载方法，它的参数是一个 double 值，结果显示该 double

的值。如果仔细看看第一个 SimpleCurrency 示例的结果，就会发现该结果的第 1 行就是使用这个重载方法把 Currency 显示为 double 型。在这个示例中，没有直接把 Currency 强制转换为 uint 型，所以编译器选择 Currency→float→double 作为可用于 Console.WriteLine()重载方法的首选强制转换方式。但在 SimpleCurrency2 中可以直接强制转换为 uint 型，所以编译器会选择该路径。

结论是：如果方法调用带有多个重载方法，并要给该方法传送参数，而该参数的数据类型不匹配任何重载方法，就可以迫使编译器确定使用哪些强制转换方式进行数据转换，从而决定使用哪个重载方法(并进行相应的数据转换)。当然，编译器总是按逻辑和严格的规则来工作，但结果可能并不是我们所期望的。如果存在任何疑问，最好指定显式地使用哪种强制转换。

8.8 小结

本章介绍了 C#提供的标准运算符，描述了对象的相等性机制，讨论了编译器如何把一种标准数据类型转换为另一种标准数据类型。本章还阐述了如何使用运算符重载在自己的数据类型上实现自定义运算符。最后，讨论了运算符重载的一种特殊类型，即类型强制转换运算符，它允许用户指定如何将自定义类型的实例转换为其他数据类型。

第 9 章将介绍委托、lambda 表达式和事件。

第 9 章

委托、lambda 表达式和事件

本章要点
- 委托
- lambda 表达式
- 闭包
- 事件
- 弱事件

本章源代码下载地址(wrox.com):

打开网页 http://www.wrox.com/go/professionalcsharp6，单击 Download Code 选项卡即可下载本章源代码。本章代码分为以下几个主要的示例文件：

- 简单委托(Simple Delegates)
- 冒泡排序(Bubble Sorter)
- lambda 表达式(lambda Expressions)
- 事件示例(Events Sample)
- 弱事件(Weak Events)

9.1 引用方法

委托是寻址方法的.NET 版本。在 C++中，函数指针只不过是一个指向内存位置的指针，它不是类型安全的。我们无法判断这个指针实际指向什么，像参数和返回类型等项就更无从知晓了。而.NET 委托完全不同：委托是类型安全的类，它定义了返回类型和参数的类型。委托类不仅包含对方法的引用，也可以包含对多个方法的引用。

lambda 表达式与委托直接相关。当参数是委托类型时，就可以使用 lambda 表达式实现委托引用的方法。

本章介绍委托和 lambda 表达式的基础知识，说明如何通过 lambda 表达式实现委托方法调用，并阐述.NET 如何将委托用作实现事件的方式。

9.2 委托

当要把方法传送给其他方法时，就需要使用委托。要了解具体的含义，可以看看下面一行代码：

```
int i = int.Parse("99");
```

我们习惯于把数据作为参数传递给方法，如上面的例子所示。所以，给方法传递另一个方法听起来有点奇怪。而有时某个方法执行的操作并不是针对数据进行的，而是要对另一个方法进行调用。更麻烦的是，在编译时我们不知道第二个方法是什么，这个信息只能在运行时得到，所以需要把第二个方法作为参数传递给第一个方法。这听起来很令人迷惑，下面用几个示例来说明：

- **启动线程和任务**——在 C#中，可以告诉计算机并行运行某些新的执行序列，同时运行当前的任务。这种序列就称为线程，在一个基类 System.Threading.Thread 的实例上使用方法 Start()，就可以启动一个线程。如果要告诉计算机启动一个新的执行序列，就必须说明要在哪里启动该序列；必须为计算机提供开始启动的方法的细节，即 Thread 类的构造函数必须带有一个参数，该参数定义了线程调用的方法。

- **通用库类**——许多库包含执行各种标准任务的代码。这些库通常可以自我包含，这样在编写库时，就会知道任务该如何执行。但是有时在任务中还包含子任务，只有使用该库的客户端代码才知道如何执行这些子任务。例如，假设要编写一个类，它带有一个对象数组，并把它们按升序排列。但是，排序的部分过程会涉及重复使用数组中的两个对象，比较它们，看看哪一个应放在前面。如果要编写的类必须能对任何对象数组排序，就无法提前告诉计算机应如何比较对象。处理类中对象数组的客户端代码也必须告诉类如何比较要排序的特定对象。换言之，客户端代码必须给类传递某个可以调用并进行这种比较的合适方法的细节。

- **事件**——一般的思路是通知代码发生了什么事件。GUI 编程主要处理事件。在引发事件时，运行库需要知道应执行哪个方法。这就需要把处理事件的方法作为一个参数传递给委托。这些将在本章后面讨论。

在 C 和 C++中，只能提取函数的地址，并作为一个参数传递它。C 没有类型安全性，可以把任何函数传递给需要函数指针的方法。但是，这种直接方法不仅会导致一些关于类型安全性的问题，而且没有意识到：在进行面向对象编程时，几乎没有方法是孤立存在的，而是在调用方法前通常需要与类实例相关联。所以.NET Framework 在语法上不允许使用这种直接方法。如果要传递方法，就必须把方法的细节封装在一种新的对象类型中，即委托。委托只是一种特殊类型的对象，其特殊之处在于，我们以前定义的所有对象都包含数据，而委托包含的只是一个或多个方法的地址。

9.2.1 声明委托

在 C#中使用一个类时，分两个阶段操作。首先，需要定义这个类，即告诉编译器这个类由什么字段和方法组成。然后(除非只使用静态方法)，实例化该类的一个对象。使用委托时，也需要经过这两个步骤。首先必须定义要使用的委托，对于委托，定义它就是告诉编译器这种类型的委托表示哪种类型的方法。然后，必须创建该委托的一个或多个实例。编译器在后台将创建表示该委托的一个类。

声明委托的语法如下：

```
delegate void IntMethodInvoker(int x);
```

在这个示例中，声明了一个委托 IntMethodInvoker，并指定该委托的每个实例都可以包含一个方法的引用，该方法带有一个 int 参数，并返回 void。理解委托的一个要点是它们的类型安全性非常高。在定义委托时，必须给出它所表示的方法的签名和返回类型等全部细节。

注意：理解委托的一种好方式是把委托视为给方法的签名和返回类型指定名称。

假定要定义一个委托 TwoLongsOp，该委托表示的方法有两个 long 型参数，返回类型为 double。可以编写如下代码：

```
delegate double TwoLongsOp(long first, long second);
```

或者要定义一个委托，它表示的方法不带参数，返回一个 string 型的值，可以编写如下代码：

```
delegate string GetAString();
```

其语法类似于方法的定义，但没有方法主体，且定义的前面要加上关键字 delegate。因为定义委托基本上是定义一个新类，所以可以在定义类的任何相同地方定义委托。也就是说，可以在另一个类的内部定义委托，也可以在任何类的外部定义，还可以在名称空间中把委托定义为顶层对象。根据定义的可见性和委托的作用域，可以在委托的定义上应用任意常见的访问修饰符：public、private、protected 等：

```
public delegate string GetAString();
```

注意：实际上，"定义一个委托"是指"定义一个新类"。委托实现为派生自基类 System.MulticastDelegate 的类，System.MulticastDelegate 又派生自基类 System.Delegate。C#编译器能识别这个类，会使用其委托语法，因此我们不需要了解这个类的具体执行情况。这是 C#与基类共同合作以使编程更易完成的另一个范例。

定义好委托后，就可以创建它的一个实例，从而用该实例存储特定方法的细节。

注意：但是，此处在术语方面有一个问题。类有两个不同的术语："类"表示较广义的定义，"对象"表示类的实例。但委托只有一个术语。在创建委托的实例时，所创建的委托的实例仍称为委托。必须从上下文中确定所使用委托的确切含义。

9.2.2 使用委托

下面的代码段说明了如何使用委托。这是在 int 值上调用 ToString()方法的一种相当冗长的方式(代码文件 GetAStringDemo/Program.cs)：

```
private delegate string GetAString();

public static void Main()
{
  int x = 40;
  GetAString firstStringMethod = new GetAString(x.ToString);
  WriteLine($"String is {firstStringMethod()}");
  // With firstStringMethod initialized to x.ToString(),
  // the above statement is equivalent to saying
  // Console.WriteLine($"String is {x.ToString()}");
}
```

在这段代码中，实例化类型为 GetAString 的委托，并对它进行初始化，使其引用整型变量 x 的 ToString()方法。在 C#中，委托在语法上总是接受一个参数的构造函数，这个参数就是委托引用的方法。这个方法必须匹配最初定义委托时的签名。所以在这个示例中，如果用不带参数并返回一个字符串的方法来初始化 firstStringMethod 变量，就会产生一个编译错误。注意，因为 int.ToString()是一个实例方法(不是静态方法)，所以需要指定实例(x)和方法名来正确地初始化委托。

下一行代码使用这个委托来显示字符串。在任何代码中，都应提供委托实例的名称，后面的圆括号中应包含调用该委托中的方法时使用的任何等效参数。所以在上面的代码中，Console.WriteLine()语句完全等价于注释掉的代码行。

实际上，给委托实例提供圆括号与调用委托类的 Invoke()方法完全相同。因为 firstStringMethod 是委托类型的一个变量，所以 C#编译器会用 firstStringMethod.Invoke()代替 firstStringMethod()。

```
firstStringMethod();
firstStringMethod.Invoke();
```

为了减少输入量，在需要委托实例的每个位置可以只传送地址的名称。这称为委托推断。只要编译器可以把委托实例解析为特定的类型，这个 C#特性就是有效的。下面的示例用 GetAString 委托的一个新实例初始化 GetAString 类型的 firstStringMethod 变量：

```
GetAString firstStringMethod = new GetAString(x.ToString);
```

只要用变量 x 把方法名传送给变量 firstStringMethod，就可以编写出作用相同的代码：

```
GetAString firstStringMethod = x.ToString;
```

C#编译器创建的代码是一样的。由于编译器会用 firstStringMethod 检测需要的委托类型，因此它创建 GetAString 委托类型的一个实例，用对象 x 把方法的地址传送给构造函数。

注意：调用上述方法名时，输入形式不能为 x.ToString()(不要输入圆括号)，也不能把它传送给委托变量。输入圆括号会调用一个方法，而调用 x.ToString()方法会返回一个不能赋予委托变量的字符串对象。只能把方法的地址赋予委托变量。

委托推断可以在需要委托实例的任何地方使用。委托推断也可以用于事件，因为事件基于委托(参见本章后面的内容)。

委托的一个特征是它们的类型是安全的,可以确保被调用的方法的签名是正确的。但有趣的是,它们不关心在什么类型的对象上调用该方法,甚至不考虑该方法是静态方法还是实例方法。

注意:给定委托的实例可以引用任何类型的任何对象上的实例方法或静态方法——只要方法的签名匹配委托的签名即可。

为了说明这一点,扩展上面的代码段,让它使用 firstStringMethod 委托在另一个对象上调用其他两个方法,其中一个是实例方法,另一个是静态方法。为此,使用本章前面定义的 Currency 结构。Currency 结构有自己的 ToString()重载方法和一个与 GetCurrencyUnit()签名相同的静态方法。这样,就可以用同一个委托变量调用这些方法了(代码文件 GetAStringDemo/Currency.cs):

```csharp
struct Currency
{
  public uint Dollars;
  public ushort Cents;

  public Currency(uint dollars, ushort cents)
  {
    this.Dollars = dollars;
    this.Cents = cents;
  }

  public override string ToString() => $"${Dollars}.{Cents,2:00}";

  public static string GetCurrencyUnit() => "Dollar";

  public static explicit operator Currency (float value)
  {
    checked
    {
      uint dollars = (uint)value;
      ushort cents = (ushort)((value-dollars) * 100);
      return new Currency(dollars, cents);
    }
  }

  public static implicit operator float (Currency value) =>
    value.Dollars + (value.Cents / 100.0f);

  public static implicit operator Currency (uint value) =>
    new Currency(value, 0);

  public static implicit operator uint (Currency value) =>
    value.Dollars;
}
```

下面就可以使用 **GetAString** 实例,代码如下所示(代码文件 **GetAStringDemo/Program.cs**):

```csharp
private delegate string GetAString();

public static void Main()
```

```csharp
{
  int x = 40;
  GetAString firstStringMethod = x.ToString;
  WriteLine($"String is {firstStringMethod()}");

  var balance = new Currency(34, 50);

  // firstStringMethod references an instance method
  firstStringMethod = balance.ToString;
  WriteLine($"String is {firstStringMethod()}");

  // firstStringMethod references a static method
  firstStringMethod = new GetAString(Currency.GetCurrencyUnit);
  WriteLine($"String is {firstStringMethod()}");
}
```

这段代码说明了如何通过委托来调用方法，然后重新给委托指定在类的不同实例上引用的不同方法，甚至可以指定静态方法，或者指定在类的不同类型实例上引用的方法，只要每个方法的签名匹配委托定义即可。

运行此应用程序，会得到委托引用的不同方法的输出结果：

```
String is 40
String is $34.50
String is Dollar
```

但是，我们实际上还没有说明把一个委托传递给另一个方法的具体过程，也没有得到任何特别有用的结果。调用 int 和 Currency 对象的 ToString() 方法要比使用委托直观得多！但是，需要用一个相当复杂的示例来说明委托的本质，才能真正领会到委托的用处。下一节会给出两个委托的示例。第一个示例仅使用委托来调用两个不同的操作。它说明了如何把委托传递给方法，如何使用委托数组，但这仍没有很好地说明：没有委托，就不能完成很多工作。第二个示例就复杂得多了，它有一个类 BubbleSorter，该类实现一个方法来按照升序排列一个对象数组。没有委托，就很难编写出这个类。

9.2.3 简单的委托示例

在这个示例中，定义一个类 MathOperations，它有两个静态方法，对 double 类型的值执行两种操作。然后使用该委托调用这些方法。MathOperations 类如下所示：

```csharp
class MathOperations
{
  public static double MultiplyByTwo(double value) => value * 2;

  public static double Square(double value) => value * value;
}
```

下面调用这些方法(代码文件 SimpleDelegate/Program.cs)：

```csharp
using static System.Console;

namespace Wrox.ProCSharp.Delegates
{
```

```
    delegate double DoubleOp(double x);

    class Program
    {
      static void Main()
      {
        DoubleOp[] operations =
        {
          MathOperations.MultiplyByTwo,
          MathOperations.Square
        };

        for (int i=0; i < operations.Length; i++)
        {
          WriteLine($"Using operations[{i}]:);
          ProcessAndDisplayNumber(operations[i], 2.0);
          ProcessAndDisplayNumber(operations[i], 7.94);
          ProcessAndDisplayNumber(operations[i], 1.414);
          WriteLine();
        }
      }

      static void ProcessAndDisplayNumber(DoubleOp action, double value)
      {
        double result = action(value);
        WriteLine($"Value is {value}, result of operation is {result}");
      }
    }
```

在这段代码中，实例化了一个 DoubleOp 委托的数组(记住，一旦定义了委托类，基本上就可以实例化它的实例，就像处理一般的类那样——所以把一些委托的实例放在数组中是可行的)。该数组的每个元素都初始化为指向由 MathOperations 类实现的不同操作。然后遍历这个数组，把每个操作应用到 3 个不同的值上。这说明了使用委托的一种方式——把方法组合到一个数组中来使用，这样就可以在循环中调用不同的方法了。

这段代码的关键一行是把每个委托实际传递给 ProcessAndDisplayNumber 方法，例如：

```
ProcessAndDisplayNumber(operations[i], 2.0);
```

其中传递了委托名，但不带任何参数。假定 operations[i]是一个委托，在语法上：

- operations[i]表示"这个委托"。换言之，就是委托表示的方法。
- operations[i](2.0)表示"实际上调用这个方法，参数放在圆括号中"。

ProcessAndDisplayNumber 方法定义为把一个委托作为其第一个参数：

```
static void ProcessAndDisplayNumber(DoubleOp action, double value)
```

然后，在这个方法中，调用：

```
double result = action(value);
```

这实际上是调用 action 委托实例封装的方法，其返回结果存储在 result 中。运行这个示例，得到如下所示的结果：

```
SimpleDelegate
Using operations[0]:
Value is 2, result of operation is 4
Value is 7.94, result of operation is 15.88
Value is 1.414, result of operation is 2.828

Using operations[1]:
Value is 2, result of operation is 4
Value is 7.94, result of operation is 63.0436
Value is 1.414, result of operation is 1.999396
```

9.2.4　Action<T>和 Func<T>委托

除了为每个参数和返回类型定义一个新委托类型之外，还可以使用 Action<T>和 Func<T>委托。泛型 Action<T>委托表示引用一个 void 返回类型的方法。这个委托类存在不同的变体，可以传递至多 16 种不同的参数类型。没有泛型参数的 Action 类可调用没有参数的方法。Action<in T>调用带一个参数的方法，Action<in T1, in T2>调用带两个参数的方法，Action<in T1, in T2, in T3, in T4, in T5, in T6, in T7, in T8>调用带 8 个参数的方法。

Func<T>委托可以以类似的方式使用。Func<T>允许调用带返回类型的方法。与 Action<T>类似，Func<T>也定义了不同的变体，至多也可以传递 16 个参数类型和一个返回类型。Func<out TResult>委托类型可以调用带返回类型且无参数的方法，Func<in T, out TResult>调用带一个参数的方法，Func<in T1, in T2, in T3, in T4, out TResult>调用带 4 个参数的方法。

9.2.3 节中的示例声明了一个委托，其参数是 double 类型，返回类型是 double：

```
delegate double DoubleOp(double x);
```

除了声明自定义委托 DoubleOp 之外，还可以使用 Func<in T, out TResult>委托。可以声明一个该委托类型的变量，或者声明该委托类型的数组，如下所示：

```
<double, double>[] operations =
{
  MathOperations.MultiplyByTwo,
  MathOperations.Square
};
```

使用该委托，并将 ProcessAndDisplayNumber()方法作为参数：

```
static void ProcessAndDisplayNumber(Func<double, double> action,
                                    double value)
{
  double result = action(value);
  WriteLine($"Value is {value}, result of operation is {result}");
}
```

9.2.5　BubbleSorter 示例

下面的示例将说明委托的真正用途。我们要编写一个类 BubbleSorter，它实现一个静态方法 Sort()，这个方法的第一个参数是一个对象数组，把该数组按照升序重新排列。例如，假定传递给该委托的是 int 数组：{0, 5, 6, 2, 1}，则返回的结果应是{0, 1, 2, 5, 6}。

冒泡排序算法非常著名，是一种简单的数字排序方法。它适合于一小组数字，因为对于大量的数字(超过 10 个),还有更高效的算法。冒泡排序算法重复遍历数组,比较每一对数字,按照需要交换它们的位置,从而把最大的数字逐步移动到数组的末尾。对于给 int 型数字排序,进行冒泡排序的方法如下所示:

```
bool swapped = true;
do
{
  swapped = false;
  for (int i = 0; i < sortArray.Length-1; i++)
  {
   if (sortArray[i] > sortArray[i+1])) // problem with this test
    {
      int temp = sortArray[i];
      sortArray[i] = sortArray[i + 1];
      sortArray[i + 1] = temp;
      swapped = true;
    }
  }
} while (swapped);
```

它非常适合于 int 型,但我们希望 Sort()方法能给任何对象排序。换言之,如果某段客户端代码包含 Currency 结构或自定义的其他类和结构的数组,就需要对该数组排序。这样,上面代码中的 if(sortArray[i] < sortArray[i+1])就有问题了,因为它需要比较数组中的两个对象,看看哪一个更大。可以对 int 型进行这样的比较,但如何对没有实现 "<" 运算符的新类进行比较?答案是能识别该类的客户端代码必须在委托中传递一个封装的方法,这个方法可以进行比较。另外,不对 temp 变量使用 int 类型,而使用泛型类型就可以实现泛型方法 Sort()。

对于接受类型 T 的泛型方法 Sort<T>(),需要一个比较方法,其两个参数的类型是 T,if 比较的返回类型是布尔类型。这个方法可以从 Func<T1, T2, TResult>委托中引用,其中 T1 和 T2 的类型相同:Func<T, T, bool>。

给 Sort<T>方法指定下述签名:

```
static public void Sort<T>(IList<T> sortArray, Func<T, T, bool> comparison)
```

这个方法的文档声明,comparison 必须引用一个方法,该方法带有两个参数,如果第一个参数的值 "小于" 第二个参数,就返回 true。

设置完毕后,下面定义 BubbleSorter 类(代码文件 BubbleSorter/BubbleSorter.cs):

```
class BubbleSorter
 {
   static public void Sort<T>(IList<T> sortArray, Func<T, T, bool> comparison)
   {
     bool swapped = true;
     do
     {
       swapped = false;
       for (int i = 0; i < sortArray.Count-1; i++)
       {
         if (comparison(sortArray[i+1], sortArray[i]))
         {
```

```
            T temp = sortArray[i];
            sortArray[i] = sortArray[i + 1];
            sortArray[i + 1] = temp;
            swapped = true;
          }
        }
      } while (swapped);
    }
}
```

为了使用这个类,需要定义另一个类,从而建立要排序的数组。在本例中,假定 Mortimer Phones 移动电话公司有一个员工列表,要根据他们的薪水进行排序。每个员工分别由类 Employee 的一个实例表示,如下所示(代码文件 BubbleSorter/Employee.cs):

```
class Employee
{
  public Employee(string name, decimal salary)
  {
    Name = name;
    Salary = salary;
  }

  public string Name { get; }
  public decimal Salary { get; private set; }

  public override string ToString() => $"{Name}, {Salary:C}";

  public static bool CompareSalary(Employee e1, Employee e2) =>
    e1.Salary < e2.Salary;
}
```

注意,为了匹配 Func<T, T, bool>委托的签名,在这个类中必须定义 CompareSalary,它的参数是两个 Employee 引用,并返回一个布尔值。在实现比较的代码中,根据薪水进行比较。

下面编写一些客户端代码,完成排序(代码文件 BubbleSorter/Program.cs):

```
using static System.Console;

namespace Wrox.ProCSharp.Delegates
{
  class Program
  {
    static void Main()
    {
      Employee[] employees =
      {
        new Employee("Bugs Bunny", 20000),
        new Employee("Elmer Fudd", 10000),
        new Employee("Daffy Duck", 25000),
        new Employee("Wile Coyote", 1000000.38m),
        new Employee("Foghorn Leghorn", 23000),
        new Employee("RoadRunner", 50000)
      };

      BubbleSorter.Sort(employees, Employee.CompareSalary);
```

```
      foreach (var employee in employees)
      {
        WriteLine(employee);
      }
    }
  }
}
```

运行这段代码，正确显示按照薪水排列的 Employee，如下所示：

```
BubbleSorter
Elmer Fudd, $10,000.00
Bugs Bunny, $20,000.00
Foghorn Leghorn, $23,000.00
Daffy Duck, $25,000.00
RoadRunner, $50,000.00
Wile Coyote, $1,000,000.38
```

9.2.6 多播委托

前面使用的每个委托都只包含一个方法调用。调用委托的次数与调用方法的次数相同。如果要调用多个方法，就需要多次显式调用这个委托。但是，委托也可以包含多个方法。这种委托称为多播委托。如果调用多播委托，就可以按顺序连续调用多个方法。为此，委托的签名就必须返回 void；否则，就只能得到委托调用的最后一个方法的结果。

可以使用返回类型为 void 的 Action<double>委托(代码文件 MulticastDelegates/Program.cs)：

```
class Program
{
  static void Main()
  {
    Action<double> operations = MathOperations.MultiplyByTwo;
    operations += MathOperations.Square;
```

在前面的示例中，因为要存储对两个方法的引用，所以实例化了一个委托数组。而这里只是在同一个多播委托中添加两个操作。多播委托可以识别运算符"+"和"+="。另外，还可以扩展上述代码中的最后两行，如下面的代码段所示：

```
Action<double> operation1 = MathOperations.MultiplyByTwo;
Action<double> operation2 = MathOperations.Square;
Action<double> operations = operation1 + operation2;
```

多播委托还识别运算符"-"和"-="，以从委托中删除方法调用。

> 注意：根据后台执行的操作，多播委托实际上是一个派生自 System.MulticastDelegate 的类，System.MulticastDelegate 又派生自基类 System.Delegate。System.MulticastDelegate 的其他成员允许把多个方法调用链接为一个列表。

为了说明多播委托的用法，下面把 SimpleDelegate 示例转换为一个新示例 MulticastDelegate。现在需要委托引用返回 void 的方法，就应重写 MathOperations 类中的方法，让它们显示其结果，而不是返回它们(代码文件 MulticastDelegates/MathOperations.cs)：

```
class MathOperations
{
  public static void MultiplyByTwo(double value)
  {
    double result = value * 2;
    WriteLine($"Multiplying by 2: {value} gives {result}");
  }

  public static void Square(double value)
  {
    double result = value * value;
    WriteLine($"Squaring: {value} gives {result}");
  }
}
```

为了适应这个改变，也必须重写 ProcessAndDisplayNumber()方法(代码文件 MulticastDelegates/Program.cs)：

```
static void ProcessAndDisplayNumber(Action<double> action, double value)
{
  WriteLine();
  WriteLine($"ProcessAndDisplayNumber called with value = {value}");
  action(value);
}
```

下面测试多播委托，其代码如下：

```
static void Main()
{
  Action<double> operations = MathOperations.MultiplyByTwo;
  operations += MathOperations.Square;

  ProcessAndDisplayNumber(operations, 2.0);
  ProcessAndDisplayNumber(operations, 7.94);
  ProcessAndDisplayNumber(operations, 1.414);
  WriteLine();
}
```

现在，每次调用 ProcessAndDisplayNumber()方法时，都会显示一条消息，说明它已经被调用。然后，下面的语句会按顺序调用 action 委托实例中的每个方法：

```
action(value);
```

运行这段代码，得到如下所示的结果：

```
MulticastDelegate

ProcessAndDisplayNumber called with value = 2
Multiplying by 2: 2 gives 4
Squaring: 2 gives 4

ProcessAndDisplayNumber called with value = 7.94
Multiplying by 2: 7.94 gives 15.88
```

```
Squaring: 7.94 gives 63.0436

ProcessAndDisplayNumber called with value = 1.414
Multiplying by 2: 1.414 gives 2.828
Squaring: 1.414 gives 1.999396
```

如果正在使用多播委托,就应知道对同一个委托,调用其方法链的顺序并未正式定义。因此应避免编写依赖于以特定顺序调用方法的代码。

通过一个委托调用多个方法还可能导致一个更严重的问题。多播委托包含一个逐个调用的委托集合。如果通过委托调用的其中一个方法抛出一个异常,整个迭代就会停止。下面是 MulticastIteration 示例,其中定义了一个简单的委托 Action,它没有参数并返回 void。这个委托打算调用 One()和 Two()方法,这两个方法满足委托的参数和返回类型要求。注意 One()方法抛出了一个异常(代码文件 MulticastDelegateWithIteration/Program.cs):

```csharp
using System;
using static System.Console;

namespace Wrox.ProCSharp.Delegates
{
  class Program
  {
    static void One()
    {
      WriteLine("One");
      throw new Exception("Error in one");
    }

    static void Two()
    {
      WriteLine("Two");
    }
```

在 Main()方法中,创建了委托 d1,它引用方法 One();接着把 Two()方法的地址添加到同一个委托中。调用 d1 委托,就可以调用这两个方法。在 try/catch 块中捕获异常:

```csharp
    static void Main()
    {
      Action d1 = One;
      d1 += Two;

      try
      {
        d1();
      }
      catch (Exception)
      {
        WriteLine("Exception caught");
      }
    }
  }
}
```

委托只调用了第一个方法。因为第一个方法抛出了一个异常，所以委托的迭代会停止，不再调用 Two()方法。没有指定调用方法的顺序时，结果会有所不同。

```
One
Exception Caught
```

 注意：错误和异常的介绍详见第 14 章。

在这种情况下，为了避免这个问题，应自己迭代方法列表。Delegate 类定义 GetInvocationList() 方法，它返回一个 Delegate 对象数组。现在可以使用这个委托调用与委托直接相关的方法，捕获异常，并继续下一次迭代：

```csharp
static void Main()
{
  Action d1 = One;
  d1 += Two;

  Delegate[] delegates = d1.GetInvocationList();
  foreach (Action d in delegates)
  {
    try
    {
      d();
    }
    catch (Exception)
    {
      WriteLine("Exception caught");
    }
  }
}
```

修改了代码后，运行应用程序，会看到在捕获了异常后将继续迭代下一个方法。

```
One
Exception caught
Two
```

9.2.7 匿名方法

到目前为止，要想使委托工作，方法必须已经存在(即委托通过其将调用方法的相同签名定义)。但还有另外一种使用委托的方式：通过匿名方法。匿名方法是用作委托的参数的一段代码。

用匿名方法定义委托的语法与前面的定义并没有区别。但在实例化委托时，就会出现区别。下面是一个非常简单的控制台应用程序，它说明了如何使用匿名方法(代码文件 AnonymousMethods/Program.cs)：

```csharp
using static System.Console;
using System;

namespace Wrox.ProCSharp.Delegates
{
```

```
class Program
{
  static void Main()
  {
    string mid = ", middle part,";

    Func<string, string> anonDel = delegate(string param)
    {
      param += mid;
      param += " and this was added to the string.";
      return param;
    };
    WriteLine(anonDel("Start of string"));


  }
}
```

Func<string, string>委托接受一个字符串参数，返回一个字符串。anonDel 是这种委托类型的变量。不是把方法名赋予这个变量，而是使用一段简单的代码：前面是关键字 delegate，后面是一个字符串参数。

可以看出，该代码块使用方法级的字符串变量 mid，该变量是在匿名方法的外部定义的，并将其添加到要传递的参数中。接着代码返回该字符串值。在调用委托时，把一个字符串作为参数传递，将返回的字符串输出到控制台上。

匿名方法的使用优点是减少了要编写的代码。不必定义仅由委托使用的方法。在为事件定义委托时，这一点非常明显(本章后面探讨事件)。这有助于降低代码的复杂性，尤其是在定义了好几个事件时，代码会显得比较简单。使用匿名方法时，代码执行速度并没有加快。编译器仍定义了一个方法，该方法只有一个自动指定的名称，我们不需要知道这个名称。

在使用匿名方法时，必须遵循两条规则。在匿名方法中不能使用跳转语句(break、goto 或 continue)跳到该匿名方法的外部，反之亦然：匿名方法外部的跳转语句不能跳到该匿名方法的内部。

在匿名方法内部不能访问不安全的代码。另外，也不能访问在匿名方法外部使用的 ref 和 out 参数。但可以使用在匿名方法外部定义的其他变量。

如果需要用匿名方法多次编写同一个功能，就不要使用匿名方法。此时与复制代码相比，编写一个命名方法比较好，因为该方法只需要编写一次，以后可通过名称引用它。

> 注意：匿名方法的语法在 C# 2 中引入。在新的程序中，并不需要这个语法，因为 lambda 表达式(参见下一节)提供了相同的功能，还提供了其他功能。但是，在已有的源代码中，许多地方都使用了匿名方法，所以最好了解它。
> 从 C# 3.0 开始，可以使用 lambda 表达式。

9.3 lambda 表达式

自 C# 3.0 开始，就可以使用一种新语法把实现代码赋予委托：lambda 表达式。只要有委托参数类型的地方，就可以使用 lambda 表达式。前面使用匿名方法的例子可以改为使用 lambda 表达式。

```csharp
using System;
using static System.Console;

namespace Wrox.ProCSharp.Delegates
{
  class Program
  {
    static void Main()
    {
      string mid = ", middle part,";

      Func<string, string> lambda = param =>
        {
          param += mid;
          param += " and this was added to the string.";
          return param;
        };
      WriteLine(lambda("Start of string"));
    }
  }
}
```

lambda 运算符 "=>" 的左边列出了需要的参数，而其右边定义了赋予 lambda 变量的方法的实现代码。

9.3.1 参数

lambda 表达式有几种定义参数的方式。如果只有一个参数，只写出参数名就足够了。下面的 lambda 表达式使用了参数 s。因为委托类型定义了一个 string 参数，所以 s 的类型就是 string。实现代码调用 String.Format()方法来返回一个字符串，在调用该委托时，就把该字符串最终写入控制台（代码文件 LambdaExpressions/Program.cs）：

```csharp
Func<string, string> oneParam = s =>
        $"change uppercase {s.ToUpper()}";
WriteLine(oneParam("test"));
```

如果委托使用多个参数，就把这些参数名放在圆括号中。这里参数 x 和 y 的类型是 double，由 Func<double, double, double>委托定义：

```csharp
Func<double, double, double> twoParams = (x, y) => x * y;
WriteLine(twoParams(3, 2));
```

为了方便起见，可以在圆括号中给变量名添加参数类型。如果编译器不能匹配重载后的版本，那么使用参数类型可以帮助找到匹配的委托：

```csharp
Func<double, double, double> twoParamsWithTypes = (double x, double y) => x * y;
WriteLine(twoParamsWithTypes(4, 2));
```

9.3.2 多行代码

如果 lambda 表达式只有一条语句，在方法块内就不需要花括号和 return 语句，因为编译器会添加一条隐式的 return 语句：

```
Func<double, double> square = x => x * x;
```

添加花括号、return 语句和分号是完全合法的，通常这比不添加这些符号更容易阅读：

```
Func<double, double> square = x =>
  {
    return x * x;
  }
```

但是，如果在 lambda 表达式的实现代码中需要多条语句，就必须添加花括号和 return 语句：

```
Func<string, string> lambda = param =>
  {
    param += mid;
    param += " and this was added to the string.";
    return param;
  };
```

9.3.3 闭包

通过 lambda 表达式可以访问 lambda 表达式块外部的变量，这称为闭包。闭包是非常好用的功能，但如果使用不当，也会非常危险。

在下面的示例中，Func<int, int>类型的 lambda 表达式需要一个 int 参数，返回一个 int 值。该 lambda 表达式的参数用变量 x 定义。实现代码还访问了 lambda 表达式外部的变量 someVal。只要不假设在调用 f 时，lambda 表达式创建了一个以后使用的新方法，这似乎没有什么问题。看看下面这个代码块，调用 f 的返回值应是 x 加 5 的结果，但实情似乎不是这样：

```
int someVal = 5;
Func<int, int> f = x => x + someVal;
```

假定以后要修改变量 someVal，于是调用 lambda 表达式时，会使用 someVal 的新值。调用 f(3) 的结果是 10：

```
someVal = 7;
WriteLine(f(3));
```

同样，在 lambda 表达式中修改闭包的值时，可以在 lambda 表达式外部访问已改动的值。

现在我们也许会奇怪，如何在 lambda 表达式的内部访问 lambda 表达式外部的变量。为了理解这一点，看看编译器在定义 lambda 表达式时做了什么。对于 lambda 表达式 x => x + someVal，编译器会创建一个匿名类，它有一个构造函数来传递外部变量。该构造函数取决于从外部访问的变量数。对于这个简单的例子，构造函数接受一个 int 值。匿名类包含一个匿名方法，其实现代码、参数和返回类型由 lambda 表达式定义：

```
public class AnonymousClass
{
  private int someVal;
  public AnonymousClass(int someVal)
  {
```

```
     this.someVal = someVal;
  }
  public int AnonymousMethod(int x) => x + someVal;
}
```

使用 lambda 表达式并调用该方法,会创建匿名类的一个实例,并传递调用该方法时变量的值。

注意:如果给多个线程使用闭包,就可能遇到并发冲突。最好仅给闭包使用不变的类型。这样可以确保不改变值,也不需要同步。

注意:lambda 表达式可以用于类型为委托的任意地方。类型是 Expression 或 Expression<T>时,也可以使用 lambda 表达式,此时编译器会创建一个表达式树。该功能的介绍详见第 11 章。

9.4 事件

事件基于委托,为委托提供了一种发布/订阅机制。在.NET 架构内到处都能看到事件。在 Windows 应用程序中,Button 类提供了 Click 事件。这类事件就是委托。触发 Click 事件时调用的处理程序方法需要得到定义,而其参数由委托类型定义。

在本节的示例代码中,事件用于连接 CarDealer 类和 Consumer 类。CarDealer 类提供了一个新车到达时触发的事件。Consumer 类订阅该事件,以获得新车到达的通知。

9.4.1 事件发布程序

我们从 CarDealer 类开始介绍,它基于事件提供一个订阅。CarDealer 类用 event 关键字定义了类型为 EventHandler<CarInfoEventArgs>的 NewCarInfo 事件。在 NewCar()方法中,通过调用 RaiseNewCarInfo 方法触发 NewCarInfo 事件。这个方法的实现确认委托是否为空,如果不为空,就引发事件(代码文件 EventSample/CarDealer.cs):

```
using static System.Console;
using System;

namespace Wrox.ProCSharp.Delegates
{
  public class CarInfoEventArgs: EventArgs
  {
    public CarInfoEventArgs(string car)
    {
      Car = car;
    }

    public string Car { get; }
  }
```

```
public class CarDealer
{
  public event EventHandler<CarInfoEventArgs> NewCarInfo;

  public void NewCar(string car)
  {
    WriteLine($"CarDealer, new car {car}");

    NewCarInfo?.Invoke(this, new CarInfoEventArgs(car));
  }
}
```

 注意：前面例子中使用的空传播运算符.? 是 C# 6 新增的运算符。这个运算符的讨论参见第 8 章。

CarDealer 类提供了 EventHandler<CarInfoEventArgs>类型的 NewCarInfo 事件。作为一个约定，事件一般使用带两个参数的方法；其中第一个参数是一个对象，包含事件的发送者，第二个参数提供了事件的相关信息。第二个参数随不同的事件类型而改变。.NET 1.0 为所有不同数据类型的事件定义了几百个委托。有了泛型委托 EventHandler<T>后，就不再需要委托了。EventHandler<TEventArgs>定义了一个处理程序，它返回 void，接受两个参数。对于 EventHandler<TEventArgs>，第一个参数必须是 object 类型，第二个参数是 T 类型。EventHandler<TEventArgs>还定义了一个关于 T 的约束；它必须派生自基类 EventArgs，CarInfoEventArgs 就派生自基类 EventArgs：

```
public event EventHandler<CarInfoEventArgs> NewCarInfo;
```

委托 EventHandler<TEventArgs>的定义如下：

```
public delegate void EventHandler<TEventArgs>(object sender, TEventArgs e)
    where TEventArgs: EventArgs
```

在一行上定义事件是 C#的简化记法。编译器会创建一个 EventHandler<CarInfoEventArgs>委托类型的变量，并添加方法，以便从委托中订阅和取消订阅。该简化记法的较长形式如下所示。这非常类似于自动属性和完整属性之间的关系。对于事件，使用 add 和 remove 关键字添加和删除委托的处理程序：

```
private EventHandler<CarInfoEventArgs> newCarInfo;
public event EventHandler<CarInfoEventArgs> NewCarInfo
{
  add
  {
    newCarInfo += value;
  }
  remove
  {
    newCarInfo -= value;
  }
}
```

注意：如果不仅需要添加和删除事件处理程序，定义事件的长记法就很有用，例如，需要为多个线程访问添加同步操作。WPF 控件使用长记法给事件添加冒泡和隧道功能。事件的冒泡和隧道详见第 29 章。

CarDealer 类通过调用委托的 RaiseNewCarInfo 方法触发事件。使用委托 NewCarInfo 和花括号可以调用给事件订阅的所有处理程序。注意，与之前的多播委托一样，方法的调用顺序无法保证。为了更多地控制处理程序的调用，可以使用 Delegate 类的 GetInvocationList() 方法，访问委托列表中的每一项，并独立地调用每个方法，如上所示。

```
NewCarInfo?.Invoke(this, new CarInfoEventArgs(car));
```

触发事件是只包含一行代码的程序。然而，这只是 C# 6 的功能。在 C# 6 版本之前，触发事件会更复杂。这是 C# 6 之前实现的相同功能。在触发事件之前，需要检查事件是否为空。因为在进行 null 检查和触发事件之间，可以使用另一个线程把事件设置为 null，所以使用一个局部变量，如下所示：

```
EventHandler<CarInfoEventArgs> newCarInfo = NewCarInfo;
if (newCarInfo != null)
{
  newCarInfo(this, new CarInfoEventArgs(car));
}
```

在 C# 6 中，所有这一切都可以使用 null 传播运算符和一个代码行取代，如前所示。

在触发事件之前，需要检查委托 NewCarInfo 是否不为空。如果没有订阅处理程序，委托就为空：

```
protected virtual void RaiseNewCarInfo(string car)
{
  NewCarInfo?.Invoke(this, new CarInfoEventArgs(car));
}
```

9.4.2 事件侦听器

Consumer 类用作事件侦听器。这个类订阅了 CarDealer 类的事件，并定义了 NewCarIsHere 方法，该方法满足 EventHandler<CarInfoEventArgs> 委托的要求，该委托的参数类型是 object 和 CarInfoEventArgs(代码文件 EventsSample/Consumer.cs)：

```
using static System.Console;

namespace Wrox.ProCSharp.Delegates
{
  public class Consumer
  {
    private string _name;

    public Consumer(string name)
    {
      _name = name;
    }
```

```
      public void NewCarIsHere(object sender, CarInfoEventArgs e)
      {
        WriteLine($"{_name}: car {e.Car} is new");
      }
    }
  }
```

现在需要连接事件发布程序和订阅器。为此使用 CarDealer 类的 NewCarInfo 事件，通过"+="创建一个订阅。消费者 michael(变量)订阅了事件，接着消费者 sebastian(变量)也订阅了事件，然后 michael(变量)通过"-="取消了订阅(代码文件 EventsSample/Program.cs)。

```
namespace Wrox.ProCSharp.Delegates
{
  class Program
  {
    static void Main()
    {
      var dealer = new CarDealer();

      var daniel = new Consumer("Daniel");
      dealer.NewCarInfo += michael.NewCarIsHere;

      dealer.NewCar("Mercedes");

      var sebastian = new Consumer("Sebastian");
      dealer.NewCarInfo += sebastian.NewCarIsHere;

      dealer.NewCar("Ferrari");

      dealer.NewCarInfo -= sebastian.NewCarIsHere;

      dealer.NewCar("Red Bull Racing");
    }
  }
}
```

运行应用程序，一辆 Mercedes 汽车到达，Daniel 得到了通知。因为之后 Sebastian 也注册了该订阅，所以 Daniel 和 Sebastian 都获得了新款 Ferrari 汽车的通知。接着 Sebastian 取消了订阅，所以只有 Daniel 获得了 Red Bull 汽车的通知：

```
CarDealer, new car Mercedes
Daniel: car Mercedes is new
CarDealer, new car Ferrari
Daniel: car Ferrari is new
Sebastian: car Ferrari is new
CarDealer, new car Red Bull Racing
Daniel: car Red Bull is new
```

9.4.3 弱事件

通过事件，可直接连接发布程序和侦听器。但是，垃圾回收方面存在问题。例如，如果不再直接引用侦听器，发布程序就仍有一个引用。垃圾回收器不能清空侦听器占用的内存，因为发布程序仍保有一个引用，会针对侦听器触发事件。

这种强连接可以通过弱事件模式来解决，即使用 WeakEventManager 作为发布程序和侦听器之间的中介。

前面的示例把 CarDealer 作为发布程序，把 Consumer 作为侦听器，本节将修改这个示例，以使用弱事件模式。

WeakEventManager＜T＞在 System.Windows 程序集中定义，不属于.NET Core。这个示例用.NET Framework 4.6 控制台应用程序完成，不运行在其他平台上。

> **注意**：动态创建订阅器时，为了避免出现资源泄露，必须特别留意事件。也就是说，需要在订阅器离开作用域(不再需要它)之前，确保取消对事件的订阅，或者使用弱事件。事件常常是应用程序中内存泄露的一个原因，因为订阅器有长时间存在的作用域，所以源代码也不能被垃圾回收。

使用弱事件，就不需要改变事件发布器(在示例代码 CarDealer 类中)。无论使用紧密耦合的事件还是弱事件都没有关系，其实现是一样的。不同的是使用者的实现。使用者需要实现接口 IWeakEventListener。这个接口定义了方法 ReceiveWeakEvent，在事件触发时会在弱事件管理器中调用该方法。该方法的实现充当代理，调用方法 NewCarIsHere(代码文件 WeakEvents/Consumer.cs)：

```
using System;
using static System.Console;
using System.Windows;

namespace Wrox.ProCSharp.Delegates
{
  public class Consumer: IWeakEventListener
  {
    private string _name;

    public Consumer(string name)
    {
      this._name = name;
    }

    public void NewCarIsHere(object sender, CarInfoEventArgs e)
    {
      WriteLine("\{_name}: car \{e.Car} is new");
    }

    bool IWeakEventListener.ReceiveWeakEvent(Type managerType,
      object sender, EventArgs e)
    {
      NewCarIsHere(sender, e as CarInfoEventArgs);
      return true;
    }
  }
}
```

在 Main 方法中，连接发布器和监听器，目前使用 WeakEventManager < TEventSource, TEventArgs> 类的静态 AddHandler 和 RemoveHandler 方法建立连接(代码文件 WeakEventsSample/Program.cs)：

```
var dealer = new CarDealer();
var daniel = new Consumer("Daniel");
WeakEventManager<CarDealer, CarInfoEventArgs>.AddHandler(dealer,
    "NewCarInfo", daniel.NewCarIsHere);
dealer.NewCar("Mercedes");
var sebastian = new Consumer("Sebastian");
WeakEventManager<CarDealer, CarInfoEventArgs>.AddHandler(dealer,
    "NewCarInfo", sebastian.NewCarIsHere);
dealer.NewCar("Ferrari");
WeakEventManager<CarDealer, CarInfoEventArgs>.RemoveHandler(dealer,
    "NewCarInfo", sebastian.NewCarIsHere);
dealer.NewCar("Red Bull Racing");
```

9.5 小结

本章介绍了委托、lambda 表达式和事件的基础知识，解释了如何声明委托，如何给委托列表添加方法，如何实现通过委托和 lambda 表达式调用的方法，并讨论了声明事件处理程序来响应事件的过程，以及如何创建自定义事件，使用引发事件的模式。

在设计大型应用程序时，使用委托和事件可以减少依赖性和各层的耦合，并能开发出具有更高重用性的组件。

lambda 表达式是基于委托的 C#语言特性，通过它们可以减少需要编写的代码量。lambda 表达式不仅仅用于委托，详见第 13 章。

第 10 章介绍字符串和正则表达式的使用。

第10章

字符串和正则表达式

本章要点
- 创建字符串
- 格式化表达式
- 使用正则表达式

本章源代码下载地址(wrox.com):

打开网页 http://www.wrox.com/go/professionalcsharp6,单击 Download Code 选项卡即可下载本章源代码。本章代码分为以下几个主要的示例文件:

- **StringSample**
- **StringFormats**
- **RegularExpressionPlayground**

从本书一开始,我们就在使用字符串,因为每个程序都需要字符串。但读者可能没有意识到,在 C#中 string 关键字的映射实际上指向.NET 基类 System.String。System.String 是一个功能非常强大且用途广泛的基类,但它不是.NET 库中唯一与字符串相关的类。本章首先复习一下 System.String 的特性,再介绍如何使用其他的.NET 库类来处理字符串,特别是 System.Text 和 System.Text.RegularExpressions 名称空间中的类。本章主要介绍下述内容:

- **构建字符串**——如果多次修改一个字符串,例如,创建一个长字符串,然后显示该字符串或将其传递给其他方法或应用程序,String 类就会变得效率低下。对于这种情况,应使用另一个类 System.Text.StringBuilder,因为它是专门为这种情况设计的。
- **格式化表达式**——这些格式化表达式将用于后面几章中的 Console.WriteLine()方法。格式化表达式使用两个有用的接口 IFormatProvider 和 IFormattable 来处理。在自己的类上实现这两个接口,实际上就可以定义自己的格式化序列,这样,Console.WriteLine()和类似的类就可以按指定的方式显示类的值。
- **正则表达式**——.NET 还提供了一些非常复杂的类来识别字符串,或从长字符串中提取满足某些复杂条件的子字符串。例如,找出字符串中所有重复出现的某个字符或一组字符,或者找出以 s 开头且至少包含一个 n 的所有单词，又或者找出遵循雇员 ID 或社会安全号码结构的字符串。虽然可以使用 String 类，编写方法来完成这类处理，但这类方法编写起来比较繁琐。而使用 System.Text.RegularExpressions 名称空间中的类就比较简单，System.Text.RegularExpressions 专门用于完成这类处理。

10.1 System.String 类

在介绍其他字符串类之前，先快速复习一下 String 类中一些可用的方法。

System.String 类专门用于存储字符串，允许对字符串进行许多操作。此外，由于这种数据类型非常重要，C#提供了它自己的关键字和相关的语法，以便使用这个类来轻松地处理字符串。

使用运算符重载可以连接字符串：

```
string message1 = "Hello"; // returns "Hello"
message1 += ", There"; // returns "Hello, There"
string message2 = message1 + "!"; // returns "Hello, There!"
```

C#还允许使用类似于索引器的语法来提取指定的字符：

```
string message = "Hello";
char char4 = message[4]; // returns 'o'. Note the string is zero-indexed
```

这个类可以完成许多常见的任务，如替换字符、删除空白和把字母变成大写形式等。可用的方法如表 10-1 所示。

表 10-1

方　　法	作　　用
Compare	比较字符串的内容，考虑区域值背景(区域设置)，判断某些字符是否相等
CompareOrdinal	与 Compare 一样，但不考虑区域值背景
Concat	把多个字符串实例合并为一个实例
CopyTo	把从选定下标开始的特定数量字符复制到数组的一个全新实例中
Format	格式化包含各种值的字符串和如何格式化每个值的说明符
IndexOf	定位字符串中第一次出现某个给定子字符串或字符的位置
IndexOfAny	定位字符串中第一次出现某个字符或一组字符的位置
Insert	把一个字符串实例插入到另一个字符串实例的指定索引处
Join	合并字符串数组，创建一个新字符串
LastIndexOf	与 IndexOf 一样，但定位最后一次出现的位置
LastIndexOfAny	与 IndexOfAny 一样，但定位最后一次出现的位置
PadLeft	在字符串的左侧，通过添加指定的重复字符填充字符串
PadRight	在字符串的右侧，通过添加指定的重复字符填充字符串
Replace	用另一个字符或子字符串替换字符串中给定的字符或子字符串

(续表)

方　法	作　用
Split	在出现给定字符的地方，把字符串拆分为一个子字符串数组
Substring	在字符串中检索给定位置的子字符串
ToLower	把字符串转换为小写形式
ToUpper	把字符串转换为大写形式
Trim	删除首尾的空白

 注意：表10-1并不完整，但可以让你明白字符串所提供的功能。

10.1.1 构建字符串

如上所述，String 类是一个功能非常强大的类，它实现许多很有用的方法。但是，String 类存在一个问题：重复修改给定的字符串，效率会很低，它实际上是一个不可变的数据类型，这意味着一旦对字符串对象进行了初始化，该字符串对象就不能改变了。表面上修改字符串内容的方法和运算符实际上是创建一个新字符串，根据需要，可以把旧字符串的内容复制到新字符串中。例如，考虑下面的代码(代码文件 StringSample/Program.cs)：

```
string greetingText = "Hello from all the guys at Wrox Press. ";
greetingText += "We do hope you enjoy this book as much as we enjoyed writing it.";
```

本章的示例使用如下依赖项和名称空间(除非特别说明)：

依赖项：

```
NETStandard.Library
```

名称空间：

```
System
System.Text
static System.Console
```

在执行这段代码时，首先创建一个 System.String 类型的对象，并把它初始化为文本 "Hello from all the guys at Wrox Press. "，注意句号后面有一个空格。此时.NET 运行库会为该字符串分配足够的内存来保存这个文本(39 个字符)，再设置变量 greetingText 来表示这个字符串实例。

从语法上看，下一行代码是把更多的文本添加到字符串中。实际上并非如此，在此是创建一个新字符串实例，给它分配足够的内存，以存储合并的文本(共 103 个字符)。把最初的文本 "Hello from all the people at Wrox Press. " 复制到这个新字符串中，再加上额外的文本 "We do hope you enjoy this book as much as we enjoyed writing it."。然后更新存储在变量 greetingText 中的地址，使变量正确地指向新的字符串对象。现在没有引用旧的字符串对象——不再有变量引用它，下一次垃圾收集器清理应用程序中所有未使用的对象时，就会删除它。

这段代码本身还不错，但假定要对这个字符串编码，将其中的每个字符的 ASCII 值加 1，形成非常简单的加密模式。这就会把该字符串变成 "Ifmmp gspn bmm uif hvst bu Xspy Qsftt. Xf ep ipqf zpv fokpz uijt cppl bt nvdi bt xf fokpzfe xsjujoh ju"。完成这个任务有好几种方式，但最简单、最高效的一种(假定只使用 String 类)是使用 String.Replace()方法，该方法把字符串中指定的子字符串用另一个子字符串代替。使用 Replace()，对文本进行编码的代码如下所示：

```
string greetingText = "Hello from all the guys at Wrox Press. ";
greetingText += "We do hope you enjoy this book as much as we " +
    "enjoyed writing it.";

WriteLine($"Not encoded:\n {greetingText}");

for(int i = 'z'; i>= 'a'; i--)
{
  char old1 = (char)i;
  char new1 = (char)(i+1);
  greetingText = greetingText.Replace(old1, new1);
}

for(int i = 'Z'; i>='A'; i--)
{
  char old1 = (char)i;
  char new1 = (char)(i+1);
  greetingText = greetingText.Replace(old1, new1);
}

WriteLine($"Encoded:\n {greetingText}");
```

> **注意**：为了简单起见，这段代码没有把 Z 换成 A，也没有把 z 换成 a。这些字符分别编码为[和{。

在本示例中，Replace()方法以一种智能的方式工作，在某种程度上，它并没有创建一个新字符串，除非其实际上要对旧字符串进行某些改变。原来的字符串包含 23 个不同的小写字母和 3 个不同的大写字母。所以 Replace()分配一个新字符串，共计分配 26 次，每个新字符串都包含 103 个字符。因此加密过程需要在堆上有一个总共能存储 2678 个字符的字符串对象，该对象最终将等待被垃圾收集！显然，如果使用字符串频繁进行文字处理，应用程序就会遇到严重的性能问题。

为了解决这类问题，Microsoft 提供了 System.Text.StringBuilder 类，StringBuilder 类不像 String 类那样能够支持非常多的方法。在 StringBuilder 类上可以进行的处理仅限于替换和追加或删除字符串中的文本。但是，它的工作方式非常高效。

在使用 String 类构造一个字符串时，要给它分配足够的内存来保存字符串。然而，StringBuilder 类通常分配的内存会比它需要的更多。开发人员可以选择指定 StringBuilder 要分配多少内存，但如果没有指定，在默认情况下就根据初始化 StringBuilder 实例时的字符串长度来确定所用内存的大小。StringBuilder 类有两个主要的属性：

- Length 指定包含字符串的实际长度。
- Capacity 指定字符串在分配的内存中的最大长度。

对字符串的修改就在赋予 StringBuilder 实例的内存块中进行，这就大大提高了追加子字符串和替换单个字符的效率。删除或插入子字符串仍然效率低下，因为这需要移动随后的字符串部分。只有执行扩展字符串容量的操作时，才需要给字符串分配新内存，这样才能移动包含的整个字符串。在添加额外的容量时，从经验来看，如果 StringBuilder 类检测到容量超出，且没有设置新值，就会使自己的容量翻倍。

例如，如果使用 StringBuilder 对象构造最初的欢迎字符串，就可以编写下面的代码：

```
var greetingBuilder =
  new StringBuilder("Hello from all the guys at Wrox Press. ", 150);
greetingBuilder.AppendFormat("We do hope you enjoy this book as much " +
  "as we enjoyed writing it");
```

注意：为了使用 StringBuilder 类，需要在代码中引用 System.Text 类。

在这段代码中，为 StringBuilder 类设置的初始容量是 150。最好把容量设置为字符串可能的最大长度，确保 StringBuilder 类不需要重新分配内存，因为其容量足够用了。该容量默认设置为 16。理论上，可以设置尽可能大的数字，足够给该容量传送一个 int 值，但如果实际上给字符串分配 20 亿个字符的空间(这是 StringBuilder 实例理论上允许拥有的最大空间)，系统就可能会没有足够的内存。

然后，在调用 AppendFormat()方法时，其他文本就放在空的空间中，不需要分配更多的内存。但是，多次替换文本才能获得使用 StringBuilder 类所带来的高效性能。例如，如果要以前面的方式加密文本，就可以执行整个加密过程，无须分配更多的内存：

```
var greetingBuilder =
  new StringBuilder("Hello from all the guys at Wrox Press. ", 150);
greetingBuilder.AppendFormat("We do hope you enjoy this book as much " +
  "as we enjoyed writing it");

WriteLine("Not Encoded:\n" + greetingBuilder);

for(int i = 'z'; i>='a'; i--)
{
  char old1 = (char)i;
  char new1 = (char)(i+1);
  greetingBuilder = greetingBuilder.Replace(old1, new1);
}

for(int i = 'Z'; i>='A'; i--)
{
  char old1 = (char)i;
  char new1 = (char)(i+1);
  greetingBuilder = greetingBuilder.Replace(old1, new1);
}

WriteLine("Encoded:\n" + greetingBuilder);
```

这段代码使用了 StringBuilder.Replace()方法，它的功能与 String.Replace()一样，但不需要在过程中复制字符串。在上述代码中，为存储字符串而分配的总存储单元是用于 StringBuilder 实例的 150

个字符,以及在最后一条 Console.WriteLine()语句中执行字符串操作期间分配的内存。

一般而言,使用 StringBuilder 类执行字符串的任何操作,而使用 String 类存储字符串或显示最终结果。

10.1.2　StringBuilder 成员

前面介绍了 StringBuilder 类的一个构造函数,它的参数是一个初始字符串及该字符串的容量。StringBuilder 类还有几个其他的构造函数。例如,可以只提供一个字符串:

```
var sb = new StringBuilder("Hello");
```

或者用给定的容量创建一个空的 StringBuilder 类:

```
var sb = new StringBuilder(20);
```

除了前面介绍的 Length 和 Capacity 属性外,还有一个只读属性 MaxCapacity,它表示对给定的 StringBuilder 实例的容量限制。在默认情况下,这由 int.MaxValue 给定(大约 20 亿,如前所述)。但在构造 StringBuilder 对象时,也可以把这个值设置为较低的值:

```
// This will set the initial capacity to 100, but the max will be 500.
// Hence, this StringBuilder can never grow to more than 500 characters,
// otherwise it will raise an exception if you try to do that.
var sb = new StringBuilder(100, 500);
```

还可以随时显式地设置容量,但如果把这个值设置为小于字符串的当前长度,或者是超出了最大容量的某个值,就会抛出一个异常:

```
var sb = new StringBuilder("Hello");
sb.Capacity = 100;
```

StringBuilder 类主要的方法如表 10-2 所示。

表 10-2

方　　法	说　　明
Append()	给当前字符串追加一个字符串
AppendFormat()	追加特定格式的字符串
Insert()	在当前字符串中插入一个子字符串
Remove()	从当前字符串中删除字符
Replace()	在当前字符串中,用某个字符全部替换另一个字符,或者用当前字符串中的一个子字符串全部替换另一个字符串
ToString()	返回当前强制转换为 System.String 对象的字符串(在 System.Object 中重写)

其中一些方法还有几种重载版本。

> 注意:AppendFormat()方法实际上会在最终调用 Console.WriteLine()方法时被调用,它负责确定所有像{0:D}的格式化表达式应使用什么表达式替代。下一节讨论这个问题。

不能把 StringBuilder 强制转换为 String(隐式转换和显式转换都不行)。如果要把 StringBuilder 的内容输出为 String，唯一的方式就是使用 ToString()方法。

前面介绍了 StringBuilder 类，说明了使用它提高性能的一些方式。但要注意，这个类并不总能提高性能。StringBuilder 类基本上应在处理多个字符串时使用。但如果只是连接两个字符串，使用 System.String 类会比较好。

10.2 字符串格式

之前的章节介绍了用$前缀给字符串传递变量。本章讨论这个 C# 6 新功能背后的理论，并囊括格式化字符串提供的所有其他功能。

10.2.1 字符串插值

C# 6 引入了给字符串使用$前缀的字符串插值。下面的示例使用$前缀创建了字符串 s2，这个前缀允许在花括号中包含占位符来引用代码的结果。{ s1 }是字符串中的一个占位符，编译器将变量 s1 的值放在字符串 s2 中(代码文件 StringFormats/Program. cs)：

```
string s1 = "World";
string s2 = $"Hello, {s1}";
```

在现实中，这只是语法糖。对于带$前缀的字符串，编译器创建 String.Format 方法的调用。所以前面的代码段解读为：

```
string s1 = "World";
string s2 = String.Format("Hello, {0}", s1);
```

String.Format 方法的第一个参数接受一个格式字符串，其中的占位符从 0 开始编号，其后是放入字符串空白处的参数。

新的字符串格式要方便得多，不需要编写那么多代码。

不仅可以使用变量来填写字符串的空白处，还可以使用返回一个值的任何方法：

```
string s2 = $"Hello, {s1.ToUpper()}";
```

这段代码可解读为如下类似的语句：

```
string s2 = String.Format("Hello, {0}", s1.ToUpper());
```

字符串还可以有多个空白处，如下所示的代码：

```
int x = 3, y = 4;
string s3 = $"The result of {x} + {y} is {x + y}";
```

解读为：

```
string s3 = String.Format("The result of {0} and {1} is {2}", x, y, x + y);
```

1. FormattableString

把字符串赋予 FormattableString，就很容易得到翻译过来的插值字符串。插值字符串可以直接分配，因为 FormattableString 比正常的字符串更适合匹配。这个类型定义了 Format 属性(返回得到的格式字符串)、ArgumentCount 属性和方法 GetArgument(返回值)：

```
int x = 3, y = 4;
FormattableString s = $"The result of {x} + {y} is {x + y}";
WriteLine($"format: {s.Format}");
for (int i = 0; i < s.ArgumentCount; i++)
{
  WriteLine($"argument {i}: {s.GetArgument(i)}");
}
```

运行此代码段，输出结果如下：

```
format: The result of {0} + {1} is {2}
argument 0: 3
argument 1: 4
argument 2: 7
```

> 注意：类 FormattableString 在 System 名称空间中定义，但是需要.NET 4.6。如果想在.NET 旧版本中使用 FormattableString，可以自己创建这种类型，或使用 NuGet 包 StringInterpolationBridge。

2. 给字符串插值使用其他区域值

插值字符串默认使用当前的区域值，这很容易改变。辅助方法 Invariant 把插值字符串改为使用不变的区域值，而不是当前的区域值。因为插值字符串可以分配给 FormattableString 类型，所以它们可以传递给这个方法。FormattableString 定义了允许传递 IFormatProvider 的 ToString 方法。接口 IFormatProvider 由 CultureInfo 类实现。把 CultureInfo.InvariantCulture 传递给 IFormatProvider 参数，就可把字符串改为使用不变的区域值：

```
private string Invariant(FormattableString s) =>
  s.ToString(CultureInfo.InvariantCulture);
```

> 注意：第 28 章讨论了格式字符串的语言专有问题，以及区域值和不变的区域值。

在下面的代码段中，Invariant 方法用来把一个字符串传递给第二个 WriteLine 方法。WriteLine 的第一个调用使用当前的区域值，而第二个调用使用不变的区域值：

```
var day = new DateTime(2025, 2, 14);
WriteLine($"{day:d}");
WriteLine(Invariant($"{day:d}"));
```

如果有英语区域值设置，结果就如下所示。如果系统配置了另一个区域值，第一个结果就是不同的。在任何情况下，都会看到不变区域值的差异：

```
2/14/2025
02/14/2015
```

使用不变的区域值，不需要自己实现方法，而可以直接使用 FormattableString 类的静态方法 Invariant：

```
WriteLine(FormattableString.Invariant($"{day:d}"));
```

3. 转义花括号

如果希望在插值字符串中包括花括号，可以使用两个花括号转义它们：

```
string s = "Hello";
WriteLine($"{{s}} displays the value of s: {s}");
```

WriteLine 方法被解读为如下实现代码：

```
WriteLine(String.Format("{s} displays the value of s: {0}", s));
```

输出如下：

```
{s} displays the value of s : Hello
```

还可以转义花括号，从格式字符串中建立一个新的格式字符串。下面看看这个代码段：

```
string formatString = $"{s}, {{0}}";
string s2 = "World";
WriteLine(formatString, s2);
```

有了字符串变量 formatString，编译器会把占位符 0 插入变量 s，调用 String.Format：

```
string formatString = String.Format("{0}, {{0}}", s);
```

这会生成格式字符串，其中变量 s 替换为值 Hello，删除第二个格式最外层的花括号：

```
string formatString = "Hello, {0}";
```

在 WriteLine 方法的最后一行，使用变量 s2 的值把 World 字符串插值到新的占位符 0 中：

```
WriteLine("Hello, World");
```

10.2.2 日期时间和数字的格式

除了给占位符使用字符串格式之外，还可以根据数据类型使用特定的格式。下面先从日期开始。在占位符中，格式字符串跟在表达式的后面，用冒号隔开。下面所示的例子是用于 DateTime 类型的 D 和 d 格式：

```
var day = new DateTime(2025, 2, 14);
WriteLine($"{day:D}");
WriteLine($"{day:d}");
```

结果显示，用大写字母 D 表示长日期格式字符串，用小写字母 d 表示短日期字符串：

```
Friday, February 14, 2025
2/14/2025
```

根据所使用的大写或小写字符串，DateTime 类型会得到不同的结果。根据系统的语言设置，输出可能不同。日期和时间是特定于语言的。

DateTime 类型支持很多不同的标准格式字符串，显示日期和时间的所有表示：例如，t 表示短时间格式，T 表示长时间格式，g 和 G 显示日期和时间。这里不讨论所有其他选项，在 MSDN 文档的 DateTime 类型的 ToString 方法中，可以找到相关介绍。

> **注意**：应该提到的一个问题是，为 DateTime 构建自定义的格式字符串。自定义的日期和时间格式字符串可以结合格式说明符，例如 dd-MMM-yyyy：
>
> ```
> WriteLine($"{day:dd-MMM-yyyy}");
> ```
>
> 结果如下：
>
> ```
> 14-Feb-2025
> ```
>
> 这个自定义格式字符串利用 dd 把日期显示为两个数字(如果某个日期在 10 日之前，这就很重要，从这里可以看到 d 和 dd 之间的区别)、MMM(月份的缩写名称，注意它是大写，而 mm 表示分钟)和表示四位数年份的 yyyy。同样，在 MSDN 文档中可以找到用于自定义日期和时间格式字符串的所有其他格式说明符。

数字的格式字符串不区分大小写。下面看看 n、e、x 和 c 标准数字格式字符串：

```
int i = 2477;
WriteLine($"{i:n} {i:e} {i:x} {i:c}");
```

n 格式字符串定义了一个数字格式，用组分隔符显示整数和小数。e 表示使用指数表示法，x 表示转换为十六进制，c 显示货币：

```
2,477.00 2.477000e+003 9ad $2,477.00
```

对于数字的表示，还可以使用定制的格式字符串。# 格式说明符是一个数字占位符，如果数字可用，就显示数字；如果数字不可用，就不显示数字。0 格式说明符是一个零占位符，显示相应的数字，如果数字不存在，就显示零。

```
double d = 3.1415;
WriteLine($"{d:###.###}");
WriteLine($"{d:000.000}");
```

在示例代码中，对于 double 值，第一个结果把逗号后的值舍入为三位小数，第二个结果是显示逗号前的三个数字：

```
3.142
003.142
```

MSDN 文档给百分比、往返和定点显示提供了所有的标准数字格式字符串，以及提供自定义格式字符串，用于使指数、小数点、组分隔符等显示不同的外观。

10.2.3 自定义字符串格式

格式字符串不限于内置类型，可以为自己的类型创建自定义格式字符串。为此，只需要实现接口 IFormattable。

首先是一个简单的 Person 类，它包含 FirstName 和 LastName 属性(代码文件 StringFormats/Person.cs)：

```csharp
public class Person
{
  public string FirstName { get; set; }
  public string LastName { get; set; }
}
```

为了获得这个类的简单字符串表示，重写基类的 ToString 方法。这个方法返回由 FirstName 和 LastName 组成的字符串：

```csharp
public override string ToString() => FirstName + " " + LastName;
```

除了简单的字符串表示之外，Person 类也应该支持格式字符串 F，返回名 L 和姓 A，后者代表"all"；并且应该提供与 ToString 方法相同的字符串表示。为实现自定义字符串，接口 IFormattable 定义了带两个参数的 ToString 方法：一个是格式的字符串参数，另一个是 IFormatProvider 参数。IFormatProvider 参数未在示例代码中使用。可以基于区域值使用这个参数，进行不同的显示，因为 CultureInfo 类实现了该接口。

实现了这个接口的其他类是 NumberFormatInfo 和 DateTimeFormatInfo。可以把实例传递到 ToString 方法的第二个参数，使用这些类配置数字和 DateTime 的字符串表示。ToString 方法的实现代码只使用 switch 语句，基于格式字符串返回不同的字符串。为了使用格式字符串直接调用 ToString 方法，而不提供格式提供程序，应重载 ToString 方法。这个方法又调用有两个参数的 ToString 方法：

```csharp
public class Person : IFormattable
{
  public string FirstName { get; set; }
  public string LastName { get; set; }

  public override string ToString() => FirstName + " " + LastName;

  public virtual string ToString(string format) => ToString(format, null);

  public string ToString(string format, IFormatProvider formatProvider)
  {
    switch (format)
    {
      case null:
      case "A":
        return ToString();
      case "F":
        return FirstName;
      case "L":
```

```
      return LastName;
    default:
      throw new FormatException($"invalid format string {format}");
    }
  }
}
```

有了这些代码,就可以明确传递格式字符串,或隐式使用字符串插值,以调用 ToString 方法。隐式的调用使用带两个参数的 ToString 方法,并给 IFormatProvider 参数传递 null(代码文件 StringFormats/Program.cs):

```
var p1 = new Person { FirstName = "Stephanie", LastName = "Nagel" };
WriteLine(p1.ToString("F"));
WriteLine($"{p1:F}");
```

10.3 正则表达式

正则表达式作为小型技术领域的一部分,在各种程序中都有着难以置信的作用。正则表达式可以看成一种有特定功能的小型编程语言:在大的字符串表达式中定位一个子字符串。它不是一种新技术,最初是在 UNIX 环境中开发的,与 Perl 和 JavaScript 编程语言一起使用得比较多。System.Text.RegularExpressions 名称空间中的许多.NET 类都支持正则表达式。.NET Framework 的各个部分也使用正则表达式。例如,在 ASP.NET 验证服务器的控件中就使用了正则表达式。

对于不太熟悉正则表达式语言的读者,本节将主要解释正则表达式和相关的.NET 类。如果你很熟悉正则表达式,就可以浏览本节,选择学习与.NET 基类引用有关的内容。注意,.NET 正则表达式引擎用于兼容 Perl 5 的正则表达式,但它有一些新功能。

10.3.1 正则表达式概述

正则表达式语言是一种专门用于字符串处理的语言。它包含两个功能:
- 一组用于标识特殊字符类型的转义代码。你可能很熟悉 DOS 命令中使用*字符表示任意子字符串(例如,DOS 命令 Dir Re*会列出名称以 Re 开头的所有文件)。正则表达式使用与*类似的许多序列来表示"任意一个字符"、"一个单词的中断"和"一个可选的字符"等。
- 一个系统,在搜索操作中把子字符串和中间结果的各个部分组合起来。

使用正则表达式,可以对字符串执行许多复杂而高级的操作,例如:
- 识别(可以是标记或删除)字符串中所有重复的单词,例如,把"The computer books books"转换为"The computer books"。
- 把所有单词都转换为标题格式,例如,把"this is a Title"转换为"This Is A Title"。
- 把长于 3 个字符的所有单词都转换为标题格式,例如,把"this is a Title"转换为"This is a Title"。
- 确保句子有正确的大写形式。
- 区分 URI 的各个元素(例如,给定 http://www.wrox.com,提取出其中的协议、计算机名和文件名等)。

当然,这些都是可以在 C#中用 System.String 和 System.Text.StringBuilder 的各种方法执行的任务。但是,在一些情况下,还需要编写相当多的 C#代码。如果使用正则表达式,这些代码一般可以压缩为几行。实际上,这是实例化了一个对象 System.Text.RegularExpressions.RegEx(甚至更简单,调用静态的 RegEx()方法),给它传递要处理的字符串和一个正则表达式(这是一个字符串,它包含用正则表达式语言编写的指令)。

正则表达式字符串初看起来像是一般的字符串,但其中包含了转义序列和有特定含义的其他字符。例如,序列\b 表示一个字的开头和结尾(字的边界),因此如果要表示正在查找以字符 th 开头的字,就可以编写正则表达式\bth(即字边界是序列–t–h)。如果要搜索所有以 th 结尾的单词,就可以编写 th\b(字边界是序列 t– h–)。但是,正则表达式要比这复杂得多,包括可以在搜索操作中找到存储部分文本的工具性程序。本节仅简要介绍正则表达式的功能。

注意:正则表达式的更多信息可参阅 Andrew Watt 撰写的图书 *Beginning Regular Expressions*(John Wiley & Sons, 2005)。

假定应用程序需要把美国电话号码转换为国际格式。在美国,电话号码的格式为 314-123-1234,常常写作(314)123-1234。在把这个国家格式转换为国际格式时,必须在电话号码的前面加上+1(美国的国家代码),并给区号加上圆括号:+1(314) 123-1234。在查找和替换时,这并不复杂。但如果要使用 String 类完成这个转换,就需要编写一些代码(这表示必须使用 System.String 类的方法来编写代码)。而正则表达式语言可以构造一个短的字符串来表达上述含义。

所以,本节只有一个非常简单的示例,我们只考虑如何查找字符串中的某些子字符串,无须考虑如何修改它们。

10.3.2 RegularExpressionsPlayaround 示例

本章的正则表达式示例使用如下依赖项和名称空间:

依赖项:

```
NETStandard.Library
```

名称空间:

```
System
System.Text.RegularExpressions
static System.Console
```

下面将开发一个小示例 RegularExpressionsPlayaround,通过实现并显示一些搜索的结果,说明正则表达式的一些功能,以及如何在 C#中使用.NET 正则表达式引擎。在这个示例文档中使用的文本是本书前一版的部分简介(代码文件 RegularExpressionsPlayground/Program.cs):

```
const string input =
    @"This book is perfect for both experienced C# programmers looking to " +
    "sharpen their skills and professional developers who are using C# for " +
    "the first time. The authors deliver unparalleled coverage of " +
    "Visual Studio 2013 and .NET Framework 4.5.1 additions, as well as " +
    "new test-driven development and concurrent programming features. " +
    "Source code for all the examples are available for download, so you " +
    "can start writing Windows desktop, Windows Store apps, and ASP.NET " +
    "web applications immediately.";
```

注意：上面的代码说明了前缀为@符号的逐字字符串的实用性。这个前缀在正则表达式中非常有用。

我们把这个文本称为输入字符串。为了说明.NET 类的正则表达式，我们先进行一次纯文本的基本搜索，这次搜索不带任何转义序列或正则表达式命令。假定要查找所有的字符串 ion，把这个搜索字符串称为模式。使用正则表达式和上面声明的变量 Text，可编写出下面的代码：

```
public static void Find1(text)
{
  const string pattern = "ion";
  MatchCollection matches = Regex.Matches(text, pattern,
                    RegexOptions.IgnoreCase |
                    RegexOptions.ExplicitCapture);

  foreach (Match nextMatch in matches)
  {
    WriteLine(nextMatch.Index);
  }
}
```

在这段代码中，使用了 System.Text.RegularExpressions 名称空间中 Regex 类的静态方法 Matches()。这个方法的参数是一些输入文本、一个模式和从 RegexOptions 枚举中提取的一组可选标志。在本例中，指定所有的搜索都不应区分大小写。另一个标记 ExplicitCapture 改变了收集匹配的方式，对于本例，这样可以使搜索的效率更高，其原因详见后面的内容(尽管它还有这里没有探讨的其他用法)。Matches()方法返回 MatchCollections 对象的引用。匹配是一个技术术语，表示在表达式中查找模式实例的结果，用 System.Text.RegularExpressions.Match 类来表示它。因此，我们返回一个包含所有匹配的 MatchCollection，每个匹配都用一个 Match 对象来表示。在上面的代码中，只是迭代集合，并使用 Match 类的 Index 属性，Match 类返回输入文本中匹配所在的索引。运行这段代码将得到 3 个匹配。表 10-3 描述了 RegexOptions 枚举的一些成员。

表 10-3

成 员 名	说 明
CultureInvariant	指定忽略字符串的区域值
ExplicitCapture	修改收集匹配的方式，方法是确保把显式指定的匹配作为有效的搜索结果
IgnoreCase	忽略输入字符串的大小写
IgnorePatternWhitespace	在字符串中删除未转义的空白，启用通过#符号指定的注释
Multiline	修改字符^和$，把它们应用于每一行的开头和结尾，而不仅仅应用于整个字符串的开头和结尾
RightToLeft	从右到左地读取输入字符串，而不是默认地从左到右读取(适合于一些亚洲语言或其他以这种方式读取的语言)
Singleline	指定句点的含义(.)，它原来表示单行模式，现在改为匹配每个字符

到目前为止，在前面的示例中，除了一些新的.NET 基类外，其他都不是新的内容。但正则表达式的能力主要取决于模式字符串，原因是模式字符串不必仅包含纯文本。如前所述，它还可以包含元字符和转义序列，其中元字符是给出命令的特定字符，而转义序列的工作方式与 C#的转义序列相同。它们都是以反斜杠(\)开头的字符，且具有特殊的含义。

例如，假定要查找以 n 开头的字，那么可以使用转义序列\b，它表示一个字的边界(字的边界是以字母数字表中的某个字符开头，或者后面是一个空白字符或标点符号)。可以编写如下代码：

```
const string pattern = @"\bn";
MatchCollection myMatches = Regex.Matches(input, pattern,
                            RegexOptions.IgnoreCase |
                            RegexOptions.ExplicitCapture);
```

注意字符串前面的符号@。要在运行时把\b 传递给.NET 正则表达式引擎，反斜杠(\)不应被 C#编译器解释为转义序列。如果要查找以序列 ion 结尾的字，就可以使用下面的代码：

```
const string pattern = @"ions\b";
```

如果要查找以字母 a 开头、以序列 ion 结尾的所有字(在本例中仅有一个匹配的字 application)，就必须在上面的代码中添加一些内容。显然，我们需要一个以\ba 开头、以 ion\b 结尾的模式，但中间的内容怎么办？需要告诉应用程序，在 a 和 ion 中间的内容可以是任意长度的字符，只要这些字符不是空白即可。实际上，正确的模式如下所示。

```
const string pattern = @"\ba\S*ions\b";
```

使用正则表达式要习惯的一点是，对像这样怪异的字符序列应见怪不怪。但这个序列的工作是非常逻辑化的。转义序列\S 表示任何不是空白字符的字符。*称为限定符，其含义是前面的字符可以重复任意次，包括 0 次。序列\S*表示任意数量不是空白字符的字符。因此，上面的模式匹配以 a 开头以 ion 结尾的任何单个单词。

表 10-4 是可以使用的一些主要的特定字符或转义序列，但这个表并不完整，完整的列表请参考 MSDN 文档。

表 10-4

符号	含义	示例	匹配的示例
^	输入文本的开头	^B	B，但只能是文本中的第一个字符
$	输入文本的结尾	X$	X，但只能是文本中的最后一个字符
.	除了换行符(\n)以外的所有单个字符	i.ation	isation、ization
*	可以重复 0 次或多次的前导字符	ra*t	rt、rat、raat 和 raaat 等
+	可以重复 1 次或多次的前导字符	ra+t	rat、raat 和 raaat 等(但不能是 rt)
?	可以重复 0 次或 1 次的前导字符	ra?t	只有 rt 和 rat 匹配
\s	任何空白字符	\sa	[space]a、\ta、\na (\t 和\n 与 C#中的\t 和\n 含义相同)
\S	任何不是空白的字符	\SF	aF、rF、cF，但不能是\tf
\b	字边界	ion\b	以 ion 结尾的任何字
\B	不是字边界的任意位置	\BX\B	字中间的任何 X

如果要搜索其中一个元字符，就可以通过带有反斜杠的相应转义字符来表示。例如，"."（一个句点）表示除了换行字符以外的任何单个字符，而"\."表示一个点。

可以把替换的字符放在方括号中，请求匹配包含这些字符。例如，[1|c]表示字符可以是1或c。如果要搜索map或man，就可以使用序列ma[n|p]。在方括号中，也可以指定一个范围，例如，[a-z]表示所有的小写字母，[A-E]表示A~E之间的所有大写字母(包括字母A和E)，[0-9]表示一个数字。如果要搜索一个整数(该序列只包含0~9的字符)，就可以编写[0-9]+。

> **注意**：使用"+"字符表示至少要有这样一个数字，但可以有多个数字，所以9、83和854等都是匹配的。

^用在方括号中时有不同的含义。在方括号外部使用它，就标记输入文本的开头。在方括号内使用它，表示除了^之后的字符之外的任意字符。

10.3.3 显示结果

本节编写一个示例RegularExpressionsPlayaround，看看正则表达式的工作方式。

该示例的核心是一个方法WriteMatches()，它把MatchCollection中的所有匹配以比较详细的格式显示出来。对于每个匹配结果，该方法都会显示匹配在输入字符串中的索引、匹配的字符串和一个略长的字符串，其中包含匹配结果和输入文本中至多10个外围字符，其中至多有5个字符放在匹配结果的前面，至多5个字符放在匹配结果的后面(如果匹配结果的位置在输入文本的开头或结尾5个字符内，则结果中匹配字符串前后的字符就会少于5个)。换言之，在RegularExpressionsPlayaround示例开始时，如果要匹配的单词是applications，靠近输入文本开头的匹配结果应是"web applications imme"，匹配结果的前后各有5个字符，但位于输入文本的最后一个字immediately上的匹配结果就应是" ions immediately "——匹配结果的后面只有一个字符，因为在该字符的后面是字符串的结尾。下面这个长字符串可以更清楚地表明正则表达式是在什么地方查找到匹配结果的：

```
public static void WriteMatches(string text, MatchCollection matches)
{
  WriteLine($"Original text was: \n\n{text}\n");
  WriteLine($"No. of matches: {matches.Count}");

  foreach (Match nextMatch in matches)
  {
    int index = nextMatch.Index;
    string result = nextMatch.ToString();
    int charsBefore = (index < 5) ? index : 5;
    int fromEnd = text.Length - index - result.Length;
    int charsAfter = (fromEnd < 5) ? fromEnd : 5;
    int charsToDisplay = charsBefore + charsAfter + result.Length;
    WriteLine($"Index: {index}, \tString: {result}, \t" +
      "{text.Substring(index - charsBefore, charsToDisplay)}");
  }
}
```

在这个方法中，处理过程是确定在较长的子字符串中有多少个字符可以显示，而无须超出输入文本的开头或结尾。注意在 Match 对象上使用了另一个属性 Value，它包含标识该匹配的字符串。而且，RegularExpressionsPlayaround 只包含名为 Find1、Find2 等的方法，这些方法根据本节中的示例执行某些搜索操作。例如，Find2 查找以 a 开头的任意字符串：

```
public static void Find2(string text)
{
  string pattern = @"\ba\S*ions\b";
  MatchCollection matches = Regex.Matches(text, pattern,
      RegexOptions.IgnoreCase);
  WriteMatches(text, matches);
}
```

下面是一个简单的 Main() 方法，可以编辑它，从而选择一个 Find<n>() 方法：

```
public static void Main()
{
  Find2();
  ReadLine();
}
```

这段代码还需要使用 RegularExpressions 名称空间：

```
using System;
using System.Text.RegularExpressions;
```

运行带有 Find 2() 方法的示例，得到如下所示的结果：

```
No. of matches: 2
Index: 243,     String: additions,      .5.1 additions, as
Index: 469,     String: applications,   web applications imme
```

10.3.4 匹配、组和捕获

正则表达式的一个优秀特性是可以把字符组合起来，其工作方式与 C#中的复合语句一样。在 C#中，可以把任意数量的语句放在花括号中，把它们组合在一起，其结果视为复合语句。在正则表达式模式中，也可以把任何字符组合起来(包括元字符和转义序列)，像处理单个字符那样处理它们。唯一的区别是要使用圆括号而不是花括号，得到的序列称为一组。

例如，模式(an)+定位任意重复出现的序列 an。限定符"+"只应用于它前面的一个字符，但因为我们把字符组合起来了，所以它现在把重复的 an 作为一个单元来对待。这意味着，如果(an)+应用到输入文本"bananas came to Europe late in the annals of history"上，就会从 bananas 中识别出 anan。另一方面，如果使用 an+，则程序将从 annals 中选择 ann，从 bananas 中选择出两个分开的 an 序列。表达式(an)+可以识别出 an、anan、ananan 等，而表达式 an+可以识别出 an、ann、annn 等。

 注意：在上面的示例中，为什么(an)+从 banana 中选择的是 anan，而没有把其中一个 an 作为一个匹配结果？因为匹配结果是不能重叠的。如果有可能重叠，在默认情况下就选择最长的匹配序列。

但是，组的功能要比这强大得多。在默认情况下，把模式的一部分组合为一个组时，就要求正则表达式引擎按照该组来匹配，或按照整个模式来匹配。换言之，可以把组当成一个要匹配和返回的模式。如果要把字符串分解为各个部分，这种模式就非常有效。

例如，URI 的格式是<protocol>://<address>:<port>，其中端口是可选的。它的一个示例是http://www.wrox.com:80。假定要从一个 URI 中提取协议、地址和端口，而且不考虑 URI 的后面是否紧跟着空白(但没有标点符号)，那么可以使用下面的表达式：

```
\b(https?)(://)([.\w]+)([\s:]([\d]{2,5})?)\b
```

该表达式的工作方式如下：首先，前导\b 序列和结尾\b 序列确保只需要考虑完全是字的文本部分。在这个文本部分中，第一个组(https?)会识别 http 或 https 协议。S 字符后面的?指定这个字符可能出现 0 次或 1 次，因此找到 http 和 https。括号表示把协议存储为一组。

第二个组是一个简单的(://)。它仅指定字符://。

第三个组([.\w]+)比较有趣。这个组包含一个放在括号里的表达式，该表达式要么是句点字符(.)，要么是用\w 指定的任意字母数字字符。这些字符可以重复任意多次，因此匹配 www.wrox.com。

第四组([\s:]([\d]{2,5})?)是一个较长的表达式，包含一个内部组。在该组中，第一个放在括号中的表达式允许通过\s 指定空白字符或冒号。内部组用[\d]指定一个数字。表达式{ 2, 5 }指定前面的字符(数字)允许至少出现两次但不超过 5 次。数字的完整表达式用内部组后面的?指定允许出现 0 次或 1 次。使这个组变成可选非常重要，因为端口号并不总是在 URI 中指定；事实上，通常不指定它。

下面定义一个字符串来运行这个表达式(代码文件 RegularExpressionsPlayground/ Program.cs)：

```
string line = "Hey, I've just found this amazing URI at " +
    "http:// what was it -oh yes https://www.wrox.com or " +
    "http://www.wrox.com:80";
```

与这个表达式匹配的代码使用类似于之前的 Matches 方法。区别是在 Match.Groups 属性内迭代所有的 Group 对象，在控制台上输出每组得到的索引和值：

```
string pattern = @"\b(https?)(://)([.\w]+)([\s:]([\d]{2,4})?)\b";
var r = new Regex(pattern);
MatchCollection mc = r.Matches(line);

foreach (Match m in mc)
{
  WriteLine($"Match: {m}");
  foreach (Group g in m.Groups)
  {
    if (g.Success)
    {
      WriteLine($"group index: {g.Index}, value: {g.Value}");
    }
  }
  WriteLine();
}
```

运行程序，得到如下组和值：

```
Match https://www.wrox.com
```

```
group index 70, value: https://www.wrox.com
group index 70, value: https
group index 75, value: ://
group index 78, value: www.wrox.com
group index 90, value:

Match http://www.wrox.com:80
group index 94, value http://www.wrox.com:80
group index 94, value: http
group index 98, value: ://
group index 101, value: www.wrox.com
group index 113, value: :80
group index 114, value: 80
```

之后,就匹配文本中的 URI,URI 的不同部分得到了很好的分组。组还提供了更多的功能。一些组,如协议和地址之间的分隔,可以忽略,并且组也可以命名。

修改正则表达式,命名每个组,忽略一些名称。在组的开头指定?<name>,就可给组命名。例如,协议、地址和端口的正则表达式组就采用相应的名称。在组的开头使用?:来忽略该组。不要迷惑于组内的?:://,它表示搜索://,组本身因为前面的?:而被忽略:

```
string pattern = @"\b(?<protocol>https?)(?:://)" +
  @"(?<address>[.\w]+)([\s:](?<port>[\d]{2,4})?)\b";
```

为了从正则表达式中获得组,Regex 类定义了 GetGroupNames 方法。在下面的代码段中,每个匹配都使用所有的组名,使用 Groups 属性和索引器输出组名和值:

```
Regex r = new Regex(pattern, RegexOptions.ExplicitCapture);

MatchCollection mc = r.Matches(line);
foreach (Match m in mc)
{
  WriteLine($"match: {m} at {m.Index}");

  foreach (var groupName in r.GetGroupNames())
  {
    WriteLine($"match for {groupName}: {m.Groups[groupName].Value}");
  }
}
```

运行程序,就可以看到组名及其值:

```
match: https://www.wrox.com  at 70
match for 0: https://www.wrox.com
match for protocol: https
match for address: www.wrox.com
match for port:

match: http://www.wrox.com:80 at 94
match for 0: http://www.wrox.com:80
match for protocol: http
match for address: www.wrox.com
match for port: 80
```

10.4　小结

在使用.NET Framework 时，可用的数据类型相当多。在应用程序(特别是关注数据提交和检索的应用程序)中，最常用的一种类型就是 String 数据类型。String 非常重要，这也是本书用一整章的篇幅介绍如何在应用程序中使用和处理 String 数据类型的原因。

过去在使用字符串时，常常需要通过连接来分解字符串。而在.NET Framework 中，可以使用 StringBuilder 类完成许多这类任务，而且性能更好。

字符串的另一个特点是新的 C# 6 字符串插值。在大多数应用程序中，该特性使字符串的处理容易得多。

最后，使用正则表达式进行高级的字符串处理是搜索和验证字符串的一种最佳工具。

接下来的两章介绍不同的集合类。

第 11 章

集　合

本章要点
- 理解集合接口和类型
- 使用列表、队列和栈
- 使用链表和有序列表
- 使用字典和集
- 评估性能

本章源代码下载地址(wrox.com)：

打开网页 www.wrox.com/go/professionalcsharp6，单击 Download Code 选项卡即可下载本章源代码。本章代码分为以下几个主要的示例文件：

- 列表示例
- 队列示例
- 链表示例
- 有序列表示例
- 字典示例
- 集示例

11.1 概述

第 7 章介绍了数组和 Array 类实现的接口。数组的大小是固定的。如果元素个数是动态的，就应使用集合类。

List<T>是与数组相当的集合类。还有其他类型的集合：队列、栈、链表、字典和集。其他集合类提供的访问集合元素的 API 可能稍有不同，它们在内存中存储元素的内部结构也有区别。本章将介绍所有的集合类和它们的区别，包括性能差异。

还可以了解在多线程中使用的位数组和并发集合。

11.2 集合接口和类型

大多数集合类都可在 System.Collections 和 System.Collections.Generic 名称空间中找到。泛型集合类位于 System.Collections.Generic 名称空间中；专用于特定类型的集合类位于 System.Collections.Specialized 名称空间中。线程安全的集合类位于 System.Collections.Concurrent 名称空间中。不可变的集合类在 System.Collections.Immutable 名称空间中。

当然，组合集合类还有其他方式。集合可以根据集合类实现的接口组合为列表、集合和字典。

 注意：接口 IEnumerable 和 IEnumerator 的内容详见第 7 章。

集合和列表实现的接口如表 11-1 所示。

表 11-1

接　口	说　明
IEnumerable<T>	如果将 foreach 语句用于集合，就需要 IEnumerable 接口。这个接口定义了方法 GetEnumerator()，它返回一个实现了 IEnumerator 接口的枚举
ICollection<T>	ICollection<T>接口由泛型集合类实现。使用这个接口可以获得集合中的元素个数(Count 属性)，把集合复制到数组中(CopyTo()方法)，还可以从集合中添加和删除元素(Add()、Remove()、Clear())
IList<T>	IList<T>接口用于可通过位置访问其中的元素列表，这个接口定义了一个索引器，可以在集合的指定位置插入或删除某些项(Insert() 和 RemoveAt()方法)。IList<T>接口派生自 ICollection<T>接口
ISet<T>	ISet<T>接口由集实现。集允许合并不同的集，获得两个集的交集，检查两个集是否重叠。ISet<T>接口派生自 ICollection<T>接口
IDictionary<TKey, TValue>	IDictionary<TKey,TValue>接口由包含键和值的泛型集合类实现。使用这个接口可以访问所有的键和值，使用键类型的索引器可以访问某些项，还可以添加或删除某些项
ILookup<TKey, TValue>	ILookup<TKey, TValue>接口类似于 IDictionary<TKey,TValue>接口，实现该接口的集合有键和值，且可以通过一个键包含多个值
IComparer<T>	接口 IComparer<T>由比较器实现，通过 Compare()方法给集合中的元素排序
IEqualityComparer<T>	接口 IEqualityComparer<T>由一个比较器实现，该比较器可用于字典中的键。使用这个接口，可以对对象进行相等性比较

11.3 列表

.NET Framework 为动态列表提供了泛型类 List<T>。这个类实现了 IList、ICollection、IEnumerable、IList<T>、ICollection<T>和 IEnumerable<T>接口。

下面的例子将 Racer 类中的成员用作要添加到集合中的元素,以表示一级方程式的一位赛车手。这个类有 5 个属性:Id、Firstname、Lastname、Country 和 Wins 的次数。在该类的构造函数中,可以传递赛车手的姓名和获胜次数,以设置成员。重写 ToString()方法是为了返回赛车手的姓名。Racer 类也实现了泛型接口 IComparable<T>,为 Racer 类中的元素排序,还实现了 IFormattable 接口(代码文件 ListSamples/Racer.cs)。

```csharp
public class Racer: IComparable<Racer>, IFormattable
{
  public int Id { get; }
  public string FirstName { get; set; }
  public string LastName { get; set; }
  public string Country { get; set; }
  public int Wins { get; set; }

  public Racer(int id, string firstName, string lastName, string country)
    :this(id, firstName, lastName, country, wins: 0)
  { }

  public Racer(int id, string firstName, string lastName, string country,
               int wins)
  {
    Id = id;
    FirstName = firstName;
    LastName = lastName;
    Country = country;
    Wins = wins;
  }
  public override string ToString() => $"{FirstName} {LastName}";
  public string ToString(string format, IFormatProvider formatProvider)
  {
    if (format == null) format = "N";
    switch (format.ToUpper())
    {
      case "N": // name
        return ToString();
      case "F": // first name
        return FirstName;
      case "L": // last name
        return LastName;
      case "W": // Wins
        return $"{ToString()}, Wins: {Wins}";
      case "C": // Country
        return $"{ToString()}, Country: {Country}";
      case "A": // All
        return $"{ToString()}, Country: {Country} Wins: {Wins}";
      default:
        throw new FormatException(String.Format(formatProvider,
                   $"Format {format} is not supported"));
    }
  }
  public string ToString(string format) => ToString(format, null);
  public int CompareTo(Racer other)
  {
```

```
      int compare = LastName?.CompareTo(other?.LastName) ?? -1;
      if (compare == 0)
      {
         return FirstName?.CompareTo(other?.FirstName) ?? -1;
      }
      return compare;
   }
}
```

11.3.1 创建列表

调用默认的构造函数，就可以创建列表对象。在泛型类 List<T>中，必须为声明为列表的值指定类型。下面的代码说明了如何声明一个包含 int 的 List<T>泛型类和一个包含 Racer 元素的列表。ArrayList 是一个非泛型列表，它可以将任意 Object 类型作为其元素。

使用默认的构造函数创建一个空列表。元素添加到列表中后，列表的容量就会扩大为可接纳 4 个元素。如果添加了第 5 个元素，列表的大小就重新设置为包含 8 个元素。如果 8 个元素还不够，列表的大小就重新设置为包含 16 个元素。每次都会将列表的容量重新设置为原来的 2 倍。

```
var intList = new List<int>();
var racers = new List<Racer>();
```

如果列表的容量改变了，整个集合就要重新分配到一个新的内存块中。在 List<T>泛型类的实现代码中，使用了一个 T 类型的数组。通过重新分配内存，创建一个新数组，Array.Copy()方法将旧数组中的元素复制到新数组中。为节省时间，如果事先知道列表中元素的个数，就可以用构造函数定义其容量。下面创建了一个容量为 10 个元素的集合。如果该容量不足以容纳要添加的元素，就把集合的大小重新设置为包含 20 或 40 个元素，每次都是原来的 2 倍。

```
List<int> intList = new List<int>(10);
```

使用 Capacity 属性可以获取和设置集合的容量。

```
intList.Capacity = 20;
```

容量与集合中元素的个数不同。集合中的元素个数可以用 Count 属性读取。当然，容量总是大于或等于元素个数。只要不把元素添加到列表中，元素个数就是 0。

```
WriteLine(intList.Count);
```

如果已经将元素添加到列表中，且不希望添加更多的元素，就可以调用 TrimExcess()方法，去除不需要的容量。但是，因为重新定位需要时间，所以如果元素个数超过了容量的 90%，TrimExcess()方法就什么也不做。

```
intList.TrimExcess();
```

1. 集合初始值设定项

还可以使用集合初始值设定项给集合赋值。使用集合初始值设定项，可以在初始化集合时，在花括号中给集合赋值：

```
var intList = new List<int>() {1, 2};
```

```
var stringList = new List<string>() {"one", "two"};
```

注意：集合初始值设定项没有反映在已编译的程序集的 IL 代码中。编译器会把集合初始值设定项转换成对初始值设定项列表中的每一项调用 Add()方法。

2. 添加元素

使用 Add()方法可以给列表添加元素，如下所示。实例化的泛型类型定义了 Add()方法的参数类型：

```
var intList = new List<int>();
intList.Add(1);
intList.Add(2);

var stringList = new List<string>();
stringList.Add("one");
stringList.Add("two");
```

把 racers 变量定义为 List<Racer>类型。使用 new 运算符创建相同类型的一个新对象。因为类 List<T>用具体类 Racer 来实例化，所以现在只有 Racer 对象可以用 Add()方法添加。在下面的示例代码中，创建了 5 个一级方程式赛车手，并把它们添加到集合中。前 3 个用集合初始值设定项添加，后两个通过显式调用 Add()方法来添加(代码文件 ListSamples/Program.cs)。

```
var graham = new Racer(7, "Graham", "Hill", "UK", 14);
var emerson = new Racer(13, "Emerson", "Fittipaldi", "Brazil", 14);
var mario = new Racer(16, "Mario", "Andretti", "USA", 12);

var racers = new List<Racer>(20) {graham, emerson, mario};

racers.Add(new Racer(24, "Michael", "Schumacher", "Germany", 91));
racers.Add(new Racer(27, "Mika", "Hakkinen", "Finland", 20));
```

使用 List<T>类的 AddRange()方法，可以一次给集合添加多个元素。因为 AddRange()方法的参数是 IEnumerable<T>类型的对象，所以也可以传递一个数组，如下所示：

```
racers.AddRange(new Racer[] {
    new Racer(14, "Niki", "Lauda", "Austria", 25),
    new Racer(21, "Alain", "Prost", "France", 51)});
```

注意：集合初始值设定项只能在声明集合时使用。AddRange()方法则可以在初始化集合后调用。如果在创建集合后动态获取数据，就需要调用 AddRange()。

如果在实例化列表时知道集合的元素个数，就也可以将实现 IEnumerable<T>类型的任意对象传递给类的构造函数。这非常类似于 AddRange()方法：

```
var racers = new List<Racer>(
    new Racer[] {
```

```
    new Racer(12, "Jochen", "Rindt", "Austria", 6),
    new Racer(22, "Ayrton", "Senna", "Brazil", 41) });
```

3. 插入元素

使用 Insert()方法可以在指定位置插入元素：

```
racers.Insert(3, new Racer(6, "Phil", "Hill", "USA", 3));
```

方法 InsertRange()提供了插入大量元素的功能，类似于前面的 AddRange()方法。
如果索引集大于集合中的元素个数，就抛出 ArgumentOutOfRangeException 类型的异常。

4. 访问元素

实现了 IList 和 IList<T>接口的所有类都提供了一个索引器，所以可以使用索引器，通过传递元素号来访问元素。第一个元素可以用索引值 0 来访问。指定 racers[3]，可以访问列表中的第 4 个元素：

```
Racer r1 = racers[3];
```

可以使用 Count 属性确定元素个数，再使用 for 循环遍历集合中的每个元素，并使用索引器访问每一项：

```
for (int i = 0; i < racers.Count; i++)
{
  WriteLine(racers[i]);
}
```

注意：可以通过索引访问的集合类有 ArrayList、StringCollection 和 List<T>。

因为 List<T>集合类实现了 IEnumerable 接口，所以也可以使用 foreach 语句遍历集合中的元素。

```
foreach (var r in racers)
{
  WriteLine(r);
}
```

注意：编译器解析 foreach 语句时，利用了 IEnumerable 和 IEnumerator 接口，参见第 7 章。

5. 删除元素

删除元素时，可以利用索引，也可以传递要删除的元素。下面的代码把 3 传递给 RemoveAt()方法，删除第 4 个元素：

```
racers.RemoveAt(3);
```

也可以直接将 Racer 对象传送给 Remove()方法，来删除这个元素。按索引删除比较快，因为必须在集合中搜索要删除的元素。Remove()方法先在集合中搜索，用 IndexOf()方法获取元素的索引，再使用该索引删除元素。IndexOf()方法先检查元素类型是否实现了 IEquatable<T>接口。如果是，就调用这个接口的 Equals()方法，确定集合中的元素是否等于传递给 Equals()方法的元素。如果没有实现这个接口，就使用 Object 类的 Equals()方法比较这些元素。Object 类中 Equals()方法的默认实现代码对值类型进行按位比较，对引用类型只比较其引用。

 注意：第 8 章介绍了如何重写 Equals()方法。

这里从集合中删除了变量 graham 引用的赛车手。变量 graham 是前面在填充集合时创建的。因为 IEquatable<T>接口和 Object.Equals()方法都没有在 Racer 类中重写，所以不能用要删除元素的相同内容创建一个新对象，再把它传递给 Remove()方法。

```
if (!racers.Remove(graham))
{
  WriteLine("object not found in collection");
}
```

RemoveRange()方法可以从集合中删除许多元素。它的第一个参数指定了开始删除的元素索引，第二个参数指定了要删除的元素个数。

```
int index = 3;
int count = 5;
racers.RemoveRange(index, count);
```

要从集合中删除有指定特性的所有元素，可以使用 RemoveAll()方法。这个方法在搜索元素时使用下面将讨论的 Predicate<T>参数。要删除集合中的所有元素，可以使用 ICollection<T>接口定义的 Clear()方法。

6. 搜索

有不同的方式在集合中搜索元素。可以获得要查找的元素的索引，或者搜索元素本身。可以使用的方法有 IndexOf()、LastIndexOf()、FindIndex()、FindLastIndex()、Find()和 FindLast()。如果只检查元素是否存在，List<T>类就提供了 Exists()方法。

IndexOf()方法需要将一个对象作为参数，如果在集合中找到该元素，这个方法就返回该元素的索引。如果没有找到该元素，就返回-1。IndexOf()方法使用 IEquatable<T>接口来比较元素(代码文件 ListSamples/Program.cs)。

```
int index1 = racers.IndexOf(mario);
```

使用 IndexOf()方法，还可以指定不需要搜索整个集合，但必须指定从哪个索引开始搜索以及比较时要迭代的元素个数。

除了使用 IndexOf()方法搜索指定的元素之外，还可以搜索有某个特性的元素，该特性可以用

FindIndex()方法来定义。FindIndex()方法需要一个 Predicate 类型的参数：

```
public int FindIndex(Predicate<T> match);
```

Predicate<T>类型是一个委托，该委托返回一个布尔值，并且需要把类型 T 作为参数。如果 Predicate<T>委托返回 true，就表示有一个匹配元素，并且找到了相应的元素。如果它返回 false，就表示没有找到元素，搜索将继续。

```
public delegate bool Predicate<T>(T obj);
```

在 List<T>类中，把 Racer 对象作为类型 T，所以可以将一个方法(该方法将类型 Racer 定义为一个参数且返回一个布尔值)的地址传递给 FindIndex()方法。查找指定国家的第一个赛车手时，可以创建如下所示的 FindCountry 类。FindCountryPredicate()方法的签名和返回类型通过 Predicate<T>委托定义。Find()方法使用变量 country 搜索用 FindCountry 类的构造函数定义的某个国家(代码文件 ListSamplesFindCountry.cs)。

```
public class FindCountry
{
  public FindCountry(string country)
  {
    _country = country;
  }
  private string _country;

  public bool FindCountryPredicate(Racer racer) =>
     racer?.Country == _country;
}
```

使用 FindIndex()方法可以创建 FindCountry 类的一个新实例，把表示一个国家的字符串传递给构造函数，再传递 Find()方法的地址。在下面的示例中，FindIndex()方法成功完成后，index2 就包含集合中赛车手的 Country 属性设置为 Finland 的第一项的索引(代码文件 ListSamples/Program.cs)。

```
int index2 = racers.FindIndex(new FindCountry("Finland").
                              FindCountryPredicate);
```

除了用处理程序方法创建类之外，还可以在这里创建 lambda 表达式。结果与前面完全相同。现在 lambda 表达式定义了实现代码，来搜索 Country 属性设置为 Finland 的元素。

```
int index3 = racers.FindIndex(r => r.Country == "Finland");
```

与 IndexOf()方法类似，使用 FindIndex()方法也可以指定搜索开始的索引和要遍历的元素个数。为了从集合中的最后一个元素开始向前搜索某个索引，可以使用 FindLastIndex()方法。

FindIndex()方法返回所查找元素的索引。除了获得索引之外，还可以直接获得集合中的元素。Find()方法需要一个 Predicate<T>类型的参数，这与 FindIndex()方法类似。下面的 Find()方法搜索列表中 FirstName 属性设置为 Niki 的第一个赛车手。当然，也可以实现 FindLast()方法，查找与 Predicate<T>类型匹配的最后一项。

```
Racer racer = racers.Find(r => r.FirstName == "Niki");
```

要获得与 Predicate<T>类型匹配的所有项，而不是一项，可以使用 FindAll()方法。FindAll()方法使用的 Predicate<T>委托与 Find()和 FindIndex()方法相同。FindAll()方法在找到第一项后，不会停止搜索，而是继续迭代集合中的每一项，并返回 Predicate<T>类型是 true 的所有项。

这里调用了 FindAll()方法，返回 Wins 属性设置为大于 20 的整数的所有 racer 项。从 bigWinners 列表中引用所有赢得超过 20 场比赛的赛车手。

```
List<Racer> bigWinners = racers.FindAll(r => r.Wins > 20);
```

用 foreach 语句遍历 bigWinners 变量，结果如下：

```
foreach (Racer r in bigWinners)
{
  WriteLine($"{r:A}");
}

Michael Schumacher, Germany Wins: 91
Niki Lauda, Austria Wins: 25
Alain Prost, France Wins: 51
```

这个结果没有排序，但这是下一步要做的工作。

 注意：格式修饰符和 IFormattable 接口参见第 10 章。

7. 排序

List<T>类可以使用 Sort()方法对元素排序。Sort()方法使用快速排序算法，比较所有的元素，直到整个列表排好序为止。

Sort()方法使用了几个重载的方法。可以传递给它的参数有泛型委托 Comparison<T>和泛型接口 IComparer<T>，以及一个范围值和泛型接口 IComparer<T>。

```
public void List<T>.Sort();
public void List<T>.Sort(Comparison<T>);
public void List<T>.Sort(IComparer<T>);
public void List<T>.Sort(Int32, Int32, IComparer<T>);
```

只有集合中的元素实现了 IComparable 接口，才能使用不带参数的 Sort()方法。

Racer 类实现了 IComparable<T>接口，可以按姓氏对赛车手排序：

```
racers.Sort();
```

如果需要按照元素类型不默认支持的方式排序，就应使用其他技术，例如，传递一个实现了 IComparer<T>接口的对象。

RacerComparer 类为 Racer 类型实现了接口 IComparer<T>。这个类允许按名字、姓氏、国籍或获胜次数排序。排序的种类用内部枚举类型 CompareType 定义。CompareType 枚举类型用 RacerComparer 类的构造函数设置。IComparer<Racer>接口定义了排序所需的 Compare()方法。在这个方法的实现代码中，使用了 string 和 int 类型的 CompareTo()方法(代码文件 ListSamples/RacerComparer.cs)。

```csharp
public class RacerComparer : IComparer<Racer>
{
  public enum CompareType
  {
    FirstName,
    LastName,
    Country,
    Wins
  }

  private CompareType _compareType;
  public RacerComparer(CompareType compareType)
  {
    _compareType = compareType;
  }

  public int Compare(Racer x, Racer y)
  {
    if (x == null && y == null) return 0;
    if (x == null) return -1;
    if (y == null) return 1;
    int result;
    switch (_compareType)
    {
      case CompareType.FirstName:
        return string.Compare(x.FirstName, y.FirstName);
      case CompareType.LastName:
        return string.Compare(x.LastName, y.LastName);
      case CompareType.Country:
        result = string.Compare(x.Country, y.Country);
        if (result == 0)
          return string.Compare(x.LastName, y.LastName);
        else
          return result;
      case CompareType.Wins:
        return x.Wins.CompareTo(y.Wins);
      default:
        throw new ArgumentException("Invalid Compare Type");
    }
  }
}
```

> **注意**：如果传递给 Compare 方法的两个元素的顺序相同，该方法则返回 0。如果返回值小于 0，说明第一个参数小于第二个参数；如果返回值大于 0，则第一个参数大于第二个参数。传递 null 作为参数时，Compare 方法并不会抛出一个 NullReferenceException 异常。相反，因为 null 的位置在其他任何元素之前，所以如果第一个参数为 null，该方法返回-1，如果第二个参数为 null，则返回+1。

现在，可以对 RacerComparer 类的一个实例使用 Sort()方法。传递枚举 RacerComparer.CompareType.Country，按属性 Country 对集合排序：

```
racers.Sort(new RacerComparer(RacerComparer.CompareType.Country));
```

排序的另一种方式是使用重载的 Sort()方法，该方法需要一个 Comparison<T>委托：

```
public void List<T>.Sort(Comparison<T>);
```

Comparison<T>是一个方法的委托，该方法有两个 T 类型的参数，返回类型为 int。如果参数值相等，该方法就必须返回 0。如果第一个参数比第二个小，它就必须返回一个小于 0 的值；否则，必须返回一个大于 0 的值。

```
public delegate int Comparison<T>(T x, T y);
```

现在可以把一个 lambda 表达式传递给 Sort()方法，按获胜次数排序。两个参数的类型是 Racer，在其实现代码中，使用 int 类型的 CompareTo()方法比较 Wins 属性。在实现代码中，因为以逆序方式使用 r2 和 r1，所以获胜次数以降序方式排序。调用方法之后，完整的赛车手列表就按赛车手的获胜次数排序。

```
racers.Sort((r1, r2) => r2.Wins.CompareTo(r1.Wins));
```

也可以调用 Reverse()方法，逆转整个集合的顺序。

11.3.2 只读集合

创建集合后，它们就是可读写的，否则就不能给它们填充值了。但是，在填充完集合后，可以创建只读集合。List<T> 集合的 AsReadOnly() 方法返回 ReadOnlyCollection<T> 类型的对象。ReadOnlyCollection<T>类实现的接口与 List<T>集合相同，但所有修改集合的方法和属性都抛出 NotSupportedException 异常。除了 List<T> 的接口之外，ReadOnlyCollection<T> 还实现了 IReadOnlyCollection<T>和 IReadOnlyList<T>接口。因为这些接口的成员，集合不能修改。

11.4 队列

队列是其元素以先进先出(Firstin, Firstout, FIFO)的方式来处理的集合。先放入队列中的元素会先读取。队列的例子有在机场排的队列、人力资源部中等待处理求职信的队列和打印队列中等待处理的打印任务，以及按循环方式等待 CPU 处理的线程。另外，还常常有元素根据其优先级来处理的队列。

例如，在机场的队列中，商务舱乘客的处理要优先于经济舱的乘客。这里可以使用多个队列，一个队列对应一个优先级。在机场，这很常见，因为商务舱乘客和经济舱乘客有不同的登记队列。打印队列和线程也是这样。可以为一组队列建立一个数组，数组中的一项代表一个优先级。在每个数组项中都有一个队列，其中按照 FIFO 的方式进行处理。

 注意：本章的后面将使用链表的另一种实现方式来定义优先级列表。

队列使用 System.Collections.Generic 名称空间中的泛型类 Queue<T>实现。在内部，Queue<T>

类使用 T 类型的数组,这类似于 List<T>类型。它实现 ICollection 和 IEnumerable<T>接口,但没有实现 ICollection<T>接口,因为这个接口定义的 Add()和 Remove()方法不能用于队列。

因为 Queue<T>类没有实现 IList<T>接口,所以不能用索引器访问队列。队列只允许在队列中添加元素,该元素会放在队列的尾部(使用 Enqueue()方法),从队列的头部获取元素(使用 Dequeue()方法)。

图 11-1 显示了队列的元素。Enqueue()方法在队列的一端添加元素,Dequeue()方法在队列的另一端读取和删除元素。再次调用 Dequeue()方法,会删除队列中的下一项。

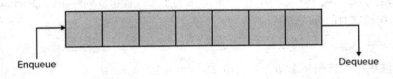

图 11-1

Queue<T>类的方法如表 11-2 所示。

表 11-2

Queue<T>类的成员	说明
Count	Count 属性返回队列中的元素个数
Enqueue	Enqueue()方法在队列一端添加一个元素
Dequeue	Dequeue()方法在队列的头部读取和删除元素。如果在调用 Dequeue()方法时,队列中不再有元素,就抛出一个 InvalidOperationException 类型的异常
Peek	Peek()方法从队列的头部读取一个元素,但不删除它
TrimExcess	TrimExcess()方法重新设置队列的容量。Dequeue()方法从队列中删除元素,但它不会重新设置队列的容量。要从队列的头部去除空元素,应使用 TrimExcess()方法

在创建队列时,可以使用与 List<T>类型类似的构造函数。虽然默认的构造函数会创建一个空队列,但也可以使用构造函数指定容量。在把元素添加到队列中时,如果没有定义容量,容量就会递增,从而包含 4、8、16 和 32 个元素。类似于 List<T>类,队列的容量也总是根据需要成倍增加。非泛型类 Queue 的默认构造函数与此不同,它会创建一个包含 32 项空的初始数组。使用构造函数的重载版本,还可以将实现了 IEnumerable<T>接口的其他集合复制到队列中。

下面的文档管理应用程序示例说明了 Queue<T>类的用法。使用一个线程将文档添加到队列中,用另一个线程从队列中读取文档,并处理它们。

存储在队列中的项是 Document 类型。Document 类定义了标题和内容(代码文件 QueueSample/Document.cs):

```
public class Document
{
  public string Title { get; private set; }
  public string Content { get; private set; }

  public Document(string title, string content)
```

```
    {
      Title = title;
      Content = content;
    }
}
```

DocumentManager 类是 Queue<T>类外面的一层。DocumentManager 类定义了如何处理文档：用 AddDocument()方法将文档添加到队列中，用 GetDocument()方法从队列中获得文档。

在 AddDocument()方法中，用 Enqueue()方法把文档添加到队列的尾部。在 GetDocument()方法中，用 Dequeue()方法从队列中读取第一个文档。因为多个线程可以同时访问 DocumentManager 类，所以用 lock 语句锁定对队列的访问。

注意：线程和 lock 语句参见第 21 章和第 22 章。

IsDocumentAvailable 是一个只读类型的布尔属性，如果队列中还有文档，它就返回 true，否则返回 false(代码文件 QueueSample/DocumentManager.cs)。

```
public class DocumentManager
{
  private readonly Queue<Document> _documentQueue = new Queue<Document>();

  public void AddDocument(Document doc)
  {
    lock (this)
    {
      _documentQueue.Enqueue(doc);
    }
  }

  public Document GetDocument()
  {
    Document doc = null;
    lock (this)
    {
      doc = _documentQueue.Dequeue();
    }
    return doc;
  }

  public bool IsDocumentAvailable => _documentQueue.Count > 0;
}
```

ProcessDocuments 类在一个单独的任务中处理队列中的文档。能从外部访问的唯一方法是 Start()。在 Start()方法中，实例化了一个新任务。创建一个 ProcessDocuments 对象，来启动任务，定义 Run()方法作为任务的启动方法。TaskFactory(通过 Task 类的静态属性 Factory 访问)的 StartNew 方法需要一个 Action 委托作为参数，用于接受 Run 方法传递的地址。TaskFactory 的 StartNew 方法会立即启动任务。

使用 ProcessDocuments 类的 Run()方法定义一个无限循环。在这个循环中，使用属性 IsDocumentAvailable 确定队列中是否还有文档。如果队列中还有文档，就从 DocumentManager 类中提取文档并处理。这里的处理仅是把信息写入控制台。在真正的应用程序中,文档可以写入文件、数据库,或通过网络发送(代码文件 QueueSample/ProcessDocuments.cs)。

```csharp
public class ProcessDocuments
{
  public static void Start(DocumentManager dm)
  {
    Task.Run(new ProcessDocuments(dm).Run);
  }

  protected ProcessDocuments(DocumentManager dm)
  {
    if (dm == null)
      throw new ArgumentNullException(nameof(dm));
    _documentManager = dm;
  }

  private DocumentManager _documentManager;

  protected async Task Run()
  {
    while (true)
    {
      if (_documentManager.IsDocumentAvailable)
      {
        Document doc = _documentManager.GetDocument();
        WriteLine("Processing document {0}", doc.Title);
      }
      await Task.Delay(new Random().Next(20));
    }
  }
}
```

在应用程序的 Main() 方法中,实例化一个 DocumentManager 对象,启动文档处理任务。接着创建 1000 个文档,并添加到 DocumentManager 对象中(代码文件 QueueSample/Program.cs):

```csharp
public class Program
{
  public static void Main()
  {
    var dm = new DocumentManager();

    ProcessDocuments.Start(dm);

    // Create documents and add them to the DocumentManager
    for (int i = 0; i < 1000; i++)
    {
      var doc = new Document($"Doc {i.ToString()}", "content");
      dm.AddDocument(doc);
      WriteLine($"Added document {doc.Title}");
      Thread.Sleep(new Random().Next(20));
    }
  }
}
```

在启动应用程序时，会在队列中添加和删除文档，输出如下所示：

```
Added document Doc 279
Processing document Doc 236
Added document Doc 280
Processing document Doc 237
Added document Doc 281
Processing document Doc 238
Processing document Doc 239
Processing document Doc 240
Processing document Doc 241
Added document Doc 282
Processing document Doc 242
Added document Doc 283
Processing document Doc 243
```

完成示例应用程序中描述的任务的真实程序可以处理用 Web 服务接收到的文档。

11.5 栈

栈是与队列非常类似的另一个容器，只是要使用不同的方法访问栈。最后添加到栈中的元素会最先读取。栈是一个后进先出(Lastin, Firstout, LIFO)的容器。

图 11-2 表示一个栈，用 Push()方法在栈中添加元素，用 Pop()方法获取最近添加的元素。

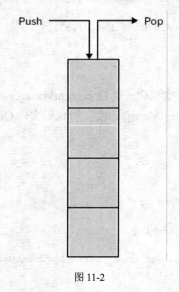

图 11-2

与 Queue<T>类相似，Stack<T>类实现 IEnumerable<T>和 ICollection 接口。

Stack<T>类的成员如表 11-3 所示。

表 11-3

Stack<T>类的成员	说　明
Count	返回栈中的元素个数
Push	在栈顶添加一个元素
Pop	从栈顶删除一个元素，并返回该元素。如果栈是空的，就抛出 InvalidOperationException 异常
Peek	返回栈顶的元素，但不删除它
Contains	确定某个元素是否在栈中，如果是，就返回 true

在下面的例子中，使用 Push()方法把 3 个元素添加到栈中。在 foreach 方法中，使用 IEnumerable 接口迭代所有的元素。栈的枚举器不会删除元素，它只会逐个返回元素(代码文件 StackSample/Program.cs)。

```
var alphabet = new Stack<char>();
alphabet.Push('A');
alphabet.Push('B');
alphabet.Push('C');

foreach (char item in alphabet)
{
  Write(item);
}
WriteLine();
```

因为元素的读取顺序是从最后一个添加到栈中的元素开始到第一个元素，所以得到的结果如下：

```
CBA
```

用枚举器读取元素不会改变元素的状态。使用 Pop()方法会从栈中读取每个元素，然后删除它们。这样，就可以使用 while 循环迭代集合，检查 Count 属性，确定栈中是否还有元素：

```
var alphabet = new Stack<char>();
alphabet.Push('A');
alphabet.Push('B');
alphabet.Push('C');

Write("First iteration: ");
foreach (char item in alphabet)
{
  Write(item);
}
WriteLine();

Console.Write("Second iteration: ");
while (alphabet.Count > 0)
{
  Write(alphabet.Pop());
}
WriteLine();
```

结果是两个 CBA，每次迭代对应一个 CBA。在第二次迭代后，栈变空，因为第二次迭代使用了 Pop()方法：

```
First iteration: CBA
Second iteration: CBA
```

11.6 链表

LinkedList<T>是一个双向链表，其元素指向它前面和后面的元素，如图 11-3 所示。这样一来，通过移动到下一个元素可以正向遍历整个链表，通过移动到前一个元素可以反向遍历整个链表。

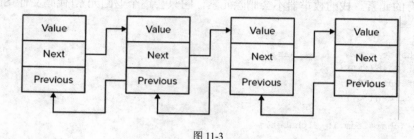

图 11-3

链表的优点是，如果将元素插入列表的中间位置，使用链表就会非常快。在插入一个元素时，只需要修改上一个元素的 Next 引用和下一个元素的 Previous 引用，使它们引用所插入的元素。在 List<T>类中，插入一个元素时，需要移动该元素后面的所有元素。

当然，链表也有缺点。链表的元素只能一个接一个地访问，这需要较长的时间来查找位于链表中间或尾部的元素。

链表不能在列表中仅存储元素。存储元素时，链表还必须存储每个元素的下一个元素和上一个元素的信息。这就是 LinkedList<T>包含 LinkedListNode<T>类型的元素的原因。使用 LinkedListNode<T>类，可以获得列表中的下一个元素和上一个元素。LinkedListNode<T>定义了属性 List、Next、Previous 和 Value。List 属性返回与节点相关的 LinkedList<T>对象，Next 和 Previous 属性用于遍历链表，访问当前节点之后和之前的节点。Value 返回与节点相关的元素，其类型是 T。

LinkedList<T>类定义的成员可以访问链表中的第一个和最后一个元素(First 和 Last)、在指定位置插入元素(AddAfter()、AddBefore()、AddFirst()和 AddLast()方法)、删除指定位置的元素(Remove()、RemoveFirst()和 RemoveLast()方法)、从链表的开头(Find()方法)或结尾(FindLast()方法)开始搜索元素。

示例应用程序使用了一个链表和一个列表。链表包含文档，这与上一个队列例子相同，但文档有一个额外的优先级。在链表中，文档按照优先级来排序。如果多个文档的优先级相同，这些元素就按照文档的插入时间来排序。

图 11-4 描述了示例应用程序中的集合。LinkedList<Document>是一个包含所有 Document 对象的链表，该图显示了文档的标题和优先级。标题指出了文档添加到链表中的时间。第一个添加的文

档的标题是"One"。第二个添加的文档的标题是"Two",依此类推。可以看出,文档 One 和 Four 有相同的优先级 8,因为 One 在 Four 之前添加,所以 One 放在链表的前面。

在链表中添加新文档时,它们应放在优先级相同的最后一个文档后面。集合 LinkedList<Document> 包含 LinkedListNode<Document>类型的元素。LinkedListNode<T>类添加 Next 和 Previous 属性,使搜索过程能从一个节点移动到下一个节点上。要引用这类元素,应把 List<T> 定义为 List<LinkedListNode<Document>>。为了快速访问每个优先级的最后一个文档,集合 List<LinkedListNode>应最多包含 10 个元素,每个元素分别引用每个优先级的最后一个文档。在后面的讨论中,对每个优先级的最后一个文档的引用称为优先级节点。

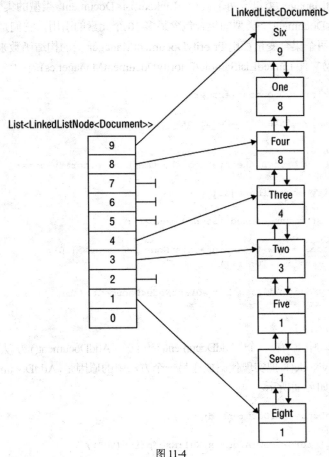

图 11-4

在上面的例子中,Document 类扩展为包含优先级。优先级用类的构造函数设置(代码文件 LinkedListSample/Document.cs):

```
public class Document
{
    public string Title { get; private set; }
    public string Content { get; private set; }
    public byte Priority { get; private set; }
```

```
    public Document(string title, string content, byte priority)
    {
      Title = title;
      Content = content;
      Priority = priority;
    }
}
```

解决方案的核心是 PriorityDocumentManager 类。这个类很容易使用。在这个类的公共接口中，可以把新的 Document 元素添加到链表中，可以检索第一个文档，为了便于测试，它还提供了一个方法，在元素链接到链表中时，该方法可以显示集合中的所有元素。

PriorityDocumentManager 类包含两个集合。LinkedList<Document>类型的集合包含所有的文档。List<LinkedListNode<Document>>类型的集合包含最多 10 个元素的引用，它们是添加指定优先级的新文档的入口点。这两个集合变量都用 PriorityDocumentManager 类的构造函数来初始化。列表集合也用 null 初始化(代码文件 LinkedListSample/PriorityDocumentManager.cs)：

```
public class PriorityDocumentManager
{
  private readonly LinkedList<Document> _documentList;

  // priorities 0..9
  private readonly List<LinkedListNode<Document>> _priorityNodes;

  public PriorityDocumentManager()
  {
    _documentList = new LinkedList<Document>();

    _priorityNodes = new List<LinkedListNode<Document>>(10);
    for (int i = 0; i < 10; i++)
    {
      _priorityNodes.Add(new LinkedListNode<Document>(null));
    }
  }
```

在类的公共接口中，有一个 AddDocument()方法。AddDocument() 方法只调用私有方法 AddDocumentToPriorityNode()。把实现代码放在另一个方法中的原因是，AddDocumentToPriorityNode() 方法可以递归调用，如后面所示。

```
public void AddDocument(Document d)
{
  if (d == null) throw new ArgumentNullException("d");

  AddDocumentToPriorityNode(d, d.Priority);
}
```

在 AddDocumentToPriorityNode()方法的实现代码中，第一个操作是检查优先级是否在允许的优先级范围内。这里允许的范围是 0~9。如果传送了错误的值，就会抛出一个 ArgumentException 类型的异常。

接着检查是否已经有一个优先级节点与所传送的优先级相同。如果在列表集合中没有这样的优先级节点，就递归调用 AddDocumentToPriorityNode()方法，递减优先级值，检查是否有低一级的优先级节点。

如果优先级节点的优先级值与所传送的优先级值不同,也没有比该优先级值更低的优先级节点,就可以调用 AddLast() 方法,将文档安全地添加到链表的末尾。另外,链表节点由负责指定文档优先级的优先级节点引用。

如果存在这样的优先级节点,就可以在链表中找到插入文档的位置。这里必须区分是存在指定优先级值的优先级节点,还是存在以较低的优先级值引用文档的优先级节点。对于第一种情况,可以把新文档插入由优先级节点引用的位置后面。因为优先级节点总是引用指定优先级值的最后一个文档,所以必须设置优先级节点的引用。如果引用文档的优先级节点有较低的优先级值,情况就会比较复杂。这里新文档必须插入优先级值与优先级节点相同的所有文档的前面。为了找到优先级值相同的第一个文档,要通过一个 while 循环,使用 Previous 属性遍历所有的链表节点,直到找到一个优先级值不同的链表节点为止。这样,就找到了必须插入文档的位置,并可以设置优先级节点。

```
private void AddDocumentToPriorityNode(Document doc, int priority)
{
  if (priority > 9 || priority < 0)
    throw new ArgumentException("Priority must be between 0 and 9");
  if (_priorityNodes[priority].Value == null)
  {
    --priority;
    if (priority <= 0)
    {
      // check for the next lower priority
      AddDocumentToPriorityNode(doc, priority);
    }
    else // now no priority node exists with the same priority or lower
         // add the new document to the end
    {
      _documentList.AddLast(doc);
      _priorityNodes[doc.Priority] = _documentList.Last;
    }
    return;
  }
  else // a priority node exists
  {
    LinkedListNode<Document> prioNode = _priorityNodes[priority];
    if (priority == doc.Priority)
       // priority node with the same priority exists
    {
      _documentList.AddAfter(prioNode, doc);
      // set the priority node to the last document with the same priority
      _priorityNodes[doc.Priority] = prioNode.Next;
    }
    else // only priority node with a lower priority exists
    {
      // get the first node of the lower priority
      LinkedListNode<Document> firstPrioNode = prioNode;
      while (firstPrioNode.Previous != null &&
```

```
                firstPrioNode.Previous.Value.Priority == prioNode.Value.Priority)
      {
        firstPrioNode = prioNode.Previous;
        prioNode = firstPrioNode;
      }
      _documentList.AddBefore(firstPrioNode, doc);
      // set the priority node to the new value
      _priorityNodes[doc.Priority] = firstPrioNode.Previous;
    }
  }
}
```

现在还剩下几个简单的方法没有讨论。DisplayAllNodes()方法只是在一个 foreach 循环中，把每个文档的优先级和标题显示在控制台上。

GetDocument()方法从链表中返回第一个文档(优先级最高的文档)，并从链表中删除它：

```
public void DisplayAllNodes()
{
  foreach (Document doc in documentList)
  {
    WriteLine($"priority: {doc.Priority}, title {doc.Title}");
  }
}

// returns the document with the highest priority
// (that's first in the linked list)
public Document GetDocument()
{
  Document doc = _documentList.First.Value;
  _documentList.RemoveFirst();
  return doc;
}
```

在 Main()方法中，PriorityDocumentManager 类用于说明其功能。在链表中添加 8 个优先级不同的新文档，再显示整个链表(代码文件 LinkedListSample/Program.cs)：

```
public static void Main()
{
  var pdm = new PriorityDocumentManager();
  pdm.AddDocument(new Document("one", "Sample", 8));
  pdm.AddDocument(new Document("two", "Sample", 3));
  pdm.AddDocument(new Document("three", "Sample", 4));
  pdm.AddDocument(new Document("four", "Sample", 8));
  pdm.AddDocument(new Document("five", "Sample", 1));
  pdm.AddDocument(new Document("six", "Sample", 9));
  pdm.AddDocument(new Document("seven", "Sample", 1));
  pdm.AddDocument(new Document("eight", "Sample", 1));

  pdm.DisplayAllNodes();
}
```

在处理好的结果中,文档先按优先级排序,再按添加文档的时间排序:

```
priority: 9, title six
priority: 8, title one
priority: 8, title four
priority: 4, title three
priority: 3, title two
priority: 1, title five
priority: 1, title seven
priority: 1, title eight
```

11.7 有序列表

如果需要基于键对所需集合排序,就可以使用 SortedList<TKey, TValue>类。这个类按照键给元素排序。这个集合中的值和键都可以使用任意类型。

下面的例子创建了一个有序列表,其中键和值都是 string 类型。默认的构造函数创建了一个空列表,再用 Add()方法添加两本书。使用重载的构造函数,可以定义列表的容量,传递实现了IComparer<TKey>接口的对象,该接口用于给列表中的元素排序。

Add()方法的第一个参数是键(书名),第二个参数是值(ISBN 号)。除了使用 Add()方法之外,还可以使用索引器将元素添加到列表中。索引器需要把键作为索引参数。如果键已存在,Add()方法就抛出一个ArgumentException 类型的异常。如果索引器使用相同的键,就用新值替代旧值(代码文件SortedListSample/Program.cs)。

```
var books = new SortedList<string, string>();
books.Add("Professional WPF Programming", "978-0-470-04180-2");
books.Add("Professional ASP.NET MVC 5", "978-1-118-79475-3");
books["Beginning Visual C# 2012"] = "978-1-118-31441-8";
books["Professional C# 5 and .NET 4.5.1"] = "978-1-118-83303-2";
```

注意:SortedList<TKey, TValue>类只允许每个键有一个对应的值,如果需要每个键对应多个值,就可以使用 Lookup<TKey, TElement>类。

可以使用 foreach 语句遍历该列表。枚举器返回的元素是 KeyValuePair<TKey, TValue>类型,其中包含了键和值。键可以用 Key 属性访问,值可以用 Value 属性访问。

```
foreach (KeyValuePair<string, string> book in books)
{
   WriteLine($"{book.Key}, {book.Value}");
}
```

迭代语句会按键的顺序显示书名和 ISBN 号:

```
Beginning Visual C# 2012, 978-1-118-31441-8
Professional ASP.NET MVC 5, 978-1-118-79475-3
```

```
Professional C# 5 and .NET 4.5.1, 978-1-118-83303-2
Professional WPF Programming, 978-0-470-04180-2
```

也可以使用 Values 和 Keys 属性访问值和键。因为 Values 属性返回 IList<TValue>，Keys 属性返回 IList<TKey>，所以可以通过 foreach 语句使用这些属性：

```
foreach (string isbn in books.Values)
{
  WriteLine(isbn);
}

foreach (string title in books.Keys)
{
  WriteLine(title);
}
```

第一个循环显示值，第二个循环显示键：

```
978-1-118-31441-8
978-1-118-79475-3
978-1-118-83303-2
978-0-470-04180-2
Beginning Visual C# 2012
Professional ASP.NET MVC 5
Professional C# 5 and .NET 4.5.1
Professional WPF Programming
```

如果尝试使用索引器访问一个元素，但所传递的键不存在，就会抛出一个 KeyNotFoundException 类型的异常。为了避免这个异常，可以使用 ContainsKey()方法，如果所传递的键存在于集合中，这个方法就返回 true，也可以调用 TryGetValue()方法，该方法尝试获得指定键的值。如果指定键对应的值不存在，该方法就不会抛出异常。

```
string isbn;
string title = "Professional C# 7.0";
if (! books.TryGetValue(title , out isbn) )
{
  WriteLine($"{title} not found");
}
```

11.8 字典

字典表示一种非常复杂的数据结构，这种数据结构允许按照某个键来访问元素。字典也称为映射或散列表。字典的主要特性是能根据键快速查找值。也可以自由添加和删除元素，这有点像 List<T> 类，但没有在内存中移动后续元素的性能开销。

图 11-5 是字典的一个简化表示。其中 employee-id(如 B4711)是添加到字典中的键。键会转换为一个散列。利用散列创建一个数字，它将索引和值关联起来。然后索引包含一个到值的链接。该图做了简化处理，因为一个索引项可以关联多个值，索引可以存储为一个树型结构。

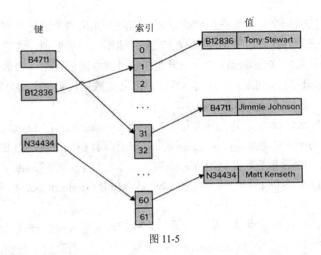

图 11-5

.NET Framework 提供了几个字典类。可以使用的最主要的类是 Dictionary<TKey, TValue>。

11.8.1 字典初始化器

C# 6 定义了一个新的语法,在声明时初始化字典。带有 int 键和 string 值的字典可以初始化如下:

```
var dict = new Dictionary<int, string>()
{
  [3] = "three",
  [7] = "seven"
};
```

这里把两个元素添加到字典中。第一个元素的键是 3,字符串值是 three;第二个元素的键是 7,字符串值是 seven。这个初始化语法易于阅读,使用的语法与访问字典中的元素相同。

11.8.2 键的类型

用作字典中键的类型必须重写 Object 类的 GetHashCode()方法。只要字典类需要确定元素的位置,它就要调用 GetHashCode()方法。GetHashCode()方法返回的 int 由字典用于计算在对应位置放置元素的索引。这里不介绍这个算法。我们只需要知道,它涉及素数,所以字典的容量是一个素数。

GetHashCode()方法的实现代码必须满足如下要求:

- 相同的对象应总是返回相同的值。
- 不同的对象可以返回相同的值。
- 它不能抛出异常。
- 它应至少使用一个实例字段。
- 散列代码最好在对象的生存期中不发生变化。

除了 GetHashCode()方法的实现代码必须满足的要求之外,最好还满足如下要求:

- 它应执行得比较快,计算的开销不大。
- 散列代码值应平均分布在 int 可以存储的整个数字范围上。

 注意:字典的性能取决于 GetHashCode()方法的实现代码。

为什么要使散列代码值平均分布在整数的取值范围内？如果两个键返回的散列代码值会得到相同的索引，字典类就必须寻找最近的可用空闲位置来存储第二个数据项，这需要进行一定的搜索，以便以后检索这一项。显然这会降低性能，如果在排序时许多键都有相同的索引，这类冲突就更可能出现。根据 Microsoft 的算法的工作方式，当计算出来的散列代码值平均分布在 int.MinValue 和 int.MaxValue 之间时，这种风险会降低到最小。

除了实现 GetHashCode()方法之外，键类型还必须实现 IEquatable<T>.Equals()方法，或重写 Object 类的 Equals()方法。因为不同的键对象可能返回相同的散列代码，所以字典使用 Equals()方法来比较键。字典检查两个键 A 和 B 是否相等，并调用 A.Equals(B)方法。这表示必须确保下述条件总是成立：

如果 A.Equals(B)方法返回 true，则 A.GetHashCode()和 B.GetHashCode()方法必须总是返回相同的散列代码。

这似乎有点奇怪，但它非常重要。如果设计出某种重写这些方法的方式，使上面的条件并不总是成立，那么把这个类的实例用作键的字典就不能正常工作，而是会发生有趣的事情。例如，把一个对象放在字典中后，就再也检索不到它，或者试图检索某项，却返回了错误的项。

注意：如果为 Equals()方法提供了重写版本，但没有提供 GetHashCode()方法的重写版本，C#编译器就会显示一个编译警告。

对于 System.Object，这个条件为 true，因为 Equals()方法只是比较引用，GetHashCode()方法实际上返回一个仅基于对象地址的散列代码。这说明，如果散列表基于一个键，而该键没有重写这些方法，这个散列表就能正常工作。但是，这么做的问题是，只有对象完全相同，键才被认为是相等的。也就是说，把一个对象放在字典中时，必须将它与该键的引用关联起来。也不能在以后用相同的值实例化另一个键对象。如果没有重写 Equals()方法和 GetHashCode()方法，在字典中使用类型时就不太方便。

另外，System.String 实现了 IEquatable 接口，并重载了 GetHashCode()方法。Equals()方法提供了值的比较，GetHashCode()方法根据字符串的值返回一个散列代码。因此，在字典中把字符串用作键非常方便。

数字类型(如 Int32)也实现 IEquatable 接口，并重载 GetHashCode()方法。但是这些类型返回的散列代码只映射到值上。如果希望用作键的数字本身没有分布在可能的整数值范围内，把整数用作键就不能满足键值的平均分布规则，于是不能获得最佳的性能。Int32 并不适合在字典中使用。

如果需要使用的键类型没有实现 IEquatable 接口，并根据存储在字典中的键值重载 GetHashCode()方法，就可以创建一个实现 IEqualityComparer<T>接口的比较器。IEquality-Comparer<T>接口定义了 GetHashCode()和 Equals()方法，并将传递的对象作为参数，因此可以提供与对象类型不同的实现方式。Dictionary<TKey, TValue>构造函数的一个重载版本允许传递一个实现了 IEqualityComparer <T>接口的对象。如果把这个对象赋予字典，该类就用于生成散列代码并比较键。

11.8.3 字典示例

字典示例程序建立了一个员工字典。该字典用 EmployeeId 对象来索引，存储在字典中的每个数据项都是一个 Employee 对象，该对象存储员工的详细数据。

实现 EmployeeId 结构是为了定义在字典中使用的键，该结构的成员是表示员工的一个前缀字符和一个数字。这两个变量都是只读的，只能在构造函数中初始化。字典中的键不应改变，这是必须保证的。在构造函数中填充字段。重载 ToString()方法是为了获得员工 ID 的字符串表示。与键类型的要求一样，EmployeeId 结构也要实现 IEquatable 接口，并重载 GetHashCode()方法（代码文件 DictionarySample/EmployeeId.cs）。

```csharp
public class EmployeeIdException : Exception
{
    public EmployeeIdException(string message) : base(message) { }
}

public struct EmployeeId : IEquatable<EmployeeId>
{
    private readonly char _prefix;
    private readonly int _number;

    public EmployeeId(string id)
    {
        Contract.Requires<ArgumentNullException>(id != null);

        _prefix = (id.ToUpper())[0];
        int numLength = id.Length - 1;
        try
        {
            _number = int.Parse(id.Substring(1, numLength > 6 ? 6 : numLength));
        }
        catch (FormatException)
        {
            throw new EmployeeIdException("Invalid EmployeeId format");
        }
    }

    public override string ToString() => _prefix.ToString() + $"{_number,6:000000}";

    public override int GetHashCode() => (_number ^ _number << 16) * 0x15051505;

    public bool Equals(EmployeeId other) =>
        (_prefix == other?._prefix && _number == other?._number);

    public override bool Equals(object obj) => Equals((EmployeeId)obj);

    public static bool operator ==(EmployeeId left, EmployeeId right) =>
        left.Equals(right);

    public static bool operator !=(EmployeeId left, EmployeeId right) =>
        !(left == right);
}
```

由 IEquatable<T>接口定义的 Equals()方法比较两个 EmployeeId 对象的值，如果这两个值相同，它就返回 true。除了实现 IEquatable<T>接口中的 Equals()方法之外，还可以重写 Object 类中的 Equals()方法。

```csharp
public bool Equals(EmployeeId other) =>
    (prefix == other.prefix && number == other.number);
```

由于数字是可变的,因此员工可以取 1~190 000 的一个值。这并没有填满整数取值范围。GetHashCode()方法使用的算法将数字向左移动 16 位,再与原来的数字进行异或操作,最后将结果乘以十六进制数 15051505。散列代码在整数取值区域上的分布相当均匀:

```csharp
public override int GetHashCode() => (number ^ number << 16) * 0x15051505;
```

 注意:在 Internet 上,有许多更复杂的算法,它们能使散列代码在整数取值范围上更好地分布。也可以使用字符串的 GetHashCode()方法来返回一个散列。

Employee 类是一个简单的实体类,该实体类包含员工的姓名、薪水和 ID。构造函数初始化所有值,ToString()方法返回一个实例的字符串表示。ToString()方法的实现代码使用格式化字符串创建字符串表示,以提高性能(代码文件 DictionarySample/Employee.cs)。

```csharp
public class Employee
{
  private string _name;
  private decimal _salary;
  private readonly EmployeeId _id;

  public Employee(EmployeeId id, string name, decimal salary)
  {
    _id = id;
    _name = name;
    _salary = salary;
  }

  public override string ToString() => $"{id.ToString()}: {name, -20} {salary:C}";
}
```

在示例应用程序的 Main()方法中,创建一个新的 Dictionary<TKey, TValue>实例,其中键是 EmployeeId 类型,值是 Employee 类型。构造函数指定了 31 个元素的容量。注意容量一般是素数。但如果指定了一个不是素数的值,也不需要担心。Dictionary<TKey, TValue>类会使用传递给构造函数的整数后面紧接着的一个素数来指定容量。创建员工对象和 ID 后,就使用新的字典初始化语法把它们添加到新建的字典中。当然,也可以调用字典的 Add()方法添加对象(代码文件 DictionarySample/Program.cs):

```csharp
public static void Main()
{
  var employees = new Dictionary<EmployeeId, Employee>(31);
  var idTony = new EmployeeId("C3755");
  var tony = new Employee(idTony, "Tony Stewart", 379025.00m);

  var idCarl = new EmployeeId("F3547");
  var carl = new Employee(idCarl, "Carl Edwards", 403466.00m);

  var idKevin = new EmployeeId("C3386");
  var kevin = new Employee(idKevin, "Kevin Harwick", 415261.00m);
```

```
var idMatt = new EmployeeId("F3323");
var matt = new Employee(idMatt, "Matt Kenseth", 1589390.00m);

var idBrad = new EmployeeId("D3234");
var brad = new Employee(idBrad, "Brad Keselowski", 322295.00m);

var employees = new Dictionary<EmployeeId, Employee>(31)
{
   [idTony] = tony,
   [idCarl] = carl,
   [idKevin] = kevin,
   [idMatt] = matt,
   [idBrad] = brad
};

foreach (var employee in employees.Values)
{
   WriteLine(employee);
}
```

将数据项添加到字典中后，在 while 循环中读取字典中的员工。让用户输入一个员工号，把该号码存储在变量 userInput 中。用户输入 X 即可退出应用程序。如果输入的键在字典中，就使用 Dictionary<TKey, TValue>类的 TryGetValue()方法检查它。如果找到了该键，TryGetValue()方法就返回 true；否则返回 false。如果找到了与键关联的值，该值就存储在 employee 变量中，并把该值写入控制台。

注意：也可以使用 Dictionary<TKey, TValue>类的索引器替代 TryGetValue()方法，来访问存储在字典中的值。但是，如果没有找到键，索引器会抛出一个 KeyNotFoundException 类型的异常。

```
while (true)
{
  Write("Enter employee id (X to exit)> ");
  var userInput =ReadLine();
  userInput = userInput.ToUpper();
  if (userInput == "X") break;

  EmployeeId id;
  try
  {
    id = new EmployeeId(userInput);

    Employee employee;
    if (!employees.TryGetValue(id, out employee))
    {
      WriteLine($"Employee with id {id} does not exist");
    }
    else
    {
```

```
            WriteLine(employee);
        }
    }
    catch (EmployeeIdException ex)
    {
        WriteLine(ex.Message);
    }
}
```

运行应用程序,得到如下输出:

```
Enter employee id (X to exit)> C3386
C003386: Kevin Harwick         $415,261.00
Enter employee id (X to exit)> F3547
F003547: Carl Edwards          $403,466.00
Enter employee id (X to exit)> X
Press any key to continue . . .
```

11.8.4 Lookup 类

Dictionary<TKey, TValue>类支持每个键关联一个值。Lookup<TKey, TElement>类非常类似于 Dictionary<TKey, TValue>类,但把键映射到一个值集合上。这个类在程序集 System.Core 中实现,用 System.Linq 名称空间定义。

Lookup<TKey, TElement>类不能像一般的字典那样创建,而必须调用 ToLookup()方法,该方法返回一个 Lookup<TKey, TElement> 对象。ToLookup()方法是一个扩展方法,它可以用于实现 IEnumerable<T>接口的所有类。在下面的例子中,填充了一个 Racer 对象列表。因为 List<T>类实现了 IEnumerable<T>接口,所以可以在赛车手列表上调用 ToLookup()方法。这个方法需要一个 Func<TSource, TKey>类型的委托,Func<TSource, TKey>类型定义了键的选择器。这里使用 lambda 表达式 r => r.Country,根据国家来选择赛车手。foreach 循环只使用索引器访问来自澳大利亚的赛车手(代码文件 LookupSample/Program.cs)。

```
var racers = new List<Racer>();
racers.Add(new Racer("Jacques", "Villeneuve", "Canada", 11));
racers.Add(new Racer("Alan", "Jones", "Australia", 12));
racers.Add(new Racer("Jackie", "Stewart", "United Kingdom", 27));
racers.Add(new Racer("James", "Hunt", "United Kingdom", 10));
racers.Add(new Racer("Jack", "Brabham", "Australia", 14));

var lookupRacers = racers.ToLookup(r => r.Country);

foreach (Racer r in lookupRacers["Australia"])
{
  WriteLine(r);
}
```

 注意:扩展方法详见第 13 章,lambda 表达式参见第 9 章。

结果显示了来自澳大利亚的赛车手:

Alan Jones
Jack Brabham

11.8.5 有序字典

SortedDictionary<TKey, TValue>是一个二叉搜索树,其中的元素根据键来排序。该键类型必须实现 IComparable<TKey>接口。如果键的类型不能排序,则还可以创建一个实现了 IComparer<TKey>接口的比较器,将比较器用作有序字典的构造函数的一个参数。

SortedDictionary<TKey, TValue>和 SortedList<TKey, TValue>的功能类似。但因为 SortedList<TKey, TValue>实现为一个基于数组的列表,而 SortedDictionary<TKey, TValue>类实现为一个字典,所以它们有不同的特征。

- SortedList<TKey, TValue>使用的内存比 SortedDictionary<TKey, TValue>少。
- SortedDictionary<TKey, TValue>的元素插入和删除操作比较快。
- 在用已排好序的数据填充集合时,若不需要修改容量,SortedList<TKey, TValue>就比较快。

> **注意**:SortedList 使用的内存比 SortedDictionary 少,但 SortedDictionary 在插入和删除未排序的数据时比较快。

11.9 集

包含不重复元素的集合称为"集(set)"。.NET Framework 包含两个集(HashSet<T>和 SortedSet<T>),它们都实现 ISet<T>接口。HashSet<T>集包含不重复元素的无序列表,SortedSet<T>集包含不重复元素的有序列表。

ISet<T>接口提供的方法可以创建合集、交集,或者给出一个集是另一个集的超集或子集的信息。

在下面的示例代码中,创建了 3 个字符串类型的新集,并用一级方程式汽车填充它们。HashSet<T>集实现 ICollection<T>接口。但是在该类中,Add()方法是显式实现的,还提供了另一个 Add()方法。Add()方法的区别是返回类型,它返回一个布尔值,说明是否添加了元素。如果该元素已经在集中,就不添加它,并返回 false(代码文件 SetSample/Program.cs)。

```
var companyTeams = new HashSet<string>()
{ "Ferrari", "McLaren", "Mercedes" };
var traditionalTeams = new HashSet<string>() { "Ferrari", "McLaren" };
var privateTeams = new HashSet<string>()
{ "Red Bull", "Toro Rosso", "Force India", "Sauber" };

if (privateTeams.Add("Williams"))
{
  WriteLine("Williams added");
}
if (!companyTeams.Add("McLaren"))
{
  WriteLine("McLaren was already in this set");
}
```

两个 Add()方法的输出写到控制台上:

```
Williams added
McLaren was already in this set
```

IsSubsetOf()和IsSupersetOf()方法比较集和实现了IEnumerable<T>接口的集合,并返回一个布尔结果。这里,IsSubsetOf()方法验证traditionalTeams集合中的每个元素是否都包含在companyTeams集合方法中,IsSupersetOf()方法验证traditionalTeams集合是否有companyTeams集合没有的额外元素。

```
if (traditionalTeams.IsSubsetOf(companyTeams))
{
   WriteLine("traditionalTeams is subset of companyTeams");
}

if (companyTeams.IsSupersetOf(traditionalTeams))
{
   WriteLine("companyTeams is a superset of traditionalTeams");
}
```

这个验证的结果如下:

```
traditionalTeams is a subset of companyTeams
companyTeams is a superset of traditionalTeams
```

Williams也是一个传统队,因此这个队添加到traditionalTeams集合中:

```
traditionalTeams.Add("Williams");
if (privateTeams.Overlaps(traditionalTeams))
{
   WriteLine("At least one team is the same with traditional and private teams");
}
```

因为有一个重叠,所以结果如下:

```
At least one team is the same with traditional and private teams.
```

调用UnionWith()方法,把引用新SortedSet<string>的变量allTeams填充为companyTeams、privateTeams和traditionalTeams的合集:

```
var allTeams = new SortedSet<string>(companyTeams);
allTeams.UnionWith(privateTeams);
allTeams.UnionWith(traditionalTeams);

WriteLine();
WriteLine("all teams");
foreach (var team in allTeams)
{
   WriteLine(team);
}
```

这里返回所有队,但每个队都只列出一次,因为集只包含唯一值。因为容器是SortedSet<string>,所以结果是有序的:

```
Ferrari
Force India
Lotus
```

```
McLaren
Mercedes
Red Bull
Sauber
Toro Rosso
Williams
```

ExceptWith()方法从 allTeams 集中删除所有私有队：

```
allTeams.ExceptWith(privateTeams);
WriteLine();
WriteLine("no private team left");
foreach (var team in allTeams)
{
   WriteLine(team);
}
```

集合中的其他元素不包含私有队：

```
Ferrari
McLaren
Mercedes
```

11.10 性能

许多集合类都提供了相同的功能，例如，SortedList 类与 SortedDictionary 类的功能几乎完全相同。但是，其性能常常有很大区别。一个集合使用的内存少，另一个集合的元素检索速度快。在 MSDN 文档中，集合的方法常常有性能提示，给出了以大写 O 记号表示的操作时间：

- O(1)
- O(log n)
- O(n)

O(1)表示无论集合中有多少数据项，这个操作需要的时间都不变。例如，ArrayList 类的 Add()方法就具有 O(1)行为。无论列表中有多少个元素，在列表末尾添加一个新元素的时间都相同。Count 属性会给出元素个数，所以很容易找到列表末尾。

O(n)表示对于集合执行一个操作需要的时间在最坏情况时是 N。如果需要重新给集合分配内存，ArrayList 类的 Add()方法就是一个 O(n)操作。改变容量，需要复制列表，复制的时间随元素的增加而线性增加。

O(log n)表示操作需要的时间随集合中元素的增加而增加，但每个元素需要增加的时间不是线性的，而是呈对数曲线。在集合中执行插入操作时，SortedDictionary<TKey,TValue>集合类具有 O(log n)行为，而 SortedList<TKey,TValue>集合类具有 O(n)行为。这里 SortedDictionary <TKey,TValue>集合类要快得多，因为它在树型结构中插入元素的效率比列表高得多。

表 11-4 列出了集合类及其执行不同操作的性能，例如，添加、插入和删除元素。使用这个表可以选择性能最佳的集合类。左列是集合类，Add 列给出了在集合中添加元素所需的时间。List<T>和 HashSet<T>类把 Add 方法定义为在集合中添加元素。其他集合类用不同的方法把元素添加到集合中。例如，Stack<T>类定义了 Push()方法，Queue<T>类定义了 Enqueue()方法。这些信息也列在表中。

如果单元格中有多个大 O 值，表示若集合需要重置大小，该操作就需要一定的时间。例如，在 List<T>类中，添加元素的时间是 O(1)。如果集合的容量不够大，需要重置大小，则重置大小需要的时间长度就是 O(n)。集合越大，重置大小操作的时间就越长。最好避免重置集合的大小，而应把集合的容量设置为一个可以包含所有元素的值。

如果表单元格的内容是 n/a(代表 not applicable)，就表示这个操作不能应用于这种集合类型。

表 11-4

集 合	Add	Insert	Remove	Item	Sort	Find
List<T>	如果集合必须重置大小，就是 O(1)或 O(n)	O(n)	O(n)	O(1)	O(n log n)，最坏的情况是 O(n^2)	O(n)
Stack<T>	Push()，如果栈必须重置大小，就是 O(1)或 O(n)	n/a	Pop, O(1)	n/a	n/a	n/a
Queue<T>	Enqueue()，如果队列必须重置大小，就是 O(1)或 O(n)	n/a	Dequeue, O(1)	n/a	n/a	n/a
HashSet<T>	如果集必须重置大小，就是 O(1)或 O(n)	AddO(1)或 O(n)	O(1)	n/a	n/a	n/a
SortedSet<T>	如果集必须重置大小，就是 O(1)或 O(n)	AddO(1)或 O(n)	O(1)	n/a	n/a	n/a
LinkedList<T>	AddLastO(1)	AddAfter O(1)	O(1)	n/a	n/a	O(n)
Dictionary <TKey, TValue>	O(1)或 O(n)	n/a	O(1)	O(1)	n/a	n/a
SortedDictionary <TKey, TValue>	O(log n)	n/a	O(log n)	O(log n)	n/a	n/a
SortedList <TKey, TValue>	无序数据为 O(n)；如果必须重置大小，就是 O(n)；到列表的尾部，就是 O(log n)	n/a	O(n)	读/写是 O(log n)；如果键在列表中，就是 O(log n)；如果键不在列表中，就是 O(n)	n/a	n/a

11.11 小结

本章介绍了如何处理不同类型的泛型集合。数组的大小是固定的，但可以使用列表作为动态增长的集合。队列以先进先出的方式访问元素，栈以后进先出的方式访问元素。链表可以快速插入和删除元素，但搜索操作比较慢。通过键和值可以使用字典，它的搜索和插入操作比较快。集(set)用于唯一项，可以是无序的(HashSet<T>)，也可以是有序的(SortedSet<T>)。

第 12 章将介绍一些特殊的集合类。

第 12 章

特殊的集合

本章要点

- 使用位数组和位矢量
- 使用可观察的集合
- 使用不可变的集合
- 使用并发的集合

本章源代码下载地址(wrox.com):

打开网页 www.wrox.com/go/professionalcsharp6，单击 Download Code 选项卡即可下载本章源代码。本章代码分为以下几个主要的示例文件：

- 位数组示例
- 位矢量示例
- 可观察的集合示例
- 不可变的集合示例
- 管道示例

12.1 概述

第 11 章介绍了列表、队列、堆栈、字典和链表。本章继续介绍特殊的集合，例如，处理位的集合、改变时可以观察的集合、不能改变的集合，以及可以在多个线程中同时访问的集合。

12.2 处理位

如果需要处理的数字有许多位，就可以使用 BitArray 类和 BitVector32 结构。BitArray 类位于名称空间 System.Collections 中，BitVector32 结构位于名称空间 System.Collections.Specialized 中。这两种类型最重要的区别是，BitArray 类可以重新设置大小，如果事先不知道需要的位数，就可以使用

BitArray 类，它可以包含非常多的位。BitVector32 结构是基于栈的，因此比较快。BitVector32 结构仅包含 32 位，它们存储在一个整数中。

12.2.1 BitArray 类

BitArray 类是一个引用类型，它包含一个 int 数组，其中每 32 位使用一个新整数。这个类的成员如表 12-1 所示。

表 12-1

BitArray 类的成员	说明
Count Length	Count 和 Length 属性的 get 访问器返回数组中的位数。使用 Length 属性还可以定义新的数组大小，重新设置集合的大小
Item Get Set	可以使用索引器读写数组中的位。索引器是布尔类型。除了使用索引器之外，还可以使用 Get()和 Set()方法访问数组中的位
SetAll	根据传送给该方法的参数，SetAll()方法设置所有位的值
Not	Not()方法对数组中所有位的值取反
And Or Xor	使用 And()、Or()和 Xor()方法，可以合并两个 BitArray 对象。And()方法执行二元 AND，只有两个输入数组的位都设置为 1，结果位才是 1。Or()方法执行二元 OR，只要有一个输入数组的位设置为 1，结果位就是 1。Xor()方法是异或操作，只有一个输入数组的位设置为 1，结果位才是 1

辅助方法 DisplayBits()遍历 BitArray，根据位的设置情况，在控制台上显示 1 或 0(代码文件 BitArraySample/Program.cs)：

```
public static void DisplayBits(BitArray bits)
{
  foreach (bool bit in bits)
  {
    Write(bit ? 1: 0);
  }
}
```

BitArraySample 使用如下依赖项和名称空间：

依赖项：

NETStandard.Library

名称空间：

System
System.Collections
static System.Console

说明 BitArray 类的示例创建了一个包含 8 位的数组，其索引是 0~7。SetAll()方法把这 8 位都设置为 true。接着 Set()方法把对应于 1 的位设置为 false。除了 Set()方法之外，还可以使用索引器，例如，下面的第 5 个和第 7 个索引：

```
var bits1 = new BitArray(8);
bits1.SetAll(true);
bits1.Set(1, false);
bits1[5] = false;
bits1[7] = false;
Write("initialized: ");
DisplayBits(bits1);
WriteLine();
```

这是初始化位的显示结果：

```
initialized: 10111010
```

Not()方法会对 BitArray 类的位取反：

```
Write(" not ");
DisplayBits(bits1);
bits1.Not();
Write(" = ");
DisplayBits(bits1);
WriteLine();
```

Not()方法的结果是对所有的位取反。如果某位是 true，则执行 Not()方法的结果就是 false，反之亦然。

```
not 10111010 = 01000101
```

这里创建了一个新的 BitArray 类。在构造函数中，因为使用变量 bits1 初始化数组，所以新数组与旧数组有相同的值。接着把第 0、1 和 4 位的值设置为不同的值。在使用 Or()方法之前，显示位数组 bits1 和 bits2。Or()方法将改变 bits1 的值：

```
var bits2 = new BitArray(bits1);
bits2[0] = true;
bits2[1] = false;
bits2[4] = true;
DisplayBits(bits1);
Write(" or ");
DisplayBits(bits2);
Write(" = ");
bits1.Or(bits2);
DisplayBits(bits1);
WriteLine();
```

使用 Or()方法时，从两个输入数组中提取设置位。结果是，如果某位在第一个或第二个数组中设置为 true，该位在执行 Or()方法后就是 true：

```
01000101 or 10001101 = 11001101
```

下面使用 And()方法作用于位数组 bits1 和 bits2：

```
DisplayBits(bits2);
Write(" and ");
DisplayBits(bits1);
Write(" = ");
```

```
bits2.And(bits1);
DisplayBits(bits2);
WriteLine();
```

And()方法只把在两个输入数组中都设置为 true 的位设置为 true:

```
10001101 and 11001101 = 10001101
```

最后使用 Xor()方法进行异或操作:

```
DisplayBits(bits1);
Write(" xor ");
DisplayBits(bits2);
bits1.Xor(bits2);
Write(" = ");
DisplayBits(bits1);
WriteLine();
```

使用 Xor()方法,只有一个(不能是两个)输入数组的位设置为 1,结果位才是 1。

```
11001101 xor 10001101 = 01000000
```

12.2.2 BitVector32 结构

如果事先知道需要的位数,就可以使用 BitVector32 结构替代 BitArray 类。BitVector32 结构效率较高,因为它是一个值类型,在整数栈上存储位。一个整数可以存储 32 位。如果需要更多的位,就可以使用多个 BitVector32 值或 BitArray 类。BitArray 类可以根据需要增大,但 BitVector32 结构不能。

表 12-2 列出了 BitVector32 结构中与 BitArray 类完全不同的成员。

表 12-2

BitVector32 结构的成员	说 明
Data	Data 属性把 BitVector32 结构中的数据返回为整数
Item	BitVector32 的值可以使用索引器设置。索引器是重载的——可以使用掩码或 BitVector32.Section 类型的片段来获取和设置值
CreateMask	这是一个静态方法,用于为访问 BitVector32 结构中的特定位创建掩码
CreateSection	这是一个静态方法,用于创建 32 位中的几个片段

BitVectorSample 使用如下依赖项和名称空间:

依赖项:

```
NETStandard.Library
System.Collections.Specialized
```

名称空间:

```
System.Collections.Specialized
System.Text
static System.Console
```

示例代码用默认构造函数创建了一个 BitVector32 结构,其中所有的 32 位都初始化为 false。接着创建掩码,以访问位矢量中的位。对 CreateMask()方法的第一个调用创建了用来访问第一位的一个掩码。调用 CreateMask()方法后,bit1 被设置为 1。再次调用 CreateMask()方法,把第一个掩码作为参数传递给 CreateMask()方法,返回用来访问第二位(它是 2)的一个掩码。接着,将 bit3 设置为 4,以访问位编号 3。bit4 的值是 8,以访问位编号 4。

然后,使用掩码和索引器访问位矢量中的位,并相应地设置字段(代码文件 BitArraySample/Program.cs):

```
var bits1 = new BitVector32();
int bit1 = BitVector32.CreateMask();
int bit2 = BitVector32.CreateMask(bit1);
int bit3 = BitVector32.CreateMask(bit2);
int bit4 = BitVector32.CreateMask(bit3);
int bit5 = BitVector32.CreateMask(bit4);

bits1[bit1] = true;
bits1[bit2] = false;
bits1[bit3] = true;
bits1[bit4] = true;
bits1[bit5] = true;
WriteLine(bits1);
```

BitVector32 结构有一个重写的 ToString()方法,它不仅显示类名,还显示 1 或 0,来说明位是否设置了,如下所示:

```
BitVector32{00000000000000000000000000011101}
```

除了用 CreateMask()方法创建掩码之外,还可以自己定义掩码,也可以一次设置多位。十六进制值 abcdef 与二进制值 1010 1011 1100 1101 1110 1111 相同。用这个值定义的所有位都设置了:

```
bits1[0xabcdef] = true;
WriteLine(bits1);
```

在输出中可以验证设置的位:

```
BitVector32{00000000101010111100110111101111}
```

把 32 位分别放在不同的片段中非常有用。例如,IPv4 地址定义为一个 4 字节的数,该数存储在一个整数中。可以定义 4 个片段,把这个整数拆分开。在多播 IP 消息中,使用了几个 32 位的值。其中一个 32 位的值放在这些片段中:16 位表示源号,8 位表示查询器的查询内部码,3 位表示查询器的健壮变量,1 位表示抑制标志,还有 4 个保留位。也可以定义自己的位含义,以节省内存。

下面的例子模拟接收到值 0x79abcdef,把这个值传送给 BitVector32 结构的构造函数,从而相应地设置位:

```
int received = 0x79abcdef;
BitVector32 bits2 = new BitVector32(received);
WriteLine(bits2);
```

在控制台上显示了初始化的位:

```
BitVector32{01111001101010111100110111101111}
```

接着创建 6 个片段。第一个片段需要 12 位,由十六进制值 0xfff 定义(设置了 12 位)。片段 B 需要 8 位，片段 C 需要 4 位，片段 D 和 E 需要 3 位，片段 F 需要两位。第一次调用 CreateSection() 方法只是接收 0xfff，为最前面的 12 位分配内存。第二次调用 CreateSection() 方法时，将第一个片段作为参数传递，从而使下一个片段从第一个片段的结尾处开始。CreateSection() 方法返回一个 BitVector32.Section 类型的值，该类型包含了该片段的偏移量和掩码。

```
// sections: FF EEE DDD CCCC BBBBBBBB
// AAAAAAAAAAAA
BitVector32.Section sectionA = BitVector32.CreateSection(0xfff);
BitVector32.Section sectionB = BitVector32.CreateSection(0xff, sectionA);
BitVector32.Section sectionC = BitVector32.CreateSection(0xf, sectionB);
BitVector32.Section sectionD = BitVector32.CreateSection(0x7, sectionC);
BitVector32.Section sectionE = BitVector32.CreateSection(0x7, sectionD);
BitVector32.Section sectionF = BitVector32.CreateSection(0x3, sectionE);
```

把一个 BitVector32.Section 类型的值传递给 BitVector32 结构的索引器，会返回一个 int，它映射到位矢量的片段上。这里使用一个帮助方法 IntToBinaryString()，获得该 int 数的字符串表示：

```
WriteLine($"Section A: {IntToBinaryString(bits2[sectionA], true)}");
WriteLine($"Section B: {IntToBinaryString(bits2[sectionB], true)}");
WriteLine($"Section C: {IntToBinaryString(bits2[sectionC], true)}");
WriteLine($"Section D: {IntToBinaryString(bits2[sectionD], true)}");
WriteLine($"Section E: {IntToBinaryString(bits2[sectionE], true)}");
WriteLine($"Section F: {IntToBinaryString(bits2[sectionF], true)}");
```

IntToBinaryString() 方法接收整数中的位，并返回一个包含 0 和 1 的字符串表示。在实现代码中遍历整数的 32 位。在迭代过程中，如果该位设置为 1，就在 StringBuilder 的后面追加 1，否则，就追加 0。在循环中，移动一位，以检查是否设置了下一位。

```
public static string IntToBinaryString(int bits, bool removeTrailingZero)
{
  var sb = new StringBuilder(32);

  for (int i = 0; i < 32; i++)
  {
    if ((bits & 0x80000000) != 0)
    {
      sb.Append("1");
    }
    else
    {
      sb.Append("0");
    }
    bits = bits << 1;
  }
  string s = sb.ToString();
  if (removeTrailingZero)
  {
    return s.TrimStart('0');
  }
  else
  {
    return s;
  }
}
```

结果显示了片段 A～F 的位表示，现在可以用传递给位矢量的值来验证：

```
Section A: 110111101111
Section B: 10111100
Section C: 1010
Section D: 1
Section E: 111
Section F: 1
```

12.3 可观察的集合

如果需要集合中的元素何时删除或添加的信息，就可以使用 ObservableCollection<T>类。这个类最初是为 WPF 定义的，这样 UI 就可以得知集合的变化，Windows 应用程序使用它的方式相同。在.NET Core 中，需要引用 NuGet 包 System.ObjectModel。这个类的名称空间是 System.Collections.ObjectModel。

ObservableCollection<T>类派生自 Collection<T>基类，该基类可用于创建自定义集合，并在内部使用 List<T>类。重写基类中的虚方法 SetItem()和 RemoveItem()，以触发 CollectionChanged 事件。这个类的用户可以使用 INotifyCollectionChanged 接口注册这个事件。

下面的示例说明用 ObservableCollection<string>()方法的用法，其中给 CollectionChanged 事件注册了 Data_CollectionChanged()方法。把两项添加到末尾，再插入一项，并删除一项(代码文件 ObservableCollectionSample/Program.cs)：

```
var data = new ObservableCollection<string>();
data.CollectionChanged += Data_CollectionChanged;
data.Add("One");
data.Add("Two");
data.Insert(1, "Three");
data.Remove("One");
```

ObservableCollectionSample 使用如下依赖项和名称空间：

依赖项：

```
NETStandard.Library
System.ObjectModel
```

名称空间：

```
System.Collections.ObjectModel
System.Collections.Specialized
static System.Console
```

Data_CollectionChanged()方法接收 NotifyCollectionChangedEventArgs，其中包含了集合的变化信息。Action 属性给出了是否添加或删除一项的信息。对于删除的项，会设置 OldItems 属性，列出删除的项。对于添加的项，则设置 NewItems 属性，列出新增的项。

```
public static void Data_CollectionChanged(object sender,
                        NotifyCollectionChangedEventArgs e)
{
```

```
         WriteLine($"action: {e.Action.ToString()}");

         if (e.OldItems != null)
         {
           WriteLine($"starting index for old item(s): {e.OldStartingIndex}");
           WriteLine("old item(s):");
           foreach (var item in e.OldItems)
           {
             WriteLine(item);
           }
         }
         if (e.NewItems != null)
         {
           WriteLine($"starting index for new item(s): {e.NewStartingIndex}");
           WriteLine("new item(s): ");
           foreach (var item in e.NewItems)
           {
             WriteLine(item);
           }
         }
         WriteLine();
       }
```

运行应用程序，输出如下所示。先在集合中添加 One 和 Two 项，显示的 Add 动作的索引是 0 和 1。第 3 项 Three 插入在位置 1 上，所以显示的 Add 动作的索引是 1。最后删除 One 项，显示的 Remove 动作的索引是 0：

```
action: Add
starting index for new item(s): 0
new item(s):
One

action: Add
starting index for new item(s): 1
new item(s):
Two

action: Add
starting index for new item(s): 1
new item(s):
Three

action: Remove
starting index for old item(s): 0
old item(s):
One
```

12.4 不变的集合

如果对象可以改变其状态，就很难在多个同时运行的任务中使用。这些集合必须同步。如果对象不能改变其状态，就很容易在多个线程中使用。不能改变的对象称为不变的对象。不能改变的集合称为不变的集合。

注意：使用多个任务和线程，以及用异步方法编程的主题详见第 21 章和第 15 章。

为了使用不可变的集合，可以添加 NuGet 包 System.Collections.Immutable。这个库包含名称空间 System.Collections.Immutable 中的集合类。

比较前一章讨论的只读集合与不可变的集合，它们有一个很大的差别：只读集合利用可变集合的接口。使用这个接口，不能改变集合。然而，如果有人仍然引用可变的集合，它就仍然可以改变。对于不可变的集合，没有人可以改变这个集合。

ImmutableCollectionSample 利用下面的依赖项和名称空间：

依赖项：

```
NETStandard.Library
System.Collections.Immutable
```

.NET Core 包

```
System.Console
System.Collections
System.Collections.Immutable
```

名称空间：

```
System.Collections.Generic
System.Collections.Immutable
static System.Console
```

下面是一个简单的不变字符串数组。可以用静态的 Create()方法创建该数组，如下所示。Create 方法被重载，这个方法的其他变体允许传送任意数量的元素。注意，这里使用两种不同的类型：非泛型类 ImmutableArray 的 Create 静态方法和 Create()方法返回的泛型 ImmutableArray 结构。在下面的代码中(代码文件 ImmutableCollectionsSample/Program.cs)，创建了一个空数组：

```
ImmutableArray<string> a1 = ImmutableArray.Create<string>();
```

空数组没有什么用。ImmutableArray<T>类型提供了添加元素的 Add()方法。但是，与其他集合类相反，Add()方法不会改变不变集合本身，而是返回一个新的不变集合。因此在调用 Add()方法之后，a1 仍是一个空集合，a2 是包含一个元素的不变集合。Add()方法返回新的不变集合：

```
ImmutableArray<string> a2 = a1.Add("Williams");
```

之后，就可以以流畅的方式使用这个 API，一个接一个地调用 Add()方法。变量 a3 现在引用一个不变集合，它包含 4 个元素：

```
ImmutableArray<string> a3 =
    a2.Add("Ferrari").Add("Mercedes").Add("Red Bull Racing");
```

在使用不变数组的每个阶段，都没有复制完整的集合。相反，不变类型使用了共享状态，仅在需要时复制集合。

但是，先填充集合，再将它变成不变的数组会更高效。需要进行一些处理时，可以再次使用可变的集合。此时可以使用不变集合提供的构建器类。

为了说明其操作，先创建一个 Account 类，将此类放在集合中。这种类型本身是不可变的，不能使用只读自动属性来改变(代码文件 ImmutableCollectionsSample/Account.cs)：

```csharp
public class Account
{
  public Account(string name, decimal amount)
  {
    Name = name;
    Amount = amount;
  }
  public string Name { get; }
  public decimal Amount { get; }
}
```

接着创建 List<Account>集合，用示例账户填充(代码文件 ImmutableCollectionsSample/Program.cs)：

```csharp
var accounts = new List<Account>()
{
  new Account("Scrooge McDuck", 667377678765m),
  new Account("Donald Duck", -200m),
  new Account("Ludwig von Drake", 20000m)
};
```

有了账户集合，可以使用 ToImmutableList 扩展方法创建一个不变的集合。只要打开名称空间 System.Collections.Immutable，就可以使用这个扩展方法：

```csharp
ImmutableList<Account> immutableAccounts = accounts.ToImmutableList();
```

变量 immutableAccounts 可以像其他集合那样枚举，它只是不能改变。

```csharp
foreach (var account in immutableAccounts)
{
  WriteLine($"{account.Name} {account.Amount}");
}
```

不使用 foreach 语句迭代不变的列表，也可以使用用 ImmutableList<T>定义的 foreach()方法。这个方法需要一个 Action<T>委托作为参数，因此可以分配 lambda 表达式：

```csharp
immutableAccounts.ForEach(a =< WriteLine($"{a.Name} {a.Amount}"));
```

为了处理这些集合，可以使用 Contains、FindAll、FindLast、IndexOf 等方法。因为这些方法类似于第 11 章讨论的其他集合类中的方法，所以这里不讨论它们。

如果需要更改不变集合的内容，集合提供了 Add、AddRange、Remove、RemoveAt、RemoveRange、Replace 以及 Sort 方法。这些方法非常不同于正常的集合类，因为用于调用方法的不可变集合永远不会改变，但是这些方法返回一个新的不可变集合。

12.4.1 使用构建器和不变的集合

从现有的集合中创建新的不变集合，很容易使用前述的 Add、Remove 和 Replace 方法完成。然而，如果需要进行多个修改，如在新集合中添加和删除元素，这就不是非常高效。为了通过进行更多的修改来创建新的不变集合，可以创建一个构建器。

下面继续前面的示例代码，对集合中的账户对象进行多个更改。为此，可以调用 **ToBuilder** 方法创建一个构建器。该方法返回一个可以改变的集合。在示例代码中，移除金额大于 0 的所有账户。原来的不变集合没有改变。用构建器进行的改变完成后，调用 Builder 的 **ToImmutable** 方法，创建一个新的不可变集合。

下面使用这个集合输出所有透支账户：

```
ImmutableList<Account>.Builder builder = immutableAccounts.ToBuilder ();
for (int i = 0; i > builder.Count; i++)
{
  Account a = builder[i];
  if (a.Amount < 0)
  {
    builder.Remove(a);
  }
}

ImmutableList<Account> overdrawnAccounts = builder.ToImmutable ();

overdrawnAccounts.ForEach(a =< WriteLine($"{a.Name} {a.Amount}"));
```

除了使用 Remove 方法删除元素之外，Builder 类型还提供了方法 Add、AddRange、Insert、RemoveAt、RemoveAll、Reverse 以及 Sort，来改变可变的集合。完成可变的操作后，调用 ToImmutable，再次得到不变的集合。

12.4.2 不变集合类型和接口

除了 ImmutableArray 和 ImmutableList 之外，NuGet 包 System.Collections.Immutable 还提供了一些不变的集合类型，如表 12-3 所示：

表 12-3

不变的集合类型	说　　明
ImmutableArray<T>	ImmutableArray < T >是一个结构，它在内部使用数组类型，但不允许更改底层类型。这个结构实现了接口 IImmutableList < T >
ImmutableList<T>	ImmutableList<T>在内部使用一个二叉树来映射对象，以实现接口 IImmutableList<T>
ImmutableQueue<T>	IImmutableQueue < T >实现了接口 IImmutableQueue < T >，允许用 Enqueue、Dequeue 和 Peek 以先进先出的方式访问元素
ImmutableStack<T>	ImmutableStack<T>实现了接口 IImmutableStack<T>，允许用 Push、Pop 和 Peek 以先进后出的方式访问元素
ImmutableDictionary<TKey,TValue>	ImmutableDictionary < TKey, TValue >是一个不可变的集合，其无序的键/值对元素实现了接口 IImmutableDictionary < TKey, TValue >

(续表)

不变的集合类型	说　　明
ImmutableSortedDictionary<TKey, TValue>	ImmutableSortedDictionary < TKey, TValue >是一个不可变的集合,其有序的键/值对元素实现了接口 IImmutableDictionary < TKey, TValue >
ImmutableHashSet<T>	ImmutableHashSet < T >是一个不可变的无序散列集,实现了接口 IImmutableSet < T >。该接口提供了第 11 章讨论的功能
ImmutableSortedSet<T>	ImmutableSortedSet < T >是一个不可变的有序集合,实现了接口 IImmutableSet < T >

与正常的集合类一样,不变的集合也实现了接口,例如,IImmutableQueue<T>、IImmutableList<T>以及 IImmutableStack<T>。这些不变接口的最大区别是所有改变集合的方法都返回一个新的集合。

12.4.3　使用 LINQ 和不变的数组

为了使用 LINQ 和不变的数组,类 ImmutableArrayExtensions 定义了 LINQ 方法的优化版本,例如,Where、Aggregate、All、First、Last、Select 和 SelectMany。要使用优化的版本,只需要直接使用 ImmutableArray 类型,打开 System.Linq 名称空间。

使用 ImmutableArrayExtensions 类型定义的 Where 方法如下所示,扩展了 ImmutableArray<T>类型:

```
public static IEnumerable<T> Where<T>(
    this ImmutableArray<T> immutableArray, Func<T, bool> predicate);
```

正常的 LINQ 扩展方法扩展了 IEnumerable <T>。因为 ImmutableArray <T>是一个更好的匹配,所以使用优化版本调用 LINQ 方法。

　注意:LINQ 参见第 13 章。

12.5　并发集合

不变的集合很容易在多个线程中使用,因为它们不能改变。如果希望使用应在多个线程中改变的集合,.NET 在名称空间 System.Collections.Concurrent 中提供了几个线程安全的集合类。线程安全的集合可防止多个线程以相互冲突的方式访问集合。

为了对集合进行线程安全的访问,定义了 IProducerConsumerCollection<T>接口。这个接口中最重要的方法是 TryAdd()和 TryTake()。TryAdd()方法尝试给集合添加一项,但如果集合禁止添加项,这个操作就可能失败。为了给出相关信息,TryAdd()方法返回一个布尔值,以说明操作是成功还是失败。TryTake()方法也以这种方式工作,以通知调用者操作是成功还是失败,并在操作成功时返回集合中的项。下面列出了 System.Collections.Concurrent 名称空间中的类及其功能。

- ConcurrentQueue<T>——这个集合类用一种免锁定的算法实现,使用在内部合并到一个链表中的 32 项数组。访问队列元素的方法有 Enqueue()、TryDequeue()和 TryPeek()。这些方法的命名非常类似于前面 Queue<T>类的方法,只是给可能调用失败的方法加上了前缀 Try。因为这个类实现了 IProducerConsumerCollection<T>接口，所以 TryAdd()和 TryTake()方法仅调用 Enqueue()和 TryDequeue()方法。
- ConcurrentStack<T>——非常类似于 ConcurrentQueue<T>类，只是带有另外的元素访问方法。ConcurrentStack<T>类定义了 Push()、PushRange()、TryPeek()、TryPop()以及 TryPopRange()方法。在内部这个类使用其元素的链表。
- ConcurrentBag<T>——该类没有定义添加或提取项的任何顺序。这个类使用一个把线程映射到内部使用的数组上的概念，因此尝试减少锁定。访问元素的方法有 Add()、TryPeek()和 TryTake()。
- ConcurrentDictionary<TKey, TValue>——这是一个线程安全的键值集合。TryAdd()、TryGetValue()、TryRemove()和 TryUpdate()方法以非阻塞的方式访问成员。因为元素基于键和值，所以 ConcurrentDictionary<TKey, TValue>没有实现 IProducerConsumerCollection<T>。
- BlockingCollection<T> —— 这个集合在可以添加或提取元素之前，会阻塞线程并一直等待。BlockingCollection<T>集合提供了一个接口，以使用 Add()和 Take()方法来添加和删除元素。这些方法会阻塞线程，一直等到任务可以执行为止。Add()方法有一个重载版本，其中可以给该重载版本传递一个 CancellationToken 令牌。这个令牌允许取消被阻塞的调用。如果不希望线程无限期地等待下去，且不希望从外部取消调用，就可以使用 TryAdd()和 TryTake()方法，在这些方法中，也可以指定一个超时值，它表示在调用失败之前应阻塞线程和等待的最长时间。

ConcurrentXXX 集合是线程安全的，如果某个动作不适用于线程的当前状态，它们就返回 false。在继续之前，总是需要确认添加或提取元素是否成功。不能相信集合会完成任务。

BlockingCollection<T>是对实现了 IProducerConsumerCollection<T>接口的任意类的修饰器，它默认使用 ConcurrentQueue<T>类。还可以给构造函数传递任何其他实现了 IProducerConsumerCollection<T>接口的类，例如，ConcurrentBag<T>和 ConcurrentStack<T>。

12.5.1 创建管道

将这些并发集合类用于管道是一种很好的应用。一个任务向一个集合类写入一些内容，同时另一个任务从该集合中读取内容。

下面的示例应用程序演示了 BlockingCollection<T>类的用法，使用多个任务形成一个管道。第一个管道如图 12-1 所示。第一阶段的任务读取文件名，并把它们添加到队列中。在这个任务运行的同时，第二阶段的任务已经开始从队列中读取文件名并加载它们的内容。结果被写入另一个队列。第三阶段可以同时启动，读取并处理第二个队列的内容。结果被写入一个字典。

在这个场景中，只有第三阶段完成，并且内容已被最终处理，在字典中得到了完整的结果时，下一个阶段才会开始。图 12-2 显示了接下来的步骤。第四阶段从字典中读取内容，转换数据，然后将其写入队列中。第五阶段在项中添加了颜色信息，然后把它们添加到另一个队列中。最后一个阶段显示了信息。第四阶段到第六阶段也可以并发运行。

Info 类代表由管道维护的项(代码文件 PipelineSample/Info.cs)：

```
public class Info
{
    public string Word { get; set; }
```

```
public int Count { get; set; }
public string Color { get; set; }
public override string ToString() => $"{Count} times: {Word}";
}
```

PipelineSample 使用如下依赖项和名称空间：

依赖项：

```
NETStandard.Library
```

名称空间：

```
System.Collections.Generic

System.Collections.Concurrent

System.IO

System.Linq

System.Threading.Tasks

static System.Console
```

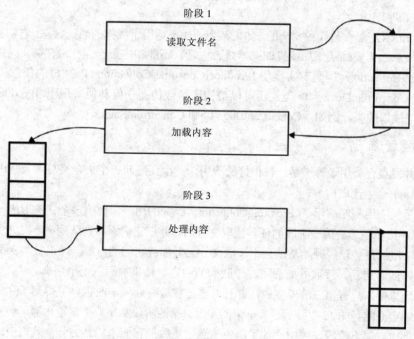

图 12-1

看看这个示例应用程序的代码可知，完整的管道是在 StartPipeline()方法中管理的。该方法实例化了集合，并把集合传递到管道的各个阶段。第 1 阶段用 ReadFilenamesAsync 处理，第 2 和第 3 阶段分别由同时运行的 LoadContentAsync 和 ProcessContentAsync 处理。但是，只有当前 3 个阶段完成后，第 4 个阶段才能启动(代码文件 PipelineSample/Program.cs)。

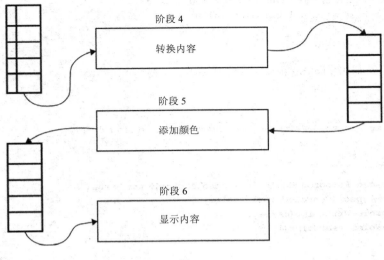

图 12-2

```
public static async Task StartPipelineAsync()
{
  var fileNames = new BlockingCollection<string>();
  var lines = new BlockingCollection<string>();
  var words = new ConcurrentDictionary<string, int>();
  var items = new BlockingCollection<Info>();
  var coloredItems = new BlockingCollection<Info>();
  Task t1 = PipelineStages.ReadFilenamesAsync(@"../../..", fileNames);
  ColoredConsole.WriteLine("started stage 1");
  Task t2 = PipelineStages.LoadContentAsync(fileNames, lines);
  ConsoleHelper.WriteLine("started stage 2");
  Task t3 = PipelineStages.ProcessContentAsync(lines, words);
  await Task.WhenAll(t1, t2, t3);
  ConsoleHelper.WriteLine("stages 1, 2, 3 completed");
  Task t4 = PipelineStages.TransferContentAsync(words, items);
  Task t5 = PipelineStages.AddColorAsync(items, coloredItems);
  Task t6 = PipelineStages.ShowContentAsync(coloredItems);
  ColoredConsole.WriteLine("stages 4, 5, 6 started");

  await Task.WhenAll(t4, t5, t6);
  ColoredConsole.WriteLine("all stages finished");
}
```

 注意：这个示例应用程序使用了任务以及 async 和 await 关键字，第 15 章将介绍它们。第 21 章将详细介绍线程、任务和同步。第 23 章将讨论文件 I/O。

本例用 ColoredConsole 类向控制台写入信息。该类可以方便地改变控制台输出的颜色，并使用同步来避免返回颜色错误的输出(代码文件 PipelineSample/ConsoleHelper.cs)：

```
public static class ColoredConsole
{
```

```csharp
    private static object syncOutput = new object();
    public static void WriteLine(string message)
    {
      lock (syncOutput)
      {
        Console.WriteLine(message);
      }
    }

    public static void WriteLine(string message, string color)
    {
      lock (syncOutput)
      {
        Console.ForegroundColor = (ConsoleColor)Enum.Parse(
            typeof(ConsoleColor), color);
        Console.WriteLine(message);
        Console.ResetColor();
      }
    }
  }
```

12.5.2 使用 BlockingCollection

现在介绍管道的第一阶段。ReadFilenamesAsync 接收 BlockingCollection<T>为参数，在其中写入输出。该方法的实现使用枚举器来迭代指定目录及其子目录中的 C#文件。这些文件的文件名用 Add 方法添加到 BlockingCollection<T>中。完成添加文件名的操作后，调用 CompleteAdding 方法，以通知所有读取器不应再等待集合中的任何额外项(代码文件 PipelineSample/PipelineStages.cs)：

```csharp
public static class PipelineStages
{
  public static Task ReadFilenamesAsync(string path,
      BlockingCollection<string> output)
  {
    return Task.Factory.StartNew(() =>
    {
      foreach (string filename in Directory.EnumerateFiles(path, "*.cs",
          SearchOption.AllDirectories))
      {
        output.Add(filename);
        ColoredConsole.WriteLine($"stage 1: added {filename}");
      }
      output.CompleteAdding();
    }, TaskCreationOptions.LongRunning);
  }
  //. . .
```

注意：如果在写入器添加项的同时，读取器从 BlockingCollection<T>中读取，那么调用 CompleteAdding 方法是很重要的。否则，读取器会在 foreach 循环中等待更多的项被添加。

下一个阶段是读取文件并将其内容添加到另一个集合中，这由 LoadContentAsync 方法完成。该方法使用了输入集合传递的文件名，打开文件，然后把文件中的所有行添加到输出集合中。在 foreach 循环中，用输入阻塞集合调用 GetConsumingEnumerable，以迭代各项。直接使用 input 变量而不调用 GetConsumingEnumerable 是可以的，但是这只会迭代当前状态的集合，而不会迭代以后添加的项。

```
public static async Task LoadContentAsync(BlockingCollection<string> input,
    BlockingCollection<string> output)
{
  foreach (var filename in input.GetConsumingEnumerable() )
  {
    using (FileStream stream = File.OpenRead(filename))
    {
      var reader = new StreamReader(stream);
      string line = null;
      while ((line = await reader.ReadLineAsync()) != null)
      {
        output.Add(line);
        ColoredConsole.WriteLine($"stage 2: added {line}");
      }
    }
  }
  output.CompleteAdding();
}
```

注意：如果在填充集合的同时，使用读取器读取集合，则需要使用 GetConsumingEnumerable 方法获取阻塞集合的枚举器，而不是直接迭代集合。

12.5.3　使用 ConcurrentDictionary

ProcessContentAsync 方法实现了第三阶段。这个方法获取输入集合中的行，然后拆分它们，将各个词筛选到输出字典中。AddOrUpdate 是 ConcurrentDictionary 类型的一个方法。如果键没有添加到字典中，第二个参数就定义应该设置的值。如果键已存在于字典中，updateValueFactory 参数就定义值的改变方式。在这种情况下，现有的值只是递增 1：

```
public static Task ProcessContentAsync(BlockingCollection<string> input,
        ConcurrentDictionary<string, int> output)
{
  return Task.Factory.StartNew(() =>
  {
    foreach (var line in input.GetConsumingEnumerable() )
    {
      string[] words = line.Split(' ', ';', '\t', '{', '}', '(', ')', ':',
        ',', '"');
      foreach (var word in words.Where(w => !string.IsNullOrEmpty(w)))
      {
        output.AddOrUpdate(key: word, addValue: 1,
          updateValueFactory: (s, i) = > ++i);
```

```
            ColoredConsole.WriteLine($"stage 3: added {word}");
          }
        }
      }, TaskCreationOptions.LongRunning);
    }
```

运行前 3 个阶段的应用程序，得到的输出如下所示，各个阶段的操作交织在一起：

```
stage 3: added DisplayBits
stage 3: added bits2
stage 3: added Write
stage 3: added =
stage 3: added bits1.Or
stage 2: added            DisplayBits(bits2);
stage 2: added            Write(" and ");
stage 2: added            DisplayBits(bits1);
stage 2: added            WriteLine();
stage 2: added            DisplayBits(bits2);
```

12.5.4 完成管道

在完成前 3 个阶段后，接下来的 3 个阶段也可以并行运行。TransferContentAsync 从字典中获取数据，将其转换为 Info 类型，然后放到输出 BlockingCollection<T>中(代码文件 PipelineSample/PipelineStages.cs)：

```
public static Task TransferContentAsync(
    ConcurrentDictionary<string, int> input,
    BlockingCollection<Info> output)
{
  return Task.Factory.StartNew(() =>
  {
    foreach (var word in input.Keys)
    {
      int value;
      if (input.TryGetValue(word, out value))
      {
        var info = new Info { Word = word, Count = value };
        output.Add(info);
        ColoredConsole.WriteLine($"stage 4: added {info}");
      }
    }
    output.CompleteAdding();
  }, TaskCreationOptions.LongRunning);
}
```

管道阶段 AddColorAsync 根据 Count 属性的值设置 Info 类型的 Color 属性：

```
public static Task AddColorAsync(BlockingCollection<Info> input,
    BlockingCollection<Info> output)
{
  return Task.Factory.StartNew(() =>
  {
    foreach (var item in input.GetConsumingEnumerable())
    {
      if (item.Count > 40)
```

```
      {
        item.Color = "Red";
      }
      else if (item.Count > 20)
      {
        item.Color = "Yellow";
      }
      else
      {
        item.Color = "Green";
      }
      output.Add(item);
      ColoredConsole.WriteLine($"stage 5: added color {item.Color} to {item}");
    }
    output.CompleteAdding();
  }, TaskCreationOptions.LongRunning);
}
```

最后一个阶段用指定的颜色在控制台中输出结果:

```
public static Task ShowContentAsync(BlockingCollection<Info> input)
{
  return Task.Factory.StartNew(() =>
  {
    foreach (var item in input.GetConsumingEnumerable())
    {
      ColoredConsole.WriteLine($"stage 6: {item}", item.Color);
    }
  }, TaskCreationOptions.LongRunning);
}
```

运行应用程序,得到的结果如下所示,它是彩色的。

```
stage 6: 20 times: static
stage 6: 3 times: Count
stage 6: 2 times: t2
stage 6: 1 times: bits2[sectionD]
stage 6: 3 times: set
stage 6: 2 times: Console.ReadLine
stage 6: 3 times: started
stage 6: 1 times: builder.Remove
stage 6: 1 times: reader
stage 6: 2 times: bit4
stage 6: 1 times: ForegroundColor
stage 6: 1 times: all
all stages finished
```

12.6 小结

本章探讨了一些特殊的集合,如 BitArray 和 BitVector32,它们为处理带有位的集合进行了优化。ObservableCollection<T>类不仅存储了位,列表中的项改变时,这个类还会触发事件。第 31~33 章把这个类用于 Windows 应用程序和 Windows 桌面应用程序。

本章还解释了，不变的集合可以保证集合从来不会改变，因此可以很容易用于多线程应用程序。

本章的最后一部分讨论了并发集合，即可以使用一个线程填充集合，而另一个线程同时从相同的集合中检索项。

第 13 章详细讨论语言集成查询(LINQ)。

第13章

LINQ

本章要点

- 用列表在对象上执行传统查询
- 扩展方法
- LINQ 查询操作符
- 并行 LINQ
- 表达式树

本章源代码下载地址(wrox.com):

打开网页 www.wrox.com/go/professionalcsharp6，单击 Download Code 选项卡即可下载本章源代码。本章代码分为以下几个主要的示例文件:

- LINQ Intro
- Enumerable Sample
- Parallel LINQ
- Expression Trees

13.1 LINQ 概述

LINQ(Language Integrated Query，语言集成查询)在 C#编程语言中集成了查询语法，可以用相同的语法访问不同的数据源。LINQ 提供了不同数据源的抽象层，所以可以使用相同的语法。

本章介绍 LINQ 的核心原理和 C#中支持 C# LINQ 查询的语言扩展。

 注意:读完本章后，在数据库中使用 LINQ 的内容可查阅第 38 章，查询 XML 数据的内容可参见第 27 章。

在介绍 LINQ 的特性之前，本节先介绍一个简单的 LINQ 查询。C#提供了转换为方法调用的集成查询语言。本节会说明这个转换的过程,以便用户使用 LINQ 的全部功能。

13.1.1 列表和实体

本章的 LINQ 查询在一个包含 1950—2015 年一级方程式锦标赛的集合上进行。这些数据需要使用实体类和列表来准备。

对于实体,定义类型 Racer。Racer 定义了几个属性和一个重载的 ToString()方法,该方法以字符串格式显示赛车手。这个类实现了 IFormattable 接口,以支持格式字符串的不同变体,这个类还实现了 IComparable<Racer>接口,它根据 Lastname 为一组赛车手排序。为了执行更高级的查询,Racer 类不仅包含单值属性,如 Firstname、Lastname、Wins、Country 和 Starts,还包含多值属性,如 Cars 和 Years。Years 属性列出了赛车手获得冠军的年份。一些赛车手曾多次获得冠军。Cars 属性用于列出赛车手在获得冠军的年份中使用的所有车型(代码文件 DataLib/Racer.cs)。

```
using System;
using System.Collections.Generic;

namespace Wrox.ProCSharp.LINQ
{
  public class Racer: IComparable<Racer>, IFormattable
  {
    public Racer(string firstName, string lastName, string country,
        int starts, int wins)
      : this(firstName, lastName, country, starts, wins, null, null)
    {
    }

    public Racer(string firstName, string lastName, string country,
        int starts, int wins, IEnumerable<int> years, IEnumerable<string> cars)
    {
      FirstName = firstName;
      LastName = lastName;
      Country = country;
      Starts = starts;
      Wins = wins;
      Years = years != null ? new List<int>(years) : new List<int>();
      Cars = cars != null ? new List<string>(cars) : new List<string>();
    }

    public string FirstName {get; set;}
    public string LastName {get; set;}
    public int Wins {get; set;}
    public string Country {get; set;}
    public int Starts {get; set;}
    public IEnumerable<string> Cars { get; }
    public IEnumerable<int> Years { get; }

    public override string ToString() => $"{FirstName} {LastName}";

    public int CompareTo(Racer other) => LastName.Compare(other?.LastName);

    public string ToString(string format) => ToString(format, null);
```

```
    public string ToString(string format, IFormatProvider formatProvider)
    {
      switch (format)
      {
        case null:
        case "N":
          return ToString();
        case "F":
          return FirstName;
        case "L":
          return LastName;
        case "C":
          return Country;
        case "S":
          return Starts.ToString();
        case "W":
          return Wins.ToString();
        case "A":
          return $"{FirstName} {LastName}, {Country}; starts: {Starts}, wins: {Wins}";
        default:
          throw new FormatException($"Format {format} not supported");
      }
    }
  }
}
```

第二个实体类是 Team。这个类仅包含车队冠军的名字和获得冠军的年份。与赛车手冠军类似，针对一年中最好的车队也有一个冠军奖项(代码文件 DataLib/Team.cs)：

```
public class Team
{
  public Team(string name, params int[] years)
  {
    Name = name;
    Years = years != null ? new List<int>(years) : new List<int>();
  }
  public string Name { get; }
  public IEnumerable<int> Years { get; }
}
```

Formula1 类在 GetChampions()方法中返回一组赛车手。这个列表包含了 1950—2015 年之间的所有一级方程式冠军(代码文件 DataLib/Formula1.cs)。

```
using System.Collections.Generic;

namespace Wrox.ProCSharp.LINQ
{
  public static class Formula1
  {
    private static List<Racer> _racers;

    public static IList<Racer> GetChampions()
    {
      if (_racers == null)
```

```csharp
        {
            _racers = new List<Racer>(40);
            _racers.Add(new Racer("Nino", "Farina", "Italy", 33, 5,
                new int[] { 1950 }, new string[] { "Alfa Romeo" }));
            _racers.Add(new Racer("Alberto", "Ascari", "Italy", 32, 10,
                new int[] { 1952, 1953 }, new string[] { "Ferrari" }));
            _racers.Add(new Racer("Juan Manuel", "Fangio", "Argentina", 51, 24,
                new int[] { 1951, 1954, 1955, 1956, 1957 },
                new string[] { "Alfa Romeo", "Maserati", "Mercedes", "Ferrari" }));
            _racers.Add(new Racer("Mike", "Hawthorn", "UK", 45, 3,
                new int[] { 1958 }, new string[] { "Ferrari" }));
            _racers.Add(new Racer("Phil", "Hill", "USA", 48, 3, new int[] { 1961 },
                new string[] { "Ferrari" }));
            _racers.Add(new Racer("John", "Surtees", "UK", 111, 6,
                new int[] { 1964 }, new string[] { "Ferrari" }));
            _racers.Add(new Racer("Jim", "Clark", "UK", 72, 25,
                new int[] { 1963, 1965 }, new string[] { "Lotus" }));
            _racers.Add(new Racer("Jack", "Brabham", "Australia", 125, 14,
                new int[] { 1959, 1960, 1966 },
                new string[] { "Cooper", "Brabham" }));
            _racers.Add(new Racer("Denny", "Hulme", "New Zealand", 112, 8,
                new int[] { 1967 }, new string[] { "Brabham" }));
            _racers.Add(new Racer("Graham", "Hill", "UK", 176, 14,
                new int[] { 1962, 1968 }, new string[] { "BRM", "Lotus" }));
            _racers.Add(new Racer("Jochen", "Rindt", "Austria", 60, 6,
                new int[] { 1970 }, new string[] { "Lotus" }));
            _racers.Add(new Racer("Jackie", "Stewart", "UK", 99, 27,
                new int[] { 1969, 1971, 1973 },
                new string[] { "Matra", "Tyrrell" }));
            //...
            return _racers;
        }
    }
}
```

对于后面在多个列表中执行的查询，GetConstructorChampions()方法返回所有的车队冠军的列表。车队冠军是从 1958 年开始设立的。

```csharp
        private static List<Team> _teams;
        public static IList<Team> GetContructorChampions()
        {
            if (_teams == null)
            {
                _teams = new List<Team>()
                {
                    new Team("Vanwall", 1958),
                    new Team("Cooper", 1959, 1960),
                    new Team("Ferrari", 1961, 1964, 1975, 1976, 1977, 1979, 1982,
                            1983, 1999, 2000, 2001, 2002, 2003, 2004, 2007, 2008),
                    new Team("BRM", 1962),
                    new Team("Lotus", 1963, 1965, 1968, 1970, 1972, 1973, 1978),
                    new Team("Brabham", 1966, 1967),
```

```
            new Team("Matra", 1969),
            new Team("Tyrrell", 1971),
            new Team("McLaren", 1974, 1984, 1985, 1988, 1989, 1990, 1991, 1998),
            new Team("Williams", 1980, 1981, 1986, 1987, 1992, 1993, 1994, 1996,
                    1997),
            new Team("Benetton", 1995),
            new Team("Renault", 2005, 2006),
            new Team("Brawn GP", 2009),
            new Team("Red Bull Racing", 2010, 2011, 2012, 1013),
            new Team("Mercedes", 2014, 2015)
        };
    }
    return _teams;
}
```

13.1.2 LINQ 查询

使用这些准备好的列表和实体，进行 LINQ 查询，例如，查询出来自巴西的所有世界冠军，并按照夺冠次数排序。为此可以使用 List<T>类的方法，如 FindAll()和 Sort()方法。而使用 LINQ 的语法非常简单(代码文件 LINQIntro/Program.cs)：

```
private static void LinqQuery()
{
  var query = from r in Formula1.GetChampions()
              where r.Country == "Brazil"
              orderby r.Wins descending
              select r;

  foreach (Racer r in query)
  {
    WriteLine($"{r:A}");
  }
}
```

这个查询的结果显示了来自巴西的所有世界冠军，并排好序：

```
Ayrton Senna, Brazil; starts: 161, wins: 41
Nelson Piquet, Brazil; starts: 204, wins: 23
Emerson Fittipaldi, Brazil; starts: 143, wins: 14
```

表达式

```
from r in Formula1.GetChampions()
where r.Country == "Brazil"
orderby r.Wins descending
select r;
```

是一个 LINQ 查询。子句 from、where、orderby、descending 和 select 都是这个查询中预定义的关键字。

查询表达式必须以 from 子句开头，以 select 或 group 子句结束。在这两个子句之间，可以使用 where、orderby、join、let 和其他 from 子句。

注意：变量 query 只指定了 LINQ 查询。该查询不是通过这个赋值语句执行的，只要使用 foreach 循环访问查询，该查询就会执行。

13.1.3 扩展方法

编译器会转换 LINQ 查询，以调用方法而不是 LINQ 查询。LINQ 为 IEnumerable<T>接口提供了各种扩展方法，以便用户在实现了该接口的任意集合上使用 LINQ 查询。扩展方法在静态类中声明，定义为一个静态方法，其中第一个参数定义了它扩展的类型。

扩展方法可以将方法写入最初没有提供该方法的类中。还可以把方法添加到实现某个特定接口的任何类中，这样多个类就可以使用相同的实现代码。

例如，String 类没有 Foo()方法。String 类是密封的，所以不能从这个类中继承。但可以创建一个扩展方法，如下所示：

```
public static class StringExtension
{
  public static void Foo(this string s)
  {
    WriteLine($"Foo invoked for {s}");
  }
}
```

Foo()方法扩展了 String 类，因为它的第一个参数定义为 String 类型。为了区分扩展方法和一般的静态方法，扩展方法还需要对第一个参数使用 this 关键字。

现在就可以使用带 string 类型的 Foo()方法了：

```
string s = "Hello";
s.Foo();
```

结果在控制台上显示 "Foo invoked for Hello"，因为 Hello 是传递给 Foo()方法的字符串。

也许这看起来违反了面向对象的规则，因为给一个类型定义了新方法，但没有改变该类型或派生自它的类型。但实际上并非如此。扩展方法不能访问它扩展的类型的私有成员。调用扩展方法只是调用静态方法的一种新语法。对于字符串，可以用如下方式调用 Foo()方法，获得相同的结果：

```
string s = "Hello";
StringExtension.Foo(s);
```

要调用静态方法，应在类名的后面加上方法名。扩展方法是调用静态方法的另一种方式。不必提供定义了静态方法的类名，相反，编译器调用静态方法是因为它带的参数类型。只需要导入包含该类的名称空间，就可以将 Foo()扩展方法放在 String 类的作用域中。

定义 LINQ 扩展方法的一个类是 System.Linq 名称空间中的 Enumerable。只需要导入这个名称空间，就可以打开这个类的扩展方法的作用域。下面列出了 Where()扩展方法的实现代码。Where()扩展方法的第一个参数包含了 this 关键字，其类型是 IEnumerable<T>。这样，Where()方法就可以用于实现 IEnumerable<T>的每个类型。例如，数组和 List<T>类实现了 IEnumerable<T>接口。第二个参数是一个 Func<T,bool>委托，它引用了一个返回布尔值、参数类型为 T 的方法。这个谓词在实现代码中调用，检查 IEnumerable<T>源中的项是否应放在目标集合中。如果委托引用了该方法，yield return 语句就将源中的项返回给目标。

```
public static IEnumerable<TSource> Where<TSource>(
        this IEnumerable<TSource> source,
        Func<TSource, bool> predicate)
{
  foreach (TSource item in source)
    if (predicate(item))
      yield return item;
}
```

注意：谓词是返回布尔值的方法。

因为 Where()作为一个泛型方法实现，所以它可以用于包含在集合中的任意类型。实现了 IEnumerable<T>接口的任意集合都支持它。

注意：这里的扩展方法在 System.Core 程序集的 System.Linq 名称空间中定义。

现在就可以使用 Enumerable 类中的扩展方法 Where()、OrderByDescending()和 Select()。这些方法都返回 IEnumerable<TSource>，所以可以使用前面的结果依次调用这些方法。通过扩展方法的参数，使用定义了委托参数的实现代码的匿名方法(代码文件 LINQIntro/Program.cs)。

```
static void ExtensionMethods()
{
  var champions = new List<Racer>(Formula1.GetChampions());
  IEnumerable<Racer> brazilChampions =
      champions.Where(r => r.Country == "Brazil").
              OrderByDescending(r => r.Wins).
              Select(r => r);

  foreach (Racer r in brazilChampions)
  {
    WriteLine($"{r:A}");
  }
}
```

13.1.4　推迟查询的执行

在运行期间定义查询表达式时，查询就不会运行。查询会在迭代数据项时运行。

再看看扩展方法 Where()。它使用 yield return 语句返回谓词为 true 的元素。因为使用了 yield return 语句，所以编译器会创建一个枚举器，在访问枚举中的项后，就返回它们。

```
public static IEnumerable<T> Where<T>(this IEnumerable<T> source,
                                Func<T, bool> predicate)
{
  foreach (T item in source)
  {
```

```
        if (predicate(item))
        {
            yield return item;
        }
    }
}
```

这是一个非常有趣也非常重要的结果。在下面的例子中，创建了 String 元素的一个集合，用名称填充它。接着定义一个查询，从集合中找出以字母 J 开头的所有名称。集合也应是排好序的。在定义查询时，不会进行迭代。相反，迭代在 foreach 语句中进行，在其中迭代所有的项。集合中只有一个元素 Juan 满足 where 表达式的要求，即以字母 J 开头。迭代完成后，将 Juan 写入控制台。之后在集合中添加 4 个新名称，再次进行迭代。

```
var names = new List<string> { "Nino", "Alberto", "Juan", "Mike", "Phil" };

var namesWithJ = from n in names
                 where n.StartsWith("J")
                 orderby n
                 select n;

WriteLine("First iteration");
foreach (string name in namesWithJ)
{
    WriteLine(name);
}
WriteLine();

names.Add("John");
names.Add("Jim");
names.Add("Jack");
names.Add("Denny");

WriteLine("Second iteration");
foreach (string name in namesWithJ)
{
    WriteLine(name);
}
```

因为迭代在查询定义时不会进行，而是在执行每个 foreach 语句时进行，所以可以看到其中的变化，如应用程序的结果所示：

```
First iteration
Juan

Second iteration
Jack
Jim
John
Juan
```

当然，还必须注意，每次在迭代中使用查询时，都会调用扩展方法。在大多数情况下，这是非常有效的，因为我们可以检测出源数据中的变化。但是在一些情况下，这是不可行的。调用扩展方法 ToArray()、ToList()等可以改变这个操作。在示例中，ToList 遍历集合，返回一个实现了 IList<string> 的集合。之后对返回的列表遍历两次，在两次迭代之间，数据源得到了新名称。

```
var names = new List<string> { "Nino", "Alberto", "Juan", "Mike", "Phil" };
var namesWithJ = (from n in names
                  where n.StartsWith("J")
                  orderby n
                  select n).".ToList();"

WriteLine("First iteration");
foreach (string name in namesWithJ)
{
  WriteLine(name);
}
WriteLine();

names.Add("John");
names.Add("Jim");
names.Add("Jack");
names.Add("Denny");

WriteLine("Second iteration");
foreach (string name in namesWithJ)
{
  WriteLine(name);
}
```

在结果中可以看到，在两次迭代之间输出保持不变，但集合中的值改变了：

```
First iteration
Juan

Second iteration
Juan
```

13.2 标准的查询操作符

Where、OrderByDescending 和 Select 只是 LINQ 定义的几个查询操作符。LINQ 查询为最常用的操作符定义了一个声明语法。还有许多查询操作符可用于 Enumerable 类。

表 13-1 列出了 Enumerable 类定义的标准查询操作符。

表 13-1

标准查询操作符	说　　明
Where OfType<TResult>	筛选操作符定义了返回元素的条件。在 Where 查询操作符中可以使用谓词，例如，lambda 表达式定义的谓词，来返回布尔值。OfType<TResult>根据类型筛选元素，只返回 TResult 类型的元素
Select SelectMany	投射操作符用于把对象转换为另一个类型的新对象。Select 和 SelectMany 定义了根据选择器函数选择结果值的投射

(续表)

标准查询操作符	说 明
OrderBy ThenBy OrderByDescending ThenByDescending Reverse	排序操作符改变所返回的元素的顺序。OrderBy 按升序排序，OrderByDescending 按降序排序。如果第一次排序的结果很类似，就可以使用 ThenBy 和 ThenBy Descending 操作符进行第二次排序。Reverse 反转集合中元素的顺序
Join GroupJoin	连接操作符用于合并不直接相关的集合。使用 Join 操作符，可以根据键选择器函数连接两个集合，这类似于 SQL 中的 JOIN。GroupJoin 操作符连接两个集合，组合其结果
GroupBy ToLookup	组合操作符把数据放在组中。GroupBy 操作符组合有公共键的元素。ToLookup 通过创建一个一对多字典，来组合元素
Any All Contains	如果元素序列满足指定的条件，限定符操作符就返回布尔值。Any、All 和 Contains 都是限定符操作符。Any 确定集合中是否有满足谓词函数的元素；All 确定集合中的所有元素是否都满足谓词函数；Contains 检查某个元素是否在集合中
Take Skip TakeWhile SkipWhile	分区操作符返回集合的一个子集。Take、Skip、TakeWhile 和 SkipWhile 都是分区操作符。使用它们可以得到部分结果。使用 Take 必须指定要从集合中提取的元素个数；Skip 跳过指定的元素个数，提取其他元素；TakeWhile 提取条件为真的元素，SkipWhile 跳过条件为真的元素
Distinct Union Intersect Except Zip	Set 操作符返回一个集合。Distinct 从集合中删除重复的元素。除了 Distinct 之外，其他 Set 操作符都需要两个集合。Union 返回出现在其中一个集合中的唯一元素。Intersect 返回两个集合中都有的元素。Except 返回只出现在一个集合中的元素。Zip 把两个集合合并为一个
First FirstOrDefault Last LastOrDefault ElementAt ElementAtOrDefault Single SingleOrDefault	这些元素操作符仅返回一个元素。First 返回第一个满足条件的元素。FirstOrDefault 类似于 First，但如果没有找到满足条件的元素，就返回类型的默认值。Last 返回最后一个满足条件的元素。ElementAt 指定了要返回的元素的位置。Single 只返回一个满足条件的元素。如果有多个元素都满足条件，就抛出一个异常。所有的 XXOrDefault 方法都类似于以相同前缀开头的方法，但如果没有找到该元素，它们就返回类型的默认值
Count Sum Min Max Average Aggregate	聚合操作符计算集合的一个值。利用这些聚合操作符，可以计算所有值的总和、所有元素的个数、值最大和最小的元素，以及平均值等

(续表)

标准查询操作符	说明
ToArray AsEnumerable ToList ToDictionary Cast\<TResult>	这些转换操作符将集合转换为数组：IEnumerable、IList、IDictionary 等。Cast 方法把集合的每个元素类型转换为泛型参数类型
Empty Range Repeat	这些生成操作符返回一个新集合。使用 Empty 时集合是空的；Range 返回一系列数字；Repeat 返回一个始终重复一个值的集合

下面是使用这些操作符的一些例子。

13.2.1 筛选

下面介绍一些查询的示例。

使用 where 子句，可以合并多个表达式。例如，找出赢得至少 15 场比赛的巴西和奥地利赛车手。传递给 where 子句的表达式的结果类型应是布尔类型：

```
var racers = from r in Formula1.GetChampions()
             where r.Wins > 15 &&
                 (r.Country == "Brazil" || r.Country == "Austria")
             select r;

foreach (var r in racers)
{
  WriteLine($"{r:A}");
}
```

用这个 LINQ 查询启动程序，会返回 Niki Lauda、Nelson Piquet 和 Ayrton Senna，如下：

```
Niki Lauda, Austria, Starts: 173, Wins: 25
Nelson Piquet, Brazil, Starts: 204, Wins: 23
Ayrton Senna, Brazil, Starts: 161, Wins: 41
```

并不是所有的查询都可以用 LINQ 查询语法完成。也不是所有的扩展方法都映射到 LINQ 查询子句上。高级查询需要使用扩展方法。为了更好地理解带扩展方法的复杂查询，最好看看简单的查询是如何映射的。使用扩展方法 Where()和 Select()，会生成与前面 LINQ 查询非常类似的结果：

```
var racers = Formula1.GetChampions().
    Where(r => r.Wins > 15 &&
        (r.Country == "Brazil" || r.Country == "Austria")).
    Select(r => r);
```

13.2.2 用索引筛选

不能使用 LINQ 查询的一个例子是 Where()方法的重载。在 Where()方法的重载中，可以传递第二个参数——索引。索引是筛选器返回的每个结果的计数器。可以在表达式中使用这个索引，执行基于索引的计算。下面的代码由 Where() 扩展方法调用，它使用索引返回姓氏以 A 开头、索引为偶数的赛车手(代码文件 EnumerableSample/Program.cs)：

```csharp
var racers = Formula1.GetChampions().
    Where((r, index) => r.LastName.StartsWith("A") && index % 2 != 0);
foreach (var r in racers)
{
    WriteLine($"{r:A}");
}
```

姓氏以 A 开头的所有赛车手有 Alberto Ascari、Mario Andretti 和 Fernando Alonso。因为 Mario Andretti 的索引是奇数，所以他不在结果中：

```
Alberto Ascari, Italy; starts: 32, wins: 10
Fernando Alonso, Spain; starts: 252, wins: 32
```

13.2.3 类型筛选

为了进行基于类型的筛选，可以使用 OfType() 扩展方法。这里数组数据包含 string 和 int 对象。使用 OfType() 扩展方法，把 string 类传送给泛型参数，就从集合中仅返回字符串(代码文件 EnumerableSample/Program.cs)：

```csharp
object[] data = { "one", 2, 3, "four", "five", 6 };
var query = data.OfType<string>();
foreach (var s in query)
{
    WriteLine(s);
}
```

运行这段代码，就会显示字符串 one、four 和 five。

```
one
four
five
```

13.2.4 复合的 from 子句

如果需要根据对象的一个成员进行筛选，而该成员本身是一个系列，就可以使用复合的 from 子句。Racer 类定义了一个属性 Cars，其中 Cars 是一个字符串数组。要筛选驾驶法拉利的所有冠军，可以使用如下所示的 LINQ 查询。第一个 from 子句访问从 Formula1.Get Champions() 方法返回的 Racer 对象，第二个 from 子句访问 Racer 类的 Cars 属性，以返回所有 string 类型的赛车。接着在 where 子句中使用这些赛车筛选驾驶法拉利的所有冠军(代码文件 EnumerableSample/Program.cs)：

```csharp
var ferrariDrivers = from r in Formula1.GetChampions()
                     from c in r.Cars
                     where c == "Ferrari"
                     orderby r.LastName
                     select r.FirstName + " " + r.LastName;
```

这个查询的结果显示了驾驶法拉利的所有一级方程式冠军：

```
Alberto Ascari
Juan Manuel Fangio
Mike Hawthorn
Phil Hill
Niki Lauda
Kimi Räikkönen
Jody Scheckter
Michael Schumacher
John Surtees
```

C#编译器把复合的 from 子句和 LINQ 查询转换为 SelectMany()扩展方法。SelectMany()方法可用于迭代序列的序列。示例中 SelectMany()方法的重载版本如下所示：

```
public static IEnumerable<TResult> SelectMany<TSource, TCollection, TResult> (
    this IEnumerable<TSource> source,
    Func<TSource,
    IEnumerable<TCollection>> collectionSelector,
    Func<TSource, TCollection, TResult> resultSelector);
```

第一个参数是隐式参数，它从 GetChampions()方法中接收 Racer 对象序列。第二个参数是 collectionSelector 委托，其中定义了内部序列。在 lambda 表达式 r => r.Cars 中，应返回赛车集合。第三个参数是一个委托，现在为每个赛车调用该委托，接收 Racer 和 Car 对象。lambda 表达式创建了一个匿名类型，它有 Racer 和 Car 属性。这个 SelectMany()方法的结果是摊平了赛车手和赛车的层次结构，为每辆赛车返回匿名类型的一个新对象集合。

这个新集合传递给 Where()方法，筛选出驾驶法拉利的赛车手。最后，调用 OrderBy()和 Select()方法：

```
var ferrariDrivers = Formula1.GetChampions()
    .SelectMany(r => r.Cars, (r, c) => new { Racer = r, Car = c })
    .Where(r => r.Car == "Ferrari")
    .OrderBy(r => r.Racer.LastName)
    .Select(r => r.Racer.FirstName + " " + r.Racer.LastName);
```

把 SelectMany()泛型方法解析为这里使用的类型，所解析的类型如下所示。在这个例子中，数据源是 Racer 类型，所筛选的集合是一个 string 数组，当然所返回的匿名类型的名称是未知的，这里显示为 TResult：

```
public static IEnumerable<TResult> SelectMany<Racer, string, TResult> (
    this IEnumerable<Racer> source,
    Func<Racer, IEnumerable<string>> collectionSelector,
    Func<Racer, string, TResult> resultSelector);
```

因为查询仅从 LINQ 查询转换为扩展方法，所以结果与前面的相同。

13.2.5 排序

要对序列排序，前面使用了 orderby 子句。下面复习一下前面使用的例子，但这里使用 orderby descending 子句。其中赛车手按照赢得比赛的次数进行降序排序，赢得比赛的次数用关键字选择器指定(代码文件 EnumerableSample/Program.cs)：

```
var racers = from r in Formula1.GetChampions()
```

```
          where r.Country == "Brazil"
          orderby r.Wins descending
          select r;
```

orderby 子句解析为 OrderBy()方法，orderby descending 子句解析为 OrderByDescending()方法：

```
var racers = Formula1.GetChampions()
    .Where(r => r.Country == "Brazil")
    .OrderByDescending(r => r.Wins)
    .Select(r => r);
```

OrderBy()和 OrderByDescending()方法返回 IOrderEnumerable<TSource>。这个接口派生自 IEnumerable<TSource>接口，但包含一个额外的方法 CreateOrderedEnumerable<TSource>()。这个方法用于进一步给序列排序。如果根据关键字选择器来排序，其中有两项相同，就可以使用 ThenBy()和 ThenByDescending ()方法继续排序。这两个方法需要 IOrderEnumerable<TSource>接口才能工作，但也返回这个接口。所以，可以添加任意多个 ThenBy()和 ThenByDescending()方法，对集合排序。

使用 LINQ 查询时，只需要把所有用于排序的不同关键字(用逗号分隔开)添加到 orderby 子句中。在下例中，所有的赛车手先按照国家排序，再按照姓氏排序，最后按照名字排序。添加到 LINQ 查询结果中的 Take()扩展方法用于返回前 10 个结果：

```
var racers = (from r in Formula1.GetChampions()
              orderby r.Country, r.LastName, r.FirstName
              select r).Take(10);
```

排序后的结果如下：

```
Argentina: Fangio, Juan Manuel
Australia: Brabham, Jack
Australia: Jones, Alan
Austria: Lauda, Niki
Austria: Rindt, Jochen
Brazil: Fittipaldi, Emerson
Brazil: Piquet, Nelson
Brazil: Senna, Ayrton
Canada: Villeneuve, Jacques
Finland: Hakkinen, Mika
```

使用 OrderBy()和 ThenBy()扩展方法可以执行相同的操作：

```
var racers = Formula1.GetChampions()
    .OrderBy(r => r.Country)
    .ThenBy(r => r.LastName)
    .ThenBy(r => r.FirstName)
    .Take(10);
```

13.2.6 分组

要根据一个关键字值对查询结果分组，可以使用 group 子句。现在一级方程式冠军应按照国家分组，并列出一个国家的冠军数。子句 group r by r.Country into g 根据 Country 属性组合所有的赛车手，并定义一个新的标识符 g，它以后用于访问分组的结果信息。group 子句的结果根据应用到分组结果上的扩展方法 Count()来排序，如果冠军数相同，就根据关键字来排序，该关键字是国家，因为这是分组所使用的关键字。where 子句根据至少有两项的分组来筛选结果，select 子句创建一个带 Country 和 Count 属性的匿名类型(代码文件 EnumerableSample/Program.cs)。

```
var countries = from r in Formula1.GetChampions()
                group r by r.Country into g
                orderby g.Count() descending, g.Key
                where g.Count() >= 2
                select new {
                          Country = g.Key,
                          Count = g.Count()
                };

foreach (var item in countries)
{
  WriteLine($"{item.Country, -10} {item.Count}");
}
```

结果显示了带 Country 和 Count 属性的对象集合：

```
UK         10
Brazil      3
Finland     3
Australia   2
Austria     2
Germany     2
Italy       2
USA         2
```

要用扩展方法执行相同的操作，应把 groupby 子句解析为 GroupBy()方法。在 GroupBy()方法的声明中，注意它返回实现了 IGrouping 接口的枚举对象。IGrouping 接口定义了 Key 属性，所以在定义了对这个方法的调用后，可以访问分组的关键字：

```
public static IEnumerable<IGrouping<TKey, TSource>> GroupBy<TSource, TKey>(
    this IEnumerable<TSource> source, Func<TSource, TKey> keySelector);
```

把子句 group r by r.Country into g 解析为 GroupBy(r => r.Country)，返回分组序列。分组序列首先用 OrderByDescending()方法排序，再用 ThenBy()方法排序。接着调用 Where()和 Select()方法。

```
var countries = Formula1.GetChampions()
    .GroupBy(r => r.Country)
    .OrderByDescending(g => g.Count())
    .ThenBy(g => g.Key)
    .Where(g => g.Count() >= 2)
    .Select(g => new { Country = g.Key,
                       Count = g.Count() });
```

13.2.7 LINQ 查询中的变量

在为分组编写的 LINQ 查询中，Count 方法调用了多次。使用 let 子句可以改变这种方式。let 允许在 LINQ 查询中定义变量：

```
var countries = from r in Formula1.GetChampions()
                group r by r.Country into g
```

```
     let count = g.Count()
     orderby count descending, g.Key
     where count >= 2
     select new
     {
       Country = g.Key,
       Count = count
     };
```

使用方法语法，Count 方法也调用了多次。为了定义传递给下一个方法的额外数据 (let 子句执行的操作)，可以使用 Select 方法来创建匿名类型。这里创建了一个带 Group 和 Count 属性的匿名类型。带有这些属性的一组项传递给 OrderByDescending 方法，基于匿名类型 Count 的属性排序：

```
var countries = Formula1.GetChampions()
  .GroupBy(r => r.Country)
  .Select(g => new { Group = g, Count = g.Count() })
  .OrderByDescending(g => g.Count)
  .ThenBy(g => g.Group.Key)
  .Where(g => g.Count >= 2)
  .Select(g => new
  {
    Country = g.Group.Key,
    Count = g.Count
  });
```

应考虑根据 let 子句或 Select 方法创建的临时对象的数量。查询大列表时，创建的大量对象需要以后进行垃圾收集，这可能对性能产生巨大影响。

13.2.8 对嵌套的对象分组

如果分组的对象应包含嵌套的序列，就可以改变 select 子句创建的匿名类型。在下面的例子中，所返回的国家不仅应包含国家名和赛车手数量这两个属性，还应包含赛车手的名序列。这个序列用一个赋予 Racers 属性的 from/in 内部子句指定，内部的 from 子句使用分组标识符 g 获得该分组中的所有赛车手，用姓氏对它们排序，再根据姓名创建一个新字符串(代码文件 EnumerableSample/Program.cs)：

```
var countries = from r in Formula1.GetChampions()
                group r by r.Country into g
                let count = g.Count()
                orderby count descending, g.Key
                where count >= 2
                select new
                {
                  Country = g.Key,
                  Count = count,
                  Racers = from r1 in g
                           orderby r1.LastName
                           select r1.FirstName + " " + r1.LastName
                };

foreach (var item in countries)
{
  WriteLine($"{item.Country, -10} {item.Count}");
  foreach (var name in item.Racers)
```

```
    {
      Write($"{name}; ");
    }
    WriteLine();
}
```

结果应列出某个国家的所有冠军:

```
UK         10
Jenson Button; Jim Clark; Lewis Hamilton; Mike Hawthorn; Graham Hill;
Damon Hill; James Hunt; Nigel Mansell; Jackie Stewart; John Surtees;
Brazil     3
Emerson Fittipaldi; Nelson Piquet; Ayrton Senna;
Finland    3
Mika Hakkinen; Kimi Raikkonen; Keke Rosberg;
Australia  2
Jack Brabham; Alan Jones;
Austria    2
Niki Lauda; Jochen Rindt;
Germany    2
Michael Schumacher; Sebastian Vettel;
Italy      2
Alberto Ascari; Nino Farina;
USA        2
Mario Andretti; Phil Hill;
```

13.2.9 内连接

使用 join 子句可以根据特定的条件合并两个数据源,但之前要获得两个要连接的列表。在一级方程式比赛中,有赛车手冠军和车队冠军。赛车手从 GetChampions()方法中返回,车队从 GetConstructorChampions()方法中返回。现在要获得一个年份列表,列出每年的赛车手冠军和车队冠军。

为此,先定义两个查询,用于查询赛车手和车队(代码文件 EnumerableSample/Program.cs):

```
var racers = from r in Formula1.GetChampions()
             from y in r.Years
             select new
             {
               Year = y,
               Name = r.FirstName + " " + r.LastName
             };

var teams = from t in Formula1.GetContructorChampions()
            from y in t.Years
            select new
            {
              Year = y,
              Name = t.Name
            };
```

有了这两个查询,再通过 join 子句,根据赛车手获得冠军的年份和车队获得冠军的年份进行连接。select 子句定义了一个新的匿名类型,它包含 Year、Racer 和 Team 属性。

```csharp
var racersAndTeams = (from r in racers
                      join t in teams on r.Year equals t.Year
                      select new
                      {
                        r.Year,
                        Champion = r.Name,
                        Constructor = t.Name
                      }).Take(10);

WriteLine("Year  World Champion\t  Constructor Title");
foreach (var item in racersAndTeams)
{
  WriteLine($"{item.Year}: {item.Champion,-20} {item.Constructor}");
}
```

当然,也可以把它们合并为一个 LINQ 查询,但这只是一种个人喜好的问题:

```csharp
var racersAndTeams =
   (from r in
      from r1 in Formula1.GetChampions()
      from yr in r1.Years
      select new
      {
        Year = yr,
        Name = r1.FirstName + " " + r1.LastName
      }
    join t in
      from t1 in Formula1.GetContructorChampions()
      from yt in t1.Years
      select new
      {
        Year = yt,
        Name = t1.Name
      }
    on r.Year equals t.Year
    orderby t.Year
    select new
    {
      Year = r.Year,
      Racer = r.Name,
      Team = t.Name
    }).Take(10);
```

结果显示了在同时有了赛车手冠军和车队冠军的前 10 年中,匿名类型中的数据:

```
Year  World Champion     Constructor Title
1958: Mike Hawthorn      Vanwall
1959: Jack Brabham       Cooper
1960: Jack Brabham       Cooper
1961: Phil Hill          Ferrari
1962: Graham Hill        BRM
1963: Jim Clark          Lotus
1964: John Surtees       Ferrari
1965: Jim Clark          Lotus
```

```
1966: Jack Brabham         Brabham
1967: Denny Hulme          Brabham
```

13.2.10 左外连接

上一个连接示例的输出从 1958 年开始,因为从这一年开始,才同时有了赛车手冠军和车队冠军。赛车手冠军出现得更早一些,是在 1950 年。使用内连接时,只有找到了匹配的记录才返回结果。为了在结果中包含所有的年份,可以使用左外连接。左外连接返回左边序列中的全部元素,即使它们在右边的序列中并没有匹配的元素。

下面修改前面的 LINQ 查询,使用左外连接。左外连接用 join 子句和 DefaultIfEmpty 方法定义。如果查询的左侧(赛车手)没有匹配的车队冠军,那么就使用 DefaultIfEmpty 方法定义其右侧的默认值(代码文件 EnumerableSample/Program.cs):

```
var racersAndTeams =
  (from r in racers
  join t in teams on r.Year equals t.Year into rt
  from t in rt.DefaultIfEmpty()
  orderby r.Year
  select new
  {
    Year = r.Year,
    Champion = r.Name,
    Constructor = t == null ? "no constructor championship" : t.Name
  }).Take(10);
```

用这个查询运行应用程序,得到的输出将从 1950 年开始,如下所示:

```
Year  Champion              Constructor Title
1950: Nino Farina           no constructor championship
1951: Juan Manuel Fangio    no constructor championship
1952: Alberto Ascari        no constructor championship
1953: Alberto Ascari        no constructor championship
1954: Juan Manuel Fangio    no constructor championship
1955: Juan Manuel Fangio    no constructor championship
1956: Juan Manuel Fangio    no constructor championship
1957: Juan Manuel Fangio    no constructor championship
1958: Mike Hawthorn         Vanwall
1959: Jack Brabham          Cooper
```

13.2.11 组连接

左外连接使用了组连接和 into 子句。它有一部分语法与组连接相同,只不过组连接不使用 DefaultIfEmpty 方法。

使用组连接时,可以连接两个独立的序列,对于其中一个序列中的某个元素,另一个序列中存在对应的一个项列表。

下面的示例使用了两个独立的序列。一个是前面例子中已经看过的冠军列表。另一个是一个 Championship 类型的集合。下面的代码段显示了 Championship 类型。该类包含冠军年份以及该年份中获得第一名、第二名和第三名的赛车手,对应的属性分别为 Year、First、Second 和 Third(代码文件 DataLib/Championship.cs):

```csharp
public class Championship
{
  public int Year { get; set; }
  public string First { get; set; }
  public string Second { get; set; }
  public string Third { get; set; }
}
```

GetChampionships 方法返回了冠军集合,如下面的代码段所示(代码文件 DataLib/Formula1.cs):

```csharp
private static List<Championship> championships;
public static IEnumerable<Championship> GetChampionships()
{
  if (championships == null)
  {
    championships = new List<Championship>();
    championships.Add(new Championship
    {
      Year = 1950,
      First = "Nino Farina",
      Second = "Juan Manuel Fangio",
      Third = "Luigi Fagioli"
    });
    championships.Add(new Championship
    {
      Year = 1951,
      First = "Juan Manuel Fangio",
      Second = "Alberto Ascari",
      Third = "Froilan Gonzalez"
    });
    //...
```

冠军列表应与每个冠军年份中获得前三名的赛车手构成的列表组合起来,然后显示每一年的结果。

RacerInfo 类定义了要显示的信息,如下所示(代码文件 EnumerableSample/RacerInfo.cs):

```csharp
public class RacerInfo
{
  public int Year { get; set; }
  public int Position { get; set; }
  public string FirstName { get; set; }
  public string LastName { get; set; }
}
```

使用连接语句可以把两个列表中的赛车手组合起来。

因为冠军列表中的每一项都包含 3 个赛车手,所以首先需要把这个列表摊平。一种方法是使用 SelectMany 方法。该方法使用的 lambda 表达式为冠军列表中的每一项返回包含 3 项的一个列表。在这个 lambda 表达式的实现中,因为 RacerInfo 包含 FirstName 和 LastName 属性,而收到的集合只包含带有 First、Second 和 Third 属性的一个名称,所以必须拆分字符串。这可以通过扩展方法 FirstName 和 LastName 完成(代码文件 EnumerableSample/Program.cs):

```csharp
var racers = Formula1.GetChampionships()
```

```
    .SelectMany(cs => new List<RacerInfo>()
{
    new RacerInfo {
      Year = cs.Year,
      Position = 1,
      FirstName = cs.First.FirstName(),
      LastName = cs.First.LastName()
    },
    new RacerInfo {
      Year = cs.Year,
      Position = 2,
      FirstName = cs.Second.FirstName(),
      LastName = cs.Second.LastName()
    },
    new RacerInfo {
      Year = cs.Year,
      Position = 3,
      FirstName = cs.Third.FirstName(),
      LastName = cs.Third.LastName()
    }
});
```

扩展方法 FirstName 和 LastName 使用空格字符拆分字符串：

```
public static class StringExtension
{
  public static string FirstName(this string name)
  {
    int ix = name.LastIndexOf(' ');
    return name.Substring(0, ix);
  }
  public static string LastName(this string name)
  {
    int ix = name.LastIndexOf(' ');
    return name.Substring(ix + 1);
  }
}
```

现在就可以连接两个序列。Formula1.GetChampions 返回一个 Racers 列表，racers 变量返回包含年份、比赛结果和赛车手姓名的一个 RacerInfo 列表。仅使用姓氏比较两个集合中的项是不够的。有时候列表中可能同时包含了一个赛车手和他的父亲(如 Damon Hill 和 Graham Hill)，所以必须同时使用 FirstName 和 LastName 进行比较。这是通过为两个列表创建一个新的匿名类型实现的。通过使用 into 子句，第二个集合中的结果被添加到了变量 yearResults 中。对于第一个集合中的每一个赛车手，都创建了一个 yearResults，它包含了在第二个集合中匹配名和姓的结果。最后，用 LINQ 查询创建了一个包含所需信息的新匿名类型：

```
var q = (from r in Formula1.GetChampions()
         join r2 in racers on
         new
         {
             FirstName = r.FirstName,
             LastName = r.LastName
```

```
            }
        equals
        new
        {
          FirstName = r2.FirstName,
          LastName = r2.LastName
        }
        into yearResults
        select new
        {
          FirstName = r.FirstName,
          LastName = r.LastName,
          Wins = r.Wins,
          Starts = r.Starts,
          Results = yearResults
        });

foreach (var r in q)
{
  WriteLine($"{r.FirstName} {r.LastName}");
  foreach (var results in r.Results)
  {
    WriteLine($"{results.Year} {results.Position}.");
  }
}
```

下面显示了 foreach 循环得到的最终结果。Lewis Hamilton 3 次进入前三：2007 年是第二名，2008 年和 2014 年则是冠军。Jenson Button 3 次进入前三：2004 年、2009 年和 2011 年。Sebastian Vettel 4 次夺得冠军，并且是 2009 年的第二名：

```
Lewis Hamilton
2007 2.
2008 1.
2014 1.
Jenson Button
2004 3.
2009 1.
2011 2.
Sebastian Vettel
2009 2.
2010 1.
2011 1.
2012 1.
2013 1.
```

13.2.12 集合操作

扩展方法 Distinct()、Union()、Intersect()和 Except()都是集合操作。下面创建一个驾驶法拉利的一级方程式冠军序列和驾驶迈凯伦的一级方程式冠军序列，然后确定是否有驾驶法拉利和迈凯伦的冠军。当然，这里可以使用 Intersect()扩展方法。

首先获得所有驾驶法拉利的冠军。这只是一个简单的 LINQ 查询，其中使用复合的 from 子句访问 Cars 属性，该属性返回一个字符串对象序列(代码文件 EnumerableSample/Program.cs)。

```
var ferrariDrivers = from r in
                     Formula1.GetChampions()
                     from c in r.Cars
                     where c == "Ferrari"
                     orderby r.LastName
                     select r;
```

现在建立另一个基本相同的查询,但 where 子句的参数不同,以获得所有驾驶迈凯伦的冠军。最好不要再次编写相同的查询。而可以创建一个方法,给它传递参数 car:

```
private static IEnumerable<Racer> GetRacersByCar(string car)
{
  return from r in Formula1.GetChampions()
         from c in r.Cars
         where c == car
         orderby r.LastName
         select r;
}
```

但是,因为该方法不需要在其他地方使用,所以应定义一个委托类型的变量来保存 LINQ 查询。racersByCar 变量必须是一个委托类型,该委托类型需要一个字符串参数,并返回 IEnumerable<Racer>,类似于前面实现的方法。为此,定义了几个泛型委托 Func< >,所以不需要声明自己的委托。把一个 lambda 表达式赋予 racersByCar 变量。lambda 表达式的左边定义了一个 car 变量,其类型是 Func 委托的第一个泛型参数(字符串)。右边定义了 LINQ 查询,它使用该参数和 where 子句:

```
Func<string, IEnumerable<Racer>> racersByCar =
    car => from r in Formula1.GetChampions()
           from c in r.Cars
           where c == car
           orderby r.LastName
           select r;
```

现在可以使用 Intersect()扩展方法,获得驾驶法拉利和迈凯伦的所有冠军:

```
WriteLine("World champion with Ferrari and McLaren");
foreach (var racer in racersByCar("Ferrari").Intersect(racersByCar("McLaren")))
{
  WriteLine(racer);
}
```

结果只有一个赛车手 Niki Lauda:

```
World champion with Ferrari and McLaren
Niki Lauda
```

注意:集合操作通过调用实体类的 GetHashCode()和 Equals()方法来比较对象。对于自定义比较,还可以传递一个实现了 IEqualityComparer<T>接口的对象。在这里的示例中,GetChampions()方法总是返回相同的对象,因此默认的比较操作是有效的。如果不是这种情况,就可以重载集合方法来自定义比较操作。

13.2.13 合并

Zip()方法允许用一个谓词函数把两个相关的序列合并为一个。

首先，创建两个相关的序列，它们使用相同的筛选(国家意大利)和排序方法。对于合并，这很重要，因为第一个集合中的第一项会与第二个集合中的第一项合并，第一个集合中的第二项会与第二个集合中的第二项合并，依此类推。如果两个序列的项数不同，Zip()方法就在到达较小集合的末尾时停止。

第一个集合中的元素有一个 Name 属性，第二个集合中的元素有 LastName 和 Starts 两个属性。

在 racerNames 集合上使用 Zip()方法，需要把第二个集合(racerNamesAndStarts)作为第一个参数。第二个参数的类型是 Func<TFirst, TSecond, TResult>。这个参数实现为一个 lambda 表达式，它通过参数 first 接收第一个集合的元素，通过参数 second 接收第二个集合的元素。其实现代码创建并返回一个字符串，该字符串包含第一个集合中元素的 Name 属性和第二个集合中元素的 Starts 属性(代码文件 EnumerableSample/Program.cs)：

```
var racerNames = from r in Formula1.GetChampions()
                 where r.Country == "Italy"
                 orderby r.Wins descending
                 select new
                 {
                   Name = r.FirstName + " " + r.LastName
                 };

var racerNamesAndStarts = from r in Formula1.GetChampions()
                          where r.Country == "Italy"
                          orderby r.Wins descending
                          select new
                          {
                            LastName = r.LastName,
                            Starts = r.Starts
                          };

var racers = racerNames.Zip(racerNamesAndStarts,
    (first, second) => first.Name + ", starts: " + second.Starts);

foreach (var r in racers)
{
  WriteLine(r);
}
```

这个合并的结果是：

```
Alberto Ascari, starts: 32
Nino Farina, starts: 33
```

13.2.14 分区

扩展方法 Take()和 Skip()等的分区操作可用于分页，例如，在第一个页面上只显示 5 个赛车手，在下一个页面上显示接下来的 5 个赛车手等。

在下面的 LINQ 查询中，把扩展方法 Skip()和 Take()添加到查询的最后。Skip()方法先忽略根据页面大小和实际页数计算出的项数，再使用 Take()方法根据页面大小提取一定数量的项(代码文件 EnumerableSample/Program.cs)：

```
int pageSize = 5;
int numberPages = (int)Math.Ceiling(Formula1.GetChampions().Count() /
    (double)pageSize);

for (int page = 0; page < numberPages; page++)
{
  WriteLine($"Page {page}");

  var racers = (from r in Formula1.GetChampions()
                orderby r.LastName, r.FirstName
                select r.FirstName + " " + r.LastName).
                Skip(page * pageSize).Take(pageSize);

  foreach (var name in racers)
  {
    WriteLine(name);
  }
  WriteLine();
}
```

下面输出了前 3 页：

```
Page 0
Fernando Alonso
Mario Andretti
Alberto Ascari
Jack Brabham
Jenson Button

Page 1
Jim Clark
Juan Manuel Fangio
Nino Farina
Emerson Fittipaldi
Mika Hakkinen

Page 2
Lewis Hamilton
Mike Hawthorn
Damon Hill
Graham Hill
Phil Hill
```

分页在 Windows 或 Web 应用程序中非常有用，可以只给用户显示一部分数据。

> **注意:** 这个分页机制的一个要点是,因为查询会在每个页面上执行,所以改变底层的数据会影响结果。在继续执行分页操作时,会显示新对象。根据不同的情况,这对于应用程序可能有利。如果这个操作是不需要的,就可以只对原来的数据源分页,然后使用映射到原始数据上的缓存。

使用TakeWhile()和SkipWhile()扩展方法,还可以传递一个谓词,根据谓词的结果提取或跳过某些项。

13.2.15 聚合操作符

聚合操作符(如Count、Sum、Min、Max、Average和Aggregate操作符)不返回一个序列,而返回一个值。

Count()扩展方法返回集合中的项数。下面的Count()方法应用于Racer的Years属性,来筛选赛车手,只返回获得冠军次数超过3次的赛车手。因为同一个查询中需要使用同一个计数超过一次,所以使用let子句定义了一个变量numberYears(代码文件EnumerableSample/Program.cs):

```
var query = from r in Formula1.GetChampions()
            let numberYears = r.Years.Count()
            where numberYears >= 3
            orderby numberYears descending, r.LastName
            select new
            {
              Name = r.FirstName + " " + r.LastName,
              TimesChampion = numberYears
            };

foreach (var r in query)
{
  WriteLine($"{r.Name} {r.TimesChampion}");
}
```

结果如下:

```
Michael Schumacher 7
Juan Manuel Fangio 5
Alain Prost 4
Sebastian Vettel 4
Jack Brabham 3
Niki Lauda 3
Nelson Piquet 3
Ayrton Senna 3
Jackie Stewart 3
```

Sum()方法汇总序列中的所有数字,返回这些数字的和。下面的Sum()方法用于计算一个国家赢得比赛的总次数。首先根据国家对赛车手分组,再在新创建的匿名类型中,把Wins属性赋予某个国家赢得比赛的总次数:

```
var countries = (from c in
```

```
                from r in Formula1.GetChampions()
                group r by r.Country into c
                select new
                {
                  Country = c.Key,
                  Wins = (from r1 in c
                          select r1.Wins).Sum()
                }
                orderby c.Wins descending, c.Country
                select c).Take(5);

foreach (var country in countries)
{
  WriteLine("{country.Country} {country.Wins}");
}
```

根据获得一级方程式冠军的次数，最成功的国家是：

```
UK 186
Germany 130
Brazil 78
France 51
Finland 45
```

方法 Min()、Max()、Average()和 Aggregate()的使用方式与 Count()和 Sum()相同。Min()方法返回集合中的最小值，Max()方法返回集合中的最大值，Average()方法计算集合中的平均值。对于 Aggregate()方法，可以传递一个 lambda 表达式，该表达式对所有的值进行聚合。

13.2.16 转换操作符

本章前面提到，查询可以推迟到访问数据项时再执行。在迭代中使用查询时，查询会执行。而使用转换操作符会立即执行查询，把查询结果放在数组、列表或字典中。

在下面的例子中，调用 ToList()扩展方法，立即执行查询，得到的结果放在 List<T>类中(代码文件 EnumerableSample/Program.cs)：

```
List<Racer> racers = (from r in Formula1.GetChampions()
                      where r.Starts > 150
                      orderby r.Starts descending
                      select r).ToList();

foreach (var racer in racers)
{
  WriteLine($"{racer} {racer:S}");
}
```

把返回的对象放在列表中并没有这么简单。例如，对于集合类中从赛车到赛车手的快速访问，可以使用新类 Lookup<TKey, TElement>。

注意：Dictionary<TKey, TValue>类只支持一个键对应一个值。在 System.Linq 名称空间的类 Lookup<TKey, TElement>类中，一个键可以对应多个值。这些类详见第 11 章。

使用复合的 from 查询,可以摊平赛车手和赛车序列,创建带有 Car 和 Racer 属性的匿名类型。在返回的 Lookup 对象中,键的类型应是表示汽车的 string,值的类型应是 Racer。为了进行这个选择,可以给 ToLookup()方法的一个重载版本传递一个键和一个元素选择器。键选择器引用 Car 属性,元素选择器引用 Racer 属性:

```
var racers = (from r in Formula1.GetChampions()
              from c in r.Cars
              select new
              {
                Car = c,
                Racer = r
              }).ToLookup(cr => cr.Car, cr => cr.Racer);

if (racers.Contains("Williams"))
{
  foreach (var williamsRacer in racers["Williams"])
  {
    WriteLine(williamsRacer);
  }
}
```

用 Lookup 类的索引器访问的所有 "Williams" 冠军,结果如下:

```
Alan Jones
Keke Rosberg
Nigel Mansell
Alain Prost
Damon Hill
Jacques Villeneuve
```

如果需要在非类型化的集合上(如 ArrayList)使用 LINQ 查询,就可以使用 Cast()方法。在下面的例子中,基于 Object 类型的 ArrayList 集合用 Racer 对象填充。为了定义强类型化的查询,可以使用 Cast()方法:

```
var list = new System.Collections.ArrayList(Formula1.GetChampions()
    as System.Collections.ICollection);

var query = from r in list.Cast<Racer>()
            where r.Country == "USA"
            orderby r.Wins descending
            select r;
foreach (var racer in query)
{
  WriteLine("{racer:A}", racer);
}
```

结果仅包含来自美国的一级方程式冠军:

```
Mario Andretti, country: USA, starts: 128, wins: 12
Phil Hill, country: USA, starts: 48, wins: 3
```

13.2.17 生成操作符

生成操作符 Range()、Empty()和 Repeat()不是扩展方法,而是返回序列的正常静态方法。在 LINQ to Objects 中,这些方法可用于 Enumerable 类。

有时需要填充一个范围的数字,此时就应使用 Range()方法。这个方法把第一个参数作为起始值,把第二个参数作为要填充的项数:

```
var values = Enumerable.Range(1, 20);
foreach (var item in values)
{
  Write($"{item} ", item);
}
WriteLine();
```

当然,结果如下所示:

```
1 2 3 4 5 6 7 8 9 10 11 12 13 14 15 16 17 18 19 20
```

> 注意:Range()方法不返回填充了所定义值的集合,这个方法与其他方法一样,也推迟执行查询,并返回一个 RangeEnumerator,其中只有一条 yield return 语句,来递增值。

可以把该结果与其他扩展方法合并起来,获得另一个结果,例如,使用 Select()扩展方法:

```
var values = Enumerable.Range(1, 20).Select(n => n * 3);
```

Empty()方法返回一个不返回值的迭代器,它可以用于需要一个集合的参数,其中可以给参数传递空集合。

Repeat()方法返回一个迭代器,该迭代器把同一个值重复特定的次数。

13.3 并行 LINQ

System.Linq 名称空间中包含的类 ParallelEnumerable 可以分解查询的工作,使其分布在多个线程上。尽管 Enumerable 类给 IEnumerable<T>接口定义了扩展方法,但 ParallelEnumerable 类的大多数扩展方法是 ParallelQuery<TSource>类的扩展。一个重要的异常是 AsParallel()方法,它扩展了 IEnumerable<TSource>接口,返回 ParallelQuery<TSource>类,所以正常的集合类可以以并行方式查询。

13.3.1 并行查询

为了说明并行 LINQ(Parallel LINQ, PLINQ),需要一个大型集合。对于可以放在 CPU 的缓存中的小集合,并行 LINQ 看不出效果。在下面的代码中,用随机值填充一个大型的 int 集合(代码文件 ParallelLinqSample/Program.cs):

```
static IEnumerable<int> SampleData()
{
  const int arraySize = 50000000;
```

```
    var r = new Random();
    return Enumerable.Range(0, arraySize).Select(x => r.Next(140)).ToList();
}
```

现在可以使用 LINQ 查询筛选数据，进行一些计算，获取所筛选数据的平均数。该查询用 where 子句定义了一个筛选器，仅汇总对应值小于 20 的项，接着调用聚合函数 Sum()方法。与前面的 LINQ 查询的唯一区别是，这次调用了 AsParallel()方法。

```
var res = (from x in data.AsParallel()
           where Math.Log(x) < 4
           select x).Average();
```

与前面的 LINQ 查询一样，编译器会修改语法，以调用 AsParallel()、Where()、Select()和 Average() 方法。AsParallel()方法用 ParallelEnumerable 类定义，以扩展 IEnumerable<T>接口，所以可以对简单的数组调用它。AsParallel()方法返回 ParallelQuery<TSource>。因为返回的类型，所以编译器选择的 Where()方法是 ParallelEnumerable.Where()，而不是 Enumerable.Where()。在下面的代码中，Select() 和 Average() 方法也来自 ParallelEnumerable 类。与 Enumerable 类的实现代码相反，对于 ParallelEnumerable 类，查询是分区的，以便多个线程可以同时处理该查询。集合可以分为多个部分，其中每个部分由不同的线程处理，以筛选其余项。完成分区的工作后，就需要合并，获得所有部分的总和。

```
var res = data.AsParallel().Where(x => Math.Log(x) < 4).
                            Select(x => x).Average();
```

运行这行代码会启动任务管理器，这样就可以看出系统的所有 CPU 都在忙碌。如果删除 AsParallel()方法，就不可能使用多个 CPU。当然，如果系统上没有多个 CPU，就不会看到并行版本带来的改进。

13.3.2　分区器

AsParallel()方法不仅扩展了 IEnumerable<T>接口，还扩展了 Partitioner 类。通过它，可以影响要创建的分区。

Partitioner 类用 System.Collection.Concurrent 名称空间定义，并且有不同的变体。Create()方法接受实现了 IList<T>类的数组或对象。根据这一点，以及 Boolean 类型的参数 loadBalance 和该方法的一些重载版本，会返回一个不同的 Partitioner 类型。对于数组，使用派生自抽象基类 OrderablePartitioner<TSource>的 DynamicPartitionerForArray<TSource>类和 StaticPartitionerForArray<TSource>类。

修改 13.3.1 小节中的代码，手工创建一个分区器，而不是使用默认的分区器：

```
var result = (from x in Partitioner.Create(data, true).AsParallel()
              where Math.Log(x) < 4
              select x).Average();
```

也可以调用 WithExecutionMode()和 WithDegreeOfParallelism()方法，来影响并行机制。对于 WithExecutionMode()方法可以传递 ParallelExecutionMode 的一个 Default 值或者 ForceParallelism 值。默认情况下，并行 LINQ 避免使用系统开销很高的并行机制。对于 WithDegreeOfParallelism()方法，

可以传递一个整数值，以指定应并行运行的最大任务数。查询不应使用全部 CPU，这个方法会很有用。

注意：任务和线程详见第 21 章和第 22 章。

13.3.3 取消

.NET 提供了一种标准方式，来取消长时间运行的任务，这也适用于并行 LINQ。

要取消长时间运行的查询，可以给查询添加 WithCancellation()方法，并传递一个 CancellationToken 令牌作为参数。CancellationToken 令牌从 CancellationTokenSource 类中创建。该查询在单独的线程中运行，在该线程中，捕获一个 OperationCanceledException 类型的异常。如果取消了查询，就触发这个异常。在主线程中，调用 CancellationTokenSource 类的 Cancel()方法可以取消任务。

```
var cts = new CancellationTokenSource();

Task.Run(() =>
{
  try
  {
    var res = (from x in data.AsParallel().WithCancellation(cts.Token)
               where Math.Log(x) < 4
               select x).Average();
    WriteLine($"query finished, sum: {res}");
  }
  catch (OperationCanceledException ex)
  {
    WriteLine(ex.Message);
  }
});

WriteLine("query started");
Write("cancel? ");
string input = ReadLine();
if (input.ToLower().Equals("y"))
{
  // cancel!
  cts.Cancel();
}
```

注意：关于取消和 CancellationToken 令牌的内容详见第 21 章。

13.4 表达式树

在 LINQ to Objects 中，扩展方法需要将一个委托类型作为参数，这样就可以将 lambda 表达式赋予参数。lambda 表达式也可以赋予 Expression<T>类型的参数。C#编译器根据类型给 lambda 表达式定义不同的行为。如果类型是 Expression<T>，编译器就从 lambda 表达式中创建一个表达式树，并存储在程序集中。这样，就可以在运行期间分析表达式树，并进行优化，以便于查询数据源。

下面看看一个前面使用的查询表达式(代码文件 ExpressionTreeSample/Program.cs)：

```
var brazilRacers = from r in racers
                   where r.Country == "Brazil"
                   orderby r.Wins
                   select r;
```

这个查询表达式使用了扩展方法 Where()、OrderBy()和 Select()。Enumerable 类定义了 Where()扩展方法，并将委托类型 Func<T,bool>作为参数谓词。

```
public static IEnumerable<TSource> Where<TSource>(
    this IEnumerable<TSource> source, Func<TSource, bool> predicate);
```

这样，就把 lambda 表达式赋予谓词。这里 lambda 表达式类似于前面介绍的匿名方法。

```
Func<Racer, bool> predicate = r => r.Country == "Brazil";
```

Enumerable 类不是唯一一个定义了扩展方法 Where()的类。Queryable<T>类也定义了 Where()扩展方法。这个类对 Where()扩展方法的定义是不同的：

```
public static IQueryable<TSource> Where<TSource>(
    this IQueryable<TSource> source,
    Expression<Func<TSource, bool>> predicate);
```

其中，把 lambda 表达式赋予类型 Expression<T>，该类型的操作是不同的：

```
Expression<Func<Racer, bool>> predicate = r => r.Country == "Brazil";
```

除了使用委托之外，编译器还会把表达式树放在程序集中。表达式树可以在运行期间读取。表达式树从派生自抽象基类 Expression 的类中构建。Expression 类与 Expression<T>不同。继承自 Expression 类的表达式类有 BinaryExpression、ConstantExpression、InvocationExpression、lambdaExpression、NewExpression、NewArrayExpression、TernaryExpression 以及 Unary Expression 等。编译器会从 lambda 表达式中创建表达式树。

例如，lambda 表达式 r.Country == "Brazil"使用了 ParameterExpression、MemberExpression、ConstantExpression 和 MethodCallExpression，来创建一个表达式树，并将该树存储在程序集中。之后在运行期间使用这个树，创建一个用于底层数据源的优化查询。

DisplayTree()方法在控制台上图形化地显示表达式树。其中传递了一个 Expression 对象，并根据表达式的类型，把表达式的一些信息写到控制台上。根据表达式的类型，递归地调用 DisplayTree()方法。

 注意：在这个方法中，没有处理所有的表达式类型，只处理了在下一个示例表达式中使用的类型。

```
private static void DisplayTree(int indent, string message,
```

```csharp
                    Expression expression)
{
  string output = $"{string.Empty.PadLeft(indent, '>')} {message} " +
    $"! NodeType: {expression.NodeType}; Expr: {expression}";


  indent++;
  switch (expression.NodeType)
  {
    case ExpressionType.Lambda:
      Console.WriteLine(output);
      LambdaExpression lambdaExpr = (LambdaExpression)expression;
      foreach (var parameter in lambdaExpr.Parameters)
      {
        DisplayTree(indent, "Parameter", parameter);
      }
      DisplayTree(indent, "Body", lambdaExpr.Body);
      break;
    case ExpressionType.Constant:
      ConstantExpression constExpr = (ConstantExpression)expression;
      WriteLine($"{output} Const Value: {constExpr.Value}");
      break;
    case ExpressionType.Parameter:
      ParameterExpression paramExpr = (ParameterExpression)expression;
      WriteLine($"{output} Param Type: {paramExpr.Type.Name}");
      break;
    case ExpressionType.Equal:
    case ExpressionType.AndAlso:
    case ExpressionType.GreaterThan:
      BinaryExpression binExpr = (BinaryExpression)expression;
      if (binExpr.Method != null)
      {
        WriteLine($"{output} Method: {binExpr.Method.Name}");
      }
      else
      {
        WriteLine(output);
      }
      DisplayTree(indent, "Left", binExpr.Left);
      DisplayTree(indent, "Right", binExpr.Right);
      break;
    case ExpressionType.MemberAccess:
      MemberExpression memberExpr = (MemberExpression)expression;
      WriteLine($"{output} Member Name: {memberExpr.Member.Name}, " +
                " Type: {memberExpr.Expression}");
      DisplayTree(indent, "Member Expr", memberExpr.Expression);
      break;
    default:
      WriteLine();
      WriteLine($"{expression.NodeType} {expression.Type.Name}");
      break;
  }
}
```

前面已经介绍了用于显示表达式树的表达式。这是一个 lambda 表达式，它有一个 Racer 参数，表达式体提取赢得比赛次数超过 6 次的巴西赛车手：

```
Expression<Func<Racer, bool>> expression =
    r => r.Country == "Brazil" && r.Wins > 6;

DisplayTree(0, "Lambda", expression);
```

下面看看结果。lambda 表达式包含一个 Parameter 和一个 AndAlso 节点类型。AndAlso 节点类型的左边是一个 Equal 节点类型，右边是一个 GreaterThan 节点类型。Equal 节点类型的左边是 MemberAccess 节点类型，右边是 Constant 节点类型。

```
Lambda! NodeType: Lambda; Expr: r => ((r.Country == "Brazil") AndAlso (r.Wins > 6))
> Parameter! NodeType: Parameter; Expr: r Param Type: Racer
> Body! NodeType: AndAlso; Expr: ((r.Country == "Brazil") AndAlso (r.Wins > 6))
>> Left! NodeType: Equal; Expr: (r.Country == "Brazil") Method: op_Equality
>>> Left! NodeType: MemberAccess; Expr: r.Country Member Name: Country, Type: String
>>>> Member Expr! NodeType: Parameter; Expr: r Param Type: Racer
>>> Right! NodeType: Constant; Expr: "Brazil" Const Value: Brazil
>> Right! NodeType: GreaterThan; Expr: (r.Wins > 6)
>>> Left! NodeType: MemberAccess; Expr: r.Wins  Member Name: Wins, Type: Int32
>>>> Member Expr! NodeType: Parameter; Expr: r Param Type: Racer
>>> Right! NodeType: Constant; Expr: 6 Const Value: 6
```

使用 Expression<T>类型的一个例子是 ADO.NET Entity Framework 和 WCF 数据服务的客户端提供程序。这些技术用 Expression<T>参数定义了扩展方法。这样，访问数据库的 LINQ 提供程序就可以读取表达式，创建一个运行期间优化的查询，从数据库中获取数据。

13.5 LINQ 提供程序

.NET 包含几个 LINQ 提供程序。LINQ 提供程序为特定的数据源实现了标准的查询操作符。LINQ 提供程序也许会实现比 LINQ 定义的更多的扩展方法，但至少要实现标准操作符。LINQ to XML 实现了一些专门用于 XML 的方法，例如，System.Xml.Linq 名称空间中的 Extensions 类定义的 Elements()、Descendants()和 Ancestors()方法。

LINQ 提供程序的实现方案是根据名称空间和第一个参数的类型来选择的。实现扩展方法的类的名称空间必须是开放的，否则扩展类就不在作用域内。在 LINQ to Objects 中定义的 Where()方法的参数和在 LINQ to Entities 中定义的 Where()的方法参数不同。

LINQ to Objects 中的 Where()方法用 Enumerable 类定义：

```
public static IEnumerable<TSource> Where<TSource>(
    this IEnumerable<TSource> source, Func<TSource, bool> predicate);
```

在 System.Linq 名称空间中，还有另一个类实现了操作符 Where。这个实现代码由 LINQ to Entities 使用。这些实现代码在 Queryable 类中可以找到：

```
public static IQueryable<TSource> Where<TSource>(
    this IQueryable<TSource> source,
    Expression<Func<TSource, bool>> predicate);
```

这两个类都在 System.Linq 名称空间的 System.Core 程序集中实现。那么，编译器如何选择使用哪个方法？表达式类型有什么用途？无论是用 Func<TSource, bool>参数传递，还是用 Expression<Func<TSource, bool>>参数传递，lambda 表达式都相同。只是编译器的行为不同，它根据 source 参数来选择。编译器根据其参数选择最匹配的方法。在 ADO.NET Entity Framework 中定义的 ObjectContext 类的 CreateQuery<T>()方法返回一个实现了 IQueryable<TSource>接口的 ObjectQuery<T>对象，因此 Entity Framework 使用 Queryable 类的 Where()方法。

13.6 小结

本章讨论了 LINQ 查询和查询所基于的语言结构，如扩展方法和 lambda 表达式，还列出了各种 LINQ 查询操作符，它们不仅用于筛选数据源，给数据源排序，还用于执行分区、分组、转换、连接等操作。

使用并行 LINQ 可以轻松地并行化运行时间较长的查询。

另一个重要的概念是表达式树。表达式树允许在运行期间构建对数据源的查询，因为表达式树存储在程序集中。表达式树的用法详见第 38 章。LINQ 是一个非常深奥的主题，更多的信息可查阅第 27 章。还可以下载其他第三方提供程序，例如，LINQ to MySQL、LINQ to Amazon、LINQ to Flickr、LINQ to LDAP 以及 LINQ to SharePoint。无论使用什么数据源，都可以通过 LINQ 使用相同的查询语法。

第 14 章介绍错误和异常，解释如何捕获异常。

第14章

错误和异常

本章要点

- 异常类
- 使用 try…catch…finally 捕获异常
- 过滤异常
- 创建用户定义的异常
- 获取调用者的信息

本章源代码下载地址(wrox.com)：

打开网页 http://www.wrox.com/go/professionalcsharp6，单击 Download Code 选项卡即可下载本章源代码。本章代码分为以下几个主要的示例文件：

- Simple Exceptions
- ExceptionFilters
- RethrowExceptions
- Solicit Cold Call
- Caller Information

14.1 简介

错误的出现并不总是编写应用程序的人的原因，有时应用程序会因为应用程序的最终用户引发的动作或运行代码的环境而发生错误。无论如何，我们都应预测应用程序中出现的错误，并相应地进行编码。

.NET Framework 改进了处理错误的方式。C#处理错误的机制可以为每种错误提供自定义处理方式，并把识别错误的代码与处理错误的代码分离开来。

无论编码技术有多好，程序都必须能处理可能出现的任何错误。例如，在一些复杂的代码处理过程中，代码没有读取文件的许可，或者在发送网络请求时，网络可能会中断。在这种异常情况下，方法只返回相应的错误代码通常是不够的——可能方法调用嵌套了15级或者20级，此时，程序需要跳过所有的15或20级方法调用，才能完全退出任务，并采取相应的应对措施。C#语言提供了处理这种情形的最佳工具，称为异常处理机制。

本章介绍了在多种不同的场景中捕获和抛出异常的方式。讨论不同名称空间中定义的异常类型及其层次结构，并学习如何创建自定义异常类型。还将学到捕获异常的不同方式，例如，捕获特定类型的异常或者捕获基类的异常。本章还会介绍如何处理嵌套的 try 块，以及如何以这种方式捕获异常。对于无论如何都要调用的代码——即使发生了异常或者代码带错运行，可以使用本章介绍的try/finally 块。本章也会介绍 C# 6 中的一个新功能：异常过滤器。

学习完本章后，你将很好地掌握 C#应用程序中的高级异常处理技术。

14.2 异常类

在 C#中，当出现某个特殊的异常错误条件时，就会创建(或抛出)一个异常对象。这个对象包含有助于跟踪问题的信息。我们可以创建自己的异常类(详见后面的内容)，但.NET 提供了许多预定义的异常类，多到这里不可能提供详尽的列表。在图 14-1 类的层次结构图中显示了其中的一些类，它们给出了大致的模式。本节将简要介绍在.NET 基类库中可用的一些异常。

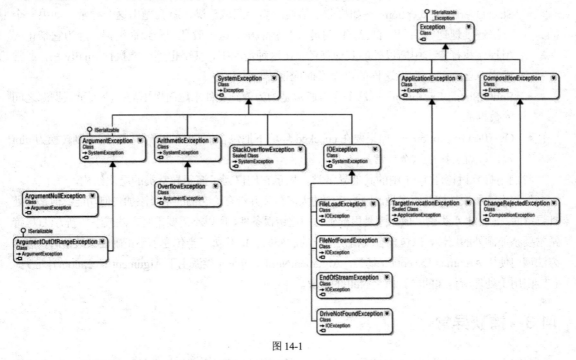

图 14-1

图 14-1 中的所有类都在 System 名称空间中，但 IOException 类、CompositionException 类和派生于这两个类的类除外。IOException 类及其派生类在 System.IO 名称空间中。System.IO 名称空间处理文件数据的读写。CompositionException 及其派生类在 System.ComponentModel.Composition 名称空间中。该名称空间处理部件和组件的动态加载。一般情况下，异常没有特定的名称空间，异常类应放在生成异常的类所在的名称空间中，因此与 IO 相关的异常就在 System.IO 名称空间中。在许

多基类名称空间中都有异常类。

对于.NET 类，一般的异常类 System.Exception 派生自 System.Object，通常不在代码中抛出 System.Exception 泛型对象，因为它们无法确定错误情况的本质。

在该层次结构中有两个重要的类，它们派生自 System.Exception 类：

- SystemException——该类用于通常由.NET 运行库抛出的异常，或者由几乎所有的应用程序抛出的异常。例如，如果.NET 运行库检测到栈已满，它就会抛出 StackOverflowException 异常。另一方面，如果检测到调用方法时参数不正确，就可以在自己的代码中选择抛出 ArgumentException 异常或其子类异常。SystemException 异常的子类包括表示致命错误和非致命错误的异常。
- ApplicationException——在.NET Framework 最初的设计中，是打算把这个类作为自定义应用程序异常类的基类的。不过，CLR 抛出的一些异常类也派生自这个类(例如，TargetInvocationException)，应用程序抛出的异常则派生自 SystemException(例如，ArgumentException)。因此从 ApplicationException 派生自定义异常类型没有提供任何好处，所以不再是一种好做法。取而代之的是，可以直接从 Exception 基类派生自定义异常类。.NET Framework 中的许多异常类直接派生自 Exception。

其他可能用到的异常类包括：

- StackOverflowException——如果分配给栈的内存区域已满，就会抛出这个异常。如果一个方法连续地递归调用它自己，就可能发生栈溢出。这一般是一个致命错误，因为它禁止应用程序执行除了中断以外的其他任务。在这种情况下，甚至也不可能执行 finally 块。通常用户自己不能处理像这样的错误，而应退出应用程序。
- EndOfStreamException——这个异常通常是因为读到文件末尾而抛出的。流表示数据源之间的数据流。
- OverflowException——如果要在 checked 环境下把包含值–40 的 int 类型数据强制转换为 uint 数据，就会抛出这个异常。

我们不打算讨论图 14-1 中的其他异常类。显示它们仅为了演示异常类的层次结构。

异常类的层次结构并不多见，因为其中的大多数类并没有给它们的基类添加任何功能。但是在处理异常时，添加继承类的一般原因是更准确地指定错误条件，所以不需要重写方法或添加新方法(尽管常常要添加额外的属性，以包含有关错误情况的额外信息)。例如，当传递了不正确的参数值时，可给方法调用使用 ArgumentException 基类，ArgumentNullException 类派生于 ArgumentException 异常类，它专门用于处理所传递的参数值是 Null 的情况。

14.3　捕获异常

.NET Framework 提供了大量的预定义基类异常对象，本节就介绍如何在代码中使用它们捕获错误情况。为了在 C#代码中处理可能的错误情况，一般要把程序的相关部分分成 3 种不同类型的代码块：

- try 块包含的代码组成了程序的正常操作部分，但这部分程序可能遇到某些严重的错误。
- catch 块包含的代码处理各种错误情况，这些错误是执行 try 块中的代码时遇到的。这个块还可以用于记录错误。

- finally 块包含的代码清理资源或执行通常要在 try 块或 catch 块末尾执行的其他操作。无论是否抛出异常，都会执行 finally 块，理解这一点非常重要。因为 finally 块包含了应总是执行的清理代码，如果在 finally 块中放置了 return 语句，编译器就会标记一个错误。例如，使用 finally 块时，可以关闭在 try 块中打开的连接。finally 块是完全可选的。如果不需要清理代码(如删除对象或关闭已打开的对象)，就不需要包含此块。

下面的步骤说明了这些块是如何组合在一起捕获错误情况的：

(1) 执行的程序流进入 try 块。

(2) 如果在 try 块中没有错误发生，在块中就会正常执行操作。当程序流到达 try 块末尾后，如果存在一个 finally 块，程序流就会自动进入 finally 块(第(5)步)。但如果在 try 块中程序流检测到一个错误，程序流就会跳转到 catch 块(第(3)步)。

(3) 在 catch 块中处理错误。

(4) 在 catch 块执行完后，如果存在一个 finally 块，程序流就会自动进入 finally 块：

(5) 执行 finally 块(如果存在)。

用于完成这些任务的 C#语法如下所示：

```
try
{
  // code for normal execution
}
catch
{
  // error handling
}
finally
{
  // clean up
}
```

实际上，上面的代码还有几种变体：
- 可以省略 finally 块，因为它是可选的。
- 可以提供任意多个 catch 块，处理不同类型的错误。但不应包含过多的 catch 块，以防降低应用程序的性能。
- 可以定义过滤器，其中包含的 catch 块仅在过滤器匹配时，捕获特定块中的异常。
- 可以省略 catch 块——此时，该语法不是标识异常，而是一种确保程序流在离开 try 块后执行 finally 块中的代码的方式。如果在 try 块中有几个出口点，这很有用。

这看起来很不错，实际上是有问题的。如果运行 try 块中的代码，则程序流如何在错误发生时切换到 catch 块？如果检测到一个错误，代码就执行一定的操作，称为"抛出一个异常"；换言之，它实例化一个异常对象类，并抛出这个异常：

```
throw new OverflowException();
```

这里实例化了 OverflowException 类的一个异常对象。只要应用程序在 try 块中遇到一条 throw 语句，就会立即查找与这个 try 块对应的 catch 块。如果有多个与 try 块对应的 catch 块，应用程序就会查找与 catch 块对应的异常类，确定正确的 catch 块。例如，当抛出一个 OverflowException 异常对象时，执行的程序流就会跳转到下面的 catch 块：

```
catch (OverflowException ex)
{
  // exception handling here
}
```

换言之，应用程序查找的 catch 块应表示同一个类(或基类)中匹配的异常类实例。

有了这些额外的信息，就可以扩展刚才介绍的 try 块。为了讨论方便，假定可能在 try 块中发生两个严重错误：溢出和数组超出范围。假定代码包含两个布尔变量 Overflow 和 OutOfBounds，它们分别表示这两种错误情况是否存在。我们知道，存在表示溢出的预定义溢出异常类 OverflowException；同样，存在预定义的 IndexOutOfRangeException 异常类，用于处理超出范围的数组。

现在，try 块如下所示：

```
try
{
  // code for normal execution

  if (Overflow == true)
  {
    throw new OverflowException();
  }

  // more processing

  if (OutOfBounds == true)
  {
    throw new IndexOutOfRangeException();
  }

  // otherwise continue normal execution
}
catch (OverflowException ex)
{
  // error handling for the overflow error condition
}
catch (IndexOutOfRangeException ex)
{
  // error handling for the index out of range error condition
}
finally
{
  // clean up
}
```

这是因为 throw 语句可以嵌套在 try 块的几个方法调用中，甚至在程序流进入其他方法时，也会继续执行同一个 try 块。如果应用程序遇到一条 throw 语句，就会立即退出栈上所有的方法调用，查找 try 块的结尾和合适的 catch 块的开头，此时，中间方法调用中的所有局部变量都会超出作用域。try…catch 结构最适合于本节开头描述的场合：错误发生在一个方法调用中，而该方法调用可能嵌套了 15 或 20 级，这些处理操作会立即停止。

从上面的论述可以看出，try 块在控制执行的程序流上有重要的作用。但是，异常是用于处理异常情况的，这是其名称的由来。不应该用异常来控制退出 do…while 循环的时间。

14.3.1 实现多个 catch 块

要了解 try…catch…finally 块是如何工作的，最简单的方式是用两个示例来说明。第一个示例是 SimpleExceptions。它多次要求用户输入一个数字，然后显示这个数字。为了便于解释这个示例，假定该数字必须在 0~5 之间，否则程序就不能对该数字进行正确的处理。所以，如果用户输入超出该范围的数字，程序就抛出一个异常。程序会继续要求用户输入更多数字，直到用户不再输入任何内容，按回车键为止。

注意：这段代码没有说明何时使用异常处理，但是它显示了使用异常处理的好方法。顾名思义，异常用于处理异常情况。用户经常输入一些无聊的东西，所以这种情况不会真正发生。正常情况下，程序会处理不正确的用户输入，方法是进行即时检查，如果有问题，就要求用户重新输入。但是，在一个要求几分钟内读懂的小示例中生成异常是比较困难的，为了描述异常是如何工作的，后面将使用更真实的示例。

SimpleExceptions 的示例代码使用如下依赖项和名称空间：

依赖项：

```
NETStandard.Library
```

名称空间：

```
System
static System.Console
```

SimpleExceptions 的代码如下所示(代码文件 SimpleExceptions/Program.cs)：

```csharp
using System;
using static System.Console;

namespace Wrox.ProCSharp.ErrorsAndExceptions
{
  public class Program
  {
    public static void Main()
    {
      while (true)
      {
        try
        {
          string userInput;

          Write("Input a number between 0 and 5 " +
              "(or just hit return to exit)> ");
          userInput = ReadLine();

          if (string.IsNullOrEmpty(userInput))
          {
```

```
      break;
    }

    int index = Convert.ToInt32(userInput);

    if (index < 0 || index > 5)
    {
      throw new IndexOutOfRangeException($"You typed in {userInput}");
    }

    WriteLine($"Your number was {index}");
  }
  catch (IndexOutOfRangeException ex)
  {
    WriteLine("Exception: " +
      $"Number should be between 0 and 5. {ex.Message}");
  }
  catch (Exception ex)
  {
    WriteLine($"An exception was thrown. Message was: {ex.Message}");
  }
  finally
  {
    WriteLine("Thank you\n");
  }
    }
   }
  }
 }
```

这段代码的核心是一个 while 循环,它连续使用 ReadLine()方法以请求用户输入。ReadLine()方法返回一个字符串,所以程序首先要用 System.Convert.ToInt32()方法把它转换为 int 型。System.Convert 类包含执行数据转换的各种有用方法,并提供了 int.Parse()方法的一个替代方法。一般情况下,System.Convert 类包含执行各种类型转换的方法,C#编译器把 int 解析为 System.Int32 基类的实例。

> **注意**:值得注意的是,传递给 catch 块的参数只能用于该 catch 块。这就是为什么在上面的代码中,能在后续的 catch 块中使用相同的参数名 ex 的原因。

在上面的代码中,我们也检查一个空字符串,因为该空字符串是退出 while 循环的条件。注意这里用 break 语句退出 try 块和 while 循环——这是有效的。当然,当程序流退出 try 块时,会执行 finally 块中的 WriteLine()语句。尽管这里仅显示一句问候,但一般在这里可以关闭文件句柄,调用各种对象的 Dispose()方法,以执行清理工作。一旦应用程序退出了 finally 块,它就会继续执行下一条语句,如果没有 finally 块,该语句也会执行。在本例中,我们返回到 while 循环的开头,再次进入 try 块(除非执行 while 循环中 break 语句的结果是进入 finally 块,此时就会退出 while 循环)。

下面看看异常情况:

```
if (index < 0 || index > 5)
{
```

```
     throw new IndexOutOfRangeException($"You typed in {userInput}");
}
```

在抛出一个异常时，需要选择要抛出的异常类型。可以使用 System.Exception 异常类，但这个类是一个基类，最好不要把这个类的实例当作一个异常抛出，因为它没有包含关于错误的任何信息。而.NET Framework 包含了许多派生自 System.Exception 异常类的其他异常类，每个类都对应于一种特定类型的异常情况，也可以定义自己的异常类。在抛出一个匹配特定错误情况的类的实例时，应提供尽可能多的异常信息。在前面的例子中，System.IndexOutOfRangeException 异常类是最佳选择。IndexOutOfRangeException 异常类有几个重载的构造函数，我们选择的一个重载，其参数是一个描述错误的字符串。另外，也可以选择派生自己的自定义异常对象，它描述该应用程序环境中的错误情况。

假定用户这次输入了一个不在 0～5 范围内的数字，if 语句就会检测到一个错误，并实例化和抛出一个 IndexOutOfRangeException 异常对象。应用程序会立即退出 try 块，并查找处理 IndexOutOfRangeException 异常的 catch 块。它遇到的第一个 catch 块如下所示：

```
catch (IndexOutOfRangeException ex)
{
    WriteLine($"Exception: Number should be between 0 and 5. {ex.Message}");
}
```

由于这个 catch 块带合适类的一个参数，因此它就会传递给异常实例，并执行。在本例中，是显示错误信息和 Exception.Message 属性(它对应于给 IndexOutRangeException 异常类的构造函数传递的字符串)。执行了这个 catch 块后，控制权就切换到 finally 块，就好像没有发生过任何异常。

注意，本例还提供了另一个 catch 块：

```
catch (Exception ex)
{
    WriteLine($"An exception was thrown. Message was: {ex.Message}");
}
```

如果没有在前面的 catch 块中捕获到这类异常，则这个 catch 块也能处理 IndexOutOfRangeException 异常。基类的一个引用也可以指向派生自它的类的所有实例，所有的异常都派生自 System.Exception 异常类。这个 catch 块没有执行，因为应用程序只执行它在可用的 catch 块列表中找到的第一个合适的 catch 块。还有第二个 catch 块的原因是，不仅 try 块包含这段代码，还有另外 3 个方法调用 Console.ReadLine()、Console.Write()和 Convert.ToInt32()也包含这段代码，它们是 System 名称空间中的方法。这 3 个方法都可能抛出异常。

如果输入的内容不是数字，如 a 或 hello，则 Convert.ToInt32()方法就会抛出 System.FormatException 类的一个异常，表示传递给 ToInt32()方法的字符串对应的格式不能转换为 int。此时，应用程序会跟踪这个方法调用，查找可以处理该异常的处理程序。第一个 catch 块带一个 IndexOutOfRangeException 异常，不能处理这种异常。应用程序接着查看第二个 catch 块，显然它可以处理这类异常，因为 FormatException 异常类派生于 Exception 异常类，所以把 FormatException 异常类的实例作为参数传递给它。

该示例的这种结构是非常典型的多 catch 块结构。最先编写的 catch 块用于处理非常特殊的错误情况，接着是比较一般的块，它们可以处理任何错误，我们没有为它们编写特定的错误处理程序。实际上，catch 块的顺序很重要，如果以相反的顺序编写这两个块，代码就不会编译，因为第二个

catch 块是不会执行的(Exception catch 块会捕获所有异常)。因此,最上面的 catch 块应用于最特殊的异常情况,最后是最一般的 catch 块。

前面分析了该示例的代码,现在可以运行它。下面的输出说明了不同的输入会得到不同的结果,并说明抛出了 IndexOutOfRangeException 异常和 FormatException 异常:

```
SimpleExceptions
Input a number between 0 and 5 (or just hit return to exit)> 4
Your number was 4
Thank you

Input a number between 0 and 5 (or just hit return to exit)> 0
Your number was 0
Thank you

Input a number between 0 and 5 (or just hit return to exit)> 10
Exception: Number should be between 0 and 5. You typed in 10
Thank you

Input a number between 0 and 5 (or just hit return to exit)> hello
An exception was thrown. Message was: Input string was not in a correct format.
Thank you

Input a number between 0 and 5 (or just hit return to exit)>
Thank you
```

14.3.2 在其他代码中捕获异常

上面的示例说明了两个异常的处理。一个是 IndexOutOfRangeException 异常,它由我们自己的代码抛出,另一个是 FormatException 异常,它由一个基类抛出。如果检测到错误,或者某个方法因传递的参数有误而被错误调用,库中的代码就常常会抛出一个异常。但库中的代码很少捕获这样的异常。应由客户端代码来决定如何处理这些问题。

在调试时,异常经常从基类库中抛出,调试的过程在某种程度上是确定异常抛出的原因,并消除导致错误发生的缘由。主要目标是确保代码在发布后,异常只发生在非常少见的情况下,如果可能,应在代码中以适当的方式处理它。

14.3.3 System.Exception 属性

本示例只使用了异常对象的一个 Message 属性。在 System.Exception 异常类中还有许多其他属性,如表 14-1 所示。

表 14-1

属　　性	说　　明
Data	这个属性可以给异常添加键/值语句,以提供关于异常的额外信息
HelpLink	链接到一个帮助文件上,以提供关于该异常的更多信息
InnerException	如果此异常是在 catch 块中抛出的,它就会包含把代码发送到 catch 块中的异常对象
Message	描述错误情况的文本
Source	导致异常的应用程序名或对象名
StackTrace	栈上方法调用的详细信息,它有助于跟踪抛出异常的方法

在这些属性中，如果可以进行栈跟踪，则 StackTrace 的属性值由.NET 运行库自动提供。Source 属性总是由.NET 运行库填充为抛出异常的程序集的名称(但可以在代码中修改该属性，提供更具体的信息)，Data、Message、HelpLink 和 InnerException 属性必须在抛出异常的代码中填充，方法是在抛出异常前设置这些属性。例如，抛出异常的代码如下所示：

```csharp
if (ErrorCondition == true)
{
  var myException = new ClassMyException("Help!!!!");
  myException.Source = "My Application Name";
  myException.HelpLink = "MyHelpFile.txt";
  myException.Data["ErrorDate"] = DateTime.Now;
  myException.Data.Add("AdditionalInfo", "Contact Bill from the Blue Team");
  throw myException;
}
```

其中，ClassMyException 是抛出的异常类的名称。注意所有异常类的名称通常以 Exception 结尾。另外，Data 属性可以用两种方式设置。

14.3.4 异常过滤器

C# 6 的一个新特性是异常过滤器。捕获不同的异常类型时，可以有行为不同的 catch 块。在某些情况下，catch 块基于异常的内容执行不同的操作。例如，使用 Windows 运行库时，所有不同类型的异常通常都会得到 COM 异常，在执行网络调用时，许多不同的场景都会得到网络异常。例如，如果服务器不可用，或提供的数据不符合期望。以不同的方式应对这些错误是好事。一些异常可以用不同的方式恢复，而在另外一些异常中，用户可能需要一些信息。

下面的代码示例抛出类型 MyCustomException 的异常，设置这个异常的 ErrorCode 属性(代码文件 ExceptionFilters/Program.cs)：

```csharp
public static void ThrowWithErrorCode(int code)
{
  throw new MyCustomException("Error in Foo") { ErrorCode = code };
}
```

在 Main()方法中，try 块和两个 catch 块保护方法调用。第一个 catch 块使用 when 关键字过滤出 ErrorCode 属性等于 405 的异常。when 子句的表达式需要返回一个布尔值。如果结果是 true，这个 catch 块就处理异常。如果它是 false，就寻找其他 catch 块。给 ThrowWithErrorCode()方法传递 405，过滤器就返回 true，第一个 catch 块处理异常。传递另一个值，过滤器就返回 false，第二个 catch 块处理异常。使用过滤器，可以使用多个处理程序来处理相同的异常类型。

当然也可以删除第二个 catch 块，此时就不处理该情形下出现的异常。

```csharp
try
{
  ThrowWithErrorCode(405);
}
catch (MyCustomException ex) when (ex.ErrorCode == 405)
{
  WriteLine($"Exception caught with filter {ex.Message} and {ex.ErrorCode}");
}
catch (MyCustomException ex)
```

```csharp
{
    WriteLine($"Exception caught {ex.Message} and {ex.ErrorCode}");
}
```

14.3.5 重新抛出异常

捕获异常时，重新抛出异常也是非常普遍的。再次抛出异常时，可以改变异常的类型。这样，就可以给调用程序提供所发生的更多信息。原始异常可能没有上下文的足够信息。还可以记录异常信息，并给调用程序提供不同的信息。例如，为了让用户运行应用程序，异常信息并没有真正的帮助。阅读日志文件的系统管理员可以做出相应的反应。

重新抛出异常的一个问题是，调用程序往往需要通过以前的异常找出其发生的原因和地点。根据异常的抛出方式，堆栈跟踪信息可能会丢失。为了看到重新抛出异常的不同选项，示例程序 RethrowExceptions 显示了不同的选项。

重新抛出异常的代码示例使用了以下依赖项和名称空间：

依赖项：

```
NETStandard.Library
```

名称空间：

```
System
static System.Console
```

对于此示例，创建了两个自定义的异常类型。第一个是 MyCustomException，除了基类 Exception 的成员之外，定义了属性 ErrorCode，第二个是 AnotherCustomException，支持传递一个内部异常(代码文件 RethrowExceptions /MyCustomException.cs)：

```csharp
public class MyCustomException : Exception
{
  public MyCustomException(string message)
     : base(message)
  {
  }
  public int ErrorCode { get; set; }
}
public class AnotherCustomException : Exception
{
  public AnotherCustomException(string message, Exception innerException)
     : base(message, innerException)
  {
  }
}
```

HandleAll()方法调用 HandleAndThrowAgain、HandleAndThrowWithInnerException、HandleAndRethrow()和 HandleWithFilter()方法。捕获抛出的异常，把异常消息和堆栈跟踪写到控制台。为了更好地从堆栈跟踪中找到所引用的行号，使用预处理器指令#line，重新编号。这样，采用委托 m 调用的方法就在 114 行(代码文件 RethrowExceptions / Program.cs)：

```csharp
#line 100
public static void HandleAll()
```

```
{
  var methods = new Action[]
  {
    HandleAndThrowAgain,
    HandleAndThrowWithInnerException,
    HandleAndRethrow,
    HandleWithFilter
  };
  foreach (var m in methods)
  {
    try
    {
      m();  // line 114
    }
    catch (Exception ex)
    {
      WriteLine(ex.Message);
      WriteLine(ex.StackTrace);
      if (ex.InnerException != null)
      {
        WriteLine($"\tInner Exception{ex.Message}");
        WriteLine(ex.InnerException.StackTrace);
      }
      WriteLine();
    }
  }
}
```

ThrowAnException 方法用于抛出第一个异常。这个异常在 8002 行抛出。在开发期间,它有助于知道这个异常在哪里抛出:

```
#line 8000
public static void ThrowAnException(string message)
{
  throw new MyCustomException(message);  // line 8002
}
```

1. 重新抛出异常的新用法

方法 HandleAndThrowAgain 只是把异常记录到控制台,并使用 throw ex 再次抛出它:

```
#line 4000
public static void HandleAndThrowAgain()
{
  try
  {
    ThrowAnException("test 1");
  }
  catch (Exception ex)
  {
    WriteLine($"Log exception {ex.Message} and throw again");
    throw ex;  // you shouldn't do that - line 4009
  }
}
```

运行应用程序，简化的输出是显示堆栈跟踪(代码文件没有名称空间和完整的路径)，代码如下：

```
Log exception test 1 and throw again
test 1
   at Program.HandleAndThrowAgain() in Program.cs:line 4009
   at Program.HandleAll() in Program.cs:line 114
```

堆栈跟踪显示了在 HandleAll 方法中调用 m()方法，进而调用 HandleAndThrowAgain()方法。异常最初在哪里抛出的信息完全丢失在最后一个 catch 的调用堆栈中。于是很难找到错误的初始原因。通常必要传送异常对象，使用 throw 抛出同一个异常。

2. 改变异常

一个有用的场景是改变异常的类型，并添加错误信息。这在 HandleAndThrowWithInnerException() 方法中完成。记录错误之后，抛出一个新的异常类型 AnotherException，传递 ex 作为内部异常：

```
#line 3000
public static void HandleAndThrowWithInnerException()
{
  try
  {
    ThrowAnException("test 2");   // line 3004
  }
  catch (Exception ex)
  {
    WriteLine($"Log exception {ex.Message} and throw again");
    throw new AnotherCustomException("throw with inner exception", ex); // 3009
  }
}
```

检查外部异常的堆栈跟踪，会看到行号 3009 和 114，与前面相似。然而，内部异常给出了错误的最初原因。它给出调用了错误方法的行号(3004)和抛出最初(内部)异常的行号(8002)：

```
Log exception test 2 and throw again
throw with inner exception
   at Program.HandleAndThrowWithInnerException() in Program.cs:line 3009
   at Program.HandleAll() in Program.cs:line 114
      Inner Exception throw with inner exception
   at Program.ThrowAnException(String message) in Program.cs:line 8002
   at Program.HandleAndThrowWithInnerException() in Program.cs:line 3004
```

这样不会丢失信息。

   注意：试图找到错误的原因时，看看内部异常是否存在。这往往会提供有用的信息。

注意: 捕获异常时,最好在重新抛出时改变异常。例如,捕获 SqlException 异常,可以导致抛出与业务相关的异常,例如,InvalidIsbnException。

3. 重新抛出异常

如果不应该改变异常的类型,就可以使用 throw 语句重新抛出相同的异常。使用 throw 但不传递异常对象,会抛出 catch 块的当前异常,并保存异常信息:

```
#line 2000
public static void HandleAndRethrow()
{
  try
  {
    ThrowAnException("test 3");
  }
  catch (Exception ex)
  {
    WriteLine($"Log exception {ex.Message} and rethrow");
    throw;  // line 2009
  }
}
```

有了这些代码,堆栈信息就不会丢失。异常最初是在 8002 行抛出,在第 2009 行重新抛出。行 114 包含调用 HandleAndRethrow 的委托 m:

```
Log exception test 3 and rethrow
test 3
   at Program.ThrowAnException(String message) in Program.cs:line 8002
   at Program.HandleAndRethrow() in Program.cs:line 2009
   at Program.HandleAll() in Program.cs:line 114
```

4. 使用过滤器添加功能

使用 throw 语句重新抛出异常时,调用堆栈包含抛出的地址。使用异常过滤器,可以根本不改变调用堆栈。现在添加 when 关键字,传递过滤器方法。这个过滤器方法 Filter 记录消息,总是返回 false。这就是为什么 catch 块永远不会调用的原因:

```
#line 1000
public void HandleWithFilter()
{
  try
  {
    ThrowAnException("test 4");  // line 1004
  }
  catch (Exception ex) when(Filter(ex))
  {
    WriteLine("block never invoked");
  }
}
```

```
#line 1500
public bool Filter(Exception ex)
{
  WriteLine($"just log {ex.Message}");
  return false;
}
```

现在看看堆栈跟踪，异常起源于HandleAll方法的第114行，它调用HandleWithFilter，第1004行包含ThrowAnException的调用，第8002行抛出了异常：

```
just log test 4
test 4
   at Program.ThrowAnException(String message) in Program.cs:line 8002
   at Program.HandleWithFilter() in Program.cs:line 1004
   at RethrowExceptions.Program.HandleAll() in Program.cs:line 114
```

注意：异常过滤器的主要用法是基于值异常的过滤异常。异常过滤器也可以用于其他效果，比如写入日志信息，但不改变调用堆栈。然而，异常过滤器应该运行很快，所以应该只做简单的检查。

14.3.6 没有处理异常时发生的情况

有时抛出了一个异常后，代码中没有catch块能处理这类异常。前面的SimpleExceptions示例就说明了这种情况。例如，假定忽略FormatException异常和通用的catch块，则只有捕获IndexOutOfRangeException异常的块。此时，如果抛出一个FormatException异常，会发生什么情况呢？

答案是.NET 运行库会捕获它。本节后面将介绍如何嵌套 try 块——实际上在本示例中，就有一个在后台处理的嵌套的 try 块。.NET 运行库把整个程序放在另一个更大的 try 块中，对于每个.NET 程序它都会这么做。这个 try 块有一个 catch 处理程序，它可以捕获任何类型的异常。如果出现代码没有处理的异常，程序流就会退出程序，由.NET 运行库中的 catch 块捕获它。但是，事与愿违。代码的执行会立即终止，并给用户显示一个对话框，说明代码没有处理异常，并给出.NET 运行库能检索到的关于异常的详细信息。至少异常会被捕获。

一般情况下，如果编写一个可执行程序，就应捕获尽可能多的异常，并以合理的方式处理它们。如果编写一个库，最好捕获可以用有效方式处理的异常，或者在上下文中添加额外的信息，抛出其他异常类型，如上一节所示。假定调用代码可以处理它遇到的任何错误。

14.4 用户定义的异常类

上一节创建了一个用户定义的异常。下面介绍有关异常的第二个示例，这个示例称为SolicitColdCall，它包含两个嵌套的 try 块，说明了如何定义自定义异常类，再从 try 块中抛出另一个异常。

这个示例假定一家销售公司希望有更多的客户。该公司的销售部门打算给一些人打电话，希望他们成为自己的客户。用销售行业的行话来讲，就是"陌生电话"(cold-calling)。为此，应有一个文本文件存储这些陌生人的姓名，该文件应有良好的格式，其中第一行包含文件中的人数，后面的行包含这些人的姓名。换言之，正确的格式如下所示。

```
4
George Washington
Benedict Arnold
John Adams
Thomas Jefferson
```

这个示例的目的是在屏幕上显示这些人的姓名(由销售人员读取)，这就是为什么只把姓名放在文件中，但没有电话号码的原因。

程序要求用户输入文件的名称，然后读取文件，并显示其中的人名。这听起来是一个很简单的任务，但也会出现两个错误，需要退出整个过程：

- 用户可能输入不存在的文件名。这作为 FileNotFound 异常来捕获。
- 文件的格式可能不正确，这里可能有两个问题。首先，文件的第一行不是整数。第二，文件中可能没有第一行指定的那么多人名。这两种情况都需要在一个自定义异常中处理，我们已经专门为此编写了 ColdCallFileFormatException 异常。

还会有其他问题，虽然不至于退出整个过程，但需要删除某个人名，继续处理文件中的下一个人名(因此这需要在内层的 try 块中处理)。一些人是商业间谍，为销售公司的竞争对手工作，显然，我们不希望不小心打电话给他们，让这些人知道我们要做的工作。为简单起见，假设姓名以 B 开头的那些人是商业间谍。这些人应在第一次准备数据文件时从文件中删除，但为防止有商业间谍混入，需要检查文件中的每个姓名，如果检测到一个商业间谍，就应抛出一个 SalesSpyFoundException 异常，当然，这是另一个自定义异常对象。

最后，编写一个类 ColdCallFileReader 来实现这个示例，该类维护与 cold-call 文件的连接，并从中检索数据。我们将以非常安全的方式编写这个类，如果其方法调用不正确，就会抛出异常。例如，如果在文件打开前，调用了读取文件的方法，就会抛出一个异常。为此，我们编写了另一个异常类 UnexpectedException。

14.4.1 捕获用户定义的异常

用户自定义异常的代码示例使用了如下依赖项和名称空间：

依赖项：

NETStandard.Library

名称空间：

System

System.IO

static System.Console

首先是 SolicitColdCall 示例的 Main() 方法，它捕获用户定义的异常。注意，下面要调用 System.IO 名称空间和 System 名称空间中的文件处理类(代码文件 SolicitColdCall/Program.cs)。

```csharp
using System;
using System.IO;
using static System.Console;

namespace Wrox.ProCSharp.ErrorsAndExceptions
{
  public class Program
  {
    public static void Main()
    {
      Write("Please type in the name of the file " +
          "containing the names of the people to be cold called > ");
      string fileName = ReadLine();
      ColdCallFileReaderLoop1(fileName);
      WriteLine();

      ReadLine();
    }

    public static ColdCallfFileReaderLoop1(string filename)
    {
      var peopleToRing = new ColdCallFileReader();

      try
      {
        peopleToRing.Open(fileName);
        for (int i = 0; i < peopleToRing.NPeopleToRing; i++)
        {
          peopleToRing.ProcessNextPerson();
        }
        WriteLine("All callers processed correctly");
      }
      catch(FileNotFoundException)
      {
        WriteLine($"The file {fileName} does not exist");
      }
      catch(ColdCallFileFormatException ex)
      {
        WriteLine($"The file {fileName} appears to have been corrupted");
        WriteLine($"Details of problem are: {ex.Message}");
        if (ex.InnerException != null)
        {
          WriteLine($"Inner exception was: {ex.InnerException.Message}");
        }
      }
      catch(Exception ex)
      {
        WriteLine($"Exception occurred:\n{ex.Message}");
      }
      finally
      {
        peopleToRing.Dispose();
      }
    }
  }
}
```

这段代码基本上只是一个循环，用来处理文件中的人名。开始时，先让用户输入文件名，再实例化ColdCallFileReader类的一个对象，这个类稍后定义，正是这个类负责处理文件中数据的读取。注意，是在第一个try块的外部读取文件——这是因为这里实例化的变量需要在后面的catch 块和finally块中使用，如果在try块中声明它们，它们在try块的闭合花括号处就超出了作用域，这会导致异常。

在 try 块中打开文件(使用 ColdCallFileReader.Open()方法)，并循环处理其中的所有人名。ColdCallFileReader.ProcessNextPerson()方法会读取并显示文件中的下一个人名，而 ColdCallFileReader.NpeopleToRing 属性则说明文件中应有多少个人名(通过读取文件的第一行来获得)。有 3 个catch 块，其中两个分别用于处理 FileNotFoundException 和 ColdCallFileFormatException 异常，第 3 个则用于处理任何其他.NET 异常。

在 FileNotFoundException 异常中，我们会为它显示一条消息，注意在这个 catch 块中，根本不会使用异常实例，原因是这个 catch 块用于说明应用程序的用户友好性。异常对象一般会包含技术信息，这些技术信息对开发人员很有用，但对于最终用户来说则没有什么用，所以本例将创建一条更简单的消息。

对于 ColdCallFileFormatException 异常的处理程序，则执行相反的操作，说明了如何获得更完整的技术信息，包括内层异常的细节(如果存在内层异常)。

最后，如果捕获到其他一般异常，就显示一条用户友好消息，而不是让这些异常由.NET 运行库处理。注意，我们选择不处理没有派生自 System.Exception 异常类的异常，因为不直接调用非.NET 的代码。

finally 块清理资源。在本例中，这是指关闭已打开的任何文件。ColdCallFileReader.Dispose()方法完成了这个任务。

> 注意：C#提供了一个 using 语句，编译器自己会在使用该语句的地方创建一个 try/finally 块，该块调用 finally 块中的 Dispose 方法。实现了一个 Dispose 方法的对象就可以使用 using 语句。第 5 章详细介绍了 using 语句。

14.4.2 抛出用户定义的异常

下面看看处理文件读取，以及(可能)抛出用户定义的异常类 ColdCallFileReader 的定义。因为这个类维护一个外部文件连接，所以需要确保它根据第 4 章有关释放对象的规则，正确地释放它。这个类派生自 IDisposable 类。

首先声明一些私有字段(代码文件 SolicitColdCall/ColdCallFileReader.cs)：

```
public class ColdCallFileReader: IDisposable
{
    private FileStream _fs;
    private StreamReader _sr;
    private uint _nPeopleToRing;
    private bool _isDisposed = false;
    private bool _isOpen = false;
```

FileStream 和 StreamReader 都在 System.IO 名称空间中，它们都是用于读取文件的基类。

FileStream 基类主要用于连接文件，StreamReader 基类则专门用于读取文本文件，并实现 Readline()
方法，该方法读取文件中的一行文本。第 23 章在深入讨论文件处理时将讨论 StreamReader 基类。

isDisposed 字段表示是否调用了 Dispose()方法，我们选择实现 ColdCallFileReader 异常，这样，
一旦调用了 Dispose()方法，就不能重新打开文件连接，重新使用对象了。isOpen 字段也用于错误检
查——在本例中，检查 StreamReader 基类是否连接到打开的文件上。

打开文件和读取第一行的过程——告诉我们文件中有多少个人名——由 Open()方法来处理：

```csharp
public void Open(string fileName)
{
  if (_isDisposed)
  {
    throw new ObjectDisposedException("peopleToRing");
  }

  _fs = new FileStream(fileName, FileMode.Open);
  _sr = new StreamReader(_fs);

  try
  {
    string firstLine = _sr.ReadLine();
    _nPeopleToRing = uint.Parse(firstLine);
    _isOpen = true;
  }
  catch (FormatException ex)
  {
    throw new ColdCallFileFormatException(
        $"First line isn\'t an integer {ex}");
  }
}
```

与 ColdCallFileReader 异常类的所有其他方法一样，该方法首先检查在删除对象后，客户端代码
是否不正确地调用了它，如果是，就抛出一个预定义的 ObjectDisposedException 异常对象。Open()
方法也会检查 isDisposed 字段，看看是否已调用 Dispose()方法。因为调用 Dispose()方法会告诉调用
者现在已经处理完对象，所以，如果已经调用了 Dispose()方法，就说明有一个试图打开新文件连接
的错误。

接着，这个方法包含前两个内层的 try 块，其目的是捕获因为文件的第一行没有包含一个整数
而抛出的任何错误。如果出现这个问题，.NET 运行库就抛出一个 FormatException 异常，该异常捕
获并转换为一个更有意义的异常，这个更有意义的异常表示 cold-call 文件的格式有问题。注意
System.FormatException 异常表示与基本数据类型相关的格式问题，而不是与文件有关，所以在本例
中它不是传递回主调例程的一个特别有用的异常。新抛出的异常会被最外层的 try 块捕获。因为这
里不需要清理资源，所以不需要 finally 块。

如果一切正常，就把 isOpen 字段设置为 true，表示现在有一个有效的文件连接，可以从中读取
数据。

ProcessNextPerson()方法也包含一个内层 try 块：

```csharp
public void ProcessNextPerson()
{
```

```
    if (_isDisposed)
    {
      throw new ObjectDisposedException("peopleToRing");
    }

    if (!_isOpen)
    {
      throw new UnexpectedException(
          "Attempted to access coldcall file that is not open");
    }

    try
    {
      string name = _sr.ReadLine();
      if (name == null)
      {
        throw new ColdCallFileFormatException("Not enough names");
      }
      if (name[0] == 'B')
      {
        throw new SalesSpyFoundException(name);
      }
      WriteLine(name);
    }
    catch(SalesSpyFoundException ex)
    {
      WriteLine(ex.Message);
    }
    finally
    {
    }
}
```

  这里可能存在两个与文件相关的错误(假定实际上有一个打开的文件连接,ProcessNextPerson()方法会先进行检查)。第一,读取下一个人名时,可能发现这是一个商业间谍。如果发生这种情况,在这个方法中就使用第一个 catch 块捕获异常。因为这个异常已经在循环中被捕获,所以程序流会继续在程序的 Main()方法中执行,处理文件中的下一个人名。

  如果读取下一个人名,发现已经到达文件的末尾,就会发生错误。StreamReader 对象的 ReadLine()方法的工作方式是:如果到达文件末尾,它就会返回一个 null,而不是抛出一个异常。所以,如果找到一个 null 字符串,就说明文件的格式不正确,因为文件的第一行中的数字要比文件中的实际人数多。如果发生这种错误,就抛出一个 ColdCallFileFormatException 异常,它由外层的异常处理程序捕获(使程序终止执行)。

  同样,这里不需要 finally 块,因为没有要清理的资源,但这次要放置一个空的 finally 块,表示在这里可以完成用户希望完成的任务。

  这个示例就要完成了。ColdCallFileReader 异常类还有另外两个成员:NPeopleToRing 属性返回文件中应有的人数,Dispose()方法可以关闭已打开的文件。注意 Dispose()方法仅返回它是否被调用——这是实现该方法的推荐方式。它还检查在关闭前是否有一个文件流要关闭。这个例子说明了防御编码技术:

```csharp
public uint NPeopleToRing
{
  get
  {
    if (_isDisposed)
    {
      throw new ObjectDisposedException("peopleToRing");
    }
    if (!_isOpen)
    {
      throw new UnexpectedException(
          "Attempted to access cold Ccall file that is not open");
    }

    return _nPeopleToRing;
  }
}

public void Dispose()
{
  if (_isDisposed)
  {
    return;
  }

  _isDisposed = true;
  _isOpen = false;

  _fs?.Dispose();
  _fs = null;
}
```

14.4.3 定义用户定义的异常类

最后,需要定义 3 个异常类。定义自己的异常非常简单,因为几乎不需要添加任何额外的方法。只需要实现构造函数,确保基类的构造函数正确调用即可。下面是实现 SalesSpyFoundException 异常类的完整代码(代码文件 SolicitColdCall/SalesSpyFoundException.cs):

```csharp
public class SalesSpyFoundException: Exception
{
  public SalesSpyFoundException(string spyName)
    : base($"Sales spy found, with name {spyName}")
  {
  }

  public SalesSpyFoundException(string spyName, Exception innerException)
    : base($"Sales spy found with name {spyName}", innerException)
  {
  }
}
```

注意,这个类派生自 Exception 异常类,正是我们期望的自定义异常。实际上,如果要更正式地创建它,可以把它放在一个中间类中,例如,ColdCallFileException 异常类,让它派生于 Exception

异常类,再从这个类派生出两个异常类,并确保处理代码可以很好地控制哪个异常处理程序处理哪个异常即可。但为了使这个示例比较简单,就不这么做了。

在 SalesSpyFoundException 异常类中,处理的内容要多一些。假定传送给它的构造函数的信息仅是找到的间谍名,从而把这个字符串转换为含义更明确的错误信息。我们还提供了两个构造函数,其中一个构造函数的参数只是一条消息,另一个构造函数的参数是一个内层异常。在定义自己的异常类时,至少把这两个构造函数都包括进来(尽管以后将不能在示例中使用 SalesSpyFoundException 异常类的第 2 个构造函数)。

对于 ColdCallFileFormatException 异常类,规则是一样的,但不必对消息进行任何处理(代码文件 SolicitColdCall/ColdCallFileFormatException.cs):

```
public class ColdCallFileFormatException: Exception
{
  public ColdCallFileFormatException(string message)
     : base(message)
  {
  }

  public ColdCallFileFormatException(string message, Exception innerException)
     : base(message, innerException)
  {
  }
}
```

最后是 UnexpectedException 异常类,它看起来与 ColdCallFileFormatException 异常类是一样的(代码文件 SolicitColdCall/UnexpectedException.cs):

```
public class UnexpectedException: Exception
{
  public UnexpectedException(string message)
     : base(message)
  {
  }

  public UnexpectedException(string message, Exception innerException)
     : base(message, innerException)
  {
  }
}
```

下面准备测试该程序。首先,使用 people.txt 文件,其内容已经在前面列出了。

```
4
George Washington
Benedict Arnold
John Adams
Thomas Jefferson
```

它有 4 个名字(与文件中第一行给出的数字匹配),包括一个间谍。接着,使用下面的 people2.txt 文件,它有一个明显的格式错误:

```
49
George Washington
Benedict Arnold
John Adams
Thomas Jefferson
```

最后,尝试执行该例子,但指定一个不存在的文件名 people3.txt,对这 3 个文件名运行程序 3 次,得到的结果如下:

```
SolicitColdCall
Please type in the name of the file containing the names of the people to be cold
  called > people.txt
George Washington
Sales spy found, with name Benedict Arnold
John Adams
Thomas Jefferson
All callers processed correctly


SolicitColdCall
Please type in the name of the file containing the names of the people to be cold
  called > people2.txt
George Washington
Sales spy found, with name Benedict Arnold
John Adams
Thomas Jefferson
The file people2.txt appears to have been corrupted.
Details of the problem are: Not enough names


SolicitColdCall
Please type in the name of the file containing the names of the people to be cold
  called > people3.txt
The file people3.txt does not exist.
```

最后,这个应用程序说明了处理程序中可能存在的错误和异常的许多不同方式。

14.5 调用者信息

在处理错误时,获得错误发生位置的信息常常是有帮助的。本章全面介绍的#line 预处理器指令用于改变代码的行号,获得调用堆栈的更好信息。为了从代码中获得行号、文件名和成员名,可以使用 C# 编译器直接支持的特性和可选参数。这些特性包括 CallerLineNumber、CallerFilePath 和 CallerMemberName,它们定义在 System.Runtime.CompilerServices 名称空间中,可以应用到参数上。对于可选参数,当没有提供调用信息时,编译器会在调用方法时为它们使用默认值。有了调用者信息特性,编译器不会填入默认值,而是填入行号、文件路径和成员名称。

代码示例 CallerInformation 使用如下依赖项和名称空间:

依赖项:

```
NETStandard.Library
```

名称空间：

System

System.Runtime.CompilerServices

static System.Console

下面代码段中的 Log 方法演示了这些特性的用法。这段代码将信息写入控制台中(代码文件 CallerInformation/Program.cs)：

```
public void Log([CallerLineNumber] int line = -1,
    [CallerFilePath] string path = null,
    [CallerMemberName] string name = null)
{
  WriteLine((line < 0) ? "No line" : "Line " + line);
  WriteLine((path == null) ? "No file path" : path);
  WriteLine((name == null) ? "No member name" : name);
  WriteLine();
}
```

下面在几种不同的场景中调用该方法。在下面的 Main 方法中，分别使用 Program 类的一个实例来调用 Log 方法，在属性的 set 访问器中调用 Log 方法，以及在一个 lambda 表达式中调用 Log 方法。这里没有为该方法提供参数值，所以编译器会为其填入值：

```
public static void Main()
{
  var p = new Program();
  p.Log();
  p.SomeProperty = 33;
  Action a1 = () => p.Log();
  a1();
}
private int _someProperty;
public int SomeProperty
{
  get { return _someProperty; }
  set
  {
    Log();
    _someProperty = value;
  }
}
```

运行此程序的结果如下所示。在调用 Log 方法的地方，可以看到行号、文件名和调用者的成员名。对于 Main 方法中调用的 Log 方法，成员名为 Main。对于属性 SomeProperty 的 set 访问器中调用的 Log 方法，成员名为 SomeProperty。lambda 表达式中的 Log 方法没有显示生成的方法名，而是显示了调用该 lambda 表达式的方法的名称(Main)，这当然更加有用。

```
Line 12
c:\ProCSharp\ErrorsAndExceptions\CallerInformation\Program.cs
Main
```

第 I 部分 C# 语 言

```
Line 26
c:\ProCSharp\ErrorsAndExceptions\CallerInformation\Program.cs
SomeProperty

Line 14
c:\ProCSharp\ErrorsAndExceptions\CallerInformation\Program.cs
Main
```

在构造函数中使用 Log 方法时，调用者成员名显示为 ctor。在析构函数中，调用者成员名为 Finalize，因为它是生成的方法的名称。

注意：CallerMemberName 的一个很好的用途是用在 INotifyPropertyChanged 接口的实现中。该接口要求在方法的实现中传递属性的名称。在本书中的几个章节中都可以看到这个接口的实现，例如第 31 章。

14.6 小结

本章介绍了 C#通过异常处理错误情况的多种机制，我们不仅可以输出代码中的一般错误代码，还可以用指定的方式处理最特殊的错误情况。有时一些错误情况是通过.NET Framework 本身提供的，有时则需要编写自己的错误情况，如本章的例子所示。在这两种情况下，都可以采用许多方式来保护应用程序的工作流，使之不出现不必要和危险的错误。

第 15 章将学习异步编程的重要关键字 async 和 await。

第 15 章

异步编程

本章要点
- 异步编程的重要性
- 异步模式
- async 和 await 关键字的基础
- 创建和使用异步方法
- 异步方法的错误处理
- 取消长时间运行的任务

本章源代码下载地址(wrox.com)：
打开网页 www.wrox.com/go/professionalcsharp6，单击 Download Code 选项卡即可下载本章源代码。本章代码分为以下几个主要的示例文件：
- Async Patterns(异步模式)
- Foundations(async 和 await 关键字)
- ErrorHandling(异步方法的错误处理)

15.1 异步编程的重要性

　　C# 6 添加了许多新的关键字，而 C# 5.0 仅增加两个新的关键字：async 和 await。这两个关键字将是本章的重点。

　　使用异步编程，方法调用是在后台运行(通常在线程或任务的帮助下)，并且不会阻塞调用线程。

　　本章将学习 3 种不同模式的异步编程：异步模式、基于事件的异步模式和基于任务的异步模式(Task-based Asynchronous Pattern，TAP)。TAP 是利用 async 和 await 关键字来实现的。通过这里的比较，将认识到异步编程新模式的真正优势。

　　讨论过不同的模式之后，通过创建任务和使用异步方法，来介绍异步编程的基础知识。还会论述延续任务和同步上下文的相关内容。

与异步任务一样，错误处理也需要特别重视。有些错误要采用不同的处理方式。

在本章的最后，讨论了如何取消正在执行的任务。如果后台任务执行时间较长，就有可能需要取消任务。对于如何取消，也将在本章学习到相关内容。

第21和22章介绍了并行编程的相关内容。

如果应用程序没有立刻响应用户的请求，会让用户反感。用鼠标操作，我们习惯了出现延迟，过去几十年都是这样操作的。有了触摸UI，应用程序要求立刻响应用户的请求。否则，用户就会不断重复同一个动作。

因为在旧版本的.NET Framework中用异步编程非常不方便，所以并没有总是这样做。Visual Studio 旧版本是经常阻塞UI线程的应用程序之一。例如，在Visual Studio 2010中，打开一个包含数百个项目的解决方案，这意味可能需要等待很长的时间。自从Visual Studio 2012以来，情况就不一样了，因为项目都是在后台异步加载的，并且选中的项目会优先加载。Visual Studio 2015的一个最新改进是NuGet包管理器不再实现为模式对话框。新的NuGet包管理器可以异步加载包的信息，同时做其他工作。这是异步编程内置到Visual Studio 2015中带来的重要变化之一。

很多.NET Framework的API都提供了同步版本和异步版本。因为同步版本的API用起来更为简单，所以常常在不适合使用时也用了同步版本的API。在新的Windows运行库(WinRT)中，如果一个API调用时间超过40ms，就只能使用其异步版本。自从C# 5开始，异步编程和同步编程一样简单，所以用异步API应该不会有任何的障碍。

15.2 异步模式

在学习新的async和await关键字之前，先看看.NET Framework的异步模式。从.NET 1.0开始就提供了异步特性，而且.NET Framework的许多类都实现了一个或者多个异步模式。委托类型也实现了异步模式。

因为在Windows Forms和WPF中，用异步模式更新界面非常复杂，所以.NET 2.0推出了基于事件的异步模式。在这种模式中，事件处理程序是被拥有同步上下文的线程调用的，所以更新界面很容易用这种模式处理。在此之前，这种模式也称为异步组件模式。

在.NET 4.5中，推出了另外一种新的方式来实现异步编程：基于任务的异步模式(TAP)。这种模式是基于Task类型，并通过async和await关键字来使用编译器功能。

为了了解async和await关键字的优势，第一个示例应用程序利用Windows Presentation Foundation(WPF)和网络编程来阐述异步编程的概况。如果没有WPF和网络编程的经验，也不用失望。你同样能够按照这里的要领，掌握异步编程是如何实现的。下面的示例演示了异步模式之间的差异。看完这些之后，通过一些简单的控制台应用程序，将学会异步编程的基础知识。

> 注意：第29章~31章、第34~36章详细介绍了WPF。第25章讨论了网络编程。

下面的示例WPF应用程序演示了异步模式之间的差异，它利用了类库中的类型。该应用程序用Bing和Flickr的服务在网络上寻找图片。用户可以输入一个搜索关键词来找到图片，该搜索关键词通过一个简单 HTTP 请求发送到 Bing 和 Flickr 服务。

用户界面的设计来自 Visual Studio 设计器，如图 15-1 所示。在屏幕上方是一个文本输入框，紧接着是几个开始搜索按钮或清除结果列表的按钮。左下方的控制区是一个 ListBox 控件，用于显示所有找到的图片。右侧是一个 Image 控件，用更高的分辨率显示 ListBox 控件中被选择的图片。

图 15-1

为了能够理解示例应用程序，先从包含几个辅助类的类库 AsyncLib 开始。这些类用于该 WPF 应用程序。

SearchItemResult 类表示结果集合中的一项，用于显示图片、标题和图片来源。该类仅定义了简单属性：Title、Url、ThumbnailUrl 和 Source。ThumbnaillUrl 属性用于引用缩略图片，Url 属性包含到更大尺寸图片的链接。Title 属性包含描述图片的文本。BindableBase 是 SearchItemResult 的基类。该基类通过实现 INotifyPropertyChanged 接口实现通知机制，WPF 用其通过数据绑定进行更新(代码文件 AsyncLib/SearchItemResult.cs)：

```
namespace Wrox.ProCSharp.Async
{
  public class SearchItemResult : BindableBase
  {
    private string _title;
    public string Title
    {
      get { return _title; }
      set { SetProperty(ref _title, value); }
    }

    private string _url;
    public string Url
    {
      get { return _url; }
      set { SetProperty(ref _url, value); }
    }

    private string _thumbnailUrl;
    public string ThumbnailUrl
    {
      get { return _thumbnailUrl; }
      set { SetProperty(ref _thumbnailUrl, value); }
```

```
      }
      private string _source;
      public string Source
      {
        get { return _source; }
        set { SetProperty(ref _source, value); }
      }
    }
  }
```

SearchInfo 类是另外一个用于数据绑定的类。SearchTerm 属性包含用于搜索该类型图片的用户输入。List 属性返回所有找到的图片列表,其类型为 SearchItemResult(代码文件 AsyncLib/SearchInfo.cs):

```
using System.Collections.ObjectModel;

namespace Wrox.ProCSharp.Async
{
  public class SearchInfo : BindableBase
  {
    public SearchInfo()
    {
      _list = new ObservableCollection<SearchItemResult>();
      _list.CollectionChanged += delegate { OnPropertyChanged("List"); };
    }

    private string _searchTerm;
    public string SearchTerm
    {
      get { return _searchTerm; }
      set { SetProperty(ref _searchTerm, value); }
    }

    private ObservableCollection<SearchItemResult> _list;
    public ObservableCollection<SearchItemResult> List => _list;
  }
}
```

在 XAML 代码中,TextBox 控件用于输入搜索关键词。该控件绑定到 SearchInfo 类型的 SearchTerm 属性。几个按钮控件用于激活事件处理程序。例如,Sync 按钮调用 OnSearchSync 方法(代码文件 AsyncPatternsWPF/MainWindow.xaml):

```
<StackPanel Orientation="Horizontal" Grid.Row="0">
  <StackPanel.LayoutTransform>
    <ScaleTransform ScaleX="2" ScaleY="2" />
  </StackPanel.LayoutTransform>
  <TextBox Text="{Binding SearchTerm}" Width="200" Margin="4" />
  <Button Click="OnClear">Clear</Button>
  <Button Click="OnSearchSync">Sync</Button>
  <Button Click="OnSeachAsyncPattern">Async</Button>
  <Button Click="OnAsyncEventPattern">Async Event</Button>
  <Button Click="OnTaskBasedAsyncPattern">Task Based Async</Button>
</StackPanel>
```

在 XAML 代码的第二部分包含一个 ListBox 控件。为了在 ListBox 控件中进行特殊显示，使用了 ItemTemplate。每个 ItemTemplate 包含两个 TextBlock 控件和一个 Image 控件。该 ListBox 控件绑定到 SearchInfo 类的 List 属性，ItemTemplate 中控件的属性绑定到 SearchItemResult 类型的属性：

```xml
<Grid Grid.Row="1">
  <Grid.ColumnDefinitions>
    <ColumnDefinition Width="*" />
    <ColumnDefinition Width="3*" />
  </Grid.ColumnDefinitions>
  <ListBox Grid.IsSharedSizeScope="True" ItemsSource="{Binding List}"
      Grid.Column="0" IsSynchronizedWithCurrentItem="True" Background="Black">
    <ListBox.ItemTemplate>
      <DataTemplate>
        <Grid>
          <Grid.ColumnDefinitions>
            <ColumnDefinition SharedSizeGroup="ItemTemplateGroup" />
          </Grid.ColumnDefinitions>
          <StackPanel HorizontalAlignment="Stretch" Orientation="Vertical"
             Background="{StaticResource linearBackgroundBrush}">
            <TextBlock Text="{Binding Source}" Foreground="White" />
            <TextBlock Text="{Binding Title}" Foreground="White" />
            <Image HorizontalAlignment="Center"
                Source="{Binding ThumbnailUrl}" Width="100" />
          </StackPanel>
        </Grid>
      </DataTemplate>
    </ListBox.ItemTemplate>
  </ListBox>
  <GridSplitter Grid.Column="1" Width="3" HorizontalAlignment="Left" />
  <Image Grid.Column="1" Source="{Binding List/Url}" />
</Grid>
```

现在来看看 BingRequest 类。该类包含如何向 Bing 服务发出请求的一些信息。该类的 Url 属性返回一个用于请求图片的 URL 字符串。请求字符串由搜索关键词、请求图片的数量(Count)和跳过图片的数量(Offset)构成。Bing 是需要身份认证的。用户 ID 用 AppId 来定义，并使用返回 Network-Credential 对象的 Credentials 属性。要运行应用程序，需要使用 Windows Azure Marketplace 注册，并申请一个 Bing Search API。编写本书时，Bing 提供的免费事务每月多达 5000 次，这足够运行示例应用程序。每次搜索是一个事务。注册 Bing Search API 的链接为 https://datamarket.azure.com/dataset/bing/search。注册获取 AppID 后，需要复制 AppID，将其添加到 BingRequest 类中。

用创建的 URL 将请求发送到 Bing 之后，Bing 会返回一个 XML 字符串。BingRequest 类的 Parse 方法会解析该 XML 字符串，并返回 SearchItemResult 对象的集合(代码文件 AsyncLib/BingRequest.cs)：

 注意：BingRequest 类和 FlickrRequest 类的 Parse 方法利用了 LINQ to XML。第 27 章将讨论如何使用 LINQ to XML。

```csharp
using System.Collections.Generic;
using System.Linq;
using System.Net;
```

```csharp
using System.Xml.Linq;

namespace Wrox.ProCSharp.Async
{
  public class BingRequest : IImageRequest
  {
    private const string AppId = "enter your Bing AppId here";

    public BingRequest()
    {
      Count = 50;
      Offset = 0;
    }

    private string _searchTerm;
    public string SearchTerm
    {
      get { return _searchTerm; }
      set { _searchTerm = value; }
    }

    public ICredentials Credentials => new NetworkCredentials(AppId, AppId);

    public string Url =>
      $"https://api.datamarket.azure.com/" +
        "Data.ashx/Bing/Search/v1/Image?Query=%27{SearchTerm}%27&" +
        "$top={Count}&$skip={Offset}&$format=Atom";

    public int Count { get; set; }

    public int Offset { get; set; }

    public IEnumerable<SearchItemResult> Parse(string xml)
    {
      XElement respXml = XElement.Parse(xml);
      XNamespace d = XNamespace.Get(
        "http://schemas.microsoft.com/ado/2007/08/dataservices");
      XNamespace m = XNamespace.Get(
        "http://schemas.microsoft.com/ado/2007/08/dataservices/metadata");
      return (from item in respXml.Descendants(m + "properties")
          select new SearchItemResult
          {
            Title = new string(item.Element(d + "Title").
              Value.Take(50).ToArray()),
            Url = item.Element(d + "MediaUrl").Value,
            ThumbnailUrl = item.Element(d + "Thumbnail").
              Element(d + "MediaUrl").Value,
            Source = "Bing"
          }).ToList();
    }
  }
}
```

BingRequest 类和 FlickrRequest 类都实现了 IImageRequest 接口。该接口定义了 SearchTerm

属性、Url 属性和 Parse 方法，Parse 方法很容易迭代两个图片服务提供商返回的结果(代码文件 AsyncLib/IImageRequest.cs)：

```csharp
using System;
using System.Collections.Generic;
using System.Net;

namespace Wrox.ProCSharp.Async
{
  public interface IImageRequest
  {
    string SearchTerm { get; set; }

    string Url { get; }

    IEnumerable<SearchItemResult> Parse(string xml);

    ICredentials Credentials { get; }
  }
}
```

FlickrRequest 和 BingRequest 类非常相似。它仅是用搜索关键词创建了不同的 URL 来请求图片，Parse 方法的实现也不同，因为从 Flickr 返回的 XML 与从 Bing 返回的 XML 不同。和 Bing 一样，也需要为 Flickr 注册一个 AppId，注册链接为 http://www.flickr.com/services/apps/create/ apply/。

```csharp
using System.Collections.Generic;
using System.Linq;
using System.Xml.Linq;

namespace Wrox.ProCSharp.Async
{
  public class FlickrRequest : IImageRequest
  {
    private const string AppId = "Enter your Flickr AppId here";

    public FlickrRequest()
    {
      Count = 30;
      Page = 1;
    }

    private string _searchTerm;
    public string SearchTerm
    {
      get { return _searchTerm; }
      set { _searchTerm = value; }
    }

    public string Url =>
        $"http://api.flickr.com/services/rest?" +
            "api_key={AppId}&method=flickr.photos.search&content_type=1&" +
            "text={SearchTerm}&per_page={Count}&page={Page}";

    public ICredentials Credentials => null;
```

```csharp
    public int Count { get; set; }

    public int Page { get; set; }

    public IEnumerable<SearchItemResult> Parse(string xml)
    {
      XElement respXml = XElement.Parse(xml);
      return (from item in respXml.Descendants("photo")
              select new SearchItemResult
              {
                Title = new string(item.Attribute("title").Value.
                  Take(50).ToArray()),
                Url = string.Format("http://farm{0}.staticflickr.com/" +
                  "{1}/{2}_{3}_z.jpg",
                  item.Attribute("farm").Value, item.Attribute("server").Value,
                  item.Attribute("id").Value, item.Attribute("secret").Value),
                ThumbnailUrl = string.Format("http://farm{0}." +
                  "staticflickr.com/{1}/{2}_{3}_t.jpg",
                  item.Attribute("farm").Value,
                  item.Attribute("server").Value,
                  item.Attribute("id").Value,
                  item.Attribute("secret").Value),
                Source = "Flickr"
              }).ToList();
    }
  }
}
```

现在，只需要连接到 WPF 应用程序和类库中的类型。在 MainWindow 类的构造函数中，创建了 SearchInfo 实例，并将窗口的 DataContext 属性设置为这个实例。现在，可以用之前的 XAML 代码进行数据绑定，如下所示(代码文件 AsyncPatternsWPF/MainWindow.xaml.cs)：

```csharp
public partial class MainWindow : Window
{
  private SearchInfo _searchInfo = new SearchInfo();

  public MainWindow()
  {
    InitializeComponent();
    this.DataContext = _searchInfo;
  }
  //...
```

MainWindow 类也包含一个辅助方法 GetSearchRequests，它返回一个由 BingRequest 类型和 FlickrRequest 类型构成的 IImageRequest 对象集合。如果仅注册一个服务，则可以修改代码，仅返回注册的那个服务。当然，也可以创建 IImageRequest 类型的其他服务，例如，使用 Google 或 Yahoo。然后，把这些请求类型添加到返回的集合中：

```csharp
private IEnumerable<IImageRequest> GetSearchRequests()
{
  return new List<IImageRequest>
  {
```

```
      new BingRequest { SearchTerm = _searchInfo.SearchTerm },
      new FlickrRequest { SearchTerm = _searchInfo.SearchTerm }
   };
}
```

15.2.1 同步调用

现在，一切准备就绪，开始同步调用这些服务。Sync 按钮的单击处理程序 OnSearchSync，遍历 GetSearchRequests 方法返回的所有搜索请求，并且用 Url 属性发出 WebClient 类的 HTTP 请求。DownloadString 方法会阻塞，直到接收到结果。得到的 XML 赋给 resp 变量。通过 Parse 方法分析 XML 内容，返回一个 SearchItemResult 对象的集合。然后，集合的每一项添加到_searchInfo 中包含的列表(代码文件 AsyncPatternsWPF/MainWindow.xaml.cs):

```
private void OnSearchSync(object sender, RoutedEventArgs e)
{
   foreach (var req in GetSearchRequests())
   {
      var client = new WebClient();
      client.Credentials = req.Credentials;
      string resp = client.DownloadString(req.Url);
      IEnumerable<SearchItemResult> images = req.Parse(resp);
      foreach (var image in images)
      {
         _searchInfo.List.Add(image);
      }
   }
}
```

运行该应用程序(如图 15-2 所示)，用户界面被阻塞，直到 OnSearchSync 方法完成对 Bing 和 Filckr 的网络调用，并完成结果分析。完成这些调用所需的时间取决于网络速度，以及 Bing 与 Flickr 当前的工作量。但是，对于用户来说，等待都是不愉快的。

图 15-2

因此，有必要使用异步调用。

15.2.2 异步模式

进行异步调用的方式之一是使用异步模式。异步模式定义了 BeginXXX 方法和 EndXXX 方法。例如，如果有一个同步方法 DownloadString，其异步版本就是 BeginDownloadString 和 EndDownloadString 方法。BeginXXX 方法接受其同步方法的所有输入参数，EndXXX 方法使用同步方法的所有输出参数，并按照同步方法的返回类型来返回结果。使用异步模式时，BeginXXX 方法还定义了一个 AsyncCallback 参数，用于接受在异步方法执行完成后调用的委托。BeginXXX 方法返回 IAsyncResult，用于验证调用是否已经完成，并且一直等到方法的执行结束。

WebClient 类没有提供异步模式的实现方式，但是可以用 HttpWebRequest 类来替代，因为该类通过 BeginGetResponse 和 EndGetResponse 方法提供这种模式。下面的示例没有体现这一点，而是使用了委托，委托类型定义了 Invoke 方法用于调用同步方法，还定义了 BeginInvoke 方法和 EndInvolve 方法，用于使用异步模式。在这里，声明了 Func<string, string>类型的委托 downloadString，来引用有一个 string 参数和一个 string 返回值的方法。downloadString 变量引用的方法是用 lambda 表达式实现的，并且调用 WebClient 类型的同步方法 DownloadString。这个委托通过调用 BeginInvolve 方法来异步调用。这个方法是使用线程池中的一个线程来进行异步调用的。

BeginInvoke 方法的第一个参数是 Func 委托的第一个字符串泛型参数，用于传递 URL。第二个参数的类型是 AsyncCallback。AsyncCallback 是一个委托，需要 IAsyncResult 作为参数。当异步方法执行完毕后，将调用这个委托引用的方法。之后，会调用 downloadString.EndInvoke 来检索结果，其方式与以前解析 XML 内容和获得集合项的方式相同。但是，这里不可能直接把结果返回给 UI，因为 UI 绑定到一个单独的线程，而回调方法在一个后台线程中运行。所以，必须使用窗口的 Dispatcher 属性切换回 UI 线程。Dispatcher 的 Invoke 方法需要一个委托作为参数；这就是指定 Action<SearchItemResult> 委托的原因，它会在绑定到 UI 的集合中添加项(代码文件 AsyncPatterns/MainWindow.xaml.cs)：

```
private void OnSearchAsyncPattern(object sender, RoutedEventArgs e)
{
  Func<string, ICredentials, string> downloadString = (address, cred) =>
    {
      var client = new WebClient();
      client.Credentials = cred;
      return client.DownloadString(address);
    };

  Action<SearchItemResult> addItem = item => _searchInfo.List.Add(item);

  foreach (var req in GetSearchRequests())
  {
    downloadString.BeginInvoke(req.Url, req.Credentials, ar =>
      {
        string resp = downloadString.EndInvoke(ar);
        IEnumerable<SearchItemResult> images = req.Parse(resp);
        foreach (var image in images)
        {
          this.Dispatcher.Invoke(addItem, image);
```

```
            }
        }, null);
    }
}
```

异步模式的优势是使用委托功能很容易地实现异步编程。程序现在运行正常，也不会阻塞 UI。但是，使用异步模式是非常复杂的。幸运的是，.NET 2.0 推出了基于事件的异步模式，更便于处理 UI 的更新。

  注意：第 9 章介绍了委托类型和 lambda 表达式。

15.2.3 基于事件的异步模式

OnAsyncEventPattern 方法使用了基于事件的异步模式。这个模式由 WebClient 类实现，因此可以直接使用。

基于事件的异步模式定义了一个带有"Async"后缀的方法。例如，对于同步方法 DownloadString，WebClient 类提供了一个异步变体方法 DownloadStringAsync。异步方法完成时，不是定义要调用的委托，而是定义一个事件。当异步方法 DownloadStringAsync 完成后，会直接调用 DownloadStringCompleted 事件。赋给该事件处理程序的方法，在 lambda 表达式中实现。实现方式和之前差不多，但是现在，可以直接访问 UI 元素了，因为事件处理程序是从拥有同步上下文的线程中调用，在 Windows Forms 和 WPF 应用程序中，拥有同步上下文的线程就是 UI 线程(代码文件 AsyncPatternsWPF/MainWindow.xaml.cs)：

```
private void OnAsyncEventPattern(object sender, RoutedEventArgs e)
{
    foreach (var req in GetSearchRequests())
    {
        var client = new WebClient();
        client.Credentials = req.Credentials;
        client.DownloadStringCompleted += (sender1, e1) =>
        {
            string resp = e1.Result;
            IEnumerable<SearchItemResult> images = req.Parse(resp);
            foreach (var image in images)
            {
                _searchInfo.List.Add(image);
            }
        };
        client.DownloadStringAsync(new Uri(req.Url));
    }
}
```

基于事件的异步模式的优势在于易于使用。但是，在自定义类中实现这个模式就没有那么简单了。一种方式是使用 BackgroundWorker 类来实现异步调用同步方法。BackgroundWorker 类实现了基于事件的异步模式。

这使代码更加简单了。但是，与同步方法调用相比，顺序颠倒了。调用异步方法之前，需要定义这个方法完成时发生什么。15.2.4 小节将进入异步编程的新世界：利用 async 和 await 关键字。

15.2.4 基于任务的异步模式

在 .NET 4.5 中，更新了 WebClient 类，还提供了基于任务的异步模式(TAP)。该模式定义了一个带有"Async"后缀的方法，并返回一个 Task 类型。由于 WebClient 类已经提供了一个带 Async 后缀的方法来实现基于任务的异步模式，因此新方法名为 DownloadStringTaskAsync。

DownloadStringTaskAsync 方法声明为返回 Task<string>。但是，不需要声明一个 Task<string>类型的变量来设置 DownloadStringTaskAsync 方法返回的结果。只要声明一个 String 类型的变量，并使用 await 关键字。await 关键字会解除线程(这里是 UI 线程)的阻塞，完成其他任务。当 DownloadStringTaskAsync 方法完成其后台处理后，UI 线程就可以继续，从后台任务中获得结果，赋值给字符串变量 resp。然后执行 await 关键字后面的代码(代码文件 AsyncPatternsWPF/MainWindow.xaml.cs)：

```
private async void OnTaskBasedAsyncPattern(object sender,
    RoutedEventArgs e)
{
  foreach (var req in GetSearchRequests())
  {
    var client = new WebClient();
    client.Credentials = req.Credentials;
    string resp = await client.DownloadStringTaskAsync(req.Url);
    IEnumerable<SearchItemResult> images = req.Parse(resp);

    foreach (var image in images)
    {
      _searchInfo.List.Add(image);
    }
  }
}
```

注意：async 关键字创建了一个状态机，类似于 yield return 语句。参见第 7 章。

现在，代码就简单多了。没有阻塞，也不需要切换回 UI 线程，这些都是自动实现的。代码顺序也和惯用的同步编程一样。

接下来，将代码改为使用与 WebClient 不同的类，该类以更加直接的方式实现基于任务的异步模式，并且没有提供同步方法。该类是在 .NET 4.5 中新添加的 HttpClient 类。使用 GetAsync 方法发出一个异步 GET 请求。然后，要读取内容，需要另一个异步方法。ReadAsStringAsync 方法返回字符串格式的内容。

```
private async void OnTaskBasedAsyncPattern(object sender, RoutedEventArgs e)
{
  foreach (var req in GetSearchRequests())
  {
    var clientHandler = new HttpClientHandler
    {
```

```
      Credentials = req.Credentials
    };
    var client = new HttpClient(clientHandler);
    var response = await client.GetAsync(req.Url);
    string resp = await response.Content.ReadAsStringAsync();
    IEnumerable<SearchItemResult> images = req.Parse(resp);
    foreach (var image in images)
    {
      _searchInfo.List.Add(image);
    }
  }
}
```

解析 XML 字符串可能需要一段时间。因为解析代码在 UI 线程上运行，这时 UI 线程就不能响应用户的其他请求了。要利用同步功能创建后台任务，可以使用 Task.Run 方法。在下面的示例中，Task.Run 打包 XML 字符串的解析，返回一个 SearchItemResult 集合：

```
private async void OnTaskBasedAsyncPattern(object sender, RoutedEventArgs e)
{
  foreach (var req in GetSearchRequests())
  {
    var clientHandler = new HttpClientHandler
    {
      Credentials = req.Credentials
    };
    var client = new HttpClient(clientHandler);
    var response = await client.GetAsync(req.Url, cts.Token);
    string resp = await response.Content.ReadAsStringAsync();
    await Task.Run(() =>
    {
      IEnumerable<SearchItemResult> images = req.Parse(resp);
      foreach (var image in images)
      {
        _searchInfo.List.Add(image);
      }
    }
  }
}
```

因为传递给 Task.Run 方法的代码块在后台线程上运行，所以这里的问题和以前引用 UI 代码相同。一个解决方案是在 Task.Run 方法内只执行 req.Parse 方法，在任务外执行 foreach 循环，把结果添加到 UI 线程的列表中。现在，在.NET 4.5 中，WPF 提供了更好的解决方案，可以在后台线程上填充已绑定 UI 的集合。这只需要使用 BindingOperations.EnableCollectionSynchronization 属性，启用集合的同步访问功能。如下面的代码段所示：

```
public partial class MainWindow : Window
{
  private SearchInfo _searchInfo = new SearchInfo();
  private object _lockList = new object();

  public MainWindow()
  {
    InitializeComponent();
```

```
this.DataContext = _searchInfo;
BindingOperations.EnableCollectionSynchronization(
    _searchInfo.List, _lockList);
}
```

认识到 async 和 await 关键字的优势后，15.3 节将讨论异步编程的基础。

15.3 异步编程的基础

async 和 await 关键字只是编译器功能。编译器会用 Task 类创建代码。如果不使用这两个关键字，也可以用 C# 4.0 和 Task 类的方法来实现同样的功能，只是没有那么方便。

本节介绍了编译器用 async 和 await 关键字能做什么，如何采用简单的方式创建异步方法，如何并行调用多个异步方法，以及如何修改已经实现异步模式的类，以使用新的关键字。

所有示例 Foundations 的代码都使用了如下依赖项和名称空间：

依赖项：

NETStandard.Library

名称空间：

System

System.Threading

System.Threading.Tasks

static System.Console

15.3.1 创建任务

下面从同步方法 Greeting 开始，该方法等待一段时间后，返回一个字符串(代码文件 Foundations/Program.cs)：

```
static string Greeting(string name)
{
  Task.Delay(3000).Wait();
  return $"Hello, {name}";
}
```

定义方法 GreetingAsync，可以使方法异步化。基于任务的异步模式指定，在异步方法名后加上 Async 后缀，并返回一个任务。异步方法 GreetingAsync 和同步方法 Greeting 具有相同的输入参数，但是它返回的是 Task<string>。Task<string>定义了一个返回字符串的任务。一个比较简单的做法是用 Task.Run 方法返回一个任务。泛型版本的 Task.Run<string>()创建一个返回字符串的任务：

```
static Task<string> GreetingAsync(string name)
{
  return Task.Run<string>(() =>
  {
    return Greeting(name);
```

    });
}
```

### 15.3.2 调用异步方法

可以使用 await 关键字来调用返回任务的异步方法 GreetingAsync。使用 await 关键字需要有用 async 修饰符声明的方法。在 GreetingAsync 方法完成前，该方法内的其他代码不会继续执行。但是，启动 CallerWithAsync 方法的线程可以被重用。该线程没有阻塞：

```
private async static void CallerWithAsync()
{
  string result = await GreetingAsync("Stephanie");
  WriteLine(result);
}
```

如果异步方法的结果不传递给变量，也可以直接在参数中使用 await 关键字。在这里，GreetingAsync 方法返回的结果将像前面的代码片段一样等待，但是这一次的结果会直接传给 WriteLine 方法：

```
private async static void CallerWithAsync2()
{
  WriteLine(await GreetingAsync("Stephanie"));
}
```

> async 修饰符只能用于返回 .NET 类型的 Task 或 viod 的方法，以及 Windows 运行库的 IAsyncOperation。它不能用于程序的入口点，即 Main 方法不能使用 async 修饰符。await 只能用于返回 Task 的方法。

15.3.3 小节中，会介绍是什么驱动了这个 await 关键字，在后台使用了延续任务。

15.3.3 延续任务

GreetingAsync 方法返回一个 Task<string>对象。该 Task<string>对象包含任务创建的信息，并保存到任务完成。Task 类的 ContinueWith 方法定义了任务完成后就调用的代码。指派给 ContinueWith 方法的委托接收将已完成的任务作为参数传入，使用 Result 属性可以访问任务返回的结果：

```
private static void CallerWithContinuationTask()
{
  Task<string> t1 = GreetingAsync("Stephanie");
  t1.ContinueWith(t =>
  {
    string result = t.Result;
    WriteLine(result);
  });
}
```

编译器把 await 关键字后的所有代码放进 ContinueWith 方法的代码块中来转换 await 关键字。
```

15.3.4 同步上下文

如果验证方法中使用的线程，会发现 CallerWithAsync 方法和 CallerWithContinuationTask 方法，在方法的不同生命阶段使用了不同的线程。一个线程用于调用 GreetingAsync 方法，另外一个线程执行 await 关键字后面的代码，或者继续执行 ContinueWith 方法内的代码块。

使用一个控制台应用程序，通常不会有什么问题。但是，必须保证在所有应该完成的后台任务完成之前，至少有一个前台线程仍然在运行。示例应用程序调用 Console.ReadLine 来保证主线程一直在运行，直到按下返回键。

为了执行某些动作，有些应用程序会绑定到指定的线程上(例如，在 WPF 应用程序中，只有 UI 线程才能访问 UI 元素)，这将会是一个问题。

如果使用 async 和 await 关键字，当 await 完成之后，不需要进行任何特别处理，就能访问 UI 线程。默认情况下，生成的代码就会把线程转换到拥有同步上下文的线程中。WPF 应用程序设置了 DispatcherSynchronizationContext 属性，Windows Forms 应用程序设置了 WindowsFormsSynchronization-Context 属性。如果调用异步方法的线程分配给了同步上下文，await 完成之后将继续执行。默认情况下，使用了同步上下文。如果不使用相同的同步上下文，则必须调用 Task 方法 ConfigureAwait (continueOnCapturedContext: false)。例如，一个 WPF 应用程序，其 await 后面的代码没有用到任何的 UI 元素。在这种情况下，避免切换到同步上下文会执行得更快。

15.3.5 使用多个异步方法

在一个异步方法里，可以调用一个或多个异步方法。如何编写代码，取决于一个异步方法的结果是否依赖于另一个异步方法。

1. 按顺序调用异步方法

使用 await 关键字可以调用每个异步方法。在有些情况下，如果一个异步方法依赖另一个异步方法的结果，await 关键字就非常有用。在这里，GreetingAsync 异步方法的第二次调用完全独立于其第一次调用的结果。这样，如果每个异步方法都不使用 await，那么整个 MultipleAsyncMethods 异步方法将更快地返回结果，如下所示：

```
private async static void MultipleAsyncMethods()
{
    string s1 = await GreetingAsync("Stephanie");
    string s2 = await GreetingAsync("Matthias");
    WriteLine("Finished both methods.\nResult 1: {s1}\n Result 2: {s2}");
}
```

2. 使用组合器

如果异步方法不依赖于其他异步方法，则每个异步方法都不使用 await，而是把每个异步方法的返回结果赋值给 Task 变量，就会运行得更快。GreetingAsync 方法返回 Task<string>。这些方法现在可以并行运行了。组合器可以帮助实现这一点。一个组合器可以接受多个同一类型的参数，并返回同一类型的值。多个同一类型的参数被组合成一个参数来传递。Task 组合器接受多个 Task 对象作为参数，并返回一个 Task。

示例代码调用 Task.WhenAll 组合器方法，它可以等待，直到两个任务都完成。

```csharp
private async static void MultipleAsyncMethodsWithCombinators1()
{
  Task<string> t1 = GreetingAsync("Stephanie");
  Task<string> t2 = GreetingAsync("Matthias");
  await Task.WhenAll(t1, t2);
  WriteLine("Finished both methods.\n " +
      $"Result 1: {t1.Result}\n Result 2: {t2.Result}");
}
```

Task 类定义了 WhenAll 和 WhenAny 组合器。从 WhenAll 方法返回的 Task，是在所有传入方法的任务都完成了才会返回 Task。从 WhenAny 方法返回的 Task，是在其中一个传入方法的任务完成了就会返回 Task。

Task 类型的 WhenAll 方法定义了几个重载版本。如果所有的任务返回相同的类型，那么该类型的数组可用于 await 返回的结果。GreetingAsync 方法返回一个 Task<string>，等待返回的结果是一个字符串(string)形式。因此，Task.WhenAll 可用于返回一个字符串数组：

```csharp
private async static void MultipleAsyncMethodsWithCombinators2()
{
  Task<string> t1 = GreetingAsync("Stephanie");
  Task<string> t2 = GreetingAsync("Matthias");
  string[] result = await Task.WhenAll(t1, t2);
  WriteLine("Finished both methods.\n " +
      $"Result 1: {result[0]}\n Result 2: {result[1]}");
}
```

15.3.6 转换异步模式

并非 .NET Framework 的所有类都引入了新的异步方法。在使用框架中的不同类时会发现，还有许多类只提供了 BeginXXX 方法和 EndXXX 方法的异步模式，没有提供基于任务的异步模式。但是，可以把异步模式转换为基于任务的异步模式。

首先，从前面定义的同步方法 Greeting 中，借助于委托，创建一个异步方法。Greeting 方法接收一个字符串作为参数，并返回一个字符串。因此，Func<string, string>委托的变量可用于引用 Greeting 方法。按照异步模式，BeginGreeting 方法接收一个 string 参数、一个 AsyncCallback 参数和一个 object 参数，返回 IAsyncResult。EndGreeting 方法返回来自 Greeting 方法的结果——一个字符串——并接收一个 IAsyncResult 参数。这样，同步方法 Greeting 就通过一个委托变成异步方法。

```csharp
private Func<string, string> greetingInvoker = Greeting;

private IAsyncResult BeginGreeting(string name, AsyncCallback callback,
  object state)
{
  return greetingInvoker.BeginInvoke(name, callback, state);
}

private string EndGreeting(IAsyncResult ar)
{
  return greetingInvoker.EndInvoke(ar);
}
```

现在，BeginGreeting 方法和 EndGreeting 方法都是可用的，它们都应转换为使用 async 和 await

关键字来获取结果。TaskFactory 类定义了 FromAsync 方法，它可以把使用异步模式的方法转换为基于任务的异步模式的方法(TAP)。

示例代码中，Task 类型的第一个泛型参数 Task<string>定义了调用方法的返回值类型。FromAsync 方法的泛型参数定义了方法的输入类型。这样，输入类型又是字符串类型。FromAsync 方法的前两个参数是委托类型，传入 BeginGreeting 和 EndGreeting 方法的地址。紧跟这两个参数后面的是输入参数和对象状态参数。因对象状态没有用到，所以给它分配 null 值。因为 FromAsync 方法返回 Task 类型，即示例代码中的 Task<string>，可以使用 await，如下所示：

```
private static async void ConvertingAsyncPattern()
{
  string s = await Task<string>.Factory.FromAsync<string>(
    BeginGreeting, EndGreeting, "Angela", null);
  WriteLine(s);
}
```

15.4 错误处理

第 14 章详细介绍了错误和异常处理。但是，在使用异步方法时，应该知道错误的一些特殊处理方式。

所有 ErrorHandling 示例的代码都使用了如下依赖项和名称空间：

依赖项：

NETStandard.Library

名称空间：

System

System.Threading.Tasks

static System.Console

从一个简单的方法开始，它在延迟后抛出一个异常(代码文件 ErrorHandling/Program.cs)：

```
static async Task ThrowAfter(int ms, string message)
{
  await Task.Delay(ms);
  throw new Exception(message);
}
```

如果调用异步方法，并且没有等待，可以将异步方法放在 try/catch 块中，就会捕获不到异常。这是因为 DontHandle 方法在 ThrowAfter 抛出异常之前，已经执行完毕。需要等待 ThrowAfter 方法(用 await 关键字)，如下所示：

```
private static void DontHandle()
{
  try
```

```
  {
    ThrowAfter(200, "first");
    // exception is not caught because this method is finished
    // before the exception is thrown
  }
  catch (Exception ex)
  {
    WriteLine(ex.Message);
  }
}
```

 警告：返回 void 的异步方法不会等待。这是因为从 async void 方法抛出的异常无法捕获。因此，异步方法最好返回一个 Task 类型。处理程序方法或重写的基类方法不受此规则限制。

15.4.1 异步方法的异常处理

异步方法异常的一个较好处理方式，就是使用 await 关键字，将其放在 try/catch 语句中，如以下代码块所示。异步调用 ThrowAfter 方法后，HandleOneError 方法就会释放线程，但它会在任务完成时保持任务的引用。此时(2s 后，抛出异常)，会调用匹配的 catch 块内的代码。

```
private static async void HandleOneError()
{
  try
  {
    await ThrowAfter(2000, "first");
  }
  catch (Exception ex)
  {
    WriteLine($"handled {ex.Message}");
  }
}
```

15.4.2 多个异步方法的异常处理

如果调用两个异步方法，每个都会抛出异常，该如何处理呢？在下面的示例中，第一个 ThrowAfter 方法被调用，2s 后抛出异常(含消息 first)。该方法结束后，另一个 ThrowAfter 方法也被调用，1s 后也抛出异常。事实并非如此，因为对第一个 ThrowAfter 方法的调用已经抛出了异常，try 块内的代码没有继续调用第二个 ThrowAfter 方法，而是在 catch 块内对第一个异常进行处理。

```
private static async void StartTwoTasks()
{
  try
  {
    await ThrowAfter(2000, "first");
    await ThrowAfter(1000, "second"); // the second call is not invoked
                                      // because the first method throws
                                      // an exception
  }
```

```
  catch (Exception ex)
  {
    WriteLine($"handled {ex.Message}");
  }
}
```

现在，并行调用这两个 ThrowAfter 方法。第一个 ThrowAfter 方法 2s 后抛出异常，1s 后第二个 ThrowAfter 方法也抛出异常。使用 Task.WhenAll，不管任务是否抛出异常，都会等到两个任务完成。因此，等待 2s 后，Task.WhenAll 结束，异常被 catch 语句捕获到。但是，只能看见传递给 WhenAll 方法的第一个任务的异常信息。没有显示先抛出异常的任务(第二个任务)，但该任务也在列表中：

```
private async static void StartTwoTasksParallel()
{
  try
  {
    Task t1 = ThrowAfter(2000, "first");
    Task t2 = ThrowAfter(1000, "second");
    await Task.WhenAll(t1, t2);
  }
  catch (Exception ex)
  {
    // just display the exception information of the first task
    // that is awaited within WhenAll
    WriteLine($"handled {ex.Message}");
  }
}
```

有一种方式可以获取所有任务的异常信息，就是在 try 块外声明任务变量 t1 和 t2，使它们可以在 catch 块内访问。在这里，可以使用 IsFaulted 属性检查任务的状态，以确认它们是否为出错状态。若出现异常，IsFaulted 属性会返回 true。可以使用 Task 类的 Exception.InnerException 访问异常信息本身。另一种获取所有任务的异常信息的更好方式如下所述。

15.4.3 使用 AggregateException 信息

为了得到所有失败任务的异常信息，可以将 Task.WhenAll 返回的结果写到一个 Task 变量中。这个任务会一直等到所有任务都结束。否则，仍然可能错过抛出的异常。15.4.2 小节中，catch 语句只检索到第一个任务的异常。不过，现在可以访问外部任务的 Exception 属性了。Exception 属性是 AggregateException 类型的。这个异常类型定义了 InnerExceptions 属性(不只是 InnerException)，它包含了等待中的所有异常的列表。现在，可以轻松遍历所有异常了。

```
private static async void ShowAggregatedException()
{
  Task taskResult = null;
  try
  {
    Task t1 = ThrowAfter(2000, "first");
    Task t2 = ThrowAfter(1000, "second");
    await (taskResult = Task.WhenAll(t1, t2));
  }
  catch (Exception ex)
  {
```

```
      WriteLine($"handled {ex.Message}");
      foreach (var ex1 in taskResult.Exception.InnerExceptions)
      {
        WriteLine($"inner exception {ex1.Message}");
      }
    }
  }
```

15.5 取消

在一些情况下,后台任务可能运行很长时间,取消任务就非常有用了。对于取消任务,.NET 提供了一种标准的机制。这种机制可用于基于任务的异步模式。

取消框架基于协助行为,不是强制性的。一个运行时间很长的任务需要检查自己是否被取消,在这种情况下,它的工作就是清理所有已打开的资源,并结束相关工作。

取消基于 CancellationTokenSource 类,该类可用于发送取消请求。请求发送给引用 CancellationToken 类的任务,其中 CancellationToken 类与 CancellationTokenSource 类相关联。15.5.1 小节将修改本章前面创建的 AsyncPatterns 示例,来阐述取消任务的相关内容。

15.5.1 开始取消任务

首先,使用 MainWindow 类的私有字段成员定义一个 CancellationTokenSource 类型的变量 cts。该成员用于取消任务,并将令牌传递给应取消的方法(代码文件 AsyncPatterns/MainWindow.xaml.cs):

```
public partial class MainWindow : Window
{
  private SearchInfo _searchInfo = new SearchInfo();
  private object _lockList = new object();
  private CancellationTokenSource _cts;
  //...
```

新添加一个按钮,用于取消正在运行的任务,添加事件处理程序 OnCancel 方法。在这个方法中,变量 cts 用 Cancel 方法取消任务:

```
private void OnCancel(object sender, RoutedEventArgs e)
{
  _cts?.Cancel();
}
```

CancellationTokenSource 类还支持在指定时间后才取消任务。CancelAfter 方法传入一个时间值,单位是毫秒,在该时间过后,就取消任务。

15.5.2 使用框架特性取消任务

现在,将 CancellationToken 传入异步方法。框架中的某些异步方法提供可以传入 CancellationToken 的重载版本,来支持取消任务。例如 HttpClient 类的 GetAsync 方法。除了 URI 字符串,重载的 GetAsync 方法还接受 CancellationToken 参数。可以使用 Token 属性检索 CancellationTokenSource 类的令牌。

GetAsync 方法的实现会定期检查是否应取消操作。如果取消，就清理资源，之后抛出 OperationCanceledException 异常。如下面的代码片段所示，catch 处理程序捕获到了该异常：

```csharp
private async void OnTaskBasedAsyncPattern(object sender, RoutedEventArgs e)
{
  _cts = new CancellationTokenSource();
  try
  {
    foreach (var req in GetSearchRequests())
    {
      var clientHandler = new HttpClientHandler
      {
        Credentials = req.Credentials;
      };
      var client = new HttpClient(clientHandler);
      var response = await client.GetAsync(req.Url, _cts.Token);
      string resp = await response.Content.ReadAsStringAsync();

      //. . .
    }
  }
  catch (OperationCanceledException ex)
  {
    MessageBox.Show(ex.Message);
  }
}
```

15.5.3 取消自定义任务

如何取消自定义任务？Task 类的 Run 方法提供了重载版本，它也传递 CancellationToken 参数。但是，对于自定义任务，需要检查是否请求了取消操作。下例中，这是在 foreach 循环中实现的，可以使用 IsCancellationRequsted 属性检查令牌。在抛出异常之前，如果需要做一些清理工作，最好验证一下是否请求取消操作。如果不需要做清理工作，检查之后，会立即用 ThrowIfCancellationRequested 方法触发异常：

```csharp
await Task.Run(() =>
{
  var images = req.Parse(resp);
  foreach (var image in images)
  {
    _cts.Token.ThrowIfCancellationRequested();
    _searchInfo.List.Add(image);
  }
}, _cts.Token);
```

现在，用户可以取消运行时间长的任务了。

15.6 小结

本章介绍了 async 和 await 关键字。通过几个示例，介绍了基于任务的异步模式，比.NET 早期版本中的异步模式和基于事件的异步模式更具优势。

本章也讨论了在 Task 类的辅助下，创建异步方法是非常容易的。同时，学会了如何使用 async 和 await 关键字等待这些方法，而不会阻塞线程。最后，介绍了异步方法的错误处理。

若想了解更多关于并行编程、线程和任务的详细信息，参考第 21 章。

第 16 章将继续关注 C#和.NET 的核心功能，详细介绍了反射、元数据和动态编程。

第16章

反射、元数据和动态编程

本章要点
- 使用自定义特性
- 在运行期间使用反射检查元数据
- 从支持反射的类中构建访问点
- 理解动态语言运行库
- 使用动态类型
- 托管 DLR ScriptRuntime
- 用 DynamicObject 和 ExpandoObject 创建动态对象

本章源代码下载地址(wrox.com)：
打开网页 www.wrox.com/go/professionalcsharp6，单击 Download Code 选项卡即可下载本章源代码。本章代码分为以下几个主要的示例文件：
- LookupWhatsNew
- TypeView
- VectorClass
- WhatsNewAttributes
- DLRHost
- Dynamic
- DynamicFileReader
- ErrorExample

16.1 在运行期间检查代码和动态编程

本章讨论自定义特性、反射和动态编程。自定义特性允许把自定义元数据与程序元素关联起来。这些元数据是在编译过程中创建的，并嵌入到程序集中。反射是一个普通术语，它描述了在运行过程中检查和处理程序元素的功能。例如，反射允许完成以下任务：
- 枚举类型的成员
- 实例化新对象
- 执行对象的成员
- 查找类型的信息
- 查找程序集的信息
- 检查应用于某种类型的自定义特性
- 创建和编译新程序集

这个列表列出了许多功能，包括.NET Framework 类库提供的一些最强大、最复杂的功能。但本章不可能介绍反射的所有功能，仅讨论最常用的功能。

为了说明自定义特性和反射，我们将开发一个示例，说明公司如何定期升级软件，自动记录升级的信息。在这个示例中，要定义几个自定义特性，表示程序元素最后修改的日期，以及发生了什么变化。然后使用反射开发一个应用程序，它在程序集中查找这些特性，自动显示软件自某个给定日期以来升级的所有信息。

本章要讨论的另一个示例是一个应用程序，该程序从数据库中读取信息或把信息写入数据库，并使用自定义特性，把类和属性标记为对应的数据库表和列。然后在运行期间从程序集中读取这些特性，使程序可以自动从数据库的相应位置检索或写入数据，无须为每个表或每一列编写特定的逻辑。

本章的第二部分是动态编程，C#自从第 4 版添加了 dynamic 类型后，动态编程就成为 C#的一部分。随着 Ruby、Python 等语言的成长，以及 JavaScript 的使用更加广泛，动态编程引起了人们越来越多的兴趣。尽管 C#仍是一种静态的类型化语言，但这些新增内容给它提供了一些开发人员期望的动态功能。使用动态语言功能，允许在 C#中调用脚本函数，简化 COM 交互操作。

本章介绍 dynamic 类型及其使用规则，并讨论 DynamicObject 的实现方式和使用方式。另外，还将介绍 DynamicObject 的框架实现方式，即 ExpandoObject。

16.2 自定义特性

前面介绍了如何在程序的各个数据项上定义特性。这些特性都是 Microsoft 定义好的，作为.NET Framework 类库的一部分，许多特性都得到了 C#编译器的支持。对于这些特殊的特性，编译器可以以特殊的方式定制编译过程，例如，可以根据 StructLayout 特性中的信息在内存中布置结构。

.NET Framework 也允许用户定义自己的特性。显然，这些特性不会影响编译过程，因为编译器不能识别它们，但这些特性在应用于程序元素时，可以在编译好的程序集中用作元数据。

这些元数据在文档说明中非常有用。但是，使自定义特性非常强大的因素是使用反射，代码可以读取这些元数据，使用它们在运行期间做出决策。也就是说，自定义特性可以直接影响代码运行的方式。例如，自定义特性可以用于支持对自定义许可类进行声明性的代码访问安全检查，把信息与程序元素关联起来，程序元素由测试工具使用，或者在开发可扩展的架构时，允许加载插件或模块。

16.2.1 编写自定义特性

为了理解编写自定义特性的方式，应了解一下在编译器遇到代码中某个应用了自定义特性的元素时，该如何处理。以数据库为例，假定有一个C#属性声明，如下所示。

```
[FieldName("SocialSecurityNumber")]
public string SocialSecurityNumber
{
  get {
    // etc.
```

当C#编译器发现这个属性(property)应用了一个 FieldName 特性时，首先会把字符串 Attribute 追加到这个名称的后面，形成一个组合名称 FieldNameAttribute，然后在其搜索路径的所有名称空间(即在using语句中提及的名称空间)中搜索有指定名称的类。但要注意，如果用一个特性标记数据项，而该特性的名称以字符串 Attribute 结尾，编译器就不会把该字符串加到组合名称中，而是不修改该特性名。因此，上面的代码等价于：

```
[FieldNameAttribute("SocialSecurityNumber")]
public string SocialSecurityNumber
{
  get {
    // etc.
```

编译器会找到含有该名称的类，且这个类直接或间接派生自 System.Attribute。编译器还认为这个类包含控制特性用法的信息。特别是属性类需要指定：

- 特性可以应用到哪些类型的程序元素上(类、结构、属性和方法等)
- 它是否可以多次应用到同一个程序元素上
- 特性在应用到类或接口上时，是否由派生类和接口继承
- 这个特性有哪些必选和可选参数

如果编译器找不到对应的特性类，或者找到一个特性类，但使用特性的方式与特性类中的信息不匹配，编译器就会产生一个编译错误。例如，如果特性类指定该特性只能应用于类，但我们把它应用到结构定义上，就会产生一个编译错误。

继续上面的示例，假定定义了一个 FieldName 特性：

```
[AttributeUsage(AttributeTargets.Property,
  AllowMultiple=false,
  Inherited=false)]
public class FieldNameAttribute: Attribute
{
  private string _name;
  public FieldNameAttribute(string name)
  {
    _name = name;
  }
}
```

下面几节讨论这个定义中的每个元素。

1. 指定 AttributeUsage 特性

要注意的第一个问题是特性(attribute)类本身用一个特性——System.AttributeUsage 特性来标记。这是 Microsoft 定义的一个特性，C#编译器为它提供了特殊的支持(你可能认为 AttributeUsage 根本不是一个特性，它更像一个元特性，因为它只能应用到其他特性上，不能应用到类上)。AttributeUsage 主要用于标识自定义特性可以应用到哪些类型的程序元素上。这些信息由它的第一个参数给出，该参数是必选的，其类型是枚举类型 AttributeTargets。在上面的示例中，指定 FieldName 特性只能应用到属性(property)上——这是因为我们在前面的代码段中把它应用到属性上。AttributeTargets 枚举的成员如下：

- All
- Assembly
- Class
- Constructor
- Delegate
- Enum
- Event
- Field
- GenericParameter
- Interface
- Method
- Module
- Parameter
- Property
- ReturnValue
- Struct

这个列表列出了可以应用该特性的所有程序元素。注意在把特性应用到程序元素上时，应把特性放在元素前面的方括号中。但是，在上面的列表中，有两个值不对应于任何程序元素：Assembly 和 Module。特性可以应用到整个程序集或模块中，而不是应用到代码中的一个元素上，在这种情况下，这个特性可以放在源代码的任何地方，但需要用关键字 Assembly 或 Module 作为前缀：

```
[assembly:SomeAssemblyAttribute(Parameters)]
[module:SomeAssemblyAttribute(Parameters)]
```

在指定自定义特性的有效目标元素时，可以使用按位 OR 运算符把这些值组合起来。例如，如果指定 FieldName 特性可以同时应用到属性和字段上，可以编写下面的代码：

```
[AttributeUsage(AttributeTargets.Property | AttributeTargets.Field,
    AllowMultiple=false, Inherited=false)]
public class FieldNameAttribute: Attribute
```

也可以使用 AttributeTargets.All 指定自定义特性可以应用到所有类型的程序元素上。AttributeUsage 特性还包含另外两个参数：AllowMultiple 和 Inherited。它们用不同的语法来指定：<ParameterName>=<ParameterValue>，而不是只给出这些参数的值。这些参数是可选的，根据需要，可以忽略它们。

AllowMultiple 参数表示一个特性是否可以多次应用到同一项上，这里把它设置为 false，表示如果编译器遇到下述代码，就会产生一个错误：

```
[FieldName("SocialSecurityNumber")]
[FieldName("NationalInsuranceNumber")]
public string SocialSecurityNumber
{
   // etc.
```

如果把 Inherited 参数设置为 true，就表示应用到类或接口上的特性也可以自动应用到所有派生的类或接口上。如果特性应用到方法或属性上，它就可以自动应用到该方法或属性等的重写版本上。

2. 指定特性参数

下面介绍如何指定自定义特性接受的参数。在编译器遇到下述语句时：

```
[FieldName("SocialSecurityNumber")]
public string SocialSecurityNumber
{
   // etc.
```

编译器会检查传递给特性的参数(在本例中，是一个字符串)，并查找该特性中带这些参数的构造函数。如果编译器找到一个这样的构造函数，编译器就会把指定的元数据传递给程序集。如果编译器找不到，就生成一个编译错误。如后面所述，反射会从程序集中读取元数据(特性)，并实例化它们表示的特性类。因此，编译器需要确保存在这样的构造函数，才能在运行期间实例化指定的特性。

在本例中，仅为 FieldNameAttribute 类提供一个构造函数，而这个构造函数有一个字符串参数。因此，在把 FieldName 特性应用到一个属性上时，必须为它提供一个字符串作为参数，如上面的代码所示。

如果可以选择特性提供的参数类型，就可以提供构造函数的不同重载方法，尽管一般是仅提供一个构造函数，使用属性来定义任何其他可选参数，下面将介绍可选参数。

3. 指定特性的可选参数

在 AttributeUsage 特性中，可以使用另一种语法，把可选参数添加到特性中。这种语法指定可选参数的名称和值，它通过特性类中的公共属性或字段起作用。例如，假定修改 SocialSecurityNumber 属性的定义，如下所示：

```
[FieldName("SocialSecurityNumber", Comment="This is the primary key field")]
public string SocialSecurityNumber { get; set; }
{
   // etc.
```

在本例中，编译器识别第二个参数的语法<ParameterName>=<ParameterValue>，并且不会把这个参数传递给 FieldNameAttribute 类的构造函数，而是查找一个有该名称的公共属性或字段(最好不要使用公共字段，所以一般情况下要使用特性)，编译器可以用这个属性设置第二个参数的值。如果希望上面的代码工作，就必须给 FieldNameAttribute 类添加一些代码：

```
[AttributeUsage(AttributeTargets.Property,
  AllowMultiple=false, Inherited=false)]
public class FieldNameAttribute : Attribute
{
  public string Comment { get; set; }

  private string _fieldName;
  public FieldNameAttribute(string fieldName)
  {
    _fieldName = fieldname;
  }

  // etc
}
```

16.2.2 自定义特性示例：WhatsNewAttributes

本节开始编写前面描述过的示例 WhatsNewAttributes，该示例提供了一个特性，表示最后一次修改程序元素的时间。这个示例比前面所有的示例都复杂，因为它包含 3 个不同的程序集：

- WhatsNewAttributes 程序集，它包含特性的定义。
- VectorClass 程序集，它包含所应用的特性的代码。
- LookUpWhatsNew 程序集，它包含显示已改变的数据项详细信息的项目。

其中，只有 LookUpWhatsNew 程序集是目前为止使用的一个控制台应用程序，其余两个程序集都是库，它们都包含类的定义，但都没有程序的入口点。对于 VectorClass 程序集，我们使用了 VectorAsCollection 示例，但从中删除了入口点和测试代码类，只剩下 Vector 类。这些类详见本章后面的内容。

1. WhatsNewAttributes 库程序集

首先从核心的 WhatsNewAttributes 程序集开始。其源代码包含在 WhatsNewAttributes.cs 文件中，该文件位于本章示例代码中 WhatsNewAttributes 解决方案的 WhatsNewAttributes 项目中。

WhatsNewAttributes 的示例代码使用如下依赖项和名称空间：

依赖项：

```
NETStandard.Library
```

名称空间：

```
System
```

WhatsNewAttributes.cs 文件定义了两个特性类 LastModifiedAttribute 和 SupportsWhatsNewAttribute。LastModifiedAttribute 特性可以用于标记最后一次修改数据项的时间，它有两个必选参数（这两个参数传递给构造函数）：修改的日期和包含描述修改信息的字符串。它还有一个可选参数 issues（表示存在一个公共属性），它可以用来描述该数据项的任何重要问题。

在现实生活中，或许想把特性应用到任何对象上。为了使代码比较简单，这里仅允许将它应用于类和方法，并允许它多次应用到同一项上(AllowMultiple=true)，因为可以多次修改某一项，每次修改都需要用一个不同的特性实例来标记。

SupportsWhatsNew 是一个较小的类,它表示不带任何参数的特性。这个特性是一个程序集的特性,它用于把程序集标记为通过 LastModifiedAttribute 维护的文档。这样,以后查看这个程序集的程序会知道,它读取的程序集是我们使用自动文档过程生成的那个程序集。这部分示例的完整源代码如下所示(代码文件 WhatsNewAttributes.cs):

```
using System;

namespace WhatsNewAttributes
{
  [AttributeUsage(AttributeTargets.Class | AttributeTargets.Method,
    AllowMultiple=true, Inherited=false)]
  public class LastModifiedAttribute: Attribute
  {
    private readonly DateTime _dateModified;
    private readonly string _changes;

    public LastModifiedAttribute(string dateModified, string changes)
    {
      _dateModified = DateTime.Parse(dateModified);
      _changes = changes;
    }

    public DateTime DateModified => _dateModified;

    public string Changes => _changes;

    public string Issues { get; set; }
  }

  [AttributeUsage(AttributeTargets.Assembly)]
  public class SupportsWhatsNewAttribute: Attribute
  {
  }
}
```

根据前面的讨论,这段代码应该相当清楚。不过请注意,属性 DateModified 和 Changes 是只读的。使用表达式语法,编译器会创建 get 访问器。不需要 set 访问器,因为必须在构造函数中把这些参数设置为必选参数。需要 get 访问器,以便可以读取这些特性的值。

2. VectorClass 程序集

本节就使用这些特性,我们用前面的 VectorAsCollection 示例的修订版本来说明。注意,这里需要引用刚才创建的 WhatsNewAttributes 库,还需要使用 using 语句指定相应的名称空间,这样编译器才能识别这些特性(代码文件 VectorClass/Vector.cs):

```
using System;
using System.Collections;
using System.Collections.Generic;
using System.Text;
using WhatsNewAttributes;
```

```
[assembly: SupportsWhatsNew]
```

在这段代码中,添加了一行用 **SupportsWhatsNew** 特性标记程序集本身的代码。
VectorClass 的示例代码使用了如下依赖项和名称空间:

依赖项:

```
NETStandard.Library
WhatsNewAttributes
```

名称空间:

```
System

System.Collections

System.Collections.Generic

System.Text

WhatsNewAttributes
```

下面考虑 Vector 类的代码。我们并不是真的要修改这个类中的某些主要内容,只是添加两个 **LastModified** 特性,以标记出本章对 Vector 类进行的操作。

```
namespace VectorClass
{
  [LastModified("6 Jun 2015", "updated for C# 6 and .NET Core")]
  [LastModified("14 Deb 2010", "IEnumerable interface implemented: " +
    "Vector can be treated as a collection")]
  [LastModified("10 Feb 2010", "IFormattable interface implemented " +
    "Vector accepts N and VE format specifiers")]
  public class Vector : IFormattable, IEnumerable<double>
  {
    public Vector(double x, double y, double z)
    {
      X = x;
      Y = y;
      Z = z;
    }

    public Vector(Vector vector)
      : this (vector.X, vector.Y, vector.Z)
    {
    }

    public double X { get; }
    public double Y { get; }
    public double Z { get; }

    public string ToString(string format, IFormatProvider formatProvider)
    {
      //...
```

再把包含的 **VectorEnumerator** 类标记为 new:

```
[LastModified("6 Jun 2015",
  "Changed to implement the generic interface IEnumerator<T>")]
[LastModified("14 Feb 2010",
  "Class created as part of collection support for Vector")]
private class VectorEnumerator : IEnumerator<double>
{
```

上面是这个示例的代码。目前还不能运行它，因为我们只有两个库。在描述了反射的工作原理后，就介绍这个示例的最后一部分，从中可以查看和显示这些特性。

16.3 反射

本节先介绍 System.Type 类，通过这个类可以访问关于任何数据类型的信息。然后简要介绍 System.Reflection.Assembly 类，它可以用于访问给定程序集的相关信息，或者把这个程序集加载到程序中。最后把本节的代码和上一节的代码结合起来，完成 WhatsNewAttributes 示例。

16.3.1 System.Type 类

这里使用 Type 类只为了存储类型的引用：

```
Type t = typeof(double);
```

我们以前把 Type 看作一个类，但它实际上是一个抽象的基类。只要实例化了一个 Type 对象，实际上就实例化了 Type 的一个派生类。尽管一般情况下派生类只提供各种 Type 方法和属性的不同重载，但是这些方法和属性返回对应数据类型的正确数据，Type 有与每种数据类型对应的派生类。它们一般不添加新的方法或属性。通常，获取指向任何给定类型的 Type 引用有 3 种常用方式：

- 使用C#的typeof运算符，如上述代码所示。这个运算符的参数是类型的名称(但不放在引号中)。
- 使用 GetType()方法，所有的类都会从 System.Object 继承这个方法。

    ```
    double d = 10;
    Type t = d.GetType();
    ```

在一个变量上调用 GetType()方法，而不是把类型的名称作为其参数。但要注意，返回的 Type 对象仍只与该数据类型相关：它不包含与该类型的实例相关的任何信息。如果引用了一个对象，但不能确保该对象实际上是哪个类的实例，GetType 方法就很有用。

- 还可以调用 Type 类的静态方法 GetType()：

    ```
    Type t = Type.GetType("System.Double");
    ```

Type 是许多反射功能的入口。它实现许多方法和属性，这里不可能列出所有的方法和属性，而主要介绍如何使用这个类。注意，可用的属性都是只读的：可以使用 Type 确定数据的类型，但不能使用它修改该类型！

1. Type 的属性

由 Type 实现的属性可以分为下述三类。首先，许多属性都可以获取包含与类相关的各种名称的字符串，如表 16-1 所示。

表 16-1

属　　性	返　回　值
Name	数据类型名
FullName	数据类型的完全限定名(包括名称空间名)
Namespace	在其中定义数据类型的名称空间名

其次，属性还可以进一步获取 Type 对象的引用，这些引用表示相关的类，如表 16-2 所示。

表 16-2

属　　性	返回对应的 Type 引用
BaseType	该 Type 的直接基本类型
UnderlyingSystemType	该 Type 在.NET 运行库中映射到的类型(某些.NET 基类实际上映射到由 IL 识别的特定预定义类型)

许多布尔属性表示这种类型是一个类，还是一个枚举等。这些特性包括 IsAbstract、IsArray、IsClass、IsEnum、IsInterface、IsPointer、IsPrimitive(一种预定义的基元数据类型)、IsPublic、IsSealed 以及 IsValueType。例如，使用一种基元数据类型：

```
Type intType = typeof(int);
WriteLine(intType.IsAbstract);      // writes false
WriteLine(intType.IsClass);         // writes false
WriteLine(intType.IsEnum);          // writes false
WriteLine(intType.IsPrimitive);     // writes true
WriteLine(intType.IsValueType);     // writes true
```

或者使用 Vector 类：

```
Type vecType = typeof(Vector);
WriteLine(vecType.IsAbstract);      // writes false
WriteLine(vecType.IsClass);         // writes true
WriteLine(vecType.IsEnum);          // writes false
WriteLine(vecType.IsPrimitive);     // writes false
WriteLine(vecType.IsValueType);     // writes false
```

也可以获取在其中定义该类型的程序集的引用，该引用作为 System.Reflection.Assembly 类的实例的一个引用来返回：

```
Type t = typeof (Vector);
Assembly containingAssembly = new Assembly(t);
```

2. 方法

System.Type 的大多数方法都用于获取对应数据类型的成员信息：构造函数、属性、方法和事件等。它有许多方法，但它们都有相同的模式。例如，有两个方法可以获取数据类型的方法的细节信息：GetMethod()和 GetMethods()。GetMethod()方法返回 System.Reflection.MethodInfo 对象的一个引用,其中包含一个方法的细节信息。GetMethods()返回这种引用的一个数组。其区别是 GetMethods() 方法返回所有方法的细节信息;而 GetMethod()方法返回一个方法的细节信息,其中该方法包含特定的参数列表。这两个方法都有重载方法,重载方法有一个附加的参数,即 BindingFlags 枚举值,该值表示应返回哪些成员,例如,返回公有成员、实例成员和静态成员等。

例如,GetMethods()最简单的一个重载方法不带参数,返回数据类型的所有公共方法的信息:

```
Type t = typeof(double);
foreach (MethodInfo nextMethod in t.GetMethods())
{
    // etc.
}
```

Type 的成员方法如表 16-3 所示,遵循同一个模式。注意名称为复数形式的方法返回一个数组。

表 16-3

返回的对象类型	方　法
ConstructorInfo	GetConstructor(),GetConstructors()
EventInfo	GetEvent(),GetEvents()
FieldInfo	GetField(),GetFields()
MemberInfo	GetMember(),GetMembers(),GetDefaultMembers()
MethodInfo	GetMethod(),GetMethods()
PropertyInfo	GetProperty(),GetProperties()

GetMember()和 GetMembers()方法返回数据类型的任何成员或所有成员的详细信息,不管这些成员是构造函数、属性和方法等。

16.3.2 TypeView 示例

下面用一个短小的示例 TypeView 来说明 Type 类的一些功能,这个示例可以用来列出数据类型的所有成员。本例主要说明对于 double 型 TypeView 的用法,也可以修改该样例中的一行代码,使用其他的数据类型。

运行应用程序的结果输出到控制台上,如下:

```
Analysis of type Double

 Type Name: Double
 Full Name: System.Double
 Namespace: System
 Base Type: ValueType

public members:
 System.Double Method IsInfinity
 System.Double Method IsPositiveInfinity
 System.Double Method IsNegativeInfinity
 System.Double Method IsNaN
 System.Double Method CompareTo
 System.Double Method CompareTo
```

```
System.Double Method Equals
System.Double Method op_Equality
System.Double Method op_Inequality
System.Double Method op_LessThan
System.Double Method op_GreaterThan
System.Double Method op_LessThanOrEqual
System.Double Method op_GreaterThanOrEqual
System.Double Method Equals
System.Double Method GetHashCode
System.Double Method ToString
System.Double Method ToString
System.Double Method ToString
System.Double Method ToString
System.Double Method Parse
System.Double Method Parse
System.Double Method Parse
System.Double Method Parse
System.Double Method TryParse
System.Double Method TryParse
System.Double Method GetTypeCode
System.Object Method GetType
System.Double Field MinValue
System.Double Field MaxValue
System.Double Field Epsilon
System.Double Field NegativeInfinity
System.Double Field PositiveInfinity
System.Double Field NaN
```

控制台显示了数据类型的名称、全名和名称空间，以及底层类型的名称。然后，它迭代该数据类型的所有公有实例成员，显示所声明类型的每个成员、成员的类型(方法、字段等)以及成员的名称。声明类型是实际声明类型成员的类的名称(例如，如果在 System.Double 中定义或重载它，该声明类型就是 System.Double，如果成员继承自某个基类，该声明类型就是相关基类的名称)。

TypeView 不会显示方法的签名，因为我们是通过 MemberInfo 对象获取所有公有实例成员的详细信息，参数的相关信息不能通过 MemberInfo 对象来获得。为了获取该信息，需要引用 MemberInfo 和其他更特殊的对象，即需要分别获取每一种类型的成员的详细信息。

TypeView 示例代码使用如下依赖项和名称空间：

依赖项：

NETStandard.Library

名称空间：

System

System.Reflection

System.Text

static System.Console

TypeView 会显示所有公有实例成员的详细信息，但对于 double 类型，仅定义了字段和方法。下面列出 TypeView 的代码。开始时需要添加几条 using 语句：

```csharp
using System;
using System.Reflection;
using System.Text;
using static System.Console;
```

需要 System.Text 的原因是我们要使用 StringBuilder 对象构建文本。全部代码都放在 Program 一个类中，这个类包含两个静态方法和一个静态字段，StringBuilder 的一个实例称为 OutputText，OutputText 用于创建在消息框中显示的文本。Main()方法和类的声明如下所示：

```csharp
class Program
{
  private static StringBuilder OutputText = new StringBuilder();

  static void Main()
  {
    // modify this line to retrieve details of any other data type
    Type t = typeof(double);

    AnalyzeType(t);
    WriteLine($"Analysis of type {t.Name}");
    WriteLine(OutputText.ToString());

    ReadLine();
  }
```

实现的 Main()方法首先声明一个 Type 对象，来表示我们选择的数据类型，再调用方法 AnalyzeType()，AnalyzeType()方法从 Type 对象中提取信息，并使用该信息构建输出文本。最后在控制台中显示输出。这些都由 AnalyzeType()方法来完成：

```csharp
  static void AnalyzeType(Type t)
  {
    TypeInfo typeInfo = t.GetTypeInfo();
    AddToOutput($"Type Name: {t.Name}");
    AddToOutput($"Full Name: {t.FullName}");
    AddToOutput($"Namespace: {t.Namespace}");

    Type tBase = t.BaseType;

    if (tBase != null)
    {
      AddToOutput($"Base Type: {tBase.Name}");
    }

    AddToOutput("\npublic members:");

    foreach (MemberInfo NextMember in t.GetMembers())
    {
#if DNXCORE
      AddToOutput($"{member.DeclaringType} {member.Name}");
#else
      AddToOutput($"{member.DeclaringType} {member.MemberType} {member.Name}");
#endif
    }
  }
```

实现 AnalyzeType()方法，仅需要调用 Type 对象的各种属性，就可以获得我们需要的类型名称的相关信息，再调用 GetMembers()方法，获得一个 MemberInfo 对象的数组，该数组用于显示每个成员的信息。注意，这里使用了一个辅助方法 AddToOutput()，该方法创建要显示的文本：

```
static void AddToOutput(string Text)
{
  OutputText.Append("\n" + Text);
}
```

16.3.3 Assembly 类

Assembly 类在 System.Reflection 名称空间中定义，它允许访问给定程序集的元数据，它也包含可以加载和执行程序集(假定该程序集是可执行的)的方法。与 Type 类一样，Assembly 类包含非常多的方法和属性，这里不可能逐一论述。下面仅介绍完成 WhatsNewAttributes 示例所需要的方法和属性。

在使用 Assembly 实例做一些工作前，需要把相应的程序集加载到正在运行的进程中。为此，可以使用静态成员 Assembly.Load()或 Assembly.LoadFrom()。这两个方法的区别是 Load()方法的参数是程序集的名称，运行库会在各个位置上搜索该程序集，试图找到该程序集，这些位置包括本地目录和全局程序集缓存。而 LoadFrom()方法的参数是程序集的完整路径名，它不会在其他位置搜索该程序集：

```
Assembly assembly1 = Assembly.Load("SomeAssembly");
Assembly assembly2 = Assembly.LoadFrom
   (@"C:\My Projects\Software\SomeOtherAssembly");
```

这两个方法都有许多其他重载版本，它们提供了其他安全信息。加载了一个程序集后，就可以使用它的各种属性进行查询，例如，查找它的全名：

```
string name = assembly1.FullName;
```

1. 获取在程序集中定义的类型的详细信息

Assembly 类的一个功能是它可以获得在相应程序集中定义的所有类型的详细信息，只要调用 Assembly.GetTypes()方法，它就可以返回一个包含所有类型的详细信息的 System.Type 引用数组，然后就可以按照上一节的方式处理这些 Type 引用：

```
Type[] types = theAssembly.GetTypes();

foreach(Type definedType in types)
{
  DoSomethingWith(definedType);
}
```

2. 获取自定义特性的详细信息

用于查找在程序集或类型中定义了什么自定义特性的方法取决于与该特性相关的对象类型。如果要确定程序集从整体上关联了什么自定义特性，就需要调用 Attribute 类的一个静态方法 GetCustomAttributes()，给它传递程序集的引用：

```
Attribute[] definedAttributes =
  Attribute.GetCustomAttributes(assembly1);
  // assembly1 is an Assembly object
```

  注意：这是相当重要的。以前你可能想知道，在定义自定义特性时，为什么必须费尽周折为它们编写类，以及为什么 Microsoft 没有更简单的语法。答案就在于此。自定义特性确实与对象一样，加载了程序集后，就可以读取这些特性对象，查看它们的属性，调用它们的方法。

GetCustomAttributes()方法用于获取程序集的特性，它有两个重载方法：如果在调用它时，除了程序集的引用外，没有指定其他参数，该方法就会返回为这个程序集定义的所有自定义特性。当然，也可以通过指定第二个参数来调用它，第二个参数是表示感兴趣的特性类的一个 Type 对象，在这种情况下，GetCustomAttributes()方法就返回一个数组，该数组包含指定类型的所有特性。

注意，所有特性都作为一般的 Attribute 引用来获取。如果要调用为自定义特性定义的任何方法或属性，就需要把这些引用显式转换为相关的自定义特性类。调用 Assembly.GetCustomAttributes()的另一个重载方法，可以获得与给定数据类型相关的自定义特性的详细信息，这次传递的是一个 Type 引用，它描述了要获取的任何相关特性的类型。另一方面，如果要获得与方法、构造函数和字段等相关的特性，就需要调用 GetCustomAttributes()方法，该方法是 MethodInfo、ConstructorInfo 和 FieldInfo 等类的一个成员。

如果只需要给定类型的一个特性，就可以调用 GetCustomAttribute()方法，它返回一个 Attribute 对象。在 WhatsNewAttributes 示例中使用 GetCustomAttribute()方法，是为了确定程序集中是否有 SupportsWhatsNew 特性。为此，调用 GetCustomAttributes()方法，传递对 WhatsNewAttributes 程序集的一个引用和 SupportWhatsNewAttribute 特性的类型。如果有这个特性，就返回一个 Attribute 实例。如果在程序集中没有定义任何实例，就返回 null。如果找到两个或多个实例，GetCustomAttribute()方法就抛出一个 System.Reflection.AmbiguousMatchException 异常。该调用如下所示：

```
Attribute supportsAttribute =
  Attribute.GetCustomAttributes(assembly1, typeof(SupportsWhatsNewAttribute));
```

16.3.4 完成 WhatsNewAttributes 示例

现在已经有足够的知识来完成 WhatsNewAttributes 示例了。为该示例中的最后一个程序集 LookupWhatsNew 编写源代码，这部分应用程序是一个控制台应用程序，它需要引用其他两个程序集 WhatsNewAttributes 和 VectorClass。

LookupWhatsNew 项目的示例代码使用了如下依赖项和名称空间：

依赖项：

```
NETStandard.Library

VectorClass

WhatsNewAttributes
```

名称空间：

```
System
System.Collections.Generic
System.Linq
System.Reflection
System.Text
WhatsNewAttributes
static System.Console
```

在这个文件的源代码中，首先指定要使用的名称空间 System.Text，因为需要再次使用一个 StringBuilder 对象。System.Linq 用于过滤一些特性(代码文件 LookupWhatsNew/Program.cs)：

```csharp
using System;
using System.Collections.Generic;
using System.Linq;
using System.Reflection;
using System.Text;
using WhatsNewAttributes;
using static System.Console;

namespace LookUpWhatsNew
{
```

Program 类包含主程序入口点和其他方法。我们定义的所有方法都在这个类中，它还有两个静态字段：outputText 和 backDateTo。outputText 字段包含在准备阶段创建的文本，这个文本要写到消息框中，backDateTo 字段存储了选择的日期——自从该日期以来进行的所有修改都要显示出来。一般情况下，需要显示一个对话框，让用户选择这个日期，但我们不想编写这种代码，以免转移读者的注意力。因此，把 backDateTo 字段硬编码为日期 2015 年 2 月 1 日。在下载这段代码时，很容易修改这个日期：

```csharp
class Program
{
    private static readonly StringBuilder outputText = new StringBuilder(1000);
    private static DateTime backDateTo = new DateTime(2015, 2, 1);

    static void Main()
    {
        Assembly theAssembly = Assembly.Load(new AssemblyName("VectorClass"));
        Attribute supportsAttribute = theAssembly.GetCustomAttribute(
            typeof(SupportsWhatsNewAttribute));
        string name = theAssembly.FullName;

        AddToMessage($"Assembly: {name}");

        if (supportsAttribute == null)
        {
            AddToMessage("This assembly does not support WhatsNew attributes");
```

```
        return;
    }
    else
    {
        AddToMessage("Defined Types:");
    }

    IEnumerable<Type> types = theAssembly.ExportedTypes;

    foreach(Type definedType in types)
    {
        DisplayTypeInfo(definedType);
    }

    WriteLine($"What\`s New since {backDateTo:D}");
    WriteLine(outputText.ToString());

    ReadLine();
}

//...
}
```

Main()方法首先加载 VectorClass 程序集,验证它是否真的用 SupportsWhatsNew 特性标记。我们知道,VectorClass 程序集应用了 SupportsWhatsNew 特性,虽然才编译了该程序集,但进行这种检查还是必要的,因为用户可能希望检查这个程序集。

验证了这个程序集后,使用 Assembly.ExportedTypes 属性获得一个集合,其中包括在该程序集中定义的所有类型,然后在这个集合中遍历它们。对每种类型调用一个方法——DisplayTypeInfo(),它给 outputText 字段添加相关的文本,包括 LastModifiedAttribute 类的任何实例的详细信息。最后,显示带有完整文本的控制台。DisplayTypeInfo()方法如下所示:

```
private static void DisplayTypeInfo(Type type)
{
    // make sure we only pick out classes
    if (!type.GetTypeInfo().IsClass))
    {
        return;
    }

    AddToMessage($"\nclass {type.Name}");

    IEnumerable<LastModifiedAttribute> attributes = type.GetTypeInfo()
        .GetCustomAttributes().OfType<LastModifiedAttribute>();

    if (attributes.Count() == 0)
    {
        AddToMessage("No changes to this class\n");
    }
    else
    {
        foreach (LastFieldModifiedAttribute attribute in attributes)
        {
            WriteAttributeInfo(attribute);
```

```csharp
    }
  }

  AddToMessage("changes to methods of this class:");

  foreach (MethodInfo method in
    type.GetTypeInfo().DeclaredMembers.OfType<MethodInfo>())
  {
    IEnumerable<LastModifiedAttribute> attributesToMethods =
      method.GetCustomAttributes().OfType<LastModifiedAttribute>();

    if (attributesToMethods.Count() > 0)
    {
      AddToOutput($"{method.ReturnType} {method.Name}()");
      foreach (Attribute attribute in attributesToMethods)
      {
        WriteAttributeInfo(attribute);
      }
    }
  }
}
```

注意，在这个方法中，首先应检查所传递的 Type 引用是否表示一个类。因为，为了简化代码，指定 LastModified 特性只能应用于类或成员方法，如果该引用不是类(它可能是一个结构、委托或枚举)，那么进行任何处理都是浪费时间。

接着使用 type.GetTypeInfo().GetCustomAttributes() 方法确定这个类是否有相关的 LastModifiedAttribute 实例。如果有，就使用辅助方法 WriteAttributeInfo() 把它们的详细信息添加到输出文本中。

最后，使用 TypeInfo 类型的 DeclaredMembers 属性遍历这种数据类型的所有成员方法，然后对每个方法进行相同的处理(类似于对类执行的操作)：检查每个方法是否有相关的 LastModifiedAttribute 实例，如果有，就用 WriteAttributeInfo() 方法显示它们。

下面的代码显示了 WriteAttributeInfo() 方法，它负责确定为给定的 LastModifiedAttribute 实例显示什么文本，注意因为这个方法的参数是一个 Attribute 引用，所以需要先把该引用强制转换为 LastModifiedAttribute 引用。之后，就可以使用最初为这个特性定义的属性获取其参数。在把该特性添加到要显示的文本中之前，应检查特性的日期是否是最近的：

```csharp
private static void WriteAttributeInfo(Attribute attribute)
{
  LastModifiedAttribute lastModifiedAttrib =
    attribute as LastModifiedAttribute;

  if (lastModifiedAttrib == null)
  {
    return;
  }

  // check that date is in range
  DateTime modifiedDate = lastModifiedAttrib.DateModified;

  if (modifiedDate < backDateTo)
  {
```

```
      return;
    }
    AddToOutput($" modified: {modifiedDate:D}: {lastModifiedAttribute.Changes}");

    if (lastModifiedAttribute.Issues != null)
    {
      AddToOutput($" Outstanding issues: {lastModifiedAttribute.Issues}");
    }
}
```

最后,是辅助方法 AddToMessage():

```
static void AddToOutput(string message)
{
  outputText.Append("\n" + message);
}
```

运行这段代码,得到如下结果:

```
What`s New since Sunday, February 1, 2015

Assembly: VectorClass, Version=1.0.0.0, Culture=neutral, PublicKeyToken=null
Defined Types:

class Vector
  modified: Saturday, June 6, 2015: updated for C# 6 and .NET Core
changes to methods of this class:
System.String ToString()
System.Collections.Generic.IEnumerator`1[System.Double] GetEnumerator()
  modified: Saturday, June 6, 2015: added to implement IEnumerable<T>
```

注意,在列出 VectorClass 程序集中定义的类型时,实际上选择了两个类:Vector 类和内嵌的 VectorEnumerator 类。还要注意,这段代码把 backDateTo 日期硬编码为 2 月 1 日,实际上选择的是日期为 6 月 6 日的特性(添加集合支持的时间),而不是前述日期。

16.4 为反射使用动态语言扩展

前面一直使用反射来读取元数据。还可以使用反射,从编译时还不清楚的类型中动态创建实例。下一个示例显示了创建 Calculator 类的一个实例,而编译器在编译时不知道这种类型。程序集 CalculatorLib 是动态加载的,没有添加引用。在运行期间,实例化 Calculator 对象,调用方法。知道如何使用反射 API 后,使用 C# dynamic 关键字可以完成相同的操作。这个关键字自 C# 4 版本以来,就成为 C#语言的一部分。

16.4.1 创建 Calculator 库

要加载的库是一个简单的类库(包),包含 Calculator 类型与 Add 和 Subtract 方法的实现代码。因为方法是很简单的,所以它们使用表达式语法实现(代码文件 CalculatorLib / Calculator.cs):

```
namespace CalculatorLib
```

```
{
    public class Calculator
    {
        public double Add(double x, double y) => x + y;
        public double Subtract(double x, double y) => x - y;
    }
}
```

编译库后，将 DLL 复制到文件夹 c:/ addins。为了创建 Class Library (Package)项目的输出，在 Project Properties 的 Build 选项卡上，选择 Produce Outputs on Build 选项(见图 16-1)。

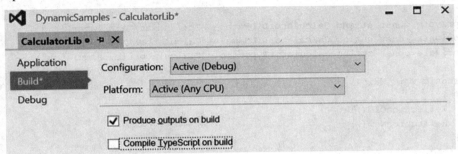

图 16-1

根据是使用客户端应用程序的.NET Core 还是.NET Framework 版本，需要将相应的库复制到 c:/ addins 文件夹。为了在 Visual Studio 中选择要运行应用程序的平台，用 Project Properties 选择 Debug 设置，再选择 Platform 设置，如图 16-2 所示。

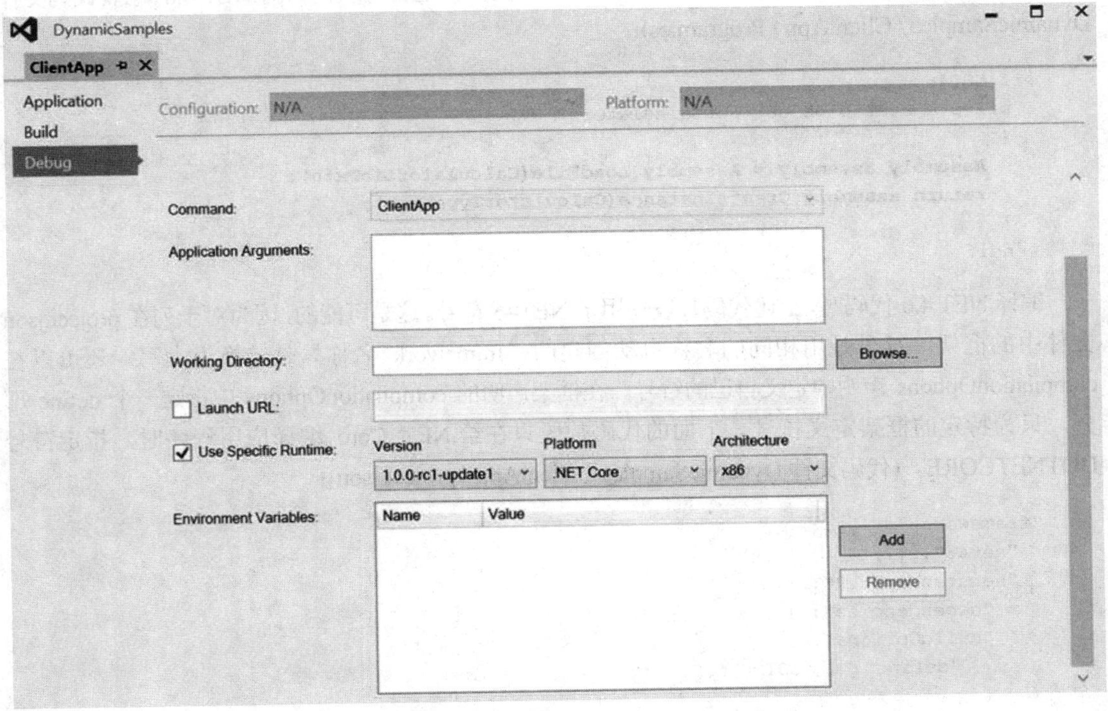

图 16-2

16.4.2 动态实例化类型

为了使用反射动态创建 Calculator 实例，应创建一个 Console Application(Package)，命名为 ClientApp。

常量 CalculatorLibPath、CalculatorLibName 和 CalculatorTypeName 定义了库的路径、程序集的名字和 Calculator 类型的名称(包括名称空间)。Main 方法调用方法 ReflectionOld 和 ReflectionNew，这两个变体进行反射(代码文件 DynamicSamples / ClientApp / Program.cs)：

```csharp
class Program
{
  private const string CalculatorLibPath = @"c:/addins/CalculatorLib.dll";
  private const string CalculatorLibName = "CalculatorLib";
  private const string CalculatorTypeName = "CalculatorLib.Calculator";

  static void Main()
  {
    ReflectionOld();
    ReflectionNew();
  }
  //etc.
}
```

使用反射调用方法之前，需要实例化 Calculator 类型。这有不同的方式。使用.NET Framework，方法 GetCalculator 会使用方法 AssemblyLoadFile 动态加载程序集，使用 CreateInstance 方法创建 Calculator 类型的一个实例。使用预处理器指令#if NET46，这部分代码只对.NET 4.6 编译(代码文件 DynamicSamples / ClientApp / Program.cs)：

```csharp
#if NET46
  private static object GetCalculator()
  {
    Assembly assembly = Assembly.LoadFile(CalculatorLibPath);
    return assembly.CreateInstance(CalculatorTypeName);
  }
#endif
```

编译.NET 4.6 代码时，上述代码片段使用了 NET46 符号。这是可能的，因为对于列在 project.json 文件中的框架，符号是用相同的名称自动创建的；framework 名称只是转换为大写。还可以在 compilationOptions 声明中定义自己的符号。在框架声明的 compilationOptions 中指定一个 define 部分，只为特定的框架定义符号。下面的代码片段只在给.NET Core 编译应用程序时，指定符号 DOTNETCORE。(代码文件 DynamicSamples / ClientApp / project.json)：

```json
"frameworks": {
  "net46": {},
  "netstandard1.0": {
    "dependencies": {},
    "buildOptions": {
      "define": [ "DOTNETCORE" ]
    }
  }
}
```

.NET Core 的实现需要独立于平台，所以不能给.NET Core 编译前面的代码。在这里，需要更多的代码加载程序集。首先，从文件系统中检索 IAssemblyLoadContext，加载程序集。检索出加载上下文后，添加 DirectoryLoader(这将在下一步中实现)，从文件系统中加载程序集。设置上下文后，可以使用 Load 方法加载 Assembly，用 Activator 类的 CreateInstance 方法动态实例化类型(代码文件的 DynamicSamples/ClientApp/Program.cs)：

```csharp
#if DOTNETCORE
  private static object GetCalculator()
  {
      Assembly assembly =
Assembly.LoadContext.Default.LoadFromAssemblyPath(CalculatorLib Path);
      Type type = assembly.GetType(CalculatorTypeName);
      return Activator.CreateInstance(type);
  }
```

类 DirectoryLoader 和加载的上下文一起使用，实现了接口 IAssemblyLoader。这个接口定义了 Load 和 LoadUnmanagedLibrary 方法。因为只有托管的程序集加载到示例应用程序中，所以只有 Load 方法需要实现。这个实现代码利用上下文加载程序集文件(代码文件 DynamicSamples /ClientApp / Program.cs)：

```csharp
public class DirectoryLoader : IAssemblyLoader
{
  private readonly IAssemblyLoadContext _context;
  private readonly string _path;

  public DirectoryLoader(string path, IAssemblyLoadContext context)
  {
    _path = path;
    _context = context;
  }

  public Assembly Load(AssemblyName assemblyName) =>
    _context.LoadFile(_path);
  public IntPtr LoadUnmanagedLibrary(string name)
  {
    throw new NotImplementedException();
  }
}
```

ClientApp 的示例代码使用了下面的依赖项和.NET 名称空间：

依赖项

```
NETStandard.Library

Microsoft.CSharp

Microsoft.Extensions.PlatformAbstractions
```

.NET 名称空间

```
Microsoft.CSharp.RuntimeBinder
Microsoft.Extensions.PlatformExtensions
System
System.Reflection
static System.Console
```

16.4.3 用反射 API 调用成员

接下来，使用反射 API 来调用 Calculator 实例的方法 Add。首先，Calculator 实例使用辅助方法 GetCalculator 来检索。如果想添加对 CalculatorLib 的引用，可以使用 new Calculator 创建一个实例。但这并不是那么容易。

使用反射调用方法的优点是，类型不需要在编译期间可用。只要把库复制到指定的目录中，就可以在稍后添加它。为了使用反射调用成员，利用 GetType 方法检索实例的 Type 对象——它是基类 Object 的方法。通过扩展方法 GetMethod(这个方法在 NuGet 包 System.Reflection.TypeExtensions 中定义) 访问 MethodInfo 对象的 Add 方法。MethodInfo 定义了 Invoke 方法，使用任意数量的参数调用该方法。Invoke 方法的第一个参数需要调用成员的类型的实例。第二个参数是 object[]类型，传递调用所需的所有参数。这里传递 x 和 y 变量的值。如果使用旧版本的.NET Framework，没有类型扩展，调用方法的代码就显示在注释中。这个代码不能用于.NET Core (代码文件 DynamicSamples ClientApp / Program.cs):

```csharp
private static void ReflectionOld()
{
  double x = 3;
  double y = 4;
  object calc = GetCalculator();
  // object result = calc.GetType().InvokeMember("Add",
  // BindingFlags.InvokeMethod, null, calc, new object[] { x, y });
  object result = calc.GetType().GetMethod("Add")
    .Invoke(calc, new object[] { x, y });
  WriteLine($"the result of {x} and {y} is {result}");
}
```

运行该程序，调用计算器，结果写入控制台:

```
The result of 3 and 4 is 7
```

动态调用成员有很多工作要做。下一节看看如何使用 dynamic 关键字。

16.4.4 使用动态类型调用成员

使用反射和 dynamic 关键字，从 GetCalculator 方法返回的对象分配给一个 dynamic 类型的变量。该方法本身没有改变，它还返回一个对象。结果返回给一个 dynamic 类型的变量。现在，调用 Add 方法，给它传递两个 double 值(代码文件 DynamicSamples / ClientApp / Program.cs):

```csharp
private static void ReflectionNew()
```

```
{
    double x = 3;
    double y = 4;
    dynamic calc = GetCalculator();
    double result = calc.Add(x, y);
    WriteLine($"the result of {x} and {y} is {result}");
}
```

语法很简单，看起来像是用强类型访问方式调用一个方法。然而，Visual Studio 没有提供智能感知功能，因为可以立即在 Visual Studio 编辑器中看到编码，所以很容易出现拼写错误。

也没有在编译时进行检查。调用 Multiply 方法时，编译器运行得很好。只需要记住，定义了计算器的 Add 和 Subtract 方法。

```
try
{
    result = calc.Multiply(x, y);
}
catch (RuntimeBinderException ex)
{
    WriteLine(ex);
}
```

运行应用程序，调用 Multiply 方法，就会得到一个 RuntimeBinderException 异常：

```
Microsoft.CSharp.RuntimeBinder.RuntimeBinderException:
'CalculatorLib.Calculator' does not contain a definition for 'Multiply'
   at CallSite.Target(Closure , CallSite , Object , Double , Double )
   at CallSite.Target(Closure , CallSite , Object , Double , Double )
   at ClientApp.Program.ReflectionNew() in...
```

与以强类型方式访问对象相比，使用 dynamic 类型也有更多的开销。因此，这个关键字只用于某些特定的情形，如反射。调用 Type 的 InvokeMember 方法没有进行编译器检查，而是给成员名字传递一个字符串。使用 dynamic 类型的语法很简单，与在这样的场景中使用反射 API 相比，有很大的优势。

dynamic 类型还可以用于 COM 集成和脚本环境，详细讨论 dynamic 关键字后，会探讨它。

16.5 dynamic 类型

dynamic 类型允许编写忽略编译期间的类型检查的代码。编译器假定，给 dynamic 类型的对象定义的任何操作都是有效的。如果该操作无效，则在代码运行之前不会检测该错误，如下面的示例所示：

```
class Program
{
    static void Main()
    {
        var staticPerson = new Person();
        dynamic dynamicPerson = new Person();
        staticPerson.GetFullName("John", "Smith");
```

```
        dynamicPerson.GetFullName("John", "Smith");
    }
}

class Person
{
    public string FirstName { get; set; }
    public string LastName { get; set; }

    public string GetFullName() => $"{FirstName} {LastName}";
}
```

这个示例没有编译,因为它调用了 staticPerson.GetFullName()方法。因为 Person 对象上的方法不接受两个参数,所以编译器会提示出错。如果注释掉该行代码,这个示例就会编译。如果执行它,就会发生一个运行错误。所抛出的异常是 RuntimeBinderException 异常。RuntimeBinder 对象会在运行时判断该调用,确定 Person 类是否支持被调用的方法。这将在本章后面讨论。

与 var 关键字不同,定义为 dynamic 的对象可以在运行期间改变其类型。注意在使用 var 关键字时,对象类型的确定会延迟。类型一旦确定,就不能改变。动态对象的类型可以改变,而且可以改变多次,这不同于把对象的类型强制转换为另一种类型。在强制转换对象的类型时,是用另一种兼容的类型创建一个新对象。例如,不能把 int 强制转换为 Person 对象。在下面的示例中,如果对象是动态对象,就可以把它从 int 变成 Person 类型:

```
dynamic dyn;

dyn = 100;
WriteLine(dyn.GetType());
WriteLine(dyn);

dyn = "This is a string";
WriteLine(dyn.GetType());
WriteLine(dyn);

dyn = new Person() { FirstName = "Bugs", LastName = "Bunny" };
WriteLine(dyn.GetType());
WriteLine($"{dyn.FirstName} {dyn.LastName}");
```

执行这段代码可以看出,dyn 对象的类型实际上从 System.Int32 变成 System.String,再变成 Person。如果 dyn 声明为 int 或 string,这段代码就不会编译。

 注意:对于 dynamic 类型有两个限制。动态对象不支持扩展方法,匿名函数(lambda 表达式)也不能用作动态方法调用的参数,因此 LINQ 不能用于动态对象。大多数 LINQ 调用都是扩展方法,而 lambda 表达式用作这些扩展方法的参数。

后台上的动态操作

在后台,这些是如何发生的?C#仍是一种静态的类型化语言,这一点没有改变。看看使用 dynamic 类型生成的 IL(中间语言)。

首先，看看下面的示例 C#代码：

```csharp
using static System.Console;

namespace DeCompileSample
{
    class Program
    {
        static void Main()
        {
            StaticClass staticObject = new StaticClass();
            DynamicClass dynamicObject = new DynamicClass();
            WriteLine(staticObject.IntValue);
            WriteLine(dynamicObject.DynValue);
            ReadLine();
        }
    }

    class StaticClass
    {
        public int IntValue = 100;
    }

    class DynamicClass
    {
        public dynamic DynValue = 100;
    }
}
```

其中有两个类 StaticClass 和 DynamicClass。StaticClass 类有一个返回 int 的字段。DynamicClass 有一个返回 dynamic 对象的字段。Main()方法仅创建了这些对象，并输出方法返回的值。该示例非常简单。

现在注释掉 Main()方法中对 DynamicClass 类的引用：

```csharp
static void Main()
{
    StaticClass staticObject = new StaticClass();
    //DynamicClass dynamicObject = new DynamicClass();
    WriteLine(staticObject.IntValue);
    //WriteLine(dynamicObject.DynValue);
    ReadLine();
}
```

使用 ildasm 工具，可以看到给 Main()方法生成的 IL：

```
.method private hidebysig static void Main() cil managed
{
  .entrypoint
  // Code size       26 (0x1a)
  .maxstack 1
  .locals init ([0] class DecompileSample.StaticClass staticObject)
  IL_0000: nop
  IL_0001: newobj      instance void DecompileSample.StaticClass::.ctor()
  IL_0006: stloc.0
```

```
  IL_0007: ldloc.0
  IL_0008: ldfld        int32 DecompileSample.StaticClass::IntValue
  IL_000d: call         void [mscorlib]System.Console::WriteLine(int32)
  IL_0012: nop
  IL_0013: call         string [mscorlib]System.Console::ReadLine()
  IL_0018: pop
  IL_0019: ret
} // end of method Program::Main
```

这里不讨论 IL 的细节，只看看这段代码，就可以看出其作用。第 0001 行调用了 StaticClass 构造函数，第 0008 行调用了 StaticClass 类的 IntValue 字段。下一行输出了其值。

现在注释掉对 StaticClass 类的引用，取消 DynamicClass 引用的注释：

```
public static void Main()
{
  //StaticClass staticObject = new StaticClass();
  DynamicClass dynamicObject = new DynamicClass();
  WriteLine(staticObject.IntValue);
  //WriteLine(dynamicObject.DynValue);
  ReadLine();
}
```

再次编译应用程序，下面是生成的 IL：

```
.method private hidebysig static void Main() cil managed
{
  .entrypoint
  // Code size 123 (0x7b)
  .maxstack 9
  .locals init ([0] class DecompileSample.DynamicClass dynamicObject)
  IL_0000: nop
  IL_0001: newobj       instance void DecompileSample.DynamicClass::.ctor()
  IL_0006: stloc.0
  IL_0007: ldsfld       class
    [System.Core]System.Runtime.CompilerServices.CallSite`1
      <class[mscorlib]System.Action`3
      <class[System.Core]  System.Runtime.CompilerServices.CallSite,
        class [mscorlib]System.Type,object>>
        DecompileSample.Program/'<>o__0'::'<>p__0'
  IL_000c: brfalse.s    IL_0010
  IL_000e: br.s         IL_004f
  IL_0010: ldc.i4       0x100
  IL_0015: ldstr        "WriteLine"
  IL_001a: ldnull
  IL_001b: ldtoken      DecompileSample.Program
  IL_0020: call         class [mscorlib]System.Type
    [mscorlib]System.Type::GetTypeFromHandle(valuetype
    [mscorlib]System.RuntimeTypeHandle)
  IL_0025: ldc.i4.2
  IL_0026: newarr       [Microsoft.CSharp]Microsoft.CSharp.RuntimeBinder
    .CSharpArgumentInfo
  IL_002b: dup
  IL_002c: ldc.i4.0
  IL_002d: ldc.i4.s     33
```

```
IL_002f: ldnull
IL_0030: call       class [Microsoft.CSharp]Microsoft.CSharp.RuntimeBinder
  .CSharpArgumentInfo[Microsoft.CSharp]
  Microsoft.CSharp.RuntimeBinder.CSharpArgumentInfo::Create(
  valuetype Microsoft.CSharp]Microsoft.CSharp.RuntimeBinder
  .CSharpArgumentInfoFlags, string)
IL_0035: stelem.ref
IL_0036: dup
IL_0037: ldc.i4.1
IL_0038: ldc.i4.0
IL_0039: ldnull
IL_003a: call       class [Microsoft.CSharp]
  Microsoft.CSharp.RuntimeBinder.CSharpArgumentInfo
  [Microsoft.CSharp]Microsoft.CSharp.RuntimeBinder.CSharpArgumentInfo
    ::Create(valuetype [Microsoft.CSharp]
      Microsoft.CSharp.RuntimeBinder.CSharpArgumentInfoFlags, string)
IL_003f: stelem.ref
IL_0040: call       class [System.Core]
  System.Runtime.CompilerServices.CallSiteBinder
  [Microsoft.CSharp]Microsoft.CSharp.RuntimeBinder.Binder::
    InvokeMember(valuetype[Microsoft.CSharp]
      Microsoft.CSharp.RuntimeBinder.CSharpBinderFlags, string,
      class [mscorlib]System.Collections.Generic.IEnumerable`1
        <class [mscorlib]System.Type>, class [mscorlib]System.Type,
      class [mscorlib]System.Collections.Generic.IEnumerable`1
        <class [Microsoft.CSharp]
          Microsoft.CSharp.RuntimeBinder.CSharpArgumentInfo>)
IL_0045: call       class [System.Core]
  System.Runtime.CompilerServices.CallSite`1<!0>
    class [System.Core]System.Runtime.CompilerServices.CallSite`1
      <class [mscorlib]System.Action`3
        <class [System.Core]System.Runtime.CompilerServices.CallSite,
        class [mscorlib]System.Type,object>>::
          Create(class [System.Core]
            System.Runtime.CompilerServices.CallSiteBinder)
IL_004a: stsfld     class [System.Core]
  System.Runtime.CompilerServices.CallSite`1
    <class [mscorlib]System.Action`3
      <class [System.Core]System.Runtime.CompilerServices.CallSite,
      class [mscorlib]System.Type,object>>
        DecompileSample.Program/'<>o__0'::'<>p__0'
IL_004f: ldsfld     class
  [System.Core]System.Runtime.CompilerServices.CallSite`1<class [mscorlib]
    System.Action`3<class [System.Core]
      System.Runtime.CompilerServices.CallSite,
      class [mscorlib]System.Type,object>>
        DecompileSample.Program/'<>o__0'::'<>p__0'
IL_0054: ldfld      !0 class [System.Core]
  System.Runtime.CompilerServices.CallSite`1<class [mscorlib]
    System.Action`3<class [System.Core]
      System.Runtime.CompilerServices.CallSite,
      class [mscorlib]System.Type,object>>::Target
```

```
IL_0059:  ldsfld       class [System.Core]
  System.Runtime.CompilerServices.CallSite`1<class [mscorlib]
    System.Action`3<class [System.Core]
      System.Runtime.CompilerServices.CallSite,
      class [mscorlib]System.Type,object>>
      DecompileSample.Program/'<>o__0'::'<>p__0'
IL_005e:  ldtoken      [mscorlib]System.Console
IL_0063:  call         class [mscorlib]System.Type [mscorlib]
  System.Type::GetTypeFromHandle(valuetype [mscorlib]
    System.RuntimeTypeHandle)
IL_0068:  ldloc.0
IL_0069:  ldfld        object DecompileSample.DynamicClass::DynValue
IL_006e:  callvirt     instance void class [mscorlib]System.Action`3
  <class [System.Core]System.Runtime.CompilerServices.CallSite,
  class [mscorlib]System.Type,object>::Invoke(!0, !1, !2)
IL_0073:  nop
IL_0074:  call string [mscorlib]System.Console::ReadLine()
IL_0079:  pop
IL_007a:  ret
} // end of method Program::Main
```

显然，C#编译器做了许多工作，以支持动态类型。在生成的代码中，会看到对 System.Runtime.CompilerServices.CallSite 类和 System.Runtime.CompilerServices.CallSiteBinder 类的引用。

CallSite 是在运行期间处理查找操作的类型。在运行期间调用动态对象时，必须找到该对象，看看其成员是否存在。CallSite 会缓存这个信息，这样查找操作就不需要重复执行。没有这个过程，循环结构的性能就有问题。

CallSite 完成了成员查找操作后，就调用 CallSiteBinder()方法。它从 CallSite 中提取信息，并生成表达式树，来表示绑定器绑定的操作。

显然这需要做许多工作。优化非常复杂的操作时要格外小心。显然，使用 dynamic 类型是有用的，但它是有代价的。

16.6 DLR

使用 dynamic 类型的一个重要场景是使用 Dynamic Language Runtime(动态语言运行时，DLR)的一部分。DLR 是添加到 CLR 的一系列服务，它允许添加动态语言，如 Ruby 和 Python，并使 C# 具备和这些动态语言相同的某些动态功能。

最初 DLR 的核心功能现在是完整.NET Framework 4.5 的一部分，DLR 位于 System.Dynamic 名称空间和 System.Runtime.ComplierServices 名称空间中。为了与 IronRuby 和 IronPython 等脚本语言集成，需要安装 DLR 中额外的类型。这个 DLR 是 IronRuby 和 IronPython 环境的一部分，它可以从 http://ironpython.codeplex.com 上下载。

IronRuby 和 IronPython 是 Ruby 和 Python 语言的开源版本，它们使用 DLR。Silverlight 也使用 DLR。通过包含 DLR，可以给应用程序添加脚本编辑功能。脚本运行库允许给脚本传入变量和从脚本传出变量。

16.7 包含 DLR ScriptRuntime

假定能给应用程序添加脚本编辑功能，并给脚本传入数值和从脚本传出数值，使应用程序可以利用脚本完成工作。这些都是在应用程序中包含 DLR 的 ScriptRuntime 而提供的功能。目前，IronPython 和 IronRuby 都支持包含在应用程序中的脚本语言。

有了 ScriptRuntime，就可以执行存储在文件中的代码段或完整的脚本。可以选择合适的语言引擎，或者让 DLR 确定使用什么引擎。脚本可以在自己的应用程序域或者在当前的应用程序域中创建。不仅可以给脚本传入数值并从脚本中传出数值，还可以在脚本中调用在动态对象上创建的方法。

这种灵活性为包含 ScriptRuntime 提供了无数种用法。下面的示例说明了使用 ScriptRuntime 的一种方式。假定有一个购物车应用程序，它的一个要求是根据某种标准计算折扣。这些折扣常常随着新销售策略的启动和完成而变化。处理这个要求有许多方式，本例将说明如何使用 ScriptRuntime 和少量 Python 脚本达到这个要求。

为了简单起见，本例是一个 WPF Windows 桌面应用程序。它也可以是一个大型 Web 应用程序或任何其他应用程序的一部分。图 16-3 显示了这个应用程序的样例屏幕。为了使用运行库，示例应用程序添加了 NuGet 包 IronPython。

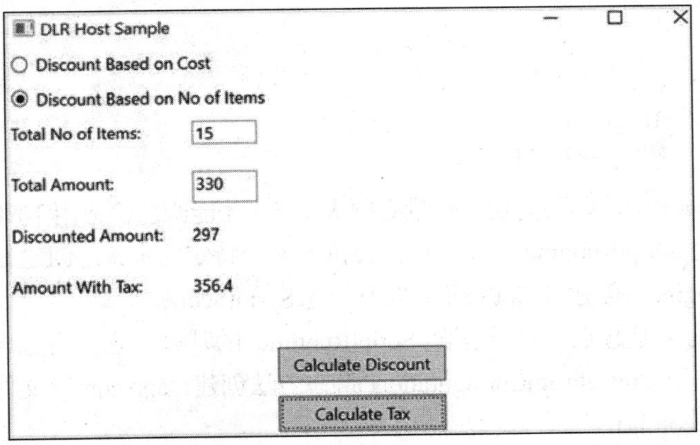

图 16-3

该应用程序提取所购买的物品数量和物品的总价，并根据所选的单选按钮使用某个折扣。在实际的应用程序中，系统使用略微复杂的方式确定要使用的折扣，但对于本例，单选按钮就足够了。

下面是计算折扣的代码(代码文件 DLRHostSample/MainWindow.xaml.cs)：

```
private void OnCalculateDiscount(object sender, RoutedEventArgs e)
{
  string scriptToUse;
  if (CostRadioButton.IsChecked.Value)
  {
    scriptToUse = "Scripts/AmountDisc.py";
  }
  else
  {
    scriptToUse = "Scripts/CountDisc.py";
  }
```

```csharp
ScriptRuntime scriptRuntime = ScriptRuntime.CreateFromConfiguration();
ScriptEngine pythEng = scriptRuntime.GetEngine("Python");
ScriptSource source = pythEng.CreateScriptSourceFromFile(scriptToUse);
ScriptScope scope = pythEng.CreateScope();
scope.SetVariable("prodCount", Convert.ToInt32(totalItems.Text));
scope.SetVariable("amt", Convert.ToDecimal(totalAmt.Text));
source.Execute(scope);
textDiscAmount.Text = scope.GetVariable("retAmt").ToString();
}
```

第一部分仅确定要应用折扣的脚本 AmountDisc.py 或 CountDisc.py。AmountDisc.py 根据购买的金额计算折扣(代码文件 DLRHostSample/Scripts/AmountDisc.py)。

```
discAmt = .25
retAmt = amt
if amt > 25.00:
  retAmt = amt-(amt*discAmt)
```

能打折的最低购买金额是$25。如果购买金额小于这个值,就不计算折扣,否则就使用 25%的折扣率。

CountDisc.py 根据购买的物品数量计算折扣(代码文件 DLRHostSample/Scripts/ContDisc.py):

```
discCount = 5
discAmt = .1
retAmt = amt
if prodCount > discCount:
  retAmt = amt-(amt*discAmt)
```

在这个 Python 脚本中,购买的物品数量必须大于 5,才能给总价应用 10%的折扣率。

下一部分是启动 ScriptRuntime 环境。这需要执行 4 个特定的步骤:创建 ScriptRuntime 对象、设置合适的 ScriptEngine、创建 ScriptSource 以及创建 ScriptScope。

ScriptRuntime 对象是起点,也是包含 ScriptRuntime 的基础。它拥有包含环境的全局状态。ScriptRuntime 对象使用 CreateFromConfiguration()静态方法创建。app.config 文件如下所示(代码文件 DLRHostSample/app.config):

```xml
<configuration>
  <configSections>
    <section name="microsoft.scripting"
      type="Microsoft.Scripting.Hosting.Configuration.Section, Microsoft.Scripting />
  </configSections>

  <microsoft.scripting>
    <languages>
      <language names="IronPython;Python;py" extensions=".py"
        displayName="IronPython 2.7.5"
        type="IronPython.Runtime.PythonContext, IronPython />
    </languages>
  </microsoft.scripting>
</configuration>
```

这段代码定义了"microsoft.scripting"的一部分,设置了 IronPython 语言引擎的几个属性。

接着,从 ScriptRuntime 中获取一个对 ScriptEngine 的引用。在本例中,指定需要 Python 引擎,但 ScriptRuntime 可以自己确定这一点，因为脚本的扩展名是 py。

ScriptEngine 完成了执行脚本代码的工作。执行文件或代码段中的脚本有几种方法。ScriptEngine 还提供了 ScriptSource 和 ScriptScope。

ScriptSource 对象允许访问脚本，它表示脚本的源代码。有了它，就可以操作脚本的源代码。从磁盘上加载它，逐行解析它，甚至把脚本编译到 CompiledCode 对象中。如果多次执行同一个脚本，这就很方便。

ScriptScope 对象实际上是一个名称空间。要给脚本传入值或从脚本传出值，应把一个变量绑定到 ScriptScope 上。本例调用 SetVariable 方法给 Python 脚本传入 prodCount 变量和 amt 变量。它们是 totalItems 文本框和 totalAmt 文本框中的值。计算出来的折扣使用 GetVariable() 方法从脚本中检索。在本例中，retAmt 变量包含了我们需要的值。

在 CalcTax 按钮中，调用了 Python 对象上的方法。CalcTax.py 脚本是一个非常简单的方法，它接受一个输入值，加上 20% 的税，再返回新值。代码如下(代码文件 DLRHostSample/Scripts/CalcTax.py)：

```python
def CalcTax(amount):
    return amount*1.2
```

下面是调用 CalcTax() 方法的 C#代码(代码文件 DLRHostSample/MainWindow.xaml.cs)：

```csharp
private void OnCalculateTax(object sender, RoutedEventArgs e)
{
  ScriptRuntime scriptRuntime = ScriptRuntime.CreateFromConfiguration();
  dynamic calcRate = scriptRuntime.UseFile("Scripts/CalcTax.py");
  decimal discountedAmount;
  if (!decimal.TryParse(textDiscAmount.Text, out discountedAmount))
  {
     discountedAmount = Convert.ToDecimal(totalAmt.Text);
  }
  totalTaxAmount.Text = calcRate.CalcTax(discountedAmount).ToString();
}
```

这是一个非常简单的过程。这里再次使用与前面相同的配置设置创建了 ScriptRuntime 对象。calRate 是一个 ScriptScope 对象，它定义为动态对象，以便轻松地调用 CalcTax() 方法。这是使用动态类型简化编程工作的一个示例。

16.8 DynamicObject 和 ExpandoObject

如果要创建自己的动态对象，该怎么办？这有两种方法：从 DynamicObject 中派生，或者使用 ExpandoObject。使用 DynamicObject 需要做的工作较多，因为必须重写几个方法。ExpandoObject 是一个可立即使用的密封类。

16.8.1 DynamicObject

考虑一个表示人的对象。一般应定义名字、中间名和姓氏等属性。现在假定要在运行期间构建这个对象，且系统事先不知道该对象有什么属性或该对象可能支持什么方法。此时就可以使用基于 DynamicObject 的对象。需要这类功能的场合几乎没有，但到目前为止，C#语言还没有提供该功能。

先看看 DynamicObject(代码文件 DynamicSamples/DynamicSample/WroxDyamicObject.cs):

```csharp
public class WroxDynamicObject : DynamicObject
{
  private Dictionary<string, object> _dynamicData = new Dictionary<string, object>();

  public override bool TryGetMember(GetMemberBinder binder, out object result)
  {
    bool success = false;
    result = null;
    if (_dynamicData.ContainsKey(binder.Name))
    {
      result = _dynamicData[binder.Name];
      success = true;
    }
    else
    {
      result = "Property Not Found!";
      success = false;
    }
    return success;
  }

  public override bool TrySetMember(SetMemberBinder binder, object value)
  {
    _dynamicData[binder.Name] = value;
    return true;
  }

  public override bool TryInvokeMember(InvokeMemberBinder binder,
                                       object[] args, out object result)
  {
    dynamic method = _dynamicData[binder.Name];
    result = method((DateTime)args[0]);
    return result != null;
  }
}
```

在这个示例中,重写了 3 个方法 TrySetMember()、TryGetMember()和 TryInvokeMember()。
TrySetMember()方法给对象添加了新方法、属性或字段。本例把成员信息存储在一个 Dictionary 对象中。传送给 TrySetMember()方法的 SetMemberBinder 对象包含 Name 属性,它用于标识 Dictionary 中的元素。

TryGetMember()方法根据 GetMemberBinder 对象的 Name 属性检索存储在 Dictionary 中的对象。下面的代码使用了刚才新建的动态对象(代码文件 DynamicSamples/DynamicSample/Program.cs):

```csharp
dynamic wroxDyn = new WroxDynamicObject();
wroxDyn.FirstName = "Bugs";
wroxDyn.LastName = "Bunny";
WriteLine(wroxDyn.GetType());
WriteLine($"{wroxDyn.FirstName} {wroxDyn.LastName}");
```

看起来很简单,但在哪里调用了重写的方法?正是.NET Framework 帮助完成了调用。

DynamicObject 处理了绑定，我们只需要引用 FirstName 和 LastName 属性即可，就好像它们一直存在一样。

添加方法很简单。可以使用上例中的 WroxDynamicObject，给它添加 GetTomorrowDate()方法，该方法接受一个 DateTime 对象为参数，返回表示第二天的日期字符串。代码如下：

```
dynamic wroxDyn = new WroxDynamicObject();
Func<DateTime, string> GetTomorrow = today => today.AddDays(1).ToShortDateString();
wroxDyn.GetTomorrowDate = GetTomorrow;
WriteLine($"Tomorrow is {wroxDyn.GetTomorrowDate(DateTime.Now)}");
```

这段代码使用 Func<T, TResult>创建了委托 GetTomorrow。该委托表示的方法调用了 AddDays，给传入的 Date 加上一天，返回得到的日期字符串。接着把委托设置为 wroxDyn 对象上的 GetTomorrowDate()方法。最后一行调用新方法，并传递今天的日期。动态功能再次发挥了作用，对象上有了一个有效的方法。

16.8.2 ExpandoObject

ExpandoObject 的工作方式类似于上一节创建的 WroxDynamicObject，区别是不必重写方法，如下面的代码示例所示(代码文件 DynamicSamples/DynamicSample/WroxDynamicObject.cs)：

```
static void DoExpando()
{
  dynamic expObj = new ExpandoObject();
  expObj.FirstName = "Daffy";
  expObj.LastName = "Duck";
  WriteLine($"{expObj.FirstName} {expObj.LastName}");

  Func<DateTime, string> GetTomorrow = today => today.AddDays(1).ToShortDateString();
  expObj.GetTomorrowDate = GetTomorrow;
  WriteLine($"Tomorrow is {expObj.GetTomorrowDate(DateTime.Now)}");

  expObj.Friends = new List<Person>();
  expObj.Friends.Add(new Person() { FirstName = "Bob", LastName = "Jones" });
  expObj.Friends.Add(new Person() { FirstName = "Robert", LastName = "Jones" });
  expObj.Friends.Add(new Person() { FirstName = "Bobby", LastName = "Jones" });

  foreach (Person friend in expObj.Friends)
  {
     WriteLine($"{friend.FirstName} {friend.LastName}");
  }
}
```

注意，这段代码与前面的代码几乎完全相同，也添加了 FirstName 和 LastName 属性，以及 GetTomorrow 函数，但它还多做了一件事——把一个 Person 对象集合添加为对象的一个属性。

初看起来，这似乎与使用 dynamic 类型没有区别。但其中有两个微妙的区别非常重要。第一，不能仅创建 dynamic 类型的空对象。必须把 dynamic 类型赋予某个对象，例如，下面的代码是无效的：

```
dynamic dynObj;
dynObj.FirstName = "Joe";
```

与前面的示例一样，此时可以使用 ExpandoObject。

第二，因为 dynamic 类型必须赋予某个对象，所以，如果执行 GetType 调用，它就会报告赋予了 dynamic 类型的对象类型。所以，如果把它赋予 int，GetType 就报告它是一个 int。这不适用于 ExpandoObject 或派生自 DynamicObject 的对象。

如果需要控制动态对象中属性的添加和访问，则使该对象派生自 DynamicObject 是最佳选择。使用 DynamicObject，可以重写几个方法，准确地控制对象与运行库的交互方式。而对于其他情况，就应使用 dynamic 类型或 ExpandoObject。

下面是使用 dynamic 类型和 ExpandoObject 的另一个例子。假设需求是开发一个通用的逗号分隔值(CSV)文件的解析工具。从一个扩展到另一个扩展时，不知道文件中将包含什么数据，只知道值之间是用逗号分隔的，并且第一行包含字段名。

首先，打开文件并读入数据流。这可以用一个简单的辅助方法完成(代码文件 DynamicSamples/DynamicFileReader/DynamicFileHelper.cs)：

```
private StreamReader OpenFile(string fileName)
{
  if(File.Exists(fileName))
  {
    return new StreamReader(fileName);
  }
  return null;
}
```

这段代码打开文件，并创建一个新的 StreamReader 来读取文件内容。

接下来要获取字段名。方法很简单：读取文件的第一行，使用 Split 函数创建字段名的一个字符串数组。

```
string[] headerLine = fileStream.ReadLine().Split(',').Trim().ToArray();
```

接下来的部分很有趣：读入文件的下一行，就像处理字段名那样创建一个字符串数组，然后创建动态对象。具体代码如下所示(代码文件 DynamicSamples/DynamicFileReader/DynamicFileHelper.cs)：

```
public IEnumerable<dynamic> ParseFile(string fileName)
{
  var retList = new List<dynamic>();
  while (fileStream.Peek() > 0)
  {
    string[] dataLine = fileStream.ReadLine().Split(',').Trim().ToArray();
    dynamic dynamicEntity = new ExpandoObject();
    for(int i=0;i<headerLine.Length;i++)
    {
      ((IDictionary<string,object>)dynamicEntity).Add(headerLine[i], dataLine[i]);
    }
    retList.Add(dynamicEntity);
  }
  return retList;
}
```

有了字段名和数据元素的字符串数组后，创建一个新的 ExpandoObject，在其中添加数据。注意，代码中将 ExpandoObject 强制转换为 Dictionary 对象。用字段名作为键，数据作为值。然后，把这个新对象添加到所创建的 retList 对象中，返回给调用该方法的代码。

这样做的好处是有了一段可以处理传递给它的任何数据的代码。这里唯一的要求是确保第一行是字段名，并且所有的值是用逗号分隔的。可以把这个概念扩展到其他文件类型，甚至 DataReader。

使用这个 CSV 文件内容和下载的示例代码：

```
FirstName, LastName, City, State
Niki, Lauda, Vienna, Austria
Carlos, Reutemann, Santa Fe, Argentine
Sebastian, Vettel, Thurgovia, Switzerland
```

以及 Main 方法，读取示例文件 EmployeeList.txt(代码文件 DynamicSamples/DynamicFileReader/Program.cs)：

```
static void Main()
{
  var helper = new DynamicFileHelper();
  var employeeList = helper.ParseFile("EmployeeList.txt");
  foreach (var employee in employeeList)
  {
    WriteLine($"{employee.FirstName} {employee.LastName} lives in " +
        $"{employee.City}, {employee.State}.");
  }
  ReadLine();
}
```

把如下结果输出到控制台：

```
Niki Lauda lives in Vienna, Austria.
Carlos Reutemann lives in Santa Fe, Argentine.
Sebastian Vettel lives in Thurgovia, Switzerland.
```

16.9 小结

本章介绍了 Type 和 Assembly 类，它们是访问反射所提供的扩展功能的主要入口点。

另外，本章还探讨了反射的一个常用方面：自定义特性，它比其他方面更常用。介绍了如何定义和应用自己的自定义特性，以及如何在运行期间检索自定义特性的信息。

本章的第二部分介绍了 dynamic 类型。通过使用 ExpandoObject 代替多个对象，代码量会显著减少。另外，通过使用 DLR 及添加 Python 或 Ruby 等脚本语言，可以创建多态性更好的应用程序，改变它们十分简单，并且不需要重新编译。

下一章详细讨论 Visual Studio 2015 的许多功能。

第 II 部分
.NET Core与Windows Runtime

- 第 17 章　Visual Studio 2015
- 第 18 章　.NET 编译器平台
- 第 19 章　测试
- 第 20 章　诊断和 Application Insights
- 第 21 章　任务和并行编程
- 第 22 章　任务同步
- 第 23 章　文件和流
- 第 24 章　安全性
- 第 25 章　网络
- 第 26 章　Composition
- 第 27 章　XML 和 JSON
- 第 28 章　本地化

第17章

Visual Studio 2015

本章要点
- 使用 Visual Studio 2015
- 创建和使用项目
- 调试
- 用 Visual Studio 进行重构
- 用不同技术进行工作(WPF、WCF 等)
- 构架工具
- 分析应用程序

本章源代码下载地址(wrox.com):
本章没有可供下载的代码。

17.1 使用 Visual Studio 2015

到目前为止,你应该已经对 C#语言比较熟悉,并准备开始学习本书的应用部分。在这些章节中会介绍如何使用 C#编写各种应用程序。但在学习之前,需要理解如何使用 Visual Studio 和.NET 环境提供的一些功能使程序达到最佳效果。

本章讲解在实际工作中,如何在.NET 环境中编程。介绍主要的开发环境 Visual Studio,该环境用于编写、编译、调试和优化 C#程序,并且为编写优秀的应用程序提供指导。Visual Studio 是主要的 IDE,用于多种目的,包括编写 ASP.NET 应用程序、Windows Presentation Foundation (WPF)应用程序、用于 Universal Windows Platform (UWP)的应用程序、访问 ASP.NET Web API 创建的服务或使用 ASP.NET MVC 编写的 Web 应用程序。

本章还探讨如何构建目标框架为.NET Core 1.0 和.NET Framework 4.6 的应用程序。

Visual Studio 2015 是一个全面集成的开发环境。编写、调试、编译代码以生成一个程序集的整个过程被设计得尽可能容易。这意味着 Visual Studio 是一个非常全面的多文档界面应用程序,在该环境中可以完成所有代码开发的相关事情。它具有以下特性：

- **文本编辑器** 使用这个编辑器，可以编写 C#(还有 Visual Basic、C++、F#、JavaScript、XAML、JSON 以及 SQL)代码。这个文本编辑器是非常先进的。例如，当用户输入时，它会用缩进代码行自动布局代码，匹配代码块的开始和结束括号，以及使用颜色编码关键字。它还会在用户输入时检查语法，并用下划线标识导致编译错误的代码，这也称为设计时的调试。另外，它具有 IntelliSense 功能，当开始输入时它会自动显示类、字段或方法的名称。开始输入方法参数时，它也会显示可用重载的参数列表。图 17-1 用 UWP 应用程序展示了 IntelliSense 功能。

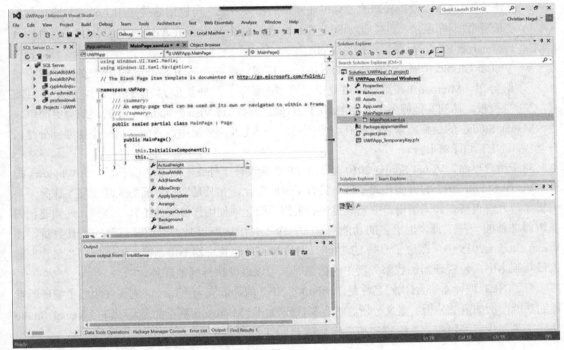

图 17-1

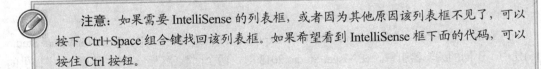

注意：如果需要 IntelliSense 的列表框，或者因为其他原因该列表框不见了，可以按下 Ctrl+Space 组合键找回该列表框。如果希望看到 IntelliSense 框下面的代码，可以按住 Ctrl 按钮。

- **设计视图编辑器** 这个编辑器允许在项目中放置用户界面控件和数据绑定控件；Visual Studio 会在项目中自动将必需的 C#代码添加到源文件中，来实例化这些控件(这是可能的，因为所有.NET 控件都是具体基类的实例)。
- **支持窗口** 这些窗口允许查看和修改项目的各个方面，例如源代码中的类、Windows Forms 和 Web Forms 类的可用属性(以及它们的启动值)。也可以使用这些窗口来指定编译选项，例如代码需要引用的程序集。

- **集成的调试器** 从编程的本质上讲，第一次试运行时，代码可能会无法正常运行。可能第二次或者第三次都无法正常运行。Visual Studio 无缝地链接到一个调试器中，允许设置断点，监视集成环境中的变量。
- **集成的 MSDN 帮助** Visual Studio 允许在 IDE 中访问 MSDN 文档。例如，如果使用文本编辑器时不太确定一个关键字的含义，只需要选择该关键字并按 F1 键，Visual Studio 将会访问 MDSN 并展示相关主题。同样，如果不确定某个编译错误是什么意思，可以选择错误消息并按 F1 键，调出 MSDN 文档，查看该错误的演示。
- **访问其他程序** Visual Studio 也可以访问一些其他实用程序，在不退出集成开发环境的情况下，就可以检查和修改计算机或网络的相关方面。可以用这些实用工具来检查运行的服务和数据库连接，直接查看 SQL Server 表，浏览 Microsoft Azure Cloud 服务，甚至用一个 Internet Explorer 窗口来浏览 Web。
- **Visual Studio 扩展** Visual Studio 的一些扩展已经在 Visual Studio 的正常安装过程中安装好了，Microsoft 和第三方还提供了更多的扩展。这些扩展允许分析代码，提供项目或项模板，访问其他服务等。使用.NET 编译器平台，与 Visual Studio 工具的集成会更简单。

Visual Studio 的最新版本有一些有趣的改进。一个主要部分是用户界面，另一个主要部分是后台功能和.NET 编译器平台。

对于用户界面，Visual Studio 2010 基于 WPF 重新设计了外壳，而不是基于原生的 Windows 控件。Visual Studio 2012 的界面在此基础上又有了一些变化，尤其是用户界面更关注主要工作区——编辑器，允许直接在代码编辑器中完成更多的工作，而无须使用许多其他工具。当然，还需要代码编辑器之外的一些工具，但更多的功能内置于几个工具中，所以减少了通常需要的工具数量。在 Visual Studio 2015 中，改进了一些 UI 功能。例如 NuGet 包管理器不再是模式对话框。在包管理器的最新版本中，包管理器加载服务器中的信息时，可以继续执行其他任务。

有了.NET 编译器平台(代码名称是 Roslyn)，.NET 编译器完全重写了，它现在集成了编译器管道的功能，例如语法分析、语义分析、绑定和代码输出。Microsoft 基于此重写了许多 Visual Studio 集成工具。代码编辑器、智能感知和重构都基于.NET 编译器平台。

 注意：第 18 章介绍了可以用于.NET 编译器平台的 API。

对于 XAML 代码编辑，Visual Studio 2010 和 Expression Blend 4(现在称为 Blend for Visual Studio 2015)使用了不同的编辑器引擎。在 Visual Studio 2013 时，两个团队就已经合并，尽管 UI 中提供的功能有点区别，但 Visual Studio 和 Blend for Visual Studio 的代码引擎是一样的。Visual Studio 2013 从 Blend 获得了 XAML 引擎，现在对于 Blend for Visual Studio 2015，Blend 获得了 Visual Studio 的外壳。启动 Blend for Visual Studio 2015，会看到它类似于 Visual Studio，可以立即开始使用它。

Visual Studio 的另一项改进是搜索。Visual Studio 有许多命令和功能，常常很难找到需要的菜单或工具栏按钮。只要在 Quick Launch 中输入所需命令的一部分，就可以看到可用的选项。Quick Launch 位于窗口的右上角(见图 17-2)。搜索功能还可以从其他地方找到，如工具栏、解决方案资源管理器、代码编辑器(可以按 Ctrl+F 组合键来调用)以及引用管理器上的程序集等。

第 17 章 Visual Studio 2015

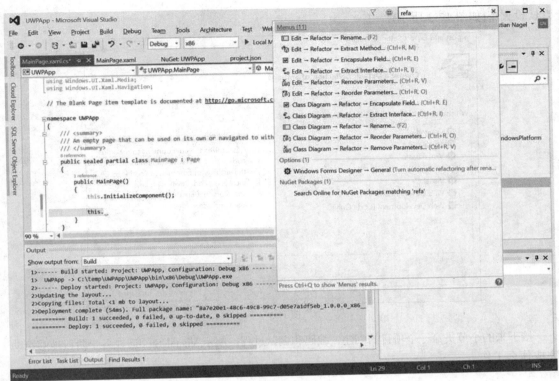

图 17-2

17.1.1 Visual Studio 的版本

Visual Studio 2015 提供了多个版本。最便宜的是 Visual Studio 2015 Express 版，这个版本在某些情况下是免费的！它对个人开发者、开源项目、学术研究、教育和小型专业团队是免费的。

可供购买的是 Professional 和 Enterprise 版。只有 Enterprise 版包含所有功能。Enterprise 版独享的功能有 IntelliTrace(智能跟踪)、负载测试和一些架构工具。微软的 Fakes 框架(隔离单元测试)只能用于 Visual Studio Enterprise 版。本章介绍 Visual Studio 2015 包含的一些功能，这些功能仅适用于特定版本。有关 Visual Studio 2015 各个版本中功能的详细信息，请参考 http://www.microsoft.com/visualstudio/en-us/products/compare。

17.1.2 Visual Studio 设置

当第一次运行 Visual Studio 时，需要选择一个符合环境的设置集，例如 General Development、Visual Basic、Visual C#、Visual C++或 Web Development。这些不同的设置反映了过去用于这些语言的不同工具。在微软平台上编写应用程序时，可以使用不同的工具来创建 Visual Basic、C++和 Web 应用程序。同样，Visual Basic、Visual C++和 Visual InterDev 具有完全不同的编程环境、设置和工具选项。现在，可以使用 Visual Studio 为所有这些技术创建应用程序，但 Visual Studio 仍然提供了快捷键，可以根据 Visual Basic、Visual C++和 Visual InterDev 选择。当然，也可以选择特定的 C#设置。

在选择了设置的主类别，确定了键盘快捷键、菜单和工具窗口的位置后，就可以通过 Tools | Customize…(工具栏和命令)和 Tools | Options…(在此可以找到所有工具的设置)，来改变每个设置。也可以重置设置集，方法是使用 Tools | Import and Export Settings，调用一个向导，来选择一个新的

默认设置集(如图17-3所示)。

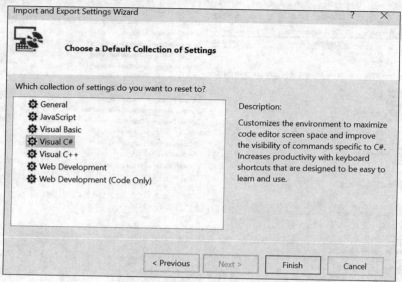

图17-3

接下来的小节贯穿一个项目的创建、编码和调试过程，展示Visual Studio在各个阶段能够帮助完成什么工作。

17.2 创建项目

安装Visual Studio 2015之后，会希望开始自己的第一个项目。使用Visual Studio，很少会启动一个空白文件，然后添加 C#代码。但在本书前面的章节中，一直是按这种方式做的(当然，如果真的想从头开始编写代码，或者打算创建一个包含多个项目的解决方案，则可以选择一个空白解决方案的项目模板)。

在此，告诉Visual Studio想创建什么类型的项目，它会生成文件和C#代码，为该类型的项目提供一个框架。之后在这个基础上继续添加代码即可。例如，如果想创建一个Windows桌面应用程序(一个WPF应用程序)，Visual Studio将生成一个XAML文件和一个包含C#源代码的文件，它创建了一个基本的窗体。这个窗体能够与Windows通信和接收事件。它能够最大化、最小化或调整大小；用户需要做的仅是添加控件和想要的功能。如果应用程序是一个命令行实用程序(一个控制台应用程序)，Visual Studio将提供一个基本的名称空间、一个类和一个Main方法，用户可以从这里开始。

最后一点也很重要：在创建项目时，Visual Studio会根据项目是编译为命令行应用程序、库还是WPF应用程序，为C#编译器设置编译选项。它还会告诉编译器，应用程序需要引用哪些基类库和NuGet包。例如，WPF GUI应用程序需要引用许多与WPF相关的库，控制台应用程序则不需要引用这些库。当然，在编辑代码的过程中，可以根据需要修改这些设置。

第一次启动Visual Studio时，IDE会包含一些菜单、一个工具栏以及一个包含入门信息、操作方法视频和最新新闻的页面，如图17-4所示。起始页包含指向有用网站和一些实际文章的链接，可以打开现有项目或者新建项目。

第 17 章 Visual Studio 2015

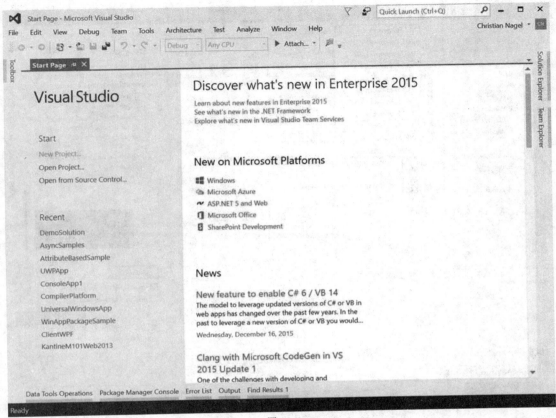

图 17-4

图 17-4 是使用 Visual Studio 2015 后显示的起始页,其中包含最近编辑过的项目列表。单击其中的某个项目可以打开该项目。

17.2.1 面向多个版本的.NET Framework

Visual Studio 2015 允许设置想用于工作的.NET Framework 版本。当打开 New Project 对话框时,如图 17-5 所示,对话框顶部的一个下拉列表显示了可用的选项。

在这种情况下,该下拉列表允许设置的.NET Framework 版本有 2.0、3.0、3.5、4.0、4.5、4.5.1、4.5.2、4.6 和 4.6.1。也可以通过单击 More Frameworks 链接来安装.NET Framework 的其他版本。该链接打开一个网站,从这个网站中可以下载.NET Framework 的其他版本,例如 2.0+3.5 SP1,也可以下载用于服务的框架(Microsoft Azure, OneDrive)和设备(Xamarin)。

如果想改变解决方案正在使用的框架版本,右击项目并选择该解决方案的属性。如果正在处理一个 WPF 项目,将会看到如图 17-6 所示的对话框。

在此对话框中,Application 选项卡允许改变应用程序正在使用的框架版本。

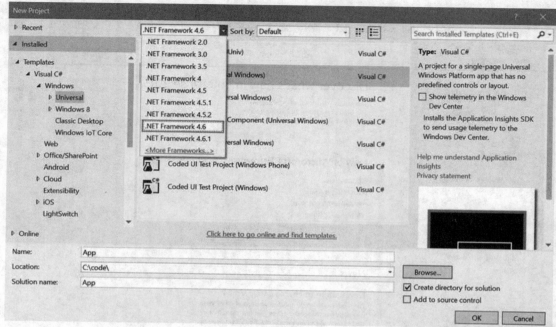

图 17-5

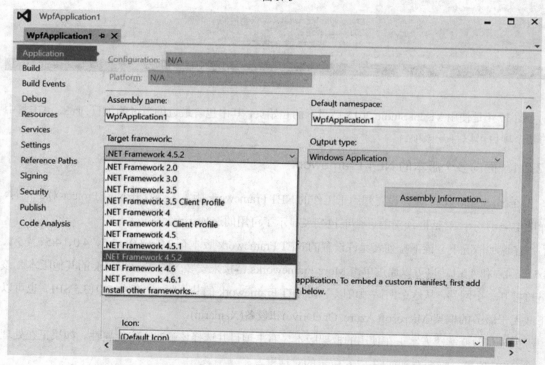

图 17-6

17.2.2 选择项目类型

要新建一个项目，从 Visual Studio 菜单中选择 File | New Project。New Project 对话框如图 17-7 所示，通过该对话框可以大致了解能够创建的不同项目。

第 17 章 Visual Studio 2015

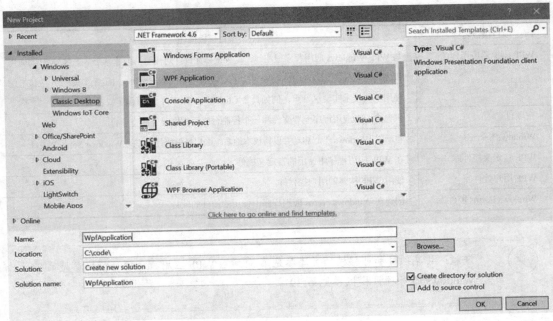

图 17-7

使用这个对话框，可以有效地选择希望 Visual Studio 生成的初始框架文件和代码、希望 Visual Studio 生成的代码、要用于创建项目的编程语言以及应用程序的不同类别。

表 17-1 描述了在 Visual C#项目中可用的所有选项。

1. 使用 Windows 传统桌面项目模板

表 17-1 列出了 Windows 类别中所有的项目模板。

表 17-1

项目模板名称	项目模板描述
Windows Forms 应用程序	一个对事件做出响应的空白窗体。Windows Forms 包装原生的 Windows 控件，并使用基于像素的图形和 GDI+
WPF 应用程序	一个对事件做出响应的空白窗体。与 Windows Forms 应用程序的项目模板很相似，但是该 WPF 应用程序的项目模板允许使用矢量图形和样式创建基于 XAML 的智能客户端解决方案
控制台应用程序	在命令行提示符或控制台窗口中运行的应用程序。这个控制台应用程序使用 MSBuild 环境编译应用程序。在 Web 类别中包含用于 .NET Core 1.0 的控制台应用程序
共享的项目	这个项目没有创建自己的二进制文件，但可以使用其他项目的源代码。与库相反，源代码在使用它的每个项目中编译。可以使用预处理器语句，根据用共享项目的项目，来区分源代码中的不同
类库	可被其他代码调用的 .NET 类库
可移植类库	可由不同技术使用的类库，例如 WPF、Universal Windows Platform 应用、Xamarin 应用等

(续表)

项目模板名称	项目模板描述
WPF 浏览器应用程序	与 WPF Windows 应用程序很相似，这种变体允许针对浏览器创建一个基于 XAML 的应用程序。但它只在 Internet Explorer 中运行，不能在 Microsoft Edge 中运行。如今，应该考虑使用不同技术实现这一点，例如具备 ClickOnce 的 WPF 应用程序或者 HTML5
空项目	只包含一个应用程序配置文件和一个控制台应用程序设置的空项目
Windows Service	自动随 Windows 一起启动并以特权本地系统账户身份执行操作的 Windows Service 项目
WPF 自定义控件库	在 WPF 应用程序中使用的自定义控件
WPF 用户控件库	使用 WPF 构建的用户控件库
Windows Forms 控件库	创建在 Windows Forms 应用程序中使用的控件的项目

注意：共享项目和可移植的类库参见第 31 章。WPF 应用程序项目模板参见第 34 章。Windows 服务项目模板参见第 39 章。

2. 使用 Universal 项目模板

表 17-2 列出了用于 Universal Windows Platform 的模板。这些模板可用于 Windows 10 和 Windows 8.1，但需要 Windows 10 系统来测试应用程序。这些模板是用于创建应用程序，使用任何设备系列运行在 Windows 10 上，例如电脑、手机、X-Box、IoT 设备等。

表 17-2

项目模板名称	项目模板描述
空白应用程序(Universal Windows)	一个使用 XAML 的空白 Universal Windows 应用程序，没有样式和其他基类
类库(Universal Windows)	一个.NET 类库，其他用.NET 编写的 Windows Store 应用程序可以调用它。在这个库中可以使用 Windows 运行库的 API
Windows 运行库组件(Universal Windows)	一个 Windows 运行库类库，其他用不同编程语言(C#、C++、JavaScript)开发的 Windows Store 应用程序可以调用它
单元测试库(Universal Windows)	一个包含 Universal Windows Platform 应用程序的单元测试的库
编码的 UI 测试项目(Windows Phone)	这个项目定义了编码的 UI 测试，用于 Windows Phone
编码的 UI 测试项目(Universal Windows)	这个项目定义了编码的 UI 测试，用于 Windows 应用程序

注意：对于 Windows 10，通用应用程序的默认模板数已削减。为了创建 Windows 8 的 Windows Store 应用程序，Visual Studio 提供了更多的项目模板，来预定义基于网格、基于分隔板或者基于 Hub 的应用程序。对于 Windows 10，只有空模板可用。可以从空的模板开始，或考虑使用 Template10 作为开始。一旦安装了微软的 Template10 Visual Studio 扩展，Template10 项目模板就可用，其命令是 Tools | Extensions and Updates。

第 17 章 Visual Studio 2015

注意：如果通过 Visual Studio 安装 Windows 8 项目模板，也可以使用几个 Windows、Windows Phone 和 Universal 项目模板，这些都是运行在 Windows 8 和 8.1 上的应用程序的通用模板，本书未涉及它们。

3. 使用 Web 项目模板

Visual Studio 2015 中的有趣改进是 Web 项目模板。最初，只有表 17-3 中的 3 个选项。

表 17-3

项目模板名称	项目模板描述
ASP.NET Web Application	这是在创建任何 Web 应用程序时选择的模板，它可以是把 HTML 代码返回到客户端的网站，也可以是运行 JSON 或 XML 的服务。在选择这个项目模板后，可用的选择在表 17-4 中描述
Class Library (Package)	这个模板使用 project.json 基本项目创建了一个类库。可以在所有新项目类型中使用这个库。这是一个用 .NET Core 建立的库
Console Application(Package)	与前面讨论的控制台应用程序和 Windows 经典桌面项目模板不同，这个控制台应用程序使用 project.json，从而允许使用 .NET Core 1.0

在选择 ASP.NET Web 应用程序模板后，就可以选择一些预先配置的模板，如图 17-8 所示。顶部是 ASP.NET 4.6 模板的一个主要组，和 ASP.NET Core 1.0 的一个组。这两组的模板在表 17-4 和表 17-5 中描述。

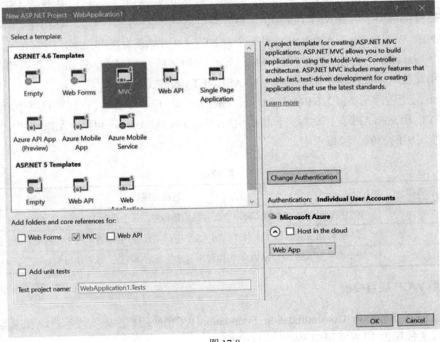

图 17-8

467

这些为 Web 应用程序与 ASP.NET 4.6 提供的模板如表 17-4 所示。选择这些模板，就可以看到 Web Forms、MVC 和 Web API 的默认选择，其中定义了创建的文件夹和核心引用。可以选择 Web Forms、MVC 和 Web API 复选框，在一个项目中使用多种技术，例如使用旧的 Web Forms 技术和更新的 ASP.NET MVC。

表 17-4

项目	项目模板描述
空白应用程序	这个模板没有任何内容，适合于用 HTML 和 CSS 页面创建站点
Web Forms	这个模板默认为 Web Forms 添加文件夹。可以添加 MVC 和 Web API 配置，以混合它们
MVC	这个模板使用"模型-视图-控制器"模式和 Web 应用程序(ASP.NET MVC 5)。它可以用于创建 Web 应用程序
Web API	Web API 模板很容易创建 RESTful 服务。这个模板也添加 MVC 文件夹和核心引用，因为服务的文档用 ASP.NET MVC 5 创建
单页应用程序	这个模板使用 MVC 创建结构，仅使用一个页面，它利用 JavaScript 代码检索服务器中的数据
Azure API 应用程序	该模板创建一个 ASP.NET Web API 结构，来创建 Microsoft Azure 支持的服务。为了更容易检测所提供的服务，把 Swagger 添加到这个模板
Azure Mobile 应用程序	这是一个 Azure Mobile 应用程序的强大模板，可用于多个移动客户端。这个模板基于 ASP.NET Web API 服务定义的表自动创建一个 SQL Server 的后端。也很容易集成基于 OAuth 的身份验证，来集成 Facebook、谷歌和 Microsoft 账户

表 17-4 中的模板都使用 ASP.NET 4.6 或更早版本的框架，而以下模板利用 ASP.NET Core 1.0。因为切换到 ASP.NET Core 1.0 并不是自动进行的，需要更改一些代码，所以并不是 ASP.NET 4.6 提供的所有特性都可用于 ASP.NET Core 1.0，最好清楚地分开这些组。例如，ASP.NET Core 1.0 没有提供 ASP.NET Web Forms。Web Forms 是一个自.NET 1.0 开始就存在的技术，但它并不容易使用新的 HTML 和 JavaScript 特性。ASP.NET 4.6 仍有一些新特性可用于 Web Forms，可以想在未来的许多年里使用此技术，但它将不可用于新框架 ASP.NET Core 1.0。

为 Web 应用程序与 ASP.NET Core 1.0 提供的模板在表 17-5 中描述。在这些选项中，不能为 Web Forms、MVC 和 Web API 选择文件夹和核心引用，因为 Web Forms 不可用，ASP.NET MVC 和 Web API 移入使用相同类的一种技术中。

表 17-5

项目模板名称	项目模板描述
空模板	这个模板是用 ASP.NET Core 1.0 托管的初始内容。这个模板主要用于第 40 章
Web API	这个模板用 ASP.NET Core 1.0 添加 ASP.NET Web API 控制器。这个模板主要用于第 42 章
Web Application	这个模板为 ASP.NET MVC 6 应用程序创建控制器和视图。这个模板主要用于第 41 章

4. 使用 WCF 项目模板

要创建一个 Windows Communication Foundation(WCF)应用程序来实现客户端和服务器之间的通信，可以选择如表 17-6 所示的 WCF 项目模板。

表 17-6

项目模板名称	项目模板描述
WCF 服务库	一个包含示例服务合同和实现以及配置的库。该项目模板被配置为启动一个 WCF 服务宿主，用来托管服务和测试客户端应用程序
WCF 服务应用程序	一个 Web 项目，它包含一个 WCF 合同和服务实现
WCF 工作流服务应用程序	一个 Web 项目，它托管一个使用工作流运行库的 WCF 服务
联合服务库	一个 WCF 服务库，它包含一个 WCF 服务合同和实现，以托管 RSS 或 ATOM 订阅源

这不是一个完整的 Visual Studio 2015 项目模板列表，但它列出了一些最常用的模板。Visual Studio 主要添加了 Universal Windows 项目模板和 ASP.NET Core 1.0 项目模板。这些新功能将会在本书其他章节中介绍。特别是，一定要参阅第 29 章到第 34 章，其中介绍了 Universal Windows Platform。第 40 到 42 章介绍了 ASP.NET Core 1.0。

17.3 浏览并编写项目

本节着眼于 Visual Studio 提供用于帮助在项目中添加和浏览代码的功能。学习如何使用 Solution Explorer 浏览文件和代码，使用编辑器的 IntelliSense 和代码片段等功能浏览其他窗口，如 Properties(属性)窗口和 Document Outline(文档大纲)。

17.3.1 构建环境：CLI 和 MSBuild

Visual Studio 2015 的复杂性和问题源自于构建环境的重大变化。有两个构建环境可用：MSBuild(其配置主要基于 XML 文件)和 .NET Command Line Interface (CLI，其配置主要基于 JSON 文件)。对于 MSBuild，用于编译项目的所有文件都在 XML 中定义。对于 CLI，文件夹中的所有文件都用于构建项目，所有文件都不需要配置。

在这两个构建环境中，有三个变体。一个变体是使用 MSBuild 系统。这个构建系统用于长期存在的项目类型，如 WPF 应用程序或使用 ASP.NET 4.5.2 模板的 ASP.NET Web 应用程序。项目文件是一个 XML 文件，列出了属于项目的所有文件，引用所有工具来编译文件，列出了构建步骤。

CLI 构建系统与 ASP.NET Core 1.0 项目模板一起使用。它用一个基于 XML、扩展名为 xproj 的项目文件进行初始配置。文件 ConsoleApp1.xproj 包含 Visual Studio 工具的构建路径信息以及全球定义信息。DNX 构建系统使用 JSON 文件 project.json，此文件定义可用的命令，引用 NuGet 包和程序集，包括项目的描述。不需要属于项目的文件列表，因为文件夹和子文件夹中的所有文件都用来编译项目。

注意：DNX 的命令行工具称为 .NET Core 命令行(CLI)，参见第 1 章。

CLI 和 MSBuild 的第三种选择是用于通用 Windows 应用程序。在这里，使用 XML 项目文件和 project.json。project.json 文件不再列出项目描述和命令，只列出对 NuGet 包的依赖，使用的运行库(用于 Universal Windows Platform 应用程序、ARM、x86 和 x64)。项目描述和构建命令在使用 MSBuild

的项目 XML 文件中。

> 注意：有两个选项可供选择，结果就有了三个变体。当然，随着时间的推移，这会更容易，只是不清楚会有多容易，因为在撰写本文时，刚刚建立了一个支持跨平台开发的 MSBuild 版本。未来的更新也许会有更多的选择。

17.3.2　Solution Explorer

在创建项目(例如，前面章节最常用的控制台应用程序(包))之后，要用到的最重要的工具除了代码编辑器，就是 Solution Explorer。使用这个工具可以浏览项目的所有文件和项，查看所有的类和类成员。

> 注意：在 Visual Studio 中运行控制台应用程序时，有一个常见的误解，即需要在 Main 方法的最后一行添加一个 Console.ReadLine 方法来保持控制台窗口打开。事实并非如此，通过命令 Debug | Start without Debugging(或按 Ctrl+F5 组合键)可以启动应用程序，而不必通过命令 Debug | Start Debugging(或按 F5 键)来开启。这样可以保持窗口打开直到按下某个键。使用 F5 键来开启应用程序也是有意义的，如果设置了断点，Visual Studio 就会在断点处挂起。

1. 使用项目和解决方案

Solution Explorer 会显示项目和解决方案。理解它们之间的区别是很重要的：
- 项目是一个包含所有源代码文件和资源文件的集合，它们将编译成一个程序集，在某些情况下也可能编译为一个模块。例如，项目可能是一个类库或一个 Windows GUI 应用程序。
- 解决方案是一个包含所有项目的集合，它们组合成一个特定的软件包(应用程序)。

要理解这个区别，可以考虑当发布一个包括多个程序集的项目时会发生什么。例如，可能有用户界面、自定义控件和作为应用程序一部分的库的其他组件。甚至可能为管理员提供不同的用户界面和通过网络调用的服务。应用程序的每一部分可能包含在单独的程序集中，因此 Visual Studio 会认为它们是单独的项目。而且很有可能并行编码这些项目，并将它们彼此结合。因此，在 Visual Studio 中把这些项目当作一个单位来编辑是非常有用的。Visual Studio 允许把所有相关的项目构成一个解决方案，并且当作一个单位来处理，Visual Studio 会读取该单位并允许在该单位上进行工作。

到目前为止，本章已经零散地讨论创建一个控制台项目。在这个例子中，Visual Studio 实际上已经创建一个解决方案，只不过它仅包含一个项目而已。可以在 Solution Explorer 中看到这样的场景(如图 17-9 所示)，它

图 17-9

包含一个树型结构，用于定义该解决方案。

在这个例子中，项目包含了源文件 Program.cs，以及项目配置文件 project.json(允许定义项目描述、版本和依赖项)。Solution Explorer 也显示了项目引用的 NuGet 包和程序集。在 Solution Explorer 中展开 References 文件夹就可以看到这些信息。

如果在 Visual Studio 中没有改变任何默认设置，在屏幕右上方就可以找到 Solution Explorer。如果找不到它，则可以进入 View 菜单并选择 Solution Explorer。

解决方案是用一个扩展名为.sln 的文件来描述的，在这个示例中，它是 ConsoleApp1.sln。解决方案文件是一个文本文件，它包含解决方案中包含的所有项目的信息，以及可用于所有包含项目的全局项。

根据构建环境，C#项目是用一个扩展名为.csproj 的文件或.xproj 文件和 project.json 来描述的，project.json 文件可以在 Solution Explorer 中直接打开。为了在 Visual Studio 中编辑.csproj 文件，需要先卸载这个项目，可以单击项目名称并在上下文菜单中选择 Unload Project 命令来进行卸载。项目卸载之后，在上下文菜单中选择 Edit ConsoleApp1.csproj，就可以直接访问 XML 代码了。

显示隐藏文件

默认情况下，Solution Explorer 隐藏了一些文件。单击 Solution Explorer 工具栏中的 Show All Files 按钮，可以显示所有隐藏的文件。例如，bin 和 obj 子文件夹存放了编译的文件和中间文件。obj 子文件夹存放各种临时的或中间文件；bin 子文件夹存放已编译的程序集。

2. 将项目添加到一个解决方案中

下面各节将介绍 Visual Studio 如何处理 Windows 桌面应用程序和控制台应用程序。最终会创建一个名为 BasicForm 的 Windows 项目，将它添加到当前的解决方案 ConsoleApp1 中。

注意：创建 BasicForm 项目，得到的解决方案将包含一个 WPF 应用程序和一个控制台应用程序。这种情况并不多见，更有可能的是解决方案包含一个应用程序和许多类库。这么做只是为了展示更多的代码。不过，有时需要创建这样的解决方案，例如，编写一个既可以运行为 WPF 应用程序、又可以运行为命令行实用工具的实用程序。

创建新项目的方式有几种。一种方式是在 File 菜单中选择 New | Project(前面就是这么做的)，或者在 File 菜单中选择 Add | New Project。选择 New Project 命令将打开熟悉的 Add New Project 对话框，如图 17-10 所示。不过，此时 Visual Studio 会在已有 ConsoleApp1 项目所在的解决方案中创建新项目。

如果选择该选项，就会添加一个新项目，因此 ConsoleApp1 解决方案现在包含一个控制台应用程序和一个 WPF 应用程序。

注意：Visual Studio 支持语言独立性，所以新项目并不一定是 C#项目。将 C#项目、Visual Basic 项目和 C++项目放在同一个解决方案中是完全可行的。但是，本书的主题是 C#，所以创建 C#项目。

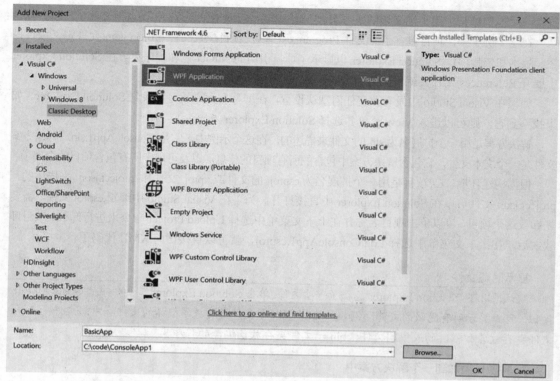

图 17-10

当然，这意味着 ConsoleApp1 不再适合作为解决方案的名称。要改变名称，可以右击解决方案的名称，并选择上下文菜单中的 Rename 命令。将新的解决方案命名为 DemoSolution。Solution Explorer 窗口现在如图 17-11 所示。

可以看出，Visual Studio 自动为新添加的 WPF 项目引用一些额外的基类，这些基类对于 WPF 功能非常重要。

注意，在 Windows Explorer 中，解决方案文件的名称已经改为 DemoSolution.sln。通常，如果想重命名任何文件，Solution Explorer 窗口是最合适的选择，因为 Visual Studio 会自动更新它在其他项目文件中的引用。如果只使用 Windows Explorer 来重命

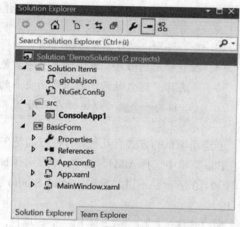

图 17-11

名文件，可能会破坏解决方案，因为 Visual Studio 不能定位需要读入 IDE 的所有文件。因此需要手动编辑项目和解决方案文件，来更新文件引用。

3. 设置启动项目

请记住，如果一个解决方案有多个项目，就需要配置哪个项目作为启动项目来运行。也可以配置多个同时启动的项目。这有多种方式。在 Solution Explorer 中选择一个项目之后，上下文菜

单会提供 Set as Startup Project 选项，它允许一次设置一个启动项目。也可以使用上下文菜单中的 Debug | Start new instance 命令，在一个项目后启动另一个项目。要同时启动多个项目，右击 Solution Explorer 中的解决方案，并选择上下文菜单中的 Set Startup Projects，打开如图 17-12 所示的对话框。当选择 Multiple startup projects 之后，可以定义启动哪些项目。

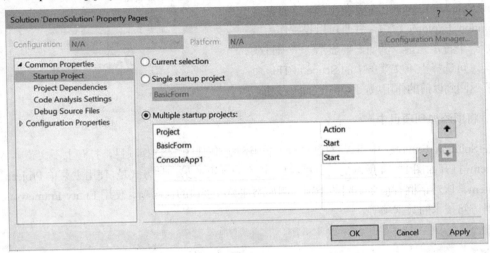

图 17-12

4. 浏览类型和成员

当 Visual Studio 初次创建 WPF 应用程序时，该应用程序比控制台应用程序要多包含一些初始代码。这是因为创建窗口是一个较复杂的过程。第 34 章详细讨论 WPF 应用程序的代码。现在，查看 MainWindow.xaml 中的 XAML 代码，和 MainWindow.xaml.cs 中的 C#代码。这里也有一些隐藏的 C#代码。遍历 Solution Explorer 中的树状结构，在 MainWindow.xaml.cs 的下面可以找到 MainWindow 类。Solution Explorer 在该文件中显示了所有代码文件中的类型。在 MainWindow 类型中，可以看到类的所有成员。_contentLoaded 是一个布尔类型的字段。单击这个字段，会打开 MainWindow.g.i.cs 文件。这个文件是 MainWindow 类的一部分，它由设计器自动生成，包含一些初始化代码。

5. 预览项

Solution Explorer 提供的一个新功能是 Preview Selected Items 按钮。启用这个按钮，在 Solution Explorer 中单击一项，就会打开该项的编辑器，这与往常相同。但如果该项以前没有打开过，编辑器的选项卡流就会在最右端显示新打开的项。现在单击另一项，以前打开的项就会关闭。这大大减少了打开的项数。

在预览项的编辑器选项卡中有 Keep Open 按钮，它会使该项在单击另一项时仍处于打开状态，保持打开的项的选项卡会向左移动。

6. 使用作用域

设置作用域可以让用户专注于解决方案的某一特定部分。Solution Explorer 列表显示的项会越来越多。例如，打开一个类型的上下文菜单，就可以从 Base Types 菜单中选择该类型的基类型。这里可以看到完整的类型继承层次结构，如图 17-13 所示。

因为 Solution Explorer 包含的信息量比在一个屏幕中可以轻松查看的信息量要多，所以可以用 New Solution Explorer View 菜单项一次打开多个 Solution Explorer 窗口，并且可以设置作用域来显示一个特定元素。例如，要显示一个项目或一个类，可选择上下文菜单中的 Scope to This 命令。要返回到以前的作用域，可单击 Back 按钮。

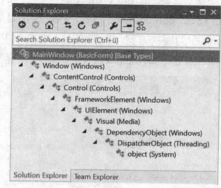

图 17-13

7. 将项添加到项目中

在 Solution Explorer 中可以直接将不同的项添加到项目中。选择项目，打开上下文菜单 Add | New Item，打开如图 17-14 所示的对话框。打开这个对话框的另一种方式是，使用主菜单 Project | Add New Item。该对话框有很多不同的类别，例如添加类或接口的代码项、使用 Entity Framework 或其他数据访问技术的数据项等。

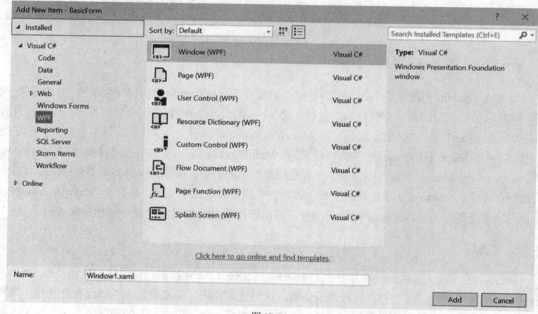

图 17-14

8. 管理引用

使用 Visual Studio 添加引用需要特别关注，因为项目类型有区别。如果使用完整的框架，即.NET 4.6，在.NET Framework 中给程序集添加引用仍是一个重要的任务。如果使用旧模板，例如 WPF，或使用新模板，例如 Console Application (Package)，这个任务就不重要。记住，使用新模板，仍可以面向.NET 4.5.2 (或.NET 4.6)和.NET Core 1.0。

如图 17-15 所示的 Reference Manager 可以把引用添加到来自.NET Framework 的程序集，还可以把引用添加到用库项目创建的程序集。

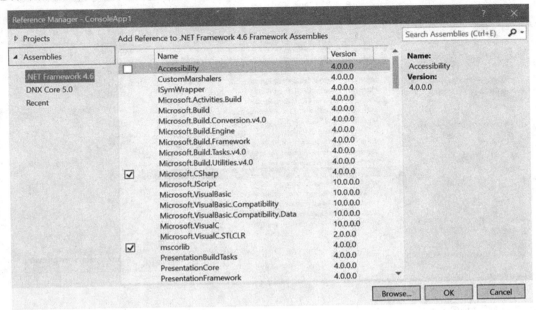

图 17-15

根据要添加引用的项目类型，Reference Manager 提供了不同的选项。图 17-16 显示，Reference Manager 打开了一个 WPF 应用程序。在这里可以引用共享项目和 COM 对象，还可以浏览程序集。

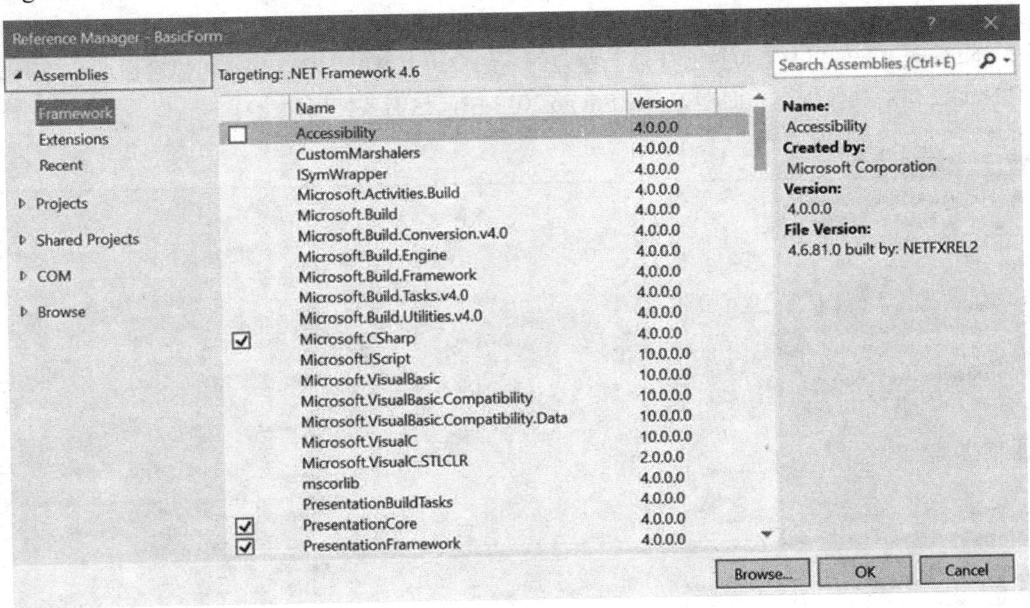

图 17-16

当创建 Universal Windows Platform 应用程序时，会看到 Reference Manager 的一个新特性，如图 17-17 所示。在这里可以引用 Universal Windows Extensions，例如可用于 Windows IoT 或 Windows Mobile 的 API 扩展。

475

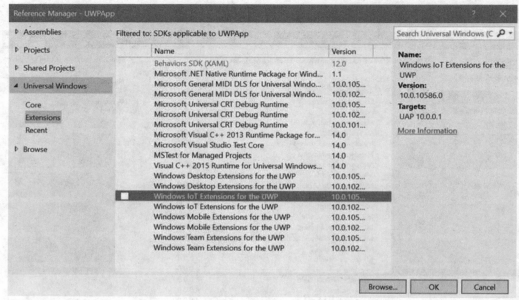

图 17-17

9. 使用 NuGet 包

.NET Core 的所有新功能都可以通过 NuGet 包使用。许多对.NET 4.6 的改进也可以通过 NuGet 包使用。NuGet 允许比.NET Framework 更快的创新，如今这是必须的。

NuGet 包管理器如图 17-18 所示，已经为 Visual Studio 2015 完全重写了。它不再是一个模态对话框，NuGet 包管理器从互联网上下载一些包时，用户可以继续工作。现在可以轻松地选择需要安装的 NuGet 包的具体版本。而在 Visual Studio 2013 中，这需要使用命令行。

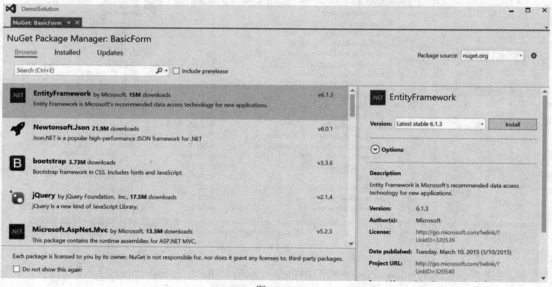

图 17-18

要配置 NuGet 包的来源，可以通过选择 Tools | Options，打开 Options 对话框。在 Options 对话框中选择树视图中的 NuGet Package Manager | Package Sources（见图 17-19）。默认情况下，配置了微软的 NuGet 服务器，也可以配置其他 NuGet 服务器或自己的服务器。在.NET Core 和 ASP.NET Core 1.0 中，微软提供了每日更新的 NuGet 包种子。

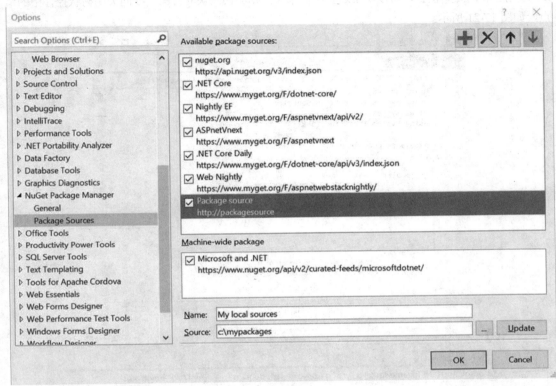

图 17-19

使用 NuGet 包管理器，不仅可以选择包的来源，也可以选择一个过滤器，查看安装的所有包，或者可用的升级包，并搜索服务器上的包。

 注意：在 ASP.NET Core 1.0 中，JavaScript 库不再在 NuGet 服务器中使用。相反，JavaScript 包管理器，例如 NPM、Bower 等，在 Visual Studio 2015 中获得直接支持。参见第 40 章。

17.3.3 使用代码编辑器

Visual Studio 代码编辑器是进行大部分开发工作的地方。在 Visual Studio 中，从默认配置中移除一些工具栏，并移除了菜单栏、工具栏和选项卡标题的边框，从而增加了代码编辑器的可用空间。下面介绍该编辑器中最有用的功能。

1. 可折叠的编辑器

Visual Studio 中的一个显著功能是使用可折叠的编辑器作为默认的代码编辑器。图 17-20 是前面生成的控制台应用程序代码。注意窗口左侧的小减号，这些符号所标记的点是编辑器认为新代码块(或文档注释)的开始位置。可以单击这些图标来关闭相应代码块的视图，如同关闭树状控件中的节点，如图 17-21 所示。

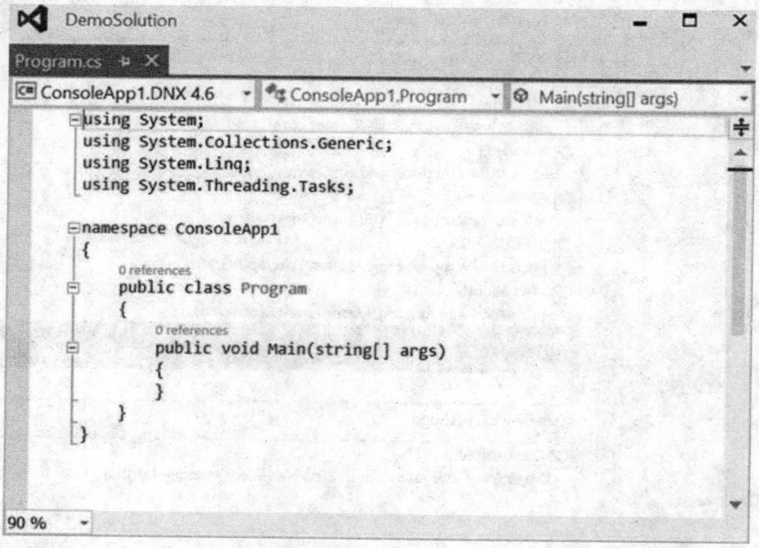

图 17-20

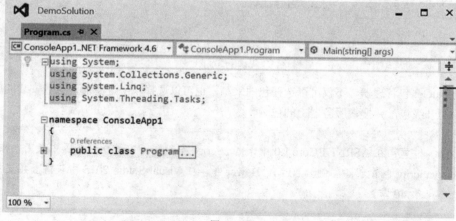

图 17-21

这意味着在编辑时可以只关注所需的代码区域，隐藏此刻不感兴趣的代码。如果不喜欢编辑器折叠代码的方式，可以用 C#预处理器指令#region 和#endregion 来指定要折叠的代码块。例如，要折叠 Main 方法中的代码，可以添加如图 17-22 所示的代码。

第 17 章 Visual Studio 2015

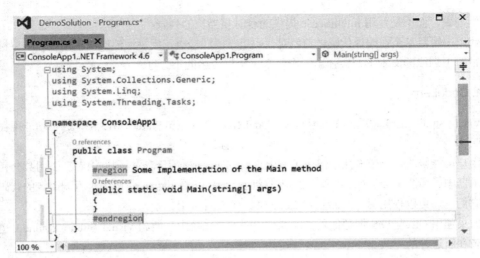

图 17-22

代码编辑器自动检测#region 块，并通过#region 指令放置一个新的减号标识，这允许关闭该区域。封闭区域中的这段代码允许编辑器关闭它(如图 17-23 所示)，在#region 指令中用指定的注释标记这个区域。然而，编译器会忽略这些指令，跟往常一样编译 Main 方法。

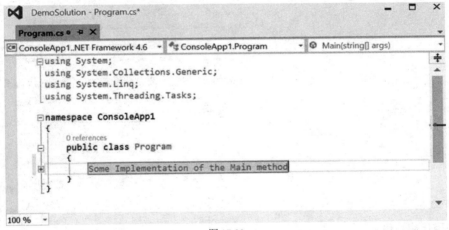

图 17-23

2. 在编辑器中导航

编辑器的顶行是三个组合框。右边的组合框允许导航输入的类型成员。中间的组合框允许导航类型。左边的组合框在 Visual Studio 2015 中是新增的，它允许在不同的应用程序或框架之间导航。例如，如果正在处理一个共享项目的源代码，在编辑器的左边组合框中，可以选择使用共享项目的一个项目，查看所选项目的活跃代码。不为所选项目编译的代码会暗显。使用 C#预处理器命令可以为不同的平台创建代码段。

3. IntelliSense

除了可折叠编辑器的功能之外，Visual Studio 的代码编辑器也集成了 Microsoft 流行的 IntelliSense 功能。它不仅减少了输入量，还确保使用正确的参数。IntelliSense 会记住首选项，并从这些选项开始提供列表，而不是使用 IntelliSense 提供的有时相当长的列表。

代码编辑器甚至在编译代码之前就对代码进行语法检查，用短波浪线指示错误。将鼠标指针悬停在带有下划线的文本上，会弹出一个包含了错误描述的小方框。

4. CodeLens

Visual Studio 2013 中的一个新功能是 CodeLens。在 Visual Studio 2015 中，这个功能现在可用于专业版。

用户可能修改了一个方法，但忘了调用它的方法。现在很容易找到调用者。引用数会直接显示在编辑器中，如图 17-24 所示。单击引用链接时，会打开 CodeLens，以便查看调用者的代码，并导航到它们。还可以使用另一个新功能 Code Map 来查看引用。

如果使用 Git 或 TFS 把源代码签入到源代码控制系统中，例如 Visual Studio Online，也可以看到作者和所进行的更改。

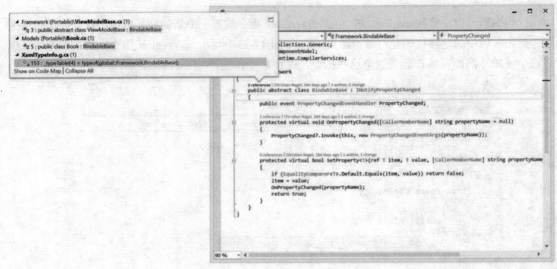

图 17-24

5. 使用代码片段

代码片段提升了代码编辑器的工作效率，仅需要在编辑器中写入 cw<tab><tab>，编辑器就会创建 Console.WriteLine();。Visual Studio 自带很多代码片段：

- 使用快捷方式 do、for、forr、foreach 和 while 创建循环
- 使用 equals 来实现 Equals 方法
- 使用 attribute 和 exception 来创建 Attribute 和 Exception 派生类型等

选择 Tools | Code Snippets Manager，在打开的 Code Snippets Manager 中可以看到所有可用的代码片段(如图 17-25 所示)。也可以创建自定义的代码片段。

可以使用用于 XAML 的代码片段。代码片段可以从 http://xamlsnippets.codeplex.com 上获得。

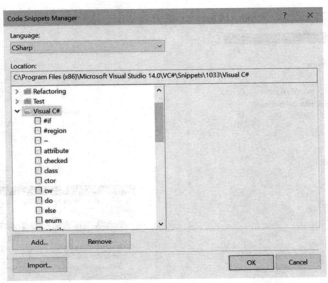

图 17-25

17.3.4 学习和理解其他窗口

除了代码编辑器和 Solution Explorer 外，Visual Studio 还提供了许多其他窗口，允许从不同的角度来查看或管理项目。

 注意：本节的其余部分介绍其他几个窗口。如果这些窗口在屏幕上不可见，可以在 View 菜单中选择它们。要显示设计视图或代码编辑器，可以右击 Solution Explorer 中的文件名，并选择上下文菜单中的 View Designer 或 View Code；也可以选择 Solution Explorer 顶部工具栏中的对应项。设计视图和代码编辑器共用同一个选项卡式窗口。

1. 使用设计视图窗口

如果设计一个用户界面应用程序，如 WPF 应用程序或 Windows 控件库，则可以使用设计视图窗口。这个窗口显示窗体的可视化概览。设计视图窗口经常和工具箱窗口一起使用。工具箱包含许多 .NET 组件，可以将它们拖放到程序中。工具箱的组件会根据项目类型而有所不同。图 17-26 显示了 WPF 应用程序的工具箱。

要将自定义的类别添加到工具箱，请执行如下步骤：

(1) 右击任何一个类别。
(2) 选择上下文菜单中的 Add Tab。

也可以选择上下文菜单中的 Choose Items，在工具箱中放置其他工具，这尤其适合于添加自定义的组件或工具箱默认没有显示的 .NET Framework 组件。

2. 使用 Properties 窗口

如本书第 I 部分所述，.NET 类可以实现属性。Properties 窗口可用于项目、文件和使用设计视图选择的项。图 17-27 显示了 Windows Service 的 Properties 视图。

图 17-26

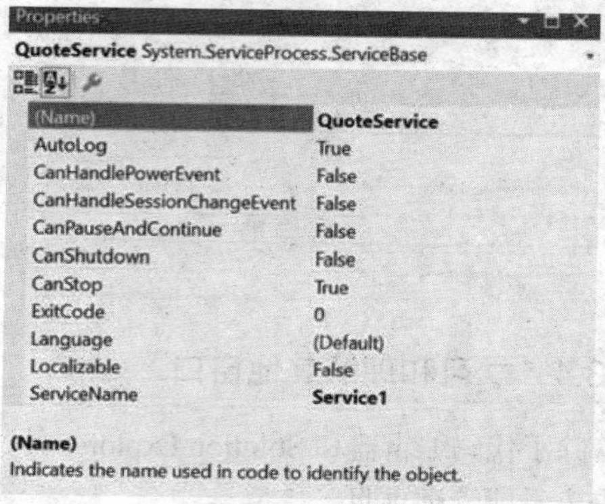

图 17-27

在这个窗口中可以看到一项的所有属性，并对其进行相应的配置。一些属性可以通过在文本框中输入文本来改变，一些属性有预定义的选项，一些属性有自定义的编辑器。也可以在 Properties 窗口中添加事件处理程序。

在 UWP 和 WPF 应用程序中，Properties 窗口看起来非常不同，如图 17-28 所示。这个窗口提供了很多图形效果，并允许用图形方式来设置属性。这个属性窗口最初来源于 Blend 工具。如前所述，Visual Studio 和 Blend for Visual Studio 有许多相似之处。

图 17-28

3. 使用类视图窗口

Solution Explorer 可以显示类和类的成员,这是类视图的一般功能(如图 17-29 所示)。要调用类视图,可选择 View | Class View。类视图显示代码中的名称空间和类的层次结构。它提供了一个树型结构,可以展开该结构来查看名称空间下包含哪些类,类中包含哪些成员。

类视图的一个杰出功能是,如果右击任何有权访问其源代码的项的名称,然后选择上下文菜单中的 Go To Definition 命令,就会转到代码编辑器中的项定义。另外,在类视图中双击该项(或在代码编辑器中右击想要的项,并从上下文菜单中选择相同的选项),也可以查看该项的定义。上下文菜单还允许给类添加字段、方法、属性、或索引器。换句话说,在对话框中指定相关成员的详细信息,就会自动添加代码。这个功能对于添加属性和索引器非常有用,因为它可以减少相当多的输入量。

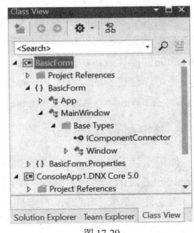

图 17-29

4. 使用 Object Browser 窗口

在.NET 环境中编程的一个重要方面是能够找出基类或从程序集引用的其他库中有哪些可用的方法和其他代码项。这个功能可通过 Object Browser 窗口来获得(参见图 17-30)。在 Visual Studio 2015 中选择 View 菜单中的 Object Browser,可以访问这个窗口。使用这个工具,可以浏览并选择现有的组件集,如.NET Framework 2.0 到 4.6 版本、适用于 Windows 运行库的.NET Portable Subsets,和.NET for UWP,并查看这个子集中可用的类和类成员。在 Browse 下拉框中选择 Windows Runtime,来选择 Windows 运行库,也可以找到这个用于 UWP 应用程序的原生新 API 的所有名称空间、类型和方法。

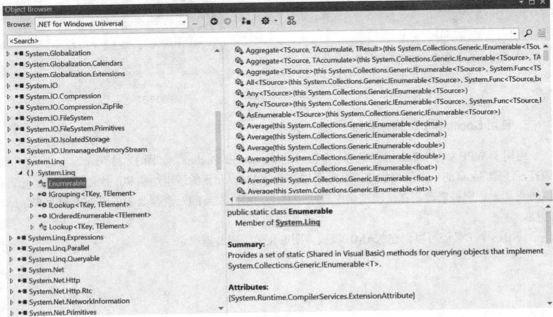

图 17-30

5. 使用 Server Explorer 窗口

使用 Server Explorer 窗口，如图 17-31 所示，可以在编码时找出计算机在网络中的相关信息。在该窗口的 Servers 部分中，可以找到服务运行情况的信息(这对于开发 Windows 服务是非常有用的)，创建新的性能计数，访问事件日志。在 Data Connections 部分中不仅能够连接现有数据库，查询数据，还可以创建新的数据库。Visual Studio 2015 也有一些内置于 Server Explorer 的 Windows Azure 信息，包括 Windows Azure Compute、Mobile Services、Storage、Service Bus 和 Virtual Machines 选项。

6. 使用 Cloud Explorer

如果安装了 Azure SDK 和 Cloud Explorer 扩展，那么 Cloud Explorer (见图 17-32)是一个可用于 Visual Studio 2015 的新浏览器。使用 Cloud Explorer 可以访问 Microsoft Azure 订阅，访问资源，查看日志文件，连接调试器，直接进入 Azure 门户。

图 17-31

图 17-32

7. 使用 Document Outline 窗口

可用于 WPF 和 UWP 应用程序的一个窗口是 Document Outline。如图 17-33 所示，在这个窗口中打开了第 34 章的一个应用程序，从中可以查看 XAML 元素的逻辑结构和层次结构，锁定元素以防止其无意中被修改，在层次结构中轻松地移动元素，在新的元素容器中分组元素和改变布局类型。

使用这个工具还可以创建 XAML 模板，图形化地编辑数据绑定。

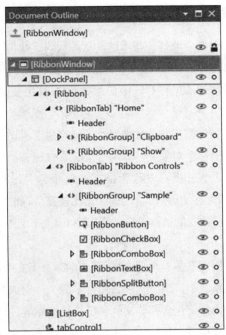

图 17-33

17.3.5 排列窗口

学习 Visual Studio 时会发现，许多窗口有一个有趣的功能会让人联想到工具栏。尤其是，它们都可以浮动(也可以显示在第二个显示器上)，也可以停靠。当它们停靠时，在每个窗口右上角的最小化按钮旁边会显示一个类似图钉的额外图标。这个图标的作用确实像图钉，它可以用来固定打开的窗口。固定窗口(图钉是垂直显示的)的行为与平时使用的窗口一样。但当它们取消固定时(图钉是水平显示的)，则窗口只有获得焦点，才会打开。当失去焦点时(因为单击或者移动鼠标到其他地方)，它们会快速退出到 Visual Studio 应用程序的主边框内。固定和取消固定窗口提供了另一种方式来更好地利用屏幕上有限的空间。

Visual Studio 2015 中的一个新特性是，可以存储不同的布局。用户很有可能运行在不同的环境中。例如，在办公室笔记本电脑可能连接到两个大屏幕上，但在平面上编程时，就只有一个屏幕。过去，可能总是根据需要安排窗口，必须一天几次地改变窗口的布局。可能需要不同布局的另一个场景是做网络开发，创建 UWP 和 Xamarin 应用程序。现在可以保存布局，轻松地从一个布局切换到另一个。在 Window 菜单中选择 Save Window Layout，保存当前的工具布局。使用 Window | Apply Window Layout，选择一个保存的布局，把窗口安排为保存它们时的布局。

17.4 构建项目

Visual Studio 不仅可以编写项目，它实际上是一个 IDE，管理着项目的整个生命周期，包括生成或编译解决方案。本节讨论如何用 Visual Studio 生成项目。

17.4.1 构建、编译和生成代码

讨论各种构建选项之前，先要弄清楚一些术语。从源代码转换为可执行代码的过程中，经常看到 3 个不同的术语：构建、编译和生成。这 3 个术语的起源反映了一个事实：直到最近，从源代码到可执行代码的过程涉及多个步骤(在 C++中仍然如此)。这主要是因为一个程序包含了大量的源文件。

例如，在 C++中，每个源文件都需要单独编译。这就产生了所谓的对象文件，每个对象文件包含类似于可执行代码的内容，但每个对象文件只与一个源文件相关。要生成一个可执行文件，这些对象文件需要连接在一起，这个过程官方称为链接。这个合并过程通常称为构建代码(至少在 Windows 平台上是如此)。然而，在 C#术语中，编译器比较复杂，能够将所有的源文件当作一个块来读取和处理。因此，没有真正独立的链接阶段，所以在 C#上下文中，术语"构建"和"编译"可以互换使用。

术语"生成"的含义与"构建"基本相同，虽然它在 C#上下文中没有真正使用。术语"生成"起源于旧的大型机系统，在该系统中，当一个项目由许多源文件组成时，就在一个单独的文件中写入指令，告诉编译器如何构建项目：包含哪些文件和链接什么库等。这个文件通常称为生成文件，在 UNIX 系统上它仍然是非常标准的文件。事实上，MSBuild 项目文件和旧的生成文件非常类似，它只是一个新的高级 XML 变体。在 MSBuild 项目中，可以使用 MSBuild 命令，将项目文件当作输入，来编译所有的源文件。使用构建文件非常适合于在一个单独的构建服务器上进行构建，其中所有的开发人员仅需要签入他们的代码，构建过程会在深夜自动完成。第 1 章介绍了.NET Core 命令行 (CLI)工具，该命令行建立了.NET Core 环境。

17.4.2 调试版本和发布版本

C++开发人员非常熟悉生成两个版本的这种思想，有 Visual Basic 开发背景的开发人员也不会十分陌生。其关键在于：可执行文件在调试时的目标和行为应与正式发布时不同。准备发布软件时，可执行文件应尽可能小而快。但是，这两个目标与调试代码时的需求不兼容，在接下来的小节中将看到这一点。

1. 优化

在高性能方面，编译器对代码进行的多次优化起到了一定的作用。这意味着编译器在编译代码时，会在代码实现细节中积极找出可以修改的地方。编译器所做的修改并不会改变整体效果，但是会使程序更加高效。例如，假设编译器遇到了下面的源代码：

```
double InchesToCm(double ins) => ins * 2.54;

// later on in the code
Y = InchesToCm(X);
```

就可能把它们替换为下面的代码：

```
Y = X * 2.54;
```

类似地，编译器可能把下面的代码：

```
{
    string message = "Hi";
    Console.WriteLine(message);
}
```

替换为：

```
Console.WriteLine("Hi");
```

这样，编译器就不需要在此过程中声明任何非必要的对象引用。

C#编译器会进行怎样的优化无从判断，我们也不知道前两个例子中的优化在特定情况中是否会实际发生，因为编译器的文档没有提供这类细节。不过，对于C#这样的托管语言，上述优化很可能在 JIT 编译时发生，而不是在 C#编译器把源代码编译为程序集时发生。显然，由于专利原因，编写编译器的公司通常不愿意过多地说明他们使用了什么技巧。注意，优化不会影响源代码，而只影响可执行代码的内容。通过前面的示例，可以基本了解优化产生的效果。

问题在于，虽然示例代码中的优化可以加快代码的运行速度，但是它们也增加了调试的难度。在第一个例子中，假设想要在 InchesToCm()方法中设置一个断点，了解该方法的工作机制。如果在编译器做了优化后，可执行代码中不再包含 InchesToCm()方法，怎么可能进行这种操作呢？同样，如果编译后的代码中不再包含 Message 变量，又如何监视该变量的值？

2. 调试器符号

在调试过程中，经常需要查看变量的值，这时使用的是它们在源代码中的名称。问题是可执行代码一般不包含这些名称——编译器用内存地址代替了变量名称。.NET 在一定程度上改变了这种情况，使程序集中的某些项以名称的形式存储，但是这只适用于少量的项(例如公有类和方法)，而且这些名称在 JIT 编译程序集后也仍然会被移除。如果让调试器显示变量 HeightInInches 的值，但是编译器在查看可执行代码时只看到了地址，而没有看到任何对名称 HeightInInches 的引用，自然就得不到期望的结果。

因此，为了正确地调试，需要在可执行文件中提供一些额外的调试信息。这些信息包含变量名和代码行信息，允许调试器确定可执行机器汇编语言指令与源代码中的哪些指令对应。但是，不应该在发布版本中包含这些信息，这既是出于专利考虑(提供调试信息会方便其他人反汇编代码)，也是因为包含调试信息会增加可执行文件的大小。

3. 其他源代码调试指令

一个相关问题是，在调试时，程序经常包含一些额外的代码行，用于显示关键的调试信息。显然，在发布软件前，需要从可执行代码中彻底删除这些相关指令。手动删除是可以的，但是如果能以某种方式标记这些语句，让编译器在编译发布代码时自动忽略它们，不是更方便吗？本书的第 I 部分提到，在 C#中，定义合适的预处理器指令，再结合使用 Conditional 特性(所谓的条件编译)，就可以实现这种操作。

所有这些因素综合到一起，决定了几乎所有商业软件的编译调试方式与最终交付产品的编译方式是稍有区别的。Visual Studio 能够处理这种区别，因为 Visual Studio 在编译代码时，会存储应传递给编译器的所有编译选项信息。为了支持不同类型的构建版本，Visual Studio 需要存储多组编译选项。这些不同的版本信息集合称为配置。在创建项目时，Visual Studio 会自动提供两种配置：调试和发布。

- **调试**：这种配置通常指定编译器不优化编译过程，可执行文件应该包含额外的调试信息，编译器假定调试预处理器指令 Debug 是存在的，除非源代码中显式使用了 #undefined Debug 指令。
- **发布**：这种配置指定编译器应优化编译过程，可执行文件不应包含额外的调试信息，编译器不应假定源代码包含特定的预处理器符号。

还可以定义自己的配置，例如设置软件的专业级版本和企业级版本。过去，由于 Windows NT 支持 Unicode 字符编码，但 Windows 95 不支持，因此 C++项目经常使用 Unicode 配置和 MBCS(Multi-Byte Character Set，多字节字符集)配置。

17.4.3 选择配置

Visual Studio 存储了多个配置的细节，那么在准备生成一个项目时，如何决定使用哪个配置？答案是，项目总是有一个活动的配置，当要求 Visual Studio 生成项目时，就使用这个配置。注意，活动配置是针对每个项目、而不是每个解决方案设置的。

在创建项目时，默认情况下 Debug 配置是活动配置。如果想修改活动配置，可以单击 Build 菜单，选择 Configuration Manager 菜单项。在 Visual Studio 主工具栏的下拉菜单中也可以找到此选项。

17.4.4 编辑配置

除了选择活动配置外，还可以查看及编辑配置。为此，在 Solution Explorer 中选择相关的项目，然后选择 Project 菜单中的 Properties 菜单项，这会打开一个复杂的对话框。打开该对话框的另一个方法是，在 Solution Explorer 中右击项目名称，然后从上下文菜单中选择 Properties。

这个对话框包含多个选项卡，用于选择要查看或编辑的常规属性类别。由于篇幅原因，本节不展示所有的属性类别，只介绍其中两个最重要的选项卡。

根据应用程序是 MSBuild 还是 CLI，可用的选项完全不同。首先，图 17-34 显示了 WPF 应用程序的属性，其中显示了可用属性的选项卡式视图。这个屏幕截图显示了常规应用程序设置。

在 Application 选项卡中，可以选择要生成的程序集的名称及类型。可选的类型包括 Console Application、Windows Application 和 Class Library。当然，如果愿意，还可以修改程序集的类型，但是，为什么不在一开始就让 Visual Studio 生成正确类型的项目呢？

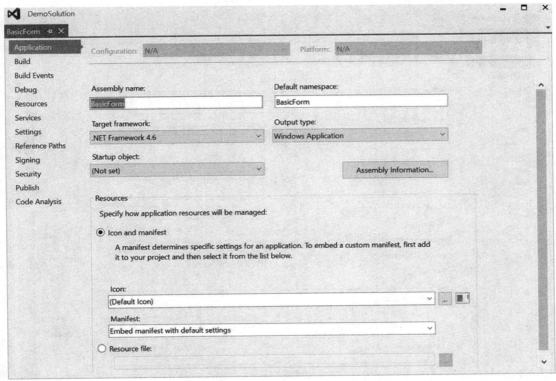

图 17-34

图 17-35 显示了基于 CLI 的应用程序的配置。还可以看到 Application 设置，但选项仅限于默认名称空间名和运行库部分。在这个屏幕图中，选择了 RC 2 的特定版本。

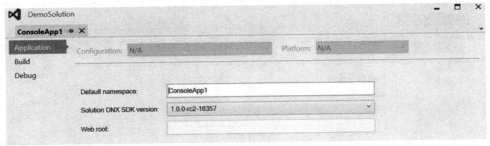

图 17-35

图 17-36 显示了 WPF 应用程序的生成配置属性。注意，在对话框顶部的下拉列表中可以指定要查看的配置类型。对于 Debug 配置，编译器假定已经定义了 DEBUG 和 TRACE 预处理器符号。此外，编译器不会优化代码，而且会生成额外的调试信息。

图 17-37 显示了 CLI 项目的构建配置属性。在这里可以选择构建输出。TypeScript 设置只与包含 TypeScript 代码的应用程序相关。TypeScript 编译为 JavaScript。

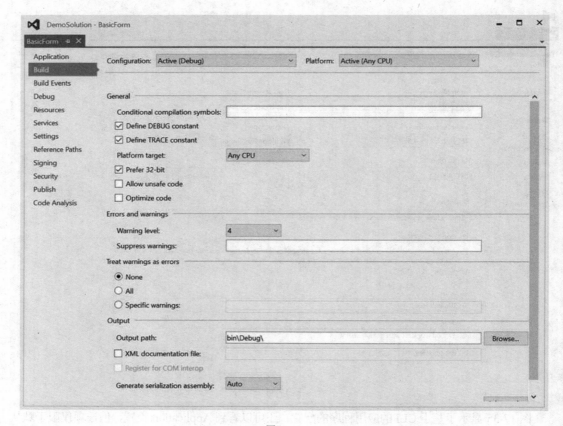

图 17-36

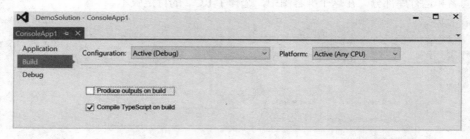

图 17-37

17.5 调试代码

现在，已经准备好运行和调试应用程序了。在 C#中调试应用程序与早于.NET 的语言一样，涉及的主要技巧是设置断点，使用断点检查在代码执行到特定位置时发生了什么情况。

17.5.1 设置断点

在 Visual Studio 中，可在实际执行的任何代码行上设置断点。最简单的方法是在代码编辑器中单击文档窗口最左边的灰色区域，或者在选中合适的行后按 F9 键。这会在该代码行上设置一个断点，当程序执行到该行时将暂停执行，并把控制权转交给调试器。与 Visual Studio 以前的版本一样，断点由代码编辑器中代码行左边的红色圆圈表示。Visual Studio 还使用不同的颜色高亮显示该行代码的文本和背景。再次单击红色圆圈将删除断点。

如果对于特定的问题，每次在特定的代码行暂停执行不足以解决该问题，则还可以设置条件断点。为此，选择 Debug | Windows | Breakpoints。在打开的对话框中，输入想要设置的断点的细节。例如，在该对话框中可以执行以下操作：

- 指定只有遇到断点超过一定次数时，执行才应该中断。
- 指定只有遇到代码行达到一定次数时，才激活断点。例如，执行代码行每达到 20 次时就激活断点。这对于调试大型循环很有帮助。
- 指定只有遇到变量满足一定条件时，执行才应该中断。此时，变量的值将被监视，一旦该值发生变化，断点就会触发。但是，这个选项可能会显著减慢代码的执行。在每行代码执行后就检查某个变量的值是否发生变化，会增加大量的处理器时间。

使用该对话框还可以导出和导入断点设置，如果根据不同的调试场景想要使用不同的断点设置，那么这些选项十分有用。另外，在该对话框中还可以存储调试设置。

17.5.2 使用数据提示和调试器可视化工具

在断点触发后，通常想要查看变量的值。最简单的方法是在代码编辑器中，在变量名的上方悬停光标。这将弹出一个很小的数据提示框，其中显示了该变量的值。也可以展开数据提示框来查看更多细节，如图 17-38 所示。

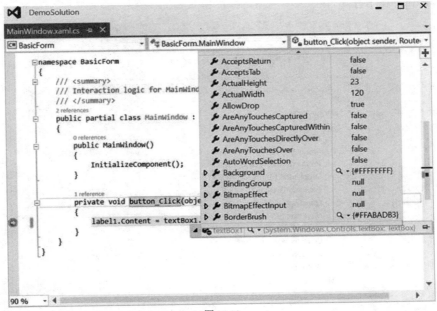

图 17-38

数据提示中的某些值会带有一个放大镜图标。单击这个放大镜图标时，根据数据的类型，会显示一个或多个使用调试器可视化工具(debugger visualizer)的选项。对于 WPF 控件，使用 WPF Visualizer 可以更详细地查看控件，如图 17-39 所示。在此可视化工具中，可以使用可视化树查看运行期间的变量，包括所有的实际属性设置。通过该可视化树可以预览在该树中选择的元素。

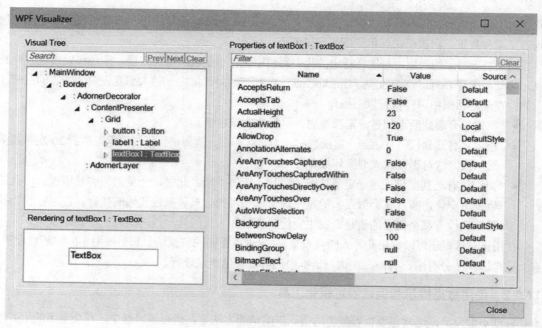

图 17-39

如图 17-40 所示的 JSON Visualizer 可显示 JSON 内容。还有其他许多可视化工具，如 HTML、XML 和 Text 可视化工具。

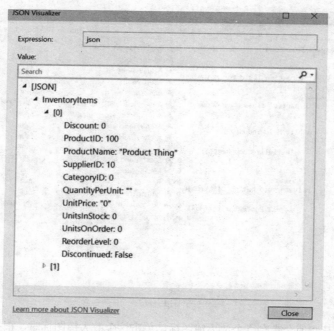

图 17-40

17.5.3 Live Visual Tree

Visual Studio 2015 为基于 XAML 的应用程序提供了一个新特性：Live Visual Tree。调试 UWP

和 WPF 应用程序时,可以打开 Live Visual Tree (见图 17-41):选择 Debug | Windows | Live Visual Tree,就会在 Live Property Explorer 中打开 XAML 元素的实时树(包括其属性)。使用此窗口,可以单击 Selection 按钮,在 UI 中选择一个元素,在树中查看它的元素。在 Live Property Explorer 中,可以直接改变属性,看看这种改变在运行着的应用程序上的结果。

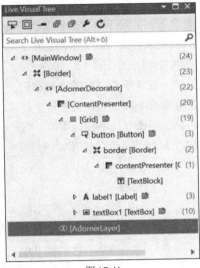

图 17-41

17.5.4 监视和修改变量

有时候,需要连续查看变量的值。此时,可以使用 Autos、Locals 和 Watch 窗口检查变量的内容。这 3 个窗口监视不同的变量:

- Autos——监视在程序执行过程中离断点最近的几个变量。
- Locals——监视在程序执行过程中当前断点所在方法内可访问的变量。
- Watch——监视在程序执行过程中显式指定名称的任何变量。可以把变量拖放到 Watch 窗口中。

只有当使用调试器运行程序时,这些窗口才是可见的。如果看不到它们,则选择 Debug | Windows,然后根据需要选择菜单项。考虑到可能要监视的内容过多,需要进行分组,Watch 窗口提供了 4 个不同的窗口。在这些窗口中都可以查看和修改变量的值,所以不必离开调试器就可以尝试改变程序的不同路径。图 17-42 显示了 Locals 窗口。

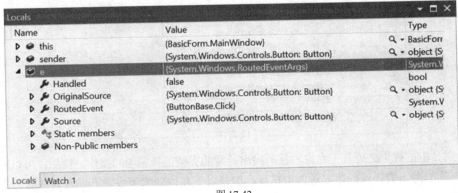

图 17-42

另外，还有一个 Immediate 窗口，虽然它与刚才讨论的其他几个窗口没有直接关系，但仍然是一个可以监视和修改变量的重要窗口。在该窗口中可以查看变量的值。还可以在此窗口中输入并运行代码，这样在调试过程中进行测试时就能够关注细节，试用方法，以及动态修改调试运行。

17.5.5 异常

在准备交付应用程序时，异常是很好的帮手，它们确保错误条件得到了恰当的处理。如果正确使用，异常就能够确保用户不会看到技术性或者恼人的对话框。但是，在调试应用程序时，异常就没有那么令人愉快了。它们的问题在于两个方面：

- 如果在调试过程中发生异常，通常不希望自动处理它们，特别是有时自动处理异常意味着应用程序将终止。调试器应能帮助确定为什么会发生异常。当然，如果编写了优良、健壮的防御性代码，程序将能够自动处理几乎任何事情，包括想要检测的 bug！
- 如果发生了某个异常，.NET 运行库就会尝试搜索该异常的处理程序，即使没有为该异常编写处理程序。没有找到异常时，它会终止程序。这时没有了调用栈，意味着所有的变量将超出作用域，所以将无法查看任何变量的值。

当然，可以在 catch 块中设置断点，但是这常常没有多大帮助，因为按照定义，当遇到 catch 块时，执行流已经退出了对应的 try 块。这意味着想要通过检查变量值来确定问题所在时，那些变量已经超出了作用域。甚至不能通过查看栈跟踪来找出在遇到 throw 语句时执行的方法，因为控制流已经离开了该方法。在 throw 语句处设置断点显然可以解决这个问题，但是对于防御性编码，代码中将存在许多 throw 语句。如何判断哪条 throw 语句抛出了该异常？

Visual Studio 为这种问题提供了一个很好的解决方法。可以配置调试器中断处的异常类型。这在菜单 Debug | Windows | Exception Settings 中配置。如图 17-43 所示，在该窗口中可以指定抛出异常后执行什么操作。例如，可以选择继续执行，或者停止执行并启动调试——此时程序将停止执行，调试器将在 throw 语句位置启动。

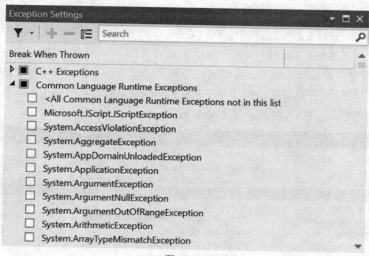

图 17-43

这个对话框的强大之处在于允许根据所抛出异常的类型选择相应的操作。例如，可以配置为在遇到 .NET 基类抛出的任何异常时进入调试器，但是对于其他异常类型则不进入调试器。

Visual Studio 知道.NET 基类中的所有异常类,以及许多可在.NET 环境外抛出的异常。Visual Studio 不会自动知道用户编写的任何自定义异常类,但是可以把自定义异常类手动添加到 Visual Studio 的异常列表中,并指定哪些自定义异常类应该导致执行立即停止。为此,只需要单击 Add 按钮(在列表中选择一个顶层节点时,将启用该按钮),并输入自定义异常类的名称即可。

17.5.6 多线程

Visual Studio 为调试多线程程序提供了出色的支持。在调试多线程程序时,必须理解在调试器中运行与不在调试器中运行时,程序的行为会发生变化。遇到断点时,Visual Studio 会停止程序的所有线程,所以此时有机会查看所有线程的当前状态。为了在不同的线程间切换,可以启用 Debug Location 工具栏。这个工具栏有一个针对所有进程的组合框,还有另外一个组合框,用于当前运行的应用程序的所有线程。当选择一个不同的线程时,可以看到该线程在哪一行代码暂停,以及当前可在其他线程中访问的变量。Parallel Tasks 窗口(如图 17-44 所示)显示了所有正在运行的任务,包括这些任务的状态、位置、任务名、任务使用的当前线程、所在的应用程序域以及进程标识符。该窗口还显示了不同的线程在什么时候彼此阻塞,导致死锁。

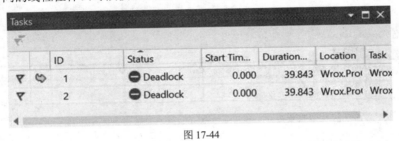

图 17-44

图 17-45 显示了 Parallel Stacks 窗口,该窗口以分层视图的形式显示了不同的线程或任务(取决于所选项)。单击任务或线程可跳转到对应的源代码。

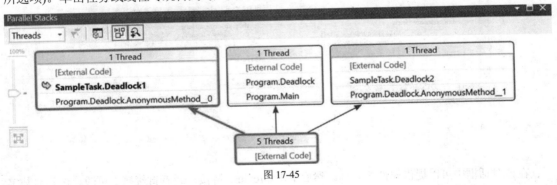

图 17-45

17.6 重构工具

许多开发人员在开发应用程序时首先完成功能,然后修改应用程序,使它们更易于管理和阅读。这个过程称为重构。重构过程包括修改代码来实现更好的性能和可读性,提供类型安全,以及确保应用程序符合标准的面向对象编程实践。更新应用程序时,也需要重构。

Visual Studio 2015 的 C#环境包含一组重构工具，位于 Visual Studio 菜单的 Refactoring 选项中。为了演示这些工具，在 Visual Studio 中创建一个新类 Car：

```csharp
public class Car
{
    public string color;
    public string doors;

    public int Go()
    {
        int speedMph = 100;
        return speedMph;
    }
}
```

现在，假设为了进行重构，需要对代码稍作修改，将变量 color 和 door 封装到公有的.NET 属性中。Visual Studio 2015 的重构功能允许在文档窗口中简单地右击这两个属性，然后选择 Quick Actions，就会看到不同的重构选项，例如生成构造函数，来填充字段，或者封装字段，如图 17-46 所示。

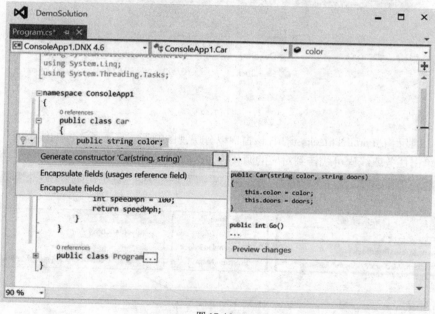

图 17-46

在该对话框中可以提供属性的名称，然后单击 Preview 链接，或者直接接受更改。选择封装字段的按钮时，代码将修改为如下所示：

```csharp
public class Car
{
    private string color;
    public string Color
    {
        get { return color; }
        set { color = value; }
```

```
    }
    private string doors;
    public string Doors
    {
      get { return doors; }
      set { doors = value; }
    }

    public int Go()
    {
      int speedMph = 100;
      return speedMph;
    }
  }
```

可以看到，使用这些向导重构代码很简单，不仅是一页的代码，重构整个应用程序的代码都一样简单。Visual Studio 的重构工具还提供了以下功能：

- 重命名方法、局部变量、字段等
- 从选定代码中提取方法
- 基于一组已有的类型成员提取接口
- 将局部变量提升为参数
- 重命名参数或修改参数的顺序

Visual Studio 2015 的重构工具是得到更整洁、可读性更好、结构更合理的代码的一种优秀方法。

17.7 体系结构工具

在开始编写程序前，应该从体系结构的角度考虑解决方案，分析需求，然后定义解决方案的体系结构。Visual Studio Ultimate 2015 企业版提供了体系结构工具。

图 17-47 显示了在创建一个建模项目后的 Add New Item 对话框。使用该对话框中的选项可创建 UML 用例图、组件图、类图、序列图和活动图。有不少图书专门介绍标准的 UML 关系图，所以这里不讨论它们，而是重点介绍 Microsoft 提供的两种关系图：依赖项关系图(或定向关系图文档)和层关系图。

> **注意**：如何创建和使用 UML 图在本书中未涉及。它们不是新内容，读者可能已经很了解它们了。如果不了解，可以阅读介绍 UML 图的特点的几本书。它们的用法在 Visual Studio 中并没有区别。

本节的重点仍是与体系结构工具和分析应用程序相关的 Microsoft 特定功能。特别是创建代码地图、层图、使用诊断工具来配置应用程序、代码分析和代码度量。

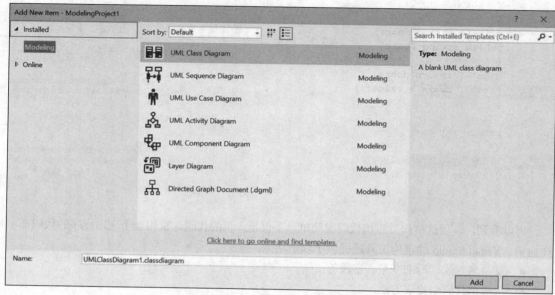

图 17-47

17.7.1 代码地图

在代码地图中,可以查看程序集、类甚至类成员之间的依赖关系。图 17-48 显示了第 26 章中 Calculator 示例的代码地图,该示例包含一个计算器宿主应用程序和几个类库,例如协定程序集以及插件程序集 SimpleCalculator、FuelEconomy 和 TemperatureConversion。通过选择 Architecture | Create Code Map for Solution,可以创建代码地图。这会分析解决方案中的所有项目,在一个关系图中显示所有程序集,并在程序集之间绘制连线以显示依赖关系。程序集之间的连线的粗细程度反映了依赖程度。程序集中包含了几个类型和类型的成员,许多类型及其成员在其他程序集中使用。

还可以更深入地查看依赖关系。图 17-49 显示了一个更详细的关系图,包括 Calculator 程序集的类及它们的依赖关系。图中还显示了对 CalculatorContract 程序集的依赖。在更大的关系图中,还可以缩放关系图的不同部分。

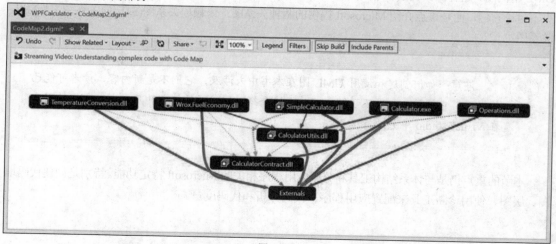

图 17-48

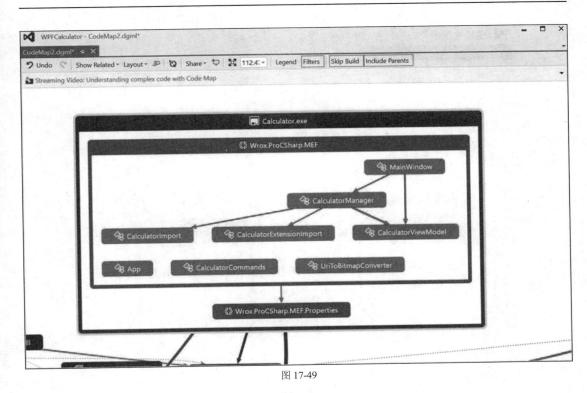

图 17-49

还可以更进一步,显示字段、属性、方法、事件以及它们之间的依赖关系。

17.7.2 层关系图

层关系图与代码地图密切相关。在创建层关系图时,既可以使用依赖项关系图(或者在 Solution Explorer 中选择程序集或类),也可以在进行任何开发前从头创建。

在分布式解决方案中可以使用不同的层定义客户端和服务器端,例如,将一个层用于 Windows 应用程序,一个层用于服务,一个层用于数据访问库,或者让层基于程序集。层中还可以包含其他层。

在如图 17-50 所示的层关系图中,主层包括 Calculator UI、CalculatorUtils、Contracts 和 AddIns。AddIns 层中又包含 FuelEconomy、TemperatureConversion 和 Calculator 层。层旁边显示的数字反映了链接到该层的项数。

为了创建层关系图,选择 Architecture | New UML or Layer Diagram | Layer Diagram,这会创建一个空关系图。然后,使用工具箱或者 Architecture Explorer,在这个空关系图中添加层。Architecture Explorer 包含一个 Solution View 和一个 Class View,从中可以选择解决方案中的所有项,并把它们添加到层关系图中。构建层关系图只需要选择项并添加到层中。选择一个层,然后单击上下文菜单中的 View Links,可打开如图 17-51 所示的 Layer Explorer,其中显示了选定层包含的所有项。

在应用程序开发期间,可以通过验证层关系图来分析是否所有的依赖关系都正确。如果某个层的依赖关系的方向相反,或者依赖一个错误的层,体系结构验证就会返回错误。

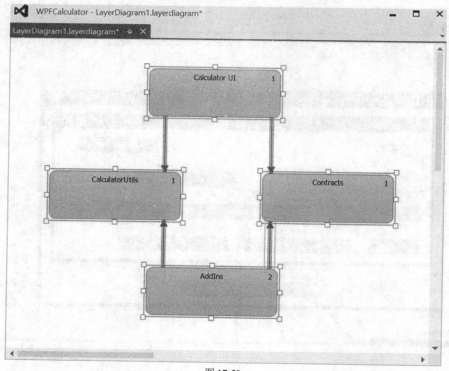

图 17-50

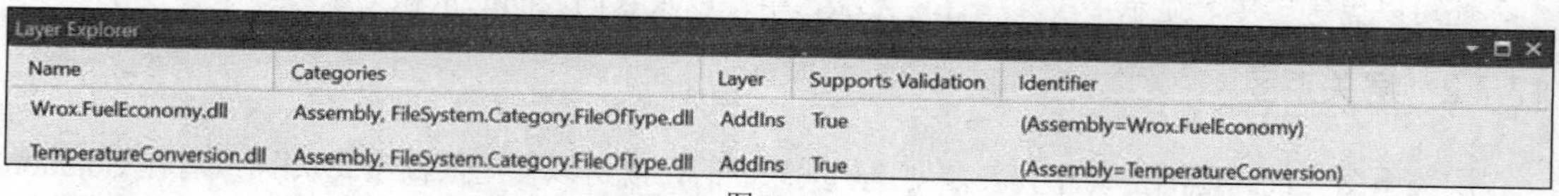

图 17-51

17.8 分析应用程序

前一节讨论的体系结构关系图(依赖项关系图和层关系图)并不只是在开始编码前考虑的问题，实际上它们还可以帮助分析应用程序，保持应用程序的开发走在正确的轨道上，确保不会生成错误的依赖关系。Visual Studio 2015 提供了许多有用的工具来帮助分析应用程序，提前解决应用程序中可能发生的问题。本节将讨论其中的一些分析工具。

与体系结构工具类似，分析工具也在 Visual Studio 2015 企业版中可用。

17.8.1 诊断工具

为了分析应用程序的完整运行，可以使用诊断工具。诊断工具用于确定调用了什么方法、方法的调用频率、方法调用所需的时间、使用的内存量等。在 Visual Studio 2015 中，启动调试器时，会自动启动诊断工具。使用诊断工具，还可以看到 IntelliTrace(历史调试)事件。遇到一个断点后，能够查看以前的信息(如图 17-52 所示)，例如以前的断点、抛出的异常、数据库访问、ASP.NET 事件、跟踪或者用户操作(如单击按钮)。单击以前的事件时，可以查看局部变量、调用栈以及函数调用。使用这种功能时，不需要重启调试器并为发现问题前调用的方法设置断点，就可以轻松地找到问题所在。

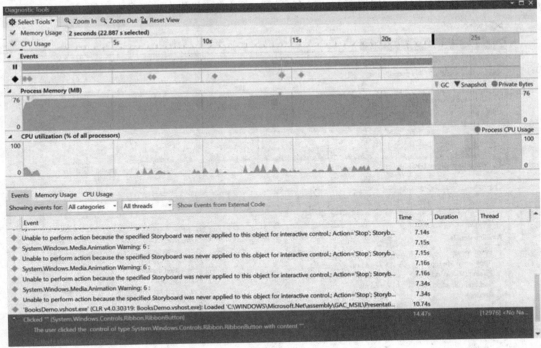

图 17-52

启动诊断工具的另一种方法是通过配置文件来启动：Debug | Profiler | Start Diagnostic Tools Without Debugging。这里可以对要启动的功能进行更多的控制(见图 17-53)。根据使用的项目类型，可以使用或多或少的特性。对于 UWP 项目，也可以分析能源消耗，这是移动设备的一个重要事实。

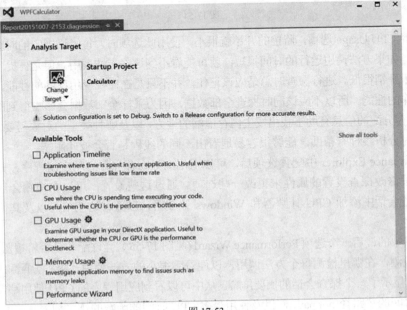

图 17-53

第一个选项 Application Timeline (见图 17-54)提供了 UI 线程的信息，以及解析、布局、渲染、I/O 和应用代码所花的时间。根据所花的最多时间，可以确定优化在哪里是有用的。

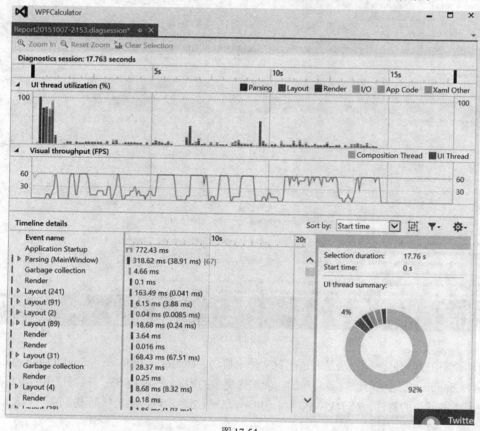

图 17-54

如果选择 CPU Usage 选项，监控的开销就很小。使用此选项时，每经过固定的时间间隔就对性能信息采样。如果方法调用运行的时间很短，就可能看不到这些方法调用。但是再提一次，这个选项的优势在于开销很低。进行探查时总是应该记住，并不只是在监视应用程序的性能，也是在监视数据获取操作的性能。所以不应该同时探查全部数据，因为采样全部数据会影响得到的结果。收集关于.NET 内存分配的信息有助于找出发生内存泄漏的地方，以及哪种类型的对象需要多少内存。资源争用数据对分析线程有帮助，能够很容易地看出不同的线程是否会彼此阻塞。

在 Performance Explorer 中配置选项后，可以退出向导，并立即启动应用程序，开始探查。以后还可以通过修改探查设置的属性来更改一些选项。通过这些设置，可以在检测会话中添加内存探查，在探查会话中添加 CPU 计数器和 Windows 计数器，以查看这些信息以及其他一些探查的数据。

启动列表中的最后一个选项 Performance Wizard (见图 17-55) 允许配置是否希望监视 CPU 使用抽样或使用检测，在哪里检测每个方法调用，以便看到很小的方法调用、内存分配和并发性。

图 17-56 显示了一个探查会话的摘要屏幕。从中可以看到应用程序的 CPU 使用率，说明哪些函数占用最长时间的热路径(hot path)，以及使用最多 CPU 时间的函数的排序列表。

第 17 章　Visual Studio 2015

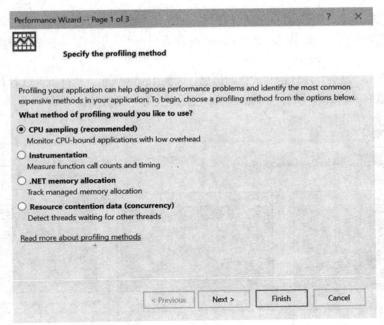

图 17-55

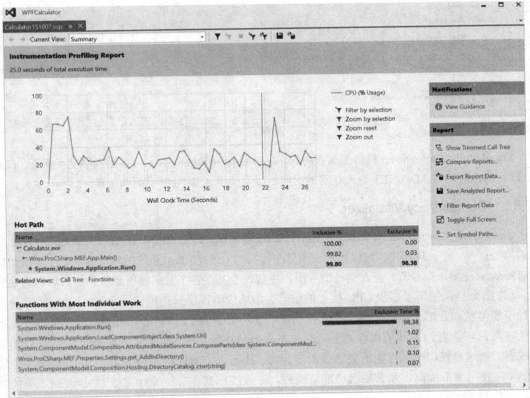

图 17-56

诊断工具还有许多屏幕，这里无法一一展示。其中有一个函数视图，允许根据函数调用次数进行排序，或者根据函数占用的时间(包括或者不包含函数调用本身)进行排序。这些信息有助于确定哪些方法的性能值得关注，而其他的方法则可能因为调用得不是很频繁或者不会占用过多时间，所以不必考虑。

在函数内单击，就会显示该函数的详细信息，如图 17-57 所示。这样就可以看到调用了哪些函数，并立即开始单步调试源代码。Caller/Callee 视图也会显示函数的调用关系。

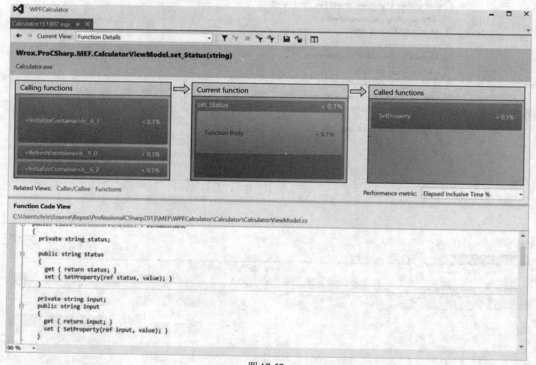

图 17-57

Visual Studio Professional 提供了探查功能。在 Enterprise Edition 中，可以配置层交互探查，查看生成的 SQL 语句和 ADO.NET 查询花费的时间，以及关于 ASP.NET 页面的信息。

17.8.2 Concurrency Visualizer

Concurrency Visualizer 用于分析应用程序的线程问题。运行此分析工具可得到如图 17-58 所示的摘要屏幕。在该屏幕中，可以比较应用程序需要的 CPU 资源与系统的整体性能。还可以切换到 Threads 视图，查看所有正在运行的应用程序线程及其在各个时间段所处状态的信息。切换到 Cores 视图会显示使用了多少 CPU 核心的信息。如果应用程序只使用了一个 CPU 核心，并且一直处于繁忙状态，那么通过添加一些并行功能，使用更多的 CPU 核心，可能会改进性能。在不同的时间，可能看到不同的线程处于活动状态，但是在给定的时间点，只能有一个线程处于活动状态。在这种情况中，可能需要修改锁定行为。还可以查看线程是否使用了 I/O。如果多个线程的 I/O 使用率都很高，那么磁盘可能是瓶颈，导致线程都在等待彼此完成 I/O。此时，可能需要减少执行 I/O 的线程数，或者使用一个 SSD 磁盘。显然，这些分析工具提供了大量很有帮助的信息。

注意：在 Visual Studio 2015 中，需要通过 Tools | Extensions and Updates 下载并安装 Concurrency Visualizer。

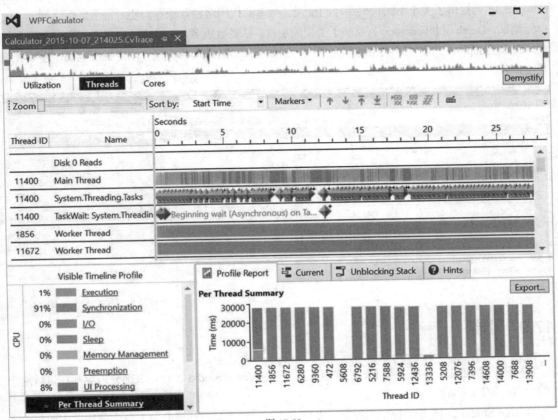

图 17-58

17.8.3 代码分析器

Visual Studio 2015 的一个新特性(利用了.NET 编译器平台)是代码分析器。使用编译器的 API 时，很容易创建代码分析器，给出应改变的内容的指南。

 注意：.NET 编译器平台参见第 18 章。

当然，通常没有必要创建自定义分析器，因为已经有许多可用的 NuGet 包。NuGet 包 Microsoft.Analyzer.PowerPack 来自微软，为许多场景提供了良好的代码分析。安装这样一个分析器后，可以在 Solution Explorer 的 Analyzers 部分看到它，Analyzers 部分在 References 节点下面。

17.8.4 Code Metrics

通过检查代码度量,可以知道代码的可维护程度。图 17-59 中的代码度量显示完整 Calculator 库的可维护程度指数为 82,还包含每个类和方法的细节。这些评级采用颜色编码:红色(0~9)表示可维护程度低;黄色(10~19)表示可维护程度中等;绿色(20~100)表示可维护程度高。Cyclomatic Complexity 列提供了关于不同代码路径的反馈。更多的代码路径意味着需要对每个选项进行更多的单元测试。Depth of Inheritance 列反映了类型的层次。基类数越多,就越难找出某个字段属于哪个基类。Class Coupling 列表明了类型的耦合程度,例如用于参数或局部变量。耦合程度越高,意味着越难维护代码。

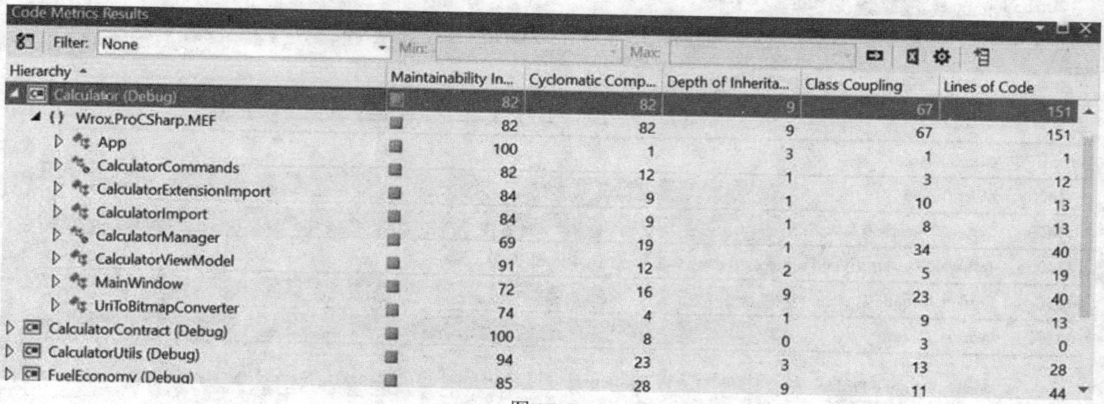

Hierarchy	Maintainability In...	Cyclomatic Comp...	Depth of Inherita...	Class Coupling	Lines of Code
Calculator (Debug)	82	82	9	67	151
Wrox.ProCSharp.MEF	82	82	9	67	151
App	100	1	3	1	1
CalculatorCommands	82	12	1	3	12
CalculatorExtensionImport	84	9	1	10	13
CalculatorImport	84	9	1	8	13
CalculatorManager	69	19	1	34	40
CalculatorViewModel	91	12	2	5	19
MainWindow	72	16	9	23	40
UriToBitmapConverter	74	4	1	9	13
CalculatorContract (Debug)	100	8	0	3	0
CalculatorUtils (Debug)	94	23	3	13	28
FuelEconomy (Debug)	85	28	9	11	44

图 17-59

17.9 小结

本章探讨了.NET 环境中最重要的编程工具之一:Visual Studio 2015。大部分内容都在讲解这个工具如何简化 C#编程。

Visual Studio 2015 是最便于编程的开发环境之一。它不只方便了开发人员实现快速应用程序开发(Rapid Application Development,RAD),还使得开发人员能够深入探索应用程序的创建机制。本章主要关注如何使用 Visual Studio 进行重构、生成多个版本、分析现有代码。

本章还介绍了.NET Framework 4.6 提供的最新项目模板,包括 Windows Presentation Foundation、Windows Communication Foundation 和 Universal Windows Platform 应用程序。

第 18 章介绍 C# 6 的一个新特性:新的.NET 编译器平台,代码名称是 Roslyn。

第 18 章

.NET 编译器平台

本章要点

- 编译器管道概述
- 语法分析
- 语义分析
- 代码转换
- 代码重构

本章源代码下载：

本章源代码的下载地址为 www.wrox.com/go/professionalcsharp6。单击 Download Code 选项卡即可下载本章源代码。本章代码分为以下几个主要的示例文件：

- WPFSyntaxTree
- SyntaxQuery
- SyntaxWalker
- SemanticsCompilation
- TransformMethods
- SyntaxRewriter
- PropertyCodeRefactoring

18.1 简介

C# 6 的最重要的变化是，C#有一个由.NET 编译器平台新交付的编译器(代码名为 Roslyn)。最初，C#编译器是用 C++编写的。现在，它的主要部分是用 C#和.NET 创建的。编译器平台是开源的，位于 http://github.com/dotnet/Roslyn。

这个更新的一个优点是，微软公司清理了过去 20 年编写的很多旧代码。有了新的代码库，使用 C#实现新功能要容易得多，新代码更易于维护。这是第 6 版有很多小的 C#语言改进的原因，微软公司一直进行这种改进；但项目维护多年，就很难更新源代码了。在某种程度上，从头开始建立项目会比较好。

重写 C#编译器的一个更大优势是，现在可以利用编译器管道，在编译器管道的每一步添加功能，并分析和转换源代码。

大多数开发人员都只使用 Visual Studio 中的工具，而这些工具使用了.NET 编译器平台本身，但对于许多开发人员而言，创建自定义代码分析器是很有用的(可能在团队中使用)，并进行代码转换，例如迁移旧代码，将它转换成新的技术。

在 Visual Studio 中的什么地方能看到使用.NET 编译器平台？一个例子是代码编辑器，在输入字符的所有时间里都在使用 API。使用智能标签实现接口时，与以前的版本相比，Visual Studio 2015 有一个有趣的区别：实现 IDisposable 接口并单击智能标签时，不仅看到 Implement Interface 和 Implement Interface Explicitly 选项，也会看到 Implement Interface with Dispose Pattern 和 Implement Interface Explicitly with Dispose Pattern 选项(参见图 18-1)。在 Visual Studio 的先前版本中，实现接口的唯一自动方式是，自动生成接口中定义的方法存根和属性存根，其中接口的实现代码抛出 NotImplementedException 异常。现在可以根据接口的类型有不同的实现。对于 IDisposable 接口，不仅实现 Dispose()方法，还会实现此接口所需的完整模式，比如带布尔参数的 Dispose()方法，检查对象是否已经销毁但仍调用；还实现了可选的终结器。

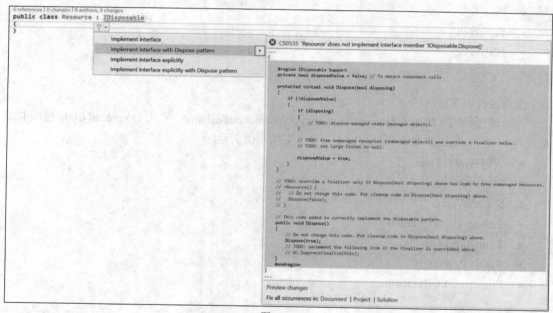

图 18-1

本章描述.NET 编译器平台的特性以及如何分析和转换源代码。使用调试器来了解类型和成员对本书的所有章节都是有益的。本章使用的调试器非常有用。.NET 编译器平台 SDK 包括成千上万的类型和数量巨大的成员，所以调试代码的确能帮助找出可以避免错误的信息。

本章需要随 Visual Studio 2015 一起安装 Visual Studio 2015 SDK 和.NET Compiler Platform SDK Templates for Visual Studio 2015 (在扩展和更新包中)。

示例项目需要添加 Microsoft.CodeAnalysis NuGet 包。

18.2 编译器管道

编译器管道包括以下阶段，得到不同的 API 和特性：
- 解析器——阅读和标记化源代码，然后将其解析为一个语法树。语法树 API 用于在源代码编辑器中格式化、着色、列出大纲。
- 声明——分析源代码中的声明和导入的元数据，以创建符号。为这一阶段提供了符号 API。在编辑器和对象浏览器中的 Navigation To 特性使用这个 API。
- 绑定——标识符匹配符号。为这一阶段提供了绑定和流分析 API。Find All References、Rename、Quick Info 和 Extract Method 等特性使用这个 API。
- 发布——创建 IL 代码，发布一个程序集。发布 API 可用于创建程序集。编辑器中的 Edit and Continue 特性需要一个新的编译，来利用发布阶段。

根据编译器管道，提供了编译器 API，例如语法(Syntax)API、符号(Symbol)API、绑定和流分析(Binding and Flow Analysis)API 以及发布(Emit)API。.NET 编译器平台还提供了一个 API 层，来利用另一个 API：工作区 Workspace API。工作区 API 允许使用工作区、解决方案、项目和文档。在 Visual Studio 中，一个解决方案可以包含多个项目。一个项目包含多个文档。这个列表的新增内容是工作区。一个工作区可以包含多个解决方案。

你可能会认为，一个解决方案可能就足够了。不过，所有用于.NET 编译器平台的树是不可变的，不能更改。每次改变都会创建一个新树——换句话说，解决方案中的改变会创建一个新的解决方案。这就是为什么需要工作区这个概念的原因——工作区可以包含多个解决方案。

18.3 语法分析

下面从一个简单的任务开始：用语法 API 进行语法分析。使用语法 API，可以从 C#源代码中建立一个语法节点树。示例应用程序是一个 WPF 应用程序，在其中可以加载任何 C#源文件，源文件的层次结构显示在一个树图中。

> 注意：XAML 和 WPF 在第 29 章和接下来的章节中详细说明。TreeView 控件的信息参见第 34 章。

示例应用程序定义了一个用户界面，其中的按钮控件加载 C#源文件、TreeView 控件、几个 TextBlock 和 ListBox 控件来显示一个节点的细节，如文档大纲(见图 18-2)和 XAML 设计器(见图 18-3)所示。数据绑定用来把信息内容绑定到 UI 元素上。

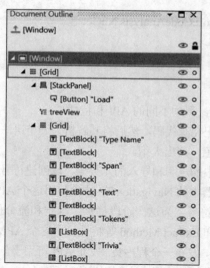

图 18-2

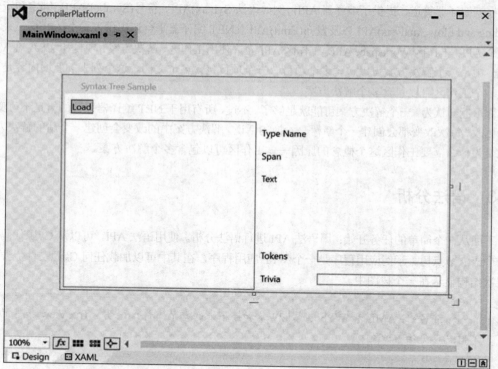

图 18-3

运行应用程序,单击 Load 按钮后,在 OpenFileDialog 类的帮助下指定 C#文件。在这个对话框中单击 OK 后,该文件加载到语法树(代码文件 WPFSyntaxTree/MainWindow.xaml.cs)中:

```
private async void OnLoad(object sender, RoutedEventArgs e)
{
  var dlg = new OpenFileDialog();
  dlg.Filter = "C# Code (.cs)|*.cs";
```

```csharp
if (dlg.ShowDialog() == true)
{
  string code = File.ReadAllText(dlg.FileName);
  // load the syntax tree

}
}
```

 注意：文件输入/输出(I/O)参见第 23 章。

语法 API 的核心是 SyntaxTree 类。使用 CSharpSyntaxTree.ParseText 解析 C#文件内容，会创建一个 SyntaxTree 对象。要从树中获得节点，GetRootAsync(或 GetRoot)方法应返回根节点。所有节点都是从 SyntaxNode 基类派生而来的类。为了在用户界面中显示根节点，应使用 SyntaxNodeViewModel 类包装 SyntaxNode，之后添加到 Nodes 属性：

```csharp
private async void OnLoad(object sender, RoutedEventArgs e)
{
    // etc.

    SyntaxTree tree = CSharpSyntaxTree.ParseText(code);
    SyntaxNode node = await tree.GetRootAsync();

    Nodes.Add(new SyntaxNodeViewModel(node));
}
```

Nodes 属性的类型是 ObservableCollection＜SyntaxViewModel＞。当集合变化时，它更新用户界面。

```csharp
public ObservableCollection<SyntaxNodeViewModel> Nodes { get; } =
    new ObservableCollection<SyntaxNodeViewModel>();
```

类 SyntaxNodeViewModel 包装一个 SyntaxNode，显示在用户界面中。它定义了 Children 属性，递归地显示所有子节点。Children 属性通过调用 ChildNodes()方法，把 SyntaxNode 对象的集合转换为 SyntaxNodeViewModel，来访问语法树中的所有子节点。这个类也定义了 Tokens 和 Trivia 属性，参见本节后面的内容。TypeName 属性返回 SyntaxNodeViewModel 类包装的实际类型名称。这应该是一个派生自基类 SyntaxNode 的类型(代码文件 WPFSyntaxTree/ViewModels/SyntaxNodeViewModel.cs)：

```csharp
public class SyntaxNodeViewModel
{
  public SyntaxNodeViewModel(SyntaxNode syntaxNode)
  {
    SyntaxNode = syntaxNode;
  }

  public SyntaxNode SyntaxNode { get; }

  public IEnumerable<SyntaxNodeViewModel> Children =>
    SyntaxNode.ChildNodes().Select(n => new SyntaxNodeViewModel(n));
```

```csharp
public IEnumerable<SyntaxTokenViewModel> Tokens =>
  SyntaxNode.ChildTokens().Select(t => new SyntaxTokenViewModel(t));

public string TypeName => SyntaxNode.GetType().Name;

public IEnumerable<SyntaxTriviaViewModel> Trivia
{
  get
  {
    var leadingTrivia = SyntaxNode.GetLeadingTrivia().Select(
      t => new SyntaxTriviaViewModel(TriviaKind.Leading, t));
    var trailingTrivia = SyntaxNode.GetTrailingTrivia().Select(
      t => new SyntaxTriviaViewModel(TriviaKind.Trailing, t));
    return leadingTrivia.Union(trailingTrivia);
  }
}
```

在用户界面中，TreeView 控件绑定到 Nodes 属性上。HierarchicalDataTemplate 定义了树图中项的外观。利用这个数据模板，TypeName 属性的值显示在 TextBlock 中。为了显示所有子节点，HierarchicalDataTemplate 的 ItemsSource 属性绑定到 Children 属性(代码文件 WPFSyntaxTree/MainWindow.xaml)：

```xml
<TreeView x:Name="treeView" ItemsSource="{Binding Nodes, Mode=OneTime}"
  SelectedItemChanged="OnSelectSyntaxNode" Grid.Row="1" Grid.Column="0">
  <TreeView.ItemTemplate>
    <HierarchicalDataTemplate ItemsSource="{Binding Children}">
      <StackPanel>
        <TextBlock Text="{Binding TypeName}" />
      </StackPanel>
    </HierarchicalDataTemplate>
  </TreeView.ItemTemplate>
</TreeView>
```

随示例应用程序一起打开的代码文件是一个简单的 Hello, World! 代码文件，还包括一些注释：

```csharp
using static System.Console;

namespace SyntaxTreeSample
{
  // Hello World! Sample Program
  public class Program
  {
    // Hello World! Sample Method
    public void Hello()
    {
      WriteLine("Hello, World!");
    }
  }
}
```

当运行应用程序时，可以看到一个语法节点类型树，如表 18-1 所示。SyntaxNode 允许遍历层次结构，来访问父节点、祖先节点和后代节点。当使用 Span 属性(它返回一个 TextSpan 结构)时，返回源代码中的位置信息。表 18-1 在第 1 列中显示了层次结构级别 (2 是 1 的子节点，3 是 2 的子节点)，第 2 列给出了节点类的类型，第 3 列列出了节点的内容(如果内容较长，就显示一个省略号)，第 4 列给出了 Span 属性的 Start 和 End 位置。有了这棵树，可以看到 CompilationUnitSyntax 横跨完整的源代码。这个节点的子节点是 UsingDirectiveSyntax 和 NamespaceDeclarationSyntax。UsingDirectiveSyntax 由 using 声明构成，用于导入 System.Console 静态类。UsingDirectiveSyntax 的子节点是 QualifiedNameSyntax，它本身包含两个 IdentifierNameSyntax 节点：

表 18-1

层次结构级别	语法节点类型	内容	SPAN—START, END
1	CompilationUnitSyntax	using static System.Console; …	0.273
2	UsingDirectiveSyntax	using static System.Console;	0.28
3	QualifiedNameSyntax	System.Console	13.27
4	IdentifierNameSyntax	System	13.19
4	IdentifierNameSyntax	Console	20.27
2	NamespaceDeclarationSyntax	namespace SyntaxTreeSample ….	32.271
3	IdentifierNameSyntax	SyntaxTreeSample	42.58
3	ClassDeclarationSyntax	public class Program…	103.268
4	MethodDeclarationSyntax	public void Hello…	179.261
5	PredefinedTypeSyntax	void	186.190
5	ParameterListSyntax	()	196.198
5	BlockSyntax	{ WriteLine(…	208.261
6	ExpressionStatementSyntax	WriteLine("Hello,…	223.250
7	InvocationExpressionSyntax	WriteLine("Hello…	223.249
8	IdentifierNameSyntax	WriteLine	223.232
8	ArgumentListSyntax	("Hello, World!")	232.249
9	ArgumentSyntax	"Hello, World!"	233.248
10	LiteralExpressionSyntax	"Hello, World!"	233.248

语法节点并不是程序所需的所有内容。程序也需要令牌。例如，示例程序的 NamespaceDeclarationSyntax 包含 3 个令牌：namespace、{、and }。NamspaceDeclarationSyntax 的子节点 IdentifierNameSyntax 有一个值为 SyntaxTreeSample 的令牌，即名称空间的名称。访问修饰符也用令牌定义。ClassDeclarationSyntax 定义了 5 个令牌：public、class、Program、{、and }。

要在 WPF 应用程序中显示令牌,定义 SyntaxTokenViewModel 类,其中包装一个 SyntaxToken(代码文件 WPFSyntaxTree / ViewModels / SyntaxTokenViewModel.cs)：

```
public class SyntaxTokenViewModel
{
```

```csharp
  public SyntaxTokenViewModel(SyntaxToken syntaxToken)
  {
    SyntaxToken = syntaxToken;
  }

  public SyntaxToken SyntaxToken { get; }

  public string TypeName => SyntaxToken.GetType().Name;

  public override string ToString() => SyntaxToken.ToString();
}
```

为了编译程序，需要节点和令牌。要重建源文件，还需要 trivia。trivia 也定义了空白和注释。为了显示 trivia，定义了 SyntaxTriviaViewModel (代码文件 WPFSyntaxTree/ViewModels/SyntaxTrivia-ViewModel.cs)：

```csharp
public enum TriviaKind
{
  Leading,
  Trailing,
  Structured,
  Annotated
}

public class SyntaxTriviaViewModel
{
  public SyntaxTriviaViewModel(TriviaKind kind, SyntaxTrivia syntaxTrivia)
  {
    TriviaKind = kind;
    SyntaxTrivia = syntaxTrivia;
  }

  public SyntaxTrivia SyntaxTrivia { get; }
  public TriviaKind TriviaKind { get; }

  public override string ToString() =>
    $"{TriviaKind}, Start: {SyntaxTrivia.Span.Start}, " +
      $"Length: {SyntaxTrivia.Span.Length}: {SyntaxTrivia}";
}
```

当运行应用程序时，打开文件 HelloWorld.cs，会看到节点树、令牌和 trivia，如图 18-4 所示。trivia 经常包含空白，有时还有注释。

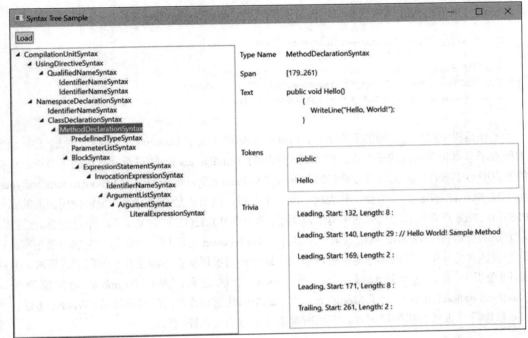

图 18-4

18.3.1 使用查询节点

除了访问子节点来遍历所有节点之外，还可以创建查询来查找特定的节点。查询使用语言集成查询(Language Integrated Query，LINQ)。

注意：LINQ 参见第 13 章。

示例应用程序是一个控制台应用程序。要创建一个包括 NuGet 包 Microsoft.CodeAnalysis 的控制台应用程序，可以从 Extensibility 类别 Stand-Alone Code Analysis Tool 中创建一个项目。显示查询的示例项目命名为 SyntaxQuery。

.NET 的规则指定，公共或受保护的成员应该以大写字母开头。示例应用程序查询源文件的所有方法和属性，如果它们不以大写字母开头，就写入控制台。为了查看表明输出类型的结果，把以下不相容的成员添加到 Program 类中。在下面的代码片段中，foobar()方法应该忽略，因为这个方法没有 public 访问修饰符，但 foo()方法和 bar 属性应该匹配(代码文件 SyntaxQuery /Program.cs)：

```
public void foo()
{
}

private void foobar()
{
}

public int bar { get; set; }
```

与前面使用语法 API 的方式类似，根节点使用类 CSharpSyntaxTree 和 SyntaxTree 来检索：

```
static async Task CheckLowercaseMembers()
{
  string code = File.ReadAllText("../../Program.cs");
  SyntaxTree tree = CSharpSyntaxTree.ParseText(code);
  SyntaxNode root = await tree.GetRootAsync();
  // etc.
```

为了获得树中根节点后面的所有节点，SyntaxNode 类定义了 DescendantNodes()方法。它返回节点的所有子节点和子节点的子节点。前面例子使用的 ChildNodes()方法只返回直接的子节点。所得到的节点用 OfType()方法过滤，只返回类型 MethodDeclarationSyntax 的节点。MethodDeclarationSyntax 是派生自 SyntaxNode 的一个类，代表树中的一个节点，该节点是一个方法。可以使用前面的示例 WPFSyntaxTree 查看现有源代码的所有节点类型。第一个 Where()方法定义了下一个过滤器。在这里，提取方法的标识符(方法名)，只检索第一个字符。char.IsLower 方法用于确定第一个字符是小写。只有这个表达式是 true，过滤器才返回方法节点。这个小写字母检查不满足我们的需求。同时，只应该返回公共成员。这个过滤器由下一个 Where()方法定义。要检查 public 访问修饰符，MethodDeclarationSyntax 定义了 Modifiers 属性。这个属性返回方法的所有修饰符。Where()方法检查 public 修饰符是否属于修饰符列表。应用所有条件的方法写入控制台。

```
  // etc.
  var methods = root.DescendantNodes()
    .OfType<MethodDeclarationSyntax>()
    .Where(m => char.IsLower(m.Identifier.ValueText.First()))
    .Where(m => m.Modifiers.Select(t => t.Value).Contains("public"));

  WriteLine("Public methods with lowercase first character:");

  foreach (var m in methods)
  {
    WriteLine(m.Identifier.ValueText);
  }
  // etc.
```

检索子元素和父元素的其他方法如下：

- DescendantNodesAndSelf 返回调用方法的节点和所有的后代节点。
- DescendantTokens 返回所有的后代令牌
- DescendantTrivia 返回 trivia 信息
- Ancestors 检索父节点和父节点的父节点

有几个方法是前面列出的方法的组合，如 DescendantNodesAndTokensAndSelf。可以对树中的每个 SyntaxNode 使用这些方法。

要在相同的条件下检索属性，语法是相似的。只需要获得类型 PropertyDescriptionSyntax 的语法节点：

```
  // etc.
  var properties = root.DescendantNodes()
    .OfType<PropertyDeclarationSyntax>()
    .Where(p => char.IsLower(p.Identifier.ValueText.First()))
```

```
    .Where(p => p.Modifiers.Select(t => t.Value).Contains("public"));

WriteLine("Public properties with lowercase first character:");
foreach (var p in properties)
{
  WriteLine(p.Identifier.ValueText);
}
}
```

运行应用程序，会看到以下结果，相应地改变源文件，来实现指导方针：

```
Public methods with lowercase first character:
foo
Public properties with lowercase first character:
bar
```

18.3.2 遍历节点

除了查询之外，另一种方法是基于特定的节点类型，高效地过滤源代码树：语法遍历器。语法遍历器访问语法树中的所有节点。这意味着在解析语法树时，调用语法遍历器的不同 VisitXXX() 方法。

下一个示例定义了一个语法遍历器，检索所有 using 指令，显示从指定目录导入所有 C#文件所需的列表。

通过创建一个派生于 CSharpSyntaxWalker 的类，来创建语法遍历器。类 UsingCollector 重写了方法 VisitUsingDirective，从语法树中收集所有 using 指令。传递给该方法的 UsingDirectiveSyntaxNode 被添加到集合中(代码文件 SyntaxWalker / UsingCollector.cs)：

```
class UsingCollector: CSharpSyntaxWalker
{
  private readonly List<UsingDirectiveSyntax> _usingDirectives =
    new List<UsingDirectiveSyntax>();
  public IEnumerable<UsingDirectiveSyntax> UsingDirectives =>
    _usingDirectives;

  public override void VisitUsingDirective(UsingDirectiveSyntax node)
  {
    _usingDirectives.Add(node);
  }
}
```

类 CSharpSyntaxWalker 给许多不同类型的节点定义了可以重写的虚拟方法。可以使用 VisitToken 和 VisitTrivia 获取令牌和 trivia 信息。还可以收集特定源代码语句的信息，如 VisitWhileStatement、VisitWhereClause、VisitTryStatement、VisitThrowStatement、VisitThisExpression 和 VisitSwitchStatement 等。

Main 方法检查程序参数，其中包含应该检查 using 声明的 C#源文件的目录(代码文件 SyntaxWalker / Program.cs)：

```
static void Main(string[] args)
{
  if (args.Length != 1)
```

```
    {
      ShowUsage();
      return;
    }

    string path = args[0];
    if (!Directory.Exists(path))
    {
      ShowUsage();
      return;
    }
}

static void ShowUsage()
{
  WriteLine("Usage: SyntaxWalker directory");
}
```

方法 ProcessUsingsAsync 完成所有的处理。首先，创建 UsingCollector 实例。为了在所传入的目录中遍历所有的文件，使用了 Directory.EnumerateFiles 方法，其搜索模式是*.cs，检索所有的 C#文件。然而，应该排除自动生成的 C#文件——所以使用 Where 方法过滤掉扩展名为.g.i.cs 和 .g.cs 的文件。在以下的 foreach 语句中，建立语法树，传递给 UsingCollector 实例的 Visit 方法：

```
static async Task ProcessUsingsAsync(string path)
{
  const string searchPattern = "*.cs";
  var collector = new UsingCollector();

  IEnumerable<string> fileNames =
    Directory.EnumerateFiles(path, searchPattern, SearchOption.AllDirectories)
      .Where(fileName => !fileName.EndsWith(".g.i.cs") &&
        !fileName.EndsWith(".g.cs"));
  foreach (var fileName in fileNames)
  {
    string code = File.ReadAllText(fileName);
    SyntaxTree tree = CSharpSyntaxTree.ParseText(code);
    SyntaxNode root = await tree.GetRootAsync();
    collector.Visit(root);
  }
  // etc.
```

调用 Visit 方法后，在 UsingCollector 的 UsingDirectives 属性中收集 using 指令。using 指令写入控制台之前，需要排序，并删除在多个源文件中找到的副本。排序 using 指令有一些特殊的问题，用以下 LINQ 查询解决：using static 声明应该放在最后，using 声明后面的分号不应用于定义排序顺序：

```
// etc.
  var usings = collector.UsingDirectives;
  var usingStatics =
    usings.Select(n => n.ToString())
      .Distinct()
      .Where(u => u.StartsWith("using static"))
```

```
      .OrderBy(u => u);
    var orderedUsings =
      usings.Select(n => n.ToString())
        .Distinct().Except(usingStatics)
        .OrderBy(u => u.Substring(0, u.Length-1));
    foreach (var item in orderedUsings.Union(usingStatics))
    {
      WriteLine(item);
    }
}
```

运行应用程序,传递之前创建的 WPF 语法树应用程序的目录,using 声明如下所示:

```
using Microsoft.CodeAnalysis;
using Microsoft.CodeAnalysis.CSharp;
using Microsoft.Win32;
using System;
using System.Collections.Generic;
using System.Collections.ObjectModel;
using System.ComponentModel;
using System.IO;
using System.Linq;
using System.Reflection;
using System.Resources;
using System.Runtime.CompilerServices;
using System.Runtime.InteropServices;
using System.Windows;
using WPFSyntaxTree.ViewModels;
using static System.Console;
```

18.4 语义分析

语法 API 是非常强大的,可以获取源文件的结构信息。然而,它没有提供源文件是否编译、变量的类型等信息。要得到这个信息,需要编译程序,这需要程序集引用的信息、编译器选项和一组源文件。使用这些信息称为语义分析。在这里,可以使用符号和绑定 API。这些 API 提供了引用符号的名称和表达式信息(类型、名称空间、成员、变量)。

控制台应用程序示例提供了以下 Hello, World!程序的语义,它不只定义了方法 Hello,还有一个变量 hello(代码文件 SemanticsCompilation /HelloWorld.cs):

```
using static System.Console;

namespace SemanticsCompilation
{
  // Hello World! Sample Program
  class Program
  {
    // Hello World! Sample Method with a variable
    public void Hello()
    {
      string hello = "Hello, World!";
```

```
        WriteLine(hello);
    }

    static void Main()
    {
        var p = new Program();
        p.Hello();
    }
}
```

首先，使用语法 API 从树中检索 Hello()方法和 hello 变量的节点。使用 LINQ 查询，从树中检索 Hello 方法的 MethodDeclarationSyntax 和 hello 变量的 VariableDeclarationSyntax(代码文件 SemanticsCompilation/Program.cs)：

```
string source = File.ReadAllText("HelloWorld.cs");
SyntaxTree tree = CSharpSyntaxTree.ParseText(source);
var root = (await tree.GetRootAsync()) as CompilationUnitSyntax;

// get Hello method
MethodDeclarationSyntax helloMethod = root.DescendantNodes()
    .OfType<MethodDeclarationSyntax>()
    .Where(m => m.Identifier.ValueText == "Hello")
    .FirstOrDefault();

// get hello variable
VariableDeclaratorSyntax helloVariable = root.DescendantNodes()
    .OfType<VariableDeclaratorSyntax>()
    .Where(v => v.Identifier.ValueText == "hello")
    .FirstOrDefault();
```

18.4.1 编译

为了获得语义信息，需要编译代码。可以创建一个编译，调用 CSharpCompilation 类的静态 Create() 方法。这个方法返回一个 CSharpCompilation 实例，表示编译后的代码。需要的参数是生成的程序集的名称。可选参数是语法树、程序集引用和编译器选项。也可以通过调用方法来添加这些信息。示例代码通过调用 AddReferences()方法添加了一个程序集引用，通过调用 AddSyntaxTrees 方法添加了语法树。通过调用 WithOptions()方法并传递 CompilationOptions 类型的对象，可以配置编译器选项，但这里只使用默认选项(代码文件 SemanticsCompilation / Program. cs)：

```
var compilation = CSharpCompilation.Create("HelloWorld")
    .AddReferences(
        MetadataReference.CreateFromFile(
            typeof(object).Assembly.Location))
    .AddSyntaxTrees(tree);
```

实际的编译器和数年前大学讲授的编译器构造是有区别的：程序不是在执行前只编译一次，而需要编译多次。在代码编辑器中添加一些字符，如果编译出错，就需要给错误的代码加上波浪线。出现这种行为，是因为执行了新的编译过程。使用 CSharpCompilation 对象，进行小的修改，以使用前面编译中的缓存信息。编译器利用此功能高效地构建这个过程。

使用 AddReferences 和 AddSyntaxTrees 可以添加语法树和引用；使用 RemoveReferences 和 RemoveSyntaxTrees 删除它们。要产生编译的二进制文件，可以调用 Emit 方法：

```
EmitResult result = compilation.Emit("HelloWorld.exe");
```

使用编译，可以检索编译过程的诊断信息。编译对象也给出一些符号的信息。例如，可以检索 Hello 方法的符号：

```
ISymbol helloVariableSymbol1 =
    compilation.GetSymbolsWithName(name => name == "Hello").FirstOrDefault();
```

18.4.2 语义模型

为了分析程序，访问与树中节点绑定的符号，可以创建一个 SemanticModel 对象，来调用 CSharpCompilation 对象的 GetSemanticModel()方法(代码文件 SemanticsCompilation / Program.cs)：

```
SemanticModel model = compilation.GetSemanticModel(tree);
```

使用语义模型,现在可以把 SyntaxNode 节点传递给 SemanticModel 类的方法 AnalyzeControlFlow 和 AnalyzeDataFlow，来分析控制流和数据流。SemanticModel 类还允许获取表达式的信息。将树上的节点与符号关联起来，是示例程序中的下一个任务。这就是所谓的绑定。GetSymbol 和 GetDeclaredSymbol()方法返回节点的符号。在下面的代码片段中，从节点 helloVariable 和 helloMethod 中检索符号：

```
ISymbol helloVariableSymbol = model.GetDeclaredSymbol(helloVariable);
IMethodSymbol helloMethodSymbol = model.GetDeclaredSymbol(helloMethod);

ShowSymbol(helloVariableSymbol);
ShowSymbol(helloMethodSymbol);
```

要查看可以从符号中访问的信息，定义了方法 ShowSymbol，来访问 Name、Kind、ContainingSymbol 和 ContainingType 属性。在 IMethodSymbol 中，也显示了 MethodKind 属性：

```
private static void ShowSymbol(ISymbol symbol)
{
  WriteLine(symbol.Name);
  WriteLine(symbol.Kind);
  WriteLine(symbol.ContainingSymbol);
  WriteLine(symbol.ContainingType);
  WriteLine((symbol as IMethodSymbol)?.MethodKind);
  WriteLine();
}
```

运行这个程序时，可以看到 hello 是局部变量，Hello 方法是一个 Method。其他的一些符号类型是 Field、Event、Namespace 和 Parameter。包含 hello 变量的符号是 Hello()方法，在 Hello()方法中是 Program 类。两个检查符号的包含类型是 Program。Hello()方法的符号也表明这是一个 Ordinary 方法。MethodKind 枚举的其他值是 Constructor、Conversion、EventAdd、EventRemove、PropertyGet 和 PropertySet：

```
hello
Local
SemanticsCompilation.Program.Hello()
SemanticsCompilation.Program

Hello
Method
SemanticsCompilation.Program
SemanticsCompilation.Program
Ordinary
```

18.5 代码转换

在遍历代码树，获取语义分析后，就该对代码进行一些修改了。代码树的一个重要方面是，它是不可变的，因此不能被改变。相反，可以使用方法改变树中的节点，它总是返回新节点和未改变的原始节点的叶子节点。

注意：代码树存储在不变的集合类中。这些集合参见第 12 章。

18.5.1 创建新树

下面的代码片段定义了一个 Sample 类，其方法使用小写的名字。这个类的公共方法应该改为以大写字符开头(代码文件 TransformMethods / Sample.cs)：

```
namespace TransformMethods
{
  class Sample
  {
    public void foo()
    {
    }

    public void bar()
    {
    }

    private void fooBar()
    {
    }
  }
}
```

控制台应用程序的 Main()方法读取这个文件，并调用 TransformMethodToUppercaseAsync(代码文件 TransformMethods / Program.cs)：

```
static void Main()
{
  string code = File.ReadAllText("Sample.cs");
  TransformMethodToUppercaseAsync(code).Wait();
}
```

TransformMethodToUppercaseAsync 首先从类型为 MethodDeclarationSyntax 的树中获取第一个字母小写的所有公共节点。所有节点都添加到 methods 集合中。(这个查询在前面的"查询节点"一节中讨论过)

```
static async Task TransformMethodToUppercaseAsync(string code)
{
  SyntaxTree tree = CSharpSyntaxTree.ParseText(code);
  SyntaxNode root = await tree.GetRootAsync();

  var methods = root.DescendantNodes()
    .OfType<MethodDeclarationSyntax>()
    .Where(m => char.IsLower(m.Identifier.ValueText.First()))
    .Where(m => m.Modifiers.Select(t => t.Value).Contains("public")).ToList();
  // etc.
}
```

下面是有趣的部分。ReplaceNode 是 SyntaxNode 的一个方法，调用它，替换存储在 methods 集合中的所有 MethodDeclarationSyntax 节点。要替换一个节点，SyntaxNode 类定义了 ReplaceNode() 方法。对于多个节点(在本例中)，可以使用 ReplaceNodes() 方法。它的第一个参数接收应该更换的所有原始节点。在示例代码中，这是 MethodDeclarationSyntax 节点的列表。第二个参数定义一个委托 Func < TNode，TNode，SyntaxNode >。在示例代码中，TNode 是 MethodDeclarationSyntax 类型，因为通过第一个参数传递的集合是这种类型。委托实现为一个 lambda 表达式，把原始节点接收为第一个参数，把新节点接收为第二个参数。在 lambda 表达式的实现代码中，通过 oldMethod.Identifier.ValueText 访问原来的方法名称。对于这个名字，第一个字符改为大写，写入变量 newName。

为了创建新节点和令牌，可以使用类 SyntaxFactory。SyntaxFactory 是一个静态类，它定义了成员，来创建不同类型的节点、令牌和 trivia。在这里需要一个新的方法名——标识符。要创建标识符，使用静态方法 Identifier。传递新的方法名时，返回一个 SyntaxToken。现在可以给 WithIdentifier() 方法使用该标识符。WithIdentifier 是 MethodDeclarationSyntax 的一个方法，给它传递变更，就返回一个新 MethodDeclarationSyntax。最后，从 lambda 表达式中返回这个新的 MethodDeclarationSyntax 节点。接着，用根对象调用的 ReplaceNodes() 方法返回一个新的不可变集合，其中包含所有的变更：

```
static async Task TransformMethodToUppercaseAsync(string code)
{
  // etc.
  root = root.ReplaceNodes(methods, (oldMethod, newMethod) =>
  {
    string newName = char.ToUpperInvariant(oldMethod.Identifier.ValueText[0]) +
      oldMethod.Identifier.ValueText.Substring(1);
    return newMethod.WithIdentifier(SyntaxFactory.Identifier(newName));
  });

  WriteLine();
  WriteLine(root.ToString());
}
```

运行应用程序时，可以看到公共方法改变了，但私有方法不变：

```
namespace TransformMethods
{
```

```
class Sample
{
  public void Foo()
  {
  }

  public void Bar()
  {
  }

  private void fooBar()
  {
  }
}
```

为了转换源代码, 最重要的部分是 SyntaxFactory、WithXX 和 ReplaceXX 方法。

因为节点是不可变的, 所以不能更改节点的属性, 此时需要 SyntaxFactory 类。这个类允许创建节点、令牌或 trivia。例如:

- MethodDeclaration()方法创建一个新的 MethodDeclarationSyntax。
- Argument()方法创建一个新的 ArgumentSyntax。
- ForEachStatement()方法创建一个 ForEachStatementSyntax。

可以使用从 SyntaxFactory 中创建的对象和方法来转换语法节点。例如, WithIdentifier 基于标识符变化的现有节点, 创建一个新节点。在示例应用程序中, 用 MethodDeclarationSyntax 对象调用 WithIdentifier。其他 WithXX()方法的几个示例如下:

- WithModifiers 改变访问修饰符
- WithParameterList 改变方法的参数
- WithReturnType 改变返回类型
- WithBody 改变方法的实现代码

所有的 WithXX()方法都只能改变节点的直接子节点。ReplaceXX()方法可以改变所有的后代节点。ReplaceNode 取代单个节点; ReplaceNode(如示例应用程序所示)取代一个节点列表。其他 ReplaceXX()方法有 ReplaceSyntax、ReplaceToken 和 ReplaceTrivia。

18.5.2 使用语法重写器

遍历语法节点时, CSharpSyntaxWalker 是读取特定节点的一个有效方法。改变节点时, 有一个类似的选项: 派生自 CSharpSyntaxRewriter 的类。以这种方式重写, 是通过改变节点, 基于现有语法树建立新语法树的有效方式。

下面的代码片段用于转换。类 Sample 定义了完整的 Text 和 X 属性, 它们应该转换为自动实现的属性。类的其他成员不应该改变(代码文件 SyntaxRewriter / Sample.cs):

```
namespace SyntaxRewriter
{
  class Sample
  {
    // these properties can be converted to auto-implmenented properties
    private int _x;
```

```csharp
public int X
{
  get { return _x; }
  set { _x = value; }
}

private string _text;
public string Text
{
  get { return _text; }
  set { _text = value; }
}

// this is already a auto-implemented property
public int Y { get; set; }

// this shouldn't be converted
private int _z = 3;
public int Z
{
  get { return _z; }
}
}
```

要改变语法节点，类 AutoPropertyRewriter 派生于基类 CSharpSyntaxRewriter。在重写器中访问符号和绑定信息时，SemanticModel 需要传递给重写器的构造函数(代码文件 SyntaxRewriter /AutoPropertyRewriter.cs)：

```csharp
class AutoPropertyRewriter: CSharpSyntaxRewriter
{
  private readonly SemanticModel _semanticModel;

  public AutoPropertyRewriter(SemanticModel semanticModel)
  {
    _semanticModel = semanticModel;
  }
  // etc.
```

基类 CSharpSyntaxRewriter 为不同的语法节点类型定义了多个虚拟 VisitXX 方法。在这里重写了方法 VisitPropertyDeclaration()。重写器在树中发现一个属性时，调用该方法。在这样一个方法中，可以通过改变这个节点(包括其子节点)，来影响重写的结果。该方法的实现代码首先检查是否应该调用 HasBothAccessors 辅助方法来改变属性。如果这个方法返回 true，就通过调用 ConvertToAutoProperty 来转换属性，并返回转换后的属性和方法。如果属性不匹配，就返回它，保留它在树中的状态：

```csharp
public override SyntaxNode VisitPropertyDeclaration(
    PropertyDeclarationSyntax node)
{
    if (HasBothAccessors(node))
    {
        // etc.
        PropertyDeclarationSyntax property = ConvertToAutoProperty(node)
          .WithAdditionalAnnotations(Formatter.Annotation);
```

```
      return property;
    }
    return node;
}
```

另一个类 CSharpSyntaxRewriter 提供了近 200 个可以重写的方法。例如 VisitClassDeclaration 改变类的声明，VisitTryStatement、VisitCatchClause 和 VisitCatchDeclaration、VisitCatchFilterClause 处理异常。在示例代码中，现在只对改变属性感兴趣；因此重写方法 VisitPropertyDeclaration()。

方法 HasBothAccessors() 验证属性声明是否包含 get 和 set 访问器。这个方法也检查这些访问器体是否只定义了一个语句。如果使用了不止一个语句，属性就不能转换为自动实现的属性：

```
private static bool HasBothAccessors(BasePropertyDeclarationSyntax property)
{
  var accessors = property.AccessorList.Accessors;
  var getter = accessors.FirstOrDefault(
    ad => ad.Kind() == SyntaxKind.GetAccessorDeclaration);
  var setter = accessors.FirstOrDefault(
    ad => ad.Kind() == SyntaxKind.SetAccessorDeclaration);

  return getter?.Body?.Statements.Count == 1 &&
      setter?.Body?.Statements.Count == 1;
}
```

方法 ConvertToAutoProperty() 使用 WithAccessorList() 方法来改变 propertyDeclaration 的子元素。访问器列表及其子列表在 SyntaxFactory 类的帮助下创建。通过传递 SyntaxKind.GetAccessorDeclaration 和 SyntaxKind.SetAccessorDeclaration 枚举值，SyntaxFactory.AccessorDeclaration 就创建 get 和 set 访问器：

```
private PropertyDeclarationSyntax ConvertToAutoProperty(
  PropertyDeclarationSyntax propertyDeclaration)
{
  var newProperty = propertyDeclaration
    .WithAccessorList(
      SyntaxFactory.AccessorList(
        SyntaxFactory.List(new[]
        {
          SyntaxFactory.AccessorDeclaration(SyntaxKind.GetAccessorDeclaration)
            .WithSemicolonToken(
              SyntaxFactory.Token(SyntaxKind.SemicolonToken)),
          SyntaxFactory.AccessorDeclaration(SyntaxKind.SetAccessorDeclaration)
            .WithSemicolonToken(
              SyntaxFactory.Token(SyntaxKind.SemicolonToken))
        })));
  return newProperty;
}
```

在 Program 类中，在检索语义模型后实例化 AutoPropertyRewriter。通过调用 Visit() 方法，使用树开始重写(代码文件 SyntaxRewriter / Program.cs)：

```
static async Task ProcessAsync(string code)
{
  SyntaxTree tree = CSharpSyntaxTree.ParseText(code);
```

```
var compilation = CSharpCompilation.Create("Sample")
  .AddReferences(MetadataReference.CreateFromFile(
            typeof(object).Assembly.Location))
  .AddSyntaxTrees(tree);

SemanticModel semanticModel = compilation.GetSemanticModel(tree);

var propertyRewriter = new AutoPropertyRewriter(semanticModel);

SyntaxNode root = await tree.GetRootAsync().ConfigureAwait(false);
SyntaxNode rootWithAutoProperties = propertyRewriter.Visit(root);
// etc.
}
```

当运行程序，检查新代码时，会发现完整的属性已转换为自动实现的属性。然而，完整属性中的字段仍在代码树中。需要删除它们。在 VisitPropertyDeclaration 方法中，只能改变属性，不能改变字段。在 CSharpSyntaxRewriter 类的重写方法中，只有接收的节点和节点的子元素可以改变，不能改变层次结构中的其他节点。

可以使用 VisitPropertyDeclaration()方法改变属性，使用 VisitFieldDeclaration()方法可以改变字段。CSharpSyntaxRewriter 的方法以自上而下的方式调用。VisitNamespaceDeclaration 在 VisitClassDeclaration 之前调用，然后执行类成员的 VisitXX()方法。这样，就可以改变节点和后代节点，但不能在 VisitXX()方法中改变祖先节点或同级节点。当字段和属性在语法树层次结构的相同级别时，它们就是同级节点。

先调用 VisitFieldDeclaration()还是 VisitPropertyDeclaration()方法，取决于代码内的顺序。属性的字段可以在属性之前或之后声明，所以无法保证这些方法的调用顺序。

不过，可以访问属性中的支持字段，并将它添加到一个可以从 AutoPropertyRewriter 访问的列表中。使用辅助方法 GetBackingFieldFromGetter 检索支持字段，该辅助方法利用语义模型访问符号。利用这个符号，检索 FieldDeclarationSyntax 的语法引用，该字段的信息添加到_fieldsToRemove 集合中(代码文件 SyntaxRewriter/AutoPropertyRewriter.cs):

```
private readonly List<string> _fieldsToRemove = new List<string>();
  public IEnumerable<string> FieldsToRemove => _fieldsToRemove;

public override SyntaxNode VisitPropertyDeclaration(
  PropertyDeclarationSyntax node)
{
  if (HasBothAccessors(node))
  {
    IFieldSymbol backingField = GetBackingFieldFromGetter(
      node.AccessorList.Accessors.Single(
        ad => ad.Kind() == SyntaxKind.GetAccessorDeclaration));
    SyntaxNode fieldDeclaration = backingField.DeclaringSyntaxReferences
      .First()
      .GetSyntax()
      .Ancestors()
      .Where(a => a is FieldDeclarationSyntax)
      .FirstOrDefault();
    _fieldsToRemove.Add((fieldDeclaration as FieldDeclarationSyntax)
      ?.GetText().ToString());
```

```
    PropertyDeclarationSyntax property = ConvertToAutoProperty(node)
      .WithAdditionalAnnotations(Formatter.Annotation);
    return property;
  }
  return node;
}
```

辅助方法 GetBackingFieldFromGetter 使用 get 访问器的返回语句和语义模型,得到字段的符号:

```
private IFieldSymbol GetBackingFieldFromGetter(
    AccessorDeclarationSyntax getter)
{
  if (getter.Body?.Statements.Count != 1) return null;

  var statement = getter.Body.Statements.Single() as ReturnStatementSyntax;
  if (statement?.Expression == null) return null;
  return _semanticModel.GetSymbolInfo(statement.Expression).Symbol
      as IFieldSymbol;
}
```

现在,可以创建另一个语法重写器,删除支持字段。RemoveBackingFieldRewriter 是一个语法重写器,删除传递给构造函数的所有字段。VisitFieldDeclaration 重写方法检查接收到的节点,确定它是否包含在传递给构造函数的字段集合中,给匹配的字段返回 null(代码文件 SyntaxRewriter/RemoveBackingFieldRewriter.cs):

```
class RemoveBackingFieldRewriter: CSharpSyntaxRewriter
{
  private IEnumerable<string> _fieldsToRemove;
  private readonly SemanticModel _semanticModel;
  public RemoveBackingFieldRewriter(SemanticModel semanticModel,
      params string[] fieldsToRemove)
  {
    _semanticModel = semanticModel;
    _fieldsToRemove = fieldsToRemove;
  }

  public override SyntaxNode VisitFieldDeclaration(FieldDeclarationSyntax node)
  {
    if (_fieldsToRemove.Contains(node.GetText().ToString()))
    {
      return null;
    }
    return base.VisitFieldDeclaration(node);
  }
}
```

现在可以开始另一个阶段,在 ProcessAsync 方法中重写语法树。访问属性重写器后,开始一个新的编译过程,传递更新的语法树,来调用字段重写器(代码文件 SyntaxRewriter/Program.cs):

```
SyntaxTree tree = CSharpSyntaxTree.ParseText(code);
var compilation = CSharpCompilation.Create("Sample")
    .AddReferences(MetadataReference.CreateFromFile(
        typeof(object).Assembly.Location))
```

```
        .AddSyntaxTrees(tree);

SemanticModel semanticModel = compilation.GetSemanticModel(tree);

var propertyRewriter = new AutoPropertyRewriter(semanticModel);

SyntaxNode root = await tree.GetRootAsync().ConfigureAwait(false);
SyntaxNode rootWithAutoProperties = propertyRewriter.Visit(root);

compilation = compilation.RemoveAllSyntaxTrees()
    .AddSyntaxTrees(rootWithAutoProperties.SyntaxTree);
semanticModel = compilation.GetSemanticModel(
    rootWithAutoProperties.SyntaxTree);
var fieldRewriter = new RemoveBackingFieldRewriter(semanticModel,
    propertyRewriter.FieldsToRemove.ToArray());
SyntaxNode rootWithFieldsRemoved = fieldRewriter.Visit(rootWithAutoProperties);
WriteLine(rootWithFieldsRemoved);
```

现在运行程序，简单的完全属性更改为自动实现的属性，删除了属性的支持字段。

> **注意**：这个程序只是一个示例程序，演示了如何使用.NET 编译器平台。这种转换匹配可能不转换为自动实现属性的完全属性。在自己的代码中使用这个程序之前，检查转换的结果，可能需要添加更多的检查，来匹配要转换的属性。

18.6 Visual Studio Code 重构

下面讨论带有代码转换和语法分析的 Visual Studio 扩展。使用编辑器在上下文菜单中选择 Quick Actions 添加自己的功能，来改变代码。这个集成需要用程序集 Microsoft.CodeAnalysis.Workspaces 定义的工作区 API，以及本章已经使用的其他 API。

前面了解了如何使用 CSharpSyntaxRewriter 把完全属性改为自动实现的属性。有时需要相反的过程：将自动实现的属性转换为完全属性。通过 INotifyPropertyChanged 接口支持通知的属性是这种场景的有效实现。本节中的示例代码允许在 Visual Studio 编辑器内选择一个或多个自动实现的属性，并将之转换为完全属性。

开始使用的项目类型是 Code Refactoring (VSIX)项目模板，这个项目的名字是 PropertyCode-Refactoring。该项目模板创建了两个项目：创建 VSIX 包的项目 PropertyCodeRefactoring.Vsix，和可移植的库 ProjectCodeRefactoring。

18.6.1 VSIX 包

为了与 Visual Studio 集成，需要创建一个 VSIX 包。自 Visual Studio 2010 以来，Visual Studio 通过 VSIX 包形式的插件提供了集成。AVSIX 是一个 zip 文件，包含插件的二进制文件、描述插件的清单文件和图片。安装插件后，它们就位于目录%LocalAppData%\Microsoft\VisualStudio\14.0\Extensions\<Extension>中。

注意：Visual Studio 插件基于 Managed Extensibility Framework。这个框架参见第 26 章。

选择 VSIX 项目的 Project Properties，Debug 设置(见图 18-5)配置为用选项/ rootsuffix Roslyn 启动 Visual Studio 调试。如果启动 Visual Studio 调试的另一个实例，VSIX 项目就允许单步执行重构的源代码，同时在第二个 Visual Studio 实例中使用源代码编辑器。

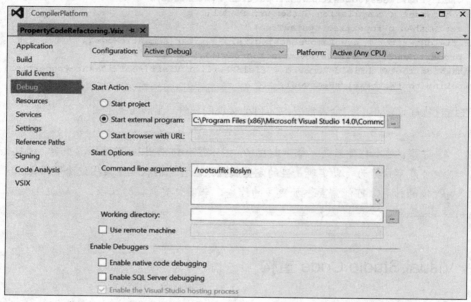

图 18-5

VSIX 文件的另一个重要设置是 Project Properties 的 VSIX 选项(见图 18-6)。要调试 VSIX 文件，需要创建一个 zip 文件，从第二个 Visual Studio 实例中加载它。如果选择 Create VSIX Container during build 和 Deploy VSIX content to experimental instance for debugging 选项，就不需要在每次完成新的构建时，手动创建和部署 VSIX 包。相反，会自动创建一个新的构建，用于调试。

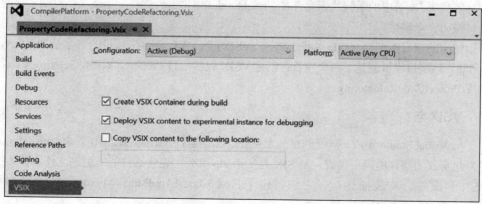

图 18-6

现在需要对 VSIX 项目执行更多的处理。该项目包含文件 source.extension.vsixmanifest。这个文件描述了插件，需要配置。在 Visual Studio 中打开这个文件时，也会打开一个特别的设计器，来配置 Metadata、Install Targets、Assets 和 Dependencies。Metadata 配置如图 18-7 所示。这些设置定义了应显示的描述、许可、发行说明和图片。配置 Install Targets 时，定义 Visual Studio 版本和应该可用的插件。在 Visual Studio 2015 中，可以定义只用于企业版或专业版和社区版的插件。还可以定义应该可用于 Visual Studio shell 的插件。Visual Studio shell 是用于微软或第三方的多个项目。

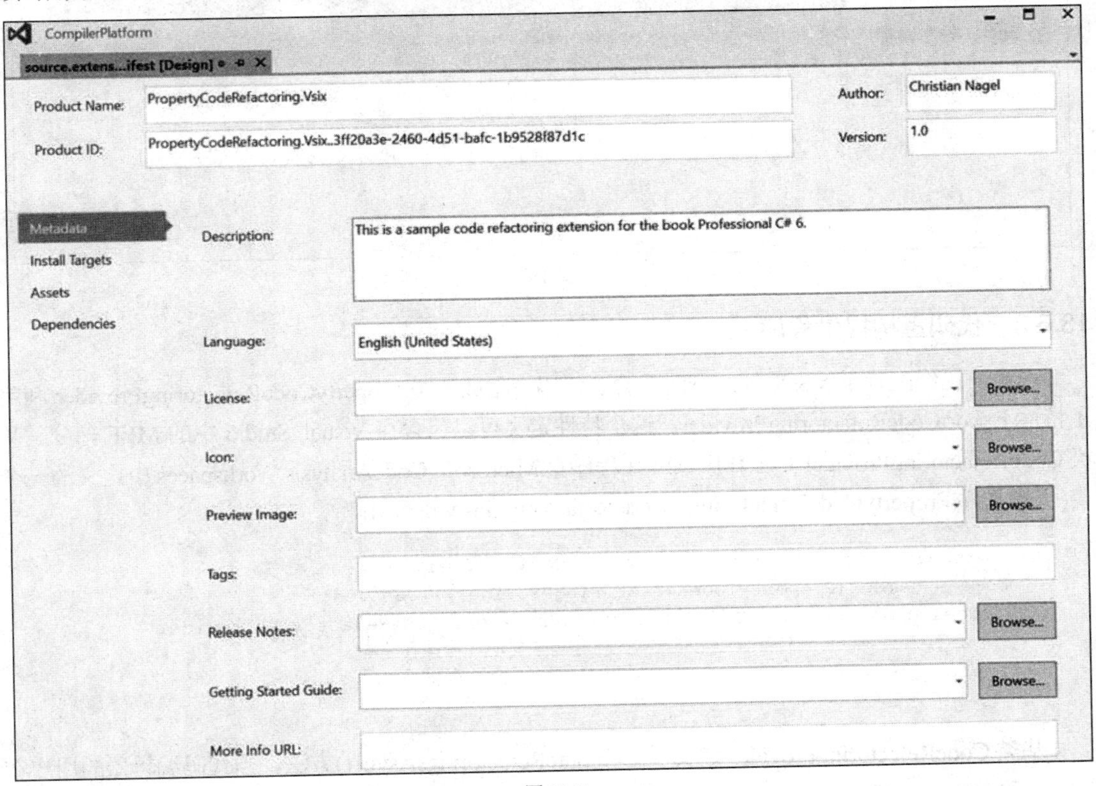

图 18-7

Assets 设置定义 VSIX 项目应该包含什么文件。如果添加图片与包含插件描述的自述文件，就需要将这些文件添加到 Assets。在任何情况下，需要添加到 Assets 的一个文件是从其他项目中创建的二进制文件(见图 18-8)。为了构建代码重构提供程序，需要把类型设置为 Microsoft.VisualStudio.MefComponent。设计器的最后设置定义了在安装插件之前，需要安装在目标系统中的依赖项，例如 .NET Framework 4.6。

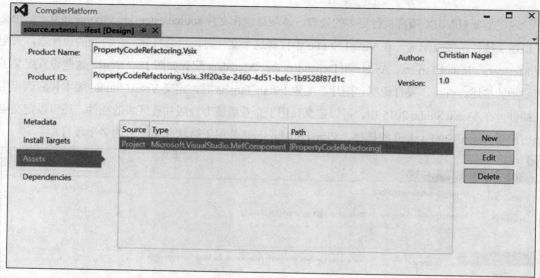

图 18-8

18.6.2 代码重构提供程序

现在，已经配置了 VSIX 包，下面看看源代码。生成的类 PropertyCodeRefactoringProvider 利用了特性 ExportCodeRefactoringProvider。这个特性定义可以包含在 Visual Studio 中的 MEF 部分。基类 CodeRefactoringProvider 是工作区 API 在程序集 Microsoft.CodeAnalysis.Workspaces 中定义的一个类(代码文件 PropertyCodeRefactoring / CodeRefactoringProvider.cs)：

```
[ExportCodeRefactoringProvider(LanguageNames.CSharp,
  Name = nameof(PropertyCodeRefactoringProvider)), Shared]
internal class PropertyCodeRefactoringProvider: CodeRefactoringProvider
{
 // etc.
}
```

基类 CodeRefactoringProvider 定义了 ComputeRefactoringsAsync()方法，当代码编辑器的用户在上下文菜单中启动 Quick Actions 时，会调用这个方法。根据用户的选择，该方法的实现代码需要决定插件是否应该提供一个选项，以允许更改代码。参数 CodeRefactoringContext 允许通过 Span 属性访问用户的选择，通过 Document 属性访问完整的文档。在实现代码中，检索文档的根节点和选中的节点：

```
public sealed override async Task ComputeRefactoringsAsync(
    CodeRefactoringContext context)
{
  SyntaxNode root = await context.Document.GetSyntaxRootAsync(
      context.CancellationToken).ConfigureAwait(false);

  SyntaxNode selectedNode = root.FindNode(context.Span);
  // etc.
}
```

从 Document 属性中返回的 Document 类允许访问语法根、树节点(GetSyntaxRootAsync，GetSyntaxTreeAsync)以及语义模型(GetSemanticModelAsync)。还可以访问所有的文本变更(GetTextChangesAsync)。

只有选中一个自动实现的属性，代码重构提供程序才能继续工作。这就是为什么接下来检查 selectedNode 是否是 PropertyDeclarationSyntax 类型的原因。检查 PropertyDeclarationSyntax 是不够的，因为代码重构应该只用于自动实现的属性。这是调用辅助方法 IsAutoImplementedProperty 来检查的原因：

```csharp
public sealed override async Task ComputeRefactoringsAsync(
    CodeRefactoringContext context)
{
  // etc.
  var propertyDecl = selectedNode as PropertyDeclarationSyntax;
  if (propertyDecl == null || !IsAutoImplementedProperty(propertyDecl))
  {
    return;
  }
  // etc.
}
```

辅助方法 IsAutoImplementedProperty 的实现代码验证 get 和 set 访问器是否存在，这些访问器体是否为空：

```csharp
private bool IsAutoImplementedProperty(PropertyDeclarationSyntax propertyDecl)
{
  SyntaxList<AccessorDeclarationSyntax> accessors =
      propertyDecl.AccessorList.Accessors;

  AccessorDeclarationSyntax getter = accessors.FirstOrDefault(
      ad => ad.Kind() == SyntaxKind.GetAccessorDeclaration);
  AccessorDeclarationSyntax setter = accessors.FirstOrDefault(
      ad => ad.Kind() == SyntaxKind.SetAccessorDeclaration);
  if (getter == null || setter == null) return false;
  return getter.Body == null && setter.Body == null;
}
```

如果选中的代码包含一个自动实现的属性，就创建一个 CodeAction，这个动作注册为代码重构。调用静态的 Create 方法会创建一个 CodeAction。第一个参数定义了显示给用户的标题。用户通过这个名字可以应用代码操作。第二个参数是一个委托，它接收 CancellationToken，并返回 Task<Document>。当用户取消动作时，CancellationToken 提供请求取消的信息，任务可以停止。需要返回的 Document 包含代码重构操作的变化。委托实现为一个 lambda 表达式，来调用方法 ChangeToFullPropertyAsync。

```csharp
public sealed override async Task ComputeRefactoringsAsync(
    CodeRefactoringContext context)
{
  // etc.
  var action = CodeAction.Create("Apply full property",
    cancellationToken =>
      ChangeToFullPropertyAsync(context.Document, propertyDecl,
```

```
            cancellationToken));

    context.RegisterRefactoring(action);
}
```

 注意：取消令牌参见第 15 章。

方法 ChangeToFullPropertyAsync 检索语义模型和文档中的根节点，它用类 CodeGeneration 调用静态方法 ImplementFullProperty：

```
private async Task<Document> ChangeToFullPropertyAsync(
   Document document, PropertyDeclarationSyntax propertyDecl,
   CancellationToken cancellationToken)
{
  SemanticModel model = 
    await document.GetSemanticModelAsync(cancellationToken);
  var root = await document.GetSyntaxRootAsync(
      cancellationToken) as CompilationUnitSyntax;

  document = document.WithSyntaxRoot(
    CodeGeneration.ImplementFullProperty(root, model, propertyDecl,
    document.Project.Solution.Workspace));
  return document;
}
```

代码生成的类需要把自动实现的属性改为完全属性，并添加一个字段作为类的成员，用于属性的实现。为此，方法 ImplementFullProperty()首先检索创建字段和属性所需的信息：通过访问属性中要发生变化的祖先元素来检索类型声明，通过语义模型检索属性的类型符号。把属性名的第一个字母改为小写，在它前面加上下划线，就创建了支持字段的名称。之后，通过调用 ReplaceNodes 方法，用新版本替换节点 propertyDecl 和 typeDecl。ReplaceNodes 方法参见"代码转换"一节。

这是 ReplaceNodes()方法的一个有趣用法：替换不同类型的节点。在这里，PropertyDeclaration-Syntax 和 TypeDeclarationSyntax 节点需要替换。PropertyDeclarationSyntax 节点代表用完全属性语法更新的属性。TypeDeclarationSyntax 节点需要更新，以添加可变的字段。由 ReplaceNodes 调用的方法(由委托参数定义)接收原始节点和更新的节点，有很大的帮助。记住，用于.NET 编译器平台的树是不可变的。第一个调用的方法改变一个节点，第二个方法调用需要提取第一个方法的更新，创建自己的结果。通过调用方法 ExpandProperty()和 ExpandType()，给属性和类型节点做出必要的改变(代码文件 PropertyCodeRefactoring / CodeGeneration.cs)：

```
internal static class CodeGeneration
{
  internal static CompilationUnitSyntax ImplementFullProperty
    CompilationUnitSyntax root,
    SemanticModel model,
    PropertyDeclarationSyntax propertyDecl,
    Workspace workspace)
  {
    TypeDeclarationSyntax typeDecl =
```

```
    propertyDecl.FirstAncestorOrSelf<TypeDeclarationSyntax>();
  string propertyName = propertyDecl.Identifier.ValueText;
  string backingFieldName =
    $"_{char.ToLower(propertyName[0])}{propertyName.Substring(1)}";
  ITypeSymbol propertyTypeSymbol =
    model.GetDeclaredSymbol(propertyDecl).Type;

  root = root.ReplaceNodes(
    new SyntaxNode[] { propertyDecl, typeDecl },
    (original, updated) =>
      original.IsKind(SyntaxKind.PropertyDeclaration)
        ? ExpandProperty((PropertyDeclarationSyntax)original,
          (PropertyDeclarationSyntax)updated, backingFieldName) as SyntaxNode
        : ExpandType((TypeDeclarationSyntax)original,
          (TypeDeclarationSyntax)updated, propertyTypeSymbol, backingFieldName,
          model, workspace) as SyntaxNode
  );

  return root;
}
// etc.
}
```

ExpandProperty()方法改变 get 和 set 访问器时，使用 WithAccessorList 方法，通过花括号（SyntaxFactory.Block）传递新创建的访问器方法，再添加语句，设置和获取块内的值。返回的属性声明用属性已更新的内容来注释。这个注释可用于将字段添加到类型中，把字段放在属性的前面：

```
private static SyntaxAnnotation UpdatedPropertyAnnotation =
  new SyntaxAnnotation("UpdatedProperty");

private static PropertyDeclarationSyntax ExpandProperty(
    PropertyDeclarationSyntax original,
    PropertyDeclarationSyntax updated,
    string backingFieldName)
{
  AccessorDeclarationSyntax getter =
    original.AccessorList.Accessors.FirstOrDefault(
      ad => ad.Kind() == SyntaxKind.GetAccessorDeclaration);
  var returnFieldStatement =
    SyntaxFactory.ParseStatement($"return {backingFieldName};");
  getter = getter
    .WithBody(SyntaxFactory.Block(
      SyntaxFactory.SingletonList(returnFieldStatement)))
    .WithSemicolonToken(default(SyntaxToken));

  AccessorDeclarationSyntax setter =
    original.AccessorList.Accessors.FirstOrDefault(
      ad => ad.Kind() == SyntaxKind.SetAccessorDeclaration);

  var setPropertyStatement = SyntaxFactory.ParseStatement(
    $"{backingFieldName} = value;");
  setter = setter.WithBody(SyntaxFactory.Block(SyntaxFactory.SingletonList(
    setPropertyStatement)))
    .WithSemicolonToken(default(SyntaxToken));
```

```
updated = updated
  .WithAccessorList(SyntaxFactory.AccessorList(
    SyntaxFactory.List(new[] { getter, setter })))
  .WithAdditionalAnnotations(Formatter.Annotation)
  .WithAdditionalAnnotations(UpdatedPropertyAnnotation);
return updated;
}
```

添加完全属性语法之后,添加字段。前面所示的方法 ImplementFullProperty 调用 ExpandProperty() 和 ExpandType() 方法。ExpandType() 在 TypeDeclarationSyntax 对象上调用方法 WithBackingField():

```
private static TypeDeclarationSyntax ExpandType(
  TypeDeclarationSyntax original,
  TypeDeclarationSyntax updated,
  ITypeSymbol typeSymbol,
  string backingFieldName,
  SemanticModel model,
  Workspace workspace)
{
  return updated.WithBackingField(typeSymbol, backingFieldName, model,
    workspace);
}
```

WithBackingField() 是一个扩展方法,它首先查找属性上的注释,使用方法 InsertNodesBefore 将新创建的字段定位在属性之前。这个字段本身是通过调用辅助方法 GenerateBackingField 创建的:

```
private static TypeDeclarationSyntax WithBackingField(
  this TypeDeclarationSyntax node,
  ITypeSymbol typeSymbol,
  string backingFieldName,
  SemanticModel model,
  Workspace workspace)
{
  PropertyDeclarationSyntax property =
    node.ChildNodes().Where(n =>
      n.HasAnnotation(UpdatedPropertyAnnotation))
        .FirstOrDefault() as PropertyDeclarationSyntax;
  if (property == null)
  {
    return null;
  }

  MemberDeclarationSyntax fieldDecl =
    GenerateBackingField(typeSymbol, backingFieldName, workspace);
  node = node.InsertNodesBefore(property, new[] { fieldDecl });
  return node;
}
```

GenerateBackingField() 方法的实现代码使用 ParseMember 辅助方法,把术语 _field_Type_ 作为类型的占位符,创建了一个 FieldDeclarationSyntax 节点。在这个字段声明中,类型被 SyntaxNode 类型替换,从语法生成器中返回:

```csharp
private static MemberDeclarationSyntax GenerateBackingField(
  ITypeSymbol typeSymbol,
  string backingFieldName,
  Workspace workspace)
{
  var generator = SyntaxGenerator.GetGenerator(
    workspace, LanguageNames.CSharp);
  SyntaxNode type = generator.TypeExpression(typeSymbol);
  FieldDeclarationSyntax fieldDecl =
    ParseMember($"private _field_Type_ {backingFieldName};") as
      FieldDeclarationSyntax;
  return fieldDecl.ReplaceNode(fieldDecl.Declaration.Type,
    type.WithAdditionalAnnotations(Simplifier.SpecialTypeAnnotation));
}
```

辅助方法 ParseMember 用 SyntaxFactory 建立一个编译单元，并返回传递给方法的成员的语法节点：

```csharp
private static MemberDeclarationSyntax ParseMember(string member)
{
  MemberDeclarationSyntax decl =
    (SyntaxFactory.ParseCompilationUnit($"class x {{\r\n{member}\r\n}}")
      .Members[0] as ClassDeclarationSyntax).Members[0];
  return decl.WithAdditionalAnnotations(Formatter.Annotation);
}
```

有了这一切，就可以调试 VSIX 项目，进而启动另一个 Visual Studio 实例。在新的 Visual Studio 实例中，可以打开项目或创建新项目，定义自动实现的属性，选择它，再选择 Quick Action 上下文菜单。这会调用代码重构提供程序，显示可以使用的、生成的结果。使用第二个 Visual Studio 实例进行编辑时，可以使用第一个实例，通过代码重构提供程序调试。

18.7 小结

本章介绍了 .NET 编译器平台。只用一个章节介绍这一技术并不容易，因为可以用几本书的篇幅介绍它。然而，本章讨论了这个技术的所有重要部分，涵盖了不同的方面，例如使用 LINQ 查询从源代码中查询节点，语法遍历器等。语义分析用于检索符号信息。对于代码转换，讨论了如何使用 WithXX 和 ReplaceXX 方法，基于现有的语法树，创建新的语法树。本章的最后部分展示了如何使用前面的所有方面与工作区 API，来创建在 Visual Studio 中使用的代码重构提供程序。

下一章讨论 Visual Studio 的另一个重要方面，创建不同的测试，来检查源代码的功能。

第19章 测试

本章要点

- 带 MSTest 和 xUnit 的单元测试
- 使用 Fakes Framework
- 用 IntelliTest 创建测试
- 使用 xUnit 和 .NET Core
- 编码的 UI 测试
- Web 测试

本章源代码下载：

本章源代码的下载地址为 www.wrox.com/go/professionalcsharp6。从该网页的 Download Code 选项卡中下载 Chapter 19 Code 后，本章的代码分为如下主要示例：

- Unit Testing Sample
- MVVM Sample
- Web Application Sample

 注意： 本章的 UI 测试和 Web 测试需要 Visual Studio 企业版。单元测试也可以用 Visual Studio 专业版完成。

19.1 概述

应用程序开发变得敏捷无比。使用瀑布过程模型来分析需求时，设计应用程序架构，实现它，两三年后发现所建立的应用程序没有满足用户的需求，这种情形并不常见。相反，软件开发变得敏捷无比，发布周期更短，最终用户在开发早期就参与进来。看看 Windows 10：数以百万计的 Windows 内部人士给早期的构建版本提供反馈，每隔几个月甚至几周就更新一次。在 Windows 10 的 Beta 程序中，Windows 内部人士曾经在一周内收到 Windows 10 的 3 个构建版本。Windows 10 是一个巨大的程序，但微软设法在很大程度上改变开发方式。同样，如果参与.NET Core 开源项目，每晚都会收到 NuGet 包的构建版本。如果喜欢冒险，甚至可以写一本关于未来技术的书。

如此快速和持续的改变——每晚都创建的构建版本——等不及内部人士或最终用户发现所有问题。Windows 10 每隔几分钟就崩溃一次，Windows 10 内部人士就不会满意。修改方法的实现代码的频率是多少，才能发现似乎不相关的代码不工作了？为了试图避免这样的问题，不改变方法，而是创建一个新的方法，复制原来的代码，并进行必要的修改，但这将极难维护。在一个地方修复方法后，太容易忘记修改其他方法中重复的代码。而 Visual Studio 2015 可以找出代码重复。

为了避免这样的问题，可以给方法创建测试程序，让测试程序自动运行，签入源代码或在每晚的构建过程中检查。从一开始就创建测试程序，会在开始时增加项目的成本，但随着项目的继续进行和维护期间，创建测试程序有其优点，降低了项目的整体成本。

本章解释了各种各样的测试，从测试小功能的单元测试开始。这些测试应该验证应用程序中可测试的最小部分的功能，例如方法。传入不同的输入值时，单元测试应该检查方法的所有可能路径。Visual Studio 2015 为创建单元测试提供了一个很好的增强：IntelliTest，参见本章的内容。*Fakes Framework* 允许隔离方法外部的依赖关系。当然，不是使用"垫片"，而是最好使用依赖注入，但这不能在所有的地方使用。

MSTest 是 Visual Studio 用于创建单元测试的一部分。建立.NET Core 时，MSTest 不支持为.NET Core 库和应用程序创建测试(如今 MSTest 支持.NET Core 库)。这就是为什么微软本身使用 xUnit 为.NET Core 创建单元测试的原因。本章介绍微软的测试框架 MSTest 和 xUnit。

使用 Web 测试，可以测试 Web 应用程序，发送 HTTP 请求，模拟一群用户。创建这些类型的测试，允许模拟不同的用户负载，允许进行压力测试。可以使用测试控制器，来创建更高的负载，模拟成千上万的用户，从而也知道需要什么基础设施，应用程序是否可伸缩。

本章介绍的最后一个测试特性是 UI 测试。可以为基于 XAML 的应用程序创建自动化测试。当然，更容易为视图模型创建单元测试，用 ASP.NET 创建视图组件，但本章不可能涉及测试的方方面面。可以自动化 UI 测试。想象一下数百种不同的 Android 移动设备。你会购买每一个型号，在每个设备上手动测试应用程序吗？最好使用云服务，在确实要安装应用程序的、数以百计的设备上，发送要测试的应用程序。不要以为人们会在数以百计的设备上启动云中的应用程序，并与应用程序进行可能的交互，这需要使用 UI 测试自动完成。

首先，创建单元测试。

19.2 使用 MSTest 进行单元测试

编写单元测试有助于代码维护。例如，在更新代码时，想要确信更新不会破坏其他代码。创建自动单元测试可以帮助确保修改代码后，所有功能得以保留。Visual Studio 2015 提供了一个健壮的单元测试框架，还可以在 Visual Studio 内使用其他测试框架。

19.2.1 使用 MSTest 创建单元测试

下面的示例测试类库 UnitTestingSamples 中一个非常简单的方法。这是一个.NET 4.6 类库，因为如前所述，目前.NET Core 不用于 MSTest 环境。当然，可以创建其他基于 MSBuild 的项目。类 DeepThought 包含 TheAnswerToTheUltimateQuestionOfLifeTheUniverseAndEverything 方法，该方法返回 42 作为结果(代码文件 UnitTestingSamples / DeepThought.cs)：

```csharp
public class DeepThought
{
    public int TheAnswerOfTheUltimateQuestionOfLifeTheUniverseAndEverything() => 42;
}
```

为了确保没有人改变返回错误结果的方法，创建一个单元测试。要创建单元测试，使用 Visual C# 项目组中可用的 Unit Test Project 模板。开始创建单元测试项目的简单方法是选择一个方法(例如方法 TheAnswerToTheUltimateQuestionOfLifeTheUniverseAndEverything)，右击，打开上下文菜单，或在触摸屏上使用双指单触摸手势，或单击键盘上的上下文菜单键，或者(如果键盘没有上下文菜单键，就按 Shift + F10，或如果功能键配置为二级键，就按 FN +Shift+ F10)，并选择 Create Unit Tests。弹出的对话框如图 19-1 所示，在其中可以选择一个已安装的测试框架，可以决定创建一个新的测试项目，或选择现有的一个。此外，可以指定不同的名称，如测试项目的名称、名称空间的名字、文件名、类名和方法名。默认情况下，Tests 或 Test 添加为后缀，但可以改变它。从这个对话框中，可以安装额外的测试框架。

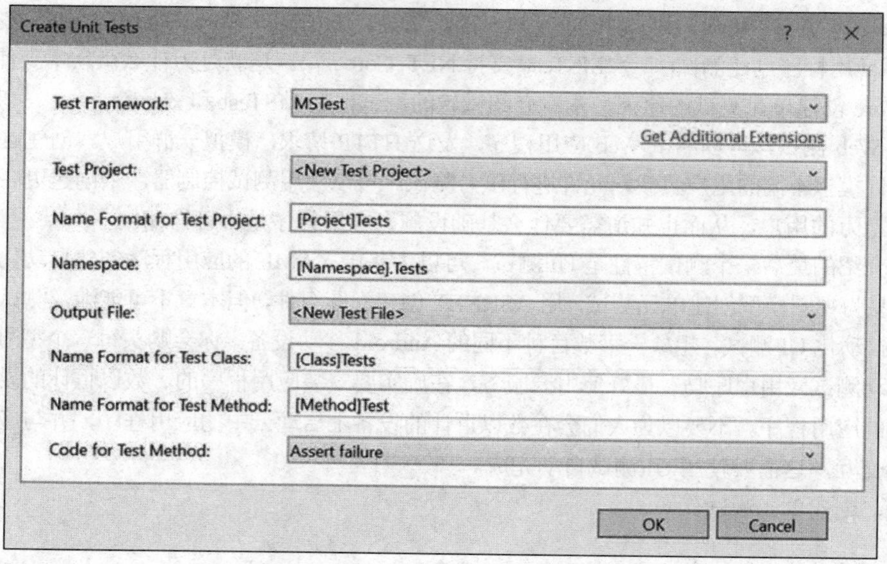

图 19-1

单元测试类标有 TestClass 特性，测试方法标有 TestMethod 特性。该实现方式创建 DeepThought 的一个实例，并调用要测试的方法 TheAnswerToTheUltimateQuestionOfLifeTheUniverseAnd-Everything。返回值使用 Assert.AreEqual 与 42 进行比较。如果 Assert.AreEqual 失败，测试就失败(代码文件 UnitTestingSamplesTest / DeepThoughtTests.cs)：

```csharp
[TestClass]
public class TestProgram
{
    [TestMethod]
    public void
```

```
TestTheAnswerToTheUltimateQuestionOfLifeTheUniverseAndEverything()
{
  // arrange
  int expected = 42;
  var dt = new DeepThought();

  // act
  int actual = 
    dt.TheAnswerToTheUltimateQuestionOfLifeTheUniverseAndEverything();

  // assert
  Assert.AreEqual(expected, actual);
}
}
```

单元测试是由 3 个 A 定义：Arrange、Act 和 Assert。首先，一切都安排好了，单元测试可以开始了。在安排阶段，在第一个测试中，给变量 expected 分配调用要测试的方法时预期的值，调用 DeepThought 类的一个实例。现在准备好测试功能了。在行动阶段，调用方法。在完成行动阶段后，需要验证结果是否与预期相同。这在断言阶段使用 Assert 类的方法来完成。

Assert 类是 Microsoft.VisualStudio.TestTools.UnitTesting 名称空间中 MSTest 框架的一部分。这个类提供了一些可用于单元测试的静态方法。默认情况下，Assert.Fail 方法添加到自动创建的单元测试中，提供测试还没有实现的信息。其他一些方法有：AreNotEqual 验证两个对象是否不同；IsFalse 和 IsTrue 验证布尔结果；IsNull 和 IsNotNull 验证空结果；IsInstanceOfType 和 IsNotInstanceOfType 验证传入的类型。

19.2.2 运行单元测试

使用 Test Explorer(通过 Test | Windows | Test Explorer 打开)，可以在解决方案中运行测试(见图 19-2)。

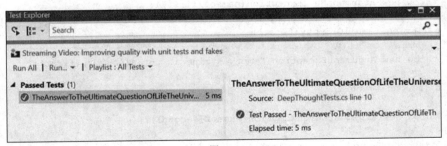

图 19-2

图 19-3 显示了一个失败的测试，列出了失败的所有细节。

当然，这只是一个很简单的场景，测试通常是没有这么简单的。例如，方法可以抛出异常，用其他的路径返回其他值，或者使用了不应该在单个单元测试的代码(例如数据库访问代码或者调用的服务)。接下来就看一个比较复杂的单元测试场景。

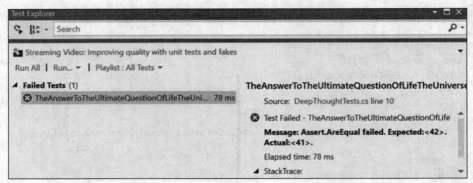

图 19-3

下面的类 StringSample 定义了一个带字符串参数的构造函数、方法 GetStringDemo 和一个字段。方法 GetStringDemo 根据 first 和 second 参数使用不同的路径，并返回一个从这些参数得到的字符串(代码文件 UnitTestingSamples /StringSample.cs)：

```
public class StringSample
{
  public StringSample(string init)
  {
    if (init == null)
      throw new ArgumentNullException(nameof(init));
    _init = init;
  }

  private string _init;
  public string GetStringDemo(string first, string second)
  {
    if (first == null)
    {
      throw new ArgumentNullException(nameof(first));
    }
    if (string.IsNullOrEmpty(first))
    {
      throw new ArgumentException("empty string is not allowed", first);
    }
    if (second == null)
    {
      throw new ArgumentNullException(nameof(second));
    }
    if (second.Length > first.Length)
    {
      throw new ArgumentOutOfRangeException(nameof(second),
        "must be shorter than first");
    }

    int startIndex = first.IndexOf(second);
    if (startIndex < 0)
    {
      return $"{second} not found in {first}";
    }
    else if (startIndex < 5)
```

```
    {
      string result = first.Remove(startIndex, second.Length);
      return $"removed {second} from {first}: {result}";
    }
    else
    {
      return _init.ToUpperInvariant();
    }
  }
}
```

> **注意**：为复杂的方法编写单元测试时,有时单元测试也会变得复杂起来。这有助于调试单元测试,找出当前执行的操作。调试单元测试很简单:给单元测试代码添加断点,并从 *Test Explorer* 的上下文菜单中选择 *Debug Selected Tests* (参见图 19-4)。

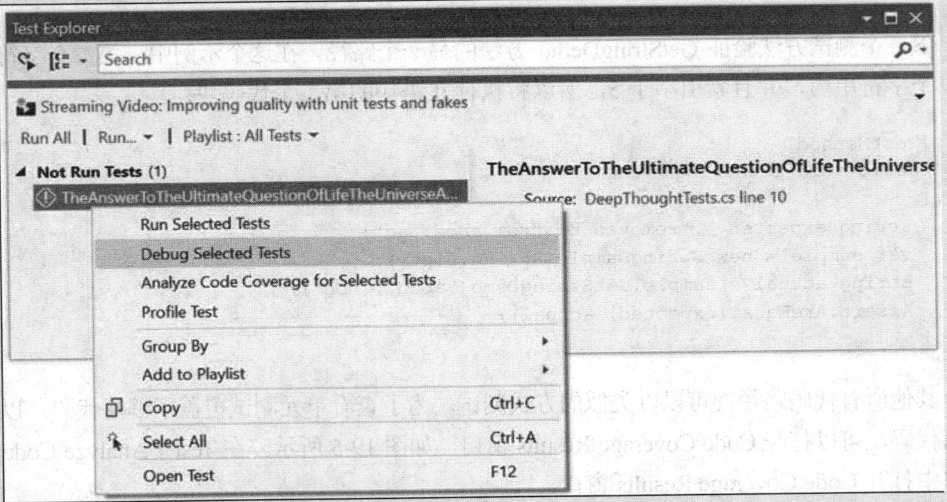

图 19-4

单元测试应该测试每个可能的执行路径,并检查异常,如下所述。

19.2.3 使用 MSTest 预期异常

以 null 为参数调用 StringSample 类的构造函数和 GetStringDemo 方法时,可以预计会发生 ArgumentNullException 异常。在测试代码中很容易测试这一点,只需要像下面的示例那样对测试方法应用 ExpectedException 特性。这样一来,测试方法将成功地捕捉到异常(代码文件 UnitTesting-SamplesTests/StringSampleTests.cs):

```
[TestMethod]
[ExpectedException(typeof(ArgumentNullException))]
public void TestStringSampleNull()
{
  var sample = new StringSample(null);
}
```

对于 GetStringDemo 方法抛出的异常，可以采取类似的处理。

19.2.4 测试全部代码路径

为了测试全部代码路径，可以创建多个测试，每个测试针对一条代码路径。下面的测试示例将字符串 a 和 b 传递给 GetStringDemo 方法。因为第二个字符串没有包含在第一个字符串内，所以 if 语句的第一个路径生效。结果将被相应地检查(代码文件 UnitTestingSamplesTests/StringSampleTests.cs)：

```
[TestMethod]
public void GetStringDemoAB()
{
  string expected = "b not found in a";
  var sample = new StringSample(String.Empty);
  string actual = sample.GetStringDemo("a", "b");
  Assert.AreEqual(expected, actual);
}
```

下一个测试方法验证 GetStringDemo 方法的另一个路径。在这个示例中，第二个字符串包含在第一个字符串内，并且索引小于 5，所以将执行 if 语句的第二个代码块：

```
[TestMethod]
public void GetStringDemoABCDBC()
{
  string expected = "removed bc from abcd: ad";
  var sample = new StringSample(String.Empty);
  string actual = sample.GetStringDemo("abcd", "bc");
  Assert.AreEqual(expected, actual);
}
```

其他所有代码路径都可以以类似的方式测试。为了查看单元测试覆盖了哪些代码，以及还缺少什么代码，可以打开 Code Coverage Results 窗口，如图 19-5 所示。在 Test | Analyze Code Coverage 菜单中打开 Code Coverage Results 窗口。

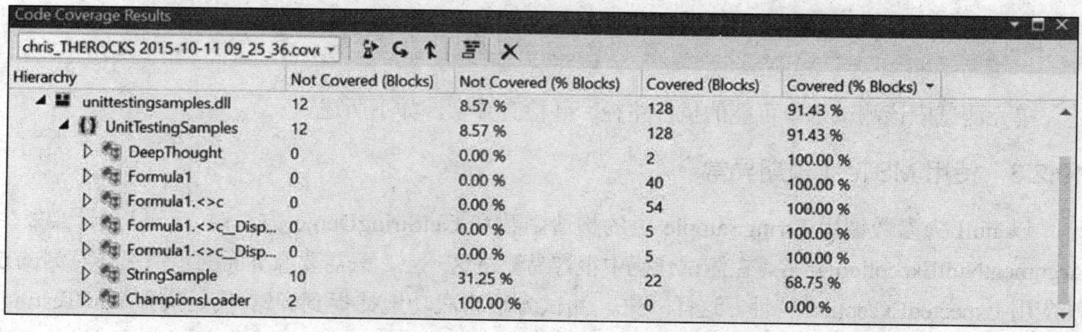

图 19-5

19.2.5 外部依赖

许多方法都依赖于不受应用程序本身控制的某些功能，例如调用 Web 服务或者访问数据库。在测试外部资源的可用性时，可能服务或数据库并不可用。更糟的是，数据库和服务可能在不同的时间返回不同的数据，这就很难与预期的数据进行比较。在单元测试中，必须排除这种情况。

下面的示例依赖于外部的某些功能。方法 ChampionsByCountry() 访问一个 Web 服务器上的 XML 文件，该文件以 Firstname、Lastname、Wins 和 Country 元素的形式列出了一级方程式世界冠军。这个列表按国家筛选，并使用 Wins 元素的值按数字顺序排序。返回的数据是一个 XElement，其中包含了转换后的 XML 代码(代码文件 UnitTestingSamples/Formula1.cs)：

```csharp
public XElement ChampionsByCountry(string country)
{
  XElement champions = XElement.Load(F1Addresses.RacersUrl);
  var q = from r in champions.Elements("Racer")
          where r.Element("Country").Value == country
          orderby int.Parse(r.Element("Wins").Value) descending
          select new XElement("Racer",
            new XAttribute("Name", r.Element("Firstname").Value + " " +
              r.Element("Lastname").Value),
            new XAttribute("Country", r.Element("Country").Value),
            new XAttribute("Wins", r.Element("Wins").Value));
  return new XElement("Racers", q.ToArray());
}
```

注意：关于 LINQ to XML 的更多信息，请参考第 27 章。

到 XML 文件的链接由 F1Addresses 类定义 (代码文件 UnitTestingSamples / F1Addresses.cs)：

```csharp
public class F1Addresses
{
  public const string RacersUrl =
    "http://www.cninnovation.com/downloads/Racers.xml";
}
```

应该为 ChampionsByCountry 方法创建一个单元测试。测试不应依赖于服务器上的数据源。一方面，服务器可能不可用。另一方面，服务器上的数据可能随时间发生改变，返回新的冠军和其他值。正确的测试应该确保按预期方式完成筛选，并以正确的顺序返回正确筛选后的列表。

创建独立于数据源的单元测试的一种方法是使用依赖注入模式，重构 ChampionsByCountry 方法的实现代码。在这里，创建一个返回 XElement 的工厂，来取代 XElement.Load 方法。IChampionsLoader 接口是在 ChampionsByCountry 方法中使用的唯一外部要求。IChampionsLoader 接口定义了方法 LoadChampions，可以代替上述方法(代码文件 UnitTestingSamples /IChampionsLoader.cs)：

```csharp
public interface IChampionsLoader
{
  XElement LoadChampions();
}
```

类 ChampionsLoader 使用 XElement.Load 方法实现了接口 IChampionsLoader，该方法由 ChampionsByCountry 方法预先使用(代码文件 UnitTestingSamples / ChampionsLoader.cs)：

```csharp
public class ChampionsLoader: IChampionsLoader
{
```

```csharp
    public XElement LoadChampions() => XElement.Load(F1Addresses.RacersUrl);
}
```

现在就能够修改 ChampionsByCountry()方法的实现,使用接口而不是直接使用 XElement.Load 方法()来加载冠军。新的方法命名为 ChampionsByCountry2,以便有两个版本可用于单元测试。IChampionsLoader 传递给类 Formula1 的构造函数,然后 ChampionsByCountry2()将使用这个加载器(代码文件 UnitTestingSamples/Formula1.cs):

```csharp
public class Formula1
{
  private IChampionsLoader _loader;
  public Formula1(IChampionsLoader loader)
  {
    _loader = loader;
  }

  public XElement ChampionsByCountry2(string country)
  {
    var q = from r in _loader.LoadChampions().Elements("Racer")
            where r.Element("Country").Value == country
            orderby int.Parse(r.Element("Wins").Value) descending
            select new XElement("Racer",
              new XAttribute("Name", r.Element("Firstname").Value + " " +
                r.Element("Lastname").Value),
              new XAttribute("Country", r.Element("Country").Value),
              new XAttribute("Wins", r.Element("Wins").Value));
    return new XElement("Racers", q.ToArray());
  }
}
```

在典型实现中,会把一个 ChampionsLoader 实例传递给 Formula1 构造函数,以从服务器检索赛车手。

创建单元测试时,可以实现一个自定义方法来返回一级方程式冠军,如方法 Formula1SampleData()所示(代码文件 UnitTestingSamplesTests/ Formula1Tests.cs):

```csharp
internal static string Formula1SampleData()
{
  return @"
<Racers>
  <Racer>
    <Firstname>Nelson</Firstname>
    <Lastname>Piquet</Lastname>
    <Country>Brazil</Country>
    <Starts>204</Starts>
    <Wins>23</Wins>
  </Racer>
  <Racer>
    <Firstname>Ayrton</Firstname>
    <Lastname>Senna</Lastname>
    <Country>Brazil</Country>
    <Starts>161</Starts>
    <Wins>41</Wins>
```

```
    </Racer>
    <Racer>
      <Firstname>Nigel</Firstname>
      <Lastname>Mansell</Lastname>
      <Country>England</Country>
      <Starts>187</Starts>
      <Wins>31</Wins>
    </Racer>
    //... more sample data
```

方法 Formula1VerificationData 返回符合预期结果的样品测试数据:

```
internal static XElement Formula1VerificationData()
{
  return XElement.Parse(@"
    <Racers>
      <Racer Name=""Mika Hakkinen"" Country=""Finland"" Wins=""20"" />
      <Racer Name=""Kimi Raikkonen"" Country=""Finland"" Wins=""18"" />
    </Racers>");
}
```

测试数据的加载器实现了与 ChampionsLoader 类相同的接口:IChampionsLoader。这个加载器仅使用样本数据,而不访问 Web 服务器:

```
public class F1TestLoader: IChampionsLoader
{
  public XElement LoadChampions() => XElement.Parse(Formula1SampleData());
}
```

现在,很容易创建一个使用样本数据的单元测试:

```
[TestMethod]
public void TestChampionsByCountry2()
{
  Formula1 f1 = new Formula1(new F1TestLoader());
  XElement actual = f1.ChampionsByCountry2("Finland");
  Assert.AreEqual(Formula1VerificationData().ToString(), actual.ToString());
}
```

当然,真正的测试不应该只覆盖传递 Finland 作为一个字符串并在测试数据中返回两个冠军这样一种情况。还应该针对其他情况编写测试,例如传递没有匹配结果的字符串,返回两个以上的冠军的情况,可能还包括数字排序顺序与字母数字排序顺序不同的情况。

19.2.6 Fakes Framework

有时无法重构要测试的方法,使其独立于数据源,例如使用不能改变的旧代码。这时,Fakes Framework 能够提供很大的帮助。Fakes Framework 是 Visual Studio Enterprise Edition 提供的一个框架。

使用这个框架,可以测试 ChampionsByCountry 方法,而没有任何改变,仍然可以把服务器排除在单元测试之外。记住,这个方法的实现代码使用 XElement.Load,直接访问 Web 服务器上的文件。Fakes Framework 允许只针对测试用例改变 ChampionsByCountry 方法的实现代码,用其他代码代替 XElement.Load 方法(代码文件 UnitTestingSamples / Formula1.cs):

```
public XElement ChampionsByCountry(string country)
{
  XElement champions = XElement.Load(F1Addresses.RacersUrl);
  var q = from r in champions.Elements("Racer")
          where r.Element("Country").Value == country
          orderby int.Parse(r.Element("Wins").Value) descending
          select new XElement("Racer",
            new XAttribute("Name", r.Element("Firstname").Value + " " +
              r.Element("Lastname").Value),
            new XAttribute("Country", r.Element("Country").Value),
            new XAttribute("Wins", r.Element("Wins").Value));
  return new XElement("Racers", q.ToArray());
}
```

为了在单元测试项目的引用中使用Fakes Framework，选择包括XElement类的程序集。XElement类在System.Xml.Linq程序集中。当选择System.Xml.Linq程序集，打开上下文菜单时，可看到Add Fakes Assembly菜单项。选择该菜单项将创建System.Xml.Linq.4.0.0.0.Fakes程序集，

它在System.Xml.Linq.Fakes名称空间中包含一些填充码类。System.Xml.Linq程序集中的所有类型在这个名称空间中都有填充码版本，例如，XAttribute有ShimXAttribute，XDocument有ShimXDocument。

本例中只需要使用ShimXElement。对于XElement类中的每个公有的重载成员，ShimXElement中都包含对应的成员。ShimXElement重载了XElement的Load()方法，使其可以接收String、Stream、TextReader和XMLReader类型作为参数，另外还提供了可接受第二个参数LoadOptions的重载版本。具体来说，ShimXElement定义了LoadString()、LoadStream()、LoadTextReader()、LoadXmlReader()成员方法，以及还可以接受LoadOptions的成员方法，如LoadStringLoadOptions()、LoadStreamLoadOptions()等。

所有这些成员都是委托类型，该委托类型允许指定一个自定义方法，在测试方法时，将用自定义方法代替原方法调用。单元测试方法TestChampionsByCountry()将Formula1.ChampionsByCountry方法中带有一个参数的XElement.Load()方法替换为XElement.Parse()，以访问样本数据。ShimXElement.LoadString指定了新方法的实现。

使用填充码版本时，需要使用ShimsContext.Create方法创建一个上下文。该上下文一直处于活动状态，直到在using代码块的末尾调用Dispose()方法(代码文件UnitTestingSamplesTests/Formula1Tests.cs)：

```
[TestMethod]
public void TestChampionsByCountry()
{
  using (ShimsContext.Create())
  {
    ShimXElement.LoadString = s => XElement.Parse(Formula1SampleData());
    Formula1 f1 = new Formula1();
    XElement actual = f1.ChampionsByCountry("Finland");
    Assert.AreEqual(Formula1VerificationData().ToString(), actual.ToString());
  }
}
```

虽然最好的方法是让要测试的代码具有灵活的实现，但在测试代码时，可以将Fakes Framework

作为修改代码实现的一种有用方式，使其不依赖于外部资源。

19.2.7　IntelliTest

Visual Studio 2015 企业版的一个可用的新测试功能是 IntelliTest，它会建立代码的白盒分析，自动创建单元测试。IntelliTest 分析代码，传递尽可能少的参数，以找到所有的迭代。在代码编辑器中选择一个方法时，从上下文菜单中可以选择 Run IntelliTest，来创建测试，如图 19-6 所示。对于 GetStringDemo 方法，IntelliTest 会创建 10 个测试方法，给输入参数传递不同的字符串。可以检查这些方法，看看它们是否符合目的，如果没有验证方法中的输入参数，也可以检查错误。

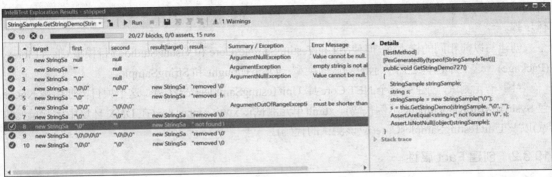

图 19-6

如果测试是好的，就可以保存并把它们改编到一个单元测试项目中。这是 IntelliTest 生成的一个测试。除了使用 TestMethod 特性和 Assert 类之外，也可以看到 PexGeneratedBy 特性。这个特性把测试标记为由 IntelliTest 创建：

```
[TestMethod]
[PexGeneratedBy(typeof(StringSampleTest))]
public void GetStringDemo727()
{
  StringSample stringSample;
  string s;
  stringSample = new StringSample("\0");
  s = this.GetStringDemo(stringSample, "\0", "");
  Assert.AreEqual<string>(" not found in \0", s);
  Assert.IsNotNull((object)stringSample);
}
```

　注意：Pex 是自动生成单元测试的最初 Microsoft Research 项目。IntelliTest 来源于 Pex。在 Pex 中仍然可以找到 http://www.pexforfun.com，在 Pex 的帮助下解决代码问题。

19.3　使用 xUnit 进行单元测试

如前所述，单元测试框架 MSTest 包含在 Visual Studio 安装中，但它不支持.NET Core，只支持基于 MSBuild 的项目模板。然而，Visual Studio 测试环境支持其他测试框架。测试适配器，如 NUnit、 xUnit、Boost(用于 C++)、Chutzpah(用于 JavaScript)和 Jasmine(用于 JavaScript)可通过扩展和更新来使用；这些测试适配器与 Visual Studio Test Explorer 集成。xUnit 是一个杰出的测试框架，也由微软的.NET Core 和 ASP.NET Core 开源代码使用，所以 xUnit 是本节的重点。

19.3.1 使用 xUnit 和.NET Core

使用.NET Framework 应用程序模板，可以创建 xUnit 测试，其方式与 MSTest 测试类似。为此在编辑器中使用上下文菜单中的 Create Unit Test 命令。这与.NET Core 应用程序不同，因为这个菜单项对.NET Core 应用程序不可用。此外，最好给单元测试使用 DNX 环境，而不是使用测试库，因为测试库使用完整的框架。使用 DNX 环境时，也可以在 Linux 平台上运行这些测试。下面看看具体步骤。

创建与以前相同的样本库，但使用 UnitTestingSamplesCore 和 Visual Studio 项目模板 Class Library (Package)。这个库包含之前所示的测试的类型：DeepThought 和 StringSample。

对于单元测试，创建另一个.NET Core 库 UnitTestingSamplesCoreTests。这个项目需要引用 NuGet 包 System.Xml.XDocument(示例代码)、xunit(单元测试)、xunit.runner.dnx(在 DNX 环境中运行单元测试)以及 UnitTestingSamplesCore(应该测试的代码)。

19.3.2 创建 Fact 属性

创建测试的方式非常类似于之前的方法。测试方法 TheAnswerToTheUltimateQuestionOfLifeTheUniverseAndEverything 的差异只是带注释和 Fact 特性的测试方法和不同的 Assert.Equal 方法(代码文件 UnitTestingSamplesCoreTests / DeepThoughtTests.cs)：

```
public class DeepThoughtTests
{
  [Fact]
  public void
    TheAnswerToTheUltimateQuestionOfLifeTheUniverseAndEverythingTest()
  {
    int expected = 42;
    var dt = new DeepThought();
    int actual =
      dt.TheAnswerToTheUltimateQuestionOfLifeTheUniverseAndEverything();
    Assert.Equal(expected, actual);
  }
}
```

现在使用的 Assert 类在 XUnit 名称空间中定义。与 MSTest 的 Assert 方法相比，这个类定义了更多的方法，用于验证。例如，不是添加一个特性来指定预期的异常，而是使用 Assert.Throws 方法，允许在一个测试方法中多次检查异常：

```
[Fact]
public void TestGetStringDemoExceptions()
{
  var sample = new StringSample(string.Empty);
  Assert.Throws<ArgumentNullException>(() => sample.GetStringDemo(null, "a"));
  Assert.Throws<ArgumentNullException>(() => sample.GetStringDemo("a", null));
  Assert.Throws<ArgumentException>(() =>
```

```
    sample.GetStringDemo(string.Empty, "a"));
}
```

19.3.3 创建 Theory 属性

xUnit 为测试方法定义的Fact特性不需要参数。使用xUnit还可以调用需要参数的单元测试方法;使用 Theory 特性提供数据,添加一个派生于 Data 的特性。这样就可以通过一个方法定义多个单元测试了。

在下面的代码片段中,Theory 特性应用于 TestGetStringDemo 单元测试方法。StringSample.GetStringDemo 方法定义了取决于输入数据的不同路径。如果第二个参数传递的字符串不包含在第一个参数中,就到达第一条路径。如果第二个字符串包含在第一个字符串的前 5 个字符中,就到达第二条路径。第三条路径是用 else 子句到达的。要到达所有不同的路径,3 个 InlineData 特性要应用于测试方法。每个特性都定义了 4 个参数,它们以相同的顺序直接发送到单元测试方法的调用中。特性还定义了被测试方法应该返回的值(代码文件 UnitTestingSamplesCoreTests /StringSampleTests.cs):

```
[InlineData("", "longer string", "nger",
  "removed nger from longer string: lo string")]
[InlineData("init", "longer string", "string", "INIT")]
public void TestGetStringDemo(string init, string a, string b, string expected)
{
  var sample = new StringSample(init);
  string actual = sample.GetStringDemo(a, b);
  Assert.Equal(expected, actual);
}
```

特性 InlineData 派生于 Data 特性。除了通过特性直接把值提供给测试方法之外,值也可以来自于属性、方法或类。以下例子定义了一个静态方法,它用 IEnumerable<object>对象返回相同的值(代码文件 UnitTestingSamplesCoreTests / StringSampleTests.cs):

```
public static IEnumerable<object[]> GetStringSampleData() =>
  new[]
  {
    new object[] { "", "a", "b", "b not found in a" },
    new object[] { "", "longer string", "nger",
      "removed nger from longer string: lo string" },
    new object[] { "init", "longer string", "string", "INIT" }
  };
```

单元测试方法现在用 MemberData 特性改变了。这个特性允许使用返回 IEnumerable<object>的静态属性或方法,填写单元测试方法的参数:

```
[Theory]
[MemberData("GetStringSampleData")]
public void TestGetStringDemoUsingMember(string init, string a, string b,
  string expected)
{
  var sample = new StringSample(init);
  string actual = sample.GetStringDemo(a, b);
```

```
        Assert.Equal(expected, actual);
    }
```

19.3.4　用 dotnet 工具运行单元测试

可以直接在 Visual Studio 中运行 xUnit 单元测试，其方式类似于运行 MSTest 单元测试。因为 xUnit 支持 CLI，所以也可以在命令行上运行 xUnit 测试。对于这种方法，在 projects.json 文件中定义测试命令(代码文件 UnitTestingSamplesCoreTests / project.json)：

```json
{
    "version": "1.0.0-*",
    "description": "UnitTestingSamplesCoreTests Class Library",
    "authors": [ "Christian" ],
    "tags": [ "" ],
    "projectUrl": "",
    "licenseUrl": "",
    "dependencies": {
        "NETStandard.Library": "1.0.0-*",
        "System.Threading.Tasks": "4.0.11-*",
        "System.Xml.XDocument": "4.0.11-*",
        "UnitTestingSamplesCore": { "target": "project" },
        "xunit": "2.2.0-*",
        "dotnet-test-xunit: "1.0.0-*"
    },
    "testRunner": "xunit",
    "frameworks": {
        "netstandard1.0": {
            "dependencies": { }
        }
    }
}
```

现在，在命令提示符上运行 dotnet test 时，就运行项目定义的所有测试：

```
">dotnet test"
xUnit.net DNX Runner (64-bit win7-x64)
  Discovering: UnitTestingSamplesCoreTests
  Discovered:  UnitTestingSamplesCoreTests
  Starting:    UnitTestingSamplesCoreTests
  Finished:    UnitTestingSamplesCoreTests
=== TEST EXECUTION SUMMARY ===
   UnitTestingSamplesCoreTests  Total: 11, Errors: 0, Failed: 0, Skipped: 0,
   Time: 0.107s
C:\Users\chris\Source\Repos\ProfessionalCSharp6\Testing\UnitTestingSamples\
UnitTestingSamplesCoreTests>
```

19.3.5　使用 Mocking 库

下面是一个更复杂的例子：在第 31 章的 MVVM 应用程序中，为客户端服务创建一个单元测试。这个服务使用依赖注入功能，注入接口 IBooksRepository 定义的存储库。用于测试 AddOrUpdateBookAsync 方法的单元测试不应该测试该库，而只测试方法中的功能。对于库，应执行另一个单元测试(代码文件 MVVM/Services/BooksService.cs)：

```csharp
public class BooksService: IBooksService
{
  private ObservableCollection<Book> _books = new ObservableCollection<Book>();
  private IBooksRepository _booksRepository;
  public BooksService(IBooksRepository repository)
  {
    _booksRepository = repository;
  }

  public async Task LoadBooksAsync()
  {
    if (_books.Count > 0) return;
    IEnumerable<Book> books = await _booksRepository.GetItemsAsync();
    _books.Clear();
    foreach (var b in books)
    {
      _books.Add(b);
    }
  }

  public Book GetBook(int bookId) =>
    _books.Where(b => b.BookId == bookId).SingleOrDefault();

  public async Task<Book> AddOrUpdateBookAsync(Book book)
  {
    if (book == null) throw new ArgumentNullException(nameof(book));
    Book updated = null;
    if (book.BookId == 0)
    {
      updated = await _booksRepository.AddAsync(book);
      _books.Add(updated);
    }
    else
    {
      updated = await _booksRepository.UpdateAsync(book);
      Book old = _books.Where(b => b.BookId == updated.BookId).Single();
      int ix = _books.IndexOf(old);
      _books.RemoveAt(ix);
      _books.Insert(ix, updated);
    }
    return updated;
  }

  IEnumerable<Book> IBooksService.Books => _books;
}
```

因为 AddOrUpdateBookAsync 的单元测试不应该测试用于 IBooksRepository 的存储库，所以需要实现一个用于测试的存储库。为了简单起见，可以使用一个模拟库自动填充空白。一个常用的模拟库是 Moq。对于单元测试项目，添加 NuGet 包 Moq；也添加 NuGet 包 xunit 和 xunit.runner.visualstudio。

在 AddBooksAsyncTest 单元测试中，实例化一个模拟对象，传递泛型参数 IBooksRepository。Mock 构造函数创建接口的实现代码。因为需要从存储库中得到一些非空结果，来创建有用的测试，所以 Setup 方法定义可以传递的参数，ReturnsAsync 方法定义了方法存根返回的结果。使用 Mock 类的 Object 属性访问模拟对象，并传递它，以创建 BooksService 类。有了这些设置，可以调用 AddOrUpdateBookAsync 方法，传递一个应该添加的 book 对象(代码文件 MVVM/Services.Tests/BooksServiceTest.cs)：

```csharp
[Fact]
public async Task AddBookAsyncTest()
{
  // arrange
  var mock = new Mock<IBooksRepository>();
  var book =
    new Book
    {
      BookId = 0,
      Title = "Test Title",
      Publisher = "A Publisher"
    };
  var expectedBook =
    new Book
    {
      BookId = 1,
      Title = "Test Title",
      Publisher = "A Publisher"
    };
  mock.Setup(r => r.AddAsync(book)).ReturnsAsync(expectedBook);

  var service = new BooksService(mock.Object);

  // act
  Book actualAdded = await service.AddOrUpdateBookAsync(book);
  Book actualRetrieved = service.GetBook(actualAdded.BookId);
  Book notExisting = service.GetBook(2);

  // assert
  Assert.Equal(expectedBook, actualAdded);
  Assert.Equal(expectedBook, actualRetrieved);
  Assert.Equal(null, notExisting);
}
```

添加一本书时，会调用 AddOrUpdateBookAsync 方法的 if 子句。更新一本书时，会激活 else 子句。方法的这部分会用 UpdateBookAsyncTest 方法测试。与前面一样，给接口 IBooksRepository 创建一个模拟对象。更新一本书时，会测试不同的场景，如更新现存的书和不存在的书(代码文件 MVVM / Services.Tests / BooksServiceTest.cs)：

```csharp
[Fact]
public async Task UpdateBookAsyncTest()
{
  // arrange
  var mock = new Mock<IBooksRepository>();
  var origBook =
    new Book
    {
```

```csharp
      BookId = 0,
      Title = "Title",
      Publisher = "A Publisher"
    };
var addedBook =
  new Book
  {
    BookId = 1,
    Title = "Title",
    Publisher = "A Publisher"
  };
var updateBook =
  new Book
  {
    BookId = 1,
    Title = "New Title",
    Publisher = "A Publisher"
  };
var notExisting =
  new Book
  {
    BookId = 99,
    Title = "Not",
    Publisher = "Not"
  };
mock.Setup(r => r.UpdateAsync(updateBook)).ReturnsAsync(updateBook);
mock.Setup(r => r.UpdateAsync(notExisting)).ReturnsAsync(notExisting);
mock.Setup(r => r.AddAsync(origBook)).ReturnsAsync(addedBook);

var service = new BooksService(mock.Object);

// fill in first book to test update
await service.AddOrUpdateBookAsync(origBook);

// act
Book actualUpdated = await service.AddOrUpdateBookAsync(updateBook);
Book actualRetrieved = service.GetBook(1);

// assert
Assert.Equal(updateBook, actualUpdated);
Assert.Equal(updateBook, actualRetrieved);
await Assert.ThrowsAsync<InvalidOperationException>(async () =>
  await service.AddOrUpdateBookAsync(notExisting));
await Assert.ThrowsAsync<ArgumentNullException>(async () =>
  await service.AddOrUpdateBookAsync(null));
}
```

当使用 MVVM 模式与基于 XAML 的应用程序，以及使用 MVC 模式和基于 Web 的应用程序时，会降低用户界面的复杂性，减少复杂 UI 测试的需求。然而，仍有一些场景应该用 UI 测试，例如，浏览页面、拖曳元素等。此时应使用 Visual Studio 的 UI 测试功能。

19.4 UI 测试

为了测试用户界面，Visual Studio 为 Universal Windows 应用程序、Windows Phone 应用程序、WPF 应用程序和 Windows Forms 提供了 Coded UI Test Project 模板。当创建新项目时，可以在 Test 组中找到用于 WPF 和 Windows Forms 的项目模板。然而，这个模板不用于 Windows 应用程序。Universal Windows 应用程序的项目模板在 Universal 组。请注意，Windows 应用程序不支持自动记录功能。

本章为 MVVM WPF 应用程序创建一个 UI 测试。这个应用程序是本章可下载文件的一部分，所以可以用它来测试。这个应用程序的详细信息参见第 31 章。

创建新的 Coded UI Test Project 时，会显示如图 19-7 所示的对话框。在这里可以指定创建新的记录。

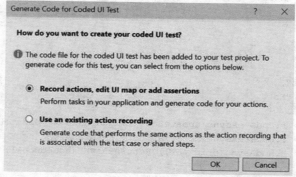

图 19-7

创建新的记录时，会看到 Coded UI Test Builder(参见图 19-8)。对于 WPF 应用程序，可以单击 Recording 按钮来记录操作。

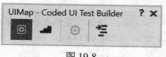

图 19-8

运行样例应用程序时，可以单击 Load 按钮来加载书籍列表，单击 Add 按钮来添加新书，在文本框元素中输入一些文本，并单击 Save 按钮。当在 Coded UI Test Builder 中单击 Show Recorded Steps 按钮时，会显示如图 19-9 所示的记录。

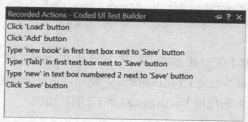

图 19-9

当单击 Generate Code 按钮时，屏幕提示输入方法名，用记录生成代码(参见图 19-10)。

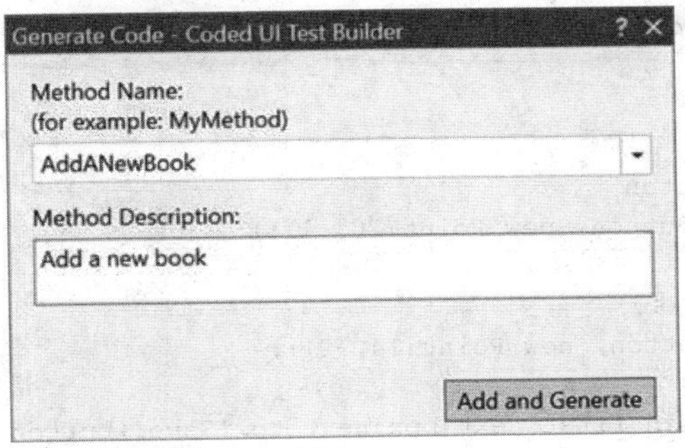

图 19-10

使用生成的方法 AddNewBook 可以看到，本地变量用来引用所使用的 WPF 控件：

```
public void AddNewBook()
{
  WpfButton uILoadButton =
    this.UIBooksDesktopAppWindow.UIBooksViewCustom.UILoadButton;
  WpfButton uIAddButton =
    this.UIBooksDesktopAppWindow.UIBooksViewCustom.UIAddButton;
  WpfEdit uIItemEdit =
    this.UIBooksDesktopAppWindow.UIBookViewCustom.UISaveButton.UIItemEdit;
  WpfEdit uIItemEdit1 =
    this.UIBooksDesktopAppWindow.UIBookViewCustom.UISaveButton.UIItemEdit1;
  WpfButton uISaveButton =
    this.UIBooksDesktopAppWindow.UIBookViewCustom.UISaveButton;
  // etc.
}
```

按钮在属性中引用，例如，如下代码片段所示的 UILoadButton。在第一次访问时，使用 Name 属性搜索 WpfButton(代码文件 BooksDesktopAppUITest / AddNewBookUIMap.Designer.cs)：

```
public WpfButton UILoadButton
{
  get
  {
    if ((this.mUILoadButton == null))
    {
      this.mUILoadButton = new WpfButton(this);
      this.mUILoadButton.SearchProperties[WpfButton.PropertyNames.Name] =
        "Load";
      this.mUILoadButton.WindowTitles.Add("Books Desktop App");
    }
    return this.mUILoadButton;
  }
}
```

AddNewBook 继续从记录中创建的方法。首先，使用静态方法 Mouse.Click 单击鼠标。Mouse.Click 方法定义了几个重载版本：单击屏幕内的坐标(使用鼠标修改工具栏)和单击控件。第一个单击方法单击 Load 按钮。第二个参数定义的坐标是控件内部的相对坐标。所以，如果在更新的版本中重新定位这个控件，就一定要再次运行测试，而没有大的变化，这就是为什么通过名字访问控件的原因。除了 Mouse 类，还可以使用 Keyboard 类发送键的输入：

```csharp
public void AddNewBook()
{
  // etc.

  // Click 'Load' button
  Mouse.Click(uILoadButton, new Point(20, 11));

  // Click 'Add' button
  Mouse.Click(uIAddButton, new Point(14, 9));

  // Type 'new book' in first text box next to 'Save' button
  uIItemEdit.Text = this.AddANewBookParams.UIItemEditText;

  // Type '{Tab}' in first text box next to 'Save' button
  Keyboard.SendKeys(uIItemEdit, this.AddANewBookParams.UIItemEditSendKeys,
    ModifierKeys.None);

  // Type 'new' in text box numbered 2 next to 'Save' button
  uIItemEdit1.Text = this.AddANewBookParams.UIItemEdit1Text;

  // Click 'Save' button
  Mouse.Click(uISaveButton, new Point(29, 19));
}
```

文本控件的输入保存在辅助类 AddNewBookParams 中，所以很容易在一个地方更改输入：

```csharp
public class AddNewBookParams
{
  public string UIItemEditText = "new book";

  public string UIItemEditSendKeys = "{Tab}";

  public string UIItemEdit1Text = "new";
}
```

创建记录后，需要定义断言，检查结果是否正确。可以用 Coded UI Test Builder 创建断言。单击 Add Assertions 按钮，打开如图 19-11 所示的对话框。在这个对话框中，可以看到打开窗口的控件，看到当前的属性值，并添加断言。定义断言之后，需要重新生成代码。

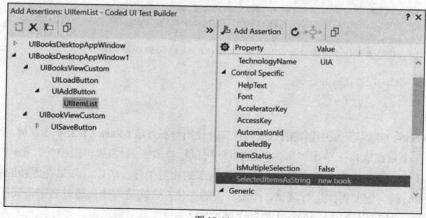

图 19-11

生成的 Assert 方法验证在选定的控件中是否有正确的值，如果控件中的值不正确，就输出一个错误信息：

```
public void AssertNewBook()
{
  WpfList uIItemList =
    this.UIBooksDesktopAppWindow1.UIBooksViewCustom.UIAddButton.UIItemList;

  Assert.AreEqual(
    this.AssertNewBookExpectedValues.UIItemListSelectedItemsAsString,
    uIItemList.SelectedItemsAsString, "problem adding book in list");
}
```

对于更改代码，不应该改变设计器生成的代码文件。相反，应打开.uitest 文件，以打开如图 19-12 所示的对话框。在这里可以将动作分解为新方法，在动作之前添加延迟，删除动作。另外，可以把设计器生成的文件中的源代码移动到自定义文件中，稍后在自定义文件中可以更改代码。

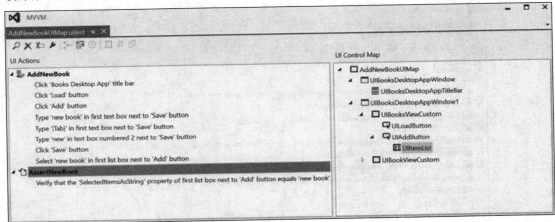

图 19-12

现在可以用运行单元测试的方式运行 UI 测试，如本章前面所示。

19.5 Web 测试

要测试 Web 应用程序，可以创建单元测试，调用控制器、存储库和实用工具类的方法。Tag 辅助程序是简单的方法，在其中，测试可以由单元测试覆盖。单元测试用于测试方法中算法的功能，换句话说，就是方法内部的逻辑。在 Web 应用程序中，创建性能和负载测试也是一个很好的实践。应用程序会伸缩吗？应用程序用一个服务器可以支持多少用户？需要多少台服务器支持特定数量的用户？不容易伸缩的瓶颈是什么？为了回答这些问题，Web 测试可以提供帮助。

在 Web 测试中，HTTP 请求从客户机发送到服务器。Visual Studio 还提供了一个记录器，它在 Internet Explorer 中需要一个插件。在撰写本文时，Microsoft Edge 不能用作记录器，因为目前这个浏览器不支持插件。

19.5.1 创建 Web 测试

对于创建 Web 测试，可以用 ASP.NET Core 1.0 创建一个新的 ASP.NET Web 应用程序，命名为 WebApplicationSample。这个模板内置了足够的功能，允许创建测试。要创建 Web 测试，需要给解决方案添加一个 Web Performance 和 Load Test Project，命名为 WebAndLoadTestProject。单击 WebTest1.webtest 文件，打开 Web Test Editor。然后单击 Add Recording 按钮，开始一个 Web 记录。对于这个记录，必须在 Internet Explorer 中安装 Web Test Recorder 插件，该插件随 Visual Studio 一起安装。该记录器记录发送到服务器的所有 HTTP 请求。单击 Web 应用程序 WebApplicationSample 上的一些链接，例如 About 和 Context 等，并注册一个新用户。然后单击 Stop 按钮，停止记录。

记录完成后，可以用 Web 测试编辑器编辑记录。如果没有禁用浏览器链接，就可能会看到发送给 browserLinkSignalR 的请求。浏览器链接允许更改 HTML 代码，而无须重新启动浏览器。对于测试，这些请求并不相关，可以删除它们。一个记录如图 19-13 所示。对于所有的请求，可以看到标题信息以及可以影响和改变的表单 POST 数据。

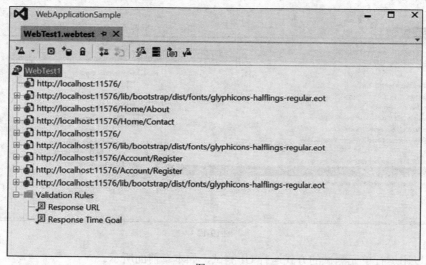

图 19-13

单击 Generate Code 按钮，生成源代码，以编程方式发送所有的请求。对于 Web 测试，测试类派生自基类 WebTest，重写了 GetRequestEnumerator 方法。该方法一个接一个地返回请求(代码文件 WebApplicationSample/ WebAndLoadTestProject/NavigateAndRegister.cs)：

```
public class NavigateAndRegister: WebTest
{
  public NavigateAndRegister()
  {
    this.PreAuthenticate = true;
    this.Proxy = "default";
  }

  public override IEnumerator<WebTestRequest> GetRequestEnumerator()
  {
    // etc.
```

    }
}

方法 GetRequestEnumerator 定义了对网站的请求，例如对 About 页面的请求。对于这个请求，添加一个 HTTP 标题，把该请求定义为源自于主页：

```
public override IEnumerator<WebTestRequest> GetRequestEnumerator()
{
  // etc.
  WebTestRequest request2 =
    new WebTestRequest("http://localhost:13815/Home/About");
  request2.Headers.Add(new WebTestRequestHeader("Referer",
    "http://localhost:13815/"));
  yield return request2;
  request2 = null;
  // etc.
}
```

下面发送一个对 Register 页面的 HTTP POST 请求，传递表单数据：

```
WebTestRequest request6 =
  new WebTestRequest("http://localhost:13815/Account/Register");
request6.Method = "POST";
request6.ExpectedResponseUrl = "http://localhost:13815/";
request6.Headers.Add(new WebTestRequestHeader("Referer",
  "http://localhost:13815/Account/Register"));
FormPostHttpBody request6Body = new FormPostHttpBody();
request6Body.FormPostParameters.Add("Email", "sample1@test.com");
request6Body.FormPostParameters.Add("Password", "Pa$$w0rd");
request6Body.FormPostParameters.Add("ConfirmPassword", "Pa$$w0rd");
request6Body.FormPostParameters.Add("__RequestVerificationToken",
  this.Context["$HIDDEN1.__RequestVerificationToken"].ToString());
request6.Body = request6Body;
ExtractHiddenFields extractionRule2 = new ExtractHiddenFields();
extractionRule2.Required = true;
extractionRule2.HtmlDecode = true;
extractionRule2.ContextParameterName = "1";
request6.ExtractValues +=
  new EventHandler<ExtractionEventArgs>(extractionRule2.Extract);
yield return request6;
request6 = null;
```

在表单中输入一些数据时，最好从数据源中提取数据，以增加灵活性。使用 Web Test Editor，可以添加数据库、CSV 文件或 XML 文件作为数据源（见图 19-14）。使用此对话框、可以改变表单参数，从数据源中提取数据。

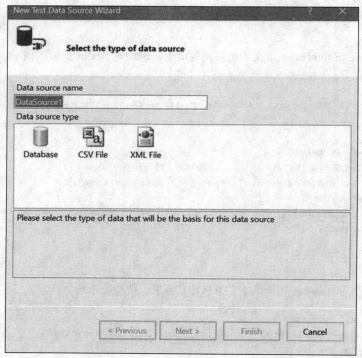

图 19-14

添加数据源就改变了测试代码。对于数据源,测试类用 DeploymentItem 特性(如果使用 CSV 或 XML 文件)、DataSource 和 DataBinding 特性注释:

```
[DeploymentItem("webandloadtestproject\\EmailTests.csv",
  "webandloadtestproject")]
[DataSource("EmailDataSource",
  "Microsoft.VisualStudio.TestTools.DataSource.CSV",
  "|DataDirectory|\\webandloadtestproject\\EmailTests.csv",
  Microsoft.VisualStudio.TestTools.WebTesting.DataBindingAccessMethod.Sequential,
  Microsoft.VisualStudio.TestTools.WebTesting.DataBindingSelectColumns.SelectOnly
  BoundColumns, "EmailTests#csv")]
[DataBinding("EmailDataSource", "EmailTests#csv", "sample1@test#com",
  "EmailDataSource.EmailTests#csv.sample1@test#com")]
public class NavigateAndRegister1: WebTest
{
  // etc.
}
```

现在,在代码中,可以使用 WebTest 的 Context 属性访问数据源,该属性返回一个 WebTestContext,以通过索引访问所需的数据源:

```
request6Body.FormPostParameters.Add("Email",
  this.Context["EmailDataSource.EmailTests#csv.sample1@test#com"].ToString());
```

19.5.2 运行 Web 测试

有了测试后,就可以启动测试了。可以直接在 Web Test Editor 中运行并调试测试。在开始测试之前，记得要启动 Web 应用程序。在 Web Test Editor 中运行测试时，可以看到生成的 Web 页面以及请求和响应的细节信息，如图 19-15 所示。

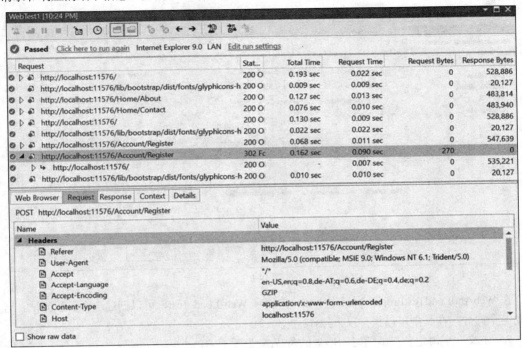

图 19-15

图 19-16 显示了如何指定浏览器类型、模拟思考次数、多次运行测试，来影响测试的运行。

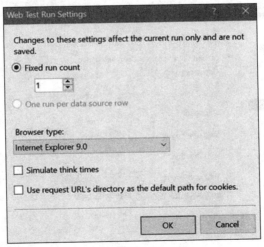

图 19-16

19.5.3　Web 负载测试

使用 Web 负载测试，可以模拟 Web 应用程序的高负载。对于真正的高负载，一个测试服务器是不够的；可以使用一组测试服务器。在 Visual Studio 2015 中，可以直接使用 Microsoft Azure 基础设施，选择基于云的负载测试，如图 19-17 所示。

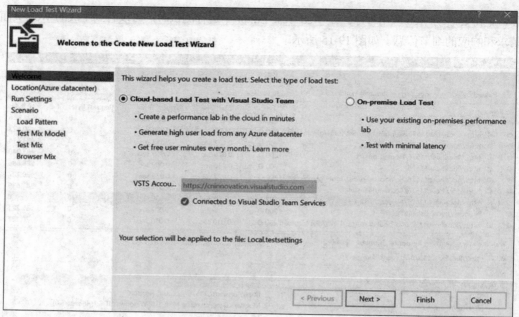

图 19-17

在 WebAndLoadTestProject 项目中添加一个新项 Web Load Test，可以创建一个负载测试。这会启动一个向导，在其中可以执行以下操作：

- 定义一个恒定负载或随时间增加的负载(参见图 19-18)。

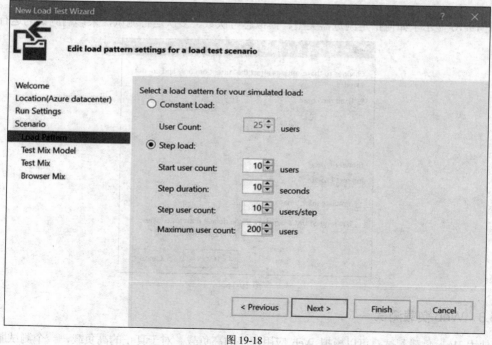

图 19-18

- 基于测试的数量或虚拟用户的数量，建立测试混合模型。

- 把测试添加到负载中,定义相比其他测试,哪些测试应该运行的百分比。
- 指定一个网络混合,模拟快速和慢速网络(如果服务器网速高的客户占领,网速慢的用户会得到什么结果?)。
- 用 Internet Explorer、Chrome、Firefox 和其他浏览器,确定要测试的混合浏览器。
- 建立运行设置,在运行测试时使用。

19.6 小结

本章介绍了对测试应用程序最重要的方面:创建单元测试、编码的用户界面测试和 Web 测试。

Visual Studio 提供了 Test Explorer 来运行单元测试,而无论它们是用 MSTest 还是 xUnit 创建的。xUnit 的优势是支持.NET Core。本章还介绍了 3A 动作:安排(Arrange)、行动(Act)和断言(Assert)。

在编码的 UI 测试中,学习了如何创建记录,改编记录,根据需要修改所需的 UI 测试代码。

在 Web 应用程序中,了解了如何创建 Web 测试,把请求发送到服务器。还讨论了如何更改请求。

测试有助于在部署应用程序之前解决问题,而第 20 章帮助解决正在运行的应用程序的问题。

第20章

诊断和 Application Insights

本章要点

- 用 EventSource 进行简单的跟踪
- 用 EventSource 进行高级跟踪
- 创建自定义跟踪侦听器
- 使用 Application Insights

本章源代码下载地址(wrox.com)：

打开网页 http://www.wrox.com/go/prosharp，单击 Download Code 选项卡即可下载本章源代码。本章代码分为以下几个主要的示例文件：

- SimpleEventSourceSample
- EventSourceSampleInheritance
- EventSourceSampleAnnotations
- ClientApp/MyApplicationEvents
- WinAppInsights

20.1 诊断概述

应用程序的发布周期变得越来越短，了解应用程序在生产环境中运行时的行为越来越重要。会发生什么异常？知道使用了什么功能也是要关注的。用户找到应用程序的新功能了吗？他们在页面上停留多长时间?为了回答这些问题，需要应用程序的实时信息。

本章介绍如何获得关于正在运行的应用程序的实时信息，找出应用程序在生产过程中出现某些问题的原因，或者监视需要的资源，以确保适应较高的用户负载。这就是名称空间 System.Diagnostics.Tracing 的作用。这个名称空间提供了使用 Event Tracing for Windows (ETW)进行跟踪的类。

当然，在应用程序中标记错误的一种方式是抛出异常。然而，有可能应用程序不抛出异常，但仍不像期望的那样运行。应用程序可能在大多数系统上都运行良好，只在几个系统上出问题。在实时系统上，可以启动跟踪收集器，改变日志行为，获得应用程序运行状况的详细实时信息。这可以用 ETW 功能来实现。

如果应用程序出了问题，就需要通知系统管理员。事件查看器是一个常用的工具，并不是只有系统管理员才需要使用它，软件开发人员也需要它。使用事件查看器可以交互地监视应用程序的问题，通过添加订阅功能来了解发生的特定事件。ETW 允许写入应用程序的相关信息。

Application Insights 是一个 Microsoft Azure 云服务，可以监视云中的应用程序。只需要几行代码，就可以得到如何使用应用程序或服务的详细信息。

本章解释了这些功能，演示了如何为应用程序使用它们。

 注意：System.Diagnostics 名称空间还提供了其他用于跟踪的类，例如 Trace 和 TraceSource。这些类在.NET 之前的版本中使用。本章只介绍最新的跟踪技术：EventSource。

20.2 使用 EventSource 跟踪

利用跟踪功能可以从正在运行的应用程序中查看消息。为了获得关于正在运行的应用程序的信息，可以在调试器中启动应用程序。在调试过程中，可以单步执行应用程序，在特定的代码行上设置断点，并在满足某些条件时设置断点。调试的问题是包含发布代码的程序与包含调试代码的程序以不同的方式运行。例如，程序在断点处停止运行时，应用程序的其他线程也会挂起。另外，在发布版本中，编译器生成的输出进行了优化，因此会产生不同的效果。在经过优化的发布代码中，垃圾回收要比在调试代码中更加积极。方法内的调用次序可能发生变化，甚至一些方法会被彻底删除，改为就地调用。此时也需要从程序的发布版本中获得运行时信息。跟踪消息要写入调试代码和发布代码中。

下面的场景描述了跟踪功能的作用。在部署应用程序后，它运行在一个系统中时没有问题，而在另一个系统上很快出现了问题。在出问题的系统上打开详细的跟踪功能，就会获得应用程序中所出现问题的详细信息。在运行没有问题的系统上，将跟踪功能配置为把错误消息重定向到 Windows 事件日志系统中。系统管理员会查看重要的错误，跟踪功能的系统开销非常小，因为仅在需要时配置跟踪级别。

.NET 中的跟踪有相当长的历史了。.NET 的第一个版本只有简单的跟踪功能和 Trace 类，而.NET 2.0 对跟踪进行了巨大的改进，引入了 TraceSource 类。TraceSource 背后的架构非常灵活，分离出了源代码、侦听器和一个开关，根据一组跟踪级别来打开和关闭跟踪功能。

从.NET 4.5 开始，又引入了一个新的跟踪类 EventSource，并在.NET 4.6 中增强。这个类在 NuGet 包 System.Diagnostics 的 System.Diagnostics.Tracing 名称空间中定义。

新的跟踪架构基于 Windows Vista 中引入的 Event Tracing for Windows(ETW)。它允许在系统范围内快速传递消息，Windows 事件日志记录和性能监视功能也使用它。

下面看看 ETW 跟踪和 EventSource 类的概念。

- ETW 提供程序是一个触发 ETW 事件的库。本章创建的应用程序是 ETW 提供程序。
- ETW 清单描述了可以在 ETW 提供程序中触发的事件。使用预定义清单的优点是，只要安装了应用程序，系统管理员就已经知道应用程序可以触发的事件了。这样，管理员就可以配置特定事件的侦听。新版本的 EventSource 支持自描述的事件和清单描述的事件。
- ETW 关键字可以用来创建事件的类别。它们定义为位标志。
- ETW 任务是分组事件的另一种方式。任务可以基于程序的不同场景来创建，以定义事件。任务通常和操作码一起使用。
- ETW 操作码识别任务中的操作。任务和操作码都用整型值定义。
- 事件源是触发事件的类。可以直接使用 EventSource 类，或创建一个派生自基类 EventSource 的类。
- 事件方法是事件源中触发事件的方法。派生自 EventSource 类的每个 void 方法，如果没有用 NonEvent 特性加以标注，就是一个事件方法。事件方法可以使用 Event 特性来标注。
- 事件级别定义了事件的严重性或冗长性。这可以用于区别关键、错误、警告、信息和详细级事件。
- ETW 通道是事件的接收器。事件可以写入通道和日志文件。Admin、Operational、Analytic 和 Debug 是预定义的通道。

使用 EventSource 类时，要运用 ETW 概念。

20.2.1 EventSource 的简单用法

使用 EventSource 类的示例代码利用如下依赖项和名称空间：

依赖项

```
NETStandard.Library

System.Net.Http
```

名称空间

```
System

System.Collections.Generic

System.Diagnostics.Tracing

System.IO

System.Net.Http

System.Threading.Tasks

static System.Console
```

在 .NET 4.6 和 .NET Core 1.0 版本中，扩展并简化了类 EventSource，允许实例化和使用它，而不需要派生一个类。这样，在小场景中使用它就更简单了。

使用 EventSource 的第一个例子显示了一个简单的案例。在 Console Application (Package) 项目中，将 EventSource 实例化为 Program 类的一个静态成员。在构造函数中，指定了事件源的名称(代码文件 SimpleEventSourceSample /Program. cs)：

```
private static EventSource sampleEventSource =
  new EventSource("Wrox-EventSourceSample1");
```

在 Program 类的 Main 方法中，事件源的唯一标识符使用 Guid 属性检索。这个标识符基于事件源的名称创建。之后，编写第一个事件，调用 EventSource 的 Write 方法。所需的参数是需要传递的事件名。其他参数可通过对象的重载使用。第二个传递的参数是定义 Info 属性的匿名对象。它可以把关于事件的任何信息传递给事件日志：

```
static void Main()
{
  WriteLine($"Log Guid: {sampleEventSource.Guid}");
  WriteLine($"Name: {sampleEventSource.Name}");

  sampleEventSource.Write("Startup", new { Info = "started app" });
  NetworkRequestSample().Wait();
  ReadLine();
  sampleEventSource&#x0003F?.Dispose();
}
```

注意：不是把带有自定义数据的匿名对象传递给 Write 方法，而是可以创建一个类，它派生自基类 EventSource，用 EventData 特性标记它。这个特性在本章后面介绍。

在 Main()方法中调用的 NetworkRequestSample()方法发出一个网络请求，写入一个跟踪日志，把请求的 URL 发送到跟踪信息中。完成网络调用后，再次写入跟踪信息。异常处理代码显示了写入跟踪信息的另一个方法重载。不同的重载版本允许传递下一节介绍的特定信息。下面的代码片段显示了设置跟踪级别的 EventSourceOptions。写入错误信息时设定 Error 事件级别。这个级别可以用来过滤特定的跟踪信息。在过滤时，可以决定是只读取错误信息(例如，错误级别信息和比错误级别更重要的信息)。在另一个跟踪会话期间，可以决定使用详细级别读取所有的跟踪信息。EventLevel 枚举定义的值有 LogAlways、Critical、Error、Warning、Informational 和 Verbose：

```
private static async Task NetworkRequestSample()
{
  try
  {
    using (var client = new HttpClient())
    {
      string url = "http://www.cninnovation.com";
      sampleEventSource.Write("Network", new { Info = $"requesting {url}" });

      string result = await client.GetStringAsync(url);
      sampleEventSource.Write("Network",
        new
        {
          Info =
            $"completed call to {url}, result string length: {result.Length}"
        });
```

```
    }
    WriteLine("Complete.................");
}
catch (Exception ex)
{
    sampleEventSource.Write("Network Error",
      new EventSourceOptions { Level = EventLevel.Error },
      new { Message = ex.Message, Result = ex.HResult });
    WriteLine(ex.Message);
}
```

在运行应用程序之前,需要进行一些配置,使用工具读取跟踪信息。下一节将解释如何这样做。

> 注意:EventSource 的简单用法只能在.NET 4.6、.NET Core 1.0 和更高版本中使用。使用.NET 早期版本创建的程序,需要创建一个派生自 EventSource 的类,参见下面的章节。另外,要使用更简单的选项,可以使用 NuGet 包 Microsoft.Diagnostics.Tracing.EventSource,它可用于.NET 的旧版本。

20.2.2 跟踪工具

为了分析跟踪信息,可以使用几种工具。logman 工具是 Windows 的一部分。使用 logman,可以创建和管理事件跟踪会话,把 ETW 跟踪信息写入二进制日志文件。tracerpt 也可用于 Windows。这个工具允许将从 logman 写入的二进制信息转换为 CSV、XML 或 EVTX 文件格式。PerfView 工具提供了 ETW 跟踪的图形化信息。

1. logman

下面开始使用 logman 从以前创建的应用程序中创建一个跟踪会话。需要先启动应用程序,复制为应用程序创建的 GUID。需要这个 GUID 和 logman 启动日志会话。start 选项开始一个新的会话来进行记录。-p 选项定义了提供程序的名称;这里的 GUID 用来确定提供程序。-o 选项定义了输出文件,-ets 选项直接把命令发送给事件跟踪系统,无需调度。确保在有写入权限的目录中启动 logman,否则它就不能写入输出文件 mytrace.etl:

```
logman start mysession -p {3b0e7fa6-0346-5781-db55-49d84d7103de} -o mytrace.etl -ets
```

运行应用程序之后,可以用 stop 命令停止跟踪会话:

```
logman stop mysession -ets
```

> 注意:logman 有更多的命令,这里不做介绍。使用 logman 可以看到所有已安装的 ETW 跟踪提供程序、它们的名字和标识符,创建数据收集器,在指定的时间启动和停止,定义最大日志文件的大小等。使用 logman - h 可以看到 logman 的不同选项。

2. tracerpt

日志文件是二进制格式。为了得到可读的表示,可以使用实用工具 tracerpt。有了这个实用工具,指定 -of 选项,可以提取 CSV、XML 和 EVTX 格式:

```
tracerpt mytrace.etl -o mytrace.xml -of XML
```

现在,信息可以用可读的格式获得。有了应用程序记录的信息,就可以在 Task 元素中看到传递给 Write 方法的事件名,也可以找到 EventData 元素内的匿名对象:

```xml
<Event xmlns="http://schemas.microsoft.com/win/2004/08/events/event">
  <System>
    <Provider Name="Wrox-SimpleEventSourceSample"
      Guid="{3b0e7fa6-0346-5781-db55-49d84d7103de}" />
    <EventID>2</EventID>
    <Version>0</Version>
    <Level>5</Level>
    <Task>0</Task>
    <Opcode>0</Opcode>
    <Keywords>0x0</Keywords>
    <TimeCreated SystemTime="2015-10-14T21:45:20.874754600Z" />
    <Correlation ActivityID="{00000000-0000-0000-0000-000000000000}" />
    <Execution ProcessID="120" ThreadID="9636" ProcessorID="1" KernelTime="45"
      UserTime="270" />
    <Channel />
    <Computer />
  </System>
  <EventData>
    <Data Name="Info">started app</Data>
  </EventData>
  <RenderingInfo Culture="en-US">
    <Task>Startup</Task>
  </RenderingInfo>
</Event>
```

错误信息与跟踪信息一起显示,如下所示:

```xml
<EventData>
  <Data Name="Message">An error occurred while sending the request.</Data>
  <Data Name="Result">-2146233088</Data>
</EventData>
```

3. PerfView

读取跟踪信息的另一个工具是 PerfView。可以从微软下载页面(http://www.microsoft.com/downloads)上下载这个工具。这个工具的 1.8 版本有很大改进,可将它用于 Visual Studio 2015 和 EventSource 中自描述的 ETW 格式。这个工具不需要安装,只需要把它复制到需要的地方即可。启动这个工具后,它使用它所在的子目录,并允许直接打开二进制 ETL 文件。图 20-1 显示了 PerfView 打开 logman 创建的文件 mytrace.etl。

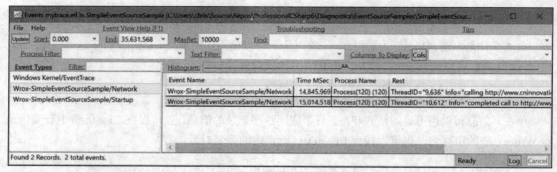

图 20-1

20.2.3 派生自 EventSource

除了直接使用 EventSource 的实例之外，最好在一个地方定义所有可以追踪的信息。对于许多应用程序而言，定义一个事件源就足够了。这个事件源可以在一个单独的日志程序集中定义。事件源类需要派生自基类 EventSource。有了这个自定义类，所有应写入的跟踪信息就可以用独立的方法来定义，这些独立方法调用基类的 WriteEvent 方法。类的实现采用单例模式，提供一个静态的 Log 属性，返回一个实例。把这个属性命名为 Log 是使用事件源的一个惯例。私有构造函数调用基类的构造函数，设置事件源名称(代码文件 EventSourceSampleInheritance / SampleEventSource.cs)：

```csharp
public class SampleEventSource : EventSource
{
  private SampleEventSource()
    : base("Wrox-SampleEventSource2")
  {
  }

  public static SampleEventSource Log = new SampleEventSource();

  public void Startup()
  {
    base.WriteEvent(1);
  }

  public void CallService(string url)
  {
    base.WriteEvent(2, url);
  }

  public void CalledService(string url, int length)
  {
    base.WriteEvent(3, url, length);
  }

  public void ServiceError(string message, int error)
  {
    base.WriteEvent(4, message, error);
  }
}
```

事件源类的所有 void 方法都用来写入事件信息。如果定义一个辅助方法，就需要用 NonEvent 特性加以标记。

在只应写入信息性消息的简单场景中，不需要其他内容。除了把事件 ID 传递给跟踪日志之外，WriteEvent 方法有 18 个重载版本，允许传递消息 string、int 和 long 值，以及任意数量的 object。

在这个实现代码中，可以使用 SampleEventSource 类型的成员，写入跟踪消息，如 Program 类所示。Main 方法使跟踪日志调用 Startup 方法，调用 NetworkRequestSample 方法，通过 CallService 方法创建一个跟踪日志，并使跟踪日志避免错误(代码文件 EventSourceSampleInheritance/Program.cs)：

```csharp
public class Program
{
  public static void Main()
  {
    SampleEventSource.Log.Startup();
    WriteLine($"Log Guid: {SampleEventSource.Log.Guid}");
    WriteLine($"Name: {SampleEventSource.Log.Name}");
    NetworkRequestSample().Wait();
    ReadLine();
  }

  private static async Task NetworkRequestSample()
  {
    try
    {
      var client = new HttpClient();
      string url = "http://www.cninnovation.com";
      SampleEventSource.Log.CallService(url);
      string result = await client.GetStringAsync(url);
      SampleEventSource.Log.CalledService(url, result.Length);
      WriteLine("Complete................");
    }
    catch (Exception ex)
    {
      SampleEventSource.Log.ServiceError(ex.Message, ex.HResult);
      WriteLine(ex.Message);
    }
  }
}
```

用这些命令，在项目目录的开发命令提示符下运行应用程序时，会产生一个 XML 文件，其中包含跟踪的信息：

```
> logman start mysession -p "{1cedea2a-a420-5660-1ff0-f718b8ea5138}"
  -o log2.etl -ets
> dnx run
> logman stop mysession -ets
> tracerpt log2.etl -o log2.xml -of XML
```

服务调用的事件信息如下：

```xml
<Event xmlns="http://schemas.microsoft.com/win/2004/08/events/event">
  <System>
    <Provider Name="Wrox-SampleEventSource2"
```

```xml
        Guid="{1cedea2a-a420-5660-1ff0-f718b8ea5138}" />
      <EventID>7</EventID>
      <Version>0</Version>
      <Level>4</Level>
      <Task>0</Task>
      <Opcode>0</Opcode>
      <Keywords>0xF00000000000</Keywords>
      <TimeCreated SystemTime="2015-09-06T07:55:28.865368800Z" />
      <Correlation ActivityID="{00000000-0000-0000-0000-000000000000}" />
      <Execution ProcessID="11056" ThreadID="10816" ProcessorID="0"
        KernelTime="30" UserTime="90" />
      <Channel />
      <Computer />
    </System>
    <EventData>
      <Data Name="url">http://www.cninnovation.com</Data>
    </EventData>
    <RenderingInfo Culture="en-US">
      <Task>CallService</Task>
    </RenderingInfo>
  </Event>
```

20.2.4 使用注释和 EventSource

创建一个派生于 EventSource 的事件源类，对跟踪信息的定义就有更多的控制。使用特性可以给方法添加注释。

默认情况下，事件源的名字与类名相同，但应用 EventSource 特性，可以改变名字和唯一标识符。每个事件跟踪方法都可以附带 Event 特性。在这里可以定义事件的 ID、操作码、跟踪级别、自定义关键字以及任务。这些信息用来为 Windows 创建清单信息，以定义要记录的信息。方法内使用 EventSource 调用的基本方法 WriteEvent，需要匹配 Event 特性定义的事件 ID，传递给 WriteEvent 方法的变量名，需要匹配所声明方法的参数名称。

在示例类 SampleEventSource 中，自定义关键字由内部类 Keywords 定义。这个类的成员强制转换为 EventKeywords 枚举类型。EventKeywords 是基于标识的 long 类型枚举，仅定义高位从 42 开始的值。可以使用所有的低位来定义自定义关键字。Keywords 类为设置为 Network、Database、Diagnostics 和 Performance 的最低四位定义了值。枚举 EventTask 是一个类似的、基于标识的枚举。与 EventKeywords 相反，int 足以用作后备存储，EventTask 没有预定义的值(只有枚举值 None = 0 是预定义的)。类似于 Keywords 类，Task 类为 EventTask 枚举定义了自定义任务（代码文件 EventSourceSampleAnnotations /SampleEventSource.cs）：

```csharp
[EventSource(Name="EventSourceSample", Guid="45FFF0E2-7198-4E4F-9FC3-DF6934680096")]
class SampleEventSource : EventSource
{
  public class Keywords
  {
    public const EventKeywords Network = (EventKeywords)1;
    public const EventKeywords Database = (EventKeywords)2;
    public const EventKeywords Diagnostics = (EventKeywords)4;
    public const EventKeywords Performance = (EventKeywords)8;
  }
```

```csharp
public class Tasks
{
  public const EventTask CreateMenus = (EventTask)1;
  public const EventTask QueryMenus = (EventTask)2;
}

private SampleEventSource()
{
}

public static SampleEventSource Log = new SampleEventSource ();

[Event(1, Opcode=EventOpcode.Start, Level=EventLevel.Verbose)]
public void Startup()
{
  base.WriteEvent(1);
}

[Event(2, Opcode=EventOpcode.Info, Keywords=Keywords.Network,
  Level=EventLevel.Verbose, Message="{0}")]
public void CallService(string url)
{
  base.WriteEvent(2, url);
}

[Event(3, Opcode=EventOpcode.Info, Keywords=Keywords.Network,
  Level=EventLevel.Verbose, Message="{0}, length: {1}")]
public void CalledService(string url, int length)
{
  base.WriteEvent(3, url, length);
}


[Event(4, Opcode=EventOpcode.Info, Keywords=Keywords.Network,
  Level=EventLevel.Error, Message="{0} error: {1}")]
public void ServiceError(string message, int error)
{
  base.WriteEvent(4, message, error);
}

[Event(5, Opcode=EventOpcode.Info, Task=Tasks.CreateMenus,
  Level=EventLevel.Verbose, Keywords=Keywords.Network)]
public void SomeTask()
{
  base.WriteEvent(5);
}
}
```

编写这些事件的 Program 类是不变的。这些事件的信息现在可以用于使用侦听器,为特定的关键字、特定的日志级别,或特定的任务过滤事件。如何创建侦听器参见本章后面的"创建自定义侦听器"一节。

20.2.5 创建事件清单模式

创建自定义事件源类的优点是，可以创建一个清单，描述所有的跟踪信息。使用没有继承的 EventSource 类，将 Settings 属性设置为枚举 EventSourceSettings 的 EtwSelfDescribingEventFormat 值。事件由所调用的方法直接描述。当使用一个继承自 EventSource 的类时，Settings 属性的值是 EtwManifestEventFormat。事件信息由一个清单来描述。

使用 EventSource 类的静态方法 GenerateManifest 可以创建清单文件。第一个参数定义了事件源的类；第二个参数描述了包含事件源类型的程序集的路径 (代码文件 EventSourceSampleAnnotations / Program.cs)：

```
public static void GenerateManifest()
{
  string schema = SampleEventSource.GenerateManifest(
    typeof(SampleEventSource), ".");
  File.WriteAllText("sampleeventsource.xml", schema);
}
```

这是包含任务、关键字、事件和事件消息模板的清单信息(代码文件 EventSourceSample-Annotations/sampleeventsource.xml)：

```xml
<instrumentationManifest
  xmlns="http://schemas.microsoft.com/win/2004/08/events">
  <instrumentation xmlns:xs="http://www.w3.org/2001/XMLSchema"
    xmlns:xsi="http://www.w3.org/2001/XMLSchema-instance"
    xmlns:win="http://manifests.microsoft.com/win/2004/08/windows/events">
    <events xmlns="http://schemas.microsoft.com/win/2004/08/events">
      <provider name="EventSourceSample"
        guid="{45fff0e2-7198-4e4f-9fc3-df6934680096}" resourceFileName="."
        messageFileName="." symbol="EventSourceSample">
        <tasks>
          <task name="CreateMenus" message="$(string.task_CreateMenus)"
            value="1"/>
          <task name="QueryMenus" message="$(string.task_QueryMenus)"
            value="2"/>
          <task name="EventSourceMessage"
            message="$(string.task_EventSourceMessage)" value="65534"/>
        </tasks>
        <opcodes>
        </opcodes>
        <keywords>
          <keyword name="Network" message="$(string.keyword_Network)"
            mask="0x1"/>
          <keyword name="Database" message="$(string.keyword_Database)"
            mask="0x2"/>
          <keyword name="Diagnostics" message="$(string.keyword_Diagnostics)"
            mask="0x4"/>
          <keyword name="Performance" message="$(string.keyword_Performance)"
            mask="0x8"/>
          <keyword name="Session3" message="$(string.keyword_Session3)"
            mask="0x100000000000"/>
          <keyword name="Session2" message="$(string.keyword_Session2)"
            mask="0x200000000000"/>
```

```xml
          <keyword name="Session1" message="$(string.keyword_Session1)"
            mask="0x400000000000"/>
          <keyword name="Session0" message="$(string.keyword_Session0)"
            mask="0x800000000000"/>
        </keywords>
        <events>
          <event value="0" version="0" level="win:LogAlways"
            symbol="EventSourceMessage" task="EventSourceMessage"
            template="EventSourceMessageArgs"/>
          <event value="1" version="0" level="win:Verbose" symbol="Startup"
            opcode="win:Start"/>
          <event value="2" version="0" level="win:Verbose" symbol="CallService"
            message="$(string.event_CallService)" keywords="Network"
            template="CallServiceArgs"/>
          <event value="3" version="0" level="win:Verbose"
            symbol="CalledService" message="$(string.event_CalledService)"
            keywords="Network" template="CalledServiceArgs"/>
          <event value="4" version="0" level="win:Error" symbol="ServiceError"
            message="$(string.event_ServiceError)" keywords="Network"
            template="ServiceErrorArgs"/>
          <event value="5" version="0" level="win:Verbose" symbol="SomeTask"
            keywords="Network" task="CreateMenus"/>
        </events>
        <templates>
          <template tid="FileName_EventSourceMessageArgs">
            <data name="message" inType="win:UnicodeString"/>
          </template>
          <template tid="CallServiceArgs">
            <data name="url" inType="win:UnicodeString"/>
          </template>
          <template tid="CalledServiceArgs">
            <data name="url" inType="win:UnicodeString"/>
            <data name="length" inType="win:Int32"/>
          </template>
          <template tid="ServiceErrorArgs">
            <data name="message" inType="win:UnicodeString"/>
            <data name="error" inType="win:Int32"/>
          </template>
        </templates>
      </provider>
    </events>
  </instrumentation>
  <localization>
    <resources culture="en-GB">
      <stringTable>
        <string id="FileName_event_CalledService" value="%1 length: %2"/>
        <string id="FileName_event_CallService" value="%1"/>
        <string id="FileName_event_ServiceError" value="%1 error: %2"/>
        <string id="FileName_keyword_Database" value="Database"/>
        <string id="FileName_keyword_Diagnostics" value="Diagnostics"/>
        <string id="FileName_keyword_Network" value="Network"/>
        <string id="FileName_keyword_Performance" value="Performance"/>
        <string id="FileName_keyword_Session0" value="Session0"/>
        <string id="FileName_keyword_Session1" value="Session1"/>
        <string id="FileName_keyword_Session2" value="Session2"/>
```

```xml
        <string id="FileName_keyword_Session3" value="Session3"/>
        <string id="FileName_task_CreateMenus" value="CreateMenus"/>
        <string id="FileName_task_EventSourceMessage" value="EventSourceMessage"/>
        <string id="FileName_task_QueryMenus" value="QueryMenus"/>
      </stringTable>
    </resources>
  </localization>
</instrumentationManifest>
```

有了这些元数据,通过系统注册它,允许系统管理员过滤特定的事件,在有事发生时得到通知。可以用两种方式处理注册:静态和动态。静态注册需要管理权限,通过 wevtutil.exe 命令行工具注册。该工具传递包含清单的 DLL。EventSource 类也提供了首选的动态注册。这种情况发生在运行期间,不需要管理权限,就可以在事件流中返回清单,或者回应标准的 ETW 命令。

20.2.6 使用活动 ID

TraceSource 新版本的新特性可以轻松地编写活动 ID。一旦运行多个任务,它就有助于了解哪些跟踪消息属于彼此,没有仅基于时间的跟踪消息。例如,对 Web 应用程序使用跟踪时,如果知道哪些跟踪消息属于一个请求,就并发处理多个来自客户端的请求。这样的问题不仅会出现在服务器上,只要运行多个任务,或者使用 C# async 和 await 关键字调用异步方法,这个问题也会出现在客户端应用程序上。此时应使用不同的任务。

当创建派生于 TraceSource 的类时,为了创建活动 ID,只需要定义以 Start 和 Stop 作为后缀的方法。

对于显示活动 ID 的示例,创建一个支持.NET 4.6 和.NET Core 1.0 的类库(包)。.NET 的以前版本不支持活动 ID 的 TraceSource 新功能。ProcessingStart 和 RequestStart 方法用于启动活动;ProcessingStop 和 RequestStop 停止活动(代码文件 MyApplicationEvents / SampleEventSource):

```csharp
public class SampleEventSource : EventSource
{
  private SampleEventSource()
    : base("Wrox-SampleEventSource")
  {
  }

  public static SampleEventSource Log = new SampleEventSource();

  public void ProcessingStart(int x)
  {
    base.WriteEvent(1, x);
  }
  public void Processing(int x)
  {
    base.WriteEvent(2, x);
  }
  public void ProcessingStop(int x)
  {
    base.WriteEvent(3, x);
  }

  public void RequestStart()
```

```
  {
    base.WriteEvent(4);
  }
  public void RequestStop()
  {
    base.WriteEvent(5);
  }
}
```

编写事件的客户端应用程序利用如下依赖项和名称空间：

依赖项

```
NETStandard.Library
System.Diagnostics.Tracing
System.Threading.Tasks.Parallel
System.Net.Http
MyApplicatonEvents
```

名称空间

```
System
System.Collections.Generic
System.Diagnostics.Tracing
System.Net.Http
System.Threading.Tasks
static System.Console
```

ParallelRequestSample 方法调用 RequestStart 和 RequestStop 方法来开始和停止活动。在这些调用之间，使用 Parallel.For 创建一个并行循环。Parallel 类通过调用第三个参数的委托，使用多个任务并发运行。这个参数实现为一个 lambda 表达式，来调用 ProcessTaskAsync 方法(代码文件 ClientApp/Program.cs)：

```
private static void ParallelRequestSample()
{
  SampleEventSource.Log.RequestStart();
  Parallel.For(0, 20, x =>
  {
    ProcessTaskAsync(x).Wait();
  });
  SampleEventSource.Log.RequestStop();
  WriteLine("Activity complete");
}
```

 注意：Parallel 类详见第 21 章。

方法 ProcessTaskAsync 使用 ProcessingStart 和 ProcessingStop 写入跟踪信息。在这里，一个活动在另一个活动内部启动。在分析日志的输出中，活动可以带有层次结构(代码文件 ClientApp/Program.cs)：

```
private static async Task ProcessTaskAsync(int x)
{
  SampleEventSource.Log.ProcessingStart(x);
  var r = new Random();
  await Task.Delay(r.Next(500));

  using (var client = new HttpClient())
  {
    var response = await client.GetAsync("http://www.bing.com");
  }
  SampleEventSource.Log.ProcessingStop(x);
}
```

以前，使用 PerfView 工具打开 ETL 日志文件。PerfView 还可以分析运行着的应用程序。可以用以下选项运行 PerfView：

```
PerfView /onlyproviders=*Wrox-SampleEventSource collect
```

选项 collect 启动数据收集。使用限定符/onlyproviders 关闭内核和 CLR 提供程序，仅记录提供程序列出的日志消息。使用限定符-h 显示可能的选项和 PerfView 的限定符。以这种方式启动 PerfView，会立即开始数据收集，直到单击 Stop Collection 按钮才停止(见图 20-2)。

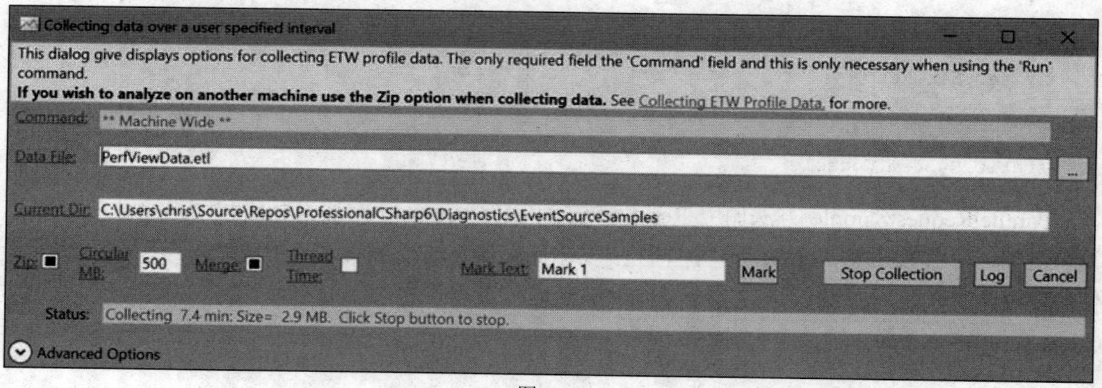

图 20-2

在启动跟踪收集之后运行应用程序，然后停止收集，就可以看到生成的活动 ID 和事件类型 Wrox-SampleEventSource / ProcessingStart / Start。ID 允许有层次结构，例如// 1/2 带有一个父活动和一个子活动。每次循环迭代，都会看到一个不同的活动 ID(见图 20-3)。对于事件类型 Wrox-SampleEventSource / ProcessingStop / Stop，可以看到相同的活动 ID，因为它们关联到同样的活动上。

使用 PerfView，可以在左边选择多个事件类型，并添加一个过滤器，例如// 1/4 ，这样就会看到属于这个活动的所有事件(见图 20-4)。这里可以看到一个活动 ID 可以跨多个线程。相同活动的开始和停止事件使用不同的线程。

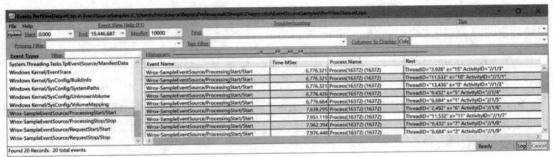

图 20-3

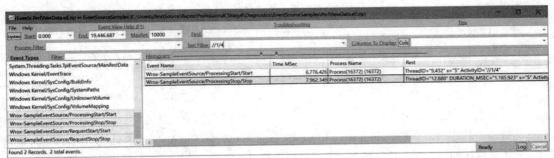

图 20-4

20.3 创建自定义侦听器

写入跟踪消息时，我们了解了如何使用工具，如 logman、tracerpt 和 PerfView，读取它们。还可以创建一个自定义的进程内事件侦听器，把事件写入需要的位置。

创建自定义事件侦听器时，需要创建一个派生自基类 EventListener 的类。为此，只需要重写 OnEventWritten 方法。在这个方法中，把跟踪消息传递给类型 EventWrittenEventArgs 的参数。这个样例的实现代码发送事件的信息，包括有效载荷，这是传递给 EventSource 的 WriteEvent 方法的额外数据(代码文件 ClientApp / MyEventListener.cs)：

```
public class MyEventListener : EventListener
{
  protected override void OnEventSourceCreated(EventSource eventSource)
  {
    WriteLine($"created {eventSource.Name} {eventSource.Guid}");
  }

  protected override void OnEventWritten(EventWrittenEventArgs eventData)
  {
    WriteLine($"event id: {eventData.EventId} source: {eventData.EventSource.Name}");
    foreach (var payload in eventData.Payload)
    {
      WriteLine($"\t{payload}");
    }
  }
}
```

侦听器在 Program 类的 Main 方法中激活。通过调用 EventSource 类的静态方法 GetSources，可以访问事件源 (代码文件 ClientApp / Program.cs)：

```
IEnumerable<EventSource> eventSources = EventSource.GetSources();
InitListener(eventSources);
```

InitListener 方法调用自定义侦听器的 EnableEvents 方法，并传递每个事件源。示例代码注册 EventLevel.LogAlways 设置，来侦听写入的每个日志消息。还可以指定只写入信息性消息，其中还包括错误，或只写入错误。

```
private static void InitListener(IEnumerable<EventSource> sources)
{
  listener = new MyEventListener();
  foreach (var source in sources)
  {
    listener.EnableEvents(source, EventLevel.LogAlways);
  }
}
```

运行应用程序时，会看到 FrameworkEventSource 和 Wrox-SampleEventSource 的事件写入控制台。使用像这样的自定义事件侦听器，可以轻松地将事件写入 Application Insights，这是一个基于云的遥测服务，参见下一节。

20.4 使用 Application Insights

Application Insights 是一个 Microsoft Azure 技术，允许监控应用程序的使用情况和性能，而无论它们在哪里使用。可以得到用户关于应用程序问题的报告，例如，可以找出异常，也可以找到用户在应用程序中正在使用的特性。例如，假设给应用程序添加一个新特性。用户会找到激活该特性的按钮吗？

使用 Application Insights，很容易识别用户使用应用程序时遇到的问题。微软很容易集成 Application Insights 和各种各样的应用程序(包括 Web 和 Windows 应用程序)。

注意：这里有一些特性示例，用户很难在微软自己的产品中找到它们。Xbox 是第一个为用户界面提供大磁贴的设备。搜索特性放在磁贴的下面。虽然这个按钮可以直接显示在用户面前，但用户看不到它。微软把搜索功能移动到磁贴内，现在用户可以找到它。另一个例子是 Windows Phone 上的物理搜索按钮。这个按钮用于应用程序内的搜索。用户抱怨，没有在电子邮件内搜索的选项，因为他们不认为这个物理按钮可以搜索电子邮件。微软改变了功能。现在物理搜索按钮只用于在网上搜索内容，邮件应用程序有自己的搜索按钮。Windows 8 有一个相似的搜索问题：用户不使用功能区中的搜索功能，在应用程序内搜索。Windows 8.1 改变了指南，使用功能区中的搜索功能，现在应用程序包含自己的搜索框；在 Windows 10 中还有一个自动显示框。看起来有一些共性？

20.4.1 创建通用 Windows 应用程序

利用 Application Insights 的示例应用程序之一是 Universal Windows Platform 应用程序,它有两个页面:MainPage 和 SecondPage,还有几个按钮和文本框控件来模拟一个动作,抛出一个异常,并在页面之间导航。下面的代码片段定义了用户界面(代码文件 WinAppInsights / MainPage. xaml):

```
<StackPanel Orientation="Vertical">
  <Button Content="Navigate to SecondPage" Click="OnNavigateToSecondPage" />
  <TextBox x:Name="sampleDataText" Header="Sample Data" />
  <Button Content="Action" Click="OnAction" />
  <Button Content="Create Error" Click="OnError" />
</StackPanel>
```

通过单击 Navigate to SecondPage 按钮来调用 OnNavigateToSecondPage 事件处理程序方法,导航到第二页(代码文件 WinAppInsights/MainPage.xaml.cs):

```
private void OnNavigateToSecondPage(object sender, RoutedEventArgs e)
{
  this.Frame.Navigate(typeof(SecondPage));
}
```

在 OnAction()方法中,一个对话框显示了用户输入的数据:

```
private async void OnAction(object sender, RoutedEventArgs e)
{
  var dialog = new ContentDialog
  {
    Title = "Sample",
    Content = $"You entered {sampleDataText.Text}",
    PrimaryButtonText = "Ok"
  };
  await dialog.ShowAsync();
}
```

OnError()方法抛出了一个未处理的异常:

```
private void OnError(object sender, RoutedEventArgs e)
{
  throw new Exception("something bad happened");
}
```

注意:使用通用 Windows 平台创建应用程序的更多信息,参见第 29、32 和 33 章。

20.4.2 创建 Application Insights 资源

为了使用 Application Insights,需要给微软 Azure 账户创建一个 Application Insights 资源。在微软 Azure 门户网站(http://portal.azure.com),可以用 Developer Services 找到这个资源。创建这个资源时,需要指定服务的名称、应用程序类型、资源组、订阅和服务的位置(参见图 20-5)。

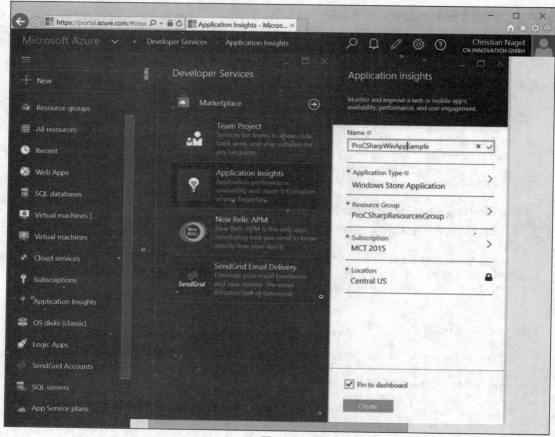

图 20-5

在创建 Application Insights 资源后，会显示资源窗口，在其中可以看到所收集的应用程序信息。在这个管理用户界面中，需要 Properties 设置中可用的仪表键。

> 注意：如果没有微软 Azure 账户，可以尝试使用免费的账户。关于 Application Insights 的定价，不同的价格水平提供不同的功能。有一个免费版提供每月至多 500 万个数据点。更多信息可访问 http://azure.microsoft.com。

> 注意：除了从门户网站上创建这个资源外，还可以从项目模板中选择 Application Insights，在 Microsoft Azure 中创建这个资源。

20.4.3 配置 Windows 应用程序

创建通用 Windows 应用程序之后，可以添加 Application Insights，为此，在 Solution Explorer 中选择项目，打开应用程序的上下文菜单(单击鼠标右键，或按下键盘上的应用程序上下文键)，然后选择 Add Application Insights Telemetry。在这里可以选择之前创建的 Application Insights 资源(见图 20-6),或者创建一个新的资源。这个配置会添加一个对 NuGet 包 Microsoft.ApplicationInsights.WindowsApps 的引用和配置文件 ApplicationInsights.config。如果以编程方式添加这个配置文件,就需要复制 Azure 门户中的仪表键,并将它添加到 InstrumentationKey 元素中(代码文件 WinAppInsights/ApplicationInsights.config):

```xml
<?xml version="1.0" encoding="utf-8" ?>
<ApplicationInsights>
  <InstrumentationKey>Add your instrumentation key here</InstrumentationKey>
</ApplicationInsights>
```

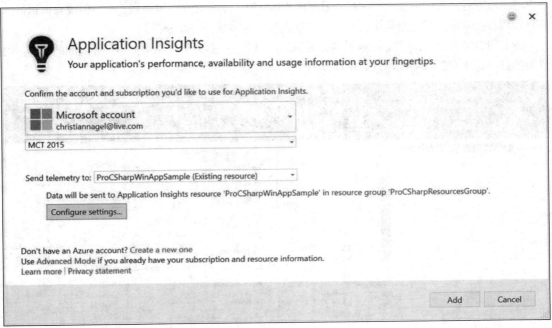

图 20-6

需要把这个文件的 Build 操作设置为 Content,还需要将文件复制到输出目录(只需要在属性窗口中设置相应的属性)。

接下来,通过调用 WindowsAppInitializer 类的 InitializeAsync 方法,初始化 Application Insights (名称空间 Microsoft.ApplicationInsights)。这个方法允许定义应该使用的 Windows 收集器;默认情况下,配置元数据、会话、页面视图和未处理的异常收集器(代码文件 WinAppInsights/App.xaml.cs):

```csharp
public App()
{
  WindowsAppInitializer.InitializeAsync(WindowsCollectors.Metadata |
    WindowsCollectors.Session | WindowsCollectors.PageView |
    WindowsCollectors.UnhandledException);

  this.InitializeComponent();
  this.Suspending += OnSuspending;
}
```

注意：InitializeAsync 方法默认读取文件 applicationinsights.config 中的仪表键。还可以使用这个方法的重载版本，通过第一个参数传递仪表键。

20.4.4 使用收集器

不需要做更多工作，你就得到了 Application Insights 的信息。只需要启动应用程序，InitializeAsync 方法定义的收集器就会完成其工作。运行应用程序后，在页面之间导航，生成异常，可以进入 Azure 门户网站，查看报告的信息。请注意，用调试器运行时，信息会立即转移到云中，但没有调试器，信息会缓存在本地，提交到包中。在信息出现之前，可能需要等几分钟。

参见图 20-7 的页面浏览。可以看到会话和用户的数量，打开了什么页面，打开页面的频率，用户的信息，如用户的设备、地区、IP 地址等。

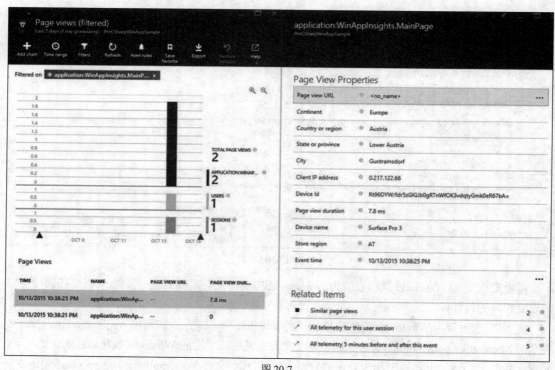

图 20-7

还可以看到应用程序的所有事故信息。图 20-8 显示了异常、异常发生的地点和时间。一些错误可能与特定的设备或特定的地区相关。在上述照片中，使用微软的 Bing 服务在微软商店中搜索应用程序，发现在中国出了问题；有些用户可能会在防火墙后面，无法获得这一服务。如果想看看这个程序，只需要在微软商店中搜索 Picture Search，安装并运行这个应用程序。

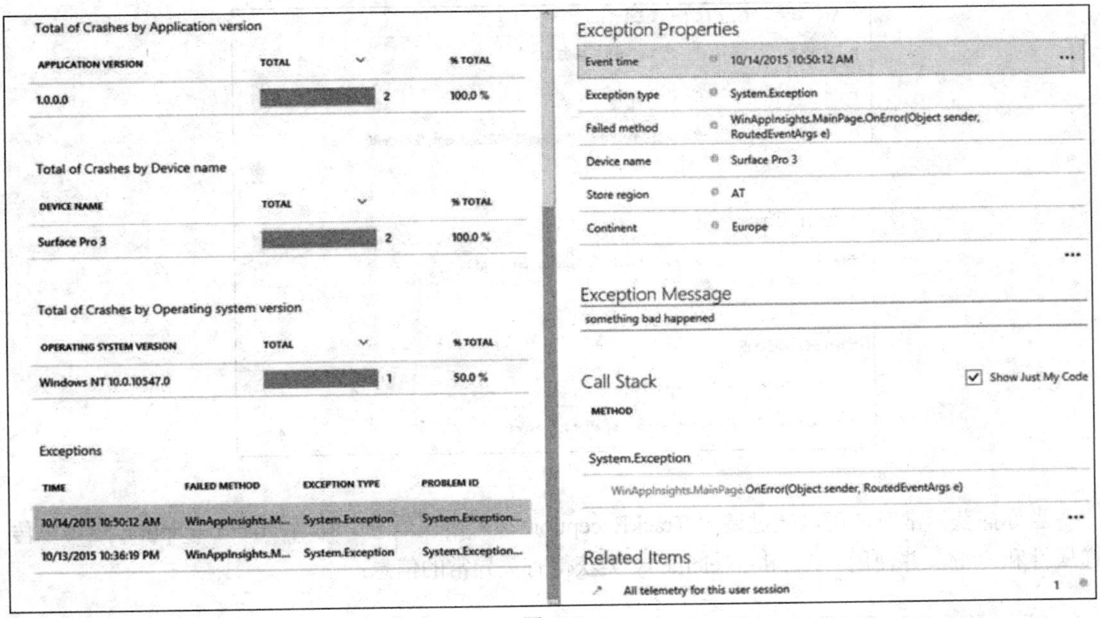

图 20-8

20.4.5 编写自定义事件

还可以定义应该写入云服务的自定义遥测信息。为了写入自定义遥测数据，需要实例化一个 TelemetryClient 对象。这个类是线程安全的，所以可以在多个线程中使用一个实例。在这里，修改 OnAction 方法，写入调用 TrackEvent 的事件信息。调用 TrackEvent 时，可以传递事件名称、可选的属性和度量，或传递 EventTelemetry 类型的对象 (代码文件 WinAppInsights / MainPage.xaml.cs)：

```csharp
private TelemetryClient _telemetry = new TelemetryClient();

private async void OnAction(object sender, RoutedEventArgs e)
{
  _telemetry.TrackEvent("OnAction",
    properties: new Dictionary<string, string>()
    { ["data"] = sampleDataText.Text });
  var dialog = new ContentDialog
  {
    Title = "Sample",
    Content = $"You entered {sampleDataText.Text}",
    PrimaryButtonText = "Ok"
  };
  await dialog.ShowAsync();
}
```

此事件信息如图 20-9 所示。通过属性可以传递字符串对象的字典，它们都显示在云门户中。使用度量标准，可以传递字符串和双精度值的字典，在其中可以传递分析应用程序的使用情况所需要的任何数量。

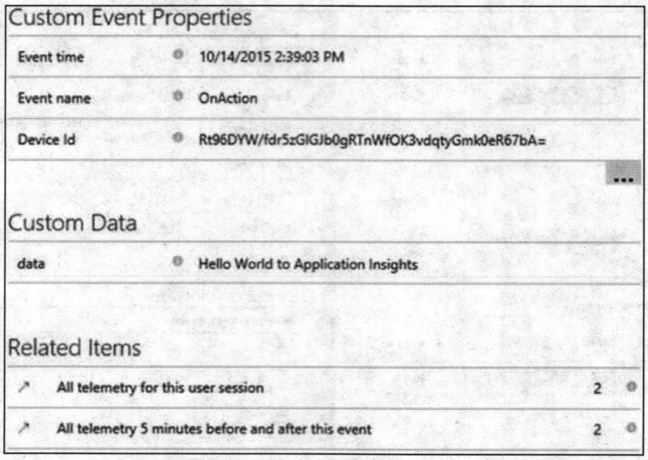

图 20-9

当你捕获异常时，可以通过调用 TrackException 写入错误信息。利用 TrackException 还可以传递属性和度量，并使用 ExceptionTelemetry 类获得有关异常的信息：

```
private void OnError(object sender, RoutedEventArgs e)
{
  try
  {
    throw new Exception("something bad happened");
  }
  catch (Exception ex)
  {
    _telemetry.TrackException(
      new ExceptionTelemetry
      {
        Exception = ex,
        HandledAt = ExceptionHandledAt.UserCode,
        SeverityLevel = SeverityLevel.Error
      });
  }
}
```

可以用来编写自定义事件的其他方法有跟踪指标信息的 TrackMetric、发送页面信息的 TrackPageView、用于整体跟踪信息的 TrackTrace(在其中可以指定跟踪级别)，以及主要用于 Web 应用程序的 TrackRequest。

20.5 小结

本章介绍了跟踪和日志功能，它们有助于找出应用程序中的问题。应尽早规划，把这些功能内置于应用程序中。这可以避免以后的许多故障排除问题。

使用跟踪功能，可以把调试消息写入应用程序，也可以用于最终发布的产品。如果出了问题，就可以修改配置值，从而打开跟踪功能，并找出问题。

对于 Application Insights，使用这个云服务时，有很多开箱即用的特性可用。只用几行代码，很容易分析应用程序的崩溃和页面的浏览。如果添加更多代码，可以找到用户是否没有使用应用程序的一些特性。

本章有一个小片段使用了 Parallel 类，下一章将详细讨论用 Task 和 Parallel 类进行并行编程的细节。

第21章

任务和并行编程

本章要点
- 多线程概述
- 使用 Parallel 类
- 使用任务
- 使用取消架构
- 使用数据流库

本章源代码下载地址(wrox.com):

打开网页 www.wrox.com/go/procsharp,单击 Download Code 选项卡即可下载本章源代码。本章代码分为以下几个主要的示例文件:
- Parallel
- Task
- Cancellation
- DataFlow

21.1 概述

使用多线程有几个原因。假设从应用程序进行网络调用需要一定的时间。我们不希望用户界面停止响应,让用户一直等待,直到从服务器返回一个响应。用户可以同时执行其他一些操作,或者甚至取消发送给服务器的请求。这些都可以使用线程来实现。

对于所有需要等待的操作,例如,因为文件、数据库或网络访问都需要一定的时间,此时就可以启动一个新线程,同时完成其他任务。即使是处理密集型的任务,线程也是有帮助的。一个进程的多个线程可以同时运行在不同的 CPU 上,或多核 CPU 的不同内核上。

还必须注意运行多线程时的一些问题。它们可以同时运行,但如果线程访问相同的数据,就很容易出问题。为了避免出问题,必须实现同步机制。

自.NET 4 以来，.NET 提供了线程的一个抽象机制：任务。任务允许建立任务之间的关系，例如，第一个任务完成时，应该继续下一个任务。也可以建立一个层次结构，其中包含多个任务。

除了使用任务之外，还可以使用 Parallel 类实现并行活动。需要区分数据并行(在不同的任务之间同时处理一些数据)和任务并行性(同时执行不同的功能)。

在创建并行程序时，有很多不同的选择。应该使用适合场景的最简单选项。本章首先介绍 Parallel 类，它提供了非常简单的并行性。如果这就是需要的类，使用这个类即可。如果需要更多的控制，比如需要管理任务之间的关系，或定义返回任务的方法，就要使用 Task 类。

本章还包括数据流库，如果需要基于操作的编程通过管道传送数据，这可能是最简单的一个库了。

如果需要更多地控制并行性，如设置优先级，就需要使用 Thread 类。

 注意：不同任务之间的同步参见第 22 章。通过关键字 async 和 await 来使用异步方法参见第 15 章。Parallel LINQ 提供了任务并行性的一种变体，详见第 13 章。

21.2 Parallel 类

Parallel 类是对线程的一个很好的抽象。该类位于 System.Threading.Tasks 名称空间中，提供了数据和任务并行性。

Parallel 类定义了并行的 for 和 foreach 的静态方法。对于 C#的 for 和 foreach 语句而言，循环从一个线程中运行。Parallel 类使用多个任务，因此使用多个线程来完成这个作业。

Parallel.For()和 Parallel.ForEach()方法在每次迭代中调用相同的代码，而 Parallel.Invoke()方法允许同时调用不同的方法。Parallel.Invoke 用于任务并行性，而 Parallel.ForEach 用于数据并行性。

21.2.1 使用 Parallel.For()方法循环

Parallel.For()方法类似于 C#的 for 循环语句，也是多次执行一个任务。使用 Parallel.For()方法，可以并行运行迭代。迭代的顺序没有定义。

ParallelSamples 的示例代码使用了如下依赖项和名称空间：

依赖项：

```
NETStandard.Library
System.Threading.Tasks.Parallel
System.Threading.Thread
```

名称空间：

```
System.Threading
System.Threading.Tasks
static System.Console
```

注意：这个示例使用命令行参数。为了了解不同的特性，应在启动示例应用程序时传递不同的参数，如下所示，或检查 Main()方法。在 Visual Studio 中，可以在项目属性的 Debug 选项中传递命令行参数。使用 dotnet 命令行，传递命令行参数-pf，则可以启动命令 dotnet run -- -pf。

有关线程和任务的信息，下面的 Log 方法把线程和任务标识符写到控制台(代码文件 ParallelSamples / Program.cs)：

```
public static void Log(string prefix)
{
  WriteLine($"{prefix}, task: {Task.CurrentId}, " +
    $"thread: {Thread.CurrentThread.ManagedThreadId}");
}
```

下面看看在 Parallel.For()方法中，前两个参数定义了循环的开头和结束。示例从 0 迭代到 9。第 3 个参数是一个 Action<int>委托。整数参数是循环的迭代次数，该参数被传递给委托引用的方法。Parallel.For()方法的返回类型是 ParallelLoopResult 结构，它提供了循环是否结束的信息。

```
public static void ParallelFor()
{
  ParallelLoopResult result =
    Parallel.For(0, 10, i =>
    {
      Log($"S {i}");
      Task.Delay(10).Wait();
      Log($"E {i}");
    });
  WriteLine($"Is completed: {result.IsCompleted}");
}
```

在 Parallel.For()的方法体中，把索引、任务标识符和线程标识符写入控制台中。从输出可以看出，顺序是不能保证的。如果再次运行这个程序，可以看到不同的结果。程序这次的运行顺序是 0-4-6-2-8…，有 9 个任务和 6 个线程。任务不一定映射到一个线程上。线程也可以被不同的任务重用。

```
S 0, task: 5, thread: 1
S 4, task: 7, thread: 6
S 6, task: 8, thread: 7
S 2, task: 6, thread: 5
S 8, task: 9, thread: 8
E 8, task: 9, thread: 8
S 9, task: 14, thread: 8
E 4, task: 7, thread: 6
S 5, task: 17, thread: 6
E 6, task: 8, thread: 7
S 7, task: 18, thread: 7
E 0, task: 5, thread: 1
S 3, task: 5, thread: 1
E 2, task: 6, thread: 5
```

```
S 1, task: 16, thread: 10
E 7, task: 18, thread: 7
E 5, task: 17, thread: 6
E 9, task: 14, thread: 8
E 1, task: 16, thread: 10
E 3, task: 5, thread: 1
Is completed: True
```

并行体内的延迟等待 10 毫秒,会有更好的机会来创建新线程。如果删除这行代码,就会使用更少的线程和任务。

在结果中还可以看到,循环的每个 end-log 使用与 start-log 相同的线程和任务。使用 Task.Delay() 和 Wait()方法会阻塞当前线程,直到延迟结束。

修改前面的示例,现在使用 await 关键字和 Task.Delay()方法:

```
public static void ParallelForWithAsync()
{
    ParallelLoopResult result =
        Parallel.For(0, 10, async i =>
        {
            Log($"S {i}");
            await Task.Delay(10);
            Log($"E {i}");
        });
    WriteLine($"is completed: {result.IsCompleted}");
}
```

其结果如以下代码片段所示。在输出中可以看到,调用 Thread.Delay()方法后,线程发生了变化。例如,循环迭代 8 在延迟前的线程 ID 为 7,在延迟后的线程 ID 为 5。在输出中还可以看到,任务不再存在,只有线程留下了,而且这里重用了前面的线程。另外一个重要的方面是,Parallel 类的 For()方法并没有等待延迟,而是直接完成。Parallel 类只等待它创建的任务,而不等待其他后台活动。在延迟后,也有可能完全看不到方法的输出,出现这种情况的原因是主线程(是一个前台线程)结束,所有的后台线程被终止。本章后面将讨论前台线程和后台线程。

```
S 0, task: 5, thread: 1
S 8, task: 8, thread: 7
S 6, task: 7, thread: 8
S 4, task: 9, thread: 6
S 2, task: 6, thread: 5
S 7, task: 7, thread: 8
S 1, task: 5, thread: 1
S 5, task: 9, thread: 6
S 9, task: 8, thread: 7
S 3, task: 6, thread: 5
Is completed: True
E 2, task: , thread: 8
E 0, task: , thread: 8
E 8, task: , thread: 5
E 6, task: , thread: 7
E 4, task: , thread: 6
E 5, task: , thread: 7
E 7, task: , thread: 7
```

```
E 1, task: , thread: 6
E 3, task: , thread: 5
E 9, task: , thread: 8
```

 注意： 从这里可以看到，虽然使用.NET 4.5 和 C# 5.0 的异步功能十分方便，但是知道后台发生了什么仍然很重要，而且必须留意一些问题。

21.2.2 提前停止 Parallel.For

也可以提前中断 Parallel.For()方法，而不是完成所有迭代。For()方法的一个重载版本接受 Action<int, ParallelLoopState>类型的第 3 个参数。使用这些参数定义一个方法，就可以调用 ParallelLoopState 的 Break()或 Stop()方法，以影响循环的结果。

注意，迭代的顺序没有定义(代码文件 ParallelSamples/Program.cs)。

```
public static void StopParallelForEarly()
{
  ParallelLoopResult result =
    Parallel.For(10, 40, (int i, ParallelLoopState pls) =>
    {
      Log($"S {i}");
      if (i > 12)
      {
        pls.Break();
        Log($"break now... {i}");
      }
      Task.Delay(10).Wait();
      Log($"E {i}");
    });

  WriteLine($"Is completed: {result.IsCompleted}");
  WriteLine($"lowest break iteration: {result.LowestBreakIteration}");
}
```

应用程序的这次运行说明，迭代在值大于 12 时中断，但其他任务可以同时运行，有其他值的任务也可以运行。在中断前开始的所有任务都可以继续运行，直到结束。利用 LowestBreakIteration 属性，可以忽略其他你不需要的任务的结果。

```
S 31, task: 6, thread: 8
S 17, task: 7, thread: 5
S 10, task: 5, thread: 1
S 24, task: 8, thread: 6
break now 24, task: 8, thread: 6
S 38, task: 9, thread: 7
break now 38, task: 9, thread: 7
break now 31, task: 6, thread: 8
break now 17, task: 7, thread: 5
E 17, task: 7, thread: 5
E 10, task: 5, thread: 1
S 11, task: 5, thread: 1
```

```
E 38, task: 9, thread: 7
E 24, task: 8, thread: 6
E 31, task: 6, thread: 8
E 11, task: 5, thread: 1
S 12, task: 5, thread: 1
E 12, task: 5, thread: 1
S 13, task: 5, thread: 1
break now 13, task: 5, thread: 1
E 13, task: 5, thread: 1
Is completed: False
lowest break iteration: 13
```

21.2.3 Parallel.For()的初始化

Parallel.For()方法使用几个线程来执行循环。如果需要对每个线程进行初始化，就可以使用Parallel.For<TLocal>()方法。除了from 和 to 对应的值之外，For()方法的泛型版本还接受 3 个委托参数。第一个参数的类型是 Func<TLocal>，因为这里的例子对于 TLocal 使用字符串，所以该方法需要定义为 Func<string>，即返回 string 的方法。这个方法仅对用于执行迭代的每个线程调用一次。

第二个委托参数为循环体定义了委托。在示例中，该参数的类型是 Func<int, ParallelLoopState, string , string>。其中第一个参数是循环迭代，第二个参数 ParallelLoopState 允许停止循环，如前所述。循环体方法通过第 3 个参数接收从 init 方法返回的值，循环体方法还需要返回一个值，其类型是用泛型 For 参数定义的。

For()方法的最后一个参数指定一个委托 Action<TLocal>；在该示例中，接收一个字符串。这个方法仅对于每个线程调用一次，这是一个线程退出方法(代码文件 ParallelSamples/Program.cs)。

```
public static void ParallelForWithInit()
{
  Parallel.For<string>(0, 10, () =>
  {
    // invoked once for each thread
    Log($"init thread");
    return $"t{Thread.CurrentThread.ManagedThreadId}";
  },
  (i, pls, str1) =>
  {
    // invoked for each member
    Log($"body i {i} str1 {str1}");
    Task.Delay(10).Wait();
    return $"i {i}";
  },
  (str1) =>
  {
    // final action on each thread
    Log($"finally {str1}");
  });
}
```

运行一次这个程序的结果如下：

```
init thread task: 7, thread: 6
init thread task: 6, thread: 5
```

```
body i: 4 str1: t6 task: 7, thread: 6
body i: 2 str1: t5 task: 6, thread: 5
init thread task: 5, thread: 1
body i: 0 str1: t1 task: 5, thread: 1
init thread task: 9, thread: 8
body i: 8 str1: t8 task: 9, thread: 8
init thread task: 8, thread: 7
body i: 6 str1: t7 task: 8, thread: 7
body i: 1 str1: i 0 task: 5, thread: 1
finally i 2 task: 6, thread: 5
init thread task: 16, thread: 5
finally i 8 task: 9, thread: 8
init thread task: 17, thread: 8
body i: 9 str1: t8 task: 17, thread: 8
finally i 6 task: 8, thread: 7
init thread task: 18, thread: 7
body i: 7 str1: t7 task: 18, thread: 7
finally i 4 task: 7, thread: 6
init thread task: 15, thread: 10
body i: 3 str1: t10 task: 15, thread: 10
body i: 5 str1: t5 task: 16, thread: 5
finally i 1 task: 5, thread: 1
finally i 5 task: 16, thread: 5
finally i 3 task: 15, thread: 10
finally i 7 task: 18, thread: 7
finally i 9 task: 17, thread: 8
```

输出显示,为每个线程只调用一次 init()方法;循环体从初始化中接收第一个字符串,并用相同的线程将这个字符串传递到下一个迭代体。最后,为每个线程调用一次最后一个动作,从每个体中接收最后的结果。

通过这个功能,这个方法完美地累加了大量数据集合的结果。

21.2.4 使用 Parallel.ForEach()方法循环

Parallel.ForEach()方法遍历实现了 IEnumerable 的集合,其方式类似于 foreach 语句,但以异步方式遍历。这里也没有确定遍历顺序(代码文件 ParallelSamples/Program.cs)。

```
public static void ParallelForEach()
{
  string[] data = {"zero", "one", "two", "three", "four", "five",
    "six", "seven", "eight", "nine", "ten", "eleven", "twelve"};

  ParallelLoopResult result =
    Parallel.ForEach<string>(data, s =>
    {
      WriteLine(s);
    });
}
```

如果需要中断循环,就可以使用 ForEach()方法的重载版本和 ParallelLoopState 参数。其方式与前面的 For()方法相同。ForEach()方法的一个重载版本也可以用于访问索引器,从而获得迭代次数,如下所示:

```
Parallel.ForEach<string>(data, (s, pls, l) =>
{
  WriteLine($"{s} {l}");
});
```

21.2.5 通过 Parallel.Invoke()方法调用多个方法

如果多个任务将并行运行，就可以使用 Parallel.Invoke()方法，它提供了任务并行性模式。Parallel.Invoke()方法允许传递一个 Action 委托的数组，在其中可以指定将运行的方法。示例代码传递了要并行调用的 Foo()和 Bar()方法(代码文件 ParallelSamples/Program.cs)：

```
public static void ParallelInvoke()
{
  Parallel.Invoke(Foo, Bar);
}
public static void Foo()
{
  WriteLine("foo");
}

public static  void Bar()
{
  WriteLine("bar");
}
```

Parallel 类使用起来十分方便，而且既可以用于任务，又可以用于数据并行性。如果需要更细致的控制，并且不想等到 Parallel 类结束后再开始动作，就可以使用 Task 类。当然，结合使用 Task 类和 Parallel 类也是可以的。

21.3 任务

为了更好地控制并行操作，可以使用 System.Threading.Tasks 名称空间中的 Task 类。任务表示将完成的某个工作单元。这个工作单元可以在单独的线程中运行，也可以以同步方式启动一个任务，这需要等待主调线程。使用任务不仅可以获得一个抽象层，还可以对底层线程进行很多控制。

在安排需要完成的工作时，任务提供了非常大的灵活性。例如，可以定义连续的工作——在一个任务完成后该执行什么工作。这可以根据任务成功与否来区分。另外，还可以在层次结构中安排任务。例如，父任务可以创建新的子任务。这可以创建一种依赖关系，这样，取消父任务，也会取消其子任务。

21.3.1 启动任务

要启动任务，可以使用 TaskFactory 类或 Task 类的构造函数和 Start()方法。Task 类的构造函数在创建任务上提供的灵活性较大。

TaskSamples 的示例代码使用如下依赖项和名称空间：

依赖项：

```
NETStandard.Library
```

```
System.Threading.Thread
```

名称空间:

```
System.Threading
System.Threading.Tasks
static System.Console
```

在启动任务时,会创建 Task 类的一个实例,利用 Action 或 Action<object>委托(不带参数或带一个 object 参数),可以指定将运行的代码。下面定义的方法 TaskMethod 带一个参数。在实现代码中,调用 Log 方法,把任务的 ID 和线程的 ID 写入控制台中,并且如果线程来自一个线程池,或者线程是一个后台线程,也要写入相关信息。把多条消息写入控制台的操作是使用 lock 关键字和 s_logLock 同步对象进行同步的。这样,就可以并行调用 Log,而且多次写入控制台的操作也不会彼此交叉。否则,title 可能由一个任务写入,而线程信息由另一个任务写入(代码文件 TaskSamples/Program.cs):

```
public static void TaskMethod(object o)
{
  Log(o?.ToString());
}

private static object s_logLock = new object();

public static void Log(string title)
{
  lock (s_logLock)
  {
    WriteLine(title);
    WriteLine($"Task id: {Task.CurrentId?.ToString() ?? "no task"}, " +
        $"thread: {Thread.CurrentThread.ManagedThreadId}");
#if (!DNXCORE)
    WriteLine($"is pooled thread: {Thread.CurrentThread.IsThreadPoolThread}");
#endif
    WriteLine($"is background thread: {Thread.CurrentThread.IsBackground}");
    WriteLine();
  }
}
```

注意: 线程 API IsThreadPoolThread 不可用于.NET Core 1.0 运行库;这就是为什么使用预处理器指令的原因。

接下来的几小节描述了启动新任务的不同方法。

1. 使用线程池的任务

在本节中,可以看到启动使用了线程池中线程的任务的不同方式。线程池提供了一个后台线程的池。现在,只需要知道线程池独自管理线程,根据需要增加或减少线程池中的线程数。线程池中的线程用于实现一些操作,之后仍然返回线程池中。

创建任务的第一种方式是使用实例化的 TaskFactory 类,在其中把 TaskMethod 方法传递给

StartNew 方法,就会立即启动任务。第二种方式是使用 Task 类的静态属性 Factory 来访问 TaskFactory,以及调用 StartNew()方法。它与第一种方式很类似,也使用了工厂,但是对工厂创建的控制则没有那么全面。第三种方式是使用 Task 类的构造函数。实例化 Task 对象时,任务不会立即运行,而是指定 Created 状态。接着调用 Task 类的 Start()方法,来启动任务。第四种方式调用 Task 类的 Run 方法,立即启动任务。Run 方法没有可以传递 Action<object>委托的重载版本,但是通过传递 Action 类型的 lambda 表达式并在其实现中使用参数,可以模拟这种行为(代码文件 TaskSamples/Program.cs)。

```
public void TasksUsingThreadPool()
{
  var tf = new TaskFactory();
  Task t1 = tf.StartNew(TaskMethod, "using a task factory");
  Task t2 = Task.Factory.StartNew(TaskMethod, "factory via a task");
  var t3 = new Task(TaskMethod, "using a task constructor and Start");
  t3.Start();
  Task t4 = Task.Run(() => TaskMethod("using the Run method"));
}
```

这些版本返回的输出如下所示。它们都创建一个新任务,并使用线程池中的一个线程:

```
factory via a task
Task id: 5, thread: 6
is pooled thread: True
is background thread: True

using the Run method
Task id: 6, thread: 7
is pooled thread: True
is background thread: True

using a task factory
Task id: 7, thread: 5
is pooled thread: True
is background thread: True

using a task constructor and Start
Task id: 8, thread: 8
is pooled thread: True
is background thread: True
```

使用 Task 构造函数和 TaskFactory 的 StartNew()方法时,可以传递 TaskCreationOptions 枚举中的值。利用这个创建选项,可以改变任务的行为,如接下来的小节所示。

2. 同步任务

任务不一定要使用线程池中的线程,也可以使用其他线程。任务也可以同步运行,以相同的线程作为主调线程。下面的代码段使用了 Task 类的 RunSynchronously()方法(代码文件 TaskSamples/Program.cs):

```
private static void RunSynchronousTask()
{
  TaskMethod("just the main thread");
  var t1 = new Task(TaskMethod, "run sync");
```

```
t1.RunSynchronously();
}
```

这里,TaskMethod()方法首先在主线程上直接调用,然后在新创建的 Task 上调用。从如下所示的控制台输出可以看到,主线程没有任务 ID,也不是线程池中的线程。调用 RunSynchronously()方法时,会使用相同的线程作为主调线程,但是如果以前没有创建任务,就会创建一个任务:

```
just the main thread
Task id: no task, thread: 1
is pooled thread: False
is background thread: True

run sync
Task id: 5, thread: 1
is pooled thread: False
is background thread: True
```

注意:如果不使用.NET Core 运行库,线程就是一个前台线程。这是新旧.NET 运行库之间的一个有趣的差异。在旧的运行库中,主线程是前台线程;在新的运行库中,它是一个后台线程。

3. 使用单独线程的任务

如果任务的代码将长时间运行,就应该使用 TaskCreationOptions.LongRunning 告诉任务调度器创建一个新线程,而不是使用线程池中的线程。此时,线程可以不由线程池管理。当线程来自线程池时,任务调度器可以决定等待已经运行的任务完成,然后使用这个线程,而不是在线程池中创建一个新线程。对于长时间运行的线程,任务调度器会立即知道等待它们完成没有意义。下面的代码片段创建了一个长时间运行的任务(代码文件 TaskSamples/Program.cs):

```
private static void LongRunningTask()
{
  var t1 = new Task(TaskMethod, "long running",
    TaskCreationOptions.LongRunning);
  t1.Start();
}
```

实际上,使用 TaskCreationOptions.LongRunning 选项时,不会使用线程池中的线程,而是会创建一个新线程:

```
long running
Task id: 5, thread: 7
is pooled thread: False
IS background thread: True
```

21.3.2 Future——任务的结果

当任务结束时,它可以把一些有用的状态信息写到共享对象中。这个共享对象必须是线程安全的。另一个选项是使用返回某个结果的任务。这种任务也称为 future,因为它在将来返回一个结果。

早期版本的 Task Parallel Library(TPL)的类名也称为 Future，现在它是 Task 类的一个泛型版本。使用这个类时，可以定义任务返回的结果的类型。

由任务调用来返回结果的方法可以声明为任何返回类型。下面的示例方法 TaskWithResult()利用一个元组返回两个 int 值。该方法的输入可以是 void 或 object 类型，如下所示(代码文件 TaskSamples/Program.cs)：

```
public static Tuple<int, int> TaskWithResult(object division)
{
  Tuple<int, int> div = (Tuple<int, int>)division;
  int result = div.Item1 / div.Item2;
  int reminder = div.Item1 % div.Item2;
  WriteLine("task creates a result...");

  return Tuple.Create(result, reminder);
}
```

注意：元组允许把多个值组合为一个，参见第 7 章。

当定义一个调用 TaskWithResult()方法的任务时，要使用泛型类 Task<TResult>。泛型参数定义了返回类型。通过构造函数，把这个方法传递给 Func 委托，第二个参数定义了输入值。因为这个任务在 object 参数中需要两个输入值，所以还创建了一个元组。接着启动该任务。Task 实例 t1 块的 Result 属性被禁用，并一直等到该任务完成。任务完成后，Result 属性包含任务的结果。

```
public static void TaskWithResultDemo()
{
  var t1 = new Task<Tuple<int,int>>(TaskWithResult, Tuple.Create(8, 3));
  t1.Start();
  WriteLine(t1.Result);
  t1.Wait();
  WriteLine($"result from task: {t1.Result.Item1} {t1.Result.Item2}");
}
```

21.3.3 连续的任务

通过任务，可以指定在任务完成后，应开始运行另一个特定任务，例如，一个使用前一个任务的结果的新任务，如果前一个任务失败了，这个任务就应执行一些清理工作。

任务处理程序或者不带参数，或者带一个对象参数，而连续处理程序有一个 Task 类型的参数，这里可以访问起始任务的相关信息(代码文件 TaskSamples/Program.cs)：

```
private static void DoOnFirst()
{
  WriteLine($"doing some task {Task.CurrentId}");
  Task.Delay(3000).Wait();
}

private static void DoOnSecond(Task t)
{
  WriteLine($"task {t.Id} finished");
```

```
    WriteLine($"this task id {Task.CurrentId}");
    WriteLine("do some cleanup");
    Task.Delay(3000).Wait();
}
```

连续任务通过在任务上调用 ContinueWith()方法来定义。也可以使用 TaskFactory 类来定义。tl.OnContinueWith(DoOnSecond)方法表示,调用 DoOnSecond()方法的新任务应在任务 t1 结束时立即启动。在一个任务结束时,可以启动多个任务,连续任务也可以有另一个连续任务,如下面的例子所示(代码文件 TaskSamples/Program.cs):

```
public static void ContinuationTasks()
{
    Task t1 = new Task(DoOnFirst);
    Task t2 = t1.ContinueWith(DoOnSecond);
    Task t3 = t1.ContinueWith(DoOnSecond);
    Task t4 = t2.ContinueWith(DoOnSecond);
    t1.Start();
}
```

无论前一个任务是如何结束的,前面的连续任务总是在前一个任务结束时启动。使用 TaskContinuationOptions 枚举中的值可以指定,连续任务只有在起始任务成功(或失败)结束时启动。一些可能的值是 OnlyOnFaulted、NotOnFaulted、OnlyOnCanceled、NotOnCanceled 以及 OnlyOnRanToCompletion。

```
Task t5 = t1.ContinueWith(DoOnError, TaskContinuationOptions.OnlyOnFaulted);
```

注意:使用第 15 章介绍过的 await 关键字时,编译器生成的代码会使用连续任务。

21.3.4 任务层次结构

利用任务连续性,可以在一个任务结束后启动另一个任务。任务也可以构成一个层次结构。一个任务启动一个新任务时,就启动了一个父/子层次结构。

下面的代码段在父任务内部新建一个任务对象并启动任务。创建子任务的代码与创建父任务的代码相同,唯一的区别是这个任务从另一个任务内部创建。(代码文件 TaskSamples/Program.cs。)

```
public static void ParentAndChild()
{
    var parent = new Task(ParentTask);
    parent.Start();
    Task.Delay(2000).Wait();
    WriteLine(parent.Status);
    Task.Delay(4000).Wait();
    WriteLine(parent.Status);
}

private static void ParentTask()
{
    WriteLine($"task id {Task.CurrentId}");
```

```
    var child = new Task(ChildTask);
    child.Start();
    Task.Delay(1000).Wait();
    WriteLine("parent started child");
}

private static void ChildTask()
{
    WriteLine("child");
    Task.Delay(5000).Wait();
    WriteLine("child finished");
}
```

如果父任务在子任务之前结束，父任务的状态就显示为 WaitingForChildrenToComplete。所有的子任务也结束时，父任务的状态就变成 RanToCompletion。当然，如果父任务用 TaskCreationOption DetachedFromParent 创建一个任务时，这就无效。

取消父任务，也会取消子任务。接下来就讨论取消架构。

21.3.5 从方法中返回任务

返回任务和结果的方法声明为返回 Task< T >，例如，方法返回一个任务和字符串集合：

```
public Task<IEnumerable<string>> TaskMethodAsync()
{
}
```

创建访问网络或数据的方法通常是异步的，这样，就可以使用任务特性来处理结果(例如使用 async 关键字，参见第 15 章)。如果有同步路径，或者需要实现一个用同步代码定义的接口，就不需要为了结果的值创建一个任务。Task 类使用方法 FromResult()提供了创建一个结果与完成的任务，该任务用状态 RanToCompletion 表示完成：

```
return Task.FromResult<IEnumerable<string>>(
    new List<string>() { "one", "two" });
```

21.3.6 等待任务

也许读者学习过 Task 类的 WhenAll()和 WaitAll()方法，想知道它们之间的区别。这两个方法都等待传递给它们的所有任务的完成。WaitAll()方法(自.NET 4 之后可用)阻塞调用任务，直到等待的所有任务完成为止。WhenAll()方法(自.NET 4.5 之后可用)返回一个任务，从而允许使用 async 关键字等待结果，它不会阻塞等待的任务。

在等待的所有任务都完成后，WhenAll()和 WaitAll()方法才完成，而使用 WhenAny()和 WaitAny()方法，可以等待任务列表中的一个任务完成。类似于 WhenAll()和 WaitAll()方法，WaitAny()方法会阻塞任务的调用，而 WhenAny()返回可以等待的任务。

前面几个示例已经使用了 Task.Delay()方法。可以指定从这个方法返回的任务完成前要等待的毫秒数。

如果将释放 CPU，从而允许其他任务运行，就可以调用 Task.Yield()方法。该方法释放 CPU，让其他任务运行。如果没有其他的任务等待运行，调用 Task.Yield 的任务就立即继续执行。否则，需要等到再次调度 CPU，以调用任务。

21.4 取消架构

.NET 4.5 包含一个取消架构,允许以标准方式取消长时间运行的任务。每个阻塞调用都应支持这种机制。当然目前,并不是所有阻塞调用都实现了这个新技术,但越来越多的阻塞调用都支持它。已经提供了这种机制的技术有任务、并发集合类、并行 LINQ 和几种同步机制。

取消架构基于协作行为,它不是强制的。长时间运行的任务会检查它是否被取消,并相应地返回控制权。

支持取消的方法接受一个 CancellationToken 参数。这个类定义了 IsCancellationRequested 属性,其中长时间运行的操作可以检查它是否应终止。长时间运行的操作检查取消的其他方式有:取消标记时,使用标记的 WaitHandle 属性,或者使用 Register() 方法。Register() 方法接受 Action 和 ICancelableOperation 类型的参数。Action 委托引用的方法在取消标记时调用。这类似于 ICancelableOperation,其中实现这个接口的对象的 Cancel() 方法在执行取消操作时调用。

CancellationSamples 的示例代码使用如下依赖项和名称空间:

依赖项:

```
NETStandard.Library
System.Threading.Tasks.Parallel
```

名称空间:

```
System
System.Threading
System.Threading.Tasks
static System.Console
```

21.4.1 Parallel.For()方法的取消

本节以一个使用 Parallel.For() 方法的简单例子开始。Parallel 类提供了 For() 方法的重载版本,在重载版本中,可以传递 ParallelOptions 类型的参数。使用 ParallelOptions 类型,可以传递一个 CancellationToken 参数。CancellationToken 参数通过创建 CancellationTokenSource 来生成。由于 CancellationTokenSource 实现了 ICancelableOperation 接口,因此可以用 CancellationToken 注册,并允许使用 Cancel() 方法取消操作。本例没有直接调用 Cancel() 方法,而是使用了.NET 4.5 中的一个新方法 CancelAfter(),在 500 毫秒后取消标记。

在 For() 循环的实现代码内部,Parallel 类验证 CancellationToken 的结果,并取消操作。一旦取消操作,For() 方法就抛出一个 OperationCanceledException 类型的异常,这是本例捕获的异常。使用 CancellationToken 可以注册取消操作时的信息。为此,需要调用 Register() 方法,并传递一个在取消操作时调用的委托(代码文件 CancellationSamples/Program.cs)。

```csharp
public static void CancelParallelFor()
{
    var cts = new CancellationTokenSource();
    cts.Token.Register(() => WriteLine("*** token cancelled"));

    // send a cancel after 500 ms
```

```
cts.CancelAfter(500);

try
{
  ParallelLoopResult result =
    Parallel.For(0, 100, new ParallelOptions
    {
      CancellationToken = cts.Token,
    },
    x =>
    {
      WriteLine($"loop {x} started");
      int sum = 0;
      for (int i = 0; i < 100; i++)
      {
        Task.Delay(2).Wait();
        sum += i;
      }
      WriteLine($"loop {x} finished");
    });
}
catch (OperationCanceledException ex)
{
  WriteLine(ex.Message);
}
```

运行应用程序,会得到类似如下的结果,第 0、50、25、75 和 1 次迭代都启动了。这在一个有 4 个内核 CPU 的系统上运行。通过取消操作,所有其他的迭代操作都在启动之前就取消了。启动的迭代操作允许完成,因为取消操作总是以协作方式进行,以避免在取消迭代操作的中间泄漏资源。

```
loop 0 started
loop 50 started
loop 25 started
loop 75 started
loop 1 started
*** token cancelled
loop 75 finished
loop 50 finished
loop 1 finished
loop 0 finished
loop 25 finished
The operation was canceled.
```

21.4.2 任务的取消

同样的取消模式也可用于任务。首先,新建一个 CancellationTokenSource。如果仅需要一个取消标记,就可以通过访问 Task.Factory.CancellationToken 以使用默认的取消标记。接着,与前面的代码类似,在 500 毫秒后取消任务。在循环中执行主要工作的任务通过 TaskFactory 对象接受取消标记。在构造函数中,把取消标记赋予 TaskFactory。这个取消标记由任务用于检查 CancellationToken 的 IsCancellationRequested 属性,以确定是否请求了取消(代码文件 CancellationSamples/Program.cs)。

```
public void CancelTask()
```

```csharp
{
    var cts = new CancellationTokenSource();
    cts.Token.Register(() => WriteLine("*** task cancelled"));
    // send a cancel after 500 ms
    cts.CancelAfter(500);
    Task t1 = Task.Run(() =>
    {
        WriteLine("in task");
        for (int i = 0; i < 20; i++)
        {
            Task.Delay(100).Wait();
            CancellationToken token = cts.Token;
            if (token.IsCancellationRequested)
            {
                WriteLine("cancelling was requested, " +
                    "cancelling from within the task");
                token.ThrowIfCancellationRequested();
                break;
            }
            WriteLine("in loop");
        }
        WriteLine("task finished without cancellation");
    }, cts.Token);
    try
    {
        t1.Wait();
    }
    catch (AggregateException ex)
    {
        WriteLine($"exception: {ex.GetType().Name}, {ex.Message}");
        foreach (var innerException in ex.InnerExceptions)
        {
            WriteLine($"inner exception: {ex.InnerException.GetType()}," +
                $"{ex.InnerException.Message}");
        }
    }
}
```

运行应用程序，可以看到任务启动了，运行了几个循环，并获得了取消请求。之后取消任务，并抛出 TaskCanceledException 异常，它是从方法调用 ThrowIfCancellationRequested()中启动的。调用者等待任务时，会捕获 AggregateException 异常，它包含内部异常 TaskCanceledException。例如，如果在一个也被取消的任务中运行 Parallel.For()方法，这就可以用于取消的层次结构。任务的最终状态是 Canceled。

```
in task
in loop
in loop
in loop
in loop
*** task cancelled
cancelling was requested, cancelling from within the task
exception: AggregateException, One or more errors occurred.
inner exception: TaskCanceledException, A task was canceled.
```

21.5 数据流

Parallel 类、Task 类和 Parallel LINQ 为数据并行性提供了很多帮助。但是，这些类不能直接支持数据流的处理，以及并行转换数据。此时，需要使用 Task Parallel Library Data Flow(TPL Data Flow)。数据流示例的代码使用了如下依赖项和名称空间：

依赖项：

```
NETStandard.Library
System.Threading.Tasks.Dataflow
```

名称空间：

```
System
System.IO
System.Threading
System.Threading.Tasks
System.Threading.Tasks.DataFlow
static System.Console
```

21.5.1 使用动作块

TPL Data Flow 的核心是数据块，这些数据块作为提供数据的源或者接收数据的目标，或者同时作为源和目标。下面看一个简单的示例，其中用一个数据块来接收一些数据并把数据写入控制台。下面的代码段定义了一个 ActionBlock，它接收一个字符串，并把字符串中的信息写入控制台。Main() 方法在一个 while 循环中读取用户输入，然后调用 Post() 方法把读入的所有字符串写入 ActionBlock。ActionBlock 异步处理消息，把信息写入控制台(代码文件 SimpleDataFlowSample/Program.cs)：

```csharp
static void Main()
{
  var processInput = new ActionBlock<string>(s =>
  {
    WriteLine($"user input: {s}");
  });

  bool exit = false;
  while (!exit)
  {
    string input = ReadLine();
    if (string.Compare(input, "exit", ignoreCase: true) == 0)
    {
      exit = true;
    }
    else
    {
      processInput.Post(input);
    }
  }
}
```

21.5.2 源和目标数据块

以前示例中分配给 ActionBlock 的方法执行时，ActionBlock 会使用一个任务来并行执行。通过检查任务和线程标识符，并把它们写入控制台可以验证这一点。每个块都实现了 IDataflowBlock 接口，该接口包含了返回一个 Task 的属性 Completion，以及 Complete()和 Fault()方法。调用 Complete()方法后，块不再接受任何输入，也不再产生任何输出。调用 Fault()方法则把块放入失败状态。

如前所述，块既可以是源，也可以是目标，还可以同时是源和目标。在示例中，ActionBlock 是一个目标块，所以实现了 ITargetBlock 接口。ITargetBlock 派生自 IDataflowBlock，除了提供 IDataBlock 接口的成员以外，还定义了 OfferMessage()方法。OfferMessage()发送一条由块处理的消息。Post 是比 OfferMessage 更方便的一个方法，它实现为 ITargetBlock 接口的扩展方法。示例应用程序中也使用了 Post()方法。

ISourceBlock 接口由作为数据源的块实现。除了 IDataBlock 接口的成员以外，ISourceBlock 还提供了链接到目标块以及处理消息的方法。

BufferBlock 同时作为数据源和数据目标，它实现了 ISourceBlock 和 ITargetBlock。在下一个示例中，就使用这个 BufferBlock 来收发消息(代码文件 SimpleDataFlowSample/Program.cs)：

```
private static BufferBlock<string> s_buffer = new BufferBlock<string>();
```

Producer()方法从控制台读取字符串，并通过调用 Post()方法把字符串写到 BufferBlock 中：

```
public static void Producer()
{
  bool exit = false;
  while (!exit)
  {
    string input = ReadLine();
    if (string.Compare(input, "exit", ignoreCase: true) == 0)
    {
      exit = true;
    }
    else
    {
      s_buffer.Post(input);
    }
  }
}
```

Consumer()方法在一个循环中调用 ReceiveAsync()方法来接收 BufferBlock 中的数据。ReceiveAsync 是 ISourceBlock 接口的一个扩展方法：

```
public static async Task ConsumerAsync()
{
  while (true)
  {
    string data = await s_buffer.ReceiveAsync();
    WriteLine($"user input: {data}");
  }
}
```

现在，只需要启动消息的产生者和使用者。在 Main()方法中通过两个独立的任务完成启动操作：

```csharp
static void Main()
{
  Task t1 = Task.Run(() => Producer());
  Task t2 = Task.Run(async () => await ConsumerAsync());
  Task.WaitAll(t1, t2);
}
```

运行应用程序时,产生者从控制台读取数据,使用者接收数据并把它们写入控制台。

21.5.3 连接块

本节将连接多个块,创建一个管道。首先,创建由块使用的 3 个方法。GetFileNames()方法接收一个目录路径作为参数,得到以.cs 为扩展名的文件名(代码文件 DataFlowSample/Program.cs):

```csharp
public static IEnumerable<string> GetFileNames(string path)
{
  foreach (var fileName in Directory.EnumerateFiles(path, "*.cs"))
  {
    yield return fileName;
  }
}
```

LoadLines()方法以一个文件名列表作为参数,得到文件中的每一行:

```csharp
public static IEnumerable<string> LoadLines(IEnumerable<string> fileNames)
{
  foreach (var fileName in fileNames)
  {
    using (FileStream stream = File.OpenRead(fileName))
    {
      var reader = new StreamReader(stream);
      string line = null;
      while ((line = reader.ReadLine()) != null)
      {
        //WriteLine($"LoadLines {line}");
        yield return line;
      }
    }
  }
}
```

GetWords()方法接收一个 lines 集合作为参数,将其逐行分割,从而得到并返回一个单词列表:

```csharp
public static IEnumerable<string> GetWords(IEnumerable<string> lines)
{
  foreach (var line in lines)
  {
    string[] words = line.Split(' ', ';', '(', ')', '{', '}', '.', ',');
    foreach (var word in words)
    {
      if (!string.IsNullOrEmpty(word))
        yield return word;
    }
  }
}
```

为了创建管道，SetupPipeline()方法创建了 3 个 TransformBlock 对象。TransformBlock 是一个源和目标块，通过使用委托来转换源。第一个 TransformBlock 被声明为将一个字符串转换为 IEnumerable<string>。这种转换是通过 GetFileNames()方法完成的，GetFileNames()方法在传递给第一个块的构造函数的 lambda 表达式中调用。类似地，接下来的两个 TransformBlock 对象用于调用 LoadLines()和 GetWords()方法：

```
public static ITargetBlock<string> SetupPipeline()
{
  var fileNamesForPath = new TransformBlock<string, IEnumerable<string>>(
    path =>
    {
      return GetFileNames(path);
    });

  var lines = new TransformBlock<IEnumerable<string>, IEnumerable<string>>(
    fileNames =>
    {
      return LoadLines(fileNames);
    });

  var words = new TransformBlock<IEnumerable<string>, IEnumerable<string>>(
    lines2 =>
    {
      return GetWords(lines2);
    });
```

定义的最后一个块是 ActionBlock。这个块只是一个用于接收数据的目标块，前面已经用过：

```
  var display = new ActionBlock<IEnumerable<string>>(
    coll =>
    {
      foreach (var s in coll)
      {
        WriteLine(s);
      }
    });
```

最后，将这些块彼此连接起来。fileNamesForPath 被链接到 lines 块，其结果被传递给 lines 块。lines 块链接到 words 块，words 块链接到 display 块。最后，返回用于启动管道的块：

```
  fileNamesForPath.LinkTo(lines);
  lines.LinkTo(words);
  words.LinkTo(display);
  return fileNamesForPath;
}
```

现在，Main()方法只需要启动管道。调用 Post()方法传递目录时，管道就会启动，并最终将单词从 C#源代码写入控制台。这里可以发出多个启动管道的请求，传递多个目录，并行执行这些任务：

```
static void Main()
{
  var target = SetupPipeline();
  target.Post(".");
```

```
    ReadLine();
}
```

通过对 TPL Data Flow 库的简单介绍，可以看到这种技术的主要用法。该库还提供了其他许多功能，例如以不同方式处理数据的不同块。BroadcastBlock 允许向多个目标传递输入源(例如将数据写入一个文件并显示该文件)，JoinBlock 将多个源连接到一个目标，BatchBlock 将输入作为数组进行批处理。使用 DataflowBlockOptions 选项可以配置块，例如一个任务中可以处理的最大项数，还可以向其传递取消标记来取消管道。使用链接技术，可以对消息进行筛选，只传递满足指定条件的消息。

21.6 小结

本章介绍了如何通过 System.Threading.Tasks 名称空间编写多任务应用程序。在应用程序中使用多线程要仔细规划。太多的线程会导致资源问题，线程不足又会使应用程序执行缓慢，执行效果也不好。使用任务可以获得线程的抽象。这个抽象有助于避免创建过多的线程，因为线程是在池中重用的。

我们探讨了创建多个任务的各种方法，如 Parallel 类。通过使用 Parallel.Invoke、Parallel.ForEach 和 Parallel.For，可以实现任务和数据的并行性。还介绍了如何使用 Task 类来获得对并行编程的全面控制。任务可以在主调线程中异步运行，使用线程池中的线程，以及创建独立的新线程。任务还提供了一个层次结构模型，允许创建子任务，并且提供了一种取消完整层次结构的方法。

取消架构提供了一种标准机制，不同的类可以以相同的方法使用它来提前取消某个任务。

第 22 章介绍使用任务的一个重要概念：同步。

第 22 章

任务同步

本章要点

- 线程问题
- lock 关键字
- 用监控器同步
- 互斥
- Semaphore 和 SemaphoreSlim
- ManualResetEvent、AutoResetEvent 和 CountdownEvent
- 障碍
- 读写锁定
- 计时器

本章源代码下载地址(wrox.com):

打开网页 www.wrox.com/go/procsharp,单击 Download Code 选项卡即可下载本章源代码。本章代码分为以下几个主要的示例文件:

- ThreadingIssues
- SynchronizationSamples
- SemaphoreSample
- EventSample
- EventSampleWithCountdownEvent
- BarrierSample
- ReaderWriterLockSample
- WinAppTimer

第22章 任务同步

22.1 概述

第 21 章解释了如何使用 Task 和 Parallel 类创建多线程应用程序。本章介绍如何在多个进程、任务和线程之间同步。

要避免同步问题,最好不要在线程之间共享数据。当然,这并不总是可行的。如果需要共享数据,就必须使用同步技术,确保一次只有一个线程访问和改变共享状态。如果不注意同步,就会出现争用条件和死锁。一个主要问题是错误会不时地发生。如果 CPU 核心比较多,错误数量就会增加。这些错误通常很难找到。所以最好从一开始就注意同步。

使用多个任务是很容易的,只要它们不访问相同的变量。在某种程度上可以避免这种情况,但有时,一些数据需要共享。共享数据时,需要应用同步技术。线程访问相同的数据,而没有进行同步,立即出现问题是比较幸运的。但很少会出现这种情况。本章讨论了争用条件和死锁,以及如何应用同步机制来避免它们。

.NET Framework 提供了同步的几个选项。同步对象可以用在一个进程中或跨进程中。可以使用它们来同步一个任务或多个任务,来访问一个资源或许多资源。同步对象也可以用来通知完成的任务。本章介绍所有这些同步对象。

首先看看不同步导致的问题。

注意:使用本章介绍的同步类型同步定制的集合类前,应该先阅读第 12 章,学习线程安全的集合:并发集合。

22.2 线程问题

用多个线程编程并不容易。在启动访问相同数据的多个线程时,会间歇性地遇到难以发现的问题。如果使用任务、并行 LINQ 或 Parallel 类,也会遇到这些问题。为了避免这些问题,必须特别注意同步问题和多个线程可能发生的其他问题。下面探讨与线程相关的问题:争用条件和死锁。

ThreadingIssues 示例的代码使用了如下依赖项和名称空间:

依赖项:

```
NETStandard.Library 1.0.0
System.Diagnostics.TraceSource
```

名称空间:

```
System.Diagnostics
System.Threading
System.Threading.Tasks
static System.Console
```

可以使用命令行参数启动 ThreadingIssues 示例应用程序,来模拟争用条件或死锁。

22.2.1 争用条件

如果两个或多个线程访问相同的对象,并且对共享状态的访问没有同步,就会出现争用条件。为了说明争用条件,下面的例子定义一个 StateObject 类,它包含一个 int 字段和一个 ChangeState()方法。在 ChangeState()方法的实现代码中,验证状态变量是否包含 5。如果它包含,就递增其值。下一条语句是 Trace.Assert,它立刻验证 state 现在是包含 6。

在给包含 5 的变量递增了 1 后,可能认为该变量的值就是 6。但事实不一定是这样。例如,如果一个线程刚刚执行完 if(_state == 5)语句,它就被其他线程抢占,调度器运行另一个线程。第二个线程现在进入 if 体,因为 state 的值仍是 5,所以将它递增到 6。第一个线程现在再次被调度,在下一条语句中,state 递增到 7。这时就发生了争用条件,并显示断言消息(代码文件 ThreadingIssues/SampleTask.cs)。

```
public class StateObject
{
  private int _state = 5;

  public void ChangeState(int loop)
  {
    if (_state == 5)
    {
      _state++;
      Trace.Assert(_state == 6,
        $"Race condition occurred after {loop} loops");
    }
    _state = 5;
  }
}
```

下面通过给任务定义一个方法来验证这一点。SampleTask 类的 RaceCondition()方法将一个 StateObject 类作为其参数。在一个无限 while 循环中,调用 ChangeState()方法。变量 i 仅用于显示断言消息中的循环次数。

```
public class SampleTask
{
  public void RaceCondition(object o)
  {
    Trace.Assert(o is StateObject, "o must be of type StateObject");
    StateObject state = o as StateObject;

    int i = 0;
    while (true)
    {
      state.ChangeState(i++);
    }
  }
}
```

在程序的 Main()方法中,新建了一个 StateObject 对象,它由所有任务共享。通过使用传递给 Task 的 Run 方法的 lambda 表达式调用 RaceCondition 方法来创建 Task 对象。然后,主线程等待用户输入。但是,因为可能出现争用,所以程序很有可能在读取用户输入前就挂起:

```
public void RaceConditions()
{
  var state = new StateObject();
  for (int i = 0; i < 2; i++)
  {
    Task.Run(() => new SampleTask().RaceCondition(state));
  }
}
```

启动程序，就会出现争用条件。多久以后出现第一个争用条件要取决于系统以及将程序构建为发布版本还是调试版本。如果构建为发布版本，该问题的出现次数就会比较多，因为代码被优化了。如果系统中有多个CPU或使用双核/四核CPU，其中多个线程可以同时运行，则该问题也会比单核CPU的出现次数多。在单核CPU中，因为线程调度是抢占式的，也会出现该问题，只是没有那么频繁。

图 22-1 显示在 1121 个循环后出现争用条件的程序断言。多次启动应用程序，总是会得到不同的结果。

图 22-1

要避免该问题，可以锁定共享的对象。这可以在线程中完成：用下面的 lock 语句锁定在线程中共享的 state 变量。只有一个线程能在锁定块中处理共享的 state 对象。由于这个对象在所有的线程之间共享，因此，如果一个线程锁定了 state，另一个线程就必须等待该锁定的解除。一旦接受锁定，线程就拥有该锁定，直到该锁定块的末尾才解除锁定。如果改变 state 变量引用的对象的每个线程都使用一个锁定，就不会出现争用条件。

```
public class SampleTask
{
  public void RaceCondition(object o)
  {
    Trace.Assert(o is StateObject, "o must be of type StateObject");
    StateObject state = o as StateObject;

    int i = 0;
    while (true)
    {
      lock (state) // no race condition with this lock
      {
        state.ChangeState(i++);
      }
    }
  }
}
```

 注意： 在下载的示例代码中，需要取消锁定语句的注释，才能解决争用条件的问题。

在使用共享对象时，除了进行锁定之外，还可以将共享对象设置为线程安全的对象。在下面的代码中，ChangeState()方法包含一条 lock 语句。由于不能锁定 state 变量本身(只有引用类型才能用于锁定)，因此定义一个 object 类型的变量 sync，将它用于 lock 语句。如果每次 state 的值更改时，都使用同一个同步对象来锁定，就不会出现争用条件。

```
public class StateObject
{
  private int _state = 5;
  private object sync = new object();

  public void ChangeState(int loop)
  {
    lock (_sync)
    {
      if (_state == 5)
      {
        _state++;
        Trace.Assert(_state == 6,
          $"Race condition occurred after {loop} loops");
      }
      _state = 5;
    }
  }
}
```

22.2.2 死锁

过多的锁定也会有麻烦。在死锁中，至少有两个线程被挂起，并等待对方解除锁定。由于两个线程都在等待对方，就出现了死锁，线程将无限等待下去。

为了说明死锁，下面实例化 StateObject 类型的两个对象，并把它们传递给 SampleTask 类的构造函数。创建两个任务，其中一个任务运行 Deadlock1()方法，另一个任务运行 Deadlock2()方法(代码文件 ThreadingIssues/Program.cs)：

```
var state1 = new StateObject();
var state2 = new StateObject();
new Task(new SampleTask(state1, state2).Deadlock1).Start();
new Task(new SampleTask(state1, state2).Deadlock2).Start();
```

Deadlock1()和 Deadlock2()方法现在改变两个对象 s1 和 s2 的状态，所以生成了两个锁。Deadlock1方法先锁定 s1，接着锁定 s2。Deadlock2()方法先锁定 s2，再锁定 s1。现在，有可能 Deadlock1()方法中 s1 的锁定会被解除。接着，出现一次线程切换，Deadlock2()方法开始运行，并锁定 s2。第二个线程现在等待 s1 锁定的解除。因为它需要等待，所以线程调度器再次调度第一个线程，但第一个线程在等待 s2 锁定的解除。这两个线程现在都在等待，只要锁定块没有结束，就不会解除锁定。这是一个典型的死锁(代码文件 ThreadingIssues/SampleTask.cs)：

```
public class SampleTask
{
  public SampleTask(StateObject s1, StateObject s2)
  {
    _s1 = s1;
    _s2 = s2;
  }
  private StateObject _s1;
  private StateObject _s2;

  public void Deadlock1()
  {
    int i = 0;
    while (true)
    {
      lock (_s1)
      {
        lock (_s2)
        {
          _s1.ChangeState(i);
          _s2.ChangeState(i++);
          WriteLine($"still running, {i}");
        }
      }
    }
  }

  public void Deadlock2()
  {
    int i = 0;
    while (true)
    {
      lock (_s2)
      {
        lock (_s1)
        {
```

```
            _s1.ChangeState(i);
            _s2.ChangeState(i++);
            WriteLine($"still running, {i}");
          }
        }
      }
    }
```

结果是，程序运行了许多次循环，不久就没有响应了。"仍在运行"的消息仅写入控制台中几次。同样，死锁问题的发生频率也取决于系统配置，每次运行的结果都不同。

死锁问题并不总是像这样那么明显。一个线程锁定了 s1，接着锁定 s2；另一个线程锁定了 s2，接着锁定 s1。在本例中只需要改变锁定顺序，这两个线程就会以相同的顺序进行锁定。但是，在较大的应用程序中，锁定可能隐藏在方法的深处。为了避免这个问题，可以在应用程序的体系架构中，从一开始就设计好锁定顺序，也可以为锁定定义超时时间。如何定义超时时间详见下一节的内容。

22.3 lock 语句和线程安全

C#为多个线程的同步提供了自己的关键字：lock 语句。lock 语句是设置锁定和解除锁定的一种简单方式。在添加 lock 语句之前，先进入另一个争用条件。SharedState 类说明了如何使用线程之间的共享状态，并共享一个整数值(代码文件 SynchronizationSamples/SharedState.cs)。

```
public class SharedState
{
  public int State { get; set; }
}
```

下述所有同步示例的代码(SingletonWPF 除外)都使用如下依赖项和名称空间：

依赖项：

```
NETStandard.Library 1.0.0
System.Threading.Tasks.Parallel
System.Threading.Thread
```

名称空间：

```
System
System.Collections.Generic
System.Linq
System.Text
System.Threading
System.Threading.Tasks
static System.Console
```

Job 类包含 DoTheJob()方法，该方法是新任务的入口点。通过其实现代码，将 SharedState 对象的 State 递增 50 000 次。sharedState 变量在这个类的构造函数中初始化(代码文件 SynchronizationSamples/Job.cs)：

```csharp
public class Job
{
    private SharedState _sharedState;
    public Job(SharedState sharedState)
    {
        _sharedState = sharedState;
    }

    public void DoTheJob()
    {
        for (int i = 0; i < 50000; i++)
        {
            _sharedState.State += 1;
        }
    }
}
```

在 Main()方法中，创建一个 SharedState 对象，并把它传递给 20 个 Task 对象的构造函数。在启动所有的任务后，Main()方法进入另一个循环，等待 20 个任务都执行完毕。任务执行完毕后，把共享状态的合计值写入控制台中。因为执行了 50 000 次循环，有 20 个任务，所以写入控制台的值应是 1 000 000。但是，事实常常并非如此(代码文件 SynchronizationSamples/Program.cs)。

```csharp
class Program
{
    static void Main()
    {
        int numTasks = 20;
        var state = new SharedState();
        var tasks = new Task[numTasks];
        for (int i = 0; i < numTasks; i++)
        {
            tasks[i] = Task.Run(() => new Job(state).DoTheJob());
        }

        Task.WaitAll(tasks);

        WriteLine($"summarized {state.State}");
    }
}
```

多次运行应用程序的结果如下所示：

```
summarized 424687
summarized 465708
summarized 581754
summarized 395571
summarized 633601
```

每次运行的结果都不同，但没有一个结果是正确的。如前所述，调试版本和发布版本的区别很大。根据使用的 CPU 类型，结果也不一样。如果将循环次数改为比较小的值，就会多次得到正确的值，但不是每次都正确。这个应用程序非常小，很容易看出问题，但该问题的原因在大型应用程序中就很难确定。

必须在这个程序中添加同步功能，这可以用 lock 关键字实现。用 lock 语句定义的对象表示，要等待指定对象的锁定。只能传递引用类型。锁定值类型只是锁定了一个副本，这没有什么意义。如果对值类型使用了 lock 语句，C#编译器就会发出一个错误。进行了锁定后——只锁定了一个线程，就可以运行 lock 语句块。在 lock 语句块的最后，对象的锁定被解除，另一个等待锁定的线程就可以获得该锁定块了。

```
lock (obj)
{
  // synchronized region
}
```

要锁定静态成员，可以把锁放在 object 类型或静态成员上：

```
lock (typeof(StaticClass))
{
}
```

使用 lock 关键字可以将类的实例成员设置为线程安全的。这样，一次只有一个线程能访问相同实例的 DoThis()和 DoThat()方法。

```
public class Demo
{
  public void DoThis()
  {
    lock (this)
    {
      // only one thread at a time can access the DoThis and DoThat methods
    }
  }
  public void DoThat()
  {
    lock (this)
    {
    }
  }
}
```

但是，因为实例的对象也可以用于外部的同步访问，而且我们不能在类自身中控制这种访问，所以应采用 SyncRoot 模式。通过 SyncRoot 模式，创建一个私有对象_syncRoot，将这个对象用于 lock 语句。

```
public class Demo
{
  private object _syncRoot = new object();
  public void DoThis()
  {
    lock (_syncRoot)
```

```csharp
    {
      // only one thread at a time can access the DoThis and DoThat methods
    }
  }

  public void DoThat()
  {
    lock (_syncRoot)
    {
    }
  }
}
```

使用锁定需要时间,且并不总是必须的。可以创建类的两个版本,一个同步版本,一个异步版本。下一个示例通过修改 Demo 类来说明。Demo 类本身并不是同步的,这可以在 DoThis()和 DoThat()方法的实现中看出。该类还定义了 IsSynchronized 属性,客户可以从该属性中获得类的同步选项信息。为了获得该类的同步版本,可以使用静态方法 Synchronized()传递一个非同步对象,这个方法会返回 SynchronizedDemo 类型的对象。SynchronizedDemo 实现为派生自基类 Demo 的一个内部类,并重写基类的虚成员。重写的成员使用了 SyncRoot 模式。

```csharp
public class Demo
{
  private class SynchronizedDemo: Demo
  {
    private object _syncRoot = new object();
    private Demo _d;

    public SynchronizedDemo(Demo d)
    {
      _d = d;
    }

    public override bool IsSynchronized => true;

    public override void DoThis()
    {
      lock (_syncRoot)
      {
        _d.DoThis();
      }
    }
    public override void DoThat()
    {
      lock (_syncRoot)
      {
        _d.DoThat();
      }
    }
  }
  public virtual bool IsSynchronized => false;

  public static Demo Synchronized(Demo d)
  {
```

```
    if (!d.IsSynchronized)
    {
      return new SynchronizedDemo(d);
    }
    return d;
  }
  public virtual void DoThis()
  {
  }

  public virtual void DoThat()
  {
  }
}
```

必须注意，在使用 SynchronizedDemo 类时，只有方法是同步的。对这个类的两个成员的调用并没有同步。

首先修改异步的 SharedState 类，以使用 SyncRoot 模式。如果试图用 SyncRoot 模式锁定对属性的访问，使 SharedState 类变成线程安全的，就仍会出现前面描述的争用条件。

```
public class SharedState
{
  private int _state = 0;
  private object _syncRoot = new object();

  public int State // there's still a race condition,
                   // don't do this!
  {
    get { lock (_syncRoot) { return _state; }}
    set { lock (_syncRoot) { _state = value; }}
  }
}
```

调用方法 DoTheJob()的线程访问 SharedState 类的 get 存取器，以获得 state 的当前值，接着 get 存取器给 state 设置新值。在调用对象的 get 和 set 存取器期间，对象没有锁定，另一个线程可以获得临时值(代码文件 SynchronizationSamples/Job.cs)。

```
public void DoTheJob()
{
  for (int i = 0; i < 50000; i++)
  {
   _sharedState.State += 1;
  }
}
```

所以，最好不改变 SharedState 类，让它依旧没有线程安全性(代码文件 SynchronizationSamples/SharedState.cs)。

```
public class SharedState
{
  public int State { get; set; }
}
```

然后在 DoTheJob 方法中，将 lock 语句添加到合适的地方(代码文件 SynchronizationSamples/Job.cs)：

```csharp
public void DoTheJob()
{
  for (int i = 0; i < 50000; i++)
  {
    lock (_sharedState)
    {
      _sharedState.State += 1;
    }
  }
}
```

这样，应用程序的结果就总是正确的：

```
summarized 1000000
```

 注意：在一个地方使用 lock 语句并不意味着，访问对象的其他线程都正在等待。必须对每个访问共享状态的线程显式地使用同步功能。

当然，还必须修改 SharedState 类的设计，并作为一个原子操作提供递增方式。这是一个设计问题——把什么实现为类的原子功能？下面的代码片段锁定了递增操作。

```csharp
public class SharedState
{
  private int _state = 0;
  private object _syncRoot = new object();

  public int State => _state;

  public int IncrementState()
  {
    lock (_syncRoot)
    {
      return ++_state;
    }
  }
}
```

锁定状态的递增还有一种更快的方式，如下节所示。

22.4 Interlocked 类

Interlocked 类用于使变量的简单语句原子化。i++不是线程安全的，它的操作包括从内存中获取一个值，给该值递增 1，再将它存储回内存。这些操作都可能会被线程调度器打断。Interlocked 类提供了以线程安全的方式递增、递减、交换和读取值的方法。

与其他同步技术相比,使用 Interlocked 类会快得多。但是,它只能用于简单的同步问题。

例如,这里不使用 lock 语句锁定对 someState 变量的访问,把它设置为一个新值,以防它是空的,而可以使用 Interlocked 类,它比较快:

```
lock (this)
{
  if (_someState == null)
  {
    _someState = newState;
  }
}
```

这个功能相同但比较快的版本使用了 Interlocked.CompareExchange()方法:

```
Interlocked.CompareExchange<SomeState>(ref someState, newState, null);
```

不是像下面这样在 lock 语句中执行递增操作:

```
public int State
{
  get
  {
    lock (this)
    {
      return ++_state;
    }
  }
}
```

而使用较快的 Interlocked.Increment()方法:

```
public int State
{
  get
  {
    return Interlocked.Increment(ref _state);
  }
}
```

22.5 Monitor 类

lock 语句由 C#编译器解析为使用 Monitor 类。下面的 lock 语句:

```
lock (obj)
{
  // synchronized region for obj
}
```

被解析为调用 Enter()方法,该方法会一直等待,直到线程锁定对象为止。一次只有一个线程能锁定对象。只要解除了锁定,线程就可以进入同步阶段。Monitor 类的 Exit()方法解除了锁定。编译器把 Exit()方法放在 try 块的 finally 处理程序中,所以如果抛出了异常,就会解除该锁定。

第 22 章 任务同步

 注意：try/finally 块详见第 14 章。

```
Monitor.Enter(obj);
try
{
  // synchronized region for obj
}
finally
{
  Monitor.Exit(obj);
}
```

与 C#的 lock 语句相比，Monitor 类的主要优点是：可以添加一个等待被锁定的超时值。这样就不会无限期地等待被锁定，而可以像下面的例子那样使用 TryEnter()方法，其中给它传递一个超时值，指定等待被锁定的最长时间。如果 obj 被锁定，TryEnter()方法就把布尔型的引用参数设置为 true，并同步地访问由对象 obj 锁定的状态。如果另一个线程锁定 obj 的时间超过了 500 毫秒，TryEnter()方法就把变量 lockTaken 设置为 false，线程不再等待，而是用于执行其他操作。也许在以后，该线程会尝试再次获得锁定。

```
bool _lockTaken = false;
Monitor.TryEnter(_obj, 500, ref _lockTaken);
if (_lockTaken)
{
  try
  {
    // acquired the lock
    // synchronized region for obj
  }
  finally
  {
    Monitor.Exit(obj);
  }
}
else
{
  // didn't get the lock, do something else
}
```

22.6 SpinLock 结构

如果基于对象的锁定对象(Monitor)的系统开销由于垃圾回收而过高，就可以使用 SpinLock 结构。如果有大量锁定(例如，列表中的每个节点都有一个锁定)，且锁定的时间总是非常短，SpinLock 结构就很有用。应避免使用多个 SpinLock 结构，也不要调用任何可能阻塞的内容。

除了体系结构上的区别之外，SpinLock 结构的用法非常类似于 Monitor 类。使用 Enter()或 TryEnter() 方法获得锁定，使用 Exit()方法释放锁定。SpinLock 结构还提供了属性 IsHeld 和 IsHeldByCurrentThread，指定它当前是否是锁定的。

注意：传送 SpinLock 实例时要小心。因为 SpinLock 定义为结构，把一个变量赋予另一个变量会创建一个副本。总是通过引用传送 SpinLock 实例。

22.7　WaitHandle 基类

WaitHandle 是一个抽象基类，用于等待一个信号的设置。可以等待不同的信号，因为 WaitHandle 是一个基类，可以从中派生一些类。

等待句柄也由简单的异步委托使用，TakesAWhileDelegate 按如下代码所示定义(代码文件 AsyncDelegate/ Program.cs)：

```
public delegate int TakesAWhileDelegate(int x, int ms);
```

异步委托的 BeginInvoke()方法返回一个实现了 IAsycResult 接口的对象。使用 IAsycResult 接口，可以用 AsycWaitHandle 属性访问 WaitHandle 基类。在调用 WaitOne()方法或者超时发生时，线程会等待接收一个与等待句柄相关的信号。调用 EndInvoke 方法，线程最终会阻塞，直到得到结果为止：

```
static void Main()
{
  TakesAWhileDelegate d1 = TakesAWhile;

  IAsyncResult ar = d1.BeginInvoke(1, 3000, null, null);
  while (true)
  {
    Write(".");
    if (ar.AsyncWaitHandle.WaitOne(50))
    {
      WriteLine("Can get the result now");
      break;
    }
  }
  int result = d1.EndInvoke(ar);
  WriteLine($"result: {result}");
}

public static int TakesAWhile(int x, int ms)
{
  Task.Delay(ms).Wait();
  return 42;
}
```

注意：委托参见第 9 章。

运行程序，结果如下：

```
...Can get the result now
result: 42
```

使用 WaitHandle 基类可以等待一个信号的出现(WaitOne()方法)、等待必须发出信号的多个对象(WaitAll()方法)，或者等待多个对象中的一个(WaitAny()方法)。WaitAll()和 WaitAny()是 WaitHandle 类的静态方法，接收一个 WaitHandle 参数数组。

WaitHandle 基类有一个 SafeWaitHandle 属性，其中可以将一个本机句柄赋予一个操作系统资源，并等待该句柄。例如，可以指定一个 SafeFileHandle 等待文件 I/O 操作的完成。

因为 Mutex、EventWaitHandle 和 Semaphore 类派生自 WaitHandle 基类，所以可以在等待时使用它们。

22.8 Mutex 类

Mutex(mutual exclusion，互斥)是.NET Framework 中提供跨多个进程同步访问的一个类。它非常类似于 Monitor 类，因为它们都只有一个线程能拥有锁定。只有一个线程能获得互斥锁定，访问受互斥保护的同步代码区域。

在 Mutex 类的构造函数中，可以指定互斥是否最初应由主调线程拥有，定义互斥的名称，获得互斥是否已存在的信息。在下面的示例代码中，第 3 个参数定义为输出参数，接收一个表示互斥是否为新建的布尔值。如果返回的值是 false，就表示互斥已经定义。互斥可以在另一个进程中定义，因为操作系统能够识别有名称的互斥，它由不同的进程共享。如果没有给互斥指定名称，互斥就是未命名的，不在不同的进程之间共享。

```
bool createdNew;
var mutex = new Mutex(false, "ProCSharpMutex", out createdNew);
```

要打开已有的互斥，还可以使用 Mutex.OpenExisting()方法，它不需要用构造函数创建互斥时需要的相同.NET 权限。

由于 Mutex 类派生自基类 WaitHandle，因此可以利用 WaitOne()方法获得互斥锁定，在该过程中成为该互斥的拥有者。通过调用 ReleaseMutex()方法，即可释放互斥。

```
if (mutex.WaitOne())
{
  try
  {
    // synchronized region
  }
  finally
  {
    mutex.ReleaseMutex();
  }
}
else
{
  // some problem happened while waiting
}
```

由于系统能识别有名称的互斥,因此可以使用它禁止应用程序启动两次。在下面的 WPF 应用程序中,调用了 Mutex 对象的构造函数。接着,验证名称为 SingletonWinAppMutex 的互斥是否存在。如果存在,应用程序就退出(代码文件 SingletonWPF/App.xaml.cs)。

```
public partial class App : Application
{
  protected override void OnStartup(StartupEventArgs e)
  {
    bool mutexCreated;
    var mutex = new Mutex(false, "SingletonWinAppMutex", out mutexCreated);
    if (!mutexCreated)
    {
      MessageBox.Show("You can only start one instance of the application");
      Application.Current.Shutdown();
    }

    base.OnStartup(e);
  }
}
```

22.9 Semaphore 类

信号量非常类似于互斥,其区别是,信号量可以同时由多个线程使用。信号量是一种计数的互斥锁定。使用信号量,可以定义允许同时访问受旗语锁定保护的资源的线程个数。如果需要限制可以访问可用资源的线程数,信号量就很有用。例如,如果系统有 3 个物理端口可用,就允许 3 个线程同时访问 I/O 端口,但第 4 个线程需要等待前 3 个线程中的一个释放资源。

.NET Core 1.0 为信号量功能提供了两个类 Semaphore 和 SemaphoreSlim。Semaphore 类可以命名,使用系统范围内的资源,允许在不同进程之间同步。SemaphoreSlim 类是对较短等待时间进行了优化的轻型版本。

在下面的示例应用程序中,在 Main()方法中创建了 6 个任务和一个计数为 3 的信号量。在 Semaphore 类的构造函数中,定义了锁定个数的计数,它可以用信号量(第二个参数)来获得,还定义了最初释放的锁定数(第一个参数)。如果第一个参数的值小于第二个参数,它们的差就是已经分配线程的计数值。与互斥一样,也可以给信号量指定名称,使之在不同的进程之间共享。这里定义信号量时没有指定名称,所以它只能在这个进程中使用。在创建了 SemaphoreSlim 对象之后,启动 6 个任务,它们都获得了相同的信号量(代码文件 SemaphoreSample/Program.cs)。

```
class Program
{
  static void Main()
  {
    int taskCount = 6;
    int semaphoreCount = 3;

    var semaphore = new SemaphoreSlim(semaphoreCount, semaphoreCount);
    var tasks = new Task[taskCount];
    for (int i = 0; i < taskCount; i++)
```

```
    {
      tasks[i] = Task.Run(() => TaskMain(semaphore));
    }

    Task.WaitAll(tasks);
    WriteLine("All tasks finished");
  }
  // etc
```

在任务的主方法 TaskMain() 中，任务利用 Wait() 方法锁定信号量。信号量的计数是 3，所以有 3 个任务可以获得锁定。第 4 个任务必须等待，这里还定义了最长的等待时间为 600 毫秒。如果在该等待时间过后未能获得锁定，任务就把一条消息写入控制台，在循环中继续等待。只要获得了锁定，任务就把一条消息写入控制台，睡眠一段时间，然后解除锁定。在解除锁定时，在任何情况下一定要解除资源的锁定，这一点很重要。这就是在 finally 处理程序中调用 SemaphoreSlim 类的 Release() 方法的原因。

```
  // etc
  public static void TaskMain(SemaphoreSlim semaphore)
  {
    bool isCompleted = false;
    while (!isCompleted)
    {
      if (semaphore.Wait(600))
      {
        try
        {
          WriteLine($"Task {Task.CurrentId} locks the semaphore");
          Task.Delay(2000).Wait();
        }
        finally
        {
          WriteLine($"Task {Task.CurrentId} releases the semaphore");
          semaphore.Release();
          isCompleted = true;
        }
      }
      else
      {
        WriteLine($"Timeout for task {Task.CurrentId}; wait again");
      }
    }
  }
```

运行应用程序，可以看到有 4 个线程很快被锁定。ID 为 7、8 和 9 的线程需要等待。该等待会重复进行，直到其中一个被锁定的线程解除了信号量。

```
Task 4 locks the semaphore
Task 5 locks the semaphore
Task 6 locks the semaphore
Timeout for task 7; wait again
Timeout for task 7; wait again
```

```
Timeout for task 8; wait again
Timeout for task 7; wait again
Timeout for task 8; wait again
Timeout for task 7; wait again
Timeout for task 9; wait again
Timeout for task 8; wait again
Task 5 releases the semaphore
Task 7 locks the semaphore
Task 6 releases the semaphore
Task 4 releases the semaphore
Task 8 locks the semaphore
Task 9 locks the semaphore
Task 8 releases the semaphore
Task 7 releases the semaphore
Task 9 releases the semaphore
All tasks finished
```

22.10 Events 类

与互斥和信号量对象一样，事件也是一个系统范围内的资源同步方法。为了从托管代码中使用系统事件，.NET Framework 在 System.Threading 名称空间中提供了 ManualResetEvent、AutoResetEvent、ManualResetEventSlim 和 CountdownEvent 类。

注意：第 9 章介绍了 C#中的 event 关键字，它与 System.Threading 名称空间中的 event 类没有关系。event 关键字基于委托，而上述两个 event 类是.NET 封装器，用于系统范围内的本机事件资源的同步。

可以使用事件通知其他任务：这里有一些数据，并完成了一些操作等。事件可以发信号，也可以不发信号。使用前面介绍的 WaitHandle 类，任务可以等待处于发信号状态的事件。

调用 Set()方法，即可向 ManualResetEventSlim 发信号。调用 Reset()方法，可以使之返回不发信号的状态。如果多个线程等待向一个事件发信号，并调用了 Set()方法，就释放所有等待的线程。另外，如果一个线程刚刚调用了 WaitOne()方法，但事件已经发出信号，等待的线程就可以继续等待。

也通过调用 Set()方法向 AutoResetEvent 发信号。也可以使用 Reset()方法使之返回不发信号的状态。但是，如果一个线程在等待自动重置的事件发信号，当第一个线程的等待状态结束时，该事件会自动变为不发信号的状态。这样，如果多个线程在等待向事件发信号，就只有一个线程结束其等待状态，它不是等待时间最长的线程，而是优先级最高的线程。

为了说明 ManualResetEventSlim 类的事件，下面的 Calculator 类定义了 Calculation()方法，这是任务的入口点。在这个方法中，该任务接收用于计算的输入数据，将结果写入变量 result，该变量可以通过 Result 属性来访问。只要完成了计算(在随机的一段时间过后)，就调用 ManualResetEventSlim 类的 Set 方法，向事件发信号(代码文件 EventSample/Calculator.cs)。

```
public class Calculator
{
    private ManualResetEventSlim _mEvent;
```

```csharp
    public int Result { get; private set; }
    public Calculator(ManualResetEventSlim ev)
    {
      _mEvent = ev;
    }

    public void Calculation(int x, int y)
    {
      WriteLine($"Task {Task.CurrentId} starts calculation");
      Task.Delay(new Random().Next(3000)).Wait();
      Result = x + y;

      // signal the event-completed!
      WriteLine($"Task {Task.CurrentId} is ready");
      _mEvent.Set();
    }
  }
```

程序的 Main()方法定义了包含 4 个 ManualResetEventSlim 对象的数组和包含 4 个 Calculator 对象的数组。每个 Calculator 在构造函数中用一个 ManualResetEventSlim 对象初始化，这样每个任务在完成时都有自己的事件对象来发信号。现在使用 Task 类，让不同的任务执行计算任务(代码文件 EventSample/Program.cs)。

```csharp
class Program
{
  static void Main()
  {
    const int taskCount = 4;

    var mEvents = new ManualResetEventSlim[taskCount];
    var waitHandles = new WaitHandle[taskCount];
    var calcs = new Calculator[taskCount];

    for (int i = 0; i < taskCount; i++)
    {
      int i1 = i;
      mEvents[i] = new ManualResetEventSlim(false);
      waitHandles[i] = mEvents[i].WaitHandle;
      calcs[i] = new Calculator(mEvents[i]);
      Task.Run(() => calcs[i1].Calculation(i1 + 1, i1 + 3));
    }
    //...
```

WaitHandle 类现在用于等待数组中的任意一个事件。WaitAny()方法等待向任意一个事件发信号。与 ManualResetEvent 对象不同，ManualResetEventSlim 对象不派生自 WaitHandle 类。因此有一个 WaitHandle 对象的集合，它在 ManualResetEventSlim 类的 WaitHandle 属性中填充。从 WaitAny()方法返回的 index 值匹配传递给 WaitAny()方法的事件数组的索引，以提供发信号的事件的相关信息，使用该索引可以从这个事件中读取结果。

```csharp
        for (int i = 0; i < taskCount; i++)
```

```
    {
      int index = WaitHandle.WaitAny(waitHandles);
      if (index == WaitHandle.WaitTimeout)
      {
        WriteLine("Timeout!!");
      }
      else
      {
        mEvents[index].Reset();
        WriteLine($"finished task for {index}, result: {calcs[index].Result}");
      }
    }
  }
}
```

启动应用程序，可以看到任务在进行计算，设置事件，以通知主线程，它可以读取结果了。在任意时间，依据是调试版本还是发布版本和硬件的不同，会看到按照不同的顺序，有不同数量的线程在执行任务。

```
Task 4 starts calculation
Task 5 starts calculation
Task 6 starts calculation
Task 7 starts calculation
Task 7 is ready
finished task for 3, result: 10
Task 4 is ready
finished task for 0, result: 4
Task 6 is ready
finished task for 1, result: 6
Task 5 is ready
finished task for 2, result: 8
```

在一个类似的场景中，为了把一些工作分支到多个任务中，并在以后合并结果，使用新的 CountdownEvent 类很有用。不需要为每个任务创建一个单独的事件对象，而只需要创建一个事件对象。CountdownEvent 类为所有设置了事件的任务定义一个初始数字，在到达该计数后，就向 CountdownEvent 类发信号。

修改 Calculator 类，以使用 CountdownEvent 类替代 ManualResetEvent 类。不使用 Set()方法设置信号，而使用 CountdownEvent 类定义 Signal()方法(代码文件 EventSampleWithCountdownEvent/Calculator.cs)。

```
public class Calculator
{
  private CountdownEvent _cEvent;

  public int Result { get; private set; }

  public Calculator(CountdownEvent ev)
  {
    _cEvent = ev;
  }
  public void Calculation(int x, int y)
  {
```

```
    WriteLine($"Task {Task.CurrentId} starts calculation");
    Task.Delay(new Random().Next(3000)).Wait();
    Result = x + y;

    // signal the event-completed!
    WriteLine($"Task {Task.CurrentId} is ready");
    _cEvent.Signal();
  }
}
```

Main()方法现在可以简化,使它只需要等待一个事件。如果不像前面那样单独处理结果,这个新版本就很不错。

```
const int taskCount = 4;
var cEvent = new CountdownEvent(taskCount);
var calcs = new Calculator[taskCount];

for (int i = 0; i < taskCount; i++)
{
  calcs[i] = new Calculator(cEvent);

  int i1 = i;
  Task.Run(() => calcs[i1].Calculation, Tuple.Create(i1 + 1, i1 + 3));
}
cEvent.Wait();
WriteLine("all finished");
for (int i = 0; i < taskCount; i++)
{
  WriteLine($"task for {i}, result: {calcs[i].Result}");
}
```

22.11 Barrier 类

对于同步,Barrier 类非常适用于其中工作有多个任务分支且以后又需要合并工作的情况。Barrier 类用于需要同步的参与者。激活一个任务时,就可以动态地添加其他参与者,例如,从父任务中创建子任务。参与者在继续之前,可以等待所有其他参与者完成其工作。

BarrierSample 有点复杂,但它展示了 Barrier 类型的功能。下面的应用程序使用一个包含 2 000 000 个字符串的集合。使用多个任务遍历该集合,并统计以 a、b、c 等开头的字符串个数。工作不仅分布在不同的任务之间,也放在一个任务中。毕竟所有的任务都迭代字符串的第一个集合,汇总结果,以后任务会继续处理下一个集合。

FillData()方法创建一个集合,并用随机字符串填充它(代码文件 BarrierSample/Program.cs):

```
public static IEnumerable<string> FillData(int size)
{
  var r = new Random();
  return Enumerable.Range(0, size).Select(x => GetString(r));
}

private static string GetString(Random r)
```

```csharp
{
  var sb = new StringBuilder(6);
  for (int i = 0; i < 6; i++)
  {
    sb.Append((char)(r.Next(26) + 97));
  }
  return sb.ToString();
}
```

在 LogBarrierInformation 方法中定义一个辅助方法，来显示 Barrier 的信息：

```csharp
private static void LogBarrierInformation(string info, Barrier barrier)
{
  WriteLine($"Task {Task.CurrentId}: {info}. " +
    $"{barrier.ParticipantCount} current and " +
    $"{barrier.ParticipantsRemaining} remaining participants, " +
    $"phase {barrier.CurrentPhaseNumber}");
}
```

CalculationInTask()方法定义了任务执行的作业。通过参数接收一个包含 4 项的元组。第 3 个参数是对 Barrier 实例的引用。用于计算的数据是数组 IList<string>。最后一个参数是 int 锯齿数组，用于在任务执行过程中写出结果。

任务把处理放在一个循环中。每一次循环中，都处理 IList<string>[]的数组元素。每个循环完成后,任务通过调用 SignalAndWait 方法，发出做好了准备的信号，并等待，直到所有的其他任务也准备好处理为止。这个循环会继续执行，直到任务完全完成为止。接着，任务就会使用 RemoveParticipant()方法从 Barrier 类中删除它自己。

```csharp
private static void CalculationInTask(int jobNumber, int partitionSize,
    Barrier barrier, IList<string>[] coll, int loops, int[][] results)
{
  LogBarrierInformation("CalculationInTask started", barrier);

  for (int i = 0; i < loops; i++)
  {
    var data = new List<string>(coll[i]);

    int start = jobNumber * partitionSize;
    int end = start + partitionSize;
    WriteLine($"Task {Task.CurrentId} in loop {i}: partition " +
      $"from {start} to {end}");

    for (int j = start; j < end; j++)
    {
      char c = data[j][0];
      results[i][c - 97]++;
    }

    WriteLine($"Calculation completed from task {Task.CurrentId} " +
      $"in loop {i}. {results[i][0]} times a, {results[i][25]} times z");

    LogBarrierInformation("sending signal and wait for all", barrier);
    barrier.SignalAndWait();
```

```
      LogBarrierInformation("waiting completed", barrier);
   }

   barrier.RemoveParticipant();
   LogBarrierInformation("finished task, removed participant", barrier);
}
```

在 Main()方法中创建一个 Barrier 实例。在构造函数中，可以指定参与者的数量。在该示例中，这个数量是 3(numberTasks + 1)，因为该示例创建了两个任务，Main()方法本身也是一个参与者。使用 Task.Run 创建两个任务，把遍历集合的任务分为两个部分。启动该任务后，使用 SignalAndWait() 方法，Main()方法在完成时发出信号，并等待所有其他参与者或者发出完成的信号，或者从 Barrier 类中删除它们。一旦所有的参与者都准备好，就提取任务的结果，并使用 Zip()扩展方法把它们合并起来。接着进行下一次迭代，等待任务的下一个结果：

```
static void Main()
{
  const int numberTasks = 2;
  const int partitionSize = 1000000;
  const int loops = 5;

  var taskResults = new Dictionary<int, int[][]>();
  var data = new List<string>[loops];
  for (int i = 0; i < loops; i++)
  {
    data[i] = new List<string>(FillData(partitionSize * numberTasks));
  }

  var barrier = new Barrier(numberTasks + 1);
  LogBarrierInformation("initial participants in barrier", barrier);

  for (int i = 0; i < numberTasks; i++)
  {
    barrier.AddParticipant();

    int jobNumber = i;
    taskResults.Add(i, new int[loops][]);
    for (int loop = 0; loop < loops; loop++)
    {
      taskResult[i, loop] = new int[26];
    }
    WriteLine("Main - starting task job {jobNumber}");
    Task.Run(() => CalculationInTask(jobNumber, partitionSize,
       barrier, data, loops, taskResults[jobNumber]));
  }

  for (int loop = 0; loop < 5; loop++)
  {
    LogBarrierInformation("main task, start signaling and wait", barrier);
    barrier.SignalAndWait();
    LogBarrierInformation("main task waiting completed", barrier);

    int[][] resultCollection1 = taskResults[0];
    int[][] resultCollection2 = taskResults[1];
```

```
        var resultCollection = resultCollection1[loop].Zip(
            resultCollection2[loop], (c1, c2) => c1 + c2);

        char ch = 'a';
        int sum = 0;
        foreach (var x in resultCollection)
        {
          WriteLine($"{ch++}, count: {x}");
          sum += x;
        }

        LogBarrierInformation($"main task finished loop {loop}, sum: {sum}",
            barrier);
      }
      WriteLine("finished all iterations");
      ReadLine();
    }
```

 注意：锯齿数组参见第 7 章，zip 扩展方法参见第 13 章。

运行应用程序，输出如下所示。在输出中可以看到，每个 AddParticipant 调用都会增加参与者的数量和剩下的参与者数量。只要一个参与者调用 SignalAndWait，剩下的参与者数就会递减。当剩下的参与者数量达到 0 时，所有参与者的等待就结束，开始下一个阶段：

```
Task : initial participants in barrier. 1 current and 1 remaining participants,
phase 0.
Main - starting task job 0
Main - starting task job 1
Task : main task, starting signaling and wait. 3 current and
3 remaining participants, phase 0.
Task 4: CalculationInTask started. 3 current and 2 remaining participants, phase 0.
Task 5: CalculationInTask started. 3 current and 2 remaining participants, phase 0.
Task 4 in loop 0: partition from 0 to 1000000
Task 5 in loop 0: partition from 1000000 to 2000000
Calculation completed from task 4 in loop 0. 38272 times a, 38637 times z
Task 4: sending signal and wait for all. 3 current and
2 remaining participants, phase 0.
Calculation completed from task 5 in loop 0. 38486 times a, 38781 times z
Task 5: sending signal and wait for all. 3 current and
1 remaining participants, phase 0.
Task 5: waiting completed. 3 current and 3 remaining participants, phase 1
Task 4: waiting completed. 3 current and 3 remaining participants, phase 1
Task : main waiting completed. 3 current and 3 remaining participants, phase 1
...
```

22.12 ReaderWriterLockSlim 类

为了使锁定机制允许锁定多个读取器(而不是一个写入器)访问某个资源，可以使用 ReaderWriterLockSlim 类。这个类提供了一个锁定功能，如果没有写入器锁定资源，就允许多个读取器访问资源，但只能有一个写入器锁定该资源。

ReaderWriterLockSlim 类有阻塞或不阻塞的方法来获取读取锁，如阻塞的 EnterReadLock()和不阻塞的 TryEnterReadLock()方法，还可以使用阻塞的 EnterWriteLock()和不阻塞的 TryEnterWriteLock()方法获得写入锁定。如果任务先读取资源，之后写入资源，它就可以使用 EnterUpgradableReadLock()或 TryEnterUpgradableReadLock()方法获得可升级的读取锁定。有了这个锁定，就可以获得写入锁定，而无须释放读取锁定。

这个类的几个属性提供了当前锁定的相关信息，如 CurrentReadCount、WaitingReadCount、WaitingUpgradableReadCount 和 WaitingWriteCount。

下面的示例程序创建了一个包含 6 项的集合和一个 ReaderWriterLockSlim 对象。ReaderMethod 方法获得一个读取锁定，读取列表中的所有项，并把它们写到控制台中。WriterMethod()方法试图获得一个写入锁定，以改变集合的所有值。在 Main()方法中，启动 6 个任务，以调用 ReaderMethod()或 WriterMethod()方法(代码文件 ReaderWriterSample/Program.cs)。

```csharp
using System.Collections.Generic;
using System.Threading;
using System.Threading.Tasks;
using static System.Console;

namespace ReaderWriterLockSample
{
  class Program
  {
    private static List<int> _items = new List<int>() { 0, 1, 2, 3, 4, 5};
    private static ReaderWriterLockSlim _rwl =
      new ReaderWriterLockSlim(LockRecursionPolicy.SupportsRecursion);

    public static void ReaderMethod(object reader)
    {
      try
      {
        _rwl.EnterReadLock();

        for (int i = 0; i < _items.Count; i++)
        {
          WriteLine($"reader {reader}, loop: {i}, item: {_items[i]}");
          Task.Delay(40).Wait();
        }
      }
      finally
      {
        _rwl.ExitReadLock();
      }
    }

    public static void WriterMethod(object writer)
    {
      try
      {
        while (!_rwl.TryEnterWriteLock(50))
        {
```

```csharp
            WriteLine($"Writer {writer} waiting for the write lock");
            WriteLine($"current reader count: {_rwl.CurrentReadCount}");
        }
        WriteLine($"Writer {writer} acquired the lock");
        for (int i = 0; i < _items.Count; i++)
        {
            _items[i]++;
            Task.Delay(50).Wait();
        }
        WriteLine($"Writer {writer} finished");
    }
    finally
    {
        _rwl.ExitWriteLock();
    }
}

static void Main()
{
    var taskFactory = new TaskFactory(TaskCreationOptions.LongRunning,
        TaskContinuationOptions.None);
    var tasks = new Task[6];
    tasks[0] = taskFactory.StartNew(WriterMethod, 1);
    tasks[1] = taskFactory.StartNew(ReaderMethod, 1);
    tasks[2] = taskFactory.StartNew(ReaderMethod, 2);
    tasks[3] = taskFactory.StartNew(WriterMethod, 2);
    tasks[4] = taskFactory.StartNew(ReaderMethod, 3);
    tasks[5] = taskFactory.StartNew(ReaderMethod, 4);

    Task.WaitAll(tasks);
}
```

运行这个应用程序,可以看到第一个写入器先获得锁定。第二个写入器和所有的读取器需要等待。接着,读取器可以同时工作,而第二个写入器仍在等待资源。

```
Writer 1 acquired the lock
Writer 2 waiting for the write lock
current reader count: 0
Writer 2 waiting for the write lock
current reader count: 0
Writer 2 waiting for the write lock
current reader count: 0
Writer 2 waiting for the write lock
current reader count: 0
Writer 1 finished
reader 4, loop: 0, item: 1
reader 1, loop: 0, item: 1
Writer 2 waiting for the write lock
current reader count: 4
reader 2, loop: 0, item: 1
reader 3, loop: 0, item: 1
reader 4, loop: 1, item: 2
reader 1, loop: 1, item: 2
```

```
reader 3, loop: 1, item: 2
reader 2, loop: 1, item: 2
Writer 2 waiting for the write lock
current reader count: 4
reader 4, loop: 2, item: 3
reader 1, loop: 2, item: 3
reader 2, loop: 2, item: 3
reader 3, loop: 2, item: 3
Writer 2 waiting for the write lock
current reader count: 4
reader 4, loop: 3, item: 4
reader 1, loop: 3, item: 4
reader 2, loop: 3, item: 4
reader 3, loop: 3, item: 4
reader 4, loop: 4, item: 5
reader 1, loop: 4, item: 5
Writer 2 waiting for the write lock
current reader count: 4
reader 2, loop: 4, item: 5
reader 3, loop: 4, item: 5
reader 4, loop: 5, item: 6
reader 1, loop: 5, item: 6
reader 2, loop: 5, item: 6
reader 3, loop: 5, item: 6
Writer 2 waiting for the write lock
current reader count: 4
Writer 2 acquired the lock
Writer 2 finished
```

22.13 Timer 类

使用计时器，可以重复调用方法。本节介绍两个计时器：System.Threading 名称空间中的 Timer 类和用于基于 XAML 应用程序的 DispatcherTimer。

使用 System.Threading.Timer 类，可以把要调用的方法作为构造函数的第一个参数传递。这个方法必须满足 TimeCallback 委托的要求，该委托定义一个 void 返回类型和一个 object 参数。通过第二个参数，可以传递任意对象，用回调方法中的 object 参数接收对应的对象。例如，可以传递 Event 对象，向调用者发送信号。第 3 个参数指定第一次调用回调方法时的时间段。最后一个参数指定回调的重复时间间隔。如果计时器应只触发一次，就把第 4 个参数设置为值 –1。

如果创建 Timer 对象后应改变时间间隔，就可以用 Change()方法传递新值(代码文件 TimerSample/Program.cs)：

```
private static void ThreadingTimer()
{
  using (var t1 = new Timer(TimeAction, null,
    TimeSpan.FromSeconds(2), TimeSpan.FromSeconds(3)))
  {
    Task.Delay(15000).Wait();
  }
}
```

```
private static void TimeAction(object o)
{
  WriteLine($"System.Threading.Timer {DateTime.Now:T}");
}
```

System.Windows.Threading 名称空间(用于带有 WPF 的 Windows 桌面应用程序)和 Windows.UI.Xaml (用于 Windows 应用程序) 中的 DispatcherTimer 是一个基于 XAML 的应用程序的计时器,其中的事件处理程序在 UI 线程中调用,因此可以直接访问用户界面元素。

演示 DispatcherTimer 的示例应用程序是一个 Windows 应用程序,显示了切换每一秒的时钟指针。下面的 XAML 代码定义的命令允许开始和停止时钟(代码文件 WinAppTimer / MainPage. xaml):

```xml
<Page.TopAppBar>
  <CommandBar IsOpen="True">
    <AppBarButton Icon="Play" Click="{x:Bind OnTimer}" />
    <AppBarButton Icon="Stop" Click="{x:Bind OnStopTimer}" />
  </CommandBar>
</Page.TopAppBar>
```

时钟的指针使用形状 Line 定义。要旋转该指针,请使用 RotateTransform 元素:

```xml
<Canvas Width="300" Height="300">
  <Ellipse Width="10" Height="10" Fill="Red" Canvas.Left="145"
    Canvas.Top="145" />
  <Line Canvas.Left="150" Canvas.Top="150" Fill="Green" StrokeThickness="3"
    Stroke="Blue" X1="0" Y1="0" X2="120" Y2="0" >
    <Line.RenderTransform>
      <RotateTransform CenterX="0" CenterY="0" Angle="270" x:Name="rotate" />
    </Line.RenderTransform>
  </Line>
</Canvas>
```

注意:XAML 形状参见第 30 章。

DispatcherTimer 对象在 MainPage 类中创建。在构造函数中,处理程序方法分配给 Tick 事件,Interval 指定为 1 秒。在 OnTimer 方法中启动计时器,该方法在用户单击 CommandBar 中的 Play 按钮时调用(代码文件 WinAppTimer / MainPage.xaml.cs):

```
private DispatcherTimer _timer = new DispatcherTimer();
public MainPage()
{
  this.InitializeComponent();
  _timer.Tick += OnTick;
  _timer.Interval = TimeSpan.FromSeconds(1);
}

private void OnTimer()
{
  _timer.Start();
}
```

```
private void OnTick(object sender, object e)
{
  double newAngle = rotate.Angle + 6;
  if (newAngle >= 360) newAngle = 0;
  rotate.Angle = newAngle;
}

private void OnStopTimer()
{
  _timer.Stop();
}
```

运行应用程序，就会显示时钟，如图 22-2 所示。

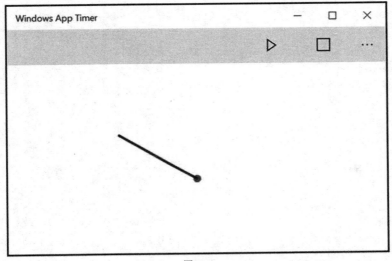

图 22-2

22.14 小结

第 21 章描述了如何使用任务并行化应用程序。本章涉及使用多个任务的问题，如争用条件和死锁。

本章讨论了几个可用于.NET 的同步对象，以及适合使用同步对象的场合。简单的同步可以通过 lock 关键字来完成。在后台，Monitor 类型允许设置超时，而 lock 关键字不允许。为了在进程之间进行同步，Mutex 对象提供了类似的功能。Semaphore 对象表示带有计数的同步对象，该计数是允许并发运行的任务数量。为了通知其他任务已准备好，讨论了不同类型的事件对象，比如 AutoResetEvent、ManualResetEvent 和 CountdownEvent。拥有多个读取器和写入器的简单方法由 ReaderWriterLock 提供。Barrier 类型提供了一个更复杂的场景，其中可以同时运行多个任务，直到达到一个同步点为止。一旦所有任务达到这一点，它们就可以继续同时满足于下一个同步点。

下面是有关线程的几条规则:
- 尽力使同步要求最低。同步很复杂,且会阻塞线程。如果尝试避免共享状态,就可以避免同步。当然,这不总是可行。
- 类的静态成员应是线程安全的。通常,.NET Framework 中的类满足这个要求。
- 实例状态不需要是线程安全的。为了得到最佳性能,最好在类的外部使用同步功能,且不对类的每个成员使用同步功能。.NET Framework 类的实例成员一般不是线程安全的。在 MSDN 库中,对于.NET Framework 的每个类在"线程安全性"部分中可以找到相应的归档信息。

第 23 章介绍另一个.NET 核心主题:文件和流。

第23章

文件和流

本章要点

- 介绍目录结构
- 移动、复制、删除文件和文件夹
- 读写文本文件
- 使用流读写文件
- 使用阅读器和写入器读写文件
- 压缩文件
- 监控文件的变化
- 使用管道进行通信
- 使用 Windows Runtime 流

本章源代码下载地址(wrox.com)：

打开网页 www.wrox.com/go/professionalcsharp6，单击 Download Code 选项卡即可下载本章源代码。本章代码分为以下几个主要的示例文件：

- DriveInformation
- WorkingWithFilesAndFolders
- WPFEditor
- StreamSamples
- ReaderWriterSamples
- CompressFileSample
- FileMonitor
- MemoryMappedFiles
- NamedPipes
- AnonymousPipes
- WindowsAppEditor

23.1 概述

当读写文件和目录时，可以使用简单的 API，也可以使用先进的 API 来提供更多的功能。还必须区分 Windows Runtime 提供的.NET 类和功能。在通用 Windows 平台(Universal Windows Platform，UWP)Windows 应用程序中，不能在任何目录中访问文件系统，只能访问特定的目录。或者，可以让用户选择文件。本章涵盖了所有这些选项，包括使用简单的 API 读写文件并使用流得到更多的功能；利用.NET 类型和 Windows Runtime 提供的类型，混合这两种技术以利用.NET 功能和 Windows 运行库。

使用流，也可以压缩数据并且利用内存映射的文件和管道在不同的任务间共享数据。

23.2 管理文件系统

图 23-1 中的类可以用于浏览文件系统和执行操作，如移动、复制和删除文件。
这些类的作用是：
- FileSystemInfo ——这是表示任何文件系统对象的基类。
- FileInfo 和 File ——这些类表示文件系统上的文件。
- DirectoryInfo 和 Directory ——这些类表示文件系统上的文件夹。
- Path ——这个类包含的静态成员可以用于处理路径名。
- DriveInfo ——它的属性和方法提供了指定驱动器的信息。

> 注意：在 Windows 上，包含文件并用于组织文件系统的对象称为文件夹。例如，在路径 C:\My Documents\ReadMe.txt 中，ReadMe.txt 是一个文件，My Documents 是一个文件夹。文件夹是一个 Windows 专用的术语：在其他操作系统上，用术语"目录"代替文件夹，Microsoft 为了使.NET 具有平台无关性，对应的.NET 基类都称为 Directory 和 DirectoryInfo。因为它有可能与 LDAP 目录混淆，而且本书与 Windows 有关，所以本章仍使用文件夹。

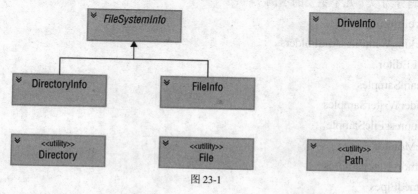

图 23-1

注意，上面的列表有两个用于表示文件夹的类，和两个用于表示文件的类。使用哪个类主要依赖于访问该文件夹或文件的次数：

- Directory 类和 File 类只包含静态方法,不能被实例化。只要调用一个成员方法,提供合适文件系统对象的路径,就可以使用这些类。如果只对文件夹或文件执行一个操作,使用这些类就很有效,因为这样可以省去创建.NET 对象的系统开销。
- DirectoryInfo 类和 FileInfo 类实现与 Directory 类和 File 类大致相同的公共方法,并拥有一些公共属性和构造函数,但它们都是有状态的,并且这些类的成员都不是静态的。需要实例化这些类,之后把每个实例与特定的文件夹或文件关联起来。如果使用同一个对象执行多个操作,使用这些类就比较有效。这是因为在构造时它们将读取合适文件系统对象的身份验证和其他信息,无论对每个对象(类实例)调用了多少方法,都不需要再次读取这些信息。比较而言,在调用每个方法时,相应的无状态类需要再次检查文件或文件夹的详细内容。

23.2.1 检查驱动器信息

在处理文件和目录之前,先检查驱动器信息。这使用 DriveInfo 类实现。DriveInfo 类可以扫描系统,提供可用驱动器的列表,还可以进一步提供任何驱动器的大量细节。

为了举例说明 DriveInfo 类的用法,创建一个简单的 Console 应用程序,列出计算机上的所有可用的驱动器。

DriveInformation 的示例代码使用了以下依赖项和名称空间:

依赖项

```
NETStandard.Library
System.IO.FileSystem.DriveInfo
```

名称空间

```
System.IO
static System.Console
```

下面的代码片段调用静态方法 DriveInfo.GetDrives。这个方法返回一个 DriveInfo 对象的数组。通过这个数组,访问每个驱动器,准备写入驱动器的名称、类型和格式信息,它还显示大小信息(代码文件 DriveInformation / Program.cs):

```csharp
DriveInfo[] drives = DriveInfo.GetDrives();
foreach (DriveInfo drive in drives)
{
    if (drive.IsReady)
    {
        WriteLine($"Drive name: {drive.Name}");
        WriteLine($"Format: {drive.DriveFormat}");
        WriteLine($"Type: {drive.DriveType}");
        WriteLine($"Root directory: {drive.RootDirectory}");
        WriteLine($"Volume label: {drive.VolumeLabel}");
        WriteLine($"Free space: {drive.TotalFreeSpace}");
        WriteLine($"Available space: {drive.AvailableFreeSpace}");
        WriteLine($"Total size: {drive.TotalSize}");
        WriteLine();
    }
}
```

在没有 DVD 光驱、但有固态硬盘(solid-state disk，SSD)和内存卡的系统上，运行这个程序，得到如下信息：

```
Drive name: C:\
Format: NTFS
Type: Fixed
Root directory: C:\
Volume label: Windows
Free space: 225183154176
Available space: 225183154176
Total size: 505462910976

Drive name: D:\
Format: exFAT
Type: Removable
Root directory: D:\
Volume label:
Free space: 19628294144
Available space: 19628294144
Total size: 127831375872
```

23.2.2 使用 Path 类

为了访问文件和目录，需要定义文件和目录的名称，包括父文件夹。使用字符串连接操作符合并多个文件夹和文件时，很容易遗漏单个分隔符或使用太多的字符。为此，Path 类可以提供帮助，因为这个类会添加缺少的分隔符，它还在基于 Windows 和 Unix 的系统上，处理不同的平台需求。

Path 类提供了一些静态方法，可以更容易地对路径名执行操作。例如，假定要显示文件夹 D:\Projects 中 ReadMe.txt 文件的完整路径名，可以用下述代码查找文件的路径：

```
WriteLine(Path.Combine(@"D:\Projects", "ReadMe.txt"));
```

Path.Combine()是这个类常使用的一个方法，Path 类还实现了其他方法，这些方法提供路径的信息，或者以要求的格式显示信息。

使用公共字段 VolumeSeparatorChar、DirectorySeparatorChar、AltDirectorySeparatorChar 和 PathSeparator，可以得到特定于平台的字符，用于分隔开硬盘、文件夹和文件，以及分隔开多个路径。在 Windows 中，这些字符是:、\、/和;。

Path 类也帮助访问特定于用户的临时文件夹(GetTempPath)，创建临时(GetTempFileName)和随机文件名(GetRandomFileName)。注意，方法 GetTempFileName()包括文件夹，而 GetRandomFileName()只返回文件名，不包括任何文件夹。

WorkingWithFilesAndFolders 的示例代码使用了下面的依赖项和名称空间：

依赖项

```
NETStandard.Library
System.IO.FileSystem
```

名称空间

```
System
```

```
System.Collections.Generic
System.IO
static System.Console
```

这个示例应用程序提供了几个命令行参数,来启动程序的不同功能。只是启动程序,没有命令行参数,或检查源代码,查看所有不同的选项。

Environment 类定义了一组特殊的文件夹,来访问.NET 4.6 的特殊文件夹。下面的代码片段通过把枚举值 SpecialFolder.MyDocuments 传递给 GetFolderPath 方法,返回 documents 文件夹。Environment 类的这个特性不可用于.NET Core;因此在以下代码中,使用环境变量 HOMEDRIVE 和 HOMEPATH 的值(代码文件 WorkingWithFilesAndFolders / Program. cs):

```
private static string GetDocumentsFolder()
{
#if NET46
  return Environment.GetFolderPath(Environment.SpecialFolder.MyDocuments);
#else
  string drive = Environment.GetEnvironmentVariable("HOMEDRIVE");
  string path = Environment.GetEnvironmentVariable("HOMEPATH");
  return Path.Combine(drive, path, "documents");
#endif
}
```

Environment.SpecialFolder 是一个巨大的枚举,提供了音乐、图片、程序文件、应用程序数据,以及许多其他文件夹的值。

23.2.3 创建文件和文件夹

下面开始使用 File、FileInfo、Directory 和 DirectoryInfo 类。首先,方法 CreateAFile 创建文件 Sample1.txt,给文件添加字符串 Hello, World!。创建文本文件的简单方式是调用 File 类的 WriteAllText 方法。这个方法的参数是文件名和应该写入文件的字符串。一切都在一个调用中完成(代码文件 WorkingWithFilesAnd Folders / Program. cs):

```
const string Sample1FileName = "Sample1.txt";
// etc.

public static void CreateAFile()
{
  string fileName = Path.Combine(GetDocumentsFolder(), Sample1FileName);
  File.WriteAllText(fileName, "Hello, World!");
}
```

要复制文件,可以使用 File 类的 Copy 方法或 FileInfo 类的 CopyTo 方法:

```
var file = new FileInfo(@".\ReadMe.txt");
file.CopyTo(@"C:\Copies\ReadMe.txt");

File.Copy(@".\ReadMe.txt", @"C:\Copies\ReadMe.txt");
```

第一个代码片段使用 FileInfo,执行的时间略长,因为需要实例化 file 对象,但是 file 已经准备好,可以在同一文件上执行进一步的操作。使用第二个例子时,不需要实例化对象来复制文件。

给构造函数传递包含对应文件系统对象的路径的字符串,就可以实例化 FileInfo 或 DirectoryInfo 类。刚才是处理文件的过程。处理文件夹的代码如下:

```
var myFolder = new DirectoryInfo(@"C:\Program Files");
```

如果路径代表的对象不存在,构建时不抛出一个异常;而是在第一次调用某个方法,实际需要相应的文件系统对象时抛出该异常。检查 Exists 属性,可以确定对象是否存在,是否具有适当的类型,这个功能由两个类实现:

```
var test = new FileInfo(@"C:\Windows");
WriteLine(test.Exists);
```

请注意,这个属性要返回 true,相应的文件系统对象必须具备适当的类型。换句话说,如果实例化 FileInfo 对象时提供了文件夹的路径,或者实例化 DirectoryInfo 对象时提供了文件的路径,Exists 的值就是 false。如果有可能,这些对象的大部分属性和方法都返回一个值——它们不一定会抛出异常,仅因为调用了类型错误的对象,除非它们要求执行不可能的操作。例如,前面的代码片段可能会首先显示 false(因为 C:\Windows 是一个文件夹),但它还显示创建文件夹的时间,因为文件夹带有该信息。然而,如果想使用 FileInfo.Open()方法打开文件夹,就好像它是一个文件那样,就会得到一个异常。

使用 FileInfo 和 DirectoryInfo 类的 MoveTo()和 Delete()方法,可以移动、删除文件或文件夹。File 和 Directory 类上的等效方法是 Move()和 Delete()。FileInfo 和 File 类也分别实现了方法 CopyTo()和 Copy()。但是,没有复制完整文件夹的方法——必须复制文件夹中的每个文件。

所有这些方法的用法都非常直观。MSDN 文档带有详细的描述。

23.2.4 访问和修改文件的属性

下面获取有关文件的一些信息。可以使用 File 和 FileInfo 类来访问文件信息。File 类定义了静态方法,而 FileInfo 类提供了实例方法。以下代码片段展示了如何使用 FileInfo 检索多个信息。如果使用 File 类,访问速度将变慢,因为每个访问都意味着进行检查,以确定用户是否允许得到这个信息。而使用 FileInfo 类,则只有调用构造函数时才进行检查。

示例代码创建了一个新的 FileInfo 对象,并在控制台上写入属性 Name、DirectoryName、IsReadOnly、Extension、Length、CreationTime、LastAccessTime 和 Attributes 的结果(代码文件 WorkingWith FilesAndFolders / Program. cs):

```
private static void FileInformation(string fileName)
{
  var file = new FileInfo(fileName);
  WriteLine($"Name: {file.Name}");
  WriteLine($"Directory: {file.DirectoryName}");
  WriteLine($"Read only: {file.IsReadOnly}");
  WriteLine($"Extension: {file.Extension}");
  WriteLine($"Length: {file.Length}");
  WriteLine($"Creation time: {file.CreationTime:F}");
  WriteLine($"Access time: {file.LastAccessTime:F}");
  WriteLine($"File attributes: {file.Attributes}");
}
```

把当前目录中的 Program.cs 文件名传入这个方法：

```
FileInformation("./Program.cs");
```

在某台机器上，输出如下：

```
Name: Program.cs
Directory: C:\Users\Christian\Source\Repos\ProfessionalCSharp6\FilesAndStreams\F
ilesAndStreamsSamples\WorkingWithFilesAndFolders
Read only: False
Extension: .cs
Length: 7888
Creation time: Friday, September 25, 2015 5:22:11 PM
Access time: Sunday, December 20, 2015 8:59:23 AM
File attributes: Archive
```

不能设置 FileInfo 类的几个属性；它们只定义了 get 访问器。不能检索文件名、文件扩展名和文件的长度。可以设置创建时间和最后一次访问的时间。方法 ChangeFileProperties()向控制台写入文件的创建时间，以后把创建时间改为 2023 年的一个日期。

```
private static void ChangeFileProperties()
{
  string fileName = Path.Combine(GetDocumentsFolder(), Sample1FileName);
  var file = new FileInfo(fileName);
  if (!file.Exists)
  {
    WriteLine($"Create the file {Sample1FileName} before calling this method");
    WriteLine("You can do this by invoking this program with the -c argument");
    return;
  }
  WriteLine($"creation time: {file.CreationTime:F}");
  file.CreationTime = new DateTime(2023, 12, 24, 15, 0, 0);
  WriteLine($"creation time: {file.CreationTime:F}");
}
```

运行程序，显示文件的初始创建时间以及修改后的创建时间。将来可以用这项技术创建文件(至少可以指定创建时间)。

```
creation time: Sunday, December 20, 2015 9:41:49 AM
creation time: Sunday, December 24, 2023 3:00:00 PM
```

注意：初看起来，能够手动修改这些属性可能很奇怪，但是它非常有用。例如，如果程序只需要读取文件、删除它，再用新内容创建一个新文件，就可以有效地修改文件，就可以通过修改创建日期来匹配旧文件的原始创建日期。

23.2.5 创建简单的编辑器

为了说明读写文件有多简单，可以使用 WPF 创建一个简单的 Windows 桌面应用程序。该应用程序名为WPFEditor,允许打开文件,并再次保存它。

 注意:本章后面将使用通用Windows平台创建一个类似的编辑器。

用户界面用XAML定义,给Open和Save命令使用MenuItem控件,再使用一个文本框,通过设置AcceptsReturn属性允许输入多行文本(代码文件WPFEditor / MainWindow.xaml):

```
<Window.CommandBindings>
  <CommandBinding Command="Open" Executed="OnOpen" />
  <CommandBinding Command="Save" Executed="OnSave" />
</Window.CommandBindings>
<DockPanel>
  <Menu DockPanel.Dock="Top">
    <MenuItem Header="File">
      <MenuItem Header="Open" Command="Open" />
      <MenuItem Header="Save As" Command="Save" />
    </MenuItem>
  </Menu>
  <TextBox x:Name="text1" AcceptsReturn="True" AcceptsTab="True" />
</DockPanel>
```

OnOpen()方法打开一个对话框,在其中用户可以选择要打开的文件。设置OpenFileDialog的属性,可以配置对话框,如下所示:
- 应该检查路径和文件是否存在?
- 哪个过滤器定义要打开什么类型的文件?
- 最初的目录是什么?

如果用户打开一个文件(且不取消对话框),ShowDialog()方法就返回true。然后在文本框控件的Text属性中填充File.ReadAllText()方法的结果。这个方法在一个字符串内返回文本文件的完整内容(代码文件WPFEditor / MainWindow.xaml.cs):

```
private void OnOpen(object sender, ExecutedRoutedEventArgs e)
{
  var dlg = new OpenFileDialog()
  {
    Title = "Simple Editor - Open File",
    CheckPathExists = true,
    CheckFileExists = true,
    Filter = "Text files (*.txt)|*.txt|All files|*.*",
    InitialDirectory = Environment.GetFolderPath(
      Environment.SpecialFolder.MyDocuments)
  };
  if (dlg.ShowDialog() == true)
  {
    text1.Text = File.ReadAllText(dlg.FileName);
  }
}
```

运行应用程序的对话框如图23-2所示。如配置所示,打开了documents文件夹,Filter属性的值显示在右下角的组合框中。

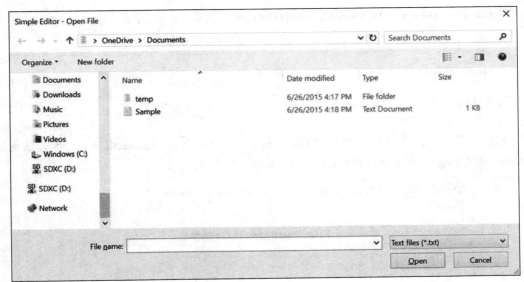

图 23-2

为了保存文件，显示 SaveFileDialog。可以使用 File.WriteAllText 从字符串中写入一个文本文件，如下所示：

```
private void OnSave(object sender, ExecutedRoutedEventArgs e)
{
  var dlg = new SaveFileDialog()
  {
    Title = "Simple Editor - Save As",
    DefaultExt = "txt",
    Filter = "Text files (*.txt)|*.txt|All files|*.*",
  };
  if (dlg.ShowDialog() == true)
  {
    File.WriteAllText(dlg.FileName, text1.Text);
  }
}
```

在字符串中读写文件适用于小型文本文件。然而，以这种方式读取、保存完整的文件是有限制的。.NET 字符串的限制是 2 GB，对于许多文本文件而言，这已经足够了，但最好不要让用户等待将 1 GB 的文件加载到字符串中。还有其他的选择，参见"处理流"一节。

23.2.6 使用 File 执行读写操作

通过 File.ReadAllText 和 File.WriteAllText，引入了一种使用字符串读写文件的方法。除了使用一个字符串之外，还可以给文件的每一行使用一个字符串。

不是把所有行读入一个字符串，而是从方法 File.ReadAllLines 中返回一个字符串数组。使用这个方法，可以对每一行执行不同的处理，但仍然需要将完整的文件读入内存(代码文件 WorkingWithFilesAndFolders / Program.cs)：

```
public static void ReadingAFileLineByLine(string fileName)
{
```

```csharp
  string[] lines = File.ReadAllLines(fileName);
  int i = 1;
  foreach (var line in lines)
  {
    WriteLine($"{i++}. {line}");
  }
  // etc.
}
```

要逐行读取,无须等待所有行都读取完,可以使用方法 File.ReadLines。该方法返回 IEnumerable<string>,在读取完整个文件之前,就可以遍历它:

```csharp
public static void ReadingAFileLineByLine(string fileName)
{
  // etc.
  IEnumerable<string> lines = File.ReadLines(fileName);

  i = 1;
  foreach (var line in lines)
  {
    WriteLine($"{i++}. {line}");
  }
}
```

要写入字符串集合,可以使用方法 File.WriteAllLines。该方法接受一个文件名和 IEnumerable<string>类型作为参数:

```csharp
public static void WriteAFile()
{
  string fileName = Path.Combine(GetDocumentsFolder(), "movies.txt");
  string[] movies =
  {
    "Snow White And The Seven Dwarfs",
    "Gone With The Wind",
    "Casablanca",
    "The Bridge On The River Kwai",
    "Some Like It Hot"
  };

  File.WriteAllLines(fileName, movies);
}
```

为了把字符串追加到已有的文件中,应使用 File.AppendAllLines:

```csharp
string[] moreMovies =
{
  "Psycho",
  "Easy Rider",
  "Star Wars",
  "The Matrix"
};
File.AppendAllLines(fileName, moreMovies);
```

23.3 枚举文件

处理多个文件时，可以使用 Directory 类。Directory 定义了 GetFiles()方法，它返回一个包含目录中所有文件的字符串数组。GetDirectories()方法返回一个包含所有目录的字符串数组。

所有这些方法都定义了重载方法，允许传送搜索模式和 SearchOption 枚举的一个值。SearchOption 通过使用 AllDirectories 或 TopDirectoriesOnly 值，可以遍历所有子目录，或留在顶级目录中。搜索模式不允许传递正则表达式；它只传递简单的表达式，其中使用*表示任意字符，使用?表示单个字符。

遍历很大的目录(或子目录)时，GetFiles()和 GetDirectories()方法在返回结果之前需要完整的结果。另一种方式是使用方法 EnumerateDirectories()和 EnumerateFiles()。这些方法为搜索模式和选项提供相同的参数，但是它们使用 IEnumerable<string>立即开始返回结果。

下面是一个例子：在一个目录及其所有子目录中，删除所有以 Copy 结尾的文件，以防存在另一个具有相同名称和大小的文件。为了模拟这个操作，可以在键盘上按 Ctrl+A，选择文件夹中的所有文件，在键盘上按下 Ctrl+C，进行复制，再在鼠标仍位于该文件夹中时，在键盘上按下 Ctrl+V，粘贴文件。新文件会使用 Copy 作为后缀。

DeleteDuplicateFiles()方法迭代作为第一个参数传递的目录中的所有文件，使用选项 SearchOption.AllDirectories 遍历所有子目录。在 foreach 语句中，所迭代的当前文件与上一次迭代的文件做比较。如果文件名相同，只有 Copy 后缀不同，文件的大小也一样，就调用 FileInfo.Delete 删除复制的文件(代码文件 WorkingWithFilesAndFolders / Program.cs)：

```
private void DeleteDuplicateFiles(string directory, bool checkOnly)
{
  IEnumerable<string> fileNames = Directory.EnumerateFiles(directory,
    "*", SearchOption.AllDirectories);

  string previousFileName = string.Empty;

  foreach (string fileName in fileNames)
  {
    string previousName = Path.GetFileNameWithoutExtension(previousFileName);
    if (!string.IsNullOrEmpty(previousFileName) &&
      previousName.EndsWith("Copy") &&
      fileName.StartsWith(previousFileName.Substring(
        0, previousFileName.LastIndexOf(" - Copy"))))
    {
      var copiedFile = new FileInfo(previousFileName);
      var originalFile = new FileInfo(fileName);
      if (copiedFile.Length == originalFile.Length)
      {
        WriteLine($"delete {copiedFile.FullName}");
        if (!checkOnly)
        {
          copiedFile.Delete();
        }
      }
    }
```

```
        previousFileName = fileName;
    }
}
```

23.4 使用流处理文件

现在，处理文件有更强大的选项：流。流的概念已经存在很长时间了。流是一个用于传输数据的对象，数据可以向两个方向传输：

- 如果数据从外部源传输到程序中，这就是读取流。
- 如果数据从程序传输到外部源中，这就是写入流。

外部源常常是一个文件，但也不完全都是文件。它还可能是：

- 使用一些网络协议读写网络上的数据，其目的是选择数据，或从另一个计算机上发送数据。
- 读写到命名管道上。
- 把数据读写到一个内存区域上。

一些流只允许写入，一些流只允许读取，一些流允许随机存取。随机存取允许在流中随机定位游标，例如，从流的开头开始读取，以后移动到流的末尾，再从流的一个中间位置继续读取。

在这些示例中，微软公司提供了一个.NET 类 System.IO.MemoryStream 对象来读写内存，而 System.Net.Sockets.NetworkStream 对象处理网络数据。Stream 类对外部数据源不做任何假定，外部数据源可以是文件流、内存流、网络流或任意数据源。

一些流也可以链接起来。例如，可以使用 DeflateStream 压缩数据。这个流可以写入 FileStream、MemoryStream 或 NetworkStream。CryptoStream 可以加密数据。也可以链接 DeflateStream 和 CryptoStream，再写入 FileStream。

注意：第 24 章解释了如何使用 CryptoStream。

使用流时，外部源甚至可以是代码中的一个变量。这听起来很荒谬，但使用流在变量之间传输数据的技术是一个非常有用的技巧，可以在数据类型之间转换数据。C 语言使用类似的函数 sprintf() 在整型和字符串之间转换数据类型，或者格式化字符串。

使用一个独立的对象来传输数据，比使用 FileInfo 或 DirectoryInfo 类更好，因为把传输数据的概念与特定数据源分离开来，可以更容易交换数据源。流对象本身包含许多通用代码，可以在外部数据源和代码中的变量之间移动数据，把这些代码与特定数据源的概念分离开来，就更容易实现不同环境下代码的重用。

虽然直接读写流不是那么容易，但可以使用阅读器和写入器。这是另一个关注点分离。阅读器和写入器可以读写流。例如，StringReader 和 StringWriter 类，与本章后面用于读写文本文件的两个类 StreamReader 和 StreamWriter 一样，都是同一继承树的一部分，这些类几乎一定在后台共享许多代码。在 System.IO 名称空间中，与流相关的类的层次结构如图 23-3 所示。

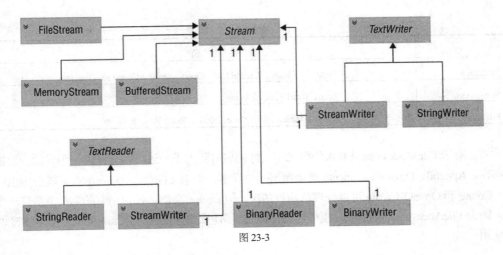

图 23-3

对于文件的读写,最常用的类如下:
- FileStream(文件流)——这个类主要用于在二进制文件中读写二进制数据。
- StreamReader(流读取器)和 StreamWriter(流写入器) ——这两个类专门用于读写文本格式的流产品 API。
- BinaryReader 和 BinaryWriter——这两个类专门用于读写二进制格式的流产品 API。

使用这些类和直接使用底层的流对象之间的区别是,基本流是按照字节来工作的。例如,在保存某个文档时,需要把类型为 long 的变量的内容写入一个二进制文件中,每个 long 型变量都占用 8 个字节,如果使用一般的二进制流,就必须显式地写入内存的 8 个字节中。

在 C#代码中,必须执行一些按位操作,从 long 值中提取这 8 个字节。使用 BinaryWriter 实例,可以把整个操作封装在 BinaryWriter.Write()方法的一个重载方法中,该方法的参数是 long 型,它把 8 个字节写入流中(如果流指向一个文件,就写入该文件)。对应的 BinaryReader.Read()方法则从流中提取 8 个字节,恢复 long 的值。

23.4.1 使用文件流

下面对流进行编程,以读写文件。FileStream 实例用于读写文件中的数据。要构造 FileStream 实例,需要以下 4 条信息:
- 要访问的文件。
- 表示如何打开文件的模式。例如,新建一个文件或打开一个现有的文件。如果打开一个现有的文件,写入操作是覆盖文件原来的内容,还是追加到文件的末尾?
- 表示访问文件的方式——是只读、只写还是读写?
- 共享访问——表示是否独占访问文件。如果允许其他流同时访问文件,则这些流是只读、只写还是读写文件?

第一条信息通常用一个包含文件的完整路径名的字符串来表示,本章只考虑需要该字符串的那些构造函数。除了这些构造函数外,一些其他的构造函数用本地 Windows 句柄来处理文件。其余 3 条信息分别由 3 个.NET 枚举 FileMode、FileAccess 和 FileShare 来表示,这些枚举的值很容易理解,如表 23-1 所示。

表 23-1

枚 举	值
FileMode	Append、Create、CreateNew、Open、OpenOrCreate 或 Truncate
FileAccess	Read、ReadWrite 或 Write
FileShare	Delete、Inheritable、None、Read、ReadWrite 或 Write

注意，对于 FileMode，如果要求的模式与文件的现有状态不一致，就会抛出一个异常。如果文件不存在，Append、Open 和 Truncate 就会抛出一个异常；如果文件存在，CreateNew 就会抛出一个异常。Create 和 OpenOrCreate 可以处理这两种情况，但 Create 会删除任何现有的文件，新建一个空文件。因为 FileAccess 和 FileShare 枚举是按位标志，所以这些值可以与 C#的按位 OR 运算符"|"合并使用。

1. 创建 FileStream

StreamSamples 的示例代码使用如下依赖项和名称空间：

依赖项：

```
NETStandard.Library
System.IO.FileSystem
```

名称空间

```
System
System.Collections.Generic
System.Globalization
System.IO
System.Linq
System.Text
System.Threading.Tasks
static System.Console
```

FileStream 有很多构造函数。下面的示例使用带 4 个参数的构造函数(代码文件 StreamSamples / Program.cs)：

- 文件名
- FileMode 枚举值 Open，打开一个已存在的文件
- FileAccess 枚举值 Read，读取文件
- FileShare 枚举值 Read，允许其他程序读取文件，但同时不修改文件

```
private void ReadFileUsingFileStream(string fileName)
{
  const int bufferSize = 4096;
  using (var stream = new FileStream(fileName, FileMode.Open,
    FileAccess.Read, FileShare.Read))
  {
```

```
ShowStreamInformation(stream);
Encoding encoding = GetEncoding(stream);
//...
```

除了使用 FileStream 类的构造函数来创建 FileStream 对象之外，还可以直接使用 File 类的 OpenRead 方法创建 FileStream。OpenRead 方法打开一个文件(类似于 FileMode.Open)，返回一个可以读取的流(FileAccess.Read)，也允许其他进程执行读取访问(FileShare.Read)：

```
using (FileStream stream = File.OpenRead(filename))
{
  //...
```

2. 获取流的信息

Stream 类定义了属性 CanRead、CanWrite、CanSeek 和 CanTimeout,，可以读取这些属性，得到可以通过流处理的信息。为了读写流，超时值 ReadTimeout 和 WriteTimeout 指定超时，以毫秒为单位。设置这些值在网络场景中是很重要的，因为这样可以确保当读写流失败时，用户不需要等待太长时间。Position 属性返回光标在流中的当前位置。每次从流中读取一些数据，位置就移动到下一个将读取的字节上。示例代码把流的信息写到控制台上(代码文件 StreamSamples / Program. cs):

```
private void ShowStreamInformation(Stream stream)
{
  WriteLine($"stream can read: {stream.CanRead}, " +
    $"can write: {stream.CanWrite}, can seek: {stream.CanSeek}, " +
    $"can timeout: {stream.CanTimeout}");
  WriteLine($"length: {stream.Length}, position: {stream.Position}");
  if (stream.CanTimeout)
  {
    WriteLine($"read timeout: {stream.ReadTimeout} " +
      $"write timeout: {stream.WriteTimeout} ");
  }
}
```

对已打开的文件流运行这个程序，会得到下面的输出。位置目前为 0，因为尚未开始读取：

```
stream can read: True, can write: False, can seek: True, can timeout: False
length: 1113, position: 0
```

3. 分析文本文件的编码

对于文本文件，下一步是读取流中的第一个字节——序言。序言提供了文件如何编码的信息(使用的文本格式)。这也称为字节顺序标记(Byte Order Mark，BOM)。

读取一个流时，利用 ReadByte 可以从流中只读取一个字节，使用 Read()方法可以填充一个字节数组。使用 GetEncoding()方法创建了一个包含 5 字节的数组，使用 Read()方法填充字节数组。第二个和第三个参数指定字节数组中的偏移量和可用于填充的字节数。Read()方法返回读取的字节数；流可能小于缓冲区。如果没有更多的字符可用于读取，Read 方法就返回 0。

示例代码分析流的第一个字符，返回检测到的编码，并把流定位在编码字符后的位置(代码文件 StreamSamples / Program.cs):

```csharp
private Encoding GetEncoding(Stream stream)
{
  if (!stream.CanSeek) throw new ArgumentException(
    "require a stream that can seek");

  Encoding encoding = Encoding.ASCII;

  byte[] bom = new byte[5];
  int nRead = stream.Read(bom, offset: 0, count: 5);
  if (bom[0] == 0xff && bom[1] == 0xfe && bom[2] == 0 && bom[3] == 0)
  {
    WriteLine("UTF-32");
    stream.Seek(4, SeekOrigin.Begin);
    return Encoding.UTF32;
  }
  else if (bom[0] == 0xff && bom[1] == 0xfe)
  {
    WriteLine("UTF-16, little endian");
    stream.Seek(2, SeekOrigin.Begin);
    return Encoding.Unicode;
  }
  else if (bom[0] == 0xfe && bom[1] == 0xff)
  {
    WriteLine("UTF-16, big endian");
    stream.Seek(2, SeekOrigin.Begin);
    return Encoding.BigEndianUnicode;
  }
  else if (bom[0] == 0xef && bom[1] == 0xbb && bom[2] == 0xbf)
  {
    WriteLine("UTF-8");
    stream.Seek(3, SeekOrigin.Begin);
    return Encoding.UTF8;
  }
  stream.Seek(0, SeekOrigin.Begin);
  return encoding;
}
```

文件以 FF 和 FE 字符开头。这些字节的顺序提供了如何存储文档的信息。两字节的 Unicode 可以用小或大端字节顺序法存储。FF 紧随在 FE 之后，表示使用小端字节序，而 FE 后跟 FF，就表示使用大端字节序。这个字节顺序可以追溯到 IBM 的大型机，它使用大端字节给字节排序，Digital Equipment 中的 PDP11 系统使用小端字节序。通过网络与采用不同字节顺序的计算机通信时，要求改变一端的字节顺序。现在，英特尔 CPU 体系结构使用小端字节序，ARM 架构允许在小端和大端字节顺序之间切换。

这些编码的其他区别是什么？在 ASCII 中，每一个字符有 7 位就足够了。ASCII 最初基于英语字母表，提供了小写字母、大写字母和控制字符。

扩展的 ASCII 利用 8 位，允许切换到特定于语言的字符。切换并不容易，因为它需要关注代码地图，也没有为一些亚洲语言提供足够的字符。UTF-16(Unicode 文本格式)解决了这个问题，它为每一个字符使用 16 位。因为对于以前的字形，UTF-16 还不够，所以 UTF-32 为每一个字符使用 32 位。虽然 Windows NT 3.1 为默认文本编码切换为 UTF-16 (在以前 ASCII 的微软扩展中)，现在最常用的文本格式是 UTF-8。在 Web 上，UTF-8 是 自 2007 年以来最常用的文本格式(这个取代了 ASCII，是以前最常见的字符编码)。UTF-8 使用可变长度的字符定义。一个字符定义为使用 1 到 6 个字节。这个字符序列在文件的开头探测 UTF-8：0xEF、0xBB、0xBF。

23.4.2 读取流

打开文件并创建流后，使用 Read()方法读取文件。重复此过程，直到该方法返回 0 为止。使用在前面定义的 GetEncoding()方法中创建的 Encoder，创建一个字符串。不要忘记使用 Dispose()方法关闭流。如果可能，使用 using 语句(如本代码示例所示)自动销毁流(代码文件 StreamSamples/Program.cs)：

```csharp
public static void ReadFileUsingFileStream(string fileName)
{
  const int BUFFERSIZE = 256;
  using (var stream = new FileStream(fileName, FileMode.Open,
    FileAccess.Read, FileShare.Read))
  {
    ShowStreamInformation(stream);
    Encoding encoding = GetEncoding(stream);

    byte[] buffer = new byte[bufferSize];

    bool completed = false;
    do
    {
      int nread = stream.Read(buffer, 0, BUFFERSIZE);
      if (nread == 0) completed = true;
      if (nread < BUFFERSIZE)
      {
        Array.Clear(buffer, nread, BUFFERSIZE - nread);
      }

      string s = encoding.GetString(buffer, 0, nread);
      WriteLine($"read {nread} bytes");
      WriteLine(s);
    } while (!completed);
  }
}
```

23.4.3 写入流

把一个简单的字符串写入文本文件，就演示了如何写入流。为了创建一个可以写入的流，可以使用 File.OpenWrite()方法。这次通过 Path.GetTempFileName 创建一个临时文件名。GetTempFileName 定义的默认文件扩展名通过 Path.ChangeExtension 改为 txt(代码文件 StreamSamples / Program.cs)：

```csharp
public static void WriteTextFile()
{
  string tempTextFileName = Path.ChangeExtension(Path.GetTempFileName(),
    "txt");

  using (FileStream stream = File.OpenWrite(tempTextFileName))
  {
    //etc.
```

写入 UTF-8 文件时，需要把序言写入文件。为此，可以使用 WriteByte()方法，给流发送 3 个字节的 UTF-8 序言：

```
stream.WriteByte(0xef);
stream.WriteByte(0xbb);
stream.WriteByte(0xbf);
```

这有一个替代方案。不需要记住指定编码的字节。Encoding 类已经有这些信息了。GetPreamble() 方法返回一个字节数组，其中包含文件的序言。这个字节数组使用 Stream 类的 Write() 方法写入：

```
byte[] preamble = Encoding.UTF8.GetPreamble();
stream.Write(preamble, 0, preamble.Length);
```

现在可以写入文件的内容。Write() 方法需要写入字节数组，所以需要转换字符串。将字符串转换为 UTF-8 的字节数组，可以使用 Encoding.UTF8.GetBytes 完成这个工作，之后写入字节数组：

```
    string hello = "Hello, World!";
    byte[] buffer = Encoding.UTF8.GetBytes(hello);
    stream.Write(buffer, 0, buffer.Length);
    WriteLine($"file {stream.Name} written");
  }
}
```

可以使用编辑器(比如 Notepad)打开临时文件，它会使用正确的编码。

23.4.4 复制流

现在复制文件内容，把读写流合并起来。在下一个代码片段中，用 File.OpenRead 打开可读的流，用 File.OpenWrite 打开可写的流。使用 Stream.Read() 方法读取缓冲区，用 Stream.Write() 方法写入缓冲区(代码文件 StreamSamples / Program. cs)：

```
public static void CopyUsingStreams(string inputFile, string outputFile)
{
  const int BUFFERSIZE = 4096;
  using (var inputStream = File.OpenRead(inputFile))
  using (var outputStream = File.OpenWrite(outputFile))
  {
    byte[] buffer = new byte[BUFFERSIZE];
    bool completed = false;
    do
    {
      int nRead = inputStream.Read(buffer, 0, BUFFERSIZE);
      if (nRead == 0) completed = true;
      outputStream.Write(buffer, 0, nRead);
    } while (!completed);
  }
}
```

为了复制流，无须编写读写流的代码。而可以使用 Stream 类的 CopyTo 方法，如下所示(代码文件 StreamSamples / Program. cs)：

```
public static void CopyUsingStreams2(string inputFile, string outputFile)
{
  using (var inputStream = File.OpenRead(inputFile))
```

```
using (var outputStream = File.OpenWrite(outputFile))
{
  inputStream.CopyTo(outputStream);
}
}
```

23.4.5 随机访问流

随机访问流(甚至可以访问大文件)的一个优势是,可以快速访问文件中的特定位置。

为了了解随机存取动作,下面的代码片段创建了一个大文件。这个代码片段创建的文件sampledata.data 包含了长度相同的记录,包括一个数字、一个文本和一个随机的日期。传递给方法的记录数通过 Enumerable.Range 方法创建。Select 方法创建了一个匿名类型,其中包含 Number、Text 和 Date 属性。除了这些记录外,还创建一个带#前缀和后缀的字符串,每个值的长度都固定,每个值之间用;作为分隔符。WriteAsync 方法将记录写入流(代码文件 StreamSamples /Program.cs):

```
const string SampleFilePath = "./samplefile.data";

public static async Task CreateSampleFile(int nRecords)
{
  FileStream stream = File.Create(SampleFilePath);
  using (var writer = new StreamWriter(stream))
  {
    var r = new Random();

    var records = Enumerable.Range(0, nRecords).Select(x => new
    {
      Number = x,
      Text = $"Sample text {r.Next(200)}",
      Date = new DateTime(Math.Abs((long)((r.NextDouble() * 2 - 1) *
        DateTime.MaxValue.Ticks)))
    });

    foreach (var rec in records)
    {
      string date = rec.Date.ToString("d", CultureInfo.InvariantCulture);
      string s =
        $"#{rec.Number,8};{rec.Text,-20};{date}#{Environment.NewLine}";
      await writer.WriteAsync(s);
    }
  }
}
```

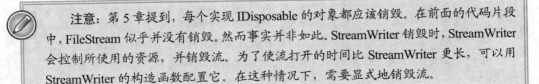

注意:第 5 章提到,每个实现 IDisposable 的对象都应该销毁。在前面的代码片段中,FileStream 似乎并没有销毁。然而事实并非如此。StreamWriter 销毁时,StreamWriter 会控制所使用的资源,并销毁流。为了使流打开的时间比 StreamWriter 更长,可以用 StreamWriter 的构造函数配置它。在这种情况下,需要显式地销毁流。

现在把游标定位到流中的一个随机位置,读取不同的记录。用户需要输入应该访问的记录号。流中应该访问的字节基于记录号和记录的大小。现在 Stream 类的 Seek 方法允许定位流中的光标。

第二个参数指定位置是流的开头、流的末尾或是当前位置(代码文件 StreamSamples /Program.cs):

```csharp
public static void RandomAccessSample()
{
  try
  {
    using (FileStream stream = File.OpenRead(SampleFilePath))
    {
      byte[] buffer = new byte[RECORDSIZE];
      do
      {
        try
        {
          Write("record number (or 'bye' to end): ");
          string line = ReadLine();
          if (line.ToUpper().CompareTo("BYE") == 0) break;

          int record;
          if (int.TryParse(line, out record))
          {
            stream.Seek((record - 1) * RECORDSIZE, SeekOrigin.Begin);
            stream.Read(buffer, 0, RECORDSIZE);
            string s = Encoding.UTF8.GetString(buffer);
            WriteLine($"record: {s}");
          }
        }
        catch (Exception ex)
        {
          WriteLine(ex.Message);
        }
      } while (true);
      WriteLine("finished");
    }
  }
  catch (FileNotFoundException)
  {
    WriteLine("Create the sample file using the option -sample first");
  }
}
```

利用这些代码,可以尝试创建一个包含 150 万条记录或更多的文件。使用记事本打开这个大小的文件会比较慢,但是使用随机存取会非常快。根据系统、CPU 和磁盘类型,可以使用更高或更低的值来测试。

注意:如果应该访问的记录的大小不固定,仍可以为大文件使用随机存取。解决这一问题的方法之一是把写入记录的位置放在文件的开头。另一个选择是读取记录所在的一个更大的块,在其中可以找到记录标识符和内存块中的记录限值条件。

23.4.6 使用缓存的流

从性能原因上看,在读写文件时,输出结果会被缓存。如果程序要求读取文件流中下面的两个字节,该流会把请求传递给 Windows,则 Windows 不会连接文件系统,再定位文件,并从磁盘中读取文件,仅读取 2 个字节。而是在一次读取过程中,检索文件中的一个大块,把该块保存在一个内存区域,即缓冲区上。以后对流中数据的请求就会从该缓冲区中读取,直到读取完该缓冲区为止。此时,Windows 会从文件中再获取另一个数据块。

写入文件的方式与此相同。对于文件,操作系统会自动完成读写操作,但需要编写一个流类,从其他没有缓存的设备中读取数据。如果是这样,就应从 BufferedStream 创建一个类,它实现一个缓冲区(但 BufferedStream 并不用于应用程序频繁切换读数据和写数据的情形)。

23.5 使用读取器和写入器

使用 FileStream 类读写文本文件,需要使用字节数组,处理前一节描述的编码。有更简单的方法:使用读取器和写入器。可以使用 StreamReader 和 StreamWriter 类读写 FileStream,无须处理字节数组和编码,比较轻松。

这是因为这些类工作的级别比较高,特别适合于读写文本。它们实现的方法可以根据流的内容,自动检测出停止读取文本较方便的位置。特别是:

- 这些类实现的方法(StreamReader.ReadLine 和 StreamWriter.WriteLine)可以一次读写一行文本。在读取文件时,流会自动确定下一个回车符的位置,并在该处停止读取。在写入文件时,流会自动把回车符和换行符追加到文本的末尾。
- 使用 StreamReader 和 StreamWriter 类,就不需要担心文件中使用的编码方式。

ReaderWriterSamples 的示例代码使用下面的依赖项和名称空间:

依赖项

```
NETStandard.Library
System.IO.FileSystem
```

名称空间

```
System
System.Collections.Generic
System.Globalization
System.IO
System.Linq
System.Text
System.Threading.Tasks
static System.Console
```

23.5.1 StreamReader 类

先看看 StreamReader,将前面的示例转换为读取文件以使用 StreamReader。它现在看起来容易得多。StreamReader 的构造函数接收 FileStream。使用 EndOfStream 属性可以检查文件的末尾,使用 ReadLine 方法读取文本行(代码文件 ReaderWriterSamples /Program.cs):

```csharp
public static void ReadFileUsingReader(string fileName)
{
  var stream = new FileStream(fileName, FileMode.Open, FileAccess.Read,
                    FileShare.Read);
  using (var reader = new StreamReader(stream))
  {
    while (!reader.EndOfStream)
    {
      string line = reader.ReadLine();
      WriteLine(line);
    }
  }
}
```

不再需要处理字节数组和编码。然而注意,StreamReader 默认使用 UTF - 8 编码。指定另一个构造函数,可以让 StreamReader 使用文件中序言定义的编码:

```csharp
var reader = new StreamReader(stream, detectEncodingFromByteOrderMarks: true);
```

也可以显式地指定编码:

```csharp
var reader = new StreamReader(stream, Encoding.Unicode);
```

其他构造函数允许设置要使用的缓冲区;默认为 1024 个字节。此外,还可以指定关闭读取器时,不应该关闭底层流。默认情况下,关闭读取器时(使用 Dispose 方法),会关闭底层流。

不显式实例化新的 StreamReader,而可以使用 File 类的 OpenText 方法创建 StreamReader:

```csharp
var reader = File.OpenText(fileName);
```

对于读取文件的代码片段,该文件使用 ReadLine 方法逐行读取。StreamReader 还允许在流中使用 ReadToEnd 从光标的位置读取完整的文件:

```csharp
string content = reader.ReadToEnd();
```

StreamReader 还允许把内容读入一个字符数组。这类似于 Stream 类的 Read 方法;它不读入字节数组,而是读入 char 数组。记住,char 类型使用两个字节。这适合于 16 位 Unicode,但不适合于 UTF-8,其中,一个字符的长度可以是 1 至 6 个字节:

```csharp
int nChars = 100;
char[] charArray = new char[nChars];
int nCharsRead = reader.Read(charArray, 0, nChars);
```

23.5.2 StreamWriter 类

StreamWriter 的工作方式与 StreamReader 相同,只是 StreamWriter 仅用于写入文件(或写入另一个流)。下面的代码片段传递 FileStream,创建了一个 StreamWriter。然后把传入的字符串数组写入流(代码文件 ReaderWriterSamples /Program.cs):

```csharp
public static void WriteFileUsingWriter(string fileName, string[] lines)
{
  var outputStream = File.OpenWrite(fileName);
  using (var writer = new StreamWriter(outputStream))
  {
    byte[] preamble = Encoding.UTF8.GetPreamble();
    outputStream.Write(preamble, 0, preamble.Length);
    writer.Write(lines);
  }
}
```

记住，StreamWriter 默认使用 UTF-8 格式写入文本内容。通过在构造函数中设置 Encoding 对象，可以定义替代的内容。另外，类似于 StreamReader 的构造函数，StreamWriter 允许指定缓冲区的大小，以及关闭写入器时是否不应该关闭底层流。

StreamWriter 的 Write() 方法定义了 17 个重载版本，允许传递字符串和一些 .NET 数据类型。请记住，使用传递 .NET 数据类型的方法，这些都会使用指定的编码变成字符串。要以二进制格式写入数据类型，可以使用下面介绍的 BinaryWriter。

23.5.3 读写二进制文件

读写二进制文件的一种选择是直接使用流类型；在这种情况下，最好使用字节数组执行读写操作。另一个选择是使用为这个场景定义的读取器和写入器：BinaryReader 和 BinaryWriter。使用它们的方式类似于使用 StreamReader 和 StreamWriter，但 BinaryReader 和 BinaryWriter 不使用任何编码。文件使用二进制格式而不是文本格式写入。

与 Stream 类型不同，BinaryWriter 为 Write() 方法定义了 18 个重载版本。重载版本接受不同的类型，如下面的代码片段所示，它写入 double、int、long 和 string（代码文件 ReaderWriterSamples/Program.cs）：

```csharp
public static void WriteFileUsingBinaryWriter(string binFile)
{
  var outputStream = File.Create(binFile);
  using (var writer = new BinaryWriter(outputStream))
  {
    double d = 47.47;
    int i = 42;
    long l = 987654321;
    string s = "sample";
    writer.Write(d);
    writer.Write(i);
    writer.Write(l);
    writer.Write(s);
  }
}
```

写入文件之后，就可以从 Visual Studio 使用二进制编辑器打开它，如图 23-4 所示。

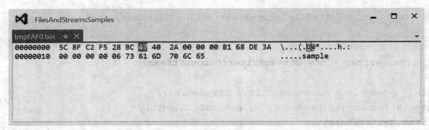

图 23-4

为了再次读取文件，可以使用 BinaryReader。这个类定义的方法会读取所有不同的类型，如 ReadDouble、ReadInt32、ReadInt64 和 ReadString，如下所示：

```
public static void ReadFileUsingBinaryReader(string binFile)
{
  var inputStream = File.Open(binFile, FileMode.Open);
  using (var reader = new BinaryReader(inputStream))
  {
    double d = reader.ReadDouble();
    int i = reader.ReadInt32();
    long l = reader.ReadInt64();
    string s = reader.ReadString();
    WriteLine($"d: {d}, i: {i}, l: {l}, s: {s}");
  }
}
```

读取文件的顺序必须完全匹配写入的顺序。创建自己的二进制格式时，需要知道存储的内容和方式，并用相应的方式读取。旧的微软 Word 文档使用二进制文件格式，而新的 docx 文件扩展是 ZIP 文件。如何读写压缩文件详见下一节。

23.6 压缩文件

.NET 包括使用不同的算法压缩和解压缩流的类型。可以使用 DeflateStream 和 GZipStream 来压缩和解压缩流；ZipArchive 类可以创建和读取 ZIP 文件。

DeflateStream 和 GZipStream 使用相同的压缩算法(事实上，GZipStream 在后台使用 DeflateStream)，但 GZipStream 增加了循环冗余校验，来检测数据的损坏情况。在 Windows 资源管理器中，可以直接打开 ZipArchive，但不能打开用 GZipStream 压缩的文件。第三方 GZip 工具可以打开用 gzipStream 压缩的文件。

 注意：DeflateStream 和 GZipStream 使用的算法是抑制算法。该算法由 RFC 1951 定义(https://tools.ietf.org/html/rfc1951)。这个算法被广泛认为不受专利的限制，因此得到广泛使用。

CompressFileSample 的示例代码使用了以下依赖项和名称空间：

依赖项

```
NETStandard.Library
System.IO.Compression
System.IO.Compression.ZipFile
```

名称空间

```
System.Collections.Generic
System.IO
System.IO.Compression
static System.Console
```

23.6.1 使用压缩流

如前所述,流的一个特性是,可以将它们链接起来。为了压缩流,只需要创建 DeflateStream,并给构造函数传递另一个流(在这个例子中,是写入文件的 outputStream),使用 CompressionMode.Compress 表示压缩。使用 Write 方法或其他功能写入这个流,如以下代码片段所示的 CopyTo() 方法,就是文件压缩所需的所有操作(代码文件 CompressFileSample /Program.cs):

```csharp
public static void CompressFile(string fileName, string compressedFileName)
{
  using (FileStream inputStream = File.OpenRead(fileName))
  {
    FileStream outputStream = File.OpenWrite(compressedFileName);
    using (var compressStream =
      new DeflateStream(outputStream, CompressionMode.Compress))
    {
      inputStream.CopyTo(compressStream);
    }
  }
}
```

为了再次把通过 DeflateStream 压缩的文件解压缩,下面的代码片段使用 FileStream 打开文件,并创建 DeflateStream 对象,把 CompressionMode.Decompress 传入文件流,表示解压缩。Stream.CopyTo 方法把解压缩的流复制到 MemoryStream 中。然后,这个代码片段利用 StreamReader 读取 MemoryStream 中的数据,把输出写到控制台。StreamReader 配置为打开所分配的 MemoryStream (使用 leaveOpen 参数),所以 MemoryStream 在关闭读取器后也可以使用:

```csharp
public static void DecompressFile(string fileName)
{
  FileStream inputStream = File.OpenRead(fileName);
  using (MemoryStream outputStream = new MemoryStream())
  using (var compressStream = new DeflateStream(inputStream,
      CompressionMode.Decompress))
  {
    compressStream.CopyTo(outputStream);
    outputStream.Seek(0, SeekOrigin.Begin);
    using (var reader = new StreamReader(outputStream, Encoding.UTF8,
      detectEncodingFromByteOrderMarks: true, bufferSize: 4096,
```

```
            leaveOpen: true))
        {
            string result = reader.ReadToEnd();
            WriteLine(result);
        }
        // could use the outputStream after the StreamReader is closed
    }
}
```

23.6.2 压缩文件

今天，ZIP 文件格式是许多不同文件类型的标准。Word 文档(docx)以及 NuGet 包都存储为 ZIP 文件。在.NET 中，很容易创建 ZIP 归档文件。

要创建 ZIP 归档文件，可以创建一个 ZipArchive 对象。ZipArchive 包含多个 ZipArchiveEntry 对象。ZipArchive 类不是一个流，但是它使用流进行读写。下面的代码片段创建一个 ZipArchive，将压缩内容写入用 File.OpenWrite 打开的文件流中。添加到 ZIP 归档文件中的内容由所传递的目录定义。Directory.EnumerateFiles 枚举了目录中的所有文件，为每个文件创建一个 ZipArchiveEntry 对象。调用 Open 方法创建一个 Stream 对象。使用要读取的 Stream 的 CopyTo 方法，压缩文件，写入 ZipArchiveEntry (代码文件 CompressFileSample / Program.cs)：

```
public static void CreateZipFile(string directory, string zipFile)
{
    FileStream zipStream = File.OpenWrite(zipFile);
    using (var archive = new ZipArchive(zipStream, ZipArchiveMode.Create))
    {
        IEnumerable<string> files = Directory.EnumerateFiles(
            directory, "*", SearchOption.TopDirectoryOnly);
        foreach (var file in files)
        {
            ZipArchiveEntry entry = archive.CreateEntry(Path.GetFileName(file));
            using (FileStream inputStream = File.OpenRead(file))
            using (Stream outputStream = entry.Open())
            {
                inputStream.CopyTo(outputStream);
            }
        }
    }
}
```

23.7 观察文件的更改

使用 FileSystemWatcher 可以监视文件的更改。事件在创建、重命名、删除和更改文件时触发。这可用于如下场景：需要对文件的变更做出反应，例如，服务器上传文件时，或文件缓存在内存中，而缓存需要在文件更改时失效。

因为 FileSystemWatcher 易于使用，所以下面直接开始一个示例。FileMonitor 的示例代码利用以下依赖项和名称空间：

依赖项

```
NETStandard.Library
System.IO.FileSystem.Watcher
```

名称空间

```
System.IO
static System.Console
```

示例代码在 WatchFiles()方法中开始观察文件。使用 FileSystemWatcher 的构造函数时，可以提供应该观察的目录。还可以提供一个过滤器，只过滤出与过滤表达式匹配的特定文件。当设置属性 IncludeSubdirectories 时，可以定义是否应该只观察指定目录中的文件，或者是否还应该观察子目录中的文件。对于 Created、Changed、Deleted 和 Renamed 事件，提供事件处理程序。所有这些事件的类型都是 FileSystemEventHandler，只有 Renamed 事件的类型是 RenamedEventHandler。RenamedEventHandler 派生自 FileSystemEventHandler，提供了事件的附加信息(代码文件 FileMonitor/Program.cs)：

```csharp
public static void WatchFiles(string path, string filter)
{
  var watcher = new FileSystemWatcher(path, filter)
  {
    IncludeSubdirectories = true
  };
  watcher.Created += OnFileChanged;
  watcher.Changed += OnFileChanged;
  watcher.Deleted += OnFileChanged;
  watcher.Renamed += OnFileRenamed;

  watcher.EnableRaisingEvents = true;
  WriteLine("watching file changes...");
}
```

因文件变更而接收到的信息是 FileSystemEventArgs 类型。它包含了变更文件的名字，这种变更是一个 WatcherChangeTypes 类型的枚举：

```csharp
private static void OnFileChanged(object sender, FileSystemEventArgs e)
{
  WriteLine($"file {e.Name} {e.ChangeType}");
}
```

重命名文件时，通过 RenamedEventArgs 参数收到其他信息。这个类型派生自 FileSystemEventArgs，它定义了文件原始名称的额外信息：

```csharp
private static void OnFileRenamed(object sender, RenamedEventArgs e)
{
  WriteLine($"file {e.OldName} {e.ChangeType} to {e.Name}");
}
```

指定要观察的文件夹和*.txt 作为过滤器，启动应用程序，创建文件 sample1.txt，添加内容，把它重命名为 sample2.txt，最后删除它，输出如下。

```
watching file changes...
file New Text Document.txt Created
file New Text Document.txt Renamed to sample1.txt
file sample1.txt Changed
file sample1.txt Changed
file sample1.txt Renamed to sample2.txt
file sample2.txt Deleted
```

23.8 使用内存映射的文件

内存映射文件允许访问文件,或在不同的进程中共享内存。这个技术有几个场景和特点:
- 使用文件地图,快速随机访问大文件
- 在不同的进程或任务之间共享文件
- 在不同的进程或任务之间共享内存
- 使用访问器直接从内存位置进行读写
- 使用流进行读写

内存映射文件 API 允许使用物理文件或共享的内存,其中把系统的页面文件用作后备存储器。共享的内存可以大于可用的物理内存,所以需要一个后备存储器。可以为特定的文件或共享的内存创建一个内存映射文件。使用这两个选项,可以给内存映射指定名称。使用名称,允许不同的进程访问同一个共享的内存。

创建了内存映射之后,就可以创建一个视图。视图用于映射完整内存映射文件的一部分,以访问它,进行读写。

MemoryMappedFilesSample 利用下面的依赖项和名称空间:

依赖项

```
NETStandard.Library
System.IO.MemoryMappedFiles
```

名称空间

```
System
System.IO
System.IO.MemoryMappedFiles
System.Threading
System.Threading.Tasks
static System.Console
```

示例应用程序演示了如何通过内存映射文件,使用这两种视图访问器和流完成多个任务。一个任务是创建内存映射文件和写入数据;另一个任务是读取数据。

 注意:示例代码使用了任务和事件。任务参见第 21 章。事件参见第 22 章。

准备好映射，写入数据时，需要一些基础设施来创建任务，发出信号。映射的名称和 ManualResetEventSlim 对象定义为 Program 类的一个成员(代码文件 MemoryMappedFilesSample/Program.cs)：

```
private ManualResetEventSlim _mapCreated =
  new ManualResetEventSlim(initialState: false);
private ManualResetEventSlim _dataWrittenEvent =
  new ManualResetEventSlim(initialState: false);
private const string MAPNAME = "SampleMap";
```

在 Main 方法中使用 Task.Run 方法开始执行任务：

```
public void Run()
{
  Task.Run(() => WriterAsync());
  Task.Run(() => Reader());
  WriteLine("tasks started");
  ReadLine();
}
```

现在使用访问器创建读取器和写入器。

23.8.1 使用访问器创建内存映射文件

为了创建一个基于内存的内存映射文件，写入器调用了 MemoryMappedFile.CreateOrOpen 方法。这个方法打开第一个参数指定名称的对象，如果它不存在，就创建一个新对象。要打开现有的文件，可以使用 OpenExisting 方法。为了访问物理文件，可以使用 CreateFromFile 方法。

示例代码中使用的其他参数是内存映射文件的大小和所需的访问。创建内存映射文件后，给事件 _mapCreated 发出信号，给其他任务提供信息，说明已经创建了内存映射文件，可以打开它了。调用方法 CreateViewAccessor，返回一个 MemoryMappedViewAccessor，以访问共享的内存。使用视图访问器，可以定义这一任务使用的偏移量和大小。当然，可以使用的最大大小是内存映射文件的大小。这个视图用于写入，因此文件访问设置为 MemoryMappedFileAccess.Write。

接下来，使用 MemoryMappedViewAccessor 的重载 Write 方法，可以将原始数据类型写入共享内存。Write 方法总是需要位置信息，来指定数据应该写入的位置。写入所有的数据之后，给一个事件发出信号，通知读取器，现在可以开始读取了(代码文件 MemoryMappedFilesSample /Program.cs)：

```
private async Task WriterAsync()
{
  try
  {
    using (MemoryMappedFile mappedFile = MemoryMappedFile.CreateOrOpen(
      MAPNAME, 10000, MemoryMappedFileAccess.ReadWrite))
    {
      _mapCreated.Set(); // signal shared memory segment created
      WriteLine("shared memory segment created");

      using (MemoryMappedViewAccessor accessor = mappedFile.CreateViewAccessor(
          0, 10000, MemoryMappedFileAccess.Write))
      {
        for (int i = 0, pos = 0; i < 100; i++, pos += 4)
```

```csharp
      {
        accessor.Write(pos, i);
        WriteLine($"written {i} at position {pos}");
        await Task.Delay(10);
      }
      _dataWrittenEvent.Set(); // signal all data written
      WriteLine("data written");
    }
   }
  }
  catch (Exception ex)
  {
    WriteLine($"writer {ex.Message}");
  }
}
```

读取器首先等待创建内存映射文件,再使用 MemoryMappedFile.OpenExisting 打开它。读取器只需要映射的读取权限。之后,与前面的写入器类似,创建一个视图访问器。在读取数据之前,等待设置_dataWrittenEvent。读取类似于写入,因为也要提供应该访问数据的位置,但是不同的 Read 方法,如 ReadInt32,用于读取不同的数据类型:

```csharp
private void Reader()
{
  try
  {
    WriteLine("reader");
    _mapCreated.Wait();
    WriteLine("reader starting");

    using (MemoryMappedFile mappedFile = MemoryMappedFile.OpenExisting(
      MAPNAME, MemoryMappedFileRights.Read))
    {
      using (MemoryMappedViewAccessor accessor = mappedFile.CreateViewAccessor(
        0, 10000, MemoryMappedFileAccess.Read))
      {
        _dataWrittenEvent.Wait();
        WriteLine("reading can start now");

        for (int i = 0; i < 400; i += 4)
        {
          int result = accessor.ReadInt32(i);
          WriteLine($"reading {result} from position {i}");
        }
      }
    }
  }
  catch (Exception ex)
  {
    WriteLine($"reader {ex.Message}");
  }
}
```

运行应用程序,输出如下:

```
reader
reader starting
tasks started
shared memory segment created
written 0 at position 0
written 1 at position 4
written 2 at position 8
...
written 99 at 396
data written
reading can start now
reading 0 from position 0
reading 1 from position 4
...
```

23.8.2 使用流创建内存映射文件

除了用内存映射文件写入原始数据类型之外,还可以使用流。流允许使用读取器和写入器,如本章前面所述。现在创建一个写入器来使用 StreamWriter。MemoryMappedFile 中的方法 CreateViewStream() 返回 MemoryMappedViewStream。这个方法非常类似于前面使用的 CreateViewAccessor()方法,也是在映射内定义一个视图,有了偏移量和大小,可以方便地使用流的所有特性。

然后使用 WriteLineAsync()方法把一个字符串写到流中。StreamWriter 缓存写入操作,所以流的位置不是在每个写入操作中都更新,只在写入器写入块时才更新。为了用每次写入的内容刷新缓存,要把 StreamWriter 的 AutoFlush 属性设置为 true(代码文件 MemoryMappedFilesSample /Program.cs):

```
private async Task WriterUsingStreams()
{
  try
  {
    using (MemoryMappedFile mappedFile = MemoryMappedFile.CreateOrOpen(
       MAPNAME, 10000, MemoryMappedFileAccess.ReadWrite))
    {
      _mapCreated.Set(); // signal shared memory segment created
      WriteLine("shared memory segment created");

      MemoryMappedViewStream stream = mappedFile.CreateViewStream(
         0, 10000, MemoryMappedFileAccess.Write);
      using (var writer = new StreamWriter(stream))
      {
        writer.AutoFlush = true;
        for (int i = 0; i < 100; i++)
        {
          string s = $"some data {i}";
          WriteLine($"writing {s} at {stream.Position}");
          await writer.WriteLineAsync(s);
        }
      }
      _dataWrittenEvent.Set(); // signal all data written
      WriteLine("data written");
    }
```

```
    }
    catch (Exception ex)
    {
      WriteLine($"writer {ex.Message}");
    }
}
```

读取器同样用 CreateViewStream 创建了一个映射视图流，但这次需要读取权限。现在可以使用 StreamReader()方法从共享内存中读取内容：

```
private async Task ReaderUsingStreams()
{
  try
  {
    WriteLine("reader");
    _mapCreated.Wait();
    WriteLine("reader starting");

    using (MemoryMappedFile mappedFile = MemoryMappedFile.OpenExisting(
      MAPNAME, MemoryMappedFileRights.Read))
    {
      MemoryMappedViewStream stream = mappedFile.CreateViewStream(
          0, 10000, MemoryMappedFileAccess.Read);
      using (var reader = new StreamReader(stream))
      {
        _dataWrittenEvent.Wait();
        WriteLine("reading can start now");

        for (int i = 0; i < 100; i++)
        {
          long pos = stream.Position;
          string s = await reader.ReadLineAsync();
          WriteLine($"read {s} from {pos}");
        }
      }
    }
  }
  catch (Exception ex)
  {
    WriteLine($"reader {ex.Message}");
  }
}
```

运行应用程序时，可以看到读写的数据。写入数据时，流中的位置总是更新，因为设置了 AutoFlush 属性。读取数据时，总是读取 1024 字节的块。

```
tasks started
reader
reader starting
shared memory segment created
writing some data 0 at 0
writing some data 1 at 13
writing some data 2 at 26
writing some data 3 at 39
```

```
writing some data 4 at 52
...
data written
reading can start now
read some data 0 from 0
read some data 1 from 1024
read some data 2 from 1024
read some data 3 from 1024
...
```

通过内存映射文件通信时，必须同步读取器和写入器，这样读取器才知道数据何时可用。下一节讨论的管道给这样的场景提供了其他选项。

23.9 使用管道通信

为了在线程和进程之间通信，在不同的系统之间快速通信，可以使用管道。在.NET 中，管道实现为流，因此不仅可以把字节发送到管道，还可以使用流的所有特性，如读取器和写入器。

管道实现为不同的类型：一种是命名管道，其中的名称可用于连接到每一端，另一种是匿名管道。匿名管道不能用于不同系统之间的通信；只能用于一个父子进程之间的通信或不同任务之间的通信。

所有管道示例的代码都利用以下依赖项和名称空间：

依赖项

```
NETStandard.Library
System.IO.Pipes
```

名称空间

```
System
System.IO
System.IO.Pipes
System.Threading
System.Threading.Tasks
static System.Console
```

下面先使用命名管道在不同的进程之间进行通信。在第一个示例应用程序中，使用了两个控制台应用程序。一个充当服务器，从管道中读取数据；另一个把消息写入管道。

23.9.1 创建命名管道服务器

通过创建 NamedPipeServerStream 的一个新实例，来创建服务器。NamedPipeServerStream 派生自基类 PipeStream，PipeStream 派生自 Stream 基类，因此可以使用流的所有功能，例如，可以创建 CryptoStream 或 GZipStream，把加密或压缩的数据写入命名管道。构造函数需要管道的名称，通过管道通信的多个进程可以使用该管道。

用于下面代码片段的第二个参数定义了管道的方向。服务器流用于读取，因此将方向设置为

PipeDirection.In。命名管道也可以是双向的,用于读写,此时使用 PipeDirection.InOut。匿名管道只能是单向的。接下来,调用 WaitForConnection()方法,命名管道等待写入方的连接。然后,在一个循环中(直到收到消息"bye"),管道服务器把消息读入缓冲区数组,把消息写到控制台(代码文件 PipesReader /Program.cs):

```csharp
private static void PipesReader(string pipeName)
{
  try
  {
    using (var pipeReader =
      new NamedPipeServerStream(pipeName, PipeDirection.In))
    {
      pipeReader.WaitForConnection();
      WriteLine("reader connected");

      const int BUFFERSIZE = 256;

      bool completed = false;
      while (!completed)
      {
        byte[] buffer = new byte[BUFFERSIZE];
        int nRead = pipeReader.Read(buffer, 0, BUFFERSIZE);
        string line = Encoding.UTF8.GetString(buffer, 0, nRead);
        WriteLine(line);
        if (line == "bye") completed = true;
      }
    }
    WriteLine("completed reading");
    ReadLine();
  }
  catch (Exception ex)
  {
    WriteLine(ex.Message);
  }
}
```

以下是可以用命名管道配置的其他一些选项:
- 可以把枚举 PipeTransmissionMode 设置为 Byte 或 Message。设置为 Byte,就发送一个连续的流,设置为 Message,就可以检索每条消息。
- 使用管道选项,可以指定 WriteThrough 立即写入管道,而不缓存。
- 可以为输入和输出配置缓冲区大小。
- 配置管道安全性,指定谁允许读写管道。安全性参见第 24 章。
- 可以配置管道句柄的可继承性,这对与子进程进行通信是很重要的。

因为 NamedPipeServerStream 是一个流,所以可以使用 StreamReader,而不是读取字节数组,该方法简化了代码:

```csharp
var pipeReader = new NamedPipeServerStream(pipeName, PipeDirection.In);
using (var reader = new StreamReader(pipeReader))
{
  pipeReader.WaitForConnection();
```

```csharp
    WriteLine("reader connected");

    bool completed = false;
    while (!completed)
    {
      string line = reader.ReadLine();
      WriteLine(line);
      if (line == "bye") completed = true;
    }
  }
```

23.9.2 创建命名管道客户端

现在需要一个客户端。服务器读取消息，客户端就写入它们。

通过实例化一个 NamedPipeClientStream 对象来创建客户端。因为命名管道可以在网络上通信，所以需要服务器名称、管道的名称和管道的方向。客户端通过调用 Connect()方法来连接。连接成功后，就在 StreamWriter 上调用 WriteLine，把消息发送给服务器。默认情况下，消息不立即发送；而是缓存起来。调用 Flush()方法把消息推到服务器上。也可以立即传送所有的消息，而不调用 Flush()方法。为此，必须配置选项，在创建管道时遍历缓存文件(代码文件 PipesWriter / Program.cs)：

```csharp
public static void PipesWriter(string pipeName)
{
  var pipeWriter = new NamedPipeClientStream("TheRocks",
      pipeName, PipeDirection.Out);
  using (var writer = new StreamWriter(pipeWriter))
  {
    pipeWriter.Connect();
    WriteLine("writer connected");

    bool completed = false;
    while (!completed)
    {
      string input = ReadLine();
      if (input == "bye") completed = true;

      writer.WriteLine(input);
      writer.Flush();
    }
  }
  WriteLine("completed writing");
}
```

为了在 Visual Studio 内开始两个项目，可以用 Debug | Set Startup Projects 配置多个启动项目。运行应用程序，一个控制台的输入就在另一个控制台上回应。

23.9.3 创建匿名管道

下面对匿名管道执行类似的操作。通过匿名管道，创建两个彼此通信的任务。为了给管道的创建发出信号，使用 ManualResetEventSlim 对象，与内存映射文件一样。在 Program 类的 Run 方法中，创建两个任务，调用 Reader 和 Writer 方法(代码文件 AnonymousPipes /Program.cs)：

```csharp
private string _pipeHandle;
private ManualResetEventSlim _pipeHandleSet;

static void Main()
{
  var p = new Program();
  p.Run();
  ReadLine();
}

public void Run()
{
  _pipeHandleSet = new ManualResetEventSlim(initialState: false);

  Task.Run(() => Reader());
  Task.Run(() => Writer());
  ReadLine();
}
```

创建一个 AnonymousPipeServerStream，定义 PipeDirection.In，把服务器端充当读取器。通信的另一端需要知道管道的客户端句柄。这个句柄在 GetClientHandleAsString 方法中转换为一个字符串，赋予_pipeHandle 变量。这个变量以后由充当写入器的客户端使用。在最初的处理后，管道服务器可以作为一个流，因为它本来就是一个流：

```csharp
private void Reader()
{
  try
  {
    var pipeReader = new AnonymousPipeServerStream(PipeDirection.In,
      HandleInheritability.None);
    using (var reader = new StreamReader(pipeReader))
    {
      _pipeHandle = pipeReader.GetClientHandleAsString();
      WriteLine($"pipe handle: {_pipeHandle}");
      _pipeHandleSet.Set();

      bool end = false;
      while (!end)
      {
        string line = reader.ReadLine();
        WriteLine(line);
        if (line == "end") end = true;
      }
      WriteLine("finished reading");
    }
  }
  catch (Exception ex)
  {
    WriteLine(ex.Message);
  }
}
```

客户端代码等到变量_pipeHandleSet 发出信号，就打开由_pipeHandle 变量引用的管道句柄。后

来的处理用 StreamWriter 继续:

```
private void Writer()
{
  WriteLine("anonymous pipe writer");
  _pipeHandleSet.Wait();

  var pipeWriter = new AnonymousPipeClientStream(
    PipeDirection.Out, _pipeHandle);
  using (var writer = new StreamWriter(pipeWriter))
  {
    writer.AutoFlush = true;
    WriteLine("starting writer");
    for (int i = 0; i < 5; i++)
    {
      writer.WriteLine($"Message {i}");
      Task.Delay(500).Wait();
    }
    writer.WriteLine("end");
  }
}
```

运行应用程序时,两个任务就相互通信,在任务之间发送数据。

23.10 通过 Windows 运行库使用文件和流

通过 Windows 运行库,可以使用本地类型实现流。尽管它们用本地代码实现,但看起来类似于 .NET 类型。然而,它们是有区别的:对于流,Windows 运行库在名称空间 Windows.Storage.Streams 中实现自己的类型。其中包含 FileInputStream、FileOutputStream 和 RandomAccessStreams 等类。所有这些类都基于接口,例如 IInputStream、IOutputStream 和 IRandomAccessStream。还有读取器和写入器的概念。Windows 运行库的读取器和写入器类型是 DataReader 和 DataWriter。

下面看看它与前面的 .NET 流有什么不同,.NET 流和类型如何映射到这些本地类型上。

23.10.1 Windows 应用程序编辑器

本章前面创建了一个 WPF 编辑器,来读写文件。现在创建一个新的编辑器作为 Windows 应用程序,首先使用 Windows Universal Blank App Visual Studio 模板。

为了添加打开和保存文件的命令,在主页上添加一个带 AppBarButton 元素的 CommandBar (代码文件 WindowsAppEditor / MainPage. xaml):

```
<Page.BottomAppBar>
  <CommandBar IsOpen="True">
    <AppBarButton Icon="OpenFile" Label="Open" Click="{x:Bind OnOpen}" />
    <AppBarButton Icon="Save" Label="Save" Click="{x:Bind OnSave}" />
  </CommandBar>
</Page.BottomAppBar>
```

添加到 Grid 中的 TextBox 接收文件的内容:

```
<Grid Background="{ThemeResource ApplicationPageBackgroundThemeBrush}">
```

```xml
<TextBox x:Name="text1" AcceptsReturn="True" />
</Grid>
```

OnOpen 句柄首先启动对话框，用户可以在其中选择文件。记住，前面使用了 OpenFileDialog。在 Windows 应用程序中，可以使用选择器。要打开文件，FileOpenPicker 是首选的类型。可以配置此选择器，为用户定义建议的开始位置。将 SuggestedStartLocation 设置为 PickerLocationId.DocumentsLibrary，打开用户的文档文件夹。PickerLocationId 是定义各种特殊文件夹的枚举。

接下来，FileTypeFilter 集合指定应该为用户列出的文件类型。最后，方法 PickSingleFileAsync 返回用户选择的文件。为了让用户选择多个文件，可以使用方法 PickMultipleFilesAsync。这个方法返回一个 StorageFile。StorageFile 是在 Windows.Storage 名称空间中定义的。这个类相当于 FileInfo 类，用于打开、创建、复制、移动和删除文件(代码文件 WindowsAppEditor / MainPage.xaml.cs)：

```csharp
public async void OnOpen()
{
  try
  {
    var picker = new FileOpenPicker()
    {
      SuggestedStartLocation = PickerLocationId.DocumentsLibrary
    };
    picker.FileTypeFilter.Add(".txt");

    StorageFile file = await picker.PickSingleFileAsync();
    //...
```

现在，使用方法 OpenReadAsync()打开文件。这个方法返回一个实现了接口 IRandomAccessStreamWithContentType 的流，IRandomAccessStreamWithContentType 派生于接口 IRandomAccessStream、IInputStream、IOuputStream、IContentProvider 和 IDisposable。IRandomAccessStream 允许使用 Seek 方法随机访问流，提供了流大小的信息。IInputStream 定义了读取流的方法 ReadAsync。IOutputStream 正好相反，它定义了 WriteAsync 和 FlushAsync 方法。IContentTypeProvider 定义了属性 ContentType，提供文件内容的信息。还记得文本文件的编码吗？现在可以调用 ReadAsync()方法，读取流的内容。然而，Windows 运行库也知道前面讨论的读取器和写入器概念。DataReader 通过构造函数接受 IInputStream。DataReader 类型定义的方法可以读取原始数据类型，如 ReadInt16、ReadInt32 和 ReadDateTime。使用 ReadBytes 可以读取字节数组，使用 ReadString 可以读取字符串。ReadString() 方法需要要读取的字符数。字符串赋给 TextBox 控件的 Text 属性，来显示内容：

```csharp
    //...
    if (file != null)
    {
      IRandomAccessStreamWithContentType stream = await file.OpenReadAsync();
      using (var reader = new DataReader(stream))
      {
        await reader.LoadAsync((uint)stream.Size);

        text1.Text = reader.ReadString((uint)stream.Size);
      }
    }
  }
  catch (Exception ex)
```

```
{
  var dlg = new MessageDialog(ex.Message, "Error");
  await dlg.ShowAsync();
}
}
```

> **注意**：与.NET Framework 的读取器和写入器类似，DataReader 和 DataWriter 管理通过构造函数传递的流。在销毁读取器和写入器时，流也会销毁。在.NET 类中，为了底层流打开更长时间，可以在构造函数中设置 leaveOpen 参数。对于 Windows 运行库类型，可以调用方法 DetachStream，把读取器和写入器与流分离开。

保存文档时，调用 OnSave()方法。首先，FileSavePicker 用于允许用户选择文档，与 FileOpenPicker 类似。接下来，使用 OpenTransactedWriteAsync 打开文件。NTFS 文件系统支持事务；这些都不包含在.NET Framework 中，但可用于 Windows 运行库。OpenTransactedWriteAsync 返回一个实现了接口 IStorageStreamTransaction 的 StorageStreamTransaction 对象。这个对象本身并不是流，但是它包含了一个可以用 Stream 属性引用的流。这个属性返回一个 IRandomAccessStream 流。与创建 DataReader 类似，可以创建一个 DataWriter，写入原始数据类型，包括字符串，如这个例子所示。StoreAsync 方法最后把缓冲区的内容写到流中。销毁写入器之前，需要调用 CommitAsync 方法来提交事务：

```
public async void OnSave()
{
  try
  {
    var picker = new FileSavePicker()
    {
      SuggestedStartLocation = PickerLocationId.DocumentsLibrary,
      SuggestedFileName = "New Document"
    };
    picker.FileTypeChoices.Add("Plain Text", new List<string>() { ".txt" });

    StorageFile file = await picker.PickSaveFileAsync();
    if (file != null)
    {
      using (StorageStreamTransaction tx =
        await file.OpenTransactedWriteAsync())
      {
        IRandomAccessStream stream = tx.Stream;
        stream.Seek(0);
        using (var writer = new DataWriter(stream))
        {
          writer.WriteString(text1.Text);
          tx.Stream.Size = await writer.StoreAsync();
          await tx.CommitAsync();
        }
      }
    }
  }
  catch (Exception ex)
```

```
{
    var dlg = new MessageDialog(ex.Message, "Error");
    await dlg.ShowAsync();
  }
}
```

DataWriter 不把定义 Unicode 文件种类的序言添加到流中。需要明确这么做,如本章前面所述。DataWriter 只通过设置 UnicodeEncoding 和 ByteOrder 属性来处理文件的编码。默认设置是 UnicodeEncoding.Utf8 和 ByteOrder.BigEndian。除了使用 DataWriter 之外,还可以利用 StreamReader 和 StreamWriter 以及.NET Stream 类的功能,见下一节。

23.10.2 把 Windows Runtime 类型映射为.NET 类型

下面开始读取文件。为了把 Windows 运行库流转换为.NET 流用于读取,可以使用扩展方法 AsStreamForRead。这个方法是在程序集 System.Runtime.WindowsRuntime 的 System.IO 名称空间中定义(必须打开)。这个方法创建了一个新的 Stream 对象,来管理 IInputStream。现在,可以使用它作为正常的.NET 流,如前所述,例如,给它传递一个 StreamReader,使用这个读取器访问文件:

```
public async void OnOpenDotnet()
{
  try
  {
    var picker = new FileOpenPicker()
    {
      SuggestedStartLocation = PickerLocationId.DocumentsLibrary
    };
    picker.FileTypeFilter.Add(".txt");

    StorageFile file = await picker.PickSingleFileAsync();
    if (file != null)
    {
      IRandomAccessStreamWithContentType wrtStream =
        await file.OpenReadAsync();
      Stream stream = wrtStream.AsStreamForRead();
      using (var reader = new StreamReader(stream))
      {
        text1.Text = await reader.ReadToEndAsync();
      }
    }
  }
  catch (Exception ex)
  {
    var dlg = new MessageDialog(ex.Message, "Error");
    await dlg.ShowAsync();
  }
}
```

所有的 Windows Runtime 流类型都很容易转换为.NET 流,反之亦然。表 23-2 列出了所需的方法:

表 23-2

从	转 换 为	方 法
IRandomAccessStream	Stream	AsStream
IInputStream	Stream	AsStreamForRead
IOutputStream	Stream	AsStreamForWrite
Stream	IInputStream	AsInputStream
Stream	IOutputStream	AsOutputStream
Stream	IRandomAccessStream	AsRandomAccessStream

现在将更改保存到文件中。用于写入的流通过扩展方法 **AsStreamForWrite** 转换。现在，这个流可以使用 StreamWriter 类写入。代码片段也把 UFT-8 编码的序言写入文件：

```
public async void OnSaveDotnet()
{
  try
  {
    var picker = new FileSavePicker()
    {
      SuggestedStartLocation = PickerLocationId.DocumentsLibrary,
      SuggestedFileName = "New Document"
    };
    picker.FileTypeChoices.Add("Plain Text", new List<string>() { ".txt" });

    StorageFile file = await picker.PickSaveFileAsync();
    if (file != null)
    {
      StorageStreamTransaction tx = await file.OpenTransactedWriteAsync();
      using (var writer = new StreamWriter(tx.Stream.AsStreamForWrite()))
      {
        byte[] preamble = Encoding.UTF8.GetPreamble();
        await stream.WriteAsync(preamble, 0, preamble.Length);
        await writer.WriteAsync(text1.Text);
        await writer.FlushAsync();
        tx.Stream.Size = (ulong)stream.Length;
        await tx.CommitAsync();
      }
    }
  }
  catch (Exception ex)
  {
    var dlg = new MessageDialog(ex.Message, "Error");
    await dlg.ShowAsync();
  }
}
```

23.11 小结

本章介绍了如何在 C#代码中使用.NET 基类来访问文件系统。在这两种情况下，基类提供的对象模型比较简单，但功能强大，从而很容易执行这些领域中几乎所有的操作。对于文件系统，可以复制文件；移动、创建、删除文件和文件夹；读写二进制文件和文本文件。

本章学习了如何使用压缩算法和 ZIP 文件来压缩文件。在更改文件时，FileSystemWatcher 用于获取信息。还解释了如何通过共享内存、命名管道和匿名管道进行通信。最后，讨论了如何把.NET 流映射到 Windows 运行库流，在 Windows 应用程序中利用.NET 特性。

本书的其他章节会介绍流的操作。第 25 章在网络上使用流发送数据。读写 XML 文件和发送大型 XML 文件的内容参见第 27 章。

第 24 章将介绍安全性以及如何保护文件，如何添加安全信息，在不同的进程之间使用内存映射文件。还会学习 CryptoStream，无论用于文件还是网络，CryptoStream 都会加密流。

第24章

安 全 性

本章要点：

- 身份验证和授权
- 创建和验证签名
- 保护数据的交换
- 签名和散列
- 数据保护
- 资源的访问控制

本章源代码下载地址(wrox.com)：

打开网页 www.wrox.com/go/professionalcsharp6，单击 Download Code 选项卡即可下载本章源代码。本章代码分为以下几个主要的示例文件：

- WindowsPrincipal
- SigningDemo
- SecureTransfer
- RSASample
- DataProtection
- FileAccessControl

24.1 概述

为了确保应用程序的安全，安全性有几个重要方面需要考虑。一是应用程序的用户，访问应用程序的是一个真正的用户，还是伪装成用户的某个人？如何确定这个用户是可以信任的？如本章所述，确保应用程序安全的用户方面是一个两阶段过程：用户首先需要进行身份验证，再进行授权，以验证该用户是否可以使用需要的资源。

对于在网络上存储或发送的数据呢？例如，有人可以通过网络嗅探器访问这些数据吗？这里，数据的加密很重要。一些技术，如 Windows Communication Foundation(WCF)，通过简单的配置提供了加密功能，所以可以看到后台执行了什么操作。

另一方面是应用程序本身。如果应用程序驻留在 Web 提供程序上，如何禁止应用程序执行对服务器有害的操作？

本章将讨论.NET 中有助于管理安全性的一些特性，其中包括.NET 怎样避开恶意代码、怎样管理安全性策略，以及怎样通过编程访问安全子系统等。

24.2 验证用户信息

安全性的两个基本支柱是身份验证和授权。身份验证是标识用户的过程，授权在验证了所标识用户是否可以访问特定资源之后进行。本节介绍如何使用标识符和 principals 获得用户的信息。

24.2.1 使用 Windows 标识

使用标识可以验证运行应用程序的用户。WindowsIndentity 类表示一个 Windows 用户。如果没有用 Windows 账户标识用户，也可以使用实现了 IIdentity 接口的其他类。通过这个接口可以访问用户名、该用户是否通过身份验证，以及验证类型等信息。

principal 是一个包含用户的标识和用户的所属角色的对象。IPrincipal 接口定义了 Identity 属性和 IsInRole()方法，Identity 属性返回 IIdentity 对象；在 IsInRole()方法中，可以验证用户是否是指定角色的一个成员。角色是有相同安全权限的用户集合，同时它是用户的管理单元。角色可以是 Windows 组或自己定义的一个字符串集合。

.NET 中的 Principal 类有 WindowsPrincipal、GenericPrincipal 和 RolePrincipal。从.NET 4.5 开始，这些 Principal 类型派生于基类 ClaimsPrincipal。还可以创建实现了 IPrincipal 接口或派生于 ClaimsPrincipal 的自定义 Principal 类。

示例代码使用如下依赖项和名称空间：

依赖项：

```
NETStandard.Library
System.Security.Principal.Windows
```

名称空间：

```
System.Collections.Generic
System.Security.Claims
System.Security.Principal
static System.Console
```

下面创建一个控制台应用程序，它可以访问某个应用程序中的主体，以便允许用户访问底层的 Windows 账户。这里需要导入 System.Security.Principal 和 System.Security.Claims 名称空间。Main 方法调用方法 ShowIdentityInformation 把 WindowsIdentity 的信息写到控制台，调用 ShowPrincipal 写入可用于 principals 的额外信息，调用 ShowClaims 写入声称信息(代码文件 WindowsPrincipal/Program.cs)：

```
static void Main()
```

```csharp
{
    WindowsIdentity identity = ShowIdentityInformation();
    WindowsPrincipal principal = ShowPrincipal(identity);
    ShowClaims(principal.Claims);
}
```

ShowIdentityInformation 方法通过调用 WindowsIdentity 的静态方法 GetCurrent，创建一个 WindowsIdentity 对象，并访问其属性，来显示身份类型、名称、身份验证类型和其他值(代码文件 WindowsPrincipal / Program.cs)：

```csharp
public static WindowsIdentity ShowIdentityInformation()
{
    WindowsIdentity identity = WindowsIdentity.GetCurrent();
    if (identity == null)
    {
        WriteLine("not a Windows Identity");
        return null;
    }
    WriteLine($"IdentityType: {identity}");
    WriteLine($"Name: {identity.Name}");
    WriteLine($"Authenticated: {identity.IsAuthenticated}");
    WriteLine($"Authentication Type: {identity.AuthenticationType}");
    WriteLine($"Anonymous? {identity.IsAnonymous}");
    WriteLine($"Access Token: {identity.AccessToken.DangerousGetHandle()}");
    WriteLine();
    return identity;
}
```

所有的标识类，例如 WindowsIdentity，都实现了 IIdentity 接口，该接口包含 3 个属性 (AuthenticationType、IsAuthenticated 和 Name)，便于所有的派生标识类实现它们。WindowsIdentity 的其他属性都专用于这种标识。

运行应用程序，信息如以下代码片段所示。身份验证类型显示 CloudAP，因为我使用 Microsoft Live 账户登录到系统。如果使用 Active Directory，Active Directory 就显示在验证类型中：

```
IdentityType: System.Security.Principal.WindowsIdentity
Name: THEROCKS\Christian
Authenticated: True
Authentication Type: CloudAP
Anonymous? False
Access Token: 1072
```

24.2.2 Windows Principal

principal 包含一个标识，提供额外的信息，比如用户所属的角色。principal 实现了 IPrincipal 接口，提供了方法 IsInRole 和 Identity 属性。在 Windows 中，用户所属的所有 Windows 组映射到角色。重载 IsInRole 方法，以接受安全标识符、角色字符串或 WindowsBuiltInRole 枚举的值。示例代码验证用户是否属于内置的角色 User 和 Administrator (代码文件 WindowsPrincipal / Program.cs)：

```csharp
public static WindowsPrincipal ShowPrincipal(WindowsIdentity identity)
```

```csharp
{
  WriteLine("Show principal information");
  WindowsPrincipal principal = new WindowsPrincipal(identity);
  if (principal == null)
  {
    WriteLine("not a Windows Principal");
    return null;
  }
  WriteLine($"Users? {principal.IsInRole(WindowsBuiltInRole.User)}");
  WriteLine(
    $"Administrators? {principal.IsInRole(WindowsBuiltInRole.Administrator)}");
  WriteLine();
  return principal;
}
```

运行应用程序，我的账户属于 Users 角色，而不是 Administrator 角色，得到以下结果：

```
Show principal information
Users? True
Administrator? False
```

很明显，如果能很容易地访问当前用户及其角色的详细信息，然后使用那些信息决定允许或拒绝用户执行某些动作，这就非常有好处。利用角色和 Windows 用户组，管理员可以完成使用标准用户管理工具所能完成的工作，这样，在用户的角色改变时，通常可以避免更改代码。

自.NET 4.5 以来，所有 principal 类都派生自基类 ClaimsPrincipal。这样，可以使用 principal 对象的 Claims 属性来访问用户的声称。下一节讨论声称。

24.2.3　使用声称

声称(claim)提供了比角色更大的灵活性。声称是一个关于标识(来自权威机构)的语句。权威机构如 Active Directory 或 Microsoft Live 账户身份验证服务，建立关于用户的声称，例如，用户名的声称、用户所属的组的声称或关于年龄的声称。用户已经 21 岁了，有资格访问特定的资源吗？

方法 ShowClaims 访问一组声称，把主题、发行人、声称类型和更多选项写到控制台(代码文件 WindowsPrincipal / Program.cs)：

```csharp
public static void ShowClaims(IEnumerable<Claim> claims)
{
  WriteLine("Claims");
  foreach (var claim in claims)
  {
    WriteLine($"Subject: {claim.Subject}");
    WriteLine($"Issuer: {claim.Issuer}");
    WriteLine($"Type: {claim.Type}");
    WriteLine($"Value type: {claim.ValueType}");
    WriteLine($"Value: {claim.Value}");
    foreach (var prop in claim.Properties)
    {
      WriteLine($"\tProperty: {prop.Key} {prop.Value}");
    }
    WriteLine();
  }
}
```

下面是从 Microsoft Live 账户中提取的一个声称，它提供了名称、主 ID 和组标识符等信息。

```
Claims
Subject: System.Security.Principal.WindowsIdentity
Issuer: AD AUTHORITY
Type: http://schemas.xmlsoap.org/ws/2005/05/identity/claims/name
Value type: http://www.w3.org/2001/XMLSchema#string
Value: THEROCKS\Christian

Subject: System.Security.Principal.WindowsIdentity
Issuer: AD AUTHORITY
Type: http://schemas.microsoft.com/ws/2008/06/identity/claims/primarysid
Value type: http://www.w3.org/2001/XMLSchema#string
Value: S-1-5-21-1413171511-313453878-1364686672-1001
      Property: http://schemas.microsoft.com/ws/2008/06/identity/claims/
      windowssubauthority NTAuthority

Subject: System.Security.Principal.WindowsIdentity
Issuer: AD AUTHORITY
Type: http://schemas.microsoft.com/ws/2008/06/identity/claims/groupsid
Value type: http://www.w3.org/2001/XMLSchema#string
Value: S-1-1-0
      Property: http://schemas.microsoft.com/ws/2008/06/identity/claims/
      windowssubauthority WorldAuthority

Subject: System.Security.Principal.WindowsIdentity
Issuer: AD AUTHORITY
Type: http://schemas.microsoft.com/ws/2008/06/identity/claims/groupsid
Value type: http://www.w3.org/2001/XMLSchema#string
Value: S-1-5-114
      Property: http://schemas.microsoft.com/ws/2008/06/identity/claims/
      windowssubauthority NTAuthority
...
```

可以从声称的提供程序中把声称添加到 Windows 标识。还可以从简单的客户端程序中添加声称，如年龄声称：

```
identity.AddClaim(new Claim("Age", "25"));
```

使用程序中的声称，相信这个声称。这个声称是真的——是 25 岁吗？声称也可以都是谎言。从客户机应用程序中添加这个声称，可以看到，声称的发行人是 LOCAL AUTHORITY。AD AUTHORITY (Active Directory)的信息更值得信赖，但这里需要信任 Active Directory 系统管理员。

WindowsIdentity 派生自基类 ClaimsIdentity，提供了几个方法来检查声称，或检索特定的声称。为了测试声称是否可用，就可以使用 HasClaim 方法：

```
bool hasName = identity.HasClaim(c => c.Type == ClaimTypes.Name);
```

要检索特定的声称，FindAll 方法需要一个谓词来定义匹配：

```
var groupClaims = identity.FindAll(c => c.Type == ClaimTypes.GroupSid);
```

注意：声称类型可以是一个简单的字符串，例如前面使用的"Age"类型。ClaimType 定义了一组已知的类型，例如 Country、Email、Name、MobilePhone、UserData、Surname、PostalCode 等。

注意：ASP.NET Web 应用程序用户的身份验证参见第 41 章。

24.3 加密数据

机密数据应得到保护，从而使未授权的用户不能读取它们。这对于在网络中发送的数据或存储的数据都有效。可以用对称或不对称密钥来加密这些数据。

通过对称密钥，可以使用同一个密钥进行加密和解密。与不对称的加密相比，加密和解密使用不同的密钥：公钥/私钥。如果使用一个公钥进行加密，就应使用对应的私钥进行解密，而不是使用公钥解密。同样，如果使用一个私钥加密，就应使用对应的公钥解密，而不是使用私钥解密。不可能从私钥中计算出公钥，也不可能从公钥中计算出私钥。

公钥/私钥总是成对创建。公钥可以由任何人使用，它甚至可以放在 Web 站点上，但私钥必须安全地加锁。为了说明加密过程，下面看看使用公钥和私钥的例子。

如果 Alice 给 Bob 发了一封电子邮件，如图 24-1 所示，并且 Alice 希望能保证除了 Bob 外，其他人都不能阅读该邮件，所以她就使用 Bob 的公钥。邮件是使用 Bob 的公钥加密的。Bob 打开该邮件，并使用他秘密存储的私钥解密。这种方式可以保证除了 Bob 外，其他人都不能阅读 Alice 的邮件。

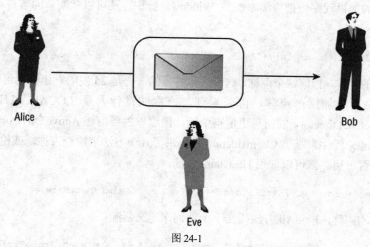
图 24-1

但这还有一个问题：Bob 不能确保邮件是 Alice 发送来的。Eve 可以使用 Bob 的公钥加密发送给 Bob 的邮件并假装是 Alice。我们使用公钥/私钥把这条规则扩展一下。下面再次从 Alice 给 Bob

发送电子邮件开始。在 Alice 使用 Bob 的公钥加密邮件之前，她添加了自己的签名，再使用自己的私钥加密该签名。然后使用 Bob 的公钥加密邮件。这样就保证了除 Bob 外，其他人都不能阅读该邮件。在 Bob 解密邮件时，他检测到一个加密的签名。这个签名可以使用 Alice 的公钥来解密。而 Bob 可以访问 Alice 的公钥，因为这个密钥是公钥。在解密了签名后，Bob 就可以确定是 Alice 发送了电子邮件。

使用对称密钥的加密和解密算法比使用非对称密钥的算法快得多。对称密钥的问题是密钥必须以安全的方式互换。在网络通信中，一种方式是先使用非对称的密钥进行密钥互换，再使用对称密钥加密通过网络发送的数据。

在.NET Framework 中，可以使用 System.Security.Cryptography 名称空间中的类来加密。它实现了几个对称算法和非对称算法。有几个不同的算法类用于不同的目的。一些类以 Cng 作为前缀或后缀。CNG 是 Cryptography Next Generation 的简称，是本机 Crypto API 的更新版本，这个 API 可以使用基于提供程序的模型，编写独立于算法的程序。

表 24-1 列出了 System.Security.Cryptography 名称空间中的加密类及其功能。没有 Cng、Managed 或 CryptoServiceProvider 后缀的类是抽象基类，如 MD5。Managed 后缀表示这个算法用托管代码实现，其他类可能封装了本地 Windows API 调用。CryptoServiceProvider 后缀用于实现了抽象基类的类，Cng 后缀用于利用新 Cryptography CNG API 的类。

表 24-1

类 别	类	说 明
散列	MD5 MD5Cng SHA1 SHA1Managed SHA1Cng SHA256 SHA256Managed SHA256Cng SHA384 SHA384Managed SHA384Cng SHA512 SHA512Managed SHA512Cng RIPEMD160 RIPEMD160Managed	散列算法的目标是从任意长度的二进制字符串中创建一个长度固定的散列值。这些算法和数字签名一起用于保证数据的完整性。如果再次散列相同的二进制字符串，会返回相同的散列结果。MD5(Message Digest Algorithm 5，消息摘要算法 5)由 RSA 实验室开发，比 SHA1 快。SHA1 在抵御暴力攻击方面比较强大。SHA 算法由美国国家安全局(NSA)设计。MD5 使用 128 位的散列长度，SHA1 使用 160 位。其他 SHA 算法在其名称中包含了散列长度。SHA512 是这些算法中最强大的，其散列长度为 512 位，它也是最慢的。RIPEMD160 使用 160 位的散列长度，替代了 128 位的 MD4 和 MD5。RIPEMD 在 EU 项目 RIPE(Race Integrity Primitives Evaluation)中开发
对称	DES DESCryptoServiceProvider TripleDESTripleDESCryptoServiceProvider Aes AesCryptoServiceProvider AesManaged RC2 RC2CryptoServiceProvider Rijandel RijandelManaged	对称密钥算法使用相同的密钥进行数据的加密和解密。现在认为 DES(Data Encryption Standard，数据加密标准)是不安全的，因为它只使用56位的密钥长度，可以在不超过24 小时的时间内破解。Triple-DES 是 DES 的继承者，其密钥长度是 168 位，但它提供的有效安全性只有 112 位。AES(Advanced Encryption Standard，高级加密标准)的密钥长度是 128、192 或 256 位。Rijandel 非常类似于 AES，它只是在密钥长度方面的选项较多。AES 是美国政府采用的加密标准

(续表)

类别	类	说明
非对称	DSA DSACryptoServiceProvider ECDsa ECDsaCng ECDiffieHellman ECDiffieHellmanCng RSA RSACryptoServiceProvider RSACng	非对称算法使用不同的密钥进行加密和解密。RSA(Rivest, Shamir, Adleman)是第一个用于签名和加密的算法。这个算法广泛用于电子商务协议。RSACng 是.NET 4.6 和.NET 5 Core 的一个新类, 基于 Cryptography Next Generation (CNG)实现方式。DSA(Digital Signature Algorithm, 数字签名算法)是用于数字签名的一个美国联邦政府标准。ECDSA(Elliptic Curve DSA, 椭圆曲线数字签名算法)和 EC Diffie-Hellman 使用基于椭圆曲线组的算法。这些算法比较安全, 且使用较短的密钥长度。例如, DSA 的密钥长度为 1024 位, 其安全性类似于 ECDSA 的 160 位。因此, ECDSA 比较快。EC Diffie-Hellman 算法用于以安全的方式在公共信道中交换私钥

下面用例子说明如何通过编程使用这些算法。

24.3.1 创建和验证签名

第一个例子说明了如何使用 ECDSA 算法进行签名。Alice 创建了一个签名, 它用 Alice 的私钥加密, 可以使用 Alice 的公钥访问。因此保证该签名来自于 Alice。

SigningDemo 示例代码使用如下依赖项和名称空间:

依赖项:

```
NETStandard.Library
System.Security.Cryptograhy.Algorithms
System.Security.Cryptography.Cng
```

名称空间:

```
System
System.Security.Cryptography
System.Text
static System.Console
```

首先, 看看 Main()方法中的主要步骤: 创建 Alice 的密钥, 给字符串"Alice"签名, 最后使用公钥验证该签名是否真的来自于 Alice。要签名的消息使用 Encoding 类转换为一个字节数组。要把加密的签名写入控制台, 包含该签名的字节数组应使用 Convert.ToBase64String()方法转换为一个字符串(代码文件 SigningDemo/Program.cs)。

```
private CngKey _aliceKeySignature;
private byte[] _alicePubKeyBlob;
static void Main()
{
  var p = new Program();
  p.Run();
}
public void Run()
```

```
{
  InitAliceKeys();
  byte[] aliceData = Encoding.UTF8.GetBytes("Alice");
  byte[] aliceSignature = CreateSignature(aliceData, aliceKeySignature);
  WriteLine($"Alice created signature: {Convert.ToBase64String(aliceSignature)}");
  if (VerifySignature(aliceData, aliceSignature, alicePubKeyBlob))
  {
    WriteLine("Alice signature verified successfully");
  }
}
```

 注意：千万不要使用 Encoding 类把加密的数据转换为字符串。Encoding 类验证和转换 Unicode 不允许使用的无效值，因此把字符串转换回字节数组会得到另一个结果。

InitAliceKeys()方法为 Alice 创建新的密钥对。因为这个密钥对存储在一个静态字段中，所以可以从其他方法中访问它。CngKey 类的 Create()方法把该算法作为一个参数，为算法定义密钥对。通过 Export()方法，导出密钥对中的公钥。这个公钥可以提供给 Bob，来验证签名。Alice 保留其私钥。除了使用 CngKey 类创建密钥对之外，还可以打开存储在密钥存储器中的已有密钥。通常 Alice 在其私有存储器中有一个证书，其中包含了一个密钥对，该存储器可以用 CngKey.Open()方法访问。

```
private void InitAliceKeys()
{
  _aliceKeySignature = CngKey.Create(CngAlgorithm.ECDsaP521);
  _alicePubKeyBlob = aliceKeySignature.Export(CngKeyBlobFormat.GenericPublicBlob);
}
```

有了密钥对，Alice 就可以使用 ECDsaCng 类创建签名了。这个类的构造函数从 Alice 那里接收包含公钥和私钥的 CngKey 类。再使用私钥，通过 SignData()方法给数据签名。SignData()方法在.NET Core 中略有不同。.NET Core 需要如下算法：

```
public byte[] CreateSignature(byte[] data, CngKey key)
{
  byte[] signature;
  using (var signingAlg = new ECDsaCng(key))
  {
#if NET46
    signature = signingAlg.SignData(data);
    signingAlg.Clear();
#else
    signature = signingAlg.SignData(data, HashAlgorithmName.SHA512);
#endif
  }
  return signature;
}
```

要验证签名是否真的来自于 Alice，Bob 使用 Alice 的公钥检查签名。包含公钥 blob 的字节数组可以用静态方法 Import()导入 CngKey 对象。然后使用 ECDsaCng 类，调用 VerifyData()方法来验证签名。

```csharp
public bool VerifySignature(byte[] data, byte[] signature, byte[] pubKey)
{
  bool retValue = false;
  using (CngKey key = CngKey.Import(pubKey, CngKeyBlobFormat.GenericPublicBlob))
  using (var signingAlg = new ECDsaCng(key))
  {
#if NET46
    retValue = signingAlg.VerifyData(data, signature);
    signingAlg.Clear();
#else
    retValue = signingAlg.VerifyData(data, signature, HashAlgorithmName.SHA512);
#endif
  }
  return retValue;
}
```

24.3.2 实现安全的数据交换

下面是一个比较复杂的例子,它使用 EC Diffie-Hellman 算法交换一个对称密钥,以进行安全的传输。

注意:编写本书时,.NET Core 仅包含 ECDiffieHellman 抽象基类,实现代码可以使用它创建具体的类。目前还没有具体的类,所以这个示例仅使用.NET 4.6。

SecureTransfer 示例应用程序使用如下依赖项和名称空间:

依赖项:

```
NETStandard.Library
System.Security.Cryptograhy.Algorithms
System.Security.Cryptography.Cng
System.Security.Cryptography.Primitives
```

名称空间:

```
System
System.IO
System.Security.Cryptography
System.Text
System.Threading.Tasks
static System.Console
```

Main()方法包含了其主要功能。Alice 创建了一条加密的消息,并把它发送给 Bob。在此之前,要先为 Alice 和 Bob 创建密钥对。Bob 只能访问 Alice 的公钥,Alice 也只能访问 Bob 的公钥(代码文件 SecureTransfer/Program.cs):

```csharp
private CngKey _aliceKey;
private CngKey _bobKey;
```

```
private byte[] _alicePubKeyBlob;
private byte[] _bobPubKeyBlob;

static void Main()
{
  var p = new Program();
  p.RunAsync().Wait();
  ReadLine();
}

public async Task RunAsync()
{
  try
  {
    CreateKeys();
    byte[] encrytpedData =
      await AliceSendsDataAsync("This is a secret message for Bob");
    await BobReceivesDataAsync(encrytpedData);
  }
  catch (Exception ex)
  {
    WriteLine(ex.Message);
  }
}
```

在 CreateKeys() 方法的实现代码中，使用 EC Diffie-Hellman 512 算法创建密钥。

```
public void CreateKeys()
{
  aliceKey = CngKey.Create(CngAlgorithm.ECDiffieHellmanP521);
  bobKey = CngKey.Create(CngAlgorithm.ECDiffieHellmanP521);
  alicePubKeyBlob = aliceKey.Export(CngKeyBlobFormat.EccPublicBlob);
  bobPubKeyBlob = bobKey.Export(CngKeyBlobFormat.EccPublicBlob);
}
```

在 AliceSendsDataAsync() 方法中，包含文本字符的字符串使用 Encoding 类转换为一个字节数组。创建一个 ECDiffieHellmanCng 对象，用 Alice 的密钥对初始化它。Alice 调用 DeriveKeyMaterial() 方法，从而使用其密钥对和 Bob 的公钥创建一个对称密钥。返回的对称密钥使用对称算法 AES 加密数据。AesCryptoServiceProvider 需要密钥和一个初始化矢量(IV)。IV 从 GenerateIV()方法中动态生成，对称密钥用 EC Diffie-Hellman 算法交换，但还必须交换 IV。从安全性角度来看，在网络上传输未加密的 IV 是可行的——只是密钥交换必须是安全的。IV 存储为内存流中的第一项内容，其后是加密的数据，其中，CryptoStream 类使用 AesCryptoServiceProvider 类创建的 encryptor。在访问内存流中的加密数据之前，必须关闭加密流。否则，加密数据就会丢失最后的位。

```
public async Task<byte[]> AliceSendsDataAsync(string message)
{
  WriteLine($"Alice sends message: {message}");
  byte[] rawData = Encoding.UTF8.GetBytes(message);
  byte[] encryptedData = null;

  using (var aliceAlgorithm = new ECDiffieHellmanCng(aliceKey))
  using (CngKey bobPubKey = CngKey.Import(bobPubKeyBlob,
```

```csharp
            CngKeyBlobFormat.EccPublicBlob))
{
  byte[] symmKey = aliceAlgorithm.DeriveKeyMaterial(bobPubKey);
  WriteLine("Alice creates this symmetric key with " +
    $"Bobs public key information: {Convert.ToBase64String(symmKey)}");

  using (var aes = new AesCryptoServiceProvider())
  {
    aes.Key = symmKey;
    aes.GenerateIV();
    using (ICryptoTransform encryptor = aes.CreateEncryptor())
    using (var ms = new MemoryStream())
    {
      // create CryptoStream and encrypt data to send
      using (var cs = new CryptoStream(ms, encryptor,
          CryptoStreamMode.Write))
      {
        // write initialization vector not encrypted
        await ms.WriteAsync(aes.IV, 0, aes.IV.Length);
        cs.Write(rawData, 0, rawData.Length);
      }
      encryptedData = ms.ToArray();
    }
    aes.Clear();
  }
}
WriteLine("Alice: message is encrypted: "+
  "{Convert.ToBase64String(encryptedData)}");

WriteLine();
return encryptedData;
}
```

Bob 从 BobReceivesDataAsync()方法的参数中接收加密数据。首先，必须读取未加密的初始化矢量。AesCryptoServiceProvider 类的 BlockSize 属性返回块的位数。位数除以 8, 就可以计算出字节数。最快的方式是把数据右移 3 位。右移 1 位就是除以 2, 右移 2 位就是除以 4, 右移 3 位就是除以 8。在 for 循环中，包含未加密 IV 的原字节的前几个字节写入数组 iv 中。接着用 Bob 的密钥对实例化一个 ECDiffieHellmanCng 对象。使用 Alice 的公钥，从 DeriveKeyMaterial()方法中返回对称密钥。

比较 Alice 和 Bob 创建的对称密钥，可以看出所创建的密钥值相同。使用这个对称密钥和初始化矢量，来自 Alice 的消息就可以用 AesCryptoServiceProvider 类解密。

```csharp
public async Task BobReceivesDataAsync(byte[] encryptedData)
{
  WriteLine("Bob receives encrypted data");
  byte[] rawData = null;

  var aes = new AesCryptoServiceProvider();

  int nBytes = aes.BlockSize  3;
  byte[] iv = new byte[nBytes];
  for (int i = 0; i < iv.Length; i++)
  {
```

```
      iv[i] = encryptedData[i];
  }
  using (var bobAlgorithm = new ECDiffieHellmanCng(bobKey))
  using (CngKey alicePubKey = CngKey.Import(alicePubKeyBlob,
      CngKeyBlobFormat.EccPublicBlob))
  {
    byte[] symmKey = bobAlgorithm.DeriveKeyMaterial(alicePubKey);
    WriteLine("Bob creates this symmetric key with " +
      $"Alices public key information: {Convert.ToBase64String(symmKey)}");

    aes.Key = symmKey;
    aes.IV = iv;

    using (ICryptoTransform decryptor = aes.CreateDecryptor())
    using (MemoryStream ms = new MemoryStream())
    {
      using (var cs = new CryptoStream(ms, decryptor, CryptoStreamMode.Write))
      {
        await cs.WriteAsync(encryptedData, nBytes,
          encryptedData.Length - nBytes);
      }

      rawData = ms.ToArray();

      WriteLine("Bob decrypts message to: " +
        $"{Encoding.UTF8.GetString(rawData)}");
    }
    aes.Clear();
  }
}
```

运行应用程序，会在控制台上看到如下输出。来自 Alice 的消息被加密，Bob 用安全交换的对称密钥解密它。

```
Alice sends message: this is a secret message for Bob
Alice creates this symmetric key with Bobs public key information:
q4D182m7lyev9Nlp6f0av2Jvc0+LmHF5zEjXw1O1I3Y=
Alice: message is encrypted: WpOxvUoWH5XY31wC8aXcDWeDUWa6zaSObfGcQCpKixzlTJ9exb
tkF5Hp2WPSZWL9V9n13toBg7hgjPbrVzN2A==

Bob receives encrypted data
Bob creates this symmetric key with Alices public key information:
q4D182m7lyev9Nlp6f0av2Jvc0+LmHF5zEjXw1O1I3Y=
Bob decrypts message to: this is a secret message for Bob
```

24.3.3 使用 RSA 签名和散列

.NET 4.6 和 .NET Core 1.0 中的一个新加密算法类是 RSACng。RSA(这个名字来自于算法设计者 Ron Rivest、Adi Shamir 和 Leonard Adlerman)是一个广泛使用的非对称算法。RSA 算法已经可用于.NET、RSA 和 RSACryptoServiceProvider 类。RSACng 类基于 CNG API，其用法类似于先前使用的 ECDSACng 类。

对于本节所示的示例应用程序，Alice 创建一个文档，散列它，以确保它不会改变，给它加上签名，保证是 Alice 生成了文档。Bob 接收文件，并检查 Alice 的担保，以确保文件没有被篡改。RSA 示例代码使用了如下依赖项和名称空间：

依赖项：

```
NETStandard.Library
System.Security.Cryptography.Algorighms
System.Security.Cryptography.Cng
```

名称空间：

```
Microsoft.Extensions.DependencyInjection
System
System.IO
System.Linq
static System.Console
```

构造应用程序的 Main 方法，开始 Alice 的任务，调用方法 AliceTasks，来创建一个文档、散列码和签名。然后把这些信息传递给 Bob 的任务，调用方法 BobTasks(代码文件 RSASample / Program.cs)：

```
class Program
{
  private CngKey _aliceKey;
  private byte[] _alicePubKeyBlob;

  static void Main()
  {
    var p = new Program();
    p.Run();
  }

  public void Run()
  {
    byte[] document;
    byte[] hash;
    byte[] signature;
    AliceTasks(out document, out hash, out signature);
    BobTasks(document, hash, signature);
  }
  //...
}
```

方法 AliceTasks 首先创建 Alice 所需的密钥，将消息转换为一个字节数组，散列字节数组，并添加一个签名：

```
public void AliceTasks(out byte[] data, out byte[] hash, out byte[] signature)
{
  InitAliceKeys();
```

```
    data = Encoding.UTF8.GetBytes("Best greetings from Alice");
    hash = HashDocument(data);
    signature = AddSignatureToHash(hash, _aliceKey);
}
```

与之前一样，Alice 所需的密钥是使用 CngKey 类创建的。现在正在使用 RSA 算法，把 CngAlgorithm.Rsa 枚举值传递到 Create 方法，来创建公钥和私钥。公钥只提供给 Bob，所以公钥用 Export 方法提取：

```
private void InitAliceKeys()
{
    _aliceKey = CngKey.Create(CngAlgorithm.Rsa);
    _alicePubKeyBlob = _aliceKey.Export(CngKeyBlobFormat.GenericPublicBlob);
}
```

从 Alice 的任务中调用 HashDocument 方法，为文档创建一个散列码。散列码使用一个散列算法 SHA384 类创建。不管文档存在多久，散列码的长度总是相同。再次为相同的文档创建散列码，会得到相同的散列码。Bob 需要在文档上使用相同的算法。如果返回相同的散列码，就说明文档没有改变。

```
private byte[] HashDocument(byte[] data)
{
    using (var hashAlg = SHA384.Create())
    {
        return hashAlg.ComputeHash(data);
    }
}
```

添加签名，可以保证文档来自 Alice。在这里，使用 RSACng 类给散列签名。Alice 的 CngKey(包括公钥和私钥)传递给 RSACng 类的构造函数；签名通过调用 SignHash 方法创建。给散列签名时，SignHash 方法需要了解散列算法；HashAlgorithmName.SHA384 是创建散列所使用的算法。此外，需要 RSA 填充。RSASignaturePadding 枚举的可能选项是 Pss 和 Pkcs1：

```
private byte[] AddSignatureToHash(byte[] hash, CngKey key)
{
    using (var signingAlg = new RSACng(key))
    {
        byte[] signed = signingAlg.SignHash(hash,
            HashAlgorithmName.SHA384, RSASignaturePadding.Pss);
        return signed;
    }
}
```

Alice 散列并签名后，Bob 的任务可以在 BobTasks 方法中开始。Bob 接收文档数据、散列码和签名，他使用 Alice 的公钥。首先，Alice 的公钥使用 CngKey.Import 导入，分配给 aliceKey 变量。接下来，Bob 使用辅助方法 IsSignatureValid 和 IsDocumentUnchanged，来验证签名是否有效，文档是否不变。只有在两个条件是 true 时，文档写入控制台：

```
public void BobTasks(byte[] data, byte[] hash, byte[] signature)
{
    CngKey aliceKey = CngKey.Import(_alicePubKeyBlob,
```

```
        CngKeyBlobFormat.GenericPublicBlob);
    if (!IsSignatureValid(hash, signature, aliceKey))
    {
      WriteLine("signature not valid");
      return;
    }
    if (!IsDocumentUnchanged(hash, data))
    {
      WriteLine("document was changed");
      return;
    }
    WriteLine("signature valid, document unchanged");
    WriteLine($"document from Alice: {Encoding.UTF8.GetString(data)}");
}
```

为了验证签名是否有效，使用 Alice 的公钥创建 RSACng 类的一个实例。通过这个类，使用 VerifyHash 方法传递散列、签名、早些时候使用的算法信息。现在 Bob 知道，信息来自 Alice：

```
private bool IsSignatureValid(byte[] hash, byte[] signature, CngKey key)
{
  using (var signingAlg = new RSACng(key))
  {
    return signingAlg.VerifyHash(hash, signature, HashAlgorithmName.SHA384,
      RSASignaturePadding.Pss);
  }
}
```

为了验证文档数据没有改变，Bob 再次散列文件，并使用 LINQ 扩展方法 SequenceEqual，验证散列码是否与早些时候发送的相同。如果散列值是相同的，就可以假定文档没有改变：

```
private bool IsDocumentUnchanged(byte[] hash, byte[] data)
{
  byte[] newHash = HashDocument(data);
  return newHash.SequenceEqual(hash);
}
```

运行应用程序，输出如下。调试应用程序时，可以在 Alice 散列后修改文档数据，Bob 不会接受更改的文档。为了改变文档数据，很容易在调试器的 Watch 窗口中改变值。

```
signature valid, document unchanged
document from Alice: Best greetings from Alice
```

24.3.4 实现数据的保护

与加密相关的另一个.NET 特性是新的.NET 核心库，它支持数据保护。名称空间 System.Security.DataProtection 包含 DpApiDataProtector 类，而这个类包装了本机 Windows Data Protection API (DPAPI)。这些类并不提供 Web 服务器上需要的灵活性和功能——所以 ASP.NET 团队创建了 Microsoft.AspNet.DataProtection 名称空间中的类。

使用这个库的原因是为日后的检索存储可信的信息，但存储媒体(如使用第三方的托管环境)不能信任自己，所以信息需要加密存储在主机上。

示例应用程序是一个简单的 Console Application (Package)，允许使用数据保护功能读写信息。

在这个示例中,可以看到 ASP.NET 数据保护的灵活性和功能。

数据保护的示例代码使用了以下依赖项和名称空间:

依赖项:

```
NETStandard.Library
Microsoft.AspNet.DataProtection
Microsoft.AspNet.DataProtection.Abstractions
Microsoft.Extensions.DependencyInjection
```

名称空间:

```
Microsoft.Extensions.DependencyInjection
System
System.IO
System.Linq
static System.Console
```

使用-r 和-w 命令行参数,可以启动控制台应用程序,读写存储器。此外,需要使用命令行,设置一个文件名来读写。检查命令行参数后,通过调用 InitProtection 辅助方法来初始化数据保护。这个方法返回一个 MySafe 类型的对象,嵌入 IDataProtector。之后,根据命令行参数,调用 Write 或 Read 方法(代码文件 DataProtectionSample / Program.cs):

```
class Program
{
  private const string readOption = "-r";
  private const string writeOption = "-w";
  private readonly string[] options = { readOption, writeOption };

  static void Main(string[] args)
  {
    if (args.Length != 2 || args.Intersect(options).Count() != 1)
    {
      ShowUsage();
      return;
    }
    string fileName = args[1];

    MySafe safe = InitProtection();

    switch (args[0])
    {
      case writeOption:
        Write(safe, fileName);
        break;
      case readOption:
        Read(safe, fileName);
        break;
      default:
        ShowUsage();
        break;
```

```
    }
  }
  //etc.
}
```

类 MySafe 有一个 IDataProtector 成员。这个接口定义了 Protect 和 Unprotect，来加密和解密数据。这个接口定义了 Protect 和 Unprotect 方法，这些方法带有字节数组参数，返回字节数组。不过，示例代码使用 NuGet 包 Microsoft.AspNet.DataProtection.Abstractions 中定义的扩展方法，直接发送、返回来自 Encrypt 和 Decrypt 方法的字符串。MySafe 类通过依赖注入接收 IDataProtectionProvider 接口。有了这个接口，传递目的字符串，返回 IDataProtector。读写这个安全时，需要使用相同的字符串 (代码文件 DataProtectionSample / MySafe.cs)：

```
public class MySafe
{
  private IDataProtector _protector;
  public MySafe(IDataProtectionProvider provider)
  {
    _protector = provider.CreateProtector("MySafe.MyProtection.v1");
  }

  public string Encrypt(string input) => _protector.Protect(input);

  public string Decrypt(string encrypted) => _protector.Unprotect(encrypted);
}
```

通过 InitProtection 方法调用 AddDataProtection 和 ConfigureDataProtection 扩展方法，通过依赖注入添加数据保护，并配置它。AddDataProtection 方法通过调用 DataProtectionServices.GetDefaultServices 静态方法，注册默认服务。

ConfigureDataProtection 方法包含一个有趣的特殊部分。在这里，它定义了密钥应该如何保存。示例代码把 DirectoryInfo 实例传递给 PersistKeysToFileSystem 方法，把密钥保存在实际的目录中。另一个选择是把密钥保存到注册表(PersistKeysToRegistry)中，可以创建自己的方法，把密钥保存在定制的存储中。所创建密钥的生命周期由 SetDefaultKeyLifetime 方法定义。接下来，密钥通过调用 ProtectKeysWithDpapi 来保护。这个方法使用 DPAPI 保护密钥，加密与当前用户一起存储的密钥。ProtectKeysWithCertificate 允许使用证书保护密钥。API 还定义了 UseEphemeralDataProtectionProvider 方法，把密钥存储在内存中。再次启动应用程序时，需要生成新密钥。这个功能非常适合于单元测试(代码文件 DataProtectionSample / Program.cs)：

```
public static MySafe InitProtection()
{
  var serviceCollection = new ServiceCollection();
  serviceCollection.AddDataProtection();
    .PersistKeysToFileSystem(new DirectoryInfo("."))
    .SetDefaultKeyLifetime(TimeSpan.FromDays(20))
    .ProtectKeysWithDpapi();
  IServiceProvider services = serviceCollection.BuildServiceProvider();

  return ActivatorUtilities.CreateInstance<MySafe>(services);
}
```

现在，实现了数据保护应用程序的核心，Write 和 Read 方法可以利用 MySafe，加密和解密用户的内容：

```
public static void Write(MySafe safe, string fileName)
{
  WriteLine("enter content to write:");
  string content = ReadLine();
  string encrypted = safe.Encrypt(content);
  File.WriteAllText(fileName, encrypted);
  WriteLine($"content written to {fileName}");
}

public static void Read(MySafe safe, string fileName)
{
  string encrypted = File.ReadAllText(fileName);
  string decrypted = safe.Decrypt(encrypted);
  WriteLine(decrypted);
}
```

24.4 资源的访问控制

在操作系统中，资源(如文件和注册表键，以及命名管道的句柄)都使用访问控制列表(ACL)来保护。图 24-2 显示了这个映射的结构。资源有一个关联的安全描述符。安全描述符包含了资源拥有者的信息，并引用了两个访问控制列表：自由访问控制列表(Discretionary Access Control List，DACL)和系统访问控制列表(System Access Control List，SACL)。DACL 用来确定谁有访问权；SACL 用来确定安全事件日志的审核规则。ACL 包含一个访问控制项(Access Control Entries，ACE)列表。ACE 包含类型、安全标识符和权限。在 DACL 中，ACE 的类型可以是允许访问或拒绝访问。可以用文件设置和获得的权限是创建、读取、写入、删除、修改、改变许可和获得拥有权。

读取和修改访问控制的类在 System.Security.AccessControl 名称空间中。下面的程序说明了如何从文件中读取访问控制列表。

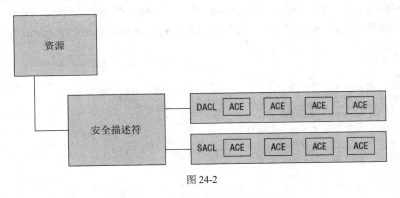

图 24-2

FileAccessControl 示例应用程序使用了如下依赖项和名称空间：

依赖项:

```
NETStandard.Library
System.IO.FileSystem
System.IO.FileSystem.AccessControl
```

名称空间:

```
System.IO
System.Security.AccessControl
System.Security.Principal
static System.Console
```

FileStream 类定义了 GetAccessControl()方法,该方法返回一个 FileSecurity 对象。FileSecurity 是一个.NET 类,它表示文件的安全描述符。FileSecurity 类派生自基类 ObjectSecurity、CommonObjectSecurity、NativeObjectSecurity 和 FileSystemSecurity。其他表示安全描述符的类有 CryptoKeySecurity、EventWaitHandleSecurity、MutexSecurity、RegistrySecurity、SemaphoreSecurity、PipeSecurity 和 ActiveDirectorySecurity。所有这些对象都可以使用访问控制列表来保护。一般情况下,对应的.NET 类定义了 GetAccessControl()方法,返回相应的安全类;例如,Mutex.GetAccessControl()方法返回一个 MutexSecurity 类,PipeStream.GetAccessControl()方法返回一个 PipeSecurity 类。

FileSecurity 类定义了读取、修改 DACL 和 SACL 的方法。GetAccessRules()方法以 AuthorizationRuleCollection 类的形式返回 DACL。要访问 SACL,可以使用 GetAuditRules 方法。

在 GetAccessRules()方法中,可以确定是否应使用继承的访问规则(不仅仅是用对象直接定义的访问规则)。最后一个参数定义了应返回的安全标识符的类型。这个类型必须派生自基类 IdentityReference。可能的类型有 NTAccount 和 SecurityIdentifier。这两个类都表示用户或组。NTAccount 类按名称查找安全对象,SecurityIdentifier 类按唯一的安全标识符查找安全对象。

返回的 AuthorizationRuleCollection 包含 AuthorizationRule 对象。AuthorizationRule 对象是 ACE 的.NET 表示。在这里的例子中,因为访问一个文件,所以 AuthorizationRule 对象可以强制转换为 FileSystemAccessRule 类型。在其他资源的 ACE 中,存在不同的.NET 表示,例如 MutexAccessRule 和 PipeAccessRule。在 FileSystemAccessRule 类中,AccessControlType、FileSystemRights 和 IdentityReference 属性返回 ACE 的相关信息(代码文件 FileAccessControl/Program.cs)。

```csharp
class Program
{
  static void Main(string[] args)
  {
    string filename = null;
    if (args.Length == 0) return;

    filename = args[0];

    using (FileStream stream = File.Open(filename, FileMode.Open))
    {
      FileSecurity securityDescriptor = stream.GetAccessControl();
      AuthorizationRuleCollection rules =
          securityDescriptor.GetAccessRules(true, true,
```

```
      typeof(NTAccount));

    foreach (AuthorizationRule rule in rules)
    {
      var fileRule = rule as FileSystemAccessRule;
      WriteLine($"Access type: {fileRule.AccessControlType}");
      WriteLine($"Rights: {fileRule.FileSystemRights}");
      WriteLine($"Identity: {fileRule.IdentityReference.Value}");
      WriteLine();
    }
  }
}
```

运行应用程序,并传递一个文件名,就可以看到文件的访问控制列表。这里的输出列出了管理员和系统的全部控制权限、通过身份验证的用户的修改权限,以及属于 Users 组的所有用户的读取和执行权限。

```
Access type: Allow
Rights: FullControl
Identity: BUILTIN\Administrators

Access type: Allow
Rights: FullControl
Identity: NT AUTHORITY\SYSTEM

Access type: Allow
Rights: FullControl
Identity: BUILTIN\Administrators

Access type: Allow
Rights: FullControl
Identity: TheOtherSide\Christian
```

设置访问权限非常类似于读取访问权限。要设置访问权限,几个可以得到保护的资源类提供了 SetAccessControl()和 ModifyAccessControl()方法。这里的示例代码调用 File 类的 SetAccessControl()方法,以修改文件的访问控制列表。给这个方法传递一个 FileSecurity 对象。FileSecurity 对象用 FileSystemAccessRule 对象填充。这里列出的访问规则拒绝 Sales 组的写入访问权限,给 Everyone 组提供了读取访问权限,并给 Developers 组提供了全部控制权限。

 注意:只有定义了 Windows 组 Sales 和 Developers,这个程序才能在系统上运行。可以修改程序,使用自己环境下的可用组。

```
private void WriteAcl(string filename)
{
  var salesIdentity = new NTAccount("Sales");
  var developersIdentity = new NTAccount("Developers");
  var everyOneIdentity = new NTAccount("Everyone");

  var salesAce = new FileSystemAccessRule(salesIdentity,
```

```
        FileSystemRights.Write, AccessControlType.Deny);
    var everyoneAce = new FileSystemAccessRule(everyOneIdentity,
        FileSystemRights.Read, AccessControlType.Allow);
    var developersAce = new FileSystemAccessRule(developersIdentity,
        FileSystemRights.FullControl, AccessControlType.Allow);

    var securityDescriptor = new FileSecurity();
    securityDescriptor.SetAccessRule(everyoneAce);
    securityDescriptor.SetAccessRule(developersAce);
    securityDescriptor.SetAccessRule(salesAce);

    File.SetAccessControl(filename, securityDescriptor);
}
```

注意:打开 Properties 窗口,在 Windows 资源管理器中选择一个文件,选择 Security 选项卡,列出访问控制列表,就可以验证访问规则。

24.5 使用证书发布代码

可以利用数字证书来对程序集进行签名,让软件的消费者验证软件发布者的身份。根据使用应用程序的地点,可能需要证书。例如,用户利用 ClickOnce 安装应用程序,可以验证证书,以信任发布者。Microsoft 通过 Windows Error Reporting,使用证书来找出哪个供应商映射到错误报告。

注意:ClickOnce 参见第 36 章。

在商业环境中,可以从 Verisign 或 Thawte 之类的公司中获取证书。从软件厂商购买证书(而不是创建自己的证书)的优点是,那些证书可以证明软件的真实性有很高的可信度,软件厂商是可信的第三方。但是,为了测试,.NET 提供了一个命令行实用程序,使用它可以创建测试证书。创建证书和使用证书发布软件的过程相当复杂,但是本节用一个简单的示例说明这个过程。

设想有一个名叫 ABC 的公司。公司的软件产品(simple.exe)应该值得信赖。首先,输入下面的命令,创建一个测试证书:

```
>makecert -sv abckey.pvk -r -n "CN=ABC Corporation" abccorptest.cer
```

这条命令为 ABC 公司创建了一个测试证书,并把它保存到 abccorptest.cer 文件中。–sv abckey.pvk 参数创建一个密钥文件,来存储私钥。在创建密钥文件时,需要输入一个必须记住的密码。

创建证书后,就可以用软件发布者证书测试工具(Cert2spc.exe)创建一个软件发布者测试证书:

```
>cert2spc abccorptest.cer abccorptest.spc
```

有了存储在 spc 文件中的证书和存储在 pvk 文件中的密钥文件,就可以用 pvk2pfx 实用程序创建一个包含证书和密钥文件的 pfx 文件:

```
>pvk2pfx -pvk abckey.pvk -spc abccorptest.spc -pfx abccorptest.pfx
```

现在可以用 signtool.exe 实用程序标记程序集了。使用 sign 选项来标记，用-f 指定 pfx 文件中的证书，用-v 指定输出详细信息：

```
>signtool sign -f abccorptest.pfx -v simple.exe
```

为了建立对证书的信任，可使用证书管理器 certmgr 或 MMC 插件 Certificates，通过 Trusted Root Certification Authorities 和 Trusted Publishers 安装它。之后就可以使用 signtool 验证签名是否成功：

```
>signtool verify -v -a simple.exe
```

24.6 小结

本章讨论了与.NET 应用程序相关的几个安全性方面。用户用标识和主体表示，这些类实现了 IIdentity 和 IPrincipal 接口。还介绍了如何访问标识中的声称。

本章介绍了加密方法，说明了数据的签名和加密，以安全的方式交换密钥。.NET 提供了对称加密算法和非对称加密算法，以及散列和签名。

使用访问控制列表还可以读取和修改对操作系统资源(如文件)的访问权限。ACL 的编程方式与安全管道、注册表键、Active Directory 项以及许多其他操作系统资源的编程方式相同。

在许多情况下，可以在较高的抽象级别上处理安全性。例如，使用 HTTPS 访问 Web 服务器，在后台交换加密密钥。使用 WCF 可以修改配置文件，来定义要使用的加密算法。在完整的.NET 堆栈中，File 类提供了 Encrypt 方法(使用 NTFS 文件系统)，轻松地加密文件。知道这个功能如何发挥作用也很重要。

第 25 章将介绍网络。当创建在网络上通信的应用程序时，了解安全性是非常重要的。阅读下一章，就可以让 Alice 和 Bob 在网络上通信，而不仅仅在本章的进程中通信。第 25 章介绍网络的基础。

第 25 章

网　络

本章要点
- 使用 HttpClient
- 操纵 IP 地址，执行 DNS 查询
- 用 WebListener 创建服务器
- 用 TCP、UDP 和套接字类进行套接字编程

本章源代码下载地址(wrox.com)：

打开网页 http://www.wrox.com/go/professionalcsharp6，单击 Download Code 选项卡即可下载本章源代码。本章代码分为以下几个主要的示例文件：

- HttpClientSample
- WinAppHttpClient
- HttpServer
- Utilities
- DnsLookup
- HttpClientUsingTcp
- TcpServer
- WPFAppTcpClient
- UdpReceiver
- UdpSender
- SocketServer
- SocketClient

25.1　网络

本章将采取非常实用的网络方法，结合示例讨论相关理论和相应的网络概念。本章并不是计算

机网络的指南，但会介绍如何使用.NET Framework 进行网络通信。

本章介绍了如何使用网络协议创建客户端和服务器。从最简单的示例开始，阐明怎样给服务器发送请求和在响应中存储返回的信息。

然后讨论如何创建 HTTP 服务器，使用实用工具类分拆和创建 URI，把主机名解析为 IP 地址。还介绍了通过 TCP 和 UDP 收发数据，以及如何利用 Socket 类。

在网络环境下，我们最感兴趣的两个名称空间是 System.Net 和 System.Net.Sockets。System.Net 名称空间通常与较高层的操作有关，例如下载和上传文件，使用 HTTP 和其他协议进行 Web 请求等；而 System.Net.Sockets 名称空间包含的类通常与较低层的操作有关。如果要直接使用套接字或 TCP/IP 之类的协议，这个名称空间中的类就非常有用，这些类中的方法与 Windows 套接字(Winsock)API 函数(派生自 Berkeley 套接字接口)非常类似。本章介绍的一些对象位于 System.IO 名称空间中。

25.2 HttpClient 类

HttpClient 类用于发送 HTTP 请求，接收请求的响应。它在 System.Net.Http 名称空间中。System.Net.Http 名称空间中的类有助于简化在客户端和服务器上使用 Web 服务。

HttpClient 类派生于 HttpMessageInvoker 类，这个基类负责执行 SendAsync 方法。SendAsync 方法是 HttpClient 类的主干。如本节后面所述，这个方法有几个派生物。顾名思义，SendAsync 方法调用是异步的，这样就可以编写一个完全异步的系统来调用 Web 服务。

25.2.1 发出异步的 Get 请求

本章的下载代码示例是 HttpClientSample。它以不同的方式异步调用 Web 服务。为了演示本例使用的不同的方法，使用了命令行参数。

示例代码使用了以下依赖项和名称空间：

依赖项

```
NETStandard.Library
System.Net.Http
```

名称空间

```
System
System.Net
System.Net.Http
System.Net.Http.Headers
System.Threading
System.Threading.Tasks
static System.Console
```

第一段代码实例化一个 HttpClient 对象。这个 HttpClient 对象是线程安全的，所以一个 HttpClient 对象就可以用于处理多个请求。HttpClient 的每个实例都维护它自己的线程池，所以 HttpClient 实例之间的请求会被隔离。调用 Dispose 方法释放资源。

接着调用 GetAsync，给它传递要调用的方法的地址，把一个 HTTP GET 请求发送给服务器。GetAsync 调用被重载为带一个字符串或 URI 对象。在本例中调用 Microsoft 的 OData 示例站点 http://services.odata.org，但可以修改这个地址，以调用任意多个 REST Web 服务。

对 GetAsync 的调用返回一个 HttpResponseMessage 对象。HttpResponseMessage 类表示包含标题、状态和内容的响应。检查响应的 IsSuccessfulStatusCode 属性，可以确定请求是否成功。如果调用成功，就使用 ReadAsStringAsync 方法把返回的内容检索为一个字符串(代码文件 HttpClientSample/Program.cs)：

```csharp
private const string NorthwindUrl =
  "http://services.data.org/Northwind/Northwind.svc/Regions";
private const string IncorrectUrl =
  "http://services.data.org/Northwind1/Northwind.svc/Regions";

private async Task GetDataSimpleAsync()
{
  using (var client = new HttpClient())
  {
    HttpResponseMessage response = await client.GetAsync(NorthwindUrl);

    if(response.IsSuccessStatusCode)
    {
      WriteLine($"Response Status Code: {(int)response.StatusCode} " +
        $"{response.ReasonPhrase}");
      string responseBodyAsText = await response.Content.ReadAsStringAsync();
      WriteLine($"Received payload of {responseBodyAsText.Length} characters");
      WriteLine();
      WriteLine(responseBodyAsText);
    }
  }
}
```

用命令行参数 -s 执行这段代码，产生以下输出：

```
Response Status Code: 200 OK
Received payload of 3379 characters

<?xml version="1.0" encoding="utf-8"?>
<!- ... ->
```

注意：因为 HttpClient 类使用 GetAsync 方法调用，且使用了 await 关键字，所以返回调用线程，并可以执行其他工作。GetAsync 方法的结果可用时，就用该方法继续线程，响应写入 response 变量。await 关键字参见第 15 章，任务的创建和使用参见第 21 章。

25.2.2 抛出异常

如果调用 HttpClient 类的 GetAsync 方法失败，默认情况下不产生异常。调用 EnsureSuccessStatusCode

方法和 HttpResponseMessage，很容易改变这一点。该方法检查 IsSuccessStatusCode 是否是 false，否则就抛出一个异常(代码文件 HttpClientSample / Program.cs)：

```csharp
private async Task GetDataWithExceptionsAsync()
{
  try
  {
    using (var client = new HttpClient())
    {
      HttpResponseMessage response = await client.GetAsync(IncorrectUrl);
      response.EnsureSuccessStatusCode();

      WriteLine($"Response Status Code: {(int)response.StatusCode} " +
        $"{response.ReasonPhrase}");
      string responseBodyAsText = await response.Content.ReadAsStringAsync();
      WriteLine($"Received payload of {responseBodyAsText.Length} characters");
      WriteLine();
      WriteLine(responseBodyAsText);
    }
  }
  catch (Exception ex)
  {
    WriteLine($"{ex.Message}");
  }
}
```

25.2.3 传递标题

发出请求时没有设置或改变任何标题，但 HttpClient 的 DefaultRequestHeaders 属性允许设置或改变标题。使用 Add 方法可以给集合添加标题。设置标题值后，标题和标题值会与这个 HttpClient 实例发送的每个请求一起发送。

例如，响应内容默认为 XML 格式。要改变它，可以在请求中添加一个 Accept 标题，以使用 JSON。在调用 GetAsync 之前添加如下代码，内容就会以 JSON 格式返回：

```csharp
client.DefaultRequestHeaders.Add("Accept", "application/json;odata=verbose");
```

添加和删除标题，运行示例，会以 XML 和 JSON 格式显示内容。

从 DefaultHeaders 属性返回的 HttpRequestHeaders 对象有许多辅助属性，可用于许多标准标题。可以从这些属性中读取标题的值，但它们是只读的。要设置其值，需要使用 Add 方法。在代码片段中，添加了 HTTP Accept 标题。根据服务器接收到的 Accept 标题，服务器可以基于客户的需求返回不同的数据格式。发送 Accept 标题 application / json 时，客户就通知服务器，它接受 JSON 格式的数据。标题信息用 ShowHeaders 方法显示，从服务器接收响应时，也调用该方法(代码文件 HttpClientSample / Program.cs)：

```csharp
public static Task GetDataWithHeadersAsync()
{
  try
  {
    using (var client = new HttpClient())
    {
```

```
client.DefaultRequestHeaders.Add("Accept",
  "application/json;odata=verbose");
ShowHeaders("Request Headers:", client.DefaultRequestHeaders);

HttpResponseMessage response = await client.GetAsync(NorthwindUrl);
client.EnsureSuccessStatusCode();

ShowHeaders("Response Headers:", response.Headers);
//etc.
  }
}
```

与上一个示例不同,添加了 ShowHeaders 方法,它把一个 HttpHeaders 对象作为参数。HttpHeaders 是 HttpRequestHeaders 和 HttpResponseHeaders 的基类。这两个特殊化的类都添加了辅助属性,以直接访问标题。HttpHeader 对象定义为 keyValuePair<string, IEnumerable<string>>。这表示每个标题在集合中都可以有多个值。因此,如果希望改变标题中的值,就需要删除原值,添加新值。

ShowHeaders 函数很简单,它迭代 HttpHeaders 中的所有标题。枚举返回 KeyValuePair<string, IEnumerable<string>>元素,为每个键显示值的字符串版本:

```
public static void ShowHeaders(string title, HttpHeaders headers)
{
  WriteLine(title);
  foreach (var header in headers)
  {
    string value = string.Join(" ", header.Value);
    WriteLine($"Header: {header.Key} Value: {value}");
  }
  WriteLine();
}
```

运行这段代码,就显示请求的任何标题。

```
Request Headers:
Header: Accept Value: application/json; odata=verbose

Response Headers:
Header: Vary Value: *
Header: X-Content-Type-Options Value: nosniff
Header: DataServiceVersion Value: 2.0;
Header: Access-Control-Allow-Origin Value: *
Header: Access-Control-Allow-Methods Value: GET
Header: Access-Control-Allow-Headers Value: Accept, Origin, Content-Type,
MaxDataServiceVersion
Header: Access-Control-Expose-Headers Value: DataServiceVersion
Header: Cache-Control Value: private
Header: Date Value: Mon, 06 Jul 2015 09:00:48 GMT
Header: Set-Cookie Value: ARRAffinity=a5ee7717b148daedb0164e6e19088a5a78c47693a6
0e57422887d7e011fb1e5e;Path=/;Domain=services.odata.org
Header: Server Value: Microsoft-IIS/8.0
Header: X-AspNet-Version Value: 4.0.30319
Header: X-Powered-By Value: ASP.NET
```

因为现在客户端请求 JSON 数据,服务器返回 JSON,也可以看到这些信息:

```
Response Status Code: 200 OK
Received payload of 1551 characters

{"d":{"results":[{"__metadata":{"id":"http://services.odata.org/Northwind/
Northwind.svc/Regions(1) ", "uri":
```

25.2.4 访问内容

先前的代码片段展示了如何访问 Content 属性，获取一个字符串。

响应中的 Content 属性返回一个 HttpContent 对象。为了获得 HttpContent 对象中的数据，需要使用所提供的一个方法。在例子中，使用了 ReadAsStringAsync 方法。它返回内容的字符串表示。顾名思义，这是一个异步调用。除了使用 async 关键字之外，也可以使用 Result 属性。调用 Result 属性会阻塞该调用，直到 ReadAsStringAsync 方法执行完毕，然后继续执行下面的代码。

其他从 HttpContent 对象中获得数据的方法有 ReadAsByteArrayAsync(返回数据的字节数组)和 ReadAsStreamAsync(返回一个流)。也可以使用 LoadIntoBufferAsync 把内容加载到内存缓存中。

Headers 属性返回 HttpContentHeaders 对象。它的工作方式与前面例子中的请求和响应标题相同。

注意：除了使用 HttpClient 和 HttpContent 类的 GetAsync 和 ReadAsStringAsync 方法之外，HttpClient 类还提供了方法 GetStringAsync，来返回一个字符串，而不需要调用两个方法。然而使用这个方法时，对错误状态和其他信息没有那么多的控制。

注意：流参见第 23 章。

25.2.5 用 HttpMessageHandler 自定义请求

HttpClient 类可以把 HttpMessageHandler 作为其构造函数的参数，这样就可以定制请求。可以传递 HttpClientHandler 的实例。它有许多属性可以设置，例如 ClientCertificates、Pipelining、CachePolity、ImpersonationLevel 等。

下一个代码片段实例化 SampleMessageHandler，并传递给 HttpClient 构造函数(代码文件 HttpClientSample / Program.cs)：

```
public static async Task GetDataWithMessageHandlerAsync()
{
    var client = new HttpClient(new SampleMessageHandler("error"));
    HttpResponseMessage response = await client.GetAsync(NorthwindUrl);
    //...
}
```

这个处理程序类型 SampleMessageHandler 的作用是把一个字符串作为参数，在控制台上显示它，如果消息是"error"，就把响应的状态码设置为 Bad Request。如果创建一个派生于 HttpClientHandler 的类，就可以重写一些属性和方法 SendAsync。SendAsync 通常会重写，因为发送到服务器的请求会受影响。如果_displayMessage 设置为"error"，就返回一个 HttpResponseMessage 和错误请求。

该方法需要返回一个 Task。对于错误的情况，不需要调用异步方法；这就是为什么只是用 Task.FromResult 返回错误 (代码文件 HttpClientSample / SampleMessageHandler FromResult.cs)：

```csharp
public class SampleMessageHandler : HttpClientHandler
{
  private string _message;

  public SampleMessageHandler(string message)
  {
    _message = message;
  }

  protected override Task<HttpResponseMessage> SendAsync(
    HttpRequestMessage request, CancellationToken cancellationToken)
  {
    WriteLine($"In SampleMessageHandler {_message}");

    if(_message == "error")
    {
      var response = new HttpResponseMessage(HttpStatusCode.BadRequest);
      return Task.FromResult<HttpResponseMessage>(response);
    }
    return base.SendAsync(request, cancellationToken);
  }
}
```

添加定制处理程序有许多理由。设置处理程序管道，是为了添加多个处理程序。除了默认的处理程序之外，还有 DelegatingHandler，它执行一些代码，再把调用委托给内部或下一个处理程序。HttpClientHandler 是最后一个处理程序，它把请求发送到地址。图 25-1 显示了管道。每个添加的 DelegatingHandler 都调用下一个或内部的处理程序，最后一个是基于 HttpClientHandler 的处理程序。

25.2.6 使用 SendAsync 创建 HttpRequestMessage

在后台，HttpClient 类的 GetAsync 方法调用 SendAsync 方法。除了使用 GetAsync 方法之外，还可以使用 SendAsync 方法发送一个 HTTP 请求。使用 SendAsync，可以对定义请求有更多的控制。重载HttpRequestMessage 类的构造函数,传递 HttpMethod 的一个值。GetAsync 方法用 HttpMethod.Get 创建一个 HTTP 请求。使用 HttpMethod，不仅可以发送 GET、POST、PUT 和 DELETE 请求，也可以发送 HEAD、OPTIONS 和 TRACE。有了 HttpRequestMessage 对象，可以用 HttpClient 调用 SendAsync 方法：

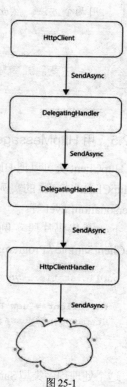

图 25-1

```csharp
private async Task GetDataAdvancedAsync()
{
  using (var client = new HttpClient())
  {
```

```
    var request = new HttpRequestMessage(HttpMethod.Get, NorthwindUrl);

    HttpResponseMessage response = await client.SendAsync(request);
    //etc.
  }
}
```

注意：本章只使用 HttpClient 类发出 HTTP GET 请求。HttpClient 类还允许使用 PostAsync、PutAsync 和 DeleteAsync 方法，发送 HTTP POST、PUT 和 DELETE 请求。这些方法在第 42 章使用，发出这些请求，在 Web 服务中调用相应的动作方法。

创建 HttpRequestMessage 对象后，可以使用 Headers 和 Content 属性提供标题和内容。使用 Version 属性，可以指定 HTTP 版本。

注意：HTTP/1.0 在 1996 年发布，几年后发布了 1.1。在 1.0 版本中，服务器返回数据后，连接总是关闭；在 1.1 版本中，增加了 keep-alive 标题，允许客户端根据需要保持连接打开，因为客户端可能希望发出更多的请求，不仅接收 HTML 代码，还接收 CSS、JavaScript 文件和图片。1999 年定义了 HTTP/1.1 后，过了 16 年，HTTP/2 才在 2015 年完成。版本 2 有什么优点？HTTP/2 允许在相同的连接上发出多个并发请求，压缩标题信息，客户机可以定义哪个资源更重要，服务器可以通过服务器推操作把资源发送到客户端。HTTP/2 支持服务器推送，意味着一旦 HTTP/2 支持无处不在，WebSockets 就会过时。所有浏览器的新版本，以及运行在 Windows 和 Windows Server 2016 上的 IIS，都支持 HTTP/2。

25.2.7 使用 HttpClient 和 Windows Runtime

在撰写本书时，用于控制台应用程序和 WPF 的 HttpClient 类不支持 HTTP/2。然而，用于通用 Windows 平台的 HttpClient 类有不同的实现，它基于 Windows 10 API 的功能。因此，HttpClient 支持 HTTP/2，甚至在默认情况下使用这个版本。

下一个代码示例显示了一个通用 Windows 应用程序，它向进入在一个文本框的链接发出一个 HTTP 请求，并显示结果，给出 HTTP 版本信息。以下代码片段显示了 XAML 代码，图 25-2 显示了设计视图(代码文件 WinAppHttpClient / MainPage.xaml)：

```xml
<StackPanel Orientation="Horizontal">
  <TextBox Header="Url" Text="{x:Bind Url, Mode=TwoWay}" MinWidth="200"
    Margin="5" />
  <Button Content="Send" Click="{x:Bind OnSendRequest}" Margin="10,5,5,5"
    VerticalAlignment="Bottom" />
</StackPanel>
<TextBox Header="Version" Text="{x:Bind Version, Mode=OneWay}" Grid.Row="1"
  Margin="5" IsReadOnly="True" />
<TextBox AcceptsReturn="True" IsReadOnly="True" Text="{x:Bind Result,
  Mode=OneWay}" Grid.Row="2" ScrollViewer.HorizontalScrollBarVisibility="Auto"
```

```
ScrollViewer.VerticalScrollBarVisibility="Auto" />
```

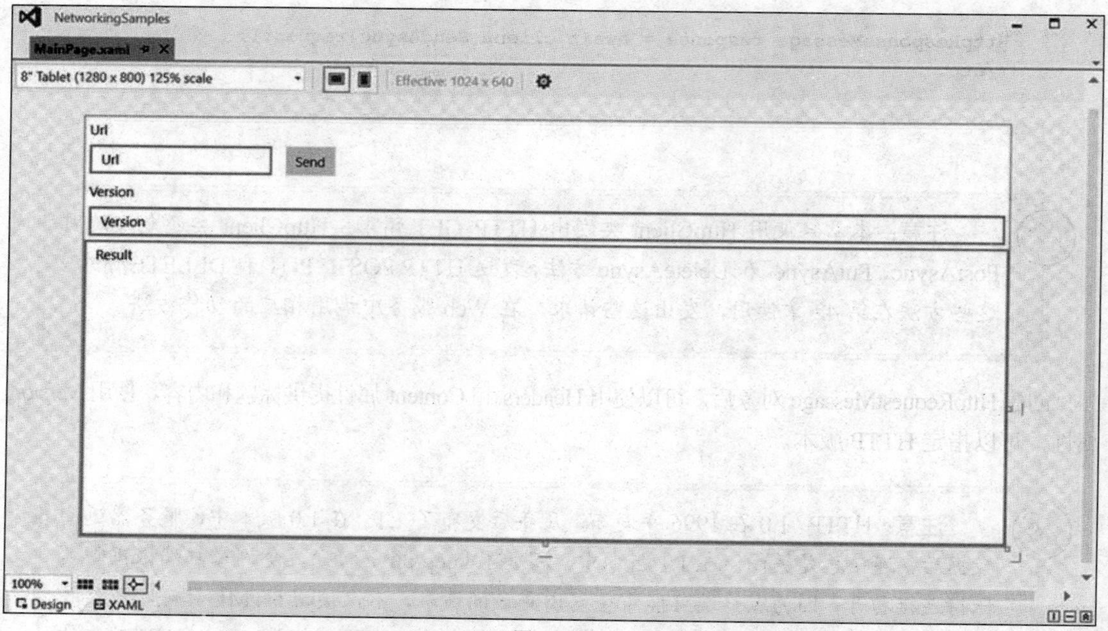

图 25-2

> 注意：XAML 代码和依赖属性参见第 29 章，编译后的绑定参见第 31 章。

属性 Url、Version 和 Result 实现为依赖属性，以自动更新 UI。下面的代码片段显示了 Url 属性（代码文件 WinAppHttpClient /MainPage.xaml.cs）：

```
public string Url
{
  get { return (string)GetValue(UrlProperty); }
  set { SetValue(UrlProperty, value); }
}

public static readonly DependencyProperty UrlProperty =
  DependencyProperty.Register("Url", typeof(string), typeof(MainPage),
    new PropertyMetadata(string.Empty));
```

HttpClient 类用于 OnSendRequest 方法。单击 UI 中的 Send 按钮，就调用该方法。在前面的示例中，SendAsync 方法用于发出 HTTP 请求。为了看到请求确实是使用 HTTP / 2 版本发出的，可以在调试器中检查 request.Version 属性。服务器给出的版本是来自 response. Version，并写入在 UI 中绑定的 Version 属性。如今，大多数服务器都只支持 HTTP 1.1 版本。如前所述，Windows Server 2016 支持 HTTP / 2：

```
private async void OnSendRequest()
{
  try
```

```
{
  using (var client = new HttpClient())
  {
    var request = new HttpRequestMessage(HttpMethod.Get, Url);
    HttpResponseMessage response = await client.SendAsync(request);
    Version = response.Version.ToString();
    response.EnsureSuccessStatusCode();
    Result = await response.Content.ReadAsStringAsync();
  }
}
catch (Exception ex)
{
  await new MessageDialog(ex.Message).ShowAsync();
}
}
```

运行该应用程序,向 https://http2.akamai.com/demo 发出请求,就返回 HTTP / 2。

25.3 使用 WebListener 类

使用 IIS 作为 HTTP 服务器通常是一个好方法,因为可以访问很多功能,如可伸缩性、健康监测、用于管理的图形用户界面等。然而,也可以轻松创建自己的简单 HTTP 服务器。自.NET 2.0 以来,就可以使用 HttpListener,但是现在在.NET Core 1.0 中有一个新的 WebListener 类。

HttpServer 的示例代码使用了以下依赖项和名称空间:

依赖项

```
NETStandard.Library
Microsoft.Net.Http.Server
```

名称空间

```
Microsoft.Net.Http.Server
System
System.Collections.Generic
System.Linq
System.Net
System.Reflection
System.Text
System.Threading.Tasks
static System.Console
```

HTTP 服务器的示例代码是一个控制台应用程序(包),允许传递一个 URL 前缀的列表,来定义服务器侦听的地点。这类前缀的一个例子是 http://localhost:8082 / samples,其中如果路径以 samples 开头,服务器就只侦听本地主机上的端口 8082。不管其后的路径是什么,服务器都处理请求。为了不仅支持来自本地主机的请求,可以使用+字符,比如 http://+:8082/samples。这样,服务器也可以从所有的主机名中访问。如果不以提升模式启动 Visual Studio,运行侦听器的用户就需要许可。为此,可以以提升模式运行一个命令提示符，使用如下 netsh 命令，来添加 URL：

```
>netsh http add urlacl url=http://+:8082/samples user=Everyone
```

示例代码检查参数是否传递了至少一个前缀，之后调用 StartServer 方法(代码文件 HttpServer / Program .cs)：

```
static void Main(string[] args)
{
  if (args.Length < 1)
  {
    ShowUsage();
    return;
  }
  StartServerAsync(args).Wait();
  ReadLine();
}

private static void ShowUsage()
{
  WriteLine("Usage: HttpServer Prefix [Prefix2] [Prefix3] [Prefix4]");
}
```

该程序的核心是 StartServer 方法。这里实例化 WebListener 类，添加在命令参数列表中定义的前缀。调用 WebListener 类的 Start 方法，注册系统上的端口。接下来，调用 GetContextAsync 方法后，侦听器等待客户端连接和发送数据。一旦客户端发送了 HTTP 请求，请求就可以读取 GetContextAsync 返回 的 HttpContext 对象。对于来自客户端的请求和发回的回应，都使用 HttpContext 对象。Request 属性返回一个 Request 对象。Request 对象包含 HTTP 标题信息。在 HTTP POST 请求中，Request 还包含请求体。Response 属性返回 Response 对象，它允许返回标题信息(使用 Headers 属性)、状态码(StatusCode 属性)和响应体(Body 属性)：

```
public static async Task StartServerAsync(params string[] prefixes)
{
  try
  {
    WriteLine($"server starting at");
    var listener = new WebListener();
    foreach (var prefix in prefixes)
    {
      listener.UrlPrefixes.Add(prefix);
      WriteLine($"\t{prefix}");
    }

    listener.Start();

    do
    {
      using (RequestContext context = await listener.GetContextAsync())
      {
        context.Response.Headers.Add("content-type",
          new string[] { "text/html" });
        context.Response.StatusCode = (int)HttpStatusCode.OK;
```

```csharp
      byte[] buffer = GetHtmlContent(context.Request);
      await context.Response.Body.WriteAsync(buffer, 0, buffer.Length);
    }
  } while (true);
}
catch (Exception ex)
{
  WriteLine(ex.Message);
}
```

示例代码返回一个 HTML 文件，使用 GetHtmlContent 方法检索它。这个方法利用 htmlFormat 格式字符串，该字符串在标题和正文中有两个占位符。GetHtmlContent 方法使用 string.Format 方法填充占位符。为了填充 HTML 体，使用两个辅助方法 GetHeaderInfo 和 GetRequestInfo，检索请求的标题信息和 Request 对象的所有属性值：

```csharp
private static string htmlFormat =
  "<!DOCTYPE html><html><head><title>{0}</title></head>" +
  "<body>{1}</body></html>";

private static byte[] GetHtmlContent(Request request)
{
  string title = "Sample WebListener";

  var sb = new StringBuilder("<h1>Hello from the server</h1>");
  sb.Append("<h2>Header Info</h2>");
  sb.Append(string.Join(" ", GetHeaderInfo(request.Headers)));
  sb.Append("<h2>Request Object Information</h2>");
  sb.Append(string.Join(" ", GetRequestInfo(request)));
  string html = string.Format(htmlFormat, title, sb.ToString());
  return Encoding.UTF8.GetBytes(html);
}
```

GetHeaderInfo 方法从 HeaderCollection 中检索键和值，返回一个 div 元素，其中包含了每个键和值：

```csharp
private static IEnumerable<string> GetHeaderInfo(HeaderCollection headers) =>
  headers.Keys.Select(key =>
    $"<div>{key}: {string.Join(",", headers.GetValues(key))}</div>");
```

GetRequestInfo 方法利用反射获得 Request 类型的所有属性，返回属性名称及其值：

```csharp
private static IEnumerable<string> GetRequestInfo(Request request) =>
  request.GetType().GetProperties().Select(
    p => $"<div>{p.Name}: {p.GetValue(request)}</div>");
```

注意：GetHeaderInfo 和 GetRequestInfo 方法利用表达式体的成员函数、LINQ 和反射。表达式体的成员函数参见第 3 章。第 13 章讨论了 LINQ。第 16 章把反射作为一个重要的话题。

运行服务器,使用 Microsoft Edge 等浏览器,通过 URL 访问服务器,如 http://[hostname]:8082/samples/Hello?sample=text,结果输出如图 25-3 所示。

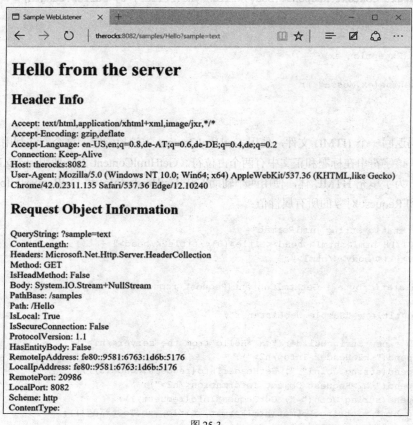

图 25-3

25.4 使用实用工具类

在使用抽象 HTTP 协议的类,如 HttpClient 和 WebListener,处理 HTTP 请求和响应后,下面看看一些实用工具类,它们在处理 URI 和 IP 地址时,更容易进行 Web 编程。

在 Internet 上,服务器和客户端都由 IP 地址或主机名(也称作 DNS 名称)标识。通常,主机名是在 Web 浏览器的窗口中输入的友好名称,如 www.wrox.com 或 www.microsoft.com 等。另一方面,IP 地址是计算机用于互相识别的标识符,它实际上是用于确保 Web 请求和响应到达相应计算机的地址。一台计算机甚至可以有多个 IP 地址。

目前,IP 地址一般是一个 32 或 128 位的值,这取决于使用的是 IPv4 还是 IPv6。例如 192.168.1.100 就是一个 32 位的 IP 地址。目前有许多计算机和其他设备在竞争 Internet 上的一个地点,所以人们开发了 IPv6。IPv6 至多可以提供 3×10^{28} 个不同的地址。.NET Framework 允许应用程序同时使用 IPv4 和 IPv6。

为了使这些主机名发挥作用,首先必须发送一个网络请求,把主机名翻译成 IP 地址,翻译工作由一个或几个 DNS 服务器完成。DNS 服务器中保存的一个表把主机名映射为它知道的所有计算机的 IP 地址以及其他 DNS 服务器的 IP 地址，这些 DNS 服务器用于在该表中查找它不知道的主机名。本地计算机至少要知道一个 DNS 服务器。网络管理员在设置计算机时配置该信息。

在发送请求之前，计算机首先应要求 DNS 服务器指出与输入的主机名相对应的 IP 地址。找到正确的 IP 地址后，计算机就可以定位请求，并通过网络发送它。所有这些工作一般都在用户浏览 Web 时在后台进行。

.NET Framework 提供了许多能够帮助寻找 IP 地址和主机信息的类。

示例代码使用了以下依赖项和名称空间：

依赖项：

NETStandard.Library

名称空间：

System
System.Net
static System.Console

25.4.1 URI

Uri 和 UriBuilder 是 System 名称空间中的两个类，它们都用于表示 URI。Uri 类允许分析、组合和比较 URI。而 UriBuilder 类允许把给定的字符串当作 URI 的组成部分，从而构建一个 URI。

下面的代码片段演示了 Uri 类的特性。构造函数可以传递相对和绝对 URL。这个类定义了几个只读属性，来访问 URL 的各个部分，例如模式、主机名、端口号、查询字符串和 URL 的各个部分(代码文件 Utilities/ Program. cs)：

```
public static void UriSample(string url)
{
  var page = new Uri(url);
  WriteLine($"scheme: {page.Scheme}");
#if NET46
  WriteLine($"host: {page.Host}, type: {page.HostNameType}");
#else
  WriteLine($"host: {page.Host}, type: {page.HostNameType}, " +
     $"idn host: {page.IdnHost}");
#endif
  WriteLine($"port: {page.Port}");
  WriteLine($"path: {page.AbsolutePath}");
  WriteLine($"query: {page.Query}");
  foreach (var segment in page.Segments)
  {
    WriteLine($"segment: {segment}");
  }

  // etc.
}
```

运行应用程序，传递下面的 URL 和包含一个路径和查询字符串的字符串：

http://www.amazon.com/Professional-C-6-0-Christian-Nagel/dp/111909660X/ref=sr_1_4?ie=

```
UTF8&amqid=1438459506&sr=8-4&keywords=professional+c%23+6
```

将得到下面的输出:

```
scheme: http
host: www.amazon.com, type: Dns
port: 80
path: /Professional-C-6-0-Christian-Nagel/dp/111909660X/ref=sr_1_4
query: ?ie=UTF8&qid=1438459506&sr=8-4&keywords=professional+c%23+6
segment: /
segment: Professional-C-6-0-Christian-Nagel/
segment: dp/
segment: 111909660X/
segment: ref=sr_1_4
```

与 Uri 类不同,UriBuilder 定义了读写属性,如下面的代码片段所示。可以创建一个 UriBuilder 实例,指定这些属性,并得到一个从 Uri 属性返回的 URL:

```csharp
public static void UriSample(string url)
{
  // etc.

  var builder = new UriBuilder();
  builder.Host = "www.cninnovation.com";
  builder.Port = 80;
  builder.Path = "training/MVC";
  Uri uri = builder.Uri;
  WriteLine(uri);
}
```

除了使用 UriBuilder 的属性之外,这个类还提供了构造函数的几个重载版本,其中也可以传递 URL 的各个部分。

25.4.2 IPAddress

IPAddress 类代表 IP 地址。使用 GetAddressBytes 属性可以把地址本身作为字节数组,并使用 ToString() 方法转换为用小数点隔开的十进制格式。此外,IPAddress 类也实现静态的 Parse() 和 TryParse 方法,这两个方法的作用与 ToString() 方法正好相反,把小数点隔开的十进制字符串转换为 IPAddress。代码示例也访问 AddressFamily 属性,并将一个 IPv4 地址转换成 IPv6,反之亦然(代码文件 Utilities/ Program.cs):

```csharp
public static void IPAddressSample(string ipAddressString)
{
  IPAddress address;
  if (!IPAddress.TryParse(ipAddressString, out address))
  {
    WriteLine($"cannot parse {ipAddressString}");
    return;
  }
  byte[] bytes = address.GetAddressBytes();
  for (int i = 0; i < bytes.Length; i++)
  {
    WriteLine($"byte {i}: {bytes[i]:X}");
  }
```

```
  WriteLine($"family: {address.AddressFamily}, " +
    $"map to ipv6: {address.MapToIPv6()}, map to ipv4: {address.MapToIPv4()}");

  // etc.
}
```

给方法传递地址 65.52.128.33，输出结果如下：

```
byte 0: 41
byte 1: 34
byte 2: 80
byte 3: 21
family: InterNetwork, map to ipv6: ::ffff:65.52.128.33, map to ipv4: 65.52.128.3
3
```

IPAddress 类也定义了静态属性，来创建特殊的地址，如 loopback、broadcast 和 anycast：

```
public static void IPAddressSample(string ipAddressString)
{
  // etc.
  WriteLine($"IPv4 loopback address: {IPAddress.Loopback}");
  WriteLine($"IPv6 loopback address: {IPAddress.IPv6Loopback}");
  WriteLine($"IPv4 broadcast address: {IPAddress.Broadcast}");
  WriteLine($"IPv4 any address: {IPAddress.Any}");
  WriteLine($"IPv6 any address: {IPAddress.IPv6Any}");
}
```

通过 loopback 地址，可以绕过网络硬件。这个 IP 地址代表主机名 localhost。

每个 broadcast 地址都在本地网络中寻址每个节点。这类地址不能用于 IPv6，因为这个概念不用于互联网协议的更新版本。最初定义 IPv4 后，给 IPv6 添加了多播。通过多播，寻址一组节点，而不是所有节点。在 IPv6 中，多播完全取代广播。本章后面使用 UDP 时，会在代码示例中演示广播和多播。

通过 anycast，也使用一对多路由，但数据流只传送到网络上最近的节点。这对负载平衡很有用。对于 IPv4，Border Gateway Protocol (BGP) 路由协议用来发现网络中的最短路径；对于 IPv6，这个功能是内置的。

运行应用程序时，可以看到下面的 IPv4 和 IPv6 地址：

```
IPv4 loopback address: 127.0.0.1
IPv6 loopback address: ::1
IPv4 broadcast address: 255.255.255.255
IPv4 any address: 0.0.0.0
IPv6 any address: ::
```

25.4.3 IPHostEntry

IPHostEntry 类封装与某台特定的主机相关的信息。通过这个类的 HostName 属性(这个属性返回一个字符串)，可以使用主机名；通过 AddressList 属性返回一个 IPAddress 对象数组。下一个示例使用 IPHostEntry 类。

25.4.4 Dns

Dns 类能够与默认的 DNS 服务器进行通信，以检索 IP 地址。

DnsLookup 示例代码使用了以下的依赖项和名称空间：

依赖项：

```
NETStandard.Library
System.Net.NameResolution
```

名称空间：

```
System
System.Net
System.Threading.Tasks
static System.Console
```

样例应用程序实现为一个控制台应用程序(包)，要求用户输入主机名(也可以添加一个 IP 地址)，通过 Dns.GetHostEntryAsync 得到一个 IPHostEntry。在 IPHostEntry 中，使用 AddressList 属性访问地址列表。主机的所有地址以及 AddressFamily 都写入控制台(代码文件 DnsLookup / Program.cs)：

```csharp
static void Main()
{
  do
  {
    Write("Hostname:\t");
    string hostname = ReadLine();
    if (hostname.CompareTo("exit") == 0)
    {
      WriteLine("bye!");
      return;
    }
    OnLookupAsync(hostname).Wait();
    WriteLine();
  } while (true);
}

public static async Task OnLookupAsync(string hostname)
{
  try
  {
    IPHostEntry ipHost = await Dns.GetHostEntryAsync(hostname);
    WriteLine($"Hostname: {ipHost.HostName}");

    foreach (IPAddress address in ipHost.AddressList)
    {
      WriteLine($"Address Family: {address.AddressFamily}");
      WriteLine($"Address: {address}");
    }
  }
  catch (Exception ex)
  {
```

```
    WriteLine(ex.Message);
  }
}
```

运行应用程序，并输入几个主机名，得到如下输出。对于主机名 www.orf.at，可以看到这个主机名定义了多个 IP 地址。

```
Hostname:       www.cninnovation.com
Hostname: www.cninnovation.com
Address Family: InterNetwork
Address: 65.52.128.33

Hostname:       www.orf.at
Hostname: www.orf.at
Address Family: InterNetwork
Address: 194.232.104.150
Address Family: InterNetwork
Address: 194.232.104.140
Address Family: InterNetwork
Address: 194.232.104.142
Address Family: InterNetwork
Address: 194.232.104.149
Address Family: InterNetwork
Address: 194.232.104.141
Address Family: InterNetwork
Address: 194.232.104.139

Hostname:       exit
bye!
```

注意：Dns 类是比较有限的，例如不能指定使用非默认的 DNS 服务器。此外，IPHostEntry 的 Aliases 属性不在 GetHostEntryAsync 方法中填充。它只在 Dns 类的过时方法中填充，而且这些方法也不完全地填充这个属性。要充分利用 DNS 查找功能，最好使用第三方库。

下面介绍一些低级协议，如 TCP 和 UDP 等。

25.5 使用 TCP

HTTP 协议基于传输控制协议(Transmission Control Protocol，TCP)。要使用 TCP，客户端首先需要打开一个到服务器的连接，才能发送命令。而使用 HTTP，发送文本命令。HttpClient 和 WebListener 类隐藏了 HTTP 协议的细节。使用 TCP 类发送 HTTP 请求时，需要更多地了解 HTTP 协议。TCP 类没有提供用于 HTTP 协议的功能，必须自己提供。另一方面，TCP 类提供了更多的灵活性，因为可以使用这些类与基于 TCP 的其他协议。

传输控制协议(TCP)类为连接和发送两个端点之间的数据提供了简单的方法。端点是 IP 地址和端口号的组合。已有的协议很好地定义了端口号,例如,HTTP 使用端口 80,而 SMTP 使用端口 25。Internet 地址编码分配机构(Internet Assigned Numbers Authority,IANA,http://www.iana.org/)把端口号赋予这些已知的服务。除非实现某个已知的服务,否则应选择大于 1024 的端口号。

TCP 流量构成了目前 Internet 上的主要流量。TCP 通常是首选的协议,因为它提供了有保证的传输、错误校正和缓冲。TcpClient 类封装了 TCP 连接,提供了许多属性来控制连接,包括缓冲、缓冲区的大小和超时。通过 GetStream()方法请求 NetworkStream 对象可以实现读写功能。

TcpListener 类用 Start()方法侦听引入的 TCP 连接。当连接请求到达时,可以使用 AcceptSocket()方法返回一个套接字,与远程计算机通信,或使用 AcceptTcpClient()方法通过高层的 TcpClient 对象进行通信。阐明 TcpListener 类和 TcpClient 类如何协同工作的最简单方式是给出一个示例。

25.5.1 使用 TCP 创建 HTTP 客户程序

首先,创建一个控制台应用程序(包),向 Web 服务器发送一个 HTTP 请求。以前用 HttpClient 类实现了这个功能,但使用 TcpClient 类需要深入 HTTP 协议。

HttpClientUsingTcp 示例代码使用了以下的依赖项和名称空间:

依赖项:

```
NETStandard.Library
```

名称空间:

```
System
System.IO
System.Net.Sockets
System.Text
System.Threading.Tasks
static System.Console
```

应用程序接受一个命令行参数,传递服务器的名称。这样,就调用 RequestHtmlAsync 方法,向服务器发出 HTTP 请求。它用 Task 的 Result 属性返回一个字符串 (代码文件 HttpClientUsingTcp / Program.cs):

```
static void Main(string[] args)
{
  if (args.Length != 1)
  {
    ShowUsage();
  }
  Task<string> t1 = RequestHtmlAsync(args[0]);
  WriteLine(t1.Result);
  ReadLine();
}

private static void ShowUsage()
{
  WriteLine("Usage: HttpClientUsingTcp hostname");
}
```

现在看看 RequestHtmlAsync 方法的最重要部分。首先，实例化一个 TcpClient 对象。其次，使用 ConnectAsync 方法，在 HTTP 默认端口 80 上建立到主机的 TCP 连接。再次，通过 GetStream 方法检索一个流，使用这个连接进行读写：

```
private const int ReadBufferSize = 1024;

public static async Task<string> RequestHtmlAsync(string hostname)
{
  try
  {
    using (var client = new TcpClient())
    {
      await client.ConnectAsync(hostname, 80);
      NetworkStream stream = client.GetStream();

      //etc.
    }
  }
}
```

流现在可以用来把请求写到服务器，读取响应。HTTP 是一种基于文本的协议，所以很容易在字符串中定义请求。为了向服务器发出一个简单的请求，标题定义了 HTTP 方法 GET，其后是 URL/的路径和 HTTP 版本 HTTP / 1.1。第二行定义了 Host 标题、主机名和端口号，第三行定义了 Connection 标题。通常，通过 Connection 标题，客户端请求 keep-alive，要求服务器保持连接打开，因为客户端希望发出更多的请求。这里只向服务器发出一个请求，所以服务器应该关闭连接，从而 close 设置为 Connection 标题。为了结束标题信息，需要使用\r\n 给请求添加一个空行。标题信息调用 NetworkStream 的方法 WriteAsync，用 UTF-8 编码发送。\r\n 为了立即向服务器发送缓存，请调用 FlushAsync 方法。否则数据就可能保存在本地缓存：

```
//etc.
string header = "GET / HTTP/1.1\r\n" +
  $"Host: {hostname}:80\r\n" +
  "Connection: close\r\n" +
  "\r\n";
byte[] buffer = Encoding.UTF8.GetBytes(header);
await stream.WriteAsync(buffer, 0, buffer.Length);
await stream.FlushAsync();
```

现在可以继续这个过程，从服务器中读取回应。不知道回应有多大，所以创建一个动态生长的 MemoryStream。使用 ReadAsync 方法把服务器的回应暂时写入一个字节数组，这个字节数组的内容添加到 MemoryStream 中。从服务器中读取所有数据后，StreamReader 接管控制，把数据从流读入一个字符串，并返回给调用者：

```
var ms = new MemoryStream();
buffer = new byte[ReadBufferSize];
int read = 0;
do
{
  read = await stream.ReadAsync(buffer, 0, ReadBufferSize);
  ms.Write(buffer, 0, read);
```

```
        Array.Clear(buffer, 0, buffer.Length);
      } while (read > 0);
      ms.Seek(0, SeekOrigin.Begin);
      var reader = new StreamReader(ms);
      return reader.ReadToEnd();
    }
  }
  catch (SocketException ex)
  {
    WriteLine(ex.Message);
    return null;
  }
}
```

把一个网站传递给程序,会看到一个成功的请求,其 HTML 内容显示在控制台上。

现在该创建一个 TCP 侦听器和自定义协议了。

25.5.2 创建 TCP 侦听器

创建基于 TCP 的自定义协议需要对架构进行一些思考。可以定义自己的二进制协议,每个位都保存在数据传输中,但读取比较复杂,或者可以使用基于文本的格式,例如 HTTP 或 FTP。对于每个请求,会话应保持开放还是关闭?服务器需要保持客户端的状态,还是保存随每个请求一起发送的所有数据?

自定义服务器支持一些简单的功能,如回应和反向发送消息。自定义服务器的另一个特点是,客户端可以发送状态信息,使用另一个调用再次检索它。状态会临时存储在会话状态中。尽管这是一个简单的场景,但我们知道需要设置它。

TcpServer 示例代码实现为一个控制台应用程序(包),利用以下依赖项和名称空间:

依赖项:

NETStandard.Library

名称空间:

```
System
System.Collections
System.Collections.Concurrent
System.Linq
System.Net.Sockets
System.Text
System.Threading
System.Threading.Tasks
static System.Console
static TcpServer.CustomProtocol
```

自定义 TCP 侦听器支持几个请求,如表 25-1 所示。

表 25-1

请求	说明
HELO::v1.0	启动连接后，这个命令需要发送。其他命令将不被接受
ECHO::message	ECHO 命令向调用者返回消息
REV::message	REV 命令保留消息并返回给调用者
BYE	BYE 命令关闭连接
SET::key=value	SET 命令设置服务器端状态，可以用 GET 命令检索
GET::key	

请求的第一行是一个会话标识符，并带有前缀 ID。它需要与每个请求一起发送，除了 HELO 请求之外。它作为状态标识符使用。

协议的所有常量都在静态类 CustomProtocol 中定义 (代码文件 TcpServer /CustomProtocol.cs)：

```
public static class CustomProtocol
{
  public const string SESSIONID = "ID";
  public const string COMMANDHELO = "HELO";
  public const string COMMANDECHO = "ECO";
  public const string COMMANDREV = "REV";
  public const string COMMANDBYE = "BYE";
  public const string COMMANDSET = "SET";
  public const string COMMANDGET = "GET";

  public const string STATUSOK = "OK";
  public const string STATUSCLOSED = "CLOSED";
  public const string STATUSINVALID = "INV";
  public const string STATUSUNKNOWN = "UNK";
  public const string STATUSNOTFOUND = "NOTFOUND";
  public const string STATUSTIMEOUT = "TIMOUT";

  public const string SEPARATOR = "::";

  public static readonly TimeSpan SessionTimeout = TimeSpan.FromMinutes(2);
}
```

Run 方法(从 Main 方法中调用)启动一个计时器，每分钟清理一次所有的会话状态。Run 方法的主要功能是通过调用 RunServerAsync 方法来启动服务器(代码文件 TcpServer / Program.cs)：

```
static void Main()
{
  var p = new Program();
  p.Run();
}

public void Run()
{
  using (var timer = new Timer(TimerSessionCleanup, null,
    TimeSpan.FromMinutes(1), TimeSpan.FromMinutes(1)))
  {
```

```
    RunServerAsync().Wait();
  }
}
```

对于 TcpListener 类，服务器最重要的部分在 RunServerAsync 方法中。TcpListener 使用 IP 地址和端口号的构造函数实例化，在 IP 地址和端口号上可以访问侦听器。调用 Start 方法，侦听器开始侦听客户端连接。AcceptTcpClientAsync 等待客户机连接。一旦客户端连接，就返回 TcpClient 实例，允许与客户沟通。这个实例传递给 RunClientRequest 方法，以处理请求。

```
private async Task RunServerAsync()
{
  try
  {
    var listener = new TcpListener(IPAddress.Any, portNumber);
    WriteLine($"listener started at port {portNumber}");
    listener.Start();

    while (true)
    {
      WriteLine("waiting for client...");
      TcpClient client = await listener.AcceptTcpClientAsync();
      Task t = RunClientRequest(client);
    }
  }
  catch (Exception ex)
  {
    WriteLine($"Exception of type {ex.GetType().Name}, Message: {ex.Message}");
  }
}
```

为了在客户端上读写，TcpClient 的 GetStream 方法返回 NetworkStream。首先需要读取来自客户机的请求。为此，可以使用 ReadAsync 方法。ReadAsync 方法填充一个字节数组。这个字节数组使用 Encoding 类转换为字符串。收到的信息写入控制台，传递到 ParseRequest 辅助方法。根据 ParseRequest 方法的结果，创建客户端的回应，使用 WriteAsync 方法返回给客户端。

```
private Task RunClientRequestAsync(TcpClient client)
{
  return Task.Run(async () =>
  {
    try
    {
      using (client)
      {
        WriteLine("client connected");

        using (NetworkStream stream = client.GetStream())
        {
          bool completed = false;
          do
          {
            byte[] readBuffer = new byte[1024];
            int read = await stream.ReadAsync(
```

```csharp
                    readBuffer, 0, readBuffer.Length);
                string request = Encoding.ASCII.GetString(readBuffer, 0, read);
                WriteLine($"received {request}");

                string sessionId;
                string result;
                byte[] writeBuffer = null;
                string response = string.Empty;

                ParseResponse resp = ParseRequest(
                    request, out sessionId, out result);
                switch (resp)
                {
                  case ParseResponse.OK:
                    string content = $"{STATUSOK}::{SESSIONID}::{sessionId}";
                    if (!string.IsNullOrEmpty(result))
                    {
                      content += $"{SEPARATOR}{result}";
                    }
                    response = $"{STATUSOK}{SEPARATOR}{SESSIONID}{SEPARATOR}" +
                      $"{sessionId}{SEPARATOR}{content}";
                    break;
                  case ParseResponse.CLOSE:
                    response = $"{STATUSCLOSED}";
                    completed = true;
                    break;
                  case ParseResponse.TIMEOUT:
                    response = $"{STATUSTIMEOUT}";
                    break;
                  case ParseResponse.ERROR:
                    response = $"{STATUSINVALID}";
                    break;
                  default:
                    break;
                }
                writeBuffer = Encoding.ASCII.GetBytes(response);
                await stream.WriteAsync(writeBuffer, 0, writeBuffer.Length);
                await stream.FlushAsync();
                WriteLine($"returned {Encoding.ASCII.GetString(
                    writeBuffer, 0, writeBuffer.Length)}");
            } while (!completed);
          }
        }
      }
      catch (Exception ex)
      {
        WriteLine($"Exception in client request handling " +
            "of type {ex.GetType().Name}, Message: {ex.Message}");
      }
      WriteLine("client disconnected");
    });
}
```

ParseRequest 方法解析请求，并过滤掉会话标识符。server (HELO)的第一个调用是不从客户端传递会话标识符的唯一调用,它是使用 SessionManager 创建的。在第二个和后来的请求中,requestColl[0]必须包含 ID,requestColl[1]必须包含会话标识符。使用这个标识符,如果会话仍然是有效的,TouchSession 方法就更新会话标识符的当前时间。如果无效,就返回超时。对于服务的功能,调用 ProcessRequest 方法:

```csharp
private ParseResponse ParseRequest(string request, out string sessionId,
    out string response)
{
  sessionId = string.Empty;
  response = string.Empty;
  string[] requestColl = request.Split(
    new string[] { SEPARATOR }, StringSplitOptions.RemoveEmptyEntries);

  if (requestColl[0] == COMMANDHELO)  // first request
  {
    sessionId = _sessionManager.CreateSession();
  }
  else if (requestColl[0] == SESSIONID)  // any other valid request
  {
    sessionId = requestColl[1];

    if (!_sessionManager.TouchSession(sessionId))
    {
      return ParseResponse.TIMEOUT;
    }

    if (requestColl[2] == COMMANDBYE)
    {
      return ParseResponse.CLOSE;
    }
    if (requestColl.Length >= 4)
    {
      response = ProcessRequest(requestColl);
    }
  }
  else
  {
    return ParseResponse.ERROR;
  }
  return ParseResponse.OK;
}
```

ProcessRequest 方法包含一个 switch 语句,来处理不同的请求。这个方法使用 CommandActions 类来回应或反向传递收到的消息。为了存储和检索会话状态,使用 SessionManager:

```csharp
private string ProcessRequest(string[] requestColl)
{
  if (requestColl.Length < 4)
    throw new ArgumentException("invalid length requestColl");

  string sessionId = requestColl[1];
  string response = string.Empty;
  string requestCommand = requestColl[2];
```

```csharp
        string requestAction = requestColl[3];

        switch (requestCommand)
        {
          case COMMANDECHO:
            response = _commandActions.Echo(requestAction);
            break;
          case COMMANDREV:
            response = _commandActions.Reverse(requestAction);
            break;
          case COMMANDSET:
            response = _sessionManager.ParseSessionData(sessionId, requestAction);
            break;
          case COMMANDGET:
            response = $"{_sessionManager.GetSessionData(sessionId, requestAction)}";
            break;
          default:
            response = STATUSUNKNOWN;
            break;
        }
        return response;
      }
```

CommandActions 类定义了简单的方法 Echo 和 Reverse，返回操作字符串，或返回反向发送的字符串（代码文件 TcpServer / CommandActions.cs）：

```csharp
public class CommandActions
{
  public string Reverse(string action) => string.Join("", action.Reverse());

  public string Echo(string action) => action;
}
```

用 Echo 和 Reverse 方法检查服务器的主要功能后，就要进行会话管理了。服务器上需要一个标识符和上次访问会话的时间，以删除最古老的会话（代码文件 TcpServer / SessionManager.cs）：

```csharp
public struct Session
{
  public string SessionId { get; set; }
  public DateTime LastAccessTime { get; set; }
}
```

SessionManager 包含线程安全的字典，其中存储了所有的会话和会话数据。使用多个客户端时，字典可以在多个线程中同时访问。所以使用名称空间 System.Collections.Concurrent 中线程安全的字典。CreateSession 方法创建一个新的会话，并将其添加到 _sessions 字典中：

```csharp
public class SessionManager
{
  private readonly ConcurrentDictionary<string, Session> _sessions =
    new ConcurrentDictionary<string, Session>();
  private readonly ConcurrentDictionary<string, Dictionary<string, string>>
    _sessionData =
    new ConcurrentDictionary<string, Dictionary<string, string>>();
```

```csharp
    public string CreateSession()
    {
      string sessionId = Guid.NewGuid().ToString();
      if (_sessions.TryAdd(sessionId,
        new Session
        {
          SessionId = sessionId,
          LastAccessTime = DateTime.UtcNow
        }))
      {
        return sessionId;
      }
      else
      {
        return string.Empty;
      }
    }
    //...
}
```

从计时器线程中，CleanupAllSessions 方法每分钟调用一次，删除最近没有使用的所有会话。该方法又调用 CleanupSession，删除单个会话。客户端发送 BYE 信息时也调用 CleanupSession：

```csharp
public void CleanupAllSessions()
{
  foreach (var session in _sessions)
  {
    if (session.Value.LastAccessTime + SessionTimeout >= DateTime.UtcNow)
    {
      CleanupSession(session.Key);
    }
  }
}

public void CleanupSession(string sessionId)
{
  Dictionary<string, string> removed;
  if (_sessionData.TryRemove(sessionId, out removed))
  {
    WriteLine($"removed {sessionId} from session data");
  }
  Session header;
  if (_sessions.TryRemove(sessionId, out header))
  {
    WriteLine($"removed {sessionId} from sessions");
  }
}
```

TouchSession 方法更新会话的 LastAccessTime，如果会话不再有效，就返回 false：

```csharp
public bool TouchSession(string sessionId)
{
  Session oldHeader;
  if (!_sessions.TryGetValue(sessionId, out oldHeader))
```

```
    {
      return false;
    }

    Session updatedHeader = oldHeader;
    updatedHeader.LastAccessTime = DateTime.UtcNow;
    _sessions.TryUpdate(sessionId, updatedHeader, oldHeader);
    return true;
}
```

为了设置会话数据，需要解析请求。会话数据接收的动作包含由等号分隔的键和值，如 x= 42。ParseSessionData 方法解析它，进而调用 SetSessionData 方法：

```
public string ParseSessionData(string sessionId, string requestAction)
{
    string[] sessionData = requestAction.Split('=');
    if (sessionData.Length != 2) return STATUSUNKNOWN;
    string key = sessionData[0];
    string value = sessionData[1];
    SetSessionData(sessionId, key, value);
    return $"{key}={value}";
}
```

SetSessionData 添加或更新字典中的会话状态。GetSessionData 检索值，或返回 NOTFOUND：

```
public void SetSessionData(string sessionId, string key, string value)
{
    Dictionary<string, string> data;
    if (!_sessionData.TryGetValue(sessionId, out data))
    {
        data = new Dictionary<string, string>();
        data.Add(key, value);
        _sessionData.TryAdd(sessionId, data);
    }
    else
    {
        string val;
        if (data.TryGetValue(key, out val))
        {
            data.Remove(key);
        }
        data.Add(key, value);
    }
}

public string GetSessionData(string sessionId, string key)
{
    Dictionary<string, string> data;
    if (_sessionData.TryGetValue(sessionId, out data))
    {
        string value;
        if (data.TryGetValue(key, out value))
        {
            return value;
        }
```

}
  return STATUSNOTFOUND;
}
```

编译侦听器后，可以启动程序。现在，需要一个客户端，以连接到服务器。

### 25.5.3 创建 TCP 客户端

客户端示例是一个 WPF 桌面应用程序 WPFAppTCPClient。这个应用程序允许连接到 TCP 服务器，发送自定义协议支持的所有不同命令。

> **注意**：撰写本书时，TcpClient 类不可用于 Windows 应用程序。可以使用套接字类(参见本章后面的内容)，访问这个 TCP 服务器。

应用程序的用户界面如图 25-4 所示。左上部分允许连接到服务器。右上部分的组合框列出了所有命令，Send 按钮向服务器发送命令。在中间部分，显示会话标识符和所发送请求的状态。下部的控件显示服务器接收到的信息，允许清理这些信息。

图 25-4

类 CustomProtocolCommand 和 CustomProtocolCommands 用于用户界面中的数据绑定。对于 CustomProtocolCommand，Name 属性显示命令的名称，Action 属性是用户输入的、与命令一起发送的数据。类 CustomProtocolCommands 包含一个绑定到组合框的命令列表(代码文件 WPFAppTcpClient/CustomProtocolCommands.cs)：

```
public class CustomProtocolCommand
{
  public CustomProtocolCommand(string name)
      : this(name, null)
  {
  }

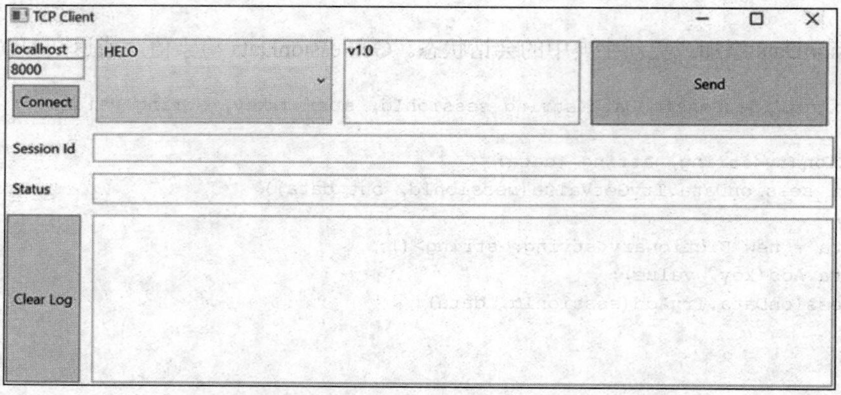

  public CustomProtocolCommand(string name, string action)
  {
    Name = name;
    Action = action;
```
```

```csharp
  }
  public string Name { get; }
  public string Action { get; set; }

  public override string ToString() => Name;
}

public class CustomProtocolCommands : IEnumerable<CustomProtocolCommand>
{
  private readonly List<CustomProtocolCommand> _commands =
    new List<CustomProtocolCommand>();

  public CustomProtocolCommands()
  {
    string[] commands = { "HELO", "BYE", "SET", "GET", "ECO", "REV" };
    foreach (var command in commands)
    {
      _commands.Add(new CustomProtocolCommand(command));
    }
    _commands.Single(c => c.Name == "HELO").Action = "v1.0";
  }

  public IEnumerator<CustomProtocolCommand> GetEnumerator() =>
    _commands.GetEnumerator();

  IEnumerator IEnumerable.GetEnumerator() => _commands.GetEnumerator();
}
```

MainWindow 类包含绑定到 XAML 代码的属性和基于用户交互调用的方法。这个类创建 TcpClient 类的一个实例和一些绑定到用户界面的属性。

```csharp
public partial class MainWindow : Window, INotifyPropertyChanged, IDisposable
{
  private TcpClient _client = new TcpClient();
  private readonly CustomProtocolCommands _commands =
    new CustomProtocolCommands();

  public MainWindow()
  {
    InitializeComponent();
  }

  private string _remoteHost = "localhost";
  public string RemoteHost
  {
    get { return _remoteHost; }
    set { SetProperty(ref _remoteHost, value); }
  }

  private int _serverPort = 8800;
  public int ServerPort
  {
    get { return _serverPort; }
    set { SetProperty(ref _serverPort, value); }
```

```csharp
    }

    private string _sessionId;
    public string SessionId
    {
      get { return _sessionId; }
      set { SetProperty(ref _sessionId, value); }
    }

    private CustomProtocolCommand _activeCommand;
    public CustomProtocolCommand ActiveCommand
    {
      get { return _activeCommand; }
      set { SetProperty(ref _activeCommand, value); }
    }

    private string _log;
    public string Log
    {
      get { return _log; }
      set { SetProperty(ref _log, value); }
    }

    private string _status;
    public string Status
    {
      get { return _status; }
      set { SetProperty(ref _status, value); }
    }
    //...
}
```

当用户单击 Connect 按钮时，调用方法 OnConnect。建立到 TCP 服务器的连接，调用 TcpClient 类的 ConnectAsync 方法。如果连接处于失效模式，且再次调用 OnConnect 方法，就抛出一个 SocketException 异常，其中 ErrorCode 设置为 0x2748。这里使用 C# 6 异常过滤器来处理 SocketException，创建一个新的 TcpClient，所以再次调用 OnConnect 可能会成功：

```csharp
private async void OnConnect(object sender, RoutedEventArgs e)
{
  try
  {
    await _client.ConnectAsync(RemoteHost, ServerPort);
  }
  catch (SocketException ex) when (ex.ErrorCode == 0x2748)
  {
    _client.Close();
    _client = new TcpClient();
    MessageBox.Show("please retry connect");
  }
  catch (Exception ex)
  {
    MessageBox.Show(ex.Message);
  }
}
```

请求发送到 TCP 服务器是由 OnSendCommand 方法处理的。这里的代码非常类似于服务器上的收发代码。GetStream 方法返回一个 NetworkStream，这用于把(WriteAsync)数据写入服务器，从服务器中读取(ReadAsync)数据：

```
private async void OnSendCommand(object sender, RoutedEventArgs e)
{
  try
  {
    if (!VerifyIsConnected()) return;
    NetworkStream stream = _client.GetStream();
    byte[] writeBuffer = Encoding.ASCII.GetBytes(GetCommand());
    await stream.WriteAsync(writeBuffer, 0, writeBuffer.Length);
    await stream.FlushAsync();
    byte[] readBuffer = new byte[1024];
    int read = await stream.ReadAsync(readBuffer, 0, readBuffer.Length);
    string messageRead = Encoding.ASCII.GetString(readBuffer, 0, read);
    Log += messageRead + Environment.NewLine;
    ParseMessage(messageRead);
  }
  catch (Exception ex)
  {
    MessageBox.Show(ex.Message);
  }
}
```

为了建立可以发送到服务器的数据，从 OnSendCommand 内部调用 GetCommand 方法。GetCommand 又调用方法 GetSessionHeader 来建立会话标识符，然后提取 ActiveCommand 属性(其类型是 CustomProtocolCommand)，其中包含选中的命令名称和输入的数据：

```
private string GetCommand() =>
    $"{GetSessionHeader()}{ActiveCommand?.Name}::{ActiveCommand?.Action}";

private string GetSessionHeader()
{
  if (string.IsNullOrEmpty(SessionId)) return string.Empty;
  return $"ID::{SessionId}::";
}
```

从服务器接收数据后使用 ParseMessage 方法。这个方法拆分消息以设置 Status 和 SessionId 属性：

```
private void ParseMessage(string message)
{
  if (string.IsNullOrEmpty(message)) return;

  string[] messageColl = message.Split(
      new string[] { "::" }, StringSplitOptions.RemoveEmptyEntries);
  Status = messageColl[0];
  SessionId = GetSessionId(messageColl);
}
```

运行应用程序时，可以连接到服务器，选择命令，设置回应和反向发送的值，查看来自服务器的所有消息，如图 25-5 所示。

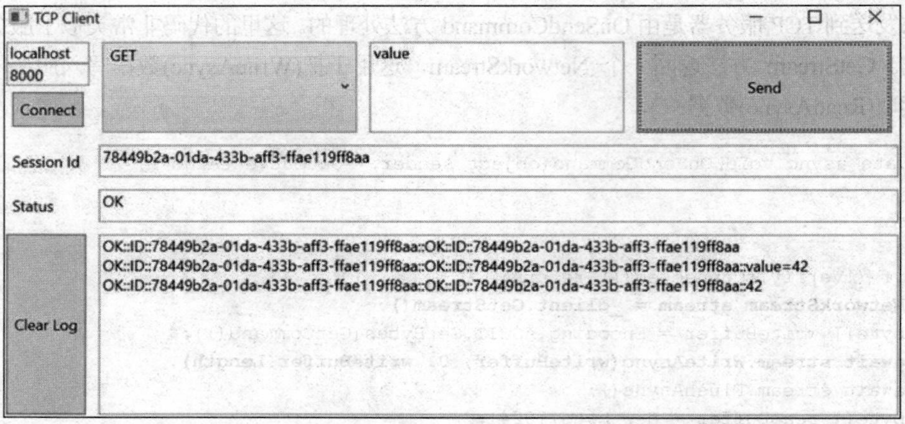

图 25-5

25.5.4 TCP 和 UDP

本节要介绍的另一个协议是 UDP(用户数据报协议)。UDP 是一个几乎没有开销的简单协议。在使用 TCP 发送和接收数据之前,需要建立连接。而这对于 UDP 是没有必要的。使用 UDP 只需要开始发送或接收。当然,这意味着 UDP 开销低于 TCP,但也更不可靠。当使用 UDP 发送数据时,接收这些数据时就没有得到信息。UDP 经常用于速度和性能需求大于可靠性要求的情形,例如视频流。UDP 还可以把消息广播到一组节点。相反,TCP 提供了许多功能来确保数据的传输,它还提供了错误校正以及当数据丢失或数据包损坏时重新传输它们的功能。最后,TCP 可缓冲传入和传出的数据,还保证在传输过程中,在把数据包传送给应用程序之前重组杂乱的一系列数据包。即使有一些额外的开销,TCP 仍是在 Internet 上使用最广泛的协议,因为它有非常高的可靠性。

25.6 使用 UDP

为了演示 UDP,创建两个控制台应用程序(包)项目,显示 UDP 的各种特性:直接将数据发送到主机,在本地网络上把数据广播到所有主机上,把数据多播到属于同一个组的一组节点上。

UdpSender 和 UdpReceiver 项目使用以下依赖项和名称空间:

依赖项:

NETStandard.Library
System.Net.NameResolution

名称空间:

System
System.Linq
System.Net
System.Net.Sockets
System.Text
System.Threading.Tasks
static System.Console

25.6.1 建立 UDP 接收器

从接收应用程序开始。该应用程序使用命令行参数来控制应用程序的不同功能。所需的命令行参数是-p, 它指定接收器可以接收数据的端口号。可选参数-g 与一个组地址用于多播。ParseCommandLine 方法解析命令行参数，并将结果放入变量 port 和 groupAddress 中(代码文件 UdpReceiver/ Program.cs):

```csharp
static void Main(string[] args)
{
  int port;
  string groupAddress;
  if (!ParseCommandLine(args, out port, out groupAddress))
  {
    ShowUsage();
    return;
  }
  ReaderAsync(port, groupAddress).Wait();
  ReadLine();
}

private static void ShowUsage()
{
  WriteLine("Usage: UdpReceiver -p port  [-g groupaddress]");
}
```

Reader 方法使用在程序参数中传入的端口号创建一个 UdpClient 对象。ReceiveAsync 方法等到一些数据的到来。这些数据可以使用 UdpReceiveResult 和 Buffer 属性找到。数据编码为字符串后，写入控制台，继续循环，等待下一个要接收的数据：

```csharp
private static async Task ReaderAsync(int port, string groupAddress)
{
  using (var client = new UdpClient(port))
  {
    if (groupAddress != null)
    {
      client.JoinMulticastGroup(IPAddress.Parse(groupAddress));
      WriteLine(
         $"joining the multicast group {IPAddress.Parse(groupAddress)}");
    }

    bool completed = false;
    do
    {
      WriteLine("starting the receiver");
      UdpReceiveResult result = await client.ReceiveAsync();
      byte[] datagram = result.Buffer;
      string received = Encoding.UTF8.GetString(datagram);
      WriteLine($"received {received}");
      if (received == "bye")
      {
        completed = true;
      }
    } while (!completed);
```

```csharp
      WriteLine("receiver closing");

      if (groupAddress != null)
      {
        client.DropMulticastGroup(IPAddress.Parse(groupAddress));
      }
    }
  }
}
```

启动应用程序时,它等待发送方发送数据。目前,忽略多播组,只使用参数和端口号,因为多播在创建发送器后讨论。

25.6.2 创建 UDP 发送器

UDP 发送器应用程序还允许通过命令行选项进行配置。它比接收应用程序有更多的选项。除了命令行参数- p 指定端口号之外,发送方还允许使用- b 在本地网络中广播到所有节点,使用- h 识别特定的主机,使用-g 指定一个组,使用-ipv6 表明应该使用 IPv6 取代 IPv4 (代码文件 UdpSender / Program.cs):

```csharp
static void Main(string[] args)
{
  int port;
  string hostname;
  bool broadcast;
  string groupAddress;
  bool ipv6;
  if (!ParseCommandLine(args, out port, out hostname, out broadcast,
      out groupAddress, out ipv6))
  {
    ShowUsage();
    ReadLine();
    return;
  }
  IPEndpoint endpoint = GetIPEndPoint(port, hostname, broadcast,
      groupAddress, ipv6).Result;
  Sender(endpoint, broadcast, groupAddress).Wait();
  WriteLine("Press return to exit...");
  ReadLine();
}

private static void ShowUsage()
{
  WriteLine("Usage: UdpSender -p port [-g groupaddress | -b | -h hostname] " +
      "[-ipv6]");
  WriteLine("\t-p port number\tEnter a port number for the sender");
  WriteLine("\t-g group address\tGroup address in the range 224.0.0.0 " +
      "to 239.255.255.255");
  WriteLine("\t-b\tFor a broadcast");
  WriteLine("\t-h hostname\tUse the hostname option if the message should " +
      "be sent to a single host");
}
```

发送数据时,需要一个 IPEndPoint。根据程序参数,以不同的方式创建它。对于广播,IPv4 定义了从 IPAddress.Broadcast 返回的地址 255.255.255.255。没有用于广播的 IPv6 地址，因为 IPv6 不支持广播。IPv6 用多播替代广播。多播也添加到 IPv4 中。

传递主机名时，主机名使用 DNS 查找功能和 Dns 类来解析。GetHostEntryAsync 方法返回一个 IPHostEntry，其中 IPAddress 可以从 AddressList 属性中检索。根据使用 IPv4 还是 IPv6，从这个列表中提取不同的 IPAddress。根据网络环境，只有一个地址类型是有效的。如果把一个组地址传递给方法，就使用 IPAddress.Parse 解析地址：

```
public static async Task<IPEndPoint> GetIPEndPoint(int port, string hostName,
    bool broadcast, string groupAddress, bool ipv6)
{
  IPEndPoint endpoint = null;
  try
  {
    if (broadcast)
    {
      endpoint = new IPEndPoint(IPAddress.Broadcast, port);
    }
    else if (hostName != null)
    {
      IPHostEntry hostEntry = await Dns.GetHostEntryAsync(hostName);
      IPAddress address = null;
      if (ipv6)
      {
        address = hostEntry.AddressList.Where(
            a => a.AddressFamily == AddressFamily.InterNetworkV6)
          .FirstOrDefault();
      }
      else
      {
        address = hostEntry.AddressList.Where(
            a => a.AddressFamily == AddressFamily.InterNetwork)
          .FirstOrDefault();
      }

      if (address == null)
      {
        Func<string> ipversion = () => ipv6 ? "IPv6" : "IPv4";
        WriteLine($"no {ipversion()} address for {hostName}");
        return null;
      }
      endpoint = new IPEndPoint(address, port);
    }
    else if (groupAddress != null)
    {
      endpoint = new IPEndPoint(IPAddress.Parse(groupAddress), port);
    }
    else
    {
      throw new InvalidOperationException($"{nameof(hostName)}, "
        + "{nameof(broadcast)}, or {nameof(groupAddress)} must be set");
    }
  }
  catch (SocketException ex)
```

```
    {
      WriteLine(ex.Message);
    }
    return endpoint;
}
```

现在，关于 UDP 协议，讨论发送器最重要的部分。在创建一个 UdpClient 实例，并将字符串转换为字节数组后，就使用 SendAsync 方法发送数据。请注意接收器不需要侦听，发送方也不需要连接。UDP 是很简单的。然而，如果发送方把数据发送到未知的地方——无人接收数据，也不会得到任何错误消息：

```
private async Task Sender(IPEndpoint endpoint, bool broadcast,
    string groupAddress)
{
  try
  {
    string localhost = Dns.GetHostName();
    using (var client = new UdpClient())
    {
      client.EnableBroadcast = broadcast;
      if (groupAddress != null)
      {
        client.JoinMulticastGroup(IPAddress.Parse(groupAddress));
      }

      bool completed = false;
      do
      {
        WriteLine("Enter a message or bye to exit");
        string input = ReadLine();
        WriteLine();
        completed = input == "bye";
        byte[] datagram = Encoding.UTF8.GetBytes($"{input} from {localhost}");
        int sent = await client.SendAsync(datagram, datagram.Length, endpoint);
      } while (!completed);

      if (groupAddress != null)
      {
        client.DropMulticastGroup(IPAddress.Parse(groupAddress));
      }
    }
  }
  catch (SocketException ex)
  {
    WriteLine(ex.Message);
  }
}
```

现在可以用如下选项启动接收器：

```
-p 9400
```

用如下选项启动发送器：

```
-p 9400 -h localhost
```

可以在发送器中输入数据，发送到接收器。如果停止接收器，就可以继续发送，而不会检测到任何错误。也可以尝试使用主机名而不是 localhost，并在另一个系统上运行接收器。

在发送器中，可以添加 -b 选项，删除主机名，给在同一个网络上侦听端口 9400 的所有节点发送广播：

```
-p 9400 -b
```

请注意广播不跨越大多数路由器，当然不能在互联网上使用广播。这种情况和多播不同，参见下面的讨论。

25.6.3 使用多播

广播不跨越路由器，但多播可以跨越。多播用于将消息发送到一组系统上——所有节点都属于同一个组。在 IPv4 中，为使用多播保留了特定的 IP 地址。地址是从 224.0.0.0 到 239.255.255.253。这些地址中的许多都保留给具体的协议，例如用于路由器，但 239.0.0.0/8 可以私下在组织中使用。这非常类似于 IPv6，它为不同的路由协议保留了著名的 IPv6 多播地址。地址 f::/16 是组织中的本地地址，地址 ffxe::/16 有全局作用域，可以在公共互联网上路由。

对于使用多播的发送器或接收器，必须通过调用 UdpClient 的 JoinMulticastGroup 方法来加入一个多播组：

```
client.JoinMulticastGroup(IPAddress.Parse(groupAddress));
```

为了再次退出该组，可以调用方法 DropMulticastGroup：

```
client.DropMulticastGroup(IPAddress.Parse(groupAddress));
```

用如下选项启动接收器和发送器：

```
-p 9400 -g 230.0.0.1
```

它们都属于同一个组，多播在进行。和广播一样，可以启动多个接收器和多个发送器。接收器将接收来自每个接收器的几乎所有消息。

25.7 使用套接字

HTTP 协议基于 TCP，因此 HttpXX 类在 TcpXX 类上提供了一个抽象层。然而 TcpXX 类提供了更多的控制。使用套接字，甚至可以获得比 TcpXX 或 UdpXX 类更多的控制。通过套接字，可以使用不同的协议，不仅是基于 TCP 或 UDP 的协议，还可以创建自己的协议。更重要的是，可以更多地控制基于 TCP 或 UDP 的协议。

SocketServerSender 和 SocketClient 项目实现为控制台应用程序(包)，使用如下依赖项和名称空间。

依赖项

```
NETStandard.Library
System.Net.NameResolution
```

名称空间:

```
System
System.Linq
System.IO
System.Net
System.Net.Sockets
System.Text
System.Threading
System.Threading.Tasks
static System.Console
```

25.7.1 使用套接字创建侦听器

首先用一个服务器侦听传入的请求。服务器需要一个用程序参数传入的端口号。之后，就调用 Listener 方法(代码文件 SocketServer / Program.cs):

```
static void Main(string[] args)
{
  if (args.Length != 1)
  {
    ShowUsage();
    return;
  }
  int port;
  if (!int.TryParse(args[0], out port))
  {
    ShowUsage();
    return;
  }
  Listener(port);
  ReadLine();
}

private void ShowUsage()
{
  WriteLine("SocketServer port");
}
```

对套接字最重要的代码在下面的代码片段中。侦听器创建一个新的 Socket 对象。给构造函数提供 AddressFamily、SocketType 和 ProtocolType。AddressFamily 是一个大型枚举，提供了许多不同的网络。例如 DECnet(Digital Equipment 在 1975 年发布它，主要用作 PDP-11 系统之间的网络通信); Banyan VINES(用于连接客户机); 当然还有用于 IPv4 的 InternetWork 和用于 IPv6 的 InternetWorkV6。如前所述，可以为大量网络协议使用套接字。第二个参数 SocketType 指定套接字的类型。例如用于

TCP 的 Stream、用于 UDP 的 Dgram 或用于原始套接字的 Raw。第三个参数是用于 ProtocolType 的枚举。例如 IP、Ucmp、Udp、IPv6 和 Raw。所选的设置需要匹配。例如，使用 TCP 与 IPv4，地址系列就必须是 InterNetwork，流套接字类型 Stream、协议类型 Tcp。要使用 IPv4 创建一个 UDP 通信，地址系列就需要设置为 InterNetwork、套接字类型 Dgram 和协议类型 Udp。

```
public static void Listener(int port)
{
  var listener = new Socket(AddressFamily.InterNetwork, SocketType.Stream,
    ProtocolType.Tcp);
  listener.ReceiveTimeout = 5000; // receive timout 5 seconds
  listener.SendTimeout = 5000; // send timeout 5 seconds
  // etc.
```

从构造函数返回的侦听器套接字绑定到 IP 地址和端口号上。在示例代码中，侦听器绑定到所有本地 IPv4 地址上，端口号用参数指定。调用 Listen 方法，启动套接字的侦听模式。套接字现在可以接受传入的连接请求。用 Listen 方法指定参数，定义了服务器的缓冲区队列的大小——在处理连接之前，可以同时连接多少客户端：

```
public static void Listener(int port)
{
  // etc.
  listener.Bind(new IPEndPoint(IPAddress.Any, port));
  listener.Listen(backlog: 15);

  WriteLine($"listener started on port {port}");
  // etc.
```

等待客户端连接在 Socket 类的方法 Accept 中进行。这个方法阻塞线程，直到客户机连接为止。客户端连接后，需要再次调用这个方法，来满足其他客户端的请求；所以在 while 循环中调用此方法。为了进行侦听，启动一个单独的任务，该任务可以在调用线程中取消。在方法 CommunicateWithClientUsingSocketAsync 中执行使用套接字读写的任务。这个方法接收绑定到客户端的 Socket 实例，进行读写：

```
public static void Listener(int port)
{
  // etc.
  var cts = new CancellationTokenSource();

  var tf = new TaskFactory(TaskCreationOptions.LongRunning,
    TaskContinuationOptions.None);
  tf.StartNew(() => // listener task
  {
    WriteLine("listener task started");
    while (true)
    {
      if (cts.Token.IsCancellationRequested)
      {
        cts.Token.ThrowIfCancellationRequested();
        break;
      }
      WriteLine("waiting for accept");
```

```
    Socket client = listener.Accept();
    if (!client.Connected)
    {
      WriteLine("not connected");
      continue;
    }
    WriteLine($"client connected local address " +
      $"{((IPEndPoint)client.LocalEndPoint).Address} and port " +
      $"{((IPEndPoint)client.LocalEndPoint).Port}, remote address " +
      $"{((IPEndPoint)client.RemoteEndPoint).Address} and port " +
      $"{((IPEndPoint)client.RemoteEndPoint).Port}");

    Task t = CommunicateWithClientUsingSocketAsync(client);
  }
  listener.Dispose();
  WriteLine("Listener task closing");
}, cts.Token);

WriteLine("Press return to exit");
ReadLine();
cts.Cancel();
}
```

为了与客户端沟通,创建一个新任务。这会释放侦听器任务,立即进行下一次迭代,等待下一个客户端连接。Socket 类的 Receive 方法接受一个缓冲,其中的数据和标志可以读取,用于套接字。这个字节数组转换为字符串,使用 Send 方法,连同一个小变化一起发送回客户机:

```
private static Task CommunicateWithClientUsingSocketAsync(Socket socket)
{
  return Task.Run(() =>
  {
    try
    {
      using (socket)
      {
        bool completed = false;
        do
        {
          byte[] readBuffer = new byte[1024];
          int read = socket.Receive(readBuffer, 0, 1024, SocketFlags.None);
          string fromClient = Encoding.UTF8.GetString(readBuffer, 0, read);
          WriteLine($"read {read} bytes: {fromClient}");
          if (string.Compare(fromClient, "shutdown", ignoreCase: true) == 0)
          {
            completed = true;
          }
          byte[] writeBuffer = Encoding.UTF8.GetBytes($"echo {fromClient}");
          int send = socket.Send(writeBuffer);
          WriteLine($"sent {send} bytes");
        } while (!completed);
      }
      WriteLine("closed stream and client socket");
    }
    catch (Exception ex)
```

```
        WriteLine(ex.Message);
      }
   });
}
```

服务器已经准备好了。然而,下面看看通过扩展抽象级别读写通信信息的不同方式。

25.7.2 使用 NetworkStream 和套接字

前面使用了 NetworkStream 类、TcpClient 和 TcpListener 类。NetworkStream 构造函数允许传递 Socket,所以可以使用流方法 Read 和 Write 替代套接字的 Send 和 Receive 方法。在 NetworkStream 的构造函数中,可以定义流是否应该拥有套接字。如这段代码所示,如果流拥有套接字,就在关闭流时关闭套接字(代码文件 SocketServer / Program.cs):

```
private static async Task CommunicateWithClientUsingNetworkStreamAsync(
  Socket socket)
{
  try
  {
    using (var stream = new NetworkStream(socket, ownsSocket: true))
    {
      bool completed = false;
      do
      {
        byte[] readBuffer = new byte[1024];
        int read = await stream.ReadAsync(readBuffer, 0, 1024);
        string fromClient = Encoding.UTF8.GetString(readBuffer, 0, read);
        WriteLine($"read {read} bytes: {fromClient}");
        if (string.Compare(fromClient, "shutdown", ignoreCase: true) == 0)
        {
          completed = true;
        }
        byte[] writeBuffer = Encoding.UTF8.GetBytes($"echo {fromClient}");

        await stream.WriteAsync(writeBuffer, 0, writeBuffer.Length);

      } while (!completed);
    }
    WriteLine("closed stream and client socket");
  }
  catch (Exception ex)
  {
    WriteLine(ex.Message);
  }
}
```

要在代码示例中使用这个方法,需要更改 Listener 方法,调用方法 CommunicateWithClient-UsingNetworkStreamAsync,而不是方法 CommunicateWithClientUsingSocketAsync。

25.7.3 通过套接字使用读取器和写入器

下面再添加一个抽象层。因为 NetworkStream 派生于 Stream 类,还可以使用读取器和写入器访问套接字。只需要注意读取器和写入器的生存期。调用读取器和写入器的 Dispose 方法，还会销毁底层的流。所以要选择 StreamReader 和 StreamWriter 的构造函数，其中 leaveOption 参数可以设置为 true。之后，在销毁读取器和写入器时，就不会销毁底层的流了。NetworkStream 在外层 using 语句的最后销毁，这又会关闭套接字，因为它拥有套接字。还有另一个方面需要注意：通过套接字使用写入器时，默认情况下，写入器不刷新数据，所以它们保存在缓存中，直到缓存已满。使用网络流，可能需要更快的回应。这里可以把 AutoFlush 属性设置为 true(也可以调用 FlushAsync 方法):

```csharp
public static async Task CommunicateWithClientUsingReadersAndWritersAsync(
  Socket socket)
{
  try
  {
    using (var stream = new NetworkStream(socket, ownsSocket: true))
    using (var reader = new StreamReader(stream, Encoding.UTF8, false,
        8192, leaveOpen: true))
    using (var writer = new StreamWriter(stream, Encoding.UTF8,
        8192, leaveOpen: true))
    {
      writer.AutoFlush = true;

      bool completed = false;
      do
      {
        string fromClient = await reader.ReadLineAsync();
        WriteLine($"read {fromClient}");
        if (string.Compare(fromClient, "shutdown", ignoreCase: true) == 0)
        {
          completed = true;
        }

        await writer.WriteLineAsync($"echo {fromClient}");

      } while (!completed);
    }
    WriteLine("closed stream and client socket");
  }
  catch (Exception ex)
  {
    WriteLine(ex.Message);
  }
}
```

要在代码示例中使用这个方法，需要更改 Listener 方法来调用方法 CommunicateWithClientUsing-ReadersAndWriters，而不是方法 CommunicateWithClientUsingSocketAsync。

注意：流、读取器和写入器参见第 23 章。

25.7.4 使用套接字实现接收器

接收方应用程序 SocketClient 也实现为一个控制台应用程序(包)。通过命令行参数，需要传递服务器的主机名和端口号。成功解析命令行后，调用方法 SendAndReceive 与服务器通信(代码文件 SocketClient / Program.cs)：

```csharp
static void Main(string[] args)
{
  if (args.Length != 2)
  {
    ShowUsage();
    return;
  }
  string hostName = args[0];
  int port;
  if (!int.TryParse(args[1], out port))
  {
    ShowUsage();
    return;
  }
  WriteLine("press return when the server is started");
  ReadLine();
  SendAndReceive(hostName, port).Wait();
  ReadLine();
}

private static void ShowUsage()
{
  WriteLine("Usage: SocketClient server port");
}
```

SendAndReceive 方法使用 DNS 名称解析，从主机名中获得 IPHostEntry。这个 IPHostEntry 用来得到主机的 IPv4 地址。创建 Socket 实例后(其方式与为服务器创建代码相同)，Connect 方法使用该地址连接到服务器。连接完成后，调用 Sender 和 Receiver 方法，创建不同的任务，这允许同时运行这些方法。接收方客户端可以同时读写服务器：

```csharp
public static async Task SendAndReceive(string hostName, int port)
{
  try
  {
    IPHostEntry ipHost = await Dns.GetHostEntryAsync(hostName);
    IPAddress ipAddress = ipHost.AddressList.Where(
      address => address.AddressFamily == AddressFamily.InterNetwork).First();
    if (ipAddress == null)
    {
      WriteLine("no IPv4 address");
      return;
    }

    using (var client = new Socket(AddressFamily.InterNetwork,
      SocketType.Stream, ProtocolType.Tcp))
    {
      client.Connect(ipAddress, port);
```

```
      WriteLine("client successfully connected");
      var stream = new NetworkStream(client);
      var cts = new CancellationTokenSource();

      Task tSender = Sender(stream, cts);
      Task tReceiver = Receiver(stream, cts.Token);
      await Task.WhenAll(tSender, tReceiver);
    }
  }
  catch (SocketException ex)
  {
    WriteLine(ex.Message);
  }
}
```

注意：如果改变地址列表的过滤方式，得到一个 IPv6 地址，而不是 IPv4 地址，则还需要改变 Socket 调用，为 IPv6 地址系列创建一个套接字。

Sender 方法要求用户输入数据，并使用 WriteAsync 方法将这些数据发送到网络流。Receiver 方法用 ReadAsync 方法接收流中的数据。当用户进入终止字符串时，通过 CancellationToken 从 Sender 任务中发送取消信息：

```
public static async Task Sender(NetworkStream stream,
  CancellationTokenSource cts)
{
  WriteLine("Sender task");
  while (true)
  {
    WriteLine("enter a string to send, shutdown to exit");
    string line = ReadLine();
    byte[] buffer = Encoding.UTF8.GetBytes($"{line}\r\n");
    await stream.WriteAsync(buffer, 0, buffer.Length);
    await stream.FlushAsync();
    if (string.Compare(line, "shutdown", ignoreCase: true) == 0)
    {
      cts.Cancel();
      WriteLine("sender task closes");
      break;
    }
  }
}

private const int ReadBufferSize = 1024;

public static async Task Receiver(NetworkStream stream,
  CancellationToken token)
{
  try
  {
    stream.ReadTimeout = 5000;
    WriteLine("Receiver task");
```

```
      byte[] readBuffer = new byte[ReadBufferSize];
      while (true)
      {
        Array.Clear(readBuffer, 0, ReadBufferSize);
        int read = await stream.ReadAsync(readBuffer, 0, ReadBufferSize, token);
        string receivedLine = Encoding.UTF8.GetString(readBuffer, 0, read);
        WriteLine($"received {receivedLine}");
      }
    }
    catch (OperationCanceledException ex)
    {
      WriteLine(ex.Message);
    }
  }
```

运行客户端和服务器,可以看到通过 TCP 的通信。

注意:示例代码实现了一个 TCP 客户机和服务器。TCP 需要一个连接,才能发送和接收数据;为此要调用 Connect 方法。对于 UDP,也可以调用 Connect 连接方法,但它不建立连接。使用 UDP 时,不是调用 Connect 方法,而可以使用 SendTo 和 ReceiveFrom 方法代替。这些方法需要一个 EndPoint 参数,在发送和接收时定义端点。

注意:取消标记参见第 21 章。

25.8 小结

本章回顾了 System.Net 名称空间中用于网络通信的.NET Framework 类。从中可了解到,某些.NET 基类可处理在网络和 Internet 上打开的客户端连接,如何给服务器发送请求和从服务器接收响应。

作为经验规则,在使用 System.Net 名称空间中的类编程时,应尽可能一直使用最通用的类。例如,使用 TCPClient 类代替 Socket 类,可以把代码与许多低级套接字细节分离开来。更进一步,HttpClient 类是利用 HTTP 协议的一种简单方式。

本书更多地讨论网络,而不是本章提到的核心网络功能。第 42 章将介绍 ASP.NET Web API,它使用 HTTP 协议提供服务。第 43 章探讨 WebHooks 和 SignalR,这两个技术提供了事件驱动的通信。第 44 章给出了 WCF(Windows Communication Foundation)的信息,这个通信技术使用旧风格的 Web 服务方法,也提供了二进制通信。

下一章讨论 Composition Framework,以前称为 Managed Extensiblity Framework (MEF)。

第26章 Composition

本章要点
- Composition Framework 的体系结构
- 使用特性的 Composition
- 基于约定的注册
- 协定
- 部件的导出和导入
- 宿主应用程序使用的容器
- 部件的惰性加载

本章源代码下载地址(wrox.com)：
打开网页 http://www.wrox.com/go/professionalcsharp6，单击 Download Code 选项卡即可下载本章源代码。本章代码分为以下几个主要的示例文件：
- 基于特性的示例
- 基于约定的示例
- UI 计算器(WPF 和 UWP)

26.1 概述

Microsoft Composition 框架在部件和容器之间创建独立性。部件可以在容器中使用，不需要容器知道实现或其他细节。容器只需要一个协定，例如，一个使用部件的接口。

Microsoft Composition 可以用于不同的场景，比如依赖注入容器，甚至可以用它在应用程序发布后，将插件动态加载到应用程序中，给应用程序添加功能。为了学习这些场景，需要一个基础。

为了简化应用程序的开发，最好实践关注点的分离(Separation of Concerns，SoC)。SoC 是一个设计原则，它将程序分解为不同的部分，每个部分都有自己的责任。有了不同的部分，就可以彼此独立地重用和更新这些部分。

这些部分或组件之间是紧密耦合的，很难彼此独立地重用和更新这些组件。使用接口进行低级耦合，有助于达到独立的目标。

使用接口进行耦合，并允许独立地开发任何具体的实现代码，称为依赖注入设计模式。依赖注入实现了控制的反转，即逆转对使用什么实现代码的控制。使用接口的组件通过属性接收实现代码(属性注入)，或通过构造函数接收实现代码(构造函数注入)。通过接口使用组件时，没有必要了解实现代码。不同的实现代码可用于不同的场景，例如，单元测试，可以使用不同的实现代码提供测试数据。

依赖注入可以通过依赖注入容器来实现。使用依赖注入容器时，容器定义了接口应使用的实现方式。Microsoft Composition 可以利用容器的功能。这是该技术的一个用例。

> **注意**：依赖注入参见第 31 章。第 31 章介绍了如何使用依赖注入容器 Microsoft.Framework.DependencyInjection。

插件可以给现有的应用程序添加功能。我们可以创建一个宿主应用程序，它随着时间的推移会获得越来越多的功能——这些功能可能是开发人员团队编写的，不同的供应商也可以创建插件来扩展自己的应用程序。

目前，插件用于许多不同的应用程序，如 Internet Explorer 和 Visual Studio。Internet Explorer 是一个宿主应用程序，它提供了一个插件框架，给许多公司提供浏览网页时的扩展。Shockwave Flash Object 允许浏览包含 Flash 内容的网页。Google 工具栏提供了可以从 Internet Explorer 上快速访问的特定 Google 功能。Visual Studio 也有一个插件模型，它允许用不同级别的扩展程序来扩展 Visual Studio。Visual Studio 插件使用了 Managed Extensibility Framework(MEF)，即 Microsoft Composition 的第一个版本。

对于自定义应用程序，总是可以创建一个插件模型来动态加载和使用程序集中的功能。但需要解决查找和使用插件的问题。这个任务可以使用 Microsoft Composition 自动完成。为了创建边界，MEF 有助于删除部件和使用这些部件的客户端或调用者之间的依赖性。

> **注意**：Microsoft Composition 以前的版本称为 Microsoft Extensibility Framework (MEF)。MEF 1.x 仍然可用于完整的.NET Framework，在 System.ComponentModel.Composition 名称空间中。Microsoft Composition 的新名称空间是 System.Composition。Microsoft Composition 可通过 NuGet 包使用。
>
> MEF 1.x 提供不同的类别，例如，AssemblyCatalog 或 DirectoryCatalog——在程序集或在目录中查找类型。Microsoft Composition 的新版本没有提供这个特性。然而，可以自己构建这个部分。第 16 章展示了如何使用.NET 4.6 和.NET Core 5 动态地加载程序集。可以使用这些信息来建立自己的目录类别。

> **注意**：MEF(或 Composition)自.NET 4.0 以来，一直可用于通过.NET 创建插件。.NET 4.5 Framework 提供了另一个技术以编写动态加载插件的灵活的应用程序，即 Managed Add-in Framework(MAF)。MAF 自从.NET 3.5 以来就有，它使用一个管道在插件和宿主应用程序之间通信，使开发过程比较复杂，但通过应用程序域或不同的进程使插件彼此分开。在这方面，MEF 是两种技术中比较简单的。MAF 和 MEF 可以合并起来，发挥各自的长处(而且完成了两倍的工作)。MAF 没有移植到.NET Core 中，只能用于完整的框架。

本章介绍的主要名称空间是 System.Composition。

26.2　Composition 库的体系结构

Microsoft Composition 通过部件和容器来构建，如图 26-1 所示。容器查找出口的部件，把入口连接到出口上，因此使部件可用于宿主应用程序。

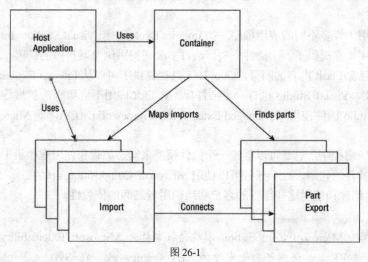

图 26-1

下面是部件加载的完整过程。前面提及，部件通过出口来查找。出口可以使用特性定义，或在 C#代码中使用流利 API 定义。多个出口提供程序可以连接成链，以定制出口，例如，使自定义出口提供程序只允许部件用于特定的用户或角色。容器使用出口提供程序把入口连接到出口上，该容器自己就是一个出口提供程序。

Microsoft Composition 包含的 NuGet 包如图 26-2 所示。该图还显示了库之间的依赖关系。

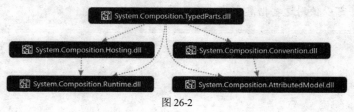

图 26-2

表 26-1 解释了这些 NuGet 包的内容。

表 26-1

NuGet 包	说　明
System.Composition.AttributedModel	这个 NuGet 包包含 Export 和 Import 特性。这个包允许使用特性导出和导入部件
System.Composition.Convention	这个 NuGet 包可以使用普通的旧 CLR 对象(Plain Old CLR Object,POCO)作为部件。可以用编程方式应用规则,定义出口
System.Composition.Runtime	这个 NuGet 包包含运行库,因此宿主应用程序需要它。类 CompositionContext 包含在这个包中。CompositionContext 是一个抽象类,它允许获得出口的上下文
System.Composition.Hosting	NuGet 包包含 CompositionHost。CompositionHost 派生自基类 CompositionContext,从而给出了一个具体的类,来检索出口
System.Composition.TypedParts	这个 NuGet 包定义了类 ContainerConfiguration。有了 ContainerConfiguration,就可以定义应该用于出口的程序集和部件。类 CompositionContextExtensions 为 CompositionContext 定义了扩展方法 SatisfyImports,便于匹配进口与出口

26.2.1 使用特性的 Composition

下面用一个简单的例子来说明 Composition 体系结构。宿主应用程序可以加载插件。通过 Microsoft Composition,把插件表示为部件。部件定义为出口,并加载到一个导入部件的容器中。

AttributeBasedSample 的样例代码定义了如下引用和名称空间:

CalculatorContract (类库)

名称空间

```
System.Collections.Generic
```

SimpleCalculator (类库)

引用

```
CalculatorContract
System.Composition.AttributedModel
```

名称空间:

```
System
System.Collections.Generic
System.Composition
```

AdvancedCalculator (类库)

引用

```
CalculatorContract
System.Composition.AttributedModel
```

名称空间

```
System
System.Collections.Generic
System.Composition
```

SimpleHost (控制台应用程序)

引用

```
CalculatorContract
SimpleCalculator
System.Composition.AttributedModel
System.Composition.Hosting
System.Composition.Runtime
System.Composition.TypedParts
```

名称空间

```
System
System.Collections.Generic
System.Composition
System.Composition.Hosting
static System.Console
```

在这个例子中,创建一个简单的控制台应用程序作为宿主,以包含库中的计算器部件。为了使宿主和计算器插件彼此独立,需要 3 个项目。其中一个项目 CalculatorContract 包含了插件程序集和宿主可执行文件都使用的协定。项目 SimpleCalculator 包含部件,实现协定程序集定义的协定。宿主使用协定程序集调用部件。

CalculatorContract 程序集中的协定通过两个接口 ICalculator 和 IOperation 来定义。ICalculator 接口定义了 GetOperations()和 Operate()方法。GetOperations()方法返回插件计算器支持的所有操作对应的列表,Operate()方法可调用操作。这个接口很灵活,因为计算器可以支持不同的操作。如果该接口定义了 Add()和 Subtract()方法,而不是灵活的 Operate()方法,就需要一个新版本的接口来支持 Divide()和 Multiply()方法。而使用本例定义的 ICalculator 接口,计算器就可以提供任意多个操作,且有任意多个操作数(代码文件 AttributeBasedSample/CalculatorContract/ICalculator.cs)。

```csharp
public interface ICalculator
{
  IList<IOperation> GetOperations();
  double Operate(IOperation operation, double[] operands);
}
```

ICalculator 接口使用 IOperation 接口返回操作列表,并调用一个操作。IOperation 接口定义了只读属性 Name 和 NumberOperands(代码文件 AttributeBasedSample/CalculatorContract/IOperation.cs)。

```csharp
public interface IOperation
{
  string Name { get; }
  int NumberOperands { get; }
}
```

CalculatorContract 程序集不需要引用 System.Composition 程序集,只要.NET 接口包含在其中即可。

插件程序集 SimpleCalculator 包含的类实现了协定定义的接口。Operation 类实现了 IOperation 接口。这个类仅包含接口定义的两个属性。该接口定义了属性的 get 访问器;内部的 set 访问器用于在程序集内部设置属性(代码文件 AttributeBasedSample/SimpleCalculator/Operation.cs)。

```csharp
public class Operation: IOperation
{
  public string Name { get; internal set; }
  public int NumberOperands { get; internal set; }
}
```

Calculator 类实现了 ICalculator 接口,从而提供了这个插件的功能。按照 Export 特性的定义,Calculator 类导出为部件。这个特性在 NuGet 包 System.Composition.AttributeModel 中的 System.Composition 名称空间中定义(代码文件 AttributeBasedSample/SimpleCalculator/Calculator.cs)。

```csharp
[Export(typeof(ICalculator))]
public class Calculator: ICalculator
{
  public IList<IOperation> GetOperations() =>
    new List<IOperation>()
    {
      new Operation { Name="+", NumberOperands=2},
      new Operation { Name="-", NumberOperands=2},
      new Operation { Name="/", NumberOperands=2},
      new Operation { Name="*", NumberOperands=2}
    };

  public double Operate(IOperation operation, double[] operands)
  {
    double result = 0;
    switch (operation.Name)
    {
      case "+":
        result = operands[0] + operands[1];
        break;
      case "-":
        result = operands[0]-operands[1];
        break;
      case "/":
        result = operands[0] / operands[1];
        break;
      case "*":
        result = operands[0] * operands[1];
        break;
      default:
        throw new InvalidOperationException($"invalid operation {operation.Name}");
    }
    return result;
  }
}
```

宿主应用程序是一个简单的控制台应用程序(包)。部件使用 Export 特性定义导出的内容,对于宿主应用程序，Import 特性定义了所使用的信息。在本例中，Import 特性注解了 Calculator 属性，以设置和获取实现 ICalculator 接口的对象。因此实现了这个接口的任意计算器插件都可以在这里使用(代码文件 AttributeBasedSample/SimpleHost/Program.cs)：

```
class Program
{
  [Import]
  public ICalculator Calculator { get; set; }
  //etc.
}
```

在控制台应用程序的入口方法 Main()中，创建了 Program 类的一个新实例，接着调用 Bootstrapper() 方法。在 Bootstrapper ()方法中，创建了一个 ContainerConfiguration，有了 ContainerConfiguration，就可以使用流利的 API 配置这个对象。方法 WithPart<Calculator>导出 Calculator 类，可以用于 composition 主机。CompositionHost 实例使用 ContainerConfiguration 的 CreateContainer 方法创建(代码文件 AttributeBasedSample / SimpleHost /Program.cs)：

```
public static void Main()
{
  var p = new Program();
  p.Bootstrapper();
  p.Run();
}

public void Bootstrapper()
{
  var configuration = new ContainerConfiguration()
    .WithPart<Calculator>();
  using (CompositionHost host = configuration.CreateContainer())
  {
    //etc.
  }
}
```

除了使用方法 WithPart(它有重载和泛型版本以及非泛型版本)之外，还可以使用 WithParts 添加部件的列表，使用 WithAssembly 或 WithAssemblies 添加程序集的一个出口。

使用 CompositionHost，可以使用 GetExport 和 GetExports 方法访问导出的部件：

```
Calculator = host.GetExport<ICalculator>();
```

还可以使用更多的"魔法。"不是指定需要访问的所有出口类型，还可以使用 SatisfyImports 方法(它是 CompositionHost 的一个扩展方法)。其第一个参数需要一个对象与入口。因为 Program 类本身定义的一个属性应用 Import 特性，Program 类的实例可以传递到 SatisfyImports 方法。调用 SatisfyImports 后，会填充 Program 类的 Calculator 属性(代码文件 AttributeBasedSample/SimpleHost / Program.cs)：

```
using (CompositionHost host = configuration.CreateContainer())
{
  host.SatisfyImports(this);
}
```

通过 Calculator 属性，可以使用 ICalculator 接口中的方法。GetOperations()方法调用前面创建的插件的方法，它返回 4 个操作。要求用户指定应调用的操作并输入操作数的值后，就调用插件方法 Operate()。

```
public void Run()
{
  var operations = Calculator.GetOperations();
  var operationsDict = new SortedList<string, IOperation>();
  foreach (var item in operations)
  {
    WriteLine($"Name: {item.Name}, number operands: " +
      $"{item.NumberOperands}");
    operationsDict.Add(item.Name, item);
  }
  WriteLine();
  string selectedOp = null;
  do
  {
    try
    {
      Write("Operation? ");
      selectedOp =ReadLine();
      if (selectedOp.ToLower() == "exit" ||
        !operationsDict.ContainsKey(selectedOp))
          continue;
      var operation = operationsDict[selectedOp];
      double[] operands = new double[operation.NumberOperands];
      for (int i = 0; i < operation.NumberOperands; i++)
      {
        Write($"\t operand {i + 1}? ");
        string selectedOperand = ReadLine();
        operands[i] = double.Parse(selectedOperand);
      }
      WriteLine("calling calculator");
      double result = Calculator.Operate(operation, operands);
      WriteLine($"result: {result}");
    }
    catch (FormatException ex)
    {
      WriteLine(ex.Message);
      WriteLine();
      continue;
    }
  } while (selectedOp != "exit");
}
```

运行应用程序的一个示例输出如下：

```
Name: +, number operands: 2
Name: -, number operands: 2
Name: /, number operands: 2
Name: *, number operands: 2
Operation? +
        operand 1? 3
```

```
        operand 2? 5
calling calculator
result: 8
Operation? -
        operand 1? 7
        operand 2? 2
calling calculator
result: 5
Operation? exit
```

无须更改宿主应用程序中的任何代码，就可以使用另一个完全不同的部件库。AdvancedCalculator 项目定义了 Calculator 类的另一种实现方式，以提供更多的操作。通过 SimpleHost 项目引用项目 AdvancedCalculator，就可以使用这个计算器代替另一个计算器。

这里，Calculator 类实现了额外的运算符%、++和--(代码文件 AttributeBasedSample/AdvancedCalculator / Calculator.cs)：

```
[Export(typeof(ICalculator))]
public class Calculator: ICalculator
{
  public IList<IOperation> GetOperations() =>
    new List<IOperation>()
    {
      new Operation { Name="+", NumberOperands=2},
      new Operation { Name="-", NumberOperands=2},
      new Operation { Name="/", NumberOperands=2},
      new Operation { Name="*", NumberOperands=2},
      new Operation { Name="%", NumberOperands=2},
      new Operation { Name="++", NumberOperands=1},
      new Operation { Name="-", NumberOperands=1}
    };

  public double Operate(IOperation operation, double[] operands)
  {
    double result = 0;
    switch (operation.Name)
    {
      case "+":
        result = operands[0] + operands[1];
        break;
      case "-":
        result = operands[0]-operands[1];
        break;
      case "/":
        result = operands[0] / operands[1];
        break;
      case "*":
        result = operands[0] * operands[1];
        break;
      case "%":
        result = operands[0] % operands[1];
```

```
      break;
    case "++":
      result = ++operands[0];
      break;
    case "-":
      result =-operands[0];
      break;
    default:
      throw new InvalidOperationException($"invalid operation {operation.Name}");
    }
    return result;
  }
}
```

 注意：对于 SimpleHost，不能同时使用 Calculator 的两个实现。使用 AdvancedCalculator 之前，需要删除引用 SimpleCalculator，反之亦然。本章后面将介绍多个相同类型的出口如何使用一个容器。

前面讨论了 Composition 体系结构中的入口、出口和类别。如果希望使用不能通过 Composition 添加特性的已有类，就可以使用基于约定的部件注册，参见下一节。

26.2.2 基于约定的部件注册

基于约定的部件注册不仅允许导出部件时不使用特性，也提供了更多的选项来定义应该导出的内容，例如，使用命名约定，如类名以 PlugIn 或 ViewModel 结尾，或使用后缀名称 Controller 查找所有控制器。

引入基于约定的部件注册会构建与前面使用特性时相同的示例代码，但特性不再是必需的，因此这里不重复这些相同的代码。这里也使用类 Calculator 实现了相同的协定接口 ICalculator 和 IOperation，以及几乎相同的部件。与类 Calculator 的区别是它没有 Export 特性。

解决方案 ConventionBasedSample 包含以下项目、引用和名称空间。对于 SimpleCalculator 项目，不需要 Microsoft Composition 的 NuGet 包，因为出口不由这个项目定义。

CalculatorContract (类库)

名称空间

```
System.Collections.Generic
```

SimpleCalculator (类库)

引用

```
CalculatorContract
```

名称空间

```
System
System.Collections.Generic
System.Composition
```

SimpleHost (控制台应用程序)

引用

```
CalculatorContract
System.Composition.AttributedModel
System.Composition.Convention
System.Composition.Hosting
System.Composition.Runtime
System.Composition.TypedParts
```

名称空间

```
System
System.Collections.Generic
System.Composition
System.Composition.Hosting
static System.Console
```

注意: 在编译解决方案前, 需要创建一个目录 c:/addins。这个示例解决方案的宿主应用程序加载 c:/addins 目录中的程序集。所以 post-build 命令用项目 SimpleCalculator 定义, 把库复制到 c:/addins 目录中。

创建宿主应用程序, 所有这些就会变得更有趣。与前面类似, 创建一个 ICalculator 类型的属性, 如下面的代码片段所示——它只是没有 Import 特性(代码文件 ConventionBasedSample/SimpleHost/Program.cs)。

```
public ICalculator Calculator { get; set; }
```

可以把 Import 特性应用于 Calculator 属性, 只给出口使用约定。可以混合它们, 只给出口或入口使用约定, 或者两者都使用, 如这个例子所示。

Program 类的 Main 方法与前面类似; 创建 Program 的一个新实例, 因为 Calculator 属性是这个类的一个实例, 然后调用 Bootstrap 和 Run 方法(代码文件 ConventionBasedSample/SimpleHost / Program.cs):

```
public static void Main()
{
 var p = new Program();
 p.Bootstrap();
```

```csharp
    p.Run();
}
```

Bootstrap 方法现在创建一个新的 ConventionBuilder。ConventionBuilder 派生于基类 AttributedModelBuilder；因此需要这个基类的任何地方都可以使用它。不使用 Export 特性，给派生自 ICalculator 的类型定义约定规则，用 ForTypesDerivedFrom 和 Export 方法导出 ICalculator。ForTypesDerivedFrom 返回一个 PartConventionBuilder，它允许使用流利 API 来继续部件的定义，在部件类型上调用 Export 方法。不使用 Import 特性，而使用 Program 类的约定规则导入 ICalculator 类型的属性。属性使用 lambda 表达式定义(代码文件 ConventionBasedSample/SimpleHost/Program.cs)：

```csharp
public void Bootstrap()
{
    var conventions = new ConventionBuilder();
    conventions.ForTypesDerivedFrom<ICalculator>()
        .Export<ICalculator>();
    conventions.ForType<Program>()
        .ImportProperty<ICalculator>(p => p.Calculator);
    // etc.
}
```

定义了约定规则后，实例化 ContainerConfiguration 类。通过容器配置使用 ConventionsBuilder 定义的约定，使用了方法 WithDefaultConventions。WithDefaultConventions 需要派生自基类 AttributedModelProvider 的参数，即 ConventionBuilder 类。在定义了要使用的约定后，可以像之前那样使用 WithPart 方法，指定部件中应当应用约定的部分。为了使之比以前更加灵活，现在 WithAssemblies 方法用于指定应该应用的程序集。过滤传递给这个方法的所有程序集，得到派生自 ICalculator 接口的类型，来应用出口。容器配置后，像前面的示例那样创建 CompositionHost (代码文件 ConventionBasedSample/SimpleHost/Program.cs)：

```csharp
public void Bootstrap()
{
    // etc.

    var configuration = new ContainerConfiguration()
        .WithDefaultConventions(conventions)
        .WithAssemblies(GetAssemblies("c:/addins"));

    using (CompositionHost host = configuration.CreateContainer())
    {
        host.SatisfyImports(this, conventions);
    }
}
```

GetAssemblies 方法从给定的目录中加载所有的程序集(代码文件 ConventionBasedSample/SimpleHost/ Program.cs)：

```csharp
private IEnumerable<Assembly> GetAssemblies(string path)
```

```
{
    IEnumerable<string> files = Directory.EnumerateFiles(path, "*.dll");
    var assemblies = new List<Assembly>();
    foreach (var file in files)
    {
        Assembly assembly = Assembly.LoadFile(file);
        assemblies.Add(assembly);
    }
    return assemblies;
```

如上所示，ConventionBuilder 是基于约定的部件注册和 Microsoft Composition 的核心，它使用一个流畅的 API，还提供了特性所带来的所有灵活性。约定通过 ForType 可以应用于特定的类型，对于派生于基类或实现了接口的类型，ForTypesDerivedFrom.ForTypesMatching 允许指定灵活的谓词。例如，ForTypesMatching(t => t.Name.EndsWith("ViewModel"))把一个约定应用于名称以 ViewModel 结尾的所有类型。

选择类型的方法返回一个 PartBuilder。有了 PartBuilder，就可以定义出口和入口，并应用元数据。PartBuilder 提供了几个方法来定义出口：Export 会导出到特定的类型上，ExportInterfaces 会导出一系列接口，ExportProperties 会导出属性。使用导出方法导出多个接口或属性，就可以应用谓词，进一步定义选择。这也适用于导入属性或构造函数，其方法分别是 ImportProperty、ImportProperties 和 SelectConstructors。

简要介绍了使用 Microsoft Composition、特性和约定的两种方式后，下面详细介绍使用一个 Windows 应用程序来托管部件。

26.3 定义协定

下面的示例应用程序扩展了第一个应用程序。宿主应用程序是一个 WPF 应用程序和 UWP 应用程序，它加载计算器部件以实现计算功能，还加载其他插件，把它们自己的用户界面引入宿主。

 注意：编写 UWP(Universal Windows Platform)和 WPF 应用程序的更多信息可参见第 29 章到第 36 章。

UICalculator 解决方案略大，至少是对一本书而言。它演示了使用 Microsoft Composition 与多个技术——UWP 和 WPF。当然，也可以关注其中的一个技术，仍然使用示例应用程序的很多功能。解决方案的项目及其依赖关系如图 26-3 所示。WPFCalculatorHost 和 UWPCalculatorHost 项目加载和管理部件。与以前一样，定义 SimpleCalculator，并提供一些方法。与前面计算器示例不同的是，这个部件利用了另一个部件 AdvancedOperations。提供用户界面的其他部件使用 FuelEconomy 和 TemperatureConversion 定义。用户界面用 WPF 和 UWP 定义，但常见的功能在共享项目中定义。

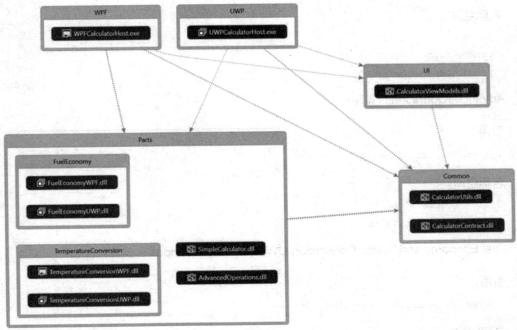

图 26-3

下面是需要的项目、引用和名称空间：

CalculatorContract (类库)

名称空间

```
System.Collections.Generic
```

CalculatorUtils (类库)

引用

```
System.Composition.AttributedModel
```

名称空间

```
System
System.Collections.Generic
System.ComponentModel
System.Composition
System.Runtime.CompilerServices
```

SimpleCalculator (类库)

引用

```
System.Composition.AttributedModel
```

名称空间

```
System
System.Collections.Generic
System.Composition
```

AdvancedOperations (类库)

引用

```
System.Composition.AttributedModel
```

名称空间

```
System.Composition
System.Threading.Tasks
```

Fuel Economy and Temp. Conversion UWP (Universal Windows 类库)

引用

```
System.Composition.AttributedModel
```

名称空间

```
System.Collections.Generic
System.Composition
Windows.UI.Xaml.Controls
```

Fuel Economy and Temp. Conversion WPF (WPF 类库)

引用

```
System.Composition.AttributedModel
```

名称空间

```
System.Collections.Generic
System.Composition
System.Windows.Controls
```

Calculator View Models (类库)

引用

```
System.Composition.AttributedModel
System.Composition.Hosting
System.Composition.TypedParts
```

名称空间

```
System
System.Collections.Generic
System.Collections.ObjectModel
System.Composition
```

```
System.Composition.Hosting
System.Linq
System.Windows.Input
```

WPF Calculator Host (WPF 应用程序)

引用

```
CalculatorContract
SimpleCalculator
System.Composition.AttributedModel
System.Composition.Hosting
System.Composition.TypedParts
```

名称空间

```
System
System.Globalization
System.IO
System.Windows
System.Windows.Controls
System.Windows.Data
System.Windows.Media.Imaging
```

对于计算，使用前面定义的相同协定：ICalculator 和 IOperation 接口。添加的另一个协定是 ICalculatorExtension。这个接口定义了可由宿主应用程序使用的 UI 属性。该属性的 get 访问器返回一个 FrameworkElement。属性类型定义为 object，用这个接口同时支持 WPF 和 UWP 应用程序。在 WPF 中，FrameworkElement 在名称空间 System.Windows 中定义；在 UWP 中，它在名称空间 Windows.UI.Xaml 中定义。把属性的类型定义为 object，还允许不把 WPF 或 UWP 相关的依赖关系添加到库中。

UI 属性允许插件返回派生自 FrameworkElement 的任何用户界面元素，并在宿主应用程序中显示为用户界面 (代码文件 UICalculator /CalculatorContract / ICalculatorExtension.cs)：

```
public interface ICalculatorExtension
{
  object UI { get; }
}
```

.NET 接口用于去除在实现该接口的插件和使用该接口的插件之间的依赖性。这样，.NET 接口也是用于 Composition 的一个优秀协定，去除了在宿主应用程序和插件之间的依赖性。如果接口在一个单独的程序集中定义，与 CalculatorContract 程序集一样，宿主应用程序和插件就没有直接的依赖关系。然而，宿主应用程序和插件仅引用协定程序集。

从 Composition 的角度来看，根本不需要接口协定。协定可以是一个简单的字符串。为了避免与其他协定冲突，字符串名应包含名称空间名，例如，Wrox.ProCSharp.Composition.SampleContract，如下面的代码片段所示。这里的 Foo 类使用 Export 特性导出，并把一个字符串传递给该特性，而不是传递给接口。

```
[Export("Wrox.ProCSharp.Composition.SampleContract")]
public class Foo
{
  public string Bar()
  {
    return "Foo.Bar";
  }
}
```

把协定用作字符串的问题是，类型提供的方法、属性和事件都不是强定义的。调用者或者需要引用类型 Foo 才能使用它，或者使用.NET 反射来访问其成员。C# 4 的 dynamic 关键字使反射更便于使用，在这种情况下非常有帮助。

宿主应用程序可以使用 dynamic 类型导入 Wrox.ProCSharp.Composition.SampleContract 协定：

```
[Import("Wrox.ProCSharp.MEF.SampleContract")]
public dynamic Foo { get; set; }
```

有了 dynamic 关键字，Foo 属性就可以用于直接访问 Bar()方法。这个方法的调用会在运行期间解析：

```
string s = Foo.Bar();
```

协定名和接口也可以联合使用，定义只有接口和协定同名时才能使用的协定。这样，就可以对于不同的协定使用同一个接口。

 注意：dynamic 类型参见第 16 章。

26.4 导出部件

在前面的例子中，包含了 SimpleCalculator 部件，它导出了 Calculator 类型及其所有的方法和属性。下面的例子也包含 SimpleCalculator，其实现方式与前面相同，但还导出了另外两个部件 TemperatureConversion 和 FuelEconomy。这些部件为宿主应用程序提供了 UI。

26.4.1 创建部件

WPF 用户控件库 TemperatureConversionWPF 定义了如图 26-4 所示的用户界面。这个控件提供了摄氏、华氏和绝对温度之间的转换。在第一和第二个组合框中，可以选择转换的源和目标。Calculate 按钮会启动执行转换的计算过程。

在 UWP 中，还定义了一个库 TemperatureConversionUWP。这两个项目分享共享库 TemperatureConversionShared 中的共同代码。这些 UI 插件使用的所有 C#代码都在这个共享项目中。但 UI 的 XAML 代码不同，它在 WPF 和 UWP 项目中定义。

该用户控件为温度转换提供了一个简单的实现方式。TempConversionType 枚举定义了这个控件可能进行的不同转换。两个组合框中显示的枚举值绑定到 TemperatureConversionViewModel 的 TemperatureConversionTypes 属性上。ToCelsiusFrom()方法把参数 t 从其原始值转换为摄氏值。

温度的源类型用第二个参数 TempConversionType 定义。FromCelsiusTo()方法把摄氏值转换为所选的温度值。OnCalculate()方法赋予 Calculate 命令，它调用 ToCelsiusFrom()和 FromCelsiusTo()方法，根据用户选择的转换类型执行转换(代码文件 UICalculator/TemperatureConversionShared/TemperatureConversionViewModel.cs)。

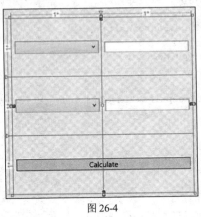

图 26-4

```
public enum TempConversionType
{
  Celsius,
  Fahrenheit,
  Kelvin
}

public class TemperatureConversionViewModel: BindableBase
{
  public TemperatureConversionViewModel()
  {
    CalculateCommand = new DelegateCommand(OnCalculate);
  }

  public DelegateCommand CalculateCommand { get; }

  public IEnumerable<string> TemperatureConversionTypes =>
    Enum.GetNames(typeof(TempConversionType));

  private double ToCelsiusFrom(double t, TempConversionType conv)
  {
    switch (conv)
    {
      case TempConversionType.Celsius:
        return t;
      case TempConversionType.Fahrenheit:
        return (t-32) / 1.8;
      case TempConversionType.Kelvin:
        return (t-273.15);
      default:
        throw new ArgumentException("invalid enumeration value");
    }
  }
```

```csharp
  private double FromCelsiusTo(double t, TempConversionType conv)
  {
    switch (conv)
    {
      case TempConversionType.Celsius:
        return t;
      case TempConversionType.Fahrenheit:
        return (t * 1.8) + 32;
      case TempConversionType.Kelvin:
        return t + 273.15;
      default:
        throw new ArgumentException("invalid enumeration value");
    }
  }

  private string _fromValue;
  public string FromValue
  {
    get { return _fromValue; }
    set { SetProperty(ref _fromValue, value); }
  }

  private string _toValue;
  public string ToValue
  {
    get { return _toValue; }
    set { SetProperty(ref _toValue, value); }
  }

  private TempConversionType _fromType;
  public TempConversionType FromType
  {
    get { return _fromType; }
    set { SetProperty(ref _fromType, value); }
  }

  private TempConversionType _toType;
  public TempConversionType ToType
  {
    get { return _toType; }
    set { SetProperty(ref _toType, value); }
  }

  public void OnCalculate()
  {
    double result = FromCelsiusTo(
      ToCelsiusFrom(double.Parse(FromValue), FromType), ToType);
    ToValue = result.ToString();
  }
```

到目前为止，这个控件仅是一个简单的用户控件，带有一个视图模型。为了创建部件，要使用 Export 特性导出 TemperatureCalculatorExtension 类。这个类实现 ICalculatorExtension 接口，从 UI 属性中返回用户控件 TemperatureConversion。对于 UWP 和 WPF，会生成不同的二进制代码，但使用不同的名称空间。名称空间的选择使用预处理器指令完成(代码文件 UICalculator/TemperatureConversion/Temperature ConversionExtension.cs)。

```csharp
#if WPF
using TemperatureConversionWPF;
#endif
#if WINDOWS_UWP
using TemperatureConversionUWP;
#endif
using System.Composition;

namespace Wrox.ProCSharp.Composition
{
  [Export(typeof(ICalculatorExtension))]
  [CalculatorExtensionMetadata(
    Title = "Temperature Conversion",
    Description = "Temperature conversion",
    ImageUri = "Images/Temperature.png")]
  public class TemperatureConversionExtension: ICalculatorExtension
  {
    private object _control;
    public object UI =>
      _control ?? (_control = new TemperatureConversionUC());
  }
}
```

现在，忽略以前的代码片段中使用的 CalculatorExtension 特性。

另一个实现了 ICalculatorExtension 接口的用户控件是 FuelEconomy。通过这个控件，可以计算每加仑行驶的英里数或每行驶 100 千米的升数，该用户界面如图 26-5 所示。

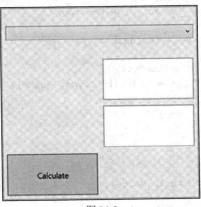

图 26-5

下面的代码片段显示了类 FuelEconomyViewModel，它定义了在用户界面上绑定的几个属性，例如，fuelEcoType 列表，它允许用户在英里数和千米数之间选择；此外还定义了 Fuel 和 Distance 属性，由用户填充这些属性(代码文件 UICalculator/FuelEconomyShared/FuelEconomyViewModel.cs)：

```csharp
public class FuelEconomyViewModel: BindableBase
{
  public FuelEconomyViewModel()
```

```csharp
{
  InitializeFuelEcoTypes();
  CalculateCommand = new DelegateCommand(OnCalculate);
}

public DelegateCommand CalculateCommand { get; }

// etc.

public List<FuelEconomyType> FuelEcoTypes { get; } =
  new List<FuelEconomyType>();

private void InitializeFuelEcoTypes()
{
  var t1 = new FuelEconomyType
  {
    Id = "lpk",
    Text = "L/100 km",
    DistanceText = "Distance (kilometers)",
    FuelText = "Fuel used (liters)"
  };
  var t2 = new FuelEconomyType
  {
    Id = "mpg",
    Text = "Miles per gallon",
    DistanceText = "Distance (miles)",
    FuelText = "Fuel used (gallons)"
  };
  FuelEcoTypes.AddRange(new FuelEconomyType[] { t1, t2 });
}

private FuelEconomyType _selectedFuelEcoType;

public FuelEconomyType SelectedFuelEcoType
{
  get { return _selectedFuelEcoType; }
  set { SetProperty(ref _selectedFuelEcoType, value); }
}

private string _fuel;
public string Fuel
{
  get { return _fuel; }
  set { SetProperty(ref _fuel, value); }
}

private string _distance;
public string Distance
{
  get { return _distance; }
  set { SetProperty(ref _distance, value); }
}

private string _result;
public string Result
```

```
{
  get { return _result; }
  set { SetProperty(ref _result, value); }
}
}
```

 注意：示例代码中使用的基类 BindableBase 仅提供了接口 INotifyPropertyChanged 的实现代码。这个类位于 CalculatorUtils 项目中。

计算在 OnCalculate()方法中完成。OnCalculate()是 Calculate 按钮的单击事件的处理程序(代码文件 UICalculator/FuelEconomyShared/FuelEconomyViewModel.cs)。

```
public void OnCalculate()
{
  double fuel = double.Parse(Fuel);
  double distance = double.Parse(Distance);
  FuelEconomyType ecoType = SelectedFuelEcoType;
  double result = 0;
  switch (ecoType.Id)
  {
    case "lpk":
      result = fuel / (distance / 100);
      break;
    case "mpg":
      result = distance / fuel;
      break;
    default:
      break;
  }
  Result = result.ToString();
}
```

再次使用 Export 特性实现 ICalculatorExtension 接口并导出(代码文件 UICalculator/FuelEconomy-Shared/FuelCalculatorExtension.cs)。

```
[Export(typeof(ICalculatorExtension))]
[CalculatorExtensionMetadata(
  Title = "Fuel Economy",
  Description = "Calculate fuel economy",
  ImageUri = "Images/Fuel.png")]
public class FuelCalculatorExtension: ICalculatorExtension
{
  private object _control;
  public object UI => _control ?? (_control = new FuelEconomyUC());
}
```

在继续宿主应用程序以导入用户控件之前，先看看导出的其他选项。不仅一个部件可以导出其他部件，也可以给出口添加元数据信息。

26.4.2 使用部件的部件

Calculator 类现在不能直接实现 Add 和 Subtract 方法,但可以使用其他部件来实现。要定义提供单一操作的部件,定义接口 IBinaryOperation(代码文件 UICalculator/CalculatorContract/IBinaryOperation.cs):

```
public interface IBinaryOperation
{
  double Operation(double x, double y);
}
```

Calculator 类定义的属性会导入匹配 Subtract 方法的部分。该入口命名为 Subtract,因为并非需要 IBinaryOperation 的所有出口——只需要 Subtract 出口 (代码文件 UICalculator / SimpleCalculator / Calculator.cs):

```
[Import("Subtract")]
public IBinaryOperation SubtractMethod { get; set; }
```

Calculator 类的 Import 匹配 SubtractOperation 的 Export(代码文件 UICalculator/AdvancedOperations/Operations.cs):

```
[Export("Subtract", typeof(IBinaryOperation))]
public class SubtractOperation: IBinaryOperation
{
  public double Operation(double x, double y) => x-y;
}
```

现在只有 Calculator 类中 Operate 方法的实现代码需要更改,以利用内在的部件。Calculator 本身不需要创建一个容器,来匹配内在的部件。只要导出的部件可在注册的类型或程序集中可用,这已经在托管容器中自动完成了(代码文件 UICalculator / SimpleCalculator / Calculator.cs):

```
public double Operate(IOperation operation, double[] operands)
{
  double result = 0;
  switch (operation.Name)
  {
    // etc.
    case "-":
      result = SubtractMethod.Operation(operands[0], operands[1]);
      break;
    // etc.
```

26.4.3 导出元数据

利用导出功能,还可以附加元数据信息。元数据允许添加除了名称和类型之外的其他信息。这些信息可用于添加功能信息,确定在入口端应使用哪些出口。

Calculator 类使用一个内部的部件,不仅用于 Subtract 方法,也用于 Add 方法。下面代码片段中的 AddOperation 使用 Export 特性 Add 和 SpeedMetadata 特性。SpeedMetadata 特性指定速度信息 Speed(代码文件 UICalculator/AdvancedOperations/Operations.cs):

```
[Export("Add", typeof(IBinaryOperation))]
```

```
[SpeedMetadata(Speed = Speed.Fast)]
public class AddOperation: IBinaryOperation
{
  public double Operation(double x, double y) => x + y;
}
```

还有另一个出口用于 Add 方法 SpeedMetadata Speed.Slow(代码文件 UICalculator/Advanced-Operations / Operations.cs)：

```
[Export("Add", typeof(IBinaryOperation))]
[SpeedMetadata(Speed = Speed.Slow)]
public class SlowAddOperation: IBinaryOperation
{
  public double Operation(double x, double y)
  {
    Task.Delay(3000).Wait();
    return x + y;
  }
}
```

Speed 只是一个带有两个值的枚举(代码文件 UICalculator/CalculatorUtils/ SpeedMetadata.cs)：

```
public enum Speed
{
  Fast,
  Slow
}
```

创建一个特性类，应用 MetadataAttribute，可以定义元数据。这个特性应用于一个部件，如 AddOperation 和 SlowAddOperation 类型所示(代码文件 UICalculator/CalculatorUtils/SpeedMetadata-Attribute.cs)：

```
[MetadataAttribute]
[AttributeUsage(AttributeTargets.Class)]
public class SpeedMetadataAttribute: Attribute
{
  public Speed Speed { get; set; }
}
```

注意：如何创建自定义特性的更多信息参见第 16 章。

为了利用入口访问元数据，定义 SpeedMetadata 类。SpeedMetadata 定义了与 SpeedMetadataAttribute 相同的属性(代码文件 UICalculator / CalculatorUtils / SpeedMetadata.cs)：

```
public class SpeedMetadata
{
  public Speed Speed { get; set; }
}
```

定义了多个 Add 出口后，如前面所示使用 Import 特性会在运行期间失败。多个出口不能只匹配一个入口。如果多个出口有相同的名称和类型，就使用特性 ImportMany。这个特性应用于类型数组或 IEnumeration < T >的一个属性。

因为通过出口应用元数据，匹配 Add 出口的属性的类型就是 Lazy<IBinaryOperation, SpeedMetadata>的一个数组 (代码文件 UICalculator / SimpleCalculator / Calculator.cs)：

```
[ImportMany("Add")]
public Lazy<IBinaryOperation, SpeedMetadata>[] AddMethods { get; set; }
```

ImportMany 在下一节详细解释。Lazy 类型允许使用泛型定义 Lazy<T, TMetadata>访问元数据。Lazy<T>类用于支持类型在第一次使用时的惰性初始化。Lazy<T, TMetadata>派生自 Lazy<T>，除了基类支持的成员之外，它还支持通过 Metadata 特性访问元数据信息。

对 Add()方法的调用现在改为遍历 Lazy<IBinaryOperation, SpeedMetadata>元素的集合。通过 Metadata 属性，检查功能的键；如果 Speed 功能的值是 Speed.Fast，就使用 Lazy<T>的 Value 属性调用操作，以获取委托(代码文件 UICalculator/SimpleCalculator/Calculator.cs)。

```
public double Operate(IOperation operation, double[] operands)
{
  double result = 0;
  switch (operation.Name)
  {
    case "+":
    foreach (var addMethod in AddMethods)
    {
      if (addMethod.Metadata.Speed == Speed.Fast)
      {
        result = addMethod.Value.Operation(operands[0], operands[1]);
      }
    }
    break;
    // etc.
```

26.4.4 使用元数据进行惰性加载

Microsoft Composition 元数据不仅可用于根据元数据信息选择部件，还可以在实例化部件之前给宿主应用程序提供部件的信息。

下面的示例为计算器扩展 FuelEconomy 和 TemperatureConversion 提供图像的标题、描述和链接(代码文件 UICalculator/CalculatorUtils/ CalculatorExtensionMetadataAttribute.cs)：

```
[MetadataAttribute]
[AttributeUsage(AttributeTargets.Class)]
public class CalculatorExtensionMetadataAttribute: Attribute
{
  public string Title { get; set; }
  public string Description { get; set; }
  public string ImageUri { get; set; }
}
```

对于部件，应用 CalculatorExtensionMetadata 特性。下面是一个例子 FuelCalculatorExtension (代码文件 UICalculator / FuelEconomyShared / FuelCalculatorExtension.cs)：

```
[Export(typeof(ICalculatorExtension))]
[CalculatorExtensionMetadata(
```

```
    Title = "Fuel Economy",
    Description = "Calculate fuel economy",
    ImageUri = "Images/Fuel.png")]
public class FuelCalculatorExtension: ICalculatorExtension
{
    private object _control;
    public object UI => _control ?? (_control = new FuelEconomyUC());
}
```

部件会消耗大量内存。如果用户不实例化部件，就没有必要使用该内存。相反，可以访问标题、描述和图片，在实例化之前为用户提供部件的信息。

26.5 导入部件

下面使用用户控件和宿主应用程序。WPF 宿主应用程序的设计视图如图 26-6 所示。

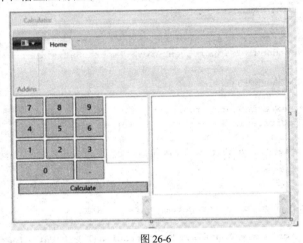

图 26-6

对于每一部件类型，都创建一个单独的入口、管理器和视图模型。为了使用实现 ICalculator 接口的部件，CalculatorImport 用于定义 Import，CalculatorManager 用于创建 CompositionHost 和加载部件，CalculatorViewModel 用于定义绑定到用户界面的属性和命令。为了使用实现 ICalculatorExtension 接口的部件，依次定义 CalculatorExtensionImport、CalculatorExtensionManager 和 CalculatorExtensionViewModel。

先从 CalculatorImport 类开始。对于第一个示例，只用 Program 类定义一个属性，来导入部件。最好为入口定义一个单独的类。有了这个类，还可以定义一个用特性 OnImportsSatisfied 注释的方法。这个特性标记匹配入口时调用的方法。在示例代码中，触发事件 ImportsSatisfied。Calculator 属性应用了 Import 特性。这里，类型是 Lazy < ICalculator >，用于以后的实例化。只有访问 Lazy 类型的 Value 时，才实例化部件(代码文件 UICalculator / CalculatorViewModels / CalculatorImport.cs)：

```
public class CalculatorImport
{
    public event EventHandler<ImportEventArgs> ImportsSatisfied;

    [Import]
```

```csharp
public Lazy<ICalculator> Calculator { get; set; }

[OnImportsSatisfied]
public void OnImportsSatisfied()
{
  ImportsSatisfied?.Invoke(this,
    new ImportEventArgs
    {
      StatusMessage = "ICalculator import successful"
    });
}
```

CalculatorManager 类在构造函数中实例化 CalculatorImport 类。在 InitializeContainer 方法中，实例化 ContainerConfiguration 类，用传递给方法的类型创建 CompositionHost 容器。SatisfyImports 方法匹配要导入的出口(代码文件 UICalculator / CalculatorViewModels / CalculatorManager.cs)：

```csharp
public class CalculatorManager
{
  private CalculatorImport _calcImport;
  public event EventHandler<ImportEventArgs> ImportsSatisfied;

  public CalculatorManager()
  {
    _calcImport = new CalculatorImport();
    _calcImport.ImportsSatisfied += (sender, e) =>
    {
      ImportsSatisfied?.Invoke(this, e);
    };
  }

  public void InitializeContainer(params Type[] parts)
  {
    var configuration = new ContainerConfiguration().WithParts(parts);
    using (CompositionHost host = configuration.CreateContainer())
    {
      host.SatisfyImports(_calcImport);
    }
  }
  // etc.
}
```

CalculatorManager 的 GetOperators 方法调用 Calculator 的 GetOperations 方法。这个方法用来在用户界面上显示所有可用的运算符。一旦定义了计算，就调用 InvokeCalculator 方法，传递操作和操作数，再调用计算器中的 Operate 方法(代码文件 UICalculator/CalculatorViewModels/CalculatorManager.cs)：

```csharp
public class CalculatorManager
{
  // etc.
  public IEnumerable<IOperation> GetOperators() =>
    _calcImport.Calculator.Value.GetOperations();
```

```
  public double InvokeCalculator(IOperation operation, double[] operands) =>
    _calcImport.Calculator.Value.Operate(operation, operands);
}
```

CalculatorViewModel 需要什么？这个视图模型定义了几个属性：CalcAddInOperators 属性列出可用的运算符，Input 属性包含用户输入的计算，Result 属性显示操作的结果，CurrentOperation 属性包含当前操作。它还定义了_currentOperands 字段，其中包含所选的操作数。使用 Init 方法初始化容器，从 Calculator 部件中检索运算符。OnCalculate 方法使用部件进行计算(代码文件 UICalculator / CalculatorViewModels/CalculatorViewModel.cs)：

```csharp
public class CalculatorViewModel: BindableBase
{
  public CalculatorViewModel()
  {
    _calculatorManager = new CalculatorManager();
    _calculatorManager.ImportsSatisfied += (sender, e) =>
    {
      Status += $"{e.StatusMessage}\n";
    };
    CalculateCommand = new DelegateCommand(OnCalculate);
  }

  public void Init(params Type[] parts)
  {
    _calculatorManager.InitializeContainer(parts);
    var operators = _calculatorManager.GetOperators();
    CalcAddInOperators.Clear();
    foreach (var op in operators)
    {
      CalcAddInOperators.Add(op);
    }
  }

  private CalculatorManager _calculatorManager;

  public ICommand CalculateCommand { get; set; }

  public void OnCalculate()
  {
    if (_currentOperands.Length == 2)
    {
      string[] input = Input.Split(' ');
      _currentOperands[1] = double.Parse(input[2]);
      Result = _calculatorManager.InvokeCalculator(_currentOperation,
        _currentOperands);
    }
  }

  private string _status;
  public string Status
  {
    get { return _status; }
    set { SetProperty(ref _status, value); }
```

```csharp
    }

    private string _input;
    public string Input
    {
      get { return _input; }
      set { SetProperty(ref _input, value); }
    }

    private double _result;
    public double Result
    {
      get { return _result; }
      set { SetProperty(ref _result, value); }
    }

    private IOperation _currentOperation;
    public IOperation CurrentOperation
    {
      get { return _currentOperation; }
      set { SetCurrentOperation(value); }
    }

    private double[] _currentOperands;

    private void SetCurrentOperation(IOperation op)
    {
      try
      {
        _currentOperands = new double[op.NumberOperands];
        _currentOperands[0] = double.Parse(Input);
        Input += $" {op.Name} ";
        SetProperty(ref _currentOperation, op, nameof(CurrentOperation));
      }
      catch (FormatException ex)
      {
        Status = ex.Message;
      }
    }
    public ObservableCollection<IOperation> CalcAddInOperators { get; } =
      new ObservableCollection<IOperation>();
}
```

26.5.1 导入连接

入口连接到出口上。使用导出的部件时，需要一个入口来建立连接。通过 Import 特性，可以连接到一个出口上。如果应加载多个部件，就需要 ImportMany 特性，并需要把它定义为一个数组类型或 IEnumerable<T>。因为宿主计算器应用程序允许加载实现了 ICalculatorExtension 接口的多个计算器扩展，所以 CalculatorExtensionImport 类定义了 IEnumerable<ICalculatorExtension>类型的 CalculatorExtensions 属性，以访问所有的计算器扩展部件(代码文件 UICalculator/CalculatorViewModels/CalculatorExtensionImport.cs)。

```csharp
public class CalculatorExtensionsImport
{
  public event EventHandler<ImportEventArgs> ImportsSatisfied;

  [ImportMany()]
  public IEnumerable<Lazy<ICalculatorExtension,
    CalculatorExtensionMetadataAttribute>>
    CalculatorExtensions { get; set; }

  [OnImportsSatisfied]
  public void OnImportsSatisfied()
  {
    ImportsSatisfied?.Invoke(this, new ImportEventArgs
    {
      StatusMessage = "ICalculatorExtension imports successful"
    });
  }
}
```

Import 和 ImportMany 特性允许使用 ContractName 和 ContractType 把入口映射到出口上。

在创建 CalculatorExtensionsManager 类时，CalculatorExtensionsImport 类的 ImportsSatisfied 事件连接到一个事件处理程序上，触发一个事件，再把一条消息写入在 UI 上绑定的 Status 属性中，以显示状态信息(代码文件 UICalculator/ CalculatorViewModels/CalculatorExtensionsManager.cs)：

```csharp
public sealed class CalculatorExtensionsManager
{
  private CalculatorExtensionsImport _calcExtensionImport;
  public event EventHandler<ImportEventArgs> ImportsSatisfied;

  public CalculatorExtensionsManager()
  {
    _calcExtensionImport = new CalculatorExtensionsImport();
    _calcExtensionImport.ImportsSatisfied += (sender, e) =>
    {
      ImportsSatisfied?.Invoke(this, e);
    };
  }

  public void InitializeContainer(params Type[] parts)
  {
    var configuration = new ContainerConfiguration().WithParts(parts);
    using (CompositionHost host = configuration.CreateContainer())
    {
      host.SatisfyImports(_calcExtensionImport);
    }
  }

  public IEnumerable<Lazy<ICalculatorExtension,
    CalculatorExtensionMetadataAttribute>> GetExtensionInformation() =>
    _calcExtensionImport.CalculatorExtensions.ToArray();
}
```

26.5.2 部件的惰性加载

部件默认从容器中加载，例如，调用 CompositionHost 上的扩展方法 SatisfyImports ()来加载。利用 Lazy<T>类，部件可以在第一次访问时加载。Lazy<T>类型允许后期实例化任意类型 T，并定义 IsValueCreated 和 Value 属性。IsValueCreated 属性是一个布尔值，它返回包含的类型 T 是否已经实例化的信息。Value 属性在第一次访问包含的类型 T 时初始化它，并返回 T 的实例。

插件的入口可以声明为 Lazy<T>类型，如示例 Lazy<ICalculator> 所示(代码文件 UICalculator/CalculatorViewModels/CalculatorImport.cs)：

```
[Import]
    public Lazy<ICalculator> Calculator { get; set; }
```

调用导入的属性也需要对访问 Lazy<T>类型的 Value 属性进行一些修改。calcImport 是一个 CalculatorImport 类型的变量。Calculator 属性返回 Lazy<ICalculator>。Value 属性以惰性的方式实例化导入的类型，并返回 ICalculator 接口，在该接口中现在可以调用 GetOperations()方法，从计算器插件中获得所有支持的操作(代码文件 UICalculator/CalculatorViewModels/CalculatorManager.cs)。

```
public IEnumerable<IOperation> GetOperators() =>
 _calcImport.Calculator.Value.GetOperations();
```

26.5.3 读取元数据

部件 FuelEconomy 和 TemperatureConversion 是实现接口 ICalculatorExtension 的所有部件，也是惰性加载的。如前所述，集合可以用 IEnumerable<T>类型的属性来导入。部件采用惰性方式来实例化，属性就可以是 IEnumerable<Lazy<T>>类型。这些部件在实例化前需要提供它们的信息，才能给用户显示使用这些部件可以导出的内容信息。这些部件还为使用元数据提供了额外的信息，如前所述。元数据信息可以使用 Lazy 类型和两个泛型参数来访问。使用 Lazy<ICalculatorExtension, CalculatorExtensionMetadataAttribute>，其中第一个泛型参数 ICalculatorExtension 用于访问实例化类型的成员；第二个泛型参数 ICalculatorExtensionMetadataAttribute 用于访问元数据信息(代码文件 UICalculator/CalculatorViewModels/CalculatorExtensionsImport.cs)：

```
[ImportMany()]
public IEnumerable<Lazy<ICalculatorExtension,
  CalculatorExtensionMetadataAttribute>> CalculatorExtensions { get; set; }
```

方法 GetExtensionInformation 返回一个 Lazy <ICalculatorExtension, CalculatorExtensionMetadataAttribute>的数组，它可以在不实例化部件的情况下访问部件的元数据信息(代码文件 UICalculator / CalculatorViewModels / CalculatorExtensionsManager.cs)：

```
public IEnumerable<Lazy<ICalculatorExtension,
  CalculatorExtensionMetadataAttribute>> GetExtensionInformation() =>
  _calcExtensionImport.CalculatorExtensions.ToArray();
```

在初始化时，GetExtensionInformation 方法用于 CalculatorExtensionsViewModel 类，填充 Extensions 属性(代码文件 UICalculator / CalculatorViewModels / CalculatorExtensionsViewModel.cs)：

```
public class CalculatorExtensionsViewModel: BindableBase
{
```

```csharp
private CalculatorExtensionsManager _calculatorExtensionsManager;

public CalculatorExtensionsViewModel()
{
  _calculatorExtensionsManager = new CalculatorExtensionsManager();
  _calculatorExtensionsManager.ImportsSatisfied += (sender, e) =>
  {
    Status += $"{e.StatusMessage}\n";
  };
}
public void Init(params Type[] parts)
{
  _calculatorExtensionsManager.InitializeContainer(parts);
  foreach (var extension in
    _calculatorExtensionsManager.GetExtensionInformation())
  {
    var vm = new ExtensionViewModel(extension);
    vm.ActivatedExtensionChanged += OnActivatedExtensionChanged;
    Extensions.Add(vm);
  }
}

public ObservableCollection<ExtensionViewModel> Extensions { get; } =
  new ObservableCollection<ExtensionViewModel>();
//etc.
```

在 XAML 代码中，绑定了元数据信息。Lazy 类型的 Metadata 属性返回 ICalculatorExtension-MetadataAttribute。这样就可以访问 Description、Title 和 ImageUri，以进行数据绑定，而无须实例化插件(代码文件 UICalculator/WPFCalculatorHost/MainWindow.xaml)：

```xml
<RibbonGroup Header="Addins"
  ItemsSource="{Binding CalculatorExtensionsViewModel.Extensions,
    Mode=OneWay}">
  <RibbonGroup.ItemTemplate>
    <DataTemplate>
      <RibbonButton
        ToolTip="{Binding Extension.Metadata.Description, Mode=OneTime}"
        Label="{Binding Extension.Metadata.Title, Mode=OneTime}"
        Tag="{Binding Path=Extension, Mode=OneTime}"
        LargeImageSource="{Binding Extension.Metadata.ImageUri,
          Converter={StaticResource bitmapConverter}, Mode=OneTime}"
        Command="{Binding ActivateCommand}" />
    </DataTemplate>
  </RibbonGroup.ItemTemplate>
</RibbonGroup>
```

图 26-7 显示了正在运行的应用程序，其中读取了计算器扩展中的元数据，它包含图像、标题和描述。图 26-8 显示了激活的计算器扩展。

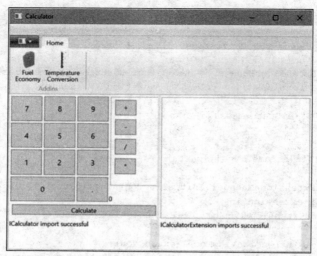

图 26-7

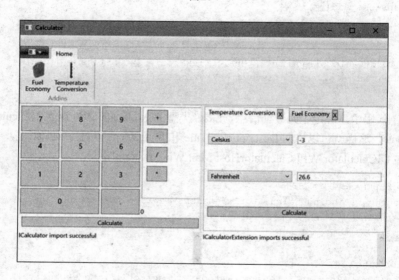

图 26-8

26.6 小结

本章介绍了 Microsoft Composition 的部件、出口、入口和容器，讨论了应用程序在构建时如何完全独立于其部件，如何动态加载来自不同程序集的部件。

MEF 实现方式使用特性或约定来匹配出口和入口，我们介绍了基于约定的新部件注册技术，它允许在不使用特性的情况下导出部件，这样就可以在无法修改源代码的地方使用部件来添加特性，还可以创建基于 Composition 的框架，它不需要框架的用户添加特性就能导入部件。

我们还学习了部件如何通过惰性方式加载进来，仅在需要时实例化。部件可以提供元数据，为客户端提供足够的信息，以确定部件是否应实例化。

第 27 章介绍 XML 和 JSON——这两种数据格式可用于序列化对象,读取和分析这些格式的数据。

第27章

XML 和 JSON

本章要点

- XML 标准
- XmlReader 和 XmlWriter
- XmlDocument
- XPathNavigator
- LINQ to XML
- 使用 System.Xml.Linq 名称空间中的对象
- 使用 LINQ 查询 XML 文档
- 创建 JSON
- JSON 和对象之间的来回转换

本章源代码下载地址(wrox.com)：

打开网页 www.wrox.com/go/professionalcsharp6，单击 Download Code 选项卡即可下载本章源代码。本章代码分为以下几个主要的示例文件：

- XmlReaderAndWriter
- XmlDocument
- XPathNavigator
- ObjectToXmlSerialization
- ObjectToXmlSerializationWOAttributes
- LinqToXmlSample
- JsonSample

27.1 数据格式

自 1996 年以来，可扩展标记语言(XML)就是信息技术的重要组成部分。该语言用来描述数据，它用于配置文件、源代码文档、使用 SOAP 的 Web 服务等。近年来，它在某些方面已被 JavaScript Object Notation (JSON)取代(例如，配置文件和在基于 REST 的 Web 服务中传输数据)，因为此技术使用的开销更少，很容易在 JavaScript 中使用。然而，JSON 不能在今天所有使用 XML 的场景中代替 XML。这两个数据格式可以都用于.NET 应用程序，如本章所述。

为了处理 XML，可以使用不同的选项。可以阅读完整的文档，使用 XmlDocument 类在文档对象模型(DOM) 层次结构内导航，也可以使用 XmlReader 和 XmlWriter。使用 XmlReader 比较复杂，但可以读取更大的文件。使用 XmlDocument 把完整的文档加载在内存中。使用 XmlReader 可以逐个节点地读取。

使用 XML 的另一种方式是使用 System.Xml.Serialization 名称空间，把.NET 对象树序列化为 XML，把 XML 数据反序列化成.NET 对象。

查询和过滤 XML 内容时，可以使用 XML 标准 XPath 或使用 LINQ to XML。这两种技术都包含在这一章。LINQ to XML 还提供了一种简单的方法来创建 XML 文档和片段。

 注意：如果要更多地了解 XML，可以参阅 Wrox 出版社的 *Prefessional XML*(Wiley 出版社，2007 年)。

首先简要介绍目前使用的 XML 标准。

27.1.1 XML

第一个 XML 示例将使用 books.xml 文件作为数据源。books.xml 和本章的其他代码示例可以从 Wrox 网站(www.wrox.com)中找到。books.xml 文件是假想书店的书目清单，它包含类型、作者姓名、价格和 ISBN 号等信息。

下面是 books.xml 文件：

```xml
<?xml version='1.0'?>
<!-- This file represents a fragment of a book store inventory database -->
<bookstore>
  <book genre="autobiography" publicationdate="1991" ISBN="1-861003-11-0">
    <title>The Autobiography of Benjamin Franklin</title>
    <author>
      <first-name>Benjamin</first-name>
      <last-name>Franklin</last-name>
    </author>
    <price>8.99</price>
  </book>
  <book genre="novel" publicationdate="1967" ISBN="0-201-63361-2">
    <title>The Confidence Man</title>
    <author>
      <first-name>Herman</first-name>
      <last-name>Melville</last-name>
    </author>
    <price>11.99</price>
  </book>
  <book genre="philosophy" publicationdate="1991" ISBN="1-861001-57-6">
```

```
      <title>The Gorgias</title>
      <author>
        <name>Plato</name>
      </author>
      <price>9.99</price>
    </book>
</bookstore>
```

下面看看这个 XML 内容的部分。XML 文档应该以 XML 声明开头，它指定了 XML 版本号：

```
<?xml version='1.0'?>
```

可以把注释放在 XML 文档的任何标记之外。它们以<!--开头，以-->结束：

```
<!-- This file represents a fragment of a book store inventory database -->
```

完整的文档可以只包含一个根元素(而一个 XML 片段可以包含多个元素)。在 books.xml 文件中，根元素是 bookstore：

```
<bookstore>
  <!-- child elements here -->
</bookstore>
```

XML 元素可以包含子元素。author 元素包含子元素 first-name 和 last-name。first-name 元素本身包含内部文本 Benjamin。first-name 是 author 的一个子元素，这也意味着 author 是 first-name 的父元素。first-name 和 last-name 是同级元素：

```
<author>
  <first-name>Benjamin</first-name>
  <last-name>Franklin</last-name>
</author>
```

XML 元素还可以包含特性。book 元素包含特性 genre、publicationdate 和 ISBN。特性值必须放在引号中。

```
<book genre="novel" publicationdate="1967" ISBN="0-201-63361-2">
</book>
```

注意：HTML5 规范不需要给特性加上引号。HTML 不是 XML；HTML 的语法更宽松，而 XML 比较严格。HTML 文档也可以使用 XHTML 编写，而 XHTML 使用了 XML 语法。

27.1.2 .NET 支持的 XML 标准

W3C(World Wide Web Consortium，万维网联合会)开发了一组标准，它给 XML 提供了强大的功能和潜力。如果没有这些标准，XML 就不会对开发领域有它应有的影响。W3C 网站(www.w3.org)包含 XML 的所有有用信息。

.NET Framework 支持下述 W3C 标准：
- XML 1.0(www.w3.org/TR/REC-xml)，包括 DTD 支持
- XML 名称空间(www.w3.org/TR/REC-xml-names)，包括流级和 DOM
- XML 架构(www.w3.org/XML/Schema)
- XPath 表达式(www.w3.org/TR/xpath)
- XSLT 转换(www.w3.org/TR/xslt)
- DOM Level 1 Core(www.w3.org/TR/REC-DOM-Level-1)
- DOM Level 2 Core(www.w3.org/TR/DOM-Level-2-Core)
- SOAP 1.1(www.w3.org/TR/SOAP)

随着 Microsoft 和社区更新.NET Core，W3C 更新所推荐的标准，标准支持的级别也会改变，因此，必须确保标准和 Microsoft 提供的支持级别都是最新的。

27.1.3 在框架中使用 XML

.NET Framework 为读写 XML 提供了许多不同的选项。可以直接使用 DOM 树处理 XmlDocument、System.Xml 名称空间和 NuGet 包 System.Xml.XmlDocument 中的类。这很有效，很容易处理放在内存中的文件。

为了快速读写 XML，可以使用 XmlReader 和 XmlWriter 类。这些类支持流，能够处理大型 XML 文件。这些类也在 System.Xml 名称空间中，但它们在另一个 NuGet 包中：System.Xml.ReaderWriter。

为了使用 XPath 标准导航和查询 XML，可以使用 XPathNavigator 类。它在 NuGet 包 System.Xml.XmlDocument 的 System.Xml XPath 名称空间中定义。

自.NET 3.5 以来，.NET 提供了另一种语法来查询 XML：LINQ。尽管 LINQ to XML 不支持 W3C DOM 标准，但它提供了一个更容易导航 XML 树的选项，更容易创建 XML 文档或片段。这里需要的名称空间是 System.Xml.Linq 和 NuGet 包 System.Xml.XDocument。

注意：LINQ 参见第 13 章。LINQ 的具体实现 LINQ to XML 也在这一章中。

为了序列化和反序列化.NET 对象到 XML，可以使用 XmlSerializer。在.NET Core 中，这里需要 NuGet 包 System.Xml.XmlSerializer 与 System.Xml.Serialization 名称空间。

WCF 为 XML 序列化使用另一种方法：数据协定序列化。尽管 XmlSerializer 允许区分特性和元素之间的序列化，但不能使用 DataContractSerializer 序列化 XML。

注意：WCF 参见第 44 章。

27.1.4 JSON

JavaScript Object Notation (JSON)是近年来出现的，因为它可以直接在 JavaScript 中，且与 XML 相比，它的开销较少。JSON 由 IETF RFC 7159 (https://tools.ietf.org/html/rfc7159)和 ECMA 标准 404 (http://www.ecma-international.org/ publications/files/ECMA-ST/ECMA-404.pdf)定义。

要发送 JSON 文档，需要一个正式的 MIME 类型 application / JSON。有些框架还使用非正式的旧 MIME 类型 text / json 或 text / javascript。

这里使用 JSON 描述与前面 XML 文件相同的内容。数组的元素都包含在括号内。在这个例子中，JSON 文件包含多个 book 对象。花括号定义了对象或字典。键和值用冒号隔开。键需要放在引号中，值是一个字符串：

```
[
  "book": {
    "genre": "autobiography",
    "publicationdate": 1991,
    "ISBN": "1-861003-11-0",
    "title": "The Autobiography of Benjamin Franklin"
    "author": {
      "first-name": "Benjamin",
      "last-name": "Franklin"
    },
    "price": 8.99
  },
  "book": {
    "genre": "novel",
    "publicationdate": 1967,
    "ISBN": "1-861001-57-6",
    "title": "The Confidence Man"
    "author": {
      "first-name": "Herman",
      "last-name": "Melville"
    },
    "price": 11.99
  },
  "book": {
    "genre": "philosophy",
    "publicationdate": 1991,
    "ISBN": "1-861001-57-6",
    "title": "The Georgias"
    "author": {
      "name": "Plato",
    },
    "price": 9.99
  }
]
```

在.NET 中，JSON 用在许多不同的地方。创建新的 DNX 项目时，可以看到 JSON 用作项目配置文件。它用于 Web 项目，使用 ASP.NET Web API(参见第 42 章)在客户端上序列化和反序列化数据，用于数据存储，如 NoSQL 数据库 DocumentDB(可用于 Microsoft Azure)。

使用 JSON 和.NET，有不同的选项可供使用。一个 JSON 序列化器是 DataContractJsonSerializer。这个类型派生自基类 XmlObjectSerializer，但它与 XML 并没有关系。发明数据协定序列化技术时(在.NET 3.0 中发明)，他们的想法是，从现在起，每个序列化都是 XML(XML 在二进制格式中也是可用的)。随着时间的推移，这种假设不再正确。JSON 得到广泛的使用。事实上，JSON 添加到层次结构中,通过数据协定序列化来支持。然而,一个更快、更灵活的实现方式赢得了市场,目前 Microsoft 支持它,并用于很多.NET 应用程序:Json.NET。因为这个库是.NET 应用程序最常用的,所以本章讨论它。

除了核心 JSON 标准之外,JSON 也在成长。XML 已知的特性添加到 JSON。下面介绍 JSON 的改进示例,并与 XML 特性相比较。XML 模式定义(XSD)描述了 XML 词汇表,在撰写本文时,具有类似特性的 JSON 模式正在开发。对于 WCF,XML 可以压缩为定制的二进制格式。也可以用二进制形式序列化 JSON,这比文本格式更紧凑。JSON 的二进制版本由 BSON 描述(Binary JSON):http://bsonspec.org。通过网络发送 SOAP(XML 格式)利用 Web 服务描述语言(WSDL)来描述服务。对于提供 JSON 数据的 REST 服务,也可以使用描述:Swagger (http://swagger.io)。

 注意:ASP. NET Web API 参见第 42 章。

现在讨论.NET Framework 类的具体用法。

27.2 读写流格式的 XML

XmlReader 类和 XmlWriter 类提供了读写大型 XML 文档的快速方式。基于 XmlReader 的类提供了一种非常迅速、只向前的只读光标来处理 XML 数据。因为它是一个流模型,所以内存要求不是很高。但是,它没有提供基于 DOM 模型的导航功能和读写功能。基于 XmlWriter 的类可以生成遵循 W3C 的 XML 1.0(第 4 版)的 XML 文档。

使用 XmlReader 和 XmlWriter 的示例代码利用以下依赖项和名称空间:

依赖项:

```
NETStandard.Library
System.Xml.ReaderWriter
```

名称空间:

```
System.Xml
static System.Console
```

应用程序允许为所有不同的示例场景指定几个定义为 const 值的命令行参数,还指定了要读写的文件名(代码文件 XmlReaderAndWriterSample / Program.cs):

```
class Program
{
  private const string BooksFileName = "books.xml";
  private const string NewBooksFileName = "newbooks.xml";
  private const string ReadTextOption = "-r";
  private const string ReadElementContentOption = "-c";
  private const string ReadElementContentOption2 = "-c2";
  private const string ReadDecimalOption = "-d";
  private const string ReadAttributesOption = "-a";
  private const string WriteOption = "-w";
```

```
    // etc
}
```

Main 方法基于传递的命令行,调用具体的示例方法:

```
static void Main(string[] args)
{
  if (args.Length != 1)
  {
    ShowUsage();
    return;
  }

  switch (args[0])
  {
    case ReadTextOption:
      ReadTextNodes();
      break;
    case ReadElementContentOption:
      ReadElementContent();
      break;
    case ReadElementContentOption2:
      ReadElementContent2();
      break;
    case ReadDecimalOption:
      ReadDecimal();
      break;
    case ReadAttributesOption:
      ReadAttributes();
      break;
    default:
      ShowUsage();
      break;
  }
}
```

27.2.1 使用 XmlReader 类读取 XML

XmlReader 能够阅读大的 XML 流。它实现为拉模型解析器,把数据拉入请求它的应用程序。

下面介绍一个非常简单的示例,以读取 XML 数据,后面将详细介绍 XmlReader 类。因为 XmlReader 是一个抽象类,所以不能直接实例化。而要调用工厂方法 Create,返回派生自 XmlReader 基类的一个实例。Create 方法提供了几个重载版本,其中第一个参数可以提供文件名、TextReader 或 Stream。示例代码直接把文件名传递给 Books.xml 文件。在创建读取器时,节点可以使用 Read 方法读取。只要没有节点可用,Read 方法就返回 false。可以调试 while 循环,查看 books.xml 返回的所有节点类型。只有 XmlNodeType.Text 类型的节点值才写入控制台(代码文件 XMLReaderAnd-WriterSample / Program.cs):

```
public static void ReadTextNodes()
{
  using (XmlReader reader = XmlReader.Create(BooksFileName))
  {
```

```
      while (reader.Read())
      {
        if (reader.NodeType == XmlNodeType.Text)
        {
          WriteLine(reader.Value);
        }
      }
    }
  }
```

用-r 选项运行应用程序,显示所有文本节点的值:

```
The Autobiography of Benjamin Franklin
Benjamin
Franklin
8.99
The Confidence Man
Herman
Melville
11.99
The Gorgias
Plato
9.99
```

1. Read()方法

遍历文档有几种方式,如前面的示例所示,Read()方法可以进入下一个节点。然后验证该节点是否有一个值(HasValue()),或者该节点是否有特性(HasAttributes())。也可以使用 ReadStartElement()方法,该方法验证当前节点是否是起始元素,如果是起始元素,就可以定位到下一个节点上。如果不是起始元素,就引发一个 XmlException 异常。调用这个方法与调用 Read()方法后再调用 IsStartElement()方法是一样的。

ReadElementString()类似于 ReadString(),但它可以选择以元素名作为参数。如果下一个内容节点不是起始标记,或者如果 Name 参数不匹配当前的节点 Name,就会引发异常。

下面的示例说明了如何使用 ReadElementString()方法。注意,因为这个示例使用 FileStream,所以需要确保导入 System.IO 名称空间(代码文件 XMLReaderAndWriterSample/Program.cs):

```
public static void ReadElementContent()
{
  using (XmlReader reader = XmlReader.Create(BooksFileName))
  {
    while (!reader.EOF)
    {
      if (reader.MoveToContent() == XmlNodeType.Element &&
          reader.Name == "title")
      {
        WriteLine(reader.ReadElementContentAsString());
      }
      else
      {
        // move on
        reader.Read();
      }
```

```
      }
    }
}
```

在 while 循环中，使用 MoveToContent()方法查找类型为 XmlNodeType.Element、名称为 title 的节点。我们使用 XmlTextReader 类的 EOF 属性作为循环条件。如果节点的类型不是 Element，或者名称不是 title，else 子句就会调用 Read()方法进入下一个节点。当查找到一个满足条件的节点时，就把 ReadElementString()方法的结果添加到控制台中。这样就在控制台中添加一个书名。注意，在成功执行 ReadElementString()方法后，不需要调用 Read()方法，因为 ReadElementString()方法已经使用了整个 Element，并定位到下一个节点上。

如果删除了 if 子句中的&&rdr.Name=="title"，在抛出 XmlException 异常时，就必须捕获它。在 XML 数据文件中，MoveToContent()方法查找到的第一个元素是<bookstore>，因为它是一个元素，所以通过了 if 语句中的检查。但是，由于它不包含简单的文本类型，因此它会导致 ReadElementString()方法引发一个 XmlException 异常。解决这个问题的一种方式是捕获异常，在异常的处理程序中调用 Read 方法(代码文件 XmlReaderAndWriterSample/Program.cs)：

```
public static void ReadElementContent2()
{
  using (XmlReader reader = XmlReader.Create(BooksFileName))
  {
    while (!reader.EOF)
    {
      if (reader.MoveToContent() == XmlNodeType.Element)
      {
        try
        {
          WriteLine(reader.ReadElementContentAsString());
        }
        catch (XmlException ex)
        {
          reader.Read();
        }
      }
      else
      {
        // move on
        reader.Read();
      }
    }
  }
}
```

运行这段代码，结果应与前面示例的结果一样。XmlReader 类还可以读取强类型化的数据，它有几个 ReadElementContentAs()方法，如 ReadElementContentAsDouble()、ReadElementContentAs-Boolean()等。下面的示例说明了如何把对应值读取为小数，并对该值进行数学处理。在本例中，要给价格元素中的值增加 25%(代码文件 XmlReaderAndWriterSample/Program.cs)：

```
public static void ReadDecimal()
{
  using (XmlReader reader = XmlReader.Create(BooksFileName))
```

```
    {
      while (reader.Read())
      {
        if (reader.NodeType == XmlNodeType.Element)
        {
          if (reader.Name == "price")
          {
            decimal price = reader.ReadElementContentAsDecimal();
            WriteLine($"Current Price = {price}");
            price += price * .25m;
            WriteLine($"New price {price}");
          }
          else if (reader.Name == "title")
          {
            WriteLine(reader.ReadElementContentAsString());
          }
        }
      }
    }
```

2. 检索特性数据

在运行示例代码时,可能注意到在读取节点时,没有看到特性。这是因为特性不是文档的结构的一部分。针对元素节点,可以检查特性是否存在,并可选择性地检索特性值。

例如,如果有特性,HasAttributes 属性就返回 true;否则返回 false。AttributeCount 属性确定特性的个数。GetAttribute()方法按照名称或索引来获取特性。如果要一次迭代一个特性,就可以使用 MoveToFirstAttribute()和 MoveToNextAttribute()方法。

下面的示例迭代 books.xml 文档中的特性(代码文件 XmlReaderAndWriterSample/Program.cs):

```
public static void ReadAttributes()
{
  using (XmlReader reader = XmlReader.Create(BooksFileName))
  {
    while (reader.Read())
    {
      if (reader.NodeType == XmlNodeType.Element)
      {
        for (int i = 0; i < reader.AttributeCount; i++)
        {
          WriteLine(reader.GetAttribute(i));
        }
      }
    }
  }
}
```

这次查找元素节点。找到一个节点后,就迭代其所有的特性,使用 GetAttribute()方法把特性值加载到列表框中。在本例中,这些特性是 genre、publicationdate 和 ISBN。

27.2.2 使用 XmlWriter 类

XmlWriter 类可以把 XML 写入一个流、文件、StringBuilder、TextWriter 或另一个 XmlWriter 对象中。与 XmlTextReader 类一样，XmlWriter 类以只向前、未缓存的方式进行写入。XmlWriter 类的可配置性很高，可以指定是否缩进内容、缩进量、在特性值中使用什么引号，以及是否支持名称空间等信息。与 XmlReader 类一样，这个配置使用 XmlWriterSettings 对象进行。

下面是一个简单的示例，它说明了如何使用 XmlTextWriter 类(代码文件 XmlReaderAndWriter-Sample/Program.cs):

```
public static void WriterSample()
{
  var settings = new XmlWriterSettings
  {
    Indent = true,
    NewLineOnAttributes = true,
    Encoding = Encoding.UTF8,
    WriteEndDocumentOnClose = true
  }

  StreamWriter stream = File.CreateText(NewBooksFileName);
  using (XmlWriter writer = XmlWriter.Create(stream, settings))
  {
    writer.WriteStartDocument();
    //Start creating elements and attributes
    writer.WriteStartElement("book");
    writer.WriteAttributeString("genre", "Mystery");
    writer.WriteAttributeString("publicationdate", "2001");
    writer.WriteAttributeString("ISBN", "123456789");
    writer.WriteElementString("title", "Case of the Missing Cookie");
    writer.WriteStartElement("author");
    writer.WriteElementString("name", "Cookie Monster");
    writer.WriteEndElement();
    writer.WriteElementString("price", "9.99");
    writer.WriteEndElement();
    writer.WriteEndDocument();
  }
}
```

这里编写一个新的 XML 文件 newbook.xml，并给一本新书添加数据。注意 XmlWriter 类会用新文件覆盖已有文件。本章的后面会把一个新元素或新节点插入到已有文档中，使用 Create()静态方法实例化 XmlWriter 对象。在本例中，把一个表示文件名的字符串和 XmlWriterSettings 类的一个实例传递为参数。

XmlWriterSettings 类的属性控制生成 XML 的方式。CheckedCharacters 属性是一个布尔值，如果 XML 中的字符不遵循 W3C XML 1.0 建议，该属性就会引发一个异常。Encoding 类设置生成 XML 所使用的编码，默认为 Encoding.UTF8。Indent 属性是一个布尔值，它确定元素是否应缩进。把 IndentChars 属性设置为用于缩进的字符串，默认为两个空格。NewLine 属性用于确定换行符。在上面的示例中，把 NewLineOnAttribute 属性设置为 true，所以把每个属性单独放在一行上，更便于读取生成的 XML。

WriteStartDocument()方法添加文档声明。现在开始写入数据。首先是 book 元素，接下来添加 genre、publicationdate 和 ISBN 属性。然后写入 title、author 和 price 元素。注意 author 元素有一个子元素 name。

单击对应按钮，生成 booknew.xml 文件，如下所示：

```xml
<?xml version="1.0" encoding="utf-8"?>
<book
  genre="Mystery"
  publicationdate="2001"
  ISBN="123456789">
  <title>Case of the Missing Cookie</title>
  <author>
    <name>Cookie Monster</name>
  </author>
  <price>9.99</price>
</book>
```

在开始和结束写入元素和属性时，要注意控制元素的嵌套。在给 authors 元素添加 name 子元素时，就可以看到这种嵌套。注意 WriteStartElement()和 WriteEndElement()方法调用是如何安排的，以及它们如何在输出文件中生成嵌套的元素。

除了 WriteElementString() 和 WriteAttributeString()方法外，还有其他几个专用的写入方法。WriteComment()方法以正确的 XML 格式输出注释。WriteChars()方法输出字符缓冲区的内容，WriteChars()方法需要一个缓冲区(一个字符数组)、写入的起始位置(一个整数)和要写入的字符个数(一个整数)。

使用基于 XmlReader 和 XmlWriter 的类读写 XML 非常灵活，使用起来也很简单。下面介绍如何使用 System.Xml 名称空间中的 XmlDocument 类和 XmlNode 类实现 DOM。

27.3　在.NET 中使用 DOM

.NET 中的文档对象模型(Document Object Model，DOM)支持 W3C DOM 规范。DOM 通过 XmlNode 类来实现。XmlNode 是一个抽象类，它表示 XML 文档的一个节点。具体的类是 XmlDocument、XmlDocumentFragment、XmlAttribute、XmlNotation。XmlLinkedNode 是一个抽象类，它派生于 XmlNode。派生自 XmlLinkedNode 的具体类是 XmlDeclaration、XmlDocumentType、XmlElement 和 XmlProcessingInstruction。

XmlNodeList 类是节点的一个有序列表。这是一个实时的节点列表，对节点的任何修改都会立即反映在列表中。XmlNodeList 类支持索引访问或迭代访问。

XmlNode 类和 XmlNodeList 类组成了.NET Framework 中 DOM 实现的核心。

使用 XmlDocument 的示例代码利用以下依赖项和名称空间：

依赖项：

```
NETStandard.Library
System.Xml.XmlDocument
```

名称空间：

```
System
System.IO
System.Xml
static System.Console
```

27.3.1 使用 XmlDocument 类读取

XmlDocument 类是用于在.NET 中表示 DOM 的类。与 XmlReader 类和 XmlWriter 类不同，XmlDocument 类具有读写功能，并可以随机访问 DOM 树。

下面介绍的示例创建一个 XmlDocument 对象，加载磁盘上的一个文档，再从标题元素中加载带有数据的文本框，这类似于27.4.1 节的示例，区别是本例选择要使用的节点，而不是像基于XmlReader类的示例那样浏览整个文档。

下面是创建 XmlDocument 对象的代码，与XmlReader 示例相比，这个示例比较简单(代码文件XmlDocumentSample/Program.cs)：

```csharp
public static void ReadXml()
{
  using (FileStream stream = File.OpenRead(BooksFileName))
  {
    var doc = new XmlDocument();
    doc.Load(stream);

    XmlNodeList titleNodes = doc.GetElementsByTagName("title");

    foreach (XmlNode node in titleNodes)
    {
      WriteLine(node.OuterXml);
    }
  }
}
```

如果这就是我们需要完成的全部工作，使用 XmlReader 类就是加载文本框的一种非常高效的方式，原因是我们只浏览一次文档，就完成了处理。这就是 XmlReader 类的工作方式。但如果要重新查看某个节点，则最好使用 XmlDocument 类。

27.3.2 遍历层次结构

XmlDocument 类的一大优势是可以导航 DOM 树。下面的例子访问所有的 author 元素，把外部 XML 写到控制台(这是包括 author 元素的XML)、内部 XML(没有 author 元素)、下一个同级元素、上一个同级元素、第一个自元素和父元素(代码文件 XmlDocumentSample / Program.cs)：

```csharp
public static void NavigateXml()
{
  using (FileStream stream = File.OpenRead(BooksFileName))
  {
    var doc = new XmlDocument();
    doc.Load(stream);
```

```
    XmlNodeList authorNodes = doc.GetElementsByTagName("author");

    foreach (XmlNode node in authorNodes)
    {
      WriteLine($"Outer XML: {node.OuterXml}");
      WriteLine($"Inner XML: {node.InnerXml}");
      WriteLine($"Next sibling outer XML: {node.NextSibling.OuterXml}");
      WriteLine($"Previous sibling outer XML:
        {node.PreviousSibling.OuterXml}");
      WriteLine($"First child outer Xml: {node.FirstChild.OuterXml}");
      WriteLine($"Parent name: {node.ParentNode.Name}");
      WriteLine();
    }
  }
}
```

运行应用程序时，可以看到第一个元素的这些值：

```
Outer XML: <author><first-name>Benjamin</first-name>
  <last-name>Franklin</last-name></author>
Inner XML: <first-name>Benjamin</first-name><last-name>Franklin</last-name>
Next sibling outer XML: <price>8.99</price>
Previous sibling outer XML:
  <title>The Autobiography of Benjamin Franklin</title>
First child outer Xml: <first-name>Benjamin</first-name>
Parent name: book
```

27.3.3 使用 XmlDocument 插入节点

前面的示例使用 XmlWriter 类新建一个文档。其局限性是它不能把节点插入到当前文档中。而使用 XmlDocument 类可以做到这一点。

下面的代码示例使用 CreateElement 创建元素 book，增加了一些属性，添加一些子元素，在创建元素 book 后，将其添加到 XML 文档的根元素中(代码文件 XmlDocumentSample/Program.cs)：

```
public static void CreateXml()
{
  var doc = new XmlDocument();

  using (FileStream stream = File.OpenRead("books.xml"))
  {
    doc.Load(stream);
  }

  //create a new 'book' element
  XmlElement newBook = doc.CreateElement("book");
  //set some attributes
  newBook.SetAttribute("genre", "Mystery");
  newBook.SetAttribute("publicationdate", "2001");
  newBook.SetAttribute("ISBN", "123456789");
  //create a new 'title' element
```

```csharp
XmlElement newTitle = doc.CreateElement("title");
newTitle.InnerText = "Case of the Missing Cookie";
newBook.AppendChild(newTitle);
//create new author element
XmlElement newAuthor = doc.CreateElement("author");
newBook.AppendChild(newAuthor);
//create new name element
XmlElement newName = doc.CreateElement("name");
newName.InnerText = "Cookie Monster";
newAuthor.AppendChild(newName);
//create new price element
XmlElement newPrice = doc.CreateElement("price");
newPrice.InnerText = "9.95";
newBook.AppendChild(newPrice);

//add to the current document
doc.DocumentElement.AppendChild(newBook);

var settings = new XmlWriterSettings
{
  Indent = true,
  IndentChars = "\t",
  NewLineChars = Environment.NewLine
};
//write out the doc to disk
using (StreamWriter streamWriter = File.CreateText(NewBooksFileName))
using (XmlWriter writer = XmlWriter.Create(streamWriter, settings))
{
  doc.WriteContentTo(writer);
}

XmlNodeList nodeLst = doc.GetElementsByTagName("title");
foreach (XmlNode node in nodeLst)
{
  WriteLine(node.OuterXml);
}
}
```

运行应用程序时，下面的 book 元素添加到 bookstore 中，写入文件 newbooks.xml：

```xml
<book genre="Mystery" publicationdate="2001" ISBN="123456789">
  <title>Case of the Missing Cookie</title>
    <author>
      <name>Cookie Monster</name>
    </author>
  <price>9.95</price>
</book>
```

在创建文件之后，应用程序将所有标题节点写入控制台。可以看到，目前包括添加的元素：

```xml
<title>The Autobiography of Benjamin Franklin</title>
<title>The Confidence Man</title>
<title>The Gorgias</title>
<title>Case of the Missing Cookie</title>
```

在希望随机访问文档时，可以使用 XmlDocument 类。在希望有一个流类型的模型时，可以使用基于 XmlReader 的类。基于 XmlNode 的 XmlDocument 类的灵活性要求的内存比较多，读取文档的性能也没有使用 XmlReader 类好。遍历 XML 文档还有另一种方式：使用 XPathNavigator 类。

27.4 使用 XPathNavigator 类

XPathNavigator 类使用 XPath 语法从 XML 文档中选择、迭代和查找数据。XPathNavigator 类可以从 XmlDocument 中创建，XmlDocument 不能改变；它用于提高性能和只读。与 XmlReader 类不同，XPathNavigator 类不是一个流模型，所以文档只读取和分析一次。与 XmlDocument 类似，它需要把完整的文档加载到内存中。

NuGet 包 System.Xml.XPath 中的 System.Xml.XPath 名称空间建立在速度的基础上，由于它提供了 XML 文档的一种只读视图，因此它没有编辑功能。这个名称空间中的类可以采用光标的方式在 XML 文档上进行快速迭代和选择操作。

表 27-1 列出了 System.Xml.XPath 名称空间中的重要类，并对每个类的功能进行了简单的说明。

表 27-1

类 名	说 明
XPathDocument	提供整个 XML 文档的视图，只读
XPathNavigator	提供 XPathDocument 的导航功能
XPathNodeIterator	提供节点集的迭代功能
XPathExpression	表示编译好的 XPath 表达式，由 SelectNodes、SelectSingleNodes、Evaluate 和 Matches 使用

示例代码使用了以下依赖项和名称空间：

依赖项：

```
NETStandard.Library
System.Xml.XmlDocument
System.Xml.XPath
```

名称空间：

```
System.IO
System.Xml
System.Xml.XPath
static System.Console
```

27.4.1 XPathDocument 类

XPathDocument 类没有提供 XmlDocument 类的任何功能，它唯一的功能是创建 XPathNavigator。因此，这是 XPathDocument 类上唯一可用的方法(除了其他由 Object 提供的方法)。

XPathDocument 类可以用许多不同的方式创建。可以给构造函数传递 XmlReader 或基于流的对象，其灵活性非常大。

27.4.2 XPathNavigator 类

XPathNavigator 包含移动和选择元素的方法。移动方法把迭代器的当前位置设置为应该移动到的元素。可以移动到元素的具体特性：MoveToFirstAttribute 方法移动到第一个特性，MoveToNextAttribute 方法移动到下一个特性。MoveToAttribute 允许指定一个具体的特性名称。使用 MoveToFirst、MoveToNext、MoveToPrevious 和 MoveToLast 可以移动到同级节点。也可以移动到子元素(MoveToChild、MoveToFirstChild)，移动到父元素(MoveToParent)，直接移动到根元素(MoveToRoot)。

可以使用 XPath 表达式和 Select 方法来选择方法。为了根据树中具体的节点和当前位置过滤选项，需要使用其他方法。SelectAncestor 只过滤出祖先节点，SelectDescendants 过滤出所有后代节点。SelectChildren 过滤出直接子节点。SelectSingleNode 接受一个 XPath 表达式，返回一个匹配的节点。

如果 CanEdit 属性返回 true，XPathNavigator 还允许使用 Insert 方法之一修改 XML 树。可用于.NET Core 的 XPathNavigator 总是返回 false，这些方法通过抛出 NotImplementedException 异常来实现。在.NET 4.6 中，使用 XmlDocument 类创建 XPathNavigator 时，导航器的属性 CanEdit 返回 true，从而允许使用 Insert 方法进行修改。

27.4.3 XPathNodeIterator 类

XPathDocument 代表完整的 XML 文档，XPathNavigator 允许选择文档中的节点，把光标移动到指定的节点，XPathNodeIterator 允许遍历一组节点。

XPathNodeIterator 类由 XPathNavigators 类的 Select()方法返回，使用它可以迭代 XPathNavigator 类的 Select()方法返回的节点集。使用 XPathNodeIterator 类的 MoveNext()方法不会改变创建它的 XPathNavigator 类的位置。然而，使用 XPathNodeIterator 的 Current 属性可以得到一个新的 XPathNavigator。Current 属性返回一个设置为当前位置的 XPathNavigator。

27.4.4 使用 XPath 导航 XML

要理解这些类的用法，最好是查看一下迭代 books.xml 文档的代码，弄清楚导航是如何工作的。

第一个例子迭代所有定义为小说类型的书。首先创建一个 XPathDocument 对象，在构造函数中接收 XML 文件名。这个对象包含了 XML 文件的只读内容，提供了 CreateNavigator()方法来创建一个 XPathNavigator。使用这个导航器时，可以把 XPath 表达式传递到 Select()方法。使用 XPath 时，可以在层次结构之间使用/，来访问元素树。/bookstore/book 检索 bookstore 元素内的所有 book 节点。@genre 是一种访问 genre 属性的速记符号。Select()方法返回一个 XPathNodeIterator，允许遍历匹配表达式的所有节点。第一个 while 循环调用 MoveNext()方法，迭代所有匹配的 book 元素。在每次迭代中，在当前的 XPathNavigator 上调用另一个 Select()方法 SelectDescendants。SelectDescendants 返回所有的后代节点，这意味着子节点、子节点的子节点，以及在完整的层次结构中这些子节点的所有子节点。对于 SelectDescendants()方法，其重载版本只匹配元素节点，去除了 book 元素本身。第二个 while 循环迭代这个集合，把名称和值写到控制台(代码文件 XPathNavigatorSample / Program.cs)：

```
public static void SimpleNavigate()
{
```

```csharp
//modify to match your path structure
var doc = new XPathDocument(BooksFileName);
//create the XPath navigator
XPathNavigator nav = doc.CreateNavigator();
//create the XPathNodeIterator of book nodes
// that have genre attribute value of novel
XPathNodeIterator iterator = nav.Select("/bookstore/book[@genre='novel']");

while (iterator.MoveNext())
{
  XPathNodeIterator newIterator = iterator.Current.SelectDescendants(
     XPathNodeType.Element, matchSelf: false);
  while (newIterator.MoveNext())
  {
    WriteLine($"{newIterator.Current.Name}: {newIterator.Current.Value}");
  }
}
```

运行应用程序，只会显示匹配小说类别的书的内容及其所有子节点，因为 first-name 和 last-name 元素包含在 author 中：

```
title: The Confidence Man
author: HermanMelville
first-name: Herman
last-name: Melville
price: 11.99
```

27.4.5 使用 XPath 评估

XPath 不仅允许快速访问树中的 XML 节点，它还定义了一些用于数字的函数，例如 ceiling、floor、number、round 和 sum。下面的示例与前一个示例有些相似；它访问所有的 book 元素，而不只是匹配小说类型的 book 元素。迭代 book 元素时，只把当前位置移动到第一个子 title 节点来访问 title 子元素。在 title 节点中，把名称和值写入控制台。最后一个语句定义了非常特殊的代码。在 /bookstore/book/price 元素的值上调用 XPath 函数。这些函数可以通过调用 XPathNavigator 的 Evaluate() 方法来执行(代码文件 XPathNavigatorSample / Program.cs)：

```csharp
public static void UseEvaluate()
{
  //modify to match your path structure
  var doc = new XPathDocument(BooksFileName);
  //create the XPath navigator
  XPathNavigator nav = doc.CreateNavigator();
  //create the XPathNodeIterator of book nodes
  XPathNodeIterator iterator = nav.Select("/bookstore/book");
  while (iterator.MoveNext())
  {
    if (iterator.Current.MoveToChild("title", string.Empty))
    {
      WriteLine($"{iterator.Current.Name}: {iterator.Current.Value}");
    }
  }
```

```
    WriteLine("=========================");
    WriteLine($"Total Cost = {nav.Evaluate("sum(/bookstore/book/price)")}");
}
```

运行应用程序时,可以看到所有书的标题和总价:

```
title: The Autobiography of Benjamin Franklin
title: The Confidence Man
title: The Gorgias
=========================
Total Cost = 30.97
```

27.4.6 用 XPath 修改 XML

接下来,使用 XPath 进行一些更改。这部分仅适用于完整的.NET Framework,所以使用预处理器指令处理代码的区别。为了创建一个可变的 XPathNavigator,在.NET 4.6 中使用 XmlDocument 类。在.NET Core 中,XmlDocument 没有提供 CreateNavigator()方法,因此导航器始终是只读的。在.NET 4.6 中, XPathNavigator 的 CanEdit 属性返回 true,因此可以调用 InsertAfter 方法。使用 InsertAfter 添加一个折扣,作为 price 元素后面的同级节点。使用导航器的 OuterXml 属性访问新创建的 XML 文档,保存一个新的 XML 文件(代码文件 XPathNavigatorSample / Program.cs):

```
public static void Insert()
{
#if DNX46
  var doc = new XmlDocument();
  doc.Load(BooksFileName);
#else
  var doc = new XPathDocument(BooksFileName);
#endif

  XPathNavigator navigator = doc.CreateNavigator();

  if (navigator.CanEdit)
  {
    XPathNodeIterator iter = navigator.Select("/bookstore/book/price");

    while (iter.MoveNext())
    {
      iter.Current.InsertAfter("<disc>5</disc>");
    }
  }

  using (var stream = File.CreateText(NewBooksFileName))
  {
    var outDoc = new XmlDocument();
    outDoc.LoadXml(navigator.OuterXml);
    outDoc.Save(stream);
  }
}
```

用.NET 4.6 运行应用程序,新生成的 XML 元素包含 disc 元素:

```xml
<?xml version="1.0" encoding="utf-8"?>
<!-- This file represents a fragment of a book store inventory database -->
<bookstore>
  <book genre="autobiography" publicationdate="1991" ISBN="1-861003-11-0">
    <title>The Autobiography of Benjamin Franklin</title>
    <author>
      <first-name>Benjamin</first-name>
      <last-name>Franklin</last-name>
    </author>
    <price>8.99</price>
    <disc>5</disc>
  </book>
  <book genre="novel" publicationdate="1967" ISBN="0-201-63361-2">
    <title>The Confidence Man</title>
    <author>
      <first-name>Herman</first-name>
      <last-name>Melville</last-name>
    </author>
    <price>11.99</price>
    <disc>5</disc>
  </book>
  <book genre="philosophy" publicationdate="1991" ISBN="1-861001-57-6">
    <title>The Gorgias</title>
    <author>
      <name>Plato</name>
    </author>
    <price>9.99</price>
    <disc>5</disc>
  </book>
</bookstore>
```

27.5 在 XML 中序列化对象

序列化是把一个对象持久化到磁盘中的过程。应用程序的另一部分，甚至另一个应用程序都可以反序列化对象，使它的状态与序列化之前相同。.NET Framework 为此提供了两种方式。

本节将介绍 System.Xml.Serialization 名称空间和 Nuget 包 System.Xml.XmlSerializer。它包含的类可用于把对象序列化为 XML 文档或流。这表示把对象的公共属性和公共字段转换为 XML 元素和/或属性。

System.Xml.Serialization 名称空间中最重要的类是 XmlSerializer。要序列化对象，首先需要实例化一个 XmlSerializer 对象，指定要序列化的对象类型，然后实例化一个流/写入器对象，以把文件写入流/文档中。最后一步是在 XmlSerializer 上调用 Serializer()方法，给它传递流/写入器对象和要序列化的对象。

被序列化的数据可以是基元类型的数据、字段、数组，以及 XmlElement 和 XmlAttribute 对象格式的内嵌 XML。为了从 XML 文档中反序列化对象，应执行上述过程的逆过程。即创建一个流/读取器对象和一个 XmlSerializer 对象，然后给 Deserializer()方法传递该流/读取器对象。这个方法返回反序列化的对象，尽管它需要强制转换为正确的类型。

第 27 章 XML 和 JSON

 注意：XML 序列化程序不能转换私有数据，只能转换公共数据，它也不能序列化对象图表。但是，这并不是一个严格的限制。对类进行仔细设计，就很容易避免这个问题。如果需要序列化公共数据和私有数据，以及包含许多嵌套对象的对象图表，就可以使用运行库或数据协定序列化机制。

示例代码使用了以下依赖项和名称空间：

依赖项：

```
NETStandard.Library
System.Xml.XmlDocument
System.Xml.XmlSerializer
```

名称空间：

```
System.IO
System.Xml
System.Xml.Serialization
static System.Console
```

27.5.1 序列化简单对象

下面开始序列化一个简单对象。类 Product 的 XML 特性来自名称空间 System.Xml.Serialization，用于指定属性是应该序列化为 XML 元素还是特性。XmlElement 特性指定属性要序列化为元素；XmlAttribute 特性指定属性要序列化为特性。XmlRoot 特性指定类要序列化为根元素(代码文件 ObjectToXmlSerializationSample / Product.cs)：

```csharp
[XmlRoot]
public class Product
{
    [XmlAttribute(AttributeName = "Discount")]
    public int Discount { get; set; }

    [XmlElement]
    public int ProductID { get; set; }

    [XmlElement]
    public string ProductName { get; set; }

    [XmlElement]
    public int SupplierID { get; set; }

    [XmlElement]
    public int CategoryID { get; set; }

    [XmlElement]
    public string QuantityPerUnit { get; set; }
```

```
[XmlElement]
public Decimal UnitPrice { get; set; }

[XmlElement]
public short UnitsInStock { get; set; }

[XmlElement]
public short UnitsOnOrder { get; set; }

[XmlElement]
public short ReorderLevel { get; set; }

[XmlElement]
public bool Discontinued { get; set; }

public override string ToString() =>
    $"{ProductID} {ProductName} {UnitPrice:C}";
}
```

使用这些特性，可以通过使用特性类型的属性，影响要生成的名称、名称空间和类型。

下面的代码示例创建一个 Product 类的实例，填充其属性，序列化为文件。创建 XmlSerializer 需要通过构造函数传递要序列化的类的类型。Serialize 方法重载为接受 Stream、TextWriter、XmlWriter 和要序列化的对象 (代码文件 ObjectToXmlSerializationSample / Program.cs):

```
public static void SerializeProduct()
{
  var product = new Product
  {
    ProductID = 200,
    CategoryID = 100,
    Discontinued = false,
    ProductName = "Serialize Objects",
    QuantityPerUnit = "6",
    ReorderLevel = 1,
    SupplierID = 1,
    UnitPrice = 1000,
    UnitsInStock = 10,
    UnitsOnOrder = 0
  };

  FileStream stream = File.OpenWrite(ProductFileName);
  using (TextWriter writer = new StreamWriter(stream))
  {
    XmlSerializer serializer = new XmlSerializer(typeof(Product));
    serializer.Serialize(writer, product);
  }
}
```

生成的 XML 文件列出了 Product 元素、Discount 折扣特性和其他存储为元素的属性:

```
<?xml version="1.0" encoding="utf-8"?>
<Product xmlns:xsi="http://www.w3.org/2001/XMLSchema-instance"
  xmlns:xsd="http://www.w3.org/2001/XMLSchema" Discount="0">
  <ProductID>200</ProductID>
```

```
  <ProductName>Serialize Objects</ProductName>
  <SupplierID>1</SupplierID>
  <CategoryID>100</CategoryID>
  <QuantityPerUnit>6</QuantityPerUnit>
  <UnitPrice>1000</UnitPrice>
  <UnitsInStock>10</UnitsInStock>
  <UnitsOnOrder>0</UnitsOnOrder>
  <ReorderLevel>1</ReorderLevel>
  <Discontinued>false</Discontinued>
</Product>
```

这里没有任何不寻常的地方。可以以使用 XML 文档的任何方式来使用这个文档。可以对它进行转换，并以 HTML 格式显示它，用它加载 XmlDocument，或者像在该示例中那样，对它进行反序列化，并创建一个对象，该对象的状态与序列化前的状态一样(这就是下一步要做的工作)。

从文件中创建一个新对象是通过创建一个 XmlSerializer，调用 Deserialize 方法实现的(代码文件 ObjectToXmlSerializationSample / Program.cs)：

```
public static void DeserializeProduct()
{
  Product product;
  using (var stream = new FileStream(ProductFileName, FileMode.Open))
  {
    var serializer = new XmlSerializer(typeof(Product));
    product = serializer.Deserialize(stream) as Product;
  }
  WriteLine(product);
}
```

运行应用程序时，控制台显示了产品 ID、产品名称和单价。

注意：要忽略 XML 序列化中的属性，可以使用 XmlIgnore 特性。

27.5.2 序列化一个对象树

如果有派生的类和可能返回一个数组的属性，则也可以使用 XmlSerializer 类。下面介绍一个解决这些问题的复杂示例。

除了 Product 类之外，再创建 BookProduct (派生于 Product)和 Inventory 类。Inventory 类包含其他两个类。

BookProduct 类派生于 Product，添加了 ISBN 属性。此属性与 XML 特性 Isbn 存储在一起，XML 特性 Isbn 由 .NET 特性 XmlAttribute 定义(代码文件 ObjectToXmlSerializationSample / BookProduct.cs)：

```
public class BookProduct : Product
{
  [XmlAttribute("Isbn")]
  public string ISBN { get; set; }
}
```

Inventory 类包含一个库存项数组。库存项可以是一个 Product 或 BookProduct。序列化器需要知道存储在数组中的所有派生类，否则就不能反序列化它们。数组项使用 XmlArrayItem 特性定义(代

码文件 ObjectToXmlSerializationSample / Inventory.cs):

```csharp
public class Inventory
{
  [XmlArrayItem("Product", typeof(Product)),
   XmlArrayItem("Book", typeof(BookProduct))]
  public Product[] InventoryItems { get; set; }

  public override string ToString()
  {
    var outText = new StringBuilder();
    foreach (Product prod in InventoryItems)
    {
      outText.AppendLine(prod.ProductName);
    }
    return outText.ToString();
  }
}
```

在 SerializeInventory 方法中创建 Inventory 对象，填充 Product 和 BookProduct 后，就序列化 Inventory (代码文件 ObjectToXmlSerializationSample / Program.cs):

```csharp
public static void SerializeInventory()
{
  var product = new Product
  {
    ProductID = 100,
    ProductName = "Product Thing",
    SupplierID = 10
  };

  var book = new BookProduct
  {
    ProductID = 101,
    ProductName = "How To Use Your New Product Thing",
    SupplierID = 10,
    ISBN = "1234567890"
  };

  Product[] items = { product, book };
  var inventory = new Inventory
  {
    InventoryItems = items
  };

  using (FileStream stream = File.Create(InventoryFileName))
  {
    var serializer = new XmlSerializer(typeof(Inventory));
    serializer.Serialize(stream, inventory);
  }
}
```

生成的 XML 文件定义了根元素 Inventory、子元素 Product 和 Book。BookProduct 类型表示为 Book 元素，因为 XmlItemArray 特性为 BookProduct 类型定义了 Book 名称：

```xml
<?xml version="1.0"?>
<Inventory xmlns:xsi="http://www.w3.org/2001/XMLSchema-instance"
           xmlns:xsd="http://www.w3.org/2001/XMLSchema">
  <InventoryItems>
    <Product Discount="0">
      <ProductID>100</ProductID>
      <ProductName>Product Thing</ProductName>
      <SupplierID>10</SupplierID>
      <CategoryID>0</CategoryID>
      <UnitPrice>0</UnitPrice>
      <UnitsInStock>0</UnitsInStock>
      <UnitsOnOrder>0</UnitsOnOrder>
      <ReorderLevel>0</ReorderLevel>
      <Discontinued>false</Discontinued>
    </Product>
    <Book Discount="0" Isbn="1234567890">
      <ProductID>101</ProductID>
      <ProductName>How To Use Your New Product Thing</ProductName>
      <SupplierID>10</SupplierID>
      <CategoryID>0</CategoryID>
      <UnitPrice>0</UnitPrice>
      <UnitsInStock>0</UnitsInStock>
      <UnitsOnOrder>0</UnitsOnOrder>
      <ReorderLevel>0</ReorderLevel>
      <Discontinued>false</Discontinued>
    </Book>
  </InventoryItems>
</Inventory>
```

要反序列化对象，需要调用 XmlSerializer 的 Deserialize 方法：

```csharp
public static void DeserializeInventory()
{
  using (FileStream stream = File.OpenRead(InventoryFileName))
  {
    var serializer = new XmlSerializer(typeof(Inventory));
    Inventory newInventory = serializer.Deserialize(stream) as Inventory;
    foreach (Product prod in newInventory.InventoryItems)
    {
      WriteLine(prod.ProductName);
    }
  }
}
```

27.5.3 没有特性的序列化

这些代码都很好地发挥了作用，但如果不能访问已经序列化的类型的源代码，该怎么办？如果没有源代码，就不能添加特性。此时可以采用另一种方式。可以使用 XmlAttributes 类和 XmlAttributeOverrides 类，这两个类可以完成刚才的任务，但不需要添加特性。下面的代码说明了这两个类的工作方式。

对于这个示例，假定 Inventory、Product 和派生的 BookProduct 类也可以在一个单独的库中，因为序列化独立于此，为了使示例结构简单，这些类在与前面例子相同的项目中，但请注意现在没有把特性添加到 Inventory 中(代码文件 ObjectToXmlSerializationWOAttributes / Inventory.cs)：

```csharp
public class Inventory
{
  public Product[] InventoryItems { get; set; }
  public override string ToString()
  {
    var outText = new StringBuilder();
    foreach (Product prod in InventoryItems)
    {
      outText.AppendLine(prod.ProductName);
    }
    return outText.ToString();
  }
}
```

Product 和 BookProduct 类的特性也删除了。

序列化的实现代码与之前类似，区别是使用另一个重载版本创建 XmlSerializer。该重载版本接受 XmlAttributeOverrides。这些重写代码来自辅助方法 GetInventoryXmlAttributes(代码文件 ObjectToXmlSerializationWOAttributes / Program.cs)：

```csharp
public static void SerializeInventory()
{
  var product = new Product
  {
    ProductID = 100,
    ProductName = "Product Thing",
    SupplierID = 10
  };

  var book = new BookProduct
  {
    ProductID = 101,
    ProductName = "How To Use Your New Product Thing",
    SupplierID = 10,
    ISBN = "1234567890"
  };

  Product[] products = { product, book };
  var inventory = new Inventory
  {
    InventoryItems = products
  };
  using (FileStream stream = File.Create(InventoryFileName))
  {
    var serializer = new XmlSerializer(typeof(Inventory),
      GetInventoryXmlAttributes());
    serializer.Serialize(stream, inventory);
  }
}
```

辅助方法 GetInventoryXmlAttributes 返回所需的 XmlAttributeOverrides。此前，Inventory 类应用了 XmlArrayItem 特性。它们现在创建了 XmlAttributes，给 XmlArrayItems 集合添加了 XmlArrayItemAttributes。

另一个变化是 Product 和 BookProduct 类把 XmlAttribute 应用于 Discount 和 ISBN 属性。为了定义相同的行为，但没有直接应用属性，创建了 XmlAttributeAttribute 对象，并赋予 XmlAttributes 对象的 XmlAttribute 属性。然后把所有这些创建的 XmlAttributes 添加到包含 XmlAttributes 集合的 XmlAttributeOverrides 中。调用 XmlAttributeOverrides 的 Add 方法时，需要应该应用的特性的类型、属性名和相应的 XmlAttributes（代码文件 ObjectToXmlSerializationWOAttributes / Program.cs）：

```
private static XmlAttributeOverrides GetInventoryXmlAttributes()
{
  var inventoryAttributes = new XmlAttributes();
  inventoryAttributes.XmlArrayItems.Add(new XmlArrayItemAttribute("Book",
     typeof(BookProduct)));
  inventoryAttributes.XmlArrayItems.Add(new XmlArrayItemAttribute("Product",
     typeof(Product)));

  var bookIsbnAttributes = new XmlAttributes();
  bookIsbnAttributes.XmlAttribute = new XmlAttributeAttribute("Isbn");

  var productDiscountAttributes = new XmlAttributes();
  productDiscountAttributes.XmlAttribute =
     new XmlAttributeAttribute("Discount");

  var overrides = new XmlAttributeOverrides();

  overrides.Add(typeof(Inventory), "InventoryItems", inventoryAttributes);

  overrides.Add(typeof(BookProduct), "ISBN", bookIsbnAttributes);
  overrides.Add(typeof(Product), "Discount", productDiscountAttributes);
  return overrides;
}
```

运行应用程序时，创建的 XML 内容和以前一样：

```
<?xml version="1.0"?>
<Inventory xmlns:xsi="http://www.w3.org/2001/XMLSchema-instance"
  xmlns:xsd="http://www.w3.org/2001/XMLSchema">
  <InventoryItems>
    <Product Discount="0">
      <ProductID>100</ProductID>
      <ProductName>Product Thing</ProductName>
      <SupplierID>10</SupplierID>
      <CategoryID>0</CategoryID>
      <UnitPrice>0</UnitPrice>
      <UnitsInStock>0</UnitsInStock>
      <UnitsOnOrder>0</UnitsOnOrder>
      <ReorderLevel>0</ReorderLevel>
      <Discontinued>false</Discontinued>
    </Product>
    <Book Discount="0" Isbn="1234567890">
      <ProductID>101</ProductID>
      <ProductName>How To Use Your New Product Thing</ProductName>
      <SupplierID>10</SupplierID>
      <CategoryID>0</CategoryID>
      <UnitPrice>0</UnitPrice>
```

```
            <UnitsInStock>0</UnitsInStock>
            <UnitsOnOrder>0</UnitsOnOrder>
            <ReorderLevel>0</ReorderLevel>
            <Discontinued>false</Discontinued>
        </Book>
    </InventoryItems>
</Inventory>
```

> **注意**：.NET 特性类型名通常以 Attribute 结尾。使用括号应用特性时，这个后缀可以忽略。如果没有这个后缀，编译器会自动添加。可以用作特性的类直接或间接派生于基类 Attribute。使用括号应用特性 XmlElement 时，编译器会实例化 XmlElementAttribute 类型。使用括号应用属性 XmlAttribute 时，这种命名会显得尤为突出。在后台，使用了 XmlAttributeAttribute 类。编译器如何区分这个类和 XmlAttribute？类 XmlAttribute 用于从 DOM 树中读取 XML 属性，但它不是.NET 特性，因为它没有派生自基类 Attribute。特性的更多信息参见第 16 章。

在反序列化代码中，需要相同的特性重写(代码文件 ObjectToXmlSerializationWOAttributes / Program.cs)：

```csharp
public static void DeserializeInventory()
{
  using (FileStream stream = File.OpenRead(InventoryFileName))
  {
    XmlSerializer serializer = new XmlSerializer(typeof(Inventory),
      GetInventoryXmlAttributes());
    Inventory newInventory = serializer.Deserialize(stream) as Inventory;
    foreach (Product prod in newInventory.InventoryItems)
    {
      WriteLine(prod.ProductName);
    }
  }
}
```

System.Xml.XmlSerialization 名称空间提供了一个功能非常强大的工具集，可以把对象序列化到 XML 中。把对象序列化和反序列化到 XML 中替代了把对象保存为二进制格式，因此可以通过 XML 对对象进行其他处理。这将大大增强设计的灵活性。

27.6 LINQ to XML

处理 XML 没有足够的可用选项？LINQ to XML 是另一个可用的选项。LINQ to XML 允许查询 XML 代码，其方式类似于查询对象列表和数据库。LINQ to Objects 参见第 13 章，LINQ to Entities 参见第 38 章。虽然 XmlDocument 提供的 DOM 树和 XPathNavigator 提供的 XPath 查询实现了一个基于标准的方法来查询 XML 数据，而 LINQ to XML 提供了查询的简单.NET 变体——该变体类似于查询其他数据存储。除了 LINQ to Objects 提供的方法之外，LINQ to XML 还在 System.Xml.Linq

名称空间中添加了这个查询的一些 XML 规范。LINQ to XML 还比基于标准的 XmlDocument XML 创建方式更容易创建 XML 内容。

以下部分描述可用于 LINQ to XML 的对象。

 注意：本章的许多示例都使用了 Hamlet.xml 文件。这个 XML 文件在 http://metalab.unc.edu/bosak/xml/eg/shaks200.zip 上，以 XML 文件格式包含莎士比亚的所有戏剧。

示例代码使用了以下依赖项和名称空间：

依赖项：

```
NETStandard.Library
System.Xml.XDocument
```

名称空间：

```
System
System.Collections.Generic
System.Linq
System.Xml.Linq
static System.Console
```

27.6.1 XDocument 对象

XDocument 对象像 XmlDocument 一样，也表示 XML 文档，但它更容易处理。XDocument 对象还和这个名称空间中的其他新对象一起使用，如 XNamespace、XComment、XElement 和 XAttribute 对象。

XDocument 对象的一个更重要的成员是 Load()方法：

```
XDocument doc = XDocument.Load(HamletFileName);
```

这个操作会把 HamletFileName 常量定义的 Hamlet.xml 文件的内容加载到内存中。还可以给 Load()方法传递一个 TextReader 或 XmlReader 对象。现在就可以以编程方式处理 XML，如下面的代码片段所示，访问根元素的名称，检查根元素是否有特性(代码文件 LinqToXmlSample/Program.cs)：

```
XDocument doc = XDocument.Load(HamletFileName);
WriteLine($"root name: {doc.Root.Name}");
WriteLine($"has root attributes? {doc.Root.HasAttributes}");
```

输出的结果如下：

```
root name: PLAY
has root attributes? False
```

另一个重要的成员是 Save()方法，它类似于 Load()方法，可以保存到一个物理磁盘位置，或一个 TextWriter 或 XmlWriter 对象中：

```
XDocument doc = XDocument.Load(HamletFileName);
```

```
doc.Save(SaveFileName);
```

27.6.2 XElement 对象

一个常用的对象是 Xelement 对象。使用这个对象可以轻松地创建包含单个元素的对象，该对象可以是 XML 文档本身，也可以只是 XML 片段。使用 Load 方法与 XElement 的方式类似于使用 Load 方法和 XDocument。例如，下面的例子写入一个 XML 元素及其相应的值：

```
var company = new XElement("Company", "Microsoft Corporation");
WriteLine(company);
```

在创建 XElement 对象时，可以定义该元素的名称和元素中使用的值。在这个例子中，元素的名称是<Company>，<Company>元素的值是 Microsoft Corporation。在控制台应用程序中运行它，得到的结果如下：

```
<Company>Microsoft Corporation</Company>
```

还可以使用多个 XElement 对象创建比较完整的 XML 文档，如下例所示(代码文件 LinqToXmlSample/Program.cs)：

```
public static void CreateXml()
{
  var company =
    new XElement("Company",
      new XElement("CompanyName", "Microsoft Corporation"),
      new XElement("CompanyAddress",
        new XElement("Address", "One Microsoft Way"),
        new XElement("City", "Redmond"),
        new XElement("Zip", "WA 98052-6399"),
        new XElement("State", "WA"),
        new XElement("Country", "USA")));

  WriteLine(company);
}
```

这个 API 的优点是 XML 的层次结构用 API 表示。XElement 的第一个实例化给第一个参数传递字符串"Company"。这个参数的类型是 XName，表示 XML 元素的名称。第二个参数是另一个 XElement。第二个 XElement 定义了 Company 的 XML 子元素。第二个元素把"CompanyName"定义为 XName，"Microsoft Corporation" 定义为其值。指定公司地址的 XElement 是 Company 元素的另一个子元素。其后的所有其他 XElement 对象是 CompanyAddress 的直接子对象。构造函数允许将任意数量的对象定义为类型 params object []。所有这些对象被当作子对象。

运行这个应用程序，得到的结果如下所示。

```
<Company>
  <CompanyName>Microsoft Corporation</CompanyName>
  <CompanyAddress>
    <Address>One Microsoft Way</Address>
    <City>Redmond</City>
```

```
    <Zip>WA 98052-6399</Zip>
    <State>WA</State>
    <Country>USA</Country>
  </CompanyAddress>
</Company>
```

注意：XElement 构造函数的语法可以轻松地创建层次 XML。所以很容易从 LINQ 查询中创建 XML(把对象树转换为 XML)，参见本节后面的内容，也可以把一个 XML 语法转变为另一个 XML 语法。

27.6.3 XNamespace 对象

XNamespace 对象表示 XML 名称空间，很容易应用于文档中的元素。例如，在前面的例子中，通过创建 XNamespace 对象，很容易给根元素应用一个名称空间(代码文件 LinqToXmlSample/Program.cs)：

```
public static void WithNamespace()
{
  XNamespace ns = "http://www.cninnovation.com/samples/2015";

  var company =
    new XElement(ns + "Company",
      new XElement("CompanyName", "Microsoft Corporation"),
      new XElement("CompanyAddress",
        new XElement("Address", "One Microsoft Way"),
        new XElement("City", "Redmond"),
        new XElement("Zip", "WA 98052-6399"),
        new XElement("State", "WA"),
        new XElement("Country", "USA")));

  WriteLine(company);
}
```

在这个例子中，创建了一个 XNamespace 对象，具体方法是给它赋予 http://www.cninnovation.com/samples/2015 的值。之后，就可以在根元素<company>中通过实例化 XElement 对象来使用它。

这会生成如下所示的结果。

```
<Company xmlns="http://www.cninnovation.com/samples/2015">
  <CompanyName xmlns="">Microsoft Corporation</CompanyName>
  <CompanyAddress xmlns="">
    <Address>One Microsoft Way</Address>
    <City>Redmond</City>
    <Zip>WA 98052-6399</Zip>
    <State>WA</State>
    <Country>USA</Country>
  </CompanyAddress>
</Company>
```

注意：XNamespace 允许通过给 XNamespace 分配一个字符串来创建，而不是使用 new 运算符，因为这个类实现了字符串中的隐式类型转换操作符。也可以使用+运算符与 XNamespace 对象，右边是一个字符串，因为+操作符的一个实现代码返回 XName。操作符重载参见第 8 章。

除了仅处理根元素之外，还可以把名称空间应用于所有元素，如下例所示(代码文件 LinqToXmlSample/Program.cs)：

```
public static void With2Namespace()
{
  XNamespace ns1 = "http://www.cninnovation.com/samples/2015";
  XNamespace ns2 = "http://www.cninnovation.com/samples/2015/address";

  var company =
    new XElement(ns1 + "Company",
      new XElement(ns2 + "CompanyName", "Microsoft Corporation"),
      new XElement(ns2 + "CompanyAddress",
        new XElement(ns2 + "Address", "One Microsoft Way"),
        new XElement(ns2 + "City", "Redmond"),
        new XElement(ns2 + "Zip", "WA 98052-6399"),
        new XElement(ns2 + "State", "WA"),
        new XElement(ns2 + "Country", "USA")));

  WriteLine(company);
}
```

这会生成如下所示的结果。

```
<Company xmlns="http://www.cninnovation.com/samples/2015">
  <CompanyName xmlns="http://www.cninnovation.com/samples/2015/address">
    Microsoft Corporation</CompanyName>
  <CompanyAddress xmlns="http://www.cninnovation.com/samples/2015/address">
    <Address>One Microsoft Way</Address>
    <City>Redmond</City>
    <Zip>WA 98052-6399</Zip>
    <State>WA</State>
    <Country>USA</Country>
  </CompanyAddress>
</Company>
```

在这个例子中，子名称空间应用于指定的所有对象，但<Address>、<City>、<State>和<Country>元素除外，因为它们继承自其父对象<CompanyAddress>，而<CompanyAddress>有名称空间声明。

27.6.4 XComment 对象

XComment 对象可以轻松地把 XML 注释添加到 XML 文档中。下面的例子说明了如何把一条注释添加到文档的开头和 Company 元素中(代码文件 LinqToXmlSample/Program.cs)：

```
public static void WithComments()
{
```

```
var doc = new XDocument();

XComment comment = new XComment("Sample XML for Professional C#.");
doc.Add(comment);

var company =
  new XElement("Company",
    new XElement("CompanyName", "Microsoft Corporation"),
    new XComment("A great company"),
    new XElement("CompanyAddress",
      new XElement("Address", "One Microsoft Way"),
      new XElement("City", "Redmond"),
      new XElement("Zip", "WA 98052-6399"),
      new XElement("State", "WA"),
      new XElement("Country", "USA")));
  doc.Add(company);

  WriteLine(doc);
}
```

运行应用程序，调用 WithComments 方法，就可以看到生成的 XML 注释：

```
<!--Sample XML for Professional C#.-->
<Company>
  <CompanyName>Microsoft Corporation</CompanyName>
  <!-A great company->
  <CompanyAddress>
    <Address>One Microsoft Way</Address>
    <City>Redmond</City>
    <Zip>WA 98052-6399</Zip>
    <State>WA</State>
    <Country>USA</Country>
  </CompanyAddress>
</Company>
```

27.6.5　XAttribute 对象

除了元素之外，XML 的另一个要素是特性。通过 XAttribute 对象添加和使用特性。下面的例子说明了给根节点<Company>添加一个特性的过程(代码文件 LinqToXmlSample/Program.cs)：

```
public static void WithAttributes()
{
  var company =
    new XElement("Company",
      new XElement("CompanyName", "Microsoft Corporation"),
      new XAttribute("TaxId", "91-1144442"),
      new XComment("A great company"),
      new XElement("CompanyAddress",
        new XElement("Address", "One Microsoft Way"),
        new XElement("City", "Redmond"),
        new XElement("Zip", "WA 98052-6399"),
        new XElement("State", "WA"),
        new XElement("Country", "USA")));
```

```
        WriteLine(company);
    }
```

特性与 Company 元素一起显示：

```
<Company TaxId="91-1144442">
  <CompanyName>Microsoft Corporation</CompanyName>
  <!-A great company->
  <CompanyAddress>
    <Address>One Microsoft Way</Address>
    <City>Redmond</City>
    <Zip>WA 98052-6399</Zip>
    <State>WA</State>
    <Country>USA</Country>
  </CompanyAddress>
</Company>
```

现在可以把 XML 文档转换为 XDocument 对象，处理这个文档的各个部分，还可以使用 LINQ to XML 查询 XML 文档，处理结果。

27.6.6　使用 LINQ 查询 XML 文档

使用 LINQ to XML 查询静态的 XML 文档几乎不需要做任何工作。下面的例子就使用 hamlet.xml 文件和查询获得戏剧中的所有演员。每位演员都在 XML 文档中用<PERSONA>元素定义。XDocument 类的 Descendants 方法返回一个 IEnumerable < XElement >，其中包含树上的所有 PERSONA 元素。对于这棵树的每个 PERSONA 元素，用 LINQ 查询访问 Value 属性，并写入所得的集合(代码文件 LinqToXmlSample / Program.cs)：

```
public static void QueryHamlet()
{
  XDocument doc = XDocument.Load(HamletFileName);

  IEnumerable<string> persons = (from people in doc.Descendants("PERSONA")
                    select people.Value).ToList();

  WriteLine($"{persons.Count()} Players Found");
  WriteLine();

  foreach (var item in persons)
  {
    WriteLine(item);
  }
}
```

运行应用程序时，可以在戏剧哈姆雷特中看到以下结果。在 C#编程书中也可以学习文学：

```
26 Players Found

CLAUDIUS, king of Denmark.
HAMLET, son to the late king, and nephew to the present king.
```

```
POLONIUS, lord chamberlain.
HORATIO, friend to Hamlet.
LAERTES, son to Polonius.
LUCIANUS, nephew to the king.
VOLTIMAND
CORNELIUS
ROSENCRANTZ
GUILDENSTERN
OSRIC
A Gentleman
A Priest.
MARCELLUS
BERNARDO
FRANCISCO, a soldier.
REYNALDO, servant to Polonius.
Players.
Two Clowns, grave-diggers.
FORTINBRAS, prince of Norway.
A Captain.
English Ambassadors.
GERTRUDE, queen of Denmark, and mother to Hamlet.
OPHELIA, daughter to Polonius.
Lords, Ladies, Officers, Soldiers, Sailors, Messengers, and other Attendants.
Ghost of Hamlet's Father.
```

27.6.7 查询动态的 XML 文档

目前，Internet 上有许多动态的 XML 文档。给指定的 URL 端点发送一个请求，就会找到博客种子、播客种子等许多提供 XML 文档的内容。这些种子可以在浏览器上查看，或者通过 RSS 聚合器查看，或用作纯粹的 XML。下面的示例说明了如何直接从代码中使用 Atom 种子。

在这段代码中，XDocument 对象的 Load()方法指向一个 URL，从该 URL 中检索 XML 文档。对于 Atom 种子，根元素是一个 feed 元素，包含带有种子信息的直接子元素，和每一篇文章的 entry 元素列表。访问元素时，不要错过 Atom 名称空间 http://www.w3.org/2005/Atom，否则结果将是空的。

在示例代码中，首先访问 title 和 subtitle 元素的值，它们定义为根元素的子元素。Atom 种子可以包含多个 link 元素。使用一个 LINQ 查询时，只检索包含 rel 特性值 alternate 的第一个 link 元素。把完整的种子信息写到控制台后，检索所有 entry 元素，创建一个带有 Title、Published、Summary、Url 和 Comments 属性的匿名类型(代码文件 LinqToXmlSample / Program.cs)：

```
public static void QueryFeed()
{
    XNamespace ns = "http://www.w3.org/2005/Atom";
    XDocument doc = XDocument.Load(@"http://blog.cninnovation.com/feed/atom/");

    WriteLine($"Title: {doc.Root.Element(ns + "title").Value}");
    WriteLine($"Subtitle: {doc.Root.Element(ns + "subtitle").Value}");
    string url = doc.Root.Elements(ns + "link")
        .Where(e => e.Attribute("rel").Value == "alternate")
        .FirstOrDefault()
        ?.Attribute("href")?.Value;
    WriteLine($"Link: {url}");
```

```
  WriteLine();

  var queryPosts = from myPosts in doc.Descendants(ns + "entry")
                   select new
                   {
                     Title = myPosts.Element(ns + "title")?.Value,
                     Published = DateTime.Parse(
                       myPosts.Element(ns + "published")?.Value),
                     Summary = myPosts.Element(ns + "summary")?.Value,
                     Url = myPosts.Element(ns + "link")?.Value,
                     Comments = myPosts.Element(ns + "comments")?.Value
                   };

  foreach (var item in queryPosts)
  {
    string shortTitle = item.Title.Length > 50 ?
      item.Title.Substring(0, 50) + "..." : item.Title;
    WriteLine(shortTitle);
  }
}
```

运行应用程序，查看种子的全部信息：

```
Title: Christian Nagel's CN innovation
Subtitle: Infos für Windows- und Web-Entwickler
Link: http://blog.cninnovation.com
```

查询的结果显示所有的标题：

```
A New Hello, World!
Ein heisser Sommer: Visual Studio 2015, .NET Core ...
Ein Operator Namens Elvis &#8211; oder A Lap Aroun...
.NET 2015, C# 6 und Visual Studio 2015 Update Trai...
Building Bridges &#8211; Build 2015
Slides und Samples vom Global Azure Boot Camp
Code Samples von der BASTA! 2015 Spring
.NET User Group Austria &#8211; Fünf Gründe für Me...
.NET User Group Austria &#8211; Welche Storage Tec...
Universal Apps für Windows 10
```

27.6.8 转换为对象

使用 LINQ to SQL 很容易把 XML 文档转换为对象树。Hamlet 文件包含戏剧里的所有角色。属于组的一些角色就分组到 PGROUP 元素内。一个组在 GRPDESC 元素中包含组的名称，组内的角色包含在 PERSONA 元素中。下面的示例为每个组创建对象，并给对象添加组名称和角色。代码示例使用 LINQ 方法语法，而不是 LINQ 查询，利用 Select()方法的一个重载版本，来提供索引参数。该索引也会进入新创建的对象。XDocument 的 Descendants()方法过滤所有的 PGROUP 元素。每个组用 Select()方法选择，创建一个匿名对象，填充 Number、Description 和 Characters 属性。Characters 属性本身就是组中 PERSONA 元素的所有值的列表(代码文件 LinqToXmlSample / Program.cs)：

```
public static void TransformingToObjects()
{
```

```
    XDocument doc = XDocument.Load(HamletFileName);
    var groups =
      doc.Descendants("PGROUP")
        .Select((g, i) =>
          new
          {
            Number = i + 1,
            Description = g.Element("GRPDESCR").Value,
            Characters = g.Elements("PERSONA").Select(p => p.Value)
          });

    foreach (var group in groups)
    {
      WriteLine(group.Number);
      WriteLine(group.Description);
      foreach (var name in group.Characters)
      {
        WriteLine(name);
      }
      WriteLine();
    }
}
```

运行应用程序，调用 TransformingToObjects 方法，查看两个组及其角色：

```
1
courtiers.
VOLTIMAND
CORNELIUS
ROSENCRANTZ
GUILDENSTERN
OSRIC

2
officers.
MARCELLUS
BERNARDO
```

27.6.9 转换为 XML

因为使用 XElement 类及其灵活的构造函数，传递任意数量的子元素，就很容易创建出 XML，所以前面的示例可以改为创建 XML，而不是对象列表。查询与前面的代码示例相同。不同的是，传递名称 hamlet，创建一个新的 XElement。hamlet 是这个生成的 XML 的根元素。子元素用 Select()方法的结果创建，之后使用 Descendants()方法来选择所有 PGROUP 元素。对于每一个组，都创建一个新组 XElement。每一组包含一个带有组号的 number 特性、一个包含描述的 description 特性，和包含 name 元素列表的 characters 元素(代码文件 LinqToXmlSample / Program.cs)：

```
public static void TransformingToXml()
{
    XDocument doc = XDocument.Load(HamletFileName);
    var hamlet =
      new XElement("hamlet",
```

```
        doc.Descendants("PGROUP")
          .Select((g, i) =>
            new XElement("group",
              new XAttribute("number", i + 1),
              new XAttribute("description", g.Element("GRPDESCR").Value),
              new XElement("characters",
                g.Elements("PERSONA").Select(p => new XElement("name", p.Value))
        )))));

    WriteLine(hamlet);
}
```

运行应用程序时,可以看到如下生成的 XML 片段:

```xml
<hamlet>
  <group number="1" description="courtiers.">
    <characters>
      <name>VOLTIMAND</name>
      <name>CORNELIUS</name>
      <name>ROSENCRANTZ</name>
      <name>GUILDENSTERN</name>
      <name>OSRIC</name>
    </characters>
  </group>
  <group number="2" description="officers.">
    <characters>
      <name>MARCELLUS</name>
      <name>BERNARDO</name>
    </characters>
  </group>
</hamlet>
```

27.7 JSON

花了很长时间学习.NET Framework 的许多 XML 特性后,下面学习 JSON 数据格式。Json.NET 提供了一个巨大的 API,在其中可以使用 JSON 完成本章使用 XML 完成的许多工作,这里介绍其中的一些。

示例代码使用了以下依赖项和名称空间:

依赖项:
```
NETStandard.Library
Newtonsoft.Json
System.Xml.XDocument
```

名称空间:
```
Newtonsoft.Json
Newtonsoft.Json.Linq
```

```
System
System.IO
System.Xml.Linq
static System.Console
```

27.7.1 创建 JSON

为了使用 JSON.NET 手动创建 JSON 对象，Newtonsoft.Json.Linq 名称空间提供了几个类型。JObject 代表 JSON 对象。JObject 是一个字典，其键是字符串(.NET 对象的属性名)，其值是 JToken。这样，JObject 提供了索引访问。JSON 对象的数组由 JArray 类型定义。JObject 和 JArray 派生于抽象基类 JContainer，其中包含了 JToken 对象的列表。

下面的代码片段创建 JObject 对象 book1 和 book2，使用字典索引访问填充了 title 和 publisher。两个 book 对象添加到 JArray 中(代码文件 JsonSample / Program.cs)：

```
public static void CreateJson()
{
  var book1 = new JObject();
  book1["title"] = "Professional C# 6 and .NET 5 Core";
  book1["publisher"] = "Wrox Press";
  var book2 = new JObject();
  book2["title"] = "Professional C# 5 and .NET 4.5.1";
  book2["publisher"] = "Wrox Press";
  var books = new JArray();
  books.Add(book1);
  books.Add(book2);

  var json = new JObject();
  json["books"] = books;
  WriteLine(json);
}
```

运行应用程序，看看生成的 JSON 代码：

```
{
  "books": [
    {
      "title": "Professional C# 6 and .NET 5 Core",
      "publisher": "Wrox Press"
    },
    {
      "title": "Professional C# 5 and .NET 4.5.1",
      "publisher": "Wrox Press"
    }
  ]
}
```

27.7.2 转换对象

除了使用 JsonObject 和 JsonArray 创建 JSON 内容之外，还可以使用 JsonConvert 类。JsonConvert 允许从对象树中创建 JSON，把 JSON 字符串转换回对象树。

在本节的示例代码中,从辅助方法 GetInventoryObject 中创建一个 Inventory 对象(代码文件 JsonSample / Program.cs):

```
public static Inventory GetInventoryObject() =>
  new Inventory
  {
    InventoryItems = new Product[]
    {
      new Product
      {
        ProductID = 100,
        ProductName = "Product Thing",
        SupplierID = 10
      },
      new BookProduct
      {
        ProductID = 101,
        ProductName = "How To Use Your New Product Thing",
        SupplierID = 10,
        ISBN = "1234567890"
      }
    }
  };
```

方法 ConvertObject 使用 JsonConvert.SerializeObject 检索 Inventory 对象,并将其转换为 JSON。SerializeObject 的第二个参数允许把格式定义为 None 或 Indented。None 最适合将空白降到最低;Indented 提供了更好的可读性。JSON 字符串写入控制台,之后使用 JsonConvert.DeserializeObject 转换回对象树。DeserializeObject 有几个重载版本,泛型变体返回泛型类型,而不是一个对象,所以没有必要进行类型转换:

```
public static void ConvertObject()
{
  Inventory inventory = GetInventoryObject();
  string json = JsonConvert.SerializeObject(inventory, Formatting.Indented);
  WriteLine(json);
  WriteLine();
  Inventory newInventory = JsonConvert.DeserializeObject<Inventory>(json);
  foreach (var product in newInventory.InventoryItems)
  {
    WriteLine(product.ProductName);
  }
}
```

运行应用程序,在控制台显示 JSON 生成的 Inventory 类型:

```
{
  "InventoryItems": [
    {
      "Discount": 0,
      "ProductID": 100,
      "ProductName": "Product Thing",
      "SupplierID": 10,
      "CategoryID": 0,
```

```
        "QuantityPerUnit": null,
        "UnitPrice": 0.0,
        "UnitsInStock": 0,
        "UnitsOnOrder": 0,
        "ReorderLevel": 0,
        "Discontinued": false
    },
    {
        "ISBN": "1234567890",
        "Discount": 0,
        "ProductID": 101,
        "ProductName": "How To Use Your New Product Thing",
        "SupplierID": 10,
        "CategoryID": 0,
        "QuantityPerUnit": null,
        "UnitPrice": 0.0,
        "UnitsInStock": 0,
        "UnitsOnOrder": 0,
        "ReorderLevel": 0,
        "Discontinued": false
    }
  ]
}
```

转换回 JSON 对象,显示产品名称:

```
Product Thing
How To Use Your New Product Thing
```

27.7.3 序列化对象

类似于 XmlSerializer,还可以直接把 JSON 字符串写入文件。下面的代码片段检索 Inventory 对象,并使用 JsonSerializer 将它写到一个文件流中(代码文件 JsonSample / Program.cs):

```csharp
public static void SerializeJson()
{
  using (StreamWriter writer = File.CreateText(InventoryFileName))
  {
    JsonSerializer serializer = JsonSerializer.Create(
      new JsonSerializerSettings { Formatting = Formatting.Indented });
    serializer.Serialize(writer, GetInventoryObject());
  }
}
```

可以通过调用 JsonSerializer 的 Deserialize 方法,从流中转换 JSON:

```csharp
public static void DeserializeJson()
{
  using (StreamReader reader = File.OpenText(InventoryFileName))
  {
    JsonSerializer serializer = JsonSerializer.Create();
    var inventory = serializer.Deserialize(reader, typeof(Inventory))
      as Inventory;
    foreach (var item in inventory.InventoryItems)
    {
```

```
      WriteLine(item.ProductName);
    }
  }
}
```

27.8 小结

本章探讨了.NET Framework 的 System.Xml 名称空间中的许多内容，其中包括如何使用基于 XMLReader 和 XmlWriter 的类快速读写 XML 文档，如何使用 XmlDocument 类在.NET 中实现 DOM，如何使用 DOM 的强大功能。另外，我们还介绍了 XPath，可以把对象序列化到 XML 中，还可以通过两个方法调用对其进行反序列化。

本章介绍了如何使用 LINQ to XML 创建 XML 文档和片段，使用 XML 数据创建查询。

除了 XML 之外，本章还介绍了如何使用 JSON 和 Json.NET 序列化对象，解析 JSON 字符串，来建立.NET 对象。

下一章讨论如何使用基于 XML 的资源文件本地化.NET 应用程序。

第 28 章

本 地 化

本章要点

- 数字和日期的格式化
- 为本地化内容使用资源
- 本地化 WPF 桌面应用程序
- 本地化 ASP.NET Core Web 应用程序
- 本地化通用 Windows 应用程序
- 创建自定义资源读取器
- 创建自定义区域性

本章源代码下载地址(wrox.com):

打开网页 http://www.wrox.com/go/professionalcsharp6,单击 Download Code 选项卡即可下载本章源代码。本章代码分为以下几个主要的示例文件:

- NumberAndDateFormatting
- SortingDemo
- CreateResource
- WPFCultureDemo
- ResourcesDemo
- WPFApplication
- WebApplication
- UWPLocalization
- DatabaseResourceReader
- CustomCultures

28.1 全球市场

价值 1.25 亿美元的 NASA 的火星气象卫星在 1999 年 9 月 23 日失踪了，其原因是一个工程组为一个关键的太空操作使用了米制单位，而另一个工程组以英寸为单位。当编写的应用程序要在世界各国发布时，必须考虑不同的区域性和区域。

不同的区域性在日历、数字和日期格式上各不相同。按照字母 A~Z 给字符串排序也会导致不同的结果，因为存在不同的文化差异。为了使应用程序可应用于全球市场，就必须对应用程序进行全球化和本地化。

本章将介绍.NET 应用程序的全球化和本地化。全球化(globalization)用于国际化的应用程序：使应用程序可以在国际市场上销售。采用全球化策略，应用程序应根据区域性、不同的日历等支持不同的数字和日期格式。本地化(localization)用于为特定的区域性翻译应用程序。而字符串的翻译可以使用资源，如.NET 资源或 WPF 资源字典。

.NET 支持 Windows 和 Web 应用程序的全球化和本地化。要使应用程序全球化，可以使用 System.Globalization 名称空间中的类；要使应用程序本地化，可以使用 System.Resources 名称空间支持的资源。

28.2 System.Globalization 名称空间

System.Globalization 名称空间包含了所有的区域性和区域类，以支持不同的日期格式、不同的数字格式，甚至由 GregorianCalendar 类、HebrewCalendar 类和 JapaneseCalendar 类等表示的不同日历。使用这些类可以根据不同的地区显示不同的表示法。

本节讨论使用 System.Globalization 名称空间时要考虑的如下问题：
- Unicode 问题
- 区域性和区域
- 显示所有区域性及其特征的例子
- 排序

28.2.1 Unicode 问题

因为一个 Unicode 字符有 16 位，所以共有 65 536 个 Unicode 字符。这对于当前在信息技术中使用的所有语言够用吗？例如，汉语就需要 80 000 多个字符。但是，Unicode 可以解决这个问题。使用 Unicode 必须区分基本字符和组合字符。可以给一个基本字符添加若干个组合字符，组成一个可显示的字符或一个文本元素。

例如，冰岛的字符 Ogonek 就可以使用基本字符 0x006F(拉丁小写字母o)、组合字符 0x0328(组合 Ogonek) 和 0x0304(组合 Macron)组合而成，如图 28-1 所示。组合字符在 0x0300~0x0345 之间定义，对于美国和欧洲市场，预定义字符有助于处理特殊的字符。字符 Ogonek 也可以用预定义字符 0x01ED 来定义。

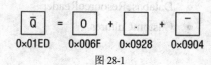

图 28-1

对于亚洲市场,只有汉语需要80 000多个字符,但没有这么多的预定义字符。在亚洲语言中,总是要处理组合字符。其问题在于获取显示字符或文本元素的正确数字,得到基本字符而不是组合字符。System.Globalization 名称空间提供的 StringInfo 类可以用于处理这个问题。

表28-1列出了 StringInfo 类的静态方法,这些方法有助于处理组合字符。

表 28-1

方 法	说 明
GetNextTextElement()	返回指定字符串的第一个文本元素(基本字符和所有的组合字符)
GetTextElementEnumerator()	返回一个允许迭代字符串中所有文本元素的 TextElementEnumerator 对象
ParseCombiningCharacters()	返回一个引用字符串中所有基本字符的整型数组

> **注意:** 一个显示字符可以包含多个 Unicode 字符。要解决这个问题,如果编写的应用程序要在国际市场销售,就不应使用数据类型 char,而应使用 string。string 可以包含由基本字符和组合字符组成的文本元素,而 char 不具备该作用。

28.2.2 区域性和区域

世界分为多个区域性和区域,应用程序必须知道这些区域性和区域的差异。区域性是基于用户的语言和文化习惯的一组首选项。RFC 4646(www.ietf.org/rfc/rfc4646.txt)定义了区域性的名称,这些名称根据语言和国家或区域的不同在世界各地使用。例如,en-AU、en-CA、en-GB 和 en-US 分别用于表示澳大利亚、加拿大、英国和美国的英语。

在 System.Globalization 名称空间中,最重要的类是 CultureInfo。这个类表示区域性,定义了日历、数字和日期的格式,以及和区域性一起使用的排序字符串。

RegionInfo 类表示区域设置(如货币),说明该区域是否使用米制系统。在某些区域中,可以使用多种语言。例如,西班牙区域就有 Basque(eu-ES)、Catalan(ca-ES)、Spanish(es-ES)和 Galician(gl-ES)区域性。一个区域可以有多种语言,同样,一种语言也可以在多个区域使用;例如,墨西哥、西班牙、危地马拉、阿根廷和秘鲁等都使用西班牙语。

本章的后面将介绍一个示例应用程序,以说明区域性和区域的这些特征。

1. 特定、中立和不变的区域性

在.NET Framework 中使用区域性,必须区分3种类型:特定、中立和不变的区域性。特定的区域性与真正存在的区域性相关,这种区域性用上一节介绍的 RFC 4646 定义。特定的区域性可以映射到中立的区域性。例如,de 是特定区域性 de-AT、de-DE、de-CH 等的中立区域性。de 是德语(German)的简写,AT、DE 和 CH 分别是奥地利(Austria)、德国(Germany)和瑞士(Switzerland)等国家的简写。

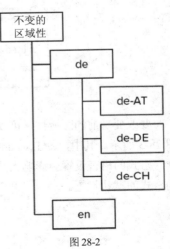

图 28-2

在翻译应用程序时，通常不需要为每个区域进行翻译，因为奥地利和瑞士等国使用的德语没有太大的区别。所以可以使用中立的区域性来本地化应用程序，而不需要使用特定的区域性。

不变的区域性独立于真正的区域性。在文件中存储格式化的数字或日期，或通过网络把它们发送到服务器上时，最好使用独立于任何用户设置的区域性。

图 28-2 显示了区域性类型的相互关系。

2. CurrentCulture 和 CurrentUICulture

设置区域性时，必须区分用户界面的区域性和数字及日期格式的区域性。区域性与线程相关，通过这两种区域性类型，就可以把两种区域性设置应用于线程。Culture Info 类提供了静态属性 CurrentCulture 和 CurrentUICulture。CurrentCulture 属性用于设置与格式化和排序选项一起使用的区域性，而 CurrentUICulture 属性用于设置用户界面的语言。

使用 Windows 设置中的 REGION & LANGUAGE 选项，用户就可以在 Windows 操作系统中安装其他语言，如图 28-3 所示。配置为默认的语言是当前的 UI 区域性。

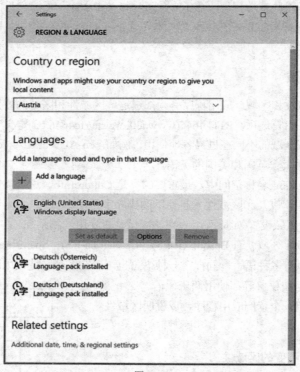

图 28-3

要改变当前的区域性，可以使用对话框中的 Additional date, time, & regional settings 链接，如图 28-3 所示。其中，单击 Change Date, Time, or Number Formats 选项，查看如图 28-4 所示的对话框。格式的语言设置会影响当前的区域性。也可以改变独立于区域性的数字格式、时间格式、日期格式的默认设置。

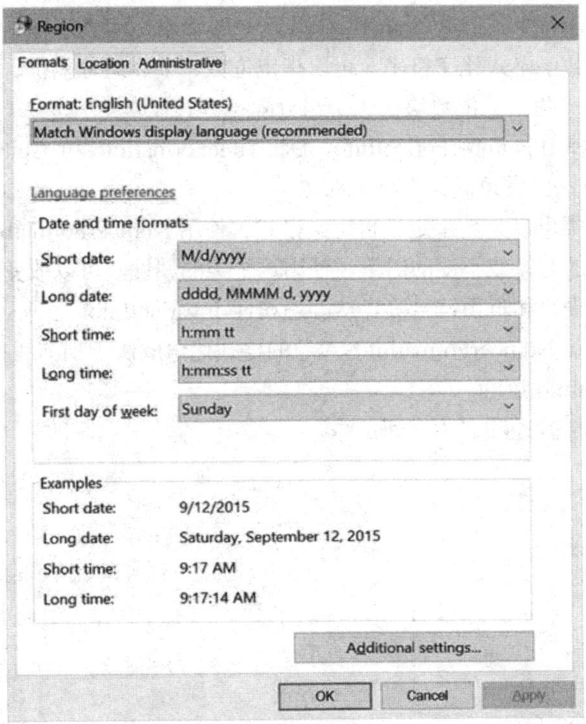

图 28-4

这些设置都提供默认值,在许多情况下,不需要改变默认行为。如果需要改变区域性,只需要把线程的两个区域性改为 Spanish 区域性,如下面的代码片段所示(使用名称空间 System.Globalization):

```
var ci = new CultureInfo("es-ES");
CultureInfo.CurrentCulture = ci;
CultureInfo.CurrentUICulture = ci;
```

前面已学习了区域性的设置,下面讨论 CurrentCulture 设置对数字和日期格式化的影响。

3. 数字格式化

System 名称空间中的数字结构 Int16、Int32 和 Int64 等都有一个重载的 ToString()方法。这个方法可以根据区域设置创建不同的数字表示法。对于 Int32 结构,ToString()方法有下述 4 个重载版本:

```
public string ToString();
public string ToString(IFormatProvider);
public string ToString(string);
public string ToString(string, IFormatProvider);
```

不带参数的 ToString()方法返回一个没有格式化选项的字符串,也可以给 ToString()方法传递一个字符串和一个实现 IFormatProvider 接口的类。

该字符串指定表示法的格式,而这个格式可以是标准数字格式化字符串或者图形数字格式化字符串。对于标准数字格式化,字符串是预定义的,其中 C 表示货币符号,D 表示输出为小数,E 表示输出用科学计数法表示，F 表示定点输出，G 表示一般输出，N 表示输出为数字，X 表示输出为十六进制数。对于图形数字格式化字符串，可以指定位数、节和组分隔符、百分号等。图形数字格式字符串###，###表示：两个 3 位数块被一个组分隔符分开。

IFormatProvider 接口由 NumberFormatInfo、DateTimeFormatInfo 和 CultureInfo 类实现。这个接口定义了 GetFormat()方法，它返回一个格式对象。

NumberFormatInfo 类可以为数字定义自定义格式。使用 NumberFormatInfo 类的默认构造函数，可以创建独立于区域性的对象或不变的对象。使用这个类的属性，可以改变所有格式化选项，如正号、百分号、数字组分隔符和货币符号等。从静态属性 InvariantInfo 返回一个与区域性无关的只读 NumberFormatInfo 对象。NumberFormatInfo 对象的格式化值取决于当前线程的 CultureInfo 类，该线程从静态属性 CurrentInfo 返回。

示例代码使用如下依赖项和名称空间：

依赖项：

```
NETStandard.Library
```

名称空间：

```
System
System.Globalization
static System.Console
```

下一个示例使用一个简单的控制台应用程序(包)项目。在这段代码中，第一个示例显示了在当前线程的区域性格式中所显示的数字(这里是 English-US，是操作系统的设置)。第二个示例使用了带有 IFormatProvider 参数的 ToString()方法。CultureInfo 类实现 IFormatProvider 接口，所以创建一个使用法国区域性的 CultureInfo 对象。第 3 个示例改变了当前线程的区域性。使用 CultureInfo 实例的 CurrentCulture 属性，把区域性改为德国(代码文件 NumberAndDateFormatting/Program.cs)：

```
public static void NumberFormatDemo()
{
    int val = 1234567890;

    // culture of the current thread
    WriteLine(val.ToString("N"));

    // use IFormatProvider
    WriteLine(val.ToString("N", new CultureInfo("fr-FR")));

    // change the current culture
    CultureInfo.CurrentCulture = new CultureInfo("de-DE");
    WriteLine(val.ToString("N"));
}
```

注意：在.NET 4.6 之前，CultureInfo 的 CurrentCulture 属性是只读的。在.NET 先前的版本中，可以使用 Thread.CurrentThread.CurrentCulture 设置区域性。

结果如下所示。可以把这个结果与前面列举的美国、英国、法国和德国区域性的结果进行比较。

```
1,234,567,890.00
1 234 567 890,00
1.234.567.890,00
```

4. 日期格式化

对于日期，Visual Studio 也提供了与数字相同的支持。DateTime 结构有一些把日期转换为字符串的 ToString 方法的重载。可以传送字符串格式并指定另一种区域性：

```
public string ToString();
public string ToString(IFormatProvider);
public string ToString(string);
public string ToString(string, IFormatProvider);
```

使用 ToString()方法的字符串参数，可以指定预定义格式字符或自定义格式字符串，把日期转换为字符串。DateTimeFormatInfo 类指定了可能的值。DateTimeFormatInfo 类指定的格式字符串有不同的含义。例如，D 表示长日期格式，d 表示短日期格式，ddd 表示一星期中某一天的缩写，dddd 表示一星期中某一天的全称，yyyy 表示年份，T 表示长时间格式，t 表示短时间格式。使用 IFormatProvider 参数可以指定区域性。使用不带 IFormatProvider 参数的重载方法，表示所使用的是当前线程的区域性：

```
public static void DateFormatDemo()
{
  var d = new DateTime(2015, 09, 27);

  // current culture
  WriteLine(d.ToLongDateString());

  // use IFormatProvider
  WriteLine(d.ToString("D", new CultureInfo("fr-FR")));

  // use current culture
  WriteLine($"{CultureInfo.CurrentCulture}: {d:D}");

  CultureInfo.CurrentCulture = new CultureInfo("es-ES");
  WriteLine($"{CultureInfo.CurrentCulture}: {d:D}");
}
```

这个示例程序的结果说明了使用线程的当前区域性的 ToLongDateString()方法，其中给 ToString()方法传递一个 CultureInfo 实例，则显示其法国版本；把线程的 CurrentCulture 属性改为 es-ES，则显示其西班牙版本，如下所示。

```
Sunday, September 27, 2015
dimanche 27 septembre 2015
en-US: Sunday, September 27, 2015
es-ES: domingo, 27 de septiembre de 2015
```

28.2.3 使用区域性

为了全面介绍区域性，下面使用一个 WPF 应用程序示例，该应用程序列出所有的区域性，描述区域性属性的不同特征。图 28-5 显示了该应用程序在 Visual Studio 2015 WPF 设计器中的用户界面。

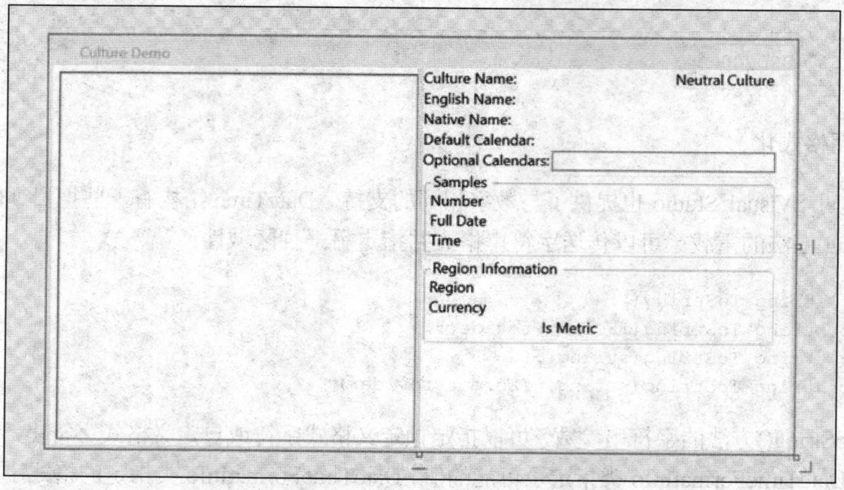

图 28-5

在应用程序的初始化阶段，所有可用的区域性都添加到应用程序左边的 TreeView 控件中。这个初始化工作在 SetupCultures() 方法中进行，该方法在 MainWindow 类的 CultureDemoForm 的构造函数中调用(代码文件 WPFCultureDemo/MainWindow.xaml.cs)：

```
public MainWindow()
{
  InitializeComponent();

  SetupCultures();
}
```

对于在用户界面上显示的数据，创建自定义类 CultureData。这个类可以绑定到 TreeView 控件上，因为它的 SubCultures 属性包含一列 CultureData。因此 TreeView 控件可以遍历这个树状结构。CultureData 不包含子区域性，而包含数字、日期和时间的 CultureInfo 类型以及示例值。数字以适用于特定区域性的数字格式返回一个字符串，日期和时间也以特定区域性的格式返回字符串。CultureData 包含一个 RegionInfo 类来显示区域。对于一些中立区域性(例如 English)，创建 RegionInfo 会抛出一个异常，因为某些区域有特定的区域性。但是，对于其他中立区域性(例如 German)，可以成功创建 RegionInfo，并映射到默认的区域上。这里抛出的异常应这样处理(代码文件 WPFCultureDemo/CultureData.cs)：

```
public class CultureData
{
  public CultureInfo CultureInfo { get; set; }
  public List<CultureData> SubCultures { get; set; }
  double numberSample = 9876543.21;

  public string NumberSample => numberSample.ToString("N", CultureInfo);

  public string DateSample => DateTime.Today.ToString("D", CultureInfo);

  public string TimeSample => DateTime.Now.ToString("T", CultureInfo);
```

```
    public RegionInfo RegionInfo
    {
      get
      {
        RegionInfo ri;
        try
        {
          ri = new RegionInfo(CultureInfo.Name);
        }
        catch (ArgumentException)
        {
          // with some neutral cultures regions are not available
          return null;
        }
        return ri;
      }
    }
}
```

在 SetupCultures()方法中，通过静态方法 CultureInfo.GetCultures()获取所有区域性。给这个方法传递 CultureTypes.AllCultures，就会返回所有可用区域性的未排序数组。该数组按区域性名称来排序。有了排好序的区域性，就创建一个 CultureData 对象的集合，并分配 CultureInfo 和 SubCultures 属性。之后，创建一个字典，以快速访问区域性名称。

对于应绑定的数据，创建一个 CultureData 对象列表，在执行完 foreach 语句后，该列表将包含树状视图中的所有根区域性。可以验证根区域性，以确定它们是否把不变的区域性作为其父区域性。不变的区域性把 LCID(Locale Identifier)设置为 127，每个区域性都有自己的唯一标识符，可用于快速验证。在代码段中，根区域性在 if 语句块中添加到 rootCultures 集合中。如果一个区域性把不变的区域性作为其父区域性，它就是根区域性。

如果区域性没有父区域性，它就会添加到树的根节点上。要查找父区域性，必须把所有区域性保存到一个字典中。相关内容参见前面章节，其中第 11 章介绍了字典，第 9 章介绍了 lambda 表达式。如果所迭代的区域性不是根区域性，它就添加到父区域性的 SubCultures 集合中。使用字典可以快速找到父区域性。在最后一步中，把根区域性赋予窗口的 DataContext，使区域性可用于 UI(代码文件 WPFCultureDemo/MainWindow.xaml.cs)：

```
private void SetupCultures()
{
  var cultureDataDict = CultureInfo.GetCultures(CultureTypes.AllCultures)
    .OrderBy(c => c.Name)
    .Select(c => new CultureData
    {
      CultureInfo = c,
      SubCultures = new List<CultureData>()
    })
    .ToDictionary(c => c.CultureInfo.Name);

  var rootCultures = new List<CultureData>();
  foreach (var cd in cultureDataDict.Values)
  {
    if (cd.CultureInfo.Parent.LCID == 127)
```

```
      {
        rootCultures.Add(cd);
      }
      else
      {
        CultureData parentCultureData;
        if (cultureDataDict.TryGetValue(cd.CultureInfo.Parent.Name,
          out parentCultureData))
        {
          parentCultureData.SubCultures.Add(cd);
        }
        else
        {
          throw new ParentCultureException(
            "unexpected error-parent culture not found");
        }
      }
    }
    this.DataContext = rootCultures.OrderBy(cd =>
      cd.CultureInfo.EnglishName);
}
```

在用户选择树中的一个节点时，就会调用 TreeView 类的 SelectedItemChanged 事件的处理程序。在这里，这个处理程序在 treeCultures_SelectedItemChanged()方法中实现。在这个方法中，把 Grid 控件的 DataContext 设置为选中的 CultureData 对象。在 XAML 逻辑树中，这个 Grid 控件是显示所选区域性信息的所有控件的父控件。

```
private void treeCultures_SelectedItemChanged(object sender,
  RoutedPropertyChangedEventArgs<object> e)
{
  itemGrid.DataContext = e.NewValue as CultureData;
}
```

现在看看显示内容的 XAML 代码。一个树型视图用于显示所有的区域性。对于在树型视图内部显示的项，使用项模板。这个模板使用一个文本块，该文本框绑定到 CultureInfo 类的 EnglishName 属性上。为了绑定树型视图中的项，应使用 HierarchicalDataTemplate 来递归地绑定 CultureData 类型的 SubCultures 属性(代码文件 CultureDemo/ MainWindow.xaml)：

```
<TreeView SelectedItemChanged="treeCultures_SelectedItemChanged" Margin="5"
    ItemsSource="{Binding}" >
  <TreeView.ItemTemplate>
    <HierarchicalDataTemplate DataType="{x:Type local:CultureData}"
        ItemsSource="{Binding SubCultures}">
      <TextBlock Text="{Binding Path=CultureInfo.EnglishName}" />
    </HierarchicalDataTemplate>
  </TreeView.ItemTemplate>
</TreeView>
```

为了显示所选项的值，使用了几个 TextBlock 控件，它们绑定到 CultureData 类的 CultureInfo 属性上，从而绑定到从 CultureInfo 返回的 CultureInfo 类型的属性上，例如 Name、IsNeutralCulture、EnglishName 和 NativeName 等。要把从 IsNeutralCulture 属性返回的布尔值转换为 Visiblility 枚举值，并

显示日历名称，应使用转换器：

```xml
<TextBlock Grid.Row="0" Grid.Column="0" Text="Culture Name:" />
<TextBlock Grid.Row="0" Grid.Column="1" Text="{Binding CultureInfo.Name}"
  Width="100" />
<TextBlock Grid.Row="0" Grid.Column="2" Text="Neutral Culture"
  Visibility="{Binding CultureInfo.IsNeutralCulture,
  Converter={StaticResource boolToVisiblity}}" />
<TextBlock Grid.Row="1" Grid.Column="0" Text="English Name:" />
<TextBlock Grid.Row="1" Grid.Column="1" Grid.ColumnSpan="2"
  Text="{Binding CultureInfo.EnglishName}" />
<TextBlock Grid.Row="2" Grid.Column="0" Text="Native Name:" />
<TextBlock Grid.Row="2" Grid.Column="1" Grid.ColumnSpan="2"
  Text="{Binding CultureInfo.NativeName}" />
<TextBlock Grid.Row="3" Grid.Column="0" Text="Default Calendar:" />
<TextBlock Grid.Row="3" Grid.Column="1" Grid.ColumnSpan="2"
  Text="{Binding CultureInfo.Calendar,
  Converter={StaticResource calendarConverter}}" />
<TextBlock Grid.Row="4" Grid.Column="0" Text="Optional Calendars:" />
<ListBox Grid.Row="4" Grid.Column="1" Grid.ColumnSpan="2"
    ItemsSource="{Binding CultureInfo.OptionalCalendars}">
  <ListBox.ItemTemplate>
    <DataTemplate>
      <TextBlock Text="{Binding
        Converter={StaticResource calendarConverter}}" />
    </DataTemplate>
  </ListBox.ItemTemplate>
</ListBox>
```

把布尔值转换为 Visiblility 枚举值的转换器在 BooleanToVisiblilityConverter 类中定义(代码文件 WPFCultureDemo\ Converters\ BooleanToVisiblilityConverter.cs)：

```csharp
using System;
using System.Globalization;
using System.Windows;
using System.Windows.Data;

namespace CultureDemo.Converters
{
  public class BooleanToVisibilityConverter: IValueConverter
  {
    public object Convert(object value, Type targetType, object parameter,
      CultureInfo culture)
    {
      bool b = (bool)value;
      if (b)
        return Visibility.Visible;
      else
        return Visibility.Collapsed;
    }

    public object ConvertBack(object value, Type targetType,
      object parameter, CultureInfo culture)
    {
      throw new NotImplementedException();
```

```
      }
    }
}
```

转换日历文本以进行显示的转换器有点复杂。下面是 CalendarTypeToCalendarInformationConverter 类中 Convert 方法的实现代码,该实现代码使用类名和日历类型名称,给日历返回一个有用的值(代码文件 WPFCultureDemo/Converters/CalendarTypeToCalendarInformationConverter.cs):

```
public object Convert(object value, Type targetType, object parameter,
  CultureInfo culture)
{
  var c = value as Calendar;
  if (c == null) return null;
  var calText = new StringBuilder(50);
  calText.Append(c.ToString());
  calText.Remove(0, 21); // remove the namespace
  calText.Replace("Calendar", "");
  GregorianCalendar gregCal = c as GregorianCalendar;
  if (gregCal != null)
  {
    calText.Append($" {gregCal.CalendarType}");
  }
  return calText.ToString();
}
```

CultureData 类包含的属性可以为数字、日期和时间格式显示示例信息,这些属性用下面的 TextBlock 元素绑定:

```
<TextBlock Grid.Row="0" Grid.Column="0" Text="Number" />
<TextBlock Grid.Row="0" Grid.Column="1" Text="{Binding NumberSample}" />
<TextBlock Grid.Row="1" Grid.Column="0" Text="Full Date" />
<TextBlock Grid.Row="1" Grid.Column="1" Text="{Binding DateSample}" />
<TextBlock Grid.Row="2" Grid.Column="0" Text="Time" />
<TextBlock Grid.Row="2" Grid.Column="1" Text="{Binding TimeSample}" />
```

区域的信息用 XAML 代码的最后一部分显示。如果 RegionInfo 不可用,就隐藏整个 GroupBox。TextBlock 元素绑定了 RegionInfo 类型的 DisplayName、CurrencySymbol、ISOCurrencySymbol 和 IsMetric 属性:

```
<GroupBox x:Name="groupRegion" Header="Region Information" Grid.Row="6"
    Grid.Column="0" Grid.ColumnSpan="3" Visibility="{Binding RegionInfo,
    Converter={StaticResource nullToVisibility}}">
  <Grid>
    <Grid.RowDefinitions>
      <RowDefinition />
      <RowDefinition />
      <RowDefinition />
    </Grid.RowDefinitions>
    <Grid.ColumnDefinitions>
      <ColumnDefinition />
      <ColumnDefinition />
      <ColumnDefinition />
    </Grid.ColumnDefinitions>
```

```xml
<TextBlock Grid.Row="0" Grid.Column="0" Text="Region" />
<TextBlock Grid.Row="0" Grid.Column="1" Grid.ColumnSpan="2"
    Text="{Binding RegionInfo.DisplayName}" />
<TextBlock Grid.Row="1" Grid.Column="0" Text="Currency" />
<TextBlock Grid.Row="1" Grid.Column="1"
    Text="{Binding RegionInfo.CurrencySymbol}" />
<TextBlock Grid.Row="1" Grid.Column="2"
    Text="{Binding RegionInfo.ISOCurrencySymbol}" />
<TextBlock Grid.Row="2" Grid.Column="1" Text="Is Metric"
    Visibility="{Binding RegionInfo.IsMetric,
    Converter={StaticResource boolToVisiblity}}" />
</Grid>
```

启动应用程序,在树型视图中就会看到所有的区域性,选择一个区域性后,就会列出该区域性的特征,如图 28-6 所示。

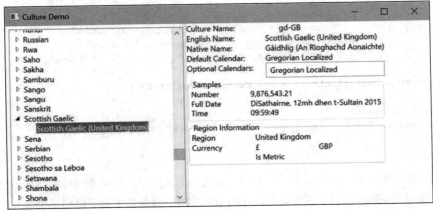

图 28-6

28.2.4 排序

SortingDemo 示例使用如下依赖项和名称空间:

依赖项:

```
NETStandard.Library
System.Collections.NonGeneric
```

名称空间:

```
System
System.Collections
System.Collections.Generic
System.Globalization
static System.Console
```

排序字符串取决于区域性。在默认情况下,为排序而比较字符串的算法依赖于区域性。例如在芬兰,字符 V 和 W 就是相同的。为了说明芬兰的排序方式,下面的代码创建一个小型控制台应用程序示例,其中对数组中尚未排序的一些美国州名进行排序。

下面的 DisplayName()方法用于在控制台上显示数组或集合中的所有元素(代码文件 SortingDemo/Program.cs):

```
public static void DisplayNames(string title, IEnumerable<string> e)
{
  WriteLine(title);
  WriteLine(string.Join("-", e));
  WriteLine();
}
```

在 Main()方法中,在创建了包含一些美国州名的数组后,就把线程的 CurrentCulture 属性设置为 Finnish 区域性,这样,下面的 Array.Sort()方法就使用芬兰的排列顺序。调用 DisplayName()方法在控制台上显示所有的州名:

```
public static void Main()
{
  string[] names = {"Alabama", "Texas", "Washington", "Virginia",
                    "Wisconsin", "Wyoming", "Kentucky", "Missouri", "Utah",
                    "Hawaii","Kansas", "Louisiana", "Alaska", "Arizona"};

  CultureInfo.CurrentCulture = new CultureInfo("fi-FI");

  Array.Sort(names);
  DisplayNames("Sorted using the Finnish culture", names);
  // etc.
}
```

在以芬兰排列顺序第一次显示美国州名后,数组将再次排序。如果希望排序独立于用户的区域性,就可以使用不变的区域性。在要将已排序的数组发送到服务器上或存储到某个地方时,就可以采用这种方式。

为此,给 Array.Sort()方法传递第二个参数。Sort()方法希望第二个参数是实现 IComparer 接口的一个对象。System.Collections 名称空间中的 Comparer 类实现 IComparer 接口。Comparer. DefaultInvariant 返回一个 Comparer 对象,该对象使用不变的区域性比较数组值,以进行独立于区域性的排序。

```
public static void Main()
{
  // etc.
  // sort using the invariant culture
  Array.Sort(names, System.Collections.Comparer.DefaultInvariant);
  DisplayNames("Sorted using the invariant culture", names);
}
```

这个程序的输出显示了用 Finnish 区域性进行排序的结果和独立于区域性的排序结果。在使用独立于区域性的排序方式时,Virginia 排在 Washington 的前面。用 Finnish 区域性进行排序时,Virginia 排在 Washington 的后面。

```
Sorted using the Finnish culture
Alabama-Alaska-Arizona-Hawaii-Kansas-Kentucky-Louisiana-Missouri-Texas-Utah-
Washington-Virginia-Wisconsin-Wyoming
```

```
Sorted using the invariant culture
Alabama-Alaska-Arizona-Hawaii-Kansas-Kentucky-Louisiana-Missouri-Texas-Utah-
Virginia-Washington-Wisconsin-Wyoming
```

 注意：如果对集合进行的排序应独立于区域性，该集合就必须用不变的区域性进行排序。在把排序结果发送给服务器或存储在文件中时，这种方式尤其有效。为了给用户显示排序的集合，最好用用户的区域性给它排序。

除了依赖区域设置的格式化和测量系统之外，文本和图片也可能因区域性的不同而有所变化。此时就需要使用资源。

28.3 资源

像图片或字符串表这样的资源可以放在资源文件或附属程序集中。在本地化应用程序时，这种资源非常有用，.NET 对本地化资源的搜索提供了内置支持。在说明如何使用资源本地化应用程序之前，先讨论如何创建和读取资源，而无须考虑语言因素。

28.3.1 资源读取器和写入器

在.NET Core 中，资源读取器和写入器与完整的.NET 版本相比是有限的(在撰写本文时)。然而，在许多情形下(包括多平台支持)，资源读取器和写入器提供了必要的功能。

CreateResource 示例应用程序动态创建了一个资源文件，并从文件中读取资源。这个示例使用以下依赖项和名称空间：

依赖项：
```
NETStandard.Library
System.Resources.ReaderWriter
```

名称空间：
```
System.Collections
System.IO
System.Resources
static System.Console
```

ResourceWriter 允许创建二进制资源。写入器的构造函数需要一个使用 File 类创建的 Stream。利用 AddResource 方法添加资源。.NET Core 中简单的资源写入器需要带有键和值的字符串。完整.NET Framework 的资源写入器定义了重载版本，来存储其他类型(代码文件 CreateResource / Program.cs)：

```
private const string ResourceFile = "Demo.resources";
public static void CreateResource()
{
    FileStream stream = File.OpenWrite(ResourceFile);
```

```
    using (var writer = new ResourceWriter(stream))
    {
      writer.AddResource("Title", "Professional C#");
      writer.AddResource("Author", "Christian Nagel");
      writer.AddResource("Publisher", "Wrox Press");
    }
}
```

要读取二进制资源文件的资源,可以使用 ResourceReader。读取器的 GetEnumerator 方法返回一个 IDictionaryEnumerator,在以下 foreach 语句中使用它访问资源的键和值:

```
public static void ReadResource()
{
  FileStream stream = File.OpenRead(ResourceFile);
  using (var reader = new ResourceReader(stream))
  {
    foreach (DictionaryEntry resource in reader)
    {
      WriteLine($"{resource.Key} {resource.Value}");
    }
  }
}
```

运行应用程序,返回写入二进制资源文件的键和值。如下一节所示,还可以使用命令行工具——资源文件生成器(resgen)——创建和转换资源文件。

28.3.2 使用资源文件生成器

资源文件包含图片、字符串表等条目。要创建资源文件,可以使用一般的文本文件,或者使用那些利用 XML 的.resX 文件。下面从一个简单的文本文件开始。

内嵌字符串表的资源可以使用一般的文本文件来创建。该文本文件只是把字符串赋予键。键是可以用来从程序中获取值的名称。键和值都可以包含空格。

这个例子显示了 Wrox.ProCSharp.Localization.MyResources.txt 文件中的一个简单字符串表:

```
Title = Professional C#
Chapter = Localization
Author = Christian Nagel
Publisher = Wrox Press
```

注意:在保存带 Unicode 字符的文本文件时,必须将文件和相应的编码一起保存。为此,可以在 SaveAs 对话框中选择 UTF8 编码。

可以使用资源文件生成器(Resgen.exe)实用程序在 Wrox.ProCSharp.Localization.MyResources.txt 的外部创建一个资源文件,输入如下代码:

```
resgen Wrox.ProCSharp.Localization.MyResources.txt
```

这会创建 Wrox.ProCSharp.Localization.MyResources.resources 文件。得到的资源文件可以作为一个外部文件添加到程序集中,或者内嵌到 DLL 或 EXE 中。Resgen 还可以创建基于 XML 的.resX 资源文件。构建 XML 文件的一种简单方法是使用 Resgen 本身：

```
resgen Wrox.ProCSharp.Localization.MyResources.txt
    Wrox.ProCSharp.Localization.MyResources.resX
```

这条命令创建了 XML 资源文件 Wrox.ProCSharp.Localization.MyResources.resX。Resgen 支持强类型化的资源。强类型化的资源用一个访问资源的类表示。这个类可以用 Resgen 实用程序的/str 选项创建：

```
resgen /str:C#,Wrox.ProCSharp.Localization,MyResources,MyResources.cs
    Wrox.ProCSharp.Localization.MyResources.resX
```

在/str 选项中，按照语言、名称空间、类名和源代码文件名的顺序定义资源。

28.3.3 通过 ResourceManager 使用资源文件

使用旧 C#编译器 csc.exe，可以使用/resource 选项把资源文件添加到程序集中。使用新的.NET Core 编译器，需要在文件夹中添加一个 resx 文件，并嵌入程序集。默认情况下，所有的 resx 文件都嵌入程序集。可以在 project.json 文件中使用 resource、resourceFiles 和 resourceExclude 节点自定义它。

resource 的默认设置是嵌入所有资源文件：

```
"resource": ["embed/**/*.*"]
```

要定义应该排除在外的目录 foo 和 bar，应定义 resourceExclude：

```
"resourceExclude": ["foo/**/*.resx", "bar/**/*.*"],
```

要定义特定的资源文件，可以使用 resourceFiles 节点：

```
"resourceFiles": ["embed/Resources/Sample.resx", "embed/Views/View1.resources"],
```

要了解资源文件如何使用 ResourceManager 类加载，创建一个控制台应用程序(包)，命名为 ResourcesDemo。这个示例使用以下依赖项和名称空间：

依赖项：

```
NETStandard.Library
```

名称空间：

```
System.Globalization
System.Reflection
System.Resources
static System.Console
```

创建一个 Resources 文件夹，在其中添加 Messages.resx 文件。Messages.resx 文件填充了 English-US 内容的键和值，例如键 GoodMorning 和值 Good Morning! 这是默认的语言。可以添加其他语言资源文件和命名约定，把区域性添加到资源文件中，例如，Messages.de.resx 表示德语，Messages.de-AT.resx 表示奥地利口音。

要访问嵌入式资源，使用 System.Resources 名称空间和 NuGet 包 System.Resources.Resource-

Manager 中的 ResourceManager 类。实例化 ResourceManager 时，一个重载的构造函数需要资源的名称和程序集。应用程序的名称空间是 ResourcesDemo；资源文件在 Resources 文件夹中，它定义了子名称空间 Resources，其名称是 Messages.resx。它定义了名称 ResourcesDemo.Resources.Messages。可以使用 Program 类型的 GetTypeInfo 方法检索资源的程序集，它定义了一个 Assembly 属性。使用 resources 实例，GetString 方法返回从资源文件传递的键的值。给第二个参数传递一个区域性，例如 de-AT，就在 de-AT 资源文件中查找资源。如果没有找到，就提取中性语言 de，在 de 资源文件中查找资源。如果没有找到，就在没有指定区域性的默认资源文件中查找，返回值(代码文件 ResourcesDemo / Program.cs)：

```
var resources = new ResourceManager("ResourcesDemo.Resources.Messages",
    typeof(Program).GetTypeInfo().Assembly);
string goodMorning = resources.GetString("GoodMorning",
    new CultureInfo("de-AT"));
WriteLine(goodMorning);
```

ResourceManager 构造函数的另一个重载版本只需要类的类型。这个 ResourceManager 查找 Program.resx 资源文件：

```
var programResources = new ResourceManager(typeof(Program));
WriteLine(programResources.GetString("Resource1"));
```

28.3.4 System.Resources 名称空间

在举例之前，本节先复习一下 System.Resources 名称空间中处理资源的类：

- ResourceManager 类可以用于从程序集或资源文件中获取当前区域性的资源。使用 ResourceManager 类还可以获取特定区域性的 ResourceSet 类。
- ResourceSet 类表示特定区域性的资源。在创建 ResourceSet 类的实例时，它会枚举一个实现 IResourceReader 接口的类，并在散列表中存储所有的资源。
- IResourceReader 接口用于从 ResourceSet 中枚举资源。ResourceReader 类实现这个接口。
- ResourceWriter 类用于创建资源文件。ResourceWriter 类实现 IResourceWriter 接口。

28.4 使用 WPF 本地化

对于 WPF，可以使用.NET 资源，类似于控制台应用程序。为了说明如何对 WPF 应用程序使用资源，创建一个简单的 WPF 应用程序，它只包含一个按钮，如图 28-7 所示。

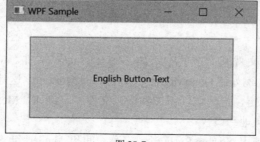

图 28-7

这个应用程序的 XAML 代码如下：

```xml
<Window x:Class="WpfApplication.MainWindow"
    xmlns="http://schemas.microsoft.com/winfx/2006/xaml/presentation"
    xmlns:x="http://schemas.microsoft.com/winfx/2006/xaml"
    Title="WPF Sample" Height="350" Width="525">
  <Grid>
    <Button Name="button1" Margin="30,20,30,20" Click="Button_Click"
        Content="English Button" />
  </Grid>
</Window>
```

在按钮的 Click 事件的处理程序代码中，仅弹出一个包含示例消息的消息框：

```csharp
private void Button_Click(object sender, RoutedEventArgs e)
{
  MessageBox.Show("English Message");
}
```

 注意：WPF 和 XAML 参见第 29 和 34 章。

可以用处理其他应用程序的方式把.NET 资源添加到 WPF 应用程序中。在 Resources.resx 文件中定义资源 Button1Text 和 Button1Message。这个文件在 WPF 项目中自动创建。它在 Solution Explorer 的 Properties 文件夹中。这个资源文件默认使用 Internal 访问修饰符来创建 Resources 类。为了在 XAML 中使用它，需要在托管资源编辑器中把修饰符改为 Public。

选择资源文件，打开 Properties 窗口，可以看到自定义工具 PublicResXFileCodeGenerator 被分配给文件。这个代码生成器创建了一个强类型代码文件，来访问资源。生成的代码文件用资源键的名称提供了公共静态属性，来访问 ResourceManager，在下面的代码片段中可以使用 Button1Text 属性看到它。这里使用的 ResourceManager 是一个属性，它返回 ResourceManager 类的一个实例，该实例是使用单例模式创建的：

```csharp
public static string Button1Text
{
  get
  {
    return ResourceManager.GetString("Button1Text", resourceCulture);
  }
}
```

要使用生成的资源类，需要修改 XAML 代码。添加一个 XML 名称空间别名，以引用.NET 名称空间 WpfApplication.Properties，如下所示。这里，把别名设置为 props。在 XAML 元素中，这个类的属性可以用于 x:Static 标记扩展。把 Button 的 Content 属性设置为 Resources 类的 Button1Text 属性(代码文件 WPFApplication/MainWindow.xaml)。

```xml
<Window x:Class="WpfApplication.MainWindow"
    xmlns="http://schemas.microsoft.com/winfx/2006/xaml/presentation"
    xmlns:x="http://schemas.microsoft.com/winfx/2006/xaml"
    xmlns:props="clr-namespace:WpfApplication.Properties"
```

```
        Title="WPF Sample" Height="350" Width="525">
   <Grid>
     <Button Name="button1" Margin="30,20,30,20" Click="Button_Click"
       Content="{x:Static Member=props:Resources.Button1Text}" />
   </Grid>
</Window>
```

要在代码隐藏中使用.NET 资源，可以直接访问 Button1Message 属性（代码文件 WPFApplication\MainWindow.xaml.cs）:

```
private void Button_Click(object sender, RoutedEventArgs e)
{
  MessageBox.Show(Properties.Resources.Button1Message);
}
```

现在资源可以以前面介绍的方式本地化了。

28.5 使用 ASP.NET Core 本地化

> **注意**：使用本地化与 ASP.NET Core，需要了解本章讨论的区域性和资源，以及如何创建 ASP.NET Core 应用程序。如果以前没有使用 ASP.NET Core 创建 ASP.NET Core Web 应用程序，就应该阅读第 40 章，再继续学习本章的这部分内容。

本地化 ASP.NET Core Web 应用程序时，可以使用 CultureInfo 类和资源，其方式类似于本章前面的内容，但有一些额外的问题需要解决。设置完整应用程序的区域性不能满足一般需求，因为用户来自不同的区域。所以有必要给到服务器的每个请求设置区域性。

怎么知道用户的区域性呢？这有不同的选项。浏览器在每个请求的 HTTP 标题中发送首选语言。浏览器中的这个信息可以来自浏览器设置，或浏览器本身会检查安装的语言。另一个选项是定义 URL 参数，或为不同的语言使用不同的域名。可以在一些场景中使用不同的域名，例如为网站 www.cninnovation.com 使用英文版本，为 www.cninnovation.de 使用德语版本。但是 www.cninnovation.ch 呢？应该提供德语、法语和意大利语版本。这里，URL 参数，如 www.cninnovation.com/culture=de，会有所帮助。使用 www.cninnovation.com/de 的工作方式类似于定义特定路由的 URL 参数。另一个选择是允许用户选择语言，定义一个 cookie，来记住这个选项。

ASP.NET Core 1.0 支持所有这些场景。

28.5.1 注册本地化服务

为了开始注册操作，使用 Empty ASP.NET Core 1.0 项目模板创建一个新的 ASP.NET Web 应用程序。本项目利用以下依赖项和名称空间：

依赖项：

```
Microsoft.AspNetCore.Hosting
Microsoft.AspNetCore.Features
```

```
Microsoft.AspNetCore.IISPlatformHandler
Microsoft.AspNetCore.Localization
Microsoft.AspNetCore.Server.Kestrel
Microsoft.Extensions.Localization
System.Globalization
```

名称空间：

```
Microsoft.AspNetCore.Builder
Microsoft.AspNetCore.Hosting
Microsoft.AspNetCore.Http
Microsoft.AspNetCore.Http.Features
Microsoft.AspNetCore.Localization
Microsoft.Extensions.DependencyInjection
Microsoft.Extensions.Localization
System
System.Globalization
System.Net
```

在 Startup 类中，需要调用 AddLocalization 扩展方法来注册本地化的服务(代码文件 WebApplicationSample / Startup.cs)：

```
public void ConfigureServices(IServiceCollection services)
{
    services.AddLocalization(options => options.ResourcesPath = "CustomResources");
}
```

AddLocalization 方法为接口 IStringLocalizerFactory 和 IStringLocalizer 注册服务。在注册代码中，类型 ResourceManagerStringLocalizerFactory 注册为 singleton，StringLocalizer 注册短暂的生存期。类 ResourceManagerStringLocalizerFactory 是 ResourceManagerStringLocalizer 的一个工厂。这个类利用前面的 ResourceManager 类，从资源文件中检索字符串。

28.5.2 注入本地化服务

将本地化添加到服务集合后，就可以在 Startup 类的 Configure 方法中请求本地化。UseRequestLocalization 方法定义了一个重载版本，在其中可以传递 RequestLocalizationOptions。RequestLocalizationOptions 允许定制应该支持的区域性并设置默认的区域性。这里，DefaultRequestCulture 被设置为 en-us。类 RequestCulture 只是一个小包装，其中包含了用于格式化的区域性(它可以通过 Culture 属性来访问)和使用资源的区域性(UICulture 属性)。示例代码给 SupportedCultures 和 SupportedUICultures 接受 en-us、de-AT 和 de 区域性：

```
public void Configure(IApplicationBuilder app, IStringLocalizer<Startup> sr)
{
    app.UseIISPlatformHandler();

    var options = new RequestLocalizationOptions
    {
        DefaultRequestCulture = new RequestCulture(new CultureInfo("en-US")),
```

```
        SupportedCultures = new CultureInfo[]
        {
          new CultureInfo("en-US"),
          new CultureInfo("de-AT"),
          new CultureInfo("de"),
        },
        SupportedUICultures = new CultureInfo[]
        {
          new CultureInfo("en-US"),
          new CultureInfo("de-AT"),
          new CultureInfo("de"),
        }
      };

      app.UseRequestLocalization(options);

      // etc.
}
```

有了 RequestLocalizationOptions 设置，也设置属性 RequestCultureProviders。默认情况下配置 3 个提供程序：QueryStringRequestCultureProvider、CookieRequestCultureProvider 和 AcceptLanguageHeaderRequestCultureProvider。

28.5.3 区域性提供程序

下面详细讨论这些区域性提供程序。QueryStringRequestCultureProvider 使用查询字符串检索区域性。默认情况下，查询参数 culture 和 ui-culture 用于这个区域性提供程序，如下面的 URL 所示：

```
http://localhost:5000/?culture=de&ui-culture=en-US
```

还可以通过设置 QueryStringRequestCultureProvider 的 QueryStringKey 和 UIQueryStringKey 属性来更改查询参数。

CookieRequestCultureProvider 定义了名为 ASPNET_CULTURE 的 cookie (可以使用 CookieName 属性设置)。检索这个 cookie 的值，来设置区域性。为了创建一个 cookie，并将其发送到客户端，可以使用静态方法 MakeCookieValue，从 RequestCulture 中创建一个 cookie，并将其发送到客户端。CookieRequestCultureProvider 使用静态方法 ParseCookieValue 获得 RequestCulture。

设置区域性的第三个选项是，可以使用浏览器发送的 HTTP 标题信息。发送的 HTTP 标题如下所示：

```
Accept-Language: en-us, de-at;q=0.8, it;q=0.7
```

AcceptLanguageHeaderRequestCultureProvider 使用这些信息来设置区域性。使用至多三个语言值，其顺序由 quality 值定义，找到与支持的区域性匹配的第一个值。

下面的代码片段现在使用请求的区域性生成 HTML 输出。首先，使用 IRequestCultureFeature 协定访问请求的区域性。实现接口 IRequestCultureFeature 的 RequestCultureFeature 使用匹配区域性设置的第一个区域性提供程序。如果 URL 定义了一个匹配区域性参数的查询字符串，就使用 QueryStringRequestCultureProvider 返回所请求的区域性。如果 URL 不匹配，但收到名为 ASPNET_CULTURE 的 cookie，就使用 CookieRequestCultureProvider，否则使用 AcceptLanguage-

RequestCultureProvider。使用返回的 RequestCulture 的属性，把由此产生的、用户使用的区域性写入响应流。接着，使用当前的区域性把当前的日期写入流。这里使用的 IStringLocalizer 类型的变量需要一些更多的检查，如下：

```csharp
public void Configure(IApplicationBuilder app, IStringLocalizer<Startup> sr)
{
  // etc.

  app.Run(async context =>
  {
    IRequestCultureFeature requestCultureFeature =
      context.GetFeature<IRequestCultureFeature>();
    RequestCulture requestCulture = requestCultureFeature.RequestCulture;

    var today = DateTime.Today;
    context.Response.StatusCode = 200;
    await context.Response.WriteAsync("<h1>Sample Localization</h1>");
    await context.Response.WriteAsync(
      $"<div>{requestCulture.Culture} {requestCulture.UICulture}</div>");
    await context.Response.WriteAsync($"<div>{today:D}</div>");
    // etc.

    await context.Response.WriteAsync($"<div>{sr["message1"]}</div>");
    await context.Response.WriteAsync($"<div>{sr.GetString("message1")}</div>");
    await context.Response.WriteAsync($"<div>{sr.GetString("message2",
      requestCulture.Culture, requestCulture.UICulture)}</div>");
  });
}
```

28.5.4 在 ASP.NET Core 中使用资源

如 "资源" 一节所述，资源文件可以用于 ASP.NET Core 1.0。样例项目添加了文件 Startup.resx 以及 CustomResources 文件夹。资源的本地化版本用 Startup.de.resx 和 Startup.de-AT.resx 提供。

在注入本地化服务时，存储资源的文件夹名称用选项定义(代码文件 WebApplicationSample / Startup.cs)：

```csharp
public void ConfigureServices(IServiceCollection services)
{
  services.AddLocalization(
    options => options.ResourcesPath = "CustomResources");
}
```

在依赖注入中，IStringLocalizer <Startup>注入为 Configure 方法的一个参数。使用泛型类型的 Startup 参数，在 resources 目录中找到一个具有相同名称的资源文件，它匹配 Startup.resx。

```csharp
public void Configure(IApplicationBuilder app, IStringLocalizer<Startup> sr)
{
  // etc.
}
```

下面的代码片段利用 IStringLocalizer <Startup>类型的变量 sr，通过一个索引器和 GetString 方法访问资源 message1。资源 message2 使用字符串格式占位符，它用 GetString 方法的一个重载版本注入，其中可以传递任何数量的参数：

```
public void Configure(IApplicationBuilder app, IStringLocalizer<Startup> sr)
{
  // etc.

  app.Run(async context =>
  {
    // etc.

    await context.Response.WriteAsync($"<div>{sr["message1"]}</div>");
    await context.Response.WriteAsync($"<div>{sr.GetString("message1")}</div>");
    await context.Response.WriteAsync($"<div>{sr.GetString("message2",
      requestCulture.Culture, requestCulture.UICulture)}</div>");
  });
}
string localized1 = sr["message1"];
```

message2 的资源用字符串格式占位符定义：

```
Using culture {0} and UI culture {1}
```

运行 Web 应用程序，得到的视图如图 28-8 所示。

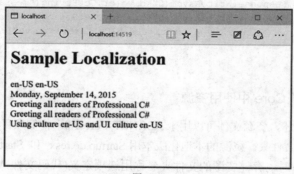

图 28-8

28.6 本地化通用 Windows 平台

用 Universal Windows Platform (UWP)进行本地化基于前面学习的概念，但带来了一些新理念，如下所述。为了获得最佳的体验，需要通过 Visual Studio Extensions and Updates 安装 Multilingual App Toolkit。

区域性、区域和资源的概念是相同的，但因为 Windows 应用程序可以用 C#和 XAML、C++和 XAML、JavaScript 和 HTML 来编写，所以这些概念必须可用于所有的语言。只有 Windows Runtime 能用于所有这些编程语言和 Windows 应用程序。因此，用于全球化和资源的新名称空间可通过 Windows Runtime 来使用：Windows.Globalization 和 Windows.AppalicationModel.Resources。在全球化名称空间中包含 Calendar、GeographicRegion(对应于.NET 的 RegionInfo)和 Language 类。在其子名称空间中，还有一些数字和日期格式化类随着语言的不同而改变。在 C#和 Windows 应用程序中，仍可以使用.NET 类表示区域性和区域。

下面举一个例子，说明如何用 Universal Windows 应用程序进行本地化。使用 Blank App (Universal APP)Visual Studio 项目模板创建一个小应用程序。在页面上添加两个 TextBlock 和一个 TextBox 控件。

在代码文件的 OnNavigatedTo()方法中，可以把具有当前格式的日期赋予 text1 控件的 Text 属性。DateTime 结构可以用非常类似于本章前面控制台应用程序的方式使用(代码文件 UWPLocalization/MainPage.xaml.cs)：

```
protected override void OnNavigatedTo(NavigationEventArgs e)
{
  base.OnNavigatedTo(e);
  text1.Text = DateTime.Today.ToString("D");
  //...
}
```

28.6.1 给 UWP 使用资源

在 UWP 中，可以用文件扩展名 resw 替代 resx，以创建资源文件。在后台，resw 文件使用相同的 XML 格式，可以使用相同的 Visual Studio 资源编辑器创建和修改这些文件。下例使用如图 28-9 所示的结构。子文件夹 Message 包含一个子目录 en-us，在其中创建了两个资源文件 Errors.resw 和 Messages.resw。在 Strings\en-us 文件夹中，创建了资源文件 Resources.resw。

Messages.resw 文件包含一些英语文本资源，Hello 的值是 Hello World，资源的名称是 GoodDay、GoodEvening 和 GoodMorning。文件 Resources.resw 包含资源 Text3.Text 和 Text3.Width，其值分别是 "This is a sample message for Text4" 和 300。

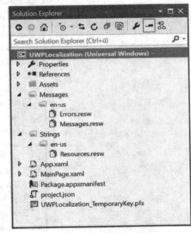

图 28-9

在代码中，使用 Windows.AppalicationModel.Resources 名称空间中的 ResourcesLoader 类可以访问资源。这里使用字符串 "Messages" 作为 GetForCurrentView 方法的参数。因此，要使用资源文件 Messages.resw。调用 GetString 方法，会检索键为 "Hello" 的资源(代码文件 UWPLocalization/ MainPage.xaml.cs)。

```
protected override void OnNavigatedTo(NavigationEventArgs e)
{
  // etc.
  var resourceLoader = ResourceLoader.GetForCurrentView("Messages");
  text2.Text = resourceLoader.GetString("Hello");
}
```

在 UWP Windows 应用程序中，也可以直接在 XAML 代码中使用资源。对于下面的 TextBox，给 x:Uid 特性赋予值 Text3。这样，就会在资源文件 Resources.resw 中搜索名为 Text3 的资源。这个资源文件包含键 Text3.Text 和 Text3.Width 的值。检索这些值，并设置 Text 和 Width 属性(代码文件 UWPLocalization/MainPage.xaml)：

```
<TextBox x:Uid="FileName_Text3" HorizontalAlignment="Left" Margin="50"
    TextWrapping="Wrap" Text="TextBox" VerticalAlignment="Top"/>
```

28.6.2 使用多语言应用程序工具集进行本地化

为了本地化 UWP 应用程序，可以下载前面提及的 Multilingual App Toolkit。这个工具包集成在 Visual Studio 2015 中。安装了该工具包后，就可以通过 Tools | Enable Multilingual Toolkit，为 UWP 应用程序启用它。这会在项目文件中添加一个生成命令，在 Solution Explorer 的上下文菜单中添加一个菜单项。打开该上下文菜单，选择 Multilingual App Toolkit | Add Translation Languages，打开如图 28-10 所示的对话框，在其中可以选择要翻译为哪种语言。该示例选择 Pseudo Language、French、German 和 Spanish。对于这些语言，可以使用 Microsoft Translator。这个工具现在创建一个 MultilingualResources 子目录，其中包含所选语言的.xlf 文件。.xlf 文件用 XLIFF(XML Localisation Interchange File Format)标准定义，这是 Open Architecture for XML Authoring and Localization(OAXAL) 参考架构的一个标准。

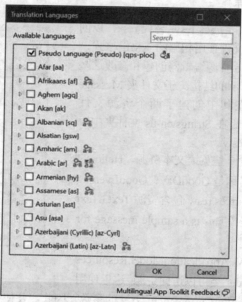

图 28-10

  注意：Multilingual App Toolkit 也可以在 http://aka.ms/ matinstallv4 上安装，无须使用 Visual Studio。下载 Multilingual App Toolkit。

下次启动项目的生成过程时，XLIFF 文件就会从所有资源中填充相应的内容。在 Solution Explorer 中选择 XLIFF 文件，就可以把它们直接发送给翻译过程。为此，在 Solution Explorer 中打开上下文菜单，选择.xlf 文件，选择 Multilingual App Toolkit | Export translations...，打开如图 28-11 所示的对话框，在其中可以配置应发送的信息，也可以发送电子邮件，添加 XLIFF 文件作为附件。

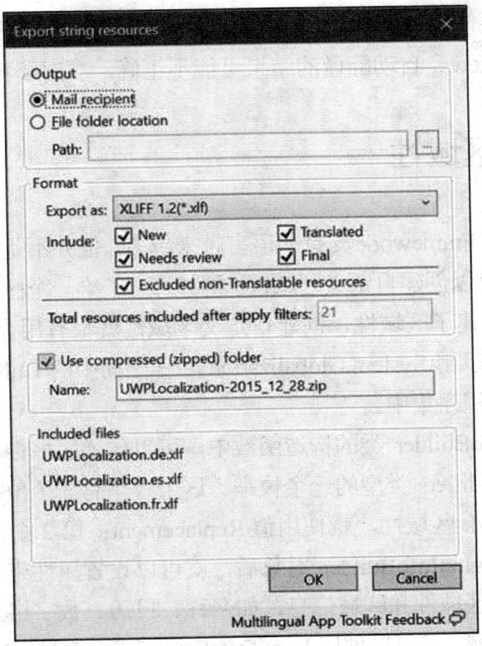

第 28 章 本 地 化

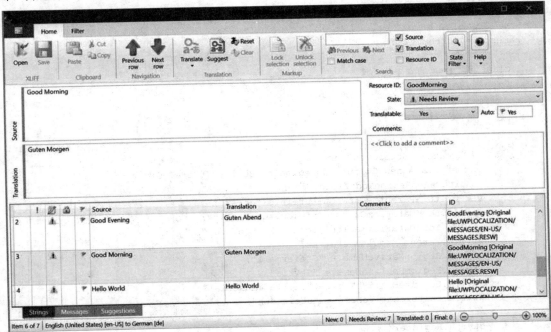

图 28-11

对于翻译,还可以使用微软的翻译服务。在 Visual Studio Solution Explorer 中选择 .xlf 文件,打开上下文菜单后,选择 Multilingual App Toolkit | Generate Machine Translations。

打开 .xlf 文件时,会打开 Multilingual Editor(参见图 28-12)。有了这个工具,就可以验证自动翻译,并进行必要的修改。

图 28-12

没有人工检查，就不要使用机器翻译。该工具会为每个已翻译的资源显示状态。自动翻译完成后，状态设置为 Needs Review。自动翻译的结果可能不正确，有时还很可笑。

28.7 创建自定义区域性

随着时间的推移，.NET Framework 支持的语言越来越多。但并不是所有语言都可用于.NET。对于不可用于.NET 的语言，可以创建自定义区域性。例如，为了给一个区域的少数民族创建自定义区域性，或者给不同的方言创建子区域性，创建自定义区域性就很有用。

自定义区域性和区域可以用 System.Globalization 名称空间中的 CultureAndRegionInfoBuilder 类创建，这个类位于 sysglobl 程序集中。

在 CultureAndRegionInfoBuilder 类的构造函数中，可以传递区域性名。该构造函数的第二个参数需要 CultureAndRegionModifiers 类型的一个枚举。这个枚举有 3 个值：Neutral 表示中立区域性；如果应替换已有的 Framework 区域性，就使用值 Replacement；第 3 个值是 None。

在实例化 CultureAndRegionInfoBuilder 对象后，就可以设置属性来配置区域性。使用这个类的一些属性，可以定义所有的区域性和区域信息，如名称、日历、数字格式、米制信息等。如果区域性应基于已有的区域性和区域，就可以使用 LoadDataFromCultureInfo()和 LoadDataFromRegionInfo()方法设置实例的属性，之后通过设置属性来修改不同的值。

调用 Register()方法，给操作系统注册新区域性。描述区域性的文件位于<windows>\Globalization 目录中，其扩展名是.nlp(代码文件 CustomCultures/Program.cs)。

```
using System;
using System.Globalization;
using static System.Console;

namespace CustomCultures
{
  class Program
  {
    static void Main()
    {
      try
      {
        // Create a Styria culture
        var styria = new CultureAndRegionInfoBuilder("de-AT-ST",
          CultureAndRegionModifiers.None);
        var cultureParent = new CultureInfo("de-AT");
        styria.LoadDataFromCultureInfo(cultureParent);
        styria.LoadDataFromRegionInfo(new RegionInfo("AT"));
        styria.Parent = cultureParent;
        styria.RegionNativeName = "Steiermark";
        styria.RegionEnglishName = "Styria";
        styria.CultureEnglishName = "Styria (Austria)";
        styria.CultureNativeName = "Steirisch";

        styria.Register();
      }
      catch (UnauthorizedAccessException ex)
```

```
            {
                WriteLine(ex.Message);
            }
        }
    }
}
```

因为在系统上注册自定义语言需要管理员权限，所以使用控制台应用程序项目模板创建示例应用程序，再添加应用程序清单文件。这个清单文件指定了请求的执行权限。在项目属性中，清单文件必须在 Application 设置中设置：

```
<?xml version="1.0" encoding="utf-8"?>
<asmv1:assembly manifestVersion="1.0" xmlns="urn:schemas-microsoft-com:asm.v1"
  xmlsn:asmv1="urn:schemas-microsoft-com:asm.v1" xmlns:asmv2="urn:schemas-microsoft-
  com:asm.v2" xmlns:xsi="http://www.w3.org/2001/XMLSchema-instance">
    <assemblyIdentity version="1.0.0.0" name="MyApplication.app"/>
    <trustInfo xmlns="urn:schemas-microsoft-com:asm.v2">
      <security>
        <requestedPrivileges xmlns="urn:schemas-microsoft-com:asm.v3">
          <requestedExecutionLevel level="requireAdministrator"
            uiAccess="false" />
        </requestedPrivileges>
      </security>
    </trustInfo>
</asmv1:assembly>
```

现在新建的区域性就可以像其他区域性那样使用了：

```
var ci = new CultureInfo("de-AT-ST");
CultureInfo.CurrentCulture = ci;
CultureInfo.CurrentUICulture = ci;
```

区域性可以用于格式化和资源。如果再次启动本章前面编写的 Cultures In Action 应用程序，就可以看到自定义区域性。

28.8 小结

本章讨论了 .NET 应用程序的全球化和本地化。对于应用程序的全球化，我们讨论了 System.Globalization 名称空间，它用于格式化依赖于区域性的数字和日期。此外，说明了在默认情况下，字符串的排序取决于区域性。我们使用不变的区域性进行独立于区域性的排序。并且，本章讨论了如何使用 CultureAndRegionInfoBuilder 类创建自定义区域性。

应用程序的本地化使用资源来实现。资源可以放在文件、附属程序集或自定义存储器(如数据库)中。本地化所使用的类位于 System.Resources 名称空间中。要从其他地方读取资源，如附属程序集或资源文件，可以创建自定义资源读取器。

我们还学习了如何本地化 WPF、ASP.NET Core 应用程序和使用 UWP 的应用程序。

下一章介绍 XAML，XAML 用于 UWP 和 WPF，所以下一章提供了这两种技术的基础。

第Ⅲ部分

Windows应用程序

- ➢ 第29章 核心 XAML
- ➢ 第30章 样式化 XAML 应用程序
- ➢ 第31章 模式和 XAML 应用程序
- ➢ 第32章 Windows 应用程序：用户界面
- ➢ 第33章 高级 Windows 应用程序
- ➢ 第34章 带 WPF 的 Windows 桌面应用程序
- ➢ 第35章 用 WPF 创建文档
- ➢ 第36章 部署 Windows 应用程序

第29章

核心 XAML

本章要点
- XAML 语法
- 依赖属性
- 路由事件
- 附加属性
- 标记扩展

本章源代码下载地址(wrox.com):

打开网页 http://www.wrox.com/go/professionalcsharp6,单击 Download Code 选项卡即可下载本章源代码。本章代码分为以下几个主要的示例文件,用于 WPF 和 Universal Windows 应用程序:
- 代码简介
- XAML 简介
- 依赖对象
- 路由事件
- 附加属性
- 标记扩展

29.1 XAML 的作用

编写.NET 应用程序时,需要了解的通常不仅仅是 C#语法。如果编写 Universal Windows 应用程序,使用 WPF 的 Windows 桌面应用程序、使用 WF 的工作流、创建 XPS 文档、编写 Silverlight,就还需要 XAML。XAML(eXtensible Application Markup Language,可扩展应用程序标记语言)是一种声明性的 XML 语法,上述这些应用程序通常需要 XAML。本章详细介绍 XAML 的语法,以及可用于这种标记语言的扩展机制。本章描述了在 WPF 应用程序中的 XAML 和使用 Universal Windows Platform (UWP)的 Windows 应用程序中的 XAML 之间的差异。

可以用 XAML 完成的工作都可以用 C#实现，那么，为什么还需要 XAML？XAML 通常用于描述对象及其属性，在很深的层次结构中，这是可能的。例如，Window 控件包含一个 Grid 控件，Grid 控件包含一个 StackPanel 和其他控件，StackPanel 包含按钮和文本框控件。XAML 便于描述这种层次结构，并通过 XML 属性或元素分配对象的属性。

XAML 允许以声明式的方式编写代码，而 C#主要是一种命令式编程语言。XAML 支持声明式定义。在命令式编程语言中，用 C#代码定义一个 for 循环，编译器就使用中间语言(IL)代码创建一个 for 循环。在声明性编程语言中，声明应该做什么，而不是如何完成。虽然 C#不是纯粹的命令式编程语言，但使用 LINQ 时，也是在以声明方式编写语法。

XAML 是一个 XML 语法，但它定义了 XML 的几个增强。XAML 仍然是有效的 XML，但是一些增强有特殊的意义，例如，在 XML 属性中使用花括号，子元素的命名方式。

有效使用 XAML 之前，需要了解这门语言的一些重要特性。本章介绍了如下 XAML 特性：

- **依赖属性**：从外部看起来，依赖属性像正常属性。然而，它们需要更少的存储空间，实现了变更通知。
- **路由事件**：从外面看起来，路由事件像正常的.NET 事件。然而，通过添加和删除访问器来使用自定义事件实现方式，就允许冒泡和隧道。事件从外部控件进入内部控件称为隧道，从内部控件进入外部控件称为冒泡。
- **附加属性**：通过附加属性，可以给其他控件添加属性。例如，按钮控件没有属性用于把它自己定位在网格控件的特定行和列上。在 XAML 中，看起来有这样一个属性。
- **标记扩展**：编写 XML 特性需要的编码比 XML 元素少。然而，XML 特性只能是字符串；使用 XML 语法可以编写更强大的元素。为了减少需要编写的代码量，标记扩展允许在特性中编写强大的语法。

 注意：.NET 属性参见第 3 章。事件，包括通过添加和删除访问器编写自定义事件，详见第 9 章，XML 的功能参见第 27 章。

29.2 XAML 概述

XAML 代码使用文本 XML 来声明。XAML 代码可以使用设计器创建，也可以手动编写。Visual Studio 包含的设计器可给 WPF、Silverlight、WF 或 Universal Windows 应用程序编写 XAML 代码。也可以使用其他工具创建 XAML，如 Blend for Visual Studio 2015。Visual Studio 最适合编写源代码，Blend 最适合创建样式、模板和动画。在 Visual Studio 2013 中，Blend 和 Visual Studio 开始共享相同的 XAML 设计器。Blend 2015 年重写为与 Visual Studio 共享相同的外壳。Visual Studio 用户会立即感觉使用 Blend 2015 很顺手。

下面讨论 XAML。在 WPF 应用程序中，XAML 元素映射到.NET 类。对于 XAML，这并不是一个严格的要求。在 Silverlight 1.0 中，.NET 不能用于插件，只能使用 JavaScript 解释和通过编程方法访问 XAML 代码。这种情况自 Silverlight 2.0 以来有了改变，.NET Framework 的一个小型版本是 Silverlight 插件的一部分。对于 Silverlight 或 WPF，每个 XAML 元素都对应一个.NET 类。对于 Windows 应用程序，每个 XAML 元素都对应一个 Windows Runtime 类型。

XAML 代码在生成过程中会发生什么？为了编译 WPF 项目，应在程序集 PresentationBuildTasks 中定义 MSBuild 任务 MarkupCompilePass1 和 MarkupCompilePass2。这些 MSBuild 任务会创建标记代码的二进制表示 BAML(Binary Application Markup Language, 二进制应用程序标记语言)，并添加到程序集的.NET 资源中。在运行期间，会使用该二进制表示。

29.2.1 使用 WPF 把元素映射到类上

如上一节所述，XAML 元素通常映射到.NET 类或 Windows Runtime 类上。下面利用 C#控制台项目在 Window 中通过编程方式创建一个 Button 对象。如下面的代码所示，实例化一个 Button 对象，并把其 Content 属性设置为一个字符串；定义一个 Window，设置其 Title 和 Content 属性。要编译这段代码，需要引用程序集 PresentationFramework、PresentationCore、WindowBase 和 System.Xaml(代码文件 CodeIntroWPF/Program.cs)。

```
using System;
using System.Windows;
using System.Windows.Controls;

namespace CodeIntroWPF
{
  class Program
  {
    [STAThread]
    static void Main()
    {
      var b = new Button
      {
        Content = "Click Me!"
      };
      b.Click += (sender, e) =>
      {
        b.Content = "clicked";
      };

      var w = new Window
      {
        Title = "Code Demo",
        Content = b
      };

      var app = new Application();
      app.Run(w);
    }
  }
}
```

注意：在 .NET Framework 中，System.Windows 名称空间中除了 System.Windows.Forms(包括较早的 Windows Forms 技术)之外的所有内容都属于 WPF。

使用 XAML 代码可以创建类似的 UI。与以前一样，这段代码创建了一个包含 Button 元素的

Window 元素。为 Window 元素设置了其内容和 Title 特性(代码文件 XAMLIntroWPF /MainWindow. xaml)。

```
<Window x:Class="XAMLIntroWPF.MainWindow"
      xmlns="http://schemas.microsoft.com/winfx/2006/xaml/presentation"
      xmlns:x="http://schemas.microsoft.com/winfx/2006/xaml"
      Title="XAML Demo" Height="350" Width="525">
  <!--etc.-->
  <Button Content="Click Me!" Click="OnButtonClicked" />
  <!--etc.-->
</Window>
```

当然,上面的代码没有定义 Application 实例,它也可以用 XAML 定义。在 Application 元素中,设置了 StartupUri 特性,它链接到包含主窗口的 XAML 文件上(XAML 文件 XAMLIntroWPF/App. xaml)。

```
<Application x:Class="XAMLIntroWPF.App"
           xmlns="http://schemas.microsoft.com/winfx/2006/xaml/presentation"
           xmlns:x="http://schemas.microsoft.com/winfx/2006/xaml"
           StartupUri="MainWindow.xaml">
  <Application.Resources>
  </Application.Resources>
</Application>
```

29.2.2 通过通用 Windows 应用程序把元素映射到类上

通过 Universal Windows Platform (UWP) 应用程序映射类型,类似于使用 WPF 映射类型,但使用 Windows 运行库定义的是完全不同的类型。下面再次不使用 XAML。使用用于 Windows Universal 应用程序的 Blank App 模板可以创建一个应用程序,删除 XAML 文件(包括 MainPage. xaml 以及 App.xaml,其中包括 C#后台编码文件)。为了不自动在设计器中创建 Main 方法,必须在项目属性的 Build 设置中,设置条件编译符号 DISABLE_XAML_ GENERATED_MAIN。

在 Main 方法中,需要启动应用程序。与 WPF 类似,这里也使用 Application 类。这次,它来自 Windows.UI.Xaml 名称空间。不调用 Run 实例方法,这个类定义了一个 Start 静态方法。Start 方法定义了一个 ApplicationInitializationCallback 委托参数,在应用程序的初始化过程中调用它。在这个初始化中,创建一个按钮(Windows.UI.Xaml.Controls 名称空间),激活当前窗口:

```
using System;
using Windows.ApplicationModel.Activation;
using Windows.UI.Xaml;
using Windows.UI.Xaml.Controls;

namespace CodeIntroUWP
{
  partial class Program
  {
    [STAThread]
    public static void Main()
    {
      Application.Start(p =>
      {
        var b = new Button
        {
```

```
        Content = "Click Me!"
      };
      b.Click += (sender, e) =>
      {
        b.Content = "clicked";
      };

      Window.Current.Content = b;
      Window.Current.Activate();
    });
  }
}
```

用 XAML 创建相同的用户界面,创建一个新的通用 Windows 应用程序项目。其 XAML 代码和 WPF 的 XAML 代码非常相似,但使用了 Page,而不是 Window。甚至 XML 名称空间相同,然而,XAML 类型从 Windows 运行库映射到名称空间(代码文件 XamlIntroUWP / MainPage.xaml):

```
<Page x:Class="XamlIntroUWP.MainPage"
    xmlns="http://schemas.microsoft.com/winfx/2006/xaml/presentation"
    xmlns:x="http://schemas.microsoft.com/winfx/2006/xaml">
  <!--etc.-->
  <Button Content="Click Me!" x:Name="button1" Click="OnButtonClick" />
  <!--etc.-->
</Page>
```

29.2.3 使用自定义.NET 类

要在 XAML 代码中使用自定义.NET 类,只需要在 XAML 中声明.NET 名称空间,并定义一个 XML 别名。为了说明这个过程,下面定义了一个简单的 Person 类及其 FirstName 和 LastName 属性(代码文件 DataLib/Person.cs)。

```
public class Person
{
  public string FirstName { get; set; }
  public string LastName { get; set; }
  public override string ToString() => $"{FirstName} {LastName}";
}
```

注意:要在 WPF 和 UWP 应用程序中使用类型,把 DataLib 库创建为一个可移植的库。

在 XAML 中,定义一个 XML 名称空间别名 datalib,它映射到程序集 DataLib 的.NET 名称空间 DataLib 上。如果类型与窗口在相同的程序集中,就可以在这个声明中删除程序集名。有了这个别名,就可以在元素的前面加上别名,使用该名称空间中的所有类了。

在 XAML 代码中,添加了一个列表框,其中包含 Person 类型的项。使用 XAML 特性,设置 FirstName 和 LastName 属性的值。运行该应用程序时,ToString()方法的输出会显示在列表框中(代码文件 XAMLIntroWPF/MainWindow.xaml)。

```
<Window x:Class="XamlIntroWPF.MainWindow"
        xmlns="http://schemas.microsoft.com/winfx/2006/xaml/presentation"
        xmlns:x="http://schemas.microsoft.com/winfx/2006/xaml"
        xmlns:datalib="clr-namespace:DataLib;assembly=DataLib"
        Title="XAML Demo" Height="350" Width="525">
  <StackPanel>
    <Button Content="Click Me!" />
    <ListBox>
      <datalib:Person FirstName="Stephanie" LastName="Nagel" />
      <datalib:Person FirstName="Matthias" LastName="Nagel" />
    </ListBox>
  </StackPanel>
</Window>
```

对于 UWP 应用程序,XAML 声明是不同的,因为使用 using 代替 clr-namespace,不需要程序集的名称(代码文件 XAMLIntroUWP/MainPage.xaml):

```
<Page
    x:Class="XamlIntroUWP.MainPage"
    xmlns="http://schemas.microsoft.com/winfx/2006/xaml/presentation"
    xmlns:x="http://schemas.microsoft.com/winfx/2006/xaml"
    xmlns:datalib="using:DataLib">
```

注意:UWP 应用程序不在别名声明中使用 clr-namespace 的原因是,UWP 中的 XAML 既不基于.NET,也不受限于.NET。可以使用本机 C++与 XAML,因此 clr 并不合适。

代替在 WPF 中使用 XML 别名定义.NET 名称空间和程序集名,这里使用库中的程序集特性 XmlNsDefinition 把.NET 名称空间映射到 XML 名称空间上。这个特性的一个参数定义了 XML 名称空间,另一个参数定义了.NET 名称空间。使用这个特性,也可以把多个.NET 名称空间映射到一个 XML 名称空间上。

```
[assembly: XmlnsDefinition("http://www.wrox.com/Schemas/2015", "Wrox.ProCSharp.XAML")]
```

有了这个特性,XAML 代码中的名称空间声明就可以改为映射到 XML 名称空间上。

```
<Window x:Class="Wrox.ProCSharp.XAML.MainWindow"
        xmlns="http://schemas.microsoft.com/winfx/2006/xaml/presentation"
        xmlns:x="http://schemas.microsoft.com/winfx/2006/xaml"
        xmlns:datalib="http://www.wrox.com/Schemas/2015"
        Title="XAML Demo" Height="350" Width="525">
```

29.2.4 把属性用作特性

只要属性的类型可以表示为字符串,或者可以把字符串转换为属性类型,就可以把属性设置为特性。下面的代码片段用特性设置了 Button 元素的 Content 和 Background 属性。

```
<Button Content="Click Me!" Background="LightGoldenrodYellow" />
```

在上面的代码片段中,因为 Content 属性的类型是 object,所以可以接受字符串。Background

属性的类型是 Brush，Brush 类型把 BrushConverter 类定义为一个转换器类型，这个类用 TypeConverter 特性进行注解。BrushConverter 使用一个颜色列表，从 ConvertFromString()方法中返回一个 SolidColorBrush。

> 注意：类型转换器派生自 System.ComponentModel 名称空间中的基类 TypeConverter。需要转换的类的类型用 TypeConverter 特性定义了类型转换器。WPF 使用许多类型转换器把 XML 特性转换为特定的类型。ColorConverter、FontFamilyConverter、PathFigureCollectionConverter、ThicknessConverter 以及 GeometryConverter 是大量类型转换器中的几个。

29.2.5 把属性用作元素

总是可以使用元素语法给属性提供值。Button 类的 Background 属性可以用子元素 Button.Background 设置。下面的代码用特性定义了 Button，效果是相同的：

```
<Button>
  Click Me!
  <Button.Background>
    <SolidColorBrush Color="LightGoldenrodYellow" />
  </Button.Background>
</Button>
```

使用元素代替特性，可以把比较复杂的画笔应用于 Background 属性(如 LinearGradientBrush)，如下面的示例所示(代码文件 XAMLSyntax/MainWindow.xaml)。

```
<Button>
  Click Me!
  <Button.Background>
    <LinearGradientBrush StartPoint="0.5,0.0" EndPoint="0.5, 1.0">
      <GradientStop Offset="0" Color="Yellow" />
      <GradientStop Offset="0.3" Color="Orange" />
      <GradientStop Offset="0.7" Color="Red" />
      <GradientStop Offset="1" Color="DarkRed" />
    </LinearGradientBrush>
  </Button.Background>
</Button>
```

> 注意：当设置示例中的内容时，Content 特性和 Button.Content 元素都不用于编写内容；相反，内容会直接写入为 Button 元素的子元素值。这是因为在 Button 类的基类 ContentControl 中，ContentProperty 特性通过[ContentProperty("Content")]应用。这个特性把 Content 属性标记为 ContentProperty。这样，XAML 元素的直接子元素就应用于 Content 属性。

29.2.6 使用集合和 XAML

在包含 Person 元素的 ListBox 中，已经使用过 XAML 中的集合。在 ListBox 中，列表项直接定义为子元素。另外，LinearGradientBrush 包含了一个 GradientStop 元素的集合。这是可行的，因为基类 ItemsControl 把 ContentProperty 特性设置为该类的 Items 属性，GradientBrush 基类把 ContentProperty 特性设置为 GradientStops。

下面的长版本代码在定义背景时直接设置了 GradientStops 属性，并把 GradientStopCollection 元素设置为它的子元素：

```xml
<Button Click="OnButtonClick">
  Click Me!
  <Button.Background>
    <LinearGradientBrush StartPoint="0.5, 0.0" EndPoint="0.5, 1.0">
      <LinearGradientBrush.GradientStops>
        <GradientStopCollection>
          <GradientStop Offset="0" Color="Yellow" />
          <GradientStop Offset="0.3" Color="Orange" />
          <GradientStop Offset="0.7" Color="Red" />
          <GradientStop Offset="1" Color="DarkRed" />
        </GradientStopCollection>
      </LinearGradientBrush.GradientStops>
    </LinearGradientBrush>
  </Button.Background>
</Button>
```

在 WPF 中，要定义数组，可以使用 x:Array 扩展。x:Array 扩展有一个 Type 属性，可以用于指定数组元素的类型。

```xml
<Window.Resources>
  <x:Array Type="datalib:Person" x:Key="personArray">
    <datalib:Person FirstName="Stephanie" LastName="Nagel" />
    <datalib:Person FirstName="Matthias" LastName="Nagel" />
  </x:Array>
</Window.Resources>
```

29.3 依赖属性

XAML 使用依赖属性完成数据绑定、动画、属性变更通知、样式化等。依赖属性存在的原因是什么？假设创建一个类，它有 100 个 int 型的属性，这个类在一个表单上实例化了 100 次。需要多少内存？因为 int 的大小是 4 个字节，所以结果是 4×100×100 = 40 000 字节。刚才看到的是一个 XAML 元素的属性？由于继承层次结构非常大，一个 XAML 元素就定义了数以百计的属性。属性类型不是简单的 int，而是更复杂的类型。这样的属性会消耗大量的内存。然而，通常只改变其中一些属性的值，大部分的属性保持对所有实例都相同的默认值。这个难题可以用依赖属性解决。使用依赖属性，对象内存不是分配给每个属性和实例。依赖属性系统管理一个包含所有属性的字典，只有值发生了改变才分配内存。否则，默认值就在所有实例之间共享。

依赖项属性也内置了对变更通知的支持。对于普通属性，需要为变更通知实现 InotifyProperty-

Changed 接口。其方式参见第 31 章。这种变更机制是通过依赖属性内置的。对于数据绑定，绑定到.NET 属性源上的 UI 元素的属性必须是依赖属性。现在，详细讨论依赖属性。

从外部来看，依赖属性像是正常的.NET 属性。但是，正常的.NET 属性通常还定义了由该属性的 get 和 set 访问器访问的数据成员。

```
private int _value;
public int Value
{
  get
  {
    return _value;
  }
  set
  {
    _value = value;
  }
}
```

依赖属性不是这样。依赖属性通常也有 get 和 set 访问器。它们与普通属性是相同的。但在 get 和 set 访问器的实现代码中，调用了 GetValue()和 SetValue()方法。GetValue()和 SetValue()方法是基类 DependencyObject 的成员，依赖对象需要使用这个类——它们必须在 DependencyObject 的派生类中实现。在 WPF 中，基类在 System.Windows 名称空间中定义。在 UWP 中，基类在 Windows.UI.Xaml 名称空间中定义。

有了依赖属性，数据成员就放在由基类管理的内部集合中，仅在值发生变化时分配数据。对于没有变化的值，数据可以在不同的实例或基类之间共享。GetValue()和 SetValue()方法需要一个 DependencyProperty 参数。这个参数由类的一个静态成员定义，该静态成员与属性同名，并在该属性名的后面追加 Property 术语。对于 Value 属性，静态成员的名称是 ValueProperty。DependencyProperty.Register()是一个辅助方法，可在依赖属性系统中注册属性。在下面的代码片段中，使用 Register()方法和 4 个参数定义了属性名、属性的类型和拥有者(即 MyDependencyObject 类)的类型，使用 PropertyMetadata 指定了默认值(代码文件 DependencyObject[WPF|UWP]/MyDependencyObject.cs)。

```
public class MyDependencyObject: DependencyObject
{
  public int Value
  {
    get { return (int)GetValue(ValueProperty); }
    set { SetValue(ValueProperty, value); }
  }

  public static readonly DependencyProperty ValueProperty =
     DependencyProperty.Register("Value", typeof(int),
       typeof(MyDependencyObject), new PropertyMetadata(0));
}
```

29.3.1 创建依赖属性

下面的示例定义的不是一个依赖属性，而是 3 个依赖属性。MyDependencyObject 类定义了依赖

属性 Value、Minimum 和 Maximum。所有这些属性都是用 DependencyProperty.Register()方法注册的依赖属性。GetValue()和 SetValue()方法是基类 DependencyObject 的成员。对于 Minimum 和 Maximum 属性，定义了默认值，用 DependencyProperty.Register()方法设置该默认值时，可以把第 4 个参数设置为 PropertyMetadata。使用带一个参数 PropertyMetadata 的构造函数，把 Minimum 属性设置为 0，把 Maximum 属性设置为 100(代码文件 DependencyObject[WPF|UWP]/MyDependencyObject.cs)。

```csharp
public class MyDependencyObject: DependencyObject
{
  public int Value
  {
    get { return (int)GetValue(ValueProperty); }
    set { SetValue(ValueProperty, value); }
  }

  public static readonly DependencyProperty ValueProperty =
      DependencyProperty.Register(nameof(Value), typeof(int),
        typeof(MyDependencyObject));

  public int Minimum
  {
    get { return (int)GetValue(MinimumProperty); }
    set { SetValue(MinimumProperty, value); }
  }
  public static readonly DependencyProperty MinimumProperty =
      DependencyProperty.Register(nameof(Minimum), typeof(int),
        typeof(MyDependencyObject), new PropertyMetadata(0));

  public int Maximum
  {
    get { return (int)GetValue(MaximumProperty); }
    set { SetValue(MaximumProperty, value); }
  }
  public static readonly DependencyProperty MaximumProperty =
      DependencyProperty.Register(nameof(Maximum), typeof(int),
        typeof(MyDependencyObject), new PropertyMetadata(100));
}
```

注意：在 get 和 set 属性访问器的实现代码中，只能调用 GetValue()和 SetValue()方法。使用依赖属性，可以通过 GetValue()和 SetValue()方法从外部访问属性的值，WPF 也是这样做的；因此，强类型化的属性访问器可能根本就不会被调用，包含它们仅为了方便在自定义代码中使用正常的属性语法。

29.3.2 值变更回调和事件

为了获得值变更的信息，依赖属性还支持值变更回调。在属性值发生变化时调用的 DependencyProperty.Register()方法中，可以添加一个 DependencyPropertyChanged 事件处理程序。在示例代码中，

把 OnValueChanged()处理程序方法赋予 PropertyMetadata 对象的 PropertyChangedCallback 属性。在 OnValueChanged()方法中，可以用 DependencyPropertyChangedEventArgs()参数访问属性的新旧值(代码文件 DependencyObject[WPF|UWP]/ MyDependencyObject.cs)。

```
public class MyDependencyObject: DependencyObject
{
  public int Value
  {
    get { return (int)GetValue(ValueProperty); }
    set { SetValue(ValueProperty, value); }
  }

  public static readonly DependencyProperty ValueProperty =
      DependencyProperty.Register(nameof(Value), typeof(int),
        typeof(MyDependencyObject),
        new PropertyMetadata(0, OnValueChanged, CoerceValue));

  // etc.

  private static void OnValueChanged(DependencyObject obj,
                                     DependencyPropertyChangedEventArgs e)
  {
    int oldValue = (int)e.OldValue;
    int newValue = (int)e.NewValue;
    // etc.
  }
}
```

29.3.3　强制值回调和 WPF

利用 WPF，依赖属性支持强制检查。通过强制检查，可以检查属性的值是否有效，例如该值是否在某个有效范围之内。因此，本例包含了 Minimum 和 Maximum 属性。现在 Value 属性的注册变更为把事件处理程序方法 CoerceValue()传递给 PropertyMetadata 对象的构造函数，再把 PropertyMetadata 对象传递为 DependencyProperty.Register()方法的一个参数。现在，在 SetValue()方法的实现代码中，对属性值的每次变更都调用 CoerceValue()方法。在 CoerceValue()方法中，检查 set 值是否在指定的最大值和最小值之间；如果不在，就设置该值(代码文件 DependencyObjectWPF/MyDependencyObject.cs)。

```
using System;
using System.Windows;

namespace DependencyObjectWPF
{
  public class MyDependencyObject: DependencyObject
  {
    public int Value
    {
      get { return (int)GetValue(ValueProperty); }
      set { SetValue(ValueProperty, value); }
    }
    public static readonly DependencyProperty ValueProperty =
        DependencyProperty.Register(nameof(Value), typeof(int),
          typeof(MyDependencyObject),
```

```csharp
      new PropertyMetadata(0, OnValueChanged, CoerceValue));

  private static object CoerceValue(DependencyObject d, object baseValue)
  {
    int newValue = (int)baseValue;
    MyDependencyObject control = (MyDependencyObject)d;

    newValue = Math.Max(control.Minimum, Math.Min(control.Maximum, newValue));
    return newValue;
  }

  // etc.

  public int Minimum
  {
    get { return (int)GetValue(MinimumProperty); }
    set { SetValue(MinimumProperty, value); }
  }
  public static readonly DependencyProperty MinimumProperty =
      DependencyProperty.Register(nameof(Minimum), typeof(int),
        typeof(MyDependencyObject), new PropertyMetadata(0));

  public int Maximum
  {
    get { return (int)GetValue(MaximumProperty); }
    set { SetValue(MaximumProperty, value); }
  }
  public static readonly DependencyProperty MaximumProperty =
      DependencyProperty.Register(nameof(Maximum), typeof(int),
        typeof(MyDependencyObject), new PropertyMetadata(100));

  }
}
```

29.4 路由事件

第 9 章介绍了.NET 事件模型。在基于 XAML 的应用程序中，路由事件扩展了事件模型。元素包含元素，组成一个层次结构。在路由事件中，事件通过元素的层次结构路由。如果路由事件在控件中触发，例如按钮，那么可以用按钮处理事件，但它向上路由到所有父控件，在那里，也可以处理它。这也称为冒泡——事件沿着控件的层次结构冒泡。把事件的 Handled 属性设置为 true，可以阻止事件路由到父控件。

29.4.1 用于 Windows 应用程序的路由事件

本节提供了一个用于 UWP Windows 应用程序的示例。这个应用程序定义的用户界面包含一个复选框，如果选中它，就停止路由；一个按钮控件，其 Tapped 事件设置为 OnTappedButton 处理程序方法；一个网格，其 Tapped 事件设置为 OnTappedGrid 处理程序。Tapped 事件是 UWP Windows 应用程序的一个路由事件。这个事件可以用鼠标、触摸屏幕和笔设备触发(代码文件 RoutedEventsUWP/MainPage.xaml)：

```xml
<Grid Tapped="OnTappedGrid">
  <Grid.RowDefinitions>
    <RowDefinition Height="auto" />
    <RowDefinition Height="auto" />
    <RowDefinition />
  </Grid.RowDefinitions>
  <StackPanel Grid.Row="0" Orientation="Horizontal">
    <CheckBox x:Name="CheckStopRouting" Margin="20">Stop Routing</CheckBox>
    <Button Click="OnCleanStatus">Clean Status</Button>
  </StackPanel>
  <Button Grid.Row="1" Margin="20" Tapped="OnTappedButton">Tap me!</Button>
  <TextBlock Grid.Row="2" Margin="20" x:Name="textStatus" />
</Grid>
```

OnTappedXX 处理程序方法把状态信息写入一个 TextBlock，来显示处理程序方法和事件初始源的控件（代码文件 RoutedEventsUWP / MainPage.xaml.cs）：

```csharp
private void OnTappedButton(object sender, TappedRoutedEventArgs e)
{
  ShowStatus(nameof(OnTappedButton), e);
  e.Handled = CheckStopRouting.IsChecked == true;
}

private void OnTappedGrid(object sender, TappedRoutedEventArgs e)
{
  ShowStatus(nameof(OnTappedGrid), e);
  e.Handled = CheckStopRouting.IsChecked == true;
}

private void ShowStatus(string status, RoutedEventArgs e)
{
  textStatus.Text += $"{status} {e.OriginalSource.GetType().Name}";
  textStatus.Text += "\r\n";
}

private void OnCleanStatus(object sender, RoutedEventArgs e)
{
  textStatus.Text = string.Empty;
}
```

运行应用程序，在网格内单击按钮的外部，就会看到处理的 OnTappedGrid 事件，并把 Grid 控件作为触发事件的源：

```
OnTappedGrid Grid
```

单击按钮的中间，会看到事件被路由。第一个调用的处理程序是 OnTappedButton，其后是 OnTappedGrid：

```
OnTappedButton TextBlock
OnTappedGrid TextBlock
```

同样有趣的是，事件源不是按钮，而是 TextBlock。原因在于，这个按钮使用 TextBlock 设置样式，来包含按钮的文本。如果单击按钮内的其他位置，还可以看到 Grid 或 ContentPresenter 是原始事件源。Grid 和 ContentPresenter 是创建按钮的其他控件。

在单击按钮之前，选中复选框 CheckStopRouting，可以看到事件不再路由，因为事件参数的 Handled 属性设置为 true：

```
OnTappedButton TextBlock
```

在事件的 MSDN 文档内，可以在文档的备注部分看到事件类型是否路由。在 Universal Windows 应用程序中，tapped、drag 和 drop、key up 和 key down、pointer、focus、manipulation 事件是路由事件。

29.4.2 WPF 的冒泡和隧道

在 WPF 中，支持路由的事件比 Windows Universal 应用程序支持的更多。除了沿着控件层次结构向上冒泡的概念之外，WPF 还支持隧道。隧道事件与冒泡的方向相反——从外部进入内部控件。事件要么是冒泡事件，要么是隧道事件，要么是直接事件。

事件经常成对定义。PreviewMouseMove 是一个隧道事件，从外面进入里面。首先是外部控件接收事件，之后内部控件接收它。MouseMove 事件跟在 PreviewMouseMove 事件之后，它是一个冒泡事件，从内部向外部冒泡。

为了演示隧道和冒泡，下面的 XAML 代码包含一个网格和一个按钮，它分配了 MouseMove 和 PreviewMouseMove 事件。MouseMove 事件发生的次数很多，所以显示鼠标移动信息的 TextBlock 放在一个 ScrollViewer 控件中，以根据需要显示滚动条。使用复选框控件，可以停止隧道和冒泡(代码文件 RoutedEventsWPF / MainWindow.xaml)：

```xaml
<Grid MouseMove="OnGridMouseMove" PreviewMouseMove="OnGridPreviewMouseMove">
  <Grid.RowDefinitions>
    <RowDefinition Height="auto" />
    <RowDefinition Height="auto" />
    <RowDefinition />
  </Grid.RowDefinitions>
  <StackPanel Grid.Row="0" Orientation="Horizontal">
    <CheckBox x:Name="CheckStopPreview" Margin="20">
      Stop Preview
    </CheckBox>
    <CheckBox x:Name="CheckStopBubbling" Margin="20">
      Stop Bubbling
    </CheckBox>
    <CheckBox x:Name="CheckIgnoreGridMove" Margin="20">
      Ignore Grid Move
    </CheckBox>
    <Button Margin="20" Click="OnCleanStatus">Clean Status</Button>
  </StackPanel>
  <Button x:Name="button1" Grid.Row="1" Margin="20"
      MouseMove="OnButtonMouseMove"
      PreviewMouseMove="OnButtonPreviewMouseMove">
    Move
  </Button>
  <ScrollViewer Grid.Row="2">
    <TextBlock Margin="20" x:Name="textStatus" />
  </ScrollViewer>
</Grid>
```

在后台代码文件中，ShowStatus 方法访问 RoutedEventArgs，显示事件信息。与 Universal Windows 应用程序不同，RoutedEventArgs 类型不仅包含事件的原始来源，而且包含用 Source 属性访问的源。这个方法显示了源的类型和名称(代码文件 RoutedEventsWPF / MainWindow.xaml.cs):

```csharp
private void ShowStatus(string status, RoutedEventArgs e)
{
  textStatus.Text += $"{status} source: {e.Source.GetType().Name}, " +
    $"{(e.Source as FrameworkElement)?.Name}, " +
    $"original source: {e.OriginalSource.GetType().Name}";
  textStatus.Text += "\r\n";
}
```

因为 MouseMove 事件太多，所以处理程序实现为忽略它们，只考虑选中 CheckIgnoreGridMove 复选框时的 button1 源。

```csharp
private bool IsButton1Source(RoutedEventArgs e) =>
  (e.Source as FrameworkElement).Name == nameof(button1);

private void OnButtonMouseMove(object sender, MouseEventArgs e)
{
  ShowStatus(nameof(OnButtonMouseMove), e);
  e.Handled = CheckStopBubbling.IsChecked == true;
}

private void OnGridMouseMove(object sender, MouseEventArgs e)
{
  if (CheckIgnoreGridMove.IsChecked == true && !IsButton1Source(e)) return;

  ShowStatus(nameof(OnGridMouseMove), e);
  e.Handled = CheckStopBubbling.IsChecked == true;
}

private void OnGridPreviewMouseMove(object sender, MouseEventArgs e)
{
  if (CheckIgnoreGridMove.IsChecked == true && !IsButton1Source(e) return;

  ShowStatus(nameof(OnGridPreviewMouseMove), e);
  e.Handled = CheckStopPreview.IsChecked == true;
}

private void OnButtonPreviewMouseMove(object sender, MouseEventArgs e)
{
  ShowStatus(nameof(OnButtonPreviewMouseMove), e);
  e.Handled = CheckStopPreview.IsChecked == true;
}

private void OnCleanStatus(object sender, RoutedEventArgs e)
{
  textStatus.Text = string.Empty;
}
```

运行应用程序，在按钮控件上移动，会看到如下事件处理程序：

```
OnGridPreviewMouseMove source: Button button1, original source: Border
```

```
OnButtonPreviewMouseMove source: Button button1, original source: Border
OnButtonMouseMove source: Button button1, original source: Border
OnGridMouseMove source: Button button1, original source: Border
```

如果选择阻止冒泡，按钮的处理程序 OnButtonMouseMove 就最后一个调用。这类似于前面的冒泡和 Universal Windows 应用程序：

```
OnGridPreviewMouseMove source: Button button1, original source: Border
OnButtonPreviewMouseMove source: Button button1, original source: Border
OnButtonMouseMove source: Button button1, original source: Border
```

使用隧道事件处理程序停止路由操作时，也不发生冒泡。这是隧道的一个重要特征。如果已经在隧道事件处理程序中把 Handled 属性设置为 true，冒泡事件也不会发生：

```
OnGridPreviewMouseMove source: Button button1, original source: Border
```

29.4.3 用 WPF 实现自定义路由事件

为了在定制类中定义冒泡和隧道事件，把 MyDependencyObject 改为支持在值变化时触发事件。为了支持冒泡和隧道事件，类必须派生自 UIElement，而不是 DependencyObject，因为这个类为事件定义了 AddHandler 和 RemoveHandler 方法。

为了支持 MyDependencyObject 的调用者接收值改变的信息，类定义了 ValueChanged 事件。该事件用显式的 add 和 remove 处理程序声明，其中调用的是基类的 AddHandler 和 RemoveHandler 方法。这些方法需要一个 RoutedEvent 类型和委托作为参数。路由事件 ValueChangedEvent 的声明非常类似于依赖属性。它声明为静态成员，通过调用 EventManager.RegisterRoutedEvent 方法注册。这个方法需要事件的名称、路由策略(可以是 Bubble、Tunnel 或 Direct)、处理程序的类型和拥有者类的类型。EventManager 类还允许注册的静态事件，获得注册事件的信息(代码文件 DependencyObjectWPF/MyDependencyObject.cs)：

```
using System;
using System.Windows;

namespace Wrox.ProCSharp.XAML
{
  class MyDependencyObject: UIElement
  {
    public int Value
    {
      get { return (int)GetValue(ValueProperty); }
      set { SetValue(ValueProperty, value); }
    }

    public static readonly DependencyProperty ValueProperty =
        DependencyProperty.Register(nameof(Value), typeof(int),
          typeof(MyDependencyObject),
          new PropertyMetadata(0, OnValueChanged, CoerceValue));

    // etc.
    private static void OnValueChanged(DependencyObject d,
                            DependencyPropertyChangedEventArgs e)
    {
```

```
      MyDependencyObject control = (MyDependencyObject)d;
      var e1 = new RoutedPropertyChangedEventArgs<int>((int)e.OldValue,
          (int)e.NewValue, ValueChangedEvent);
      control.OnValueChanged(e1);
    }

    public static readonly RoutedEvent ValueChangedEvent =
      EventManager.RegisterRoutedEvent(nameof(ValueChanged), RoutingStrategy.Bubble,
        typeof(RoutedPropertyChangedEventHandler<int>),
          typeof(MyDependencyObject));

    public event RoutedPropertyChangedEventHandler<int> ValueChanged
    {
      add
      {
        AddHandler(ValueChangedEvent, value);
      }
      remove
      {
        RemoveHandler(ValueChangedEvent, value);
      }
    }

    protected virtual void OnValueChanged(RoutedPropertyChangedEventArgs<int> args)
    {
      RaiseEvent(args);
    }
  }
}
```

现在，这可以通过与冒泡功能同样的方式使用，以前它用于按钮的 MouseMove 事件。

29.5 附加属性

依赖属性是可用于特定类型的属性。而通过附加属性，可以为其他类型定义属性。一些容器控件为其子控件定义了附加属性；例如，如果使用 DockPanel 控件，就可以为其子控件使用 Dock 属性。Grid 控件定义了 Row 和 Column 属性。

下面的代码片段说明了附加属性在 XAML 中的情况。Button 类没有 Dock 属性，但它是从 DockPanel 控件附加的。

```
<DockPanel>
  <Button Content="Top" DockPanel.Dock="Top" Background="Yellow" />
  <Button Content="Left" DockPanel.Dock="Left" Background="Blue" />
</DockPanel>
```

附加属性的定义与依赖属性非常类似，如下面的示例所示。定义附加属性的类必须派生自基类 DependencyObject，并定义一个普通的属性，其中 get 和 set 访问器访问基类的 GetValue()和 SetValue() 方法。这些都是类似之处。接着不调用 DependencyProperty 类的 Register()方法，而是调用 RegisterAttached()方法。RegisterAttached()方法注册一个附加属性，现在它可用于每个元素(代码文件

AttachedPropertyDemo[WPF/UWP]/MyAttachedPropertyProvider.cs)。

```csharp
public class MyAttachedPropertyProvider: DependencyObject
{
  public string MySample
  {
    get { return (string)GetValue(MySampleProperty); }
    set { SetValue(MySampleProperty, value); }
  }

  public static readonly DependencyProperty MySampleProperty =
      DependencyProperty.RegisterAttached(nameof(MySample), typeof(string),
        typeof(MyAttachedPropertyProvider), new PropertyMetadata(string.Empty));

  public static void SetMySample(UIElement element, string value) =>
    element.SetValue(MySampleProperty, value);

  public static int GetMyProperty(UIElement element) =>
    (string)element.GetValue(MySampleProperty);
}
```

 注意：似乎 DockPanel.Dock 属性只能添加到 DockPanel 控件中的元素。实际上，附加属性可以添加到任何元素上。但无法使用这个属性值。DockPanel 控件能够识别这个属性，并从其子元素中读取它，以安排其子元素。

在 XAML 代码中，附加属性现在可以附加到任何元素上。第二个 Button 控件 button2 为自身附加了属性 MyAttachedPropertyProvider.MySample，其值指定为 42(代码文件 AttachedPropertyDemo[WPF|UWP]/Main[Window|Page].xaml)。

```xml
<Grid x:Name="grid1">
    <Grid.RowDefinitions>
      <RowDefinition Height="Auto" />
      <RowDefinition Height="Auto" />
      <RowDefinition Height="*" />
    </Grid.RowDefinitions>
    <Button Grid.Row="0" x:Name="button1" Content="Button 1" />
    <Button Grid.Row="1" x:Name="button2" Content="Button 2"
            local:MyAttachedPropertyProvider.MySample="42" />
    <ListBox Grid.Row="2" x:Name="list1" />
  </Grid>
</Window>
```

在代码隐藏中执行相同的操作时，必须调用 MyAttachedPropertyProvider 类的静态方法 SetMyProperty()。不能扩展 Button 类，使其包含某个属性。SetProperty()方法获取一个应由该属性及其值扩展的 UIElement 实例。在如下的代码片段中，把该属性附加到 button1 中，其值设置为 sample value(代码文件 AttachedPropertyDemoWPF/MainPage.xaml.cs)。

```csharp
public MainPage()
{
```

```
    InitializeComponent();

    MyAttachedPropertyProvider.SetMySample(button1, "sample value");
    // etc.
}
```

为了读取分配给元素的附加属性,可以使用 VisualTreeHelper 迭代层次结构中的每个元素,并试图读取其附加属性。VisualTreeHelper 用于在运行期间读取元素的可见树。GetChildrenCount 方法返回子元素的数量。为了访问子元素,GetChild 方法传递一个索引,返回元素。只有当元素的类型是 FrameworkElement(或派生于它),且用 Func 参数传递的谓词返回 true 时,该方法的实现代码才返回元素。

```
private IEnumerable<FrameworkElement> GetChildren(FrameworkElement element,
  Func<FrameworkElement, bool> pred)
{
  int childrenCount = VisualTreeHelper.GetChildrenCount(rootElement);
  for (int i = 0; i < childrenCount; i++)
  {
    var child = VisualTreeHelper.GetChild(rootElement, i) as FrameworkElement;
    if (child != null && pred(child))
    {
      yield return child;
    }
  }
}
```

GetChildren 方法现在在页面的构造函数中用于把带有附加属性的所有元素添加到 ListBox 控件中:

```
public MainPage()
{
  InitializeComponent();

  MyAttachedPropertyProvider.SetMySample(button1, "sample value");
  foreach (var item in GetChildren(grid1, e =>
    MyAttachedPropertyProvider.GetMySample(e) != string.Empty))
  {
    list1.Items.Add(
      $"{item.Name}: {MyAttachedPropertyProvider.GetMySample(item)}");
  }
}
```

运行应用程序(WPF 或 UWP 应用程序)时,会看到列表框中的两个按钮控件与下述值:

```
button1: sample value
button2: 42
```

直到现在,附加属性的示例代码都与 WPF 和 Universal Windows 应用程序相同,只是使用了 WPF 的 MainWindow 控件而不是 MainPage。然而,WPF 的另一个选项是遍历元素。WPF 和 Universal Windows 应用程序可以使用 VisualTreeHelper 迭代可见树,其中包含在运行期间创建的所有元素,包括模板和样式。在 WPF 中,还可以使用 LogicalTreeHelper。这个辅助类迭代元素的逻辑树。逻辑树与设计时使用的树是一样的。这棵树也可以显示在 Visual Studio 的文档大纲中(见图 29-1)。

第 29 章 核心 XAML

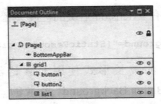

图 29-1

使用 LogicalTreeHelper，迭代子元素的方法可以修改如下所示。LogicalTreeHelper 类提供了一个 GetChildren 方法，它不需要确定子元素的个数，就可以使用 for 循环迭代它们(代码文件 AttachedPropertyDemoWPF / MainWindow.xaml.cs)：

```
public MainWindow()
{
  InitializeComponent();

  MyAttachedPropertyProvider.SetMySample(button1, "sample value");

  foreach (var item in LogicalTreeHelper.GetChildren(grid1).
      OfType<FrameworkElement>().Where(
        e => MyAttachedPropertyProvider.GetMySample(e) != string.Empty))
  {
    list1.Items.Add(
      $"{item.Name}: {MyAttachedPropertyProvider.GetMySample(item)}");
  }
}
```

 注意：第 30 章～第 35 章使用 XAML 展示了许多不同的附加属性，例如容器控件 Canvas、DockPanel 和 Grid 的附加属性，以及 Validation 类的 ErrorTemplate 属性。

29.6 标记扩展

通过标记扩展，可以扩展 XAML 的元素或特性语法。如果 XML 特性包含花括号，就表示这是标记扩展的一个符号。特性的标记扩展常常用作简写记号，而不再使用元素。

这种标记扩展的示例是 StaticResourceExtension，它可查找资源。下面是带有 gradientBrush1 键的线性渐变笔刷的资源(XAML 文件 MarkupExtensionUWP/MainPage.xaml)：

```xml
<Page.Resources>
  <LinearGradientBrush x:Key="gradientBrush1" StartPoint="0.5,0.0" EndPoint="0.5, 1.0">
    <GradientStop Offset="0" Color="Yellow" />
    <GradientStop Offset="0.3" Color="Orange" />
    <GradientStop Offset="0.7" Color="Red" />
    <GradientStop Offset="1" Color="DarkRed" />
  </LinearGradientBrush>
</Page.Resources>
```

使用 StaticResourceExtension，通过特性语法来设置 Button 的 Background 属性，就可以引用这

879

个资源。特性语法通过花括号和没有 Extension 后缀的扩展类名来定义。

```
<Button Content="Test" Background="{StaticResource gradientBrush1}" />
```

WPF 还允许通过简写记号的较长形式使用元素语法，如下面的代码片段所示。StaticResourceExtension 定义为 Button.Background 元素的一个子元素。通过一个特性把 ResourceKey 属性设置为 gradientBrush1。在上面的示例中，没有用 ResourceKey 属性设置资源键(这也是可行的)，但使用一个构造函数重载来设置资源键。

```
<Button Content="Test">
  <Button.Background>
    <StaticResourceExtension ResourceKey="gradientBrush1" />
  </Button.Background>
</Button>
```

29.6.1 创建自定义标记扩展

UWP 应用程序只能使用预定义的标记扩展。在 WPF 中，可以创建自定义的标记扩展。要创建标记扩展，可以定义基类 MarkupExtension 的一个派生类。大多数标记扩展名都有 Extension 后缀(这个命名约定类似于特性的 Attribute 后缀，参见第 16 章)。有了自定义标记扩展后，就只需要重写 ProvideValue()方法，它返回扩展的值。返回的类型用 MarkupExtensionReturnType 特性注解类。对于 ProvideValue()方法，需要传递一个 IServiceProvider 对象。通过这个接口，可以查询不同的服务，如 IProvideValueTarget 或 IXamlTypeResolver。IProvideValueTarget 可以用于访问通过 TargetObject 和 TargetProperty 属性应用标记扩展的控件和属性。IXamlTypeResolver 可用于把 XAML 元素名解析为 CLR 对象。自定义标记扩展类 CalculatorExtension 定义了 double 类型的属性 X 和 Y，并通过枚举定义了一个 Operation 属性。根据 Operation 属性的值，在 X 和 Y 输入属性上执行不同的计算，并返回一个字符串(代码文件 MarkupExtensionWPF/CalculatorExtension.cs)。

```
using System;
using System.Windows;
using System.Windows.Markup;
namespace Wrox.ProCSharp.XAML
{
  public enum Operation
  {
    Add,
    Subtract,
    Multiply,
    Divide
  }

  [MarkupExtensionReturnType(typeof(string))]
  public class CalculatorExtension: MarkupExtension
  {
    public CalculatorExtension()
    {
    }
    public double X { get; set; }
    public double Y { get; set; }
    public Operation Operation { get; set; }
```

```csharp
public override object ProvideValue(IServiceProvider serviceProvider)
{
  IProvideValueTarget provideValue =
      serviceProvider.GetService(typeof(IProvideValueTarget))
      as IProvideValueTarget;
  if (provideValue != null)
  {
    var host = provideValue.TargetObject as FrameworkElement;
    var prop = provideValue.TargetProperty as DependencyProperty;
  }
  double result = 0;
  switch (Operation)
  {
    case Operation.Add:
      result = X + Y;
      break;
    case Operation.Subtract:
      result = X-Y;
      break;
    case Operation.Multiply:
      result = X * Y;
      break;
    case Operation.Divide:
      result = X / Y;
      break;
    default:
      throw new ArgumentException("invalid operation");
  }
  return result.ToString();
 }
}
```

标记扩展现在可以在第一个 TextBlock 上与特性语法一起使用，把值 3 和 4 加在一起，或者在第二个 TextBlock 上与元素语法一起使用(代码文件 MarkupExtensionWPF/MainWindow.xaml)。

```xml
<Window x:Class="Wrox.ProCSharp.XAML.MainWindow"
    xmlns="http://schemas.microsoft.com/winfx/2006/xaml/presentation"
    xmlns:x="http://schemas.microsoft.com/winfx/2006/xaml"
    xmlns:local="clr-namespace:Wrox.ProCSharp.XAML"
    Title="MainWindow" Height="350" Width="525">
  <StackPanel>
    <TextBlock Text="{local:Calculator Operation=Add, X=3, Y=4}" />
    <TextBlock>
      <TextBlock.Text>
        <local:CalculatorExtension>
          <local:CalculatorExtension.Operation>
            <local:Operation>Multiply</local:Operation>
          </local:CalculatorExtension.Operation>
          <local:CalculatorExtension.X>7</local:CalculatorExtension.X>
          <local:CalculatorExtension.Y>11</local:CalculatorExtension.Y>
        </local:CalculatorExtension>
      </TextBlock.Text>
    </TextBlock>
```

```
        </StackPanel>
    </Window>
```

29.6.2 XAML 定义的标记扩展

标记扩展提供了许多功能，实际上本章已经使用了 XAML 定义的标记扩展。x:Array 就定义为标记扩展类 ArrayExtension。有了这个标记扩展，就可以不使用特性语法，因为使用特性语法很难定义元素列表。

用 XAML 定义的其他标记扩展有 TypeExtension(x:Type)，它根据字符串输入返回类型；NullExtension(x:Null)可以用于在 XAML 中把值设置为空；StaticExtension(x:Static)可调用类的静态成员。

目前为 Universal Windows 应用程序提供的、用 XAML 定义的标记扩展，只有用于数据绑定的编译绑定(x:Bind)时才有更好的性能。这个数据绑定参见第 32 章。

WPF、WF、WCF 和 Universal Windows 应用程序都定义了专用于这些技术的标记扩展。WPF 和 Universal Windows 应用程序使用标记扩展访问资源，以用于数据绑定和颜色转换。WF 联合使用了标记扩展和活动；WCF 给端点定义指定了标记扩展。

29.7 小结

本章通过 WPF 和 Universal Windows 应用程序的一些示例介绍了 XAML 的核心功能，以及专门的特性，如依赖属性、附加属性、路由事件，以及标记扩展。通过这些特性，不仅介绍了基于 XAML 技术的基础知识，还讨论了 C#和.NET 特性(如属性和事件)如何适用于已扩展的用例。属性增强为支持变更通知和有效性验证(依赖属性)，把属性添加到控件中不会真正影响这类属性(附加属性)。事件增强为具备冒泡和隧道功能。

所有这些特性都是不同 XAML 技术的基础，如 WPF、WF 和 UWP 应用程序。

第 30 章将讨论 XAML，讨论样式和资源。

第30章

样式化 XAML 应用程序

本章要点

- 为 WPF 和 UWP 应用程序指定样式
- 用形状和几何形状创建基础图
- 用转换进行缩放、旋转和扭曲
- 使用笔刷填充背景
- 处理样式、模板和资源
- 创建动画
- Visual State Manager

本章源代码下载地址(wrox.com):

打开网页 http://www.wrox.com/go/professionalcsharp6,单击 Download Code 选项卡即可下载本章源代码。本章代码分为以下几个主要的示例文件:

- Shapes
- Geometry
- Transformation
- Brushes
- Styles and Resources
- Template
- Animation
- Transitions
- Visual State

30.1 样式设置

近年来,开发人员越来越关心应用程序的外观。当 Windows Forms 是创建桌面应用程序的技术时,用户界面没有提供许多设置应用程序样式的选项。控件有标准的外观,根据正在运行应用程序的操作系统版本而略有不同，但不大容易定义完整自定义的外观。

Windows Presentation Foundation(WPF)改变了这一切。WPF 基于 DirectX，从而提供了向量图形，允许方便地调整窗口和控件的大小。控件是完全可定制的，可以有不同的外观。设置应用程序的样式变得非常重要。应用程序可以有任何外观。有了优秀的设计，用户可以使用应用程序，而不需要知道如何使用 Windows 应用程序。相反，用户只需要拥有特定领域的知识。例如，苏黎世机场创建了一个 WPF 应用程序，其中的按钮看起来像飞机。通过按钮，用户可以获取飞机的位置信息(完整的应用程序看起来像机场)。按钮的颜色可以根据配置有不同的含义：它们可以显示航线或飞机的准时/延迟信息。通过这种方式，应用程序的用户很容易看到目前在机场的飞机有或长或短的延误。

应用程序拥有不同的外观，这对于 Universal Windows Platform (UWP) 应用程序更加重要。在这些应用程序中，以前没有使用过 Windows 应用程序的用户可以使用这些设备。对于非常熟悉 Windows 应用程序的用户，应该考虑通过使用户工作得更方便的典型过程，帮助这些用户提高效率。

在设置 WPF 应用程序的样式时，微软公司没有提供很多指导。应用程序的外观主要取决于设计人员的想象力。对于 UWP 应用程序，微软公司提供了更多的指导和预定义的样式，也能够修改任意样式。

本章首先介绍 XAML 的核心元素 shapes，它允许绘制线条、椭圆和路径元素。介绍了形状的基础之后，就讨论 geometry 元素。可以使用 geometry 元素来快速创建基于矢量的图形。

使用 transformation，可以缩放、旋转任何 XAML 元素。用 brush 可以创建纯色、渐变或更高级的背景。本章将论述如何在样式中使用画笔和把样式放在 XAML 资源中。

最后，使用 template 模板可以完全自定义控件的外观，本章还要学习如何创建动画。

示例代码可用于 UWP 应用程序和 WPF。当然，如果功能仅仅可用在一种技术中，示例代码也只能用于其中。

30.2 形状

形状是 XAML 的核心元素。利用形状，可以绘制矩形、线条、椭圆、路径、多边形和折线等二维图形，这些图形用派生自抽象类 Shape 的类表示。图形在 System.Windows.Shapes(WPF)和 Windows.UI.Xaml.Shapes (UWP)名称空间中定义。

下面的 XAML 示例绘制了一个黄色笑脸，它用一个椭圆表示笑脸，两个椭圆表示眼睛，两个椭圆表示眼睛中的瞳孔，一条路径表示嘴型(代码文件 Shapes[WPF|UWP]/ Main[Window|Page].xaml)：

```xaml
<Canvas>
  <Ellipse Canvas.Left="10" Canvas.Top="10" Width="100" Height="100"
      Stroke="Blue" StrokeThickness="4" Fill="Yellow" />
  <Ellipse Canvas.Left="30" Canvas.Top="12" Width="60" Height="30">
    <Ellipse.Fill>
      <LinearGradientBrush StartPoint="0.5,0" EndPoint="0.5, 1">
        <GradientStop Offset="0.1" Color="DarkGreen" />
        <GradientStop Offset="0.7" Color="Transparent" />
      </LinearGradientBrush>
    </Ellipse.Fill>
  </Ellipse>
  <Ellipse Canvas.Left="30" Canvas.Top="35" Width="25" Height="20"
      Stroke="Blue" StrokeThickness="3" Fill="White" />
  <Ellipse Canvas.Left="40" Canvas.Top="43" Width="6" Height="5"
```

```xml
        Fill="Black" />
<Ellipse Canvas.Left="65" Canvas.Top="35" Width="25" Height="20"
        Stroke="Blue" StrokeThickness="3" Fill="White" />
<Ellipse Canvas.Left="75" Canvas.Top="43" Width="6" Height="5"
        Fill="Black" />
<Path Stroke="Blue" StrokeThickness="4" Data="M 40,74 Q 57,95 80,74 " />
</Canvas>
```

图 30-1 显示了这些 XAML 代码的结果。

无论是按钮还是线条、矩形等图形，所有这些 XAML 元素都可以通过编程来访问。把 Path 元素的 Name 或 x:Name 属性设置为 mouth，就可以用变量名 mouth 以编程方式访问这个元素：

```xml
<Path Name="mouth" Stroke="Blue" StrokeThickness="4"
     Data="M 40,74 Q 57,95 80,74 " />
```

接下来更改代码，脸上的嘴在后台代码中动态改变。添加一个按钮和单击处理程序，在其中调用 SetMouth 方法（代码文件 Shapes (WPF | UWP)/ Main[Window | Page]. xaml.cs）：

```csharp
private void OnChangeShape(object sender, RoutedEventArgs e)
{
  SetMouth();
}
```

使用 WPF 时，可以在后台编码中使用路径标记语言(Path Markup Language，PML)，类似于本节在 XAML 标记中使用 Path 元素的代码片段。Geometry.Parse 会解释 PML，创建一个新的 Geometry 对象。在 PML 中，字母 M 定义了路径的起点，字母 Q 指定了二次贝塞尔曲线的控制点和端点(代码文件 ShapesWPF / MainWindow.xaml.cs)：

```csharp
private bool _laugh = false;

private void SetMouth2()
{
  if (_laugh)
  {
    mouth.Data = Geometry.Parse("M 40,82 Q 57,65 80,82");
  }
  else
  {
    mouth.Data = Geometry.Parse("M 40,74 Q 57,95 80,74");
  }
  _laugh = !_laugh;
}
```

运行应用程序，得到的图像如图 30-2 所示。

图 30-1

图 30-2

在 UWP 应用程序中，Geometry 类没有提供 Parse 方法，必须使用图片和片段创建几何图形。首先，创建一个二维数组，其中包含的 6 个点定义了表示快乐状态的 3 个点，和表示悲伤状态的 3 个点(代码文件 Shapes[WPF|UWP]/Main[Window|Page].xaml.cs)：

```
private readonly Point[,] _mouthPoints = new Point[2, 3]
{
  {
    new Point(40, 74), new Point(57, 95), new Point(80, 74),
  },
  {
    new Point(40, 82), new Point(57, 65), new Point(80, 82),
  }
};
```

接下来，将一个新的 PathGeometry 对象分配给 Path 的 Data 属性。PathGeometry 包含定义了起点的 PathFigure(设置 StartPoint 属性与 PML 中的字母 M 是一样的)。PathFigure 包含 QuadraticBezierSegment，其中的两个 Point 对象分配给属性 Point1 和 Point2 (与带有两个点的字母 Q 一样)：

```
private bool _laugh = false;
public void SetMouth()
{
  int index = _laugh ? 0: 1;

  var figure = new PathFigure() { StartPoint = _mouthPoints[index, 0] };
  figure.Segments = new PathSegmentCollection();
  var segment1 = new QuadraticBezierSegment();
  segment1.Point1 = _mouthPoints[index, 1];
  segment1.Point2 = _mouthPoints[index, 2];
  figure.Segments.Add(segment1);
  var geometry = new PathGeometry();
  geometry.Figures = new PathFigureCollection();
  geometry.Figures.Add(figure);

  mouth.Data = geometry;
  _laugh = !_laugh;
}
```

分段和图片的使用在下一节详细说明。

表 30-1 描述了名称空间 System.Windows.Shapes 和 Windows.Ui.Xaml.Shapes 中可用的形状。

表 30-1

Shape 类	说 明
Line	可以在坐标(X1,Y1)到(X2,Y2)之间绘制一条线
Rectangle	使用 Rectangle 类，通过指定 Width 和 Height 可以绘制一个矩形
Ellipse	使用 Ellipse 类，可以绘制一个椭圆

(续表)

Shape 类	说 明
Path	使用 Path 类可以绘制一系列直线和曲线。Data 属性是 Geometry 类型。还可以使用派生自基类 Geometry 的类绘制图形，或使用路径标记语法来定义图形
Polygon	使用 Polygon 类可以绘制由线段连接而成的封闭图形。多边形由一系列赋予 Points 属性的 Point 对象定义
Polyline	类似于 Polygon 类，使用 Polyline 也可以绘制连接起来的线段。与多边形的区别是，折线不一定是封闭图形

30.3 几何图形

前面示例显示，其中一种形状 Path 使用 Geometry 来绘图。Geometry 元素也可用于其他地方，如用于 DrawingBrush。

在某些方面，Geometry 元素非常类似于形状。与 Line、Ellipse 和 Rectangle 形状一样，也有绘制这些形状的 Geometry 元素：LineGeometry、EllipseGeometry 和 RectangleGeometry。形状与几何图形有显著的区别。Shape 是一个 FrameworkElement，可以用于把 UIElement 用作其子元素的任意类。FrameworkElement 派生自 UIElement。形状会参与系统的布局，并呈现自身。而 Geometry 类不呈现自身，特性和系统开销也比 Shape 类少。在 WPF 中，Geometry 类派生自 Freezable 基类，可以在多个线程中共享。在 UWP 应用程序中，Geometry 类直接派生自 DependencyObject，这里不能使用 Freezable。

Path 类使用 Geometry 来绘图。几何图形可以用 Path 的 Data 属性设置。可以设置的简单的几何图形元素有绘制椭圆的 EllipseGeometry、绘制线条的 LineGeometry 和绘制矩形的 RectangleGeometry。

30.3.1 使用段的几何图形

也可以使用段来创建几何图形。几何图形类 PathGeometry 使用段来绘图。下面的代码段使用 BezierSegment 和 LineSegment 元素绘制一个红色的图形和一个绿色的图形，如图 30-3 所示。第一个 BezierSegment 在图形的起点(70,40)、终点(150,63)、控制点(90,37)和(130,46)之间绘制了一条贝塞尔曲线。下面的 LineSegment 使用贝塞尔曲线的终点和(120,110)绘制了一条线段(代码文件 Geometry[WPF | UWP]/Main[Window | Page].xaml)。

```xaml
<Path Canvas.Left="0" Canvas.Top="0" Fill="Red" Stroke="Blue"
    StrokeThickness="2.5">
  <Path.Data>
    <GeometryGroup>
      <PathGeometry>
        <PathGeometry.Figures>
          <PathFigure StartPoint="70,40" IsClosed="True">
            <PathFigure.Segments>
              <BezierSegment Point1="90,37" Point2="130,46" Point3="150,63" />
              <LineSegment Point="120,110" />
```

```xml
            <BezierSegment Point1="100,95" Point2="70,90" Point3="45,91" />
          </PathFigure.Segments>
        </PathFigure>
      </PathGeometry.Figures>
    </PathGeometry>
  </GeometryGroup>
</Path.Data>
</Path>

<Path Canvas.Left="0" Canvas.Top="0" Fill="Green" Stroke="Blue"
    StrokeThickness="2.5">
  <Path.Data>
    <GeometryGroup>
      <PathGeometry>
        <PathGeometry.Figures>
          <PathFigure StartPoint="160,70">
            <PathFigure.Segments>
              <BezierSegment Point1="175,85" Point2="200,99"
                    Point3="215,100" />
              <LineSegment Point="195,148" />
              <BezierSegment Point1="174,150" Point2="142,140"
                    Point3="129,115" />
              <LineSegment Point="160,70" />
            </PathFigure.Segments>
          </PathFigure>
        </PathGeometry.Figures>
      </PathGeometry>
    </GeometryGroup>
  </Path.Data>
</Path>
```

除了 BezierSegment 和 LineSegment 元素之外,还可以使用 ArcSegment 元素在两点之间绘制椭圆弧。使用 PolyLineSegment 可以绘制一组线段,PolyBezierSegment 由多条贝塞尔曲线组成,QuadraticBezierSegment 创建一条二次贝塞尔曲线,PolyQuadraticBezierSegment 由多条二次贝塞尔曲线组成。

图 30-3

30.3.2 使用 PML 的几何图形

本章前面使用了 PML 和路径。而 WPF 在后台使用 PML,可以通过 StreamGeometry 进行高效的绘图。UWP 应用程序的 XAML 会创建图形和片段。通过编程,可以创建线段、贝塞尔曲线和圆弧,以定义图形。通过 XAML 可以使用路径标记语法。路径标记语法可以与 Path 类的 Data 属性一起使用。特殊字符定义点的连接方式。在下面的示例中,M 标记起点,L 是到指定点的线条命令,Z 是闭合图形的闭合命令。图 30-4 显示了这个绘图操作的结果。路径标记语法允许使用更多的命令,如水平线(H)、垂直线(V)、三次贝塞尔曲线(C)、二次贝塞尔曲线(Q)、光滑的三次贝塞尔曲线(S)、光滑的二次贝塞尔曲线(T),以及椭圆弧(A)(代码文件 Geometry[WPF | UWP]/Main[Window | Page].xaml):

图 30-4

```xml
<Path Canvas.Left="0" Canvas.Top="200" Fill="Yellow" Stroke="Blue"
```

```
        StrokeThickness="2.5"
        Data="M 120,5 L 128,80 L 220,50 L 160,130 L 190,220 L 100,150
            L 80,230 L 60,140 L0,110 L70,80 Z" StrokeLineJoin="Round">
</Path>
```

30.3.3 合并的几何图形(WPF)

WPF 用几何图形提供了另一个功能，在 WPF 中，使用 CombinedGeometry 类可以合并多个几何图形。

CombinedGeometry 有 Geometry1 和 Geometry2 属性，使用 GeometryCombineMode 可以合并它们，构成 Union、Intersect、Xor 和 Exclude。Union 会合并两个几何图形，Intersect 只取两个几何图形都覆盖的区域，Xor 与 Intersect 相反，显示一个几何图形覆盖的区域，但不显示两个几何图形都覆盖的区域。Exclude 显示第一个几何图形减去第二个几何图形的区域。

下面的示例(代码文件 GeometryWPF/MainWindow.xaml)合并了一个 EllipseGeometry 和一个 RectangleGeometry，生成并集，如图 30-5 所示。

```
<Path Canvas.Top="0" Canvas.Left="250" Fill="Blue" Stroke="Black" >
  <Path.Data>
    <CombinedGeometry GeometryCombineMode="Union">
      <CombinedGeometry.Geometry1>
        <EllipseGeometry Center="80,60" RadiusX="80" RadiusY="40" />
      </CombinedGeometry.Geometry1>
      <CombinedGeometry.Geometry2>
        <RectangleGeometry Rect="30,60 105 50" />
      </CombinedGeometry.Geometry2>
    </CombinedGeometry>
  </Path.Data>
</Path>
```

图 30-5 显示了这个 XAML 代码的不同变体，从左到右分别是 Union、Xor、Intersect、和 Exclude。

图 30-5

30.4 变换

因为 XAML 基于矢量，所以可以重置每个元素的大小。在下面的例子中，基于矢量的图形现在可以缩放、旋转和倾斜。不需要手工计算位置，就可以进行单击测试(如移动鼠标和鼠标单击)。

图 30-6 显示了一个矩形的几个不同形式。所有的矩形都定位在一个水平方向的 StackPanel 元素中，以并排放置矩形。第 1 个矩形有其原始大小和布局。第 2 个矩形重置了大小，第 3 个矩形移动了，第 4 个矩形旋转了，第 5 个矩形倾斜了，第 6 个矩形使用变换组进行变换，第 7 个矩形使用矩阵进行变换。下面各节讲述所有这些选项的代码示例。

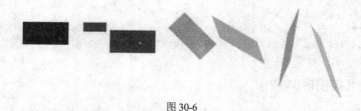

图 30-6

30.4.1 缩放

给 Rectangle 元素的 RenderTransform 属性添加 ScaleTransform 元素，如下所示，把整个画布的内容在 X 方向上放大 0.5 倍，在 Y 方向上放大 0.4 倍(代码文件 Transformation[WPF|UWP]/Main[Window|Page].xaml)。

```
<Rectangle Width="120" Height="60" Fill="Red" Margin="20">
  <Rectangle.RenderTransform>
    <ScaleTransform ScaleX="0.5" ScaleY="0.4" />
  </Rectangle.RenderTransform>
</Rectangle>
```

除了变换像矩形这样简单的形状之外，还可以变换任何 XAML 元素，因为 XAML 定义了矢量图形。在以下代码中，前面所示的脸部 Canvas 元素放在一个用户控件 SmilingFace 中，这个用户控件先显示没有转换的状态，再显示调整大小后的状态。结果如图 30-7 所示。

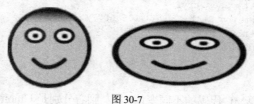

图 30-7

```
<local:SmilingFace />
<local:SmilingFace>
  <local:SmilingFace.RenderTransform>
    <ScaleTransform ScaleX="1.6" ScaleY="0.8" CenterY="180" />
  </local:SmilingFace.RenderTransform>
</local:SmilingFace>
```

30.4.2 平移

在 X 或 Y 方向上移动一个元素时，可以使用 TranslateTransform。在以下代码片段中，给 X 指定-90，元素向左移动，给 Y 指定 20，元素向底部移动(代码文件 Transformation[WPF|UWP]/Main[Window|Page].xaml)：

```
<Rectangle Width="120" Height="60" Fill="Green" Margin="20">
  <Rectangle.RenderTransform>
    <TranslateTransform X="-90" Y="20" />
  </Rectangle.RenderTransform>
</Rectangle>
```

30.4.3 旋转

使用 RotateTransform 元素，可以旋转元素。对于 RotateTransform，设置旋转的角度，用 CenterX 和 CenterY 设置旋转中心(代码文件 Transformation[WPF | UWP]/ Main[Window | Page].xaml)：

```xml
<Rectangle Width="120" Height="60" Fill="Orange" Margin="20">
  <Rectangle.RenderTransform>
    <RotateTransform Angle="45" CenterX="10" CenterY="-80" />
  </Rectangle.RenderTransform>
</Rectangle>
```

30.4.4 倾斜

对于倾斜，可以使用 SkewTransform 元素。此时可以指定 X 和 Y 方向的倾斜角度(代码文件 Transformation[WPF | UWP]/ Main[Window | Page].xaml)：

```xml
<Rectangle Width="120" Height="60" Fill="LightBlue" Margin="20">
  <Rectangle.RenderTransform>
    <SkewTransform AngleX="20" AngleY="30" CenterX="40" CenterY="390" />
  </Rectangle.RenderTransform>
</Rectangle>
```

30.4.5 组合变换和复合变换

同时执行多种变换的简单方式是使用 CompositeTransform(用于 UWP 应用程序)和 TransformationGroup 元素。TransformationGroup 可以包含 SkewTransform、RotateTransform、TranslateTransform 和 ScaleTransform 作为其子元素(代码文件 Transformation[WPF | UWP]/Main[Window | Page]. xaml)：

```xml
<Rectangle Width="120" Height="60" Fill="LightGreen" Margin="20">
  <Rectangle.RenderTransform>
    <TransformGroup>
      <SkewTransform AngleX="45" AngleY="20" CenterX="-390" CenterY="40" />
      <RotateTransform Angle="90" />
            <ScaleTransform ScaleX="0.5" ScaleY="1.2" />
    </TransformGroup>
  </Rectangle.RenderTransform>
</Rectangle>
```

为了同时执行旋转和倾斜操作，可以定义一个 TransformGroup，它同时包含 RotateTransform 和 SkewTransform。类 CompositeTransform 定义多个属性，用于一次进行多个变换。例如，ScaleX 和 ScaleY 进行缩放，TranslateX 和 TranslateY 移动元素。也可以定义一个 MatrixTransform，其中 Matrix 元素指定了用于拉伸的 M11 和 M22 属性，以及用于倾斜的 M12 和 M21 属性，见下一节。

30.4.6 使用矩阵的变换

同时执行多种变换的另一个选择是指定一个矩阵。这里使用 MatrixTransform。MatrixTransform 定义了 Matrix 属性有 6 个值。设置值 1,0,0,1,0,0 不改变元素。值 0.5,1.4,0.4,0.5,-200,0 会重置元素的大小、倾斜和平移元素(代码文件 Transformation[WPF | UWP]/Main[Window | Page].xaml)：

```
<Rectangle Width="120" Height="60" Fill="Gold" Margin="20">
  <Rectangle.RenderTransform>
    <MatrixTransform Matrix="0.5, 1.4, 0.4, 0.5, -200, 0" />
  </Rectangle.RenderTransform>
</Rectangle>
```

Matrix 类型是一个结构，因此在 UWP 应用程序的 XAML 代码中不能实例化。然而，前面的示例将所有矩阵的值放入一个字符串并转换它。使用 WPF，可以在 XAML 代码中实例化结构，因此可以按名称给 Matrix 属性赋值，定义相同的值。属性 M11 和 M12 是用于缩放，M12 和 M21 用于倾斜，OffsetX 和 OffsetY 用于平移。

```
<Rectangle Width="120" Height="60" Fill="Gold" Margin="20">
  <Rectangle.RenderTransform>
    <MatrixTransform>
      <MatrixTransform.Matrix>
        <Matrix M11="0.5" M12="1.4" M21="0.4" M22="0.5"
          OffsetX="-200" OffsetY="0" />
      </MatrixTransform.Matrix>
    </MatrixTransform>
  </Rectangle.RenderTransform>
</Rectangle>
```

直接将字符串的值分配给 MatrixTransform 类的 Matrix 属性时，其顺序是 M11 —M12 — M21 — M22 —OffsetX — OffsetY。

30.4.7 变换布局

变换示例使用了 RenderTransform。WPF 还支持 LayoutTransform。对于 RenderTransform，在布局阶段完成后进行变换，所以在变换后，元素就不需要不同的大小。对于 LayoutTransform，在布局阶段之前进行变换——这最好用一个示例来说明。在接下来的代码片段中，在 StackPanel 中定义两个矩形，它们有相同的高度和宽度，但第一个矩形使用 RenderTransform 把其大小调整为原来的 1.5 倍。如图 30-8 所示，矩形相互叠加。布局阶段是在变换之前完成，因此第一个矩形没有足够的空间，只能移到显示区域的外部(代码文件 TransformationWPF/MainWindow.xaml)：

```
<StackPanel Orientation="Horizontal">
  <Rectangle Width="120" Height="60" Fill="Blue" Margin="20">
    <Rectangle.RenderTransform>
      <ScaleTransform ScaleX="1.5" ScaleY="1.5" />
    </Rectangle.RenderTransform>
  </Rectangle>
  <Rectangle Width="120" Height="60" Fill="Blue" Margin="20" />
</StackPanel>
```

使用相同的矩形和 ScaleTransformation，现在再加上 LayoutTransform(WPF 支持它)，就可以看到在图 30-9 中有更多的空间。布局阶段在变换后完成。

图 30-8

图 30-9

```xml
<StackPanel Orientation="Horizontal">
  <Rectangle Width="120" Height="60" Fill="Blue" Margin="20">
    <Rectangle.LayoutTransform>
      <ScaleTransform ScaleX="1.5" ScaleY="1.5" />
    </Rectangle.LayoutTransform>
  </Rectangle>
  <Rectangle Width="120" Height="60" Fill="Blue" Margin="20" />
</StackPanel>
```

 注意：除了 LayoutTransform 之外，还有一个 RenderTransform。LayoutTransform 在布局阶段之前发生，RenderTransform 在布局阶段之后发生。

30.5 画笔

本节演示了如何使用 XAML 的画笔绘制背景和前景。使用画笔时，WPF 提供的内容比 UWP 应用程序多得多。因此，本节首先介绍两种技术所提供的画笔，然后讨论特定 XAML 技术可用的画笔。

本节的第一个例子参考图 30-10，显示在 Button 元素的 Background 属性中使用各种画笔的效果。

图 30-10

30.5.1 SolidColorBrush

图 30-10 中的第一个按钮使用了 SolidColorBrush，顾名思义，这支画笔使用纯色。全部区域用同一种颜色绘制。

把 Background 特性设置为定义纯色的字符串，就可以定义纯色。使用 BrushValueSerializer 把该字符串转换为一个 SolidColorBrush 元素(代码文件 Brushes[WPF | UWP]/Main[Window | Page].xaml)。

```xml
<Button Height="30" Background="#FFC9659C">Solid Color</Button>
```

当然，通过设置 Background 子元素把 SolidColorBrush 元素添加为它的内容(代码文件 BrushesDemo/ MainWindow.xaml)，也可以得到同样的效果。应用程序中的第一个按钮使用十六进制值用作纯背景色：

```xml
<Button Content="Solid Color" Margin="10">
  <Button.Background>
    <SolidColorBrush Color="#FFC9659C" />
  </Button.Background>
</Button>
```

30.5.2 LinearGradientBrush

对于平滑的颜色变化，可以使用 LinearGradientBrush，如图 30-10 的第二个按钮所示。这个画笔定义了 StartPoint 和 EndPoint 属性。使用这些属性可以为线性渐变指定 2D 坐标。默认的渐变方向是从(0,0)到(1,1)的对角线。定义其他值可以给渐变指定不同的方向。例如，StartPoint 指定为(0,0)，EndPoint 指定为(0,1)，就得到了一个垂直渐变。StartPoint 不变，EndPoint 值指定为(1,0)，就得到了一个水平渐变。

通过该画笔的内容，可以用 GradientStop 元素定义指定偏移位置的颜色值。在各个偏移位置之间，颜色是平滑过渡的(代码文件 Brushes[WPF | UWP]/ Main[Window | Page].xaml)。

```xml
<Button Content="Linear Gradient Brush" Margin="10">
  <Button.Background>
    <LinearGradientBrush StartPoint="0,0" EndPoint="0,1">
      <GradientStop Offset="0" Color="LightGreen" />
      <GradientStop Offset="0.4" Color="Green" />
      <GradientStop Offset="1" Color="DarkGreen" />
    </LinearGradientBrush>
  </Button.Background>
</Button>
```

30.5.3 ImageBrush

要把图像加载到画笔中，可以使用 ImageBrush 元素。通过这个元素，显示 ImageSource 属性定义的图像。图像可以在文件系统中访问，或从程序集的资源中访问。在代码示例中，添加文件系统中的图像(代码文件 Brushes[WPF | UWP]/Main[Window | Page].xaml)：

```xml
<Button Content="Image Brush" Width="100" Height="80" Margin="5"
        Foreground="White">
  <Button.Background>
    <ImageBrush ImageSource="Build2015.png" Opacity="0.5" />
  </Button.Background>
</Button>
```

30.5.4 WebViewBrush

只能用于 UWP 应用程序的一个强大画笔是 WebViewBrush。这个画笔使用 WebView 的内容作为画笔。

使用 WebView 控件，可以使用应用程序分布的一个本地 HTML 文件，并使用 ms-appx-web 作为前缀，如示例代码所示(代码文件 BrushesUWP/MainPage.xaml)：

```xml
<WebView x:Name="webView1" Source="ms-appx-web:///HTML/HTMLBrushContent.html"
  LoadCompleted="OnWebViewCompleted" Width="100" Height="80" />
```

除了使用应用程序分布的文件之外，还可以上网使用 http://检索 HTML 文件。使用 ms-appdata:///前缀时，可以使用本地文件系统中的文件。

WebViewBrush 通过 SourceName 属性引用 WebView：

```xml
<Button Content="WebView Brush" Width="300" Height="180" Margin="20">
  <Button.Background>
    <WebViewBrush x:Name="webViewBrush" SourceName="webView1" Opacity="0.5" />
```

```
    </Button.Background>
</Button>
```

WebViewBrush 在加载 XAML 时绘制。如果 WebView 那时没有加载源，画笔就需要重绘。所以 WebView 定义了 LoadCompleted 事件。利用与该事件相关联的事件处理程序，调用 Redraw 方法来重绘 WebViewBrush，把 WebView 的 Visibility 属性设置为 Collapsed。如果 WebView 控件从一开始就是折叠的，画笔就不会显示 HTML 内容(代码文件 BrushesUWP / MainPage.xaml.cs)：

```
private void OnWebViewCompleted(object sender, NavigationEventArgs e)
{
    webViewBrush.Redraw();
    webView1.Visibility = Visibility.Collapsed;
}
```

30.5.5 只用于 WPF 的画笔

前一节讨论的 WebViewBrush 只能用于 UWP 应用程序，下面介绍只能用于 WPF 的画笔。以下描述的所有画笔都只能用于 WPF。图 30-11 显示了只用于 WPF 的画笔 RadialGradientBrush、DrawingBrush 和 VisualBrush(两次)。下面从 RadialGradientBrush 开始。

图 30-11

1. RadialGradientBrush

RadialGradientBrush 类似于 LinearGradientBrush，因为它可以定义一组颜色，获得渐变效果。使用 RadialGradientBrush 可以以放射方式产生平滑的颜色渐变。在图 30-11 中，最左边的元素 Path 使用了 RadialGradientBrush。该画笔定义了从 GradientOrigin 点开始的颜色(代码文件 BrushesWPF/MainWindow.xaml)。

```
<Canvas Width="200" Height="150">
  <Path Canvas.Top="0" Canvas.Left="20" Stroke="Black" >
    <Path.Fill>
      <RadialGradientBrush GradientOrigin="0.2,0.2">
        <GradientStop Offset="0" Color="LightBlue" />
        <GradientStop Offset="0.6" Color="Blue" />
        <GradientStop Offset="1.0" Color="DarkBlue" />
      </RadialGradientBrush>
    </Path.Fill>
    <Path.Data>
      <CombinedGeometry GeometryCombineMode="Union">
        <CombinedGeometry.Geometry1>
          <EllipseGeometry Center="80,60" RadiusX="80" RadiusY="40" />
        </CombinedGeometry.Geometry1>
        <CombinedGeometry.Geometry2>
          <RectangleGeometry Rect="30,60 105 50" />
```

```xml
      </CombinedGeometry.Geometry2>
    </CombinedGeometry>
  </Path.Data>
</Path>
</Canvas>
```

2. DrawingBrush

DrawingBrush 可以定义用画笔绘制的图形。图 30-11 中的按钮带有 Content value Drawing Brush 内容，它使用 DrawingBrush 定义了背景。这个画笔利用了 GeometryDrawing 元素。GeometryDrawing 又使用了两个 SolidColorBrush 元素：一个红色，一个蓝色。红色画笔作为背景，蓝色画笔用于钢笔，得到 geometry 元素周围的笔触。GeometryDrawing 的内容由 PathGeometry 定义，PathGeometry 参见本章前面所讨论的"几何图像"部分(代码文件 BrushesWPF/MainWindow.xaml)：

```xml
<Button Content="Drawing Brush" Margin="10" Padding="10">
  <Button.Background>
    <DrawingBrush>
    <DrawingBrush.Drawing>
      <GeometryDrawing Brush="Red">
        <GeometryDrawing.Pen>
          <Pen>
            <Pen.Brush>
              <SolidColorBrush>Blue</SolidColorBrush>
            </Pen.Brush>
          </Pen>
        </GeometryDrawing.Pen>
        <GeometryDrawing.Geometry>
          <PathGeometry>
            <PathGeometry.Figures>
              <PathFigure StartPoint="70,40">
                <PathFigure.Segments>
                  <BezierSegment Point1="90,37" Point2="130,46"
                                 Point3="150,63" />
                  <LineSegment Point="120,110" />
                  <BezierSegment Point1="100,95" Point2="70,90"
                                 Point3="45,91" />
                  <LineSegment Point="70,40" />
                </PathFigure.Segments>
              </PathFigure>
            </PathGeometry.Figures>
          </PathGeometry>
        </GeometryDrawing.Geometry>
      </GeometryDrawing>
    </DrawingBrush.Drawing>
    </DrawingBrush>
  </Button.Background>
</Button>
```

3. VisualBrush

VisualBrush 可以在画笔中使用其他 XAML 元素。下面示例(代码文件 BrushesWPF/MainWindow.xaml) 给 Visual 属性添加一个 StackPanel，其中包含 Rectangle 和 Button 元素。图 30-11 中左边的第 3 个

元素包含一个矩形和一个按钮。

```xml
<Button Content="Visual Brush" Width="100" Height="80">
  <Button.Background>
    <VisualBrush Opacity="0.5">
      <VisualBrush.Visual>
        <StackPanel Background="White">
          <Rectangle Width="25" Height="25" Fill="Blue" />
          <Button Content="Drawing Button" Background="Red" />
        </StackPanel>
      </VisualBrush.Visual>
    </VisualBrush>
  </Button.Background>
</Button>
```

可以给 VisualBrush 添加任意 UIElement。一个例子是可以使用 MediaElement 播放视频:

```xml
<Button Content="Visual Brush with Media" Width="200" Height="150"
    Foreground="White">
  <Button.Background>
    <VisualBrush>
      <VisualBrush.Visual>
        <MediaElement Source="./IceSkating.mp4" LoadedBehavior="Play" />
      </VisualBrush.Visual>
    </VisualBrush>
  </Button.Background>
</Button>
```

在 VisualBrush 中，还可以创建反射等有趣的效果。这里显示的按钮(图 30-11 中的最右边)包含一个 StackPanel，它包含一个播放视频的 MediaElement 和一个 Border。Border 边框包含一个用 VisualBrush 填充的矩形。这支画笔定义了一个不透明值和一个变换。把 Visual 属性绑定到 Border 元素上。变换通过设置 VisualBrush 的 RelativeTransform 属性来完成。这个变换使用了相对坐标。把 ScaleY 设置为–1，完成 Y 方向上的反射。TranslateTransform 在 Y 方向上移动变换，从而使反射效果位于原始对象的下面。

```xml
<Button Width="200" Height="200" Foreground="White" Click="OnMediaButtonClick">
  <StackPanel>
    <MediaElement x:Name="media1" Source="IceSkating.mp4"
        LoadedBehavior="Manual" />
    <Border Height="100">
      <Rectangle>
        <Rectangle.Fill>
          <VisualBrush Opacity="0.35" Stretch="None"
              Visual="{Binding ElementName=media1}">
            <VisualBrush.RelativeTransform>
              <TransformGroup>
                <ScaleTransform ScaleX="1" ScaleY="-1" />
                <TranslateTransform Y="1" />
              </TransformGroup>
            </VisualBrush.RelativeTransform>
          </VisualBrush>
        </Rectangle.Fill>
      </Rectangle>
```

```
      </Border>
   </StackPanel>
</Button>
```

> **注意**：这里使用的数据绑定和 Binding 元素详见第 31 章。

在后台代码中，按钮的单击事件处理程序启动视频(代码文件 BrushesWPF/MainWindow.xaml.cs)：

```
private void OnMediaButtonClick(object sender, RoutedEventArgs e)
{
    media1.Position = TimeSpan.FromSeconds(0);
    media1.Play();
}
```

结果如图 30-12 所示。

图 30-12

30.6 样式和资源

设置 XAML 元素的 FontSize 和 Background 属性，就可以定义 XAML 元素的外观，如 Button 元素所示(代码文件 StylesAndResources[WPF | UWP]/Main[Window | Page].xaml)：

```
<Button Width="150" FontSize="12" Background="AliceBlue" Content="Click Me!" />
```

除了定义每个元素的外观之外，还可以定义用资源存储的样式。为了完全定制控件的外观，可以使用模板，再把它们存储到资源中。

30.6.1 样式

控件的 Style 属性可以赋予附带 Setter 的 Style 元素。Setter 元素定义 Property 和 Value 属性，并给目标元素设置指定的属性和值。下例设置 Background、FontSize、FontWeight 和 Margin 属性。把 Style 设置为 TargetType Button，以便直接访问 Button 的属性(代码文件 StylesAndResources[WPF | UWP]/Main[Window | Page].xaml)：

```
<Button Width="150" Content="Click Me!">
```

```xml
<Button.Style>
  <Style TargetType="Button">
    <Setter Property="Background" Value="Yellow" />
    <Setter Property="FontSize" Value="14" />
    <Setter Property="FontWeight" Value="Bold" />
    <Setter Property="Margin" Value="5" />
  </Style>
</Button.Style>
</Button>
```

直接通过 Button 元素设置 Style 对样式的共享没有什么帮助。样式可以放在资源中。在资源中，可以把样式赋予指定的元素，把一个样式赋予某一类型的所有元素，或者为该样式使用一个键。要把样式赋予某一类型的所有元素，可使用 Style 的 TargetType 属性，将样式赋予一个按钮。要定义需要引用的样式，必须设置 x:Key：

```xml
<Page.Resources>
  <Style TargetType="Button">
    <Setter Property="Background" Value="LemonChiffon" />
    <Setter Property="FontSize" Value="18" />
    <Setter Property="Margin" Value="5" />
  </Style>
  <Style x:Key="ButtonStyle1" TargetType="Button">
    <Setter Property="Background" Value="Red" />
    <Setter Property="Foreground" Value="White" />
    <Setter Property="FontSize" Value="18" />
    <Setter Property="Margin" Value="5" />
  </Style>
</Page.Resources>
```

在样例应用程序中，在页面或窗口中全局定义的样式放在 UWP 应用程序的<Page.Resources>中，或者 WPF 的<Window.Resources>中。

在下面的 XAML 代码中，第一个按钮没有用元素属性定义样式，而是使用为 Button 类型定义的样式。对于下一个按钮，把 Style 属性用 StaticResource 标记扩展设置为{StaticResource ButtonStyle}，而 ButtonStyle 指定了前面定义的样式资源的键值，所以该按钮的背景为红色，前景是白色。

```xml
<Button Width="200" Content="Default Button style" Margin="3" />
<Button Width="200" Content="Named style"
        Style="{StaticResource ButtonStyle1}" Margin="3" />
```

除了把按钮的 Background 设置为单个值之外，还可以将 Background 属性设置为定义了渐变色的 LinearGradientBrush，如下所示：

```xml
<Style x:Key="FancyButtonStyle" TargetType="Button">
  <Setter Property="FontSize" Value="22" />
  <Setter Property="Foreground" Value="White" />
  <Setter Property="Margin" Value="5" />
  <Setter Property="Background">
    <Setter.Value>
      <LinearGradientBrush StartPoint="0,0" EndPoint="0,1">
        <GradientStop Offset="0.0" Color="LightCyan" />
        <GradientStop Offset="0.14" Color="Cyan" />
        <GradientStop Offset="0.7" Color="DarkCyan" />
```

```
      </LinearGradientBrush>
    </Setter.Value>
  </Setter>
</Style>
```

本例中下一个按钮的样式采用青色的线性渐变效果：

```
<Button Width="200" Content="Fancy button style"
    Style="{StaticResource FancyButtonStyle}" Margin="3" />
```

样式提供了一种继承方式。一个样式可以基于另一个样式。下面的 AnotherButtonStyle 样式基于 FancyButtonStyle 样式。它使用该样式定义的所有设置，且通过 BasedOn 属性引用，但 Foreground 属性除外，它设置为 LinearGradientBrush：

```
<Style x:Key="AnotherButtonStyle" BasedOn="{StaticResource FancyButtonStyle}"
    TargetType="Button">
  <Setter Property="Foreground">
    <Setter.Value>
      <LinearGradientBrush>
        <GradientStop Offset="0.2" Color="White" />
        <GradientStop Offset="0.5" Color="LightYellow" />
        <GradientStop Offset="0.9" Color="Orange" />
      </LinearGradientBrush>
    </Setter.Value>
  </Setter>
</Style>
```

最后一个按钮应用了 AnotherButtonStyle：

```
<Button Width="200" Content="Style inheritance"
    Style="{StaticResource AnotherButtonStyle}" Margin="3" />
```

图 30-13 显示了所有这些按钮的效果。

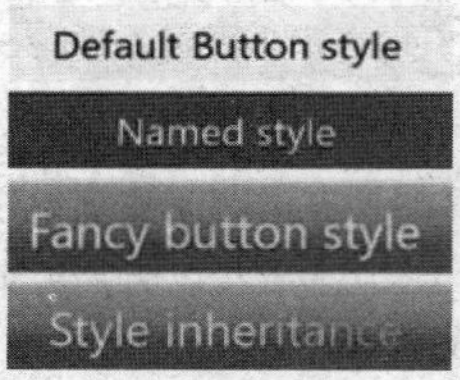

图 30-13

30.6.2 资源

从样式示例可以看出，样式通常存储在资源中。可以在资源中定义任意可冻结(WPF)或可共享(UWP)的元素。例如，前面为按钮的背景样式创建了画笔，它本身就可以定义为一个资源，这样就可以在需要画笔的地方使用它。

下面的示例在 StackPanel 资源中定义一个 LinearGradientBrush，它的键名是 MyGradientBrush。button1 使用 StaticResource 标记扩展将 Background 属性赋予 MyGradientBrush 资源(代码文件 StylesAndResources[WPF | UWP]/ ResourceDemo[Page | Window].xaml)。

```
<StackPanel x:Name="myContainer">
  <StackPanel.Resources>
    <LinearGradientBrush x:Key="MyGradientBrush" StartPoint="0,0"
        EndPoint="0.3,1">
      <GradientStop Offset="0.0" Color="LightCyan" />
      <GradientStop Offset="0.14" Color="Cyan" />
      <GradientStop Offset="0.7" Color="DarkCyan" />
    </LinearGradientBrush>
  </StackPanel.Resources>
  <Button Width="200" Height="50" Foreground="White" Margin="5"
```

```
        Background="{StaticResource MyGradientBrush}" Content="Click Me!" />
</StackPanel>
```

这里，资源用 StackPanel 定义。在上面的例子中，资源用 Page 或 Window 元素定义。基类 FrameworkElement 定义 ResourceDictionary 类型的 Resources 属性。这就是资源可以用派生自 FrameworkElement 的所有类(任意 XAML 元素)来定义的原因。

资源按层次结构来搜索。如果用根元素定义资源，它就会应用于所有子元素。如果根元素包含一个 Grid，该 Grid 包含一个 StackPanel，且资源是用 StackPanel 定义的，该资源就会应用于 StackPanel 中的所有控件。如果 StackPanel 包含一个按钮，但只用该按钮定义资源，这个样式就只对该按钮有效。

> **注意：** 对于层次结构，需要注意是否为样式使用了没有 Key 的 TargetType。如果用 Canvas 元素定义一个资源，并把样式的 TargetType 设置为应用于 TextBox 元素，该样式就会应用于 Canvas 中的所有 TextBox 元素。如果 Canvas 中有一个 ListBox，该样式甚至会应用于 ListBox 包含的 TextBox 元素。

如果需要将同一个样式应用于多个窗口，就可以用应用程序定义样式。在用 Visual Studio 创建的 WPF 和 UWP 应用程序中，创建 App.xaml 文件，以定义应用程序的全局资源。应用程序样式对其中的每个页面或窗口都有效。每个元素都可以访问用应用程序定义的资源。如果通过父窗口找不到资源，就可以通过 Application 继续搜索资源(代码文件 StylesAndResourcesUWP/App.xaml)。

```xml
<Application x:Class="StylesAndResourcesUWP.App"
        xmlns="http://schemas.microsoft.com/winfx/2006/xaml/presentation"
        xmlns:x="http://schemas.microsoft.com/winfx/2006/xaml"
        RequestedTheme="Light">
  <Application.Resources>

  </Application.Resources>
</Application>
```

30.6.3 从代码中访问资源

要从代码隐藏中访问资源，基类 FrameworkElement 的 Resources 属性返回 ResourceDictionary。该字典使用索引器和资源名称提供对资源的访问。可以使用 ContainsKey 方法检查资源是否可用。

下面看一个例子。按钮控件 button1 没有指定背景，但将 Click 事件动态赋予 OnApplyResource() 方法，以动态修改它(代码文件 StylesAndResources[WPF | UWP]/ResourceDemo[Page | Window].xaml)。

```xml
<Button Name="button1" Width="220" Height="50" Margin="5"
  Click="OnApplyResources" Content="Apply Resource Programmatically" />
```

现在在 WPF 和 UWP 应用程序中，可以用一个稍微不同的实现方式在层次结构中查找资源。在 WPF 中，ResourceDictionary 提供了方法 FindResource 和 TryFindResource，从层次结构中获得资源。资源没有找到时，FindResource 会抛出一个异常；而 TryFindResource 只是返回 null(代码文件 StylesAndResources[WPF | UWP]/ ResourceDemo.xaml.cs)：

```csharp
private void OnApplyResources(object sender, RoutedEventArgs e)
```

```
    {
      Control ctrl = sender as Control;
      ctrl.Background = ctrl.TryFindResource("MyGradientBrush") as Brush;
    }
```

对于 UWP 应用程序，TryFindResource 不可用于 ResourceDictionary。然而，使用扩展方法很容易实现这个方法，因此 OnApplyResources 的实现代码可以保持不变。

方法 TryFindResource 使用 ContainsKey 检查请求的资源是否可用，它会递归地调用方法，以免资源还没有找到(代码文件 StylesAndResourcesUWP / FrameworkElementExtensions.cs)：

```
public static class FrameworkElementExtensions
{
  public static object TryFindResource(this FrameworkElement e, string key)
  {
    if (e == null) throw new ArgumentNullException(nameof(e));
    if (key == null) throw new ArgumentNullException(nameof(key));

    if (e.Resources.ContainsKey(key))
    {
      return e.Resources[key];
    }
    else
    {
      var parent = e.Parent as FrameworkElement;
      if (parent == null) return null;
      return TryFindResource(parent, key);
    }
  }
}
```

30.6.4 动态资源(WPF)

通过 StaticResource 标记扩展，在加载期间搜索资源。如果在运行程序的过程中改变了资源，就应给 WPF 使用 DynamicResource 标记扩展。UWP 不支持 DynamicResource 标记扩展。

下面的例子使用与前面定义的相同资源。前面的示例使用 StaticResource，而这个按钮通过 DynamicResource 标记扩展使用 DynamicResource。这个按钮的事件处理程序以编程方式改变资源。把处理程序方法 OnChangeDynamicResource 赋予 Click 事件处理程序(代码文件 StylesAndResourcesWPF/ResourceDemo.xaml)。

```xml
<Button Name="button2" Width="200" Height="50" Foreground="White" Margin="5"
    Background="{DynamicResource MyGradientBrush}" Content="Change Resource"
    Click="OnChangeDynamicResource" />
```

OnChangeDynamicResource 方法的实现代码清除了 StackPanel 的资源，并用相同的名称 MyGradientBrush 添加了一个新资源。这个新资源非常类似于在 XAML 代码中定义的资源，它只定义了不同的颜色(代码文件 StylesAndResourcesWPF/ResourceDemo.xaml.cs)。

```
private void OnChangeDynamicResource(object sender, RoutedEventArgs e)
{
  myContainer.Resources.Clear();
  var brush = new LinearGradientBrush
```

```
{
  StartPoint = new Point(0, 0),
  EndPoint = new Point(0, 1)
};

brush.GradientStops = new GradientStopCollection()
{
  new GradientStop(Colors.White, 0.0),
  new GradientStop(Colors.Yellow, 0.14),
  new GradientStop(Colors.YellowGreen, 0.7)
};
myContainer.Resources.Add("MyGradientBrush", brush);
}
```

运行应用程序时,单击 Change Resource 按钮,可以动态地更改资源。使用通过动态资源定义的按钮会获得动态创建的资源,而用静态资源定义的按钮看起来与以前一样。

30.6.5 资源字典

如果相同的资源可用于不同的页面甚至不同的应用程序,把资源放在一个资源字典中就比较有效。使用资源字典,可以在多个应用程序之间共享文件,也可以把资源字典放在一个程序集中,供应用程序共享。

要共享程序集中的资源字典,应创建一个库。可以把资源字典文件(这里是 Dictionary1.xaml)添加到程序集中。在 WPF 中,这个文件的构建动作必须设置为 Resource,从而把它作为资源添加到程序集中。

Dictionary1.xaml 定义了两个资源:一个是包含 CyanGradientBrush 键的 LinearGradientBrush;另一个是用于按钮的样式,它可以通过 PinkButtonStyle 键来引用(代码文件 ResourcesLib [WPF | UWP]/Dictionary1.xaml):

```
<ResourceDictionary
    xmlns="http://schemas.microsoft.com/winfx/2006/xaml/presentation"
    xmlns:x="http://schemas.microsoft.com/winfx/2006/xaml">
  <LinearGradientBrush x:Key="CyanGradientBrush" StartPoint="0,0"
      EndPoint="0.3,1">
    <LinearGradientBrush.GradientStops>
      <GradientStop Offset="0.0" Color="LightCyan" />
      <GradientStop Offset="0.14" Color="Cyan" />
      <GradientStop Offset="0.7" Color="DarkCyan" />
    </LinearGradientBrush.GradientStops>
  </LinearGradientBrush>

  <Style x:Key="PinkButtonStyle" TargetType="Button">
    <Setter Property="FontSize" Value="22" />
    <Setter Property="Foreground" Value="White" />
    <Setter Property="Background">
      <Setter.Value>
        <LinearGradientBrush StartPoint="0,0" EndPoint="0,1">
          <LinearGradientBrush.GradientStops>
            <GradientStop Offset="0.0" Color="Pink" />
            <GradientStop Offset="0.3" Color="DeepPink" />
            <GradientStop Offset="0.9" Color="DarkOrchid" />
```

```xml
            </LinearGradientBrush.GradientStops>
          </LinearGradientBrush>
        </Setter.Value>
      </Setter>
    </Style>
</ResourceDictionary>
```

对于目标项目,需要引用这个库,并把资源字典添加到这个字典中。通过 ResourceDictionary 的 MergedDictionaries 属性,可以使用添加进来的多个资源字典文件。可以把一个资源字典列表添加到合并的字典中。

引用库的方式在 WPF 和 UWP 应用程序中是不同的。在 WPF 中,使用包 URI 语法。包 URI 语法可以指定为绝对的,其中 URI 以 pack://开头,也可以指定为相对的,如本例所示。使用相对语法,包含字典的引用程序集 ResourceLibWPF 跟在 "/" 的后面,其后是 ";component"。Component 表示,该字典包含为程序集中的一个资源。之后添加字典文件的名称 Dictionary1.xaml。如果把字典添加到子文件夹中,则必须声明子文件夹名(代码文件 StylesAndResourcesWPF/App.xaml)。

```xml
<Application x:Class="StylesAndResourcesWPF.App"
             xmlns="http://schemas.microsoft.com/winfx/2006/xaml/presentation"
             xmlns:x="http://schemas.microsoft.com/winfx/2006/xaml"
             StartupUri="MainWindow.xaml">
  <Application.Resources>
    <ResourceDictionary>
      <ResourceDictionary.MergedDictionaries>
        <ResourceDictionary
            Source="/ResourcesLibWPF;component/Dictionary1.xaml" />
      </ResourceDictionary.MergedDictionaries>
    </ResourceDictionary>
  </Application.Resources>
</Application>
```

对于 UWP 应用程序,引用略有区别。在这里,必须给要引用的资源字典加上 ms-appx:/// 模式的前缀(代码文件 StylesAndResourcesUWP / App. xaml):

```xml
<Application x:Class="StylesAndResourcesUWP.App"
             xmlns="http://schemas.microsoft.com/winfx/2006/xaml/presentation"
             xmlns:x="http://schemas.microsoft.com/winfx/2006/xaml"
             xmlns:local="using:StylesAndResourcesUWP"
             RequestedTheme="Light">
  <Application.Resources>
    <ResourceDictionary>
      <ResourceDictionary.MergedDictionaries>
        <ResourceDictionary
            Source="ms-appx:///ResourcesLibUWP/Dictionary1.xaml" />
      </ResourceDictionary.MergedDictionaries>
    </ResourceDictionary>
  </Application.Resources>
</Application>
```

现在可以像本地资源那样使用引用程序集中的资源了(代码文件 StylesAndResources[WPF | UWP] /Resource Demo[Window | Page].xaml):

```xml
<Button Width="300" Height="50" Style="{StaticResource PinkButtonStyle}"
  Content="Referenced Resource" />
```

30.6.6 主题资源(UWP)

尽管 UWP 应用程序不支持 DynamicResource 标记扩展，但这些应用程序也能动态改变样式。这个功能是基于主题的。通过主题，可以允许用户在光明与黑暗主题之间切换(类似于可以用 Visual Studio 改变的主题)。

1. 定义主题资源

主题资源可以在 ThemeDictionaries 集合的资源字典中定义。在 ThemeDictionaries 集合中定义的 ResourceDictionary 对象需要分配一个包含主题名称(Light 或 Dark)的键。示例代码为浅色背景和暗色前景的 Light 主题定义了一个按钮，为浅色前景和暗色背景的 dark 主题定义了一个按钮。用于样式的键在这两个字典中是一样的：SampleButtonStyle(代码文件 StylesAndResourcesUWP / Styles / SampleThemes.xaml)：

```xml
<ResourceDictionary
  xmlns="http://schemas.microsoft.com/winfx/2006/xaml/presentation"
  xmlns:x="http://schemas.microsoft.com/winfx/2006/xaml"
  xmlns:local="using:StylesAndResourcesUWP">
  <ResourceDictionary.ThemeDictionaries>
    <ResourceDictionary x:Key="Light">
      <Style TargetType="Button" x:Key="SampleButtonStyle">
        <Setter Property="Background" Value="LightGray" />
        <Setter Property="Foreground" Value="Black" />
      </Style>
    </ResourceDictionary>
    <ResourceDictionary x:Key="Dark">
      <Style TargetType="Button" x:Key="SampleButtonStyle">
        <Setter Property="Background" Value="Black" />
        <Setter Property="Foreground" Value="White" />
      </Style>
    </ResourceDictionary>
  </ResourceDictionary.ThemeDictionaries>
</ResourceDictionary>
```

使用 ThemeResource 标记扩展可以指定样式。除了使用另一个标记扩展之外，其他的都与 StaticResource 标记扩展相同(代码文件 StylesAndResourcesUWP / ThemeDemoPage.xaml)：

```xml
<Button Style="{ThemeResource SampleButtonStyle}" Click="OnChangeTheme"
  Content="Change Theme" />
```

根据选择的主题，使用相应的样式。

2. 选择主题

有不同的方式来选择主题。首先，应用程序本身有一个默认的主题。Application 类的 RequestedTheme 属性定义了应用程序的默认主题。这在 App.xaml 内定义，在其中还引用了主题字典文件(代码文件 StylesAndResourcesUWP / App.xaml)：

```xml
<Application
  x:Class="StylesAndResourcesUWP.App"
  xmlns="http://schemas.microsoft.com/winfx/2006/xaml/presentation"
  xmlns:x="http://schemas.microsoft.com/winfx/2006/xaml"
  xmlns:local="using:StylesAndResourcesUWP"
  RequestedTheme="Light">
  <Application.Resources>
    <ResourceDictionary>
      <ResourceDictionary.MergedDictionaries>
        <ResourceDictionary Source="ms-appx:///StylesLib/Dictionary1.xaml" />
        <ResourceDictionary Source="Styles/SampleThemes.xaml" />
      </ResourceDictionary.MergedDictionaries>
    </ResourceDictionary>
  </Application.Resources>
</Application>
```

RequestedTheme 属性在 XAML 元素的层次结构中定义。每个元素可以覆盖用于它本身及其子元素的主题。下面的 Grid 元素改变了 Dark 主题的默认主题。现在它用于 Grid 元素及其所有子元素(代码文件 StylesAndResourcesUWP / ThemeDemoPage.xaml):

```xml
<Grid x:Name="grid1"
    Background="{ThemeResource ApplicationPageBackgroundThemeBrush}"
    RequestedTheme="Dark">
  <Button Style="{ThemeResource SampleButtonStyle}" Click="OnChangeTheme"
      Content="Change Theme" />
</Grid>
```

也可以在代码中通过设置 RequestedTheme 属性来动态更改主题(代码文件 StylesAndResourcesUWP/ThemeDemoPage.xaml.cs):

```csharp
private void OnChangeTheme(object sender, RoutedEventArgs e)
{
  grid1.RequestedTheme = grid1.RequestedTheme == ElementTheme.Dark ?
      ElementTheme.Light: ElementTheme.Dark;
}
```

注意：只有资源看起来与主题不同，使用 ThemeResource 标记扩展才有用。如果资源应该与主题相同，就应继续使用 StaticResource 标记扩展。

30.7 模板

XAML Button 控件可以包含任何内容，如简单的文本，还可以给按钮添加 Canvas 元素，Canvas 元素可以包含形状，也可以给按钮添加 Grid 或视频。然而，按钮还可以完成更多的操作。使用基于模板的 XAML 控件，控件的外观及其功能在 WPF 中是完全分离的。虽然按钮有默认的外观，但可以用模板完全定制其外观。

如表 30-2 所示，WPF 和 UWP 应用程序提供了几个模板类型，它们派生自基类 FrameworkTemplate。

表 30-2

模板类型	说明
ControlTemplate	使用 ControlTemplate 可以指定控件的可视化结构，重新设计其外观
ItemsPanelTemplate	对于 ItemsControl，可以赋予一个 ItemsPanelTemplate，以指定其项的布局。每个 ItemsControl 都有一个默认的 ItemsPanelTemplate。MenuItem 使用 WrapPanel，StatusBar 使用 DockPanel，ListBox 使用 VirtualizingStackPanel
DataTemplate	DataTemplates 非常适用于对象的图形表示。给列表框指定样式时，默认情况下，列表框中的项根据 ToString()方法的输出来显示。应用 DataTemplate，可以重写其操作，定义项的自定义表示
HierarchicalDataTemplate	HierarchicalDataTemplate 用于排列对象的树型结构。这个控件支持 HeaderedItemsControls，如 TreeViewItem 和 MenuItem。这个模板类只用于 WPF

注意：HierarchicalDataTemplate 和 TreeControl 的讨论参见第 34 章。

30.7.1 控件模板

本章前面介绍了如何给控件的属性定义样式。如果设置控件的简单属性得不到需要的外观，就可以修改 Template 属性。使用 Template 属性可以定制控件的整体外观。下面的例子说明了定制按钮的过程，后面逐步地说明了列表框的定制，以便显示出改变的中间结果。

Button 类型的定制在一个单独的资源字典文件 Styles.xaml 中进行。这里定义了键名为 RoundedGelButton 的样式。RoundedGelButton 样式设置 Background、Height、Foreground、Margin 和 Template 属性。Template 属性是这个样式中最有趣的部分，它指定一个仅包含一行一列的网格。

在这个单元格中，有一个名为 GelBackground 的椭圆。这个椭圆给笔触设置了一个线性渐变画笔。包围矩形的笔触非常细，因为把 StrokeThickness 设置为 0.5。

因为第二个椭圆 GelShine 比较小，其尺寸由 Margin 属性定义，所以在第一个椭圆内部是可见的。因为其笔触是透明的，所以该椭圆没有边框。这个椭圆使用一个线性渐变填充画笔，从部分透明的浅色变为完全透明，这使椭圆具有"亦真亦幻"的效果(代码文件 Templates[WPF | UWP]/Styles/ControlTemplates.xaml)。

```
<ResourceDictionary
    xmlns="http://schemas.microsoft.com/winfx/2006/xaml/presentation"
    xmlns:x="http://schemas.microsoft.com/winfx/2006/xaml">
  <Style x:Key="RoundedGelButton" TargetType="Button">
    <Setter Property="Width" Value="100" />
    <Setter Property="Height" Value="100" />
    <Setter Property="Foreground" Value="White" />
    <Setter Property="Template">
      <Setter.Value>
        <ControlTemplate TargetType="Button">
          <Grid>
            <Ellipse Name="GelBackground" StrokeThickness="0.5" Fill="Black">
              <Ellipse.Stroke>
                <LinearGradientBrush StartPoint="0,0" EndPoint="0,1">
                  <GradientStop Offset="0" Color="#ff7e7e7e" />
```

```xml
              <GradientStop Offset="1" Color="Black" />
            </LinearGradientBrush>
          </Ellipse.Stroke>
        </Ellipse>
        <Ellipse Margin="15,5,15,50">
          <Ellipse.Fill>
            <LinearGradientBrush StartPoint="0,0" EndPoint="0,1">
              <GradientStop Offset="0" Color="#aaffffff" />
              <GradientStop Offset="1" Color="Transparent" />
            </LinearGradientBrush>
          </Ellipse.Fill>
        </Ellipse>
      </Grid>
    </ControlTemplate>
    </Setter.Value>
  </Setter>
</Style>
</ResourceDictionary>
```

从 app.xaml 文件中，引用资源字典，如下所示(代码文件 Template[WPF|UWP]/App.xaml)：

```xml
<Application x:Class="TemplateDemo.App"
    xmlns="http://schemas.microsoft.com/winfx/2006/xaml/presentation"
    xmlns:x="http://schemas.microsoft.com/winfx/2006/xaml"
    StartupUri="MainWindow.xaml">
  <Application.Resources>
    <ResourceDictionary Source="Styles/ControlTemplates.xaml" />
  </Application.Resources>
</Application>
```

现在可以把 Button 控件关联到样式上。按钮的新外观如图 30-14 所示，并使用代码文件 Templates [WPF | UWP]/StyledButtons.xaml。

```xml
<Button Style="{StaticResource RoundedGelButton}" Content="Click Me!" />
```

图 30-14

按钮现在的外观完全不同，但按钮的内容未在图 30-14 中显示出来。必须扩展前面创建的模板，以把按钮的内容显示在新外观上。为此需要添加一个 ContentPresenter。ContentPresenter 是控件内容的占位符，并定义了放置这些内容的位置。这里把内容放在网格的第一行上，即 Ellipse 元素所在的位置。ContentPresenter 的 Content 属性定义了内容的外观。把内容设置为 TemplateBinding 标记表达式。TemplateBinding 绑定父模板，这里是 Button 元素。{TemplateBinding Content}指定，Button 控件的 Content 属性值应作为内容放在占位符内。图 30-15 显示了带内容的按钮(代码文件 Templates[WPF | UWP]/Styles/ControlTemplates.xaml)：

图 30-15

```xml
<Setter Property="Template">
  <Setter.Value>
    <ControlTemplate TargetType="Button">
      <Grid>
        <Ellipse Name="GelBackground" StrokeThickness="0.5" Fill="Black">
          <Ellipse.Stroke>
            <LinearGradientBrush StartPoint="0,0" EndPoint="0,1">
              <GradientStop Offset="0" Color="#ff7e7e7e" />
```

```xml
        <GradientStop Offset="1" Color="Black" />
      </LinearGradientBrush>
    </Ellipse.Stroke>
  </Ellipse>
  <Ellipse Margin="15,5,15,50">
    <Ellipse.Fill>
      <LinearGradientBrush StartPoint="0,0" EndPoint="0,1">
        <GradientStop Offset="0" Color="#aaffffff" />
        <GradientStop Offset="1" Color="Transparent" />
      </LinearGradientBrush>
    </Ellipse.Fill>
  </Ellipse>
  <ContentPresenter Name="GelButtonContent"
                    VerticalAlignment="Center"
                    HorizontalAlignment="Center"
                    Content="{TemplateBinding Content}" />
  </Grid>
 </ControlTemplate>
</Setter.Value>
```

注意：TemplateBinding 允许与模板交流控件定义的值。这不仅可以用于内容，还可以用于颜色和笔触样式等。

现在这样一个样式化的按钮在屏幕上看起来很漂亮。但仍有一个问题：如果用鼠标单击该按钮，或使鼠标滑过该按钮，则它不会有任何动作。这不是用户操作按钮时的一般情况。解决方法如下：对于模板样式的按钮，必须给它指定可视化状态或触发器，使按钮在响应鼠标移动和鼠标单击时有不同的外观。可视化状态也利用动画；因此本章后面讨论这个变更。

然而，为了提前了解这一点，可以使用 Visual Studio 来创建一个按钮模板。不是完全从头开始建立这样一个模板，而可以在 XAML 设计器或文档浏览器中选择一个按钮控件，从上下文菜单中选择 Edit Template。在这里，可以创建一个空的模板，或复制预定义的模板。使用模板的一个副本来查看预定义的模板。创建一个样式资源的对话框参见图 30-16。在这里可以定义包含模板的资源是在文档、应用程序(用于多个页面和窗口)还是资源字典中创建。对于之前样式化的按钮，资源字典 ControlTemplates.xaml 已经存在，示例代码在该字典中创建资源。

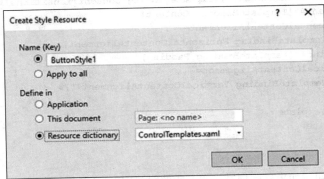

图 30-16

UWP 和 WPF 应用程序的默认模板大不相同，因为这些技术使用不同的特性，其设计也不同。以下代码片段显示了 UWP 应用程序中默认按钮模板的一些特殊之处。几个按钮设置取自主题资源，如 Background、Foreground 和 BorderBrush。他们在光明和黑暗主题中是不同的。一些值，如 Padding 和 HorizontalAlignment 是固定的。创建一个自定义样式，就可以改变这些(代码文件 TemplatesUWP / Styles / ControlTemplates.xaml)：

```xml
<Style x:Key="ButtonStyle1" TargetType="Button">
  <Setter Property="Background"
    Value="{ThemeResource SystemControlBackgroundBaseLowBrush}"/>
  <Setter Property="Foreground"
    Value="{ThemeResource SystemControlForegroundBaseHighBrush}"/>
  <Setter Property="BorderBrush"
    Value="{ThemeResource SystemControlForegroundTransparentBrush}"/>
  <Setter Property="BorderThickness"
    Value="{ThemeResource ButtonBorderThemeThickness}"/>
  <Setter Property="Padding" Value="8,4,8,4"/>
  <Setter Property="HorizontalAlignment" Value="Left"/>
  <Setter Property="VerticalAlignment" Value="Center"/>
  <Setter Property="FontFamily"
    Value="{ThemeResource ContentControlThemeFontFamily}"/>
  <Setter Property="FontWeight" Value="Normal"/>
  <Setter Property="FontSize"
    Value="{ThemeResource ControlContentThemeFontSize}"/>
  <Setter Property="UseSystemFocusVisuals" Value="True"/>
```

控件模板由一个 Grid 网格和一个 ContentPresenter 组成，画笔和边界值使用 TemplateBinding 限定。这样就可以用按钮控件直接定义这些值，来影响外观。

```xml
  <Setter Property="Template">
    <Setter.Value>
      <ControlTemplate TargetType="Button">
        <Grid x:Name="RootGrid" Background="{TemplateBinding Background}">
          <!-- Visual State Manager settings removed -->
          <ContentPresenter x:Name="ContentPresenter"
            AutomationProperties.AccessibilityView="Raw"
            BorderBrush="{TemplateBinding BorderBrush}"
            BorderThickness="{TemplateBinding BorderThickness}"
            ContentTemplate="{TemplateBinding ContentTemplate}"
            ContentTransitions="{TemplateBinding ContentTransitions}"
            Content="{TemplateBinding Content}"
            HorizontalContentAlignment=
              "{TemplateBinding HorizontalContentAlignment}"
            Padding="{TemplateBinding Padding}"
            VerticalContentAlignment=
              "{TemplateBinding VerticalContentAlignment}"/>
        </Grid>
      </ControlTemplate>
    </Setter.Value>
  </Setter>
</Style>
```

对于动态更改按钮，如果鼠标划过按钮，或按钮被按下，UWP 应用程序的按钮模板就会利用 VisualStateManager。在这里，按钮的状态改为 PointerOver、Pressed 和 Disabled 时，就定义关键帧动画。

```xml
<VisualStateManager.VisualStateGroups>
  <VisualStateGroup x:Name="CommonStates">
    <VisualState x:Name="Normal"/>
    <VisualState x:Name="PointerOver">
      <Storyboard>
        <ObjectAnimationUsingKeyFrames
          Storyboard.TargetProperty="BorderBrush"
          Storyboard.TargetName="ContentPresenter">
          <DiscreteObjectKeyFrame KeyTime="0"
            Value="{ThemeResource SystemControlHighlightBaseMediumLowBrush}"/>
        </ObjectAnimationUsingKeyFrames>
        <ObjectAnimationUsingKeyFrames
          Storyboard.TargetProperty="Foreground"
          Storyboard.TargetName="ContentPresenter">
          <DiscreteObjectKeyFrame KeyTime="0"
            Value="{ThemeResource SystemControlHighlightBaseHighBrush}"/>
        </ObjectAnimationUsingKeyFrames>
      </Storyboard>
    </VisualState>
    <VisualState x:Name="Pressed">
      <Storyboard>
        <!-animations removed->
      </Storyboard>
    </VisualState>
    <VisualState x:Name="Disabled">
      <Storyboard>
        <!-animations removed->
      </Storyboard>
    </VisualState>
  </VisualStateGroup>
</VisualStateManager.VisualStateGroups>
```

在 WPF 中，默认按钮模板使用 StaticResource 和 DynamicResource 标记扩展，为画笔获取资源，因为主题资源不可用。x.Static 标记扩展访问类的静态成员，这里是 SystemColors.ControlTextBrushKey。SystemColors 类访问用户可以配置的资源，因此用户可以部分地样式化外观。为了获得鼠标移动到按钮上的动态外观，或单击按钮时的动态外观，可以使用属性触发器来改变外观(代码文件 TemplatesWPF/Styles/ControlTemplates.xaml)：

```xml
<Style x:Key="ButtonStyle1" TargetType="{x:Type Button}">
  <Setter Property="FocusVisualStyle" Value="{StaticResource FocusVisual}"/>
  <Setter Property="Background"
    Value="{StaticResource Button.Static.Background}"/>
  <Setter Property="BorderBrush"
    Value="{StaticResource Button.Static.Border}"/>
  <Setter Property="Foreground"
    Value="{DynamicResource {x:Static SystemColors.ControlTextBrushKey}}"/>
  <Setter Property="BorderThickness" Value="1"/>
  <Setter Property="HorizontalContentAlignment" Value="Center"/>
  <Setter Property="VerticalContentAlignment" Value="Center"/>
  <Setter Property="Padding" Value="1"/>
  <Setter Property="Template">
    <Setter.Value>
      <ControlTemplate TargetType="{x:Type Button}">
```

```xml
<Border x:Name="border" BorderBrush="{TemplateBinding BorderBrush}"
  BorderThickness="{TemplateBinding BorderThickness}"
  Background="{TemplateBinding Background}" SnapsToDevicePixels="true">
  <ContentPresenter x:Name="contentPresenter" Focusable="False"
    HorizontalAlignment="{TemplateBinding HorizontalContentAlignment}"
    Margin="{TemplateBinding Padding}" RecognizesAccessKey="True"
    SnapsToDevicePixels="{TemplateBinding SnapsToDevicePixels}"
    VerticalAlignment="{TemplateBinding VerticalContentAlignment}"/>
</Border>
<ControlTemplate.Triggers>
  <Trigger Property="IsDefaulted" Value="true">
    <Setter Property="BorderBrush" TargetName="border"
      Value="{DynamicResource
        {x:Static SystemColors.HighlightBrushKey}}"/>
  </Trigger>
  <Trigger Property="IsMouseOver" Value="true">
    <Setter Property="Background" TargetName="border"
      Value="{StaticResource Button.MouseOver.Background}"/>
    <Setter Property="BorderBrush" TargetName="border"
      Value="{StaticResource Button.MouseOver.Border}"/>
  </Trigger>

  <!--more trigger settings for IsPressed and IsEnabled-->

</ControlTemplate.Triggers>
        </ControlTemplate>
      </Setter.Value>
    </Setter>
  </Style>
```

30.7.2 数据模板

ContentControl 元素的内容可以是任意内容——不仅可以是 XAML 元素,还可以是.NET 对象。例如,可以把 Country 类型的对象赋予 Button 类的内容。下面的示例创建 Country 类,以表示国家名称和国旗(用一幅图像的路径表示)。这个类定义 Name 和 ImagePath 属性,并重写 ToString()方法,用于默认的字符串表示(代码文件 Models[WPF | UWP]/Country.cs):

```csharp
public class Country
{
  public string Name { get; set; }
  public string ImagePath { get; set; }

  public override string ToString() => Name;
}
```

这些内容在按钮或任何其他 ContentControl 中会如何显示?默认情况下会调用 ToString()方法,显示对象的字符串表示。

要获得自定义外观,还可以为 Country 类型创建一个 DataTemplate。示例代码定义了 CountryDataTemplate 键,这个键可以用于引用模板。在 DataTemplate 内部,主元素是一个文本框,其 Text 属性绑定到 Country 的 Name 属性上,Source 属性的 Image 绑定到 Country 的 ImagePath 属性上。Grid 和 Border 元素定义了布局和可见外观(代码文件 Templates[WPF | UWP]/Styles/DataTemplates.xaml):

```xml
<DataTemplate x:Key="CountryDataTemplate">
  <Border Margin="4" BorderThickness="2" CornerRadius="6">
    <Border.BorderBrush>
      <LinearGradientBrush StartPoint="0,0" EndPoint="0,1">
        <GradientStop Offset="0" Color="#aaa" />
        <GradientStop Offset="1" Color="#222" />
      </LinearGradientBrush>
    </Border.BorderBrush>
    <Border.Background>
      <LinearGradientBrush StartPoint="0,0" EndPoint="0,1">
        <GradientStop Offset="0" Color="#444" />
        <GradientStop Offset="1" Color="#fff" />
      </LinearGradientBrush>
    </Border.Background>
    <Grid Margin="4">
      <Grid.RowDefinitions>
        <RowDefinition Height="auto" />
        <RowDefinition Height="auto" />
      </Grid.RowDefinitions>
      <Image Width="120" Source="{Binding ImagePath}" />
      <TextBlock Grid.Row="1" Opacity="0.6" FontSize="16"
        VerticalAlignment="Bottom" HorizontalAlignment="Right" Margin="15"
        FontWeight="Bold" Text="{Binding Name}" />
    </Grid>
  </Border>
</DataTemplate>
```

在 Window 或 Page 的 XAML 代码中，定义一个简单的 Button 元素 button1：

```xml
<Button x:Name="countryButton" Grid.Row="2" Margin="20"
    ContentTemplate="{StaticResource CountryDataTemplate}" />
```

在代码隐藏文件中，实例化一个新的 Country 对象，并把它赋给 button1 的 Content 属性(代码文件 Templates[WPF | UWP]/StyledButtons.xaml.cs)：

```csharp
this.countryButton.Content = new Country
{
  Name = "Austria",
  ImagePath = "images/Austria.bmp"
};
```

运行这个应用程序，可以看出，DataTemplate 应用于 Button，因为 Country 数据类型有默认的模板，如图 30-17 所示。

当然，也可以创建一个控件模板，并从中使用数据模板。

图 30-17

30.7.3 样式化 ListView

更改按钮或标签的样式是一个简单的任务，例如改变包含一个元素列表的父元素的样式。如何更改 ListView？这个列表控件也有操作方式和外观。它可以显示一个元素列表，用户可以从列表中选择一个或多个元素。至于操作方式，ListView 类定义了方法、属性和事件。ListView 的外观与其操作是分开的。ListView 元素有一个默认的外观，但可以通过创建模板，改变这个外观。

为了给 ListView 填充一些项，类 CountryRepository 返回几个要显示出来的国家(代码文件 Models[WPF | UWP]/CountryRepository.cs)：

```csharp
public sealed class CountryRepository
{
  private static IEnumerable<Country> s_countries;

  public IEnumerable<Country> GetCountries() =>
    s_countries ?? (s_countries = new List<Country>
    {
      new Country { Name="Austria", ImagePath = "Images/Austria.bmp" },
      new Country { Name="Germany", ImagePath = "Images/Germany.bmp" },
      new Country { Name="Norway", ImagePath = "Images/Norway.bmp" },
      new Country { Name="USA", ImagePath = "Images/USA.bmp" }
    });
}
```

在代码隐藏文件中，在 StyledList 类的构造函数中，使用 CountryRepository 的 GetCountries 方法创建并填充只读属性 Countries(代码文件 Templates[WPF | UWP]/StyledList.xaml.cs)：

```csharp
public ObservableCollection<Country> Countries { get; } =
  new ObservableCollection<Country>();

public StyledListBox()
{
  this.InitializeComponent();
  this.DataContext = this;
  var countries = new CountryRepository().GetCountries();
  foreach (var country in countries)
  {
    Countries.Add(country);
  }
}
```

DataContext 是一个数据绑定功能，参见下一章。

在 XAML 代码中，定义了 countryList1 列表视图。countryList1 只使用元素的默认外观。把 ItemsSource 属性设置为 Binding 标记扩展，它由数据绑定使用。从代码隐藏文件中，可以看到数据绑定用于一个 Country 对象数组。图 30-18 显示了 ListView 的默认外观。在默认情况下，只在一个简单的列表中显示 ToString()方法返回的国家的名称(代码文件 Templates[WPF | UWP]/ StyledList.xaml)。

Austria

Germany

Norway

USA

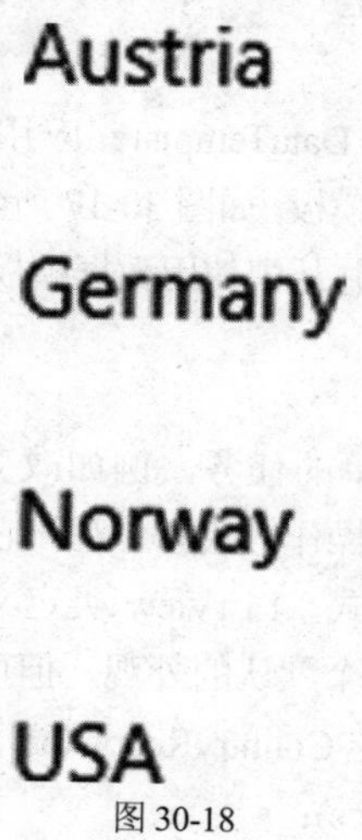

图 30-18

```
<Grid>
  <ListView ItemsSource="{Binding Countries}" Margin="10"
    x:Name="countryList1" />
</Grid>
```

30.7.4　ListView 项的数据模板

接下来，使用之前为 ListView 控件创建的 DataTemplate。DataTemplate 可以直接分配给 ItemTemplate 属性(代码文件 Templates[WPF | UWP]/StyledList.xaml)：

```
<ListView ItemsSource="{Binding Countries}" Margin="10"
  ItemTemplate="{StaticResource CountryDataTemplate}" />
```

有了这些 XAML，项就如图 30-19 所示。

当然也可以定义一个引用数据模板的样式（代码文件 Templates[WPF | UWP]/Styles/ListTemplates.xaml)：

```
<Style x:Key="ListViewStyle1" TargetType="ListView">
  <Setter Property="ItemTemplate"
    Value="{StaticResource CountryDataTemplate}" />
</Style>
```

在 ListView 控件中使用这个样式(代码文件 Templates[WPF | UWP]/StyledList.xaml)：

```
<ListView ItemsSource="{Binding Countries}" Margin="10"
  Style="{StaticResource ListViewStyle1}" />
```

图 30-19

30.7.5　项容器的样式

数据模板定义了每一项的外观，每项还有一个容器。ItemContainerStyle 可以定义每项的容器的外观，例如，选择、按下每个项时，应给画笔使用什么前景和背景，等等。对于容器边界的简单视图，设置 Margin 和 Background 属性 (代码文件 TemplatesUWP /Styles/ListTemplates.xaml)：

```
<Style x:Key="ListViewItemStyle1" TargetType="ListViewItem">
  <Setter Property="Background" Value="Orange"/>
  <Setter Property="Margin" Value="5" />
  <Setter Property="Template">
    <Setter.Value>
      <ControlTemplate TargetType="ListViewItem">
        <ListViewItemPresenter ContentMargin="{TemplateBinding Padding}"
          FocusBorderBrush=
            "{ThemeResource SystemControlForegroundAltHighBrush}"
          HorizontalContentAlignment=
            "{TemplateBinding HorizontalContentAlignment}"
          PlaceholderBackground=
            "{ThemeResource ListViewItemPlaceholderBackgroundThemeBrush}"
          SelectedPressedBackground=
            "{ThemeResource SystemControlHighlightListAccentHighBrush}"
          SelectedForeground=
            "{ThemeResource SystemControlHighlightAltBaseHighBrush}"
          SelectedBackground=
```

```xml
            "{ThemeResource SystemControlHighlightListAccentLowBrush}"
          VerticalContentAlignment=
            "{TemplateBinding VerticalContentAlignment}"/>
      </ControlTemplate>
    </Setter.Value>
  </Setter>
</Style>
```

在 WPF 中,ListViewItemPresenter 不可用,但可以使用 ContentPresenter,如下面的代码片段所示(代码文件 TemplatesWPF/Styles/ListTemplates.xaml):

```xml
<Style x:Key="ListViewItemStyle1" TargetType="{x:Type ListViewItem}">
  <Setter Property="Template">
    <Setter.Value>
      <ControlTemplate TargetType="{x:Type ListViewItem}">
        <Grid Margin="8" Background="Orange">
          <ContentPresenter />
        </Grid>
      </ControlTemplate>
    </Setter.Value>
  </Setter>
</Style>
```

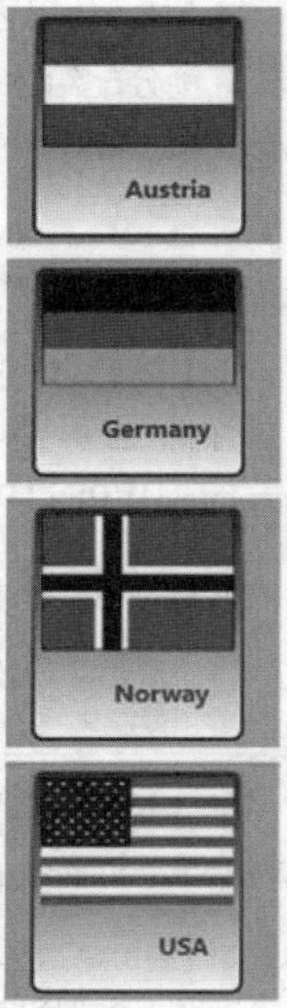

样式与 ListView 的 ItemContainerStyle 属性相关联。这种样式的结果如图 30-20 所示。这个图很好地显示了项容器的边界(代码文件 Templates(WPF | UWP]/ StyledList.xaml):

图 30-20

```xml
<ListView ItemsSource="{Binding Countries}" Margin="10"
  ItemContainerStyle="{StaticResource ListViewItemStyle1}"
  Style="{StaticResource ListViewStyle1}" MaxWidth="180" />
```

30.7.6 项面板

默认情况下,ListView 的项垂直放置。这不是在这个视图中安排项的唯一方法,还可以用其他方式安排它们,如水平放置。在项控件中安排项由项面板负责。

下面的代码片段为 ItemsPanelTemplate 定义了资源,水平布置 ItemsStackPanel,而不是垂直布置(代码文件 TemplatesUWP / Styles / listTemplates.xaml):

```xml
<ItemsPanelTemplate x:Key="ItemsPanelTemplate1">
  <ItemsStackPanel Orientation="Horizontal" Background="Yellow" />
</ItemsPanelTemplate>
```

在 WPF 的版本中,VirtualizingStackPanel(而不是 ItemsStackPanel)的用法有点不同(代码文件 TemplatesWPF / Styles / listTemplates.xaml):

下面的 ListView 声明使用与之前相同的 Style 和 ItemContainerStyle,但添加了 ItemsPanel 的资源。图 30-21 显示,项现在水平布置(代码文件 Templates(WPF | UWP]/ StyledList.xaml):

```xml
<ItemsPanelTemplate x:Key="ItemsPanelTemplate1">
  <VirtualizingStackPanel IsItemsHost="True" Orientation="Horizontal"
```

```xml
        Background="Yellow"/>
    </ItemsPanelTemplate>

<ListView ItemsSource="{Binding Countries}" Margin="10"
  ItemContainerStyle="{StaticResource ListViewItemStyle1}"
  Style="{StaticResource ListViewStyle1}"
  ItemsPanel="{StaticResource ItemsPanelTemplate1}" />
```

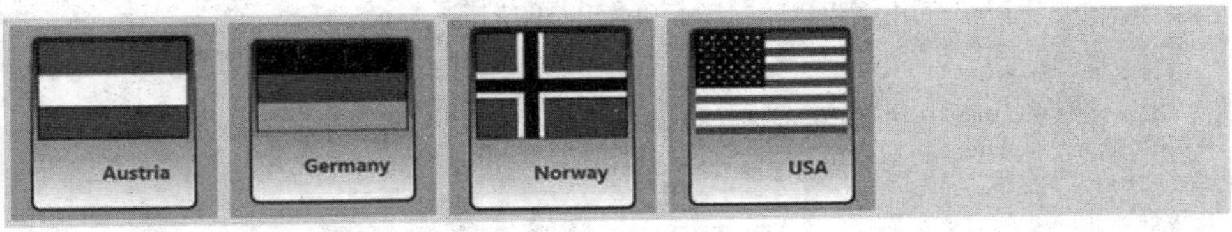

图 30-21

30.7.7 列表视图的控件模板

该控件还没有介绍的是滚动功能,以防项不适合放在屏幕上。定义 ListView 控件的模板可以改变这个行为。

样式 ListViewStyle2 将根据需要定义水平和垂直滚动条的行为,且项水平布置。这个样式还包括对日期模板的资源引用和前面定义的容器项模板。设置 Template 属性,现在还可以更改整个 ListView 控件的 UI (代码文件 TemplatesUWP / Styles / ListTemplates.xaml):

```xml
<Style x:Key="ListViewStyle2" TargetType="ListView">
  <Setter Property="ScrollViewer.HorizontalScrollBarVisibility" Value="Auto"/>
  <Setter Property="ScrollViewer.VerticalScrollBarVisibility"
    Value="Disabled"/>
  <Setter Property="ScrollViewer.HorizontalScrollMode" Value="Auto"/>
  <Setter Property="ScrollViewer.IsHorizontalRailEnabled" Value="False"/>
  <Setter Property="ScrollViewer.VerticalScrollMode" Value="Disabled"/>
  <Setter Property="ScrollViewer.IsVerticalRailEnabled" Value="False"/>
  <Setter Property="ScrollViewer.ZoomMode" Value="Disabled"/>
  <Setter Property="ScrollViewer.IsDeferredScrollingEnabled" Value="False"/>
  <Setter Property="ScrollViewer.BringIntoViewOnFocusChange" Value="True"/>
  <Setter Property="ItemTemplate"
    Value="{StaticResource CountryDataTemplate}" />
  <Setter Property="ItemContainerStyle"
    Value="{StaticResource ListViewItemStyle1}" />
  <Setter Property="ItemsPanel">
    <Setter.Value>
      <ItemsPanelTemplate>
        <ItemsStackPanel Orientation="Horizontal" Background="Yellow"/>
      </ItemsPanelTemplate>
    </Setter.Value>
  </Setter>
  <Setter Property="Template">
    <Setter.Value>
      <ControlTemplate TargetType="ListView">
        <Border BorderBrush="{TemplateBinding BorderBrush}"
          BorderThickness="{TemplateBinding BorderThickness}"
          Background="{TemplateBinding Background}">
          <ScrollViewer x:Name="ScrollViewer">
            <!-ScrollViewer definitions removed for clarity->
```

```xml
            <ItemsPresenter FooterTransitions=
              "{TemplateBinding FooterTransitions}"
              FooterTemplate="{TemplateBinding FooterTemplate}"
              Footer="{TemplateBinding Footer}"
              HeaderTemplate="{TemplateBinding HeaderTemplate}"
              Header="{TemplateBinding Header}"
              HeaderTransitions="{TemplateBinding HeaderTransitions}"
              Padding="{TemplateBinding Padding}"/>
          </ScrollViewer>
        </Border>
      </ControlTemplate>
    </Setter.Value>
  </Setter>
</Style>
```

> **注意**：在 WPF 中，ListView 控件的模板与 UWP 模板相似。ItemsPresenter 没有提供 UWP ItemsPresenter 的许多属性，如与平移相关的属性。

有了这个资源，ListView 的定义就很简单了，因为只需要引用 ListViewStyle2 和 ItemsSource，来检索数据(代码文件 Templates[WPF | UWP]/StyledList.xaml)：

```xml
<ListView ItemsSource="{Binding Countries}" Margin="10"
   Style="{StaticResource ListViewStyle2}" />
```

新视图如图 30-22 所示。现在滚动条可用了。

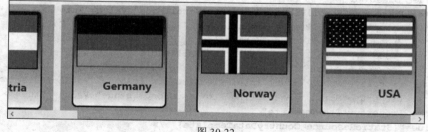

图 30-22

30.8 动画

在动画中，可以使用移动的元素、颜色变化、变换等制作平滑的变换效果。XAML 使动画的制作非常简单。还可以连续改变任意依赖属性的值。不同的动画类可以根据其类型，连续改变不同属性的值。

动画最重要的元素是时间轴，它定义了值随时间的变化方式。有不同类型的时间轴，可用于改变不同类型的值。所有时间轴的基类都是 Timeline。为了连续改变 double 值，可以使用 DoubleAnimation 类。Int32Animation 类是 int 值的动画类。PointAnimation 类用于连续改变点，ColorAnimation 类用于连续改变颜色。

Storyboard 类可以用于合并时间轴。Storyboard 类派生自基类 TimelineGroup，TimelineGroup 又

派生自基类 Timeline。

 注意：动画类的名称空间，在 WPF 中是 System.Windows.Media.Animation。在 UWP 应用程序中是 Windows.UI.Xaml.Media.Animation。

30.8.1 时间轴

Timeline 定义了值随时间的变化方式。下面的示例连续改变椭圆的大小。在接下来的代码中，DoubleAnimation 时间轴缩放和平移椭圆；ColorAnimation 改变填充画笔的颜色。Ellipse 类的 Triggers 属性设置为 EventTrigger。加载椭圆时触发事件。BeginStoryboard 是启动故事板的触发器动作。在故事板中，DoubleAnimation 元素用于连续改变 CompositeTransform 类的 ScaleX、ScaleY、TranslateX、TranslateY 属性。动画在 10 秒内把水平比例改为 5，垂直比例改为 3(代码文件 AnimationUWP / SimpleAnimation.xaml)：

```xml
<Ellipse x:Name="ellipse1" Width="100" Height="40"
        HorizontalAlignment="Left" VerticalAlignment="Top">
  <Ellipse.Fill>
    <SolidColorBrush Color="Green" />
  </Ellipse.Fill>
  <Ellipse.RenderTransform>
    <CompositeTransform ScaleX="1" ScaleY="1" TranslateX="0" TranslateY="0" />
  </Ellipse.RenderTransform>
  <Ellipse.Triggers>
    <EventTrigger>
      <BeginStoryboard>
        <Storyboard x:Name="MoveResizeStoryboard">
          <DoubleAnimation Duration="0:0:10" To="5"
            Storyboard.TargetName="ellipse1"
            Storyboard.TargetProperty=
              "(UIElement.RenderTransform).(CompositeTransform.ScaleX)" />
          <DoubleAnimation Duration="0:0:10" To="3"
            Storyboard.TargetName="ellipse1"
            Storyboard.TargetProperty=
              "(UIElement.RenderTransform).(CompositeTransform.ScaleY)" />
          <DoubleAnimation Duration="0:0:10" To="400"
            Storyboard.TargetName="ellipse1"
            Storyboard.TargetProperty=
              "(UIElement.RenderTransform).(CompositeTransform.TranslateX)" />
          <DoubleAnimation Duration="0:0:10" To="200"
            Storyboard.TargetName="ellipse1"
            Storyboard.TargetProperty=
              "(UIElement.RenderTransform).(CompositeTransform.TranslateY)" />
          <ColorAnimation Duration="0:0:10" To="Red"
            Storyboard.TargetName="ellipse1"
            Storyboard.TargetProperty=
              "(Ellipse.Fill).(SolidColorBrush.Color)" />
        </Storyboard>
      </BeginStoryboard>
    </EventTrigger>
```

```
    </Ellipse.Triggers>
</Ellipse>
```

在 WPF 中，XAML 代码略有不同。因为没有 CompositeTransform 元素，所以使用 TransformationGroup 元素(代码文件 AnimationWPF / SimpleAnimation.xaml)：

```
<Ellipse.RenderTransform>
  <TransformGroup>
    <ScaleTransform x:Name="scale1" ScaleX="1" ScaleY="1" />
    <TranslateTransform X="0" Y="0" />
  </TransformGroup>
</Ellipse.RenderTransform>
```

使用 ScaleTransform 和 TranslateTransform，动画就会访问 TransformGroup 的集合，使用一个索引器可以访问 ScaleX、ScaleY、X 和 Y 属性：

```
<DoubleAnimation Duration="0:0:10" To="5" Storyboard.TargetName="ellipse1"
  Storyboard.TargetProperty=
    "(UIElement.RenderTransform).Children[0].(ScaleTransform.ScaleX)" />
<DoubleAnimation Duration="0:0:10" To="3" Storyboard.TargetName="ellipse1"
  Storyboard.TargetProperty=
    "(UIElement.RenderTransform).Children[0].(ScaleTransform.ScaleY)" />
<DoubleAnimation Duration="0:0:10" To="400" Storyboard.TargetName="ellipse1"
  Storyboard.TargetProperty=
    "(UIElement.RenderTransform).Children[1].(TranslateTransform.X)" />
<DoubleAnimation Duration="0:0:10" To="200" Storyboard.TargetName="ellipse1"
  Storyboard.TargetProperty=
    "(UIElement.RenderTransform).Children[1].(TranslateTransform.Y)" />
```

除了在组合变换中使用索引器之外，也可以通过名称访问 ScaleTransform 元素。下面的代码简化了该属性的名称：

```
<DoubleAnimation Duration="0:0:10" To="5" Storyboard.TargetName="scale1"
  Storyboard.TargetProperty="(ScaleX)" />
```

在 WPF 中，还必须通过 EventTrigger 指定 RoutedEvent 属性。在 Windows Universal 应用程序中，事件会在加载元素时自动触发。在 WPF 中这可以显式地指定：

```
<EventTrigger RoutedEvent="Loaded">
  <BeginStoryboard>
```

图 30-23 和图 30-24 显示了具有动画效果的椭圆的两个状态。

图 30-23   图 30-24

动画并不仅仅是一直和立刻显示在屏幕上的一般窗口动画。还可以给业务应用程序添加动画，使用户界面的响应性更好。光标划过按钮或单击按钮时的外观由动画定义。

Timeline 可以完成的任务如表 30-3 所示。

表 30-3

Timeline 属性	说 明
AutoReverse	使用 AutoReverse 属性,可以指定连续改变的值在动画结束后是否返回初始值
SpeedRatio	使用 SpeedRatio,可以改变动画的移动速度。在这个属性中,可以定义父子元素的相对关系。默认值为 1;将速率设置为较小的值,会使动画移动较慢;将速率设置为高于 1 的值,会使动画移动较快
BeginTime	使用 BeginTime,可以指定从触发器事件开始到动画开始移动之间的时间长度。其单位可以是天、小时、分钟、秒和几分之秒。根据 SpeedRatio,这可以不是真实的时间。例如,如果把 SpeedRatio 设置为 2,把开始时间设置为 6 秒,动画就在 3 秒后开始
Duration	使用 Duration 属性,可以指定动画重复一次的时间长度
RepeatBehavior	给 RepeatBehavior 属性指定一个 RepeatBehavior 结构,可以定义动画的重复次数或重复时间
FillBehavior	如果父元素的时间轴有不同的持续时间,FillBehavior 属性就很重要。例如,如果父元素的时间轴比实际动画的持续时间短,则将 FillBehavior 设置为 Stop 就表示实际动画停止。如果父元素的时间轴比实际动画的持续时间长,HoldEnd 就会一直执行动画,直到把它重置为初始值为止(假定把 AutoReverse 设置为 true)

根据 Timeline 类的类型,还可以使用其他一些属性。例如,使用 DoubleAnimation,可以为动画的开始和结束设置 From 和 To 属性。还可以指定 By 属性,用 Bound 属性的当前值启动动画,该属性值会递增由 By 属性指定的值。

30.8.2 缓动函数

在前面的动画中,值以线性的方式变化。但在现实生活中,移动不会呈线性的方式。移动可能开始时较慢,逐步加快,达到最高速度,然后减缓,最后停止。一个球掉到地上,会反弹几次,最后停在地上。这种非线性行为可以使用非线性动画创建。

动画类有 EasingFunction 属性。这个属性接受一个实现了 IEasingFunction 接口(WPF)或派生自基类 EasingFunctionBase (Windows Universal 应用程序)的对象。通过这个类型,缓动函数对象可以定义值随着时间如何变化。有几个缓动函数可用于创建非线性动画,如 ExponentialEase,它给动画使用指数公式;QuadraticEase、CubicEase、QuarticEase 和 QuinticEase 的指数分别是 2、3、4、5,PowerEase 的指数是可以配置的。特别有趣的是 SineEase,它使用正弦曲线,BounceEase 创建弹跳效果,ElasticEase 用弹簧的来回震荡模拟动画值。

下面的代码把 BounceEase 函数添加到 DoubleAnimation 中。添加不同的缓动函数,就会看到动画的有趣效果:

```
<DoubleAnimation Storyboard.TargetProperty="(Ellipse.Width)"
        Duration="0:0:3" AutoReverse="True"
        FillBehavior=" RepeatBehavior="Forever"
        From="100" To="300">
    <DoubleAnimation.EasingFunction>
        <BounceEase EasingMode="EaseInOut" />
    </DoubleAnimation.EasingFunction>
```

```
</DoubleAnimation>
```

为了看到不同的缓动动画,下一个示例让椭圆在两个小矩形之间移动。Rectangle 和 Ellipse 元素在 Canvas 画布上定义,椭圆定义了 TranslateTransform 变换,来移动椭圆(代码文件 Animation[WPF | UWP]\EasingFunctions.xaml):

```xml
<Canvas Grid.Row="1">
  <Rectangle Fill="Blue" Width="10" Height="200" Canvas.Left="50"
    Canvas.Top="100" />
  <Rectangle Fill="Blue" Width="10" Height="200" Canvas.Left="550"
    Canvas.Top="100" />
  <Ellipse Fill="Red" Width="30" Height="30" Canvas.Left="60" Canvas.Top="185">
    <Ellipse.RenderTransform>
      <TranslateTransform x:Name="translate1" X="0" Y="0" />
    </Ellipse.RenderTransform>
  </Ellipse>
</Canvas>
```

图 30-25 显示了矩形和椭圆。

图 30-25

用户单击一个按钮,启动动画。单击此按钮之前,用户可以从 ComboBoxcomboEasingFunctions 中选择缓动函数,使用单选按钮选择一个 EasingMode 枚举值。

```xml
<StackPanel Orientation="Horizontal">
  <ComboBox x:Name="comboEasingFunctions" Margin="10" />
  <Button Click="OnStartAnimation" Margin="10">Start</Button>
  <Border BorderThickness="1" BorderBrush="Black" Margin="3">
    <StackPanel Orientation="Horizontal">
      <RadioButton x:Name="easingModeIn" GroupName="EasingMode" Content="In" />
      <RadioButton x:Name="easingModeOut" GroupName="EasingMode" Content="Out"
        IsChecked="True" />
      <RadioButton x:Name="easingModeInOut" GroupName="EasingMode"
        Content="InOut" />
    </StackPanel>
  </Border>
</StackPanel>
```

ComboBox 中显示的、动画激活的缓动函数列表从 EasingFunctionManager 的 EasingFunctionModels 属性中返回。这个管理器把缓动函数转换为 EasingFunctionModel,以显示出来(代码文件 Animation [WPF | UWP]\EasingFunctionsManager.cs):

```csharp
public class EasingFunctionsManager
{
  private static IEnumerable<EasingFunctionBase> s_easingFunctions =
    new List<EasingFunctionBase>()
    {
```

```
        new BackEase(),
        new SineEase(),
        new BounceEase(),
        new CircleEase(),
        new CubicEase(),
        new ElasticEase(),
        new ExponentialEase(),
        new PowerEase(),
        new QuadraticEase(),
        new QuinticEase()
    };

    public IEnumerable<EasingFunctionModel> EasingFunctionModels =>
        s_easingFunctions.Select(f => new EasingFunctionModel(f));
}
```

EasingFunctionModel 的类定义了 ToString 方法，返回定义了缓动函数的类的名称。这个名字显示在组合框中(代码文件 Animation[WPF | UWP]\EasingFunctionModel.cs)：

```
public class EasingFunctionModel
{
    public EasingFunctionModel(EasingFunctionBase easingFunction)
    {
        EasingFunction = easingFunction;
    }

    public EasingFunctionBase EasingFunction { get; }

    public override string ToString() => EasingFunction.GetType().Name;
}
```

ComboBox 在代码隐藏文件的构造函数中填充(代码文件 Animation[WPF | UWP]/EasingFunctions.xaml.cs)：

```
private EasingFunctionsManager _easingFunctions = new EasingFunctionsManager();
private const int AnimationTimeSeconds = 6;

public EasingFunctions()
{
    this.InitializeComponent();
    foreach (var easingFunctionModel in _easingFunctions.EasingFunctionModels)
    {
        comboEasingFunctions.Items.Add(easingFunctionModel);
    }
}
```

在用户界面中，不仅可以选择应该用于动画的缓动函数的类型，也可以选择缓动模式。所有缓动函数的基类(EasingFunctionBase)定义了 EasingMode 属性，它可以是 EasingMode 枚举的值。

单击此按钮，启动动画，会调用 OnStartAnimation 方法。该方法又调用 StartAnimation 方法。在这个方法中，通过编程方式创建一个包含 DoubleAnimation 的故事板。之前列出了使用 XAML 的类似代码。动画连续改变 translate1 元素的 X 属性。在 WPF 和 UWP 应用程序中以编程方式创建动画略有不同；不同的代码由预处理器命令处理(代码文件 Animation[WPF | UWP]\ EasingFunctions.xaml.cs)：

```csharp
private void OnStartAnimation(object sender, RoutedEventArgs e)
{
  var easingFunctionModel =
    comboEasingFunctions.SelectedItem as EasingFunctionModel;
  if (easingFunctionModel != null)
  {
    EasingFunctionBase easingFunction = easingFunctionModel.EasingFunction;
    easingFunction.EasingMode = GetEasingMode();
    StartAnimation(easingFunction);
  }
}

private void StartAnimation(EasingFunctionBase easingFunction)
{
#if WPF
  NameScope.SetNameScope(translate1, new NameScope());
#endif

  var storyboard = new Storyboard();
  var ellipseMove = new DoubleAnimation();
  ellipseMove.EasingFunction = easingFunction;
  ellipseMove.Duration = new
    Duration(TimeSpan.FromSeconds(AnimationTimeSeconds));
  ellipseMove.From = 0;
  ellipseMove.To = 460;
#if WPF
  Storyboard.SetTargetName(ellipseMove, nameof(translate1));
  Storyboard.SetTargetProperty(ellipseMove,
    new PropertyPath(TranslateTransform.XProperty));
#else
  Storyboard.SetTarget(ellipseMove, translate1);
  Storyboard.SetTargetProperty(ellipseMove, "X");
#endif
  // start the animation in 0.5 seconds
  ellipseMove.BeginTime = TimeSpan.FromSeconds(0.5);
  // keep the position after the animation
  ellipseMove.FillBehavior = FillBehavior.HoldEnd;
  storyboard.Children.Add(ellipseMove);
#if WPF
  storyboard.Begin(this);
#else
  storyBoard.Begin();
#endif
}
```

现在，可以运行应用程序，看看椭圆使用不同的缓动函数，以不同的方式，从左矩形移动到右矩形。使用一些缓动函数，比如 BackEase、BounceEase 或 ElasticEase，区别是显而易见的。其他的一些缓动函数没有明显的区别。为了更好地理解缓动值如何变化，可以创建一个折线图，其中显示了一条线，其上的值由基于时间的缓动函数返回。

为了显示折线图，可以创建一个用户控件，它定义了一个 Canvas 元素。默认情况下，x 方向从左到右，y 方向从上到下。为了把 y 方向改为从下到上，可以定义一个变换(代码文件 Animation[WPF | UWP]/EasingChartControl.xaml)：

```xaml
<Canvas x:Name="canvas1" Width="500" Height="500" Background="Yellow">
  <Canvas.RenderTransform>
    <TransformGroup>
      <ScaleTransform ScaleX="1" ScaleY="-1" />
      <TranslateTransform X="0" Y="500" />
    </TransformGroup>
  </Canvas.RenderTransform>
</Canvas>
```

在代码隐藏文件中，使用线段绘制折线图。这里，它们可以在代码中使用。通过传递 x 轴上显示的时间值的规范化值，缓动函数的 Ease 方法就返回一个值，显示在 y 轴上(代码文件 Animation [WPF | UWP]/ EasingChartControl.xaml.cs)：

```csharp
private const double SamplingInterval = 0.01;

public void Draw(EasingFunctionBase easingFunction)
{
  canvas1.Children.Clear();

  var pathSegments = new PathSegmentCollection();

  for (double i = 0; i < 1; i += _samplingInterval)
  {
    double x = i * canvas1.Width;
    double y = easingFunction.Ease(i) * canvas1.Height;

    var segment = new LineSegment();
    segment.Point = new Point(x, y);

    pathSegments.Add(segment);
  }
  var p = new Path();
  p.Stroke = new SolidColorBrush(Colors.Black);
  p.StrokeThickness = 3;
  var figures = new PathFigureCollection();
  figures.Add(new PathFigure { Segments = pathSegments });
  p.Data = new PathGeometry { Figures = figures };
  canvas1.Children.Add(p);
}
```

EasingChartControl 的 Draw 方法在动画开始时调用（代码文件 Animation[WPF | UWP]/EasingFunctions.xaml.cs）：

```
private void StartAnimation(EasingFunctionBase easingFunction)
{
    // show the chart
    chartControl.Draw(easingFunction);
    //...
```

当运行应用程序时，可以看到使用 CubicEase 和 EaseOut 的结果，如图 30-26 所示。选择 EaseIn 时，值在动画的开始变化得较慢，在动画的后面变化得较快，如图 30-27 所示。图 30-28 显示使用 CubicEase 和 EaseInOut 的效果。BounceEase、BackEase 和 ElasticEase 的图表如图 30-29、图 30-30 和图 30-31 所示。

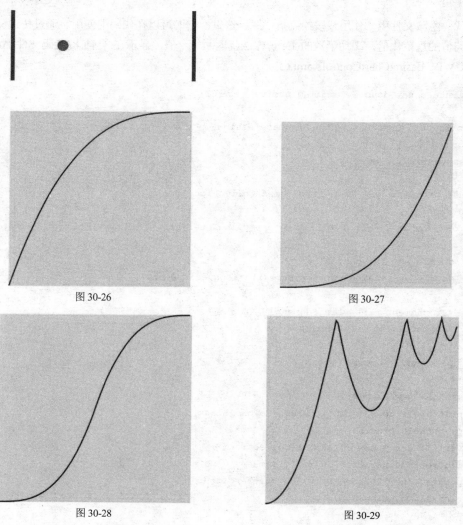

图 30-26

图 30-27

图 30-28

图 30-29

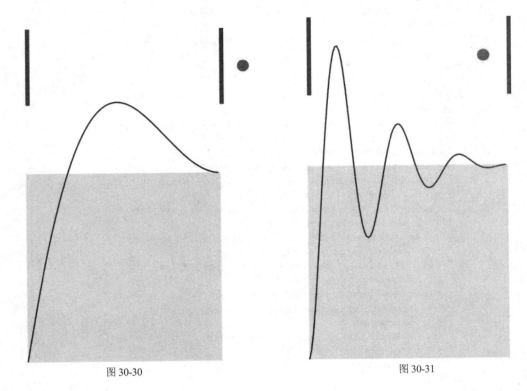

图 30-30　　　　　　　　　　图 30-31

30.8.3 关键帧动画

如前所述，使用缓动函数，就可以用非线性的方式制作动画。如果需要为动画指定几个值，就可以使用关键帧动画。与正常的动画一样，关键帧动画也有不同的动画类型，它们可以改变不同类型的属性。

DoubleAnimationUsingKeyFrames 是双精度类型的关键帧动画。其他关键帧动画类型有 Int32AnimationUsingKeyFrames、PointAnimationUsingKeyFrames、ColorAnimationUsingKeyFrames、SizeAnimationUsingKeyFrames 以及 ObjectAnimationUsingKeyFrames。

示例 XAML 代码连续地改变 TranslateTransform 元素的 X 值和 Y 值，从而改变椭圆的位置。把 EventTrigger 定义为 RountedEvent Ellipse.Loaded，动画就会在加载椭圆时启动。事件触发器用 BeginStoryboard 元素启动一个 Storyboard。该 Storyboard 包含两个 DoubleAnimationUsingKeyFrame 类型的关键帧动画。关键帧动画由帧元素组成。第一幅关键帧动画使用一个 LinearKeyFrame、一个 DiscreteDoubleKeyFrame 和一个 SplineDoubleKeyFrame；第二幅关键帧动画是一个 EasingDoubleKeyFrame。LinearDoubleKeyFrame 使对应值线性变化。KeyTime 属性定义了动画应何时达到 Value 属性的值。

这里 LinearDoubleKeyFrame 用 3 秒的时间使 X 属性到达值 30。DiscreteDoubleKeyFrame 在 4 秒后立即改变为新值。SplineDoubleKeyFrame 使用贝塞尔曲线，其中的两个控制点由 KeySpline 属性指定。EasingDoubleKeyFrame 是一个帧类，它支持设置缓动函数(如 BounceEase)来控制动画值(代码文件 AnimationUWP/KeyFrameAnimation.xaml)：

```
<Canvas>
    <Ellipse Fill="Red" Canvas.Left="20" Canvas.Top="20" Width="25" Height="25">
```

```xml
        <Ellipse.RenderTransform>
          <TranslateTransform X="50" Y="50" x:Name="ellipseMove" />
        </Ellipse.RenderTransform>
        <Ellipse.Triggers>
          <EventTrigger>
            <BeginStoryboard>
              <Storyboard>
                <DoubleAnimationUsingKeyFrames Storyboard.TargetProperty="X"
                    Storyboard.TargetName="ellipseMove">
                  <LinearDoubleKeyFrame KeyTime="0:0:2" Value="30" />
                  <DiscreteDoubleKeyFrame KeyTime="0:0:4" Value="80" />
                  <SplineDoubleKeyFrame KeySpline="0.5,0.0 0.9,0.0"
                      KeyTime="0:0:10" Value="300" />
                  <LinearDoubleKeyFrame KeyTime="0:0:20" Value="150" />
                </DoubleAnimationUsingKeyFrames>
                <DoubleAnimationUsingKeyFrames Storyboard.TargetProperty="Y"
                    Storyboard.TargetName="ellipseMove">
                  <SplineDoubleKeyFrame KeySpline="0.5,0.0 0.9,0.0"
                      KeyTime="0:0:2" Value="50" />
                  <EasingDoubleKeyFrame KeyTime="0:0:20" Value="300">
                    <EasingDoubleKeyFrame.EasingFunction>
                      <BounceEase />
                    </EasingDoubleKeyFrame.EasingFunction>
                  </EasingDoubleKeyFrame>
                </DoubleAnimationUsingKeyFrames>
              </Storyboard>
            </BeginStoryboard>
          </EventTrigger>
        </Ellipse.Triggers>
      </Ellipse>
</Canvas>
```

在 WPF 中，也可以使用关键帧动画。UWP 文件的唯一区别就是 EventTrigger 没有默认事件。在 WPF 中，需要添加 RoutedEvent 特性，否则 XAML 代码是相同的(代码文件 AnimationWPF/KeyFrameAnimation.xaml)：

```xml
<EventTrigger RoutedEvent="Ellipse.Loaded">
  <!-- storyboard -->
</EventTrigger>
```

30.8.4 过渡(UWP 应用程序)

为方便创建带动画的用户界面，UWP 应用程序定义了过渡效果。过渡效果更容易创建引人注目的应用程序，而不需要考虑如何制作很酷的动画。过渡效果预定义了如下动画：添加、移除和重新排列列表上的项，打开面板，改变内容控件的内容等。

下面的示例演示了几个过渡效果，在用户控件的左边和右边展示它们，再显示没有过渡效果的相似元素，这有助于看到它们之间的差异。当然，需要启动应用程序，才能看到区别，很难在印刷出来的书上证明这一点。

1. 复位过渡效果

第一个例子在按钮元素的 Transitions 属性中使用了 RepositionThemeTransition。过渡效果总是需要在 TransitionCollection 内定义，因为这样的集合是不会自动创建的，如果没有使用 TransitionCollection，就会显示一个有误导作用的运行时错误。第二个按钮不使用过渡效果(代码文件 TransitionsUWP /RepositionUserControl.xaml)：

```xml
<Button Grid.Row="1" Click="OnReposition" Content="Reposition"
  x:Name="buttonReposition" Margin="10">
  <Button.Transitions>
    <TransitionCollection>
      <RepositionThemeTransition />
    </TransitionCollection>
  </Button.Transitions>
</Button>
<Button Grid.Row="1" Grid.Column="1" Click="OnReset" Content="Reset"
  x:Name="button2" Margin="10" />
```

RepositionThemeTransition 是控件改变其位置时的过渡效果。在代码隐藏文件中，用户单击按钮时，Margin 属性会改变，按钮的位置也会改变。

```csharp
private void OnReposition(object sender, RoutedEventArgs e)
{
  buttonReposition.Margin = new Thickness(100);
  button2.Margin = new Thickness(100);
}

private void OnReset(object sender, RoutedEventArgs e)
{
  buttonReposition.Margin = new Thickness(10);
  button2.Margin = new Thickness(10);
}
```

2. 窗格过渡效果

PopupThemeTransition 和 PaneThemeTransition 显示在下一个用户控件中。在这里，过渡效果用 Popup 控件的 ChildTransitions 属性定义(代码文件 TransitionsUWP \ PaneTransitionUserControl.xaml)：

```xml
<StackPanel Orientation="Horizontal" Grid.Row="2">
  <Popup x:Name="popup1" Width="200" Height="90" Margin="60">
    <Border Background="Red" Width="100" Height="60">
    </Border>
    <Popup.ChildTransitions>
      <TransitionCollection>
        <PopupThemeTransition />
      </TransitionCollection>
    </Popup.ChildTransitions>
  </Popup>
  <Popup x:Name="popup2" Width="200" Height="90" Margin="60">
    <Border Background="Red" Width="100" Height="60">
    </Border>
    <Popup.ChildTransitions>
      <TransitionCollection>
        <PaneThemeTransition />
      </TransitionCollection>
    </Popup.ChildTransitions>
```

```xml
    </Popup>
    <Popup x:Name="popup3" Margin="60" Width="200" Height="90">
      <Border Background="Green" Width="100" Height="60">
      </Border>
    </Popup>
  </StackPanel>
```

代码隐藏文件通过设置 IsOpen 属性, 打开和关闭 Popup 控件。这会启动过渡效果(代码文件 TransitionsUWP \ PaneTransitionUserControl.xaml):

```csharp
private void OnShow(object sender, RoutedEventArgs e)
{
  popup1.IsOpen = true;
  popup2.IsOpen = true;
  popup3.IsOpen = true;
}

private void OnHide(object sender, RoutedEventArgs e)
{
  popup1.IsOpen = false;
  popup2.IsOpen = false;
  popup3.IsOpen = false;
}
```

运行应用程序时可以看到,打开 Popup 和 Flyout 控件的 PopupThemeTransition 看起来不错。PaneThemeTransition 慢慢从右侧打开 Popup。这个过渡效果也可以通过设置属性,配置为从其他侧边打开,因此最适合面板,例如设置栏,它从一个侧边移入。

3. 项的过渡效果

从项控件中添加和删除项也定义了过渡效果。以下的 ItemsControl 利用了 EntranceThemeTransition 和 RepositionThemeTransition。项添加到集合中时使用 EntranceThemeTransition; 重新安排项时, 例如从列表中删除项时, 使用 RepositionThemeTransition (代码文件 TransitionsUWP \ ListItemsUserControl.xaml):

```xml
<ItemsControl Grid.Row="1" x:Name="list1">
  <ItemsControl.ItemContainerTransitions>
    <TransitionCollection>
      <EntranceThemeTransition />
      <RepositionThemeTransition />
    </TransitionCollection>
  </ItemsControl.ItemContainerTransitions>
</ItemsControl>
<ItemsControl Grid.Row="1" Grid.Column="1" x:Name="list2" />
```

在代码隐藏文件中, Rectangle 对象在列表控件中添加和删除。一个 ItemsControl 对象没有关联的过渡效果,所以运行应用程序时,很容易看出差异(代码文件 TransitionsUWP \ ListItemsUserControl.xaml.cs):

```csharp
private void OnAdd(object sender, RoutedEventArgs e)
{
  list1.Items.Add(CreateRectangle());
```

```
      list2.Items.Add(CreateRectangle());
    }

    private Rectangle CreateRectangle() =>
      new Rectangle
      {
        Width = 90,
        Height = 40,
        Margin = new Thickness(5),
        Fill = new SolidColorBrush { Color = Colors.Blue }
      };

    private void OnRemove(object sender, RoutedEventArgs e)
    {
      if (list1.Items.Count > 0)
      {
        list1.Items.RemoveAt(0);
        list2.Items.RemoveAt(0);
      }
    }
```

注意：通过这些过渡效果，了解了如何减少使用户界面连续动起来所需的工作量。一定要查看可用于 UWP 应用程序的更多过渡效果。查看 MSDN 文档的 Transition 中的派生类，可以看到所有的过渡效果。

30.9 可视化状态管理器

本章前面的"控件模板"中，介绍了如何创建控件模板，自定义控件的外观。其中还缺了些什么。使用按钮的默认模板，按钮会响应鼠标的移动和单击，当鼠标移动到按钮或单击按钮时，按钮的外观是不同的。这种外观变化通过可视化状态和动画来处理，由可视化状态管理器控制。

本节介绍如何改变按钮样式，来响应鼠标的移动和单击，还描述了如何创建自定义状态，当几个控件应该切换到禁用状态时，例如进行一些后台处理时，这些自定义状态用于处理完整页面的变化。

对于 XAML 元素，可以定义可视化状态、状态组和状态，指定状态的特定动画。状态组允许同时有多个状态。对于一组，一次只能有一个状态。然而，另一组的另一个状态可以在同一时间激活。例如，WPF 按钮的状态和状态组。WPF 按钮控件定义了状态组 CommonStates、FocusStates 和 ValidationStates。用 FocusStates 定义的状态是 Focused 和 Unfocused，用组 ValidationStates 定义的状态是 Valid、InvalidFocused 和 InvalidUnfocused。CommonStates 组定义了状态 Normal、MouseOver、Pressed 和 Disabled。有了这些选项，多个状态可以同时激活，但一个状态组内总是只有一个状态是激活的。例如，鼠标停放在一个按钮上时，按钮可以是 Focused 和 Valid。它也可以是 Unfocused、Valid 和 Normal 状态。在 UWP 应用程序中，按钮控件只定义了 CommonStates 状态组。WPF 定义了 MouseOver 状态，但在 UWP 中，这个状态是 PointerOver。还可以定义定制的状态和状态组。

下面看看具体的例子。

30.9.1 用控件模板预定义状态

下面利用先前创建的自定义控件模板，样式化按钮控件，使用可视化状态改进它。为此，一个简单的方法是使用 Microsoft Blend for Visual Studio。图 30-32 显示了状态窗口，选择控件模板时就会显示该窗口。在这里可以看到控件的可用状态，并基于这些状态记录变化。

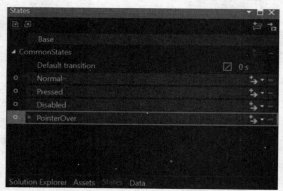

图 30-32

之前的按钮模板改为定义可视化状态：Pressed、Disabled 和 PointerOver。在状态中，Storyboard 定义了一个 ColorAnimation 来改变椭圆的 Fill 属性(代码文件 VisualStatesUWP / MainPage.xaml)：

```xml
<Style x:Key="RoundedGelButton" TargetType="Button">
  <Setter Property="Width" Value="100" />
  <Setter Property="Height" Value="100" />
  <Setter Property="Foreground" Value="White" />
  <Setter Property="Template">
    <Setter.Value>
      <ControlTemplate TargetType="Button">
        <Grid>
          <VisualStateManager.VisualStateGroups>
            <VisualStateGroup x:Name="CommonStates">
              <VisualState x:Name="Normal"/>
              <VisualState x:Name="Pressed">
                <Storyboard>
                  <ColorAnimation Duration="0" To="#FFC8CE11"
                    Storyboard.TargetProperty=
                      "(Shape.Fill).(SolidColorBrush.Color)"
                    Storyboard.TargetName=
                      "GelBackground" />
                </Storyboard>
              </VisualState>
              <VisualState x:Name="Disabled">
                <Storyboard>
                  <ColorAnimation Duration="0" To="#FF606066"
                    Storyboard.TargetProperty=
                      "(Shape.Fill).(SolidColorBrush.Color)"
                    Storyboard.TargetName="GelBackground" />
                </Storyboard>
              </VisualState>
              <VisualState x:Name="PointerOver">
                <Storyboard>
```

```xml
        <ColorAnimation Duration="0" To="#FF0F9D3A"
          Storyboard.TargetProperty=
            "(Shape.Fill).(SolidColorBrush.Color)"
          Storyboard.TargetName="GelBackground" />
      </Storyboard>
    </VisualState>
   </VisualStateGroup>
  </VisualStateManager.VisualStateGroups>
  <Ellipse x:Name="GelBackground" StrokeThickness="0.5" Fill="Black">
    <Ellipse.Stroke>
      <LinearGradientBrush StartPoint="0,0" EndPoint="0,1">
        <GradientStop Offset="0" Color="#ff7e7e7e" />
        <GradientStop Offset="1" Color="Black" />
      </LinearGradientBrush>
    </Ellipse.Stroke>
  </Ellipse>
  <Ellipse Margin="15,5,15,50">
    <Ellipse.Fill>
      <LinearGradientBrush StartPoint="0,0" EndPoint="0,1">
        <GradientStop Offset="0" Color="#aaffffff" />
        <GradientStop Offset="1" Color="Transparent" />
      </LinearGradientBrush>
    </Ellipse.Fill>
  </Ellipse>
  <ContentPresenter x:Name="GelButtonContent"
    VerticalAlignment="Center"
    HorizontalAlignment="Center"
    Content="{TemplateBinding Content}" />
            </Grid>
          </ControlTemplate>
        </Setter.Value>
      </Setter>
    </Style>
```

现在运行应用程序,可以看到颜色随着鼠标的移动和单击而变化。

30.9.2 定义自定义状态

使用 VisualStateManager 可以定义定制的状态,使用 VisualStateGroup 和 VisualState 的状态可以定义定制的状态组。下面的代码片段在 CustomStates 组内创建了 Enabled 和 Disabled 状态。可视化状态在主窗口的网格中定义。改变状态时,Button 元素的 IsEnabled 属性使用 DiscreteObjectKeyFrame 动画立即改变 (代码文件 VisualStatesUWP / MainPage.xaml):

```xml
<VisualStateManager.VisualStateGroups>
  <VisualStateGroup x:Name="CustomStates">
    <VisualState x:Name="Enabled"/>
    <VisualState x:Name="Disabled">
      <Storyboard>
        <ObjectAnimationUsingKeyFrames
          Storyboard.TargetProperty="(Control.IsEnabled)"
          Storyboard.TargetName="button1">
          <DiscreteObjectKeyFrame KeyTime="0">
            <DiscreteObjectKeyFrame.Value>
              <x:Boolean>False</x:Boolean>
```

```xml
            </DiscreteObjectKeyFrame.Value>
          </DiscreteObjectKeyFrame>
        </ObjectAnimationUsingKeyFrames>
        <ObjectAnimationUsingKeyFrames
          Storyboard.TargetProperty="(Control.IsEnabled)"
          Storyboard.TargetName="button2">
          <DiscreteObjectKeyFrame KeyTime="0">
            <DiscreteObjectKeyFrame.Value>
              <x:Boolean>False</x:Boolean>
            </DiscreteObjectKeyFrame.Value>
          </DiscreteObjectKeyFrame>
        </ObjectAnimationUsingKeyFrames>
      </Storyboard>
    </VisualState>
  </VisualStateGroup>
</VisualStateManager.VisualStateGroups>
```

30.9.3 设置自定义的状态

现在需要设置状态。为此，可以调用 VisualStateManager 类的 GoToState 方法。在代码隐藏文件中，OnEnable 和 OnDisable 方法是页面上两个按钮的 Click 事件处理程序(代码文件 VisualStatesUWP/MainPage.xaml.cs):

```csharp
private void OnEnable(object sender, RoutedEventArgs e)
{
  VisualStateManager.GoToState(this, "Enabled", useTransitions: true);
}

private void OnDisable(object sender, RoutedEventArgs e)
{
  VisualStateManager.GoToState(this, "Disabled", useTransitions: true);
}
```

在真实的应用程序中，可以以类似的方式更改状态，例如执行网络调用时，用户不应该处理页面内的一些控件。用户仍应被允许单击取消按钮。通过改变状态，还可以显示进度信息。

30.10 小结

本章介绍了样式化 WPF 和 UWP 应用程序的许多功能。XAML 便于分开开发人员和设计人员的工作。所有 UI 功能都可以使用 XAML 创建，其功能用代码隐藏文件创建。

我们还探讨了许多形状和几何图形元素，它们是后面几章学习的所有其他控件的基础。基于矢量的图形允许 XAML 元素缩放、剪切和旋转。

可以使用不同类型的画笔绘制背景和前景元素，不仅可以使用纯色画笔、线性渐变或放射性渐变画笔，而且可以使用可视化画笔完成反射功能或显示视频。

样式和模板可以定制控件的外观。可视化状态管理器可以动态更改 XAML 元素的属性。连续改变 WPF 控件的属性值，就可以轻松地制作出动画。第 31 章继续介绍基于 XAML 的应用程序，主要探讨 MVVM 模式和数据绑定、命令和更多的功能。

第31章

模式和 XAML 应用程序

本章要点
- 共享代码
- 创建模型
- 创建存储库
- 创建视图模型
- 定位器
- 依赖注入
- 视图模型间的消息传递
- 使用 IoC 容器

本章源代码下载地址(wrox.com)：

打开网页 http://www.wrox.com/go/professionalcsharp6，单击 Download Code 选项卡即可下载本章源代码。本章代码分为以下几个主要的示例文件：
- Books Desktop App (WPF)
- Books Universal App (UWP)

31.1 使用 MVVM 的原因

技术和框架一直在改变。我用 ASP.NET Web Forms 创建了公司网站的第 1 版(http://www.cninnovation.com)。在 ASP.NET MVC 出现时，我试着把网站的功能迁移到 MVC。进度比预期的要快得多。一天之内就把完整的网站改为 MVC。该网站使用 SQL Server，集成了 RSS 提要，显示了培训和图书。关于培训和图书的信息来自 SQL Server 数据库。可以快速迁移到 ASP.NET MVC，只是因为我从一开始就分离了关注点，为数据访问和业务逻辑创建了独立的层。有了 ASP.NET Web Forms，可以在 ASPX 页面中直接使用数据源和数据控件。分离数据访问和业务逻辑，一开始花了更多的时间，但它变成一个巨大的优势，因为它允许单元测试和重用。因为以这样的方式进行分离，所以移动到另一个技术真是太容易了。

对于 Windows 应用程序，技术也变得很快。多年来，Windows Forms 技术包装了本地 Windows 控件，来创建桌面应用程序。之后出现了 Windows Presentation Foundation(WPF)，在其中用户界面使用 XML for Applications Markup Language (XAML)定义。Silverlight 为在浏览器中运行的、基于 XAML 的应用程序提供了一个轻量级的框架。Windows Store 应用程序随着 Windows 8 而出现，在 Windows 8.1 中改为通用 Windows 应用程序，运行在个人电脑和 Windows Phone 上。在 Windows 8.1 和 Visual Studio 2013 中，创建了三个带有共享代码的项目，同时支持个人电脑和手机。接着又变成 Visual Studio 2015、Windows 10、通用 Windows 平台(UWP)。一个项目可以支持个人电脑、手机、Xbox One、Windows IoT、带有 Surface Hub 的大屏幕，甚至 Microsoft 的 HoloLens。

一个支持所有 Windows 10 平台的项目可能不满足需求。可以编写一个仅支持 Windows 10 的程序吗？一些客户可能仍在运行 Windows 7。在这种情况下，应使用 WPF，但它不支持手机和其他 Windows 10 设备。如何支持 Android 和 iOS？在这里，可以使用 Xamarin 创建 C#和.NET 代码，但它是不同的。

目标应该是使尽可能多的代码重用，支持所需的平台，很容易从一种技术切换到另一种。这些目标(在许多组织中，管理和开发部门加入 DevOps，会很快给用户带来新的功能，修复缺陷)要求自动化测试。单元测试是必须的，应用程序体系结构需要支持它。

 注意：单元测试参见第 19 章。

有了基于 XAML 的应用程序，Model-View-ViewModel(MVVM)设计模式便于分离视图和功能。该设计模式是由 Expression Blend 团队的 John Gossman 发明，能更好地适应 XAML，改进了 Model-View-Controller (MVC)和Model-View-Presenter(MVP)模式，因为它使用了 XAML 的首要功能：数据绑定。

有了基于 XAML 的应用程序，XAML 文件和后台代码文件是紧密耦合的。这很难重用后台代码，单元测试也很难做到。为了解决这个问题，人们提出了 MVVM 模式，它允许更好地分离用户界面和代码。

原则上，MVVM 模式并不难理解。然而，基于 MVVM 模式创建应用程序时，需要注意更多的需求：几个模式会发挥作用，使应用程序工作起来，使重用成为可能，包括依赖注入机制独立于视图模型的实现和视图模型之间的通信。

本章介绍这些内容，有了这些信息，不仅可以给 Windows 应用程序和桌面应用程序使用相同的代码，还可以在 Xamarin 的帮助下把它用于 iOS 和 Android。本章给出一个示例应用程序，其中包括了所有不同的方面和模式，实现很好的分离，支持不同的技术。

31.2 定义 MVVM 模式

首先看看 MVVM 模式的起源之一：MVC 设计模式。Model-View-Controller (MVC)模式分离了模型、视图和控制器(见图 31-1)。模型定义视图中显示的数据，以及改变和操纵数据的业务规则。控制器是模型和视图之间的管理器，它会更新模型，给视图发送要显示的数据。当用户请求传入时，控制器就采取行动,使用模型,更新视图。

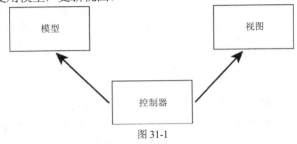

图 31-1

 注意:MVC 模式大量用于 ASP.NET MVC,参见第 41 章。

通过 Model-View-Presenter(MVP)模式(见图 31-2),用户与视图交互操作。显示程序包含视图的所有业务逻辑。显示程序可以使用一个视图的接口作为协定,从视图中解除耦合。这样就很容易改变单元测试的视图实现。在 MVP 中,视图和模型是完全相互隔离的。

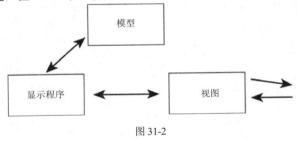

图 31-2

基于 XAML 的应用程序使用的主要模式是 Model-View-ViewModel 模式(MVVM)(见图 31-3)。这种模式利用数据绑定功能与 XAML。通过 MVVM,用户与视图交互。视图使用数据绑定来访问视图模型的信息,并在绑定到视图上的视图模型中调用命令。视图模型没有对视图的直接依赖项。视图模型本身使用模型来访问数据,获得模型的变更信息。

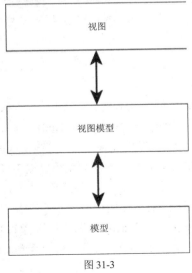

图 31-3

本章的下面几节介绍如何使用这个架构与应用程序创建视图、视图模型、模型和其他需要的模式。

31.3 共享代码

在创建这个示例解决方案，开始创建模型之前，需要回过头来看看不同的选项如何在不同的平台之间共享代码。本节讨论不同选项，考虑需要支持的不同平台和所需要的 API。

31.3.1 使用 API 协定和通用 Windows 平台

通用 Windows 平台定义了一个可用于所有 Windows 10 设备的 API。然而，这个 API 在新版本中会改变。使用 Project Properties 中的 Application 设置(参见图 31-4)，可以定义应用程序的目标版本(这是要构建的版本)和系统所需的最低版本。所选 Software Developer Kits (SDK)的版本需要安装在系统上，才能验证哪些 API 可用。为了使用目标版本中最低版本不可用的特性，需要在使用 API 之前，以编程方式检查设备是否支持所需要的具体功能。

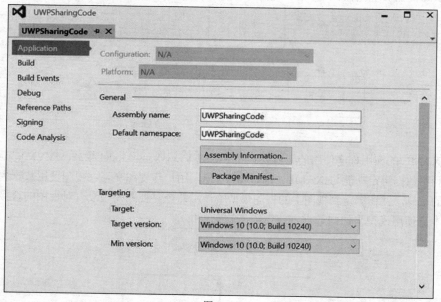

图 31-4

通过 UWP 可以支持不同的设备系列。UWP 定义了几种设备系列：通用、桌面(PC)、手机(平板电脑、phablet、手机)、物联网(Raspberry Pi、Microsoft Band)、Surface Hub、Holographic (HoloLens)以及 Xbox。随着时间的推移，会出现更多的设备系列。这些设备系列提供的 API 只能用于这个系列。通过 API 协定指定设备系列的 API。每个设备系列可以提供多个 API 协定。

可以使用设备系列特有的特性，也可以创建运行在所有设备上的二进制图像。通常情况下，应用程序不支持所有的设备系列，可能支持其中的一些。为了支持特定的设备系列，使用这些系列的 API，可以在 Solution Explorer 中添加一个 Extension SDK；选择 References | Add Reference，然后选择 Universal Windows | Extensions (参见图 31-5)。在那里可以看到安装的 SDK，并选择需要的 SDK。

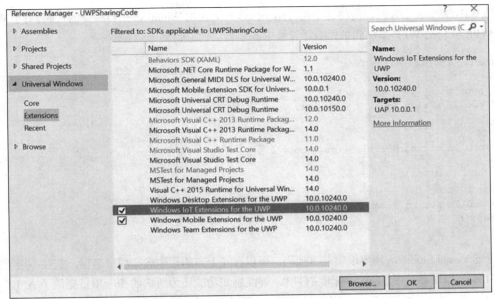

图 31-5

选择 Extension SDK 后，验证 API 协定是否可用，就可以在代码中使用 API。ApiInformation 类（名称空间 Windows.Foundation.Metadata）定义了 IsApiContractPresent 方法，在其中可以检查特定主次版本的 API 协定是否可用。下面的代码片段需要 Windows.Phone.PhoneContract 的主版本 1。如果本协定可用，就可以使用 VibrationDevice：

```
if (ApiInformation.IsApiContractPresent("Windows.Phone.PhoneContract", 1))
{
  VibrationDevice vibration = VibrationDevice.GetDefault();
  vibration.Vibrate(TimeSpan.FromSeconds(1));
}
```

在所有地方检查 API 协定的代码是否非常复杂？其实，如果只针对单一设备系列，就不需要检查 API 是否存在。在前面的示例中，如果应用程序只针对手机，就不需要检查 API。如果针对多个设备平台，就只需要检查特定于设备的 API 调用。可以使用通用的 API 编写有用的应用程序，用于多个设备系列。如果用很多特定于设备的 API 调用支持多个设备系列，建议避免使用 ApiInformation，而应使用依赖注入，参见本章后面的一节"服务和依赖注入"。

31.3.2 使用共享项目

对 API 协定使用相同的二进制只适用于通用 Windows 平台。如果需要分享代码，就不能使用这个选项，例如，在带有 WPF 的 Windows 桌面应用程序和 UWP 应用程序之间，或 Xamarin.Forms 应用程序和 UWP 应用程序之间。在不能使用相同二进制文件的地方创建这些项目类型，就可以使用 Visual Studio 2015 的 Shared Project 模板。

使用 Shared Project 模板与 Visual Studio 创建的项目，没有建立二进制——没有建立程序集。相反，代码在所有引用这个共享项目的项目之间共享。在每个引用共享项目的项目中编译代码。

创建一个类，如下面的代码片段所示，这个类可用于引用共享项目的所有项目。甚至可以通过预处理器指令使用特定于平台的代码。Visual Studio 2015 的 Universal Windows App 模板设置条件编译符号WINDOWS_UWP,以便将这个符号用于应该只为通用Windows平台编译的代码。对于WPF,通过WPF项目把WPF添加到条件编译符号中。

```
public partial class Demo
{
  public int Id { get; set; }
  public string Title { get; set; }

#if WPF
  public string WPFOnly { get; set; }
#endif

#if WINDOWS_UWP
  public string WinAppOnly {get; set; }
#endif
}
```

通过Visual Studio编辑器编辑共享代码,可以在左上方的栏中选择项目名称,灰显不用于实际项目的部分代码(参见图31-6)。编辑文件时,智能感知功能还为所选的相应项目提供了API。

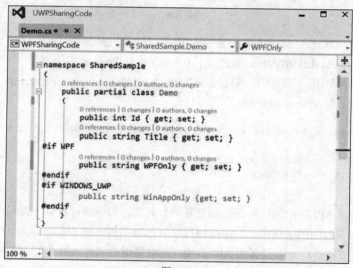

图31-6

除了使用预处理器指令之外,还可以在WPF或通用Windows平台项目中保留类的不同部分。所以要把类声明为partial。

 注意:C#的partial关键字参见第3章。

在WPF项目中定义相同的类名和相同的名称空间时,就可以扩展共享类。还可以使用基类(假设共享项目没有定义基类):

```
public class MyBase
{
  // etc.
```

```
}
public partial class Demo: MyBase
{
  public string WPFTitle => $"WPF{Title}";
}
```

31.3.3 使用移动库

共享代码的另一个选择是共享库。如果所有技术都可以使用.NET Core，这就是一个简单的任务：创建一个.NET Core 库，就可以在不同的平台之间共享它。如果需要支持的技术可以利用 NuGet 包.NET Core，则最好使用它们。否则，就可以使用移动库。

 注意：创建 NuGet 包参见第 17 章。

通过移动库，Microsoft 维护了一个平台支持哪些 API 的大表。创建移动库时，所显示的对话框可以配置需要支持的目标平台。图 31-7 显示选中了.NET Framework 4.6、Windows Universal 10.0 、Xamarin.Android 和 Xamarin.iOS。选择了它们后，就限制了所有选定的目标平台可用的 API。对于当前的选择，可以在对话框中阅读注释，.NET Framework 4.5、Windows 8 和 Xamarion.iOS (Classic) 会自动成为目标平台，因为这些平台的 API 都位于上述选项的交集中。

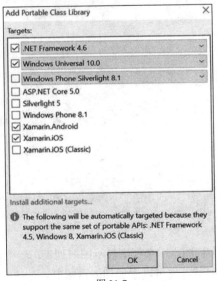

图 31-7

移动库的主要缺点是任何代码都不能只用于特定的平台。对于所有选定的目标平台，可以在所有地方使用可用的代码。解决这个问题的一个办法是，可以使用移动库为代码定义协定，在需要的地方使用特定于平台的库实现协定。要在特定于平台的库中使用代码和不特定于平台的库，可以使用依赖注入。如何做到这一点是本章更大示例的一部分，参见"视图模型"一节。

31.4 示例解决方案

示例解决方案包括一个 WPF 和一个 Universal Windows Platform 应用程序，用于显示和编辑一个图书列表。为此，解决方案使用如下项目：

- BooksDesktopApp——WPF 项目，是桌面应用程序的 UI，使用.NET Framework 4.6
- BooksUniversalApp——UWP 应用程序项目，是现代应用程序的 UI
- Framework——一个移动库，包含用于所有基于 XAML 的应用程序的类
- ViewModels——一个移动库，包含用于 WPF 和 UWP 的视图模型
- Services——一个移动库，包含视图模型使用的服务
- Models——一个移动库，包含共享模型
- Repositories——一个移动库，返回和更新项
- Contracts——一个移动库，用于使用依赖注入的协定接口

移动库用目标.NET Framework 4.6 和 Windows Universal 10.0 配置。

图 31-8 显示了项目及其依赖关系。其他项目都需要 Framework 和 Contracts。看看 ViewModels 项目，它会调用服务，但不依赖服务——服务只实现了协定。

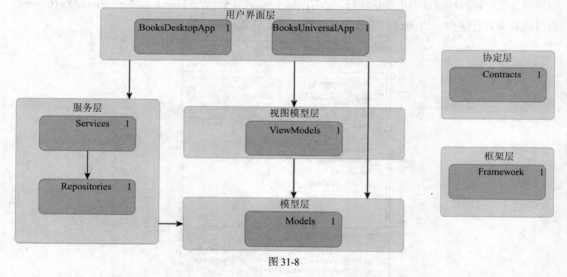

图 31-8

应用程序的用户界面有两个视图：一个视图显示图书列表，一个视图显示图书的详细信息。从列表中选择一本书，就会显示细节。也可以添加和编辑图书。

31.5 模型

下面先使用 Models 库定义 Book 类型。这个类型在 UI 中显示和编辑。为了支持数据绑定，需要在用户界面中更新的属性值需要实现变更通知。BookId 属性只是显示，而不改变，所以变更通知不需要使用这个属性。SetProperty 方法由基类 BindableBase 定义(代码文件 Models/Book.cs)：

```csharp
public class Book: BindableBase
{
  public int BookId { get; set; }

  private string _title;
  public string Title
  {
    get { return _title; }
    set { SetProperty(ref _title, value); }
  }

  private string _publisher;
  public string Publisher
  {
    get { return _publisher; }
    set { SetProperty(ref _publisher, value); }
  }

  public override string ToString() => Title;
}
```

31.5.1 实现变更通知

XAML 元素的对象源需要依赖属性或 INotifyPropertyChanged，才允许更改通知与数据绑定。有了模型类型，才能实现 INotifyPropertyChanged。为了让一个实现可用于不同的项目，实现代码在类 BindableBase 的 Framework 库项目内完成。INotifyPropertyChanged 接口定义了 PropertyChange 事件。为了触发更改通知，SetProperty 方法实现为一个泛型函数，以支持任何属性类型。在触发通知之前，检查新值是否与当前值不同(代码文件 Framework / BindableBase.cs)：

```csharp
public abstract class BindableBase: INotifyPropertyChanged
{
  public event PropertyChangedEventHandler PropertyChanged;

  protected virtual void OnPropertyChanged(
      [CallerMemberName] string propertyName = null)
  {
    PropertyChanged?.Invoke(this, new PropertyChangedEventArgs(propertyName));
  }

  protected virtual bool SetProperty<T>(ref T item, T value,
      [CallerMemberName] string propertyName = null)
  {
    if (EqualityComparer<T>.Default.Equals(item, value)) return false;
    item = value;
    OnPropertyChanged(propertyName);
    return true;
  }
}
```

注意：依赖属性参见第 29 章。

31.5.2 使用 Repository 模式

接下来,需要一种方法来检索、更新和删除 Book 对象。使用 ADO.NET Entity Framework 可以在数据库中读写图书。虽然 Entity Framework 7 可以在通用 Windows 平台上访问,但通常这是一个后台任务,因此本章未涉及。为了使后端可以在客户端应用程序中访问,在服务器端选择 ASP.NET Web API 技术。这些主题参见第 38 章和第 42 章。在客户端应用程序中,最好能独立于数据存储。为此,定义 Repository 设计模式。Repository 模式是模型和数据访问层之间的中介,它可以作为对象的内存集合。它抽象出了数据访问层,使单元测试更方便。

通用接口 IQueryRepository 定义的方法通过 ID 获取一项,或获取一个条目列表(代码文件 Contracts / IQueryRepository.cs):

```
public interface IQueryRepository<T, in TKey>
  where T: class
{
  Task<T> GetItemAsync(TKey id);
  Task<IEnumerable<T>> GetItemsAsync();
}
```

通用接口 IUpdateRepository 定义方法来添加、更新和删除条目(代码文件 Contracts / IUpdateRepository.cs):

```
public interface IUpdateRepository<T, in TKey>
  where T: class
{
  Task<T> AddAsync(T item);
  Task<T> UpdateAsync(T item);
  Task<bool> DeleteAsync(TKey id);
}
```

IBooksRepository 接口为泛型类型 T 定义 Book 类型,使前两个泛型接口更具体(代码文件 Contracts / IBooksRepository.cs):

```
public interface IBooksRepository: IQueryRepository<Book, int>,
    IUpdateRepository<Book, int>
{
}
```

使用这些接口,可以改变存储库。创建一个示例库 BooksSampleRepository,它实现接口 IBooksRepository 的成员,包含一个图书的初始列表(代码文件 Repositories/BooksSampleRepository.cs):

```
public class BooksSampleRepository: IBooksRepository
{
  private List<Book> _books;
  public BooksRepository()
  {
    InitSampleBooks();
  }

  private void InitSampleBooks()
  {
    _books = new List<Book>()
```

```csharp
  {
    new Book
    {
      BookId = 1,
      Title = "Professional C# 6 and .NET Core 1.0",
      Publisher = "Wrox Press"
    },
    new Book
    {
      BookId = 2,
      Title = "Professional C# 5.0 and .NET 4.5.1",
      Publisher = "Wrox Press"
    },
    new Book
    {
      BookId = 3,
      Title = "Enterprise Services with the .NET Framework",
      Publisher = "AWL"
    }
  };
}

public Task<bool> DeleteAsync(int id)
{
  Book bookToDelete = _books.Find(b => b.BookId == id);
  if (bookToDelete != null)
  {
    return Task.FromResult<bool>(_books.Remove(bookToDelete));
  }
  return Task.FromResult<bool>(false);
}

public Task<Book> GetItemAsync(int id)
{
  return Task.FromResult(_books.Find(b => b.BookId == id));
}

public Task<IEnumerable<Book>> GetItemsAsync() =>
  Task.FromResult<IEnumerable<Book>>(_books);

public Task<Book> UpdateAsync(Book item)
{
  Book bookToUpdate = _books.Find(b => b.BookId == item.BookId);
  int ix = _books.IndexOf(bookToUpdate);
  _books[ix] = item;
  return Task.FromResult(_books[ix]);
}

public Task<Book> AddAsync(Book item)
{
  item.BookId = _books.Select(b => b.BookId).Max() + 1;
  _books.Add(item);
  return Task.FromResult(item);
}
}
```

> **注意:** 存储库定义了异步方法,但这里不需要它们,因为书的检索和更新只在内存中进行。方法定义为异步,是因为用于访问 ASP.NET Web API 或 Entity Framework 实体框架的存储库在本质上是异步的。

31.6 视图模型

下面创建包含视图模型的库。每个视图都有一个视图模型。在样例应用程序中,BooksView 与 BooksViewModel 相关,BookView 与 BookViewModel 相关。视图和视图模型之间是一对一映射。实际上,视图和视图模型之间还有多对一映射,因为视图存在于不同的技术中——WPF 和 UWP。视图模型必须对视图一无所知,但视图要了解视图模型。视图模型用移动库实现,这样就可以把它用于 WPF 和 UWP。

移动库 ViewModels 引用了 Contracts、Models 和 Framework 库,这些都是移动库。

视图模型包含的属性用于要显示的条目和要执行的命令。BooksViewModel 类定义了属性 Books(用于显示图书列表)和 SelectedBook(当前选择的书)。BooksViewModel 还定义了命令 GetBooksCommand 和 AddBookCommand(代码文件 ViewModels / BooksViewModel.cs):

```
public class BooksViewModel: ViewModelBase
{
  private IBooksService _booksService;

  public BooksViewModel(IBooksService booksService)
  {
    // etc.
  }

  private Book _selectedBook;
  public Book SelectedBook
  {
    get { return _selectedBook; }
    set
    {
      if (SetProperty(ref _selectedBook, value))
      {
        // etc.
      }
    }
  }

  public IEnumerable<Book> Books => _booksService.Books;
  public ICommand GetBooksCommand { get; }

  public async void OnGetBooks()
  {
    // etc.
  }
```

```csharp
  private bool _canGetBooks = true;

  public bool CanGetBooks() => _canGetBooks;

  private void OnAddBook()
  {
    // etc.
  }

  public ICommand AddBookCommand { get; }
}
```

BookViewModel 类定义了属性 Book,来显示所选的书和命令 SaveBookCommand(代码文件 ViewModels / BookViewModel .cs):

```csharp
public class BookViewModel: ViewModelBase
{
  private IBooksService _booksService;
  public BookViewModel(IBooksService booksService)
  {
    // etc.
  }

  public ICommand SaveBookCommand { get; }

  private void LoadBook(object sender, BookInfoEvent bookInfo)
  {
    if (bookInfo.BookId == 0)
    {
      Book = new Book();
    }
    else
    {
      Book = _booksService.GetBook(bookInfo.BookId);
    }
  }

  private Book _book;
  public Book Book
  {
    get { return _book; }
    set { SetProperty(ref _book, value); }
  }

  private async void OnSaveBook()
  {
    Book book = await _booksService.AddOrUpdateBookAsync(Book);
    Book = book;
  }
}
```

视图模型的属性需要 UI 更新的更改通知。接口 INotifyPropertyChanged 通过基类 BindableBase 实现。视图模型类派生自 ViewModelBase 类,来获取这个实现。可以使用 ViewModelBase 类来支持视图模型的附加功能,如提供进度信息和输入验证信息(代码文件 Frameworks/ ViewModelBase.cs):

```csharp
public abstract class ViewModelBase: BindableBase
{
}
```

31.6.1 命令

视图模型提供了实现 ICommand 接口的命令。命令允许通过数据绑定分离视图和命令处理程序方法。命令还提供启用或禁用命令的功能。ICommand 接口定义了方法 Execute 和 CanExecute，以及 CanExecuteChanged 事件。

要将命令映射到方法，在 Framework 程序集中定义了 DelegateCommand 类。

DelegateCommand 定义了两个构造函数，其中一个委托可以传递应通过命令调用的方法，另一个委托定义了命令是否可用(代码文件 Framework / DelegateCommand.cs)：

```csharp
public class DelegateCommand: ICommand
{
  private Action _execute;
  private Func<bool> _canExecute;

  public DelegateCommand(Action execute, Func<bool> canExecute)
  {
    if (execute == null)
      throw new ArgumentNullException("execute");

    _execute = execute;
    _canExecute = canExecute;
  }

  public DelegateCommand(Action execute)
   : this(execute, null)
  { }

  public event EventHandler CanExecuteChanged;

  public bool CanExecute(object parameter) => _canExecute?.Invoke() ?? true;

  public void Execute(object parameter)
  {
    _execute();
  }

  public void RaiseCanExecuteChanged()
  {
    CanExecuteChanged?.Invoke(this, EventArgs.Empty);
  }
}
```

BooksViewModel 的构造函数创建新的 DelegateCommand 对象，在执行命令时，指定方法 OnGetBooks 和 OnAddBook。CanGetBooks 方法返回 true 或 false，这取决于 GetBooksCommand 是否可用(代码文件 ViewModels/ BooksViewModel.cs)：

```csharp
public BooksViewModel(IBooksService booksService)
{
```

```
  // etc.
  GetBooksCommand = new DelegateCommand(OnGetBooks, CanGetBooks);
  AddBookCommand = new DelegateCommand(OnAddBook);
}
```

分配给 GetBooksCommand 的 CanGetBooks 方法返回_canGetBooks 的值，其初始值是 true：

```
private bool _canGetBooks = true;

public bool CanGetBooks() => _canGetBooks;
```

GetBooksCommand 的处理程序(OnGetBooks 方法)使用 books 服务加载所有的书，改变 GetBooksCommand 的可用性：

```
public async void OnGetBooks()
{
  await _booksService.LoadBooksAsync();

  _canGetBooks = false;
  (GetBooksCommand as DelegateCommand)?.RaiseCanExecuteChanged();
}
```

图书服务定义的 LoadBooksAsync 方法在下一节中实现。

从 XAML 代码中，GetBooksCommand 可以绑定到 Button 的 Command 属性上。创建视图时会详细讨论它：

```
<Button Content="Load" Command="{Binding ViewModel.GetBooksCommand,
    Mode=OneTime}" />
```

> 注意：在 WPF 中，当前的数据绑定不能用于事件。当处理程序添加到事件中时，处理程序会与 XAML 代码紧密耦合。命令在视图和视图模型之间提供了这个分离，以允许数据绑定。使用与 UWP 的编译绑定，数据绑定也可以用于事件。在这里，命令为事件处理程序提供了额外的功能，因为如果命令可用，它们就提供信息。

31.6.2 服务和依赖注入

BooksViewModel 利用实现 IBooksService 接口的服务。IBooksService 使用 BooksViewModel 的构造函数注入(代码文件 ViewModels /BooksViewModel.cs)：

```
private IBooksService _booksService;
public BooksViewModel(IBooksService booksService)
{
  _booksService = booksService;
  // etc.
}
```

BookViewModel 也是如此；它使用相同的 IBooksService(代码文件 ViewModels/BookViewModel.cs)：

```
private IBooksService _booksService;
public BookViewModel(IBooksService booksService)
```

```
{
  _booksService = booksService;
  // etc.
}
```

接口 IBooksService 定义了视图模型访问图书所需的所有特性。这个协定在一个移动库中定义，与视图模型相同，所以视图模型项目可以引用服务协定的项目(代码文件 Contracts/IBooksService.cs)：

```
public interface IBooksService
{
  Task LoadBooksAsync();
  IEnumerable<Book> Books { get; }
  Book GetBook(int bookId);
  Task<Book> AddOrUpdateBookAsync(Book book);
}
```

接口 IBooksService 使用 OnGetBooks 方法中的 BooksViewModel——GetBooksCommand 的处理程序(代码文件 ViewModels / BooksViewModel.cs)：

```
public async void OnGetBooks()
{
  await _booksService.LoadBooksAsync();

  _canGetBooks = false;
  (GetBooksCommand as DelegateCommand)?.RaiseCanExecuteChanged();
}
```

另外，BookViewModel 使用 IBooksService (代码文件 ViewModels/BookViewModel.cs)：

```
private async void OnSaveBook()
{
  Book = await _booksService.AddOrUpdateBookAsync(Book);
}
```

视图模型不需要知道 IBooksService 的具体实现——只需要该接口。这称为控制反转(Inversion of Control，IoC)原则或好莱坞原则("不要打电话给我们，我们会给你打电话")。该模式命名为依赖注入。所需的依赖项从别的地方注入(在例子中，它在 WPF 或 UWP 应用程序中)。

服务本身可以用与移动库不兼容的一个项目实现。它只需要兼容 UI 技术，如 WPF 或 UWP。视图模型不直接依赖服务的实现，因为它只使用接口协定。

类 BooksService 实现了接口 IBooksService 来加载图书，访问一本书，添加或更新图书。接着它利用先前创建的存储库。BooksService 也使用依赖注入。在构造函数中，传递实现接口 IBooksRepository 的实例(代码文件 Services / BooksService.cs)：

```
public class BooksService: IBooksService
{
  private ObservableCollection<Book> _books = new ObservableCollection<Book>();
  private IBooksRepository _booksRepository;
  public BooksService(IBooksRepository repository)
  {
    _booksRepository = repository;
  }
```

```csharp
public async Task LoadBooksAsync()
{
  if (_books.Count > 0) return;

  IEnumerable<Book> books = await _booksRepository.GetItemsAsync();
  _books.Clear();
  foreach (var b in books)
  {
    _books.Add(b);
  }
}

public Book GetBook(int bookId)
{
  return _books.Where(b => b.BookId == bookId).SingleOrDefault();
}

public async Task<Book> AddOrUpdateBookAsync(Book book)
{
  Book updated = null;
  if (book.BookId == 0)
  {
    updated = await _booksRepository.AddAsync(book);
    _books.Add(updated);
  }
  else
  {
    updated = await _booksRepository.UpdateAsync(book);
    Book old = _books.Where(b => b.BookId == updated.BookId).Single();
    int ix = _books.IndexOf(old);
    _books.RemoveAt(ix);
    _books.Insert(ix, updated);
  }
  return updated;
}

IEnumerable<Book> IBooksService.Books => _books;
}
```

注入 IBooksRepository 发生在 WPF 应用程序的 App 类中。属性 BooksService 实例化一个 BooksService 对象，并在第一次访问属性时，传递一个新 BooksSampleRepository (代码文件 BooksDesktopApp / App.xaml.cs)：

```csharp
private BooksService _booksService;
public BooksService BooksService =>
  _booksService ?? (_booksService =
    new BooksService(new BooksSampleRepository()));
```

BooksViewModel 在 BooksView 类中用 ViewModel 属性初始化器实例化。在这里，创建 BooksViewModel 时，注入 BooksService 的具体实现(代码文件 BooksDesktopApp/Views/BooksView.xaml.cs)：

```csharp
public partial class BooksView: UserControl
{
```

```
    // etc.

    public BooksViewModel ViewModel { get; } =
        new BooksViewModel((App.Current as App).BooksService);
}
```

31.7 视图

前面介绍了视图模型的创建,现在该学习视图了。在 BooksDesktopApp 和 BooksUniversalApp 项目中,视图定义为 Views 子目录中的用户控件。

BooksView 包含两个按钮(Load 和 Add)和一个列表框,来显示所有图书,如图 31-9 所示。BookView 显示一本书的细节,包含一个按钮 Save 和两个文本框控件,如图31-10所示。

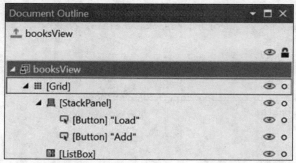

图 31-9

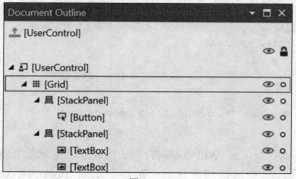

图 31-10

主要视图在网格的两列中显示两个用户控件 (代码文件 BooksDesktopApp / MainWindow xaml):

```
<Window x:Class="BooksDesktopApp.MainWindow"
    xmlns="http://schemas.microsoft.com/winfx/2006/xaml/presentation"
    xmlns:x="http://schemas.microsoft.com/winfx/2006/xaml"
    xmlns:local="clr-namespace:BooksDesktopApp"
    xmlns:uc="clr-namespace:BooksDesktopApp.Views"
    Title="Books Desktop App" Height="350" Width="525">
  <Grid>
    <Grid.ColumnDefinitions>
      <ColumnDefinition />
      <ColumnDefinition />
```

```
    </Grid.ColumnDefinitions>
    <uc:BooksView Grid.Column="0" />
    <uc:BookView Grid.Column="1" />
  </Grid>
</Window>
```

在 UWP 项目中，网格以相同的方式定义，但使用 Page 来替代 Window，使用 using 关键字而不是 clr-namespace 定义映射到.NET 名称空间的 XML 别名(代码文件 BooksUniversalApp/MainPage.xaml)：

```
<Page x:Class="BooksUniversalApp.MainPage"
    xmlns="http://schemas.microsoft.com/winfx/2006/xaml/presentation"
    xmlns:x="http://schemas.microsoft.com/winfx/2006/xaml"
    xmlns:local="using:BooksUniversalApp"
    xmlns:uc="using:BooksUniversalApp.Views">
  <Grid Background="{ThemeResource ApplicationPageBackgroundThemeBrush}">
    <Grid.ColumnDefinitions>
      <ColumnDefinition />
      <ColumnDefinition />
    </Grid.ColumnDefinitions>
    <uc:BooksView Grid.Column="0" />
    <uc:BookView Grid.Column="1" />
  </Grid>
</Page>
```

> **注意**：UWP 项目的示例不使用通用 Windows 平台可用的特定控件，比如 CommandBar 和 RelativePanel，因为本章的重点是可维护、灵活的应用程序架构。具体的 UWP UI 控件参见第 32 章。

31.7.1 注入视图模型

对于视图，重要的是视图模型是如何映射的。为了把视图模型映射到视图上，在后台代码中定义 ViewModel 属性，在其中实例化所需的视图模型。代码在 WPF 和 UWP 中一样，但 UWP 的密封类除外(代码文件 BooksDesktopApp/Views/BookView.xaml.cs 和 BooksUniversalApp/Views/BookView.xaml.cs)：

```
public sealed partial class BookView: UserControl
{
  // etc.
  public BooksViewModel ViewModel { get; } =
      new BooksViewModel((App.Current as App).BooksService);
}
```

31.7.2 用于 WPF 的数据绑定

对于用于 WPF 的数据绑定，需要在 XAML 代码中设置 DataContext。在每一个用于元素的数据绑定中，要在父元素的树中检查 DataContext，找出绑定的来源。通过它，可以根据需要使用不同的来源。然而，为了方便地切换到下一节所示的延迟绑定上，只为根元素设置一次 DataContext。通过表达式{Binding ElementName = booksView}使用元素绑定，把上下文直接设置为根元素。UserControl 本身称为 booksView (代码文件 BooksDesktopApp / Views / BooksView.xaml)：

```xml
<UserControl x:Class="BooksDesktopApp.Views.BooksView"
             xmlns="http://schemas.microsoft.com/winfx/2006/xaml/presentation"
             xmlns:x="http://schemas.microsoft.com/winfx/2006/xaml"
             xmlns:local="clr-namespace:BooksDesktopApp.Views"
             x:Name="booksView"
             DataContext="{Binding ElementName=booksView}">
```

在 Button 控件中，Command 属性绑定到视图模型的 GetBooksCommand 上。因为 BooksView 的 DataContext 设置为 BooksView，BooksView 的 ViewModel 属性返回 BooksViewModel，所以使用句点符号和带 ViewModel 前缀的属性名，把命令绑定到 GetBooksCommand 和 AddBookCommand 属性上。因为命令不会改变，所以使用模式 OneTime 是最好的选择：

```xml
<Button Content="Load"
    Command="{Binding ViewModel.GetBooksCommand, Mode=OneTime}" />
<Button Content="Add"
    Command="{Binding ViewModel.AddBookCommand, Mode=OneTime}" />
```

数据绑定模式 OneTime 没有注册更改通知。模式设置为 OneWay，就注册了数据源的更改通知，根据源是实现为一个依赖属性，还是实现 INotifyPropertyChanged 接口，来更新用户界面。模式设置为 TwoWay 不仅从来源中更新 UI，而且从 UI 中更新来源。

ListBox 的 ItemsSource 属性绑定到图书列表上。这个列表可以改变；因此使用模式 OneTime 进行数据绑定。对于列表的更新，源需要实现 INotifyCollectionChanged。为此，可以给图书使用 ObservableCollection 类型，如前面的 BooksService 实现所示。在列表框中选择一项，会更新 SelectedBook 属性，这也会更新 BookViewModel。其他视图模型的更新目前缺失，因为需要实现一个消息传递机制，参见本章后面的"使用事件传递消息"一节。为了显示列表框中的每一项，使用一个 DataTemplate，其中 TextBlock 绑定到 Book 的 Title 属性上：

```xml
<ListBox Grid.Row="1" ItemsSource="{Binding ViewModel.Books, Mode=OneTime}"
    SelectedItem="{Binding ViewModel.SelectedBook, Mode=TwoWay}" >
  <ListBox.ItemTemplate>
    <DataTemplate>
     <StackPanel Orientation="Vertical">
       <TextBlock Text="{Binding Title, Mode=OneWay}" />
     </StackPanel>
    </DataTemplate>
  </ListBox.ItemTemplate>
</ListBox>
```

注意：XAML 语法参见第 29 章。XAML 的样式化和数据模板参见第 30 章。

在 BookView 中，没有什么特别的，所有内容都在 BooksView 中介绍过了。只是注意，两个 TextBox 控件绑定到 Book 的 Title 和 Publisher 属性上，Mode 设置为 TwoWay，因为用户应该能够改变其值，更新 Book 源(代码文件 BooksDesktopApp / Views / BookView.xaml)：

```
<StackPanel Orientation="Horizontal">
  <Button Content="Save" Command="{Binding ViewModel.SaveBookCommand}" />
</StackPanel>
<StackPanel Orientation="Vertical" Grid.Row="1">
  <TextBox Text="{Binding ViewModel.Book.Title, Mode=TwoWay}" />
  <TextBox Text="{Binding ViewModel.Book.Publisher, Mode=TwoWay}" />
</StackPanel>
```

> **注意**：绑定的默认模式在不同技术之间是不同的。例如，用 TextBox 元素的 Text 属性绑定，对于 WPF 默认为 TwoWay 绑定。对于编译绑定，使用相同的属性和元素，就默认为 OneTime 模式。为了避免混淆，最好总是显式地定义模式。

> **注意**：用于 WPF 的数据绑定的所有功能参见第 34 章。WPF 比 UWP 支持更多的绑定选项。另一方面，UWP 提供了编译的数据绑定，而不能用于 WPF。本章的重点是数据绑定，很容易在用于 WPF 示例的传统数据绑定和用于 UWP 应用程序示例的已编译数据绑定之间转换。

就应用程序的当前状态而言，可以运行 WPF 应用程序，在单击 Load 按钮后，查看填充的图书列表。还没有实现的是在列表框中选择书后，填充 BookView，因为 BookViewModel 需要了解变更。在"消息传递"一节实现用于 UWP 项目的数据绑定后，就完成它。

31.7.3 用于 UWP 的已编译数据绑定

在 UWP 中，可以使用与 WPF 相同的数据绑定。然而，绑定表达式利用了 .NET 反射。Microsoft Office 和 Windows 10 中的一些工具利用了 XAML，这里使用了数以百计的控件，绑定就太慢了。直接设置属性会快很多。直接设置属性的缺点是，代码共享和单元测试不像使用本章前面介绍的视图模型那么容易实现。因此，XAML 团队发明了已编译的数据绑定，它现在可以用于 UWP，但还不能用于 WPF。

当使用已编译的数据绑定时，就使用 x: Bind 标记扩展，而不是使用 Binding。除了标记扩展元素的名称之外，比较 x: Bind 和 Binding，看起来很类似，如下面的代码片段所示：

```
<TextBox Text="{Binding ViewModel.Book.Title, Mode=TwoWay}" />
<TextBox Text="{x:Bind ViewModel.Book.Title, Mode=TwoWay}" />
```

在后台，直接访问 TextBox 的 Text 属性，在设置 TextBox 时检索图书的 Title 属性。除了更快之外，已编译的绑定还有一个优点：当没有使用正确的属性名时，会得到编译器错误。在传统的数据绑定中，默认忽略绑定错误，也看不到结果。

下面看看 BooksView 的 XAML 代码。DataContext 不需要用已编译的绑定设置，因为没有使用它。相反，绑定总是直接映射到根元素。这就是为什么在 WPF 示例中，DataContext 也设置为根元素，使绑定看起来很相似。

在 UserControl 定义中，需要打开更多的.NET 名称空间，来映射 Models 名称空间中的 Book 类型，还需要 BooksUniversalApp.Converters 名称空间中定义的一个转换器(代码文件 BooksUniversalApp / Views/ BooksView.xaml)：

```xml
<UserControl
    x:Class="BooksUniversalApp.Views.BooksView"
    xmlns="http://schemas.microsoft.com/winfx/2006/xaml/presentation"
    xmlns:x="http://schemas.microsoft.com/winfx/2006/xaml"
    xmlns:local="using:BooksUniversalApp.Views"
    xmlns:mc="http://schemas.openxmlformats.org/markup-compatibility/2006"
    xmlns:model="using:Models"
    xmlns:conv="using:BooksUniversalApp.Converters">
```

Button 控件的 Command 属性以之前的方式绑定，但这次使用了 x:Bind 标记表达式：

```xml
<Button Content="Load"
    Command="{x:Bind ViewModel.GetBooksCommand, Mode=OneTime}" />
<Button Content="Add"
    Command="{x:Bind ViewModel.AddBookCommand, Mode=OneTime}" />
```

> **注意**：不是使用 Command 属性与数据绑定，当使用已编译的数据绑定时，也可以把事件处理程序绑定到事件上。可以把 Click 事件绑定到一个没有参数的 void 方法上，也可以绑定到一个方法上，该方法根据 Click 事件的委托类型，有 object 和 RoutedEventArgs 类型的两个参数。

在列表框中，ItemsSource 的设置与前面的方式类似——使用 x:Bind 标记扩展。现在不同的是绑定到 SelectedItem 上。如果把 Binding 标记表达式改为 x: Bind 标记表达式，会得到一个编译器错误：没有转换器，无法绑定 Models.Book 和 System.Object。原因是 SelectedItem 是 object 类型，SelectedBook 属性返回 Book。使用一个转换器，这可以很容易解决(代码文件 BooksUniversalApp / Views/ BooksView.xaml)：

```xml
<ListBox Grid.Row="1" ItemsSource="{x:Bind ViewModel.Books, Mode=OneTime}"
    SelectedItem="{x:Bind ViewModel.SelectedBook, Mode=TwoWay,
    Converter={StaticResource ObjectToObjectConverter}}" >
  <!--etc.-->
</ListBox>
```

转换器实现了接口 IValueConverter。对于双向绑定，接口 IValueConverter 定义了 Convert 和 ConvertBack 方法。在这种情况下，实现可以仅返回接收到的对象(代码文件 BooksUniversalApp/ Converters /ObjectToObjectConverter.cs)：

```csharp
public class ObjectToObjectConverter: IValueConverter
{
    public object Convert(object value,
                    Type targetType,
                    object parameter,
                    string language) => value;
```

```
    public object ConvertBack(object value,
                      Type targetType,
                      object parameter,
                      string language) => value;
}
```

使用用户控件的资源，实例化 ObjectToObjectConverter，其名称与使用前面列表框中的 StaticResource 标记扩展和 ItemsSource 绑定来引用转换器的键相同(代码文件 BooksUniversalApp /Views/ BooksView.xaml)：

```
<UserControl.Resources>
  <conv:ObjectToObjectConverter x:Key="ObjectToObjectConverter" />
</UserControl.Resources>
```

与已编译绑定的另一个区别是数据模板。把 TextBlock 的 Text 属性绑定到 Book 的 Title 属性上，就需要知道 Book。为此，把 x: DataType 添加到 DataTemplate 元素上：

```
<ListBox.ItemTemplate>
    <DataTemplate x:DataType="model:Book">
      <StackPanel Orientation="Vertical">
        <TextBlock Text="{x:Bind Title, Mode=OneWay}" />
      </StackPanel>
    </DataTemplate>
  </ListBox.ItemTemplate>
```

有了已编译的数据绑定，UWP 应用程序就与 WPF 应用程序有相同的状态。

注意：已编译绑定也在第 32 和 33 章中使用。

31.8 使用事件传递消息

对于应用程序的当前状态，用 BooksViewModel 选择图书时，BookViewModel 需要更新当前的图书。为了解决这个问题，可以定义一个协定，其中一个视图模型调用另一个视图模型。然而，这是一个小场景，应用程序的其他部分会在其他地方需要这种通知。直接通信很快就会成为一个噩梦。

解决这个问题的一个方法是使用事件。使用 Framework 项目定义一个泛型 EventAggregator。这个聚合器定义了一个事件 Event，其中 Action<object, TEvent>类型的处理程序可以订阅和退订，Publish 方法触发事件。该聚合器实现为单实例，以便于访问，而无须创建实例(代码文件 Framework/EventAggregator.cs)：

```
public class EventAggregator<TEvent>
    where TEvent: EventArgs
{
  private static EventAggregator<TEvent> s_eventAggregator;

  public static EventAggregator<TEvent> Instance =>
      s_eventAggregator ?? (s_eventAggregator = new EventAggregator<TEvent>());
```

```csharp
    private EventAggregator()
    {
    }

    public event Action<object, TEvent> Event;

    public void Publish(object source, TEvent ev)
    {
      Event?.Invoke(source, ev);
    }
}
```

 注意：使用泛型 Singleton 类，不仅创建了一个实例，还为每个使用的泛型参数类型创建了一个实例。这很适合 EventAggregator，因为不同的事件类型不需要共享一些数据，并允许获得更好的可伸缩性。

为了把书的信息从 BooksViewModel 传递给 BooksView，只需要图书的标识符，因此定义 BookInfoEvent 类(代码文件 Contracts/Events/BookInfoEvent.cs)：

```csharp
public class BookInfoEvent: EventArgs
{
  public int BookId { get; set; }
}
```

BookViewModel 现在可以订阅事件。在 BookViewModel 的构造函数中，访问静态的成员 Instance，获得 BookInfoEvent 类型的单例对象，把 LoadBook 事件处理程序方法分配给事件。在处理程序方法中，带有请求 ID 的书通过图书服务来检索(代码文件 ViewModels / BookViewModel.cs)：

```csharp
public class BookViewModel: ViewModelBase, IDisposable
{
  private IBooksService _booksService;
  public BookViewModel(IBooksService booksService)
  {
    _booksService = booksService;

    SaveBookCommand = new DelegateCommand(OnSaveBook);

    EventAggregator<BookInfoEvent>.Instance.Event += LoadBook;
  }

  public ICommand SaveBookCommand { get; }

  private void LoadBook(object sender, BookInfoEvent bookInfo)
  {
    if (bookInfo.BookId == 0)
    {
      Book = new Book();
    }
    else
    {
```

```
      Book = _booksService.GetBook(bookInfo.BookId);
    }
  }
  public void Dispose()
  {
    EventAggregator<BookInfoEvent>.Instance.Event -= LoadBook;
  }
  // etc.
```

在列表框中选择一本书时触发事件,因此 SelectedBook 属性调用 set 访问器。这里,现在可以使用静态属性 Instance,通过调用 Publish 方法访问 EventAggregator,类似于订阅,Publish 方法传递 BookInfoEvent 对象(代码文件 ViewModels / BooksViewModel.cs):

```
private Book _selectedBook;
public Book SelectedBook
{
  get { return _selectedBook; }
  set
  {
    if (SetProperty(ref _selectedBook, value))
    {
      EventAggregator<BookInfoEvent>.Instance.Publish(
          this, new BookInfoEvent { BookId = _selectedBook.BookId });
    }
  }
}
```

有了消息传递机制,可以启动应用程序,选择图书,并添加它们,如图 31-11 所示。

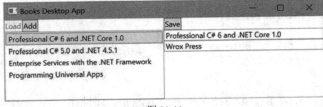

图 31-11

31.9 IoC 容器

使用依赖注入,还可以使用一个控制反转(IoC)容器。之前的代码片段使用依赖注入,直接注入了客户机应用程序中的一个具体类型,例如,在 BooksViewModel 中的 BooksService 实例(代码文件 BooksDesktopApp / Views / BooksView.xaml.cs):

```
public BooksViewModel ViewModel { get; } =
    new BooksViewModel((App.Current as App).BooksService);
```

可以改变它,让 IoC 容器注入依赖项。几个 IoC 容器提供为 NuGet 包,比如 Castle Windsor (http://castleproject.org/projects/Windsor)、Unity (http://unity.codeplex.com)、Autofac(http://github.com/autofac)、Managed Extensibility Framework (参见第 26 章)等。在.NET Core 1.0 中,还有一个来自微

软的 IoC 容器，可通过 NuGet 包 Microsoft.Framework.DependencyInjection (http://github.com/aspnet/DependencyInjection)获得。这是一个轻量级框架，支持构造函数注入和依赖注入容器，由 ASP.NET Core 1.0 使用(参见第 40 章)。本节中的代码示例使用这个.NET Core 1.0 IoC 容器。

为了使用容器，需要添加 NuGet 包 Microsoft.Framework.DependencyInjection。在 App 类中，可以把服务添加到 ServiceCollection 中(名称空间 Microsoft.Framework.DependencyInjection)。AddTransient 方法注册一个类型，它用类型的每一个解析进行新的实例化；AddSingleton 只实例化类型一次，每次解析类型时都返回相同的实例。传递两个泛型参数(用图书服务和图书库来完成)，第一类型可以请求，容器会创建第二个参数的实例。BuildServiceProvider 方法返回一个实现了 IServiceProvider 的对象，以后该对象可以用于解析类型。在 WPF 中，返回的 IServiceProvider 对象在 OnStartup 方法中分配给 Container 方法(代码文件 BooksDesktopApp / App.xaml.cs)：

```
private IServiceProvider RegisterServices()
{
  var serviceCollection = new ServiceCollection();
  serviceCollection.AddTransient<BooksViewModel>();
  serviceCollection.AddTransient<BookViewModel>();
  serviceCollection.AddSingleton<IBooksService, BooksService>();
  serviceCollection.AddSingleton<IBooksRepository, BooksSampleRepository>();
  return serviceCollection.BuildServiceProvider();
}

public IServiceProvider Container { get; private set; }

protected override void OnStartup(StartupEventArgs e)
{
  base.OnStartup(e);

  Container = RegisterServices();

  var mainWindow = new MainWindow();
  mainWindow.Show();
}
```

在 UWP 项目中，方法 RegisterServices 和 Container 属性在 App 类中是相同的。不同的是 OnLaunched 启动方法，在其中调用 RegisterServices 方法(代码文件 BooksUniversalApp / App.xaml.cs)：

```
protected override void OnLaunched(LaunchActivatedEventArgs e)
{
  Container = RegisterServices();

  // etc.
}
```

在视图的后台代码中，可以通过调用 IServiceProvider 的 GetService 方法，初始化 ViewModel 属性。App 类的 Container 属性返回一个 IServiceProvider。GetService 方法的泛型版是一个扩展方法，可用于名称空间 Microsoft.Framework.DependencyInjection，需要导入才能使用这个扩展方法(代码文件 BooksDesktopApp/Views/BooksView.xaml.cs 和 BooksUniversalApp / Views / BooksView.xaml.cs)：

```
public BooksViewModel ViewModel { get; } =
    (App.Current as App).Container.GetService<BooksViewModel>();
```

BookView.xaml.cs 文件需要相同的更改，否则会创建另一个 BooksService 实例。在可下载的示例文件中，需要取消这个属性设置的注释，给上一个属性设置添加注释符号，使 IoC 容器成为活动的容器。

现在，运行应用程序，在容器中实例化 BooksViewModel。这个视图模型的构造函数需要 IBooksService 类型，创建并传递 BooksService 实例，因为这些类型也使用容器来注册。BooksService 在构造函数中需要 IBooksRepository。这里注入 BooksSampleRepository。如果没有注册这些依赖项，就抛出一个 InvalidOperationException 类型的异常。注册 IBooksRepository 接口失败，会给出错误消息：试图激活 Services.BooksService 时，无法解析 Contracts.IBooksRepository 类型的服务。

31.10 使用框架

在示例应用程序中，看到 Framework 项目中定义的类，例如，BindableBase、DelegateCommand 和 EventAggregator。基于 MVVM 的应用程序需要这些类，但不需要自己来实现它们。其工作量不大，但可以使用现有的 MVVM 框架。Laurent Bugnion 的 MVVM Light(http://mvvmlight.net)是一个小框架，完全符合 MVVM 应用程序的目的，可用于许多不同的平台。

另一个框架 Prism.Core (http://github.com/PrismLibrary)最初由 Microsoft Patterns and Practices 团队创建，现在转移到社区。虽然 Prism 框架非常成熟，支持插件和定位控件的区域，但 Prism.Core，很轻，仅包含几个类型，如 BindableBase、DelegateCommand 和 ErrorsContainer。在本章的下载代码中，也包含用 Prism.Core 实现的本章示例。

31.11 小结

本章围绕 MVVM 模式提供了创建基于 XAML 的应用程序的架构指南。讨论了模型、视图和视图模型的关注点分离。除此之外，还介绍了使用接口 INotifyPropertyChanged 实现更改通知、数据绑定和已编译的数据绑定，分离数据访问代码的存储库模式，使用事件在视图模型之间传递消息(这也可以用来与视图通信)，以及使用或不使用 IoC 容器注入依赖项。

这些都允许代码共享，同时仍然允许使用特定平台的功能。可以通过库和服务实现使用特定于平台的特征，协定可用于所有的平台。为了共享代码，介绍了用于 UWP 的 API 协定、共享的项目和移动库。

第 32 章将讨论 Universal Windows Platform 应用程序的用户界面特性。

第32章

Windows 应用程序：用户界面

本章要点

- 页面之间导航
- 创建一个汉堡按钮
- 使用 SplitView
- 用 RelativePanel 布局
- 不同屏幕尺寸的自适应用户界面
- 使用 AutoSuggest 控件
- 使用 Pen 和 InkCanvas
- 用应用程序栏控件定义命令
- 已编译的绑定功能

本章源代码下载地址(wrox.com)：

打开网页 http://www.wrox.com/go/professionalcsharp6，单击 Download Code 选项卡即可下载本章源代码。本章的代码只包含一个大示例，它展示了本章的各个方面：

- Page Navigation
- App Shell
- Layout
- Controls
- Compiled Binding

32.1 概述

本章介绍的 Windows 应用程序使用通用 Windows 平台(UWP)运行在 Windows 10 设备上。本章涵盖了用户界面特性，如页面之间的导航，创建页面布局，定义命令，允许用户执行一些操作，使用新的编译数据绑定，使用一些特殊的控件。

前面的章节介绍了 XAML：第 29 章介绍了核心信息，第 30 章定义了应用程序的样式，第 31 章讨论了基于 XAML 的应用程序常用的几个模式。

本章首先讨论 Windows 应用程序中用户界面元素的一个相关话题：使用 UWP。为 UWP 创建的应用程序可以运行在 Windows 10、Windows Phone 和其他设备系列上，例如 Xbox、HoloLens 和物联网(IoT)。

本章创建页面之间的导航，使用新的系统后退按钮、汉堡按钮和 SplitView，使导航控件适应不同的屏幕尺寸。本章介绍了主页面的不同类型，如 Hub 和 Pivot 控件，允许进行不同的导航，本章也解释了如何创建自定义的应用程序 shell。

本章探讨如何使用 VariableSizedWrapGrid、RelativePanel 和自适应触发器创建单个页面的布局。延迟加载允许更快地显示用户界面。

使用已编译的绑定，会获得另一个性能改进，帮助更早地检测出错误。

在"控件"一节，将论述一些新的控件，比如 AutoSuggest 控件和 InkCanvas，它便于使用笔、触摸屏和鼠标绘图。

在阅读本章之前，你应该熟悉第 29、30、31 章讨论的 XAML。本章只包含具体的 UWP 应用程序功能。

32.2 导航

如果应用程序是由多个页面组成的，就需要能在这些页面之间导航。导航的核心是 Frame 类。Frame 类允许使用 Navigate 方法，选择性地传递参数，导航到具体的页面上。Frame 类有一个要导航的页面堆栈，因此可以后退、前进、限制堆栈中页面的数量等。

导航的一个重要方面是能够返回。在 Windows 8 中，回航通常是由页面左上角一个带有返回箭头的按钮处理。Windows Phone 总是有一个物理返回键。在 Windows 10 中，此功能需要合并。下面几节介绍了使用回航的新方法。

32.2.1 导航回最初的页面

下面开始创建一个有多个页面的 Windows 应用程序，在页面之间导航。模板生成的代码在 App 类中包含 OnLaunched 方法，在该方法中，实例化一个 Frame 对象，再调用 Navigate 方法，导航到 MainPage (代码文件 PageNavigation / App.xaml.cs)：

```
protected override void OnLaunched(LaunchActivatedEventArgs e)
{
  Frame rootFrame = Window.Current.Content as Frame;

  if (rootFrame == null)
  {
    rootFrame = new Frame();

    rootFrame.NavigationFailed += OnNavigationFailed;

    if (e.PreviousExecutionState == ApplicationExecutionState.Terminated)
    {
      //TODO: Load state from previously suspended application
```

```
    }
      Window.Current.Content = rootFrame;
    }

    if (rootFrame.Content == null)
    {
      rootFrame.Navigate(typeof(MainPage), e.Arguments);
    }
    Window.Current.Activate();
}
```

 注意：源代码有一个 TODO 注释，从前面暂停的应用程序中加载状态。如何处理暂停在第 33 章中解释。

Frame 类有一个已访问的页面堆栈。GoBack 方法可以在这个堆栈中回航(如果 CanGoBack 属性返回 true)，GoForward 方法可以在后退后前进到下一页。Frame 类还提供了几个导航事件，如 Navigating、Navigated、NavigationFailed 和 NavigationStopped。

为了查看导航操作，除了 MainPage 之外，还创建 SecondPage 和 ThirdPage 页面，在这些页面之间导航。在 MainPage 上，可以导航到 SecondPage，通过传递一些数据可以从 SecondPage 导航到 ThirdPage。

因为有这些页面之间的通用功能，所以创建一个基类 BasePage，所有这些页面都派生自它。BasePage 类派生自基类 Page，实现了接口 INotifyPropertyChanged，用于更新用户界面。

```
public abstract class BasePage : Page, INotifyPropertyChanged
{
  public event PropertyChangedEventHandler PropertyChanged;

  private string _navigationMode;

  public string NavigationMode
  {
    get { return _navigationMode; }
    set
    {
      _navigationMode = value;
      OnPropertyChanged();
    }
  }

  protected virtual void OnPropertyChanged(
    [CallerMemberName] string propertyName = null)
  {
    PropertyChanged?.Invoke(this, new PropertyChangedEventArgs(propertyName));
  }

  // etc.
}
```

注意：接口 INotifyPropertyChanged 参见第 31 章，它用于实现变更通知。

32.2.2 重写 Page 类的导航

Page 类是 BasePage 的基类(也是 XAML 页的基类)，该类定义了用于导航的方法。当导航到相应的页面时，会调用 OnNavigatedTo 方法。在这个页面中，可以看到导航是怎样操作的(NavigationMode 属性)和导航参数。OnNavigatingFrom 方法是从页面中退出时调用的第一个方法。在这里，导航可以取消。从这个页面中退出时，最终调用的是 OnNavigatedFrom 方法。在这里，应该清理 OnNavigatedTo 方法分配的资源(代码文件 PageNavigation / App.xaml.cs)：

```
public abstract class BasePage : Page, INotifyPropertyChanged
{
  // etc.
  protected override void OnNavigatedTo(NavigationEventArgs e)
  {
    base.OnNavigatedTo(e);

    NavigationMode = $"Navigation Mode: {e.NavigationMode}";
    // etc.
  }

  protected override void OnNavigatingFrom(NavigatingCancelEventArgs e)
  {
    base.OnNavigatingFrom(e);
  }

  protected override void OnNavigatedFrom(NavigationEventArgs e)
  {
    base.OnNavigatedFrom(e);
    // etc.
  }
}
```

32.2.3 在页面之间导航

下面实现 3 个页面。为了使用 BasePage 类，后台代码文件需要修改，以使用 BasePage 作为基类(代码文件 PageNavigation / MainPage.xaml.cs)：

```
public sealed partial class MainPage : BasePage
{
  // etc.
}
```

基类的变化也需要反映在 XAML 文件中：使用 BasePage 元素代替 Page (代码文件 PageNavigation / MainPage.xaml)：

```
<local:BasePage
```

```xml
x:Class="PageNavigation.MainPage"
xmlns="http://schemas.microsoft.com/winfx/2006/xaml/presentation"
xmlns:x="http://schemas.microsoft.com/winfx/2006/xaml"
xmlns:local="using:PageNavigation"
xmlns:d="http://schemas.microsoft.com/expression/blend/2008"
xmlns:mc="http://schemas.openxmlformats.org/markup-compatibility/2006"
mc:Ignorable="d">
```

MainPage 包含一个 TextBlock 元素和一个 Button 控件,TextBlock 元素绑定到 BasePage 中声明的 NavigationMode 属性上,按钮的 Click 事件绑定到 OnNavigateToSecondPage 方法上(代码文件 PageNavigation / MainPage.xaml):

```xml
<StackPanel Orientation="Vertical">
  <TextBlock Style="{StaticResource TitleTextBlockStyle}" Margin="8">
    Main Page</TextBlock>
  <TextBlock Text="{x:Bind NavigationMode, Mode=OneWay}" Margin="8" />
  <Button Content="Navigate to SecondPage" Click="OnNavigateToSecondPage"
    Margin="8" />
</StackPanel>
```

处理程序方法 OnNavigateToSecondPage 使用 Frame.Navigate 导航到 SecondPage。Frame 是 Page 类上返回 Frame 实例的一个属性(代码文件 PageNavigation / MainPage.xaml.cs):

```csharp
public void OnNavigateToSecondPage()
{
  Frame.Navigate(typeof(SecondPage));
}
```

当从 SecondPage 导航到 ThirdPage 时,把一个参数传递给目标页面。参数可以在绑定到 Data 属性的文本框中输入(代码文件 PageNavigation /SecondPage.xaml):

```xml
<StackPanel Orientation="Vertical">
  <TextBlock Style="{StaticResource TitleTextBlockStyle}" Margin="8">
    Second Page</TextBlock>
  <TextBlock Text="{x:Bind NavigationMode, Mode=OneWay}" Margin="8" />
  <TextBox Header="Data" Text="{x:Bind Data, Mode=TwoWay}" Margin="8" />
  <Button Content="Navigate to Third Page"
    Click="{x:Bind OnNavigateToThirdPage, Mode=OneTime}" Margin="8" />
</StackPanel>
```

在后台代码文件中,Data 属性传递给 Navigate 方法(代码文件 PageNavigation /SecondPage.xaml.cs):

```csharp
public string Data { get; set; }

public void OnNavigateToThirdPage()
{
  Frame.Navigate(typeof(ThirdPage), Data);
}
```

接收到的参数在 ThirdPage 中检索。在 OnNavigatedTo 方法中,NavigationEventArgs 用 Parameter 属性接收参数。Parameter 属性是 object 类型,可以给页面导航传递任何数据(代码文件 PageNavigation

/ ThirdPage.xaml.cs):

```
protected override void OnNavigatedTo(NavigationEventArgs e)
{
  base.OnNavigatedTo(e);
  Data = e.Parameter as string;
}

private string _data;
public string Data
{
  get { return _data; }
  set
  {
    _data = value;
    OnPropertyChanged();
  }
}
```

32.2.4 后退按钮

当应用程序中有导航要求时，必须包括返回的方式。在 Windows 8 中，定制的后退按钮位于页面的左上角。在 Windows 10 中仍然可以这样做。的确，一些微软应用程序包括这样一个按钮，Microsoft Edge 在左上角放置了后退和前进按钮。应在前进按钮的附近放置后退按钮。在 Windows10 中，可以利用系统的后退按钮。

根据应用程序运行在桌面模式还是平板电脑模式，后退按钮位于不同的地方。要启用这个后退按钮，需要把 SystemNavigationManager 的 AppViewBackButtonVisibility 设置为 AppViewBackButtonVisibility，在下面的代码中，Frame.CanGoBack 属性返回 true 时，就是这种情况(代码文件 PageNavigation / BasePage.cs)：

```
protected override void OnNavigatedTo(NavigationEventArgs e)
{
  NavigationMode = $"Navigation Mode: {e.NavigationMode}";

  SystemNavigationManager.GetForCurrentView().AppViewBackButtonVisibility =
    Frame.CanGoBack ? AppViewBackButtonVisibility.Visible :
      AppViewBackButtonVisibility.Collapsed;

  base.OnNavigatedTo(e);
}
```

接下来，使用 SystemNavigationManager 类的 BackRequested 事件。对 BackRequestedEvent 的响应可以用于完整的应用程序，如这里所示。如果只在几页上需要这个功能，还可以把这段代码放在页面的 OnNavigatedTo 方法中(代码文件 PageNavigation / App.xaml.cs)：

```
protected override void OnLaunched(LaunchActivatedEventArgs e)
{
  // etc.
```

```
    SystemNavigationManager.GetForCurrentView().BackRequested +=
      App_BackRequested;

    Window.Current.Activate();
}
```

处理程序方法 App_BackRequested 在 frame 对象上调用 GoBack 方法(代码文件 PageNavigation / App.xaml.cs)：

```
private void App_BackRequested(object sender, BackRequestedEventArgs e)
{
  Frame rootFrame = Window.Current.Content as Frame;
  if (rootFrame == null) return;

  if (rootFrame.CanGoBack && e.Handled == false)
  {
    e.Handled = true;
    rootFrame.GoBack();
  }
}
```

当在桌面模式中运行这个应用程序时，可以看到后退按钮位于上边界的左边角落里(见图 32-1)。如果应用程序在平板模式下运行，边界是不可见的，但后退按钮显示在底部边界 Windows 按钮的旁边(见图 32-2)。这是应用程序的新后退按钮。如果应用程序不能导航，用户按下后退按钮，就导航回以前的应用程序。

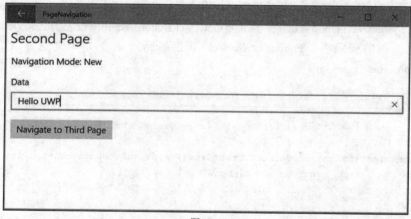

图 32-1

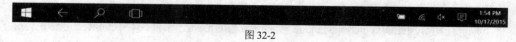

图 32-2

在 Windows Phone 上运行应用程序时，就可以使用实际电话的按钮来返回(参见图 32-3)。

第 32 章　Windows 应用程序：用户界面

图 32-3

32.2.5　Hub

也可以让用户使用 Hub 控件在单个页面的内容之间导航。这里可以使用的一个例子是，希望显示一个图像，作为应用程序的入口点，用户滚动时显示更多的信息(参见图 32-4 的照片搜索应用程序)。

使用 Hub 控件，可以定义多个部分。每个部分有标题和内容。也可以让标题可以单击，例如，导航到详细信息页面上。以下代码示例定义了一个 Hub 控件，在其中可以单击部分 2 和 3 的标题。单击某部分的标题时，就调用 Hub 控件的 SectionHeaderClick 事件指定的方法。每个部分都包括一个标题和一些内容。部分的内容由 DataTemplate 定义(代码文件 NavigationControls / HubPage.xaml)：

```xml
<Hub Background="{ThemeResource ApplicationPageBackgroundThemeBrush}"
  SectionHeaderClick="{x:Bind OnHeaderClick}">
  <Hub.Header>
    <StackPanel Orientation="Horizontal">
      <TextBlock>Hub Header</TextBlock>
      <TextBlock Text="{x:Bind Info, Mode=TwoWay}" />
    </StackPanel>
  </Hub.Header>

  <HubSection Width="400" Background="LightBlue" Tag="Section 1">
    <HubSection.Header>
      <TextBlock>Section 1 Header</TextBlock>
    </HubSection.Header>
    <DataTemplate>
      <TextBlock>Section 1</TextBlock>
    </DataTemplate>
  </HubSection>
  <HubSection Width="300" Background="LightGreen" IsHeaderInteractive="True"
    Tag="Section 2">
    <HubSection.Header>
      <TextBlock>Section 2 Header</TextBlock>
    </HubSection.Header>
    <DataTemplate>
      <TextBlock>Section 2</TextBlock>
    </DataTemplate>
```

```
    </HubSection>
    <HubSection Width="300" Background="LightGoldenrodYellow"
      IsHeaderInteractive="True" Tag="Section 3">
      <HubSection.Header>
        <TextBlock>Section 3 Header</TextBlock>
      </HubSection.Header>
      <DataTemplate>
        <TextBlock>Section 3</TextBlock>
      </DataTemplate>
    </HubSection>
</Hub>
```

单击标题部分时，Info 依赖属性就指定 Tag 属性的值。Info 属性绑定在 Hub 控件的标题上(代码文件 NavigationControls /HubPage.xaml.cs)：

图 32-4

```
public void OnHeaderClick(object sender, HubSectionHeaderClickEventArgs e)
{
  Info = e.Section.Tag as string;
}

public string Info
{
  get { return (string)GetValue(InfoProperty); }
  set { SetValue(InfoProperty, value); }
}

public static readonly DependencyProperty InfoProperty =
  DependencyProperty.Register("Info", typeof(string), typeof(HubPage),
    new PropertyMetadata(string.Empty));
```

注意：依赖属性参见第 29 章。

运行这个应用程序时，可以看到多个 hub 部分(参见图 32-5)，在部分 2 和 3 上有 See More 链接，因为在这些部分中，IsHeaderInteractive 设置为 true。当然，可以创建一个定制的标题模板，给标题指定不同的外观。

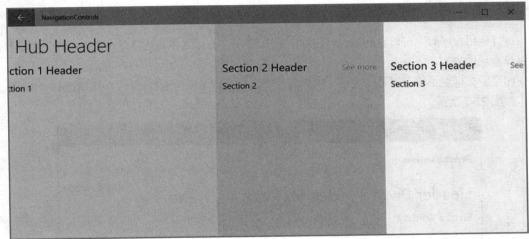

图 32-5

 注意：创建自定义模板参见第 30 章。

32.2.6 Pivot

使用 Pivot 控件可以为导航创建类似枢轴的外观。在 Windows 8 中，这个控件只用于手机，但是现在它也可用于 UWP。

Pivot 控件可以包含多个 PivotItem 控件。每个 PivotItem 控件都有一个标题和内容。Pivot 本身包含左、右标题。示例代码填充了右标题(代码文件 NavigationControls / PivotPage.xaml)：

```
<Pivot Title="Pivot Sample"
  Background="{ThemeResource ApplicationPageBackgroundThemeBrush}">
  <Pivot.RightHeader>
    <StackPanel>
      <TextBlock>Right Header</TextBlock>
    </StackPanel>
  </Pivot.RightHeader>
  <PivotItem>
    <PivotItem.Header>Header Pivot 1</PivotItem.Header>
    <TextBlock>Pivot 1 Content</TextBlock>
  </PivotItem>
  <PivotItem>
    <PivotItem.Header>Header Pivot 2</PivotItem.Header>
```

```
        <TextBlock>Pivot 2 Content</TextBlock>
      </PivotItem>
      <PivotItem>
        <PivotItem.Header>Header Pivot 3</PivotItem.Header>
        <TextBlock>Pivot 3 Content</TextBlock>
      </PivotItem>
      <PivotItem>
        <PivotItem.Header>Header Pivot 4</PivotItem.Header>
        <TextBlock>Pivot 4 Content</TextBlock>
      </PivotItem>
    </Pivot>
```

运行应用程序时，可以看到 Pivot 控件(参见图 32-6)。右标题在右边总是可见。单击一个标题，可以查看项的内容。

如果所有标题不符合屏幕的大小，用户就可以滚动。使用鼠标进行导航，可以看到左右边的箭头，如图 32-7 所示。

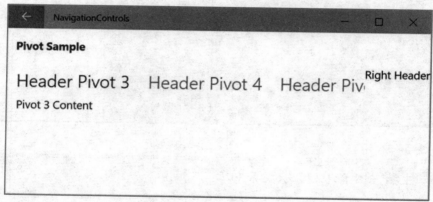

图 32-6

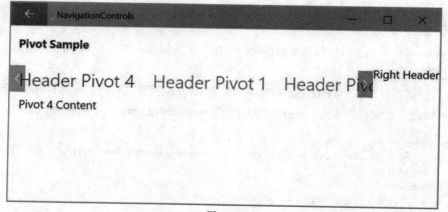

图 32-7

32.2.7 应用程序 shell

Windows 10 应用程序经常使用 SplitView 控件。这个控件通常用于在左边显示导航菜单(由图像和/或文本组成)，在右边显示选择的内容。使用汉堡按钮，可以显示或隐藏菜单。例如，Groove Music 应用程序的外观取决于可用的宽度。图 32-8 中的应用程序在左边的 SplitView 窗格中显示使用文本和图标的菜单。当显示宽度降低时，SplitView 窗格显示只有图标的收缩视图，如图 32-9 所示。当宽度减少了更多时，就完全删除菜单，如图 32-10 所示。

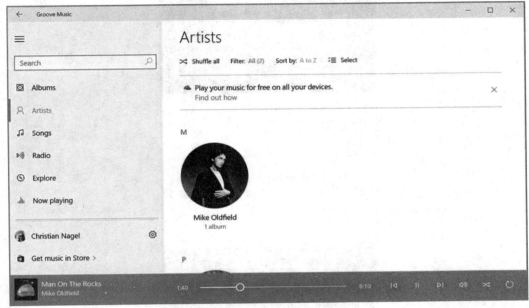

图 32-8

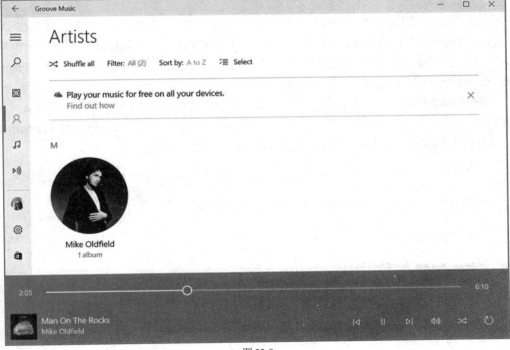

图 32-9

图 32-10

示例应用程序使用 SplitView 和汉堡按钮,添加了更多的功能。当使用菜单在多个页面之间导航时,最好使菜单可用于所有页面。导航使用 Frame 类的方法工作,如本章前面的"导航"一节所述。可以创建一个页面,把它作为应用程序 shell,再在 SplitView 的内容中添加一个 Frame。AppShellSample 应用程序演示了如何做到这一点。

在模板生成的代码中,在 App 类的 OnLaunched 方法中创建一个 Frame 对象,该 Frame 导航到 MainPage。这段代码更改为创建一个 AppShell,并在 AppShell(shell.AppFrame)中使用 Frame,导航到 MainPage(代码文件 AppShellSample / App.xaml.cs):

```
protected override void OnLaunched(LaunchActivatedEventArgs e)
{
  AppShell shell = Window.Current.Content as AppShell;

  if (shell == null)
  {
    shell = new AppShell();
    shell.Language = ApplicationLanguages.Languages[0];
    shell.AppFrame.NavigationFailed += OnNavigationFailed;

    if (e.PreviousExecutionState == ApplicationExecutionState.Terminated)
    {
      //TODO: Load state from previously suspended application
    }
  }
```

```
  Window.Current.Content = shell;

  if (shell.AppFrame.Content == null)
  {
    shell.AppFrame.Navigate(typeof(MainPage), e.Arguments,
      new SuppressNavigationTransitionInfo());
  }
  Window.Current.Activate();
}
```

应用程序的创建与其他 XAML 页面一样，也使用 Blank Page Visual Studio 项模板。为了向应用程序 shell 添加一个 frame，应添加一个 SplitView 控件，再在 SplitView 的内容中添加一个 Frame 元素。有了 Frame，再给页面的事件处理程序分配 Navigating 和 Navigated 事件(代码文件 AppShellSample / AppShell.xaml)：

```
<SplitView x:Name="RootSplitView"
           DisplayMode="Inline"
           OpenPaneLength="256"
           IsTabStop="False">
  <SplitView.Pane>
    <!-- pane content comes here -->
  </SplitView.Pane>
  <Frame x:Name="frame"
    Navigating="OnNavigatingToPage"
    Navigated="OnNavigatedToPage">
    <Frame.ContentTransitions>
      <TransitionCollection>
        <NavigationThemeTransition>
          <NavigationThemeTransition.DefaultNavigationTransitionInfo>
            <EntranceNavigationTransitionInfo/>
          </NavigationThemeTransition.DefaultNavigationTransitionInfo>
        </NavigationThemeTransition>
      </TransitionCollection>
    </Frame.ContentTransitions>
  </Frame>
</SplitView>
```

注意：有了 Frame，就定义一个 ContentTransition，使用一个 EntraceNavigationTransitionInfo 在 Frame 中连续改变内容。动画参见第 30 章。

要使用 AppShell 类访问 SplitView 中的 Frame 对象，添加一个 AppFrame 属性和处理程序方法，用于 Frame 导航 (代码文件 AppShellSample / AppShell.xaml.cs)：

```
public Frame AppFrame => frame;

private void OnNavigatingToPage(object sender, NavigatingCancelEventArgs e)
```

```
    {
    }

    private void OnNavigatedToPage(object sender, NavigationEventArgs e)
    {
    }
```

32.2.8 汉堡按钮

为了打开和关闭 SplitView 面板，通常要使用一个汉堡按钮。汉堡按钮在应用程序 Shell 中定义。这个按钮在根网格内定义为 ToggleButton。其样式设置为定义外观的资源 SplitViewTogglePaneButton-Style。单击该按钮，更改绑定到 SplitView 控件(下面定义)的 IsChecked 属性值。这个绑定打开和关闭 SplitView 的窗格(代码文件 AppShellSample / AppShell.xaml)：

```
<ToggleButton x:Name="TogglePaneButton"
    TabIndex="1"
    Style="{StaticResource SplitViewTogglePaneButtonStyle}"
    IsChecked="{x:Bind Path=RootSplitView.IsPaneOpen, Mode=TwoWay,
        Converter={StaticResource boolConverter}}"
    Unchecked="HamburgerMenu_UnChecked"
    AutomationProperties.Name="Menu"
    ToolTipService.ToolTip="Menu" />
```

汉堡按钮的外观主要使用字体 Segoe MDL2 Assets 的字符 0xe700 来定义。这个字体在资源 SymbolThemeFontFamily 中引用(代码文件 AppShellSample/Styles/Styles.xaml)：

```
<Style x:Key="SplitViewTogglePaneButtonStyle" TargetType="ToggleButton">
  <Setter Property="FontSize" Value="20" />
  <Setter Property="FontFamily"
    Value="{ThemeResource SymbolThemeFontFamily}" />
  <Setter Property="Background" Value="Transparent" />
  <Setter Property="Foreground" Value=
    "{ThemeResource SystemControlForegroundBaseHighBrush}" />
  <Setter Property="Content" Value="&#xE700;" />
  <!-- etc. -->
```

> **注意**：为了查看 Segoe MDL2 Assets 字体的所有符号及其字符号，最好使用 Character Map 桌面应用程序，如图 32-11 所示。

应用程序的汉堡按钮如图 32-12 所示。

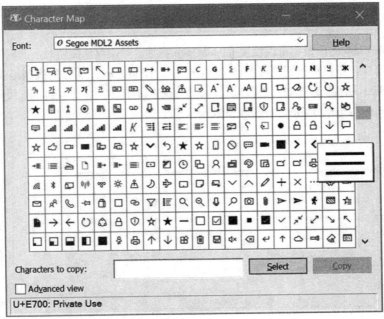

图 32-11

图 32-12

32.2.9 分隔视图

汉堡按钮控制 SplitView 控件的开启和关闭。下面进入 SplitView 的细节。打开窗格时，SplitView 的 OpenPaneLength 属性定义了面板的大小。DisplayMode 属性有 4 种不同的模式：Inline、Overlay、CompactInline 和 CompactOverlay。Inline 和 Overlay 模式之间的区别是，打开面板会覆盖 SplitView(帧) 的内容，或向右移动内容，给窗格腾出空间。紧凑模式有较小的窗格；例如，它们只显示图标，而不显示菜单的文本。

在 AppShell 的 XAML 代码中，定义 SplitView 时，OpenPaneLength 是 256，DisplayMode 是 Inline (代码文件 AppShellSample / AppShell.xaml)：

```xml
<SplitView x:Name="RootSplitView"
           DisplayMode="Inline"
           OpenPaneLength="256"
           IsTabStop="False">
  <SplitView.Pane>
    <!-- etc. -->
  </SplitView.Pane>
  <Frame x:Name="frame"
     Navigating="OnNavigatingToPage"
     Navigated="OnNavigatedToPage">
    <Frame.ContentTransitions>
      <TransitionCollection>
        <NavigationThemeTransition>
          <NavigationThemeTransition.DefaultNavigationTransitionInfo>
            <EntranceNavigationTransitionInfo/>
          </NavigationThemeTransition.DefaultNavigationTransitionInfo>
        </NavigationThemeTransition>
      </TransitionCollection>
    </Frame.ContentTransitions>
```

```
    </Frame>
</SplitView>
```

为了打开和关闭 SplitView 的面板,可以设置 IsPaneOpen 属性。单击汉堡按钮时,面板应打开和关闭,以便使用数据绑定,把汉堡按钮连接到 SplitView 上。IsPaneOpen 属性的类型是 bool,ToggleButton 的 IsChecked 属性 是 bool?类型,所以需要 bool 和 bool?之间的转换器(代码文件 AppShellSample / Converters / BoolToNullableBoolConverter):

```
public class BoolToNullableBoolConverter : IValueConverter
{
  public object Convert(object value, Type targetType, object parameter,
    string language) => value;

  public object ConvertBack(object value, Type targetType, object parameter,
    string language)
  {
    bool defaultValue = false;
    if (parameter != null)
    {
      defaultValue = (bool)parameter;
    }

    bool? val = (bool?)value;
    return val ?? defaultValue;
  }
}
```

注意:数据绑定参见第31章。已编译的数据绑定是 UWP 的一个功能,参见本章后面的"数据绑定"一节。

BoolToNullableBoolConverter 用页面的资源实例化 (代码文件 AppShellSample / AppShell.xaml):

```
<Page.Resources>
  <conv:BoolToNullableBoolConverter x:Key="boolConverter" />
</Page.Resources>
```

使用 ToggleButton,把 IsChecked 属性绑定到 SplitView 的 IsPaneOpen 上,并使用引用为一个静态资源的 BoolToNullableBoolConverter。

```
<ToggleButton x:Name="TogglePaneButton"
            TabIndex="1"
            Style="{StaticResource SplitViewTogglePaneButtonStyle}"
            IsChecked="{x:Bind Path=RootSplitView.IsPaneOpen, Mode=TwoWay,
              Converter={StaticResource boolConverter}}"
            Unchecked="HamburgerMenu_UnChecked"
            AutomationProperties.Name="Menu"
            ToolTipService.ToolTip="Menu" />
```

>   注意：已编译的绑定不像传统绑定那样支持元素到元素的绑定。然而，因为 SplitView 指定了名称 RootSplitView，所以这个变量可以直接在代码中使用，也可以在已编译的绑定中使用。

最后，需要把一些内容添加到 SplitView 窗格中。

32.2.10 给 SplitView 窗格添加内容

SplitView 的窗格现在应该列出菜单按钮，以导航到不同的页面。示例代码在 ListView 控件中利用了简单的按钮控件。ListView 定义了 Header、Footer 和 Items 部分。Header 部分包括一个后退按钮。此前，通过 SystemNavigationManager 使用系统的后退按钮。除了这个系统后退按钮之外，还可以使用定制的按钮，如这里所示。这个按钮元素把 IsEnabled 属性绑定到 AppFrame.CanGoBack 上，根据是否有可用的回退堆栈，来改变 IsEnabled 模式。ListView 的 Footer 定义了一个设置按钮。在 ListView 的项列表内，创建 Home 和 Edit 按钮，以导航到相应的页面(代码文件 AppShellSample / AppShell.xaml)：

```xaml
<SplitView.Pane>
  <ListView TabIndex="3" x:Name="NavMenuList" Margin="0,48,0,0">
    <ListView.Header>
      <Button x:Name="BackButton"
              TabIndex="2"
              Style="{StaticResource NavigationBackButtonStyle}"
              IsEnabled="{x:Bind AppFrame.CanGoBack, Mode=OneWay}"
              Width="{x:Bind Path=NavMenuList.Width, Mode=OneWay}"
              HorizontalAlignment=
                "{x:Bind Path=NavMenuList.HorizontalAlignment, Mode=OneWay}"
              Click="{x:Bind Path=BackButton_Click}"/>
    </ListView.Header>
    <ListView.Items>
      <Button x:Name="HomeButton" Margin="-12" Padding="0"
              TabIndex="3"
              Style="{StaticResource HomeButtonStyle}"
              Width="{x:Bind Path=NavMenuList.Width}"
              HorizontalAlignment=
                "{x:Bind Path=NavMenuList.HorizontalAlignment}"
              Click="{x:Bind Path=GoToHomePage}" />
      <Button x:Name="EditButton" Margin="-12" Padding="0"
              TabIndex="4"
              Style="{StaticResource EditButtonStyle}"
              Width="{x:Bind Path=NavMenuList.Width}"
              HorizontalAlignment=
                "{x:Bind Path=NavMenuList.HorizontalAlignment}"
              Click="{x:Bind Path=GoToEditPage}" />
    </ListView.Items>
    <ListView.Footer>
      <Button x:Name="SettingsButton"
              TabIndex="3"
              Style="{StaticResource SettingsButtonStyle}"
              Width="{x:Bind Path=NavMenuList.Width}"
```

```xml
                    HorizontalAlignment=
                        "{x:Bind Path=NavMenuList.HorizontalAlignment}" />
        </ListView.Footer>
      </ListView>
  </SplitView.Pane>
```

这些按钮的符号使用 Segoe MDL2 Assets 的字体定义,与之前创建的汉堡按钮一样。这些按钮需要文本和图标。这些在 Grid 元素中定义(代码文件 AppShellSample / Styles/Styles. xaml):

```xml
<Style x:Key="NavigationBackButtonStyle" TargetType="Button"
  BasedOn="{StaticResource NavigationBackButtonNormalStyle}">
  <Setter Property="HorizontalAlignment" Value="Stretch"/>
  <Setter Property="HorizontalContentAlignment" Value="Stretch"/>
  <Setter Property="Height" Value="48"/>
  <Setter Property="Width" Value="NaN"/>
  <Setter Property="MinWidth" Value="48"/>
  <Setter Property="AutomationProperties.Name" Value="Back"/>
  <Setter Property="Content">
    <Setter.Value>
      <Grid>
        <Grid.ColumnDefinitions>
          <ColumnDefinition Width="48" />
          <ColumnDefinition />
        </Grid.ColumnDefinitions>
        <FontIcon Grid.Column="0" FontSize="16" Glyph="&#xE0D5;"
          MirroredWhenRightToLeft="True" VerticalAlignment="Center"
          HorizontalAlignment="Center"/>
        <TextBlock Grid.Column="1" Style="{ThemeResource BodyTextBlockStyle}"
          Text="Back" VerticalAlignment="Center" />
      </Grid>
    </Setter.Value>
  </Setter>
</Style>
```

通过单击 Edit 按钮,调用处理程序方法 GoToEditPage,就使用 SplitView 中的 Frame 导航到 Edit 页面(代码文件 AppShellSample / AppShell.xaml.cs):

```csharp
public void GoToEditPage()
{
  AppFrame?.Navigate(typeof(EditPage));
}
```

当单击 Home 按钮时,不仅应该导航进入主页,也还应该退出 Frame 的完整堆栈。Frame 没有提供一个直接、明确的方法,从堆栈中删除页面,但在 while 循环中,只要 CanGoBack 返回 true,就可以删除页面(代码文件 AppShellSample / AppShell.xaml.cs):

```csharp
public void GoToHomePage()
{
  while (AppFrame?.CanGoBack ?? false) AppFrame.GoBack();
}
```

当运行应用程序时,可以看到图 32-13 中的 SplitView 面板关闭了,图 32-14 中的 SplitView 面板打开了。

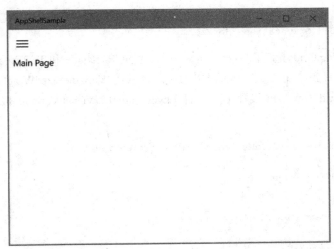

图 32-13

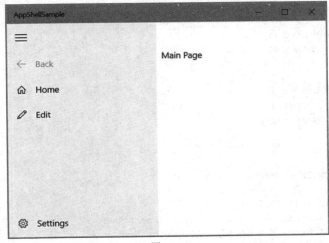

图 32-14

32.3 布局

前一节中讨论的 SplitView 控件是组织用户界面布局的一个重要控件。在许多新的 Windows 10 应用程序中，可以看到这种控件用于主要布局。其他几个控件也定义布局。本节演示了 Variable-SizedWrapGrid 在网格中安排自动包装的多个项，RelativePanel 相对于彼此安排各项或相对于父项安排子项，自适应触发器根据窗口的大小重新排列布局。

32.3.1 VariableSizedWrapGrid

VariableSizedWrapGrid 是一个包装网格，如果网格可用的大小不够大，它会自动包装下一行或列。这个表格的第二个特征是允许项放在多行或多列中，这就是为什么它称为可变的原因。

下面的代码片段创建一个 VariableSizedWrappedGrid，其方向是 Horizontal，行中最多有 20 项，行和列的大小是 50(代码文件 LayoutSamples / Views/ VariableSizedWrapGridSample.xaml)：

```xml
<VariableSizedWrapGrid x:Name="grid1" MaximumRowsOrColumns="20" ItemHeight="50"
  ItemWidth="50" Orientation="Horizontal" />
```

VariableSizedWrapGrid 填充了 30 个随机大小和颜色的 Rectangle 和 TextBlock 元素。根据大小，可以在网格内使用 1 到 3 行或列。项的大小使用附加属性 VariableSizedWrapGrid.ColumnSpan 和 VariableSizedWrapGrid.RowSpan 设置(代码文件 LayoutSamples/Views/VariableSizedWrapGridSample.xaml.cs)：

```csharp
protected override void OnNavigatedTo(NavigationEventArgs e)
{
  base.OnNavigatedTo(e);
  Random r = new Random();
  Grid[] items =
    Enumerable.Range(0, 30).Select(i =>
    {
      byte[] colorBytes = new byte[3];
      r.NextBytes(colorBytes);
      var rect = new Rectangle
      {
        Height = r.Next(40, 150),
        Width = r.Next(40, 150),
        Fill = new SolidColorBrush(new Color
        {
          R = colorBytes[0],
          G = colorBytes[1],
          B = colorBytes[2],
          A = 255
        })
      };
      var textBlock = new TextBlock
      {
        Text = (i + 1).ToString(),
        HorizontalAlignment =HorizontalAlignment.Center,
        VerticalAlignment = VerticalAlignment.Center
      };
      Grid grid = new Grid();
      grid.Children.Add(rect);
      grid.Children.Add(textBlock);
      return grid;
    }).ToArray();

  foreach (var item in items)
  {
    grid1.Children.Add(item);
    Rectangle rect = item.Children.First() as Rectangle;
    if (rect.Width > 50)
    {
      int columnSpan = ((int)rect.Width / 50) + 1;
      VariableSizedWrapGrid.SetColumnSpan(item, columnSpan);
      int rowSpan = ((int)rect.Height / 50) + 1;
      VariableSizedWrapGrid.SetRowSpan(item, rowSpan);
    }
  }
}
```

运行应用程序时，可以看到矩形，它们占用了不同的窗口，如图 32-15 和图 32-16 所示。

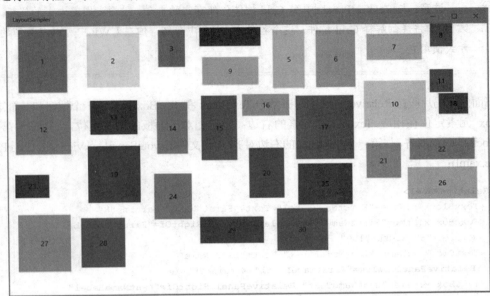

图 32-15

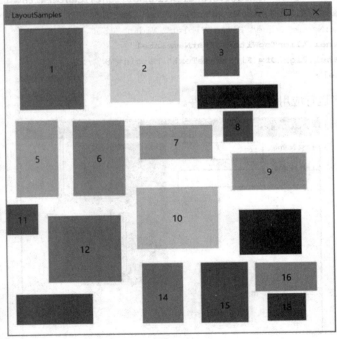

图 32-16

32.3.2 RelativePanel

RelativePanel 是 UWP 的一个新面板，允许一个元素相对于另一个元素定位。如果使用的 Grid 控件定义了行和列，且需要插入一行，就必须修改插入行下面的所有元素。原因是所有行和列都按数字索引。使用 RelativePanel 就没有这个问题，它允许根据元素的相对关系放置它们。

> **注意:** 与 RelativePanel 相比，Grid 控件仍然有它的自动、星形和固定大小的优势。第 34 章将详细解释 Grid 控件。这个控件在 WPF 中介绍，但在 UWP 中可以以类似的方式使用它。

下面的代码片段在 RelativePanel 内对齐数个 TextBlock 和 TextBox 控件、一个按钮和一个矩形。TextBox 元素定位在相应 TextBlock 元素的右边；按钮相对于面板的底部定位，矩形与第一个 TextBlock 的顶部对齐，与第一个 TextBox 的右边对齐(代码文件 LayoutSamples / Views/RelativePanel-Sample.xaml)：

```xml
<RelativePanel>
  <TextBlock x:Name="FirstNameLabel" Text="First Name" Margin="8" />
  <TextBox x:Name="FirstNameText" RelativePanel.RightOf="FirstNameLabel"
    Margin="8" Width="150" />
  <TextBlock x:Name="LastNameLabel" Text="Last Name"
    RelativePanel.Below="FirstNameLabel" Margin="8" />
  <TextBox x:Name="LastNameText" RelativePanel.RightOf="LastNameLabel"
    Margin="8" RelativePanel.Below="FirstNameText" Width="150" />
  <Button Content="Save" RelativePanel.AlignHorizontalCenterWith="LastNameText"
    RelativePanel.AlignBottomWithPanel="True" Margin="8" />
  <Rectangle x:Name="Image" Fill="Violet" Width="150" Height="250"
    RelativePanel.AlignTopWith="FirstNameLabel"
    RelativePanel.RightOf="FirstNameText" Margin="8" />
</RelativePanel>
```

图 32-17 显示了运行应用程序时对齐控件。

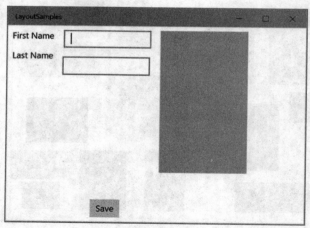

图 32-17

32.3.3 自适应触发器

RelativePanel 是用于对齐的一个好控件。但是，为了支持多个屏幕大小，根据屏幕大小重新排列控件，可以使用自适应触发器与 RelativePanel 控件。例如，在小屏幕上，TextBox 控件应该安排在 TextBlock 控件的下方，但在更大的屏幕上，TextBox 控件应该在 TextBlock 控件的右边。

在以下代码中，之前的 RelativePanel 改为删除 RelativePanel 中不应用于所有屏幕尺寸的所有附加属性，添加一个可选的图片(代码文件 LayoutSamples / Views/ AdaptiveRelativePanelSample.xaml)：

```xml
<RelativePanel ScrollViewer.VerticalScrollBarVisibility="Auto" Margin="16">
  <TextBlock x:Name="FirstNameLabel" Text="First Name" Margin="8" />
  <TextBox x:Name="FirstNameText"  Margin="8" Width="150" />
  <TextBlock x:Name="LastNameLabel" Text="Last Name" Margin="8" />
  <TextBox x:Name="LastNameText" Margin="8" Width="150" />
  <Button Content="Save" RelativePanel.AlignBottomWithPanel="True"
    Margin="8" />
  <Rectangle x:Name="Image" Fill="Violet" Width="150" Height="250"
    Margin="8" />
  <Rectangle x:Name="OptionalImage" RelativePanel.AlignRightWithPanel="True"
    Fill="Red" Width="350" Height="350" Margin="8" />
</RelativePanel>
```

使用自适应触发器(当启动触发器时，可以使用自适应触发器设置 MinWindowWidth)，设置不同的属性值，根据应用程序可用的空间安排元素。随着屏幕尺寸越来越小，这个应用程序所需的宽度也会变小。向下移动元素，而不是向旁边移动，可以减少所需的宽度。另外，用户可以向下滚动。对于最小的窗口宽度，可选图像设置为收缩(代码文件 LayoutSamples/Views/AdaptiveRelativePanel-Sample.xaml)：

```xml
<VisualStateManager.VisualStateGroups>
  <VisualStateGroup>
    <VisualState x:Name="WideState">
      <VisualState.StateTriggers>
        <AdaptiveTrigger MinWindowWidth="1024" />
      </VisualState.StateTriggers>
      <VisualState.Setters>
        <Setter Target="FirstNameText.(RelativePanel.RightOf)"
          Value="FirstNameLabel" />
        <Setter Target="LastNameLabel.(RelativePanel.Below)"
          Value="FirstNameLabel" />
        <Setter Target="LastNameText.(RelativePanel.Below)"
          Value="FirstNameText" />
        <Setter Target="LastNameText.(RelativePanel.RightOf)"
          Value="LastNameLabel" />
        <Setter Target="Image.(RelativePanel.AlignTopWith)"
          Value="FirstNameLabel" />
        <Setter Target="Image.(RelativePanel.RightOf)" Value="FirstNameText" />
      </VisualState.Setters>
    </VisualState>

    <VisualState x:Name="MediumState">
      <VisualState.StateTriggers>
        <AdaptiveTrigger MinWindowWidth="720" />
      </VisualState.StateTriggers>
      <VisualState.Setters>
        <Setter Target="FirstNameText.(RelativePanel.RightOf)"
```

```xml
          Value="FirstNameLabel" />
        <Setter Target="LastNameLabel.(RelativePanel.Below)"
          Value="FirstNameLabel" />
        <Setter Target="LastNameText.(RelativePanel.Below)"
          Value="FirstNameText" />
        <Setter Target="LastNameText.(RelativePanel.RightOf)"
          Value="LastNameLabel" />
        <Setter Target="Image.(RelativePanel.Below)" Value="LastNameText" />
        <Setter Target="Image.(RelativePanel.AlignHorizontalCenterWith)"
          Value="LastNameText" />
      </VisualState.Setters>
    </VisualState>

    <VisualState x:Name="NarrowState">
      <VisualState.StateTriggers>
        <AdaptiveTrigger MinWindowWidth="320" />
      </VisualState.StateTriggers>
      <VisualState.Setters>
        <Setter Target="FirstNameText.(RelativePanel.Below)"
          Value="FirstNameLabel" />
        <Setter Target="LastNameLabel.(RelativePanel.Below)"
          Value="FirstNameText" />
        <Setter Target="LastNameText.(RelativePanel.Below)"
          Value="LastNameLabel" />
        <Setter Target="Image.(RelativePanel.Below)" Value="LastNameText" />
        <Setter Target="OptionalImage.Visibility" Value="Collapsed" />
      </VisualState.Setters>
    </VisualState>
  </VisualStateGroup>
</VisualStateManager.VisualStateGroups>
```

通过 ApplicationView 类设置 SetPreferredMinSize，可以建立应用程序所需的最小窗口宽度(代码文件 LayoutSamples / App.xaml.cs)：

```
protected override void OnLaunched
   (LaunchActivatedEventArgs e)
{
 ApplicationView.GetForCurrentView().
   SetPreferredMinSize(
   new Size { Width = 320, Height = 300 });
 // etc.
}
```

运行应用程序时，可以看到最小宽度的布局安排(见图 32-18)、中等宽度的布局安排(见图 32-19)和最大宽度的布局安排(见图 32-20)。

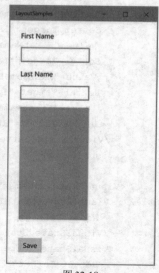

图 32-18

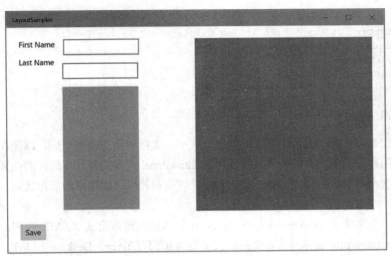

图 32-19

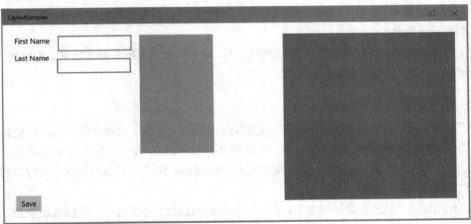

图 32-20

自适应触发器还可以用于把 SplitView 的外观改为 CompactInline 或 Overlay 模式(代码文件 AppShellSample / AppShell.xaml)：

```
<VisualStateManager.VisualStateGroups>
  <VisualStateGroup>
    <VisualState>
      <VisualState.StateTriggers>
        <AdaptiveTrigger MinWindowWidth="720" />
      </VisualState.StateTriggers>
      <VisualState.Setters>
        <Setter Target="RootSplitView.DisplayMode" Value="CompactInline"/>
        <Setter Target="RootSplitView.IsPaneOpen" Value="True"/>
      </VisualState.Setters>
    </VisualState>
    <VisualState>
      <VisualState.StateTriggers>
        <AdaptiveTrigger MinWindowWidth="0" />
      </VisualState.StateTriggers>
```

```xml
      <VisualState.Setters>
        <Setter Target="RootSplitView.DisplayMode" Value="Overlay"/>
      </VisualState.Setters>
    </VisualState>
  </VisualStateGroup>
</VisualStateManager.VisualStateGroups>
```

32.3.4 XAML 视图

自适应触发器可以帮助支持很多不同的窗口大小，支持应用程序的布局，以便在手机和桌面上运行。如果应用程序的用户界面应该有比使用 RelativePanel 更多的差异，最好的选择是使用不同的 XAML 视图。XAML 视图只包含 XAML 代码，并使用与相应页面相同的后台代码。可以为每个设备系列创建同一个页面的不同 XAML 视图。

通过创建一个文件夹 DeviceFamily-Mobile，可以为移动设备定义 XAML 视图。设备专用的文件夹总是以 DeviceFamily 名称开头。支持的其他设备系列有 Team、Desktop 和 IoT。可以使用这个设备系列的名字作为后缀，指定相应设备系列的 XAML 视图。使用 XAML View Visual Studio 项模板创建一个 XAML 视图。这个模板创建 XAML 代码，但没有后台代码文件。这个视图需要与应该更换视图的页面同名。

除了为移动 XAML 视图创建另一个文件夹之外，还可以在页面所在的文件夹中创建视图，但视图文件使用 DeviceFamily-Mobile 命名。

32.3.5 延迟加载

为了使 UI 更快，可以把控件的创建延迟到需要它们时再创建。在小型设备上，可能根本不需要一些控件，但如果系统使用较大的屏幕，也比较快，就需要这些控件。在 XAML 应用程序的先前版本中，添加到 XAML 代码中的元素也被实例化。Windows 10 不再是这种情况，而可以把控件的加载延迟到需要它们时加载。

可以使用延迟加载和自适应触发器，只在稍后的时间加载一些控件。一个样本场景是，用户可以把小窗口调整得更大。在小窗口中，有些控件不应该是可见的，但它们应该在更大的窗口中可见。延迟加载可能有用的另一个场景是，布局的某些部分可能需要更多时间来加载。不是让用户等待，直到显示出完整加载的布局，而可以使用延迟加载。

要使用延迟加载，需要给控件添加 x:DeferLoadingStrategy 特性，如下面带有 Grid 控件的代码片段所示。这个控件也需要分配一个名字(代码文件 LayoutSamples / Views/ DelayLoadingSample. xaml):

```xml
<Grid x:DeferLoadStrategy="Lazy" x:Name="deferGrid">
  <Grid.ColumnDefinitions>
    <ColumnDefinition />
    <ColumnDefinition />
  </Grid.ColumnDefinitions>
  <Grid.RowDefinitions>
    <RowDefinition />
    <RowDefinition />
  </Grid.RowDefinitions>
  <Rectangle Fill="Red" Grid.Row="0" Grid.Column="0" />
  <Rectangle Fill="Green" Grid.Row="0" Grid.Column="1" />
  <Rectangle Fill="Blue" Grid.Row="1" Grid.Column="0" />
  <Rectangle Fill="Yellow" Grid.Row="1" Grid.Column="1" />
```

```
</Grid>
```

为了使这个延迟的控件可见，只需要调用 FindName 方法访问控件的标识符。这不仅使控件可见，而且会在控件可见前加载控件的 XAML 树(代码文件 LayoutSamples/Views/DelayLoadingSample.xaml.cs)：

```
private void OnDeferLoad(object sender, RoutedEventArgs e)
{
    FindName(nameof(deferGrid));
}
```

运行应用程序时，可以用 Life Visual Tree 窗口验证，包含 deferGrid 元素的树不可用(见图 32-21)，但在调用 FindName 方法找到 deferGrid 元素后，deferGrid 元素就添加到树中(参见图 32-22)。

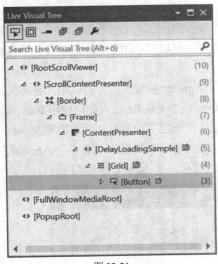

图 32-21

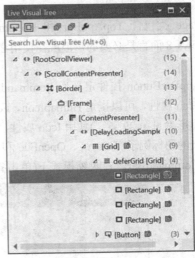

图 32-22

32.4 命令

本章前面介绍了如何为用户处理导航，讨论了用于导航到不同页面的汉堡按钮和正常按钮。在应用程序中，需要更多的控件，允许用户开始一些操作。Windows 8 有一些有趣的方面，当用户自上而下地刷过屏幕时，它就启动命令栏；隐藏的命令可以使屏幕不太拥挤。一些很重要的命令控件仍允许直接放在屏幕上。微软的 OneNote 有一个有趣的控件，它只使用一个小圈；当用户单击小圈里面时，控件就变大，提供更多的选项。这种设计的问题在于它不够直观。用户很难找出哪些应用程序允许自上而下地刷过，而且常常不知道他们可以这样做。在 Windows 10 中，Windows 应用程序可以运行在小窗口中，而不是全屏运行，这甚至会带来更多的问题。在 Windows 10 中，可以让命令栏总是保持打开——微软 OneNote 的新版本有一个命令控件看起来像 Ribbon 控件。

 注意：第 34 章讨论了 Ribbon 控件。

为了创建可以由用户激活的一列控件，一个简单的方法是使用 CommandBar 和 AppBar 类。CommandBar 更容易使用，但没有 AppBar 的灵活性。使用 CommandBar，可以只添加特定类型的控件，而 AppBar 允许使用任何元素。

下面的代码示例创建一个放在页面顶部的 CommandBar。这个 CommandBar 包含 3 个 AppBarButton 控件(代码文件 ControlsSample / Views / InkSample.xaml)：

```xml
<Page.TopAppBar>
  <CommandBar>
    <AppBarButton Icon="Save" Label="Save" Click="{x:Bind OnSave}" />
    <AppBarButton Icon="OpenFile" Label="Open" Click="{x:Bind OnLoad}" />
    <AppBarButton Icon="Clear" Label="Clear" Click="{x:Bind OnClear}" />
  </CommandBar>
</Page.TopAppBar>
```

Page 类包含 TopAppBar 和 BottomAppBar 属性，把应用栏定位在顶部或底部。这些属性对 Windows 8 而言是必要的，但现在使用它们只是为了方便。可以把应用程序栏定位在页面内喜欢的地方。

AppBarButton 控件定义为 CommandBar 的子控件。AppBar 按钮的符号可以用几种方式定义。使用 Icon 属性，可以指定 BitmapIcon、FontIcon、PathIcon 或 SymbolIcon。(如何使用 Path 元素定义矢量图形参见第 29 章。)使用 Icon 属性，可以直接分配一个预定义的符号，进而设置 SymbolIcon。预定义的图标例子有 Save、OpenFile 和 Clear。图 32-23 显示了扩展模式下带 3 个 AppBar 按钮控件的 CommandBar。在收缩模式下(单击省略号按钮可以切换)，不显示 Label 属性的值。

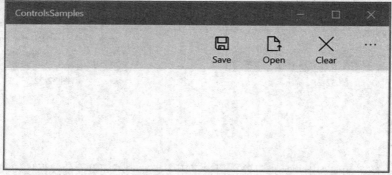

图 32-23

AppBarSeparator 和 AppBarToggleButton 是可以包含在 CommandBar 中的另外两个控件——换句话说，就是实现接口 ICommandBarElement 的任何控件。这个接口定义了 IsCompact 属性，使按钮更大或更小，以显示或不显示标签部分。

下面的示例添加 AddBarToggleButton 控件。AppBarToggleButton 类派生自 ToggleButton，添加了 ICommandBarElement 和 IAppBarToggleButton 接口。这个按钮像基类 ToggleButton 一样，支持 3 个状态：checked、unchecked 和 indeterminate，但默认只使用 checked 和 unchecked。对于符号，使用字体 Segoe MDL2 Assets 定义一个向量图形符号元素(代码文件 ControlsSample/Views/ InkSample.xaml)：

```xml
<AppBarToggleButton IsChecked="{x:Bind Path=ColorSelection.Red, Mode=TwoWay}"
  Background="Red" Label="Red">
```

```xml
    <AppBarToggleButton.Icon>
      <FontIcon Glyph="&#xea3a;" />
    </AppBarToggleButton.Icon>
</AppBarToggleButton>
<AppBarToggleButton IsChecked="{x:Bind ColorSelection.Green, Mode=TwoWay}"
  Background="Green" Label="Green">
    <AppBarToggleButton.Icon>
      <FontIcon Glyph="&#xea3a;"/>
    </AppBarToggleButton.Icon>
</AppBarToggleButton>
<AppBarToggleButton IsChecked="{x:Bind ColorSelection.Blue, Mode=TwoWay}"
  Background="Blue" Label="Blue">
    <AppBarToggleButton.Icon>
      <FontIcon Glyph="&#xea3a;"/>
    </AppBarToggleButton.Icon>
</AppBarToggleButton>
```

图 32-24 显示了一个命令栏，其中包含之前创建的两个 AppBarButton 控件以及 AppBarToggleButton 控件，这次使用紧凑模式。

图 32-24

CommandBar 还允许用于二级命令。如果需要更多的命令，但这些命令在一行中放不下，尤其是移动设备，就可以使用二级命令。二级命令可以定义为赋予 CommandBar 元素的属性 SecondaryCommands。

```xml
<CommandBar>
  <CommandBar.SecondaryCommands>
    <AppBarButton Label="One" Icon="OneBar" />
    <AppBarButton Label="Two" Icon="TwoBars" />
    <AppBarButton Label="Three" Icon="ThreeBars" />
    <AppBarButton Label="Four" Icon="FourBars" />
  </CommandBar.SecondaryCommands>
  <!-- etc. -->
```

在 Windows 10 中，单击省略号按钮，可以打开二级命令，如图 32-25 所示。

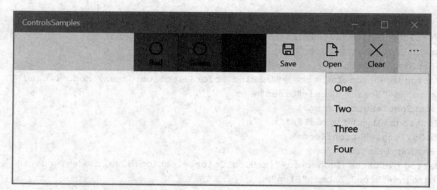

图 32-25

32.5 已编译的数据绑定

已编译的数据绑定比较快,它使用第 31 章介绍的 x: Bind 替代了 Binding 标记扩展,在本章前面已经提到它。现在深入讨论已编译绑定的特点。

可以使用已编译的数据绑定作为 Binding 标记扩展的更快替换。需要旧绑定语法只有几个原因,例如,在属性变化(而不是焦点变化)时触发绑定。在未来版本中已编译的绑定更加强大时,这肯定会改变。目前,根本不使用编译的绑定没有足够的理由,因为可以混合编译的绑定和 Binding 标记表达式。

第 31 章介绍了已编译绑定的新语法,用 x:Bind 替代 Binding,在编译代码时,甚至会得到一个编译错误。

已编译的绑定专注于性能,默认模式是 OneTime。如果在代码的变更中需要更新用户界面,就需要显式地把模式设置为 OneWay。为了在 UI 中更新源代码,需要设置 TwoWay 模式。已编译的绑定使用与 Binding 表达式相同的模式,但默认值是不同的。

因为已编译的绑定已经在第 31 章讨论了,本章只涉及已编译绑定的一些特殊功能,比如在资源中使用它,控制绑定的生命周期。

32.5.1 已编译绑定的生命周期

使用已编译的绑定,代码会从绑定中生成。也可以通过编程方式影响绑定的生命周期。

下面从一个简单的 Book 类型开始,它在用户界面中绑定(代码文件 CompiledBindingSample / Models/Book.cs):

```
public class Book : BindableBase
{
  public int BookId { get; set; }
  private string _title;

  public string Title
  {
    get { return _title; }
    set { SetProperty(ref _title, value); }
  }
```

```
public string Publisher { get; set; }

public override string ToString() => Title;
}
```

使用页面类,创建一个只读属性 Book,返回一个 Book 实例。Book 实例的值可以改变,而 Book 实例本身是只读的(代码文件 CompiledBindingSample / Views/ LifetimeSample.xaml.cs):

```
public Book Book { get; } = new Book
                            {
                              Title = "Professional C# 6",
                              Publisher = "Wrox Press"
                            };
```

在 XAML 代码中,Title 属性是 TextBlock 的 Text 属性,且采用 OneWay 模式。绑定了 Publisher,但没有指定模式,这意味着它绑定 OneTime(代码文件 CompiledBindingSample/Views/LifetimeSample.xaml):

```
<StackPanel>
  <TextBlock Text="{x:Bind Book.Title, Mode=OneWay}" />
  <TextBlock Text="{x:Bind Book.Publisher}" />
</StackPanel>
```

接下来,绑定几个 AppBarButton 控件,改变已编译绑定的生命周期。一个按钮的 Click 事件绑定到 OnChangeBook 方法上。该方法改变书的标题。如果尝试一下,标题会立即更新,因为执行了 OneTime 绑定(代码文件 CompiledBindingSample / Views / LifetimeSample.xaml.cs):

```
public void OnChangeBook()
{
  Book.Title = "Professional C# 6 and .NET Core 5";
}
```

然而,可以停止绑定的跟踪。使用页面的 Bindings 属性调用方法 StopTracking(如果使用的是已编译的绑定,就创建该属性),删除所有绑定侦听器。调用方法 OnChangeBook 之前调用这个方法,书的更新就不会反映在用户界面中:

```
private void OnStopTracking()
{
  Bindings.StopTracking();
}
```

为了在绑定源中明确地更新用户界面,可以调用 Update 方法。调用这个方法不仅反映了 OneWay 或 TwoWay 绑定中的变化,还反映了 OneTime 绑定:

```
private void OnUpdateBinding()
{
  Bindings.Update();
}
```

为了把侦听器放在适当的位置上,立即更新用户界面,需要调用 Initialize 方法。
Initialize、Update 和 StopTracking 是控制已编译绑定的生命周期的 3 个重要方法。

32.5.2 给已编译的数据模板使用资源

使用编译的绑定定义数据模板很容易，只需要用数据模板指定 x: DataType 特性，因为这是生成强类型代码所必须的。不过，把数据模板放在资源文件中有一个问题。在页面中使用数据模板很容易，因为页面已经创建了后台代码，这是数据模板包含编译的绑定所必须的。下面看看需要做什么才能将这样的数据模板放在资源文件中。

在示例代码中，生成了 DataTemplates.xaml 资源文件。所需的资源是一个封闭的类(代码文件 CompiledBindingSample / Styles / DataTemplates.xaml.cs):

```
namespace CompiledBindingSample.Styles
{
  public sealed partial class DataTemplates
  {
    public DataTemplates()
    {
      this.InitializeComponent();
    }
  }
}
```

XAML 文件和往常一样，仍包含数据模板。只是注意 x: Class 特性把 ResourceDictionary 映射到后台代码文件中的类。数据模板还包含.NET Models 名称空间的 XML 别名，把 Book 类型和已编译的绑定映射到 Title 和 Publisher 属性上(代码文件 CompiledBindingSample/Styles/DataTemplates.xaml):

```
<ResourceDictionary
  x:Class="CompiledBindingSample.Styles.DataTemplates"
  xmlns="http://schemas.microsoft.com/winfx/2006/xaml/presentation"
  xmlns:x="http://schemas.microsoft.com/winfx/2006/xaml"
  xmlns:model="using:CompiledBindingSample.Models"
  xmlns:local="using:CompiledBindingSample.Styles">
  <DataTemplate x:DataType="model:Book" x:Name="BookTemplate">
    <StackPanel>
      <TextBlock Text="{x:Bind Title}" />
      <TextBlock Text="{x:Bind Publisher}" />
    </StackPanel>
  </DataTemplate>
</ResourceDictionary>
```

从 App. xaml 文件中引用资源文件时，该文件不能像往常一样通过 ResourceDictionary 元素来引用。而需要创建一个实例(代码文件 CompiledBindingSample / App. xaml):

```
<Application
  x:Class="CompiledBindingSample.App"
  xmlns="http://schemas.microsoft.com/winfx/2006/xaml/presentation"
  xmlns:x="http://schemas.microsoft.com/winfx/2006/xaml"
  xmlns:local="using:CompiledBindingSample"
  xmlns:model="using:CompiledBindingSample.Models"
  xmlns:styles="using:CompiledBindingSample.Styles"
  RequestedTheme="Light">
  <Application.Resources>
    <ResourceDictionary>
      <ResourceDictionary.MergedDictionaries>
```

```
        <styles:DataTemplates />
      </ResourceDictionary.MergedDictionaries>
    </ResourceDictionary>
  </Application.Resources>
</Application>
```

有了这一切，数据模板就可以像往常一样引用了，例如，使用 ListBox 的 ItemTemplate (代码文件 CompiledBindingSample / Views/ BooksListPage.xaml)：

```
<ListBox ItemTemplate="{StaticResource BookTemplate}"
    ItemsSource="{x:Bind Books}" Margin="8" />
```

32.6 控件

本书不可能讨论 UWP 提供的所有控件。然而，它们使用起来很简单，知道如何使用其中的一些控件，其他控件就不难使用了。许多控件都与 WPF 控件有相似之处，所以可以在第 34 章中读到控件的更多信息。

32.6.1 TextBox 控件

对于 UWP 控件，值得一提的是可用于 TextBox 控件的 Header 属性。本章之前已经介绍了如何用 RelativePanel 安排编辑表单。在这个示例中，使用一个与 TextBlock 控件相关的 TextBox 控件。通常应该在 TextBox 中输入的信息由此文本输入控件附近的标签来描述。在这个示例中，TextBlock 控件与 RelativePanel 一起实现这个目的。还有另一种方式给 TextBox 添加信息。使用 TextBox 控件的 Header 属性时，不需要定义单独的 TextBlock 控件。填充 Header 属性就可以了。Header 属性的值显示在 TextBox 的旁边(参见图 32-26)。

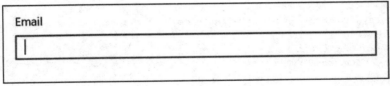

图 32-26

当设置 InputScope 属性时，可以指定应该显示屏幕键盘。图 32-27 显示了 Windows 屏幕键盘，其中 InputScope 被设置为 Formula，如下面的代码片段所示。在这个键盘上可以看到一些公式专用的键(代码文件 ControlsSamples / Views / TextSample.xaml)：

```
<TextBox Header="Email" InputScope="EmailNameOrAddress"></TextBox>
<TextBox Header="Currency" InputScope="CurrencyAmountAndSymbol"></TextBox>
<TextBox Header="Alpha Numeric" InputScope="AlphanumericFullWidth"></TextBox>
<TextBox Header="Formula" InputScope="Formula"></TextBox>
<TextBox Header="Month" InputScope="DateMonthNumber"></TextBox>
```

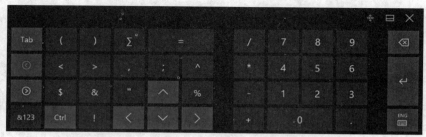

图 32-27

32.6.2 AutoSuggest

UWP 的一个新控件是 AutoSuggest 控件。这个控件允许用户在控件中输入时给用户提供建议。这个控件有三个重要的事件。一旦用户在控件中输入，就触发 TextChanged 事件。在示例代码中，调用 OnTextChanged 处理程序方法。如果给用户提供建议，而用户选择一个建议，就触发 SuggestionChosen 事件。用户输入文本后——可能是一个建议或输入的其他单词，就触发 QuerySubmitted 事件(代码文件 ControlsSample / Views / AutoSuggestSample.xaml)：

```xml
<AutoSuggestBox TextChanged="{x:Bind OnTextChanged}"
                SuggestionChosen="{x:Bind OnSuggestionChosen}"
                QuerySubmitted="{x:Bind OnQuerySubmitted}" />
```

为了让示例代码创建建议，使用 HttpClient 类从 http://www.cninnovation.com/downloads/Racers.xml 中加载一个 XML 文件，其中包含一级方程式冠军。导航到页面上，检索 XML 文件，把内容转化为一组 Racer 对象(代码文件 ControlsSamples / Views/ AutoSuggestSample.xaml.cs)：

```csharp
private const string RacersUri =
  "http://www.cninnovation.com/downloads/Racers.xml";
private IEnumerable<Racer> _racers;

protected async override void OnNavigatedTo(NavigationEventArgs e)
{
  base.OnNavigatedTo(e);
  XElement xmlRacers = null;

  using (var client = new HttpClient())
  using (Stream stream = await client.GetStreamAsync(RacersUri))
  {
    xmlRacers = XElement.Load(stream);
  }

  _racers = xmlRacers.Elements("Racer").Select(r => new Racer
  {
    FirstName = r.Element("Firstname").Value,
    LastName = r.Element("Lastname").Value,
    Country = r.Element("Country").Value
  }).ToList();
}
```

Racer 类包含 FirstName、LastName 和 Country 属性，以及 ToString 的一个重载方法(代码文件 ControlsSamples / Models/Racer.cs)：

```csharp
public class Racer
{
  public string FirstName { get; set; }
  public string LastName { get; set; }
  public string Country { get; set; }
  public override string ToString() => $"{FirstName} {LastName}, {Country}";
}
```

只要 AutoSuggestBox 的文本发生变化,就调用 OnTextChanged 事件。接收的参数是 AutoSuggest-Box 自身(发送方)和 AutoSuggestBoxTextChangedEventArgs。使用 AutoSuggestBoxTextChangedEvent-Args,在 Reason 属性中显示变化的原因。可能的原因是 UserInput、ProgrammaticChange 和 Suggestion-Chosen。只有原因是 UserInput,才需要向用户提供建议。在这里,检查用户输入是否至少有两个字符。访问 AutoSuggestBox 的 Text 属性,来检索用户输入。这个文本基于输入字符串来查询名字、姓氏和国家。查询的结果分配给 AutoSuggestBox 的 ItemsSource 属性(代码文件 ControlsSamples/Views/ AutoSuggestSample.xaml.cs):

```csharp
private void OnTextChanged(AutoSuggestBox sender,
  AutoSuggestBoxTextChangedEventArgs args)
{
  if (args.Reason == AutoSuggestionBoxTextChangeReason.UserInput &&
    sender.Text.Length >= 2)
  {
    string input = sender.Text;
    var q = _racers.Where(
      r => r.FirstName.StartsWith(input,
        StringComparison.CurrentCultureIgnoreCase))
      .OrderBy(r => r.FirstName).ThenBy(r => r.LastName)
      .ThenBy(r => r.Country).ToArray();
    if (q.Length == 0)
    {
      q = _racers.Where(r => r.LastName.StartsWith(input,
        StringComparison.CurrentCultureIgnoreCase))
        .OrderBy(r => r.LastName).ThenBy(r => r.FirstName)
        .ThenBy(r => r.Country).ToArray();
      if (q.Length == 0)
      {
        q = _racers.Where(r => r.Country.StartsWith(input,
          StringComparison.CurrentCultureIgnoreCase))
          .OrderBy(r => r.Country).ThenBy(r => r.LastName)
          .ThenBy(r => r.FirstName).ToArray();
      }
    }
    sender.ItemsSource = q;
  }
}
```

当运行这个应用程序,在 AutoSuggestBox 中输入 Aus 时,查询找不到以这个文本开头的姓或名,但它找到了以这个文本开头的国家。来自以 Aus 开头的国家的一级方程式冠军显示在建议列表中,如图 32-28 所示。

图 32-28

如果用户选择了一个建议,就调用 OnSuggestionChosen 处理程序。建议可以从 AutoSuggestBox-SuggestionChosenEventArgs 的 SelectedItem 属性中检索:

```csharp
private async void OnSuggestionChosen(AutoSuggestBox sender,
  AutoSuggestBoxSuggestionChosenEventArgs args)
{
  var dlg = new MessageDialog($"suggestion: {args.SelectedItem}");
  await dlg.ShowAsync();
}
```

无论用户是否选择了建议,都会调用 OnQuerySubmitted 方法,显示结果。结果显示在参数 AutoSuggestBoxQuerySubmittedEventArgs 的 QueryText 属性中。如果选中一个建议,就在 ChosenSuggestion 属性中显示它:

```csharp
private async void OnQuerySubmitted(AutoSuggestBox sender,
  AutoSuggestBoxQuerySubmittedEventArgs args)
{
  string message = $"query: {args.QueryText}";
  if (args.ChosenSuggestion != null)
  {
    message += $" suggestion: {args.ChosenSuggestion}";
  }
  var dlg = new MessageDialog(message);
  await dlg.ShowAsync();
}
```

32.6.3 Inking

使用笔和墨水很容易通过 UWP 应用程序与新 InkCanvas 控件获得支持。这个控件支持使用钢笔、触摸屏和鼠标进行绘图,它还支持检索所有创建的笔触,允许保存这些信息。

为了支持绘图,只需要添加一个 InkCanvas 控件(代码文件 ControlsSamples/Views/InkSample.xaml):

```xml
<Grid Background="{ThemeResource ApplicationPageBackgroundThemeBrush}">
  <InkCanvas x:Name="inkCanvas" />
</Grid>
```

默认情况下,InkCanvas 控件配置为支持钢笔。还可以定义它,通过设置 InkPresenter 的

InputDevicesType 属性来支持鼠标和触摸屏(代码文件 ControlsSamples / Views / InkSample.xaml.cs)：

```
public InkSample()
{
  this.InitializeComponent();
  inkCanvas.InkPresenter.InputDeviceTypes = CoreInputDeviceTypes.Mouse |
    CoreInputDeviceTypes.Touch | CoreInputDeviceTypes.Pen;
  ColorSelection = new ColorSelection(inkCanvas);
}

public ColorSelection ColorSelection { get; }
```

有了 InkCanvas，就可以使用输入设备，用黑笔创建相同的图。本章前面定义命令时，把几个 AppBarToggleButton 控件添加到 CommandBar 中。现在这些按钮用来控制墨水的颜色。ColorSelection 类是一个辅助类，绑定了 AppBarToggleButton 控件的选项。Red、Green 和 Blue 属性由 AppBarToggleButton 控件的 IsChecked 属性绑定。ColorSelection 的构造函数接收 InkCanvas 的实例。这样，InkCanvas 控件就可以用来修改绘图特性(代码文件 ControlsSamples/Utilities/ColorSelection.cs)：

```
public class ColorSelection : BindableBase
{
  public ColorSelection(InkCanvas inkCanvas)
  {
    _inkCanvas = inkCanvas;
    Red = false;
    Green = false;
    Blue = false;
  }
  private InkCanvas _inkCanvas;

  private bool? _red;
  public bool? Red
  {
    get { return _red; }
    set { SetColor(ref _red, value); }
  }
  private bool? _green;
  public bool? Green
  {
    get { return _green; }
    set { SetColor(ref _green, value); }
  }
  private bool? _blue;
  public bool? Blue
  {
    get { return _blue; }
    set { SetColor(ref _blue, value); }
  }
  // etc.
}
```

墨水颜色的变化以及笔的形式和大小在 SetColor 方法中处理。InkCanvas 的现有绘图特性可以使用 CopyDefaultDrawingAttributes 和 InkPresenter 检索。UpdateDefaultDrawingAttributes 方法设置

InkCanvas 的绘图特性。ColorSelection 类的 Red、Green 和 Blue 属性用来创建颜色(代码文件 ControlsSamples / Utilities / ColorSelection.cs):

```csharp
public class ColorSelection : BindableBase
{
  // etc.

  public void SetColor(ref bool? item, bool? value)
  {
    SetProperty(ref item, value);

    InkDrawingAttributes defaultAttributes =
      _inkCanvas.InkPresenter.CopyDefaultDrawingAttributes();
    defaultAttributes.PenTip = PenTipShape.Rectangle;
    defaultAttributes.Size = new Size(3, 3);

    defaultAttributes.Color = new Windows.UI.Color()
    {
      A = 255,
      R = Red == true ? (byte)0xff : (byte)0,
      G = Green == true ? (byte)0xff : (byte)0,
      B = Blue == true ? (byte)0xff : (byte)0
    };
    _inkCanvas.InkPresenter.UpdateDefaultDrawingAttributes(
      defaultAttributes);
  }
}
```

运行应用程序时,如图 32-29 所示,很容易使用钢笔创建一个图形。如果没有笔,也可以在触摸设备上使用手指或使用鼠标,因为已经相应地配置了 InputDeviceTypes 属性。

图 32-29

32.6.4 读写笔触的选择器

如前所述，InkCanvas 控件还支持访问创建好的笔触。这些笔触在下面的示例中使用，并存储在一个文件中。使用 FileSavePicker 选中文件。单击之前创建的 Save AppBarButton 时，调用方法 OnSave。FileSavePicker 是 SaveFileDialog 的 UWP 变体。在 Windows 8 中，这个选择器是满屏显示，但现在在 UWP 中，它可以包含在小窗口中，这个选择器也发生了变化。

首先，配置 FileSavePicker，给它指定开始位置、文件类型扩展名和文件名。至少需要添加一个文件类型选项，以允许用户选择文件类型。调用方法 PickSaveFileAsync，要求用户选择一个文件。这个文件通过调用 OpenTransactedWriteAsync 方法打开来写入事务。InkCanvas 的笔触存储在 InkPresenter 的 StrokeContainer 中。使用 SaveAsync 方法，笔触可直接保存到流中(代码文件 ControlsSamples / Views / InkSample.xaml.cs)：

```csharp
private const string FileTypeExtension = ".strokes";
public async void OnSave()
{
  var picker = new FileSavePicker
  {
    SuggestedStartLocation = PickerLocationId.PicturesLibrary,
    DefaultFileExtension = FileTypeExtension,
    SuggestedFileName = "sample"
  };
  picker.FileTypeChoices.Add("Stroke File", new List<string>()
  { FileTypeExtension });
  StorageFile file = await picker.PickSaveFileAsync();
  if (file != null)
  {
    using (StorageStreamTransaction tx = await file.OpenTransactedWriteAsync())
    {
      await inkCanvas.InkPresenter.StrokeContainer.SaveAsync(tx.Stream);
      await tx.CommitAsync();
    }
  }
}
```

注意：使用 FileOpenPicker 和 FileSavePicker 读写流，参见第 23 章。

运行应用程序时，可以打开 FileSavePicker，如图 32-30 所示。

为了加载文件，要使用 FileOpenPicker、StrokeContainer 和 LoadAsync 方法：

```csharp
public async void OnLoad()
{
  var picker = new FileOpenPicker
  {
    SuggestedStartLocation = PickerLocationId.PicturesLibrary
  };
  picker.FileTypeFilter.Add(FileTypeExtension);

  StorageFile file = await picker.PickSingleFileAsync();
```

```
if (file != null)
{
    using (var stream = await file.OpenReadAsync())
    {
        await inkCanvas.InkPresenter.StrokeContainer.LoadAsync(stream);
    }
}
```

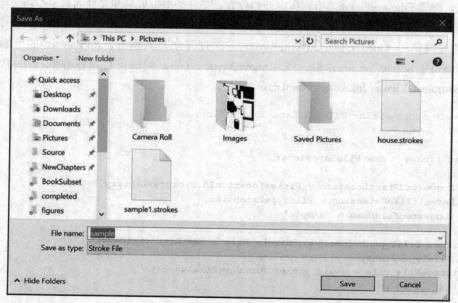

图 32-30

 注意：下一章讨论了更多的控件，阐述了协定和传感器。Map 控件最适合用于全球定位系统(GPS)，这个控件参见第 33 章。

32.7 小结

本章介绍了编写 UWP 应用程序的许多不同方面。XAML 非常类似于编写 WPF 应用程序，如前一章所述。

本章讨论了如何处理不同的屏幕尺寸。探讨了汉堡按钮如何与 SplitView 一起，提供更大或更小的导航菜单，RelativePanel 如何与自适应触发器一起工作。还简述了 XAML 视图。

我们了解了如何使用延迟加载和已编译的绑定来改进性能。也介绍了新的控件，比如 AutoSuggest 控件和 InkCanvas 控件。

第 33 章提供了 Windows 应用程序的更多信息，包括协定和传感器，更多的控件(如 Map 控件)和后台服务。

第33章

高级 Windows 应用程序

本章要点
- 应用程序生命周期
- 共享数据
- 使用应用程序服务
- 创建一个后台任务
- 使用相机
- 获取地理位置信息
- 使用 MapControl
- 使用传感器

本章源代码下载地址(wrox.com)：
打开网页 http://www.wrox.com/go/professionalcsharp6，单击 Download Code 选项卡即可下载本章源代码。本章的代码只包含一个大示例，它展示了本章的各个方面：
- 应用程序生命周期示例(AppLifetime Sample)
- 共享示例(Sharing Samples)
- 应用程序服务（AppServices)
- 相机示例(Camera Sample)
- 地图示例(Map Sample)
- 传感器示例(Sensor Sample)
- 旋转的钢珠(Rolling Marble)

33.1 概述

前一章介绍了 Universal Windows Platform(UWP)应用程序的用户界面(UI)元素。本章继续讨论 UWP 应用程序特定的几个方面，UWP 应用程序的生命周期管理不同于桌面应用程序，用共享协定创建共享源和目标应用程序，在应用程序之间共享数据。使用许多不同的设备和传感器，例如用相机拍照、录制视频、获得用户的位置信息、使用几个传感器(例如加速计和倾斜计)获得用户如何移动设备的信息。

下面先讨论 Windows 应用程序的生命周期，它非常不同于桌面应用程序的生命周期。

33.2 应用程序的生命周期

Windows 8 为应用程序引入了一个新的生命周期，完全不同于桌面应用程序的生命周期。在 Windows 8.1 中有些变化，在 Windows 10 中又有一些变化。如果使用 Windows10 和平板电脑模式，应用程序的生命周期与桌面模式是不同的。在平板电脑模式中，应用程序通常全屏显示。分离键盘(对于平板电脑设备，如 Microsoft Surface)，或在 Action Center 中使用 Tablet Mode 按钮，可以自动切换到平板模式。在平板模式下运行应用程序时，如果应用程序进入后台(用户切换到另一个应用程序)，就会暂停，它不会得到任何更多的 CPU 利用率。这样，应用程序不消耗任何电力。应用程序在后台时，只使用内存，一旦用户切换到这个应用程序，应用程序就再次激活。

当内存资源短缺时，Windows 可以终止暂停应用程序的进程，从而终止该应用程序。应用程序不会收到任何消息，所以不能对此事件做出反应。因此，应用程序应该在进入暂停模式前做一些处理工作，保存其状态。等到应用程序终止时进行处理就晚了。

当收到暂停事件时，应用程序应该将其状态存储在磁盘上。如果再次启动应用程序，应用程序可以显示给用户，好像它从未终止。只需要把页面堆栈的信息存储到用户退出的页面上，恢复页面堆栈，并把字段初始化为用户输入的数据，就允许用户返回。

本节的示例应用程序 ApplicationLifetimeSample 就完成这个任务。在这个程序中，允许在多个页面之间的导航，可以输入状态。应用程序暂停时，存储页面堆栈和状态，在启动应用程序时恢复它们。

33.3 应用程序的执行状态

应用程序的状态使用 ApplicationExecutionState 枚举定义。该枚举定义了 NotRunning、Running、Suspended、Terminated 和 ClosedByUser 状态。应用程序需要知道并存储自己的状态，因为用户在返回应用程序时希望继续原来的操作。

在 App 类的 OnLaunched 方法中，可以使用 LauchActivatedEventArgs 参数的 PreviousExecutionState 属性获取应用程序的前一个执行状态。如果应用程序是在安装后第一次启动，在重启计算机后启动，或者用户上一次在任务管理器中终止了其进程，那么该应用程序的前一个状态是 NotRunning。如果用户单击应用程序的图标时应用程序已经激活，或者应用程序通过某个激活契约激活，则其前一个执行状态为 Running。如果应用程序被暂停，那么激活它时 PreviousExecutionState 属性会返回 Suspended。一般来说，在这种情况中不需要执行什么特殊操作。因为状态仍在内存中可用。在暂停状态下，应用程序不使用 CPU 循环，也没有磁盘访问。

注意：应用程序可以实现一个或多个协定，然后用其中一个协定激活应用程序。这类协定的一个例子是共享。使用这个协定，用户可以共享另一个应用程序中的一些数据，并使用它作为共享目标，启动一个 UWP 应用程序。实现共享协定参见本章的"共享数据"一节。

在页面之间导航

展示 Windows 应用程序生命周期的示例应用程序(ApplicationLifetimeSample)从 Blank App 模板开始。创建项目后，添加页面 Page1 和 Page2，实现页面之间的导航。

在 MainPage 中，添加两个按钮控件来导航 Page2 和 Page1，再添加两个文本框控件，在导航时传递数据(代码文件 ApplicationLifetimeSample / MainPage.xaml)：

```xml
<Button Content="Page 1" Click="{x:Bind GotoPage1}" Grid.Row="0" />
<TextBox Text="{x:Bind Parameter1, Mode=TwoWay}" Grid.Row="0"
  Grid.Column="1" />
<Button Content="Page 2" Click="{x:Bind GotoPage2}" Grid.Row="1" />
<TextBox Text="{x:Bind Parameter2, Mode=TwoWay}" Grid.Row="1"
  Grid.Column="1" />
```

后台代码文件包含事件处理程序、Page1 和 Page2 的导航代码，以及参数的属性(代码文件 ApplicationLifetimeSample / MainPage.xaml.cs)：

```csharp
public void GotoPage1()
{
  Frame.Navigate(typeof(Page1), Parameter1);
}

public string Parameter1 { get; set; }

public void GotoPage2()
{
  Frame.Navigate(typeof(Page2), Parameter2);
}

public string Parameter2 { get; set; }
```

Page1 的 UI 元素显示在导航到这个页面时接收到的数据，允许用户导航到 Page2 的按钮，以及允许用户输入一些状态信息的一个文本框，应用程序终止时会保存这些状态信息(代码文件 Application LifetimeSample / Page1.xaml)：

```xml
<TextBlock FontSize="30" Text="Page 1" />
<TextBlock Grid.Row="1" Text="{x:Bind ReceivedContent, Mode=OneTime}" />
<TextBox Grid.Row="2" Text="{x:Bind Parameter1, Mode=TwoWay}" />
<Button Grid.Row="3" Content="Navigate to Page 2"
  Click="{x:Bind GotoPage2, Mode=OneTime}" />
```

类似于 MainPage，Page1 的导航代码为导航时传递的数据定义了一个自动实现的属性，和实现导航到 Page2 的一个事件处理程序(代码文件 ApplicationLifetimeSample / Page1.xaml.cs)：

```csharp
public void GotoPage2()
{
  Frame.Navigate(typeof(Page2), Parameter1);
}

public string Parameter1 { get; set; }
```

在后台代码文件中,导航参数在 OnNavigatedTo 方法的重写版本中接收。接收到的参数分配给自动实现属性 ReceivedContent(代码文件 ApplicationLifetimeSample / Page1.xaml.cs):

```csharp
protected override void OnNavigatedTo(NavigationEventArgs e)
{
  base.OnNavigatedTo(e);
  //...

  ReceivedContent = e.Parameter?.ToString() ?? string.Empty;
  Bindings.Update();
}

public string ReceivedContent { get; private set; }
```

在导航的实现代码中,Page2 非常类似于 Page1,所以这里不重复它的实现。

使用第 32 章介绍的系统后退按钮,这里,后退按钮的可见性和处理程序在类 BackButtonManager 中定义。如果框架实例的 CanGoBack 属性返回 true,那么构造函数的实现代码使后退按钮可见。如果堆栈可用,就实现 OnBackRequested 方法,返回页面堆栈(代码文件 ApplicationLifetimeSample/ Utilities/ BackButtonManager.cs):

```csharp
public class BackButtonManager: IDisposable
{
  private SystemNavigationManager _navigationManager;
  private Frame _frame;

  public BackButtonManager(Frame frame)
  {
    _frame = frame;
    _navigationManager = SystemNavigationManager.GetForCurrentView();
    _navigationManager.AppViewBackButtonVisibility = frame.CanGoBack ?
      AppViewBackButtonVisibility.Visible:
        AppViewBackButtonVisibility.Collapsed;
    _navigationManager.BackRequested += OnBackRequested;
  }

  private void OnBackRequested(object sender, BackRequestedEventArgs e)
  {
    if (_frame.CanGoBack) _frame.GoBack();
    e.Handled = true;
  }

  public void Dispose()
  {
    _navigationManager.BackRequested -= OnBackRequested;
  }
}
```

在所有的页面中,通过在 OnNavigatedTo 方法中传递 Frame 来实例化 BackButtonManager,它在 OnNavigatedFrom 方法中销毁(代码文件 ApplicationLifetimeSample / MainPage.xaml.cs):

```csharp
private BackButtonManager _backButtonManager;
protected override void OnNavigatedTo(NavigationEventArgs e)
{
  base.OnNavigatedTo(e);
  _backButtonManager = new BackButtonManager(Frame);
}

protected override void OnNavigatingFrom(NavigatingCancelEventArgs e)
{
  base.OnNavigatingFrom(e);
  _backButtonManager.Dispose();
}
```

有了所有这些代码,用户可以在 3 个不同的页面之间后退和前进。下一步需要记住页面和页面堆栈,把应用程序导航到用户最近一次访问的页面上。

33.4 导航状态

为了存储和加载导航状态,类 NavigationSuspensionManager 定义了方法 SetNavigationStateAsync 和 GetNavigationStateAsync。导航的页面堆栈可以在字符串中表示。这个字符串写入本地缓存文件中,用一个常数给它命名。如果应用程序以前运行时文件已经存在,就覆盖它。不需要记住应用程序多次运行之间的页面导航(代码文件 ApplicationLifetimeSample/Utilities/NavigationSuspensionManager.cs):

```csharp
public class NavigationSuspensionManager
{
  private const string NavigationStateFile = "NavigationState.txt";

  public async Task SetNavigationStateAsync(string navigationState)
  {
    StorageFile file = await
      ApplicationData.Current.LocalCacheFolder.CreateFileAsync(
        NavigationStateFile, CreationCollisionOption.ReplaceExisting);
    Stream stream = await file.OpenStreamForWriteAsync();
    using (var writer = new StreamWriter(stream))
    {
      await writer.WriteLineAsync(navigationState);
    }
  }

  public async Task<string> GetNavigationStateAsync()
  {
    Stream stream = await
      ApplicationData.Current.LocalCacheFolder.OpenStreamForReadAsync(
        NavigationStateFile);
    using (var reader = new StreamReader(stream))
    {
      return await reader.ReadLineAsync();
    }
  }
}
```

注意：NavigationSuspensionManager 类利用 Windows 运行库 API 和.NET 的 Stream 类读写文件的内容。这两个功能详见第 23 章。

33.4.1 暂停应用程序

为了在暂停应用程序时保存状态，在 OnSuspending 事件处理程序中设置 App 类的 Suspending 事件。当应用程序进入暂停模式时触发事件(代码文件 ApplicationLifetimeSample / App.xaml.cs)：

```csharp
public App()
{
  this.InitializeComponent();
  this.Suspending += OnSuspending;
}
```

OnSuspending 是一个事件处理程序方法，因此声明为返回 void。这有一个问题。只要方法完成，应用程序就可以终止。然而，因为方法声明为 void，所以不可能等待方法完成。因此，收到的 SuspendingEventArgs 参数定义了一个 SuspendingDeferral，通过调用 GetDeferral 方法可以检索它。一旦完成代码的异步功能，需要调用 Complete 方法来延迟。这样，调用者知道方法已完成，应用程序可以终止(代码文件 ApplicationLifetimeSample / App.xaml.cs)：

```csharp
private async void OnSuspending(object sender, SuspendingEventArgs e)
{
  var deferral = e.SuspendingOperation.GetDeferral();

  //...

  deferral.Complete();
}
```

 注意：异步方法参见第 15 章。

在 OnSuspending 方法的实现中，页面堆栈写入临时缓存。使用 Frame 的 BackStack 属性可以在页面堆栈上检索页面。这个属性返回 PageStackEntry 对象的列表，其中每个实例代表类型、导航参数和导航过渡信息。为了用 SetNavigationStateAsync 方法存储页面跟踪，只需要一个字符串，其中包含完整的页面堆栈信息。这个字符串可以通过调用 Frame 的 GetNavigationState 方法来检索(代码文件 ApplicationLifetimeSample/App.xaml.cs)：

```csharp
private async void OnSuspending(object sender, SuspendingEventArgs e)
{
  var deferral = e.SuspendingOperation.GetDeferral();

  var frame = Window.Current.Content as Frame;
  if (frame?.BackStackDepth >= 1)
  {
```

```csharp
    var suspensionManager = new NavigationSuspensionManager();
    string navigationState = frame.GetNavigationState();
    if (navigationState != null)
    {
      await suspensionManager.SetNavigationStateAsync(navigationState);
    }
  }

  //...

  deferral.Complete();
}
```

在 Windows 8 中,在应用程序终止前,只暂停几秒钟。在 Windows 10 中,可以延长这个时间,以进行网络调用,从服务中检索数据,给服务上传数据,或跟踪位置。为此,只需要在 OnSuspending 方法内创建一个 ExtendedExecutionSession,设置理由,比如 ExtendedExecutionReason.SavingData。调用 RequestExecutionAsync 来请求扩展。只要没有拒绝延长应用程序的执行,就可以继续扩展的任务。

33.4.2 激活暂停的应用程序

GetNavigationState 返回的字符串用逗号分隔,列出了页面堆栈的完整信息,包括类型信息和参数。不应该解析字符串,获得其中的不同部分,因为在 Windows 运行库的更新实现中,这可能会改变。仅仅使用这个字符串恢复状态,用 SetNavigationState 恢复页面堆栈是可行的。如果字符串格式在未来的版本中有变化,这两个方法也会改变。

在启动应用程序时,为了设置页面堆栈,需要更改 OnLaunched 方法。这个方法在 Application 基类中重写,在启动应用程序时调用。参数 LaunchActivatedEventArgs 给出了应用程序启动方式的信息。Kind 属性返回一个 ActivationKind 枚举值,通过它可以读取应用程序的启动方式:由用户单击磁贴,启动一个语音命令,或在 Windows 中启动,例如把它启动为一个共享目标。这个场景需要 PreviousExecutionState,它返回一个 ApplicationExecutionState 枚举值,来提供之前应用程序结束方式的信息。如果应用程序用 ClosedByUser 值结束,就不需要特殊操作;应用程序应重新开始。然而,如果应用程序之前是被终止的,PreviousExecutionState 就包含 Terminated 值。这个状态可用于将应用程序返回到之前用户退出时的状态。这里,页面堆栈从 NavigationSuspensionManager 中检索,给方法 SetNavigationState 传递以前保存的字符串,来设置根框架(代码文件 ApplicationLifetimeSample / App.xaml.cs):

```csharp
protected override async void OnLaunched(LaunchActivatedEventArgs e)
{
  Frame rootFrame = Window.Current.Content as Frame;

  if (rootFrame == null)
  {
    rootFrame = new Frame();

    rootFrame.NavigationFailed += OnNavigationFailed;

    if (e.PreviousExecutionState == ApplicationExecutionState.Terminated)
    {
```

```csharp
      var suspensionManager = new NavigationSuspensionManager();
      string navigationState =
        await suspensionManager.GetNavigationStateAsync();
      rootFrame.SetNavigationState(navigationState);

      // etc.
    }

    // Place the frame in the current Window
    Window.Current.Content = rootFrame;
  }

  if (rootFrame.Content == null)
  {
    rootFrame.Navigate(typeof(MainPage), e.Arguments);
  }
  Window.Current.Activate();
}
```

33.4.3 测试暂停

现在启动该应用程序(参见图 33-1)，导航到另一个页面，然后打开另一个应用程序，并等待前一个应用程序终止。如果将 Status Values 选项设为"Show Suspended Status"，可以在任务管理器的 Details 视图中看到暂停的应用程序。但是，在测试暂停时，这不是一个简单的方法(因为应用程序可能在很久之后才暂停)，但可以调试不同的状态。

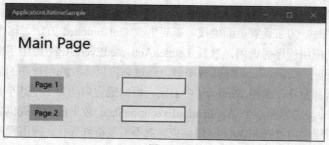

图 33-1

使用调试器则不同。如果应用程序一旦失去焦点就会暂停，那么每到达一个断点就会暂停，因此在调试器中运行时，暂停是被禁用的，正常的暂停机制不会起作用。但是，模拟暂停很容易。打开 Debug Location 工具栏，可以看到 3 个按钮：Suspend、Resume 和 Suspend and shutdown(参见图 33-2)。如果选择 Suspend and shutdown，然后再次启动应用程序，那么应用程序将从前一个状态 ApplicationExecutionState.Terminated 继续运行，因此会打开用户之前打开的页面。

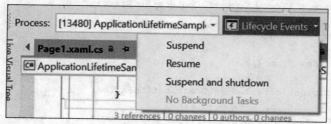

图 33-2

33.4.4 页面状态

用户输入的任何数据也应该恢复。为了进行演示，在 Page1 上创建两个输入字段(代码文件 ApplicationLifetimeSample/Page1.xaml)：

```xml
<TextBox Header="Session State 1" Grid.Row="4"
  Text="{x:Bind Data.Session1, Mode=TwoWay}" />
<TextBox Header="Session State 2" Grid.Row="5"
  Text="{x:Bind Data.Session2, Mode=TwoWay}" />
```

这个输入字段的数据表示由 DataManager 类定义，从 Data 属性中返回，如下面的代码片段所示 (代码文件 ApplicationLifetimeSample / Page1.xaml.cs)：

```csharp
public DataManager Data { get; } = DataManager.Instance;
```

DataManager 类定义了属性 Session1 和 Session2，其值存储在 Dictionary 中(代码文件 Application-LifetimeSamlple / Services / DataManager.cs)：

```csharp
public class DataManager: INotifyPropertyChanged
{
  private const string SessionStateFile = "TempSessionState.json";
  private Dictionary<string, string> _state = new Dictionary<string, string>()
  {
    [nameof(Session1)] = string.Empty,
    [nameof(Session2)] = string.Empty
  };

  private DataManager()
  {
  }

  public event PropertyChangedEventHandler PropertyChanged;

  protected void OnPropertyChanged(
    [CallerMemberName] string propertyName = null)
  {
    PropertyChanged?.Invoke(this, new PropertyChangedEventArgs(propertyName));
  }

  public static DataManager Instance { get; } = new DataManager();

  public string Session1
  {
    get { return _state[nameof(Session1)]; }
    set
    {
      _state[nameof(Session1)] = value;
      OnPropertyChanged();
    }
  }

  public string Session2
  {
    get { return _state[nameof(Session2)]; }
```

```csharp
    set
    {
      _state[nameof(Session2)] = value;
      OnPropertyChanged();
    }
  }
```

为了加载和存储会话状态，定义了 SaveTempSessionAsync 和 LoadTempSessionAsync 方法。其实现代码使用 Json.Net 把字典序列化为 JSON 格式。但是，可以使用任何序列化(代码文件 ApplicationLifetimeSample / Services / DataManager.cs)：

```csharp
public async Task SaveTempSessionAsync()
{
  StorageFile file =
    await ApplicationData.Current.LocalCacheFolder.CreateFileAsync(
      SessionStateFile, CreationCollisionOption.ReplaceExisting);
  Stream stream = await file.OpenStreamForWriteAsync();

  var serializer = new JsonSerializer();
  using (var writer = new StreamWriter(stream))
  {
    serializer.Serialize(writer, _state);
  }
}

public async Task LoadTempSessionAsync()
{
  Stream stream = await
    ApplicationData.Current.LocalCacheFolder.OpenStreamForReadAsync(
      SessionStateFile);
  var serializer = new JsonSerializer();
  using (var reader = new StreamReader(stream))
  {
    string json = await reader.ReadLineAsync();
    Dictionary<string, string> state =
      JsonConvert.DeserializeObject<Dictionary<string, string>>(json);
    _state = state;

    foreach (var item in state)
    {
      OnPropertyChanged(item.Key);
    }
  }
}
```

注意：XML 和 JSON 的序列化参见第 27 章。

剩下的就是调用 SaveTempSessionAsync 和 LoadTempSessionAsync 方法，暂停、激活应用程序。这些方法添加到 OnSuspending 和 OnLaunched 方法中读写页面堆栈的地方(代码文件 ApplicationLifetimeSample / App.xaml.cs)：

```csharp
private async void OnSuspending(object sender, SuspendingEventArgs e)
{
  var deferral = e.SuspendingOperation.GetDeferral();
  //...

  await DataManager.Instance.SaveTempSessionAsync();

  deferral.Complete();
}

protected override async void OnLaunched(LaunchActivatedEventArgs e)
{
  Frame rootFrame = Window.Current.Content as Frame;

  if (rootFrame == null)
  {
    rootFrame = new Frame();
    rootFrame.NavigationFailed += OnNavigationFailed;

    if (e.PreviousExecutionState == ApplicationExecutionState.Terminated)
    {
      //...
      await DataManager.Instance.LoadTempSessionAsync();
    }
    // Place the frame in the current Window
    Window.Current.Content = rootFrame;
  }

  if (rootFrame.Content == null)
  {
    rootFrame.Navigate(typeof(MainPage), e.Arguments);
  }
  Window.Current.Activate();
}
```

现在，可以运行应用程序，在 Page2 中输入状态，暂停和终止程序，再次启动它，再次显示状态。

在应用程序的生命周期中，需要为 UWP 应用程序进行特殊的编程，以考虑电池的耗费。下一节讨论在应用程序间共享数据，这也可以用于手机平台。

33.5　共享数据

如果应用程序提供与其他应用程序的交互，就会更有用。在 Windows 10 中，应用程序可以使用拖放操作共享数据，甚至桌面应用程序也这样做。在 Windows 应用程序之间，也可以使用共享协定分享数据。

使用共享协定时，一个应用程序(共享源)可以用许多不同的格式共享数据，例如文本、HTML、图片或自定义数据，用户可以选择接收数据格式的应用程序，作为共享目标。Windows 使用安装时应用程序注册的协定，找到支持相应数据格式的应用程序。

33.5.1 共享源

关于共享，首先要考虑的是确定哪些数据以何种格式共享。可以共享简单文本、富文本、HTML 和图像，也可以共享自定义类型。当然，其他应用程序(即共享目标)必须知道且能使用所有这些类型。对于自定义类型，只有知道该类型且是该类型的共享目标的应用程序才能共享它。示例应用程序提供了文本格式的数据和 HTML 格式的图书列表。

为了用 HTML 格式提供图书信息，定义了一个简单的 Book 类(代码文件 SharingSource \ Models \ Book.cs):

```
public class Book
{
  public string Title { get; set; }
  public string Publisher { get; set; }
}
```

Book 对象列表从 BooksRepository 类的 GetSampleBooks 方法中返回(代码文件 SharingSource \ Models \ BooksRepository.cs):

```
public class BooksRepository
{
  public IEnumerable<Book> GetSampleBooks() =>
    new List<Book>()
    {
      new Book
      {
        Title = "Professional C# 6 and .NET 5 Core",
        Publisher = "Wrox Press"
      },
      new Book
      {
        Title = "Professional C# 5.0 and .NET 4.5.1",
        Publisher = "Wrox Press"
      }
    };
}
```

要把 Book 对象列表转换为 HTML，扩展 ToHtml 方法通过 LINQ to XML 返回一个 HTML 表(代码文件 SharingSource \ Utilities\ BooksExtensions.cs):

```
public static class BookExtensions
{
  public static string ToHtml(this IEnumerable<Book> books) =>
    new XElement("table",
      new XElement("thead",
        new XElement("tr",
          new XElement("td", "Title"),
          new XElement("td", "Publisher"))),
      books.Select(b =>
        new XElement("tr",
          new XElement("td", b.Title),
          new XElement("td", b.Publisher)))).ToString();
}
```

注意：LINQ to XML 参见第 27 章。

在 MainPage 中定义了一个按钮，用户可以通过它启动共享，再定义一个文本框控件，供用户输入要共享的文本数据（代码文件 SharingSource\MainPage.xaml）：

```xaml
<RelativePanel Margin="24">
  <Button x:Name="shareDataButton" Content="Share Data"
    Click="{x:Bind DataSharing.ShowShareUI, Mode=OneTime}" Margin="12" />
  <TextBox RelativePanel.RightOf="shareDataButton"
    Text="{x:Bind DataSharing.SimpleText, Mode=TwoWay}" Margin="12" />
</RelativePanel>
```

在后台代码文件中，DataSharing 属性返回 ShareDataViewModel，其中实现了所有重要的分享功能(代码文件 SharingSource\MainPage.xaml.cs)：

```csharp
public ShareDataViewModel DataSharing { get; set; } = new ShareDataViewModel();
```

ShareDataViewModel 定义了 XAML 文件绑定的属性 SimpleText，用于输入要共享的简单文本。对于分享，把事件处理程序方法 ShareDataRequested 分配给 DataTransferManager 的事件 DataRequested。用户请求共享数据时，触发这个事件(代码文件 SharingSource\ViewModels\ShareDataViewModel.cs)：

```csharp
public class ShareDataViewModel
{
  public ShareDataViewModel()
  {
    DataTransferManager.GetForCurrentView().DataRequested +=
      ShareDataRequested;
  }

  public string SimpleText { get; set; } = string.Empty;

  //...
```

当触发事件时，调用 OnShareDataRequested 方法。这个方法接收 DataTransferManager 作为第一个参数，DataRequestedEventArgs 作为第二个参数。在共享数据时，需要填充 args.Request.Data 引用的 DataPackage。可以使用 Title、Description 和 Thumbnail 属性给用户界面提供信息。应共享的数据必须用一个 SetXXX 方法传递。示例代码分享一个简单的文本和 HTML 代码，因此使用方法 SetText 和 SetHtmlFormat。HtmlFormatHelper 类帮助创建需要共享的 HTML 代码。图书的 HTML 代码用前面的扩展方法 ToHtml 创建(代码文件 SharingSource\ViewModels\ShareDataViewModel.cs)：

```csharp
private void ShareDataRequested(DataTransferManager sender,
  DataRequestedEventArgs args)
{
  var books = new BooksRepository().GetSampleBooks();

  Uri baseUri = new Uri("ms-appx:///");
  DataPackage package = args.Request.Data;
  package.Properties.Title = "Sharing Sample";
```

```
package.Properties.Description = "Sample for sharing data";
package.Properties.Thumbnail = RandomAccessStreamReference.CreateFromUri(
  new Uri(baseUri, "Assets/Square44x44Logo.png"));
package.SetText(SimpleText);
package.SetHtmlFormat(HtmlFormatHelper.CreateHtmlFormat(books.ToHtml()));
}
```

如果需要共享操作何时完成的信息，例如从源应用程序中删除数据，DataPackage 类就触发 OperationCompleted 和 Destroyed 事件。

> **注意**：除了提供文本或 HTML 代码之外，其他方法，比如 SetBitmap、SetRtf 和 SetUri，也可以提供其他数据格式。

> **注意**：如果需要在 ShareDataRequested 方法中使用异步方法构建要共享的数据，需要使用一个延期，在数据可用时提供信息。这类似于本章前面介绍的页面暂停机制。使用 DataRequestedEventArgs 类型的 Request 属性，可以调用 GetDeferral 方法。这个方法返回一个 DataRequestedDeferral 类型的延期。使用这个对象，可以在数据可用时调用 Complete 方法。

最后，需要显示分享的用户界面。这允许用户选择目标应用程序：

```
public void ShowShareUI()
{
  DataTransferManager.ShowShareUI();
}
```

图 33-3 展示了调用 DataTransferManager 的 ShowShareUI 方法后的用户界面。根据所提供的数据格式和安装的应用程序，显示相应的应用程序，作为选项。

如果选择 Mail 应用，就传递 HTML 信息。图 33-4 显示在这个程序中接收的数据。

图 33-3

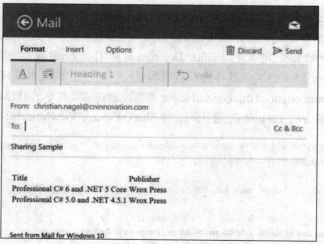

图 33-4

> **注意**：在 Windows 8 中，用户可以使用功能区开始共享应用程序中的数据。这样，如果数据不可用于分享，就一定要给用户提供信息，说明分享需要做什么工作，例如，首先选择一项或者输入一些数据。可以返回这些错误信息，在 DataRequestedEventArgs 类型的 Request 属性上调用方法 FailWithDisplayText。在 Windows 10 中，需要显式地提供一个可见的控件(例如按钮)，用户可以开始共享。如果没有数据可用来分享，就不提供这个可见的控件。

33.5.2 共享目标

现在看看共享内容的接收者。如果应用程序应从共享源中接收信息，就需要将其声明为共享目标。图 33-5 显示了清单设计器在 Visual Studio 中的 Declarations 页面，在其中可以定义共享目标。在这里添加 Share Target 声明，它至少要包含一种数据格式。可能的数据格式是 Text、URI、Bitmap、HTML、StorageItems 或 RTF。还可以添加文件扩展名，以指定应支持哪些文件类型。

在注册应用程序时，要使用软件包清单中的信息。这告诉 Windows，哪些应用程序可用作共享目标。示例应用程序 SharingTarget 为 Text 和 HTML 定义了共享目标。

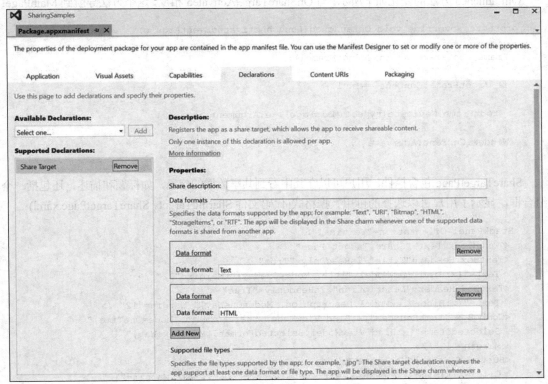

图 33-5

用户把应用程序启动为共享目标时，就在 App 类中调用 OnShareTargetActivated 方法，而不是 OnLaunched 方法。这里创建另一个页面(ShareTargetPage)，显示用户选择这款应用程序作为共享目标时的屏幕(代码文件 SharingTarget / App.xaml.cs)：

```csharp
protected override void OnShareTargetActivated(ShareTargetActivatedEventArgs args)
{
  Frame rootFrame = CreateRootFrame();
  rootFrame.Navigate(typeof(ShareTargetPage), args.ShareOperation);
  Window.Current.Activate();
}
```

为了不在两个不同的地方创建根框架,应该重构 OnLaunched 方法,把框架创建代码放在一个单独的方法 CreateRootFrame 中。这个方法现在在 OnShareTargetActivated 和 OnLaunched 中调用:

```csharp
private Frame CreateRootFrame()
{
  Frame rootFrame = Window.Current.Content as Frame;
  if (rootFrame == null)
  {
    rootFrame = new Frame();
    rootFrame.NavigationFailed += OnNavigationFailed;
    Window.Current.Content = rootFrame;
  }
  return rootFrame;
}
```

OnLaunched 方法的变化如下所示。与 OnShareTargetActivated 相反,这个方法导航到 MainPage:

```csharp
protected override void OnLaunched(LaunchActivatedEventArgs e)
{
  Frame rootFrame = CreateRootFrame();

  if (rootFrame.Content == null)
  {
    rootFrame.Navigate(typeof(MainPage), e.Arguments);
  }
  Window.Current.Activate();
}
```

ShareTargetPage 包含控件,用户可以在其中看到共享数据的信息,如标题和描述,还包括一个组合框,显示了用户可以选择的可用数据格式(代码文件 SharingTarget / ShareTargetPage.xaml):

```xml
<StackPanel Orientation="Vertical">
  <TextBlock Text="Share Target Page" />
  <TextBox Header="Title" IsReadOnly="True"
    Text="{x:Bind ViewModel.Title, Mode=OneWay}" Margin="12" />
  <TextBox Header="Description" IsReadOnly="True"
    Text="{x:Bind ViewModel.Description, Mode=OneWay}" Margin="12" />
  <ComboBox ItemsSource="{x:Bind ViewModel.ShareFormats, Mode=OneTime}"
    SelectedItem="{x:Bind ViewModel.SelectedFormat, Mode=TwoWay}"
    Margin="12" />
  <Button Content="Retrieve Data"
    Click="{x:Bind ViewModel.RetrieveData, Mode=OneTime}" Margin="12" />
  <Button Content="Report Complete"
    Click="{x:Bind ViewModel.ReportCompleted, Mode=OneTime}" Margin="12" />
  <TextBox Header="Text" IsReadOnly="True"
    Text="{x:Bind ViewModel.Text, Mode=OneWay}" Margin="12" />
  <TextBox AcceptsReturn="True" IsReadOnly="True"
    Text="{x:Bind ViewModel.Html, Mode=OneWay}" Margin="12" />
```

```
</StackPanel>
```

在后台代码文件中,把 ShareTargetPageViewModel 分配给 ViewModel 属性。在前面的 XAML 代码中,这个属性使用了编译绑定。另外在 OnNavigatedTo 方法中,把 ShareOperation 对象传递给 Activate 方法, 激活 SharedTargetPageViewModel (代码文件 SharingTarget / ShareTargetPage.xaml.cs):

```
public sealed partial class ShareTargetPage: Page
{
  public ShareTargetPage()
  {
    this.InitializeComponent();
  }

  public ShareTargetPageViewModel ViewModel { get; } =
    new ShareTargetPageViewModel();

  protected override void OnNavigatedTo(NavigationEventArgs e)
  {
    ViewModel.Activate(e.Parameter as ShareOperation);

    base.OnNavigatedTo(e);
  }
}
```

类 ShareTargetPageViewModel 为应该显示在页面中的值定义了属性,还实现 INotifyProperty-Changed 接口,为更改通知定义了属性(代码文件 SharingTarget/ViewModels/ShareTargetViewModel.cs):

```
public class ShareTargetPageViewModel: INotifyPropertyChanged
{
  public event PropertyChangedEventHandler PropertyChanged;

  public void OnPropertyChanged([CallerMemberName] string propertyName = null)
  {
    PropertyChanged?.Invoke(this, new PropertyChangedEventArgs(propertyName));
  }

  // etc.

  private string _text;
  public string Text
  {
    get { return _text; }
    set
    {
      _text = value;
      OnPropertyChanged();
    }
  }

  private string _html;
  public string Html
  {
    get { return _html; }
    set
```

```csharp
    {
      _html = value;
      OnPropertyChanged();
    }
  }

  private string _title;
  public string Title
  {
    get { return _title; }
    set
    {
      _title = value;
      OnPropertyChanged();
    }
  }

  private string _description;
  public string Description
  {
    get { return _description; }
    set
    {
      _description = value;
      OnPropertyChanged();
    }
  }
}
```

Activate 方法是 ShareTargetPageViewModel 的一个重要部分。这里，ShareOperation 对象用于访问共享数据的信息，得到一些可用于显示给用户的元数据，如 Title、Description 和可用数据格式的列表。如果出错，就调用 ShareOperation 的 ReportError 方法，把错误信息显示给用户：

```csharp
public class ShareTargetPageViewModel: INotifyPropertyChanged
{
  // etc.

  private ShareOperation _shareOperation;
  private readonly ObservableCollection<string> _shareFormats =
    new ObservableCollection<string>();
  public string SelectedFormat { get; set; }
  public IEnumerable<string> ShareFormats => _shareFormats;

  public void Activate(ShareOperation shareOperation)
  {
    string title = null;
    string description = null;
    try
    {
      _shareOperation = shareOperation;

      title = _shareOperation.Data.Properties.Title;
      description = _shareOperation.Data.Properties.Description;
      foreach (var format in _shareOperation.Data.AvailableFormats)
```

```csharp
      {
        _shareFormats.Add(format);
      }

      Title = title;
      Description = description;
    }
    catch (Exception ex)
    {
      _shareOperation.ReportError(ex.Message);
    }
  }
  // etc.
}
```

一旦用户选择数据格式,可以单击按钮,检索数据。这会调用 RetrieveData 方法。根据用户的选择,在 Data 属性返回的 DataPackageView 实例上调用 GetTextAsync 或 GetHtmlFormatAsync。在检索数据前,调用方法 ReportStarted;检索到数据后,调用方法 ReportDataRetrieved:

```csharp
public class ShareTargetPageViewModel: INotifyPropertyChanged
{
  // etc.
  private bool dataRetrieved = false;
  public async void RetrieveData()
  {
    try
    {
      if (dataRetrieved)
      {
        await new MessageDialog("data already retrieved").ShowAsync();
      }
      _shareOperation.ReportStarted();
      switch (SelectedFormat)
      {
        case "Text":
          Text = await _shareOperation.Data.GetTextAsync();
          break;
        case "HTML Format":
          Html = await _shareOperation.Data.GetHtmlFormatAsync();
          break;
        default:
          break;
      }
      _shareOperation.ReportDataRetrieved();
      dataRetrieved = true;
    }
    catch (Exception ex)
    {
      _shareOperation.ReportError(ex.Message);
    }
  }
  // etc.
}
```

在示例应用程序中，检索到的数据显示在用户界面中。在真正的应用程序中，可以使用任何形式的数据，例如，把它本地存储在客户端上，或者调用自己的 Web 服务并给它传递数据。

最后，用户可以在 UI 中单击 Report Completed 按钮。通过 Click 处理程序，会在视图模型中调用 ReportCompleted 方法，进而在 ShareOperation 实例上调用 ReportCompleted 方法。这个方法关闭对话框：

```
public class ShareTargetPageViewModel: INotifyPropertyChanged
{
  // etc.

  public void ReportCompleted()
  {
    _shareOperation.ReportCompleted();
  }

  // etc.
}
```

在应用程序中，可以在检索数据之后调用前面的 ReportCompleted 方法。只要记住，应用程序的对话框关闭时，调用此方法。

运行 SharingTarget 应用程序，如图 33-6 所示。

图 33-6

注意：测试分享所有支持格式的最佳方法是使用示例应用程序的 Sharing Content Source 应用程序示例和 Sharing Content Target 应用程序示例。两个示例应用程序都在 https://github.com/Microsoft/ Windows-universal-samples 上。如果一个应用程序作为共享源，就使用示例应用程序目标，反之亦然。

注意：调试共享目标的一个简单方法是把 Debug 选项设置为 Do Not Launch, but Debug My Code When It Starts。这个设置在 Project Properties 的 Debug 选项卡(参见图 33-7)中。使用此设置，可以启动调试器，一旦与这款应用程序共享数据源应用程序中的数据，应用程序就启动。

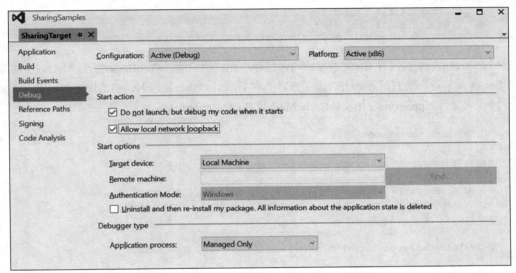

图 33-7

33.6 应用程序服务

在应用程序之间共享数据的另一种方法是使用应用程序服务。应用程序服务是 Windows 10 的一个新功能，可以与调用 Web 服务相媲美，但对用户的系统而言，服务是本地的。多个应用程序可以访问相同的服务，这是在应用程序之间共享信息的方式。应用服务和 Web 服务之间的一个重要区别是，用户不需要使用这个特性进行交互；而可以在应用程序中完成。

样例应用程序 AppServices 使用服务缓存 Book 对象。调用服务，可以检索 Book 对象的列表，把新 Book 对象添加到服务中。

应用程序包含多个项目：

- 一个 .NET 移动库(BooksCacheModel)定义了这个应用程序的模型：Book 类。为了便于传输数据，提供一个扩展方法，把 Book 对象转换为 JSON，把 JSON 转换为 Book 对象。这个库在所有其他项目中使用。
- 第二个项目(BooksCacheService)是一个 Windows 运行库组件，定义了 book 服务本身。这种服务需要在后台运行，因此实现一个后台任务。
- 后台任务需要注册到系统中。这个项目是一个 Windows 应用程序 BooksCacheProvider。
- 调用应用程序服务的客户机应用程序是一个 Windows 应用程序 BooksCacheClient。

下面看看这些部分。

33.6.1 创建模型

移动库 BooksCacheModel 包含 Book 类、利用 NuGet 包 Newtonsoft.Json 转换到 JSON 的转换器以及存储库。

Book 类定义了 Title 和 Publisher 属性(代码文件 AppServices / BooksCacheModel / Book.cs)：

```
public class Book
{
  public string Title { get; set; }
  public string Publisher { get; set; }
}
```

BooksRepository 类包含 Book 对象的内存缓存，允许用户通过 AddBook 方法添加 book 对象，使用 Books 属性返回所有缓存的书。为了查看一本书，而无须添加新书，初始化时把一本书添加到列表中(代码文件 AppServices /BooksCacheModel / BooksRepository.cs)：

```
public class BooksRepository
{
  private readonly List<Book> _books = new List<Book>()
  {
    new Book {Title = "Professional C# 6", Publisher = "Wrox Press" }
  };
  public IEnumerable<Book> Books => _books;

  private BooksRepository()
  {
  }

  public static BooksRepository Instance = new BooksRepository();

  public void AddBook(Book book)
  {
    _books.Add(book);
  }
}
```

因为通过应用程序服务发送的数据需要序列化，所以扩展类 BookExtensions 定义了一些扩展方法，把 Book 对象和 Book 对象列表转换为 JSON 字符串，反之亦然。给应用程序服务传递一个字符串是很简单的。扩展方法利用了 NuGet 包 Newtonsoft.Json 中可用的类 JsonConvert (代码文件 AppServices / BooksCacheModel(BookExtensions.cs)：

```
public static class BookExtensions
{
  public static string ToJson(this Book book) =>
    JsonConvert.SerializeObject(book);

  public static string ToJson(this IEnumerable<Book> books) =>
    JsonConvert.SerializeObject(books);

  public static Book ToBook(this string json) =>
    JsonConvert.DeserializeObject<Book>(json);
```

```
public static IEnumerable<Book> ToBooks(this string json) =>
    JsonConvert.DeserializeObject<IEnumerable<Book>>(json);
}
```

33.6.2 为应用程序服务连接创建后台任务

现在进入这个示例应用程序的核心：应用程序服务。需要把应用服务实现为 Windows Runtime 组件库，通过实现接口 IBackgroundTask 把它实现为一个后台任务。Windows 后台任务可以在后台运行，不需要用户交互。

有不同种类的后台任务可用。后台任务的启动可以基于定时器的间隔、Windows 推送通知、位置信息、蓝牙设备连接或其他事件。

类 BooksCacheTask 是一个应用程序服务的后台任务。接口 IBackgroundTask 定义了需要实现的 Run 方法。在实现代码中，定义了请求处理程序，来接收应用程序服务的连接(代码文件 AppServices / BooksCacheService / BooksCacheTask.cs)：

```
public sealed class BooksCacheTask: IBackgroundTask
{
  private BackgroundTaskDeferral _taskDeferral;

  public void Run(IBackgroundTaskInstance taskInstance)
  {
    _taskDeferral = taskInstance.GetDeferral();
    taskInstance.Canceled += OnTaskCanceled;

    var trigger = taskInstance.TriggerDetails as AppServiceTriggerDetails;
    AppServiceConnection connection = trigger.AppServiceConnection;
    connection.RequestReceived += OnRequestReceived;
  }

  private void OnTaskCanceled(IBackgroundTaskInstance sender,
    BackgroundTaskCancellationReason reason)
  {
    _taskDeferral?.Complete();
  }

  // etc.
```

在 OnRequestReceived 处理程序的实现代码中，服务可以读取请求，且需要提供回应。接收到的请求都包含在 AppServiceRequestReceivedEventArgs 的 Request.Message 属性中。Message 属性返回一个 ValueSet 对象。ValueSet 是一个字典，其中包含键及其相应的值。这里的服务需要一个 command 键，其值是 GET 或 POST。GET 命令返回一个包含所有书籍的列表，而 POST 命令要求把额外的键 book 和一个 JSON 字符串作为 Book 对象表示的值。根据收到的消息，调用 GetBooks 或 AddBook 辅助方法。通过调用 SendResponseAsync 把从这些消息返回的结果返回给调用者：

```
private async void OnRequestReceived(AppServiceConnection sender,
    AppServiceRequestReceivedEventArgs args)
{
    AppServiceDeferral deferral = args.GetDeferral();
    try
    {
```

```
      ValueSet message = args.Request.Message;
      ValueSet result = null;

      switch (message["command"].ToString())
      {
        case "GET":
          result = GetBooks();
          break;
        case "POST":
          result = AddBook(message["book"].ToString());
          break;
        default:
          break;
      }
      await args.Request.SendResponseAsync(result);
    }
    finally
    {
      deferral.Complete();
    }
  }
```

GetBooks 方法使用 BooksRepository 获得 JSON 格式的所有书籍，它创建了一个 ValueSet，其键为 result：

```
private ValueSet GetBooks()
{
  var result = new ValueSet();
  result.Add("result", BooksRepository.Instance.Books.ToJson());
  return result;
}
```

AddBook 方法使用存储库添加一本书，并返回一个 ValueSet，其中的键是 result，值是 ok：

```
private ValueSet AddBook(string book)
{
  BooksRepository.Instance.AddBook(book.ToBook());
  var result = new ValueSet();
  result.Add("result", "ok");
  return result;
}
```

33.6.3 注册应用程序服务

现在需要通过操作系统注册应用程序服务。为此，创建一个正常 UWP 应用程序，它引用了 BooksCacheService。在此应用程序中，必须在 package.appxmanifest 中(见图 33-8)。在应用程序声明列表中添加一个应用程序服务，并指定名字。需要设置到后台任务的入口点，包括名称空间和类名。

对于客户端应用程序，需要 package.appxmanifest 定义的应用程序名和包名。为了查看包名，可以调用 Package.Current.Id.FamilyName。为了便于查看这个名字，把它写入属性 PackageFamilyName，该属性绑定到用户界面的一个控件上(代码文件 AppServices/BooksCacheProvider/MainPage.xaml.cs)：

```
public sealed partial class MainPage: Page
{
```

```csharp
public MainPage()
{
  this.InitializeComponent();
  PackageFamilyName = Package.Current.Id.FamilyName;
}

public string PackageFamilyName
{
  get { return (string)GetValue(PackageFamilyNameProperty); }
  set { SetValue(PackageFamilyNameProperty, value); }
}

public static readonly DependencyProperty PackageFamilyNameProperty =
  DependencyProperty.Register("PackageFamilyName", typeof(string),
    typeof(MainPage), new PropertyMetadata(string.Empty));
}
```

当运行这个应用程序时,它会注册后台任务,并显示客户端应用程序需要的包名。

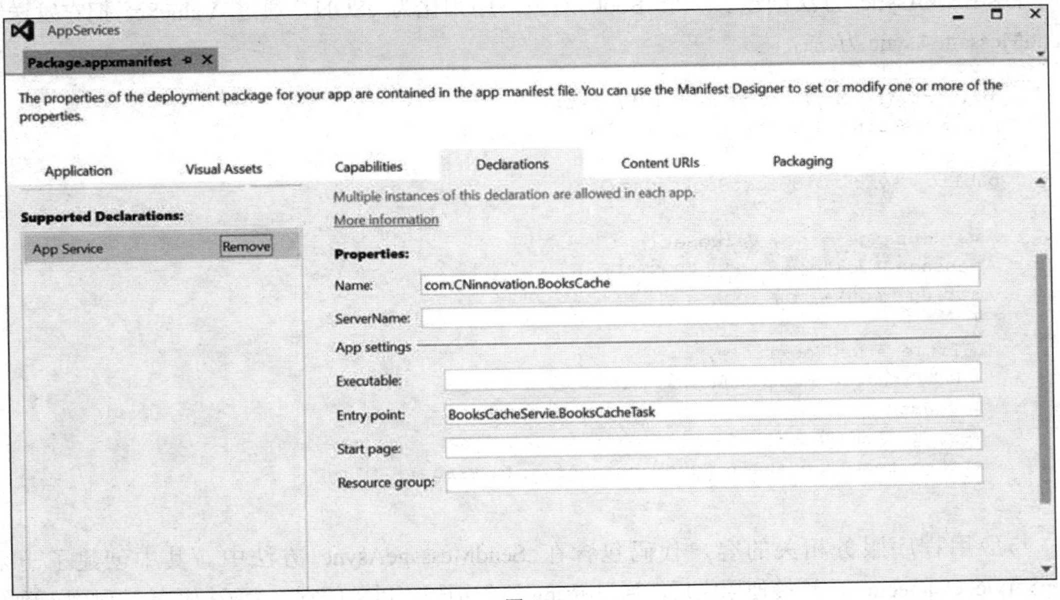

图 33-8

33.6.4 调用应用程序服务

在客户端应用程序中,现在可以调用应用程序服务。客户端应用程序 BooksCacheClient 的主要部分用视图模型实现。Books 属性绑定在 UI 中,显示从服务返回的所有书籍。这个集合用 GetBooksAsync 方法填充。GetBooksAsync 使用 GET 命令创建一个 ValueSet,使用 SendMessageAsync 辅助方法发送给应用程序服务。这个辅助方法返回一个 JSON 字符串,该字符串再转换为一个 Book 集合,用于填充 Books 属性的 ObservableCollection (代码文件 AppServices / BooksCacheClient / ViewModels/BooksViewModel.cs):

```csharp
public class BooksViewModel
{
  private const string BookServiceName = "com.CNinnovation.BooksCache";
```

```csharp
private const string BooksPackageName =
  "CNinnovation.Samples.BookCache_p2wxv0ry6mv8g";

public ObservableCollection<Book> Books { get; } =
  new ObservableCollection<Book>();

public async void GetBooksAsync()
{
  var message = new ValueSet();
  message.Add("command", "GET");
  string json = await SendMessageAsync(message);
  IEnumerable<Book> books = json.ToBooks();
  foreach (var book in books)
  {
    Books.Add(book);
  }
}
```

PostBookAsync 方法创建了一个 Book 对象，序列化为 JSON，通过 ValueSet 把它发送给 SendMessageAsync 方法：

```csharp
public string NewBookTitle { get; set; }
public string NewBookPublisher { get; set; }

public async void PostBookAsync()
{
  var message = new ValueSet();
  message.Add("command", "POST");
  string json = new Book
  {
    Title = NewBookTitle,
    Publisher = NewBookPublisher
  }.ToJson();
  message.Add("book", json);
  string result = await SendMessageAsync(message);
}
```

与应用程序服务相关的客户代码包含在 SendMessageAsync 方法中。其中创建了一个 AppServiceConnection。连接使用完后，通过 using 语句销毁，以关闭它。为了把连接映射到正确的服务上，需要提供 AppServiceName 和 PackageFamilyName 属性。设置这些属性后，通过调用方法 OpenAsync 来打开连接。只有成功地打开连接，才能在调用方法中发送请求和接收到的 ValueSet。AppServiceConnection 方法 SendMessageAsync 把请求发给服务，返回一个 AppServiceResponse 对象。响应包含来自服务的结果，相应的处理如下：

```csharp
private async Task<string> SendMessageAsync(ValueSet message)
{
  using (var connection = new AppServiceConnection())
  {
    connection.AppServiceName = BookServiceName;
    connection.PackageFamilyName = BooksPackageName;

    AppServiceConnectionStatus status = await connection.OpenAsync();
    if (status == AppServiceConnectionStatus.Success)
```

```
            {
                AppServiceResponse response =
                    await connection.SendMessageAsync(message);
                if (response.Status == AppServiceResponseStatus.Success &&
                    response.Message.ContainsKey("result"))
                {
                    string result = response.Message["result"].ToString();
                    return result;
                }
                else
                {
                    await ShowServiceErrorAsync(response.Status);
                }
            }
            else
            {
                await ShowConnectionErrorAsync(status);
            }
            return string.Empty;
        }
    }
```

在构建解决方案，部署提供程序和客户机应用程序后，就可以启动客户机应用程序来调用服务。还可以创建多个客户机应用程序，来调用相同的服务。

在应用程序之间通信后，下面使用一些硬件。下一节使用相机记录照片和视频。

33.7 相机

应用程序的可视化越来越强，越来越多的设备提供了一两个相机内置功能，所以使用这个功能就越来越成为应用程序的一个重要方面——这很容易通过 Windows 运行库实现。

注意：使用相机需要在清单编辑器中配置 Webcam 功能。要录制视频，还需要配置 Microphone 功能。

照片和视频可以用 CameraCaptureUI 类(在名称空间 Windows.Media.Capture 中)捕获。首先，照片和视频设置需要配置为使用下面的 CaptureFileAsync 方法。第一个代码段捕获照片。在实例化 CameraCaptureUI 类后，就应用 PhotoSettings。可能的照片格式有 JPG、JPGXR 和 PNG。也可以定义剪辑，相机捕获功能的 UI 直接要求用户，根据剪辑大小从完整的图片中选择一个剪辑。对于剪辑，可以用 CroppedSizeInPixels 属性定义像素大小，或用 CroppedAspectRatio 定义一个比例。拍照后，示例代码会使用 CaptureFileAsync 方法返回的 StorageFile，把它存储为一个文件，通过 FolderPicker 放在用户选择的文件夹中(代码文件 Camera Sample/ MainPage.xaml.cs)。

```
private async void OnTakePhoto(object sender, RoutedEventArgs e)
{
    var cam = new CameraCaptureUI();
    cam.PhotoSettings.AllowCropping = true;
```

```
cam.PhotoSettings.Format = CameraCaptureUIPhotoFormat.Png;
cam.PhotoSettings.CroppedSizeInPixels = new Size(300, 300);
StorageFile file = await cam.CaptureFileAsync(CameraCaptureUIMode.Photo);

if (file != null)
{
  var picker = new FileSavePicker();
  picker.SuggestedStartLocation = PickerLocationId.PicturesLibrary;
  picker.FileTypeChoices.Add("Image File", new string[] { ".png" });
  StorageFile fileDestination = await picker.PickSaveFileAsync();
  if (fileDestination != null)
  {
    await file.CopyAndReplaceAsync(fileDestination);
  }
}
```

第二段代码用于录制视频。与前面类似，首先需要进行配置。除了 PhotoSettings 属性之外，CameraCaptureUI 类还定义了 VideoSettings 属性。可以根据最大分辨率和最大持续时间限制所录制的视频(使用枚举值 CameraCaptureUIMaxVideoResolution.HighestAvailable 允许用户选择任何可用的分辨率)。可能的视频格式有 WMV 和 MP4：

```
private async void OnRecordVideo(object sender, RoutedEventArgs e)
{
  var cam = new CameraCaptureUI();
  cam.VideoSettings.AllowTrimming = true;
  cam.VideoSettings.MaxResolution =
    CameraCaptureUIMaxVideoResolution.StandardDefinition;
  cam.VideoSettings.Format = CameraCaptureUIVideoFormat.Wmv;
  cam.VideoSettings.MaxDurationInSeconds = 5;
  StorageFile file = await cam.CaptureFileAsync(
    CameraCaptureUIMode.Video);

  if (file != null)
  {
    var picker = new FileSavePicker();
    picker.SuggestedStartLocation = PickerLocationId.VideosLibrary;
    picker.FileTypeChoices.Add("Video File", new string[] { ".wmv" });
    StorageFile fileDestination = await picker.PickSaveFileAsync();
    if (fileDestination != null)
    {
      await file.CopyAndReplaceAsync(fileDestination);
    }
  }
}
```

如果用户要捕获视频或图片，就可以把 CameraCaptureUIMode.PhotoOrVideo 参数传送给 CaptureFileAsync 方法。

因为相机也记录位置信息，所以用户第一次运行应用程序时，会询问是否允许记录位置信息，如图 33-9 所示。

运行应用程序，就可以记录图片和视频。

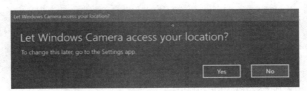

图 33-9

33.8 Geolocation 和 MapControl

知道用户的位置是应用程序的一个重要方面。应用程序可能要显示地图，要显示用户所在区域的天气情况，或者需要确定用户的数据应保存到哪个最近的云中心。在应用程序中使用广告时，为了展示附近地区的广告(如果可用)，用户位置就很重要。

在 UWP 应用程序中，还可以显示地图。在 Windows 10 中，MapControl 可用作 Windows API 的一部分，不需要使用额外的库，比如 Bing SDK。

示例应用程序使用 Geolocator(名称空间 Windows.Devices.Geolocator，提供用户的地址信息)和 MapControl (名称空间 Windows.UI.Xaml.Controls.Maps)。当然，也可以在应用程序中相互独立地使用这些类型。

33.8.1 使用 MapControl

在示例应用程序中，MapControl 在 MainPage 中定义，其中把不同的属性和事件绑定到 MapsViewModel 中的值上，通过页面的 ViewModel 属性访问。通过这种方式，可以在应用程序中动态更改一些设置，查看 MapControl 可用的不同特性 (代码文件 MapSample / MainPage.xaml)：

```xml
<maps:MapControl x:Name="map"
  Center="{x:Bind ViewModel.CurrentPosition, Mode=OneWay}"
  MapTapped="{x:Bind ViewModel.OnMapTapped, Mode=OneTime}"
  Style="{x:Bind ViewModel.CurrentMapStyle, Mode=OneWay}"
  ZoomLevel="{x:Bind Path=ViewModel.ZoomLevel, Mode=OneWay}"
  DesiredPitch="{x:Bind Path=ViewModel.DesiredPitch, Mode=OneWay}"
  TrafficFlowVisible="{x:Bind checkTrafficFlow.IsChecked, Mode=OneWay,
    Converter={StaticResource nbtob}}"
  BusinessLandmarksVisible="{x:Bind checkBusinessLandmarks.IsChecked,
    Mode=OneWay, Converter={StaticResource nbtob}}"
  LandmarksVisible="{x:Bind checkLandmarks.IsChecked, Mode=OneWay,
    Converter={StaticResource nbtob}}"
  PedestrianFeaturesVisible="{x:Bind checkPedestrianFeatures.IsChecked,
    Mode=OneWay, Converter={StaticResource nbtob}}" />
```

样例应用程序定义了控件，来配置 SplitView 的面板内右侧的 MapControl。MapControl 在 SplitView 的内容中定义。SplitView 控件详见第 32 章。

在后台代码文件中定义了 ViewModel 属性，把 MapControl 传递给构造函数，来实例化 MapsViewModel。通常最好避免让 Windows 控件直接访问视图模型，应该只使用数据绑定来映射。然而，使用一些特殊的功能时，如街景地图，很容易直接使用 MapsViewModel 类中的 MapControl。因为这个视图模型类型不执行其他任何操作，且只能用于 Windows 设备，所以可以把 MapControl 传递给 MapsViewModel 构造函数(代码文件 MapSample / MainPage.xaml.cs)：

1031

```csharp
public sealed partial class MainPage: Page
{
  public MainPage()
  {
    this.InitializeComponent();
    ViewModel = new MapsViewModel(map);
  }

  public MapsViewModel ViewModel { get; }
}
```

MapsViewModel 的构造函数初始化一些属性，这些属性绑定到 MapControl 的属性上，如地图上的一个位置绑定到维也纳的一个位置，地图的样式绑定到一个路径变体上，调阶为 0，缩放级别为 12(代码文件 MapSample / ViewModels / MapsViewModel.cs)：

```csharp
public class MapsViewModel: BindableBase
{
  private readonly CoreDispatcher _dispatcher;
  private readonly Geolocator _locator = new Geolocator();
  private readonly MapControl _mapControl;

  public MapsViewModel(MapControl mapControl)
  {
    _mapControl = mapControl;
    StopStreetViewCommand = new DelegateCommand(
      StopStreetView, () => IsStreetView);
    StartStreetViewCommand = new DelegateCommand(
      StartStreetViewAsync, () => !IsStreetView);

    if (!DesignMode.DesignModeEnabled)
    {
      _dispatcher = CoreWindow.GetForCurrentThread().Dispatcher;
    }

    _locator.StatusChanged += async (s, e) =>
    {
      await _dispatcher.RunAsync(CoreDispatcherPriority.Low, () =>
        PositionStatus = e.Status);
    };

    // intialize defaults at startup
    CurrentPosition = new Geopoint(
      new BasicGeoposition { Latitude = 48.2, Longitude = 16.3 });
    CurrentMapStyle = MapStyle.Road;
    DesiredPitch = 0;
    ZoomLevel = 12;
  }
```

用初始配置启动应用程序，可以看到显示维也纳内一个位置的地图，该位置用 BasicGeoposition 定义，右边是管理 MapControl 的控件，以及加载地图状态的文本信息(参见图 33-10)。

放大，改变音高水平，选择要查看的地标和商业地标，可以看到著名的建筑，比如维也纳的史蒂芬，如图 33-11 所示。

切换到俯瞰视图，可以看到真实的图像，如图 33-12 所示。

一些地方还显示 Aerial3D 视图下漂亮的图片，如图 33-13 所示。

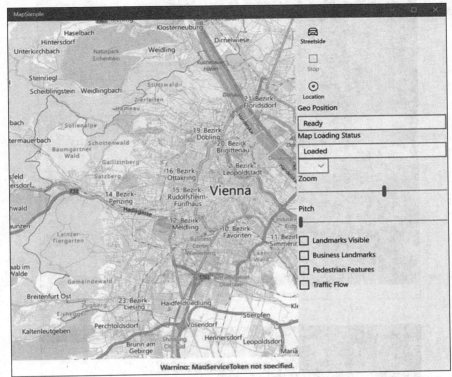

图 33-10

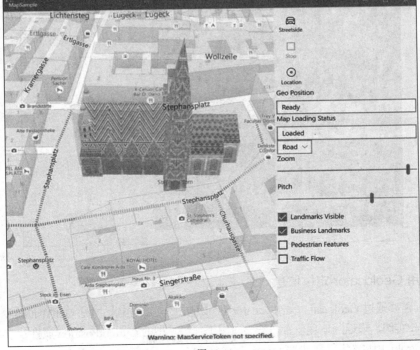

图 33-11

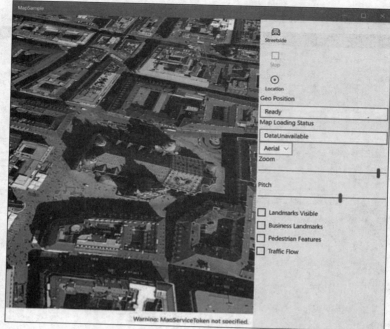

图 33-12

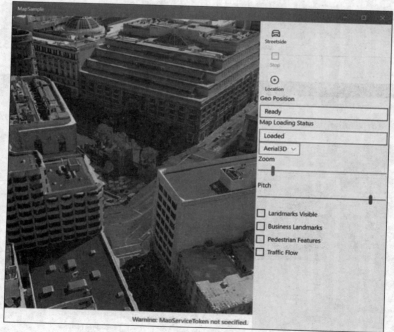

图 33-13

33.8.2 使用 Geolocator 定位信息

接下来，需要通过 Geolocator 实例 _locator 获得用户的实际位置。方法 GetPositionAsync 返回一个 Geoposition 实例，来返回地理位置。结果应用于视图模型的 CurrentPosition 属性，该视图模型绑定到 MapControl 的中心(代码文件 MapSample / ViewModels / MapsViewModel.cs)：

```
{
  try
  {
    Geoposition position = await _locator.GetGeopositionAsync(
      TimeSpan.FromMinutes(5), TimeSpan.FromSeconds(5));
    CurrentPosition = new Geopoint(new BasicGeoposition
    {
      Longitude = position.Coordinate.Point.Position.Longitude,
      Latitude = position.Coordinate.Point.Position.Latitude
    });

  }
  catch (UnauthorizedAccessException ex)
  {
    await new MessageDialog(ex.Message).ShowAsync();
  }
}
```

从 GetGeopositionAsync 返回的 Geoposition 实例列出了 Geolocator 如何找到该位置的信息：使用手机网络、卫星、记录的 Wi-Fi network 或 IP 地址。配置 Geolocator 时，可以指定信息的准确程度。设置 DesiredAccuracyInMeters 属性，可以定义位置在一米范围内的准确程度。当然，这个精度是我们希望达到的，但不可能完全达到。如果位置应该更精确，就可以使用访问卫星所得的 GPS 信息。根据所需的技术，会消耗更多的电池，所以如果没有必要，就不应该指定这样的准确性。如果设备没有提供这些功能，卫星或手机信息就不能使用。在这些情况下，只能使用 Wi-Fi network(如果可用)或 IP 地址。当然，IP 地址可能不精确。也许获得的是 IP 供应商(而不是用户)的地理位置。根据笔者使用的设备和网络，准确性为 64 米。位置的来源是 Wi-Fi。这个结果是非常准确的。地图如图 33-14 所示。

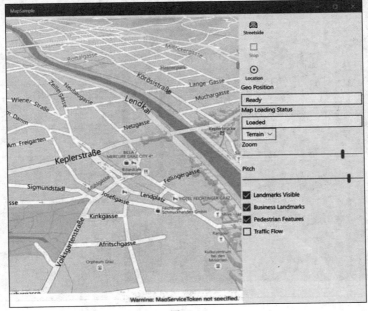

图 33-14

33.8.3 街景地图

MapControl 提供的另一个功能是街景地图。此功能不能用于所有的设备。在使用它之前需要检查 MapControl 中的 IsStreetsideSupported 属性。如果设备支持街景地图功能，就可以试着使用 StreetsidePanorama 类的静态方法 FindNearbyAsync，找到附近的街边。街景地图只能用于一些位置。可以测试，来找出自己的位置是否支持这个功能。如果 StreetsidePanorama 信息是可用的，它可以传递到 StreetsideExperience 构造函数，分配给 MapControl 的 CustomExperience 属性(代码文件 MapSample/ViewModels/MapsViewModel.cs)：

```csharp
public async void StartStreetViewAsync()
{
  if (_mapControl.IsStreetsideSupported)
  {
    var panorama = await StreetsidePanorama.FindNearbyAsync(CurrentPosition);
    if (panorama == null)
    {
      var dlg = new MessageDialog("No streetside available here");
      await dlg.ShowAsync();
      return;
    }
    IsStreetView = true;
    _mapControl.CustomExperience = new StreetsideExperience(panorama);
  }
}
```

街景地图如图 33-15 所示。

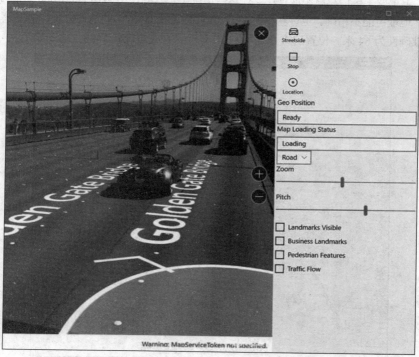

图 33-15

33.8.4 继续请求位置信息

除了一次获得位置之外，位置还可以根据时间段或用户的移动来检索。使用 Geolocator，可以把 ReportInterval 属性设置为位置更新的最小时间段(单位为毫秒)。例如，另一个应用程序需要较短时间段的位置信息，更新就可能比较频繁。除了时间段之外，也可以指定用户的移动来触发位置信息的获得。属性 MovementThreshold 指定了这个移动(以米为单位)。

设置了时间段或移动阈值后，PositionChanged 事件会在每次更新位置时触发：

```
private GeoLocator locator;
private void OnGetContinuousLocation(object sender, RoutedEventArgs e)
{
  locator = new Geolocator();
  locator.DesiredAccuracy = PositionAccuracy.High;
  // locator.ReportInterval = 1000;
  locator.MovementThreshold = 10;
  locator.PositionChanged += (sender1, e1) =>
  {
    // position updated
  };
  locator.StatusChanged += (sender1, e1) =>
  {
    // status changed
  };
}
```

注意：用位置的变化来调试应用程序时，并不需要用户现在就钻进一辆汽车，边开车边调试应用程序。模拟器是一个很有帮助的工具。

33.9 传感器

Windows 运行库可以直接访问许多传感器。名称空间 Windows.Devices.Sensors 包含了用于几个传感器的类，这些传感器可以通过不同的设备使用。

在介绍代码之前，先在表 33-1 中概述不同的传感器及其用途。一些传感器的功能非常明确，但其他传感器需要一些解释。Windows 提供了一些新的传感器。

表 33-1

传 感 器	功 能
光线	光线传感器返回单位为勒克斯的光线。这个信息由 Windows 本身用于设置屏幕亮度
罗盘	罗盘提供了用磁力计测量出的设备偏离北方的角度。这个传感器区分磁力北方和地理北方
加速计	加速计测量 x、y 和 z 设备轴上的重力值。应用程序可以使用这个传感器显示在屏幕上滚过的钢珠
陀螺仪	陀螺仪测量沿着 x、y 和 z 设备轴上的角速度。如果应用程序关注设备的旋转，就可以使用这个传感器。但是，移动设备也会影响陀螺仪的值。可能需要用加速计的值来补偿陀螺仪的值，以去除设备的移动，只处理实际的角速度

(续表)

传　感　器	功　　能
倾斜计	倾斜计给出了设备绕 x 轴(倾斜)、y 轴(滚动)和 z 轴(偏航)的角度值。应用程序显示匹配倾斜、滚动和偏航的飞机时，可以使用这个传感器
气压计	气压计测量大气的压力(Windows 10 新增的)
高度计	高度计测量相对高度(Windows 10 新增的)
磁力计	磁力计测量磁场的强度和方向
步数计	步数计测量走过的步数。通常人们走路时不会带着 PC，PC 没有传感器，但步数计在许多 Windows 10 手机上都有(Windows 10 新增的)
近距离传感器	近距离传感器测量临近对象的距离。它使用电磁场或红外探测器来测量距离(Windows 10 新增的)

根据设备，只有少数传感器是可用的。这些传感器只用在移动设备上。例如，用桌面电脑计算步数，可能不会得到某人一天行走的步数。

传感器数据的一个重要方面是，传感器返回的坐标并不是 Windows 应用程序使用的坐标系方向。而使用设备的方向，这与基于设备的方向不同。例如，Surface Pro 默认用水平定位，其 x 轴指向右，y 轴指向上，z 轴从用户指向外部。

使用传感器的示例应用程序以两种方式显示几个传感器的结果：可以得到一次传感器值，也可以不断使用事件读取它。使用这个应用程序可以看出，哪些传感器数据可以用于设备，移动设备时会返回哪些数据。

对于应用程序所示的每个传感器，在主页中添加一个 RelativePanel，其中包含两个按钮和两个 Textblock 控件。下面的代码片段定义了光传感器的控件(代码文件 SensorSampleApp/MainPage.xaml)：

```xml
<Border BorderThickness="3" Margin="12" BorderBrush="Blue">
  <RelativePanel>
    <Button x:Name="GetLightButton" Margin="8" Content="Get Light"
      Click="{x:Bind LightViewModel.OnGetLight}" />
    <Button x:Name="GetLightButtonReport" Margin="8"
      RelativePanel.Below="GetLightButton" Content="Get Light Report"
      Click="{x:Bind LightViewModel.OnGetLightReport}" />
    <TextBlock x:Name="LightText" Margin="8"
      RelativePanel.RightOf="GetLightButtonReport"
      RelativePanel.AlignBottomWith="GetLightButton" Text="{x:Bind
      LightViewModel.Illuminance, Mode=OneWay}" />
    <TextBlock x:Name="LightReportText" Margin="8"
      RelativePanel.AlignLeftWith="LightText"
      RelativePanel.AlignBottomWith="GetLightButtonReport" Text="{x:Bind
      LightViewModel.IlluminanceReport, Mode=OneWay}" />
  </RelativePanel>
</Border>
```

33.9.1 光线

知道如何使用一种传感器后，其他传感器的用法是非常相似的。下面先看看 LightSensor。首先，调用静态方法 GetDefault 访问一个对象。调用 GetCurrentReading 方法可以获得传感器的实际值。对于 LightSensor，GetCurrentReading 返回 LightSensorReading 对象。这个读数对象定义了 IlluminanceInLux

属性,它返回单位为勒克斯的照明度(代码文件 SensorSample/ViewModels/LightViewModel.cs):

```csharp
public class LightViewModel: BindableBase
{
  public void OnGetLight()
  {
    LightSensor sensor = LightSensor.GetDefault();
    if (sensor != null)
    {
      LightSensorReading reading = sensor.GetCurrentReading();
      Illuminance = $"Illuminance: {reading?.IlluminanceInLux}";
    }
    else
    {
      Illuminance = "Light sensor not found";
    }
  }

  private string _illuminance;

  public string Illuminance
  {
    get { return _illuminance; }
    set { SetProperty(ref _illuminance, value); }
  }

  // etc.
}
```

要获得连续更新的值,应触发 ReadingChanged 事件。指定 ReportInterval 就指定了用于触发事件的时间段。它不能低于 MinimumReportInterval。对于该事件,第二个参数 e 的类型是 LightSensorReadingChangedEventArgs,用 Reading 属性指定 LightSensorReading:

```csharp
public class LightViewModel: BindableBase
{
  // etc

  public void OnGetLightReport()
  {
    LightSensor sensor = LightSensor.GetDefault();
    if (sensor != null)
    {
      sensor.ReportInterval = Math.Max(sensor.MinimumReportInterval, 1000);
      sensor.ReadingChanged += async (s, e) =>
      {
        LightSensorReading reading = e.Reading;

        await CoreApplication.MainView.Dispatcher.RunAsync(
          CoreDispatcherPriority.Low, () =>
        {
          IlluminanceReport =
            $"{reading.IlluminanceInLux} {reading.Timestamp:T}";
        });
```

```
    };
   }
  }

  private string _illuminanceReport;
  public string IlluminanceReport
  {
    get { return _illuminanceReport; }
    set { SetProperty(ref _illuminanceReport, value); }
  }
}
```

33.9.2 罗盘

罗盘的用法非常类似。GetDefault 方法返回 Compass 对象，GetCurrentReading 检索表示罗盘当前值的 CompassReading。CompassReading 定义了属性 HeadingAccuracy、HeadingMagneticNorth 和 HeadingTrueNorth。

如果 HeadingAccuracy 返回 MagnometerAccuracy.Unknown 或 Unreliable，罗盘就需要校正(代码文件 SensorSampleApp/ViewModels/CompassviewModel.cs)：

```
public class CompassViewModel: BindableBase
{
  public void OnGetCompass()
  {
    Compass sensor = Compass.GetDefault();
    if (sensor != null)
    {
      CompassReading reading = sensor.GetCurrentReading();
      CompassInfo = $"magnetic north: {reading.HeadingMagneticNorth} " +
        $"real north: {reading.HeadingTrueNorth} " +
        $"accuracy: {reading.HeadingAccuracy}";
    }
    else
    {
      CompassInfo = "Compass not found";
    }
  }

  private string _compassInfo;
  public string CompassInfo
  {
    get { return _compassInfo; }
    set { SetProperty(ref _compassInfo, value); }
  }

  // etc.
}
```

罗盘也可以持续更新：

```
public class CompassViewModel: BindableBase
{
  // etc.
```

```csharp
public void OnGetCompassReport()
{
  Compass sensor = Compass.GetDefault();
  if (sensor != null)
  {
    sensor.ReportInterval = Math.Max(sensor.MinimumReportInterval, 1000);
    sensor.ReadingChanged += async (s, e) =>
    {
      CompassReading reading = e.Reading;
      await CoreApplication.MainView.Dispatcher.RunAsync(
        CoreDispatcherPriority.Low, () =>
        {
          CompassInfoReport =
            $"magnetic north: {reading.HeadingMagneticNorth} " +
            $"real north: {reading.HeadingTrueNorth} " +
            $"accuracy: {reading.HeadingAccuracy} {reading.Timestamp:T}";
        });
    };
  }
}

private string _compassInfoReport;
public string CompassInfoReport
{
  get { return _compassInfoReport; }
  set { SetProperty(ref _compassInfoReport, value); }
}
```

33.9.3 加速计

加速计给出了 x、y 和 z 设备轴上的重力值。对于景观设备，x 轴是水平的，y 轴是垂直的，z 轴从用户指向外部。如果设备底部的 Windows 按钮面对桌面，x 的值就是-1。如果旋转设备，使 Windows 按钮在顶部，x 的值就是+1。

与前面介绍的传感器类似，GetDefault 静态方法返回 Accelerometer，GetCurrentReading 通过 AccelerometerReading 对象给出了加速计的实际值。AccelerationX、AccelerationY 和 AccelerationZ 是可以读取的值(代码文件 SensorSampleApp/ViewModels/AccelerometerViewModel.cs)：

```csharp
public class AccelerometerViewModel: BindableBase
{
  public void OnGetAccelerometer()
  {
    Accelerometer sensor = Accelerometer.GetDefault();
    if (sensor != null)
    {
      AccelerometerReading reading = sensor.GetCurrentReading();
      AccelerometerInfo = $"X: {reading.AccelerationX} " +
        $"Y: {reading.AccelerationY} Z: {reading.AccelerationZ}";
    }
    else
    {
      AccelerometerInfo = "Compass not found";
    }
```

```csharp
  private string _accelerometerInfo;
  public string AccelerometerInfo
  {
    get { return _accelerometerInfo; }
    set { SetProperty(ref _accelerometerInfo, value); }
  }
  // etc.
}
```

与其他传感器类似，给 ReadingChanged 事件指定处理程序，就可以获得加速计的连续更新值。这与前面介绍的传感器完全相同，这里不再列出其代码。但使用本章的下载代码可以获得该功能。可以测试设备，不断地移动它，读取加速计的值。

33.9.4 倾斜计

倾斜计用于高级方向，它给出了相对于重力的偏航、倾斜和滚动值(角度)。得到的值用 PitchDegrees、RollDegrees 和 YawDegrees 属性指定(代码文件 SensorSampleApp/ViewModels/InclinometerView Model.cs)：

```csharp
public class InclinometerViewModel: BindableBase
{
  public void OnGetInclinometer()
  {
    Inclinometer sensor = Inclinometer.GetDefault();
    if (sensor != null)
    {
      InclinometerReading reading = sensor.GetCurrentReading();
      InclinometerInfo = $"pitch degrees: {reading.PitchDegrees} " +
        $"roll degrees: {reading.RollDegrees} " +
        $"yaw accuracy: {reading.YawAccuracy} " +
        $"yaw degrees: {reading.YawDegrees}";
    }
    else
    {
      InclinometerInfo = "Inclinometer not found";
    }
  }

  private string _inclinometerInfo;
  public string InclinometerInfo
  {
    get { return _inclinometerInfo; }
    set { SetProperty(ref _inclinometerInfo, value); }
  }
  // etc.
}
```

33.9.5 陀螺仪

Gyrometer 给出了 x、y 和 z 设备轴的角速度值(代码文件 SensorSampleApp/ViewModels/GyrometerViewModel.cs)：

```csharp
public class GyrometerViewModel: BindableBase
{
  public void OnGetGyrometer()
  {
    Gyrometer sensor = Gyrometer.GetDefault();
    if (sensor != null)
    {
      GyrometerReading reading = sensor.GetCurrentReading();
      GyrometerInfo = $"X: {reading.AngularVelocityX} " +
        $"Y: {reading.AngularVelocityY} Z: {reading.AngularVelocityZ}";
    }
    else
    {
      GyrometerInfo = "Gyrometer not found";
    }
  }

  private string _gyrometerInfo;
  public string GyrometerInfo
  {
    get { return _gyrometerInfo; }
    set { SetProperty(ref _gyrometerInfo, value); }
  }
  // etc.
}
```

33.9.6 方向

OrientationSensor 是最复杂的，它从加速计、陀螺仪和磁力计中获取值。所有这些值放在一个四元数中，用 Quaternion 属性表示，或用旋转矩阵表示(RotationMatrix 属性)。

试一试示例应用程序，看看这些值以及如何移动设备(代码文件 SensorSampleApp/ViewModels/OrientationViewModel.cs)：

```csharp
public static class OrientationSensorExtensions
{
  public static string Output(this SensorQuaternion q) =>
    $"x {q.X} y {q.Y} z {q.Z} w {q.W}";

  public static string Ouput(this SensorRotationMatrix m) =>
    $"m11 {m.M11} m12 {m.M12} m13 {m.M13} " +
    $"m21 {m.M21} m22 {m.M22} m23 {m.M23} " +
    $"m31 {m.M31} m32 {m.M32} m33 {m.M33}";
}

public class OrientationViewModel: BindableBase
{
  public void OnGetOrientation()
  {
    OrientationSensor sensor = OrientationSensor.GetDefault();
    if (sensor != null)
    {
      OrientationSensorReading reading = sensor.GetCurrentReading();
      OrientationInfo = $"Quaternion: {reading.Quaternion.Output()} " +
        $"Rotation: {reading.RotationMatrix.Ouput()} " +
```

```csharp
      $"Yaw accuracy: {reading.YawAccuracy}";
    }
    else
    {
      OrientationInfo = "Compass not found";
    }
  }

  private string _orientationInfo;
  public string OrientationInfo
  {
    get { return _orientationInfo; }
    set { SetProperty(ref _orientationInfo, value); }
  }
  // etc.
}
```

运行这个应用程序，可以看到如图 33-16 所示的传感器数据。

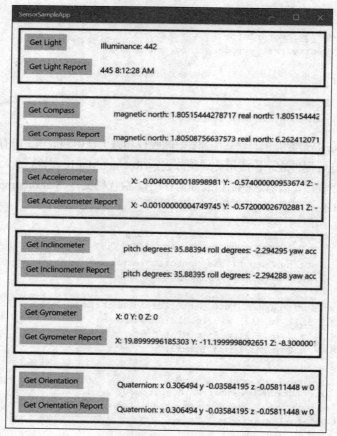

图 33-16

33.9.7 Rolling Marble 示例

为了查看传感器的值，而不仅仅是查看在 TextBlock 元素中显示的结果值，使用 Accelerometer 建立一个简单的示例应用程序，它在屏幕上滚动一个钢珠。

钢珠用一个红色的椭圆表示。将一个 Ellipse 元素定位在 Canvas 元素内部，就可以用一个附加的属性移动 Ellipse(代码文件 RollingMarble/MainPage.xaml)：

```xml
<Canvas Background="{ThemeResource ApplicationPageBackgroundThemeBrush}">
  <Ellipse Fill="Red" Width="100" Height="100" Canvas.Left="550"
    Canvas.Top="400" x:Name="ell1" />
</Canvas>
```

注意：附加的属性参见第 29 章，Canvas 元素参见第 34 章。

MainPage 的构造函数初始化 Accelerometer，请求最小时间间隔的连续读数。为了确定窗口的边界，在页面的 LayoutUpdated 事件中，把 MaxX 和 MaxY 设置为窗口的宽度和高度(减去椭圆的尺寸)(代码文件 RollingMarble/MainPage.xaml.cs)：

```csharp
public sealed partial class MainPage: Page
{
  private Accelerometer _accelerometer;
  private double MinX = 0;
  private double MinY = 0;
  private double MaxX = 1000;
  private double MaxY = 600;
  private double currentX = 0;
  private double currentY = 0;

  public MainPage()
  {
    this.InitializeComponent();
    accelerometer = Accelerometer.GetDefault();
    accelerometer.ReportInterval = accelerometer.MinimumReportInterval;
    accelerometer.ReadingChanged += OnAccelerometerReading;
    this.DataContext = this;

    this.LayoutUpdated += (sender, e) =>
    {
      MaxX = this.ActualWidth-100;
      MaxY = this.ActualHeight-100;
    };
  }
```

从加速计中获得了每个值后，OnAccelerometerReading 事件处理程序方法使椭圆在 Canvas 元素内部移动。在设置值之前，根据窗口的边界检查它：

```csharp
private async void OnAccelerometerReading(Accelerometer sender,
  AccelerometerReadingChangedEventArgs args)
{
  currentX += args.Reading.AccelerationX * 80;
  if (currentX < MinX) currentX = MinX;
  if (currentX > MaxX) currentX = MaxX;

  currentY += -args.Reading.AccelerationY * 80;
```

```
if (currentY < MinY) currentY = MinY;
if (currentY > MaxY) currentY = MaxY;

await this.Dispatcher.RunAsync(CoreDispatcherPriority.High, () =>
  {
    Canvas.SetLeft(ell1, currentX);
    Canvas.SetTop(ell1, currentY);
  });
}
```

现在运行应用程序，移动设备，获得钢珠滚动的效果，如图 33-17 所示。

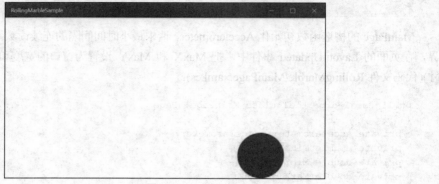

图 33-17

33.10 小结

本章介绍了编写 UWP Windows 应用程序的更多内容，讨论了生命周期与 Windows 桌面应用程序的区别，以及如何响应 Suspending 事件。

与其他应用程序的交互是使用共享协定实现的。DataTransferManager 用于给其他应用程序提供 HTML 数据。实现"共享目标"协定，就可以接收其他应用程序的数据。

本章的另一个主要部分是几个设备，讨论了拍照和录制视频的相机、获取用户位置的 GeoLocator，以及使用不同的传感器获取设备的移动方式。

下一章继续介绍 XAML 技术，讨论如何使用 WPF 编写 Windows 桌面应用程序。

第34章

带 WPF 的 Windows 桌面应用程序

本章要点
- WPF 控件
- 布局
- 触发器
- 菜单和功能区控件
- 使用 Commanding 进行输入处理
- 绑定到元素、对象、列表和 XML 的数据
- 值的转换和验证
- 使用 TreeView 显示层次数据
- 使用 DataGrid 显示和组合数据
- 使用 CollectionView Source 实时成型

本章源代码下载地址(wrox.com):

打开网页 http://www.wrox.com/go/professionalcsharp6,单击 Download Code 选项卡即可下载本章源代码。本章代码分为以下几个主要的示例文件:

- Controls Sample
- Layout Sample
- Trigger Sample
- Books
- Multi Binding Sample
- Priority Binding Sample
- XML Binding Sample
- Validation Sample
- Formula-1
- Live Shaping

34.1 概述

第29章和第30章介绍了 XAML 的一些核心功能，本章继续在 WPF 中使用 XAML，介绍控件层次结构的一些重要方面，创建完整的应用程序，使用数据绑定和命令处理，以及 DataGrid 控件。数据绑定是把.NET 类中的数据提供给用户界面的一个重要概念，还允许用户修改数据。WPF 不仅允许绑定到简单的项或列表，还可以利用本章介绍的多绑定和优先绑定功能，把一个 UI 属性绑定到类型可能不同的多个属性上。在数据绑定的过程中，验证用户输入的数据也很重要。本章将学习数据验证的不同方式，包括.NET 4.5 新增的 INotifyDataErrorInfo 接口。Commanding 可以把 UI 的事件映射到代码上。与事件模型相反，它更好地分隔开了 XAML 和代码，我们还将学习使用预定义的命令和创建定制的命令。

TreeView 和 DataGrid 控件是显示绑定数据的 UI 控件。TreeView 控件可以在树型结构中显示数据，其中数据根据用户的选择动态加载。通过 DataGrid 控件学习如何使用过滤、排序和分组，以及.NET 4.5 的一个新增功能——实时成型，它可以实时改变排序或过滤选项。

首先介绍菜单和功能区控件。功能区控件是.NET 4.5 中新增的。

34.2 控件

可以对 WPF 使用上百个控件。下面把控件分为几组，在各小节中分别介绍。

34.2.1 简单控件

简单控件是没有 Content 属性的控件。例如，Button 类可以包含任意形状或任意元素，这对于简单控件没有问题。表 34-1 列出了简单控件及其功能。

表 34-1

简 单 控 件	说　　明
TextBox	TextBox 控件用于显示简单的无格式文本
RichTextBox	RichTextBox 控件通过 FlowDocument 类支持带格式的文本。RichTextBox 和 TextBox 派生自同一个基类 TextBoxBase
Calendar	Calendar 控件可以显示年份、月份或 10 年。用户可以选择一个日期或日期范围
DatePicker	DatePicker 控件会打开 Calendar 屏幕，供用户选择日期
PasswordBox	PasswordBox 控件用于输入密码。这个控件有用于输入密码的专用属性，例如，PasswordChar 属性定义了在用户输入密码时显示的字符，Password 属性可以访问输入的密码。PasswordChanged 事件在修改密码时立即调用
ScrollBar	ScrollBar 控件包含一个 Thumb，用户可以从 Thumb 中选择一个值。例如，如果文档在屏幕中放不下，就可以使用滚动条。一些控件包含滚动条，如果内容过多，就显示滚动条
ProgressBar	使用 ProgressBar 控件，可以指示时间较长的操作的进度
Slider	使用 Slider 控件，用户可以移动 Thumb，选择一个范围的值。ScrollBar、ProgressBar 和 Slider 派生自同一个基类 RangeBase

注意：尽管简单控件没有 Content 属性，但通过定义模板，完全可以定制这些控件的外观。模板详见本章后面的内容。

34.2.2 内容控件

ContentControl 有 Content 属性，利用 Content 属性，可以给控件添加任意内容。因为 Button 类派生自基类 ContentControl，所以可以在这个控件中添加任意内容。在上面的例子中，在 Button 类中有一个 Canvas 控件。表 34-2 列出了内容控件。

表 34-2

ContentControl 控件	说 明
Button RepeatButton ToggleButton CheckBox RadioButton	Button、RepeatButton、ToggleButton 和 GridViewColumnHeader 类派生自同一个基类 ButtonBase。所有这些按钮都响应 Click 事件。RepeatButton 类会重复引发 Click 事件，直到释放按钮为止。ToggleButton 是 CheckBox 和 RadioButton 的基类。这些按钮有开关状态。CheckBox 可以由用户选择和取消选择，RadioButton 可以由用户选择。清除 RadioButton 的选择必须通过编程方式实现
Label	Label 类表示控件的文本标签。这个类也支持访问键，如菜单命令
Frame	Frame 控件支持导航。使用 Navigate()方法可以导航到一个页面内容上。如果该内容是一个网页，就使用 WebBrowser 控件来显示
ListBoxItem	ListBoxItem 是 ListBox 控件中的一项
StatusBarItem	StatusBarItem 是 StatusBar 控件中的一项
ScrollViewer	ScrollViewer 控件是一个包含滚动条的内容控件，可以把任意内容放入这个控件中，滚动条会在需要时显示
ToolTip	ToolTip 创建一个弹出窗口，以显示控件的附加信息
UserControl	将 UserControl 类用作基类，可以为创建自定义控件提供一种简单方式。但是，基类 UserControl 不支持模板
Window	Window 类可以创建窗口和对话框。使用这个类，会获得一个带有最小化/最大化/关闭按钮和系统菜单的框架。在显示对话框时，可以使用 ShowDialog()方法，Show()方法会打开一个窗口
NavigationWindow	类 NavigationWindow 派生自 Window 类，支持内容导航

只有一个 Frame 控件包含在下面 XAML 代码的 Window 中。因为 Source 属性设置为 http://www.cninnovation.com，所以 Frame 控件导航到这个网站上，如图 34-1 所示(代码文件 ControlsSample/FramesWindow.xaml)。

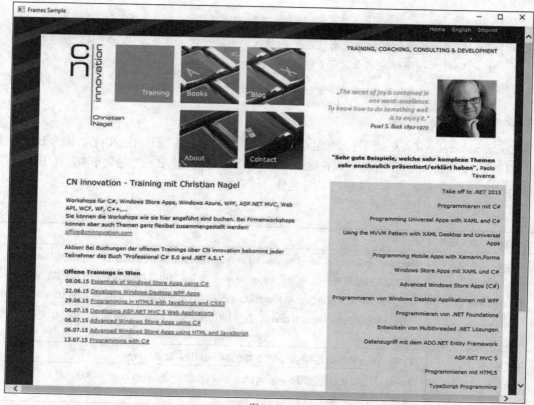

图 34-1

```
<Window x:Class="ControlsSamples.FramesWindow"
    xmlns="http://schemas.microsoft.com/winfx/2006/xaml/presentation"
    xmlns:x="http://schemas.microsoft.com/winfx/2006/xaml"
    Title="Frames Sample" Height="500" Width="800">
  <Frame Source="http://www.cninnovation.com" Grid.Row="1" />
</Window>
```

   注意：第 32 章介绍了如何使用 Frame 类在页面之间导航。在 WPF 中，也可以使用 Frame 类进行导航。

34.2.3 带标题的内容控件

带标题的内容控件派生自 HeaderContentControl 基类。HeaderContentControl 类又派生自基类 ContentControl。HeaderContentControl 类的 Header 属性定义了标题的内容，HeaderTemplate 属性可以对标题进行完全的定制。派生自基类 HeaderContentControl 的控件如表 34-3 所示。

表 34-3

HeaderContentControl	说 明
Expander	使用 Expander 控件,可以创建一个带对话框的"高级"模式,它在默认情况下不显示所有的信息,只有用户展开它,才会显示更多的信息。在未展开模式下,只显示标题信息;在展开模式下,显示内容
GroupBox	GroupBox 控件提供了边框和标题来组合控件
TabItem	TabItem 控件是 TabControl 类中的项。TabItem 的 Header 属性定义了标题的内容,这些内容用 TabControl 的标签显示

Expander 控件的简单用法如下面的例子所示。把 Expander 控件的 Header 属性设置为 Click for more。这个文本用于显示扩展。这个控件的内容只有在控件展开时才显示。图 34-2 中的应用程序包含折叠的 Expander 控件,图 34-3 中的同一个应用程序包含展开的 Expander 控件。代码如下(代码文件 ControlsSample/ExpanderWindow.xaml):

图 34-2

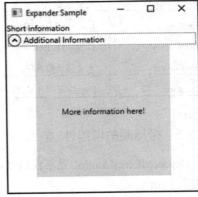

图 34-3

```
<Window x:Class="ControlsSample.ExpanderWindow"
    xmlns="http://schemas.microsoft.com/winfx/2006/xaml/presentation"
    xmlns:x="http://schemas.microsoft.com/winfx/2006/xaml"
    Title="Expander Sample" Height="300" Width="300">
  <StackPanel>
    <TextBlock>Short information</TextBlock>
    <Expander Header="Additional Information">
      <Border Height="200" Width="200" Background="Yellow">
        <TextBlock HorizontalAlignment="Center" VerticalAlignment="Center">
          More information here!
        </TextBlock>
      </Border>
    </Expander>
  </StackPanel>
</Window>
```

注意：在展开 Expander 控件时，如果要修改该控件的标题文本，就可以创建一个触发器。触发器详见本章后面的内容。

34.2.4 项控件

ItemsControl 类包含一个可以用 Items 属性访问的数据项列表。派生自 ItemsControl 的类如表 34-4 所示。

表 34-4

ItemsControl	说明
Menu ContextMenu	Menu 类和 ContextMenu 类派生自抽象基类 MenuBase。把 MenuItem 元素放在数据项列表和相关联的命令中，就可以给用户提供菜单
StatusBar	StatusBar 控件通常显示在应用程序的底部，为用户提供状态信息。可以把 StatusBarItem 元素放在 StatusBar 列表中
TreeView	要分层显示数据项，可以使用 TreeView 控件
ListBox ComboBox TabControl	ListBox、ComboBox 和 TabControl 都有相同的抽象基类 Selector。这个基类可以从列表中选择数据项。ListBox 显示列表中的数据项，ComboBox 有一个附带的 Button 控件，只有单击该按钮，才会显示数据项。在 TabControl 中，内容可以排列为表格形式
DataGrid	DataGrid 控件是显示数据的可定制网格，这个控件详见下一章

34.2.5 带标题的项控件

HeaderedItemsControl 是不仅包含数据项而且包含标题的控件的基类。HeaderedItemsControl 类派生自 ItemsControl。

派生自 HeaderedItemsControl 的类如表 34-5 所示。

表 34-5

HeaderedItemsControl	说明
MenuItem	菜单类 Menu 和 ContextMenu 包含 MenuItem 类型的数据项。菜单项可以连接到命令上，因为 MenuItem 类实现了 ICommandSource 接口
TreeViewItem	TreeViewItem 类可以包含 TreeViewItem 类型的数据项
ToolBar	ToolBar 控件是一组控件(通常是 Button 和 Separator 元素)的容器。可以将 ToolBar 放在 ToolBarTray 中，它会重新排列 ToolBar 控件

34.2.6 修饰

给单个元素添加修饰可以使用 Decorator 类完成。Decorator 是一个基类，派生自它的类有 Border、Viewbox 和 BulletDecorator。主题元素如 ButtonChrome 和 ListBoxChrome 也是修饰器。

下面的例子说明了 Border、Viewbox 和 BulletDecorator 类,如图 34-4 所示。Border 类给子元素四周添加边框,以修饰子元素。可以给子元素定义画笔和边框的宽度、背景、圆角半径和填充图案(代码文件 ControlsSample/DecorationsWindow.xaml):

图 34-4

```xml
<Border BorderBrush="Violet" BorderThickness="5.5">
  <Label>Label with a border</Label>
</Border>
```

Viewbox 将其子元素拉伸并缩放到可用的空间中。StretchDirection 和 Stretch 属性专用于 Viewbox 的功能,它们允许设置子元素是否双向拉伸,以及是否保持宽高比:

```xml
<Viewbox StretchDirection="Both" Stretch="Uniform">
  <Label>Label with a viewbox</Label>
</Viewbox>
```

BulletDecorator 类用一个项目符号修饰其子元素。子元素可以是任意元素(在本例中是一个文本块)。同样,项目符号也可以是任意元素,本例使用一个 Image 元素,也可以使用任意 UIElement:

```xml
<BulletDecorator>
  <BulletDecorator.Bullet>
    <Image Width="25" Height="25" Margin="5" HorizontalAlignment="Center"
        VerticalAlignment="Center"
        Source="/DecorationsDemo;component/images/apple1.jpg" />
  </BulletDecorator.Bullet>
  <BulletDecorator.Child>
    <TextBlock VerticalAlignment="Center" Padding="8">Granny Smith</TextBlock>
  </BulletDecorator.Child>
</BulletDecorator>
```

34.3 布局

为了定义应用程序的布局,可以使用派生自 Panel 基类的类。布局容器要完成两个主要任务:测量和排列。在测量时,容器要求其子控件有合适的大小。因为控件的整体大小不一定合适,所以容器需要确定和排列其子控件的大小和位置。这里讨论几个布局容器。

34.3.1 StackPanel

Window 可以只包含一个元素，作为其内容。如果要在其中包含多个元素，就可以将 StackPanel 用作 Window 的一个子元素，并在 StackPanel 的内容中添加元素。StackPanel 是一个简单的容器控件，只能逐个地显示元素。StackPanel 的方向可以是水平或垂直。ToolBarPanel 类派生自 StackPanel(代码文件 LayoutDemo/StackPanelWindow.xaml)。

```xml
<Window x:Class="LayoutSamples.StackPanelWindow"
        xmlns="http://schemas.microsoft.com/winfx/2006/xaml/presentation"
        xmlns:x="http://schemas.microsoft.com/winfx/2006/xaml"
        Title="Stack Panel" Height="300" Width="300">
  <StackPanel Orientation="Vertical">
    <Label>Label</Label>
    <TextBox>TextBox</TextBox>
    <CheckBox>CheckBox</CheckBox>
    <CheckBox>CheckBox</CheckBox>
    <ListBox>
      <ListBoxItem>ListBoxItem One</ListBoxItem>
      <ListBoxItem>ListBoxItem Two</ListBoxItem>
    </ListBox>
    <Button>Button</Button>
  </StackPanel>
</Window>
```

在图 34-5 中，可以看到 StackPanel 垂直显示的子控件。

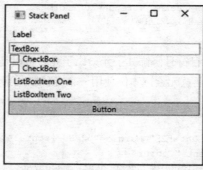

图 34-5

34.3.2 WrapPanel

WrapPanel 将子元素自左向右逐个排列，若一个水平行中放不下，就排在下一行。面板的方向可以是水平或垂直(代码文件 LayoutSamples/WrapPanelWindow.xaml)。

```xml
<Window x:Class="LayoutSamples.WrapPanelWindow"
        xmlns="http://schemas.microsoft.com/winfx/2006/
xaml/presentation"
        xmlns:x="http://schemas.microsoft.com/
winfx/2006/xaml"
        Title="WrapPanelWindow" Height="300" Width="300">
  <WrapPanel>
    <WrapPanel.Resources>
      <Style TargetType="Button">
```

```
        <Setter Property="Width" Value="100" />
        <Setter Property="Margin" Value="5" />
    </Style>
 </WrapPanel.Resources>
 <Button>Button</Button>
 <Button>Button</Button>
 <Button>Button</Button>
 <Button>Button</Button>
 <Button>Button</Button>
 <Button>Button</Button>
 <Button>Button</Button>
 <Button>Button</Button>
 </WrapPanel>
</Window>
```

图 34-6 显示了面板的排列结果。如果重新设置应用程序的大小,按钮就会重新排列,以便填满一行。

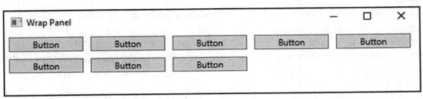

图 34-6

34.3.3 Canvas

Canvas 是一个允许显式指定控件位置的面板。它定义了相关的 Left、Right、Top 和 Bottom 属性,这些属性可以由子元素在面板中定位时使用(代码文件 LayoutSamples/CanvasWindow.xaml)。

```
<Canvas Background="LightBlue">
  <Label Canvas.Top="30" Canvas.Left="20">Enter here:</Label>
  <TextBox Canvas.Top="30" Canvas.Left="120" Width="100" />
  <Button Canvas.Top="70" Canvas.Left="130" Content="Click Me!" Padding="5" />
</Canvas>
```

图 34-7 显示了 Canvas 面板的结果,其中定位了子元素 Label、TextBox 和 Button。

图 34-7

注意：Canvas 控件最适合用于图形元素的布局，例如第 30 章介绍的 Shape 控件。

34.3.4　DockPanel

DockPanel 非常类似于 Windows Forms 的停靠功能。DockPanel 可以指定排列子控件的区域。DockPanel 定义了 Dock 附加属性，可以在控件的子控件中将它设置为 Left、Right、Top 和 Bottom。图 34-8 显示了排列在 DockPanel 中的带边框的文本块。为了便于区别，为不同的区域指定了不同的颜色(代码文件 LayoutSamples/DockPanelWindow.xaml)：

```xml
<DockPanel>
  <Border Height="25" Background="AliceBlue" DockPanel.Dock="Top">
    <TextBlock>Menu</TextBlock>
  </Border>
  <Border Height="25" Background="Aqua" DockPanel.Dock="Top">
    <TextBlock>Ribbon</TextBlock>
  </Border>
  <Border Height="30" Background="LightSteelBlue" DockPanel.Dock="Bottom">
    <TextBlock>Status</TextBlock>
  </Border>
  <Border Height="80" Background="Azure" DockPanel.Dock="Left">
    <TextBlock>Left Side</TextBlock>
  </Border>
  <Border Background="HotPink">
    <TextBlock>Remaining Part</TextBlock>
  </Border>
</DockPanel>
```

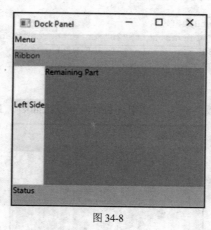

图 34-8

34.3.5　Grid

使用 Grid，可以在行和列中排列控件。对于每一列，可以指定一个 ColumnDefinition；对于每一行，可以指定一个 RowDefinition。下面的示例代码显示两列和三行。在每一列和每一行中，都可以指定宽度或高度。ColumnDefinition 有一个 Width 依赖属性，RowDefinition 有一个 Height 依赖属性。可以以像素、厘米、英寸或点为单位定义高度和宽度，或者把它们设置为 Auto，根据内容来确定其大小。Grid 还允许根据具体情况指定大小，即根据可用的空间以及与其他行和列的相对位置，计算行和列的空间。在为列提供可用空间时，可以将 Width 属性设置为 "*"。要使某一列的空间是另一列的两倍，应指定 "2*"。下面的示例代码定义了两列和三行，但没有定义列定义和行定义的其他设置，默认使用根据具体情况指定大小的设置。

这个 Grid 包含几个 Label 和 TextBox 控件。因为这些控件的父控件是 Grid，所以可以设置附加属性 Column、ColumnSpan、Row 和 RowSpan(代码文件 LayoutSamples/GridWindow.xaml)。

```xaml
<Grid ShowGridLines="True">
  <Grid.ColumnDefinitions>
    <ColumnDefinition />
    <ColumnDefinition />
  </Grid.ColumnDefinitions>
  <Grid.RowDefinitions>
    <RowDefinition />
    <RowDefinition />
    <RowDefinition />
  </Grid.RowDefinitions>
  <Label Grid.Column="0" Grid.ColumnSpan="2" Grid.Row="0"
         VerticalAlignment="Center" HorizontalAlignment="Center"
         Content="Title" />
  <Label Grid.Column="0" Grid.Row="1" VerticalAlignment="Center"
         Content="Firstname:" Margin="10" />
  <TextBox Grid.Column="1" Grid.Row="1" Width="100" Height="30" />
  <Label Grid.Column="0" Grid.Row="2" VerticalAlignment="Center"
         Content="Lastname:" Margin="10" />
  <TextBox Grid.Column="1" Grid.Row="2" Width="100" Height="30" />
</Grid>
```

在 Grid 中排列控件的结果如图 34-9 所示。为了便于看到列和行，把 ShowGridLines 属性设置为 true。

 注意：要使 Grid 的每个单元格有相同的尺寸，可以使用 UniformGrid 类。

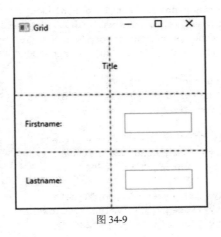

图 34-9

34.4 触发器

第 30 章提到,使用可视化状态管理器,可以动态改变控件的外观。WPF 和 UWP 支持可视化状态管理器。对于相同的场景,WPF 还提供了属性触发器,还有其他触发器类型用于不同的场景。本节讨论属性触发器、多触发器和数据触发器。

使用触发器,可以动态地更改控件的外观,因为一些事件或属性值改变了。例如,用户把鼠标移动到按钮上,按钮就会改变其外观。通常,这必须在 C#代码中实现。使用 WPF,也可以用 XAML 实现,而这只会影响 UI。

属性触发器在属性值改变时激活。多触发器基于多个属性值。事件触发器在事件发生时激活。数据触发器在绑定的数据改变时激活。

34.4.1 属性触发器

Style 类有一个 Triggers 属性,通过它可以指定属性触发器。下面的示例将一个 Button 元素放在一个 Grid 面板中。利用 Window 资源定义 Button 元素的默认样式。这个样式指定,将 Background 属性设置为 LightBlue,将 FontSize 属性设置为 17。这是应用程序启动时 Button 元素的样式。使用触发器可以改变控件的样式。触发器在 Style.Triggers 元素中用 Trigger 元素定义。将一个触发器赋予 IsMouseOver 属性,另一个触发器赋予 IsPressed 属性。这两个属性通过应用了样式的 Button 类定义。如果 IsMouseOver 属性的值是 true,就会激活触发器,将 Foreground 属性设置为 Red,将 FontSize 属性设置为 22。如果按下该按钮,IsPressed 属性就是 true,激活第二个触发器,并将 TextBox 的 Foreground 属性设置为 Yellow(代码文件 TriggerSamples/PropertyTriggerWindow.xaml)。

> **注意**:如果把 IsPressed 属性设置为 true,则 IsMouseOver 属性也是 true。按下该按钮也需要把鼠标放在按钮上。按下该按钮会激活 IsMouseOver 属性触发器,并改变属性。这里触发器的激活顺序很重要。如果 IsPressed 属性触发器在 IsMouseOver 属性触发器之前激活,IsMouseOver 属性触发器就会覆盖 IsPressed 属性触发器设置的值。

```xml
<Window x:Class="TriggerSamples.PropertyTriggerWindow"
    xmlns="http://schemas.microsoft.com/winfx/2006/xaml/presentation"
    xmlns:x="http://schemas.microsoft.com/winfx/2006/xaml"
    Title="Property Trigger" Height="300" Width="300">
  <Window.Resources>
    <Style TargetType="Button">
      <Setter Property="Background" Value="LightBlue" />
      <Setter Property="FontSize" Value="17" />
      <Style.Triggers>
        <Trigger Property="IsMouseOver" Value="True">
          <Setter Property="Foreground" Value="Red" />
          <Setter Property="FontSize" Value="22" />
        </Trigger>
        <Trigger Property="IsPressed" Value="True">
          <Setter Property="Foreground" Value="Yellow" />
          <Setter Property="FontSize" Value="22" />
        </Trigger>
```

```
        </Style.Triggers>
      </Style>
    </Window.Resources>
    <Grid>
      <Button Width="200" Height="30" Content="Click me!" />
    </Grid>
</Window>
```

当激活触发器的原因不再有效时,就不必将属性值重置为原始值。例如,不必定义 IsMouseOver=true 和 IsMouseOver=false 的触发器。只要激活触发器的原因不再有效,触发器操作进行的修改就会自动重置为原始值。

图 34-10 显示了触发器示例应用程序,其中,鼠标指向按钮时,按钮的前景和字体大小就会不同于其原始值。

图 34-10

 注意:使用属性触发器,很容易改变控件的外观、字体、颜色、不透明度等。在鼠标滑过控件时,键盘设置焦点时——都不需要编写任何代码。

Trigger 类定义了表 34-6 中的属性,以指定触发器操作。

表 34-6

Trigger 属性	说 明
PropertyValue	使用属性触发器,Property 和 Value 属性用于指定触发器的激活时间,例如,Property = "IsMouseOver", Value = "True"
Setters	一旦激活触发器,就可以使用 Setters 定义一个 Setter 元素集合,来改变属性值。Setter 类定义 Property、TargetName 和 Value 属性,以修改对象属性
EnterActions, ExitActions	除了定义 Setters 之外,还可以定义 EnterActions 和 ExitActions。使用这两个属性,可以定义一个 TriggerAction 元素集合。EnterActions 在启动触发器时激活(此时通过属性触发器应用 Property/Value 组合)。ExitActions 在触发器结束之前激活(此时不再应用 Property/Value 组合)。用这些操作指定的触发器操作派生自基类 TriggerAction,如 SoundPlayerAction 和 BeginStoryboard。使用 SoundPlayerAction 基类可以开始播放声音。BeginStoryboard 基类用于动画,详见本章后面的内容

34.4.2 多触发器

当属性的值变化时,就会激活属性触发器,如果因为两个或多个属性有特定的值,而需要设置触发器,就可以使用 MultiTrigger。

MultiTrigger 有一个 Conditions 属性,可以在其中设置属性的有效值。它还有一个 Setters 属性,可以在其中指定需要设置的属性。在下面的示例中,给 TextBox 元素定义了一个样式,如果 IsEnabled 属性是 True,Text 属性的值是 Test,就应用触发器。如果应用这两个触发器,就把 TextBox 的 Foreground 属性设置为 Red(代码文件 TriggerSamples/MultiTriggerWindow.xaml):

```
<Window x:Class="TriggerSamples.MultiTriggerWindow"
```

```xml
    xmlns="http://schemas.microsoft.com/winfx/2006/xaml/presentation"
    xmlns:x="http://schemas.microsoft.com/winfx/2006/xaml"
    Title="Multi Trigger" Height="300" Width="300">
  <Window.Resources>
    <Style TargetType="TextBox">
      <Style.Triggers>
        <MultiTrigger>
          <MultiTrigger.Conditions>
            <Condition Property="IsEnabled" Value="True" />
            <Condition Property="Text" Value="Test" />
          </MultiTrigger.Conditions>
          <MultiTrigger.Setters>
            <Setter Property="Foreground" Value="Red" />
          </MultiTrigger.Setters>
        </MultiTrigger>
      </Style.Triggers>
    </Style>
  </Window.Resources>
  <Grid>
    <TextBox />
  </Grid>
</Window>
```

34.4.3 数据触发器

如果绑定到控件上的数据满足指定的条件，就激活数据触发器。下面的例子使用 Book 类，它根据图书的出版社显示不同的内容。

Book 类定义 Title 和 Publisher 属性，还重载 ToString()方法(代码文件 TriggerSamples/Book.cs)：

```csharp
public class Book
{
  public string Title { get; set; }
  public string Publisher { get; set; }

  public override string ToString() => Title;
}
```

在 XAML 代码中，给 ListBoxItem 元素指定了一个样式。该样式包含 DataTrigger 元素，它绑定到用于列表项的类的 Publisher 属性上。如果 Publisher 属性的值是 Wrox Press，Background 就设置为 Red。对于 Dummies 和 Wiley 出版社，把 Background 分别设置为 Yellow 和 DarkGray(代码文件 TriggerSamples/DataTriggerWindow.xaml)：

```xml
<Window x:Class="TriggerSamples.DataTriggerWindow"
    xmlns="http://schemas.microsoft.com/winfx/2006/xaml/presentation"
    xmlns:x="http://schemas.microsoft.com/winfx/2006/xaml"
    Title="Data Trigger" Height="300" Width="300">
  <Window.Resources>
    <Style TargetType="ListBoxItem">
      <Style.Triggers>
        <DataTrigger Binding="{Binding Publisher}" Value="Wrox Press">
          <Setter Property="Background" Value="Red" />
        </DataTrigger>
        <DataTrigger Binding="{Binding Publisher}" Value="Dummies">
```

```xml
          <Setter Property="Background" Value="Yellow" />
        </DataTrigger>
        <DataTrigger Binding="{Binding Publisher}" Value="Wiley">
          <Setter Property="Background" Value="DarkGray" />
        </DataTrigger>
      </Style.Triggers>
    </Style>
  </Window.Resources>
  <Grid>
    <ListBox x:Name="list1" />
  </Grid>
</Window>
```

在代码隐藏文件中,把列表 list1 初始化为包含几个 Book 对象(代码文件 TriggerSamples/DataTriggerWindow.xaml.cs):

```csharp
public DataTriggerWindow()
{
  InitializeComponent();

  list1.Items.Add(new Book
  {
    Title = "Professional C# 6 and .NET Core 1.0",
    Publisher = "Wrox Press"
  });
  list1.Items.Add(new Book
  {
    Title = "C# 5 All-in-One for Dummies",
    Publisher = "For Dummies"
  });
  list1.Items.Add(new Book
  {
    Title = "HTML and CSS: Design and Build Websites",
    Publisher = "Wiley"
  });
}
```

运行应用程序,ListBoxItem 元素就会根据 Publisher 的值进行格式化,如图 34-11 所示。

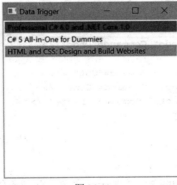

图 34-11

使用 DataTrigger 时,必须给 MultiDataTrigger 设置多个属性(类似于 Trigger 和 MultiTrigger)。

注意：数据触发器在数据绑定更改时，更新用户界面(实现 INotifyPropertyChanged 接口)。后面的"实时成型"一节包括一个示例。

34.5 菜单和功能区控件

许多数据驱动的应用程序都包含菜单和工具栏或功能区控件，允许用户控制操作。在 WPF 4.5 中，也可以使用功能区控件，所以这里介绍菜单和功能区控件。

本节会创建两个新的 WPF 应用程序 BooksDemoMenu 和 BooksDemoRibbon，以及一个库 BooksDemoLib，本章将一直使用它——它不仅包含菜单和功能区控件，还包含 Commanding 和数据绑定。这个应用程序会显示一本书、一个图书列表和一个图书网格。操作由与命令关联的菜单或功能区控件来启动。

34.5.1 菜单控件

在 WPF 中，菜单很容易使用 Menu 和 MenuItem 元素创建，如下面的代码段所示，其中包含两个主菜单 File 和 Edit，以及一个子菜单项列表。字符前面的_标识了可不使用鼠标而直接访问菜单项的特定字符。使用 Alt 键可以使这些字符可见，并使用该字符访问菜单。其中一些菜单项指定了一个命令，如下一节所示(代码文件 BooksDemoMenu/MainWindow.xaml)：

```xml
<Window x:Class="Wrox.ProCSharp.WPF.MainWindow"
        xmlns="http://schemas.microsoft.com/winfx/2006/xaml/presentation"
        xmlns:x="http://schemas.microsoft.com/winfx/2006/xaml"
        xmlns:local="clr-namespace:BooksDemo"
        Title="Books Demo App" Height="400" Width="600">
  <DockPanel>
    <Menu DockPanel.Dock="Top">
     <MenuItem Header="_File">
       <MenuItem Header="Show _Book" />
       <MenuItem Header="Show Book_s" />
       <Separator />
       <MenuItem Header="E_xit" />
     </MenuItem>
     <MenuItem Header="_Edit">
       <MenuItem Header="Undo" Command="Undo" />
       <Separator />
       <MenuItem Header="Cut" Command="Cut" />
       <MenuItem Header="Copy" Command="Copy" />
       <MenuItem Header="Paste" Command="Paste" />
     </MenuItem>
    </Menu>
  </DockPanel>
</Window>
```

运行应用程序，得到的菜单如图 34-12 所示。菜单目前还不能用，因为命令还没有激活。

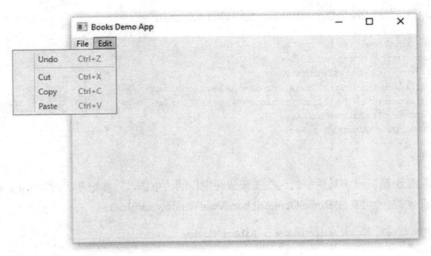

图 34-12

34.5.2 功能区控件

菜单控件的替代品是功能区控件。Microsoft Office 2007 是 Microsoft 引入新开发的功能区控件后发布的第一个应用程序。引入这个新功能之后不久,Office 以前版本的许多用户抱怨在新的 UI 中找不到需要的操作按钮了。新 Office 用户没有使用过以前的用户界面,却在新的 UI 中得到了很好的体验,很容易找到以前版本的用户难以找到的操作按钮。

当然,目前功能区控件在许多应用程序中都很常见。在 Windows 8 中,功能区在随操作系统发布的工具中,例如 Windows 资源管理器、画图和写字板。

WPF 功能区控件在 System.Windows.Controls.Ribbon 名称空间中,需要引用程序集 system.Windows.Controls.Ribbon。

图 34-13 显示了示例应用程序的功能区控件。在顶行上,标题左边是快速访问工具栏,第二行中最左边的项是应用程序菜单,其后是两个功能区标签 Home 和 Ribbon Controls。选择了 Home 标签,会显示两个组 Clipboard 和 Show。这两个组都包含一些按钮控件。

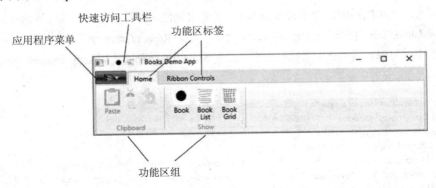

图 34-13

功能区控件在下面的代码段中定义。Ribbon 元素的第一个子元素由 QuickAccessToolBar 属性定义。这个工具栏包含两个引用了小图像的 RibbonButton 控件,这些按钮允许用户直接、快速、方便

地执行操作(代码文件 BooksDemoRibbon/MainWindow.xaml):

```xml
<Ribbon DockPanel.Dock="Top">
  <Ribbon.QuickAccessToolBar>
    <RibbonQuickAccessToolBar>
      <RibbonButton SmallImageSource="Assets/one.png" />
      <RibbonButton SmallImageSource="Assets/list.png" />
    </RibbonQuickAccessToolBar>
  </Ribbon.QuickAccessToolBar>
  <!-- etc. -->
</Ribbon>
```

为了直接把快速访问工具栏中的这些按钮放在窗口的边框中,需要把基类改为 RibbonWindow,而不是 Window 类(代码文件 BooksDemoRibbon/MainWindow.xaml.cs):

```csharp
public partial class MainWindow : RibbonWindow
{
```

修改带后台代码的基类时,还需要修改 XAML 代码,以使用 RibbonWindow 元素:

```xml
<RibbonWindow x:Class="Wrox.ProCSharp.WPF.MainWindow"
    xmlns="http://schemas.microsoft.com/winfx/2006/xaml/presentation"
    xmlns:x="http://schemas.microsoft.com/winfx/2006/xaml"
    xmlns:local="clr-namespace:Wrox.ProCSharp.WPF"
    Title="Books Demo App" Height="400" Width="600">
```

应用程序菜单使用 ApplicationMenu 属性定义。应用程序菜单定义了两个菜单项——第一个显示一本书;第二个关闭应用程序:

```xml
<Ribbon.ApplicationMenu>
  <RibbonApplicationMenu SmallImageSource="Assets/books.png" >
    <RibbonApplicationMenuItem Header="Show _Book" />
    <RibbonSeparator />
    <RibbonApplicationMenuItem Header="Exit" Command="Close" />
  </RibbonApplicationMenu>
</Ribbon.ApplicationMenu>
```

在应用程序菜单的后面,使用 RibbonTab 元素定义功能区控件的内容。该标签的标题用 Header 属性定义。RibbonTab 包含两个 RibbonGroup 元素,每个 RibbonGroup 元素都包含 RibbonButton 元素。在按钮中,可以设置 Label 来显示文本,设置 SmallImageSource 或 LargeImageSource 属性来显示图像:

```xml
<RibbonTab Header="Home">
  <RibbonGroup Header="Clipboard">
    <RibbonButton Command="Paste" Label="Paste"
      LargeImageSource="Assets/paste.png" />
    <RibbonButton Command="Cut" SmallImageSource="Assets/cut.png" />
    <RibbonButton Command="Copy" SmallImageSource="Assets/copy.png" />
    <RibbonButton Command="Undo" LargeImageSource="Assets/undo.png" />
  </RibbonGroup>
  <RibbonGroup Header="Show">
    <RibbonButton LargeImageSource="Assets/one.png" Label="Book" />
    <RibbonButton LargeImageSource="Assets/list.png" Label="Book List" />
```

```xml
            <RibbonButton LargeImageSource="Assets/grid.png" Label="Book Grid" />
        </RibbonGroup>
</RibbonTab>
```

第二个 RibbonTab 元素仅用于演示可以在功能区控件中使用的不同控件，例如文本框、复选框、组合框、微调按钮和图库元素。图 34-14 打开了这个选项卡。

```xml
<RibbonTab Header="Ribbon Controls">
  <RibbonGroup Header="Sample">
    <RibbonButton Label="Button" />
    <RibbonCheckBox Label="Checkbox" />
    <RibbonComboBox Label="Combo1">
      <Label>One</Label>
      <Label>Two</Label>
    </RibbonComboBox>
    <RibbonTextBox>Text Box </RibbonTextBox>
    <RibbonSplitButton Label="Split Button">
      <RibbonMenuItem Header="One" />
      <RibbonMenuItem Header="Two" />
    </RibbonSplitButton>
    <RibbonComboBox Label="Combo2" IsEditable="False">
      <RibbonGallery SelectedValuePath="Content" MaxColumnCount="1"
          SelectedValue="Green">
        <RibbonGalleryCategory>
          <RibbonGalleryItem Content="Red" Foreground="Red" />
          <RibbonGalleryItem Content="Green" Foreground="Green" />
          <RibbonGalleryItem Content="Blue" Foreground="Blue" />
        </RibbonGalleryCategory>
      </RibbonGallery>
    </RibbonComboBox>
  </RibbonGroup>
</RibbonTab>
```

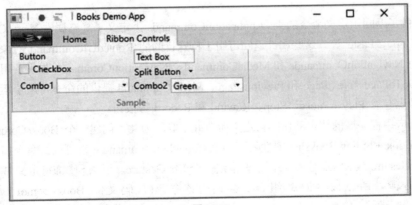

图 34-14

34.6 Commanding

Commanding 是一个 WPF 概念，它在动作源(如按钮)和执行动作的目标(如处理程序方法)之间创建松散耦合。这个概念基于 Gang of Four 中的命令模式。在 WPF 中，事件是紧密耦合的。编译包含事件引用的 XAML 代码，要求代码隐藏已实现一个处理程序方法，且在编译期间可用。而对于命令，这个耦合是松散的。

 注意：命令模式是一种行为设计模式，它分离客户和命令的接收者，更便于进行单元测试。

要执行的动作用命令对象定义。命令实现 ICommand 接口。WPF 使用的命令类是 RoutedCommand 及其派生类 RoutedUICommand。RoutedUICommand 类定义一个 ICommand 接口未定义的附加 Text 属性，这个属性可以在用户界面中用作文本信息。ICommand 定义 Execute()和 CanExecute()方法，它们都在目标对象上执行。

命令源是调用命令的对象。命令源实现 ICommandSource 接口。这种命令源的例子有派生自 ButtonBase 的按钮类、Hyperlink 和 InputBinding。KeyBinding 和 MouseBinding 是派生自 InputBinding 的类。命令源有一个 Command 属性，其中可以指定实现 ICommand 接口的命令对象。在使用控件(如单击按钮)时，这会激活命令。

命令目标是实现了处理程序的对象，用于执行动作。通过命令绑定，定义一个映射，把处理程序映射到命令上。命令绑定指定在命令上调用哪个处理程序。命令绑定通过 UIElement 类中实现的 CommandBinding 属性来定义。因此派生自 UIElement 的每个类都有 CommandBinding 属性。这样，查找映射的处理程序就是一个层次化的过程。例如，在 StackPanel 中定义的一个按钮可以激活命令，而 StackPanel 位于 ListBox 中，ListBox 位于 Grid 中。处理程序在该树型结构的某个位置上通过命令绑定来指定，如 Window 的命令绑定。下面修改 BooksDemoRibbon 项目的实现方式，改为使用命令替代事件模型。

34.6.1 定义命令

.NET 提供了返回预定义命令的类。ApplicationCommands 类定义了静态属性 New、Open、Close、Print、Cut、Copy、Paste 等。这些属性返回可用于特殊目的的 RoutedUICommand 对象。提供了命令的其他类有 NavigationCommands 和 MediaCommands。NavigationCommands 提供了用于导航的常见命令，如 GoToPage、NextPage 和 PreviousPage，MediaCommand 提供的命令可用于运行媒体播放器，媒体播放器包含 Play、Pause、Stop、Rewind 和 Record 等按钮。

定义执行应用程序域的特定动作的自定义命令并不难。为此，创建一个 BooksCommands 类，它通过 ShowBook 和 ShowBookslist 属性返回一个 RoutedUICommand。也可以给命令指定一个输入手势，如 KeyGesture 或 MouseGesture。这里指定一个 KeyGesture，用 Alt 修饰符定义 B 键。因为输入手势是命令源，所以按 Alt+B 组合键会调用该命令(代码文件 BooksDemoLib/Commands/BooksCommands.cs)：

```
public static class BooksCommands
{
  private static RoutedUICommand s_showBook;
  public static ICommand ShowBook =>
    s_showBook ?? (s_showBook = new RoutedUICommand("Show Book",
        nameof(ShowBook), typeof(BooksCommands)));
```

```csharp
    private static RoutedUICommand s_showBooksList;
    public static ICommand ShowBooksList
    {
      get
      {
        if (s_showBooksList == null)
        {
          s_showBooksList = new RoutedUICommand("Show Books",
            nameof(ShowBooksList), typeof(BooksCommands));
          s_showBooksList.InputGestures.Add(new KeyGesture(Key.B,
            ModifierKeys.Alt));
        }
        return s_showBooksList;
      }
    }
    // etc.
}
```

34.6.2 定义命令源

每个实现 ICommandSource 接口的类都可以是命令源，如 Button 和 MenuItem。在前面创建的功能区控件中，把 Command 属性赋予几个 RibbonButton 元素，例如快速访问工具栏，如下所示(代码文件 BooksDemoRibbon/MainWindow.xaml)：

```xml
<Ribbon.QuickAccessToolBar>
  <RibbonQuickAccessToolBar>
    <RibbonButton SmallImageSource="Assets/one.png"
        Command="local:BooksCommands.ShowBook" />
    <RibbonButton SmallImageSource="Assets/list.png"
        Command="local:BooksCommands.ShowBooksList" />
  </RibbonQuickAccessToolBar>
</Ribbon.QuickAccessToolBar>
```

一些预定义的命令，例如 ApplicationCommands.Cut、Copy 和 Paste 也赋予 RibbonButton 元素的 Command 属性，对于预定义的命令，使用简写表示法：

```xml
<RibbonGroup Header="Clipboard">
  <RibbonButton Command="Paste" Label="Paste"
      LargeImageSource="Images/paste.png" />
  <RibbonButton Command="Cut" SmallImageSource="Images/cut.png" />
  <RibbonButton Command="Copy" SmallImageSource="Images/copy.png" />
  <RibbonButton Command="Undo" LargeImageSource="Images/undo.png" />
</RibbonGroup>
```

34.6.3 命令绑定

必须添加命令绑定，才能把它们连接到处理程序方法上。这里在 Window 元素中定义命令绑定，这样这些绑定就可用于窗口中的所有元素。执行 ApplicationCommands.Close 命令时，会调用 OnClose() 方法。执行 BooksCommands.ShowBooks 命令时，会调用 OnShowBooks() 方法(代码文件 BooksDemoRibbon/MainWindow.xaml)：

```xml
<Window.CommandBindings>
```

```
<CommandBinding Command="Close" Executed="OnClose" />
<CommandBinding Command="commands:BooksCommands.ShowBooksList"
    Executed="OnShowBooksList" />
</Window.CommandBindings>
```

通过命令绑定，还可以指定 CanExecute 属性，在该属性中，会调用一个方法来验证命令是否可用。例如，如果文件没有变化，ApplicationCommands.Save 命令就是不可用的。

需要用两个参数定义处理程序，它们分别是 sender 的 object 和可以从中访问命令信息的 ExecutedRoutedEventArgs(代码文件 BooksDemoRibbon/MainWindow.xaml.cs)：

```
private void OnClose(object sender, ExecutedRoutedEventArgs e)
{
  Application.Current.Shutdown();
}
```

> 注意：还可以通过命令传递参数。为此，可以通过命令源(如 MenuItem)指定 CommandParameter 属性。使用 ExecutedRoutedEventArgs 的 Parameter 属性可以访问该参数。

命令绑定也可以通过控件来定义。TextBox 控件给 ApplicationCommands.Cut、ApplicationCommands.Copy、ApplicationCommands.Paste 和 ApplicationCommands.Undo 定义了绑定。这样，就只需要指定命令源，并使用 TextBox 控件中的已有功能。

34.7 数据绑定

与以前的技术相比，WPF 数据绑定向前迈了一大步。数据绑定把数据从.NET 对象传递给 UI，或从 UI 传递给.NET 对象。简单对象可以绑定到 UI 元素、对象列表和 XAML 元素上。在 WPF 数据绑定中，目标可以是 WPF 元素的任意依赖属性，CLR 对象的每个属性都可以是绑定源。因为 WPF 元素作为.NET 类实现，所以每个 WPF 元素也可以用作绑定源。图 34-15 显示了绑定源和绑定目标之间的连接。Binding 对象定义了该连接。

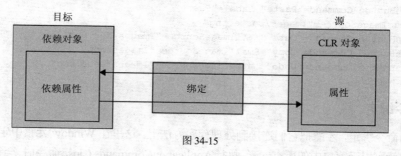

图 34-15

Binding 对象支持源与目标之间的几种绑定模式。绑定可以是单向的，即从源信息指向目标，但如果用户在用户界面上修改了该信息，则源不会更新。要更新源，需要双向绑定。

表 34-7 列出了绑定模式及其要求。

表 34-7

绑定模式	说 明
一次性	绑定从源指向目标，且仅在应用程序启动时，或数据环境改变时绑定一次。通过这种模式可以获得数据的快照
单向	绑定从源指向目标。这对于只读数据很有用，因为它不能从用户界面中修改数据。要更新用户界面，源必须实现 INotifyPropertyChanged 接口
双向	在双向绑定中，用户可以从 UI 中修改数据。绑定是双向的——从源指向目标，从目标指向源。源对象需要实现读写属性，才能把改动的内容从 UI 更新到源对象上
指向源的单向	采用这种绑定模式，如果目标属性改变，源对象也会更新

除了绑定模式之外，WPF 数据绑定还涉及许多方面。本节详细介绍与 XAML 元素、简单的.NET 对象和列表的绑定。通过更改通知，可以使用绑定对象中的更改更新 UI。本节还会讨论从对象数据提供程序中获取数据和直接从代码中获取数据。多绑定和优先绑定说明了与默认绑定不同的绑定可能性，本节也将论述如何动态地选择数据模板，以及绑定值的验证。

下面从 BooksDemoRibbon 示例应用程序开始。

34.7.1 BooksDemo 应用程序内容

上一节在 BooksDemoLib 和 BooksDemoRibbon 项目中定义了一个功能区和命令，现在添加内容。修改 XAML 文件 MainWindow.xaml，并添加 ListBox、Hyperlink 和 TabControl(代码文件 BooksDemoRibbon/MainWindow.xaml)。

```
<ListBox DockPanel.Dock="Left" Margin="5" MinWidth="120">
  <Hyperlink Command="local:BooksCommand.ShowBook">Show Book</Hyperlink>
</ListBox>
<TabControl Margin="5" x:Name="tabControl1">
</TabControl>
```

现在添加一个 WPF 用户控件 BookUC。这个用户控件包含一个 DockPanel、一个几行几列的 Grid、一个 Label 和多个 TextBox 控件(代码文件 BooksDemoRibbon//Controls/BookUC.xaml)：

```
<UserControl x:Class="Wrox.ProCSharp.WPF.BookUC"
    xmlns="http://schemas.microsoft.com/winfx/2006/xaml/presentation"
    xmlns:x="http://schemas.microsoft.com/winfx/2006/xaml"
    xmlns:mc="http://schemas.openxmlformats.org/markup-compatibility/2006"
    xmlns:d="http://schemas.microsoft.com/expression/blend/2008"
    mc:Ignorable="d"
    d:DesignHeight="300" d:DesignWidth="300">
  <DockPanel>
    <Grid>
      <Grid.RowDefinitions>
        <RowDefinition />
        <RowDefinition />
        <RowDefinition />
        <RowDefinition />
      </Grid.RowDefinitions>
      <Grid.ColumnDefinitions>
```

```xml
        <ColumnDefinition Width="Auto" />
        <ColumnDefinition Width="*" />
      </Grid.ColumnDefinitions>
      <Label Content="Title" Grid.Row="0" Grid.Column="0" Margin="10,0,5,0"
        HorizontalAlignment="Left" VerticalAlignment="Center" />
      <Label Content="Publisher" Grid.Row="1" Grid.Column="0"
        Margin="10,0,5,0" HorizontalAlignment="Left"
        VerticalAlignment="Center" />
      <Label Content="Isbn" Grid.Row="2" Grid.Column="0"
        Margin="10,0,5,0" HorizontalAlignment="Left"
        VerticalAlignment="Center" />
      <TextBox Grid.Row="0" Grid.Column="1" Margin="5" />
      <TextBox Grid.Row="1" Grid.Column="1" Margin="5" />
      <TextBox Grid.Row="2" Grid.Column="1" Margin="5" />
      <StackPanel Grid.Row="3" Grid.Column="0" Grid.ColumnSpan="2">
        <Button Content="Show Book" Margin="5" Click="OnShowBook" />
      </StackPanel>
    </Grid>
  </DockPanel>
</UserControl>
```

在 MainWindow.xaml.cs 的 OnShowBook 处理程序中，新建 BookUC 用户控件的一个实例，给 TabControl 添加一个新的 TabItem。接着修改 TabControl 的 SelectedIndex 属性，以打开新的选项卡(代码文件 BooksDemoLib/MainWindow.xaml.cs)：

```csharp
private void OnShowBook(object sender, ExecutedRoutedEventArgs e)
{
  var bookUI = new BookUC();
  this.tabControl1.SelectedIndex = this.tabControl1.Items.Add(
      new TabItem { Header = "Book", Content = bookUI });
}
```

构建项目后，就可以启动应用程序，单击超链接，打开 TabControl 中的用户控件。

34.7.2 用 XAML 绑定

WPF 元素不仅是数据绑定的目标，它还可以是绑定的源。可以把一个 WPF 元素的源属性绑定到另一个 WPF 元素的目标属性上。

在下面的代码示例中，使用数据绑定通过一个滑块重置用户控件中控件的大小。给用户控件 BookUC 添加一个 StackPanel 控件，该 StackPanel 控件包含一个标签和一个 Slider 控件。Slider 控件定义了 Minimum 和 Maximum 值，以指定缩放比例，把其初始值 1 赋予 Value 属性(代码文件 BooksDemoLib/BookUC.xaml)：

```xml
<DockPanel>
  <StackPanel DockPanel.Dock="Bottom" Orientation="Horizontal"
      HorizontalAlignment="Right">
    <Label Content="Resize" />
    <Slider x:Name="slider1" Value="1" Minimum="0.4" Maximum="3"
      Width="150" HorizontalAlignment="Right" />
  </StackPanel>
```

设置 Grid 控件的 LayoutTransform 属性，并添加一个 ScaleTransform 元素。通过 ScaleTransform

元素，对 ScaleX 和 ScaleY 属性进行数据绑定。这两个属性都用 Binding 标记扩展来设置。在 Binding 标记扩展中，把 ElementName 设置为 slider1，以引用前面创建的 Slider 控件。把 Path 属性设置为 Value，从 Value 属性中获取滑块的值。

```
<Grid>
  <Grid.LayoutTransform>
    <ScaleTransform x:Name="scale1"
        ScaleX="{Binding Path=Value, ElementName=slider1}"
        ScaleY="{Binding Path=Value, ElementName=slider1}" />
  </Grid.LayoutTransform>
```

运行应用程序时，可以移动滑块，从而重置 Grid 中的控件，如图 34-16 和图 34-17 所示。

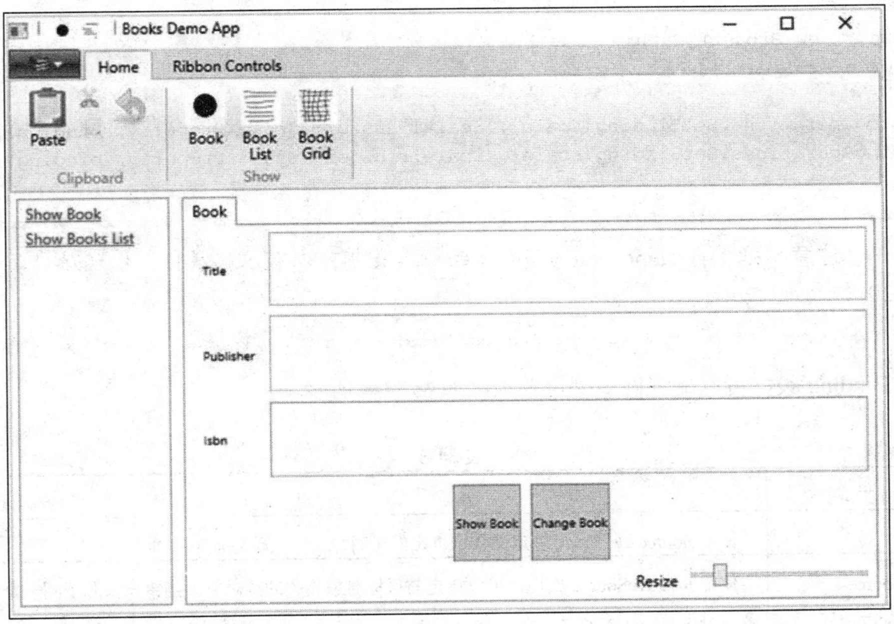

图 34-16

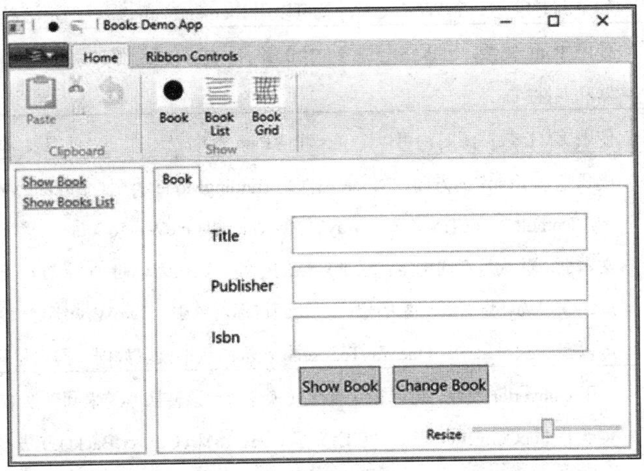

图 34-17

除了用 XAML 代码定义绑定信息之外，如上述代码使用 Binding 元数据扩展来定义，还可以使用代码隐藏。在代码隐藏中，必须新建一个 Binding 对象，并设置 Path 和 Source 属性。必须把 Source 属性设置为源对象，这里是 WPF 对象 slider1。把 Path 属性设置为一个 PropertyPath 实例，它用源对象的 Value 属性名进行初始化。对于派生自 FrameworkElement 的控件，可以调用 SetBinding()方法来定义绑定。但是，ScaleTransform 不派生自 FrameworkElement，而派生自 Freezable 基类。使用辅助类 BindingOperations 可以绑定这类控件。BindingOperations 类的 SetBinding()方法需要一个 DependencyObject，在本例中是 ScaleTransform 实例。对于第二和第三个参数，SetBinding()方法还需要绑定目标的 dependency 属性和 Binding 对象。

```
var binding = new Binding
{
  Path = new PropertyPath("Value"),
  Source = slider1
};
BindingOperations.SetBinding(scale1, ScaleTransform.ScaleXProperty, binding);
BindingOperations.SetBinding(scale1, ScaleTransform.ScaleYProperty, binding);
```

 注意：派生自 DependencyObject 的所有类都可以有依赖属性。依赖属性参见第 29 章。

使用 Binding 类，可以配置许多绑定选项，如表 34-8 所示。

表 34-8

Binding 类成员	说 明
Source	使用 Source 属性，可以定义数据绑定的源对象
RelativeSource	使用 RelativeSource 属性，可以指定与目标对象相关的源对象。当错误来源于同一个控件时，它对于显示错误消息很有用
ElementName	如果源对象是一个 WPF 元素，就可以用 ElementName 属性指定源对象
Path	使用 Path 属性，可以指定到源对象的路径。它可以是源对象的属性，但也支持子元素的索引器和属性
XPath	使用 XML 数据源时，可以定义一个 XPath 查询表达式，来获得要绑定的数据
Mode	模式定义了绑定的方向。Mode 属性是 BindingMode 类型。BindingMode 是一个枚举，其值如下：Default、OneTime、OneWay、TwoWay 和 OneWayToSource。默认模式依赖于目标：对于文本框，默认是双向绑定；对于只读的标签，默认为单向。OneTime 表示数据仅从源中加载一次；OneWay 将对源对象的修改更新到目标对象中。TwoWay 绑定表示，对 WPF 元素的修改可以写回源对象中。OneWayToSource 表示，从不读取数据，但总是从目标对象写入源对象中
Converter	使用 Converter 属性，可以指定一个转换器类，该转换器类来回转换 UI 的数据。转换器类必须实现 IValueConverter 接口，它定义了 Convert()和 ConvertBack()方法。使用 ConverterParameter 属性可以给转换方法传递参数。转换器区分区域性，区域性可以用 ConverterCultrue 属性设置
FallbackValue	使用 FallbackValue 属性，可以定义一个在绑定没有返回值时使用的默认值

(续表)

Binding 类成员	说明
ValidationRules	使用 ValidationRules 属性,可以定义一个 ValidationRule 对象集合,在从 WPF 目标元素更新源对象之前检查该集合。ExceptionValidationRule 类派生自 ValidationRule 类,负责检查异常
Delay	这个属性是 WPF 4.5 新增的,它可以指定更新绑定源之前等待的时间。在开始验证之前,希望给用户一些时间来输入更多的字符时,就可以使用这个属性

34.7.3 简单对象的绑定

要绑定 CLR 对象,只需要使用.NET 类定义属性,如下面的例子就使用 Book 类定义了 Title、Publisher、Isbn 和 Authors 属性。这个类在 BooksDemoLib 项目的 Models 文件夹中(代码文件 BooksDemoLib/Models/Book.cs)。

```csharp
using System.Collections.Generic;

namespace BooksDemo.Models
{
  public class Book
  {
    public Book(string title, string publisher, string isbn,
            params string[] authors)
    {
      Title = title;
      Publisher = publisher;
      Isbn = isbn;
      Authors = authors;
    }
    public Book()
      : this("unknown", "unknown", "unknown")
    {
    }

    public string Title { get; set; }
    public string Publisher { get; set; }
    public string Isbn { get; set; }

    public string[] Authors { get; }

    public override string ToString() => Title;
  }
}
```

在用户控件 BookUC 的 XAML 代码中,定义了几个标签和 TextBox 控件,以显示图书信息。使用 Binding 标记扩展,将 TextBox 控件绑定到 Book 类的属性上。在 Binding 标记扩展中,仅定义了 Path 属性,将它绑定到 Book 类的属性上。不需要定义源对象,因为通过指定 DataContext 来定义源对象,如下面的代码隐藏所示。对于 TextBox 元素,模式定义为其默认值,即双向绑定(代码文件 BooksDemoLib/Controls/BookUC.xaml):

```xaml
<TextBox Text="{Binding Title}" Grid.Row="0" Grid.Column="1" Margin="5" />
```

```
<TextBox Text="{Binding Publisher}" Grid.Row="1" Grid.Column="1" Margin="5" />
<TextBox Text="{Binding Isbn}" Grid.Row="2" Grid.Column="1" Margin="5" />
```

在代码隐藏中定义一个新的 Book 对象, 并将其赋予用户控件的 DataContext 属性。DataContext 是一个依赖属性, 它用基类 FrameworkElement 定义。指定用户控件的 DataContext 属性表示, 用户控件中的每个元素都默认绑定到同一个数据上下文上(代码文件 BooksDemoRibbon/MainWindow.xaml.cs)。

```
private void OnShowBook(object sender, ExecutedRoutedEventArgs e)
{
  var bookUI = new BookUC();
  bookUI.DataContext = new Book
  {
    Title = "Professional C# 5.0 and .NET 4.5.1",
    Publisher = "Wrox Press",
    Isbn = "978-0-470-50225-9"
  };
  this.tabControl1.SelectedIndex =
    this.tabControl1.Items.Add(
      new TabItem { Header = "Book", Content = bookUI });
}
```

启动应用程序后, 就会看到图 34-18 所示的绑定数据。

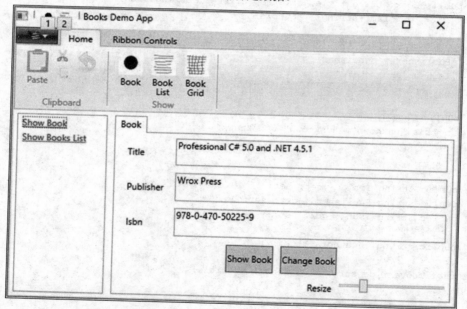

图 34-18

为了实现双向绑定(对输入的 WPF 元素的修改反映到 CLR 对象中), 实现了用户控件中按钮的 Click 事件处理程序——OnShowBook()方法。在实现时, 会弹出一个消息框, 显示 book1 对象的当前标题和 ISBN 号。图 34-19 显示了在运行应用程序时用户输入 Professional C# 6 后消息框的输出(代码文件

图 34-19

BooksDemoLib/Controls/BookUC.xaml.cs)。

```csharp
private void OnShowBook(object sender, RoutedEventArgs e)
{
  Book theBook = this.DataContext as Book;
  if (theBook != null)
  {
    MessageBox.Show(theBook.Title, theBook.Isbn);
  }
}
```

34.7.4 更改通知

使用当前的双向绑定，可以读写对象中的数据。但如果数据不由用户修改，而是直接在代码中修改，用户界面就接收不到更改信息。只要在用户控件中添加一个按钮，并实现 Click 事件处理程序 OnChangeBook，就可以验证这一点(代码文件 BooksDemoLib/Controls/BookUC.xaml)。

```xml
<StackPanel Grid.Row="3" Grid.Column="0" Grid.ColumnSpan="2"
            Orientation="Horizontal" HorizontalAlignment="Center">
  <Button Content="Show Book" Margin="5" Click="OnShowBook" />
  <Button Content="Change Book" Margin="5" Click="OnChangeBook" />
</StackPanel>
```

在处理程序的实现代码中，数据上下文中的图书变化了，但用户界面没有显示这个变化(代码文件 BooksDemoLib/Controls/BookUC.xaml.cs)。

```csharp
private void OnChangeBook(object sender, RoutedEventArgs e)
{
  Book theBook = this.DataContext as Book;
  if (theBook != null)
  {
    theBook.Title = "Professional C# 6";
    theBook.Isbn = "978-0-470-31442-5";
  }
}
```

为了把更改信息传递给用户界面，实体类必须实现 INotifyPropertyChanged 接口。这里不是实现每个需要这个接口的类，而只需要创建 BindableObject 抽象基类。这个基类实现了接口 INotifyPropertyChanged。该接口定义了 PropertyChanged 事件，该事件在 OnPropertyChanged 方法中触发。为了便于在派生类的属性设置器中触发该事件，SetProperty 方法修改了该属性，调用 OnPropertyChanged 方法，来触发该事件。这个方法在 C#中通过 CallerMemberName 属性来使用调用者信息。propertyName 参数通过这个属性定义为可选参数，C#编译器就会通过这个参数传递属性名，所以不需要在代码中添加硬编码字符串(代码文件 BooksDemoLib/Models/BindableObject.cs)：

```csharp
using System.Collections.Generic;
using System.ComponentModel;
using System.Runtime.CompilerServices;
namespace BooksDemo.Model
{
  public abstract class BindableObject : INotifyPropertyChanged
  {
    public event PropertyChangedEventHandler PropertyChanged;
```

```
protected void OnPropertyChanged(string propertyName)
{
  PropertyChanged?.Invoke(this,
    new PropertyChangedEventArgs(propertyName));
}

protected void SetProperty<T>(ref T item, T value,
  [CallerMemberName] string propertyName = null)
{
  if (!EqualityComparer<T>.Default.Equals(item, value))
  {
    item = value;
    OnPropertyChanged(propertyName);
  }
}
```

注意：调用者信息参见第 14 章。

类 Book 现在改为派生自基类 BindableObject，来继承 INotifyPropertyChanged 接口的实现代码。属性设置器改为调用 SetProperty 方法，如下所示(代码文件 BooksDemoLib/Data/Book.cs)：

```
using System.ComponentModel;
using System.Collections.Generic;

namespace Wrox.ProCSharp.WPF.Data
{
 public class Book : BindableObject
 {
   public Book(string title, string publisher, string isbn,
         params string[] authors)
   {
     Title = title;
     Publisher = publisher;
     Isbn = isbn;
     Authors = authors;
   }
   public Book()
     : this("unknown", "unknown", "unknown")
   {
   }

   private string _title;
   public string Title {
    get
    {
      return _title;
    }
    set
    {
```

```
      SetProperty(ref _title, value);
    }
  }
  private string _publisher;
  public string Publisher
  {
    get
    {
      return _publisher;
    }
    set
    {
      SetProperty(ref _publisher, value);
    }
  }
  private string _isbn;
  public string Isbn
  {
    get
    {
      return _isbn;
    }
    set
    {
      SetProperty(ref _isbn, value);
    }
  }
  public string[] Authors { get; }
  public override string ToString() => Title;
  }
}
```

进行了这个修改后，就可以再次启动应用程序，以验证用户界面从事件处理程序中接收到更改信息。

34.7.5 对象数据提供程序

除了在代码隐藏中实例化对象之外，还可以用 XAML 定义对象实例。为了在 XAML 中引用代码隐藏中的类，必须引用在 XML 根元素中声明的名称空间。XML 特性 xmlns:local="clr-namespace:Wrox.ProCSharp.WPF" 将 .NET 名称空间 Wrox.ProCSharp.WPF 赋予 XML 名称空间别名 local。

现在，在 DockPanel 资源中用 Book 元素定义 Book 类的一个对象。给 XML 特性 Title、Publisher 和 Isbn 赋值，就可以设置 Book 类的属性值。x:Key="theBook"定义了资源的标识符，以便引用 book 对象：

```
<UserControl x:Class="BooksDemo.BookUC"
    xmlns="http://schemas.microsoft.com/winfx/2006/xaml/presentation"
    xmlns:x="http://schemas.microsoft.com/winfx/2006/xaml"
    xmlns:mc="http://schemas.openxmlformats.org/markup-compatibility/2006"
    xmlns:d="http://schemas.microsoft.com/expression/blend/2008"
    xmlns:local="clr-namespace:Wrox.ProCSharp.WPF.Data"
    mc:Ignorable="d"
```

```
      d:DesignHeight="300" d:DesignWidth="300">
<DockPanel>
  <DockPanel.Resources>
    <local:Book x:Key="theBook" Title="Professional C# 5.0 and .NET 4.5.1"
        Publisher="Wrox Press" Isbn="978-1-118-83303-2" />
  </DockPanel.Resources>
```

> **注意**：如果要引用的 .NET 名称空间在另一个程序集中，就必须把该程序集添加到 XML 声明中。
>
> ```
> xmlsn:sys="clr-namespace:System;assembly=mscorlib"
> ```

在 TextBox 元素中，用 Binding 标记扩展定义 Source，Binding 标记扩展引用 theBook 资源。

```
<TextBox Text="{Binding Path=Title, Source={StaticResource theBook}}"
    Grid.Row="0" Grid.Column="1" Margin="5" />
<TextBox Text="{Binding Path=Publisher, Source={StaticResource theBook}}"
    Grid.Row="1" Grid.Column="1" Margin="5" />
<TextBox Text="{Binding Path=Isbn, Source={StaticResource theBook}}"
    Grid.Row="2" Grid.Column="1" Margin="5" />
```

因为所有 TextBox 元素都包含在同一个控件中，所以可以用父控件指定 DataContext 属性，用 TextBox 绑定元素设置 Path 属性。因为 Path 属性是默认的，所以也可以在下面的代码中删除 Binding 标记扩展：

```
<Grid x:Name="grid1" DataContext="{StaticResource theBook}">
  <!-- ... -->
  <TextBox Text="{Binding Title}" Grid.Row="0" Grid.Column="1" Margin="5" />
  <TextBox Text="{Binding Publisher}" Grid.Row="1" Grid.Column="1"
    Margin="5" />
  <TextBox Text="{Binding Isbn}" Grid.Row="2" Grid.Column="1" Margin="5" />
```

除了直接在 XAML 代码中定义对象实例外，还可以定义一个对象数据提供程序，该提供程序引用类，以调用方法。为了使用 ObjectDataProvider，最好创建一个返回要显示的对象的工厂类，如下面的 BooksRepository 类所示(代码文件 BooksDemoLib/Models/BooksRepository.cs)：

```
using System.Collections.Generic;

namespace BooksDemo.Models
{
  public class BooksRepository
  {
    private List<Book> books = new List<Book>();

    public BooksRepository()
    {
      books.Add(new Book
      {
        Title = "Professional C# 5.0 and .NET 4.5.1",
        Publisher = "Wrox Press",
        Isbn = "978-1-118-83303-2"
```

```
        });
    }

    public Book GetTheBook() => books[0];
  }
}
```

ObjectDataProvider 元素可以在资源部分中定义。XML 特性 ObjectType 定义了类的名称，MethodName 指定了获得 book 对象要调用的方法的名称(代码文件 BooksDemoLib/Controls/BookUC.xaml)：

```
<DockPanel.Resources>
  <ObjectDataProvider x:Key="theBook" ObjectType="local:BooksRepository"
      MethodName="GetTheBook" />
</DockPanel.Resources>
```

用 ObjectDataProvider 类指定的属性如表 34-9 所示。

表 34-9

ObjectDataProvider	说　明
ObjectType	ObjectType 属性定义了要创建的实例类型
ConstrutorParameters	使用 ConstructorParameters 集合可以在类中添加创建实例的参数
MethodName	MethodName 属性定义了由对象数据提供程序调用的方法的名称
MethodParameters	使用 MethodParameters 属性，可以给通过 MethodName 属性定义的方法指定参数
ObjectInstance	使用 ObjectInstance 属性，可以获取和设置由 ObjectDataProvider 类使用的对象。例如，可以用编程方式指定已有的对象，而不是定义 ObjectType 以便 ObjectDataProvider 实例化一个对象
Data	使用 Data 属性，可以访问用于数据绑定的底层对象。如果定义了 MethodName，则使用 Data 属性，可以访问从指定的方法返回的对象

34.7.6　列表绑定

绑定到列表上比绑定到简单对象上更常见，这两种绑定非常类似。可以从代码隐藏中将完整的列表赋予 DataContext，也可以使用 ObjectDataProvider 访问一个对象工厂，以返回一个列表。对于支持绑定到列表上的元素(如列表框)，会绑定整个列表。对于只支持绑定一个对象上的元素(如文本框)，只绑定当前项。

使用 BooksRepository 类，现在返回一个 Book 对象列表(代码文件 BooksDemoLib/Models/BooksRepository.cs)：

```
public class BooksRepository
{
  private List<Book> _books = new List<Book>();

  public BooksRepository()
  {
    _books.Add(new Book("Professional C# 5.0 and .NET 4.5.1", "Wrox Press",
```

```
            "978-1-118-83303-2", "Christian Nagel", "Jay Glynn",
            "Morgan Skinner"));
      _books.Add(new Book("Professional C# 2012 and .NET 4.5", "Wrox Press",
            "978-0-470-50225-9", "Christian Nagel", "Bill Evjen",
            "Jay Glynn", "Karli Watson", "Morgan Skinner"));
      _books.Add(new Book("Professional C# 4 with .NET 4", "Wrox Press",
            "978-0-470-19137-8", "Christian Nagel", "Bill Evjen",
            "Jay Glynn", "Karli Watson", "Morgan Skinner"));
      _books.Add(new Book("Beginning Visual C# 2010", "Wrox Press",
            "978-0-470-50226-6", "Karli Watson", "Christian Nagel",
            "Jacob Hammer Pedersen", "Jon D. Reid",
            "Morgan Skinner", "Eric White"));
      _books.Add(new Book("Windows 8 Secrets", "Wiley", "978-1-118-20413-9",
            "Paul Thurrott", "Rafael Rivera"));
      _books.Add(new Book("C# 5 All-in-One for Dummies", "For Dummies",
            "978-1-118-38536-5", "Bill Sempf", "Chuck Sphar"));
    }

    public IEnumerable<Book> GetBooks() => _books;
}
```

要使用列表，应新建一个 BooksUC 用户控件。这个控件的 XAML 代码包含的标签和文本框控件可以显示一本书的值，它包含的列表框控件可以显示一个图书列表。ObjectDataProvider 调用 BookFactory 的 GetBooks()方法，这个提供程序用于指定 DockPanel 的 DataContext。DockPanel 把绑定的列表框和文本框作为其子控件。列表框和文本框都通过数据绑定使用 DockPanel 的 DataContext(代码文件 BooksDemoLib/Controls/BooksUC.xaml)。

```xml
<UserControl x:Class="Wrox.ProCSharp.WPF.BooksUC"
    xmlns="http://schemas.microsoft.com/winfx/2006/xaml/presentation"
    xmlns:x="http://schemas.microsoft.com/winfx/2006/xaml"
    xmlns:mc="http://schemas.openxmlformats.org/markup-compatibility/2006"
    xmlns:d="http://schemas.microsoft.com/expression/blend/2008"
    xmlns:local="clr-namespace:Wrox.ProCSharp.WPF.Data"
    mc:Ignorable="d"
    d:DesignHeight="300" d:DesignWidth="300">
  <UserControl.Resources>
    <ObjectDataProvider x:Key="books" ObjectType="local:BookFactory"
                MethodName="GetBooks" />
  </UserControl.Resources>
  <DockPanel DataContext="{StaticResource books}">
    <ListBox DockPanel.Dock="Left" ItemsSource="{Binding}" Margin="5"
        MinWidth="120" />
    <Grid>
      <Grid.RowDefinitions>
        <RowDefinition />
        <RowDefinition />
        <RowDefinition />
        <RowDefinition />
      </Grid.RowDefinitions>
      <Grid.ColumnDefinitions>
```

```xml
        <ColumnDefinition Width="Auto" />
        <ColumnDefinition Width="*" />
      </Grid.ColumnDefinitions>
      <Label Content="Title" Grid.Row="0" Grid.Column="0" Margin="10,0,5,0"
        HorizontalAlignment="Left" VerticalAlignment="Center" />
      <Label Content="Publisher" Grid.Row="1" Grid.Column="0" Margin="10,0,5,0"
        HorizontalAlignment="Left" VerticalAlignment="Center" />
      <Label Content="Isbn" Grid.Row="2" Grid.Column="0" Margin="10,0,5,0"
        HorizontalAlignment="Left" VerticalAlignment="Center" />
      <TextBox Text="{Binding Title}" Grid.Row="0" Grid.Column="1" Margin="5" />
      <TextBox Text="{Binding Publisher}" Grid.Row="1" Grid.Column="1"
        Margin="5" />
      <TextBox Text="{Binding Isbn}" Grid.Row="2" Grid.Column="1" Margin="5" />
    </Grid>
  </DockPanel>
</UserControl>
```

新的用户控件通过给 MainWindow.xaml 添加一个 Hyperlink 来启动。它使用 Command 属性来指定 ShowBooks 命令。该命令绑定必须也指定为调用 OnShowBooksList 事件处理程序(代码文件 BooksDemoRibbon/MainWindow.xaml):

```xml
<ListBox DockPanel.Dock="Left" Margin="5" MinWidth="120">
  <ListBoxItem>
    <Hyperlink Command="local:BooksCommands.ShowBook">Show Book</Hyperlink>
  </ListBoxItem>
  <ListBoxItem>
    <Hyperlink Command="local:ShowCommands.ShowBooksList">
      Show Books List</Hyperlink>
  </ListBoxItem>
</ListBox>
```

事件处理程序的实现代码给 TabControl 添加一个新的 TabItem 控件,把 Content 指定为用户控件 BooksUC,将 TabControl 的选择设置为新建的 TabItem(代码文件 BooksDemoRibbon/MainWindow.xaml.cs):

```csharp
private void OnShowBooksList(object sender, ExecutedRoutedEventArgs e)
{
  var booksUI = new BooksUC();
  this.tabControl1.SelectedIndex =
    this.tabControl1.Items.Add(
      new TabItem { Header="Books List", Content=booksUI});
}
```

因为 DockPanel 将 Book 数组赋予 DataContext,列表框放在 DockPanel 中,所以列表框会用默认模板显示所有图书,如图 34-20 所示。

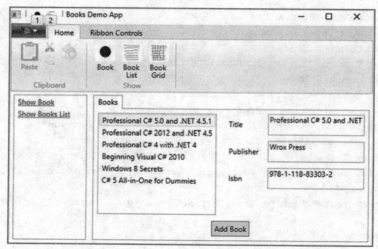

图 34-20

为了使列表框有更灵活的布局,必须定义一个模板,就像第 33 章为列表框定义样式那样。列表框的 ItemTemplate 定义了一个带标签元素的 DataTemplate。标签的内容绑定到 Title 上。列表项模板重复应用于列表中的每一项,当然也可以把列表项模板添加到资源内部的样式中。

```
<ListBox DockPanel.Dock="Left" ItemsSource="{Binding}" Margin="5"
    MinWidth="120">
  <ListBox.ItemTemplate>
    <DataTemplate>
      <Label Content="{Binding Title}" />
    </DataTemplate>
  </ListBox.ItemTemplate>
</ListBox>
```

34.7.7 主从绑定

除了显示列表中的所有元素之外,还应能显示选中项的详细信息。这不需要做太多的工作。标签和文本框控件已经定义好了,当前它们只显示列表中的第一个元素。

这里必须对列表框进行一个重要的修改。在默认情况下,把标签绑定到列表的第一个元素上。设置列表框的属性 IsSynchronizedWithCurrentItem = "True",就会把列表框的选项设置为当前项(代码文件 BooksDemoLib/Controls/BooksUC.xaml)。

```
<ListBox DockPanel.Dock="Left" ItemsSource="{Binding}" Margin="5"
      MinWidth="120" IsSynchronizedWithCurrentItem="True">
  <ListBox.ItemTemplate>
    <DataTemplate>
      <Label Content="{Binding Title}" />
    </DataTemplate>
  </ListBox.ItemTemplate>
</ListBox>
```

34.7.8 多绑定

Binding 是可用于数据绑定的类之一。BindingBase 是所有绑定的抽象基类,有不同的具体实现方式。除了 Binding 之外，还有 MultiBinding 和 PriorityBinding。MultiBinding 允许把一个 WPF 元素绑定到多个源上。例如，Person 类有 LastName 和 FirstName 属性，把这两个属性绑定到一个 WPF 元素上会比较有趣(代码文件 MultiBindingSample/Person.cs)：

```
public class Person
{
  public string FirstName { get; set; }
  public string LastName { get; set; }
}
```

对于 MultiBinding，标记扩展不可用——因此必须用 XAML 元素语法来指定绑定。MultiBinding 的子元素是指定绑定到各种属性上的 Binding 元素。这里使用了 LastName 和 FirstName 属性。数据上下文用 Grid 元素设置，以便引用 person1 资源。

为了把属性连接在一起，MultiBinding 使用一个 Converter 把多个值转换为一个。这个转换器使用一个参数，并可以根据参数进行不同的转换(代码文件 MultiBindingSample/MainWindow.xaml)：

```
<Window x:Class="MultiBindingSample.MainWindow"
        xmlns="http://schemas.microsoft.com/winfx/2006/xaml/presentation"
        xmlns:x="http://schemas.microsoft.com/winfx/2006/xaml"
        xmlns:system="clr-namespace:System;assembly=mscorlib"
        xmlns:local="clr-namespace:Wrox.ProCSharp.WPF"
        Title="Multi Binding" Height="240" Width="500">
  <Window.Resources>
    <local:Person x:Key="person1" FirstName="Tom" LastName="Turbo" />
    <local:PersonNameConverter x:Key="personNameConverter" />
  </Window.Resources>
  <Grid DataContext="{StaticResource person1}">
    <TextBox>
      <TextBox.Text>
        <MultiBinding Converter="{StaticResource personNameConverter}" >
          <MultiBinding.ConverterParameter>
            <system:String>FirstLast</system:String>
          </MultiBinding.ConverterParameter>
          <Binding Path="FirstName" />
          <Binding Path="LastName" />
        </MultiBinding>
      </TextBox.Text>
    </TextBox>
  </Grid>
</Window>
```

多值转换器实现 IMuitlValueConverter 接口。这个接口定义了两个方法：Convert 和 ConvertBack()。Convert()方法通过第一个参数从数据源中接收多个值，并把一个值返回给目标。在实现代码中，根据参数的值是 FirstName 还是 LastName，生成不同的结果(代码文件 MultiBindingSample/PersonNameConverter.cs)：

```
using System;
using System.Globalization;
using System.Windows.Data;

namespace MultiBindingSample
```

1083

```csharp
{
    public class PersonNameConverter : IMultiValueConverter
    {
        public object Convert(object[] values, Type targetType, object parameter,
                    CultureInfo culture)
        {
            switch (parameter as string)
            {
                case "FirstLast":
                    return values[0] + " " + values[1];
                case "LastFirst":
                    return values[1] + ", " + values[0];
                default:
                    throw new ArgumentException($"invalid argument {parameter}");
            }
        }

        public object[] ConvertBack(object value, Type[] targetTypes,
                            object parameter, CultureInfo culture)
        {
            throw new NotSupportedException();
        }
    }
}
```

在这个简单的情形中，只把一些字符串与 MultiBinding 合并起来，并不需要实现 IMultiValueConverter，定义一个格式字符串就足够了，如下面的 XAML 代码段所示。用 MultiBinding 定义的格式字符串首先需要一个{}前缀。在 XAML 中，花括号通常定义一个标记表达式。把{}用作前缀会转义这个符号，不定义标记表达式，而是表示它后面的是一个通常的字符串。该示例指定，两个 Binding 元素用一个逗号和一个空白分隔开(代码文件 MultiBindingSample/MainWindow.xaml)：

```xml
<TextBox>
    <TextBox.Text>
        <MultiBinding StringFormat="{}{0}, {1}">
            <Binding Path="LastName" />
            <Binding Path="FirstName" />
        </MultiBinding>
    </TextBox.Text>
</TextBox>
```

34.7.9 优先绑定

PriorityBinding 非常便于绑定还不可用的数据。如果通过 PriorityBinding 需要一定的时间才能得到结果，就可以通知用户目前的进度，让用户知道需要等待。

为了说明优先绑定，使用 PriorityBindingDemo 项目来创建 Data 类。调用 Thread.Sleep()方法，来模拟访问 ProcessSomeData 属性需要一些时间(代码文件 PriorityBindingSample/Data.cs)：

```csharp
public class Data
{
    public string ProcessSomeData
    {
        get
```

```
    {
      Task.Delay(8000).Wait(); // blocking call
      return "the final result is here";
    }
  }
}
```

Information 类给用户提供信息。从 Info2 属性返回信息 5 秒后，立刻返回 Info1 属性的信息。在实际的实现代码中，这个类可以与处理数据的类关联起来，从而给用户提供估计的时间范围(代码文件 PriorityBindingSample/Information.cs)：

```
public class Information
{
  public string Info1 => "please wait...";

  public string Info2
  {
    get
    {
      Task.Delay(5000).Wait(); // blocking call
      return "please wait a little more";
    }
  }
}
```

在 MainWindow.xaml 文件中，在 Window 的资源内部引用并初始化 Data 类和 Information 类(代码文件 PriorityBindingDemo/MainWindow.xaml)：

```xml
<Window.Resources>
    <local:Data x:Key="data1" />
    <local:Information x:Key="info" />
</Window.Resources>
```

PriorityBinding 在 Label 的 Content 属性中替代了正常的绑定。PriorityBinding 包含多个 Binding 元素，其中除了最后一个元素之外，其他元素都把 IsAsyncs 属性设置为 True。因此，如果第一个绑定表达式的结果不能立即使用，绑定进程就选择下一个绑定。第一个绑定引用 Data 类的 ProcessSomedata 属性，这需要一些时间。所以，选择下一个绑定，并引用 Information 类的 Info2 属性。Info2 属性没有立刻返回结果，而且因为设置了 IsAsyncs 属性，所以绑定进程不等待，而是继续处理下一个绑定。最后一个绑定使用 Info1 属性。如果它没有立刻返回结果，就要等待，因为它的 IsAsyncs 属性设置为默认值 False。

```xml
<Label>
  <Label.Content>
    <PriorityBinding>
      <Binding Path="ProcessSomeData" Source="{StaticResource data1}"
          IsAsync="True" />
      <Binding Path="Info2" Source="{StaticResource info}"
          IsAsync="True" />
      <Binding Path="Info1" Source="{StaticResource info}"
          IsAsync="False" />
    </PriorityBinding>
  </Label.Content>
</Label>
```

```
</Label>
```

启动应用程序，会在用户界面中看到消息"please wait…"。几秒后从 Info2 属性返回结果"please wait a little more"。它替换了 Info1 的输出。最后，ProcessSomeData 的结果再次替代了 Info2 的结果。

34.7.10 值的转换

返回到 BooksDemo 应用程序中。图书的作者还没有显示在用户界面中。如果将 Authors 属性绑定到标签元素上，就要调用 Array 类的 ToString()方法，它只返回类型的名称。一种解决方法是将 Authors 属性绑定到一个列表框上。对于该列表框，可以定义一个模板，以显示特定的视图。另一种解决方法是将 Authors 属性返回的字符串数组转换为一个字符串，再将该字符串用于绑定。

StringArrayConverter 类可以将字符串数组转换为字符串。WPF 转换器类必须实现 System.Windows.Data 名称空间中的 IValueConverter 接口。这个接口定义了 Convert()和 ConvertBack()方法。在 StringArrayConverter 类中，Convert()方法会通过 String.Join()方法把 value 变量中的字符串数组转换为字符串。从 Convert()方法接收的 parameter 变量中提取 Join()方法的分隔符参数(代码文件 BooksDemoLib/Utilities/StringArrayConverter.cs)。

 注意：String 类的方法的更多信息参见第 10 章。

```
using System;
using System.Diagnostics.Contracts;
using System.Globalization;
using System.Windows.Data;

namespace Wrox.ProCSharp.WPF.Utilities
{
  [ValueConversion(typeof(string[]), typeof(string))]
  class StringArrayConverter : IValueConverter
  {
    public object Convert(object value, Type targetType, object parameter,
                    CultureInfo culture)
    {
      if (value == null) return null;
      string[] stringCollection = (string[])value;
      string separator = parameter == null;
      return String.Join(separator, stringCollection);
    }

    public object ConvertBack(object value, Type targetType, object parameter,
                        CultureInfo culture)
    {
      throw new NotImplementedException();
    }
  }
}
```

在 XAML 代码中，StringArrayConverter 类可以声明为一个资源，以便从 Binding 标记扩展中引用它(代码文件 BooksDemoLib/Controls/BooksUC.xaml)：

```xml
<UserControl x:Class="Wrox.ProCSharp.WPF.BooksUC"
    xmlns="http://schemas.microsoft.com/winfx/2006/xaml/presentation"
    xmlns:x="http://schemas.microsoft.com/winfx/2006/xaml"
    xmlns:mc="http://schemas.openxmlformats.org/markup-compatibility/2006"
    xmlns:d="http://schemas.microsoft.com/expression/blend/2008"
    xmlns:local="clr-namespace:Wrox.ProCSharp.WPF.Data"
    xmlns:utils="clr-namespace:Wrox.ProCSharp.WPF.Utilities"
    mc:Ignorable="d"
    d:DesignHeight="300" d:DesignWidth="300">
  <UserControl.Resources>
    <utils:StringArrayConverter x:Key="stringArrayConverter" />
    <ObjectDataProvider x:Key="books" ObjectType="local:BookFactory"
                        MethodName="GetBooks" />
  </UserControl.Resources>
  <!-- etc. -->
```

为了输出多行结果，声明一个 TextBlock 元素，将其 TextWrapping 属性设置为 Wrap，以便可以显示多个作者。在 Binding 标记扩展中，将 Path 设置为 Authors，它定义为一个返回字符串数组的属性。Converter 属性指定字符串数组从 stringArrayConverter 资源中转换。转换器实现的 Convert()方法接收 ConverterParameter=', '作为输入来分隔多个作者。

```xml
<TextBlock Text="{Binding Authors,
           Converter={StaticResource stringArrayConverter},
           ConverterParameter=', '}"
           Grid.Row="3" Grid.Column="1" Margin="5"
           VerticalAlignment="Center" TextWrapping="Wrap" />
```

图 34-21 显示了图书的详细信息，包括作者。

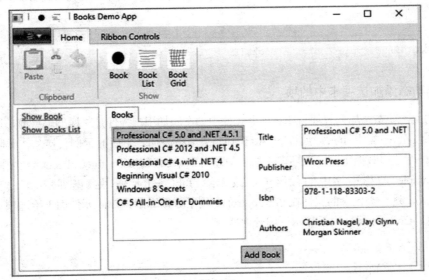

图 34-21

34.7.11 动态添加列表项

如果列表项要动态添加，就必须通知 WPF 元素：要在列表中添加元素。

在 WPF 应用程序的 XAML 代码中，要给 StackPanel 添加一个按钮元素。给 Click 事件指定

OnAddBook()方法(代码文件 BooksDemo/Controls/BooksUC.xaml):

```xml
<StackPanel Orientation="Horizontal" DockPanel.Dock="Bottom"
            HorizontalAlignment="Center">
  <Button Margin="5" Padding="4" Content="Add Book" Click="OnAddBook" />
</StackPanel>
```

在 OnAddBook()方法中,将一个新的 Book 对象添加到列表中。如果用 BookFactory 测试应用程序(因为它已实现),就不会通知 WPF 元素:已在列表中添加了一个新对象(代码文件 BooksDemoLib/Controls/BooksUC.xaml.cs)。

```csharp
private void OnAddBook(object sender, RoutedEventArgs e)
{
  ((this.FindResource("books") as ObjectDataProvider).Data as IList<Book>).
      Add(new Book("HTML and CSS: Design and Build Websites",
          "Wiley", "978-1-1118-00818-8"));
}
```

赋予 DataContext 的对象必须实现 INotifyCollectionChanged 接口。这个接口定义了由 WPF 应用程序使用的 CollectionChanged 事件。除了用自定义集合类实现这个接口之外,还可以使用泛型集合类 ObservableCollection<T>,该类在 WindowsBase 程序集的 System.Collections.ObjectModel 名称空间中定义。现在,把一个新列表项添加到集合中,这个新列表项会立即显示在列表框中(代码文件 BooksDemo/Models/BooksRepository.cs)。

```csharp
public class BooksRepository
{
  private ObservableCollection<Book> _books = new ObservableCollection<Book>();
  // etc.


  public IEnumerable<Book> GetBooks() => _books;
}
```

34.7.12 动态添加选项卡中的项

在原则上,动态添加列表项与在选项卡控件中动态添加用户控件是一样的。目前,选项卡中的项使用 TabControl 类中 Items 属性的 Add 方法来动态添加。下面的示例直接从代码隐藏中引用 TabControl。而使用数据绑定,选项卡中的项信息可以添加到 ObservableCollection<T>中。

BookSample 应用程序中的代码现在改为给 TabControl 使用数据绑定。首先,定义类 UIControlInfo,这个类包含的属性在 TabControl 中用于数据绑定。Title 属性用于给选项卡中的项显示标题信息,Content 属性用于显示该项的内容:

```csharp
using System.Windows.Controls;
namespace Wrox.ProCSharp.WPF
{
 public class UIControlInfo
 {
   public string Title { get; set; }
   public UserControl Content { get; set; }
 }
}
```

现在需要一个可观察的集合，以允许选项卡控件刷新其项的信息。userControls 是 MainWindow 类的一个成员变量。属性 Controls 用于数据绑定，它返回集合(代码文件 BooksDemoRibbon/MainWindow.xaml.cs):

```
private ObservableCollection<UIControlInfo> _userControls =
    new ObservableCollection<UIControlInfo>();

public IEnumerable<UIControlInfo> Controls => _userControls;
```

在 XAML 代码中修改了 TabControl。ItemsSource 属性绑定到 Controls 属性上。现在，需要指定两个模板，一个模板 ItemTemplate 定义了项控件的标题，用 ItemTemplate 指定的 DataTemplate 使用一个 TextBlock 元素，在项控件的标题中显示 Text 属性的值。另一个模板是 ContentTemplate，它指定使用 ContentPresenter 将绑定被绑定项的 Content 属性：

```
<TabControl Margin="5" x:Name="tabControl1" ItemsSource="{Binding Controls}">
  <TabControl.ContentTemplate>
    <DataTemplate>
      <ContentPresenter Content="{Binding Content}" />
    </DataTemplate>
  </TabControl.ContentTemplate>
  <TabControl.ItemTemplate>
    <DataTemplate>
      <StackPanel Margin="0">
        <TextBlock Text="{Binding Title}" Margin="0" />
      </StackPanel>
    </DataTemplate>
  </TabControl.ItemTemplate>
</TabControl>
```

现在，事件处理程序可以改为创建新的 UIControlInfo 对象，把它们添加到可观察的集合中，而不是创建 TabItem 控件。与使用代码隐藏相比，修改项和内容模板是定制外观的一种更简单方式：

```
private void OnShowBooksList(object sender, ExecutedRoutedEventArgs e)
{
  var booksUI = new BooksUC();
  userControls.Add(new UIControlInfo
  {
    Title = "Books List",
    Content = booksUI
  });
}
```

34.7.13 数据模板选择器

第 33 章介绍了如何用模板来定制控件，还讨论了如何创建数据模板，为特定的数据类型定义外观。数据模板选择器可以为同一个数据类型动态地创建不同的数据模板。数据模板选择器在派生自 DataTemplateSelector 基类的类中实现。

下面实现的数据模板选择器根据发布者选择另一个模板。在用户控件的资源中，定义这些模板。一个模板可以通过键名 wroxTemplate 来访问；另一个模板的键名是 dummiesTemplate；第 3 个模板的键名是 bookTemplate(代码文件 BooksDemoLib/Controls/BooksUC.xaml)：

```xml
<DataTemplate x:Key="wroxTemplate" DataType="{x:Type local:Book}">
  <Border Background="Red" Margin="10" Padding="10">
    <StackPanel>
      <Label Content="{Binding Title}" />
      <Label Content="{Binding Publisher}" />
    </StackPanel>
  </Border>
</DataTemplate>

<DataTemplate x:Key="dummiesTemplate" DataType="{x:Type local:Book}">
  <Border Background="Yellow" Margin="10" Padding="10">
    <StackPanel>
      <Label Content="{Binding Title}" />
      <Label Content="{Binding Publisher}" />
    </StackPanel>
  </Border>
</DataTemplate>

<DataTemplate x:Key="bookTemplate" DataType="{x:Type local:Book}">
  <Border Background="LightBlue" Margin="10" Padding="10">
    <StackPanel>
      <Label Content="{Binding Title}" />
      <Label Content="{Binding Publisher}" />
    </StackPanel>
  </Border>
</DataTemplate>
```

要选择模板，BookDataTemplateSelector 类必须重写来自基类 DataTemplateSelector 的 SelectTemplate 方法。其实现方式根据 Book 类的 Publisher 属性选择模板(代码文件 BooksDemoLib/Utilities/BookTemplateSelector.cs)：

```csharp
using System.Windows;
using System.Windows.Controls;
using BooksDemo;

namespace BooksDemo.Utilities
{
  public class BookTemplateSelector : DataTemplateSelector
  {
    public override DataTemplate SelectTemplate(object item,
      DependencyObject container)
    {
      if (item != null && item is Book)
      {
        var book = item as Book;
        switch (book.Publisher)
        {
          case "Wrox Press":
            return (container as FrameworkElement).FindResource(
              "wroxTemplate") as DataTemplate;
          case "For Dummies":
            return (container as FrameworkElement).FindResource(
              "dummiesTemplate") as DataTemplate;
          default:
```

```
            return (container as FrameworkElement).FindResource(
                "bookTemplate") as DataTemplate;
        }
    }
    return null;
  }
 }
}
```

要从 XAML 代码中访问 BookDataTemplateSelector 类,这个类必须在 Window 资源中定义(代码文件 BooksDemoLib/Controls/BooksUC.xaml):

```
<src:BookDataTemplateSelector x:Key="bookTemplateSelector" />
```

现在可以把选择器类赋予 ListBox 的 ItemTemplateSelector 属性:

```
<ListBox DockPanel.Dock="Left" ItemsSource="{Binding}" Margin="5"
         MinWidth="120" IsSynchronizedWithCurrentItem="True"
         ItemTemplateSelector="{StaticResource bookTemplateSelector}">
```

运行这个应用程序,可以看到基于不同发布者的不同数据模板,如图 34-22 所示。

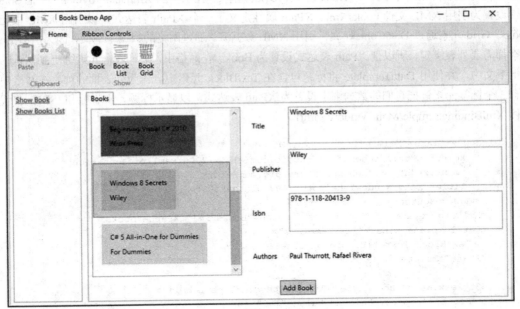

图 34-22

34.7.14 绑定到 XML 上

WPF 数据绑定还专门支持绑定到 XML 数据上。可以将 XmlDataProvider 用作数据源,使用 XPath 表达式绑定元素。为了以层次结构显示,可以使用 TreeView 控件,通过 HierarchicalDataTemplate 为对应项创建视图。

下面包含 Book 元素的 XML 文件将用作下一个例子的数据源(代码文件 XmlBindingSample/Books.xml):

```
<?xml version="1.0" encoding="utf-8" ?>
```

```xml
<Books>
  <Book isbn="978-1-118-31442-5">
    <Title>Professional C# 2012</Title>
    <Publisher>Wrox Press</Publisher>
    <Author>Christian Nagel</Author>
    <Author>Jay Glynn</Author>
    <Author>Morgan Skinner</Author>
  </Book>
  <Book isbn="978-0-470-50226-6">
    <Title>Beginning Visual C# 2010</Title>
    <Publisher>Wrox Press</Publisher>
    <Author>Karli Watson</Author>
    <Author>Christian Nagel</Author>
    <Author>Jacob Hammer Pedersen</Author>
    <Author>Jon D. Reid</Author>
    <Author>Morgan Skinner</Author>
  </Book>
</Books>
```

与定义对象数据提供程序类似,也可以定义 XML 数据提供程序。ObjectDataProvider 和 XmlDataProvider 都派生自同一个 DataSourceProvider 基类。在示例的 XmlDataProvider 中,把 Source 属性设置为引用 XML 文件 books.xml。XPath 属性定义了一个 XPath 表达式,以引用 XML 根元素 Books。Grid 元素通过 DataContext 属性引用 XML 数据源。通过网格的数据上下文,因为所有 Book 元素都需要列表绑定,所以把 XPath 表达式设置为 Book。在网格中,把列表框元素绑定到默认的数据上下文中,并使用 DataTemplate 将标题包含在 TextBlock 元素中,作为列表框的项。在网格中,还有 3 个标签元素,把它们的数据绑定设置为 XPath 表达式,以显示标题、出版社和 ISBN 号(代码文件 XmlBindingSample/MainWindow.xaml)。

```xml
<Window x:Class="XmlBindingDemo.MainWindow"
        xmlns="http://schemas.microsoft.com/winfx/2006/xaml/presentation"
        xmlns:x="http://schemas.microsoft.com/winfx/2006/xaml"
        Title="Main Window" Height="240" Width="500">
  <Window.Resources>
    <XmlDataProvider x:Key="books" Source="Books.xml" XPath="Books" />
    <DataTemplate x:Key="listTemplate">
      <TextBlock Text="{Binding XPath=Title}" />
    </DataTemplate>

    <Style x:Key="labelStyle" TargetType="{x:Type Label}">
      <Setter Property="Width" Value="190" />
      <Setter Property="Height" Value="40" />
      <Setter Property="Margin" Value="5" />
    </Style>
  </Window.Resources>

  <Grid DataContext="{Binding Source={StaticResource books}, XPath=Book}">
    <Grid.RowDefinitions>
      <RowDefinition />
      <RowDefinition />
      <RowDefinition />
      <RowDefinition />
    </Grid.RowDefinitions>
```

```xml
      <Grid.ColumnDefinitions>
        <ColumnDefinition />
        <ColumnDefinition />
      </Grid.ColumnDefinitions>
      <ListBox IsSynchronizedWithCurrentItem="True" Margin="5"
         Grid.Column="0" Grid.RowSpan="4" ItemsSource="{Binding}"
         ItemTemplate="{StaticResource listTemplate}" />

      <Label Style="{StaticResource labelStyle}"
          Content="{Binding XPath=Title}" Grid.Row="0" Grid.Column="1" />
      <Label Style="{StaticResource labelStyle}"
          Content="{Binding XPath=Publisher}" Grid.Row="1" Grid.Column="1" />
      <Label Style="{StaticResource labelStyle}"
          Content="{Binding XPath=@isbn}" Grid.Row="2" Grid.Column="1" />
    </Grid>
</Window>
```

图 34-23 显示了 XML 绑定的结果。

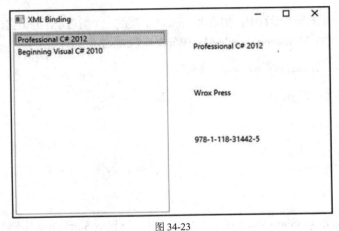

图 34-23

   注意：如果 XML 数据应以层次结构的方式显示，就可以使用 TreeView 控件。

34.7.15 绑定的验证和错误处理

在把数据用于.NET 对象之前，有几个选项可用于验证用户的数据，这些选项如下：

- 处理异常
- 数据错误信息的处理
- 数据错误信息的通知
- 自定义验证规则

1. 处理异常

这里说明的一个选项是，如果在 SomeData 类中设置了无效值，则这个.NET 类就抛出一个异常。

Value1 属性只接受大于等于 5 且小于 12 的值(代码文件 ValidationSample/SomeData.cs):

```csharp
public class SomeData
{
  private int _value1;
  public int Value1 {
    get { return _value1; }
    set
    {
      if (value < 5 || value > 12)
      {
        throw new ArgumentException(
          "value must not be less than 5 or greater than 12");
      }
      _value1 = value;
    }
  }
}
```

在 MainWindow 类的构造函数中,初始化 SomeData 类的一个新对象,并把它传递给 DataContext,用于数据绑定(代码文件 ValidationSample/MainWindow.xaml.cs):

```csharp
public partial class MainWindow: Window
{
  private SomeData _p1 = new SomeData { Value1 = 11 };

  public MainWindow()
  {
    InitializeComponent();
    this.DataContext = _p1;
  }
}
```

事件处理程序方法 OnShowValue 显示一个消息框,以显示 SomeData 实例的实际值:

```csharp
private void OnShowValue(object sender, RoutedEventArgs e)
{
  MessageBox.Show(_p1.Value1.ToString());
}
```

通过简单的数据绑定,把文本框的 Text 属性绑定到 Value1 属性上。如果现在运行应用程序,并试图把该值改为某个无效值,那么单击 Submit 按钮可以验证该值永远不会改变。WPF 会捕获并忽略 Value1 属性的 set 访问器抛出的异常(代码文件 ValidationSample/MainWindow.xaml)。

```xml
<Label Grid.Row="0" Grid.Column="0" >Value1:</Label>
<TextBox Grid.Row="0" Grid.Column="1" Text="{Binding Path=Value1}" />
```

要在输入字段的上下文发生变化时尽快显示错误,可以把 Binding 标记扩展的 ValidatesOnException 属性设置为 True。输入一个无效值(设置该值时,会很快抛出一个异常),文本框就会以红线框出,如图 34-24 所示。

```xml
<Label Grid.Row="0" Grid.Column="0" >Value1:</Label>
<TextBox Grid.Row="0" Grid.Column="1"
```

```
Text="{Binding Path=Value1, ValidatesOnExceptions=True}" />
```

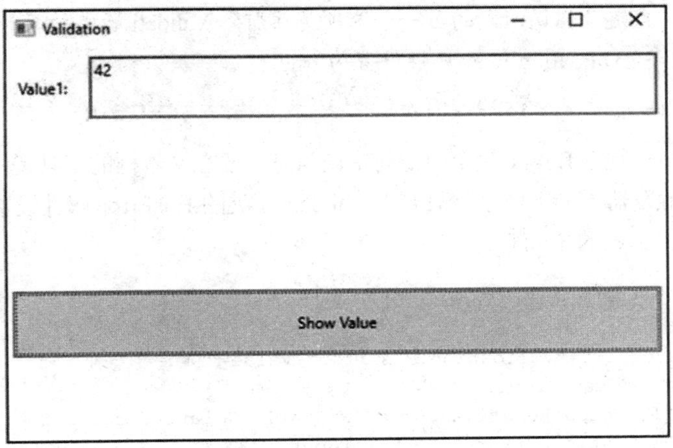

图 34-24

要以另一种方式给用户返回错误信息，Validation 类定义了附加属性 ErrorTemplate，可以定义一个定制的 ControlTemplate，把它赋予 ErrorTemplate。下面代码中的 ControlTemplate 在已有的控件内容前面添加了一个红色的感叹号。

```
<ControlTemplate x:Key="validationTemplate">
  <DockPanel>
    <TextBlock Foreground="Red" FontSize="40">!</TextBlock>
    <AdornedElementPlaceholder/>
  </DockPanel>
</ControlTemplate>
```

用 Validation.ErrorTemplate 附加属性设置 validationTemplate 会激活带文本框的模板：

```
<Label Margin="5" Grid.Row="0" Grid.Column="0" >Value1:</Label>
<TextBox Margin="5" Grid.Row="0" Grid.Column="1"
  Text="{Binding Path=Value1, ValidatesOnExceptions=True}"
  Validation.ErrorTemplate="{StaticResource validationTemplate}" />
```

应用程序的新外观如图 34-25 所示。

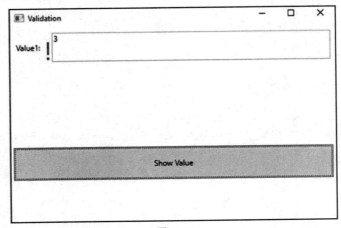

图 34-25

注意： 自定义错误消息的另一个选项是注册到 Validation 类的 Error 事件。这里必须把 NotifyOnValidationError 属性设置为 true。

可以从 Validation 类的 Errors 集合中访问错误信息。要在文本框的工具提示中显示错误信息，可以创建一个属性触发器，如下所示。只要把 Validation 类的 HasError 属性设置为 True，就激活触发器。触发器设置文本框的 ToolTip 属性：

```
<Style TargetType="{x:Type TextBox}">
  <Style.Triggers>
    <Trigger Property="Validation.HasError" Value="True">
      <Setter Property="ToolTip"
        Value="{Binding RelativeSource={x:Static RelativeSource.Self},
        Path=(Validation.Errors)[0].ErrorContent}" />
    </Trigger>
  </Style.Triggers>
</Style>
```

2. 数据错误信息

处理错误的另一种方式是确定 .NET 对象是否执行了 IDataErrorInfo 接口。SomeData 类现在改为实现 IDataErrorInfo 接口。这个接口定义了 Error 属性和带字符串参数的索引器。在数据绑定的过程中验证 WPF 时，会调用索引器，并把要验证的属性名作为 columnName 参数传递。在实现代码中，如果有效，会验证其值，如果无效，就传递一个错误字符串。下面验证 Value2 属性，它使用 C#自动属性标记实现(代码文件 ValidationSample/SomeData.cs)。

```
public class SomeData: IDataErrorInfo
{
  // etc.

  public int Value2 { get; set; }

  string IDataErrorInfo.Error => null;

  string IDataErrorInfo.this[string columnName]
  {
    get
    {
      if (columnName == "Value2")
      {
        if (this.Value2 < 0 || this.Value2 > 80)
          return "age must not be less than 0 or greater than 80";
      }
      return null;
    }
  }
}
```

注意：在.NET 对象中，索引器返回什么内容并不清楚，例如，调用索引器，会从 Person 类型的对象中返回什么？因此最好在 IDataErrorInfo 接口中包含显式的实现代码。这样，这个索引器只能使用接口来访问，.NET 类可以有另一种实现方式，以实现其他目的。

如果把 Binding 类的 ValidatesOnDataErrors 属性设置为 true，就在数据绑定过程中使用 IDataErrorInfo 接口。这里，改变文本框时，绑定机制会调用接口的索引器，并把 Value2 传递给 columnName 变量(代码文件 ValidationSample/MainWindow.xaml)：

```
<Label Margin="5" Grid.Row="1" Grid.Column="0" >Value2:</Label>
<TextBox Margin="5" Grid.Row="1" Grid.Column="1"
    Text="{Binding Path=Value2, ValidatesOnDataErrors=True}" />
```

3. 数据错误信息的通知

除了支持利用异常和 IDataErrorInfo 接口进行验证之外，.NET 4.5 附带的 WPF 还支持利用接口 INotifyDataErrorInfo 进行验证。在 IDataErrorInfo 接口中，属性的索引器可以返回一个错误，而在 INotifyDataErrorInfo 中，可以把多个错误关联到一个属性上。这些错误可以使用 GetErrors 方法来访问。如果实体有错误，HasErrors 属性就返回 true。这个接口的另一个很好的功能是使用事件 ErrorsChanged 通知出了错误。这样，错误就可以在客户端异步检索，例如，可以调用一个 Web 服务来验证用户输入。此时，在检索结果时，用户可以继续处理输入表单，并获得不匹配情况的异步通知。

下面的示例使用 INotifyDataErrorInfo 进行验证。该示例定义基类 NotifyDataErrorInfoBase，这个基类实现了接口 INotifyDataErrorInfo。它派生于基类 BindableObject，来获得 INotifyPropertyChanged 接口的实现，如本章前面所示。NotifyDataErrorInfoBase 使用字典 errors 来包含一个列表，列表中的每个属性都用于存储错误信息。如果任何属性有错误，HasErrors 属性就返回 true。GetErrors 方法返回一个属性的错误列表；事件 ErrorsChanged 在每次改变错误信息时触发。除了接口 INotifyDataErrorInfo 中的成员之外，这个基类还实现了方法 SetErrors、ClearErrors 和 ClearAllErrors，以便于处理设置错误(代码文件 ValidationSample/NotifyDataErrorInfoBase.cs)：

```
using System;
using System.Collections;
using System.Collections.Generic;
using System.ComponentModel;
using System.Runtime.CompilerServices;

namespace ValidationSamlple
{
  public abstract class NotifyDataErrorInfoBase : BindableObject,
      INotifyDataErrorInfo
  {
    private Dictionary<string, List<string>> _errors =
        new Dictionary<string, List<string>>();

    public void SetError(string errorMessage,
```

```csharp
    [CallerMemberName] string propertyName = null)
{
  List<string> errorList;
  if (_errors.TryGetValue(propertyName, out errorList))
  {
    errorList.Add(errorMessage);
  }
  else
  {
    errorList = new List<string> { errorMessage };
    _errors.Add(propertyName, errorList);
  }
  HasErrors = true;
  OnErrorsChanged(propertyName);
}

public void ClearErrors([CallerMemberName] string propertyName = null)
{
  if (hasErrors)
  {
    List<string> errorList;
    if (_errors.TryGetValue(propertyName, out errorList))
    {
      _errors.Remove(propertyName);
    }
    if (_errors.Count == 0)
    {
      HasErrors = false;
    }
    OnErrorsChanged(propertyName);
  }
}

public void ClearAllErrors()
{
  if (HasErrors)
  {
    _errors.Clear();
    HasErrors = false;
    OnErrorsChanged(null);
  }
}

public event EventHandler<DataErrorsChangedEventArgs> ErrorsChanged;

public IEnumerable GetErrors(string propertyName)
{
  List<string> errorsForProperty;
  bool err = _errors.TryGetValue(propertyName, out errorsForProperty);
  if (!err) return null;
  return errorsForProperty;
}
private bool hasErrors = false;
public bool HasErrors
{
```

```csharp
      get { return hasErrors; }
      protected set {
        if (SetProperty(ref hasErrors, value))
        {
          OnErrorsChanged(propertyName: null);
        }
      }
    }
    protected void OnErrorsChanged(
      [CallerMemberName] string propertyName = null)
    {
      ErrorsChanged?.Invoke(this,
        new DataErrorsChangedEventArgs(propertyName));
    }
  }
}
```

类 SomeDataWithNotifications 是绑定到 XAML 代码上的数据对象。这个类派生于基类 NotifyDataErrorInfoBase，继承了 INotifyDataErrorInfo 接口的实现代码。属性 Val1 是异步验证的。对于验证，应在设置属性后调用 CheckVal1 方法，这个方法会异步调用方法 ValidationSimulator.Validate。调用这个方法后，UI 线程就可以返回，来处理其他事件；一旦返回了结果，若返回了一个错误，就调用基类的 SetError 方法。很容易把异步调用改为调用 Web 服务或执行另一个异步操作(代码文件 ValidationSample/SomeDataWithNotifications.cs)：

```csharp
using System.Runtime.CompilerServices;
using System.Threading.Tasks;
namespace ValidationSample
{
  public class SomeDataWithNotifications : NotifyDataErrorInfoBase
  {
    private int val1;
    public int Val1
    {
      get { return val1; }
      set
      {
        SetProperty(ref val1, value);
        CheckVal1(val1, value);
      }
    }
    private async void CheckVal1(int oldValue, int newValue,
        [CallerMemberName] string propertyName = null)
    {
      ClearErrors(propertyName);
      string result = await ValidationSimulator.Validate(
        newValue, propertyName);
      if (result != null)
      {
        SetError(result, propertyName);
      }
    }
  }
}
```

ValidationSimulator 的 Validate 方法在检查值之前推迟了 3 秒，如果该值大于 50，就返回一个错误消息(代码文件 ValidationSample/ValidationSimulator.cs)：

```csharp
public static class ValidationSimulator
{
  public static Task<string> Validate(int val,
    [CallerMemberName] string propertyName = null)
  {
    return Task<string>.Run(async () =>
    {
      await Task.Delay(3000);
      if (val > 50) return "bad value";
      else return null;
    });
  }
}
```

在数据绑定中，只有 ValidatesOnNotifyDataErrors 属性必须设置为 True，才能使用接口 INotifyDataErrorInfo 的异步验证功能(代码文件 ValidationDemo/NotificationWindow.xaml)：

```xml
<TextBox Grid.Row="0" Grid.Column="1"
  Text="{Binding Val1, ValidatesOnNotifyDataErrors=True}" Margin="8" />
```

运行应用程序，就可以看到在输入错误的信息后，文本框被默认的红色矩形包围了 3 秒。以不同的方式显示错误信息也可以用以前的方式实现——使用错误模板和触发器，来访问验证错误。

4. 自定义验证规则

为了更多地控制验证方式，可以实现自定义验证规则。实现自定义验证规则的类必须派生自基类 ValidationRule。在前面的两个例子中，也使用了验证规则。派生自 ValidationRule 抽象基类的两个类是 DataErrorValidationRule 和 ExceptionValidationRule。设置 ValidatesOnDataErrors 属性，并使用 IDataErrorInfo 接口，就可以激活 DataErrorValidationRule。ExceptionValidationRule 处理异常，设置 ValidationOnException 属性会激活 ExceptionValidationRule。

下面的示例实现一条验证规则，来验证正则表达式。RegularExpressionValidationRule 类派生自基类 ValidationRule，并重写基类定义的抽象方法 Validate。在其实现代码中，使用 System.Text.RegularExpressions 名称空间中的 RegEx 类验证 Expression 属性定义的表达式。

```csharp
public class RegularExpressionValidationRule : ValidationRule
{
  public string Expression { get; set; }
  public string ErrorMessage { get; set; }
  public override ValidationResult Validate(object value,
    CultureInfo cultureInfo)
  {
    ValidationResult result = null;
    if (value != null)
    {
      var regEx = new Regex(Expression);
      bool isMatch = regEx.IsMatch(value.ToString());
      result = new ValidationResult(isMatch, isMatch ?
        null: ErrorMessage);
```

```
        }
        return result;
    }
}
```

 注意：正则表达式参见第 10 章。

这里没有使用 Binding 标记扩展，而是把绑定作为 TextBox.Text 元素的一个子元素。绑定的对象现在定义一个 Email 属性，它用简单的属性语法来实现。UpdateSourceTrigger 属性定义绑定源何时应更新。更新绑定源的可能选项如下：
- 当属性值变化时更新，即用户输入属性值中的每个字符时更新
- 失去焦点时更新
- 显式指定更新时间

ValidationRules 是 Binding 类的一个属性，Binding 类包含 ValidationRule 元素。这里使用的验证规则是自定义类 RegularExpressionValidationRule，其中把 Expression 属性设置为一个正则表达式，正则表达式用于验证输入是否是有效的电子邮件，ErrorMessage 属性给出 TextBox 中的输入数据无效时显示的错误消息：

```
<Label Margin="5" Grid.Row="2" Grid.Column="0">Email:</Label>
<TextBox Margin="5" Grid.Row="2" Grid.Column="1">
  <TextBox.Text>
    <Binding Path="Email" UpdateSourceTrigger="LostFocus">
      <Binding.ValidationRules>
        <src:RegularExpressionValidationRule
            Expression="^([\w-\.]+)@((\[[0-9]{1,3}\.[0-9]{1,3}\.
                [0-9]{1,3}\.)|(([\w-]+\.)+))([a-zA-Z]{2,4}|
                [0-9]{1,3})(\]?)$"
            ErrorMessage="Email is not valid" />
      </Binding.ValidationRules>
    </Binding>
  </TextBox.Text>
</TextBox>
```

34.8 TreeView

TreeView 控件可以显示分层数据。绑定到 TreeView 非常类似于前面的绑定到 ListBox，其区别是绑定到 TreeView 会显示分层数据——可以使用 HierarchicalDataTemplate。

下面的示例使用分层显示方式和 DataGrid 控件。Formula1 样本数据库通过 ADO.NET Entity Framework 来访问。模型类型如图 34-26 所示。Race 类包含竞赛日期的信息，且关联到 Circuit 类上。Circuit 类包含 Country 和竞赛环形跑道的信息。Race 类还与 RaceResult 类关联起来。RaceResult 类包含 Racer 和 Team 的信息。

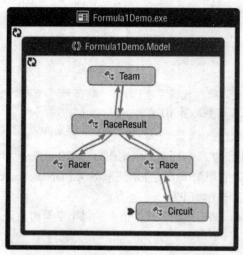

图 34-26

 注意：在 Formula1Demo 示例的 Database 目录下，可以找到 Formula1Demo 项目使用的 Formula1 数据库，它作为一个备份文件。在运行示例应用程序之前，请使用 SQL Server Management Studio 把备份文件恢复到 Formula1 数据库中。

 注意：ADO.NET Entity Framework 参见第 38 章。

使用 XAML 代码声明一个 TreeView。TreeView 派生自基类 ItemsControl，其中，与列表的绑定可以通过 ItemsSource 属性来完成。把 ItemsSource 属性绑定到数据上下文上。数据上下文在代码隐藏中指定，如下所示。当然，这也可以通过 ObjectDataProvider 来实现。为了定义分层数据的自定义显示方式，定义了 HierarchicalDataTemplate 元素。这里的数据模板是用 DataType 属性为特定的数据类型定义的。第一个 HierarchicalDataTemplate 是 Championship 类的模板，它把这个类的 Year 属性绑定到 TextBlock 的 Text 属性上。ItemsSource 属性定义了该数据模板本身的绑定，以指定数据层次结构中的下一层。如果 Championship 类的 Races 属性返回一个集合，就直接把 ItemsSource 属性绑定到 Races 上。但是，因为这个属性返回一个 Lazy<T>对象，所以绑定到 Races.Value 上。Lazy<T>类的优点在本章后面讨论。

第二个 HierarchicalDataTemplate 元素定义 F1Race 类的模板，并绑定这个类的 Country 和 Date 属性。利用 Date 属性，通过绑定定义一个 StringFormat。把 ItemsSource 属性绑定到 Races.Value 上，来定义层次结构中的下一层。

因为 F1RaceResult 类没有子集合，所以层次结构到此为止。对于这个数据类型，定义一个正常的 DataTemplate，来绑定 Position、Racer 和 Car 属性(代码文件 Formula1Demo/Controls/TreeUC.xaml)：

```xaml
<UserControl x:Class="Formula1Demo.Controls.TreeUC"
    xmlns="http://schemas.microsoft.com/winfx/2006/xaml/presentation"
    xmlns:x="http://schemas.microsoft.com/winfx/2006/xaml"
```

```xml
        xmlns:d="http://schemas.microsoft.com/expression/blend/2008"
        xmlns:local="clr-namespace:Formula1Demo"
        mc:Ignorable="d"
        d:DesignHeight="300" d:DesignWidth="300">
<Grid>
  <TreeView ItemsSource="{Binding}" >
    <TreeView.Resources>
      <HierarchicalDataTemplate DataType="{x:Type local:Championship}"
                       ItemsSource="{Binding Races.Value}">
        <TextBlock Text="{Binding Year}" />
      </HierarchicalDataTemplate>

      <HierarchicalDataTemplate DataType="{x:Type local:F1Race}"
                       ItemsSource="{Binding Results.Value}">
        <StackPanel Orientation="Horizontal">
          <TextBlock Text="{Binding Country}" Margin="5,0,5,0" />
          <TextBlock Text="{Binding Date, StringFormat=d}" Margin="5,0,5,0" />
        </StackPanel>
      </HierarchicalDataTemplate>

      <DataTemplate DataType="{x:Type local:F1RaceResult}">
        <StackPanel Orientation="Horizontal">
          <TextBlock Text="{Binding Position}" Margin="5,0,5,0" />
          <TextBlock Text="{Binding Racer}" Margin="5,0,0,0" />
          <TextBlock Text=", " />
          <TextBlock Text="{Binding Car}" />
        </StackPanel>
      </DataTemplate>
    </TreeView.Resources>
  </TreeView>
</Grid>
</UserControl>
```

下面是填充分层控件的代码。在 XAML 代码的代码隐藏文件中，把 DataContext 赋予 Years 属性。Years 属性使用一个 GetYears 辅助方法中定义的 LINQ 查询，来获取数据库中所有一级方程式比赛的年份，并为每个年份新建一个 Championship 对象。通过 Championship 类的实例设置 Year 属性。这个类也有一个 Races 属性，可返回该年份的比赛信息，但这些信息还没有填充(代码文件 Formula1Demo/TreeUC.xaml.cs)。

 注意：LINQ 参见第 13 章和第 38 章。

```csharp
using System.Collections.Generic;
using System.Linq;
using System.Windows.Controls;

namespace Formula1Demo
{
  public partial class TreeUC : UserControl
  {
    public TreeUC()
```

```
{
  InitializeComponent();
  this.DataContext = Years;
}

private List<Championship> _years;

private List<Championship> GetYears()
{
  using (var data = new Formula1Context())
  {
    return data.Races.Select(r => new Championship
    {
      Year = r.Date.Year
    }).Distinct().OrderBy(c => c.Year).ToList();
  }
}

public IEnumerable<Championship> Years => _years ?? (_years = GetYears());
}
```

Championship 类有一个用于返回年份的简单的自动属性。Races 属性的类型是 Lazy<IEnumerable<F1Race>>。Lazy<T>类是.NET 4 新增的,用于懒惰初始化。对于 TreeView 控件,这个类非常方便。如果表达式树中的数据非常多,且不希望提前加载整个表达式树,但仅在用户做出选择时加载,就可以使用懒惰加载方式。在 Lazy<T>类的构造函数中使用 Func<IEnumerable<F1Race>>委托。在这个委托中,需要返回 IEnumerable<F1Race>。赋予该委托的 lambda 表达式的实现方式使用一个 LINQ 查询,来创建一个 F1Race 对象列表,并指定它们的 Date 和 Country 属性(代码文件 Formula1Demo/Championship.cs):

```
public class Championship
{
  public int Year { get; set; }

  private IEnumerable<F1Race> GetRaces()
  {
    using (var context = new Formula1Context())
    {
      return (from r in context.Races
              where r.Date.Year == Year
              orderby r.Date
              select new F1Race
              {
                Date = r.Date,
                Country = r.Circuit.Country
              }).ToList();
    }
  }
}
```

```csharp
  public Lazy<IEnumerable<F1Race>> Races =>
    new Lazy<IEnumerable<F1Race>>(() => GetRaces());
}
```

F1Race 类也定义了 Results 属性,该属性使用 Lazy<T>类型返回一个 F1RaceResult 对象列表(代码文件 Formula1Demo/Championship.cs):

```csharp
public class F1Race
{
  public string Country { get; set; }
  public DateTime Date { get; set; }

  private IEnumerable<F1RaceResult> GetResults()
  {
    using (var context = new Formula1Context())
    {
      return (from rr in context.RaceResults
              where rr.Race.Date == this.Date
              select new F1RaceResult
              {
                Position = rr.Position,
                Racer = rr.Racer.FirstName + " " + rr.Racer.LastName,
                Car = rr.Team.Name
              }).ToList();
    }
  }

  public Lazy<IEnumerable<F1RaceResult>> Results =>
    new Lazy<IEnumerable<F1RaceResult>>(() => GetResults());
}
```

层次结构中的最后一个类是 F1RaceResult,它是 Position、Racer 和 Car 的简单数据存储器(代码文件 Formula1Demo/Championship.cs):

```csharp
public class F1RaceResult
{
  public int Position { get; set; }
  public string Racer { get; set; }
  public string Car { get; set; }
}
```

运行应用程序,首先会在树型视图中看到所有年份的冠军。因为使用了绑定,所以也访问了下一层——每个 Championship 对象已经关联到 F1Race 对象。用户不需要等待,就可以看到年份下面的第一级,也不需要使用默认显示的小三角形来打开某个年份的信息。图 34-27 打开了 1984 年的信息。只要用户单击某个年份,就会看到第二级绑定,第三级也绑定了,并检索出比赛结果。

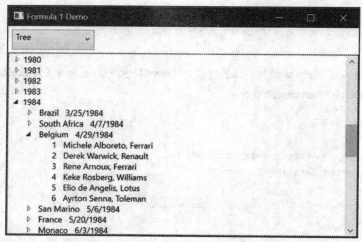

图 34-27

当然也可以定制 TreeView 控件,并为整个模板或视图中的项定义不同的样式。

34.9 DataGrid

通过 DataGrid 控件,可以把信息显示在行和列中,还可以编辑它们。DataGrid 控件是一个 ItemsControl,定义了绑定到集合上的 ItemsSource 属性。这个用户界面的 XAML 代码也定义了两个 RepeatButton 控件,用于实现分页功能。这里不是一次加载所有比赛信息,而是使用分页功能,这样用户就可以翻看各个页面。在简单的场景中,只需要指定 DataGrid 的 ItemsSource 属性。默认情况下,DataGrid 会根据绑定数据的属性来创建列(代码文件 Formula1Demo/Controls/GridUC.xaml):

```
<UserControl x:Class="Formula1Demo.Controls.GridUC"
    xmlns="http://schemas.microsoft.com/winfx/2006/xaml/presentation"
    xmlns:x="http://schemas.microsoft.com/winfx/2006/xaml"
    xmlns:mc="http://schemas.openxmlformats.org/markup-compatibility/2006"
    xmlns:d="http://schemas.microsoft.com/expression/blend/2008"
    mc:Ignorable="d"
    d:DesignHeight="300" d:DesignWidth="300">
  <Grid>
    <Grid.RowDefinitions>
      <RepeatButton Margin="5" Click="OnPrevious">Previous</RepeatButton>
      <RepeatButton Margin="5" Click="OnNext">Next</RepeatButton>
    </Grid.RowDefinitions>
    <StackPanel Orientation="Horizontal" Grid.Row="0">
      <Button Click="OnPrevious">Previous</Button>
      <Button Click="OnNext">Next</Button>
    </StackPanel>
    <DataGrid Grid.Row="1" ItemsSource="{Binding}" />
  </Grid>
</UserControl>
```

代码隐藏使用与前面 TreeView 示例相同的 Formula1 数据库。把 UserControl 的 DataContext 设置为 Races 属性。这个属性返回 IEnumerable<object>。这里不指定强类型化的枚举,而使用一个 object,

以通过 LINQ 查询创建一个匿名类。该 LINQ 查询使用 Year、Country、Position、Racer 和 Car 属性创建匿名类，并使用复合语句访问 Races 和 RaceResults 属性。它还访问 Races 的其他关联属性，以获取国籍、赛手和团队信息。使用 Skip()和 Take()方法实现分页功能。页面的大小固定为 50 项，当前页面使用 OnNext 和 OnPrevious 处理程序来改变(代码文件 Formula1Demo/Controls/GridUC.xaml.cs)：

```csharp
using System.Collections.Generic;
using System.Linq;
using System.Windows;
using System.Windows.Controls;

namespace Formula1Demo
{
  public partial class GridUC : UserControl
  {
    private int _currentPage = 0;
    private int _pageSize = 50;

    public GridUC()
    {
      InitializeComponent();
      this.DataContext = Races;
    }

    private IEnumerable<object> GetRaces()
    {
      using (var data = new Formula1Context())
      {
        return (from r in data.Races
                from rr in r.RaceResults
                orderby r.Date ascending
                select new
                {
                  r.Date.Year,
                  r.Circuit.Country,
                  rr.Position,
                  Racer = rr.Racer.FirstName + " " + rr.Racer.LastName,
                  Car = rr.Team.Name
                }).Skip(_currentPage * _pageSize).Take(_pageSize).ToList();
      }
    }

    public IEnumerable<object> Races => GetRaces();

    private void OnPrevious(object sender, RoutedEventArgs e)
    {
      if (_currentPage > 0)
      {
        _currentPage--;
        this.DataContext = Races;
      }
    }

    private void OnNext(object sender, RoutedEventArgs e)
```

```
            _currentPage++;
            this.DataContext = Races;
        }
    }
}
```

图 34-28 显示了正在运行的应用程序,其中使用了默认的网格样式和标题。

在下一个 DataGrid 示例中,用自定义列和组合来定制网格。

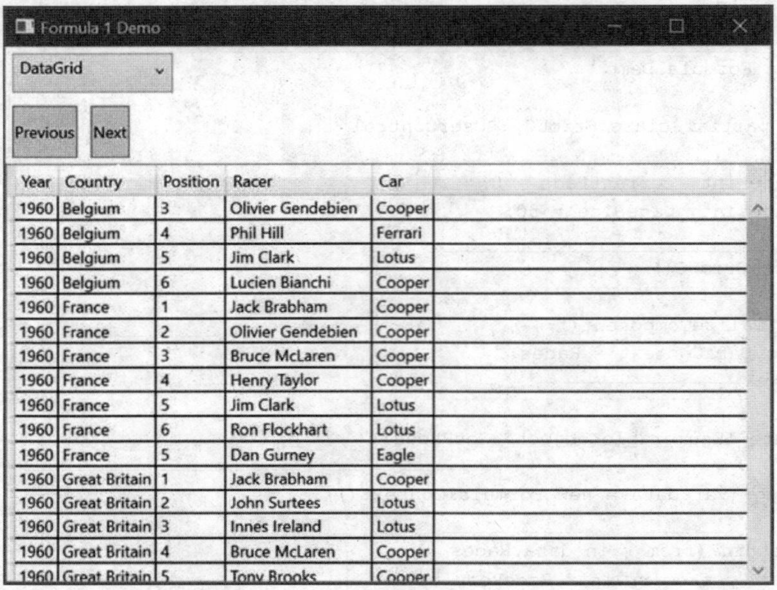

图 34-28

34.9.1 自定义列

把 DataGrid 的 AutoGenerateColumns 属性设置为 False,就不会生成默认的列。使用 Columns 属性可以创建自定义列。还可以指定派生自 DataGridColumn 的元素,也可以使用预定义的类。DataGridTextColumn 可以用于读取和编辑文本。DataGridHyperlinkColumn 可显示超链接。DataGrid-CheckBoxColumn 可给布尔数据显示复选框。如果某列有一个项列表,就可以使用 DataGridCombo-BoxColumn。将来会有更多的 DataGridColumn 类型,但如果现在就需要其他表示方式,可以使用 DataGridTempalteColumn 定义并绑定任意需要的元素。

下面的示例代码使用 DataGridTextColumn 来绑定到 Position 和 Racer 属性。把 Header 属性设置为要显示的字符串,当然也可以使用模板给列定义完全自定义的标题(代码文件 Formula1Demo/Controls/GridCustomUC.xaml.cs):

```
<DataGrid ItemsSource="{Binding}" AutoGenerateColumns="False">
  <DataGrid.Columns>
    <DataGridTextColumn Binding="{Binding Position, Mode=OneWay}"
                        Header="Position" />
    <DataGridTextColumn Binding="{Binding Racer, Mode=OneWay}"
                        Header="Racer" />
  </DataGrid.Columns>
```

34.9.2 行的细节

选择一行时，DataGrid 可以显示该行的其他信息。为此，需要指定 DataGrid 的 RowDetailsTemplate。把一个 DataTemplate 赋予这个 RowDetailsTemplate，其中包含几个显示汽车和赛点的 TextBlock 元素(代码文件 Formula1Demo/Controls/GridCustomUC.xaml)：

```xml
<DataGrid.RowDetailsTemplate>
  <DataTemplate>
    <StackPanel Orientation="Horizontal">
      <TextBlock Text="Car:" Margin="5,0,0,0" />
      <TextBlock Text="{Binding Car}" Margin="5,0,0,0" />
      <TextBlock Text="Points:" Margin="5,0,0,0" />
      <TextBlock Text="{Binding Points}" />
    </StackPanel>
  </DataTemplate>
</DataGrid.RowDetailsTemplate>
```

34.9.3 用 DataGrid 进行分组

一级方程式比赛有几行包含相同的信息，如年份和国籍。对于这类数据，可以使用分组功能，给用户组织信息。

对于分组功能，可以在 XAML 代码中使用 CollectionViewSource 来支持分组、排序和筛选功能。在代码隐藏中，也可以使用 ListCollectionView 类，它仅由 CollectionViewSource 使用。

CollectionViewSource 在 Resources 集合中定义。CollectionViewSource 的源是 ObjectDataProvider 的结果。ObjectDataProvider 调用 F1Races 类型的 GetRaces()方法。这个方法有两个 int 参数，它们从 MethodParameters 集合中指定。CollectionViewSource 给分组使用了两个描述，分别用于 Year 属性和 Country 属性(代码文件 Formula1Demo/Controls/GridGroupingUC.xaml)：

```xml
<Grid.Resources>
  <ObjectDataProvider x:Key="races" ObjectType="{x:Type local:F1Races}"
                      MethodName="GetRaces">
    <ObjectDataProvider.MethodParameters>
      <sys:Int32>0</sys:Int32>
      <sys:Int32>20</sys:Int32>
    </ObjectDataProvider.MethodParameters>
  </ObjectDataProvider>
  <CollectionViewSource x:Key="viewSource"
                        Source="{StaticResource races}">
    <CollectionViewSource.GroupDescriptions>
      <PropertyGroupDescription PropertyName="Year" />
      <PropertyGroupDescription PropertyName="Country" />
    </CollectionViewSource.GroupDescriptions>
  </CollectionViewSource>
</Grid.Resources>
```

这里显示的组使用 DataGrid 的 GroupStyle 属性定义。对于 GroupStyle 元素，需要自定义 ContainerStyle、HeaderTemplate 和整个面板。为了动态选择 GroupStyle 和 HeaderStyle，还可以编写一个容器样式选择器和一个标题模板选择器。它们的功能非常类似于前面的数据模板选择器。

示例中的 GroupStyle 设置了 GroupStyle 的 ContainerStyle 属性。在这个样式中，用模板定制

GroupItem。使用分组功能时，GroupItem 显示为组的根元素。在组中使用 Name 属性显示名字，使用 ItemCount 属性显示项数。Grid 的第 3 列使用 ItemPresenter 包含所有正常的项。如果行按国籍分组，Name 属性的标签就会有不同的宽度，这看起来不太好。因此，使用 Grid 的第二列设置 SharedSizeGroup 属性，使所有的项有相同的大小。还需要设置共享的尺寸范围，使所有的元素有相同的大小，为此在 DataGrid 中设置 Grid.IsSharedSizeScope="True"。

```xml
<DataGrid.GroupStyle>
  <GroupStyle>
    <GroupStyle.ContainerStyle>
      <Style TargetType="{x:Type GroupItem}">
        <Setter Property="Template">
          <Setter.Value>
            <ControlTemplate >
              <StackPanel Orientation="Horizontal" >
                <Grid>
                  <Grid.ColumnDefinitions>
                    <ColumnDefinition SharedSizeGroup="LeftColumn" />
                    <ColumnDefinition />
                    <ColumnDefinition />
                  </Grid.ColumnDefinitions>
                  <Label Grid.Column="0" Background="Yellow"
                      Content="{Binding Name}" />
                  <Label Grid.Column="1" Content="{Binding ItemCount}" />
                  <Grid Grid.Column="2" HorizontalAlignment="Center"
                      VerticalAlignment="Center">
                    <ItemsPresenter/>
                  </Grid>
                </Grid>
              </StackPanel>
            </ControlTemplate>
          </Setter.Value>
        </Setter>
      </Style>
    </GroupStyle.ContainerStyle>
  </GroupStyle>
</DataGrid.GroupStyle>
```

ObjectDataProvider 使用了类 F1Races，F1Races 使用 LINQ 访问 Formula1 数据库，并返回一个匿名类型列表，以及 Year、Country、Position、Racer、Car 和 Points 属性。这里再次使用 Skip()和 Take()方法访问部分数据(代码文件 Formula1Demo/F1Races.cs)：

```csharp
using System.Collections.Generic;
using System.Linq;

namespace Formula1Demo
{
 public class F1Races
 {
   private int _lastpageSearched = -1;
   private IEnumerable<object> _cache = null;

   public IEnumerable<object> GetRaces(int page, int pageSize)
```

```
    {
      using (var data = new Formula1Context())
      {
        if (_lastpageSearched == page)
          return _cache;
        _lastpageSearched = page;

        var q = (from r in data.Races
                 from rr in r.RaceResults
                 orderby r.Date ascending
                 select new
                 {
                   Year = r.Date.Year,
                   Country = r.Circuit.Country,
                   Position = rr.Position,
                   Racer = rr.Racer.FirstName + " " + rr.Racer.LastName,
                   Car = rr.Team.Name,
                   Points = rr.Points
                 }).Skip(page * pageSize).Take(pageSize);
        _cache = q.ToList();
        return _cache;
      }
    }
  }
}
```

现在只需要为用户设置页码，修改 ObjectDataProvider 的参数。在用户界面中，定义一个文本框和一个按钮(代码文件 Formula1Demo/Controls/GridGroupingUC.xaml)：

```
<StackPanel Orientation="Horizontal" Grid.Row="0">
  <TextBlock Margin="5" Padding="4" VerticalAlignment="Center">
    Page:
  </TextBlock>
  <TextBox Margin="5" Padding="4" VerticalAlignment="Center"
    x:Name="textPageNumber" Text="0" />
  <Button Click="OnGetPage">Get Page</Button>
</StackPanel>
```

在代码隐藏中，按钮的 OnGetPage 处理程序访问 ObjectDataProvider，并修改方法的第一个参数。接着调用 Refresh()方法，以便 ObjectDataProvider 请求新页面(代码文件 Formula1Demo/GridGroupingUC.xaml.cs)：

```
private void OnGetPage(object sender, RoutedEventArgs e)
{
  int page = int.Parse(textPageNumber.Text);
  var odp = (sender as FrameworkElement).FindResource("races")
        as ObjectDataProvider;
  odp.MethodParameters[0] = page;
  odp.Refresh();
}
```

运行应用程序，就会看到分组和行的细节信息，如图 34-29 所示。

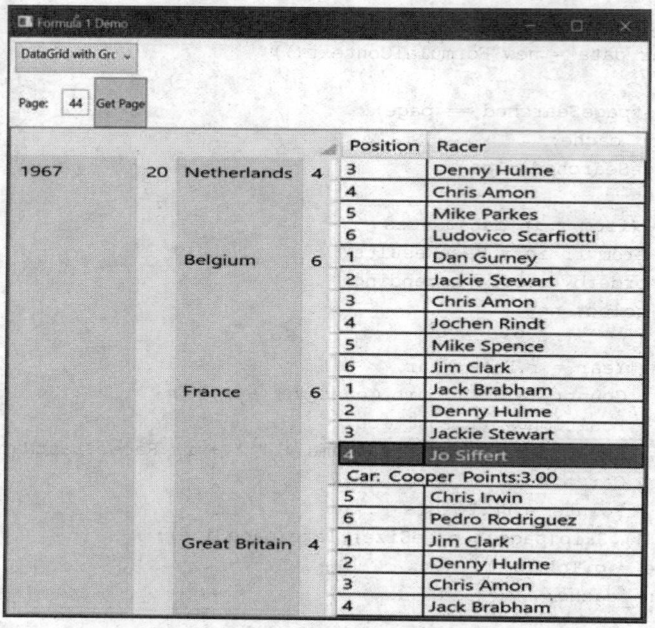

图 34-29

34.9.4 实时成型

WPF 4.5 的一个新功能是实时成型。前面介绍了集合视图源及其对排序、过滤和分组的支持。但是，如果因为排序、过滤和分组返回不同的结果，而使集合随时间变化，CollectionViewSource 就没有什么帮助了。对于实时成型功能，应使用新接口 ICollectionViewLiveShaping。这个接口定义了属性 CanChangeLiveFiltering、CanChangeLiveGrouping 和 CanChangeLiveSorting，用于检查数据源能否使用实时成型功能。属性 IsLiveFiltering、IsLiveGrouping 和 IsLiveSorting 启用实时成型功能(如果可用)。有了 LiveFilteringProperties、LiveGroupingProperties 和 LiveSortingProperties，就可以定义源中可用于实时过滤、分组和排序的属性。

示例应用程序展示了一级方程式比赛的结果(这次是 2012 年巴塞罗那的比赛)如何变化。

赛手用 Racer 类表示，这个类型只有简单的属性 Name、Team 和 Number，这些属性使用自动属性来实现，因为这个类型的值不会在应用程序运行期间改变(代码文件 LiveShaping/Racer.cs)：

```csharp
public class Racer
{
  public string Name { get; set; }
  public string Team { get; set; }
  public int Number { get; set; }
  public override string ToString() => Name;
}
```

类 Formula1 返回所有参加 2012 年巴塞罗那比赛的赛手(代码文件 LiveShaping/Formula1.cs)：

```csharp
public class Formula1
{
  private List<Racer> _racers;
  public IEnumerable<Racer> Racers => _racers ?? (_racers = GetRacers());
```

```csharp
private List<Racer> GetRacers()
{
  return new List<Racer>()
  {
    new Racer { Name="Sebastian Vettel", Team="Red Bull Racing", Number=1 },
    new Racer { Name="Mark Webber", Team="Red Bull Racing", Number=2 },
    new Racer { Name="Jenson Button", Team="McLaren", Number=3 },
    new Racer { Name="Lewis Hamilton", Team="McLaren", Number=4 },
    new Racer { Name="Fernando Alonso", Team="Ferrari", Number=5 },
    new Racer { Name="Felipe Massa", Team="Ferrari", Number=6 },
    new Racer { Name="Michael Schumacher", Team="Mercedes", Number=7 },
    new Racer { Name="Nico Rosberg", Team="Mercedes", Number=8 },
    new Racer { Name="Kimi Raikkonen", Team="Lotus", Number=9 },
    new Racer { Name="Romain Grosjean", Team="Lotus", Number=10 },
    new Racer { Name="Paul di Resta", Team="Force India", Number=11 },
    new Racer { Name="Nico Hülkenberg", Team="Force India", Number=12 },
    new Racer { Name="Kamui Kobayashi", Team="Sauber", Number=14 },
    new Racer { Name="Sergio Perez", Team="Sauber", Number=15 },
    new Racer { Name="Daniel Riccardio", Team="Toro Rosso", Number=16 },
    new Racer { Name="Jean-Eric Vergne", Team="Toro Rosso", Number=17 },
    new Racer { Name="Pastor Maldonado", Team="Williams", Number=18 },
    //... more racers in the source code download
  };
}
```

现在这个示例就更有趣了。LapRacerInfo 类是在 DataGrid 控件中显示的类型，这个类派生于基类 BindableObject，获得了如前所述的 INotifyPropertyChanged 的实现代码。属性 Lap、Position 和 PositionChange 随时间而变化。Lap 给出了赛车当前已跑过的圈数，Position 提供了赛车在特定圈时的位置，PositionChange 给出了赛车在当前圈数与前一圈的位置变化信息。如果赛车的位置没有变化，状态就是 None，如果赛车的位置比上一圈低，状态就是 Up，如果赛车的位置比上一圈高，状态就是 Down，如果赛手退出了比赛，PositionChange 就是 Out。这些信息可以在 UI 中用于不同的表示(代码文件 LiveShaping/LapRacerInfo.cs)：

```csharp
public enum PositionChange
{
  None,
  Up,
  Down,
  Out
}

public class LapRacerInfo : BindableObject
{
  public Racer Racer { get; set; }
  private int _lap;
  public int Lap
  {
    get { return _lap; }
    set { SetProperty(ref _lap, value); }
  }
  private int _position;
  public int Position
```

```csharp
{
  get { return _position; }
  set { SetProperty(ref _position, value); }
}
private PositionChange _positionChange;
public PositionChange PositionChange
{
  get { return _positionChange; }
  set { SetProperty(ref _positionChange, value); }
}
}
```

类 LapChart 包含所有圈和赛手的信息。这个类可以改为访问一个实时 Web 服务，来检索这些信息，然后应用程序就可以显示当前比赛的实时结果。

方法 SetLapInfoForStart 创建 LapRacerInfo 项的初始列表，并在网格 position 上填充赛手的位置。网格 position 是 List<int>集合中添加到 positions 字典中的第一个数字。接着每次调用 NextLap 方法时，lapInfo 集合中的项都会改为一个新位置，并设置 PositionChange 状态信息(代码文件 LiveShaping/LapChar.cs):

```csharp
public class LapChart
{
  private Formula1 _f1 = new Formula1();
  private List<LapRacerInfo> _lapInfo;
  private int _currentLap = 0;
  private const int PostionOut = 999;
  private int _maxLaps;

  public LapChart()
  {
    FillPositions();
    SetLapInfoForStart();
  }

  private Dictionary<int, List<int>> _positions =
      new Dictionary<int, List<int>>();
  private void FillPositions()
  {
    _positions.Add(18, new List<int> { 1, 2, 2, 2, 2, 2, 2, 2, 2, 2, 1, 1, 2,
      2, 2, 2, 2, 2, 2, 2, 2, 2, 2, 3, 3, 1, 1, 1, 1, 1, 1, 1, 1, 1,
      1, 1, 1, 1, 3, 3, 3, 2, 2, 1, 1, 1, 1, 1, 1, 1, 1, 1, 1, 1, 1,
      1, 1, 1, 1, 1, 1 });
    _positions.Add(5, new List<int> { 2, 1, 1, 1, 1, 1, 1, 1, 1, 2, 3, 1, 1,
      1, 1, 1, 1, 1, 1, 1, 1, 1, 1, 1, 3, 2, 2, 2, 2, 2, 2, 2, 2, 2,
      2, 2, 2, 2, 1, 1, 1, 3, 3, 3, 2, 2, 2, 2, 2, 2, 2, 2, 2, 2, 2,
      2, 2, 2, 2, 2 });
    _positions.Add(10, new List<int> { 3, 5, 5, 5, 5, 5, 5, 5, 5, 4, 4, 9, 7,
      6, 6, 5, 4, 4, 4, 4, 4, 4, 4, 4, 4, 5, 4, 4, 4, 4, 4, 4, 4, 4,
      4, 4, 4, 4, 4, 4, 4, 4, 4, 4, 4, 3, 3, 4, 4, 4, 4, 4, 4, 4, 4,
      4, 4, 4, 4, 4 });
    // more position information with the code download
    _maxLaps = positions.Select(p => p.Value.Count).Max() - 1;
  }
```

```csharp
private void SetLapInfoForStart()
{
  _lapInfo = _positions.Select(x => new LapRacerInfo
  {
    Racer = _f1.Racers.Where(r => r.Number == x.Key).Single(),
    Lap = 0,
    Position = x.Value.First(),
    PositionChange = PositionChange.None
  }).ToList();
}

public IEnumerable<LapRacerInfo> GetLapInfo() => _lapInfo;

public bool NextLap()
{
  _currentLap++;
  if (_currentLap > _maxLaps) return false;
  foreach (var info in _lapInfo)
  {
    int lastPosition = info.Position;
    var racerInfo = _positions.Where(x => x.Key == info.Racer.Number)
      .Single();
    if (racerInfo.Value.Count > _currentLap)
    {
      info.Position = racerInfo.Value[_currentLap];
    }
    else
    {
      info.Position = lastPosition;
    }
    info.PositionChange = GetPositionChange(lastPosition, info.Position);

    info.Lap = _currentLap;
  }
  return true;
}

private PositionChange GetPositionChange(int oldPosition, int newPosition)
{
  if (oldPosition == PositionOut || newPosition == PositionOut)
    return PositionChange.Out;
  else if (oldPosition == newPosition)
    return PositionChange.None;
  else if (oldPosition < newPosition)
    return PositionChange.Down;
  else
    return PositionChange.Up;
}
```

在主窗口中指定 DataGrid，其中包含一些 DataGridTextColumn 元素，这些元素绑定到 LapRacerInfo 类的属性上，LapRacerInfo 类是从前面所示的集合中返回的。DataTrigger 元素根据赛手的位置与上一圈相比是提高了还是落后了，使用 PositionChange 属性的枚举值，给行定义不同的背景色(代码文件 LiveShaping/MainWindow.xaml)：

```xml
<DataGrid IsReadOnly="True" ItemsSource="{Binding}"
    DataContext="{StaticResource cvs}" AutoGenerateColumns="False">
  <DataGrid.CellStyle>
    <Style TargetType="DataGridCell">
      <Style.Triggers>
        <Trigger Property="IsSelected" Value="True">
          <Setter Property="Background" Value="{x:Null}" />
          <Setter Property="BorderBrush" Value="{x:Null}" />
        </Trigger>
      </Style.Triggers>
    </Style>
  </DataGrid.CellStyle>
  <DataGrid.RowStyle>
    <Style TargetType="DataGridRow">
      <Style.Triggers>
        <Trigger Property="IsSelected" Value="True">
          <Setter Property="Background" Value="{x:Null}" />
          <Setter Property="BorderBrush" Value="{x:Null}" />
        </Trigger>
        <DataTrigger Binding="{Binding PositionChange}" Value="None">
          <Setter Property="Background" Value="LightGray" />
        </DataTrigger>
        <DataTrigger Binding="{Binding PositionChange}" Value="Up">
          <Setter Property="Background" Value="LightGreen" />
        </DataTrigger>
        <DataTrigger Binding="{Binding PositionChange}" Value="Down">
          <Setter Property="Background" Value="Yellow" />
        </DataTrigger>
        <DataTrigger Binding="{Binding PositionChange}" Value="Out">
          <Setter Property="Background" Value="Red" />
        </DataTrigger>
      </Style.Triggers>
    </Style>
  </DataGrid.RowStyle>
  <DataGrid.Columns>
    <DataGridTextColumn Binding="{Binding Position}" />
    <DataGridTextColumn Binding="{Binding Racer.Number}" />
    <DataGridTextColumn Binding="{Binding Racer.Name}" />
    <DataGridTextColumn Binding="{Binding Racer.Team}" />
    <DataGridTextColumn Binding="{Binding Lap}" />
  </DataGrid.Columns>
</DataGrid>
```

用 DataGrid 控件指定的数据上下文在带有 CollectionViewSource 的窗口资源中找到。该集合视图源绑定到后面用后台代码指定的数据上下文上。这里设置的重要属性是 IsLiveSortingRequested，其值设置为 true，会改变元素在用户界面上的顺序。用于排序的属性是 Position。位置变化时，项会实时重排序：

```xml
<Window.Resources>
  <CollectionViewSource x:Key="cvs" Source="{Binding}"
    IsLiveSortingRequested="True">
    <CollectionViewSource.SortDescriptions>
      <scm:SortDescription PropertyName="Position" />
    </CollectionViewSource.SortDescriptions>
```

```
</CollectionViewSource>
</Window.Resources>
```

现在，只需要进入后台源代码中，找到设置数据上下文、动态改变实时值的代码段。在主窗口的构造函数中，DataContext 属性设置为 LapRacerInfo 类型的初始集合。接着一个后台任务每隔 3 秒调用一次 NextLap 方法，用新位置修改 UI 中的值。后台任务使用了一个异步的 lambda 表达式。实现代码可以改为从 Web 服务中获得实时数据(代码文件 LiveShaping/MainWindow.xaml.cs)：

```
public partial class MainWindow : Window
{
  private LapChart _lapChart = new LapChart();

  public MainWindow()
  {
    InitializeComponent();
    this.DataContext = _lapChart.GetLapInfo();
    Task.Run(async () =>
      {
        bool raceContinues = true;
        while (raceContinues)
        {
          await Task.Delay(3000);
          raceContinues = _lapChart.NextLap();
        }
      });
  }
}
```

图 34-30 显示了赛手在第 23 圈时的应用程序，领头的赛手是开着法拉利的 Fernando Alonso。

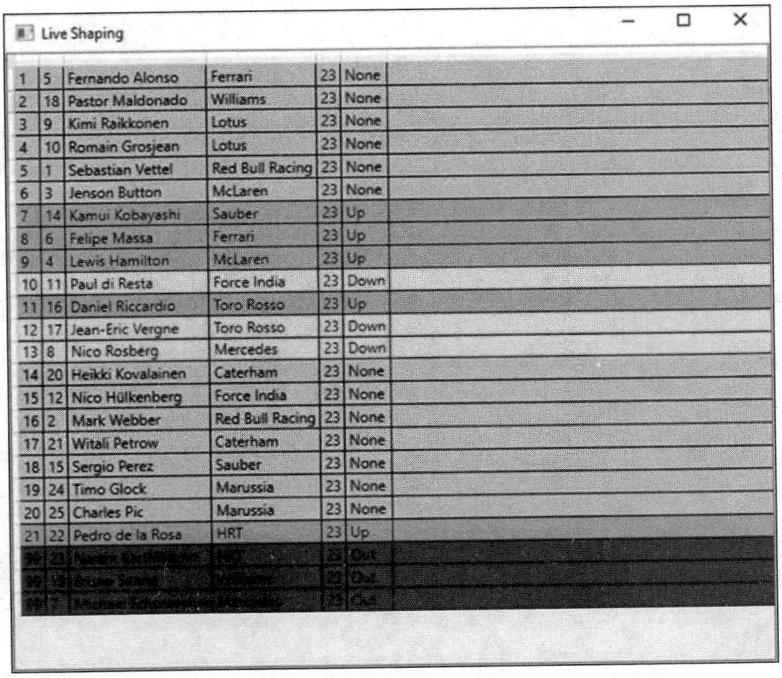

图 34-30

34.10 小结

本章介绍了 WPF 中对于业务应用程序非常重要的一些功能。讨论了控件的层次结构，以及布局控件的不同选项。在清晰而方便地与数据交互操作方面，WPF 的数据绑定功能前进了一大步。可以把.NET 类的任意属性绑定到 WPF 元素的属性上。绑定模式定义了绑定的方向。可以绑定.NET 对象和列表，定义数据模板，从而通过数据模板为.NET 类创建默认的外观。

命令绑定可以把处理程序的代码映射到菜单和工具栏上。还可以用 WPF 进行复制和粘贴，因为这个技术的命令处理程序已经包含在 TextBox 控件中。本章还介绍了其他 WPF 功能，例如使用 DataGrid、CollectionViewSource 进行排序和分组，所有这些功能也可以通过实时成型来完成。

下一章讨论 WPF 的另一个方面：处理文档。

第 35 章

用 WPF 创建文档

本章要点
- 使用文本元素
- 创建流文档
- 创建固定的文档
- 创建 XPS 文档
- 打印文档

本章源代码下载地址(wrox.com):

打开网页 http://www.wrox.com/go/professionalcsharp6，单击 Download Code 选项卡即可下载本章源代码。本章代码分为以下几个主要的示例文件：
- 显示字体
- 文本效果
- 表
- 流文档
- 创建 XPS
- 打印

35.1 简介

创建文档是 WPF 的一个主要部分。System.Windows.Documents 名称空间支持创建流文档和固定文档。这个名称空间包含的元素可以利用类似于 Word 的方式创建流文档，也可以创建 WYSIWYG(所见即所得)固定文档。

流文档面向屏幕读取；文档的内容根据窗口的大小来排列，如果窗口重置了大小，文档的流就会改变。固定文档主要用于打印和面向页面的内容，其内容总是按照相同的方式排列。

本章讨论如何创建、打印流文档和固定文档，并涵盖 System.Windows.Documents、System.

Windows.Xps 和 System.IO.Packaging 名称空间。

35.2 文本元素

要构建文档的内容，需要文档元素。这些元素的基类是 TextElement。这个类定义了字体设置、前景和背景，以及文本效果的常见属性。TextElement 是 Block 类和 Inline 类的基类，这两个类的功能在后面的几节中介绍。

35.2.1 字体

文本的一个重要方面是文本的外观，即字体。通过 TextElement，可以用 FontWeight、FontStyle、FontStretch、FontSize 和 FontFamily 属性指定字体。

- FontWeight——预定义的 FontWeight 值由 FontWeights 类定义，这个类提供的值包括 UltraLight、Light、Medium、Normal、Bold、UltraBold 和 Heavy。
- FontStyle——FontStyle 的值由 FontStyles 类定义，可以是 Normal、Italic 和 Oblique。
- FontStretch——利用 FontStretch 可以指定字体相对于正常宽高比的拉伸程度。FontStretch 指定了预定义的拉伸率从 50%(UltraCondensed)到 200%(UltraExpanded)。在这个范围之间的预定义值是 ExtraCondensed(62.5%)、Condensed(75%)、SemiCondensed(87.5%)、Normal(100%)、SemiExpanded(112.5%)、Expanded(125%)以及 ExtraExpanded(150%)。
- FontSize——FontSize 是 double 类型，可以用于指定字体的大小，其单位与设备无关，如英寸、厘米和点。
- FontFamily——利用 FontFamily 可以定义首选字体系列的名称，如 Arial 或 Times New Roman。使用这个属性可以指定一个字体系列名列表，这样，如果某个字体不可用，就使用列表中的下一个字体(如果所选字体和备用字体都不可用，流文档就使用默认的 MessageFontFamily)。还可以从资源中引用字体系列，或者使用 URI 引用服务器上的字体。对于固定的文档，不会出现字体不可用的情况，因为字体是通过文档提供的。

为了了解不同字体的外观，下面的示例 WPF 应用程序包含一个列表框。该列表框为列表中的每一项定义了一个 ItemTemplate。这个模板使用 4 个 TextBlock 元素，这些元素的 FontFamily 绑定到 FontFamily 对象的 Source 属性上。给不同的 TextBlock 元素设置 FontWeight 和 FontStyle(代码文件 DocumentsDemos/ShowFontsDemo/MainWindow.xaml)：

```xml
<ListBox ItemsSource="{Binding}">
  <ListBox.ItemTemplate>
    <DataTemplate>
      <StackPanel Orientation="Horizontal" >
        <StackPanel.Resources>
          <Style TargetType="TextBlock">
            <Setter Property="Margin" Value="3,0,3,0" />
            <Setter Property="FontSize" Value="18" />
            <Setter Property="FontFamily" Value="{Binding Source}" />
          </Style>
        </StackPanel.Resources>

        <TextBlock Text="{Binding Path=Source}" />
```

```xml
      <TextBlock FontStyle="Italic" Text="Italic" />
      <TextBlock FontWeight="UltraBold" Text="UltraBold" />
      <TextBlock FontWeight="UltraLight" Text="UltraLight" />
    </StackPanel>
  </DataTemplate>
 </ListBox.ItemTemplate>
</ListBox>
```

在代码隐藏中,数据上下文设置为 System.Windows.Media.Font 类的 SystemFontFamilies 属性值,这会返回所有可用的字体(代码文件 DocumentsDemos/ShowFontsDemo/MainWindow.xaml.cs):

```csharp
public partial class ShowFontsWindow: Window
{
  public ShowFontsWindow()
  {
    InitializeComponent();

    this.DataContext = Fonts.SystemFontFamilies;
  }
}
```

运行应用程序,会显示一个很长的列表,其中包含系统字体系列的斜体、黑体、UltraBold 和 UltraLight 样式,如图 35-1 所示。

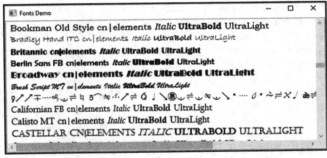

图 35-1

35.2.2 TextEffect

下面看看 TextEffect,因为它也是所有文档元素共有的。TextEffect 在名称空间 System.Windows.Media 中定义,派生自基类 Animatable,允许生成文本的动画效果。

TextEffect 可以为裁剪区域、前景画笔和变换创建动画效果。利用 PositionStart 和 PositionCount 属性可以指定在文本中应用动画的位置。

要应用文本效果,应设置 Run 元素的 TextEffects 属性。该属性内部指定的 TextEffect 元素定义了前景和变换效果。对于前景,使用名为 brush1 的 SolidColorBrush 画笔,通过 ColorAnimation 元素生成动画效果。转换使用名为 scale1 的 ScaleTransformation,从两个 DoubleAnimation 元素中制作动画效果(代码文件 DocumentsDemos/TextEffectsDemo/MainWindow.xaml)。

```xml
<TextBlock>
  <TextBlock.Triggers>
    <EventTrigger RoutedEvent="TextBlock.Loaded">
      <BeginStoryboard>
```

```xml
        <Storyboard>
          <ColorAnimation AutoReverse="True" RepeatBehavior="Forever"
              From="Blue" To="Red" Duration="0:0:16"
              Storyboard.TargetName="brush1"
              Storyboard.TargetProperty="Color" />
          <DoubleAnimation AutoReverse="True"
              RepeatBehavior="Forever"
              From="0.2" To="12" Duration="0:0:16"
              Storyboard.TargetName="scale1"
              Storyboard.TargetProperty="ScaleX" />
          <DoubleAnimation AutoReverse="True"
              RepeatBehavior="Forever"
              From="0.2" To="12" Duration="0:0:16"
              Storyboard.TargetName="scale1"
              Storyboard.TargetProperty="ScaleY" />
        </Storyboard>
      </BeginStoryboard>
    </EventTrigger>
  </TextBlock.Triggers>
  <Run FontFamily="Segoe UI">
      cn|elements
    <Run.TextEffects>
      <TextEffect PositionStart="0" PositionCount="30">
        <TextEffect.Foreground>
          <SolidColorBrush x:Name="brush1" Color="Blue" />
        </TextEffect.Foreground>
        <TextEffect.Transform>
          <ScaleTransform x:Name="scale1" ScaleX="3" ScaleY="3" />
        </TextEffect.Transform>
      </TextEffect>
    </Run.TextEffects>
  </Run>
</TextBlock>
```

运行应用程序，会看到大小和颜色的变化，如图 35-2 和图 35-3 所示。

图 35-2

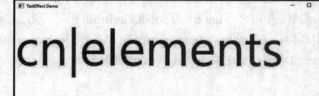

图 35-3

35.2.3 内联

所有内联流内容元素的基类都是 Inline。可以在流文档的段落中使用 Inline 元素。因为在段落中，Inline 元素可以一个跟着一个，所以 Inline 类提供了 PreviousInline 和 NextInline 属性，从一个元素导航到另一个元素，也可以使用 SiblingNextInlines 获取所有同级内联元素的集合。

前面用于输出一些文本的 Run 元素是一个 Inline 元素，它可输出格式化或非格式化的文本，还有许多其他的 Inline 元素。Run 元素后的换行可以用 LineBreak 元素获得。

Span 元素派生自 Inline 类，它允许组合 Inline 元素。在 Span 的内容中只能包含 Inline 元素。含义明确的 Bold、Hyperlink、Italic 和 Underline 类都派生自 Span，因此允许 Inline 元素和其中的内容具有相同的功能，但对这些元素的操作不同。下面的 XAML 代码说明了 Bold、Italic、Underline 和 LineBreak 的用法，如图 35-4 所示(代码文件 DocumentsDemos/FlowDocumentsDemo/FlowDocument1.xaml)。

```xml
<Paragraph FontWeight="Normal">
  <Span>
    <Span>Normal</Span>
    <Bold>Bold</Bold>
    <Italic>Italic</Italic>
    <LineBreak />
    <Underline>Underline</Underline>
  </Span>
</Paragraph>
```

AnchoredBlock 是一个派生自 Inline 的抽象类，用于把 Block 元素锚定到流内容上。Figure 和 Floater 是派生自 AnchoredBlock 的具体类。因为这两个内联元素在涉及块时比较有趣，所以本章后面讨论它们。

 注意：添加到解决方案的流文档需要使用 Visual Studio 属性窗口设置为 Build Action ="Content"和 Copy to Output Directory = "Copy if newer"，让它们可放在可执行文件所在的目录中。

另一个映射到 UI 元素上的 Inline 元素是 InlineUIContainer，它在前面的章节使用过。InlineUIContainer 允许给文档添加所有的 UIElement 对象(如按钮)。下面的代码段给文档添加了一个 InlineUIContainer，其中包含组合框、单选按钮和文本框元素，结果如图 35-5 所示(代码文件 DocumentsDemos/FlowDocumentsDemo/FlowDocument2.xaml)。

Normal **Bold** *Italic* Underline

图 35-4

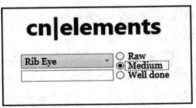

图 35-5

```xml
<Paragraph TextAlignment="Center">
  <Span FontSize="36">
    <Italic>cn|elements</Italic>
  </Span>
  <LineBreak />
  <LineBreak />
  <InlineUIContainer>
    <Grid>
      <Grid.RowDefinitions>
        <RowDefinition />
        <RowDefinition />
      </Grid.RowDefinitions>
      <Grid.ColumnDefinitions>
        <ColumnDefinition />
        <ColumnDefinition />
      </Grid.ColumnDefinitions>
      <ComboBox Width="40" Margin="3" Grid.Row="0">
        <ComboBoxItem Content="Filet Mignon" />
        <ComboBoxItem Content="Rib Eye" />
        <ComboBoxItem Content="Sirloin" />
      </ComboBox>
      <StackPanel Grid.Row="0" Grid.RowSpan="2" Grid.Column="1">
        <RadioButton Content="Raw" />
        <RadioButton Content="Medium" />
        <RadioButton Content="Well done" />
      </StackPanel>
      <TextBox Grid.Row="1" Grid.Column="0" Width="140" />
    </Grid>
  </InlineUIContainer>
</Paragraph>
```

35.2.4 块

Block 是块级元素的抽象基类。块可以把包含其中的元素组合到特定的视图上。所有块通用的属性有 PreviousBlock、NextBlock 和 SiblingBlocks，它们允许从一个块导航到下一个块。在块开始之前设置 BreakPageBefore 换页符和 BreakColumnBefore 换行符。块还使用 BorderBrush 和 BorderThickness 属性定义边框。

派生自 Block 的类有 Paragraph、Section、List、Table 和 BlockUIContainer。BlockUIContainer 类似于 InlineUIContainer，其中也可以添加派生自 UIElement 的元素。

Paragraph 和 Section 是简单的块，其中 Paragraph 包含内联元素；Section 用于组合其他 Block 元素。使用 Paragraph 块可以确定在段落内部或段落之间是否允许添加换页符或换行符。KeepTogether 可用于禁止在段落内部换行，KeepWithNext 尝试把一个段落与下一个段落合并起来。如果段落用换页符或换行符隔开，那么 MinWindowLines 会定义分隔符之后的最小行数，MinOrphanLines 定义分隔符之前的最小行数。

Paragraph 块也允许在段落内部用 TextDecoration 元素装饰文本。预定义的文本装饰由 TextDecoration：Baseline、Overline、Strikethrough 和 Underline 定义。

下面的 XAML 代码显示了多个 Paragraph 元素。一个 Paragraph 元素包含标题，其后的另一个 Paragraph 元素包含属于上述标题的内容。这两个段落通过特性 KeepWithNext 连接起来。把 KeepTogether 设置为 True，也确保包含内容的段落不被隔开(代码文件 DocumentsDemos/

FlowDocumentsDemo/ParagraphDemo.xaml)。

```xaml
<FlowDocument xmlns="http://schemas.microsoft.com/winfx/2006/xaml/presentation"
  ColumnWidth="300" FontSize="16" FontFamily="Segoe UI" ColumnRuleWidth="3"
  ColumnRuleBrush="Violet">
  <Paragraph FontSize="36">
    <Run>Lyrics</Run>
  </Paragraph>
  <Paragraph TextIndent="10" FontSize="24" KeepWithNext="True">
    <Bold>
      <Run>Mary had a little lamb</Run>
    </Bold>
  </Paragraph>
  <Paragraph KeepTogether="True">
    <Run>Mary had a little lamb,</Run>
    <LineBreak />
    <Run>little lamb, little lamb,</Run>
    <LineBreak />
    <Run>Mary had a little lamb,</Run>
    <LineBreak />
    <Run>whose fleece was white as snow.</Run>
    <LineBreak />
    <Run>And everywhere that Mary went,</Run>
    <LineBreak />
    <Run>Mary went, Mary went,</Run>
    <LineBreak />
    <Run>and everywhere that Mary went,</Run>
    <LineBreak />
    <Run>the lamb was sure to go.</Run>
  </Paragraph>
  <Paragraph TextIndent="10" FontSize="24" KeepWithNext="True">
    <Bold>
      <Run>Humpty Dumpty</Run>
    </Bold>
  </Paragraph>
  <Paragraph KeepTogether="True">
    <Run>Humpty dumpty sat on a wall</Run>
    <LineBreak />
    <Run>Humpty dumpty had a great fall</Run>
    <LineBreak />
    <Run>All the King's horses</Run>
    <LineBreak />
    <Run>And all the King's men</Run>
    <LineBreak />
    <Run>Couldn't put Humpty together again</Run>
  </Paragraph>
</FlowDocument>
```

结果如图 35-6 所示。

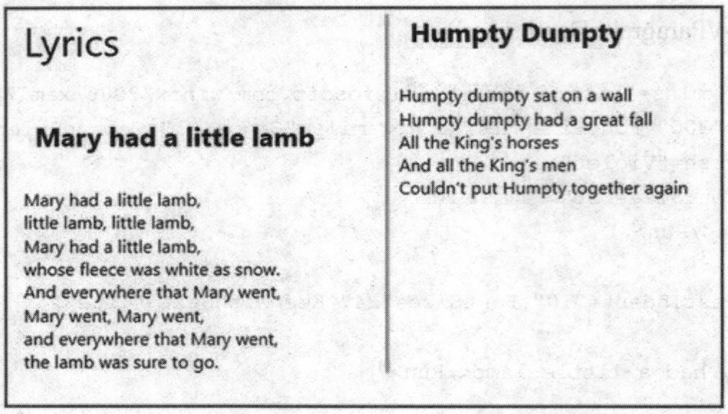

图 35-6

35.2.5 列表

List 类用于创建无序或有序的文本列表。List 通过设置 MarkerStyle 属性，定义了其列表项的项目符号样式。MarkerStyle 的类型是 TextMarkerStyle，它可以是数字(Decimal)、字母(LowerLatin 和 UpperLatin)、罗马数字(LowerRoman 和 UpperRoman)或图片(Disc、Circle、Square、Box)。List 只能包含 ListItem 元素，ListItem 只能包含 Block 元素。

用 XAML 定义如下列表，结果如图 35-7 所示(代码文件 DocumentsDemos/FlowDocumentsDemo/ ListDemo.xaml)。

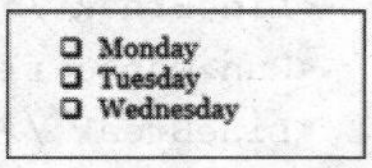

图 35-7

```
<List MarkerStyle="Square">
  <ListItem>
    <Paragraph>Monday</Paragraph>
  </ListItem>
  <ListItem>
    <Paragraph>Tuesday</Paragraph>
  </ListItem>
  <ListItem>
    <Paragraph>Wednesday</Paragraph>
  </ListItem>
</List>
```

35.2.6 表

Table 类非常类似于第 34 章讨论的 Grid 类，它也定义行和列。下面的例子说明了如何使用 Table 创建 FlowDocument。现在以编程方式创建表，XAML 文件包含 FlowDocumentReader(代码文件 DocumentsDemos/TableDemo/MainWindow.xaml)：

```
<Window x:Class="TableDemo.MainWindow"
        xmlns="http://schemas.microsoft.com/winfx/2006/xaml/presentation"
        xmlns:x="http://schemas.microsoft.com/winfx/2006/xaml"
        Title="Table Demo" Height="350" Width="525">
  <FlowDocumentReader x:Name="reader" />
</Window>
```

表中显示的数据从 F1Results 属性中返回(代码文件 DocumentsDemos/TableDemo/MainWindow.xaml.cs)：

```csharp
private string[][] F1Results =>
  new string[][]
  {
    new string[] { "1.", "Lewis Hamilton", "384" },
    new string[] { "2.", "Nico Rosberg", "317" },
    new string[] { "3.", "David Riccardio", "238" },
    new string[] { "4.", "Valtteri Botas", "186" },
    new string[] { "5.", "Sebastian Vettel", "167"}
  };
```

要创建表，可以给 Columns 属性添加 TableColumn 对象。而利用 TableColumn 可以指定宽度和背景。

Table 还包含 TableRowGroup 对象。TableRowGroup 有一个 Rows 属性，可以在 Rows 属性中添加 TableRow 对象。TableRow 类定义了一个 Cells 属性，在 Cells 属性中可以添加 TableCell 对象。TableCell 对象可以包含任意 Block 元素。这里使用了一个 Paragraph 元素，其中包含 Inline 元素 Run：

```csharp
var doc = new FlowDocument();
var t1 = new Table();
t1.Columns.Add(new TableColumn
{
  Width = new GridLength(50, GridUnitType.Pixel)
});
t1.Columns.Add(new TableColumn
{
  Width = new GridLength(1, GridUnitType.Auto)
});
t1.Columns.Add(new TableColumn
{
  Width = new GridLength(1, GridUnitType.Auto)
});

var titleRow = new TableRow { Background = Brushes.LightBlue };
var titleCell = new TableCell
{
  ColumnSpan = 3, TextAlignment = TextAlignment.Center
};
titleCell.Blocks.Add(
  new Paragraph(new Run("Formula 1 Championship 2014"))
  {
    FontSize=24, FontWeight = FontWeights.Bold
  }));
titleRow.Cells.Add(titleCell);

var headerRow = new TableRow
{
  Background = Brushes.LightGoldenrodYellow
};
headerRow.Cells.Add(
  new TableCell(new Paragraph(new Run("Pos")))
  {
    FontSize = 14,
    FontWeight=FontWeights.Bold
  }));
```

```
    headerRow.Cells.Add(new TableCell(new Paragraph(new Run("Name"))
    {
      FontSize = 14, FontWeight = FontWeights.Bold
    }));
    headerRow.Cells.Add(
      new TableCell(new Paragraph(new Run("Points"))
    {
      FontSize = 14, FontWeight = FontWeights.Bold
    }));
    var rowGroup = new TableRowGroup();
    rowGroup.Rows.Add(titleRow);
    rowGroup.Rows.Add(headerRow);

    List<TableRow> rows = F1Results.Select(row =>
    {
      var tr = new TableRow();
      foreach (var cell in row)
      {
        tr.Cells.Add(new TableCell(new Paragraph(new Run(cell))));
      }
      return tr;
    }).ToList();
    rows.ForEach(r => rowGroup.Rows.Add(r));
    t1.RowGroups.Add(rowGroup);
    doc.Blocks.Add(t1);
    reader.Document = doc;
```

运行应用程序，会显示一个格式化好的表，如图35-8所示。

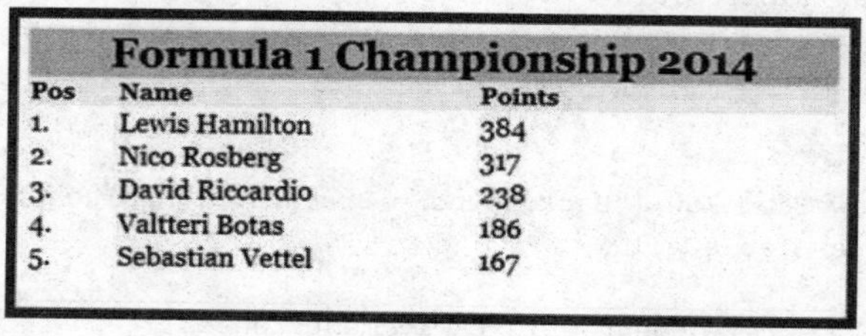

图 35-8

35.2.7 块的锚定

既然学习了 Inline 和 Block 元素，就可以使用 AnchoredBlock 类型的 Inline 元素合并它们。AnchoredBlock 是一个抽象基类，它有两个具体的实现方式 Figure 和 Floater。

Floater 使用属性 HorizontalAlignment 和 Width 同时显示其内容和主要内容。

从上面的例子开始，添加一个包含 Floater 的新段落。这个 Floater 采用左对齐方式，宽度为 120。如图 35-9 所示，下一个段落将环绕它(代码文件 DocumentsDemos/FlowDocumentsDemo/ParagraphKeep-Together.xaml)。

```
<Paragraph TextIndent="10" FontSize="24" KeepWithNext="True">
  <Bold>
    <Run>Mary had a little lamb</Run>
  </Bold>
</Paragraph>
<Paragraph>
```

```
<Floater HorizontalAlignment="Left" Width="120">
  <Paragraph Background="LightGray">
    <Run>Sarah Josepha Hale</Run>
  </Paragraph>
</Floater>
</Paragraph>
<Paragraph KeepTogether="True">
  <Run>Mary had a little lamb</Run>
  <LineBreak />
  <!--...-->
</Paragraph>
```

图 35-9

Figure 采用水平和垂直对齐方式，可以锚定到页面、内容、列或段落上。下面代码中的 Figure 锚定到页面中心处，但水平和垂直方向有偏移。设置 WrapDirection，使左列和右列环绕着图片，图 35-10 显示了环绕的结果(代码文件 DocumentsDemos/FlowDocumentsDemo/FigureAlignment.xaml)。

```
<Paragraph>
  <Figure HorizontalAnchor="PageCenter" HorizontalOffset="20"
      VerticalAnchor="PageCenter" VerticalOffset="20" WrapDirection="Both" >
    <Paragraph Background="LightGray" FontSize="24">
      <Run>Lyrics Samples</Run>
    </Paragraph>
  </Figure>
</Paragraph>
```

图 35-10

Figure 和 Floater 都用于添加不在主流中的内容，尽管这两个功能看起来类似，但它们的特征大不相同。表 35-1 列出了 Figure 和 Floater 之间的区别。

表 35-1

特 征	Floater	Figure
位置	Floater 不能定位，在空间可用时显示它	Figure 可以用水平和垂直锚点来定位，它可以停靠在页面、内容、列或段落上
宽度	Floater 只能放在一列中。如果它设置的宽度大于列宽，就忽略它	Figure 可以跨越多列。Figure 的宽度可以设置为半页或两列
分页	如果 Floater 高于列高，就分解 Floater，放到下一列或下一页上	如果 Figure 大于列高，就只显示列中的部分，其他内容会丢失

35.3 流文档

前面介绍了所有 Inline 和 Block 元素，现在我们知道应该把什么内容放在流文档中。FlowDocument 类可以包含 Block 元素，Block 元素可以包含 Block 或 Inline 元素，这取决于 Block 的类型。

FlowDocument 类的一个主要功能是把流分解为多个页面。这是通过 FlowDocument 实现的 IDocumentPaginatorSource 接口实现。

FlowDocument 的其他选项包括建立默认字体、前景画笔和背景画笔，以及配置页面和列的大小。下面 FlowDocument 的 XAML 代码定义了默认字体、字体大小、列宽和列之间的标尺：

```
<FlowDocument xmlns="http://schemas.microsoft.com/winfx/2006/xaml/presentation"
  ColumnWidth="300" FontSize="16" FontFamily="Segoe UI"
  ColumnRuleWidth="3" ColumnRuleBrush="Violet">
```

现在需要一种方式来查看文档。以下列表描述了几个查看器：

- RichTextBox——一个简单的查看器，还允许编辑(只要 IsReadOnly 属性没有设置为 true)。RichTextBox 不在多列中显示文档，而以滚动模式显示文档。这类似于 Microsoft Word 中的 Web 布局。把 HorizontalScrollbarVisibility 设置为 ScrollbarVisibility.Auto，就可以启用滚动条
- FlowDocumentScrollViewer——一个读取器，只能读取文档，不能编辑文档，这个读取器允许放大文档，工具栏中的滑块可以使用 IsToolbarEnabled 属性，来启用其缩放功能。CanIncreaseZoom、CanDecreaseZoom、MinZoom 和 MaxZoom 这样的设置都允许设置缩放功能。
- FlowDocumentPageViewer——给文档分页的查看器。使用这个查看器，不仅可以通过其工具栏放大文档，还可以在页面之间切换。
- FlowDocumentReader——这个查看器合并了 FlowDocumentScrollViewer 和 FlowDocument-PageViewer 的功能，它支持不同的查看模式，这些模式可以在工具栏中设置，或者使用 FlowDocumentReaderViewingMode 类型的 ViewingMode 属性来设置。这个枚举的值可以是 Page、TwoPage 和 Scroll，也可以根据需要禁用查看模式。

演示流文档的示例应用程序定义了几个读取器，以便动态选择其中一个读取器。在 Grid 元素中包含 FlowDocumentReader、RichTextBox、FlowDocumentScrollViewer 和 FlowDocumentPageViewer。所有的读取器都把 Visibility 属性设置为 Collapsed，这样在启动时，就不会显示任何读取器。网格中的第一个子元素是一个组合框，它允许用户选择活动的读取器。组合框的 ItemsSource 属性绑定到 Readers 属性上，来显示读取器列表。选择了一个读取器后，就调用 OnReaderSelectionChanged 方法（代码文件 DocumentsDemos/FlowDocumentsDemo/MainWindow.xaml）：

```xaml
<Grid x:Name="grid1">
  <Grid.RowDefinitions>
    <RowDefinition Height="Auto" />
    <RowDefinition Height="*" />
  </Grid.RowDefinitions>
  <Grid.ColumnDefinitions>
    <ColumnDefinition Width="*" />
    <ColumnDefinition Width="Auto" />
  </Grid.ColumnDefinitions>
  <ComboBox ItemsSource="{Binding Readers}" Grid.Row="0" Grid.Column="0"
    Margin="4" SelectionChanged="OnReaderSelectionChanged"
    SelectedIndex="0">
    <ComboBox.ItemTemplate>
      <DataTemplate>
        <StackPanel>
          <TextBlock Text="{Binding Name}" />
        </StackPanel>
      </DataTemplate>
    </ComboBox.ItemTemplate>
  </ComboBox>
  <Button Grid.Column="1" Margin="4" Padding="3" Click="OnOpenDocument">
    Open Document
  </Button>
  <FlowDocumentReader ViewingMode="TwoPage" Grid.Row="1"
    Visibility="Collapsed" Grid.ColumnSpan="2" />
  <RichTextBox IsDocumentEnabled="True" HorizontalScrollBarVisibility="Auto"
    VerticalScrollBarVisibility="Auto" Visibility="Collapsed"
    Grid.Row="1" Grid.ColumnSpan="2" />
  <FlowDocumentScrollViewer Visibility="Collapsed" Grid.Row="1"
    Grid.ColumnSpan="2" />
  <FlowDocumentPageViewer Visibility="Collapsed" Grid.Row="1"
    Grid.ColumnSpan="2" />
</Grid>
```

MainWindow 类的 Readers 属性调用 GetReaders 方法，把读取器返回给 ComboBox 数据绑定。GetReaders 方法返回赋予 documentReaders 变量的列表。万一没有指定 documentReaders，就使用 LogicalTreeHelper 类获取网格 grid1 中的所有流文档读取器。由于流文档读取器没有基类，也没有所有读取器都实现的接口，因此 LogicalTreeHelper 查找类型为 FrameworkElement、有 Document 属性的所有元素。所有流文档读取器都有 Document 属性。对于每个读取器，用 Name 和 Instance 属性创建一个新的匿名对象。Name 属性用于显示在组合框中，允许用户选择活动的读取器，Instance 属性包含对读取器的引用，如果读取器应是活动的，就显示它（代码文件 DocumentsDemos/FlowDocumentsDemo/ MainWindow.xaml.cs）：

```csharp
public IEnumerable<object> Readers => GetReaders();

private List<object> _documentReaders = null;
private IEnumerable<object> GetReaders()
{
  return _documentReaders ??
    (
    _documentReaders =
      LogicalTreeHelper.GetChildren(grid1).OfType<FrameworkElement>()
        .Where(el => el.GetType().GetProperties()
        .Where(pi => pi.Name == "Document").Count() > 0)
        .Select(el => new
        {
          Name = el.GetType().Name,
          Instance = el
        }).Cast<object>().ToList());
}
```

注意：用于 GetReaders 方法的合并运算符(??)参见第 8 章。

注意：示例代码使用了 dynamic 关键字——activeDocumentReader 变量声明为 dynamic 类型。使用 dynamic 关键字是因为，ComboBox 中的 SelectedItem 会返回 FlowDocumentReader、FlowDocumentScrollViewer、FlowDocumentPageViewer 或 RichTextBox。所有这些类型都是流文档读取器，它们都提供了 FlowDocument 类型的 Document 属性。但是，要定义这个属性，并没有通用的基类或接口。dynamic 关键字允许从同一个变量中访问这些不同的类型，并使用 Document 属性。dynamic 关键字详见第 16 章。

当用户选择一个流文档读取器时，就调用 OnReaderSelectionChanged 方法。引用这个方法的 XAML 代码如上所示。在这个方法中，把以前选择的流文档读取器设置为折叠，使之隐藏起来，并把变量 activeDocumentReader 设置为选中的读取器：

```csharp
private void OnReaderSelectionChanged(object sender,
                     SelectionChangedEventArgs e)
{
  dynamic item = (sender as ComboBox).SelectedItem;
  if (_activedocumentReader != null)
  {
    _activedocumentReader.Visibility = Visibility.Collapsed;
  }
  _activedocumentReader = item.Instance;
}

private dynamic _activedocumentReader = null;
```

当用户单击按钮，打开文档时，就会调用 OnOpenDocument 方法。在这个方法中，使用
XamlReader 类加载选中的 XAML 文件，如果读取器返回 FlowDocument(此时 XAML 的根元素是
FlowDocument)，就给 activeDocumentReader 的 Document 属性赋值，把 Visibility 设置为 visible：

```
private void OnOpenDocument(object sender, RoutedEventArgs e)
{
  try
  {
    var dlg = new OpenFileDialog();
    dlg.DefaultExt = "*.xaml";
    dlg.InitialDirectory = Environment.CurrentDirectory;
    if (dlg.ShowDialog() == true)
    {
      using (FileStream xamlFile = File.OpenRead(dlg.FileName))
      {
        var doc = XamlReader.Load(xamlFile) as FlowDocument;
        if (doc != null)
        {
          _activedocumentReader.Document = doc;
          _activedocumentReader.Visibility = Visibility.Visible;
        }
      }
    }
  }
  catch (XamlParseException ex)
  {
    MessageBox.Show($"Check content for a Flow document: {ex.Message}");
  }
}
```

运行的应用程序如图 35-11 所示。在该图的流文档中，FlowDocumentReader 采用 TwoPage
模式。

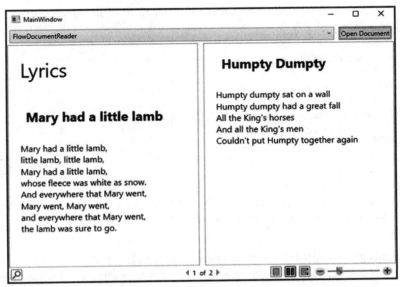

图 35-11

35.4 固定文档

无论固定文档在哪里复制或使用，它总是定义相同的外观、相同的分页方式，并使用相同的字体。WPF 定义了用于创建固定文档的 FixedDocument 类，和用于查看固定文档的 DocumentViewer 类。

本章使用一个示例应用程序，通过编程方式创建一个固定文档，该程序要求用户输入一个用于创建固定文档的菜单规划。菜单规划的数据就是固定文档的内容。图 35-12 显示了这个应用程序的主用户界面，用户可以在其中用 DatePicker 类选择某一天，在 DataGrid 中输入一周的菜单，再单击 Create Doc 按钮，新建一个 FixedDocument。这个应用程序使用 Page 对象在 NavigationWindow 中导航。单击 Create Doc 按钮会导航到一个包含固定文档的新页面上。

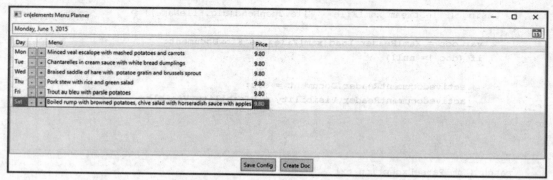

图 35-12

Create Doc 按钮的事件处理程序 OnCreateDoc 导航到一个新页面上。为此，处理程序实例化新页面 DocumentPage。这个页面包含一个 NavigationService_LoadCompleted 处理程序，把它赋予 NavigationService 的 LoadCompleted 事件。在这个处理程序中，新页面可以访问传送给页面的内容。接着调用 Navigate()方法导航到 page2。新页面接收对象 menus，该对象包含了构建固定页面所需的所有菜单信息。menus 变量的类型是 ObservableCollection<MenuEntry>(代码文件 CreateXps/CreateXps/MenuPlannerPage.xaml.cs)。

```
private void OnCreateDoc(object sender, RoutedEventArgs e)
{
  if (_menus.Count == 0)
  {
    MessageBox.Show("Select a date first", "Menu Planner",
            MessageBoxButton.OK);
    return;
  }

  var page2 = new DocumentPage();
  NavigationService.LoadCompleted += page2.NavigationService_LoadCompleted;
  NavigationService.Navigate(page2, _menus);
}
```

在 DocumentPage 中，使用 DocumentViewer 获取对固定文档的读取访问权限。固定文档在 NavigationService_LoadCompleted()方法中创建。在这个事件处理程序中，从第一个页面传递的数据通过 NavigationEventArgs 的 ExtraData 属性接收。

把接收到的 ObservableCollection<MenuEntry>赋予 menus 变量,该变量用于构建固定页面(代码文件 CreateXps/ CreateXps/DocumentPage.xaml.cs):

```
internal void NavigationService_LoadCompleted(object sender,
  NavigationEventArgs e)
{
  _menus = e.ExtraData as ObservableCollection<MenuEntry>;

  _fixedDocument = new FixedDocument();
  var pageContent1 = new PageContent();
  _fixedDocument.Pages.Add(pageContent1);
  var page1 = new FixedPage();
  pageContent1.Child = page1;
  page1.Children.Add(GetHeaderContent());
  page1.Children.Add(GetLogoContent());
  page1.Children.Add(GetDateContent());
  page1.Children.Add(GetMenuContent());

  viewer.Document = _fixedDocument;

  NavigationService.LoadCompleted -= NavigationService_LoadCompleted;
}
```

固定文档用 FixedDocument 类创建。FixedDocument 元素只包含可通过 Pages 属性访问的 PageContent 元素。PageContent 元素必须按它们显示在页面上的顺序添加到文档中。PageContent 定义了单个页面的内容。

PageContent 有一个 Child 属性,因此可以把 PageContent 关联到 FixedPage 上。在 FixedPage 上可以把 UIElement 类型的元素添加到 Children 集合中。在这个集合中可以添加前两章介绍的所有元素,包括 TextBlock,它本身可以包含 Inline 和 Block 元素。

在示例代码中,FixedPage 的子元素用辅助方法 GetHeaderContent()、GetLogoContent()、GetDateContent()和 GetMenuContent()创建。

GetHeaderContent()方法创建一个 TextBlock,并返回它。给 TextBlock 添加 Inline 元素 Bold,又给 Bold 添加 Run 元素。Run 元素包含文档的标题文本。利用 FixedPage.SetLeft()和 FixedPage.SetTop(),定义 TextBox 在固定页面中的位置。

```
private static UIElement GetHeaderContent()
{
  var text1 = new TextBlock
  {
    FontFamily = new FontFamily("Segoe UI"),
    FontSize = 34,
    HorizontalAlignment = HorizontalAlignment.Center
  };
  text1.Inlines.Add(new Bold(new Run("cn|elements")));
  FixedPage.SetLeft(text1, 170);
  FixedPage.SetTop(text1, 40);
  return text1;
}
```

GetLogoContent()方法在固定文档中使用 RadialGradientBrush 添加一个 Ellipse 形状的徽标:

```csharp
private static UIElement GetLogoContent()
{
  var ellipse = new Ellipse
  {
    Width = 90,
    Height = 40,
    Fill = new RadialGradientBrush(Colors.Yellow, Colors.DarkRed)
  };
  FixedPage.SetLeft(ellipse, 500);
  FixedPage.SetTop(ellipse, 50);
  return ellipse;
}
```

GetDateContent()方法访问 menus 集合,把一个日期范围添加到文档中:

```csharp
private UIElement GetDateContent()
{
  string dateString = $"{_menus[0].Day:d} to {_menus[_menus.Count - 1].Day:d}";
  var text1 = new TextBlock
  {
    FontSize = 24,
    HorizontalAlignment = HorizontalAlignment.Center
  };
  text1.Inlines.Add(new Bold(new Run(dateString)));
  FixedPage.SetLeft(text1, 130);
  FixedPage.SetTop(text1, 90);
  return text1;
}
```

最后,**GetMenuContent()**方法创建并返回一个 **Grid** 控件,这个网格中的列和行包含日期、菜单和价格信息:

```csharp
private UIElement GetMenuContent()
{
  var grid1 = new Grid
  {
    ShowGridLines = true
  };

  grid1.ColumnDefinitions.Add(new ColumnDefinition
  {
    Width= new GridLength(50)
  });
  grid1.ColumnDefinitions.Add(new ColumnDefinition
  {
    Width = new GridLength(300)
  });
  grid1.ColumnDefinitions.Add(new ColumnDefinition
  {
    Width = new GridLength(70)
  });
  for (int i = 0; i < _menus.Count; i++)
  {
    grid1.RowDefinitions.Add(new RowDefinition
    {
```

```
        Height = new GridLength(40)
    });
    var t1 = new TextBlock(new Run($"{_menus[i].Day:ddd}"));
    var t2 = new TextBlock(new Run(_menus[i].Menu));
    var t3 = new TextBlock(new Run(_menus[i].Price.ToString()));
    var textBlocks = new TextBlock[] { t1, t2, t3 };

    for (int column = 0; column < textBlocks.Length; column++)
    {
      textBlocks[column].VerticalAlignment = VerticalAlignment.Center;
      textBlocks[column].Margin = new Thickness(5, 2, 5, 2);
      Grid.SetColumn(textBlocks[column], column);
      Grid.SetRow(textBlocks[column], i);
      grid1.Children.Add(textBlocks[column]);
    }
  }
  FixedPage.SetLeft(grid1, 100);
  FixedPage.SetTop(grid1, 140);
  return grid1;
}
```

运行应用程序，所创建的固定文档如图 35-13 所示。

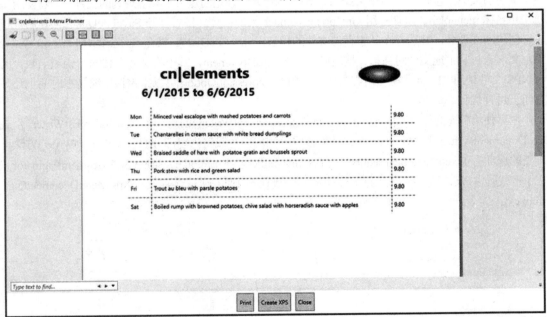

图 35-13

35.5 XPS 文档

使用 Microsoft Word，可以把文档另存为 PDF 或 XPS 文件。XPS 是 XML 纸张规范(XML Paper Specification)，是 WPF 的一个子集。Windows 包含一个 XPS 读取器。

.NET 在 System.Windows.Xps、System.Windows.Xps.Packaging 和 System.IO.Packaging 名称空间

中包含读写 XPS 文档的类和接口。

因为 XPS 以 zip 文件格式打包，所以很容易把扩展名为.xps 的文件重命名为.zip，打开该归档文件，来分析 XPS 文档。

XPS 文件需要在.zip 文档中有 XML 纸张规范(可从 http://www.microsoft.com/ whdc/xps/xpsspec.mspx 上下载)定义的特定结构。这个结构基于 OPC(Open Packaging Convention，开放打包约定)，Word 文档(OOXML 或 Office Open XML)也基于 OPC。在这个文件中，可以包含用于元数据、资源(如字体和图片)和文档本身的不同文件夹。在 XPS 文档的文档文件夹中，可以找到表示 XAML 的 XPS 子集的 XAML 代码。

要创建 XPS 文档，可使用 System.Windows.Xps.Packaging 名称空间中的 XpsDocument 类。要使用这个类，也需要引用程序集 ReachFramework。通过这个类可以给文档添加缩略图(AddThumbnail())和固定文档序列(AddFixedDocumentSequence())，还可以给文档加上数字签名。固定文档序列使用 IXpsFixedDocumentSequenceWriter 接口写入，该接口使用 IXpsFixedDocumentWriter 在序列中写入文档。

如果 FixedDocument 已经存在，写入 XPS 文档就有一个更简单的方法。不需要添加每个资源和每个文档页，而可以使用 System.Windows.Xps 名称空间中的 XpsDocumentWriter 类。要使用这个类，必须引用 System.Printing 程序集。

下面的代码段包含一个创建 XSP 文档的处理程序。首先创建用于菜单规划的文件名，它使用星期几和名称 menuplan。星期几用 GregorianCalender 类来计算。接着打开 SaveFileDialog，让用户覆盖已创建的文件名，并选择在其中存储文件的目录。SaveFileDialog 类在名称空间 Microsoft.Win32 中定义，它封装本地文件对话框。接着新建一个 XpsDocument，其中将文件名传送给构造函数。因为 XPS 文件使用 ZIP 格式压缩内容，所以使用 CompressionOption 可以指定该压缩是在时间上还是空间上进行优化。

之后使用静态方法 XpsDocument.CreateXpsDocumentWriter()创建一个 XpsDocumentWriter。重载 XpsDocumentWriter 的 Write()方法，从而接受不同的内容或将内容部分写入文档中。Write()方法可接受的选项有 FixedDocumentSequence、FixedDocument、FixedPage、string 和 DocumentPaginator。在示例代码中，仅传送了前面创建的 fixedDocument(代码文件 CreateXps/CreateXps/MenuDocumentPage.xaml.cs)：

```
private void OnCreateXPS(object sender, RoutedEventArgs e)
{
  var c = new GregorianCalendar();
  int weekNumber = c.GetWeekOfYear(_menus[0].Day,
    CalendarWeekRule.FirstFourDayWeek, DayOfWeek.Monday);

  var dlg = new SaveFileDialog
  {
    FileName = $"menuplan{weekNumber}",
    DefaultExt = "xps",
    Filter = "XPS Documents|*.xps|All Files|*.*",
    AddExtension = true
  };
  if (dlg.ShowDialog() == true)
  {
    var doc = new XpsDocument(dlg.FileName, FileAccess.Write,
              CompressionOption.Fast);
```

```
      XpsDocumentWriter writer = XpsDocument.CreateXpsDocumentWriter(doc);
      writer.Write(fixedDocument);
      doc.Close();
    }
  }
```

运行应用程序,以存储 XPS 文档,就可以用 XPS 查看器查看文档,如图 35-14 所示。

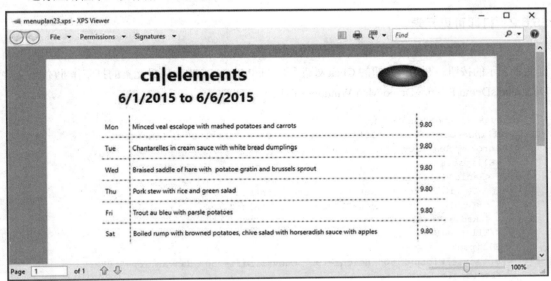

图 35-14

还可以给 XpsDocumentWriter 的一个重载 Write()方法传递 Visual,Visual 是 UIElement 的基类,因此可以给写入器传递任意 UIElement,从而方便地创建 XPS 文档。这个功能在下面的打印示例中使用。

35.6 打印

用 DocumentViewer 打印显示在屏幕上的 FixedDocument,最简单的方法是使用关联到该文档上的 DocumentViewer 的 Print()方法。对于菜单规划应用程序,这都在 OnPrint 处理程序中完成。DocumentViewer 的 Print()方法会打开 PrintDialog,把关联的 FixedDocument 发送给选中的打印机(代码文件 CreateXps/CreateXpsDocumentPage.xaml.cs):

```
private void OnPrint(object sender, RoutedEventArgs e)
{
  viewer.Print();
}
```

35.6.1 用 PrintDialog 打印

如果希望更多地控制打印过程,就可以实例化 PrintDialog,并用 PrintDocument()方法打印文档。PrintDocument()方法需要把 DocumentPaginator 作为第一个参数。FixedDocument 通过 DocumentPaginator 属性返回一个 DocumentPaginator 对象。第二个参数定义了当前打印机在"打印机"对话框中为打印作业显示的字符串：

```
var dlg = new PrintDialog();
if (dlg.ShowDialog() == true)
{
  dlg.PrintDocument(fixedDocument.DocumentPaginator, "Menu Plan");
}
```

35.6.2 打印可见元素

创建 UIElement 对象也很简单。下面的 XAML 代码定义了一个椭圆、一个矩形和一个用两个椭圆元素表示的按钮。利用该按钮的 Click 处理程序 OnPrint()，会启动可见元素的打印作业(代码文件 DocumentsDemo/PrintingDemo/MainWindow.xaml)：

```xml
<Canvas x:Name="canvas1">
  <Ellipse Canvas.Left="10" Canvas.Top="20" Width="180" Height="60"
    Stroke="Red" StrokeThickness="3" >
    <Ellipse.Fill>
      <RadialGradientBrush>
        <GradientStop Offset="0" Color="LightBlue" />
        <GradientStop Offset="1" Color="DarkBlue" />
      </RadialGradientBrush>
    </Ellipse.Fill>
  </Ellipse>
  <Rectangle Width="180" Height="90" Canvas.Left="50" Canvas.Top="50">
    <Rectangle.LayoutTransform>
      <RotateTransform Angle="30" />
    </Rectangle.LayoutTransform>
    <Rectangle.Fill>
      <LinearGradientBrush>
        <GradientStop Offset="0" Color="Aquamarine" />
        <GradientStop Offset="1" Color="ForestGreen" />
      </LinearGradientBrush>
    </Rectangle.Fill>
    <Rectangle.Stroke>
      <LinearGradientBrush>
        <GradientStop Offset="0" Color="LawnGreen" />
        <GradientStop Offset="1" Color="SeaGreen" />
      </LinearGradientBrush>
    </Rectangle.Stroke>
  </Rectangle>
  <Button Canvas.Left="90" Canvas.Top="190" Content="Print" Click="OnPrint">
    <Button.Template>
      <ControlTemplate TargetType="Button">
        <Grid>
          <Grid.RowDefinitions>
            <RowDefinition />
            <RowDefinition />
          </Grid.RowDefinitions>
          <Ellipse Grid.Row="0" Grid.RowSpan="2" Width="60"
            Height="40" Fill="Yellow" />
          <Ellipse Grid.Row="0" Width="52" Height="20"
            HorizontalAlignment="Center">
            <Ellipse.Fill>
```

```xml
                <LinearGradientBrush StartPoint="0.5,0" EndPoint="0.5,1">
                  <GradientStop Color="White" Offset="0" />
                  <GradientStop Color="Transparent" Offset="0.9" />
                </LinearGradientBrush>
              </Ellipse.Fill>
            </Ellipse>
            <ContentPresenter Grid.Row="0" Grid.RowSpan="2"
                HorizontalAlignment="Center"
                VerticalAlignment="Center" />
          </Grid>
        </ControlTemplate>
      </Button.Template>
   </Button>
</Canvas>
```

在 OnPrint()处理程序中，调用 PrintDialog 的 PrintVisual()方法可启动打印作业。PrintVisual()接受派生自 Visual 基类的任意对象(代码文件 PrintingDemo/MainWindow.xaml.cs)：

```csharp
private void OnPrint(object sender, RoutedEventArgs e)
{
  var dlg = new PrintDialog();
  if (dlg.ShowDialog() == true)
  {
    dlg.PrintVisual(canvas1, "Print Demo");
  }
}
```

为了通过编程方式来打印，而无需用户干涉，System.Printing 名称空间中的 PrintDialog 类可用于创建一个打印作业，并调整打印设置。LocalPrintServer 类提供了打印队列的信息，并用 DefaultPrintQueue 属性返回默认的 PrintQueue。使用 PrintTicket 可以配置打印作业。PrintQueue.DefaultPrintTicket 返回与队列关联的默认 PrintTicket。PrintQueue 的 GetPrintCapabilities()方法返回打印机的功能，根据该功能可以配置 PrintTicket，如下面的代码段所示。配置完 PrintTicket 后，静态方法 PrintQueue.CreateXpsDocumentWriter()返回一个 XpsDocumentWriter 对象。XpsDocumentWriter 类以前用于创建 XPS 文档，也可以使用它启动打印作业。XpsDocumentWriter 的 Write()方法不仅接受 Visual 或 FixedDocument 作为第一个参数，还接受 PrintTicket 作为第二个参数。如果用第二个参数传递 PrintTicket，写入器的目标就是与对应标记关联的打印机，因此写入器把打印作业发送给打印机。

```csharp
var printServer = new LocalPrintServer();
PrintQueue queue = printServer.DefaultPrintQueue;
PrintTicket ticket = queue.DefaultPrintTicket;
PrintCapabilities capabilities = queue.GetPrintCapabilities(ticket);
if (capabilities.DuplexingCapability.Contains(Duplexing.TwoSidedLongEdge))
  ticket.Duplexing = Duplexing.TwoSidedLongEdge;
if (capabilities.InputBinCapability.Contains(InputBin.AutoSelect))
  ticket.InputBin = InputBin.AutoSelect;
if (capabilities.MaxCopyCount > 3)
  ticket.CopyCount = 3;
if (capabilities.PageOrientationCapability.Contains(PageOrientation.Landscape))
  ticket.PageOrientation = PageOrientation.Landscape;
if (capabilities.PagesPerSheetCapability.Contains(2))
  ticket.PagesPerSheet = 2;
```

```
if (capabilities.StaplingCapability.Contains(Stapling.StapleBottomLeft))
  ticket.Stapling = Stapling.StapleBottomLeft;
XpsDocumentWriter writer = PrintQueue.CreateXpsDocumentWriter(queue);
writer.Write(canvas1, ticket);
```

35.7　小结

本章学习了如何把 WPF 功能用于文档，如何创建根据屏幕大小自动调整的流文档，以及如何创建外观总是不变的固定文档。我们还讨论了如何打印文档，如何把可见元素发送给打印机。

第 36 章讨论部署，结束本书的客户端应用程序的编程部分。

第36章

部署 Windows 应用程序

本章要点
- 部署要求
- 部署场景
- 使用 ClickOnce 进行部署
- 部署 UWP 应用程序

本章源代码下载地址(wrox.com):

打开网页 http://www.wrox.com/go/professionalcsharp6，单击 Download Code 选项卡即可下载本章源代码。本章代码分为以下几个主要的示例文件：
- WPFSampleApp
- UniversalWinApp

36.1 部署是应用程序生命周期的一部分

在编译源代码并完成测试后，开发过程并没有结束。在这个阶段，需要把应用程序提供给用户。无论是 ASP.NET 应用程序、WPF 客户端应用程序，还是 UWP 应用程序，软件都必须部署到目标环境中。

应该在应用程序设计的早期阶段考虑部署，因为它会影响到应用程序本身使用的技术。

.NET Framework 使部署工作比以前容易得多，因为不再需要注册 COM 组件，也不需要编写新的注册表配置单元。

本章将介绍可用于应用程序部署的选项，包括桌面客户应用程序(WPF)和 UWP 应用程序的部署选项。

 注意：Web 应用程序的部署参见第 45 章。

36.2 部署的规划

部署常常是开发过程之后的工作，如果不精心规划，就可能会导致严重的问题。为了避免在部署过程中出错，应在最初的设计阶段就对部署过程进行规划。任何部署问题，如服务器的容量、桌面的安全性或从哪里加载程序集等，都应从一开始就纳入设计，这样部署过程才会比较顺利。

另一个必须在开发过程早期解决的问题是，在什么环境下测试部署。应用程序代码的单元测试和部署选项的测试可以在开发人员的系统中进行，而部署必须在类似于目标系统的环境中测试。这一点非常重要，可以消除目标计算机上不存在的依赖项。例如，第三方的库很早就安装在项目开发人员的计算机上，但目标计算机可能没有安装这个库。在部署软件包中很容易忘记包含这个库。在开发人员的系统上进行的测试不可能发现这个错误，因为库已经存在。归档依赖关系可以帮助消除这种潜在的错误。

部署过程对于大型应用程序可能非常复杂。提前规划部署，在实现部署过程时可以节省时间和精力。

选择合适的部署选项，必须像开发系统的其他方面那样给予特别关注和认真规划。选择错误的选项会使把软件交付给用户的过程充满艰难险阻。

36.2.1 部署选项

本节概述.NET 开发人员可以使用的部署选项。其中大多数选项将在本章后面详细论述。

- xcopy——xcopy 实用工具允许把一个程序集或一组程序集复制到应用程序文件夹中，从而减少了开发时间。由于程序集是自我包含的(即描述程序集的元数据包含在程序集中)，因此不需要在注册表中注册。

  每个程序集都跟踪它需要执行的其他程序集。默认情况下，程序集会在当前的应用程序文件夹中查找依赖项。把程序集移动到其他文件夹的过程将在本章后面讨论。

- ClickOnce——ClickOnce 技术可以构建自动更新的、基于 Windows 的应用程序。ClickOnce 允许把应用程序发布到网站、文件共享或 CD 上。在对应用程序进行更新并生成新版本后，开发小组可以把它们发布到相同的位置或站点上。最终用户在使用应用程序时，程序会检查是否有更新版本。如果有，就进行更新。

- Windows Installer——ClickOnce 有一些限制，在某些场合中不能使用。如果安装要求管理员权限(例如，部署 Windows 服务)，Windows Installer 就是最佳选项。

- UWP 应用程序——这些应用程序可以从 Windows Store 部署，也可以使用命令行工具。本章后面将介绍如何创建 Windows Store 应用程序的包。

36.2.2 部署要求

最好看一下基于.NET 的应用程序的运行要求。在执行任何托管的应用程序之前，CLR 对目标平台都有一定的要求。

首先必须满足的要求是操作系统。目前，下面的操作系统可以运行基于.NET 4.6 的应用程序：

- Windows Vista SP2
- Windows 7 SP1

- Windows 8 (已包含.NET 4.5)
- Windows 8.1 (已包含.NET 4.5.1)
- Windows 10 (已包含.NET 4.6)

下面的服务器平台也支持运行基于.NET 4.5 的应用程序：

- Windows Server 2008 SP2
- Windows Server 2008 R2 SP1
- Windows Server 2012(已包含.NET 4.5)
- Windows Server 2012 R2(已包含.NET 4.5.1)

用 Visual Studio 2012 创建的 Windows Store 应用程序运行在 Windows 8 和 8.1 上。用 Visual Studio 2013 创建的 Windows Store 应用程序运行在 Windows 8.1 上。

在部署.NET 应用程序时，还必须考虑硬件要求。硬件的最低要求是：客户端和服务器都有 1GHz 的 CPU，以及 512MB 的 RAM。

要获得最佳性能，应增加 RAM：RAM 越大，.NET 应用程序运行得就越好。对于服务器应用程序更是如此。可以使用性能监视器来分析应用程序的 RAM 使用情况。

36.2.3 部署.NET 运行库

当使用.NET Core 开发应用程序时，应用程序包含了运行库。使用完整的框架创建应用程序时，需要把.NET 运行库安装到目标系统上。Windows 10 已经包含了.NET 4.6。

.NET 运行库的不同版本可以从 Microsoft MSDN(https://msdn.microsoft.com/library/ee942965.aspx)上下载，Web 安装程序或 Offline 安装程序包。要么需要提供运行库的安装与安装包，要么运行库需要在安装应用程序之前安装。

36.3 传统的部署选项

如果在应用程序的初始设计阶段考虑了部署，部署就只是简单地把一组文件复制到目标计算机上。本节就讨论这种简单的部署情况和不同的部署选项。

为了了解如何设置部署选项，必须有一个要部署的应用程序。我们使用了 ClientWPF 解决方案，它需要 AppSupport 库。

ClientWPF 是使用 WPF 的富客户端应用程序。AppSupport 项目是一个类库，它包含一个简单的类，该类返回一个包含当前日期和时间的字符串。

示例应用程序使用 AppSupport 项目，用一个包含当前日期的字符串填写一个标签。为了使用这些示例，首先加载并构建 AppSupport 项目。然后在 ClientWPF 项目中设置对新构建的 AppSupport.dll 的引用。

下面是 AppSupport 程序集的代码：

```
using System;
namespace AppSupport
{
  public class DateService
  {
    public string GetLongDateInfoString() =>
```

```
      $"Today's date is {DateTime.Today:D}";

  public string GetShortDateInfoString() =>
      $"Today's date is {DateTime.Today:d}";
  }
}
```

这个简单的程序集足以说明可用的部署选项。

36.3.1 xcopy 部署

xcopy 部署过程就是把一组文件复制到目标计算机上的一个文件夹中，然后在客户端上执行应用程序。这个术语来自于 DOS 命令 xcopy.exe。无论程序集的数目是多少，如果把文件复制到同一个文件夹中，应用程序就会执行，不需要编辑配置设置或注册表。

为了理解 xcopy 部署的工作原理，请执行下面的步骤：

(1) 打开示例下载文件中的 ClientWPF 解决方案(ClientWPF.sln)。

(2) 把目标改为 Release，进行完整的编译。

(3) 使用 File Explorer 导航到项目文件夹\ClientWPF\bin\Release，双击 ClientWPF.exe，运行应用程序。

(4) 单击对应的按钮，会看到当前日期显示在两个文本框中。这将验证应用程序是否能正常运行。当然，这个文件夹是 Visual Studio 放置输出的地方，所以应用程序能正常工作。

(5) 新建一个文件夹，命名为 ClientWPFTest。把这两个程序集(AppSupport.dll 和 ClientWPFTest.exe)从 Release 文件夹复制到这个新文件夹中，然后删除 Release 文件夹。再次双击 ClientWPF.exe 文件，验证它是否正常工作。

这就是需要完成的所有工作；xcopy 部署只需要把程序集复制到目标计算机上，就可以部署功能完善的应用程序。这里使用的示例非常简单，但这并不意味着这个过程对较复杂的应用程序无效。实际上，使用这种方法对可以部署的程序集的大小或数目没有限制。

不想使用 xcopy 部署的原因是它不能把程序集放在全局程序集缓存(GAC)中，或者不能在"开始"菜单中添加图标。如果应用程序仍依赖于某种类型的 COM 库，就不能很容易地注册 COM 组件。

36.3.2 Windows Installer

Microsoft 倾向于使用 ClickOnce 技术来安装 Windows 应用程序，稍后将详细讨论这种技术。但是，ClickOnce 有一些局限：ClickOnce 安装不需要管理员权限，应用程序会被安装到用户有权限的目录中。如果系统由多个用户使用，则需要针对所有用户安装应用程序。而且，使用 ClickOnce 技术不能安装共享 COM 组件并在注册表中配置它们，不能在 GAC 中安装程序集，也不能注册 Windows 服务。所有这些任务都需要管理员权限。

为了执行这些管理员任务，需要创建一个 Windows 安装程序包。安装程序包就是使用了 Windows Installer 技术的 MSI 文件(可以从 setup.exe 启动)。

创建 Windows 安装程序包的功能不是 Visual Studio 2015 的一部分。不过，可以在 Visual Studio 2015 中使用免费的 InstallShield Limited Edition。它提供了一个项目模板，其中包含了下载及向 Flexera Software 注册 InstallShield 的信息。

InstallShield Limited Edition 提供了一个简单的向导，可以根据应用程序信息(名称、网站、版本号)创建安装程序包；设置安装需求(支持哪些操作系统，以及安装过程需要计算机上已经安装哪些软件);创建应用程序文件及"开始"菜单和桌面上的快捷方式;设置注册表项。还可以选择提示用户同意许可协议。

如果只需要这些功能,不需要在安装过程中显示自定义对话框,那么 InstallShield Limited Edition 就可以作为一个不错的部署解决方案。否则,就需要安装另外一个产品,例如,InstallShield 的完整版本(www.flexerasoftware.com/products/installshield.htm)或者免费的 WiX 工具包(http://wix.codeplex.com)。

本章将详细讨论 ClickOnce 和 UWP 应用程序的部署。首先讨论 ClickOnce。

36.4 ClickOnce

ClickOnce 是一种允许应用程序自动更新的部署技术。应用程序发布到共享文件、网站或 CD 这样的媒介上。之后,ClickOnce 应用程序就可以自动更新,而无需用户的干涉。

ClickOnce 还解决了安全权限问题。一般情况下,要安装应用程序,用户需要有管理员权限。而利用 ClickOnce,没有管理员权限的用户也可以安装和运行应用程序。但是,应用程序将安装到特定用户的目录中。如果有多个用户使用同一个系统,则每个用户都需要安装该应用程序。

36.4.1 ClickOnce 操作

ClickOnce 应用程序有两个基于 XML 的清单文件,其中一个是应用程序的清单,另一个是部署清单。这两个文件描述了部署应用程序所需的所有信息。

应用程序清单包含应用程序的相关信息,例如,需要的权限、要包括的程序集和其他依赖项。部署清单包含了应用程序的部署信息,例如,应用程序清单的设置和位置。这些清单的完整模式在.NET SDK 文档中给出。

如前所述,ClickOnce 有一些限制。例如,程序集不能添加到 GAC 文件夹中,以及不能在注册表中配置 Windows 服务。在这些情况下,使用 Windows Installer 比较好,但 ClickOnce 也适用于许多应用程序。

36.4.2 发布 ClickOnce 应用程序

ClickOnce 需要知道的全部信息都包含在两个清单文件中。为 ClickOnce 部署发布应用程序的过程就是生成清单,并把文件放在正确的位置。清单文件可以在 Visual Studio 中生成。还可以使用一个命令行工具 mage.exe,它还有一个带 GUI 的版本 mageUI.exe。

在 Visual Studio 2015 中创建清单文件有两种方式。在 Project Properties 对话框的 Publish 选项卡底部有两个按钮,一个是 Publish Wizard 按钮,另一个是 Publish Now 按钮。Publish Wizard 按钮要求回答几个关于应用程序的部署问题,然后生成清单文件,把所有需要的文件复制到部署位置。Publish Now 按钮使用在 Publish 选项卡中设置的值创建清单文件,并把文件复制到部署位置。

为了使用命令行工具 mage.exe,必须传递各个 ClickOnce 属性的值。使用 mage.exe 可以创建和更新清单文件。在命令提示符中输入 mage.exe-help,就会显示传递所需值的语法。

mage.exe 的 GUI 版本(mageUI.exe)类似于 Visual Studio 2015 中的 Publish 选项卡。使用 GUI 工具可以创建和更新应用程序清单及部署清单文件。

ClickOnce 应用程序会显示在控制面板中"添加/删除程序"对话框对应的小程序内,这与其他安装的应用程序一样。一个主要区别是用户可以选择卸载应用程序或回滚到以前的版本。ClickOnce

在 ClickOnce 应用程序缓存中保存以前的版本。

现在开始创建一个 ClickOnce 应用程序。在此之前，系统中必须安装了 IIS，并且必须以提升的权限启动 Visual Studio。ClickOnce 安装程序会直接发布到本地 IIS，而本地 IIS 是需要管理员权限的。

在 Visual Studio 中打开 ClientWPF 项目，选择 Project Properties 对话框的 Publish 选项卡，然后单击 Publish Wizard 按钮。第一个屏幕如图 36-1 所示，它要求指定发布位置。这里使用本地 publish 文件夹把包发布到本地文件夹中。

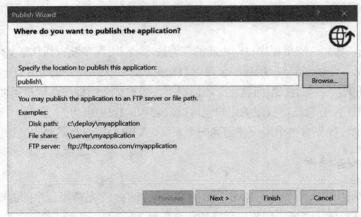

图 36-1

 注意：在 Visual Studio 的以前版本中，可以直接把 ClickOnce 包从 Visual Studio 安装到当地 IIS 中。Visual Studio 2015 不再是这样。但是，可以在本地文件夹中创建安装包，并将手动添加到 IIS 网站。

下一个屏幕询问用户如何安装应用程序：从网站、文件共享或 CD-ROM/DVD-ROM 中安装(见图 36-2)。这个设置会影响用户如何更新应用程序。

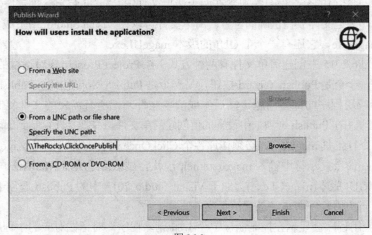

图 36-2

第三个屏幕提供了在客户机下线时运行这个应用程序的选项,或只有当客户端系统在线时才运行这个应用程序的选项(见图 36-3)。使用在线选项,应用程序直接从网络位置运行。使用下线选项,应用程序在本地安装。选择下线选项。

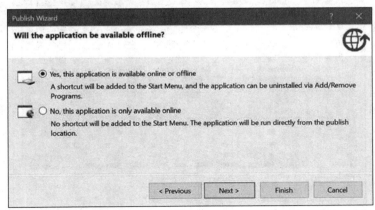

图 36-3

在摘要屏幕显示为第四屏幕后,就准备好发布了。一个浏览器窗口会打开,用于安装应用程序。在以前选择的文件夹中可以找到要安装的应用程序文件,例如,publish\。

在使用 ClickOnce 安装应用程序之前,下一小节将介绍向导对 ClickOnce 做了哪些设置。

36.4.3 ClickOnce 设置

两个清单文件都有几个属性,可以在 Visual Studio 项目设置内的 Publish 选项卡(如图 36-4 所示)中配置它们的许多属性。最重要的属性是应用程序应从什么地方部署。这里使用了网络共享。

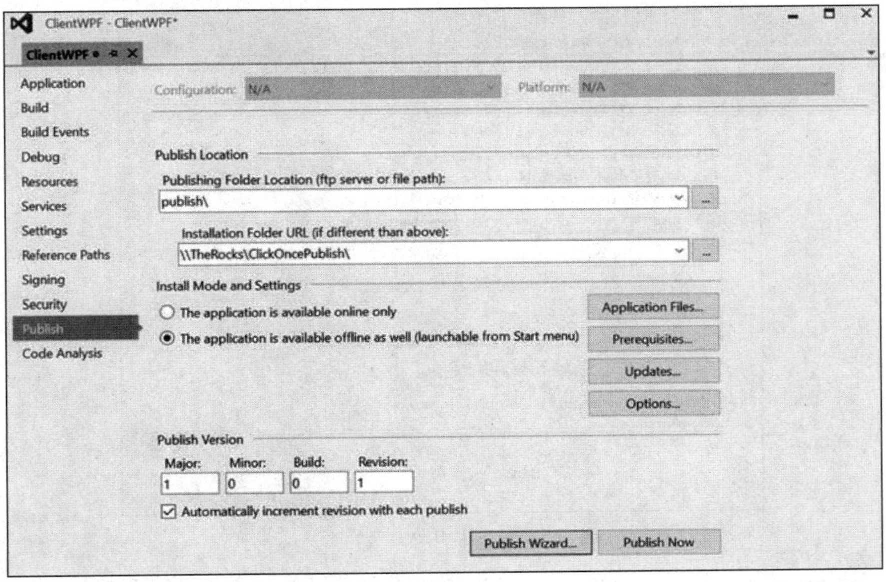

图 36-4

Publish 选项卡中有一个 Application Files 按钮,单击它会打开一个对话框,其中列出了应用程序需要的所有程序集和配置文件(如图 36-5 所示)。可以改变这个配置;在所有文件的列表中,使用发布状态指示文件是否应包含在包中。调试符号在默认情况下是空白的。对于测试场景，可能会添加这些文件。

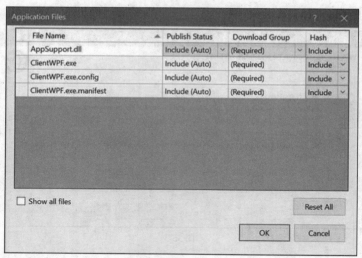

图 36-5

单击 Prerequisite 按钮会显示与应用程序一起安装的常见必备程序列表。这个必备程序列表由 Microsoft Installer 包定义，必须在安装 ClickOnce 应用程序前安装。在图 36-6 中，会发现.NET Framework 4.6 被列为一个必备条件，是安装的一部分。可以选择从发布应用程序的位置上安装必备程序，也可以从供应商的网站上安装必备程序。

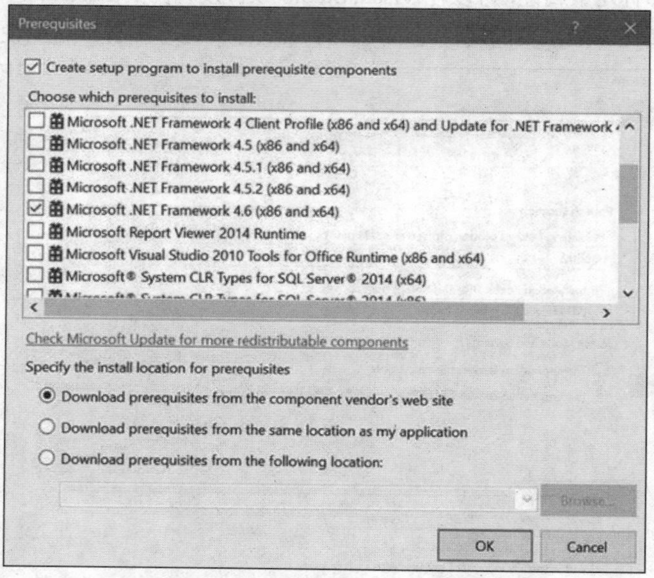

图 36-6

单击 Updates 按钮会显示一个对话框(如图 36-7 所示)，其中包含了如何更新应用程序的信息。当有应用程序的新版本时，可以使用 ClickOnce 更新应用程序。其选项包括：每次启动应用程序时检查是否有更新版本，或在后台检查更新版本。如果选择后台选项，就可以输入两次检查的指定间隔时间。此时可以使用允许用户拒绝或接收更新版本的选项。它可用于在后台进行强制更新，这样用户就不知道进行了更新。下次运行应用程序时，会使用新版本替代旧版本。还可以使用另一个位置存储更新文件。这样，原始安装软件包在一个位置，用于给新用户安装应用程序，而所有的更新版本放在另一个位置上。

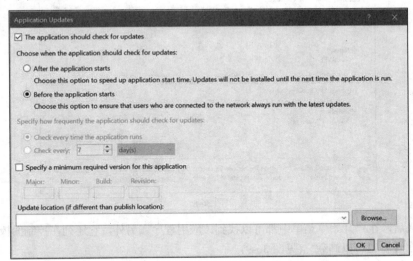

图 36-7

安装应用程序时，可以让它以在线模式或离线模式运行。在离线模式下，应用程序可以从"开始"菜单中运行，就好像它是用 Windows Installer 安装的。在线模式表示应用程序只能在有安装文件夹的情况下运行。

36.4.4　ClickOnce 文件的应用程序缓存

用 ClickOnce 发布的应用程序不能安装在 Program Files 文件夹中，它们会放在应用程序缓存中，应用程序缓存驻留在%LocalAppData%\Apps\2.0 文件夹下。控制部署的这个方面意味着，可以把应用程序的多个版本同时放在客户端 PC 上。如果应用程序设置为在线运行，就会保留用户访问过的每个版本。对于设置为本地运行的应用程序，会保留当前版本和以前的版本。

所以，把 ClickOnce 应用程序回滚到以前的版本是一个非常简单的过程。如果用户进入控制面板中"添加/删除程序"对话框对应的小程序，则所显示的对话框将允许删除 ClickOnce 应用程序或回滚到以前的版本。管理员可以修改清单文件，使之指向以前的版本。之后，下次用户运行应用程序时，会检查是否更新版本。应用程序不查找要部署的新程序集，而是还原以前的版本，但不需要用户的交互。

36.4.5　应用程序的安装

现在，启动应用程序的安装。

把文件从 publish 文件夹复制到创建包时指定的网络共享。然后在网络共享上启动 Setup.exe。所显示的第一个对话框显示了一个警告(见图 36-8)。因为系统不信任测试证书的颁发机构，所以会显示红色标记。单击 More Information 链接，可以获得证书的更多信息，并知道应用程序需要完全信任的访问权限。如果信任应用程序，就单击 Install 按钮，安装应用程序。将 ClickOnce 包添加到生产环境之前，可以购买一个可信的证书，添加到包中。

单击 Install 按钮，应用程序会在本地安装。

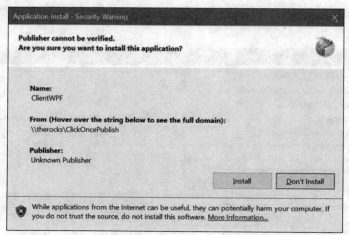

图 36-8

安装完成后，在"开始"菜单中都可以找到该应用程序。另外，它还列在控制面板的"程序和功能"中，在这里也可以卸载它(见图 36-9)。

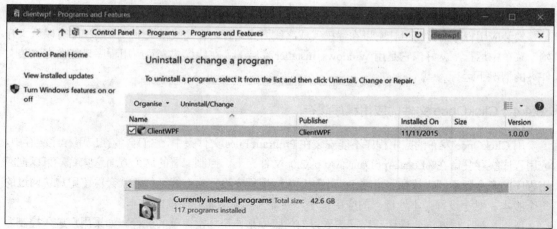

图 36-9

36.4.6 ClickOnce 部署 API

使用 ClickOnce 设置，可以将应用程序配置为自动检查更新，如前所述，但是通常这种方法并不可行。可能一些超级用户应该更早得到应用程序的新版本。如果他们对新版本感到满意，那么也应该向其他用户授予接收更新的权限。在这种场景中，可以使用自己的用户管理信息数据库，通过编程更新应用程序。

对于使用编程方式进行的更新，可以使用 System.Deployment 程序集和 System.Deployment 名称空间中的类来检查应用程序版本信息及进行更新。下面的代码片段(代码文件 MainWindow.xaml.cs)包含了应用程序中的 Update 按钮的单击处理程序。它首先检查 ApplicationDeployment 类的 IsNetworkDeployed 属性，判断应用程序是否是 ClickOnce 部署的应用程序。然后，使用 CheckForUpdateAsync()

方法检查服务器上由 ClickOnce 设置指定的更新目录中是否有新版本可用。收到关于更新的信息后，CheckForUpdateCompleted 事件就会触发。这个事件处理程序的第二个参数(类型为 CheckForUpdate-CompletedEventArgs)包含了关于更新、版本号、是否是强制更新等信息。如果有更新可用，则通过调用 UpdateAsync()方法自动安装更新(代码文件 ClientWPF/MainWindow.xaml.cs)：

```
private void OnUpdate(object sender, RoutedEventArgs e)
{
  if (ApplicationDeployment.IsNetworkDeployed)
  {
    ApplicationDeployment.CurrentDeployment.CheckForUpdateCompleted +=
    (sender1, e1) =>
    {
      if (e1.UpdateAvailable)
      {
        ApplicationDeployment.CurrentDeployment.UpdateCompleted +=
        (sender2, e2) =>
        {
          MessageBox.Show("Update completed");
        };
        ApplicationDeployment.CurrentDeployment.UpdateAsync();
      }
      else
      {
        MessageBox.Show("No update available");
      }
    };
    ApplicationDeployment.CurrentDeployment.CheckForUpdateAsync();
  }
  else
  {
    MessageBox.Show("not a ClickOnce installation");
  }
}
```

使用部署 API 代码时，可以在应用程序中直接手动测试更新。

36.5 UWP 应用程序

安装 Windows 应用程序则完全不同。对于传统的.NET 应用程序，使用 xcopy 部署来复制带 DLL 的可执行文件是一种可行的方法。但是，对于 Windows 应用程序则不能这么做。

Universal Windows 应用程序是需要打包的，这使得应用程序能够放到 Windows Store 中被多数人使用。在部署 Windows 应用程序时，还有另外一种方法，不需要把该应用程序添加到 Windows Store 中。这种方法称为旁加载(Sideleading)。在这些选项中，有必要创建一个应用程序包，所以我们就从创建一个应用程序包开始。

36.5.1 创建应用程序包

Windows Store 应用程序包是一个带有.appx 文件扩展名的文件，实际上是一个压缩文件。该文件包含了所有的 XAML 文件、二进制文件、图片和配置。使用 Visual Studio 或命令行工具

MakeAppx.exe 都可以创建包。

在 Windows | Universal 类别中使用 Visual Studio 应用程序模板 Blank App (Universal Windows)创建一个简单的 Windows 应用程序。示例应用程序的名称是 UniversalWindowsApp。

对于打包过程来说，重要的是 Assets 文件夹中的图像。Logo、SmallLogo 和 StoreLogo 文件代表应该用自定义应用程序图标代替的应用程序图标。文件 Package.appxmanifest 是一个 XML 文件，包含了应用程序包所需的所有定义。在 Solution Explorer 中打开这个文件会调用 Package Editor，它包含 6 个选项卡：Application、Visual Assets、Capabilities、Declarations、Content URIs 和 Packaging。Packaging 选项卡如图 36-10 所示。在这里可以配置包名、在 Store 中显示的图标、版本号和证书。默认情况下，只创建一个用于测试目的的证书。把应用程序关联到商店中之前，必须替换此证书。

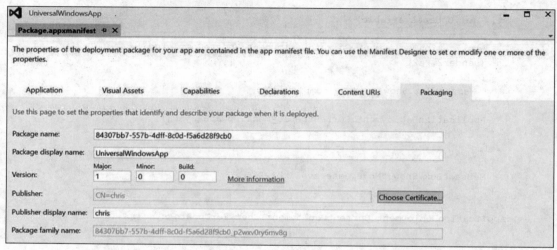

图 36-10

Application 选项卡允许配置应用程序名称、应用程序描述。在 Visual Assets 选项卡中，可以看到能关联到应用程序的所有徽标：小图标、方图标和宽图标。可配置的能力随系统功能和应用程序使用的设备而异，例如，音乐库、摄像头等。用户会得到应用程序使用了哪些功能的通知。如果应用程序没有指定需要某个功能，在运行期间就不能使用该功能。在 Declarations 选项卡中，应用程序可以注册更多的功能，例如，用作共享目标，或者指定某些功能是否应该在后台运行。

在 Visual Studio 中，单击 Solution Explorer 中的项目，然后从上下文菜单中选择 Store | Create App Package，可以创建一个包。在 Create App Package 向导中，首先需要指定是否要把应用程序上传到 Windows Store。如果不必上传，那么可以使用旁加载来部署包，如后面所述。如果还没有注册一个 Windows Store 账户，就选择旁加载选项。在该向导的第二个对话框中，为包选择 Release 而不是 Debug Code。在这里还可以选择为哪个平台生成包：x86、x64 和 ARM CPU。这就是构建包所需的全部工作，如图 36-11 所示。要想查看包中的内容，可以把文件的扩展名从.appx 改为.zip，然后就可以看到其中包含的所有图像、元数据和二进制文件。

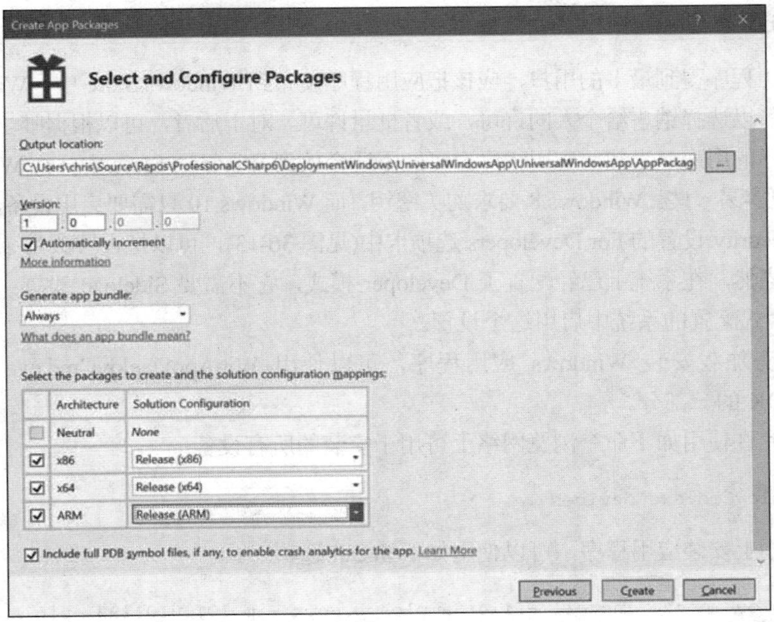

图 36-11

36.5.2 Windows App Certification Kit

把应用包提交给 Windows Store 前，把它旁加载到其他设备之前，应运行 Windows App Certification Kit，这个工具是 Windows SDK 的一部分，随 Visual Studio 一起安装。

把应用程序部署到 Windows Store 时，应用程序必须满足一些需求。多数需求是可以提前检查的。

运行此工具时，需要有些耐心。它需要几分钟的时间来测试应用程序并给出结果。在此期间，不应与该工具或正在运行的应用程序交互。检查应用程序，以确保包正确使用发布版本构建，没有调试代码，应用程序不会崩溃或挂起，只调用支持的 API，功能使用正确，实现了后台任务的取消处理程序等。启动该工具，会看到它运行的所有测试。

图 36-12 显示了启动 Certification Kit，可以选择要运行的测试。

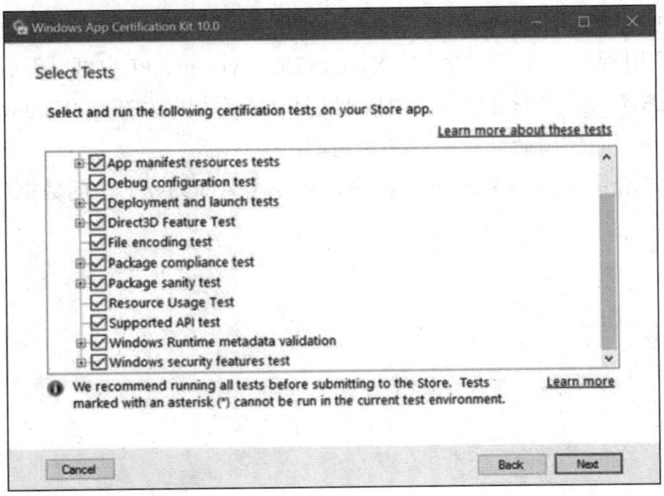

图 36-12

36.5.3 旁加载

为了让应用程序得到最多的用户，应该把应用程序发布到 Windows Store 中。Windows Store 的许可很灵活，可以选择销售给个人的许可，或者批量许可。对于后者，可以根据唯一 ID 和设备确定运行应用程序的用户。当然，应用程序也可能不适合放到 Windows Store 中。在 Windows 10 中，绕过 Store 会更容易一些。Windows 8 要求购买密钥，而 Windows 10 只需要启用设备，进行旁加载。在 Update & Security 设置的 For Developers 选项卡中(见图 36-13)，可以把设置改为 Sideload Apps，启用旁加载。当然，在系统上已经配置了 Developer 模式，它不需要 Sideload 设置。只需要在没有用 Developer 模式配置的系统中启用这个设置。

为了通过旁加载安装 Windows 应用程序，可以使用 WinAppDeployCmd.exe。这个工具是 Windows 10 SDK 的一部分。

这个工具允许使用如下命令浏览网络上可用于安装的所有设备：

```
WinAppDeployCmd.exe devices
```

为了在设备上安装应用程序，可以使用如下 install 选项：

```
WinAppDeployCmd.exe install -file SampleApp.appx -ip 10.10.0.199 -pin ABC3D5
```

为了更新应用程序，可以使用 update 选项：

```
WinAppDeployCmd.exe update -file SampleApp.appx -ip 10.10.0.199
```

为了卸载应用程序，可以使用 uninstall 选项：

```
WinAppDeployCmd.exe uninstall -package packagename
```

36.6 小结

部署是应用程序生命周期的一个重要部分，会影响到应用程序中使用的技术，所以应该从项目的一开始就进行考虑。本章介绍了不同应用程序类型的部署。

本章介绍了如何使用 ClickOnce 部署 Windows 应用程序。ClickOnce 提供了一种方便的自动更新能力，也可以在应用程序中直接触发，在 System.Deployment API 中可以看到这一点。

本章还介绍了 UWP 应用程序的部署。可以把 UWP 应用程序发布到 Windows Store 中，也可以不使用 Windows Store，而使用命令行工具部署它们。

从第 37 章开始，介绍服务和 Web 应用程序，从使用 ADO.NET 访问数据库开始。

第Ⅳ部分

Web应用程序和服务

- 第 37 章　ADO.NET
- 第 38 章　Entity Framework Core
- 第 39 章　Windows 服务
- 第 40 章　ASP.NET Core
- 第 41 章　ASP.NET MVC
- 第 42 章　ASP.NET Web API
- 第 43 章　WebHooks 和 SignalR
- 第 44 章　WCF
- 第 45 章　部署网站和服务

第37章

ADO.NET

本章要点
- 连接数据库
- 执行命令
- 调用存储过程
- ADO.NET 对象模型

本章源代码下载地址(wrox.com)：

打开网页 www.wrox.com/go/professioncsharp6，单击 Download Code 选项卡即可下载本章源代码。本章代码分为以下几个主要的示例文件：
- ConnectionSamples
- CommandSamples
- AsyncSamples
- TransactionSamples

37.1 ADO.NET 概述

本章讨论如何使用 ADO.NET 访问 C#程序中的关系数据库，例如 SQL Server，主要介绍如何连接数据库，以及断开与数据库的连接。如何使用查询，如何添加和更新记录。学习各种命令对象选项，了解如何为 SQL Server 提供程序类提供的每个选项使用命令；如何通过命令对象调用存储过程，以及如何使用事务。

ADO.NET 之前使用 OLEDB 和 ODBC 附带了不同的数据库提供程序，一个提供程序用于 SQL Server；另一个提供程序用于 Oracle。OLEDB 技术不再获得支持，所以这个提供程序不应该用于新的应用程序。对于访问 Oracle 数据库，微软的提供程序也不再使用，因为来自Oracle(http://www.oracle.com/technetwork/topics/dotnet/)的提供程序能更好地满足需求。对其他数据源(也用于 Oracle)，有许多可用的第三方提供程序。使用 ODBC 提供程序之前，应该给所访问的数据源使用专用的提供程序。本章中的代码示例基于 SQL Server，但也可以把它改为使用不同的连接和命令对象，如访问 Oracle 数据库时，使用 OracleConnection 和 OracleCommand，而不是 SqlConnection 和 SqlCommand。

 注意：本章不介绍把表放在内存中的 DataSet。DataSet 允许从数据库中检索记录，并把内容存储在内存的数据表关系中。相反，应该使用 Entity Framework，参见第 38 章。Entity Framework 允许使用对象关系，而不是基于表的关系。

37.1.1 示例数据库

本章的例子使用 AdventureWorks2014 数据库。这个数据库可以从 https://msftdbprodsamples.codeplex.com/中下载。通过这个链接可以在一个 zip 文件中下载 AdventureWorks2014 数据库备份。选择推荐下载 Adventure Works 2014 Full Database Backup.zip。解压缩文件之后，可以使用 SQL Server Management Studio 恢复数据库备份，如图 37-1 所示。如果系统上没有 SQL Server Management Studio，可以从 http://www.microsoft.com/downloads 上下载一个免费的版本。

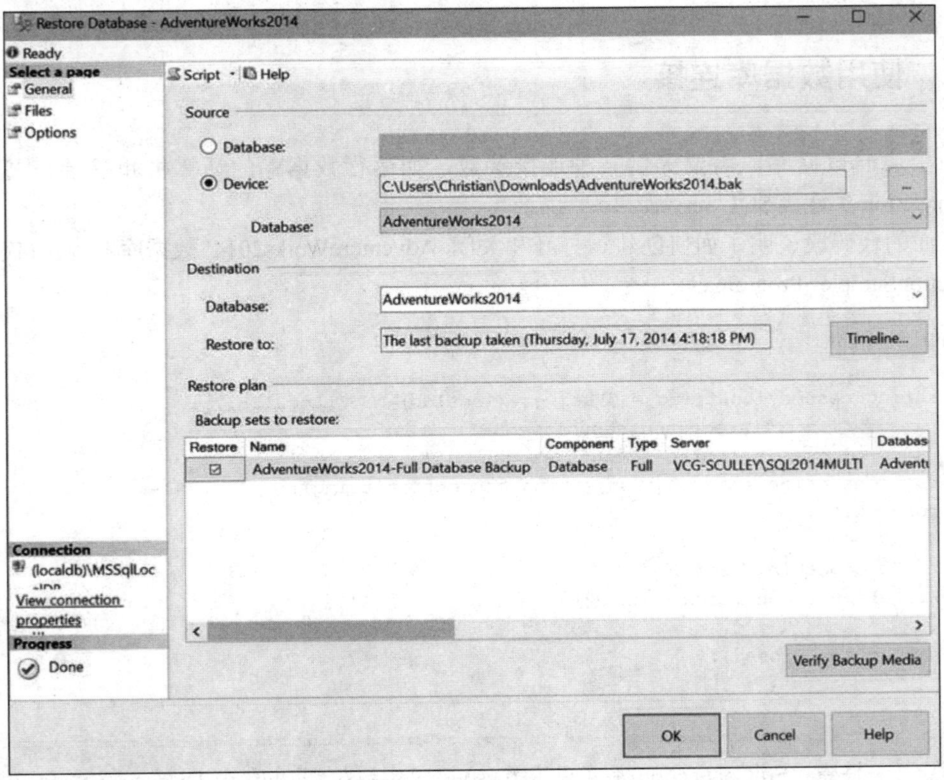

图 37-1

这一章使用的 SQL Server 是 SQL Server LocalDb。这个数据库服务器安装为 Visual Studio 的一部分。也可以使用任何其他 SQL Server 版本，只需要改变相应的连接字符串。

37.1.2 NuGet 包和名称空间

ADO.NET 示例的示例代码利用以下依赖项和名称空间：

依赖项：
```
NETStandard.Library
Microsoft.Extensions.Configuration
Microsoft.Extensions.Configuration.Json
System.Data.SqlClient
```

名称空间：
```
Microsoft.Extensions.Configuration
System
System.Data
System.Data.SqlClient
System.Threading.Tasks
static System.Console
```

37.2 使用数据库连接

为了访问数据库，需要提供某种连接参数，如运行数据库的计算机和登录证书。使用 SqlConnection 类连接 SQL Server。

下面的代码段说明了如何创建、打开和关闭 AdventureWorks2014 数据库的连接(代码文件 ConnectionSamples/Program.cs)。

```
public static void OpenConnection()
{
  string connectionString = @"server=(localdb)\MSSQLLocalDB;" +
              "integrated security=SSPI;" +
              "database=AdventureWorks2014";
  var connection = new SqlConnection(connectionString);
  connection.Open();

  // Do something useful
  WriteLine("Connection opened");

  connection.Close();
}
```

注意：SqlConnection 类实现了 IDisposable 接口，其中包含 Dispose 方法和 Close 方法。这两个方法的功能相同，都是释放连接。这样，就可以使用 using 语句来关闭连接。

在该示例的连接字符串中，使用的参数如下所示。连接字符串中的参数用分号分隔开。

- server=(localdb)\ MSSQLLocalDB：表示要连接到的数据库服务器。SQL Server 允许在同一台计算机上运行多个不同的数据库服务器实例，这里连接到 localdb 服务器和 SQL Server 实例 MSSQLLocalDB。如果使用的是本地安装的 SQL Server，就把这一部分改为 server=(local)。如果不使用关键字 server，还可以使用 Data Source。要连接到 SQL Azure 中，可以设置 Data Source=servername.database.windows.net。
- database=AdventureWorks2014：这描述了要连接到的数据库实例。每个 SQL Server 进程都可以提供几个数据库实例。如果不使用关键字 database，还可以使用 Initial Catalog。
- integrated security=SSPI：这个参数使用 Windows Authentication 连接到数据库，如果使用 SQL Azure，就需要设置 User Id 和 Password。

注意：在 http://www.connectionstrings.com 上可以找到许多不同数据库的连接字符串信息。

这个 ConnectionSamples 示例使用定义好的连接字符串打开数据库连接，再关闭该连接。一旦打开连接后，就可以对数据源执行命令，完成后，就可以关闭连接。

37.2.1 管理连接字符串

不在 C#代码中硬编码连接字符串，而是最好从配置文件中读取它。在.NET 4.6 和.NET Core 1.0 中，配置文件可以是 JSON 或 XML 格式，或从环境变量中读取。在下面的示例中，连接字符串从一个 JSON 配置文件中读取(代码文件 ConnectionSamples / config.json)：

```
{
  "Data": {
    "DefaultConnection": {
      "ConnectionString":
        "Server=(localdb)\\MSSQLLocalDB;Database=AdventureWorks2014;
         Trusted_Connection=True;"
    }
  }
}
```

使用 NuGet 包 Microsoft.Framework.Configuration 定义的 Configuration API 可以读取 JSON 文件。为了使用 JSON 配置文件，还要添加 NuGet 包 Microsoft.Framework.Configuration.Json。为了读取配置文件，创建 ConfigurationBuilder。AddJsonFile 扩展方法添加 JSON 文件 config.Json，从这个文件中读取配置信息——假定它与程序在相同的路径中。要配置另一条路径，可以调用 SetBasePath 方法。调用 ConfigurationBuilder 的 Build 方法，从所有添加的配置文件中构建配置，返回一个实现了 IConfiguration 接口的对象。这样，就可以检索配置值，如 Data:DefaultConnection:ConnectionString 的配置值(代码文件 ConnectionSamples / Program.cs)：

```
public static void ConnectionUsingConfig()
{
  var configurationBuilder =
    new ConfigurationBuilder().AddJsonFile("config.json");
  IConfiguration config = configurationBuilder.Build();
  string connectionString = config["Data:DefaultConnection:ConnectionString"];
```

```
            WriteLine(connectionString);
        }
```

37.2.2 连接池

几年前实现两层应用程序时,最好在应用程序启动时打开连接,关闭应用程序时,关闭连接。现在就不应这么做。使用这个程序架构的原因是,需要一定的时间来打开连接。现在,关闭连接不会关闭与服务器的连接。相反,连接会添加到连接池中。再次打开连接时,它可以从池中提取,因此打开连接会非常快速,只有第一次打开连接需要一定的时间。

连接池可以用几个选项在连接字符串中配置。选项 Pooling 设置为 false,会禁用连接池;它默认为启用:Pooling = true。Min Pool Size 和 Max Pool Size 允许配置池中的连接数。默认情况下,Min Pool Size 的值为 0,Max Pool Size 的值为 100。Connection Lifetime 定义了连接在释放前,连接在池中保持不活跃状态的时间。

37.2.3 连接信息

在创建连接之后,可以注册事件处理程序,来获得一些连接信息。SqlConnection 类定义了 InfoMessage 和 StateChange 事件。每次从 SQL Server 返回一个信息或警告消息时,就触发 InfoMessage 事件。连接的状态变化时,就触发 StateChange 事件,例如打开或关闭连接(代码文件 ConnectionSamples / Program.cs):

```
public static void ConnectionInformation()
{
  using (var connection = new SqlConnection(GetConnectionString()))
  {
    connection.InfoMessage += (sender, e) =>
    {
      WriteLine($"warning or info {e.Message}");
    };
    connection.StateChange += (sender, e) =>
    {
      WriteLine($"current state: {e.CurrentState}, before: {e.OriginalState}");
    };
    connection.Open();

    WriteLine("connection opened");
    // Do something useful
  }
}
```

运行应用程序时,会触发 StateChange 事件,看到 Open 和 Closed 状态:

```
current state: Open, before: Closed
connection opened
current state: Closed, before: Open
```

37.3 命令

37.2 节"使用数据库连接"简要介绍了针对数据库执行的命令。简言之,命令就是一个要在数据库上执行的包含 SQL 语句的文本字符串。命令也可以是一个存储过程，如本节后面所述。

把 SQL 子句作为一个参数传递给 Command 类的构造函数，就可以构造一条命令，如下例所示（代码文件 CommandSamples/Program.cs）：

```
public static void CreateCommand()
{
  using (var connection = new SqlConnection(GetConnectionString()))
  {
    string sql = "SELECT BusinessEntityID, FirstName, MiddleName, LastName " +
      "FROM Person.Person";
    var command = new SqlCommand(sql, connection);

    connection.Open();

    // etc.
  }
}
```

通过调用 SqlConnection 的 CreateCommand 方法，把 SQL 语句赋予 CommandText 属性，也可以创建命令：

```
SqlCommand command = connection.CreateCommand();
command.CommandText = sql;
```

命令通常需要参数。例如，下面的 SQL 语句需要一个 EmailPromotion 参数。不要试图使用字符串连接来建立参数。相反，总是应使用 ADO.NET 的参数特性：

```
string sql = "SELECT BusinessEntityID, FirstName, MiddleName, LastName " +
    "FROM Person.Person WHERE EmailPromotion = @EmailPromotion";
var command = new SqlCommand(sql, connection);
```

将参数添加到 SqlCommand 对象中时，有一个简单的方式可以使用 Parameters 属性返回 SqlParameterCollection 和 AddWithValue 方法：

```
command.Parameters.AddWithValue("EmailPromotion", 1);
```

有一个更有效的方式，但需要更多的编程工作：通过传递名称和 SQL 数据类型，使用 Add 方法的重载版本：

```
command.Parameters.Add("EmailPromotion", SqlDbType.Int);
command.Parameters["EmailPromotion"].Value = 1;
```

也可以创建一个 SqlParameter 对象，并添加到 SqlParameterCollection 中。

> 注意：不要试图给 SQL 参数使用字符串连接。它是经常被用于 SQL 注入攻击。使用 SqlParameter 对象会抑制这种攻击。

定义好命令后，就需要执行它。执行语句有许多方式，这取决于要从命令中返回什么数据。SqlCommand 类提供了下述可执行的命令：

- ExecuteNonQuery()——执行命令，但不返回任何结果。
- ExecuteReader()——执行命令，返回一个类型化的 IDataReader。
- ExecuteScalar()——执行命令，返回结果集中第一行第一列的值。

37.3.1　ExecuteNonQuery()方法

这个方法一般用于 UPDATE、INSERT 或 DELETE 语句，其中唯一的返回值是受影响的记录个数。但如果调用带输出参数的存储过程，该方法就有返回值。示例代码在 Sales.SalesTerritory 表中创建了一个新的记录。这个表把 TerritoryID 作为主键，TerritoryID 是一个标识列，因此创建记录时不需要提供它。这个表的所有列都不允许空值(见图 37-2)，但其中的一些使用默认值，例如一些销售和成本列、rowguid 和 ModifiedDate。rowguid 列从 newid 函数中创建，ModifiedDate 列从 getdate 中创建。创建新行时，只需要提供 Name、CountryRegionCode 和 Group 列。ExecuteNonQuery 方法定义了 SQL INSERT 语句，添加了参数值，并调用 SqlCommand 类的 ExecuteNonQuery 方法(代码文件 CommandSamples / Program.cs)：

```
public static void ExecuteNonQuery
{
  try
  {
    using (var connection = new SqlConnection(GetConnectionString()))
    {
      string sql = "INSERT INTO [Sales].[SalesTerritory] " +
        "([Name], [CountryRegionCode], [Group]) " +
        "VALUES (@Name, @CountryRegionCode, @Group)";

      var command = new SqlCommand(sql, connection);
      command.Parameters.AddWithValue("Name", "Austria");
      command.Parameters.AddWithValue("CountryRegionCode", "AT");
      command.Parameters.AddWithValue("Group", "Europe");

      connection.Open();
      int records = command.ExecuteNonQuery();
      WriteLine($"{records} inserted");
    }
  }
  catch (SqlException ex)
  {
    WriteLine(ex.Message);
  }
}
```

第 37 章 ADO.NET

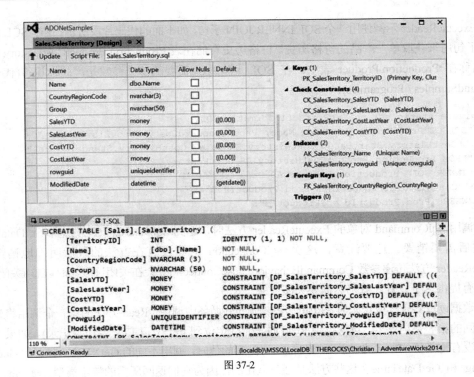

图 37-2

ExecuteNonQuery()方法返回命令所影响的行数,它是一个整数。第一次运行这个方法时,插入了一个记录。第二次运行相同的方法时,会得到一个异常,因为唯一索引有冲突。Name 定义了唯一的索引,只允许使用一次。第二次运行该方法时,需要先删除前面创建的记录。

37.3.2 ExecuteScalar()方法

在许多情况下,需要从 SQL 语句返回一个结果,如给定表中的记录个数,或者服务器上的当前日期/时间。ExecuteScalar()方法就可以用于这些场合:

```
public static void ExecuteScalar()
{
  using (var connection = new SqlConnection(GetConnectionString()))
  {
    string sql = "SELECT COUNT(*) FROM Production.Product";
    SqlCommand command = connection.CreateCommand();
    command.CommandText = sql;
    connection.Open();
    object count = command.ExecuteScalar();
    WriteLine($"counted {count} product records");
  }
}
```

该方法返回一个对象,根据需要,可以把该对象强制转换为合适的类型。如果所调用的 SQL 只返回一列,则最好使用 ExecuteScalar()方法来检索这一列。这也适合于只返回一个值的存储过程。

37.3.3 ExecuteReader()方法

ExecuteReader()方法执行命令,并返回一个 DataReader 对象,返回的对象可以用于遍历返回的

1165

记录。ExecuteReader 示例使用一个 SQL INNER JOIN 子句，如下面的代码片段所示。这个 SQL INNER JOIN 子句用来获取单一产品的价格历史。价格历史存储在表 Production.ProductCostHistory 中，产品的名称在 Production.Product 表中。在 SQL 语句中，需要的一个参数是产品标识符(代码文件 CommandSamples / Program.cs)：

```csharp
private static string GetProductInformationSQL() =>
  "SELECT Prod.ProductID, Prod.Name, Prod.StandardCost, Prod.ListPrice, " +
    "CostHistory.StartDate, CostHistory.EndDate, CostHistory.StandardCost " +
  "FROM Production.ProductCostHistory AS CostHistory " +
  "INNER JOIN Production.Product AS Prod ON " +
    "CostHistory.ProductId = Prod.ProductId " +
  "WHERE Prod.ProductId = @ProductId";
```

当调用 SqlCommand 对象的 ExecuteReader 方法时，返回 SqlDataReader。注意，SqlDataReader 使用完后需要销毁。还要注意，这次 SqlConnection 对象没有在方法的最后明确地销毁。给 ExecuteReader 方法传递参数 CommandBehavior.CloseConnection，会在关闭读取器时，自动关闭连接。如果没有提供这个设置，就仍然需要关闭连接。

从数据读取器中读取记录时，Read 方法在 while 循环中调用。Read 方法的第一个调用将光标移动到返回的第一条记录上。再次调用 Read 时，光标定位到下一个记录(只要还有记录)。如果下一步位置上没有记录了，Read 方法就返回 false。访问列的值时，调用不同的 GetXXX 方法，如 GetInt32、GetString 和 GetDateTime。这些方法是强类型化的，因为它们返回所需的特定类型，如 int、string 和 DateTime。传递给这些方法的索引对应于用 SQL SELECT 语句检索的列，因此即使数据库结构有变化，该索引也保持不变。在强类型化的 GetXXX 方法中，需要注意从数据库返回的 null 值；此时，GetXXX 方法会抛出一个异常。对于检索的数据，只有 CostHistory.EndDate 可以为空，所有其他列都由数据库模式定义为不能是 null。在这种情况下为了避免异常，使用 C#条件语句?:和 SqlDataReader.IsDbNull 方法，检查值是否是 null。如果是，就把 null 分配给可空的 DateTime。只有值不是 null，才使用 GetDateTime 方法访问 DateTime (代码文件 CommandSamples / Program.cs)：

```csharp
public static void ExecuteReader(int productId)
{
  var connection = new SqlConnection(GetConnectionString());

  string sql = GetProductInformationSQL();
  var command = new SqlCommand(sql, connection);
  var productIdParameter = new SqlParameter("ProductId", SqlDbType.Int);
  productIdParameter.Value = productId;
  command.Parameters.Add(productIdParameter);
  connection.Open();

  using (SqlDataReader reader =
    command.ExecuteReader(CommandBehavior.CloseConnection))
  {
    while (reader.Read())
    {
      int id = reader.GetInt32(0);
      string name = reader.GetString(1);
      DateTime from = reader.GetDateTime(4);
      DateTime? to =
```

```csharp
        reader.IsDBNull(5) ? (DateTime?)null: reader.GetDateTime(5);
      decimal standardPrice = reader.GetDecimal(6);
      WriteLine($"{id} {name} from: {from:d} to: {to:d}; " +
        $"price: {standardPrice}");
    }
  }
}
```

运行应用程序,把产品 ID 717 传递给 ExecuteReader 方法,输出如下:

```
717 HL Road Frame-Red, 62 from: 5/31/2011 to: 5/29/2012; price: 747.9682
717 HL Road Frame-Red, 62 from: 5/30/2012 to: 5/29/2013; price: 722.2568
717 HL Road Frame-Red, 62 from: 5/30/2013 to:; price: 868.6342
```

对于产品 ID 的可能值,检查数据库的内容。

对于 SqlDataReader,不是使用类型化的 GetXXX 方法,而可以使用无类型的索引器返回一个对象。为此,需要转换为相应的类型:

```csharp
int id = (int)reader[0];
string name = (string)reader[1];
DateTime from = (DateTime)reader[2];
DateTime? to = (DateTime?)reader[3];
```

SqlDataReader 的索引器还允许使用 string 而不是 int 传递列名。在这些不同的选项中,这是最慢的方法,但它可以满足需求。与发出服务调用所需的时间相比,访问索引器所需的额外时间可以忽略不计:

```csharp
int id = (int)reader["ProductID"];
string name = (string)reader["Name"];
DateTime from = (DateTime)reader["StartDate"];
DateTime? to = (DateTime?)reader["EndDate"];
```

37.3.4 调用存储过程

用命令对象调用存储过程,就是定义存储过程的名称,给过程的每个参数添加参数定义,然后用上一节中给出的其中一种方法执行命令。

下面的示例调用存储过程 uspGetEmployeeManagers,得到一位员工的所有上司。这个存储过程接收一个参数,使用递归查询返回所有经理的记录:

```sql
CREATE PROCEDURE [dbo].[uspGetEmployeeManagers]
    @BusinessEntityID [int]
AS
--...
```

为了查看存储过程的实现代码,请检查 AdventureWorks2014 数据库。

为了调用存储过程,SqlCommand 对象的 CommandText 设置为存储过程的名称,CommandType 设置为 CommandType.StoredProcedure。除此之外,该命令的调用类似于以前的方式。参数使用 SqlCommand 对象的 CreateParameter 方法创建,也可以使用其他方法来创建之前使用的参数。对于参数,填充 SqlDbType、ParameterName 和 Value 属性。因为存储过程返回记录,所以它通过调用方法 ExecuteReader 来调用(代码文件 CommandSamples / Program.cs):

```csharp
private static void StoredProcedure(int entityId)
{
  using (var connection = new SqlConnection(GetConnectionString()))
  {
    SqlCommand command = connection.CreateCommand();
    command.CommandText = "[dbo].[uspGetEmployeeManagers]";
    command.CommandType = CommandType.StoredProcedure;
    SqlParameter p1 = command.CreateParameter();
    p1.SqlDbType = SqlDbType.Int;
    p1.ParameterName = "@BusinessEntityID";
    p1.Value = entityId;
    command.Parameters.Add(p1);
    connection.Open();
    using (SqlDataReader reader = command.ExecuteReader())
    {
      while (reader.Read())
      {
        int recursionLevel = (int)reader["RecursionLevel"];
        int businessEntityId = (int)reader["BusinessEntityID"];
        string firstName = (string)reader["FirstName"];
        string lastName = (string)reader["LastName"];
        WriteLine($"{recursionLevel} {businessEntityId} " +
          $"{firstName} {lastName}");
      }
    }
  }
}
```

运行应用程序，传递实体 ID 251，得到这个雇员的上司，如下所示：

```
0 251 Mikael Sandberg
1 250 Sheela Word
2 249 Wendy Kahn
```

根据存储过程返回的内容，需要用 ExecuteReader、ExecuteScalar 或 ExecuteNonQuery 调用存储过程。

对于包含 Output 参数的存储过程，需要指定 SqlParameter 的 Direction 属性。默认情况下，Direction 是 ParameterDirection.Input：

```csharp
var pOut = new SqlParameter();
pOut.Direction = ParameterDirection.Output;
```

37.4 异步数据访问

访问数据库可能要花一些时间。这里不应该阻塞用户界面。ADO.NET 类通过异步方法和同步方法，提供了基于任务的异步编程。下面的代码片段类似于上一个使用 SqlDataReader 的代码，但它使用了异步的方法调用。连接用 SqlConnection.OpenAsync 打开，读取器从 SqlCommand.ExecuteReaderAsync 方法中返回，记录使用 SqlDataReader.ReadAsync 检索。在所有这些方法中，调用线程没有阻塞，但是可以在得到结果前，执行其他的工作(代码文件 AsyncSamples / Program.cs)：

```csharp
public static void Main()
{
  ReadAsync(714).Wait();
}

public static async Task ReadAsync(int productId)
{
  var connection = new SqlConnection(GetConnectionString());

  string sql =
    "SELECT Prod.ProductID, Prod.Name, Prod.StandardCost, Prod.ListPrice, " +
      "CostHistory.StartDate, CostHistory.EndDate, CostHistory.StandardCost " +
    "FROM Production.ProductCostHistory AS CostHistory  " +
    "INNER JOIN Production.Product AS Prod ON " +
      "CostHistory.ProductId = Prod.ProductId " +
    "WHERE Prod.ProductId = @ProductId";

  var command = new SqlCommand(sql, connection);
  var productIdParameter = new SqlParameter("ProductId", SqlDbType.Int);
  productIdParameter.Value = productId;
  command.Parameters.Add(productIdParameter);

  await connection.OpenAsync();

  using (SqlDataReader reader = await command.ExecuteReaderAsync(
    CommandBehavior.CloseConnection))
  {
    while (await reader.ReadAsync())
    {
      int id = reader.GetInt32(0);
      string name = reader.GetString(1);
      DateTime from = reader.GetDateTime(4);
      DateTime? to = reader.IsDBNull(5) ? (DateTime?)null :
        reader.GetDateTime(5);
      decimal standardPrice = reader.GetDecimal(6);
      WriteLine($"{id} {name} from: {from:d} to: {to:d}; " +
        $"price: {standardPrice}");
    }
  }
}
```

使用异步方法调用,不仅有利于 Windows 应用程序,也有利于在服务器端同时进行多个调用。ADO.NET API 的异步方法有重载版本来支持 CancellationToken,让长时间运行的方法早些停止。

注意:异步方法调用和 CancellationToken 详见第 15 章。

37.5 事务

默认情况下,一个命令运行在一个事务中。如果需要执行多个命令,所有这些命令都执行完毕,或都没有执行,就可以显式地启动和提交事务。

事务的特征可以用术语 ACID 来定义,ACID 是 Atomicity、Consistency、Isolation 和 Durability 的首字母缩写。

- Atomicity(原子性):表示一个工作单元。在事务中,要么整个工作单元都成功完成,要么都不完成。
- Consistency(一致性):事务开始前的状态和事务完成后的状态必须有效。在执行事务的过程中,状态可以有临时值。
- Isolation(隔离性):表示并发进行的事务独立于状态,而状态在事务处理过程中可能发生变化。在事务未完成时,事务 A 看不到事务 B 中的临时状态。
- Durability(持久性):在事务完成后,它必须以可持久的方式存储起来。如果关闭电源或服务器崩溃,该状态在重新启动时必须恢复。

注意:事务和有效状态很容易用婚礼来解释。新婚夫妇站在事务协调员面前,事务协调员询问一位新人:"你愿意与你身边的男人结婚吗?"如果第一位新人同意,就询问第二位新人:"你愿意与这个女人结婚吗?"如果第二位新人反对,第一位新人就接收到回滚消息。这个事务的有效状态是,要么两个人都结婚,要么两个人都不结婚。如果两个人都同意结婚,事务就会提交,这两个人就都处于已结婚的状态。如果其中一个人反对,事务就会终止,两个人都处于未结婚的状态。无效的状态是:一个人已结婚,而另一个没有结婚。事务确保结果永远不处于无效状态。

在 ADO.NET 中,通过调用 SqlConnection 的 BeginTransaction 方法就可以开始事务。事务总是与一个连接关联起来;不能在多个连接上创建事务。BeginTransaction 方法返回一个 SqlTransaction,SqlTransaction 需要使用运行在相同事务下的命令(代码文件 TransactionSamples / Program.cs):

```
public static void TransactionSample()
{
  using (var connection = new SqlConnection(GetConnectionString()))
  {
    await connection.OpenAsync();
    SqlTransaction tx = connection.BeginTransaction();
    // etc.
  }
}
```

注意:实际上,可以创建跨多个连接的事务。因此,在 Windows 操作系统上可以使用分布式事务协调器。可以使用 TransactionScope 类创建分布式事务。然而,这个类只是完整.NET Framework 的一部分,没有进入.NET Core;因此本书不介绍它。

代码示例在 Sales.CreditCard 表中创建一个记录。使用 SQL 子句 INSERT INTO 添加记录。CreditCard 表定义了一个自动递增的标识符,它使用返回创建的标识符的第二个 SQL 语句 SELECT SCOPE_IDENTITY()返回。在实例化 SqlCommand 对象后,通过设置 Connection 属性来分配连接,设置 Transaction 属性来指定事务。在 ADO.NET 事务中,不能把事务分配给使用不同连接的命令。不过，可以用相同的连接创建与事务不相关的命令：

```csharp
public static void TransactionSample()
{
  // etc.
    try
    {
      string sql = "INSERT INTO Sales.CreditCard " +
          "(CardType, CardNumber, ExpMonth, ExpYear)" +
          "VALUES (@CardType, @CardNumber, @ExpMonth, @ExpYear); " +
        "SELECT SCOPE_IDENTITY()";

      var command = new SqlCommand();
      command.CommandText = sql;
      command.Connection = connection;
      command.Transaction = tx;
  // etc.
}
```

在定义参数，填充值后，通过调用方法 ExecuteScalarAsync 来执行命令。这次，ExecuteScalarAsync 方法和 INSERT INTO 子句一起使用，因为完整的 SQL 语句通过返回一个结果来结束：从 SELECT SCOPE_IDENTITY()返回创建的标识符。如果在 WriteLine 方法后设置一个断点，检查数据库中的结果，在数据库中就不会看到新记录，虽然已经返回了创建的标识符。原因是事务没有提交：

```csharp
public static void TransactionSample()
{
  // etc.

      var p1 = new SqlParameter("CardType", SqlDbType.NVarChar, 50);
      var p2 = new SqlParameter("CardNumber", SqlDbType.NVarChar, 25);
      var p3 = new SqlParameter("ExpMonth", SqlDbType.TinyInt);
      var p4 = new SqlParameter("ExpYear", SqlDbType.SmallInt);
      command.Parameters.AddRange(new SqlParameter[] { p1, p2, p3, p4 });

      command.Parameters["CardType"].Value = "MegaWoosh";
      command.Parameters["CardNumber"].Value = "08154711123";
      command.Parameters["ExpMonth"].Value = 4;
      command.Parameters["ExpYear"].Value = 2019;

      object id = await command.ExecuteScalarAsync();
      WriteLine($"record added with id: {id}");

      // etc.

}
```

现在可以在同一事务中创建另一个记录。在示例代码中，使用同样的命令，连接和事务仍然相关，只是在再次调用 ExecuteScalarAsync 前改变了值。也可以创建一个新的 SqlCommand 对象，访问同一个数据库中的另一个表。调用 SqlTransaction 对象的 Commit 方法，提交事务。之后，就可以在数据库中看到新记录：

```csharp
public static void TransactionSample()
```

```
    {
        // etc.
        command.Parameters["CardType"].Value = "NeverLimits";
        command.Parameters["CardNumber"].Value = "987654321011";
        command.Parameters["ExpMonth"].Value = 12;
        command.Parameters["ExpYear"].Value = 2025;

        id = await command.ExecuteScalarAsync();
        WriteLine($"record added with id: {id}");

        // throw new Exception("abort the transaction");

        tx.Commit();
    }
    // etc.
}
```

如果出错，Rollback 方法就撤销相同事务中的所有 SQL 命令。状态重置为事务开始之前的值。通过取消注释提交之前的异常，很容易模拟回滚：

```
public static void TransactionSample()
{
    // etc.

    catch (Exception ex)
    {
        WriteLine($"error {ex.Message}, rolling back");
        tx.Rollback();
    }
    }
}
```

如果在调试模式下运行程序，断点激活的时间太长，事务就会中断，因为事务超时了。事务处于活跃状态时，并不意味着有用户输入。为用户输入增加事务的超时时间也不是很有用，因为事务处于活跃状态，会导致在数据库中有一个锁定。根据读写的记录，可能出现行锁、页锁或表锁。为创建事务设置隔离级别，可以影响锁定，因此影响数据库的性能。然而，这也影响事务的 ACID 属性，例如，并不是所有数据都是隔离的。

应用于事务的默认隔离级别是 ReadCommitted。表 37-1 显示了可以设置的不同选项。

表 37-1

隔离级别	说明
ReadUncommitted	使用 ReadUncommitted，事务不会相互隔离。使用这个级别，不等待其他事务释放锁定的记录。这样，就可以从其他事务中读取未提交的数据——脏读。这个级别通常仅用于读取不管是否读取临时修改都无关紧要的记录，如报表
ReadCommitted	ReadCommitted 等待其他事务释放对记录的写入锁定。这样，就不会出现脏读操作。这个级别为读取当前的记录设置读取锁定，为要写入的记录设置写入锁定，直到事务完成为止。对于要读取的一系列记录，在移动到下一个记录上时，前一个记录都是未锁定的，所以可能出现不可重复的读操作

(续表)

隔离级别	说明
RepeatableRead	RepeatableRead 为读取的记录设置锁定,直到事务完成为止。这样,就避免了不可重复读的问题。但幻读仍可能发生
Serializable	Serializable 设置范围锁定。在运行事务时,不可能添加与所读取的数据位于同一个范围的新记录
Snapshot	Snapshot 用于对实际的数据建立快照。在复制修改的记录时,这个级别会减少锁定。这样,其他事务仍可以读取旧数据,而无须等待解锁
Unspecified	Unspecified 表示,提供程序使用另一个隔离级别值,该值不同于 IsolationLevel 枚举定义的值
Chaos	Chaos 类似于 ReadUncommitted,但除了执行 ReadUncommitted 值的操作之外,它不能锁定更新的记录

表 37-2 总结了设置最常用的事务隔离级别可能导致的问题。

表 37-2

隔离级别	脏读	不可重复读	幻读
ReadUncommitted	Y	Y	Y
ReadCommitted	N	Y	Y
RepeatableRead	N	N	Y
Serializable	Y	Y	Y

37.6 小结

本章介绍了 ADO.NET 的核心基础。首先介绍的 SqlConnection 对象打开一个到 SQL Server 的连接。讨论了如何从配置文件中检索连接字符串。

接着阐述了如何正确地进行连接,这样稀缺的资源就可以尽可能早地关闭。所有连接类都实现 IDisposable 接口,在对象放在 using 子句中时调用该接口。如果本章只有一件值得注意的事,那就是尽早关闭数据库连接的重要性。

对于命令,传递参数,就得到一个返回值,使用 SqlDataReader 检索记录。还论述了如何使用 SqlCommand 对象调用存储过程。

类似于框架的其他部分,处理可能要花一些时间,ADO.NET 实现了基于任务的异步模式。还看到了如何通过 ADO.NET 创建和使用事务。

下一章讨论 ADO.NET Entity Framework,它提供了关系数据库和对象层次结构之间的映射,从而提供了抽象的数据访问,访问关系数据库时,在后台使用 ADO.NET 类。

第38章

Entity Framework Core

本章要点

- Entity Framework Core 1.0 简介
- 使用依赖项注入和 Entity Framework
- 用关系创建模型
- 使用 Migrations、.NET CLI 工具和 MSBuild
- 对象跟踪
- 更新对象和对象树
- 用更新处理冲突
- 使用事务

本章源代码下载地址(wrox.com):

打开网页 www.wrox.com/go/professionalcsharp6，单击 Download Code 选项卡即可下载本章源代码。本章代码分为以下几个主要的示例文件:

- 图书示例
- 图书示例和 DI
- 菜单示例
- 菜单和数据注释
- 冲突处理示例
- 事务示例

38.1 Entity Framework 简史

Entity Framework 是一个提供了实体-关系映射的架构，通过它，可以创建映射到数据库表的类型，使用 LINQ 创建数据库查询，创建和更新对象，把它们写入数据库。

Entity Framework 经过多年的改变，最新的版本完全重写了。下面看看 Entity Framework 的历史，了解改写的原因。

- Entity Framework 1——Entity Framework 的第一个版本没有准备用于.NET 3.5，但不久它就可用于.NET 3.5 SP1。另一个产品是 LINQ to SQL，它提供了类似的功能，可用于.NET 3.5。从广义上看，LINQ to SQL 和 Entity Framework 提供了类似的功能。然而，LINQ to SQL 使用起来更简单，但只用于访问 SQL Server。Entity Framework 是基于提供程序的，可以访问几种不同的关系数据库。它包含了更多的功能，比如多对多映射，不需要映射对象，可以进行 n 到 n 映射。Entity Framework 的一个缺点是，它要求模型类型派生自 EntityObject 基类。使用一个包含 XML 的 EDMX 文件，把对象映射到关系上。所包含的 XML 用三种模式定义：概念模式定义(CSD)定义对象类型及其属性和关联；存储模式定义(SSD)定义了数据库表、列和关系；映射模式语言(MSL)定义了 CSD 和 SSD 如何彼此映射。

- Entity Framework 4——Entity Framework 4 可用于.NET 4，进行了重大改进，许多想法都来自 LINQ to SQL。因为改动较大，跳过了版本 2 和 3。在这个版本中，增加了延迟加载，在访问属性时获取关系。设计模型后，可以使用 SQL 数据定义语言(DDL)创建数据库。使用 Entity Framework 的两个模型现在是 Database First 或 Model First。添加的最重要特性是支持 Plain Old CLR Objects (POCO)，所以不再需要派生自基类 EntityObject。

在后来的更新(如 Entity Framework 4.1、4.2)中，用 NuGet 包添加了额外的特性。这允许更快地增加功能。Entity Framework 4.1 提供了 Code First 模型，其中不再使用定义映射的 EDMX 文件。相反，所有的映射都使用 C#代码定义——使用特性或流利的 API 定义使用代码的映射。

Entity Framework 4.3 添加了对迁移的支持。有了迁移，可以使用 C#代码定义对数据库中模式的更新。数据库更新可以自动应用到使用数据库的应用程序上。

- Entity Framework 5——Entity Framework 5 的 NuGet 包支持.NET 4.5 和.NET 4 应用程序。然而， Entity Framework 5 的许多功能可用于.NET 4.5。Entity Framework 仍然基于安装在系统上的类型和.NET 4.5。在这个版本中，新增了性能改进，支持新的 SQL Server 功能，如空间数据类型。

- Entity Framework 6——Entity Framework 6 解决了 Entity Framework 5 的一些问题，其部分原因是，该框架的一部分安装在系统上，一部分通过 NuGet 扩展获得。现在，Entity Framework 的完整代码都移动到 NuGet 包上。为了不出现冲突，使用了一个新的名称空间。将应用程序移植到新版本上，必须改变名称空间。

本书介绍了 Entity Framework 的最新版本：Entity Framework Core 1.0。这个版本完全重写了，删除旧的行为。这个版本不支持 XML 文件映射与 CSDL、SSDL 和 MSL。只支持 Code First——用 Entity Framework 4.1 添加的模型。Code First 并不意味着数据库不存在。可以先创建数据库，或纯粹从代码中定义数据库；这两种选择都是可能的。

注意：名称 Code First 有些误导。在 Code First 中，代码或者数据库都可以先创建。在最初 Code First 的 beta 版本中，名字是 Code Only。因为其他模型选项在名字中包含 First，所以名称 Code Only 也改变了。

完整重写的 Entity Framework，不仅支持关系数据库，也支持 NoSql 数据库——只需要一个提供程序。目前，在撰写本书时，提供程序支持是有限的，但随着时间的推移，提供程序会增加。

Entity Framework 的新版本基于.NET Core，因此可以在 Linux 和 Mac 系统上使用这个框架。

Entity Framework Core 1.0 不支持 Entity Framework 6 提供的所有特性。但随着时间的推移，新版本的 Entity Framework 会提供更多的特性。只需要注意使用什么版本的 Entity Framework。始终使用 Entity Framework 6 有许多有效的理由，但在非 Windows 平台上使用 ASP.NET Core 1.0，使用 Entity Framework 与通用 Windows 平台，使用非关系数据存储，都需要使用 Entity Framework Core 1.0。

本章介绍 Entity Framework Core 1.0。它始于一个简单的模型读写来自 SQL Server 的信息。后来，添加了关系，在写入数据库时介绍变更追踪器和冲突的处理。使用迁移创建和修改数据库模式是本章的另一个重要组成部分。

> **注意**：本章使用 Books 数据库。这个数据库包含在代码下载示例 www.wrox.com/go/professionalcsharp6 中。

38.2 Entity Framework 简介

第一个例子使用了一个 Book 类型，把这种类型映射到 SQL Server 数据库中的 Books 表。把记录写到数据库，然后读取、更新和删除它们。

在第一个示例中，首先创建数据库。为此，可以使用 Visual Studio 2015 中的 SQL Server Object Explorer。选择数据库实例(localdb)\ MSSQLLocalDB(随 Visual Studio 一起安装)，单击树视图中的 Databases 节点，然后选择 Add New Database。示例数据库只有一个表 Books。

为了创建 Books 表，可以在 Books 数据库内选择 Tables 节点，然后选择 Add New Table。使用如图 38-1 所示的设计器，或者在 T-SQL 编辑器中输入 SQL DDL 语句，就可以创建 Books 表。下面的代码片段显示了创建表的 T-SQL 代码。单击 Update 按钮，就可以将更改提交到数据库。

```
CREATE TABLE [dbo].[Books]
(
  [BookId] INT NOT NULL PRIMARY KEY IDENTITY,
  [Title] NVARCHAR(50) NOT NULL,
  [Publisher] NVARCHAR(25) NOT NULL
)
```

38.2.1 创建模型

访问 Books 数据库的 BookSample 示例应用程序是一个控制台应用程序(包)。这个示例使用以下依赖项和名称空间：

依赖项

NETStandard.Library
Microsoft.EntityFrameworkCore
Microsoft.EntityFrameworkCore.SqlServer

名称空间

Microsoft.EntityFrameworkCore
System.ComponentModel.DataAnnotations.Schema
System
System.Linq
System.Threading.Tasks
static System.Console

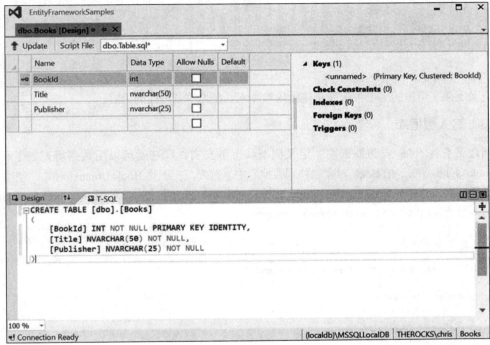

图 38-1

Book 类是一个简单的实体类型，定义了三个属性。BookId 属性映射到表的主键，Title 属性映射到 Title 列，Publisher 属性映射到 Publisher 列。为了把类型映射到 Books 表，Table 特性应用于类型(代码文件 BooksSample / Book.cs)：

```
[Table("Books")]
public class Book
{
  public int BookId { get; set; }
  public string Title { get; set; }
  public string Publisher { get; set; }
}
```

38.2.2 创建上下文

通过创建 BooksContext 类，就实现了 Book 表与数据库的关系。这个类派生自基类 DbContext。BooksContext 类定义了 DbSet<Book>类型的 Books 属性。这个类型允许创建查询，添加 Book 实例，存储在数据库中。要定义连接字符串，可以重写 DbContext 的 OnConfiguring 方法。在这里，

UseSqlServer 扩展方法将上下文映射到 SQL Server 数据库(代码文件 BooksSample / BooksContext.cs)：

```
public class BooksContext: DbContext
{
  private const string ConnectionString =
    @"server=(localdb)\MSSQLLocalDb;database=Books;trusted_connection=true";

  public DbSet<Book> Books { get; set; }

  protected override void OnConfiguring(DbContextOptionsBuilder optionsBuilder)
  {
    base.OnConfiguring(optionsBuilder);
    optionsBuilder.UseSqlServer(ConnectionString);
  }
}
```

定义连接字符串的另一种选择是使用依赖注入，参见本章后面的内容。

38.2.3 写入数据库

创建带有 Books 表的数据库；定义模型和上下文类，现在就可以用数据填充表了。创建 AddBookAsync 方法，把 Book 对象添加到数据库中。首先，实例化 BooksContext 对象。使用 using 语句确保数据库连接是关闭的。使用 Add 方法将对象添加到上下文后，调用 SaveChangesAsync 把实体写入数据库(代码文件 BooksSample / Program.cs)：

```
private async Task AddBookAsync(string title, string publisher)
{
  using (var context = new BooksContext())
  {
    var book = new Book
    {
      Title = title,
      Publisher = publisher
    };
    context.Add(book);
    int records = await context.SaveChangesAsync();

    WriteLine($"{records} record added");
  }
  WriteLine();
}
```

为了添加一组图书，可以使用 AddRange 方法(代码文件 BooksSample / Program.cs)：

```
private async Task AddBooksAsync()
{
  using (var context = new BooksContext())
  {
    var b1 = new Book
    {
      Title = "Professional C# 5 and .NET 4.5.1",
      Publisher = "Wrox Press"
    };
    var b2 = new Book
```

```
    {
      Title = "Professional C# 2012 and .NET 4.5",
      Publisher = "Wrox Press"
    };
    var b3 = new Book
    {
      Title = "JavaScript for Kids",
      Publisher = "Wrox Press"
    };
    var b4 = new Book
    {
      Title = "Web Design with HTML and CSS",
      Publisher = "For Dummies"
    };
    context.AddRange(b1, b2, b3, b4);
    int records = await context.SaveChangesAsync();

    WriteLine($"{records} records added");
  }
  WriteLine();
}
```

运行应用程序，调用这些方法，就可以使用 SQL Server Object Explorer 查看写入数据库的数据。

38.2.4 读取数据库

为了在 C#代码中读取数据，只需要调用 BooksContext，访问 Books 属性。访问该属性会创建一个 SQL 语句，从数据库中检索所有的书(代码文件 BooksSample / Program.cs):

```
private void ReadBooks()
{
  using (var context = new BooksContext())
  {
    var books = context.Books;
    foreach (var b in books)
    {
      WriteLine($"{b.Title} {b.Publisher}");
    }
  }
  WriteLine();
}
```

在调试期间打开 IntelliTrace Events 窗口，就可以看到发送到数据库的 SQL 语句(这需要 Visual Studio 企业版):

```
SELECT [b].[BookId], [b].[Publisher], [b].[Title]
FROM [Books] AS [b]
```

Entity Framework 提供了一个 LINQ 提供程序。使用它可以创建 LINQ 查询来访问数据库。也可以使用方法语法，如下所示:

```
private void QueryBooks()
{
  using (var context = new BooksContext())
```

```
    {
      var wroxBooks = context.Books.Where(b => b.Publisher == "Wrox Press");
      foreach (var b in wroxBooks)
      {
        WriteLine($"{b.Title} {b.Publisher}");
      }
    }
    WriteLine();
}
```

或使用声明性的 LINQ 查询语法：

```
var wroxBooks = from b in context.Books
                where b.Publisher == "Wrox Press"
                select b;
```

使用两个语法变体，将这个 SQL 语句发送到数据库：

```
SELECT [b].[BookId], [b].[Publisher], [b].[Title]
FROM [Books] AS [b]
WHERE [b].[Publisher] = 'Wrox Press'
```

 注意： LINQ 参见第 13 章。

38.2.5 更新记录

更新记录很容易实现：修改用上下文加载的对象，并调用 SaveChangesAsync(代码文件 BooksSample / Program.cs)：

```
private async Task UpdateBookAsync()
{
  using (var context = new BooksContext())
  {
    int records = 0;
    var book = context.Books.Where(b => b.Title == "Professional C# 6")
      .FirstOrDefault();
    if (book != null)
    {
      book.Title = "Professional C# 6 and .NET Core 5";
      records = await context.SaveChangesAsync();
    }
    WriteLine($"{records} record updated");
  }
  WriteLine();
}
```

38.2.6 删除记录

最后，清理数据库，删除所有记录。为此，可以检索所有记录，并调用 Remove 或 RemoveRange 方法，把上下文中对象的状态设置为删除。现在调用 SaveChangesAsync 方法，从数据库中删除记录，并为每一个对象调用 SQL Delete 语句(代码文件 BooksSample / Program.cs)：

```
private async Task DeleteBooksAsync()
{
  using (var context = new BooksContext())
  {
    var books = context.Books;
    context.Books.RemoveRange(books);
    int records = await context.SaveChangesAsync();
    WriteLine($"{records} records deleted");
  }
  WriteLine();
}
```

> **注意**：对象-关系映射工具，如 Entity Framework，并不适用于所有场景。使用示例代码删除所有对象不那么高效。使用单个 SQL 语句可以删除所有记录，而不是为每一记录使用一个语句。具体操作参见第 37 章。

了解了如何添加、查询、更新和删除记录，本章后面将介绍后台的功能，讨论使用 Entity Framework 的高级场景。

38.3 使用依赖注入

Entity Framework Core 1.0 内置了对依赖注入的支持。它不是定义连接并利用 DbContext 派生类来使用 SQL Server，而是使用依赖注入框架来注入连接和 SQL Server 选项。

为了看到其操作，前面的示例用 BooksSampleWithDI 示例项目进行修改。

这个示例使用以下依赖项和名称空间：

依赖项

```
NETStandard.Library
Microsoft.EntityFrameworkCore
Microsoft.EntityFrameworkCore.SqlServer
Microsoft.Framework.DependencyInjection
```

名称空间

```
Microsoft.EntityFrameworkCore
System.Linq
System.Threading.Tasks
static System.Console
```

BooksContext 类现在看起来要简单许多，只是定义 Books 属性(代码文件 BooksSampleWithDI/BooksContext.cs)：

```
public class BooksContext: DbContext
{
```

```csharp
public BooksContext(DbContextOptions options)
  : base(options)
{
}
  public DbSet Books { get; set; }
}
```

BooksService 是利用 BooksContext 的新类。在这里，BooksContext 通过构造函数注入功能来注入。方法 AddBooksAsync 和 ReadBooks 非常类似于前面的示例，但是它们使用 BooksService 类的上下文成员，而不是创建一个新的上下文(代码文件 BooksSampleWithDI / BooksService.cs)：

```csharp
public class BooksService
{
  private readonly BooksContext _booksContext;
  public BooksService(BooksContext context)
  {
    _booksContext = context;
  }

  public async Task AddBooksAsync()
  {
    var b1 = new Book
    {
      Title = "Professional C# 5 and .NET 4.5.1",
      Publisher = "Wrox Press"
    };
    var b2 = new Book
    {
      Title = "Professional C# 2012 and .NET 4.5",
      Publisher = "Wrox Press"
    };
    var b3 = new Book
    {
      Title = "JavaScript for Kids",
      Publisher = "Wrox Press"
    };
    var b4 = new Book
    {
      Title = "Web Design with HTML and CSS",
      Publisher = "For Dummies"
    };
    _booksContext.AddRange(b1, b2, b3, b4);
    int records = await _booksContext.SaveChangesAsync();

    WriteLine($"{records} records added");
  }

  public void ReadBooks()
  {
    var books = _booksContext.Books;
    foreach (var b in books)
    {
      WriteLine($"{b.Title} {b.Publisher}");
    }
```

```
        WriteLine();
    }
}
```

依赖注入框架的容器在 InitializeServices 方法中初始化。这里创建了 ServiceCollection 实例，在这个集合中添加 BooksService 类，并进行短暂的生命周期管理。这样，每次请求这个服务时，就实例化 ServiceCollection。为了注册 Entity Framework 和 SQL Server，可以使用扩展方法 AddEntityFramework、AddSqlServer 和 AddDbContext。AddDbContext 方法需要一个 Action 委托作为参数，来接收 DbContextOptionsBuilder 参数。有了这个选项参数，上下文可以使用 UseSqlServer 扩展方法来配置。这类似于前面示例中用 Entity Framework 注册 SQL Server 的功能(代码文件 BooksSampleWithDI /Program.cs)：

```
private void InitializeServices()
{
  const string ConnectionString =
    @"server=(localdb)\MSSQLLocalDb;database=Books;trusted_connection=true";

  var services = new ServiceCollection();
  services.AddTransient<BooksService>();
  services.AddEntityFramework()
    .AddSqlServer()
    .AddDbContext<BooksContext>(options =>
      options.UseSqlServer(ConnectionString));

  Container = services.BuildServiceProvider();
}

public IServiceProvider Container { get; private set; }
```

服务的初始化以及使用 BooksService 在 Main()方法中完成。通过调用 IServiceProvider 的 GetService()方法检索 BooksService (代码文件 BooksSampleWithDI / Program. cs)：

```
static void Main()
{
  var p = new Program();
  p.InitializeServices();

  var service = p.Container.GetService<BooksService>();
  service.AddBooksAsync().Wait();
  service.ReadBooks();
}
```

运行应用程序时，可以看到，在 Books 数据库中添加和读取记录。

 注意：依赖注入和 Microsoft.Framework.DependencyInjection 包的信息详见第 31 章，其操作参见第 40 章和第 41 章。

38.4 创建模型

本章的第一个例子映射到一个表。第二个例子展示了如何创建表之间的关系。本节不是使用SQL DDL 语句(或通过设计器)创建数据库,而是使用 C#代码来创建数据库。

示例应用程序 MenusSample 利用以下依赖项和名称空间:

依赖项

```
NETStandard.Library
Microsoft.EntityFrameworkCore
Microsoft.EntityFrameworkCore.SqlServer
```

名称空间

```
Microsoft.EntityFrameworkCore
Microsoft.EntityFrameworkCore.ChangeTracking
System
System.Collections.Generic
System.ComponentModel.DataAnnotations
System.ComponentModel.DataAnnotations.Schema
System.Linq
System.Threading
System.Threading.Tasks
static System.Console
```

38.4.1 创建关系

下面开始创建模型。示例项目使用 MenuCard 和 Menu 类型定义了一对多关系。MenuCard 包含 Menu 对象的列表。这个关系由 List<Menu>类型的 Menu 属性定义(代码文件 MenusSample/MenuCard.cs):

```csharp
public class MenuCard
{
  public int MenuCardId { get; set; }
  public string Title { get; set; }
  public List<Menu> Menus { get; } = new List<Menu>();

  public override string ToString() => Title;
}
```

也可以在另一个方向上访问关系,Menu 可以使用 MenuCard 属性访问 MenuCard。指定 MenuCardId 属性来定义一个外键关系(代码文件 MenusSample / Menu.cs):

```csharp
public class Menu
{
  public int MenuId { get; set; }
  public string Text { get; set; }
  public decimal Price { get; set; }

  public int MenuCardId { get; set; }
```

```
  public MenuCard MenuCard { get; set; }

  public override string ToString() => Text;
}
```

到数据库的映射是通过 MenusContext 类实现的。这个类的定义类似于前面的上下文类型；它只包含两个属性，映射两个对象类型：Menus 和 MenuCards 属性(代码文件 MenusSamples/MenusContext.cs)：

```
public class MenusContext: DbContext
{
  private const string ConnectionString = @"server=(localdb)\MSSQLLocalDb;" +
    "Database=MenuCards;Trusted_Connection=True";

  public DbSet<Menu> Menus { get; set; }
  public DbSet<MenuCard> MenuCards { get; set; }

  protected override void OnConfiguring(DbContextOptionsBuilder optionsBuilder)
  {
    base.OnConfiguring(optionsBuilder);
    optionsBuilder.UseSqlServer(ConnectionString);
  }
}
```

38.4.2 用.NET CLI 迁移

为了使用 C#代码自动创建数据库，可以使用包 dotnet-ef 工具扩展.NET CLI 工具。这个包包含为迁移创建 C#代码的命令。安装 NuGet 包 dotnet-ef，会使命令可用。安装它时，要在项目配置文件中从工具部分引用这个包(代码文件 MenusSample / project. json)：

```
"tools": {
  "Microsoft.EntityFramework Core.tools":{
  "Version":"1.0.0-*",
  "imports":"Portable-net452+Win81"
  }
}
```

通过 ef 命令，它提供了命令 database、dbcontext 和 migrations。database 命令用于把数据库升级到特定的迁移状态。dbcontext 命令列出项目中所有的 DbContext 派生类型(dbcontext list)，它从数据库中创建上下文和实体 (dbcontext scaffold)。migrations 命令允许创建和删除迁移，创建一个 SQL 脚本，用所有的迁移数据创建数据库。如果生产数据库只能使用 SQL 代码从 SQL 管理器中创建和修改，就可以把生成的脚本提交到 SQL 管理器。

为了创建一个初始迁移，从代码中创建数据库，可以在开发命令提示符中调用下面的命令。这个命令会创建一个名为 InitMenuCards 的迁移：

```
>dotnet ef migrations add InitMenuCards
```

migrations add 命令使用反射访问 DbContext 派生类，接着访问引用的模型类型。根据这些信息，它创建了两个类，来创建和更新数据库。通过 Menu、MenuCard 和 MenusContext 类，创建两个类 MenusContextModelSnapshot 和 InitMenuCards。命令成功后，这两个类型在 Migrations 文件夹中。

MenusContextModelSnapshot 类包含建立数据库的模型的当前状态：

```csharp
[DbContext(typeof(MenusContext))]
partial class MenusContextModelSnapshot: ModelSnapshot
{
  protected override void BuildModel(ModelBuilder modelBuilder)
  {
    modelBuilder
      .HasAnnotation("ProductVersion", "7.0.0-rc1-16348")
      .HasAnnotation("SqlServer:ValueGenerationStrategy",
        SqlServerValueGenerationStrategy.IdentityColumn);

    modelBuilder.Entity("MenusSample.Menu", b =>
    {
      b.Property<int>("MenuId")
        .ValueGeneratedOnAdd();
      b.Property<int>("MenuCardId");
      b.Property<decimal>("Price");
      b.Property<string>("Text");
      b.HasKey("MenuId");
    });

    modelBuilder.Entity("MenusSample.MenuCard", b =>
    {
      b.Property<int>("MenuCardId")
        .ValueGeneratedOnAdd();

      b.Property<string>("Title");
      b.HasKey("MenuCardId");
    });

    modelBuilder.Entity("MenusSample.Menu", b =>
    {
      b.HasOne("MenusSample.MenuCard")
        .WithMany()
        .HasForeignKey("MenuCardId");
    });
  }
}
```

InitMenuCards 类定义了 Up 和 Down 方法。Up 方法列出了创建 MenuCard 和 Menu 表所需的所有操作，包括主键、列和关系。Down 方法删除两个表：

```csharp
public partial class InitMenuCards: Migration
{
  protected override void Up(MigrationBuilder migrationBuilder)
  {
    migrationBuilder.CreateTable(
      name: "MenuCard",
      columns: table => new
      {
        MenuCardId = table.Column<int>(nullable: false)
          .Annotation("SqlServer:ValueGenerationStrategy",
            SqlServerValueGenerationStrategy.IdentityColumn),
        Title = table.Column<string>(nullable: true)
      },
      constraints: table =>
```

```
        {
          table.PrimaryKey("PK_MenuCard", x => x.MenuCardId);
        });

        migrationBuilder.CreateTable(
          name: "Menu",
          columns: table => new
          {
            MenuId = table.Column<int>(nullable: false)
              .Annotation("SqlServer:ValueGenerationStrategy",
               SqlServerValueGenerationStrategy.IdentityColumn),
            MenuCardId = table.Column<int>(nullable: false),
            Price = table.Column<decimal>(nullable: false),
            Text = table.Column<string>(nullable: true)
          },
          constraints: table =>
          {
            table.PrimaryKey("PK_Menu", x => x.MenuId);
            table.ForeignKey(
              name: "FK_Menu_MenuCard_MenuCardId",
              column: x => x.MenuCardId,
              principalTable: "MenuCard",
              principalColumn: "MenuCardId",
              onDelete: ReferentialAction.Cascade);
          });
    }

    protected override void Down(MigrationBuilder migrationBuilder)
    {
        migrationBuilder.DropTable("Menu");
        migrationBuilder.DropTable("MenuCard");
    }
}
```

注意：在每一次改变中，都可以创建另一个迁移。新的迁移只定义从前一个版本到新版本所需的变化。如果客户的数据库需要从任何早期版本中更新，就在迁移数据库时调用必要的迁移。

在开发过程中，不需要给项目创建的所有迁移，因为不可能存在具有这种临时状态的数据库。此时，可以删除一个迁移，创建一个新的、更大的迁移。

38.4.3 用 MSBuild 迁移

如果使用 Entity Framework 迁移和基于 MSBuild 的项目，而不是 DNX，则迁移的命令就是不同的。在控制台应用程序、WPF 应用程序或 ASP.NET 4.6 项目类型的完整框架中，需要在 NuGet Package Manager Console 中(而不是 Developer Command Prompt 中)指定迁移命令。在 Visual Studio 中通过 Tools | Library Package Manager | Package Manager Console 启动 Package Manager Console。

在 Package Manager Console 中，可以使用 PowerShell 脚本添加和删除迁移。

命令> Add-Migration InitMenuCards 创建 Migrations 文件夹，其中包括如前所述的迁移类。

38.4.4 创建数据库

现在，有了迁移类型，就可以创建数据库。DbContext 派生类 MenusContext 包含 Database 属性，它返回一个 DatabaseFacade 对象。使用 DatabaseFacade，可以创建和删除数据库。如果数据库不存在，使用方法 EnsureCreated 创建一个。如果数据库已经存在，就什么也不做。EnsureDeletedAsync 方法删除数据库。在下面的代码片段中，如果数据库不存在，就创建它(代码文件 MenusSample/Program.cs)：

```
private static async Task CreateDatabaseAsync()
{
  using (var context = new MenusContext())
  {
    bool created = await context.Database.EnsureCreatedAsync();

    string createdText = created ? "created": "already exists";
    WriteLine($"database {createdText}");
  }
}
```

注意：如果数据库存在，但有一个旧模式版本，EnsureCreatedAsync 方法就不适用模式的变化。调用 Migrate 方法，可以使模式升级。Migrate 是 Microsoft.Data.Entity 名称空间中定义的 DatabaseFacade 类的一个扩展方法。

运行该程序时，创建表 MenuCard 和 Menu。基于默认约定，表与实体类型同名。创建主键时使用另一个约定：列 MenuCardId 定义为主键，因为属性名以 Id 结尾。

```
CREATE TABLE [dbo].[MenuCard] (
  [MenuCardId] INT            IDENTITY (1, 1) NOT NULL,
  [Title]      NVARCHAR (MAX) NULL,
  CONSTRAINT [PK_MenuCard] PRIMARY KEY CLUSTERED ([MenuCardId] ASC)
);
```

Menu 表定义的 MenuCardId 是 MenuCard 表的外键。删除 MenuCard，也会因为 DELETE CASCADE，删除所有相关的 Menu 行：

```
CREATE TABLE [dbo].[Menu] (
  [MenuId]     INT            IDENTITY (1, 1) NOT NULL,
  [MenuCardId] INT            NOT NULL,
  [Price]      DECIMAL (18, 2) NOT NULL,
  [Text]       NVARCHAR (MAX) NULL,
  CONSTRAINT [PK_Menu] PRIMARY KEY CLUSTERED ([MenuId] ASC),
  CONSTRAINT [FK_Menu_MenuCard_MenuCardId] FOREIGN KEY ([MenuCardId])
    REFERENCES [dbo].[MenuCard] ([MenuCardId]) ON DELETE CASCADE
);
```

创建代码中的一些部分可用于变更。例如，在 NVARCHAR(MAX)中，Text 和 Title 列的大小可以减少，SQL Server 定义了一个 Money 类型，可用于 Price 列，在 dbo 中可以更改模式名称。Entity Framework 提供了两个选项，可以在代码中完成这些变更：数据注释和流利的 API，参见下面的内容。

38.4.5 数据注释

要影响生成的数据库，一个方法是给实体类型添加数据注释。表的名称可以使用 Table 特性来改变。要改变模式名称，Table 特性定义 Schema 特性。为了给字符串类型指定另一个长度，可以应用 MaxLength 特性(代码文件 MenusWithDataAnnotations / MenuCard.cs)：

```csharp
[Table("MenuCards", Schema = "mc")]
public class MenuCard
{
  public int MenuCardId { get; set; }
  [MaxLength(120)]
  public string Title { get; set; }
  public List<Menu> Menus { get; set; }
}
```

在 Menu 类中，还应用了 Table 和 MaxLength 特性。为了更改 SQL 类型，可以使用 Column 特性(代码文件 MenusWithDataAnnotations / Menu.cs)：

```csharp
[Table("Menus", Schema = "mc")]
public class Menu
{
  public int MenuId { get; set; }
  [MaxLength(50)]
  public string Text { get; set; }
  [Column(TypeName ="Money")]
  public decimal Price { get; set; }
  public int MenuCardId { get; set; }
  public MenuCard MenuCard { get; set; }
}
```

应用迁移，创建数据库后，可以在 Title、Text 和 Price 列上看到表的新名称和模式名称，以及改变了的数据类型：

```sql
CREATE TABLE [mc].[MenuCards] (
  [MenuCardId] INT            IDENTITY (1, 1) NOT NULL,
  [Title]      NVARCHAR (120) NULL,
  CONSTRAINT [PK_MenuCard] PRIMARY KEY CLUSTERED ([MenuCardId] ASC)
);

CREATE TABLE [mc].[Menus] (
  [MenuId]     INT           IDENTITY (1, 1) NOT NULL,
  [MenuCardId] INT           NOT NULL,
  [Price]      MONEY         NOT NULL,
  [Text]       NVARCHAR (50) NULL,
  CONSTRAINT [PK_Menu] PRIMARY KEY CLUSTERED ([MenuId] ASC),
  CONSTRAINT [FK_Menu_MenuCard_MenuCardId] FOREIGN KEY ([MenuCardId])
    REFERENCES [mc].[MenuCards] ([MenuCardId]) ON DELETE CASCADE
);
```

38.4.6 流利 API

影响所创建表的另一种方法是通过 DbContext 派生类的 OnModelCreating 方法使用流利的 API。使用它的优点是，实体类型可以很简单，不需要添加任何特性，流利的 API 也提供了比应用特性更多的选择。

下面的代码片段显示了 BooksContext 类的 OnModelCreating 方法的重写版本。接收为参数的 ModelBuilder 类提供了一些方法，定义了一些扩展方法。HasDefaultSchema 是一个扩展方法，把默认模式应用于模型，现在用于所有类型。Entity 方法返回一个 EntityTypeBuilder，允许自定义实体，如把它映射到特定的表名，定义键和索引(代码文件 MenusSample / MenusContext.cs)：

```
protected override void OnModelCreating(ModelBuilder modelBuilder)
{
  base.OnModelCreating(modelBuilder);

  modelBuilder.HasDefaultSchema("mc");

  modelBuilder.Entity<MenuCard>()
    .ToTable("MenuCards")
    .HasKey(c => c.MenuCardId);

  // etc.

  modelBuilder.Entity<Menu>()
    .ToTable("Menus")
    .HasKey(m => m.MenuId);

  // etc.
}
```

EntityTypeBuilder 定义了一个 Property 方法来配置属性。Property 方法返回一个 PropertyBuilder，它允许用最大长度值、需要的设置和 SQL 类型配置属性，指定是否应该自动生成值(例如标识列)：

```
protected override void OnModelCreating(ModelBuilder modelBuilder)
{
  // etc.

  modelBuilder.Entity<MenuCard>()
    .Property<int>(c => c.MenuCardId)
    .ValueGeneratedOnAdd();

  modelBuilder.Entity<MenuCard>()
    .Property<string>(c => c.Title)
    .HasMaxLength(50);

  modelBuilder.Entity<Menu>()
    .Property<int>(m => m.MenuId)
    .ValueGeneratedOnAdd();

  modelBuilder.Entity<Menu>()
    .Property<string>(m => m.Text)
    .HasMaxLength(120);
```

```
modelBuilder.Entity<Menu>()
  .Property<decimal>(m => m.Price)
  .HasColumnType("Money");

// etc.
}
```

要定义一对多映射，EntityTypeBuilder 定义了映射方法。方法 HasMany 与 WithOne 结合，用一个菜单卡定义了到很多菜单的映射。HasMany 需要与 WithOne 链接起来。方法 HasOne 需要和 WithMany 或 WithOne 链接起来。链接 HasOne 与 WithMany，会定义一对多关系，链接 HasOne 与 WithOne，会定义一对一关系：

```
protected override void OnModelCreating(ModelBuilder modelBuilder)
{
  // etc.

  modelBuilder.Entity<MenuCard>()
    .HasMany(c => c.Menus)
    .WithOne(m => m.MenuCard);
  modelBuilder.Entity<Menu>()
    .HasOne(m => m.MenuCard)
    .WithMany(c => c.Menus)
    .HasForeignKey(m => m.MenuCardId);
}
```

在 OnModelCreating 方法中创建映射之后，可以创建如前所述的迁移。

38.4.7 在数据库中搭建模型

除了从模型中创建数据库之外，也可以从数据库中创建模型。

为此，必须在 SQL Server 数据库中给 DNX 项目添加 NuGet 包 EntityFramework.MicrosoftSqlServer. Design 和其他包。然后可以在 Developer Command Prompt 下使用以下命令：

```
> dnx ef dbcontext scaffold
"server=(localdb)\MSSQLLocalDb;database=SampleDatabase;
trusted_connection=true" "EntityFramework.MicrosoftSqlServer"
```

dbcontext 命令允许列出项目中的 DbContext 对象，创建 DBContext 对象。scaffold 命令创建 DbContext 派生类以及模型类。dnx ef dbcontext 命令需要两个参数：数据库的连接字符串和应该使用的提供程序。前面的语句显示，在 SQL Server(localdb)\ MSSQLLocalDb 上访问数据库 SampleDatabase。使用的提供程序是 EntityFramework.MicrosoftSqlServer。这个 NuGet 包以及带有 Design 后缀的同名 NuGet 包需要添加到项目中。

在运行了这个命令之后，可以看到生成的 DbContext 派生类以及模型类型。模型的配置默认使用流利的 API 来完成。然而，可以改为使用数据注释，提供- a 选项。也可以影响生成的上下文类名以及输出目录。使用选项- h 可以查看不同的可用选项。

38.5 使用对象状态

在创建数据库之后，就可以写入数据。在第一个示例中写入一个表。如何写入关系？

38.5.1 用关系添加对象

下面的代码片段写入一个关系：MenuCard 包含 Menu 对象。其中，实例化 MenuCard 和 Menu 对象，再指定双向关联。对于 Menu，MenuCard 属性分配给 MenuCard，对于 MenuCard，用 Menu 对象填充 Menus 属性。调用 MenuCards 属性的方法 Add，把 MenuCard 实例添加到上下文中。将对象添加到上下文时，默认情况下所有对象都添加到树中，并添加状态。不仅保存 MenuCard，还保存 Menu 对象。设置 IncludeDependents。使用这个选项，所有相关的 Menu 对象也都添加到上下文中。在上下文中调用 SaveChanged，会创建 4 个记录(代码文件 MenusSample / Program.cs)：

```csharp
private static async Task AddRecordsAsync()
{
  // etc.
  using (var context = new MenusContext())
  {
    var soupCard = new MenuCard();
    Menu[] soups =
    {
      new Menu
      {
        Text = "Consommé Célestine (with shredded pancake)",
        Price = 4.8m,
        MenuCard = soupCard
      },
      new Menu
      {
        Text = "Baked Potato Soup",
        Price = 4.8m,
        MenuCard = soupCard
      },
      new Menu
      {
        Text = "Cheddar Broccoli Soup",
        Price = 4.8m,
        MenuCard = soupCard
      },
    };

    soupCard.Title = "Soups";
    soupCard.Menus.AddRange(soups);
    context.MenuCards.Add(soupCard);

    ShowState(context);

    int records = await context.SaveChangesAsync();
    WriteLine($"{records} added");

    // etc.
  }
}
```

给上下文添加 4 个对象后调用的方法 ShowState，显示了所有与上下文相关的对象的状态。DbContext 类有一个相关的 ChangeTracker，使用 ChangeTracker 属性可以访问它。ChangeTracker 的

Entries 方法返回变更跟踪器了解的所有对象。在 foreach 循环中，每个对象包括其状态都写入控制台(代码文件 MenusSample / Program.cs):

```csharp
public static void ShowState(MenusContext context)
{
  foreach (EntityEntry entry in context.ChangeTracker.Entries())
  {
    WriteLine($"type: {entry.Entity.GetType().Name}, state: {entry.State}," +
      $" {entry.Entity}");
  }
  WriteLine();
}
```

运行应用程序，查看 4 个对象的 Added 状态：

```
type: MenuCard, state: Added, Soups
type: Menu, state: Added, Consommé Célestine (with shredded pancake)
type: Menu, state: Added, Baked Potato Soup
type: Menu, state: Added, Cheddar Broccoli Soup
```

因为这个状态，SaveChangesAsync 方法创建 SQL Insert 语句，把每个对象写到数据库。

38.5.2 对象的跟踪

如前所述，上下文知道添加的对象。然而，上下文也需要了解变更。要了解变更，每个检索的对象就需要它在上下文中的状态。为了查看这个操作，下面创建两个不同的查询，但返回相同的对象。下面的代码片段定义了两个不同的查询，每个查询都用菜单返回相同的对象，因为它们都存储在数据库中。事实上，只有一个对象会物化，因为在第二个查询的结果中，返回的记录具有的主键值与从上下文中引用的对象相同。验证在返回相同的对象时，变量 m1 和 m2 的引用是否具有相同的结果(代码文件 MenusSample / Program.cs):

```csharp
private static void ObjectTracking()
{
  using (var context = new MenusContext())
  {
    var m1 = (from m in context.Menus
              where m.Text.StartsWith("Con")
              select m).FirstOrDefault();

    var m2 = (from m in context.Menus
              where m.Text.Contains("(")
              select m).FirstOrDefault();

    if (object.ReferenceEquals(m1, m2))
    {
      WriteLine("the same object");
    }
    else
    {
      WriteLine("not the same");
    }
```

```
    ShowState(context);
  }
}
```

第一个 LINQ 查询得到一个带 LIKE 比较的 SQL SELECT 语句,来比较以 Con 开头的字符串:

```
SELECT TOP(1) [m].[MenuId], [m].[MenuCardId], [m].[Price], [m].[Text]
FROM [mc].[Menus] AS [m]
WHERE [m].[Text] LIKE 'Con' + '%'
```

在第二个 LINQ 查询中,也需要咨询数据库。其中 LIKE 用于比较文字中间的 "(":

```
SELECT TOP(1) [m].[MenuId], [m].[MenuCardId], [m].[Price], [m].[Text]
FROM [mc].[Menus] AS [m]
WHERE [m].[Text] LIKE ('%' + '(') + '%'
```

运行应用程序时,同一对象写入控制台,只有一个对象用 ChangeTracker 保存。状态是 Unchanged:

```
the same object
type: Menu, state: Unchanged, Consommé Célestine (with shredded pancake)
```

为了不跟踪在数据库中运行查询的对象,可以通过 DbSet 调用 AsNoTracking 方法:

```
var m1 = (from m in context.Menus.AsNoTracking()
          where m.Text.StartsWith("Con")
          select m).FirstOrDefault();
```

可以把 ChangeTracker 的默认跟踪行为配置为 QueryTrackingBehavior.NoTracking:

```
using (var context = new MenusContext())
{
  context.ChangeTracker.QueryTrackingBehavior =
    QueryTrackingBehavior.NoTracking;
```

有了这样的配置,给数据库建立两个查询,物化两个对象,状态信息是空的。

> **注意**:当上下文只用于读取记录时,可以使用 NoTracking 配置,但无法修改。这减少了上下文的开销,因为不保存状态信息。

38.5.3 更新对象

跟踪对象时,对象可以轻松地更新,如下面的代码片段所示。首先,检索 Menu 对象。使用这个被跟踪的对象,修改价格,再把变更写入数据库。在所有的变更之间,将状态信息写入控制台(代码文件 MenusSample / Program.cs):

```
private static async Task UpdateRecordsAsync()
{
  using (var context = new MenusContext())
  {
    Menu menu = await context.Menus
```

```
                    .Skip(1)
                    .FirstOrDefaultAsync();

    ShowState(context);
    menu.Price += 0.2m;
    ShowState(context);

    int records = await context.SaveChangesAsync();
    WriteLine($"{records} updated");
    ShowState(context);
  }
}
```

运行应用程序时，可以看到，加载记录后，对象的状态是 Unchanged，修改属性值后，对象的状态是 Modified，保存完成后，对象的状态是 Unchanged：

```
type: Menu, state: Unchanged, Baked Potato Soup
type: Menu, state: Modified, Baked Potato Soup
1 updated
type: Menu, state: Unchanged, Baked Potato Soup
```

访问更改跟踪器中的条目时，默认情况下会自动检测到变更。要配置这个，应设置 ChangeTracker 的 AutoDetectChangesEnabled 属性。为了手动检查更改是否已经完成，调用 DetectChanges 方法。调用 SaveChangesAsync 后，状态改回 Unchanged。调用 AcceptAllChanges 方法可以手动完成这个操作。

38.5.4 更新未跟踪的对象

对象上下文通常非常短寿。使用 Entity Framework 与 ASP.NET MVC，通过一个 HTTP 请求创建一个对象上下文，来检索对象。从客户端接收一个更新时，对象必须再在服务器上创建。这个对象与对象的上下文相关联。为了在数据库中更新它，对象需要与数据上下文相关联，修改状态，创建 INSERT、UPDATE 或 DELETE 语句。

这样的情景用下一个代码片段模拟。GetMenuAsync 方法返回一个脱离上下文的 Menu 对象；上下文在方法的最后销毁(代码文件 MenusSample / Program.cs)：

```
private static async Task<Menu> GetMenuAsync()
{
  using (var context = new MenusContext())
  {
    Menu menu = await context.Menus
                    .Skip(2)
                    .FirstOrDefaultAsync();
    return menu;
  }
}
```

GetMenuAsync 方法由 ChangeUntrackedAsync 方法调用。这个方法修改不与任何上下文相关的 Menu 对象。改变后，Menu 对象传递到方法 UpdateUntrackedAsync，保存到数据库中(代码文件 MenusSample / Program.cs)：

```
private static async Task ChangeUntrackedAsync()
{
```

```
Menu m = await GetMenuAsync();
m.Price += 0.7m;
await UpdateUntrackedAsync(m);
}
```

UpdateUntrackedAsync 方法接收已更新的对象，需要把它与上下文关联起来。对象与上下文关联起来的一个方法是调用 DbSet 的 Attach 方法，并根据需要设置状态。Update 方法用一个调用完成这两个操作：关联对象，把状态设置为 Modified (代码文件 MenusSample / Program. cs)：

```
private static async Task UpdateUntrackedAsync(Menu m)
{
  using (var context = new MenusContext())
  {
    ShowState(context);

    // EntityEntry<Menu> entry = context.Menus.Attach(m);
    // entry.State = EntityState.Modified;

    context.Menus.Update(m);
    ShowState(context);

    await context.SaveChangesAsync();
  }
}
```

通过 ChangeUntrackedAsync 方法运行应用程序时，可以看到状态的修改。对象起初没有被跟踪，但是，因为显式地更新了状态，所以可以看到 Modified 状态：

```
type: Menu, state: Modified, Cheddar Broccoli Soup
```

38.6 冲突的处理

如果多个用户修改同一个记录，然后保存状态，会发生什么？最后谁的变更会保存下来?

如果访问同一个数据库的多个用户处理不同的记录，就没有冲突。所有用户都可以保存他们的数据，而不干扰其他用户编辑的数据。但是，如果多个用户处理同一记录，就需要考虑如何解决冲突。有不同的方法来处理冲突。最简单的一个方法是最后一个用户获胜。最后保存数据的用户覆盖以前用户执行的变更。

Entity Framework 还提供了一种方式，让第一个保存数据的用户获胜。采用这一选项，保存记录时，需要验证最初读取的数据是否仍在数据库中。如果是，就继续保存数据，因为读写操作之间没有发生变化。然而，如果数据发生了变化，就需要解决冲突。

下面看看这些不同的选项。

38.6.1 最后一个更改获胜

默认情况是，最后一个保存的更改获胜。为了查看对数据库的多个访问，扩展 BooksSample 应用程序。

为了简单地模拟两个用户，方法 ConflictHandlingAsync 调用两次方法 PrepareUpdateAsync，对

两个引用相同记录的 Book 对象进行不同的改变,并调用 UpdateAsync 方法两次。最后,把书的 ID 传递给 CheckUpdateAsync 方法,它显示了数据库中书的实际状态(代码文件 BooksSample/Program.cs):

```
public static async Task ConflictHandlingAsync()
{
  // user 1
  Tuple<BooksContext, Book> tuple1 = await PrepareUpdateAsync();
  tuple1.Item2.Title = "updated from user 1";

  // user 2
  Tuple<BooksContext, Book> tuple2 = await PrepareUpdateAsync();
  tuple2.Item2.Title = "updated from user 2";

  // user 1
  await UpdateAsync(tuple1.Item1, tuple1.Item2);
  // user 2
  await UpdateAsync(tuple2.Item1, tuple2.Item2);

  context1.Item1.Dispose();
  context2.Item1.Dispose();

  await CheckUpdateAsync(tuple1.Item2.BookId);
}
```

PrepareUpdateAsync 方法打开一个 BookContext,并在 Tuple 对象中返回上下文和图书。记住,该方法调用两次,返回与不同 context 对象相关的不同 Book 对象(代码文件 BooksSample/Program.cs):

```
private static async Task<Tuple<BooksContext, Book>> PrepareUpdateAsync()
{
  var context = new BooksContext();
  Book book = await context.Books
    .Where(b => b.Title == "Conflict Handling")
    .FirstOrDefaultAsync();
  return Tuple.Create(context, book);
}
```

注意:元组在第 7 章解释。

UpdateAsync 方法接收打开的 BooksContext 与更新的 Book 对象,把这本书保存到数据库中。记住,该方法调用两次(代码文件 BooksSample / Program.cs):

```
private static async Task UpdateAsync(BooksContext context, Book book)
{
  await context.SaveChangesAsync();
  WriteLine($"successfully written to the database: id {book.BookId} " +
    $"with title {book.Title}");
}
```

CheckUpdateAsync 方法把指定 id 的图书写到控制台(代码文件 BooksSample / Program.cs):

```csharp
private static async Task CheckUpdateAsync(int id)
{
  using (var context = new BooksContext())
  {
    Book book = await context.Books
      .Where(b => b.BookId == id)
      .FirstOrDefaultAsync();
    WriteLine($"updated: {book.Title}");
  }
}
```

运行应用程序时,会发生什么?第一个更新会成功,第二个更新也会成功。更新一条记录时,不验证读取记录后是否发生变化,这个示例应用程序就是这样。第二个更新会覆盖第一个更新的数据,如应用程序的输出所示:

```
successfully written to the database: id 7038 with title updated from user 1
successfully written to the database: id 7038 with title updated from user 2
updated: updated from user 2
```

38.6.2 第一个更改获胜

如果需要不同的行为,如第一个用户的更改保存到记录中,就需要做一些改变。示例项目 ConflictHandlingSample 像以前一样使用 Book 和 BookContext 对象,但它处理第一个更改获胜的场景。

这个示例应用程序使用了以下依赖项和名称空间:

依赖项

```
NETStandard.Library
Microsoft.EntityFrameworkCore
Microsoft.EntityFrameworkCore.SqlServer
```

名称空间

```
Microsoft.EntityFrameworkCore
Microsoft.EntityFrameworkCore.ChangeTracking
System
System.Linq
System.Text
System.Threading.Tasks
static System.Console
```

对于解决冲突,需要指定属性,如果在读取和更新之间发生了变化,就应使用并发性令牌验证该属性。基于指定的属性,修改 SQL UPDATE 语句,不仅验证主键,还验证使用并发性令牌标记的所有属性。给实体类型添加许多并发性令牌,会在 UPDATE 语句中创建一个巨大的 WHERE 子句,这不是非常有效。相反,可以添加一个属性,在 SQL Server 中用每个 UPDATE 语句更新——这就是 Book 类完成的工作。属性 TimeStamp 在 SQL Server 中定义为 timeStamp(代码文件 ConflictHandlingSample / Book.cs):

```csharp
public class Book
```

```
{
    public int BookId { get; set; }
    public string Title { get; set; }
    public string Publisher { get; set; }

    public byte[] TimeStamp { get; set; }
}
```

在 SQL Server 中将 TimeStamp 属性定义为 timestamp 类型，要使用 Fluent API。SQL 数据类型使用 HasColumnType 方法定义。方法 ValueGeneratedOnAddOrUpdate 通知上下文，在每一个 SQL INSERT 或 UPDATE 语句中，可以改变 TimeStamp 属性，这些操作后，它需要用上下文设置。IsConcurrencyToken 方法将这个属性标记为必要，检查它在读取操作完成后是否没有改变(代码文件 ConflictHandlingSample / BooksContext.cs)：

```
protected override void OnModelCreating(ModelBuilder modelBuilder)
{
    base.OnModelCreating(modelBuilder);
    var book = modelBuilder.Entity<Book>();
    book.HasKey(p => p.BookId);
    book.Property(p => p.Title).HasMaxLength(120).IsRequired();
    book.Property(p => p.Publisher).HasMaxLength(50);
    book.Property(p => p.TimeStamp)
        .HasColumnType("timestamp")
        .ValueGeneratedOnAddOrUpdate()
        .IsConcurrencyToken();
}
```

> **注意**：不使用 IsConcurrencyToken 方法与 Fluent API，也可以给应检查并发性的属性应用 ConcurrencyCheck 特性。

检查冲突处理的过程类似于之前的操作。用户 1 和用户 2 都调用 PrepareUpdateAsync 方法，改变了书名，并调用 UpdateAsync 方法修改数据库(代码文件 ConflictHandlingSample / Program. cs)：

```
public static async Task ConflictHandlingAsync()
{
    // user 1
    Tuple<BooksContext, Book> tuple1 = await PrepareUpdateAsync();
    tuple1.Item2.Title = "user 1 wins";

    // user 2
    Tuple<BooksContext, Book> tuple2 = await PrepareUpdateAsync();
    tuple2.Item2.Title = "user 2 wins";

    // user 1
    await UpdateAsync(tuple1.Item1, tuple1.Item2);
    // user 2
    await UpdateAsync(tuple2.Item1, tuple2.Item2);

    context1.Item1.Dispose();
    context2.Item1.Dispose();
```

```
      await CheckUpdateAsync(context1.Item2.BookId);
  }
```

这里不重复 PrepareUpdateAsync 方法,因为该方法的实现方式与前面的示例相同。UpdateAsync 方法则截然不同。为了查看更新前和更新后不同的时间戳,实现字节数组的自定义扩展方法 StringOutput,将字节数组以可读的形式写到控制台。接着,调用 ShowChanges 辅助方法,显示对 Book 对象的更改。调用 SaveChangesAsync 方法,把所有更新写到数据库中。如果更新失败,并抛出 DbUpdateConcurrencyException 异常,就把失败信息写入控制台(代码文件 ConflictHandlingSample/Program.cs):

```
private static async Task UpdateAsync(BooksContext context, Book book,
  string user)
{
  try
  {
    WriteLine($"{user}: updating id {book.BookId}, " +
      $"timestamp: {book.TimeStamp.StringOutput()}");
    ShowChanges(book.BookId, context.Entry(book));

    int records = await context.SaveChangesAsync();
    WriteLine($"{user}: updated {book.TimeStamp.StringOutput()}");
    WriteLine($"{user}: {records} record(s) updated while updating " +
      $"{book.Title}");
  }
  catch (DbUpdateConcurrencyException ex)
  {
    WriteLine($"{user}: update failed with {book.Title}");
    WriteLine($"error: {ex.Message}");
    foreach (var entry in ex.Entries)
    {
      Book b = entry.Entity as Book;
      WriteLine($"{b.Title} {b.TimeStamp.StringOutput()}");
      ShowChanges(book.BookId, context.Entry(book));
    }
  }
}
```

对于与上下文相关的对象,使用 PropertyEntry 对象可以访问原始值和当前值。从数据库中读取对象时获取的原始值,可以用 OriginalValue 属性访问,其当前值可以用 CurrentValue 属性访问。在 ShowChanges 和 ShowChange 方法中,PropertyEntry 对象可以用 EntityEntry 的属性方法访问,如下所示(代码文件 ConflictHandlingSample/Program.cs):

```
private static void ShowChanges(int id, EntityEntry entity)
{
  ShowChange(id, entity.Property("Title"));
  ShowChange(id, entity.Property("Publisher"));
}

private static void ShowChange(int id, PropertyEntry propertyEntry)
{
  WriteLine($"id: {id}, current: {propertyEntry.CurrentValue}, " +
```

```
        $"original: {propertyEntry.OriginalValue}, " +
        $"modified: {propertyEntry.IsModified}");
}
```

为了转换 SQL Server 中更新的 TimeStamp 属性的字节数组，以可视化输出，定义了扩展方法 StringOutput(代码文件 ConflictHandlingSample / Program.cs)：

```
static class ByteArrayExtension
{
  public static string StringOutput(this byte[] data)
  {
    var sb = new StringBuilder();
    foreach (byte b in data)
    {
      sb.Append($"{b}.");
    }
    return sb.ToString();
  }
}
```

当运行应用程序时，可以看到如下输出。时间戳值和图书 ID 在每次运行时都不同。第一个用户把书的原标题 sample book 更新为新标题 user 1 wins。IsModified 属性给 Title 属性返回 true，但给 Publisher 属性返回 false。因为只有标题改变了。原来的时间戳以 1.1.209 结尾；更新到数据库中后，时间戳改为 1.17.114。与此同时，用户 2 打开相同的记录；该书的时间戳仍然是 1.1.209。用户 2 更新该书，但这里更新失败了，因为该书的时间戳不匹配数据库中的时间戳。这里会抛出一个 DbUpdateConcurrencyException 异常。在异常处理程序中，异常的原因写入控制台，如程序的输出所示：

```
user 1: updating id 17, timestamp 0.0.0.0.0.1.1.209.
id: 17, current: user 1 wins, original: sample book, modified: True
id: 17, current: Sample, original: Sample, modified: False
user 1: updated 0.0.0.0.0.1.17.114.
user 1: 1 record(s) updated while updating user 1 wins
user 2: updating id 17, timestamp 0.0.0.0.0.1.1.209.
id: 17, current: user 2 wins, original: sample book, modified: True
id: 17, current: Sample, original: Sample, modified: False
user 2 update failed with user 2 wins
user 2 error: Database operation expected to affect 1 row(s) but actually affected 0 row(s).
Data may have been modified or deleted since entities were loaded.
See http://go.microsoft.com/fwlink/?LinkId=527962 for information on
understanding and handling optimistic concurrency exceptions.
user 2 wins 0.0.0.0.0.1.1.209.
id: 17, current: user 2 wins, original: sample book, modified: True
id: 17, current: Sample, original: Sample, modified: False
updated: user 1 wins
```

当使用并发性令牌和处理 DbConcurrencyException 时，根据需要可以处理并发冲突。例如，可以自动解决并发问题。如果改变了不同的属性，可以检索更改的记录并合并更改。如果改变的属性是一个数字，要执行一些计算，例如点系统，就可以在两个更新中递增或递减值，如果达到极限，就抛出一个异常。也可以给用户提供数据库中目前的信息，询问他要进行什么修改，要求用户解决并发性问题。不要要求用户提供太多的信息。用户可能只是想摆脱这个很少显示的对话框，这意味着他可能会单击 OK 或 Cancel，而不阅读其内容。对于罕见的冲突，也可以编写日志，通知系统管理员，需要解决一个问题。

38.7 使用事务

第 37 章介绍了使用事务编程的内容。每次使用 Entity Framework 访问数据库时，都涉及事务。可以隐式地使用事务或根据需要，使用配置显式地创建它们。此节使用的示例项目以两种方式展示事务。这里，Menu、MenuCard 和 MenuContext 类的用法与前面的 MenusSample 项目相同。这个示例应用程序使用了以下依赖项和名称空间：

依赖项

```
NETStandard.Library
Microsoft.EntityFrameworkCore
Microsoft.EntityFrameworkCore.SqlServer
```

名称空间

```
Microsoft.EntityFrameworkCore
Microsoft.EntityFrameworkCore.Storage
System.Linq
System.Threading
System.Threading.Tasks
static System.Console
```

38.7.1 使用隐式的事务

SaveChangesAsync 方法的调用会自动解析为一个事务。如果需要进行的一部分变更失败，例如，因为数据库约束，就回滚所有已经完成的更改。下面的代码片段演示了这一点。其中，第一个 Menu (m1)用有效的数据创建。对现有 MenuCard 的引用是通过提供 MenuCardId 完成的。更新成功后，Menu m1 的 MenuCard 属性自动填充。然而，所创建的第二个菜单 mInvalid，因为提供的 MenuCardId 高于数据库中可用的最高 ID，所以引用了无效的菜单卡。因为 MenuCard 和 Menu 之间定义了外键关系，所以添加这个对象会失败(代码文件 TransactionsSample / Program. cs)：

```csharp
private static async Task AddTwoRecordsWithOneTxAsync()
{
  WriteLine(nameof(AddTwoRecordsWithOneTxAsync));
  try
  {
    using (var context = new MenusContext())
    {
      var card = context.MenuCards.First();
      var m1 = new Menu
      {
        MenuCardId = card.MenuCardId,
        Text = "added",
        Price = 99.99m
      };
```

```
            int hightestCardId = await context.MenuCards.MaxAsync(c => c.MenuCardId);
            var mInvalid = new Menu
            {
              MenuCardId = ++hightestCardId,
              Text = "invalid",
              Price = 999.99m
            };
            context.Menus.AddRange(m1, mInvalid);

            int records = await context.SaveChangesAsync();
            WriteLine($"{records} records added");
        }
    }
    catch (DbUpdateException ex)
    {
        WriteLine($"{ex.Message}");
        WriteLine($"{ex?.InnerException.Message}");
    }
    WriteLine();
}
```

在调用 AddTwoRecordsWithOneTxAsync 方法，运行应用程序之后，可以验证数据库的内容，确定没有添加一个记录。异常消息以及内部异常的消息给出了细节：

```
AddTwoRecordsWithOneTxAsync
An error occurred while updating the entries. See the inner exception for details.
The INSERT statement conflicted with the FOREIGN KEY constraint
"FK_Menu_MenuCard_MenuCardId".
The conflict occurred in database "MenuCards", table "mc.MenuCards", column 'MenuCardId'.
```

如果第一条记录写入数据库应该是成功的，即使第二条记录写入失败，也需要多次调用 SaveChangesAsync 方法，如下面的代码片段所示。在 AddTwoRecordsWithTwoTxAsync 方法中，第一次调用 SaveChangesAsync 插入了 m1 菜单对象，而第二次调用试图插入 mInvalid 菜单对象(代码文件 TransactionsSample / Program.cs)：

```
private static async Task AddTwoRecordsWithTwoTxAsync()
{
    WriteLine(nameof(AddTwoRecordsWithTwoTxAsync));
    try
    {
        using (var context = new MenusContext())
        {
            var card = context.MenuCards.First();
            var m1 = new Menu
            {
              MenuCardId = card.MenuCardId,
              Text = "added",
              Price = 99.99m
            };
            context.Menus.Add(m1);

            int records = await context.SaveChangesAsync();
            WriteLine($"{records} records added");
```

```csharp
      int hightestCardId = await context.MenuCards.MaxAsync(c => c.MenuCardId);
      var mInvalid = new Menu
      {
        MenuCardId = ++hightestCardId,
        Text = "invalid",
        Price = 999.99m
      };
      context.Menus.Add(mInvalid);

      records = await context.SaveChangesAsync();
      WriteLine($"{records} records added");
    }
  }
  catch (DbUpdateException ex)
  {
    WriteLine($"{ex.Message}");
    WriteLine($"{ex?.InnerException.Message}");
  }
  WriteLine();
}
```

运行应用程序,添加第一个 INSERT 语句成功,当然第二个语句的结果是 DbUpdateException。可以验证数据库,这次添加一个记录:

```
AddTwoRecordsWithTwoTxAsync
1 records added
An error occurred while updating the entries. See the inner exception for details.
The INSERT statement conflicted with the FOREIGN KEY constraint
"FK_Menu_MenuCard_MenuCardId".
The conflict occurred in database "MenuCards", table "mc.MenuCards", column 'MenuCardId'.
```

38.7.2 创建显式的事务

除了使用隐式创建的事务,也可以显式地创建它们。其优势是如果一些业务逻辑失败,也可以选择回滚,还可以在一个事务中结合多个 SaveChangesAsync 调用。为了开始一个与 DbContext 派生类相关的事务,需要调用 DatabaseFacade 类中从 Database 属性返回的 BeginTransactionAsync 方法。返回的事务实现了 IDbContextTransaction 接口。与 DbContext 相关的 SQL 语句通过事务建立起来。为了提交或回滚,必须显式地调用 Commit 或 Rollback 方法。在示例代码中,当达到 DbContext 作用域的末尾时,Commit 完成,在发生异常的情况下回滚(代码文件 TransactionsSample / Program.cs):

```csharp
private static async Task TwoSaveChangesWithOneTxAsync()
{
  WriteLine(nameof(TwoSaveChangesWithOneTxAsync));
  IDbContextTransaction tx = null;
  try
  {
    using (var context = new MenusContext())
    using (tx = await context.Database.BeginTransactionAsync())
    {

      var card = context.MenuCards.First();
      var m1 = new Menu
```

```
            {
              MenuCardId = card.MenuCardId,
              Text = "added with explicit tx",
              Price = 99.99m
            };

            context.Menus.Add(m1);
            int records = await context.SaveChangesAsync();
            WriteLine($"{records} records added");

            int hightestCardId = await context.MenuCards.MaxAsync(c => c.MenuCardId);
            var mInvalid = new Menu
            {
              MenuCardId = ++hightestCardId,
              Text = "invalid",
              Price = 999.99m
            };
            context.Menus.Add(mInvalid);

            records = await context.SaveChangesAsync();
            WriteLine($"{records} records added");

            tx.Commit();
          }
        }
        catch (DbUpdateException ex)
        {
          WriteLine($"{ex.Message}");
          WriteLine($"{ex?.InnerException.Message}");

          WriteLine("rolling back...");
          tx.Rollback();
        }
        WriteLine();
      }
```

当运行应用程序时可以看到,没有添加记录,但多次调用了 SaveChangesAsync 方法。SaveChangesAsync 的第一次返回列出了要添加的一个记录,但基于后面的 Rollback,删除了这个记录。根据隔离级别的设置,回滚完成之前,更新的记录只能在事务内可见,但在事务外部不可见。

```
TwoSaveChangesWithOneTxAsync
1 records added
An error occurred while updating the entries. See the inner exception for details.
The INSERT statement conflicted with the FOREIGN KEY constraint
"FK_Menu_MenuCard_MenuCardId".
The conflict occurred in database "MenuCards", table "mc.MenuCards", column 'MenuCardId'.
rolling back...
```

注意: 使用 BeginTransactionAsync 方法,也可以给隔离级别提供一个值,指定数据库中所需的隔离要求和锁。隔离级别参见第37章。

38.8 小结

本章介绍了 Entity Framework Core 的特性，学习了对象上下文如何了解检索和更新的实体，以及变更如何写入数据库。还讨论了迁移如何在 C#代码中用于创建和更改数据库模式。至于模式的定义，本章论述了如何使用数据注释进行数据库映射，流利的 API 提供了比注释更多的功能。

本章阐述了多个用户处理同一记录时应对冲突的可能性，以及隐式或显式地使用事务，进行更多的事务控制。

下一章介绍如何使用 Windows 服务创建与系统一起自动启动的程序。可以在 Windows 服务中使用 Entity Framework。

第 39 章

Windows 服务

本章要点

- Windows 服务的体系结构
- 创建 Windows 服务程序
- Windows 服务的安装程序
- Windows 服务的控制程序
- Windows 服务的故障排除

本章源代码下载地址(wrox.com)：

打开网页 http://www.wrox.com/go/professionalcsharp6，单击 Download Code 选项卡即可下载本章源代码。本章代码分为以下几个主要的示例文件：

- Quote 服务器
- Quote 客户端
- Quote 服务
- 服务控制

39.1 Windows 服务

Windows 服务是可以在系统启动时自动打开(不需要任何人登录计算机)的程序。如果需要在没有用户交互操作的情况下运行程序，或者在权限比交互式用户更大的用户下运行程序，就可以创建 Windows 服务。Windows 服务的例子有 WCF 宿主(假定由于某些原因不能使用 IIS)、缓存网络服务器中数据的程序，或者在后台重新组织本地磁盘数据的程序。

本章首先讨论 Windows 服务的体系结构。接着创建一个托管网络服务器的 Windows 服务，之后讨论 Windows 服务的启动、监控、控制和故障排除。

如前所述，Windows 服务指的是操作系统启动时可以自动打开的应用程序。Windows 服务可以在没有交互式用户登录系统的情况下运行，在后台进行某些处理。

例如，在 Windows Server 上，系统网络服务应可以从客户端访问，无须用户登录到服务器上。在客户端系统上，服务可以从 Internet 上获取新软件版本，或在本地磁盘上进行文件清理工作。

可以把 Windows 服务配置为从已经过特殊配置的用户账户或系统用户账户上运行，该用户账户的权限比系统管理员的权限更大。

 注意：除非特别说明，否则把 Windows 服务简称为服务。

下面是一些服务的示例：
- Simple TCP/IP Services 是驻留一些小型 TCP/IP 服务器的服务程序，如 echo、daytime 和 quote 等。
- World Wide Web Publishing Service 是 IIS(Internet Information Server，Internet 信息服务器)的服务。
- Event Log 服务用于把消息记录到事件日志系统中。
- Windows Search 服务用于在磁盘上创建数据的索引。
- Superfetch 服务可以把常用的应用程序和库预先加载到内存中，因此缩短了这些应用程序的启动时间。

可以使用 Services 管理工具查看系统上的所有服务，如图 39-1 所示。这个程序可以通过控制面板上的管理工具找到。

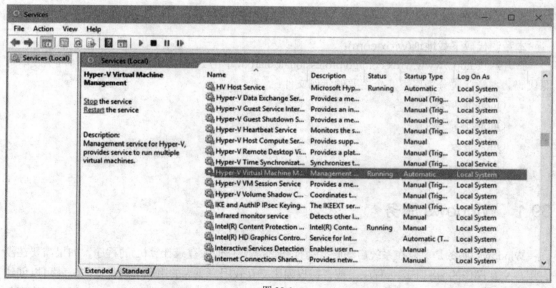

图 39-1

 注意：使用.NET Core 不能创建 Windows 服务，这需要.NET Framework。要控制服务，可以使用.NET Core。

39.2 Windows 服务的体系结构

操作 Windows 服务需要 3 种程序：
- 服务程序
- 服务控制程序
- 服务配置程序

服务程序本身用于提供需要的实际功能。服务控制程序可以把控制请求发送给服务，如开始、停止、暂停和继续。使用服务配置程序可以安装服务，这意味着不但要把服务复制到文件系统中，还要把服务的信息写到注册表中，这个注册信息由服务控制管理器(Service Control Manager，SCM)用于启动和停止服务。尽管.NET 组件可通过 xcopy 安装——因为.NET 组件不需要把信息写入注册表中，所以可以使用 xcopy 命令安装它们；但是，服务的安装需要注册表配置。此外，服务配置程序也可以在以后改变服务的配置。下面介绍 Windows 服务的 3 个组成部分。

39.2.1 服务程序

在讨论服务的.NET 实现方式之前，本节首先讨论服务的 Windows 体系结构和服务的内部功能。服务程序实现服务的功能。服务程序需要 3 个部分：
- 主函数
- service-main 函数
- 处理程序

在讨论这些部分前，首先需要介绍服务控制管理器(SCM)。对于服务，SCM 的作用非常重要，它可以把启动服务或停止服务的请求发送给服务。

1. 服务控制管理器

SCM 是操作系统的一个组成部分，它的作用是与服务进行通信。图 39-2 给出了这种通信工作方式的序列图。

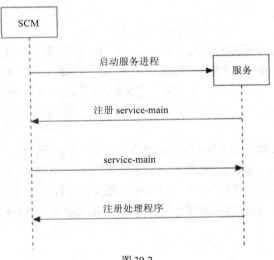

图 39-2

如果将服务设置为自动启动，则在系统启动时，将启动该服务的每个进程，进而调用该进程的主函数。该服务负责为它的每项服务都注册一个 service-main 函数。主函数是服务程序的入口点，在这里，service-main 函数的入口点必须用 SCM 注册。

2. 主函数、service-main 和处理程序

服务的主函数是程序的一般入口点，即 Main()方法，它可以注册多个 service-main 函数，service-main 函数包含服务的实际功能。服务必须为所提供的每项服务注册一个 service-main 函数。服务程序可以在一个程序中提供许多服务，例如，<windows>\system32\services.exe 服务程序就包括 Alerter、Application Management、Computer Browser 和 DHCP Client 等服务项。

SCM 为每一个应该启动的服务调用 service-main 函数。service-main 函数的一个重要任务是用 SCM 注册一个处理程序。

处理程序函数是服务程序的第 3 部分。处理程序必须响应来自 SCM 的事件。服务可以停止、暂停或重新开始，处理程序必须响应这些事件。

使用 SCM 注册处理程序后，服务控制程序可以把停止、暂停和继续服务的请求发送给 SCM。服务控制程序独立于 SCM 和服务本身。在操作系统中有许多服务控制程序，例如以前介绍的 MMC Services 管理单元(见图 39-1)。也可以编写自己的服务控制程序，一个比较好的服务控制程序是 SQL Server Configuration Manager，它运行在 MMC 中，如图 39-3 所示。

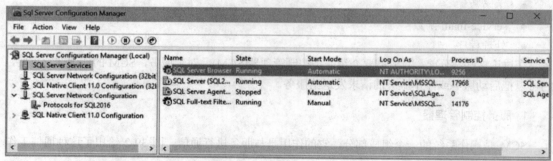

图 39-3

39.2.2 服务控制程序

顾名思义，使用服务控制程序可以控制服务。为了停止、暂停和继续服务，可以把控制代码发送给服务，处理程序应该响应这些事件。此外，还可以询问服务的实际状态(假定服务在运行或挂起，或者在某种错误的状态下)，并实现一个响应自定义控制代码的自定义处理程序。

39.2.3 服务配置程序

不能使用 xcopy 安装服务，服务必须在注册表中配置。注册表包含了服务的启动类型，该启动类型可以设置为自动、手动或禁用。必须配置服务程序的用户、服务的依赖关系(例如，一个服务必须在当前服务开始之前启动)。所有这些配置工作都在服务配置程序中进行。虽然安装程序可以使用服务配置程序配置服务，但是服务配置程序也可以用于在以后改变服务配置参数。

39.2.4 Windows 服务的类

在.NET Framework 中,可以在 System.ServiceProcess 名称空间中找到实现服务的三部分的服务类:
- 必须从 ServiceBase 类继承才能实现服务。ServiceBase 类用于注册服务、响应开始和停止请求。
- ServiceController 类用于实现服务控制程序。使用这个类,可以把请求发送给服务。
- 顾名思义,ServiceProcessInstaller 类和 ServiceInstaller 类用于安装和配置服务程序。

下面介绍怎样新建服务。

39.3 创建 Windows 服务程序

本章创建的服务将驻留在引用服务器内。对于客户发出的每一个请求,引用服务器都返回引用文件的一个随机引用。解决方案的第一部分由 3 个程序集完成,一个用于客户端,两个用于服务器,图 39-4 显示了这个解决方案。程序集 QuoteServer 包含实际的功能。服务可以在内存缓存中读取引用,然后在套接字服务器的帮助下响应引用的请求。QuoteClient 是 WPF 胖客户端应用程序。这个应用程序创建客户端套接字,以便与 Quote Server 通信。第 3 个程序集是实际的服务。Quote Service 开始和停止 QuoteServer,服务将控制服务器。

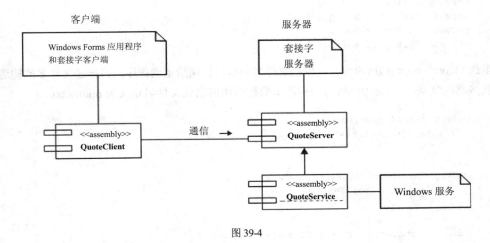

图 39-4

在创建程序的服务部分之前,在额外的 C#类库(在服务进程中使用这个类库)中建立一个简单的套接字服务器。具体步骤参见下一节。

39.3.1 创建服务的核心功能

可以在 Windows 服务中建立任何功能,如扫描文件以进行备份或病毒检查,或者启动 WCF 服务器。但所有服务程序都有一些类似的地方。这种程序必须能启动(并返回给调用者)、停止和暂停。下面讨论用套接字服务器实现的程序。

对于 Windows 10,Simple TCP/IP Services 可以作为 Windows 组件的一个组成部分安装。Simple TCP/IP Services 的一部分是"quote of the day"或 TCP/IP 服务器,这个简单的服务在端口 17 处侦听,

并使用文件<windows>\system32\drivers\etc\quotes 中的随机消息响应每一个请求。使用这个示例服务，我们将在这里构建一个相似的服务器，它返回一个 Unicode 字符串，而不是像 qotd 服务器那样返回 ASCII 代码。

首先创建一个 QuoteServer 类库，并实现服务器的代码。下面详细解释 QuoteServer.cs 文件中 QuoteServer 类的源代码(代码文件 QuoteServer/QuoteServer.cs)：

```csharp
using System;
using System.Collections.Generic;
using System.Diagnostics;
using System.IO;
using System.Linq;
using System.Net;
using System.Net.Sockets;
using System.Text;
using System.Threading.Tasks;

namespace Wrox.ProCSharp.WinServices
{
  public class QuoteServer
  {
    private TcpListener _listener;
    private int _port;
    private string _filename;
    private List<string> _quotes;
    private Random _random;
    private Task _listenerTask;
```

重载 QuoteServer()构造函数，以便把文件名和端口传递给主调程序。只传递文件名的构造函数使用服务器的默认端口 7890。默认的构造函数把引用的默认文件名定义为 quotes.txt：

```csharp
    public QuoteServer()
      : this ("quotes.txt")
    {
    }
    public QuoteServer(string filename)
      : this (filename, 7890)
    {
    }
    public QuoteServer(string filename, int port)
    {
      if (filename == null) throw new ArgumentNullException(nameof(filename));
      if (port < IPEndPoint.MinPort || port > IPEndPoint.MaxPort)
        throw new ArgumentException("port not valid", nameof(port));

      _filename = filename;
      _port = port;
    }
```

ReadQuotes()是一个辅助方法，它从构造函数指定的文件中读取所有引用，把所有引用添加到 List<string> quotes 中。此外，创建 Random 类的一个实例，Random 类用于返回随机引用：

```csharp
    protected void ReadQuotes()
    {
```

```
try
{
  _quotes = File.ReadAllLines(filename).ToList();
  if (_quotes.Count == 0)
  {
    throw new QuoteException("quotes file is empty");
  }
  _random = new Random();
}
catch (IOException ex)
{
  throw new QuoteException("I/O Error", ex);
}
```

另一个辅助方法是 GetRandomQuoteOfTheDay()，它返回引用集合中的一个随机引用：

```
protected string GetRandomQuoteOfTheDay()
{
  int index = random.Next(0, _quotes.Count);
  return _quotes[index];
}
```

在 Start()方法中，使用辅助函数 ReadQuotes()在 List<string>引用中读取包含引用的完整文件。在启动新的线程之后，它立即调用 Listener()方法。这类似于第 25 章的 TcpReceive 示例。

这里使用了任务，因为 Start()方法不能停下来等待客户，它必须立即返回给调用者(即 SCM)。如果方法没有及时返回给调用者(30 秒)，SCM 就假定启动失败。侦听任务是一个长时间运行的后台线程，应用程序就可以在不停止该线程的情况下退出。

```
public void Start()
{
  ReadQuotes();
  _listenerTask = Task.Factory.StartNew(Listener, TaskCreationOptions.LongRunning);
}
```

任务函数 Listener()创建一个 TcpListener 实例。AcceptSocketAsync 方法等待客户端进行连接。客户端一连接，AcceptSocketAsync 方法就返回一个与客户端相关联的套接字。之后使用 ClientSocket.Send()方法，调用 GetRandomQuoteOfTheDay()方法把返回的随机引用发送给客户端：

```
protected async Task ListenerAsync()
{
  try
  {
    IPAddress ipAddress = IPAddress.Any;
    _listener = new TcpListener(ipAddress, port);
    _listener.Start();
    while (true)
    {
      using (Socket clientSocket = await _listener.AcceptSocketAsync())
      {
        string message = GetRandomQuoteOfTheDay();
        var encoder = new UnicodeEncoding();
        byte[] buffer = encoder.GetBytes(message);
```

```csharp
        clientSocket.Send(buffer, buffer.Length, 0);
      }
    }
  }
  catch (SocketException ex)
  {
    Trace.TraceError($"QuoteServer {ex.Message}");
    throw new QuoteException("socket error", ex);
  }
}
```

除了 Start()方法之外，还需要如下方法来控制服务：Stop()、Suspend()和 Resume()。

```csharp
public void Stop() => _listener.Stop();

public void Suspend() => _listener.Stop();

public void Resume() => Start();
```

另一个公共方法是 RefreshQuotes()。如果包含引用的文件发生了变化，就要使用这个方法重新读取文件：

```csharp
public void RefreshQuotes() => ReadQuotes();
}
```

在服务器上建立服务之前，首先应该建立一个测试程序，这个测试程序仅创建 QuoteServer 类的一个实例，并调用 Start()方法。这样，不需要处理与具体服务相关的问题，就能够测试服务的功能。测试服务器必须手动启动，使用调试器可以很容易调试代码。

测试程序是一个 C#控制台应用程序 TestQuoteServer，我们必须引用 QuoteServer 类的程序集。在创建 QuoteServer 的实例之后，就调用 QuoteServer 实例的 Start()方法。Start()方法在创建线程之后立即返回，因此在按回车键之前，控制台应用程序一直处于运行状态(代码文件 TestQuoteServer/Program.cs)。

```csharp
static void Main()
{
  var qs = new QuoteServer("quotes.txt", 4567);
  qs.Start();
  WriteLine("Hit return to exit");
  ReadLine();
  qs.Stop();
}
```

注意，QuoteServer 示例将运行在使用这个程序的本地主机的 4567 端口上——后面的内容需要在客户端中使用这些设置。

39.3.2 QuoteClient 示例

客户端是一个简单的 WPF Windows 应用程序，可以在此请求来自服务器的引用。客户端应用程序使用 TcpClient 类连接到正在运行的服务器，然后接收返回的消息，并把它显示在文本框中。用户界面仅包含一个按钮和一个文本框。单击按钮，就向服务器请求引用，并显示该引用。

给按钮的 Click 事件指定 OnGetQuote()方法,以向服务器请求引用,并将 IsEnable 属性绑定到 EnableRequest 方法上,在请求激活时禁用按钮。在 TextBlack 控件中,把 Text 属性绑定到 Quote 属性上,以显示所设置的引用(代码文件 QuoteClientWPF/MainWindow.xaml):

```xml
<Button Margin="3" VerticalAlignment="Stretch" Grid.Row="0"
  IsEnabled="{Binding EnableRequest, Mode=OneWay}" Click="OnGetQuote">
  Get Quote</Button>
<TextBlock Margin="6" Grid.Row="1" TextWrapping="Wrap"
  Text="{Binding Quote, Mode=OneWay}" />
```

类 QuoteInformation 定义了 EnableRequest 属性和引用。使用这些属性与数据绑定,在用户界面中显示这些属性的值。这个类实现了接口 INotifyPropertyChanged,以允许 WPF 接收属性值的改变(代码文件 QuoteClientWPF/QuoteInformation.cs):

```csharp
using System.Collections.Generic;
using System.ComponentModel;
using System.Runtime.CompilerServices;

namespace Wrox.ProCSharp.WinServices
{
  public class QuoteInformation: INotifyPropertyChanged
  {
    public QuoteInformation()
    {
      EnableRequest = true;
    }

    private string _quote;
    public string Quote
    {
      get { return _quote; }
      internal set { SetProperty(ref _quote, value); }
    }

    private bool _enableRequest;
    public bool EnableRequest
    {
      get { return _enableRequest; }
      internal set { SetProperty(ref _enableRequest, value); }
    }

    private void SetProperty<T>(ref T field, T value,
                    [CallerMemberName] string propertyName = null)
    {
      if (!EqualityComparer<T>.Default.Equals(field, value))
      {
        field = value;
        PropertyChanged?.Invoke(this, new PropertyChangedEventArgs(propertyName));
      }
    }

    public event PropertyChangedEventHandler PropertyChanged;
  }
}
```

> 注意：接口 INotifyPropertyChanged 的实现代码使用了特性 CallerMember-NameAttribute，这个特性的解释参见第 14 章。

把类 QuoteInformation 的一个实例赋予 Windows 类 MainWindow 的 DataContext，以便直接进行数据绑定(代码文件 QuoteClientWPF/MainWindow.xaml.cs)：

```
using System;
using System.Net.Sockets;
using System.Text;
using System.Windows;
using System.Windows.Input;
namespace Wrox.ProCSharp.WinServices
{
  public partial class MainWindow: Window
  {
    private QuoteInformation _quoteInfo = new QuoteInformation();
    public MainWindow()
    {
      InitializeComponent();
      this.DataContext = _quoteInfo;
    }
```

在项目的属性中，可以用 Settings 选项卡来配置连接到服务器的服务器名称和端口信息，如图 39-5 所示。这里定义了 ServerName 和 PortName 设置的默认值。把 Scope 设置为 User，该设置就会保存到用户特定的配置文件中，因此应用程序的每个用户都可以有不同的设置。Visual Studio 的 Settings 特性也会创建一个 Settings 类，以便用一个强类型化的类来读写设置。

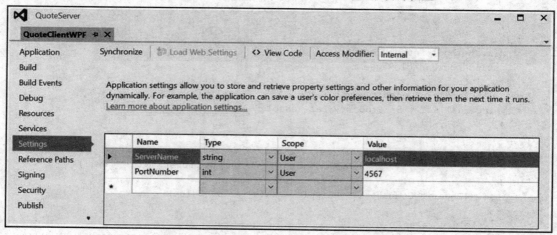

图 39-5

客户端的主要功能体现在 Get Quote 按钮的 Click 事件的处理程序中。

```
protected async void OnGetQuote(object sender, RoutedEventArgs e)
{
```

```csharp
      const int bufferSize = 1024;
      Cursor currentCursor = this.Cursor;
      this.Cursor = Cursors.Wait;
      quoteInfo.EnableRequest = false;

      string serverName = Properties.Settings.Default.ServerName;
      int port = Properties.Settings.Default.PortNumber;

      var client = new TcpClient();
      NetworkStream stream = null;
      try
      {
        await client.ConnectAsync(serverName, port);
        stream = client.GetStream();
        byte[] buffer = new byte[bufferSize];
        int received = await stream.ReadAsync(buffer, 0, bufferSize);
        if (received <= 0)
        {
          return;
        }
        quoteInfo.Quote = Encoding.Unicode.GetString(buffer).Trim('\0');
      }
      catch (SocketException ex)
      {
        MessageBox.Show(ex.Message, "Error Quote of the day",
           MessageBoxButton.OK, MessageBoxImage.Error);
      }
      finally
      {
        stream?.Close();

        if (client.Connected)
        {
          client.Close();
        }
      }

      this.Cursor = currentCursor;
      quoteInfo.EnableRequest = true;
    }
```

在启动测试服务器和这个 Windows 应用程序的客户端之后，就可以对功能进行测试。如果运行成功，就可以得到如图 39-6 所示的结果。

现在继续在服务器中实现服务功能。程序已经在运行，还需要确保在系统启动时，不需要任何人登录系统，服务器程序就应该自动地启动。为此，可以创建一个服务程序。

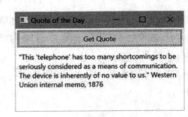

图 39-6

39.3.3 Windows 服务程序

使用 Add New Project 对话框中的 C# Windows Service 模板,就可以创建一个 Windows 服务程序,将该服务命名为 QuoteService。

在单击 OK 按钮开始创建 Windows 服务程序之后,就会出现设计器界面,但是不能在其中插入 UI 组件,因为应用程序不能直接在屏幕上显示任何信息。本章后面将使用设计器界面添加安装对象、性能计数器和事件日志等其他组件。

选择这个服务的属性,可以打开 Properties 对话框。在其中可以配置如下值:

- AutoLog 指定把启动和停止服务的事件自动写到事件日志中。
- CanPauseAndContinue、CanShutdown 和 CanStop 可以指定服务的暂停、继续、关闭和停止请求。
- ServiceName 是写到注册表中的服务的名称,使用这个名称可以控制服务。
- CanHandleSessionChangeEvent 确定服务是否能处理终端服务器会话中的改变事件。
- CanHandlePowerEvent 选项对运行在笔记本电脑或移动设备上的服务有效。如果启用这个选项,服务就可以响应低电源事件,并相应地改变服务的行为。电源事件包括电量低、电源状态改变(因为与 A/C 电源之间的切换)开关和改为断电。

注意:不管项目的名称是什么,默认的服务名称都是 Service1。可以只安装一个 Service1 服务。如果在测试过程中出现了安装错误,就有可能已经安装了一个 Service1 服务。因此,在服务开发的初始阶段,一定要用 Properties 对话框把服务的名称改为比较适当的名称。

使用 Properties 对话框改变上述属性,在 InitalizeComponent()方法中设置 ServiceBase 派生类的值。Windows Forms 应用程序也使用 InitalizeComponent()方法,对于服务,这个方法的使用方式与 Windows Forms 应用程序相似。

虽然向导将生成代码,但是应把文件名改为 QuoteService.cs,把名称空间的名称改为 Wrox.ProCSharp.WinServices,把类名改为 QuoteService。后面将详细讨论该服务的代码。

1. ServiceBase 类

ServiceBase 类是所有用.NET Framework 开发的 Windows 服务的基类。QuoteService 类派生自 ServiceBase 类;QuoteService 类使用一个未归档的辅助类 System.ServiceProcess.NativeMethods 与 SCM 进行通信,System.ServiceProcess.NativeMethods 类是 Windows API 调用的包装类。NativeMethods 是内部类,因此不能在这里的代码中使用它。

图 39-7 显示了 SCM、QuoteService 类和 System.ServiceProcess 名称空间中的类是怎样相互作用的。在这个序列图中,垂直方向为对象的生命线,水平方向为通信情况,通信是按照时间的先后顺序自上而下进行的。

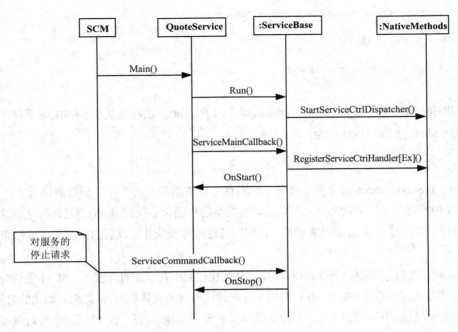

图 39-7

SCM 启动应该启动的服务的进程。在启动时，调用 Main()方法。在示例服务的 Main()方法中，调用 ServiceBase 基类的 Run()方法。Run()方法使用 SCM 中的 NativeMethods.StartServiceCtrlDispatcher()方法注册 ServiceMainCallback()方法，并把记录写到事件日志中。

接下来，SCM 在服务程序中调用已注册的 ServiceMainCallback()方法。ServiceMainCallback()方法本身使用 NativeMethods.RegisterServiceCtrlHandler[Ex]()方法在 SCM 中注册处理程序，并在 SCM 中设置服务的状态。之后调用 OnStart()方法。在 OnStart()方法中，必须实现启动代码。如果 OnStart()方法执行成功，就把字符串"Service started successfully"写到事件日志中。

处理程序是在 ServiceCommandCallback()方法中实现的。当改变对服务的请求时，SCM 就调用 ServiceCommandCallback()方法。ServiceCommandCallback()方法再把请求发送给 OnPause()、OnContinue()、OnStop()、OnCustomCommand()和 OnPowerEvent()方法。

2. 主函数

现在讨论服务进程中由应用程序模板生成的主函数。在主函数中，声明了一个元素为 ServiceBase 类的数组 ServicesToRun。创建 QuoteService 类的一个实例，并将其作为 ServicesToRun 数组的第一个元素传递。如果在这个服务进程中要运行多个服务，就需要把具体服务类的多个实例添加到数组中。然后把 ServicesToRun 数组传递给 ServiceBase 类的静态方法 Run()。使用 ServiceBase 类的 Run()方法，可以把 SCM 引用提供给服务的入口点。服务进程的主线程现在处于阻塞状态，等待服务的结束。

下面是自动生成的代码(代码文件 QuoteService/Program.cs):

```
static void Main()
{
```

```
    ServiceBase[] servicesToRun = new ServiceBase[]
    {
      new QuoteService()
    };
    ServiceBase.Run(servicesToRun);
}
```

如果进程中只有一个服务，就可以删除数组。由于 Run()方法接受从 ServiceBase 类派生的单个对象，因此 Main()方法可以简化为：

```
ServiceBase.Run(new QuoteService());
```

服务程序 Services.exe 包含多个服务。如果有类似的服务，其中有多个服务运行在一个进程中，且需要初始化多个服务的某些共享状态，则共享的初始化必须在 Run()方法运行之前完成。在运行 Run()方法时，主线程处于阻塞状态，直到服务进程停止为止，以后的指令在服务结束之前不能执行。

初始化花费的时间不应该超过 30 秒。如果初始化代码所花费的时间过多，SCM 就认为服务启动失败了。初始化时间不应该超过 30 秒必须是针对速度最慢的计算机而言。如果初始化的时间过长，就应该在另一个线程中开始初始化，以便主线程及时地调用 Run()方法。然后，事件对象可以用信号通知线程已经完成了它的工作。

3. 服务的启动

在服务启动时，调用 OnStart()方法。这时，可以启动前面创建的套接字服务器。为了使用 QuoteService 类，必须引用 QuoteServer 程序集。调用 OnStart()方法的线程不能阻塞，OnStart()方法必须返回给调用者(即 ServiceBase 类的 ServiceMainCallback()方法)。ServiceBase 类注册处理程序，并在调用 OnStart()方法之后把服务成功启动的消息通知给 SCM(代码文件 QuoteService/QuoteService.cs)：

```
protected override void OnStart(string[] args)
{
    _quoteServer = new QuoteServer(Path.Combine(
        AppDomain.CurrentDomain.BaseDirectory, "quotes.txt"),
        5678);
    _quoteServer.Start();
}
```

把_quoteServer 变量声明为类中的私有成员：

```
namespace Wrox.ProCSharp.WinServices
{
  public partial class QuoteService: ServiceBase
  {
    private QuoteServer _quoteServer;
```

4. 处理程序方法

当停止服务时，调用 OnStop()方法。应该在 OnStop()方法中停止服务的功能(代码文件 QuoteService/QuoteService.cs)：

```
protected override void OnStop() => _quoteServer.Stop();
```

除了 OnStart()和 OnStop()方法之外,还可以重写服务类中的下列处理程序:
- OnPause()——在暂停服务时调用这个方法。
- OnContinue()——当服务从暂停状态返回到正常操作时,调用这个方法。为了调用已重写的 OnPause()方法和 OnContinue()方法,CanPauseAndContinue 属性必须设置为 true。
- OnShutdown()——当 Windows 操作系统关闭时,调用这个方法。通常情况下,OnShutdown()方法的行为应该与 OnStop()方法的实现代码相似。如果需要更多的时间关闭服务,则可以申请更多的时间。与 OnPause()方法和 OnContinue()方法相似,必须设置一个属性启用这种行为,即 CanShutdown 属性必须设置为 true。
- OnPowerEvent()——在系统的电源状态发生变化时,调用这个方法。电源状态发生变化的信息在 PowerBroadcastStatus 类型的参数中,PowerBroadcastStatus 是一个枚举类型,其值是 Battery Low 和 PowerStatusChange。在这个方法中,还可以获得系统是否要挂起(QuerySuspend)的信息,此时可以同意或拒绝挂起。电源事件详见本章后面的内容。
- OnCustomCommand()——这个处理程序可以为服务控制程序发送过来的自定义命令提供服务。OnCustomCommand()的方法签名有一个用于获取自定义命令编号的 int 参数,编号的取值范围是 128~256,小于 128 的值是为系统预留的值。在我们的服务中,使用自定义命令编号为 128 的命令重新读取引用文件:

```
protected override void OnPause() => _quoteServer.Suspend();

protected override void OnContinue() => _quoteServer.Resume();

public const int CommandRefresh = 128;
protected override void OnCustomCommand(int command)
{
  switch (command)
  {
    case CommandRefresh:
      quoteServer.RefreshQuotes();
      break;

    default:
      break;
  }
}
```

39.3.4 线程化和服务

如前所述,如果服务的初始化花费的时间过多,则 SCM 就假定服务启动失败。为了解决这个问题,必须创建线程。

服务类中的 OnStart()方法必须及时返回。如果从 TcpListener 类中调用一个 AcceptSocket()之类的阻塞方法,就必须启动一个线程来完成调用工作。使用能处理多个客户端的网络服务器时,线程池也非常有用。AcceptSocket()方法应接收调用,并在线程池的另一个线程中进行处理,这样就不需要等待代码的执行,系统看起来似乎是立即响应的。

39.3.5 服务的安装

服务必须在注册表中配置，所有服务都可以在 HKEY_LOCAL_MACHINE\System\CurrentControlSet\Services 中找到。使用 regedit 命令，可以查看注册表项。在注册表中，可以看到服务的类型、显示名称、可执行文件的路径、启动配置以及其他信息。图 39-8 显示了 W3SVC 服务的注册表配置。

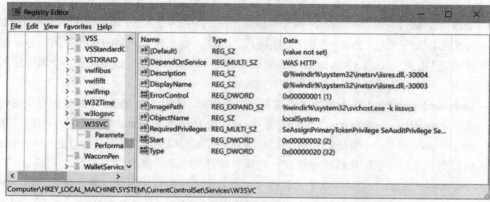

图 39-8

使用 System.ServiceProcess 名称空间中的安装程序类，可以完成服务在注册表中的配置。下面讨论这些内容。

39.3.6 安装程序

切换到 Visual Studio 的设计视图，从弹出的上下文菜单中选择 Add Installer 选项，就可以给服务添加安装程序。使用 Add Installer 选项时，新建一个 ProjectInstaller 类、一个 ServiceInstaller 实例和一个 ServiceProcessInstaller 实例。

图 39-9 显示了服务的安装程序类。

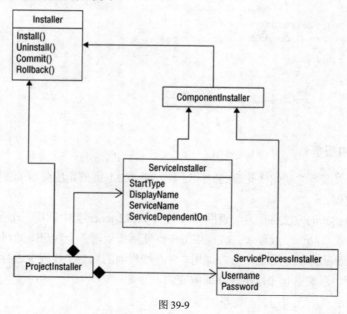

图 39-9

根据图 39-9，下面详细讨论由 Add Installer 选项创建的 ProjectInstaller.cs 文件中的源代码。

1. 安装程序类

ProjectInstaller 类派生自 System.Configuration.Install.Installer，后者是所有自定义安装程序的基类。使用 Installer 类，可以构建基于事务的安装程序。使用基于事务的安装时，如果安装失败，系统就可以回滚到以前的状态，安装程序所做的所有修改都会被取消。如图 39-9 所示，Installer 类中有 Install()、Commit()、Rollback()和 Uninstall()方法，这些方法都从安装程序中调用。

如果 RunInstaller 特性的值为 true，则在安装程序集时调用 ProjectInstaller 类。自定义安装程序和 installutil.exe(这个程序以后将用到)都能检查该特性。

在 ProjectInstaller 类的构造函数内部调用 InitializeComponent()(代码文件 QuoteService/ProjectInstaller.cs)：

```
using System.ComponentModel;
using System.Configuration.Install;

namespace Wrox.ProCSharp.WinServices
{
  [RunInstaller(true)]
  public partial class ProjectInstaller: Installer
  {
    public ProjectInstaller()
    {
      InitializeComponent();
    }
  }
}
```

下面看看项目安装程序调用的其他安装程序。

2. ServiceProcessInstaller 类和 ServiceInstaller 类

在 InitializeComponent()方法的实现代码中，创建了 ServiceProcessInstaller 类和 ServiceInstaller 类的实例。这两个类都派生于 ComponentInstaller 类，ComponentInstaller 类本身派生于 Installer 类。

ComponentInstaller 类的派生类可以用作安装进程的一个部分。注意，一个服务进程可以包括多个服务。ServiceProcessInstaller 类用于配置进程，为这个进程中的所有服务定义值，而 ServiceInstaller 类用于服务的配置，因此每个服务都需要 ServiceInstaller 类的一个实例。如果进程中有 3 个服务，则必须添加 3 个 ServiceInstaller 对象：

```
partial class ProjectInstaller
{
  private System.ComponentModel.IContainer components = null;

  private void InitializeComponent()
  {
    this.serviceProcessInstaller1 =
        new System.ServiceProcess.ServiceProcessInstaller();
    this.serviceInstaller1 =
        new System.ServiceProcess.ServiceInstaller();
```

```
    this.serviceProcessInstaller1.Password = null;
    this.serviceProcessInstaller1.Username = null;

    this.serviceInstaller1.ServiceName = "QuoteService";
    this.serviceInstaller1.Description = "Sample Service for Professional C#";
    this.serviceInstaller1.StartType = System.ServiceProcess.ServiceStartMode.Manual;

    this.Installers.AddRange(
      new System.Configuration.Install.Installer[]
        {this.serviceProcessInstaller1,
         this.serviceInstaller1});
  }

  private System.ServiceProcess.ServiceProcessInstaller
      serviceProcessInstaller1;
  private System.ServiceProcess.ServiceInstaller serviceInstaller1;

}
```

ServiceProcessInstaller 类安装一个实现 ServiceBase 类的可执行文件。ServiceProcessInstaller 类包含用于整个进程的属性。由进程中所有服务共享的属性如表 39-1 所示。

表 39-1

属 性	描 述
Username、Password	如果把 Accout 属性设置为 ServiceAccout.User，则 Username 属性和 Password 属性指出服务在哪一个用户账户下运行
Account	使用这个属性，可以指定服务的账户类型
HelpText	HelpText 是只读属性，它返回的帮助文本用于设置用户名和密码

用于运行服务的进程可以用 ServiceProcessInstaller 类的 Accout 属性指定，其值可以是 ServiceAccout 枚举的任意值。Account 属性的不同值如表 39-2 所示。

表 39-2

值	描 述
LocalSystem	设置这个值可以指定服务在本地系统上使用权限很高的用户账户，并用作网络上的计算机
NetworkService	类似于 LocalSystem，这个值指定把计算机的证书传递给远程服务器。但与 LocalSystem 不同，这种服务可以以非授权用户的身份登录本地系统。顾名思义，这个账户只能用于需要从网络上获得资源的服务
LocalService	这个账户类型给任意远程服务器提供计算机的匿名证书，其本地权限与 NetworkService 相同
User	把 Accout 属性设置为 ServiceAccout.User，表示可以指定应从服务中使用的账户

ServiceInstaller 是每一个服务都需要的类，这个类的属性可以用于进程中的每一个服务，其属性有 StartType、DisplayName、ServiceName 和 ServicesDependentOn，如表 39-3 所示。

表 39-3

属　性	描　述
StartType	StartType 属性指出服务是手动启动还是自动启动。它的值可以是：ServiceStartMode.Automatic、ServiceStartMode.Manual、ServiceStartMode.Disabled。如果使用 ServiceStartMode.Disabled，服务就不能启动。这个选项可用于不应在系统中启动的服务。例如，如果没有得到需要的硬件控制器，就可以把该选项设置为 Disabled
DelayedAutoStart	如果 StartType 属性没有设置为 Automatic，就忽略这个属性。此时可以指定服务是否应在系统启动时不立即启动，而是在以后启动
DisplayName	DisplayName 属性是服务显示给用户的友好名称。这个名称也由管理工具用于控制和监控服务
ServiceName	ServiceName 属性是服务的名称。这个值必须与服务程序中 ServiceBase 类的 ServiceName 属性一致。这个名称把 ServiceInstaller 类的配置与需要的服务程序关联起来
ServicesDependentOn	指定必须在服务启动之前启动的一组服务。当服务启动时，所有依赖的服务都自动启动，并且我们的服务也将启动

注意：如果在 ServiceBase 的派生类中改变了服务的名称，则还必须修改 ServiceInstaller 对象中 ServiceName 属性的值。

注意：在测试阶段，最好把 StartType 属性的值设置为 Manual。这样，如果服务因程序中的 bug 不能停止，就仍可以重新启动系统。如果把 StartType 属性的值设置为 Automatic，服务就会在重新启动系统时自动启动！当确信没有问题时，可以在以后改变这个配置。

3. ServiceInstallerDialog 类

System.ServiceProcess.Design 名称空间中的另一个安装程序类是 ServiceInstallerDialog。在安装过程中，如果希望系统管理员输入该服务应使用的账户(具体方法是指定用户名和密码)，就可以使用这个类。

如果把 ServiceProcessInstaller 类的 Account 属性设置为 ServiceAccount.User，Username 和 Password 属性设置为 null，则在安装时将自动显示如图 39-10 所示的 Set Service Login 对话框。此时，也可以取消安装。

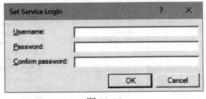

图 39-10

4. installutil

在把安装程序类添加到项目中之后，就可以使用 installutil.exe 实用程序安装和卸载服务。这个实用程序可以用于安装包含 Installer 类的所有程序集。installutil.exe 实用程序调用 Installer 派生类的 Installer()方法进行安装，调用 UnInstaller()方法进行卸载。

安装和卸载示例服务的命令分别是：

```
installutil quoteservice.exe
installutil /u quoteservice.exe
```

> **注意**：如果安装失败了，一定要检查安装日志文件 InstallUtil.InstallLog 和 <servicename>.InstallLog。通常，在安装日志文件中可以发现一些非常有用的信息，例如："指定的服务已存在"。

在成功地安装服务后，就可以从 Services MMC 中手动启动服务，并启动客户端应用程序。

39.4 Windows 服务的监控和控制

可以使用 Services MMC 管理单元对服务进行监控和控制。Services MMC 管理单元是 Computer Management 管理工具的一部分。每个 Windows 操作系统还有一个命令行实用程序 net.exe，使用这个程序可以控制服务。sc.exe 是另一个 Windows 命令行实用程序，它的功能比 net.exe 更强大。还可以使用 Visual Studio Server Explorer 直接控制服务。本节将创建一个小型的 Windows 应用程序，它利用 System.ServiceProcess.ServiceController 类监控和控制服务。

39.4.1 MMC 管理单元

如图 39-11 所示，使用 MMC 的 Services 管理单元可以查看所有服务的状态，也可以把停止、启用或禁用服务的控制请求发送给服务，并改变它们的配置。Services 管理单元既是服务控制程序，又是服务配置程序。

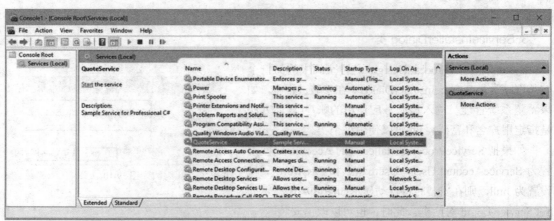

图 39-11

双击 QuoteService，打开如图 39-12 所示的 Quote Service Properties 对话框。在这个对话框中，可以看到服务的名称、描述、可执行文件的路径、启动类型和状态。目前服务已启动。使用这个对话框中的 Log On 选项卡，可以改变服务进程的账户。

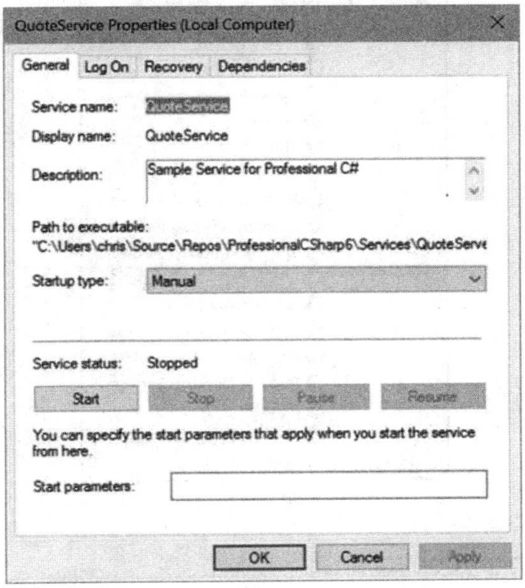

图 39-12

39.4.2 net.exe 实用程序

Services 管理单元使用起来很简单，但是系统管理员不能使其自动化，原因是它不能用在管理脚本中。要通过脚本实现的工具自动控制服务，可以用命令行实用程序 net.exe 来完成。net start 命令显示所有正在运行的服务，net start servicename 启动服务，net stop servicename 向服务发送停止请求。此外使用 net pause 和 net continue 可以暂停和继续服务(当然，它们只有在服务允许的情况下才能使用)。

39.4.3 sc.exe 实用程序

sc.exe 是不太出名的一个实用程序，它作为操作系统的一部分发布。sc.exe 是管理服务的一个很有用的工具。与 net.exe 实用程序相比，sc.exe 实用程序的功能更加强大。使用 sc.exe 实用程序，可以检查服务的实际状态，或者配置、删除以及添加服务。当服务的卸载程序不能正常工作时，可以使用 sc.exe 实用程序卸载服务。

39.4.4 Visual Studio Server Explorer

在 Visual Studio 中，要使用 Server Explorer 监控服务，应在树型视图中选择 Services 节点，再选择计算机，最后选择 Services 元素，就可以看到所有服务的状态，如图 39-13 所示。选择一个服务，就可以看到服务的属性。

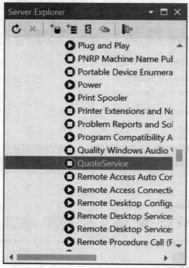

图 39-13

39.4.5 编写自定义 ServiceController 类

下面创建一个小的 Windows 应用程序,该应用程序使用 ServiceController 类监控和控制 Windows 服务。

创建一个 WPF 应用程序,其用户界面如图 39-14 所示。这个应用程序的主窗口包含一个显示所有服务的列表框、4 个文本框(分别用于显示服务的显示名称、状态、类型和名称)和 6 个按钮,其中 4 个按钮用于发送控制事件,一个按钮用于刷新列表,最后一个按钮用于退出应用程序。

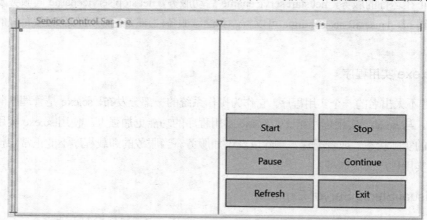

图 39-14

> 注意:WPF 的介绍详见第 29 到第 35 章。

1. 服务的监控

使用 ServiceController 类,可以获取每一个服务的相关信息。表 39-4 列出了 ServiceController

类的属性。

表 39-4

属 性	描 述
CanPauseAndContinue	如果暂停和继续服务的请求可以发送给服务，则这个属性返回 true
CanShutdown	如果服务有用于关闭系统的处理程序，则它的值为 true
CanStop	如果服务是可以停止的，则它的值为 true
DependentServices	它返回一个依赖服务的集合。如果停止服务，则所有依赖的服务都预先停止
ServicesDependentOn	返回这个服务所依赖的服务集合
DisplayName	指定服务应该显示的名称
MachineName	指定运行服务的计算机名
ServiceName	指定服务的名称
ServiceType	指定服务的类型。服务可以运行在共享的进程中，在共享的进程中，多个服务使用同一进程(Win32ShareProcess)。此外，服务也可以运行在只包含一个服务的进程(Win32OwnProcess)中。如果服务可以与桌面交互，其类型就是 InteractiveProcess
Status	指定服务的状态。状态可以是正在运行、停止、暂停或处于某些中间模式(如启动待决、停止待决)等。状态值在 ServiceControllerStatus 枚举中定义

在示例应用程序中，使用 DisplayName、ServiceName、ServiceType 和 Status 属性显示服务信息。此外，CanPauseAndContinue 和 CanStop 属性用于启用和禁用 Pause、Continue 和 Stop 按钮。

为了得到用户界面的所有必要信息，创建一个 ServiceControllerInfo 类。这个类可以用于数据绑定，并提供状态信息、服务名称、服务类型，以及哪些控制服务的按钮应启用或禁用的信息。

注意：因为使用了 System.ServiceProcess.ServiceController 类，所以必须引用 System.ServiceProcess 程序集。

ServiceControllerInfo 类包含一个嵌入的 ServiceController 类，用 ServiceControllerInfo 类的构造函数设置它。还有一个只读属性 Controller，它用来访问嵌入的 ServiceController 类(代码文件 ServiceControlWPF/ServiceControllerInfo.cs)。

```
public class ServiceControllerInfo
{
  public ServiceControllerInfo(ServiceController controller)
  {
    Controller = controller;
  }

  public ServiceController Controller { get; }
  // etc.
}
```

为了显示服务的当前信息，可以使用 ServiceControllerInfo 类的只读属性 DisplayName、ServiceName、ServiceTypeName 和 ServiceStatusName。DisplayName 和 ServiceName 属性的实现代码只访问底层类 ServiceController 的 DisplayName 和 ServiceName 属性。对于 ServiceTypeName 和 ServiceStatusName 属性的实现代码，需要完成更多的工作：服务的状态和类型不太容易返回，因为要显示一个字符串，而不是只显示 ServiceController 类返回的数字。ServiceTypeName 属性返回一个表示服务类型的字符串。从 ServiceController.ServiceType 属性中得到的 ServiceType 代表一组标记，使用按位 OR 运算符，可以把这组标记组合在一起。InteractiveProcess 位可以与 Win32OwnProcess 和 Win32ShareProcess 一起设置。首先，在检查其他值之前，一定要先检查以前是否设置过 InteractiveProcess 位。使用这些服务，返回的字符串将是"Win32 Service Process"或"Win32 Shared Process"（代码文件 ServiceControlWPF/ServiceControllerInfo.cs）。

```csharp
public class ServiceControllerInfo
{
  // etc.
  public string ServiceTypeName
  {
    get
    {
      ServiceType type = controller.ServiceType;
      string serviceTypeName = "";
      if ((type & ServiceType.InteractiveProcess) != 0)
      {
        serviceTypeName = "Interactive ";
        type -= ServiceType.InteractiveProcess;
      }
      switch (type)
      {
        case ServiceType.Adapter:
          serviceTypeName += "Adapter";
          break;
        case ServiceType.FileSystemDriver:
        case ServiceType.KernelDriver:
        case ServiceType.RecognizerDriver:
          serviceTypeName += "Driver";
          break;
        case ServiceType.Win32OwnProcess:
          serviceTypeName += "Win32 Service Process";
          break;
        case ServiceType.Win32ShareProcess:
          serviceTypeName += "Win32 Shared Process";
          break;
        default:
          serviceTypeName += "unknown type " + type.ToString();
          break;
      }
      return serviceTypeName;
    }
  }

  public string ServiceStatusName
  {
```

```
      get
      {
        switch (Controller.Status)
        {
          case ServiceControllerStatus.ContinuePending:
            return "Continue Pending";
          case ServiceControllerStatus.Paused:
            return "Paused";
          case ServiceControllerStatus.PausePending:
            return "Pause Pending";
          case ServiceControllerStatus.StartPending:
            return "Start Pending";
          case ServiceControllerStatus.Running:
            return "Running";
          case ServiceControllerStatus.Stopped:
            return "Stopped";
          case ServiceControllerStatus.StopPending:
            return "Stop Pending";
          default:
            return "Unknown status";
        }
      }
    }

    public string DisplayName => Controller.DisplayName;

    public string ServiceName => Controller.ServiceName;

    // etc.
}
```

ServiceControllerInfo 类还有一些属性可以启用 Start、Stop、Pause 和 Continue 按钮：EnableStart、EnableStop、EnablePause 和 EnableContinue，这些属性根据服务的当前状态返回一个布尔值(代码文件 ServiceControlWPF/ServiceControllerInfo.cs)。

```
public class ServiceControllerInfo
{
  // etc.

  public bool EnableStart => Controller.Status == ServiceControllerStatus.Stopped;

  public bool EnableStop => Controller.Status == ServiceControllerStatus.Running;

  public bool EnablePause =>
    Controller.Status == ServiceControllerStatus.Running &&
        Controller.CanPauseAndContinue;

  public bool EnableContinue => Controller.Status == ServiceControllerStatus.Paused;
}
```

在 ServiceControlWindow 类中，RefreshServiceList()方法使用 ServiceController.GetServices()方法获取在列表框中显示的所有服务。GetServices()方法返回一个 ServiceController 实例的数组，它们表示在操作系统上安装的所有 Windows 服务。ServiceController 类还有一个静态方法 GetDevices()，该

方法返回一个表示所有设备驱动程序的ServiceController数组。返回的数组利用扩展方法OrderBy()按照DisplayName属性来排序,这是传递给OrderBy()方法的lambda表达式定义的属性。使用Select()方法,将 ServiceController 实例转换为 ServiceControllerInfo 类型。在下面的代码中传递了一个lambda 表达式,它调用每个 ServiceController 对象的 ServiceControllerInfo()构造函数。最后,将ServiceControllerInfo 数组赋予窗口的 DataContext 属性,进行数据绑定(代码文件 ServiceControlWPF/MainWindow.xaml.cs)。

```
protected void RefreshServiceList()
{
  this.DataContext = ServiceController.GetServices().
    OrderBy(sc => sc.DisplayName).
    Select(sc => new ServiceControllerInfo(sc));
}
```

在列表框中获得所有服务的 RefreshServiceList()方法在 ServiceControlWindow 类的构造函数中调用。这个构造函数还为按钮的 Click 事件定义了事件处理程序:

```
public ServiceControlWindow()
{
  InitializeComponent();

  RefreshServiceList();
}
```

现在就可以定义 XAML 代码,把信息绑定到控件上。首先,为显示在列表框中的信息定义一个DataTemplate。列表框包含一个标签,其 Content 属性绑定到数据源的 DisplayName 属性上。在绑定ServiceControllerInfo 对象数组时,用 ServiceControllerInfo 类定义 DisplayName 属性(代码文件ServiceControlWPF/MainWindow.xaml):

```
<Window.Resources>
  <DataTemplate x:Key="listTemplate">
    <Label Content="{Binding DisplayName}"/>
  </DataTemplate>
</Window.Resources>
```

放在窗口左边的列表框将 ItemsSource 属性设置为{Binding}。这样,显示在列表中的数据就从RefreshServiceList() 方法设置的 DataContext 属性中获得。ItemTemplate 属性引用了前面用DataTemplate 定义的资源 listTemplate。把 IsSynchronizedWithCurrentItem 属性设置为 True,从而使位于同一个窗口中的文本框和按钮控件绑定到列表框中当前选择的项上。

```
<ListBox Grid.Row="0" Grid.Column="0" HorizontalAlignment="Left"
  Name="listBoxServices" VerticalAlignment="Top"
  ItemsSource="{Binding}"
  ItemTemplate="{StaticResource listTemplate}"
  IsSynchronizedWithCurrentItem="True">
</ListBox>
```

为了区分按钮控件,使之分别用于启动、停止、暂停、继续服务,定义了下面的枚举(代码文件ServiceControlWPF/ButtonState.cs):

```
public enum ButtonState
{
  Start,
  Stop,
  Pause,
  Continue
}
```

对于 TextBlock 控件,Text 属性绑定到 ServiceControllerInfo 实例的对应属性上。按钮控件是启用还是禁用也从数据绑定中定义,即把 IsEnabled 属性绑定到 ServiceControllerInfo 实例的对应属性上,该属性返回一个布尔值。给按钮的 Tag 属性赋予前面定义的 ButtonState 枚举的一个值,以便在同一个处理程序方法 OnServiceCommand 中区分按钮(代码文件 ServiceControlWPF/MainWindow.xaml):

```xml
<TextBlock Grid.Row="0" Grid.ColumnSpan="2"
  Text="{Binding /DisplayName, Mode=OneTime}" />
<TextBlock Grid.Row="1" Grid.ColumnSpan="2"
  Text="{Binding /ServiceStatusName, Mode=OneTime}" />
<TextBlock Grid.Row="2" Grid.ColumnSpan="2"
  Text="{Binding /ServiceTypeName, Mode=OneTime}" />
<TextBlock Grid.Row="3" Grid.ColumnSpan="2"
  Text="{Binding /ServiceName, Mode=OneTime}" />
<Button Grid.Row="4" Grid.Column="0" Content="Start"
  IsEnabled="{Binding /EnableStart, Mode=OneTime}"
  Tag="{x:Static local:ButtonState.Start}"
  Click="OnServiceCommand" />
<Button Grid.Row="4" Grid.Column="1" Name="buttonStop" Content="Stop"
  IsEnabled="{Binding /EnableStop, Mode=OneTime}"
  Tag="{x:Static local:ButtonState.Stop}"
  Click="OnServiceCommand" />
<Button Grid.Row="5" Grid.Column="0" Name="buttonPause" Content="Pause"
  IsEnabled="{Binding /EnablePause, Mode=OneTime}"
  Tag="{x:Static local:ButtonState.Pause}"
  Click="OnServiceCommand" />
<Button Grid.Row="5" Grid.Column="1" Name="buttonContinue"
  Content="Continue"
  IsEnabled="{Binding /EnableContinue,
  Tag="{x:Static local:ButtonState.Continue}"
  Mode=OneTime}" Click="OnServiceCommand" />
<Button Grid.Row="6" Grid.Column="0" Name="buttonRefresh"
  Content="Refresh"
  Click="OnRefresh" />
<Button Grid.Row="6" Grid.Column="1" Name="buttonExit"
  Content="Exit" Click="OnExit" />
```

2. 服务的控制

使用 ServiceController 类,也可以把控制请求发送给服务,该类的方法如表 39-5 所示。

表 39-5

方法	说明
Start()	Start()方法告诉 SCM 应启动服务。在服务程序示例中，调用了 OnStart()方法
Stop()	如果 CanStop 属性在服务类中的值是 true，则在 SCM 的帮助下，Stop()方法调用服务程序中的 OnStop()方法
Pause()	如果 CanPauseAndContinue 属性的值是 true，则 Pause()方法调用 OnPause()方法
Continue()	如果 CanPauseAndContinue 属性的值是 true，则 Continue()方法调用 OnContinue()方法
ExecuteCommand()	使用 ExecuteCommand()可以把定制的命令发送给服务

下面就是控制服务的代码。因为启动、停止、挂起和暂停服务的代码是相似的，所以仅为这 4 个按钮使用一个处理程序(代码文件 ServiceControlWPF/MainWindow.xaml.cs)：

```csharp
protected void OnServiceCommand(object sender, RoutedEventArgs e)
{
  Cursor oldCursor = this.Cursor;
  try
  {
    this.Cursor = Cursors.Wait;
    ButtonState currentButtonState = (ButtonState)(sender as Button).Tag;
    var si = listBoxServices.SelectedItem as ServiceControllerInfo;
    if (currentButtonState == ButtonState.Start)
    {
      si.Controller.Start();
      si.Controller.WaitForStatus(ServiceControllerStatus.Running,
        TimeSpan.FromSeconds(10));
    }
    else if (currentButtonState == ButtonState.Stop)
    {
      si.Controller.Stop();
      si.Controller.WaitForStatus(ServiceControllerStatus.Stopped,
        TimeSpan.FromSeconds(10));
    }
    else if (currentButtonState == ButtonState.Pause)
    {
      si.Controller.Pause();
      si.Controller.WaitForStatus(ServiceControllerStatus.Paused,
        TimeSpan.FromSeconds(10));
    }
    else if (currentButtonState == ButtonState.Continue)
    {
      si.Controller.Continue();
      si.Controller.WaitForStatus(ServiceControllerStatus.Running,
        TimeSpan.FromSeconds(10));
    }
    int index = listBoxServices.SelectedIndex;
    RefreshServiceList();
    listBoxServices.SelectedIndex = index;
  }
  catch (System.ServiceProcess.TimeoutException ex)
  {
```

```
      MessageBox.Show(ex.Message, "Timout Service Controller",
        MessageBoxButton.OK, MessageBoxImage.Error);
    }
    catch (InvalidOperationException ex)
    {
      MessageBox.Show(String.Format("{0} {1}", ex.Message,
        ex.InnerException != null ? ex.InnerException.Message:
          String.Empty), MessageBoxButton.OK, MessageBoxImage.Error);
    }
    finally
    {
      this.Cursor = oldCursor;
    }
}

protected void OnExit(object sender, RoutedEventArgs e) =>
  Application.Current.Shutdown();

protected void OnRefresh_Click(object sender, RoutedEventArgs e) =>
  RefreshServiceList();
```

由于控制服务要花费一定的时间,因此光标在第一条语句中切换为等待光标。然后,根据所按下的按钮调用 ServiceController 类的方法。使用 WaitForStatus()方法,表明用户正在等待检查服务把状态改为被请求的值,但是我们最多等待 10 秒。在 10 秒之后,就会刷新列表框中的信息,并把选中的索引设置为与以前相同的值,接着显示这个服务的新状态。

因为应用程序需要管理权限,大多数服务都需要管理权限来启动和停止,所以把一个应用程序清单添加到项目中,并把 requestedExecutionLevel 属性设置为 requireAdministrator(代码文件 Service-ControlWPF/app.manifest)。

```xml
<?xml version="1.0" encoding="utf-8"?>
<asmv1:assembly manifestVersion="1.0"
    xmlns="urn:schemas-microsoft-com:asm.v1"
    xmlns:asmv1="urn:schemas-microsoft-com:asm.v1"
    xmlns:asmv2="urn:schemas-microsoft-com:asm.v2"
    xmlns:xsi="http://www.w3.org/2001/XMLSchema-instance">
  <assemblyIdentity version="1.0.0.0" name="MyApplication.app"/>
  <trustInfo xmlns="urn:schemas-microsoft-com:asm.v2">
    <security>
      <requestedPrivileges xmlns="urn:schemas-microsoft-com:asm.v3">
        <requestedExecutionLevel level="requireAdministrator"
          uiAccess="false" />
      </requestedPrivileges>
    </security>
  </trustInfo>
</asmv1:assembly>
```

运行应用程序的结果如图 39-15 所示。

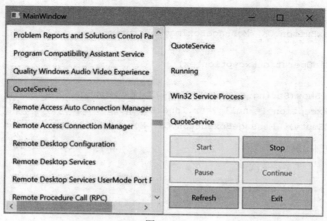

图 39-15

39.5 故障排除和事件日志

服务方面的故障排除与其他类型应用程序的故障排除并不相同。本节将讨论一些服务问题、交互式服务特有的问题和事件日志。

创建服务最好的方式就是在实际创建服务之前，先创建一个具有所需功能的程序集和一个测试客户端，以便进行正常的调试和错误处理。只要应用程序运行，就可以使用该程序集创建服务。当然，对于服务，仍然存在下列问题：

- 在服务中，错误信息不显示在消息框中(除了运行在客户端系统上的交互式服务之外)，而是使用事件日志服务把错误写入事件日志中。当然，在使用服务的客户端应用程序中，可以显示一个消息框，以通知用户出现了错误。
- 虽然服务不能从调试器中启动，但是调试器可以与正在运行的服务进程联系起来。打开带有服务源代码的解决方案，并且设置断点。从 Visual Studio 的 Debug 菜单中选择 Processes 命令，关联正在运行的服务进程。
- 性能监视器可以用于监控服务的行为。可以把自己的性能对象添加到服务中，这样可以添加一些有用的信息，以便进行调试。例如，通过 Quote 服务，可以建立一个对象，让它给出返回的引用总数和初始化花费的时间等。

把事件添加到事件日志中，服务就可以报告错误和其他信息。当 AutoLog 属性设置为 true 时，从 ServiceBase 类中派生的服务类可以自动把事件写入日志中。ServiceBase 类检查 AutoLog 属性，并且在启动、停止、暂停和继续请求时编写日志条目。

图 39-16 是服务中的一个日志条目示例。

 注意：事件日志和如何编写自定义事件的内容详见第 20 章。

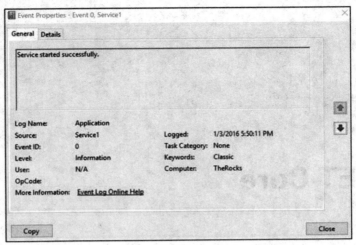

图 39-16

39.6 小结

本章讨论了 Windows 服务的体系结构和如何使用.NET Framework 创建 Windows 服务。应用程序可以与 Windows 服务一起在系统启动时自动启动,也可以把具有特权的 System 账户用作服务的用户。Windows 服务从主函数、service-main 函数和处理程序中创建。本章还介绍了与 Windows 服务相关的其他程序,如服务控制程序和服务安装程序。

.NET Framework 对 Windows 服务提供了很好的支持。创建、控制和安装服务所需的代码都封装在 System.ServiceProcess 名称空间的.NET Framework 类中。从 ServiceBase 类中派生一个类,就可以重写暂停、继续或停止服务时调用的方法。对于服务的安装,ServiceProcessInstaller 类和 ServiceInstaller 类可以处理服务所需的所有注册表配置。还可以使用 ServiceController 类控制和监控服务。

第 40 章介绍 ASP.NET Core 1.0,这个技术使用 Web 服务器,一般运行在 Windows 服务中(假定服务器在 Windows 操作系统上使用)。

第 40 章

ASP.NET Core

本章要点

- 了解 ASP.NET Core 1.0 和 Web 技术
- 使用静态内容
- 处理 HTTP 请求和响应
- 使用依赖注入和 ASP.NET
- 定义简单的定制路由
- 创建中间件组件
- 使用会话管理状态
- 读取配置设置

本章源代码下载地址(wrox.com):

打开网页 http://www.wrox.com/go/professionalcsharp6,单击 Download Code 选项卡即可下载本章源代码。本章代码包含的示例文件是 WebSampleApp。

40.1 ASP.NET Core 1.0

在走过 15 年之后,ASP.NET Core 1.0 完全重写了 ASP.NET。它的特色在于采用模块化编程,完全开源,是轻量级的,最适合用在云上,可用于非微软平台。

完全重写的 ASP.NET 有很多优势,但这也意味着重写基于老版本 ASP.NET 的现有 Web 应用程序。有必要把现有的 Web 应用程序重写为 ASP.NET Core 1.0 版本吗?下面试着回答这个问题。

ASP.NET Web Forms 不再是 ASP.NET Core 1.0 的一部分。但是,在 Web 应用程序中包括这项技术并不意味着必须重写它们。仍然可以用完整框架维护用 ASP.NET Web Forms 编写的旧应用程序。在最新版本 ASP.NET 4.6 中,ASP.NET Web Forms 甚至有一些增强,如异步的模型绑定。

ASP.NET MVC 仍然是 ASP.NET Core 1.0 的一部分。因为 ASP.NET MVC 6 已经完全重写,所以需要修改用 ASP.NET MVC 5 或旧版本编写的 Web 应用程序,把它们带到新的应用程序堆栈中。

将ASP.NET Web Forms 转换为ASP.NET MVC 可能需要做很多工作。ASP.NET Web Forms 从开发人员手中抽象出了 HTML 和 JavaScript。使用 ASP.NET Web Forms，就没有必要了解 HTML 和 JavaScript。只需要使用服务器端控件和 C#代码。服务器端控件返回 HTML 和 JavaScript。此编程模型类似于旧的 Windows Forms 编程模型。使用 ASP.NET MVC，开发人员需要了解 HTML 和 JavaScript。ASP.NET MVC 基于模型-视图-控制器(MVC)模式，便于进行单元测试。因为 ASP.NET Web Forms 和 ASP.NET MVC 基于完全不同的体系结构模式，所以把 ASP.NET Web Forms 应用程序迁移到 ASP.NET MVC 是一个艰巨的任务。承担这个任务之前，应该创建一个清单，列出解决方案仍使用旧技术的优缺点，并与新技术的优缺点进行比较。未来多年仍可以使用 ASP.NET Web Forms。

注意：网站 http://www.cninnoation.com 最初用 ASP.NET Web Forms 创建。这个用 ASP.NET MVC 早期版本创建的网站被转换到这项新技术堆栈中。因为原来的网站使用了很多独立的组件，抽象出了数据库和服务代码，所以工作量不大，很快就完成了。可以在 ASP.NET MVC 中直接使用数据库和服务。另一方面，如果使用 Web Forms 控件访问数据库，而不是使用自己的控件，工作量就很大。

注意：本书不介绍旧技术 ASP.NET Web Forms，也不讨论 ASP.NET MVC 5。本书主要论述新技术；因此对于 Web 应用程序，这些内容基于 ASP.NET 5 和 ASP.NET MVC 6。这些技术应该用于新 Web 应用程序。如果需要维护旧应用程序，应该阅读本书的旧版，如《C#高级编程(第 9 版)——C# 5.0 & .NET 4.5.1》，其中介绍了 ASP.NET 4.5、ASP.NET Web Forms 4.5 和 ASP.NET MVC 5。

本章介绍 ASP.NET Core 1.0 的基础知识。第 41 章解释 ASP.NET MVC 6 的用法，这个框架建立在 ASP.NET Core 1.0 的基础之上。

40.2 Web 技术

在介绍 ASP.NET 的基础知识之前，本节讨论创建 Web 应用程序时必须了解的核心 Web 技术：HTML、CSS、JavaScript 和 jQuery。

40.2.1 HTML

HTML 是由 Web 浏览器解释的标记语言。它定义的元素显示各种标题、表格、列表和输入元素，如文本框和组合框。

2014 年 10 月以来，HTML5 已经成为 W3C 推荐标准(http://w3.org/TR/html5)，所有主流浏览器都提供了它。有了 HTML5 的特性，就不再需要一些浏览器插件(如 Flash 和 Silverlight)了，因为插件可以执行的操作现在都可以直接使用 HTML 和 JavaScript 完成。当然，可能仍然需要 Flash 和 Silverlight，因为不是所有的网站都转而使用新技术，或用户可能仍然使用不支持 HTML5 的旧浏览器版本。

　　HTML5 添加的新语义元素可以由搜索引擎使用，更好地分析站点。canvas 元素可以动态使用 2D 图形和图像，video 和 audio 元素使 object 元素过时了。由于最近添加的媒体源(http://w3c.github.io/media-source)，自适应流媒体也由 HTML 提供；此前这是 Silverlight 的一个优势。

　　HTML5 还为拖放操作、存储器、Web 套接字等定义了 API。

40.2.2　CSS

　　HTML 定义了 Web 页面的内容，CSS 定义了其外观。例如，在 HTML 的早期，列表项标记<li>定义列表元素在显示时是否应带有圆、圆盘或方框。目前，这些信息已从 HTML 中完全删除，而放在 CSS 中。

　　在 CSS 样式中，HTML 元素可以使用灵活的选择器来选择，还可以为这些元素定义样式。元素可以通过其 ID 或名称来选择，也可以定义 CSS 类，从 HTML 代码中引用。在 CSS 的新版本中，可以定义相当复杂的规则，来选择特定的 HTML 元素。

　　自 Visual Studio 2015 起，Web 项目模板使用 Twitter Bootstrap，这是 CSS 和 HTML 约定的集合。这使得我们很容易采用不同的外观，下载易用的模板。文档和基本模板可参阅 www.getbootstrap.com。

40.2.3　JavaScript 和 TypeScript

　　并不是所有的平台和浏览器都能使用.NET 代码，但几乎所有的浏览器都能理解 JavaScript。对 JavaScript 的一个常见误解是它与 Java 相关。实际上，它们只是名称相似，因为 Netscape(JavaScript 的发起者)与 Sun(Sun 发明了 Java)达成了协议，允许在名称中使用 Java。如今，这两个公司不再存在。Sun 被 Oracle 收购，现在 Oracle 持有 Java 的商标。

　　Java 和 JavaScript 有相同的根(C 编程语言)，C#也是这样。JavaScript 是一种函数式编程语言，不是面向对象的，但它添加了面向对象功能。

　　JavaScript 允许从 HTML 页面访问 DOM，因此可以在客户端动态改变元素。

　　ECMAScript 是一个标准，它定义了 JavaScript 语言的当前和未来功能。因为其他公司在其语言实现中不允许使用 Java 这个词，所以该标准的名称是 ECMAScript。Microsoft 的 JavaScript 实现被命名为 JScript。访问 http://www.ecmascript.org，可了解 JavaScript 语言的当前状态和未来的变化。

　　尽管许多浏览器不支持最新的 ECMAScript 版本，但仍然可以编写 ECMAScript 5 代码。不是编写 JavaScript 代码，而是可以使用 TypeScript。TypeScript 语法基于 ECMAScript，但是它有一些改进，如强类型代码和注解。C#和 TypeScript 有很多相似的地方。因为 TypeScript 编译器编译成 JavaScript，所以 TypeScript 可以用在需要 JavaScript 的所有地方。有关 TypeScript 的更多信息可访问 http://www.typescriptlang.org。

40.2.4　脚本库

　　除了 JavaScript 编程语言之外，还需要脚本库简化编程工作。

- jQuery(http://www.jquery.org)是一个库，它抽象出了访问 DOM 元素和响应事件时的浏览器的差异。
- Angular(http://angularjs.org)是一个基于 MVC 模式的库，用单页面的 Web 应用程序简化了开发和测试(与 ASP.NET MVC 不同，Angular 提供了 MVC 模式与客户端代码)。

ASP.NET Web 项目模板包括 jQuery 库和 Bootstrap。Visual Studio 2015 支持智能感知和对 JavaScript 代码的调试。

> **注意**：本书未涉及指定 Web 应用程序的样式和编写 JavaScript 代码。关于 HTML 和样式，可以参阅 John Ducket 编著的《HTML & CSS 设计与构建网站》；进而阅读 Nicholas C. Zakas 编著的 *Professional JavaScript for Web Developers*(Wrox, 2012)。

40.3 ASP.NET Web 项目

首先创建一个空的 ASP.NET Core 1.0 Web Application，命名为 WebSampleApp(参见图 40-1)。从空模板开始，在阅读本章的过程中添加功能。

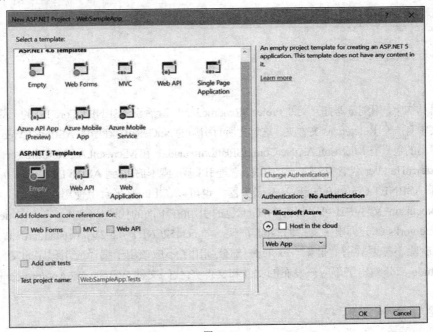

图 40-1

> **注意**：在本章的下载示例代码中，需要在 Startup 类中取消特定代码块的注释，来激活所讨论的特性。还可以从头开始创建项目。不需要编写很多代码，就能运行所有的功能。

创建了这个项目后，会看到一个解决方案和一个项目文件 WebSampleApp，其中包括一些文件和文件夹(参见图 40-2)。

图 40-2

解决方案包括 global.json 配置文件。这个文件列出了解决方案的目录。在下面的代码片段中，可以看到它和 projects 键的值。src 目录包含解决方案的所有项目和源代码。test 目录用于定义单元测试，但目前它们还不存在。sdk 设置定义了使用的 SDK 的版本号(代码文件 global.json)。

```
{
  "projects": [ "src", "test" ],
  "sdk": {
    "version": "1.0.0-0"
  }
}
```

在项目结构中，用浏览器打开文件 Project_Readme.html，会看到 ASP.NET Core 1.0 的一些整体信息。项目文件夹中有一个 References 文件夹。这包含所有引用的 NuGet 包。在空的 ASP.NET Web Application 项目中，引用的包只有 Microsoft.AspNetCore.IISPlatformHandler 和 Microsoft.AspNetCore.Server.Kestrel。

IISPlatformHandler 包含 IIS 的一个模块，它把 IIS 基础架构映射到 ASP.NET Core 1.0 上。Kestrel 是一个用于 ASP.NET Core 1.0 的新 Web 服务器，也可以在 Linux 平台上使用。

在 project.json 文件中还可以找到 NuGet 包的引用(在下面的代码片段中，它们在 dependencies 部分)。frameworks 部分列出了支持的.NET 框架，如 net452(.NET 4.5.2)和 netstandard1.0(.NET Core 1.0)。可以删除不需要驻留的框架。exclude 部分列出了不应该用于编译应用程序的文件和目录。publishExclude 部分列出了不应该发布的文件和文件夹(代码文件 WebSampleApp/project.json)：

```
{
  "version": "1.0.0-*",
  "compilationOptions": {
    "emitEntryPoint": true
  },

  "dependencies": {
    "NETStandard.Library": "1.0.0-*",
    "Microsoft.AspNetCore.IISPlatformHandler": "1.0.0-*",
    "Microsoft.AspNetCore.Server.Kestrel": "1.0.0-*"
  },

  "frameworks": {
    "net452": { },
    "netstandard1.0": {
```

```
      "dependencies": {
        "NETStandard.Library": "1.0.0-*"
      }
    }
  },
  "content": [ "hosting.json" ]
  "exclude": [
    "wwwroot",
    "node_modules"
  ],
  "publishExclude": [
    "**.user",
    "**.vspscc"
  ]
}
```

在Project设置的Debug选项中可以配置用Visual Studio开发时使用的Web服务器(参见图40-3)。默认情况下，在Debug设置中，用指定的端口号配置IIS Express。IIS Express来源于IIS，提供了IIS的所有核心特性。所以在以后托管Web应用程序的环境中，很容易开发该应用程序(假设使用IIS托管)。

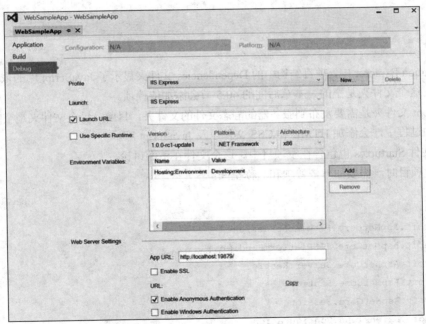

图40-3

用Kestrel服务器运行应用程序时，可以使用Debug Project设置选择Web配置文件。在Profile选项中通过列表列出的选项是project.json中列出的命令。

用Visual Studio项目设置改变的设置会影响launchSettings.json文件的配置。通过这个文件可以定义一些额外的配置，例如命令行参数(代码文件WebSampleApp/Properties/launchsettings.json):

```
{
  "iisSettings": {
    "windowsAuthentication": false,
```

```json
      "anonymousAuthentication": true,
      "iisExpress": {
        "applicationUrl": "http://localhost:19879/",
        "sslPort": 0
      }
    },
    "profiles": {
      "IIS Express": {
        "commandName": "IISExpress",
        "launchBrowser": true,
        "environmentVariables": {
          "Hosting:Environment": "Development"
        }
      },
      "web": {
        "commandName": "web",
        "launchBrowser": true,
        "launchUrl": "http://localhost:5000/",
        "commandLineArgs": "Environment=Development",
        "environmentVariables": {
          "Hosting:Environment": "Development"
        }
      }
    }
  }
```

在 Solution Explorer 中，项目结构中的 Dependencies 文件夹显示了 JavaScript 库的依赖项。创建空项目时，这个文件夹是空的。本章后面的 40.5 节会添加依赖项。

wwwroot 文件夹是需要发布到服务器的静态文件的文件夹。目前，这个文件夹是空的，但是在阅读本章的过程中，会添加 HTML 和 CSS 文件以及 JavaScript 库。

C#源文件 Startup.cs 也包含在空项目中。这个文件在下面讨论。

在创建项目时，需要如下依赖项和名称空间：

依赖项

```
Microsoft.AspNetCore.Http.Abstractions
Microsoft.AspNetCore.IISPlatformHandler
Microsoft.AspNetCore.Server.Kestrel
Microsoft.AspNetCore.StaticFiles
Microsoft.AspNetCore.Session
Microsoft.Extensions.Configuration
Microsoft.Extensions.Configuration.UserSecrets
Microsoft.Extensions.Logging
Microsoft.Extensions.Logging.Console
Microsoft.Extensions.Logging.Debug
Microsoft.Extensions.PlatformAbstractions
Newtonsoft.Json
System.Globalization
System.Text.Encodings.Web
```

```
System.Runtime
```

名称空间

```
Microsoft.AspNetCore.Builder;
Microsoft.AspNetCore.Hosting;
Microsoft.AspNetCore.Http;
Microsoft.Extensions.Configuration
Microsoft.Extensions.DependencyInjection
Microsoft.Extensions.Logging
Microsoft.Extensions.PlatformAbstractions
Newtonsoft.Json
System
System.Globalization
System.Linq
System.Text
System.Text.Encodings.Web
System.Threading.Tasks
```

40.4 启动

下面开始建立 Web 应用程序的一些功能。为了获得有关客户端的信息并返回一个响应，需要编写对 HttpContext 的响应。

使用空的 ASP.NET Web 应用程序模板创建一个 Startup 类，其中包含以下代码(代码文件 WebSampleApp/Startup.cs)：

```csharp
using Microsoft.AspNetCore.Builder;
using Microsoft.AspNetCore.Hosting;
using Microsoft.AspNetCore.Http;
using Microsoft.Extensions.DependencyInjection;
// etc.

namespace WebSampleApp
{
  public class Startup
  {
    public void ConfigureServices(IServiceCollection services)
    {
    }

    public void Configure(IApplicationBuilder app, ILoggerFactory loggerFactory)
    {
      app.UseIISPlatformHandler();
      // etc.

      app.Run(async(context) =>
      {
        await context.Response.WriteAsync("Hello World!");
```

```
      });
    }

    public static void Main(string[] args)
    {
      var host = new WebHostBuilder()
        .UseDefaultConfiguration(args)
        .UseStartup<Startup>()
        .Build();
      host.Run();
    }
  }
}
```

Web 应用程序的入口点是 Main 方法。通过 project.json 配置文件中的 emitEntryPoint 配置，可以定义是否应该使用 Main 方法。本书创建的.NET Core 控制台应用程序也定义了 Main 方法。只有库不需要 Main 方法。

对于从 Visual Studio 模板中生成的默认实现，Web 应用程序使用 WebHostBuilder 实例配置。使用 WebHostBuilder 调用 UseDefaultConfiguration 方法。这个方法接收命令行参数，并创建一个配置，其中包括可选的托管文件(hosting.json)，增加环境变量，并将命令行参数添加到配置中。UseStartup 方法定义为使用 Startup 类，该类调用 ConfigureServices 和 Configure 方法。最后一个用 WebApplicationBuilder 调用的方法是 Build，它返回一个实现 IWebApplication 接口的对象。对于返回的应用程序对象，调用 Run 方法，这会启动托管引擎；现在服务器在监听和等待请求。

hosting.json 文件用于配置服务器(代码文件 WebSampleApp/hosting.json)：

```
{
  "server": "Microsoft.AspNetCore.Server.Kestrel",
  "server.urls": "http://localhost:5000"
}
```

因为 Startup 类通过一个泛型模板参数被传递给 UseStartup 方法，所以接着调用 ConfigureServices 和 Configure 方法。

Configure 方法通过实现 IApplicationBuilder 接口的依赖注入，接收一个内部应用程序构建器类型。此接口用于定义应用程序使用的服务。调用这个接口的 Use 方法，可以构建 HTTP 请求管道，来定义响应请求时应该做什么。Run 方法是 IApplicationBuilder 接口的一个扩展方法；它调用 Use 方法。这个方法通过程序集 Microsoft.AspNetCore.Http.Abstractions 和名称空间 Microsoft.AspNetCore.Builder 中的 RunExtensions 扩展类来实现。

Run 方法的参数是一个 RequestDelegate 类型的委托。这个类型接收一个 HttpContext 作为参数，返回一个 Task。使用 HttpContext(代码片段中的 context 变量)，可以在浏览器中访问请求信息(HTTP 标题、cookie 和表单数据)，并且可以发送一个响应。代码片段给客户端返回一个简单的字符串 Hello,World！，如图 40-4 所示。

图 40-4

> **注意**：如果使用 Microsoft Edge 测试 Web 应用程序，就需要启用 localhost。在 URL 框中输入 about:flags，启用 Allow localhost loopback 选项(参见图 40-5)。除了使用 Microsoft Edge 内置的用户界面设置此选项之外，还可以使用命令行选项：实用工具 CheckNetIsolation。命令：
>
> ```
> CheckNetIsolation LoopbackExempt -a -n=Microsoft.MicrosoftEdge_8wekyb3d8bbwe
> ```
>
> 可以启用 localhost，类似于使用 Microsoft Edge 的更友好的用户界面。如果想配置其他 Windows 应用程序以启用 localhost，也可以使用实用程序 CheckNetIsolation。

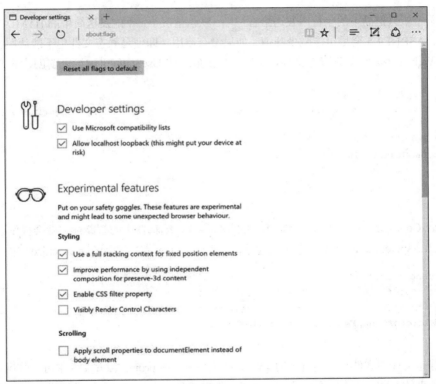

图 40-5

给 Web 应用程序添加日志信息是非常有用的，可以获得当前状态的更多信息。为此，Startup 类的 Configure 方法接收一个 ILoggerFactory 对象。通过这个接口，可以使用 AddProvider 方法添加日志记录器提供程序，并使用 CreateLogger 方法创建一个实现 ILogger 接口的日志记录器。如下面的代码片段所示，AddConsole 和 AddDebug 是添加不同提供程序的扩展方法。AddConsole 方法添加的提供程序把日志信息写到控制台，AddDebug 方法添加的提供程序把日志信息写到调试器。使用这两个方法但不传递参数值，就可以把默认值用于配置日志消息。默认值指定写入信息类型(和更高类型)的日志消息。可以使用不同的重载版本来指定日志的其他过滤器，也可以使用配置文件来配置日志记录(代码文件 WebSampleApp/Startup.cs)：

```
public void Configure(IApplicationBuilder app, ILoggerFactory loggerFactory)
{
  // etc.
  loggerFactory.AddConsole();
  loggerFactory.AddDebug();

  // etc.
}
```

通过 ILogger 接口，可以使用 Log 方法写入自定义日志信息。

40.5 添加静态内容

通常不希望只把简单的字符串发送给客户端。默认情况下，不能发送简单的 HTML 文件和其他静态内容。ASP.NET 5 会尽可能减少开销。如果没有启用，即使是静态文件也不能从服务器返回。

要在 Web 服务器上处理静态文件，可以添加扩展方法 UseStaticFiles(给之前创建的 Run 方法添加注释)：

```
public void Configure(IApplicationBuilder app, ILoggerFactory loggerFactory)
{
  app.UseiISPlatformHandler();
  app.UseStaticFiles();

  //etc.
}
```

一旦给 Configure 方法添加大小写相同的此代码行，编辑器中的智能标记就会提供添加 NuGet 包 Microsoft.AspNet.StaticFiles 的选项。选择它，下载 NuGet 包，并列在 project.json 中：

```
"dependencies": {
  "Microsoft.AspNetCore.IISPlatformHandler": "1.0.0-*",
  "Microsoft.AspNetCore.Server.Kestrel": "1.0.0-*",
  "Microsoft.AspNetCore.StaticFiles": "1.0.0-*"
},
```

添加静态文件的文件夹是项目内的 wwwroot 文件夹。在 project.json 文件中可以使用 webroot 设置配置文件夹的名称。如果没有配置文件夹，文件夹就是 wwwroot。进行了配置并添加了 NuGet 包后，就可以将 HTML 文件添加到 wwwroot 文件夹中(代码文件 WebSampleApp/wwwroot/Hello.html)，如下所示：

```
<!DOCTYPE html>
<html>
<head>
  <meta charset="utf-8" />
  <title></title>
</head>
<body>
  <h1>Hello, ASP.NET with Static Files</h1>
```

```
</body>
</html>
```

现在，启动服务器后，从浏览器中向 HTML 文件发出请求，例如 http://localhost:5000/Hello.html。根据正在使用的配置，项目的端口号可能会有所不同。

> **注意**：用 ASP.NET MVC 创建 Web 应用程序时，还需要了解 HTML、CSS、JavaScript 和一些 JavaScript 库。本书的重点是 C#和.NET，所以这些主题的内容非常少。本书仅讨论使用 ASP.NET MVC 和 Visual Studio 时需要知道的最重要的任务。

40.5.1 使用 JavaScript 包管理器：npm

在 Web 应用程序中，通常需要一些 JavaScript 库。在 Visual Studio 2015 推出之前，JavaScript 库可以用作 NuGet 包，类似于.NET 程序集可以用作 NuGet 包。因为关于脚本库的社区通常不使用 NuGet 服务器，所以他们不会创建 NuGet 包。Microsoft 或对 Microsoft 友好的社区需要完成额外的工作，才能为 JavaScript 库创建 NuGet 包。如果不使用 NuGet，关于 JavaScript 的社区就使用类似于 NuGet 的服务器功能。

Node Package Manager(npm)是一个 JavaScript 库的包管理器。它最初来自 Node.Js(用于服务器端开发的 JavaScript 库)，带有服务器端脚本，非常强大。然而，越来越多的客户端脚本库也可用于 npm。

使用 Visual Studio 2015，可以从项模板中添加 NPM Configuration File，把 npm 添加到项目中。添加项模板时，package.json 文件会被添加到项目中：

```
{
  "version": "1.0.0",
  "name": "ASP.NET",
  "private": "true",
  "devDependencies": {
  }
}
```

在 Visual Studio 中打开该文件，可以看到编辑器中的 npm 标志，如图 40-6 所示。

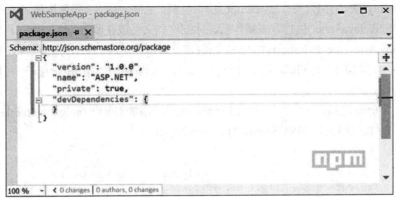

图 40-6

注意：只有单击 Show All Files 按钮，package.json 文件在 Solution Explorer 中才是可见的。

如果开始把 JavaScript 库添加到这个文件的 devDependencies 部分，在输入时就连接 npm 服务器，以允许完成 JavaScript 库，并显示可用的版本号。在编辑器中选择版本号时，也可以提供^和~前缀。没有前缀，就在服务器中检索所输入库的确切版本和精确的名称。如果提供了^前缀，就检索具有主版本号的最新的库；如果提供了~前缀，就检索具有次版本号的最新的库。

下面的 package.json 文件引用了几个 gulp 库和 rimraf 库。保存 package.json 文件时，从服务器中加载 npm 包。在 Solution Explorer 中，可以看到 Dependencies 部分中 npm 加载的库。Dependencies 部分有一个 npm 子节点，其中显示了所有加载的库。

```
{
  "version": "1.0.0",
  "name": "ASP.NET",
  "private": "true",
  "devDependencies": {
    "gulp": "3.9.0",
    "gulp-concat": "2.6.0",
    "gulp-cssmin": "0.1.7",
    "gulp-uglify": "1.2.0",
    "rimraf": "2.4.2"
  }
}
```

这些引用的 JavaScript 库有什么好处？gulp 是一个构建系统，参见 40.5.2 节。gulp-concat 连接 JavaScript 文件；gulp-cssmin 压缩 CSS 文件；gulp-uglify 压缩 JavaScript 文件；rimraf 允许删除层次结构中的文件。压缩会删除所有不必要的字符。

添加包后，可以在 Solution Explorer 的 Dependencies 部分使用 npm 节点轻松地更新或卸载包。

40.5.2 用 gulp 构建

gulp 是一个用于 JavaScript 的构建系统。npm 可以与 NuGet 相媲美，而 gulp 可以与.NET Development Utility(DNU)相媲美。JavaScript 代码是解释性的；为什么需要构建系统和 JavaScript？对 HTML、CSS 和 JavaScript 执行许多操作后，才把这些文件放在服务器上。有了构建系统，就可以把 Syntactically Awesome Stylesheets (SASS)文件(带有脚本功能的 CSS)转换为 CSS，可以缩小和压缩文件，可以启动脚本的单元测试，可以分析 JavaScript 代码(例如使用 JSHint)——可以执行很多有用的任务。

添加 gulp 与 npm 之后，可以使用 Visual Studio 项模板添加 Gulp Configuration File。这个模板创建下面的 gulp 文件(代码文件 MVCSampleApp/gulpfile.js)：

```
/*
This file is the main entry point for defining Gulp tasks and using Gulp plugins.
Click here to learn more. http://go.microsoft.com/fwlink/?LinkId=518007
*/
```

```
var gulp = require('gulp');

gulp.task('default', function () {
    // place code for your default task here
});
```

带有 gulp 标志的编辑器如图 40-7 所示。

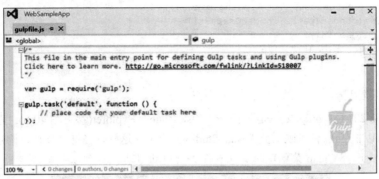

图 40-7

现在给 gulp 文件添加一些任务。前几行定义了这个文件需要的库,并为脚本指定变量。这里,使用通过 npm 添加的库。gulp.task 函数创建了 gulp 任务,使用 Visual Studio Task Runner Explorer 可以启动该任务:

```
"use strict";
var gulp = require("gulp"),
    rimraf = require("rimraf"),
    concat = require("gulp-concat"),
    cssmin = require("gulp-cssmin"),
    uglify = require("gulp-uglify")

var paths = {
    webroot: "./wwwroot/"
};

paths.js = paths.webroot + "js/**/*.js";
paths.minJs = paths.webroot + "js/**/*.min.js";
paths.css = paths.webroot + "css/**/*.css";
paths.minCss = paths.webroot + "css/**/*.min.css";
paths.concatJsDest = paths.webroot + "js/site.min.js";
paths.concatCssDest = paths.webroot + "css/site.min.css";

gulp.task("clean:js", function (cb) {
    rimraf(paths.concatJsDest, cb);
});

gulp.task("clean:css", function (cb) {
    rimraf(paths.concatCssDest, cb);
});

gulp.task("clean", ["clean:js", "clean:css"]);
```

```
gulp.task("min:js", function () {
    gulp.src([paths.js, "!" + paths.minJs], { base: "." })
        .pipe(concat(paths.concatJsDest))
        .pipe(uglify())
        .pipe(gulp.dest("."));
});

gulp.task("min:css", function () {
    gulp.src([paths.css, "!" + paths.minCss])
        .pipe(concat(paths.concatCssDest))
        .pipe(cssmin())
        .pipe(gulp.dest("."));
});

gulp.task("min", ["min:js", "min:css"]);
```

Visual Studio 2015 为 gulp 文件提供了一个 Task Runner Explorer(参见图 40-8)。双击一个任务，以启动它。也可以把 gulp 任务映射到 Visual Studio 命令上。这样，当打开项目，构建之前或之后或者在 Build 菜单内选择 Clean 菜单项时，gulp 任务会自动启动。

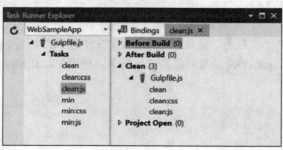

图 40-8

 注意：Visual Studio 支持的另一个 JavaScript 构建系统是 Grunt。Grunt 专注于通过配置来构建，而 gulp 的重点是通过 JavaScript 代码来构建。

40.5.3 通过 Bower 使用客户端库

大多数客户端 JavaScript 库都可以通过 Bower 使用。Bower 是一个像 npm 那样的包管理器。npm 项目用 JavaScript 库启动服务器端代码(尽管许多客户端脚本库也可以用于 npm)，而 Bower 提供了成千上万的 JavaScript 客户端库。

使用项模板 Bower Configuration File，可以把 Bower 添加到 ASP.NET Web 项目中。这个模板添加了文件 bower.json，如下所示：

```
{
  "name": "ASP.NET",
  "private": true,
  "dependencies": {
  }
}
```

向项目添加 Bower 也会添加.bowerrc 文件，用来配置 Bower。默认情况下，使用 directory 设置时，脚本文件(以及脚本库附带的 CSS 和 HTML 文件)会被复制到 wwwroot/lib 目录：

```
{
  "directory": "wwwroot/lib"
}
```

注意：与 NPM 类似，需要单击 Show All Files 按钮，才能在 Solution Explorer 中看到与 Bower 相关的文件。

Visual Studio 2015 对 Bower 有特殊的支持。图 40-9 显示了编辑器中的 Bower 标志。

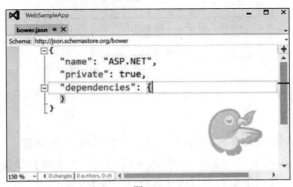

图 40-9

如果开始给 bower.json 文件添加脚本库，输入库的名称和版本号，就会启动智能感知功能。与 npm 类似，保存文件时，从服务器中检索库，库在 Dependencies 文件夹中。因为.bowerrc 内的配置，脚本库中的文件被复制到 wwwroot/lib 文件夹(代码文件 MVCSampleApp/.bowerrc)：

```
{
  "name": "ASP.NET",
  "private": true,
  "dependencies": {
    "bootstrap": "3.3.5",
    "jquery": "2.1.4",
    "jquery-validation": "1.14.0",
    "jquery-validation-unobtrusive": "3.2.5"
  }
}
```

Bower 包的管理也可以使用 Manage Bower Packages 工具完成，单击应用程序的上下文菜单 Manage Bower Packages 就可以访问该工具。这个工具非常类似于 NuGet 包管理器；它便于管理 Bower 包(参见图 40-10)。

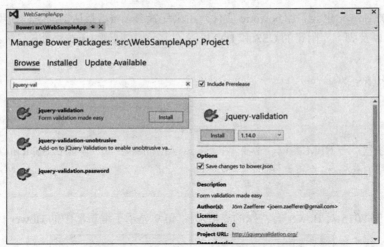

图 40-10

现在基础设施已经就位,就该讨论 HTTP 请求和响应了。

40.6 请求和响应

客户端通过 HTTP 协议向服务器发出请求。这个请求用响应来回答。

请求包含发送给服务器的标题和(在许多情况下)请求体信息。服务器使用请求体信息,基于客户端的需求定义不同的结果。下面看看可以从客户端读取的信息。

为了把 HTML 格式的输出返回到客户端,GetDiv 方法会创建一个 div 元素,其中包含 span 元素与传递的参数 key 和 value(代码文件 WebSampleApp/RequestAndResponseSample.cs):

```
public static string GetDiv(string key, string value) =>
  $"<div><span>{key}:</span> <span>{value}</span></div>";
```

因为在以下示例中,这些 HTML div 和 span 标记需要包围字符串,所以创建扩展方法,以包括此功能(代码文件 WebSampleApp/HtmlExtensions.cs):

```
public static class HtmlExtensions
{
  public static string Div(this string value) =>
    $"<div>{value}</div>";

  public static string Span(this string value) =>
    $"<span>{value}</span>";
}
```

GetRequestInformation 方法使用 HttpRequest 对象访问 Scheme、Host、Path、QueryString、Method 和 Protocol 属性(代码文件 WebSampleApp/RequestAndResponseSample.cs):

```
public static string GetRequestInformation(HttpRequest request)
{
  var sb = new StringBuilder();
  sb.Append(GetDiv("scheme", request.Scheme));
```

```
sb.Append(GetDiv("host", request.Host.HasValue ? request.Host.Value :
  "no host"));
sb.Append(GetDiv("path", request.Path));
sb.Append(GetDiv("query string", request.QueryString.HasValue ?
  request.QueryString.Value : "no query string"));

sb.Append(GetDiv("method", request.Method));
sb.Append(GetDiv("protocol", request.Protocol));

return sb.ToString();
}
```

Startup 类的 Configure 方法改为调用 GetRequestInformation 方法,并通过 HttpContext 的 Request 属性传递 HttpRequest。结果写入 Response 对象(代码文件 WebSampleApp/Startup.cs):

```
app.Run(async (context) =>
{
  await context.Response.WriteAsync(
    RequestAndResponseSample.GetRequestInformation(context.Request));
});
```

在 Visual Studio 中启动程序,得到以下信息:

```
scheme:http
host:localhost:5000
path: /
query string: no query string
method: GET
protocol: HTTP/1.1
```

给请求添加一条路径,例如 http://localhost:5000/Index,得到路径值集:

```
scheme:http
host:localhost:5000
path: /Index
query string: no query string
method: GET
protocol: HTTP/1.1
```

添加一个查询字符串,如 http://localhost:5000/Add?x=3&y=5 ,就会显示访问 QueryString 属性的查询字符串:

```
query string: ?x=3&y=5
```

在下面的代码片段中,使用 HttpRequest 的 Path 属性创建一个轻量级的自定义路由。根据客户端设定的路径,调用不同的方法(代码文件 WebSampleApp/Startup.cs):

```
app.Run(async (context) =>
{
  string result = string.Empty;
  switch (context.Request.Path.Value.ToLower())
  {
    case "/header":
      result = RequestAndResponseSample.GetHeaderInformation(context.Request);
```

```csharp
      break;
    case "/add":
      result = RequestAndResponseSample.QueryString(context.Request);
      break;
    case "/content":
      result = RequestAndResponseSample.Content(context.Request);
      break;
    case "/encoded":
      result = RequestAndResponseSample.ContentEncoded(context.Request);
      break;
    case "/form":
      result = RequestAndResponseSample.GetForm(context.Request);
      break;
    case "/writecookie":
      result = RequestAndResponseSample.WriteCookie(context.Response);
      break;
    case "/readcookie":
      result = RequestAndResponseSample.ReadCookie(context.Request);
      break;
    case "/json":
      result = RequestAndResponseSample.GetJson(context.Response);
      break;
    default:
      result = RequestAndResponseSample.GetRequestInformation(context.Request);
      break;
  }
  await context.Response.WriteAsync(result);
});
```

以下各节实现了不同的方法来显示请求标题、查询字符串等。

40.6.1 请求标题

下面看看客户端在 HTTP 标题中发送的信息。为了访问 HTTP 标题信息，HttpRequest 对象定义了 Headers 属性。这是 IHeaderDictionary 类型，它包含以标题命名的字典和一个值的字符串数组。使用这个信息，先前创建的 GetDiv 方法用于把 div 元素写入客户端(代码文件 WebSampleApp/RequestAndResponseSample.cs)：

```csharp
public static string GetHeaderInformation(HttpRequest request)
{
  var sb = new StringBuilder();

  IHeaderDictionary headers = request.Headers;
  foreach (var header in request.Headers)
  {
    sb.Append(GetDiv(header.Key, string.Join("; ", header.Value)));
  }
  return sb.ToString();
}
```

结果取决于所使用的浏览器。下面比较一下其中的一些结果。下面的结果来自 Windows 10 触摸设备上的 Internet Explorer 11：

```
Connection: Keep-Alive
```

```
Accept: text/html,application/xhtml+xml,image/jxr,*.*
Accept-Encoding: gzip, deflate
Accept-Language: en-Us,en;q=0.8,de-AT;q=0.6,de-DE;q=0.4,de;q=0.2
Host: localhost:5000
User-Agent: Mozilla/5.0 (Windows NT 10.0; WOW64; Trident/7.0; Touch; rv:11.0)
like Gecko
```

Google Chrome 47.0 版本显示了下面的信息，包括 AppleWebKit、Chrome 和 Safari 的版本号：

```
Connection: keep-alive
Accept: text/html,application/xhtml,application/xml;q=0.9,image/webp,*.*;q=0.8
Accept-Encoding: gzip, deflate, sdch
Accept-Language: en-Us;en;q=0.8
Host: localhost:5000
User-Agent: Mozilla/5.0 (Windows NT 10.0; WOW64) AppleWebKit/537.36
 (KHTML, like Gecko) Chrome 47.0.2526.80 Safari/537.36
```

Microsoft Edge 显示了下面的信息，包括 AppleWebKit、Chrome、Safari 和 Edge 的版本号：

```
Connection: Keep-Alive
Accept: text/html,application/xhtml+xml,image/jxr,*.*
Accept-Encoding: gzip, deflate
Accept-Language: en-Us,en;q=0.8,de-AT;q=0.6,de-DE;q=0.4,de;q=0.2
Host: localhost:5000
User-Agent: Mozilla/5.0 (Windows NT 10.0; Win64; x64) AppleWebKit/537.36
 (KHTML,
```

可以从这个标题信息获得什么？

Connection 标题是 HTTP 1.1 协议的一个增强。有了这个标题，客户端可以请求一直打开连接。客户端通常使用 HTML 发出多个请求，例如获得图像、CSS 和 JavaScript 文件。服务器可能会处理请求，如果负载过高，就忽略请求，关闭连接。

Accept 标题定义了浏览器接受的 mime 格式。列表按首选格式排序。根据这些信息，可能基于客户端的需求以不同的格式返回数据。IE 喜欢 HTML 格式，其次是 XHTML 和 JXR。Google Chrome 有不同的列表。它更喜欢如下格式：HTML、XHTML、XML 和 WEBP。有了这些信息，也可以定义数量。用于输出的浏览器在列表的最后都有*.*，接受返回的所有数据。

Accept-Language 标题信息显示用户配置的语言。使用这个信息，可以返回本地化信息。本地化参见第 28 章。

注意： 以前，服务器保存着浏览器功能的长列表。这些列表用来了解什么功能可用于哪些浏览器。为了确定浏览器，浏览器的代理字符串用于映射功能。随着时间的推移，浏览器会给出错误的信息，甚至允许用户配置应使用的浏览器名称，以得到更多的功能(因为浏览器列表通常不在服务器上更新)。在过去，IE 经常需要进行与其他浏览器不同的编程。Microsoft Edge 非常不同于 IE，与其他供应商的浏览器有更多的共同点。这就是为什么 Microsoft Edge 会在 User-Agent 字符串中显示 Mozilla、AppleWebKit、Chrome、Safari 和 Edge 的原因。最好不要用这个 User-Agent 字符串获取可用的特性列表。相反，应以编程方式检查需要的特定功能。

前面介绍的、用浏览器发送的标题信息是给非常简单的网站发送的。通常情况下会有更多的细节，如 cookie、身份验证信息和自定义信息。为了查看服务器收发的所有信息，包括标题信息，可以使用浏览器的开发工具，启动一个网络会话。这样不仅会看到发送到服务器的所有请求，还会看到标题、请求体、参数、cookie 和时间信息，如图 40-11 所示。

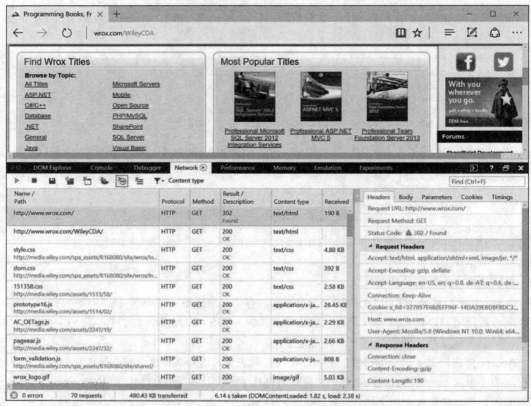

图 40-11

40.6.2 查询字符串

可以使用 Add 方法分析查询字符串。此方法需要 x 和 y 参数，如果这些参数是数字，就执行相加操作，并在 div 标记中返回计算结果。前一节演示的方法 GetRequestInformation 显示了如何使用 HttpRequest 对象的 QueryString 属性访问完整的查询字符串。为了访问查询字符串的各个部分，可以使用 Query 属性。下面的代码片段使用 Get 方法访问 x 和 y 的值。如果在查询字符串中没有找到相应的键，这个方法就返回 null(代码文件 WebSampleApp/RequestAndResponseSample.cs)：

```
public static string QueryString(HttpRequest request)
{
  var sb = new StringBuilder();
  string xtext = request.Query["x"];
  string ytext = request.Query["y"];
  if (xtext == null || ytext == null)
  {
    return "x and y must be set";
  }
```

```
int x, y;
if (!int.TryParse(xtext, out x))
{
  return $"Error parsing {xtext}";
}
if (!int.TryParse(ytext, out y))
{
  return $"Error parsing {ytext}";
}
return $"{x} + {y} = {x + y}".Div();
}
```

从查询字符串返回的 IQueryCollection 还允许使用 Keys 属性访问所有的键，它提供了一个 ContainsKey 方法来检查指定的键是否可用。

使用 URL http://localhost:5000/add?x=39&y=3 在浏览器中显示这个结果：

```
39 + 3 = 42
```

40.6.3 编码

返回用户输入的数据可能很危险。下面用 Content 方法实现这个任务。下面的方法直接返回用查询数据字符串传递的数据(代码文件 WebSampleApp/RequestAndResponseSample.cs)：

```
public static string Content(HttpRequest request) =>
  request.Query["data"];
```

使用 URL http://localhost:5000/content?data=sample 调用这个方法，只返回字符串示例。使用相同的方法，用户还可以传递 HTML 内容，如 http://localhost:5000/content?data=<h1>Heading 1</h1>，结果是什么？图 40-12 显示了 h1 元素由浏览器解释，文本用标题格式显示。我们有时希望这么做，例如用户(也许不是匿名用户)为一个网站写文章。

图 40-12

不检查用户输入，也可以让用户传递 JavaScript，如 http://localhost:5000/content?data=<script>alert("hacker");</script>。可以使用 JavaScript 的 alert 函数弹出一个消息框。同样，很容易将用户重定向到另一个网站。当这个用户输入存储在网站中时，一个用户可以输入这样的脚本，打开这个页面的所有其他用户就会被重定向。

返回用户输入的数据应总是进行编码。下面看看不编码的结果。可以使用 HtmlEncoder 类进行 HTML 编码，如下面的代码片段所示(代码文件 WebSampleApp/RequestResponseSample.cs)：

```
public static string ContentEncoded(HttpRequest request) =>
  HtmlEncoder.Default.Encode(request.Query["data"]);
```

 注意：使用 HtmlEncoder 需要 NuGet 包 System.Text.Encodings.Web。

当应用程序运行时，进行了编码的 JavaScript 代码使用 http://localhost:5000/encoded?data=
<script>alert("hacker");</script>传递，客户就会在浏览器中看到 JavaScript 代码；它们没有被解释(参
见图 40-13)。

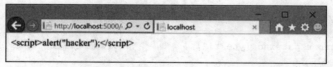

图 40-13

发送的编码字符串如下面的例子所示，有字符引用小于号(<)、大于号(>)和引号(")：

```
<script>alert("hacker");</script>
```

40.6.4 表单数据

除了通过查询字符串把数据从用户传递给服务器之外，还可以使用表单 HTML 元素。下面这个
例子使用 HTTP POST 请求替代 GET。对于 POST 请求，用户数据与请求体一起传递，而不是在查
询字符串中传递。

表单数据的使用通过两个请求定义。首先，表单通过 GET 请求发送到客户端，然后用户填写表
单，用 POST 请求提交数据。相应地，通过/form 路径调用的方法根据 HTTP 方法类型调用 GetForm
或 ShowForm 方法(代码文件 WebSampleApp/RequestResponseSample.cs)：

```csharp
public static string GetForm(HttpRequest request)
{
  string result = string.Empty;
  switch (request.Method)
  {
    case "GET":
      result = GetForm();
      break;
    case "POST":
      result = ShowForm(request);
      break;
    default:
      break;
  }
  return result;
}
```

创建一个表单，其中包含输入元素 text1 和一个 Submit 按钮。单击 Submit 按钮，调用表单的 action
方法以及用 method 参数定义的 HTTP 方法：

```csharp
private static string GetForm() =>
  "<form method=\"post\" action=\"form\">" +
  "<input type=\"text\" name=\"text1\" />" +
  "<input type=\"submit\" value=\"Submit\" />" +
  "</form>";
```

为了读取表单数据，HttpRequest 类定义了 Form 属性。这个属性返回一个 IFormCollection 对象，
其中包含发送到服务器的表单中的所有数据：

```csharp
private static string ShowForm(HttpRequest request)
{
  var sb = new StringBuilder();
  if (request.HasFormContentType)
  {
    IFormCollection coll = request.Form;
    foreach (var key in coll.Keys)
    {
      sb.Append(GetDiv(key, HtmlEncoder.Default.Encode(coll[key])));
    }
    return sb.ToString();
  }
  else return "no form".Div();
}
```

使用/form 链接,通过 GET 请求接收表单(参见图 40-14)。单击 Submit 按钮时,表单用 POST 请求发送,可以查看表单数据的 text1 键(参见图 40-15)。

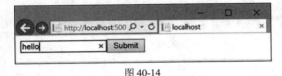
图 40-14

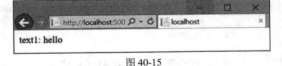
图 40-15

40.6.5 cookie

为了在多个请求之间记住用户数据,可以使用 cookie。给 HttpResponse 对象增加 cookie 会把 HTTP 标题内的 cookie 从服务器发送到客户端。默认情况下,cookie 是暂时的(没有存储在客户端)。如果 URL 和 cookie 在同一个域中,浏览器就将其发送回服务器。可以设置 Path 限制浏览器何时返回 cookie。在这种情况下,只有 cookie 来自同一个域且使用/cookies 路径,才返回 cookie。设置 Expires 属性时,cookie 是永久性的,因此存储在客户端。时间到了后,就删除 cookie。然而,不能保证 cookie 在之前不被删除(代码文件 WebSampleApp/RequestResponseSample.cs):

```csharp
public static string WriteCookie(HttpResponse response)
{
  response.Cookies.Append("color", "red",
    new CookieOptions
    {
      Path = "/cookies",
      Expires = DateTime.Now.AddDays(1)
    });
  return "cookie written".Div();
}
```

通过读取 HttpRequest 对象,可以再次读取 cookie。Cookies 属性包含浏览器返回的所有 cookie:

```csharp
public static string ReadCookie(HttpRequest request)
{
  var sb = new StringBuilder();
  IRequestCookieCollection cookies = request.Cookies;
  foreach (var key in cookies.Keys)
  {
    sb.Append(GetDiv(key, cookies[key]));
```

```
        }
        return sb.ToString();
    }
```

为了测试 cookie，还可以使用浏览器的开发人员工具。这些工具会显示收发的 cookie 的所有信息。

40.6.6 发送 JSON

服务器不仅返回 HTML 代码，还返回许多不同的数据格式，例如 CSS 文件、图像和视频。客户端通过响应标题中的 mime 类型，确定接收什么类型的数据。

GetJson 方法通过一个匿名对象创建 JSON 字符串，包括 Title、Publisher 和 Author 属性。为了用 JSON 序列化该对象，添加 NuGet 包 NewtonSoft.Json，导入 NewtonSoft.Json 名称空间。JSON 格式的 mime 类型是 application/json。这通过 HttpResponse 的 ContentType 属性来设置(代码文件 WebSampleApp/RequestResponseSample.cs)：

```
public static string GetJson(HttpResponse response)
{
    var b = new
    {
        Title = "Professional C# 6",
        Publisher = "Wrox Press",
        Author = "Christian Nagel"
    };

    string json = JsonConvert.SerializeObject(b);
    response.ContentType = "application/json";
    return json;
}
```

注意：要使用 JsonConvert 类，需要添加 NuGet 包 Newtonsoft.Json。

下面是返回给客户端的数据：

```
{"Title":"Professional C# 6","Publisher":"Wrox Press",
 "Author":"Christian Nagel"}
```

注意：发送和接收 JSON 的内容参见第 42 章。

40.7 依赖注入

依赖注入深深地集成在 ASP.NET Core 中。这种设计模式提供了松散耦合，因为一个服务只用一个接口。实现接口的具体类型是注入的。在 ASP.NET 内置的依赖注入机制中，注入通过构造函数来实现，构造函数的参数是注入的接口类型。

依赖注入将服务协定和服务实现分隔开。使用该服务时，无须了解具体的实现，只需要一个协定。这允许在一个地方给所有使用该服务的代码替换服务(如日志记录)。

下面创建一个定制的服务，来详细论述依赖注入。

40.7.1 定义服务

首先，为示例服务声明一个协定。通过接口定义协定可以把服务实现及其使用分隔开，例如为单元测试使用不同的实现(代码文件 WebSampleApp/Services/ISampleService.cs)：

```
public interface ISampleService
{
  IEnumerable<string> GetSampleStrings();
}
```

用 DefaultSampleService 类实现接口 ISampleService(代码文件 WebSampleApp/Services/DefaultSampleService.cs)：

```
public class DefaultSampleService : ISampleService
{
  private List<string> _strings = new List<string> { "one", "two", "three" };
  public IEnumerable<string> GetSampleStrings() => _strings;
}
```

40.7.2 注册服务

使用 AddTransient 方法(这是 IServiceCollection 的一个扩展方法，在程序集 Microsoft.Extensions.DependencyInjection.Abstractions 的名称空间 Microsoft.Extensions.DependencyInjection 中定义)，DefaultSampleService 类型被映射到 ISampleService。使用 ISampleService 接口时，实例化 DefaultSampleService 类型(代码文件 WebSampleApp/Startup.cs)：

```
public void ConfigureServices(IServiceCollection services)
{
  services.AddTransient<ISampleService, DefaultSampleService>();
  // etc.
}
```

内置的依赖注入服务定义了几个生命周期选项。使用 AddTransient 方法，每次注入服务时，都会实例化新的服务。

使用 AddSingleton 方法，服务只实例化一次。每次注入都使用相同的实例：

```
services.AddSingleton<ISampleService, DefaultSampleService>();
```

AddInstance 方法需要实例化一个服务，并将实例传递给该方法。这样就定义了服务的生命周期：

```
var sampleService = new DefaultSampleService();
services.AddInstance<ISampleService>(sampleService);
```

在第 4 个选项中，服务的生命周期基于当前上下文。在 ASP.NET MVC 中，当前上下文基于 HTTP 请求。只要给同样的请求调用动作，不同的注入就使用相同的实例。对于新的请求，要创建一个新

实例。为了定义基于上下文的生命周期,AddScoped 方法把服务协定映射到服务上:

```
services.AddScoped<ISampleService>();
```

40.7.3 注入服务

注册服务之后,就可以注入它。在 Controllers 目录中创建一个控制器类型 HomeController。内置的依赖注入框架利用构造函数注入功能;因此定义一个构造函数来接收 ISampleService 接口。Index 方法接收一个 HttpContext,可以使用它读取请求信息,并返回一个 HTTP 状态值。在实现代码中,从服务中使用 ISampleService 获得字符串。控制器添加了一些 HTML 元素,把字符串放在列表中(代码文件 WebSampleApp/Controllers/HomeController.cs):

```
public class HomeController
{
  private readonly ISampleService _service;
  public HomeController(ISampleService service)
  {
    _service = service;
  }

  public async Task<int> Index(HttpContext context)
  {
    var sb = new StringBuilder();
    sb.Append("<ul>");
    sb.Append(string.Join("", _service.GetSampleStrings().Select(
        s => $"<li>{s}</li>").ToArray()));
    sb.Append("</ul>");
    await context.Response.WriteAsync(sb.ToString());
    return 200;
  }
}
```

> **注意:** 这个示例控制器直接返回 HTML 代码。最好把用户界面和功能分开,通过另一个类(视图)创建 HTML 代码。对于这种分离最好使用 ASP.NET MVC 框架。这个框架参见第 41 章。

40.7.4 调用控制器

为了通过依赖注入来实例化控制器,可使用 IServiceCollection 服务注册 HomeController 类。这次不使用接口,只需要服务类型的具体实现和 AddTransient 方法调用(代码文件 WebSampleApp/Startup.cs):

```
public void ConfigureServices(IServiceCollection services)
{
  services.AddTransient<ISampleService, DefaultSampleService>();
  services.AddTransient<HomeController>();
  // etc.
}
```

包含路由信息的 Configure 方法现在改为检查/ home 路径。如果这个表达式返回 true，就在注册的应用程序服务上调用 GetService 方法，通过依赖注入实例化 HomeController。IApplicationBuilder 接口定义了 ApplicationServices 属性，它返回一个实现了 IserviceProvider 的对象。这里，可以访问所有已注册的服务。使用这个控制器，通过传递 HttpContext 来调用 Index 方法。状态代码被写入响应对象：

```
public void Configure(IApplicationBuilder app, ILoggerFactory loggerFactory)
{
  app.Run(async (context) =>
  {
    // etc.
    if (context.Request.Path.Value.ToLower() == "/home")
    {
      HomeController controller =
        app.ApplicationServices.GetService<HomeController>();
      int statusCode = await controller.Index(context);
      context.Response.StatusCode = statusCode;
      return;
    }
  });
  // etc.
}
```

图 40-16 显示用主页地址的 URL 运行应用程序时的无序列表的输出。

图 40-16

40.8 使用映射的路由

在前面的代码片段中，当 URL 的路径是/home 时调用 HomeController 类。没有注意查询字符串或子文件夹。当然，为此可以检查字符串的一个子集。然而，有一个更好的方法。ASP.NET 通过 IApplicationBuilder 的扩展(Map 方法)支持子应用程序。

下面的代码段定义了一个到/ home2 路径的映射，运行 HomeController 的 Invoke 方法(代码文件 WebSampleApp/Startup.cs)：

```
public void Configure(IApplicationBuilder app, ILoggerFactory loggerFactory)
{
  // etc.
  app.Map("/home2", homeApp =>
  {
    homeApp.Run(async context =>
    {
      HomeController controller =
        app.ApplicationServices.GetService<HomeController>();
```

```csharp
      int statusCode = await controller.Index(context);
      context.Response.StatusCode = statusCode;
    });
  });

  // etc.
}
```

除了使用 Map 方法之外，还可以使用 MapWhen。在下面的代码片段中，当路径以/configuration 开头时，应用 MapWhen 管理的映射。剩下的路径被写入 remaining 变量，可用于使方法调用有差异：

```csharp
PathString remaining;
app.MapWhen(context =>
    context.Request.Path.StartsWithSegments("/configuration", out remaining),
    configApp =>
    {
      configApp.Run(async context =>
      {
        // etc.
      }
    });
```

除了使用路径之外，还可以访问 HttpContext 的任何其他信息，例如客户端的主机信息 (context.Request.Host)或通过身份验证的用户(context.User.Identity.IsAuthenticated)。

40.9 使用中间件

ASP.NET Core 很容易创建在调用控制器之前调用的模块。这可以用于添加标题信息、验证令牌、构建缓存、创建日志跟踪等。一个中间件模块链接另一个中间件模块，直到调用所有连接的中间件类型为止。

使用 Visual Studio 项模板 Middleware Class 可以创建中间件类。有了这个中间件类型，就可以创建构造函数，接收对下一个中间件类型的引用。RequestDelegate 是一个委托，它接收 HttpContext 作为参数，并返回一个 Task。这就是 Invoke 方法的签名。在这个方法中，可以访问请求和响应信息。HeaderMiddleware 类型给 HttpContext 的响应添加一个示例标题。在最后的动作中，Invoke 方法调用下一个中间件模块(代码文件 WebSampleApp/Middleware/HeaderMiddleware.cs)：

```csharp
public class HeaderMiddleware
{
  private readonly RequestDelegate _next;

  public HeaderMiddleware(RequestDelegate next)
  {
    _next = next;
  }

  public Task Invoke(HttpContext httpContext)
  {
    httpContext.Response.Headers.Add("sampleheader",
      new string[] { "addheadermiddleware"});
```

```csharp
    return _next(httpContext);
  }
}
```

为便于配置中间件类型，UseHeaderMiddleware 扩展方法扩展接口 IApplicationBuilder 来调用 UseMiddleware 方法：

```csharp
public static class HeaderMiddlewareExtensions
{
  public static IApplicationBuilder UseHeaderMiddleware(
    this IApplicationBuilder builder) =>
      builder.UseMiddleware<HeaderMiddleware>();
}
```

另一个中间件类型是 Heading1Middleware。这种类型类似于前面的中间件类型；它只是把 heading 1 写入响应(代码文件 WebSampleApp/Middleware/Heading1Middleware.cs)：

```csharp
public class Heading1Middleware
{
  private readonly RequestDelegate _next;

  public Heading1Middleware(RequestDelegate next)
  {
    _next = next;
  }

  public async Task Invoke(HttpContext httpContext)
  {
    await httpContext.Response.WriteAsync("<h1>From Middleware</h1>");
    await _next(httpContext);
  }
}

public static class Heading1MiddlewareExtensions
{
  public static IApplicationBuilder UseHeading1Middleware(
    this IApplicationBuilder builder) =>
      builder.UseMiddleware<Heading1Middleware>();
}
```

现在，Startup 类和 Configure 方法负责配置所有的中间件类型。扩展方法已经准备好调用了(代码文件 WebSampleApp/Startup.cs)：

```csharp
public void Configure(IApplicationBuilder app, ILoggerFactory loggerFactory)
{
  // etc.

  app.UseHeaderMiddleware();
  app.UseHeading1Middleware();

  // etc.
}
```

运行应用程序时，可以看到返回给客户端的标题(使用浏览器的开发人员工具)。无论使用之前创建的哪个链接，每个页面都显示了标题(参见图40-17)。

图 40-17

40.10 会话状态

使用中间件实现的服务是会话状态。会话状态允许在服务器上暂时记忆客户端的数据。会话状态本身实现为中间件。

用户第一次从服务器请求页面时，会启动会话状态。用户在服务器上使页面保持打开时，会话会继续到超时(通常是 10 分钟)为止。用户导航到新页面时，为了仍在服务器上保持状态，可以把状态写入一个会话。超时后，会话数据会被删除。

为了识别会话，可在第一个请求上创建一个带会话标识符的临时 cookie。这个 cookie 与每个请求一起从客户端返回到服务器，在浏览器关闭后，就删除 cookie。会话标识符也可以在 URL 字符串中发送，以替代使用 cookie。

在服务器端，会话信息可以存储在内存中。在 Web 场中，存储在内存中的会话状态不会在不同的系统之间传播。采用粘性的会话配置，用户总是返回到相同的物理服务器上。使用粘性会话，同样的状态在其他系统上不可用并不重要(除了一个服务器失败时)。不使用粘性会话，为了处理失败的服务器，应选择把会话状态存储在 SQL Server 数据库的分布式内存内。将会话状态存储在分布式内存中也有助于服务器进程的回收；如果只使用一个服务器进程，则回收处理会删除会话状态。

为了与 ASP.NET 一起使用会话状态，需要添加 NuGet 包 Microsoft.AspNet.Session。这个包提供了 AddSession 扩展方法，它可以在 Startup 类的 ConfigureServices 方法中调用。该参数允许配置闲置超时和 cookie 选项。cookie 用来识别会话。会话也使用实现了 IDistributedCache 接口的服务。一个简单的实现是进程内会话状态的缓存。方法 AddCaching 添加以下缓存服务(代码文件 WebSampleApp/Startup.cs):

```
public void ConfigureServices(IServiceCollection services)
{
  services.AddTransient<ISampleService, DefaultSampleService>();
  services.AddTransient<HomeController>();
  services.AddCaching();
  services.AddSession(options =>
    options.IdleTimeout = TimeSpan.FromMinutes(10));
}
```

注意：在 NuGet 包 Microsoft.Extensions.Caching.Redis 和 Microsoft.Extensions.Caching.SqlServer 中，IDistributedCache 的其他实现是 RedisCache 和 SqlServerCache。

为了使用会话，需要调用 UseSession 扩展方法配置会话。在写入任何响应之前，需要调用这个方法，例如用 UseHeaderMiddleware 和 UseHeading1Middleware 完成，因此 UseSession 在其他方法之前调用。使用会话信息的代码映射到/session 路径(代码文件 WebSampleApp/Startup.cs)：

```csharp
public void Configure(IApplicationBuilder app, ILoggerFactory loggerFactory)
{
  // etc.
  app.UseSession();
  app.UseHeaderMiddleware();
  app.UseHeading1Middleware();

  app.Map("/session", sessionApp =>
  {
    sessionApp.Run(async context =>
    {
      await SessionSample.SessionAsync(context);
    });
  });
  // etc.
}
```

使用 Setxxx 方法可以编写会话状态，如 SetString 和 SetInt32。这些方法用 ISession 接口定义，ISession 接口从 HttpContext 的 Session 属性返回。使用 Getxxx 方法检索会话数据(代码文件 WebSampleApp/SessionSample.cs)：

```csharp
public static class SessionSample
{
  private const string SessionVisits = nameof(SessionVisits);
  private const string SessionTimeCreated = nameof(SessionTimeCreated);

  public static async Task SessionAsync(HttpContext context)
  {
    int visits = context.Session.GetInt32(SessionVisits) ?? 0;
    string timeCreated = context.Session.GetString(SessionTimeCreated) ??
      string.Empty;
    if (string.IsNullOrEmpty(timeCreated))
    {
      timeCreated = DateTime.Now.ToString("t", CultureInfo.InvariantCulture);
      context.Session.SetString(SessionTimeCreated, timeCreated);
    }
    DateTime timeCreated2 = DateTime.Parse(timeCreated);
    context.Session.SetInt32(SessionVisits, ++visits);
    await context.Response.WriteAsync(
      $"Number of visits within this session: {visits} " +
      $"that was created at {timeCreated2:T}; " +
      $"current time: {DateTime.Now:T}");
  }
}
```

注意：示例代码使用不变的区域性来存储创建会话的时间。向用户显示的时间使用了特定的区域性。最好使用不变的区域性把特定区域性的数据存储在服务器上。不变的区域性和如何设置区域性参见第 28 章。

40.11 配置 ASP.NET

在 Web 应用程序中，需要存储可以由系统管理员改变的配置信息，例如连接字符串。下一章会创建一个数据驱动的应用程序，其中需要连接字符串。

ASP.NET Core 1.0 的配置不再像以前版本的 ASP.NET 那样基于 XML 配置文件 web.config 和 machine.config。在旧的配置文件中，程序集引用和程序集重定向是与数据库连接字符串和应用程序设置混合在一起的。现在不再是这样。project.json 文件用来定义程序集引用，但没有定义连接字符串和应用程序设置。应用程序设置通常存储在 appsettings.json 中，但是配置更灵活，可以选择使用几个 JSON 或 XML 文件和环境变量进行配置。

默认的 ASP.NET 配置文件 appsettings.json 从 ASP.NET Configuration File 项模板中添加。项模板会自动创建 DefaultConnection 设置；随后添加 AppSettings(代码文件 WebSampleApp/appsettings.json)：

```
{
  "AppSettings": {
    "SiteName": "Professional C# Sample"
  },
  "Data": {
    "DefaultConnection": {
      "ConnectionString":
   "Server=(localdb)\\MSSQLLocalDB;Database=_CHANGE_ME;Trusted_Connection=True;"
    }
  }
}
```

需要配置所使用的配置文件。这在 Startup 类的构造函数中完成。ConfigurationBuilder 类用于通过配置文件构建配置。可以有多个配置文件。

示例代码使用扩展方法 AddJsonFile 把 appsettings.json 添加到 ConfigurationBuilder 中。配置设置完成后，使用 Build 方法读取配置文件。返回的 IConfigurationRoot 结果被分配给只读属性 Configuration，以便于以后读取配置信息(代码文件 WebSampleApp/Startup.cs)：

```
public Startup(IHostingEnvironment env)
{
  var builder = new ConfigurationBuilder()
    .AddJsonFile("appsettings.json");

  // etc.
  Configuration = builder.Build();
}

public IConfigurationRoot Configuration { get; }
// etc.
```

在配置中，可以使用方法 AddXmlFile 添加 XML 配置文件，使用 AddEnvironmentVariables 添加环境变量，使用 AddCommandLine 添加命令行参数。

对于配置文件，默认使用 Web 应用程序的当前目录。如果需要更改目录，可以在调用 AddJsonFile

方法之前调用 SetBasePath 方法。为了检索 Web 应用程序的目录，可以在构造函数中注入 IApplicationEnvironment 接口并使用 ApplicationBasePath 属性。

40.11.1 读取配置

映射/configuration/appsettings、/configuration/database 和/configuration/secret 链接，读取不同的配置值(代码文件 WebSampleApp/Startup.cs)：

```csharp
PathString remaining;
app.MapWhen(context =>
  context.Request.Path.StartsWithSegments("/configuration", out remaining),
    configApp =>
    {
      configApp.Run(async context =>
      {
        if (remaining.StartsWithSegments("/appsettings"))
        {
          await ConfigSample.AppSettings(context, Configuration);
        }
        else if (remaining.StartsWithSegments("/database"))
        {
          await ConfigSample.ReadDatabaseConnection(context, Configuration);
        }
        else if (remaining.StartsWithSegments("/secret"))
        {
          await ConfigSample.UserSecret(context, Configuration);
        }
      });
    });
```

现在使用 IConfigurationRoot 对象的索引器可以读取配置。使用冒号可以访问 JSON 树的层次元素(代码文件 WebSampleApp/ConfigSample.cs)：

```csharp
public static async Task AppSettings(HttpContext context,
  IConfigurationRoot config)
{
  string settings = config["AppSettings:SiteName"];
  await context.Response.WriteAsync(settings.Div());
}
```

这类似于访问数据库连接字符串：

```csharp
public static async Task ReadDatabaseConnection(HttpContext context,
  IConfigurationRoot config)
{
  string connectionString = config["Data:DefaultConnection:ConnectionString"];
  await context.Response.WriteAsync(connectionString.Div());
}
```

运行 Web 应用程序，访问相应的/configuration URL，返回配置文件中的值。

40.11.2 基于环境的不同配置

使用不同的环境变量运行 Web 应用程序(例如在开发、测试和生产过程中)时，也可能要使用分阶段的服务器，因为可能要使用不同的配置。测试数据不应添加到生产数据库中。

ASP.NET 4 为 XML 文件创建转换，来定义从一个配置到另一个配置的差异。在 ASP.NET Core 1.0 中，这可以通过更简单的方式实现。对于不同的配置值，可以使用不同的配置文件。

下面的代码段添加 JSON 配置文件与环境名，例如 appsettings.development.json 或 appsettings.production.json(代码文件 WebSampleApp/Startup.cs)：

```
var builder = new ConfigurationBuilder()
  .AddJsonFile("appsettings.json")
  .AddJsonFile($"appsettings.{env.EnvironmentName}.json", optional: true);
```

在项目属性中设置环境变量或应用程序参数可以配置环境，如图 40-18 所示。

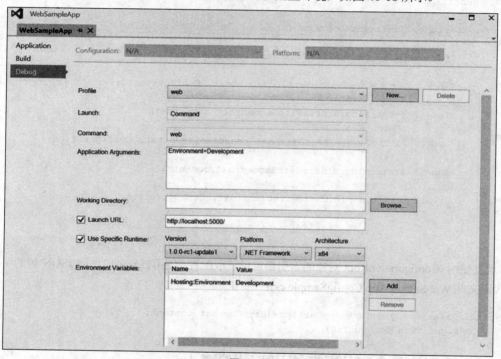

图 40-18

为了通过编程验证托管环境，可为 IHostingEnvironment 定义扩展方法，例如 IsDevelopment、IsStaging 和 IsProduction。为了测试任何环境名，可以传递验证字符串给 IsEnvironment：

```
if (env.IsDevelopment())
{
  // etc.
}
```

40.11.3 用户密钥

只要使用了 Windows 身份验证，在配置文件中包含连接字符串就不是一个大问题。通过连接字符串存储用户名和密码时，把连接字符串添加到配置文件中并存储配置文件和源代码库就是一个大问题。使用一个公共存储库并存储 Amazon 密钥和配置可能会导致很快丢失数千美元。黑客的后台任务会梳理公共 GitHub 库，找出 Amazon 密钥来劫持账户，并创建虚拟机以制作比特币。这种情况可参见 http://readwrite.com/2014/04/15/amazon-web-services-hack-bitcoin-miners-github。

ASP.NET Core 1.0 有一些缓解措施：用户密钥。使用用户密钥，配置就不存储在项目的配置文件中，而存储在与账户相关联的配置文件中。在安装 Visual Studio 时，会把 SecretManager 安装在系统上。在其他系统中，需要安装 NuGet 包 Microsoft.Extensions.SecretManager。

安装 SecretManager 并用应用程序定义密钥后，可以使用命令行工具 user-secret 设置、删除和列出应用程序中的用户密钥。

密钥存储在这个特定于用户的位置：

```
%AppData%\Microsoft\UserSecrets
```

管理用户密钥的一个简单方法是使用 Visual Studio 的 Solution Explorer。选择项目节点，打开上下文菜单，选择 Manage User Secrets。第一次在项目中选择它时，会给 project.json 增加一个密钥标识符(代码文件 WebSampleApp/project.json)：

```
"userSecretsId": "aspnet5-WebSampleApp-20151215011720"
```

这个标识符代表将在特定于用户的 UserSecrets 文件夹中发现的相同的子目录。Manage User Secrets 命令还会打开文件 secrets.json，在其中可以添加 JSON 配置信息：

```
{
  "secret1": "this is a user secret"
}
```

现在，只有在托管环境是开发环境时，才添加用户密钥(代码文件 WebSampleApp/Startup.cs)：

```
if (env.IsDevelopment())
{
  builder.AddUserSecrets();
}
```

这样，密钥并不存储在代码库中，只有黑客攻击系统，它们才可能被盗。

40.12 小结

本章探讨了 ASP.NET 和 Web 应用程序的基础，介绍了工具 npm、gulp 和 Bower，以及它们如何与 Visual Studio 集成。这一章讨论了如何处理来自客户端的请求，并通过响应来应答。我们学习了 ASP.NET 依赖注射和服务的基础知识，以及使用依赖注入的具体实现，如会话状态。此外还了解了如何用不同的方式存储配置信息，例如用于不同环境(如开发和生产环境)的 JSON 配置，以及如何存储密钥(如云服务的键)。

第 41 章展示了 ASP.NET MVC 6 如何使用本章讨论的基础知识创建 Web 应用程序。

第41章

ASP.NET MVC

本章要点

- ASP.NET MVC 6 的特性
- 路由
- 创建控制器
- 创建视图
- 验证用户输入
- 使用过滤器
- 使用 HTML 和标记辅助程序
- 创建数据驱动的 Web 应用程序
- 实现身份验证和授权

本章源代码下载地址(wrox.com):

打开网页 http://www.wrox.com/go/professionalcsharp6,单击 Download Code 选项卡即可下载本章源代码。本章的代码分为以下几个主要的示例文件：

- MVC Sample App
- Menu Planner

41.1 为 ASP.NET MVC 6 建立服务

第 40 章展示了 ASP.NET MVC 的基础：ASP.NET Core 1.0。该章介绍中间件以及依赖注入如何与 ASP.NET 一起使用。本章通过注入 ASP.NET MVC 服务使用依赖注入。

ASP.NET MVC 基于 MVC(模型-视图-控制器)模式。如图 41-1 所示，这个标准模式(四人组编著的书 *Design Patterns: Elements of Reusable Object-Oriented Software*(Addison-Wesley Professional, 1994)中记录的模式)定义了一个实现了数据实体和数据访问的模型、一个表示显示给用户的信息的视图和一个利用模型并将数据发送给视图的控制器。控制器接收来自浏览器的请求并返回一个响应。为了建立响应，控制器可以利用模型提供一些数据，用视图定义返回的 HTML。

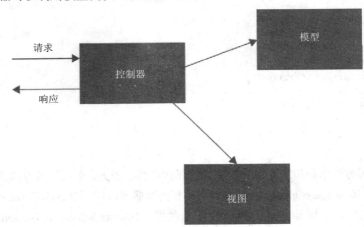

图 41-1

在 ASP.NET MVC 中，控制器和模型通常用服务器端运行的 C#和.NET 代码创建。视图是带有 JavaScript 的 HTML 代码，另外还有一些 C#代码用来访问服务器端信息。

这种分离在 MVC 模式中的最大好处是，可以使用单元测试方便地测试功能。控制器只包含方法，其参数和返回值可以轻松地在单元测试中覆盖。

下面开始建立 ASP.NET MVC 6 服务。在 ASP.NET Core 1.0 中，如第 40 章所述，已经深度集成了依赖注入。选择 ASP.NET Core 1.0 Template Web Application 可以创建一个 ASP.NET MVC 6 项目。这个模板包括 ASP.NET MVC 6 所需的 NuGet 包，以及有助于组织应用程序的目录结构。然而，这里从使用 Empty 模板开始(类似于 40 章)，所以可以看到建立 ASP.NET MVC 6 项目都需要什么，没有项目不需要的多余东西。

创建的第一个项目名叫 MVCSampleApp。要使用 ASP.NET MVC 和 Web 应用程序 MVCSampleApp，需要添加 NuGet 包 Microsoft.AspNet.Mvc。有了这个包，就可在 ConfigureServices 方法中调用 AddMvc 扩展方法，添加 MVC 服务(代码文件 MVCSampleApp/Startup.cs)：

```
using Microsoft.AspNetCore.Builder;
using Microsoft.AspNetCore.Hosting;
using Microsoft.AspNetCore.Http;
using Microsoft.Extensions.Configuration;
using Microsoft.Extensions.DependencyInjection;
// etc.

namespace MVCSampleApp
{
  public class Startup
  {
    // etc.

    public void ConfigureServices(IServiceCollection services)
    {
      services.AddMvc();
      // etc.
```

```
  }
  // etc.
  public static void Main(string[] args)
  {
    var host = new WebHostBuilder()
      .UseDefaultConfiguration(args)
      .UseStartup<Startup>()
      .Build();
    host.Run();
  }
 }
}
```

AddMvc 扩展方法添加和配置几个 ASP.NET MVC 核心服务，如配置特性(带有 MvcOptions 和 RouteOptions 的 IConfigureOptions)；控制器工厂和控制器激活程序(IControllerFactory、IControllerActivator)；动作方法选择器、调用器和约束提供程序(IActionSelector、IActionInvokerFactory、IActionConstraintProvider);参数绑定器和模型验证器(IControllerActionArgumentBinder、IObjectModelValidator)以及过滤器提供程序(IFilterProvider)。

除了添加的核心服务之外，AddMvc 方法还增加了 ASP.NET MVC 服务来支持授权、CORS、数据注解、视图、Razor 视图引擎等。

41.2 定义路由

第 40 章提到，IApplicationBuilder 的 Map 扩展方法定义了一个简单的路由。本章将说明 ASP.NET MVC 路由基于该映射提供了一个灵活的路由机制，把 URL 映射到控制器和动作方法上。

控制器根据路由来选择。创建默认路由的一个简单方式是调用 Startup 类中的方法 UseMvcWithDefaultRoute(代码文件 MVCSampleApp/Startup.cs)：

```
public void Configure(IApplicationBuilder app)
{
  // etc.
  app.UseIISPlatformHandler();

  app.UseStaticFiles();
  app.UseMvcWithDefaultRoute();
  // etc.
}
```

> **注意**：扩展方法 UseStaticFiles 参见第 40 章。这个方法需要添加 NuGet 包 Microsoft.AspNet.StaticFiles。

在这个默认路由中，控制器类型的名称(没有 Controller 后缀)和方法名构成了路由，如 http://server[:port]/controller/action。也可以使用一个可选参数 id，例如 http://server[:port]/controller/ action/id。控制器的默认名称是 Home；动作方法的默认名称是 Index。

下面的代码段显示了用另一种方法来指定相同的默认路由。UseMvc 方法可以接收一个 Action <IRouteBuilder>类型的参数。这个 IRouteBuilder 接口包含一个映射的路由列表。使用 MapRoute 扩展方法定义路由：

```
app.UseMvc(routes =< with => routes.MapRoute(
    name: "default",
    template: "{controller}/{action}/{id?}",
    defaults: new {controller = "Home", action = "Index"}
));
```

这个路由定义与默认路由是一样的。template 参数定义了 URL；? 与 id 一起指定这个参数是可选的；defaults 参数定义 URL 中 controller 和 action 部分的默认值。

看看下面的这个网址：

```
http://localhost:[port]/UseAService/GetSampleStrings
```

在这个 URL 中，UseAService 映射到控制器的名称，因为 Controller 后缀是自动添加的；类型名是 UseAServiceController；GetSampleStrings 是动作，代表 UseAServiceController 类型的一个方法。

41.2.1 添加路由

添加或修改路由的原因有几种。例如，修改路由以便使用带链接的动作、将 Home 定义为默认控制器、向链接添加额外的项或者使用多个参数。

如果要定义一个路由，让用户通过类似于 http://<server>/About 的链接来使用 Home 控制器中的 About 动作方法，而不传递控制器名称，那么可以使用如下所示的代码。URL 中省略了控制器。路由中的 controller 关键字是必须有的，但是可以定义为默认值：

```
app.UseMvc(routes => routes.MapRoute(
    name: "default",
    template: "{action}/{id?}",
    defaults: new {controller = "Home", action = "Index"}
));
```

下面显示了修改路由的另一种场景。这段代码在路由中添加了一个变量 language。该变量放在 URL 中的服务器名之后、控制器之前，如 http://server/en/Home/About。可以使用这种方法指定语言：

```
app.UseMvc(routes => routes.MapRoute(
    name: "default",
    template: "{controller}/{action}/{id?}",
    defaults: new {controller = "Home", action = "Index"}
).MapRoute(
    name: "language",
    template: "{language}/{controller}/{action}/{id?}",
    defaults: new {controller = "Home", action = "Index"}
);
```

如果一个路由匹配并找到控制器和动作方法，就使用该路由，否则选择下一个路由，直到找到匹配的路由为止。

41.2.2 使用路由约束

在映射路由时，可以指定约束。这样一来，就只能使用约束定义的 URL。下面的约束通过使用正则表达式(en)|(de)，定义了 language 参数只能是 en 或 de。类似于 http://<server>/en/Home/About 或 http://<server>/de/Home/About 的 URL 是合法的：

```
app.UseMvc(routes => routes.MapRoute(
  name: "language",
  template: "{language}/{controller}/{action}/{id?}",
  defaults: new {controller = "Home", action = "Index"},
  constraints: new {language = @"(en)|(de)"}
));
```

如果某个链接只允许使用数字(例如，通过产品编号访问产品)，那么可以使用正则表达式\d+来匹配多个数位构成的数字，但是至少要有一个数字：

```
app.UseMvc(routes => routes.MapRoute(
  name: "products",
  template: "{controller}/{action}/{productId?}",
  defaults: new {controller = "Home", action = "Index"},
  constraints: new {productId = @"\d+"}
));
```

路由指定了使用的控制器和控制器的动作。因此，接下来就讨论控制器。

41.3 创建控制器

控制器对用户请求作出反应，然后发回一个响应。如本节所述，视图并不是必要的。

ASP.NET MVC 中存在一些约定，优先使用约定而不是配置。对于控制器，也有一些约定。控制器位于目录 Controllers 中，控制器类的名称必须带有 Controller 后缀。

创建第一个控制器之前，先创建 Controllers 目录。然后在 Solution Explorer 中选择该目录创建一个控制器，在上下文菜单中选择 Add | New Item 命令，再选择 MVC Controller Class 项模板。对于所指定的路由，创建 HomeController。

生成的代码中包含了派生自基类 Controller 的 HomeController 类。该类中包含对应于 Index 动作的 Index 方法。请求路由定义的动作时，会调用控制器中的一个方法(代码文件 MVCSampleApp/Controllers/HomeController.cs)：

```
public class HomeController : Controller
{
  public IActionResult Index() => View();
}
```

41.3.1 理解动作方法

控制器中包含动作方法。下面的代码段中的 Hello 方法就是一个简单的动作方法(代码文件 MVCSampleApp/Controllers/HomeController.cs)：

```
public string Hello() => "Hello, ASP.NET MVC 6";
```

第 41 章 ASP.NET MVC

使用链接 http://localhost:5000/Home/Hello 可调用 Home 控制器中的 Hello 动作。当然，端口号取决于自己的设置，可以通过项目设置中的 Web 属性进行配置。在浏览器中打开此链接后，控制器仅仅返回字符串 Hello, ASP.NET MVC 6。没有 HTML，而只是一个字符串。浏览器显示出了该字符串。

动作可以返回任何东西，例如图像的字节、视频、XML 或 JSON 数据，当然也可以返回 HTML。视图对于返回 HTML 很有帮助。

41.3.2 使用参数

如下面的代码段所示，动作方法可以声明为带有参数(代码文件 MVCSampleApp/Controllers/HomeController.cs)：

```
public string Greeting(string name) =>
  HtmlEncoder.Default.Encode($"Hello, {name}");
```

 注意：HtmlEncoder 需要 NuGet 包 System.Text.Encodings.Web。

有了此声明，就可以通过请求下面的 URL 来调用 Greeting 动作方法，并在 URL 中为 name 参数传递一个值：http://localhost:18770/Home/Greeting?name=Stephanie。

为了使用更易于记忆的链接，可以使用路由信息来指定参数。Greeting2 动作方法指定了参数 id：

```
public string Greeting2(string id) =>
  HtmlEncoder.Default.Encode($"Hello, {id}");
```

这匹配默认路由{controller}/{action}/{id?}，其中 id 指定为可选参数。现在可以使用此链接，id 参数包含字符串 Matthias:http://localhost:5000/Home/Greeting2/Matthias。

动作方法也可以声明为带任意数量的参数。例如，可以在 Home 控制器中添加带两个参数的 Add 动作方法：

```
public int Add(int x, int y) => x + y;
```

可以使用如下 URL 来调用此动作，以填充 x 和 y 参数的值：http://localhost:18770/Home/Add?x=4&y=5。

使用多个参数时，还可以定义一个路由，以在不同的链接中传递值。下面的代码段显示了路由表中定义的另一个路由，它指定了填充变量 x 和 y 的多个参数(代码文件 MVCSampleApp/Startup.cs)：

```
app.UseMvc(routes =< routes.MapRoute(
   name: "default",
   template: "{controller}/{action}/{id?}",
   defaults: new {controller = "Home", action = "Index"}
).MapRoute(
   name: "multipleparameters",
   template: "{controller}/{action}/{x}/{y}",
   defaults: new {controller = "Home", action = "Add"},
   constraints: new {x = @"\d", y = @"\d"}
));
```

现在可以使用如下 URL 调用与之前相同的动作：http://localhost:18770/Home/Add/7/2。

 注意：本章后面的 41.4.1 节会介绍自定义类型的参数如何使用以及客户端的数据如何映射到属性上。

41.3.3 返回数据

到目前为止，只从控制器返回了字符串值。通常，会返回一个实现 IActionResult 接口的对象。

下面是 ResultController 类的几个例子。第一段代码使用 ContentResult 类来返回简单的文本内容。不需要创建 ContentResult 类的实例并返回该实例，而可以使用基类 Controller 的方法来返回 ActionResult。这里使用 Content 方法来返回文本内容。Content 方法允许指定内容、MIME 类型和编码(代码文件 MVCSampleApp/Controllers/ResultController.cs)：

```
public IActionResult ContentDemo() =>
  Content("Hello World", "text/plain");
```

为了返回 JSON 格式的数据，可以使用 Json 方法。下面的示例代码创建了一个 Menu 对象：

```
public IActionResult JsonDemo()
{
  var m = new Menu
  {
    Id = 3,
    Text = "Grilled sausage with sauerkraut and potatoes",
    Price = 12.90,
    Date = new DateTime(2016, 3, 31),
    Category = "Main"
  };
  return Json(m);
}
```

Menu 类定义在 Models 目录中，它定义了一个包含一些属性的简单 POCO 类(代码文件 MVCSampleApp/Models/Menu.cs)：

```
public class Menu
{
  public int Id {get; set;}
  public string Text {get; set;}
  public double Price {get; set;}
  public DateTime Date {get; set;}
  public string Category {get; set;}
}
```

客户端可在响应体内看到这些 JSON 数据，现在它们可轻松地用作 JavaScript 对象：

```
{"Id":3,"Text":"Grilled sausage with sauerkraut and potatoes",
 "Price":12.9,"Date":"2016-03-31T00:00:00","Category":"Main"}
```

通过使用 Controller 类的 Redirect 方法，客户端接收 HTTP 重定向请求。之后，浏览器会请求它收到的链接。Redirect 方法返回一个 RedirectResult(代码文件 MVCSampleApp/Controllers/ResultController.cs)：

```
public IActionResult RedirectDemo() => Redirect("http://www.cninnovation.com");
```

通过指定到另一个控制器和动作的重定向，也可以构建对客户端的重定向请求。RedirectToRoute 返回一个 RedirectToRouteResult，它允许指定路由名称、控制器、动作和参数。这会构建一个在收到 HTTP 重定向请求时返回客户端的链接：

```
public IActionResult RedirectRouteDemo() =>
  RedirectToRoute(new {controller = "Home", action="Hello"});
```

Controller 基类的 File 方法定义了不同的重载版本，返回不同的类型。这个方法可以返回 FileContentResult、FileStreamResult 和 VirtualFileResult。不同的返回类型取决于使用的参数，例如使用字符串返回 VirtualFileResult，使用流返回 FileStreamResult，使用字节数组返回 FileContentResult。

下一个代码段返回一幅图像。创建一个 Images 文件夹，添加一个 JPG 文件。为了让接下来的代码段执行，在 wwwroot 目录中创建一个 Images 文件夹并添加文件 Matthias.jpg。样例代码返回一个 VirtualFileResult，用第一个参数指定文件名。第二个参数用 MIME 类型 image/jpeg 指定 contentType 参数：

```
public IActionResult FileDemo() =>
  File("~/images/Matthias.jpg", "image/jpeg");
```

41.4 节演示了如何返回不同的 ViewResult 变体。

41.3.4 使用 Controller 基类和 POCO 控制器

到目前为止，创建的所有控制器都派生自基类 Controller。ASP.NET MVC 6 也支持 POCO(Plain Old CLR Objects)控制器，它们不派生自这个基类。因此，可以使用自己的基类来定义自己的控制器类型层次结构。

从 Controller 基类中可以得到什么？有了这个基类，控制器可以直接访问基类的属性。表 41-1 描述了这些属性和它们的功能。

表 41-1

属性	说明
ActionContext	这个属性包装其他属性。在这里可以得到动作描述符的信息，其中包含动作的名称、控制器、过滤器和方法信息；直接在 Context 属性中访问的 HttpContext；直接在 ModelState 属性中访问的模型状态，以及直接在 RouteData 属性中访问的路由状态
Context	这个属性返回 HttpContext。在这个上下文中，可以访问 ServiceProvider 来访问依赖注入注册的服务(ApplicationServices 属性)、身份验证和用户信息、直接在 Request 和 Response 属性中访问的请求和响应信息以及 Web 套接字(如果使用它们的话)
BindingContext	使用这个属性可以访问将接收到的数据绑定到动作方法的参数上的绑定器。把请求信息绑定到定制类型上的内容将在本章后面的 41.5 节讨论
MetadataProvider	使用绑定器来绑定参数。绑定器可以利用与模型相关的元数据。使用 MetadataProvider 属性可以访问配置为处理元数据信息的提供程序的信息

(续表)

属性	说明
ModelState	ModelState 属性允许确定模型绑定是成功还是有错误。如果有错误，则可以读取导致错误的属性的信息
Request	使用这个属性可以访问 HTTP 请求的所有信息：标题和请求体信息、查询字符串、表单数据和 cookie。标题信息包含 User-Agent 字符串，它提供浏览器和客户端平台信息
Response	这个属性保存返回给客户端的信息。在这里，可以发送 cookie，改变标题信息，直接写入响应体。40.4 节介绍了如何使用 Response 属性把简单的字符串返回给客户端
Resolver	Resolver 属性返回 ServiceProvider，在其中可以访问为依赖注入注册的服务
RouteData	RouteData 属性提供了在启动代码中注册的完整路由表的信息
ViewBag	使用这些属性把信息发送到视图，参见 41.4.1 节
ViewData	
TempData	这个属性写入在多个请求之间共享的用户状态(而可以写入 ViewBag 和 ViewData 的数据会在一个请求内的视图和控制器之间共享信息)。默认情况下，TempData 把信息写入会话状态
User	User 属性返回经过身份验证的用户的信息，包括身份和声明

  POCO 控制器没有 Controller 基类，但要访问这些信息，它仍然很重要。下面的代码段定义了一个派生自 object 基类的 POCO 控制器(可以使用自己的自定义类型作为基类)。为了用 POCO 类创建 ActionContext，可以创建一个该类型的属性。POCOController 类使用 ActionContext 作为这个属性的名称，类似于 Controller 类所采用的方式。然而，只拥有一个属性并不能自动设置它。需要应用 ActionContext 特性。使用这个特性注入实际的 ActionContext。Context 属性直接访问 ActionContext 中的 HttpContext 属性。在 UserAgentInfo 动作方法中，使用 Context 属性访问和返回请求中的 User-Agent 标题信息(代码文件 MVCSampleApp/Controllers/POCOController.cs)：

```
public class POCOController
{
  public string Index() =>
    "this is a POCO controller";

  [ActionContext]
  public ActionContext ActionContext {get; set;}
  public HttpContext Context => ActionContext.HttpContext;
  public ModelStateDictionary ModelState => ActionContext.ModelState;

  public string UserAgentInfo()
  {
    if (Context.Request.Headers.ContainsKey("User-Agent"))
    {
      return Context.Request.Headers["User-Agent"];
    }
    return "No user-agent information";
  }
}
```

41.4 创建视图

返回给客户端的 HTML 代码最好通过视图指定。对于本节的示例，创建了 ViewsDemoController。视图都在 Views 文件夹中定义。ViewsDemo 控制器的视图需要一个 ViewsDemo 子目录，这是视图的约定(代码文件 MVCSampleApp/Controllers/ViewDemoController.cs):

```
public ActionResult Index() => View();
```

注意：另一个可以搜索视图的地方是 Shared 目录。可以把多个控制器使用的视图(以及多个视图使用的特殊部分视图)放在 Shared 目录中。

在 Views 目录中创建 ViewsDemo 目录后，可以使用 Add | New Item 并选择 MVC View Page 项模板来创建视图。因为动作方法的名称是 Index，所以将视图文件命名为 Index.cshtml。

动作方法 Index 使用没有参数的 View 方法，因此视图引擎会在 ViewsDemo 目录中寻找与动作同名的视图文件。控制器中使用的 View 方法有重载版本，允许传递不同的视图名称。此时，视图引擎会寻找与在 View 方法中传递的名称对应的视图。

视图包含 HTML 代码，其中混合了一些服务器端代码。下面的代码段包含默认生成的 HTML 代码(代码文件 MVCSampleApp/Views/ViewsDemo/Index.cshtml):

```
@{
  Layout = null;
}
<!DOCTYPE html>
<html>
<head>
  <meta charset="utf-8" />
  <meta name="viewport" content="width=device-width, initial-scale=1.0" />
  <title>Index</title>
</head>
<body>
  <div>
  </div>
</body>
</html>
```

服务器端代码使用 Razor 语法(即有@符号)编写。41.4.2 节将讨论这种语法。在那之前，先看看如何从控制器向视图传递数据。

41.4.1 向视图传递数据

控制器和视图运行在同一个进程中。视图直接在控制器内创建，这便于从控制器向视图传递数据。为传递数据，可使用 ViewDataDictionary。该字典以字符串的形式存储键，并允许使用对象值。ViewDataDictionary 可以与 Controller 类的 ViewData 属性一起使用，例如向键值为 MyData 的字典传递一个字符串：ViewData["MyData"] = "Hello"。更简单的语法是使用 ViewBag 属性。ViewBag 是动态类型,允许指定任何属性名称,以向视图传递数据(代码文件 MVCSampleApp/Controllers/SubmitDataController.cs):

```
public IActionResult PassingData()
{
  ViewBag.MyData = "Hello from the controller";
  return View();
}
```

注意:使用动态类型的优势在于,视图不会直接依赖于控制器。第 16 章详细介绍了动态类型。

在视图中,可以用与控制器类似的方式访问从控制器传递的数据。视图的基类 WebViewPage 定义了 ViewBag 属性(代码文件 MVCSampleApp/Views/ViewsDemo/PassingData.cshtml):

```
<div>
  <div>@ViewBag.MyData</div>
</div>
```

41.4.2 Razor 语法

前面提到,视图包含 HTML 和服务器端代码。在 ASP.NET MVC 中,可以使用 Razor 语法在视图中编写 C#代码。Razor 使用@字符作为转换字符。@字符之后的代码是 C#代码。

使用 Razor 语法时,需要区分返回值的语句和不返回值的方法。返回的值可以直接使用。例如,ViewBag.MyData 返回一个字符串。该字符串直接放到 HTML 的 div 标记内:

```
<div>@ViewBag.MyData</div>
```

如果要调用没有返回值的方法或者指定其他不返回值的语句,则需要使用 Razor 代码块。下面的代码块定义了一个字符串变量:

```
@{
  string name = "Angela";
}
```

现在,使用转换字符@,即可通过简单的语法使用变量:

```
<div>@name</div>
```

使用 Razor 语法时,引擎在找到 HTML 元素时,会自动认为代码结束。在有些情况中,这是无法自动看出来的。此时,可以使用圆括号来标记变量。其后是正常的代码:

```
<div>@(name), Stephanie</div>
```

foreach 语句也可以定义 Razor 代码块:

```
@foreach(var item in list)
{
```

```
        <li>The item name is @item.</li>
}
```

> **注意**：通常，使用 Razor 可自动检测到文本内容，例如它们以角括号开头或者使用圆括号包围变量。但在有些情况下是无法自动检测的，此时需要使用@:来显式定义文本的开始位置。

41.4.3 创建强类型视图

使用 ViewBag 向视图传递数据只是一种方式。另一种方式是向视图传递模型，这样可以创建强类型视图。

现在用动作方法 PassingAModel 扩展 ViewsDemoController。这里创建了 Menu 项的一个新列表，并把该列表传递给基类 Controller 的 View 方法(代码文件 MVCSampleApp/Controllers/ViewsDemoController.cs)：

```
public IActionResult PassingAModel()
{
  var menus = new List<Menu>
  {
    new Menu
    {
      Id=1,
      Text="Schweinsbraten mit Knödel und Sauerkraut",
      Price=6.9,
      Category="Main"
    },
    new Menu
    {
      Id=2,
      Text="Erdäpfelgulasch mit Tofu und Gebäck",
      Price=6.9,
      Category="Vegetarian"
    },
    new Menu
    {
      Id=3,
      Text="Tiroler Bauerngröst'l mit Spiegelei und Krautsalat",
      Price=6.9,
      Category="Main"
    }
  };
  return View(menus);
}
```

当模型信息从动作方法传递到视图时，可以创建一个强类型视图。强类型视图使用 model 关键字声明。传递到视图的模型类型必须匹配 model 指令的声明。在下面的代码段中，强类型的视图声明了类型 IEnumerable<Menu>，它匹配模型类型。因为 Menu 类在名称空间 MVCSampleApp.Models 中定义，所以这个名称空间用 using 关键字打开。

通过.cshtml 文件创建的视图的基类派生自基类 RazorPage。有了模型，基类的类型就是 RazorPage<TModel>；在下面的代码段中，基类是 RazorPage<IEnumerable<Menu>>。这个泛型参数又定义了类型 IEnumerable<Menu>的 Model 属性。代码段使用基类的 Model 属性，在@foreach 中遍历 Menu 项，为每个菜单显示一个列表项(代码文件 MVCSampleApp/ViewsDemo/PassingAModel.cshtml)：

```
@using MVCSampleApp.Models
@model IEnumerable<Menu>
@{
  Layout = null;
}

<!DOCTYPE html>
<html>
<head>
  <meta name="viewport" content="width=device-width" />
  <title>PassingAModel</title>
</head>
<body>
  <div>
    <ul>
      @foreach (var item in Model)
      {
        <li>@item.Text</li>
      }
    </ul>
  </div>
</body>
</html>
```

根据视图需要，可以传递任意对象作为模型。例如，编辑单个 Menu 对象时，模型的类型将是 Menu。在显示或编辑列表时，模型的类型可以是 IEnumerable<Menu>。

运行应用程序并显示定义的视图时，浏览器中将显示一个菜单列表，如图 41-2 所示。

图 41-2

41.4.4 定义布局

通常，Web 应用程序的许多页面会显示部分相同的内容，如版权信息、徽标和主导航结构。到目前为止，所有的视图都包含完整的 HTML 内容，但有一种更简单的方式管理共享的内容，即使用布局页面。

为了定义布局，应设置视图的 Layout 属性。为了定义所有视图的默认属性，可以创建一个视图启动页面。需要把这个文件放在 Views 文件夹中，使用 MVC View Start Page 项模板创建它。这将创建_ViewStart.cshtml 文件(代码文件 MVCSampleApp/Views/_ViewStart.cshtml)：

```
@{
  Layout = "_Layout";
```

}

如果所有视图都不需要使用布局,则可以将 Layout 属性设置为 null:

```
@{
  Layout = null;
}
```

1. 使用默认布局页

使用 MVC View Layout Page 项模板可以创建默认的布局页面。可以在 Shared 文件夹中创建这个页面,这样它就可用于不同控制器的所有视图。项模板 MVC View Layout Page 创建下面的代码:

```
<!DOCTYPE html>
<html>
<head>
  <meta name="viewport" content="width=device-width" />
  <title>@ViewBag.Title</title>
</head>
<body>
  <div>
    @RenderBody()
  </div>
</body>
</html>
```

布局页包含了所有使用该布局页的页面所共有的 HTML 内容,例如页眉、页脚和导航。前面介绍了视图和控制器如何通过 ViewBag 通信。页面布局也可以使用相同的机制。ViewBag.Title 的值可以在内容页中定义;在布局页面中,在 HTML 的 title 元素中显示它,如前面的代码段所示。基类 RazorPage 的 RenderBody 方法呈现内容页的内容,因此定义了内容应该放置的位置。

在下面的代码段中,更新生成的布局页面来引用样式表,给每个页面添加页眉、页脚和导航分区。environment、asp-controller 和 asp-action 是创建 HTML 元素的标记辅助程序。标记辅助程序参见本章后面的"辅助程序"部分(代码文件 MVCSampleApp/Views/Shared/_Layout.cshtml):

```
<!DOCTYPE html>
<html>
<head>
  <meta charset="utf-8" />
  <meta name="viewport" content="width=device-width, initial-scale=1.0" />
  <environment names="Development">
    <link rel="stylesheet" href="~/css/site.css" />
  </environment>
  <environment names="Staging,Production">
    <link rel="stylesheet" href="~/css/site.min.css"
      asp-append-version="true" />
  </environment>
  <title>@ViewBag.Title - My ASP.NET Application</title>
</head>
<body>
  <div class="container">
    <header>
      <h1>ASP.NET MVC Sample App</h1>
```

```html
    </header>
    <nav>
      <ul>
        <li><a asp-controller="ViewsDemo" asp-action="LayoutSample">
          Layout Sample</a></li>
        <li><a asp-controller="ViewsDemo" asp-action="LayoutUsingSections">
          Layout Using Sections</a></li>
      </ul>
    </nav>
    <div>
      @RenderBody()
    </div>
    <hr />
    <footer>
      <p>
        <div>Sample Code for Professional C#</div>
        © @DateTime.Now.Year - My ASP.NET Application
      </p>
    </footer>
  </div>
</body>
</html>
```

为动作 LayoutSample 创建视图(代码文件 MVCSampleApp/Views/ViewsDemo/LayoutSample. cshtml)。该视图未设置 Layout 属性，所以会使用默认布局。但是设置了 ViewBag.Title，并在布局的 HTML title 元素中使用它：

```
@{
  ViewBag.Title = "Layout Sample";
}
<h2>LayoutSample</h2>
<p>
  This content is merged with the layout page
</p>
```

现在运行应用程序，布局与视图的内容会合并到一起，如图 41-3 所示。

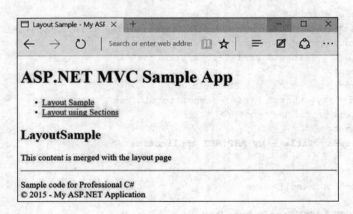

图 41-3

2. 使用分区

除了呈现页面主体以及使用 ViewBag 在布局和视图之间交换数据，还可以使用分区定义把视图内定义的内容放在什么位置。下面的代码段使用了一个名为 PageNavigation 的分区。默认情况下，必须有这类分区，如果没有，加载视图的操作会失败。如果把 required 参数设为 false，该分区就变为可选(代码文件 MVCSampleApp/Views/Shared/_Layout.cshtml)：

```
<!-- etc. -->
<div>
  @RenderSection("PageNavigation", required: false)
</div>
<div>
  @RenderBody()
</div>
<!-- etc. -->
```

在视图内，分区由关键字 section 定义。分区的位置与其他内容完全独立。视图没有在页面中定义位置，这是由布局定义的(代码文件 MVCSampleApp/Views/ViewsDemo/LayoutUsingSections.cshtml)：

```
@{
    ViewBag.Title = "Layout Using Sections";
}
<h2>Layout Using Sections</h2>
Main content here
@section PageNavigation
{
  <div>Navigation defined from the view</div>
  <ul>
    <li>Nav1</li>
    <li>Nav2</li>
  </ul>
}
```

现在运行应用程序，视图与布局的内容将根据布局定义的位置合并到一起，如图 41-4 所示。

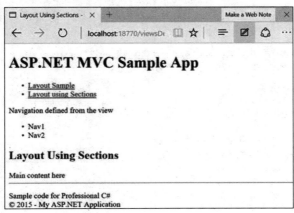

图 41-4

注意: 分区不只用于在 HTML 页面主体内放置一些内容,还可用于让视图在页面头部放置一些内容,如页面的元数据。

41.4.5 用部分视图定义内容

布局为 Web 应用程序内的多个页面提供了整体性定义,而部分视图可用于定义视图内的内容。部分视图没有布局。

此外,部分视图与标准视图类似。部分视图使用与标准视图相同的基类。

下面是部分视图的示例。首先是一个模型,它包含 EventsAndMenusContext 类定义的独立集合、事件和菜单的属性(代码文件 MVCSampleApp/Models/EventsAndMenus.cs):

```
public class EventsAndMenusContext
{
  private IEnumerable<Event> events = null;
  public IEnumerable<Event> Events
  {
    get
    {
      return events ?? (events = new List<Event>()
      {
        new Event
        {
          Id=1,
          Text="Formula 1 G.P. Australia, Melbourne",
          Day=new DateTime(2016, 4, 3)
        },
        new Event
        {
          Id=2,
          Text="Formula 1 G.P. China, Shanghai",
          Day = new DateTime(2016, 4, 10)
        },
        new Event
        {
          Id=3,
          Text="Formula 1 G.P. Bahrain, Sakhir",
          Day = new DateTime(2016, 4, 24)
        },
        new Event
        {
          Id=4,
          Text="Formula 1 G.P. Russia, Socchi",
          Day = new DateTime(2016, 5, 1)
        }
      });
    }
  }

  private List<Menu> menus = null;
```

```
public IEnumerable<Menu> Menus
{
  get
  {
    return menus ?? (menus = new List<Menu>()
    {
      new Menu
      {
        Id=1,
        Text="Baby Back Barbecue Ribs",
        Price=16.9,
        Category="Main"
      },
      new Menu
      {
        Id=2,
        Text="Chicken and Brown Rice Piaf",
        Price=12.9,
        Category="Main"
      },
      new Menu
      {
        Id=3,
        Text="Chicken Miso Soup with Shiitake Mushrooms",
        Price=6.9,
        Category="Soup"
      }
    });
  }
}
```

上下文类用依赖注入启动代码注册,通过控制器构造函数注入类型(代码文件 MVCSampleApp/Startup.cs):

```
public void ConfigureServices(IServiceCollection services)
{
  services.AddMvc();
  services.AddScoped<EventsAndMenusContext>();
}
```

下面使用这个模型介绍从服务器端代码加载的部分视图,然后介绍客户端的 JavaScript 代码请求的部分视图。

1. 使用服务器端代码中的部分视图

在 ViewsDemoController 类中,构造函数改为注入 EventsAndMenusContext 类型(代码文件 MVCSampleApp/Controllsers/ViewsDemoController.cs):

```
public class ViewsDemoController : Controller
{
  private EventsAndMenusContext _context;
  public ViewsDemoController(EventsAndMenusContext context)
  {
```

```
    _context = context;
}
// etc.
```

动作方法UseAPartialView1将EventsAndMenus的一个实例传递给视图(代码文件MVCSampleApp/Controllsers/ViewsDemoController.cs)：

```
public IActionResult UseAPartialView1() => View(_context);
```

这个视图被定义为使用 EventsAndMenusContext 类型的模型。使用 HTML 辅助方法 Html.PartialAsync 可以显示部分视图。该方法返回一个 Task<HtmlString>。在下面的示例代码中，使用 Razor 语法把该字符串写为 div 元素的内容。PartialAsync 方法的第一个参数接受部分视图的名称。使用第二个参数，则 PartialAsync 方法允许传递模型。如果没有传递模型，那么部分视图可以访问与视图相同的模型。这里，视图使用了 EventsAndMenusContext 类型的模型，部分视图只使用了该模型的一部分，所用模型的类型为 IEnumerable<Event>(代码文件 MVCSampleApp/Views/ViewsDemo/UseAPartialView1.cshtml)：

```
@model MVCSampleApp.Models.EventsAndMenusContext
@{
  ViewBag.Title = "Use a Partial View";
  ViewBag.EventsTitle = "Live Events";
}
<h2>Use a Partial View</h2>
<div>this is the main view</div>
<div>
  @await Html.PartialAsync("ShowEvents", Model.Events)
</div>
```

不使用异步方法的话，还可以使用同步变体 Html.Partial。这是一个返回 HtmlString 的扩展方法。

另外一种在视图内呈现部分视图的方法是使用 HTML 辅助方法 Html.RenderPartialAsync，该方法定义为返回 Task。该方法将部分视图的内容直接写入响应流。这样，就可以在 Razor 代码块中使用 RenderPartialAsync 了。

部分视图的创建方式类似于标准视图。可以访问模型，还可以使用 ViewBag 属性访问字典。部分视图会收到字典的一个副本，以接收可以使用的相同字典数据(代码文件 MVCSampleApp/Views/ViewsDemo/ShowEvents.cshtml)：

```
@using MVCSampleApp.Models
@model IEnumerable<Event>
<h2>
  @ViewBag.EventsTitle
</h2>
<table>
  @foreach (var item in Model)
  {
    <tr>
      <td>@item.Day.ToShortDateString()</td>
      <td>@item.Text</td>
    </tr>
  }
</table>
```

运行应用程序，视图、部分视图和布局都将呈现出来，如图 41-5 所示。

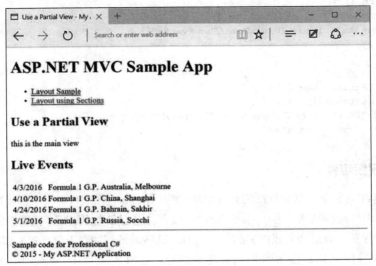

图 41-5

2. 从控制器中返回部分视图

到目前为止，都是直接加载部分视图，而没有与控制器交互。也可以使用控制器来返回部分视图。

在下面的代码段中，类 ViewsDemoController 内定义了两个动作方法。第一个动作方法 UsePartialView2 返回一个标准视图，第二个动作方法 ShowEvents 使用基类方法 PartialView 返回一个部分视图。前面已经创建并使用过部分视图 ShowEvents，这里再次使用它。PartialView 方法把包含事件列表的模型传递给部分视图(代码文件 MVCSampleApp/Controllers/ViewDemoController.cs)：

```
public ActionResult UseAPartialView2() => View();

public ActionResult ShowEvents()
{
  ViewBag.EventsTitle = "Live Events";
  return PartialView(_context.Events);
}
```

当部分视图在控制器中提供时，可以在客户端代码中直接调用它。下面的代码段使用了 jQuery：事件处理程序链接到按钮的 click 事件。在单击事件处理程序内，利用 jQuery 的 load 函数向服务器发出了请求/ViewsDemo/ShowEvents 的一个 GET 请求。该请求返回一个部分视图，部分视图的结果放到了名为 events 的 div 元素内(代码文件 MVCSampleApp/Views/ViewsDemo/UseAPartialView2.cshtml)：

```
@model MVCSampleApp.Models.EventsAndMenusContext
@{
  ViewBag.Title = "Use a Partial View";
}
<script src="~/lib/jquery/dist/jquery.js"></script>
```

```
<script>
  $(function () {
    $("#getEvents").click(function () {
      $("#events").load("/ViewsDemo/ShowEvents");
    });
  });
</script>
<h2>Use a Partial View</h2>
<div>this is the main view</div>
<button id="FileName_getEvents">Get Events</button>
<div id="FileName_events">
</div>
```

41.4.6 使用视图组件

ASP.NET MVC 6 提供了部分视图的新替代品：视图组件。视图组件非常类似于部分视图；主要的区别在于视图组件与控制器并不相关。这使得它很容易用于多个控制器。视图组件非常有用的例子有菜单的动态导航、登录面板或博客的侧栏内容。这些场景都独立于单个控制器。

与控制器和视图一样，视图组件也有两个部分。在视图组件中，控制器的功能由派生自 ViewComponent 的类(或带有属性 ViewComponent 的 POCO 类)接管。用户界面的定义类似于视图，但是调用视图组件的方法是不同的。

下面的代码段定义了一个派生自基类 ViewComponent 的视图组件。这个类利用前面在 Startup 类中注册的 EventsAndMenusContext 类型，可用于依赖注入。其工作原理类似于带有构造函数注入的控制器。InvokeAsync 方法定义为从显示视图组件的视图中调用。这个方法可以拥有任意数量和类型的参数，因为 IViewComponentHelper 接口定义的方法使用 params 关键字指定了数量灵活的参数。除了使用异步方法实现之外，还可以以同步方式实现该方法，返回 IViewComponentResult 而不是 Task<IViewComponentResult>。然而，通常最好使用异步变体，例如用于访问数据库。视图组件需要存储在 ViewComponents 目录中。这个目录本身可以放在项目中的任何地方(代码文件 MVCSampleApp/ViewComponents/EventListViewComponent.cs)：

```csharp
public class EventListViewComponent : ViewComponent
{
  private readonly EventsAndMenusContext _context;
  public EventListViewComponent(EventsAndMenusContext context)
  {
    _context = context;
  }

  public Task<IViewComponentResult> InvokeAsync(DateTime from, DateTime to)
  {
    return Task.FromResult<IViewComponentResult>(
      View(EventsByDateRange(from, to)));
  }

  private IEnumerable<Event> EventsByDateRange(DateTime from, DateTime to)
  {
    return _context.Events.Where(e => e.Day >= from && e.Day <= to);
  }
}
```

视图组件的用户界面在下面的代码段内定义。视图组件的视图可以用项模板 MVC View Page 创建；它使用相同的 Razor 语法。具体地说，它必须放入 Components/[viewcomponent]文件夹，例如 Components/EventList。为了使视图组件可用于所有的控件，需要在 Shared 文件夹中为视图创建 Components 文件夹。只使用特定控制器中的视图组件时，可以把它放到视图控制器文件夹中。这与视图的区别是，它需要命名为 default.cshtml。也可以创建其他视图名称；但需要在 InvokeAsync 方法中使用一个参数为返回的 View 方法指定这些视图(代码文件 MVCSampleApp/Views/Shared/Components/EventList/default.cshtml)：

```
@using MVCSampleApp.Models;
@model IEnumerable<Event>

<h3>Formula 1 Calendar</h3>
<ul>
  @foreach (var ev in Model)
  {
    <li><div>@ev.Day.ToString("D")</div><div>@ev.Text</div></li>
  }
</ul>
```

现在完成了视图组件后，可以调用 InvokeAsync 方法显示它。Component 是视图的一个动态创建的属性，返回一个实现了 IViewComponentHelper 的对象。IViewComponentHelper 允许调用同步或异步方法，例如 Invoke、InvokeAsync、RenderInvoke 和 RenderInvokeAsync。当然，只能调用由视图组件实现的这些方法，并且只使用相应的参数(代码文件 MVCSampleApp/Views/ViewsDemo/UseViewComponent.cshtml)：

```
@{
  ViewBag.Title = "View Components Sample";
}
<h2>@ViewBag.Title</h2>
<p>
  @await Component.InvokeAsync("EventList", new DateTime(2016, 4, 10),
    new DateTime(2016, 4, 24))
</p>
```

运行应用程序，呈现的视图组件如图 41-6 所示。

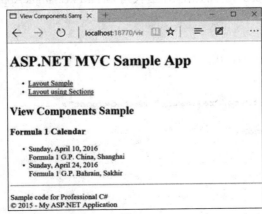

图 41-6

41.4.7 在视图中使用依赖注入

如果服务需要直接出现在视图中,可以使用 inject 关键字注入:

```
@using MVCSampleApp.Services
@inject ISampleService sampleService
<p>
    @string.Join("*", sampleService.GetSampleStrings())
</p>
```

此时,最好使用 AddScoped 方法注册服务。如前所述,以这种方式注册服务意味着只为一个 HTTP 请求实例化一次。使用 AddScoped 在控制器和视图中注入相同的服务,也只为一个请求实例化一次。

41.4.8 为多个视图导入名称空间

所有之前关于视图的示例都使用 using 关键字打开了所需的所有名称空间。除了为每个视图打开名称空间之外,还可以使用 Visual Studio 项模板 MVC View Imports Page 创建一个文件(_ViewImports.cshml),它定义了所有的 using 声明(代码文件 MVCSampleApp/Views/_ViewImports.cshtml):

```
@using MVCSampleApp.Models
@using MVCSampleApp.Services
```

有了这个文件,就不需要在所有视图中添加所有的 using 关键字。

41.5 从客户端提交数据

到现在为止,在客户端只是使用 HTTP GET 请求来获取服务器端的 HTML 代码。那么,如何从客户端发送表单数据?

为提交表单数据,可为控制器 SubmitData 创建视图 CreateMenu。该视图包含一个 HTML 表单元素,它定义了应把什么数据发送给服务器。表单方法声明为 HTTP POST 请求。定义输入字段的 input 元素的名称全部与 Menu 类型的属性对应(代码文件 MVCSampleApp/Views/SubmitData/CreateMenu.cshtml):

```
@{
  ViewBag.Title = "Create Menu";
}
<h2>Create Menu</h2>
<form action="/SubmitData/CreateMenu" method="post">
<fieldset>
  <legend>Menu</legend>
  <div>Id:</div>
  <input name="id" />
  <div>Text:</div>
  <input name="text" />
  <div>Price:</div>
  <input name="price" />
```

```html
    <div>Category:</div>
    <input name="category" />
    <div></div>
    <button type="submit">Submit</button>
  </fieldset>
</form>
```

图 41-7 显示了在浏览器中打开的页面。

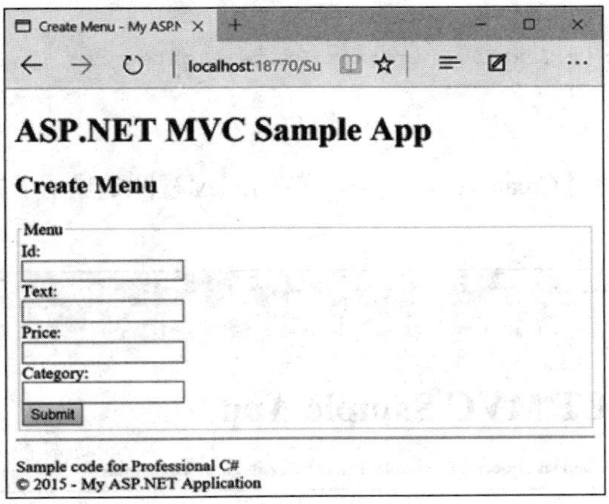

图 41-7

在 SubmitData 控制器内,创建了两个 CreateMenu 动作方法:一个用于 HTTP GET 请求,另一个用于 HTTP POST 请求。因为 C#中存在同名的不同方法,所以这些方法的参数数量或参数类型必须不同。动作方法也存在这种要求。另外,动作方法还需要与 HTTP 请求方法区分开。默认情况下,HTTP 请求方法是 GET,应用 HttpPost 特性后,请求方法是 POST。为读取 HTTP POST 数据,可以使用 Request 对象中的信息。但是,定义带参数的 CreateMenu 方法要简单多了。参数的名称与表单字段的名称匹配(代码文件 MVCSampleApp/Controllers/SubmitDataController.cs):

```csharp
public IActionResult Index() => View();

public IActionResult CreateMenu() => View();

[HttpPost]
public IActionResult CreateMenu(int id, string text, double price,
    string category)
{
  var m = new Menu { Id = id, Text = text, Price = price };
  ViewBag.Info =
    $"menu created: {m.Text}, Price: {m.Price}, category: {m.Category}";
  return View("Index");
}
```

为了显示结果,仅显示 ViewBag.Info 的值(代码文件 MVCSampleApp/Views/SubmitData/Index.cshtml):

```
@ViewBag.Info
```

41.5.1 模型绑定器

除了在动作方法中使用多个参数，还可以使用类型，类型的属性与输入的字段名称匹配(代码文件 MVCSampleApp/Controllers/SubmitDataController.cs)：

```csharp
[HttpPost]
public IActionResult CreateMenu2(Menu m)
{
  ViewBag.Info =
    $"menu created: {m.Text}, Price: {m.Price}, category: {m.Category}";
  return View("Index");
}
```

提交表单数据时，会调用 CreateMenu 方法，它在 Index 视图中显示了提交的菜单数据，如图 41-8 所示。

图 41-8

模型绑定器负责传输 HTTP POST 请求中的数据。模型绑定器实现 IModelBinder 接口。默认情况下，使用 FormCollectionModelBinder 类将输入字段绑定到模型。这个绑定器支持基本类型、模型类(如 Menu 类型)以及实现了 ICollection<T>、IList<T> 和 IDictionary<TKey, TValue> 的集合。

如果并不是所有参数类型的属性都应从模型绑定器中填充，此时可以使用 Bind 特性。通过这个特性，可以指定一个属性名列表，这些属性被应用于绑定。

还可以使用不带参数的动作方法将输入数据传递给模型，如下面的代码段所示。这段代码创建了 Menu 类的一个新实例，并把这个实例传递给 Controller 基类的 TryUpdateModelAsync 方法。如果在更新后，被更新的模型处于无效状态，TryUpdateModelAsync 就返回 false：

```csharp
[HttpPost]
public async Task<IActionResult> CreateMenu3Result()
{
  var m = new Menu();
  bool updated = await TryUpdateModelAsync<Menu>(m);
  if (updated)
  {
    ViewBag.Info =
      $"menu created: {m.Text}, Price: {m.Price}, category: {m.Category}";
    return View("Index");
  }
  else
  {
    return View("Error");
  }
}
```

41.5.2 注解和验证

可以向模型类型添加一些注解，当更新数据时，会将这些注解用于验证。名称空间 System.ComponentModel.DataAnnotations 中包含的特性可用来为客户端数据指定一些信息，或者用来进行验证。

使用其中的一些特性来修改 Menu 类型(代码文件 MVCSampleApp/Models/Menu.cs)：

```
public class Menu
{
  public int Id { get; set; }
  [Required, StringLength(50)]
  public string Text { get; set; }
  [Display(Name="Price"), DisplayFormat(DataFormatString="{0:C}")]
  public double Price { get; set; }
  [DataType(DataType.Date)]
  public DateTime Date { get; set; }
  [StringLength(10)]
  public string Category { get; set; }
}
```

可用于验证的特性包括：用于比较不同属性的 CompareAttribute、用于验证有效信用卡号的 CreditCardAttribute、用来验证电子邮件地址的 EmailAddressAttribute、用来比较输入与枚举值的 EnumDataTypeAttribute 以及用来验证电话号码的 PhoneAttribute。

还可以使用其他特性来获得要显示的值或者用在错误消息中的值，如 DataTypeAttribute 和 DisplayFormatAttribute。

为了使用验证特性，可以在动作方法内使用 ModelState.IsValid 来验证模型的状态，如下所示(代码文件 MVCSampleApp/Controllers/SumitDataController.cs)：

```
[HttpPost]
public IActionResult CreateMenu4(Menu m)
{
  if (ModelState.IsValid)
  {
    ViewBag.Info =
      $"menu created: {m.Text}, Price: {m.Price}, category: {m.Category}";
  }
  else
  {
    ViewBag.Info = "not valid";
  }
  return View("Index");
}
```

如果使用由工具生成的模型类，那么很难给属性添加特性。工具生成的类被定义为部分类，可以通过为其添加属性和方法、实现额外的接口或者实现它们使用的部分方法来扩展这些类。对于已有的属性和方法，如果不能修改类型的源代码，则是不能添加特性的。但是在这种情况下，还是可以利用一些帮助。现在假定 Menu 类是一个工具生成的部分类。可以用一个不同名的新类(如 MenuMetadata)定义与实体类相同的属性并添加注解：

```
public class MenuMetadata
```

```
{
    public int Id { get; set; }
    [Required, StringLength(25)]
    public string Text { get; set; }
    [Display(Name="Price"), DisplayFormat(DataFormatString="{0:C}")]
    public double Price { get; set; }
    [DataType(DataType.Date)]
    public DateTime Date { get; set; }
    [StringLength(10)]
    public string Category { get; set; }
}
```

MenuMetadata 类必须链接到 Menu 类。对于工具生成的部分类，可以在同一个名称空间中创建另一个部分类型，将 MetadataType 特性添加到创建该连接的类型定义中：

```
[MetadataType(typeof(MenuMetadata))]
public partial class Menu
{
}
```

HTML 辅助方法也可以使用注解来向客户端添加信息。

41.6 使用 HTML Helper

HTML Helper 是创建 HTML 代码的辅助程序。可以在视图中通过 Razor 语法直接使用它们。

Html 是视图基类 RazorPage 的一个属性，它的类型是 IHtmlHelper。HTML 辅助方法被实现为扩展方法，用于扩展 IHtmlHelper 接口。

类 InputExtensions 定义了用于创建复选框、密码控件、单选按钮和文本框控件的 HTML 辅助方法。辅助方法 Action 和 RenderAction 由类 ChildActionExtensions 定义。用于显示的辅助方法由类 DisplayExtensions 定义。用于 HTML 表单的辅助方法由类 FormExtensions 定义。

接下来就看一些使用 HTML Helper 的例子。

41.6.1 简单的 Helper

下面的代码段使用了 HTML 辅助方法 BeginForm、Label 和 CheckBox。BeginForm 开始一个表单元素。还有一个用于结束表单元素的 EndForm。示例使用了 BeginForm 方法返回的 MvcForm 所实现的 IDisposable 接口。在释放 MvcForm 时，会调用 EndForm。因此，可以将 BeginForm 方法放在一条 using 语句中，在闭花括号处结束表单。DisplayName 方法直接返回参数的内容，CheckBox 是一个 input 元素，其 type 特性被设置为 checkbox(代码文件 MVCSampleApp/Views/HelperMethods/SimpleHelper.cshtml)：

```
@using (Html.BeginForm()) {
    @Html.DisplayName("Check this (or not)")
    @Html.CheckBox("check1")
}
```

得到的 HTML 代码如下所示。CheckBox 方法创建了两个同名的 input 元素，其中一个设置为隐藏。其原因是，如果一个复选框的值为 false，那么浏览器不会把与之对应的信息放到表单内容中传递给服务器。只有选中的复选框的值才会传递给服务器。这种 HTML 特征在自动绑定到动作方法的参数时会产生问题。简单的解决办法是使用辅助方法 CheckBox。该方法会创建一个同名但被隐藏的 input 元素,并将其设为 false。如果没有选中该复选框,则会把隐藏的 input 元素传递给服务器,绑定 false 值。如果选中了复选框,则同名的两个 input 元素都会传递给服务器。第一个 input 元素设为 true,第二个设为 false。在自动绑定时,只选择第一个 input 元素进行绑定:

```
<form action="/HelperMethods/SimpleHelper" method="post">
  Check this (or not)
  <input id="FileName_check1" name="check1" type="checkbox" value="true" />
  <input name="check1" type="hidden" value="false" />
</form>
```

41.6.2 使用模型数据

辅助方法可以使用模型数据。下例创建了一个 Menu 对象。本章前面在 Models 目录中声明了此类型。然后,将该 Menu 对象作为模型传递给视图(代码文件 MVCSampleApp/Controllers/HTML-HelpersController.cs):

```
public IActionResult HelperWithMenu() => View(GetSampleMenu());

private Menu GetSampleMenu() =>
  new Menu
  {
    Id = 1,
    Text = "Schweinsbraten mit Knödel und Sauerkraut",
    Price = 6.9,
    Date = new DateTime(2016, 10, 5),
    Category = "Main"
  };
```

视图有一个模型定义为 Menu 类型。与前例一样,HTML 辅助方法 DisplayName 只是返回参数的文本。Display 方法使用一个表达式作为参数,其中以字符串格式传递一个属性名。该方法试图找出具有这个名称的属性,然后使用属性存取器来返回该属性的值(代码文件 MVCSampleApp/Views/HTMLHelpers/HelperWithMenu.cshtml):

```
@model MVCSampleApp.Models.Menu
@{
    ViewBag.Title = "HelperWithMenu";
}
<h2>Helper with Menu</h2>
@Html.DisplayName("Text:")
@Html.Display("Text")
<br />
@Html.DisplayName("Category:")
@Html.Display("Category")
```

在得到的 HTML 代码中,可以从调用 DisplayName 和 Display 方法的输出中看到这一点:

```
Text:
Schweinsbraten mit Kn&#246;del und Sauerkraut
<br />
Category:
Main
```

注意：辅助方法也提供强类型化方法来访问模型成员，如 41.6.5 节所示。

41.6.3 定义 HTML 特性

大多数 HTML 辅助方法都有一些可传递任何 HTML 特性的重载版本。例如，下面的 TextBox 方法创建一个文本类型的 input 元素。其第一个参数定义了文本框的名称，第二个参数定义了文本框设置的值。TextBox 方法的第三个参数是 object 类型，允许传递一个匿名类型，在其中将每个属性改为 HTML 元素的一个特性。在这里，input 元素的结果是将 required 特性设为 required，将 maxlength 特性设为 15，将 class 特性设为 CSSDemo。因为 class 是 C#的一个关键字，所以不能直接设为一个属性，而是要加上@作为前缀，以生成用于 CSS 样式的 class 特性：

```
@Html.TextBox("text1", "input text here",
  new { required="required", maxlength=15, @class="CSSDemo" });
```

得到的 HTML 输出如下所示：

```html
<input class="Test" id="FileName_text1" maxlength="15" name="text1" required="required"
   type="text" value="input text here" />
```

41.6.4 创建列表

为显示列表，需要使用 DropDownList 和 ListBox 等辅助方法。这些方法会创建 HTML select 元素。

在控制器内，首先创建一个包含键和值的字典。然后使用自定义扩展方法 ToSelectListItems，将该字典转换为 SelectListItem 的列表。DropDownList 和 ListBox 方法使用了 SelectListItem 集合(代码文件 MVCSampleApp/Controllers/HTMLHelpersController.cs)：

```csharp
public IActionResult HelperList()
{
  var cars = new Dictionary<int, string>();
  cars.Add(1, "Red Bull Racing");
  cars.Add(2, "McLaren");
  cars.Add(3, "Mercedes");
  cars.Add(4, "Ferrari");
  return View(cars.ToSelectListItems(4));
}
```

自定义扩展方法 ToSelectListItems 在扩展了 IDictionary<int, string>的 SelectListItemsExtensions 类中定义，IDictionary<int, string>是 cars 集合中的类型。在其实现中，只是为字典中的每一项返回一个新的 SelectListItem 对象(代码文件 MVCSampleApp/Extensions/SelectListItemsExtensions.cs)：

```csharp
public static class SelectListItemsExtensions
{
  public static IEnumerable<SelectListItem> ToSelectListItems(
      this IDictionary<int, string> dict, int selectedId)
  {
```

```
      return dict.Select(item =>
        new SelectListItem
        {
          Selected = item.Key == selectedId,
          Text = item.Value,
          Value = item.Key.ToString()
        });
    }
  }
```

在视图中,辅助方法 DropDownList 直接访问从控制器返回的模型(代码文件 MVCSampleApp/Views/HTMLHelpers/HelperList.cshtml):

```
@{
    ViewBag.Title = "Helper List";
}
@model IEnumerable<SelectListItem>
<h2>Helper2</h2>
@Html.DropDownList("carslist", Model)
```

得到的 HTML 创建了一个 select 元素,该元素包含通过 SelectListItem 创建的一些 option 子元素。这些 HTML 还定义了从控制器中返回的选中项:

```
<select id="FileName_carslist" name="carslist">
  <option value="1">Red Bull Racing</option>
  <option value="2">McLaren</option>
  <option value="3">Mercedes</option>
  <option selected="selected" value="4">Ferrari</option>
</select>
```

41.6.5 强类型化的 Helper

HTML 辅助方法提供了强类型化的方法来访问从控制器传递的模型。这些方法都带有后缀 For。例如,可以使用 TextBoxFor 代替 TextBox 方法。

下面的示例再次使用返回单个实体的控制器(代码文件 MVCSampleApp/Controllers/HTMLHelpersController.cs):

```
public IActionResult StronglyTypedMenu() => View(GetSampleMenu());
```

视图使用 Menu 类型作为模型,所以可以使用 DisplayNameFor 和 DisplayFor 方法直接访问 Menu 属性。DisplayNameFor 默认返回属性名(在这里是 Text 属性),DisplayFor 返回属性值(代码文件 MVCSampleApp/Views/HTMLHelpers/StronglyTypedMenu.cshtml):

```
@model MVCSampleApp.Models.Menu
@Html.DisplayNameFor(m => m.Text)
<br />
@Html.DisplayFor(m => m.Text)
```

类似地,可以使用 Html.TextBoxFor(m => m.Text),它返回一个允许设置模型的 Text 属性的 input 元素。该方法还使用了添加到 Menu 类型的 Text 属性的注解。Text 属性添加了 Required 和 MaxStringLength 特性,所以 TextBoxFor 方法会返回 data-val-length、data-val-length-max 和

data-val-required 特性:

```
<input data-val="true"
  data-val-length="The field Text must be a string with a maximum length of 50."
  data-val-length-max="50"
  data-val-required="The Text field is required."
  id="FileName_Text" name="Text"
  type="text"
  value="Schweinsbraten mit Knödel und Sauerkraut" />
```

41.6.6 编辑器扩展

除了为每个属性使用至少一个辅助方法外,EditorExtensions 类中的辅助方法还给一个类型的所有属性提供了一个编辑器。

使用与前面相同的 Menu 模型,通过方法 Html.EditorFor(m => m)构建一个用于编辑菜单的完整 UI。该方法调用的结果如图 41-9 所示。

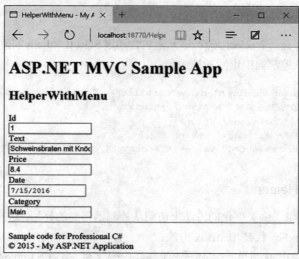

图 41-9

除了使用 Html.EditorFor(m => m),还可以使用 Html.EditorForModel。EditorForModel 方法会使用视图的模型,不需要显式指定模型。EditorFor 在使用其他数据源(例如模型提供的属性)方面更加灵活,EditorForModel 需要添加的参数更少。

41.6.7 实现模板

使用模板是扩展 HTML Helper 的结果的一种好方法。模板是 HTML 辅助方法被隐式或显式使用的一个简单视图,它们存储在特殊的文件夹中。显示模板存储在视图文件夹下的 DisplayTemplates 文件夹中(如 Views/HelperMethods),或者存储在共享文件夹中(如 Shared/DisplayTemplates)。共享文件夹由全部视图使用,特定的视图文件夹则只有该文件夹中的视图可以使用。编辑器模板存储在 EditorTemplates 文件夹中。

现在看一个示例。在 Menu 类型中,Date 属性有一个注解 DataType,其值为 DataType.Date。指定该特性时,DateTime 类型默认并不会显示为日期加时间的形式,而是显示为短日期格式(代码文件 MVCSampleApp/Models/Menu.cs):

```
public class Menu
{
    public int Id { get; set; }
    [Required, StringLength(50)]
    public string Text { get; set; }
    [Display(Name="Price"), DisplayFormat(DataFormatString="{0:c}")]
    public double Price { get; set; }
    [DataType(DataType.Date)]
    public DateTime Date { get; set; }
    [StringLength(10)]
    public string Category { get; set; }
}
```

现在为日期创建了模板。这里使用了长日期字符串格式 D 来返回 Model，将这个日期字符串格式 D 嵌入在 CSS 类为 markRed 的 div 标记内(代码文件 MVCSampleApp/Views/HTMLHelpers/DisplayTemplates/Date.cshtml)：

```
<div class="markRed">
    @string.Format("{0:D}", Model)
</div>
```

CSS 类 markRed 在样式表中定义，用于设置红色(代码文件 MVCSampleApp/wwwroot/styles/Site.css)：

```
.markRed {
    color: #f00;
}
```

现在像 DisplayForModel 这样用于显示的 HTML Helper 可以使用已定义的模板。模型的类型是 Menu，所以 DisplayForModel 方法会显示 Menu 类型的所有属性。对于 Date，它找到模板 Date.cshtml，所以会使用该模板以 CSS 样式显示长日期格式的日期(代码文件 MVCSampleApp/Views/HTMLHelpers/Display.cshtml)：

```
@model MVCSampleApp.Models.Menu
@{
    ViewBag.Title = "Display";
}
<h2>@ViewBag.Title</h2>
@Html.DisplayForModel()
```

如果在同一个视图内，某个类型应该有不同的表示，则可以为模板文件使用其他名称。之后就可以使用 UIHint 特性来指定这个模板的名称，或者使用辅助方法的模板参数指定模板。

41.7 标记辅助程序

ASP.NET MVC 6 提供了一种新技术，可以用来代替 HTML Helper：标记辅助程序。对于标记辅助程序，不要编写混合了 HTML 的 C#代码，而是使用在服务器上解析的 HTML 特性和元素。如今许多 JavaScript 库用自己的特性(如 Angular)扩展了 HTML，所以可以很方便地把自定义的 HTML 特性用于服务器端技术。许多 ASP.NET MVC 标记辅助程序都有前缀 asp-，所以很容易看出在服务器上解析了什么。这些特性不发送给客户端，而是在服务器上解析，生成 HTML 代码。

41.7.1 激活标记辅助程序

要使用 ASP.NET MVC 标记辅助程序，需要调用 addTagHelper 来激活标记。它的第一个参数定义了要使用的类型(*会打开程序集的所有标记辅助程序)；第二个参数定义了标记辅助程序的程序集。使用 removeTagHelper，会再次取消激活标记辅助程序。取消激活标记辅助程序可能很重要，例如不与脚本库发生命名冲突。给内置的标记辅助程序使用 asp-前缀，发生冲突的可能性最小，但如果内置的标记辅助程序与其他的标记辅助程序同名，其他的标记辅助程序有用于脚本库的 HTML 特性，就很容易发生冲突。

为了使标记辅助程序可用于所有的视图，应把 addTagHelper 语句添加到共享文件 _ViewImports.cshtml 中(代码文件 MVCSampleApp/Views/_ViewImports.cshtml)：

```
@addTagHelper *, Microsoft.AspNet.Mvc.TagHelpers
```

41.7.2 使用锚定标记辅助程序

下面从扩展锚元素 a 的标记辅助程序开始。标记辅助程序的示例控制器是 TagHelpersController。Index 动作方法返回一个视图，用来显示锚标记辅助程序(代码文件 MVCSampleApp/Controllers/TagHelpersController.cs)：

```csharp
public class TagHelpersController : Controller
{
  public IActionResult Index() => View();

  // etc.
}
```

锚标记辅助程序定义了 asp-controller 和 asp-action 特性。之后，控制器和动作方法用来建立锚元素的 URL。在第二个和第三个例子中，不需要控制器，因为视图来自相同的控制器(代码文件 MVCSampleApp/Views/TagHelpers/Index.cshtml)：

```html
<a asp-controller="Home" asp-action="Index">Home</a>
<br />
<a asp-action="LabelHelper">Label Tag Helper</a>
<br />
<a asp-action="InputTypeHelper">Input Type Tag Helper</a>
```

以下代码段显示了生成的 HTML 代码。asp-controller 和 asp-action 特性为 a 元素生成了 href 特性。在第一个示例中，为了访问 Home 控制器中的 Index 动作方法，因为它们都是路由定义的默认值，所以结果中只需要指向/的 href。指定 asp-action LabelHelper 时，href 指向/TagHelpers/LabelHelper，即当前控制器中的动作方法 LabelHelper：

```html
<a href="/">Home</a>
<br />
<a href="/TagHelpers/LabelHelper">Label Tag Helper</a>
<br />
<a href="/TagHelpers/InputTypeHelper">Input Type Tag Helper</a>
```

41.7.3 使用标签标记辅助程序

下面的代码段展示了标签标记辅助程序的功能，其中动作方法 LabelHelper 把 Menu 对象传递到视图(代码文件 MVCSampleApp/Controllers/TagHelpersController.cs)：

```csharp
public IActionResult LabelHelper() => View(GetSampleMenu());

private Menu GetSampleMenu() =>
  new Menu
  {
    Id = 1,
    Text = "Schweinsbraten mit Knödel und Sauerkraut",
    Price = 6.9,
    Date = new DateTime(2016, 10, 5),
    Category = "Main"
  };
```

Menu 类应用了一些数据注解，用来影响标记辅助程序的结果。看一看 Text 属性的 Display 特性。它将 Display 特性的 Name 属性设置为 Menu (代码文件 MVCSampleApp/Models/Menu.cs)：

```csharp
public class Menu
{
  public int Id { get; set; }

  [Required, StringLength(50)]
  [Display(Name = "Menu")]
  public string Text { get; set; }

  [Display(Name = "Price"), DisplayFormat(DataFormatString = "{0:C}")]
  public double Price { get; set; }

  [DataType(DataType.Date)]
  public DateTime Date { get; set; }

  [StringLength(10)]
  public string Category { get; set; }
}
```

视图利用了应用于标签控件的 asp-for 特性。用于此特性的值是视图模型的一个属性。在 Visual Studio 2015 中，可以使用智能感知来访问 Text、Price 和 Date 属性(代码文件 MVCSampleApp/Views/TagHelpers/LabelHelper.cshtml)：

```html
@model MVCSampleApp.Models.Menu
@{
  ViewBag.Title = "Label Tag Helper";
}
<h2>@ViewBag.Title</h2>

<label asp-for="Text"></label>
<br/>
<label asp-for="Price"></label>
<br />
```

```html
<label asp-for="Date"></label>
```

在生成的 HTML 代码中,可以看到 for 特性,它引用的元素与属性同名,内容是属性名或 Display 特性的值。还可以使用此特性本地化值:

```html
<label for="Text">Menu</label>
<br/>
<label for="Price">Price</label>
<br />
<label for="Date">Date</label>
```

41.7.4　使用输入标记辅助程序

HTML 标签通常与 input 元素相关。下面的代码段说明了使用 input 元素和标记辅助程序会生成什么:

```html
<label asp-for="Text"></label>
<input asp-for="Text"/>
<br/>
<label asp-for="Price"></label>
<input asp-for="Price" />
<br />
<label asp-for="Date"></label>
<input asp-for="Date" />
```

检查生成的 HTML 代码的结果,会发现 input 类型的标记辅助程序根据属性的类型创建一个 type 特性,它们也应用了 DateType 特性。属性 Price 的类型是 double,得到一个数字输入类型。因为 Date 属性的 DataType 应用了 DataType.Date 值,所以输入类型是日期。此外,还创建了 data-val-length、data-val-length-max 和 data-val-required 特性,用于注解:

```html
<label for="Text">Menu</label>
<input type="text" data-val="true"
  data-val-length=
    "The field Menu must be a string with a maximum length of 50."
  data-val-length-max="50"
  data-val-required="The Menu field is required."
  id="FileName_Text" name="Text"
  value="Schweinsbraten mit Knödel und Sauerkraut" />
<br/>
<label for="Price">Price</label>
<input type="number" data-val="true"
  data-val-required="The Price field is required."
  id="FileName_Price" name="Price" value="6.9" />
<br />
<label for="Date">Date</label>
<input type="date" data-val="true"
  data-val-required="The Date field is required."
  id="FileName_Date" name="Date" value="10/5/2016" />
```

现代浏览器给 HTML 5 输入控件(如日期控件)提供了特别的外观。Microsoft Edge 的输入日期控件如图 41-10 所示。

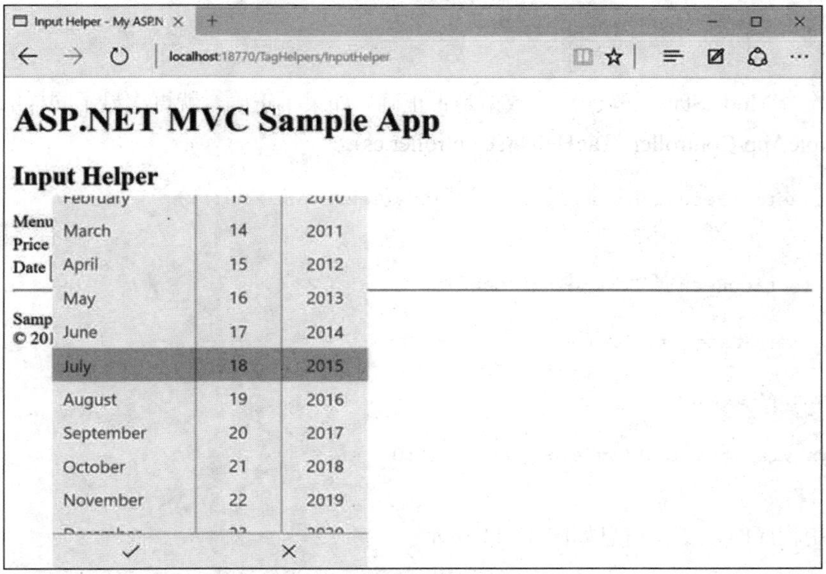

图 41-10

41.7.5 使用表单进行验证

为了把数据发送到服务器，输入字段需要用表单包围起来。表单的标记辅助程序使用 asp-method 和 asp-controller 定义了 action 特性。对于 input 控件，验证信息是由这些控件定义的。需要显示验证错误。为了显示，验证消息标记辅助程序用 asp-validation-for 扩展了 span 元素(代码文件 MVCSampleApp/Views/TagHelpers/FormHelper.cs)：

```
<form method="post" asp-method="FormHelper">
  <input asp-for="Id" hidden="hidden" />
  <hr />
  <label asp-for="Text"></label>
  <div>
    <input asp-for="Text" />
    <span asp-validation-for="Text"></span>
  </div>
  <br />
  <label asp-for="Price"></label>
  <div>
    <input asp-for="Price" />
    <span asp-validation-for="Price"></span>
  </div>
  <br />
  <label asp-for="Date"></label>
  <div>
    <input asp-for="Date" />
    <span asp-validation-for="Date"></span>
  </div>
  <label asp-for="Category"></label>
  <div>
    <input asp-for="Category" />
    <span asp-validation-for="Category"></span>
  </div>
```

```
<input type="submit" value="Submit" />
</form>
```

控制器检查 ModelState，验证接收数据是否正确。如果不正确，就再次显示同样的视图(代码文件 MVCSampleApp/Controllers/TagHelpersController.cs)：

```
public IActionResult FormHelper() => View(GetSampleMenu());

[HttpPost]
public IActionResult FormHelper(Menu m)
{
  if (!ModelState.IsValid)
  {
    return View(m);
  }
  return View("ValidationHelperResult", m);
}
```

运行应用程序时，错误信息如图 41-11 所示。

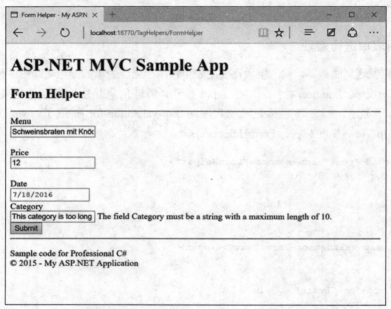

图 41-11

41.7.6 创建自定义标记辅助程序

除了使用预定义的标记辅助程序之外，也可以创建自定义的标记辅助程序。本节建立的示例自定义标记辅助程序扩展了 HTML 表格元素，为列表中的每项显示一行，为每个属性显示一列。

控制器实现了方法 CustomHelper，以返回 Menu 对象的列表(代码文件 MVCSampleApp/Controllers/TagHelpersController.cs)：

```
public IActionResult CustomHelper() => View(GetSampleMenus());

private IList<Menu> GetSampleMenus() =>
  new List<Menu>()
```

```
    {
      new Menu
      {
        Id = 1,
        Text = "Schweinsbraten mit Knödel und Sauerkraut",
        Price = 8.5,
        Date = new DateTime(2016, 10, 5),
        Category = "Main"
      },
      new Menu
      {
        Id = 2,
        Text = "Erdäpfelgulasch mit Tofu und Gebäck",
        Price = 8.5,
        Date = new DateTime(2016, 10, 6),
        Category = "Vegetarian"
      },
      new Menu
      {
        Id = 3,
        Text = "Tiroler Bauerngröst'l mit Spiegelei und Krautsalat",
        Price = 8.5,
        Date = new DateTime(2016, 10, 7),
        Category = "Vegetarian"
      }
    };
```

现在进入标记辅助程序。自定义的实现代码需要这些名称空间：

```
using Microsoft.AspNet.Mvc.Rendering;
using Microsoft.AspNet.Razor.Runtime.TagHelpers;
using System.Collections.Generic;
using System.Linq;
using System.Reflection;
```

自定义标记辅助程序派生自基类 TagHelper。特性 TargetElement 定义了标记辅助程序扩展的 HTML 元素。这个标记辅助程序扩展了 table 元素；因此，字符串"table"被传递给元素的构造函数。使用 Attributes 属性，可以定义一个特性列表，这些特性会分配给标记辅助程序使用的 HTML 元素。这个标记辅助程序使用 items 特性。标记辅助程序可以使用这个语法：<table items="Model"></table>，其中 Model 需要是一个可以迭代的列表。如果创建的标记辅助程序应该用于多个 HTML 元素，那么只需要多次应用特性 TargetElement。为了把 items 特性值自动分配给 Items 属性，特性 HtmlAttributeName 要分配给该属性（代码文件 MVCSampleApp/Extensions/TableTagHelper.cs）：

```
[TargetElement("table", Attributes = ItemsAttributeName)]
public class TableTagHelper : TagHelper
{
  private const string ItemsAttributeName = "items";

  [HtmlAttributeName(ItemsAttributeName)]
  public IEnumerable<object> Items { get; set; }

  // etc.
}
```

标记辅助程序的核心是方法 Process。这个方法需要创建辅助程序返回的 HTML 代码。通过方法 Process 的参数，接收一个 TagHelperContext。这个上下文包含应用了标记辅助程序的 HTML 元素和所有子元素的特性。对于表元素，行和列可能已经定义，可以合并该结果与现有的内容。在示例中，这被忽略了，只是把特性放在结果中。结果需要写入第二个参数：TagHelperOutput 对象。为了创建 HTML 代码，使用 TagBuilder 类型。TagBuilder 帮助通过特性创建 HTML 元素，它还处理元素的关闭。为了给 TagBuilder 添加特性，使用 MergeAttributes 方法。这个方法需要一个包含所有特性名称和值的字典。这个字典使用 LINQ 扩展方法 ToDictionary 创建。在 Where 方法中，提取表元素所有已有的特性，但 items 特性除外。items 特性用于通过标记辅助程序定义项，但以后在客户端不需要它：

```
public override void Process(TagHelperContext context, TagHelperOutput output)
{
  TagBuilder table = new TagBuilder("table");
  table.GenerateId(context.UniqueId, "id");
  var attributes = context.AllAttributes
    .Where(a => a.Name != ItemsAttributeName).ToDictionary(a => a.Name);
  table.MergeAttributes(attributes);
  // etc.
}
```

注意：如果需要在标记辅助程序的实现代码中调用异步方法，可以重写 ProcessAsync 方法而不是 Process 方法。

注意：LINQ 参见第 13 章。

接下来，创建表中的第一行。这一行包含一个 tr 元素，作为 table 元素的子元素，它还为每个属性包含 td 元素。为了获得所有的属性名，调用 First 方法，检索集合的第一个对象。使用反射访问该实例的属性，调用 Type 对象上的 GetProperties 方法，把属性的名称写入 HTML 元素 th 的内部文本：

```
// etc.
var tr = new TagBuilder("tr");
var heading = Items.First();
PropertyInfo[] properties = heading.GetType().GetProperties();
foreach (var prop in properties)
{
  var th = new TagBuilder("th");
  th.InnerHtml.Append(prop.Name);
  th.InnerHtml.AppendHtml(th);
}
table.InnerHtml.AppendHtml(tr);
// etc.
```

注意：反射参见第 16 章。

Process 方法的最后一部分遍历集合的所有项，为每一项创建更多的行(tr)。对于每个属性，添加 td 元素，属性的值写入为内部文本。最后，把所建 table 元素的内部 HTML 代码写到输出：

```
foreach (var item in Items)
{
  tr = new TagBuilder("tr");
  foreach (var prop in properties)
  {
    var td = new TagBuilder("td");
    td.InnerHtml.Append(prop.GetValue(item).ToString());
    td.InnerHtml.AppendHtml(td);
  }
  table.InnerHtml.AppendHtml(tr);
}
output.Content.Append(table.InnerHtml);
```

在创建标记辅助程序之后，创建视图就变得非常简单。定义了模型后，传递程序集的名称，通过 addTagHelper 引用标记辅助程序。使用特性 items 定义一个 HTML 表时，实例化标记辅助程序本身 (代码文件 MVCSampleApp/Views/TagHelpers/CustomHelper.cshtml)：

```
@model IEnumerable<Menu>
@addTagHelper "*, MVCSampleApp"

<table items="Model" class="sample"></table>
```

运行应用程序时，表应该如图 41-12 所示。创建了标记辅助程序后，使用起来很简单。使用 CSS 定义的所有格式仍适用，因为定义的 HTML 表的所有特性仍在生成的 HTML 输出中。

图 41-12

41.8　实现动作过滤器

ASP.NET MVC 在很多方面都可以扩展。可以实现控制器工厂，以搜索和实例化控制器(接口 IControllerFactory)。控制器实现了 IController 接口。使用 IActionInvoker 接口可以找出控制器中的动作方法。使用派生自 ActionMethodSelectorAttribute 的特性类可以定义允许的 HTTP 方法。通过实现 IModelBinder 接口，可以定制将 HTTP 请求映射到参数的模型绑定器。在 41.5.1 节中，使用过 FormCollectionModelBinder 类型。有实现了 IviewEngine 接口的不同视图引擎可供使用。在本章中，使用了 Razor 视图引擎。使用 HTML Helper、标记辅助程序和动作过滤器也可以实现自定义。大多数可以扩展的地方都不在本书讨论范围内，但是由于很可能需要实现或使用动作过滤器，所以下面就加以讨论。

在动作执行之前和之后，都会调用动作过滤器。使用特性可把它们分配给控制器或控制器的动作方法。通过创建派生自基类 ActionFilterAttribute 的类，可以实现动作过滤器。在这个类中，可以重写基类成员 OnActionExecuting、OnActionExecuted、OnResultExecuting 和 OnResultExecuted。OnActionExecuting 在动作方法调用之前调用，OnActionExecuted 在动作方法完成之后调用。之后，在返回结果前，调用 OnResultExecuting 方法，最后调用 OnResultExecuted 方法。

在这些方法内，可以访问 Request 对象来检索调用者信息。然后根据浏览器决定执行某些操作、访问路由信息、动态修改视图结果等。下面的代码段访问路由信息中的变量 language。为把此变量添加到路由中，可以把路由修改为如 41.2 节所示。用路由信息添加 language 变量后，可以使用 RouteData.Values 访问 URL 中提供的值，如下面的代码段所示。可以根据得到的值，为用户修改区域性：

```
public class LanguageAttribute : ActionFilterAttribute
{
  private string _language = null;
  public override void OnActionExecuting(ActionExecutingContext filterContext)
  {
    _language = filterContext.RouteData.Values["language"] == null ?
      null : filterContext.RouteData.Values["language"].ToString();
    //…
  }
  public override void OnResultExecuting(ResultExecutingContext filterContext)
  {
  }
}
```

注意：第 28 章讨论了全球化和本地化、区域性设置及其他区域信息。

使用创建的动作过滤器特性类，可以把该特性应用到一个控制器，如下面的代码段所示。对类应用特性后，在调用每个动作方法时，都会调用特性类的成员。另外，也可以把特性应用到一个动作方法，此时只有调用该动作方法时才会调用特性类的成员。

```
[Language]
public class HomeController : Controller
{
```

ActionFilterAttribute 实现了几个接口：IActionFilter、IAsyncActionFilter、IResultFilter、IAsyncResultFilter、IFilter 和 IOrderedFilter。

ASP.NET MVC 包含一些预定义的动作过滤器，例如需要 HTTPS、授权调用程序、处理错误或缓存数据的过滤器。

使用特性 Authorize 的内容参见本章后面的 41.10 节。

41.9 创建数据驱动的应用程序

在讨论完 ASP.NET MVC 的基础知识后，创建一个使用 ADO.NET Entity Framework 的数据驱动的应用程序。该应用程序使用了 ASP.NET MVC 提供的功能和数据访问功能。

注意：第 38 章详细讨论了 ADO.NET Entity Framework。

示例应用程序 MenuPlanner 用于维护数据库中存储的饭店菜单条目。数据库条目的维护只应该由经过身份验证的账户完成。但是，未经身份验证的用户应该能够浏览菜单。

这个项目首先选择 ASP.NET Core 1.0 Web Application 模板。对于身份验证，选择默认选项 Individual User Accounts。这个项目模板给 ASP.NET MVC 和控制器添加了几个文件夹，包括 HomeController、AccountController。另外还添加了几个脚本库。

41.9.1 定义模型

首先在 Models 目录中定义一个模型。该模型使用 ADO.NET Entity Framework 创建。MenuCard 类型定义了一些属性和与一组菜单的关系(代码文件 MenuPlanner/Models/MenuCard.cs)：

```
public class MenuCard
{
 public int Id { get; set; }
 [MaxLength(50)]
 public string Name { get; set; }
 public bool Active { get; set; }
 public int Order { get; set; }
 public virtual List<Menu> Menus { get; set; }
}
```

在 MenuCard 中引用的菜单类型由 Menu 类定义(代码文件 MenuPlanner/Models/Menu.cs)：

```
public class Menu
{
 public int Id { get; set; }
 public string Text { get; set; }
 public decimal Price { get; set; }
 public bool Active { get; set; }
 public int Order { get; set; }
 public string Type { get; set; }
 public DateTime Day { get; set; }
 public int MenuCardId { get; set; }
 public virtual MenuCard MenuCard { get; set; }
}
```

数据库连接以及 Menu 和 MenuCard 类型的设置由 MenuCardsContext 管理。上下文使用 ModelBuilder 指定 Menu 类型的 Text 属性不能是 null,其最大长度是 50(代码文件 MenuPlanner/Models/MenuCardsContext.cs):

```csharp
public class MenuCardsContext : DbContext
{
  public DbSet<Menu> Menus { get; set; }
  public DbSet<MenuCard> MenuCards { get; set; }

  protected override void OnModelCreating(ModelBuilder modelBuilder)
  {
    modelBuilder.Entity<Menu>().Property(p => p.Text)
      .HasMaxLength(50).IsRequired();
    base.OnModelCreating(modelBuilder);
  }
}
```

Web 应用程序的启动代码定义了 MenuCardsContext,用作数据上下文,从配置文件中读取连接字符串(代码文件 MenuPlanner/Startup.cs):

```csharp
public IConfiguration Configuration { get; set; }

public void ConfigureServices(IServiceCollection services)
{
  // Add Entity Framework services to the services container.
  services.AddEntityFramework()
        .AddSqlServer()
        .AddDbContext<ApplicationDbContext>(options =>
          options.UseSqlServer(
            Configuration["Data:DefaultConnection:ConnectionString"]))
        .AddDbContext<MenuCardsContext>(options =>
          options.UseSqlServer(
            Configuration["Data:MenuCardConnection:ConnectionString"]));

  // etc.
}
```

在配置文件中,添加 MenuCardConnection 连接字符串。这个连接字符串引用 Visual Studio 2015 附带的 SQL 实例。当然,也可以改变它,把这个连接字符串添加到 SQL Azure 中(代码文件 MenuPlanner/appsettings.json):

```json
{
  "Data": {
    "DefaultConnection": {
      "ConnectionString": "Server=(localdb)\\mssqllocaldb;
        Database=aspnet5-MenuPlanner-4d3d9092-b53f-4162-8627-f360ef6b2aa8;
        Trusted_Connection=True;MultipleActiveResultSets=true"
    },
    "MenuCardConnection": {
      "ConnectionString": "Server=(localdb)\\mssqllocaldb;Database=MenuCards;
        Trusted_Connection=True;MultipleActiveResultSets=true"
    }
  },
```

```
    // etc.
}
```

41.9.2 创建数据库

可以使用 Entity Framework 命令创建代码来创建数据库。在命令提示符中，使用.NET Core Command Line (CLI)和 ef 命令创建代码，来自动创建数据库。使用命令提示符时，必须把当前文件夹设置为 project.json 文件所在的目录：

```
>dotnet ef migrations add InitMenuCards --context MenuCardsContext
```

 注意：dotnet 工具参见第 1 章和第 17 章。

因为这个项目定义了多个数据上下文(MenuCardsContext 和 ApplicationDbContext)，所以需要用 --context 指定数据上下文。ef 命令在项目结构中创建一个 Migrations 文件夹，InitMenuCards 类使用 Up 方法来创建数据库表，使用 Down 方法再次删除更改(代码文件 MenuPlanner/Migrations/[date]InitMenuCards.cs)：

```csharp
public partial class InitMenuCards : Migration
{
  public override void Up(MigrationBuilder migrationBuilder)
  {
    migrationBuilder.CreateTable(
      name: "MenuCard",
      columns: table => new
      {
        Id = table.Column<int>(nullable: false)
          .Annotation("SqlServer:ValueGenerationStrategy",
            SqlServerValueGenerationStrategy.IdentityColumn),
        Active = table.Column<bool>(nullable: false),
        Name = table.Column<string>(nullable: true),
        Order = table.Column<int>(nullable: false)
      },
      constraints: table =>
      {
        table.PrimaryKey("PK_MenuCard", x => x.Id);
      });
    migrationBuilder.CreateTable(
      name: "Menu",
      columns: table => new
      {
        Id = table.Column<int>(nullable: false)
          .Annotation("SqlServer:ValueGenerationStrategy",
            SqlServerValueGenerationStrategy.IdentityColumn),
        Active = table.Column<bool>(nullable: false),
        Day = table.Column<DateTime>(nullable: false),
        MenuCardId = table.Column<int>(nullable: false),
        Order = table.Column<int>(nullable: false),
        Price = table.Column<decimal>(nullable: false),
        Text = table.Column<string>(nullable: false),
```

```
      Type = table.Column<string>(nullable: true)
    },
    constraints: table =>
    {
      table.PrimaryKey("PK_Menu", x => x.Id);
      table.ForeignKey(
        name: "FK_Menu_MenuCard_MenuCardId",
        column: x => x.MenuCardId,
        principalTable: "MenuCard",
        principalColumn: "Id",
        onDelete: RefeerentialAction.Cascade);
    });
}
public override void Down(MigrationBuilder migration)
{
  migration.DropTable("Menu");
  migration.DropTable("MenuCard");
}
}
```

现在只需要一些代码来启动迁移过程，用最初的样本数据填充数据库。MenuCardDatabase-Initializer 在 Database 属性返回的 DatabaseFacade 对象上调用扩展方法 MigrateAsync，应用迁移过程。这又反过来检查与连接字符串关联的数据库版本是否与迁移指定的数据库相同。如果版本不同，就需要调用 Up 方法得到相同的版本。此外，创建一些 MenuCard 对象，存储在数据库中(代码文件 MenuPlanner/Models/MenuCardDatabaseInitializer.cs)：

```
using Microsoft.EntityFrameworkCore;
using System.Linq;
using System.Threading.Tasks;

namespace MenuPlanner.Models
{
  public class MenuCardDatabaseInitializer
  {
    private static bool _databaseChecked = false;

    public MenuCardDatabaseInitializer(MenuCardsContext context)
    {
      _context = context;
    }
    private MenuCardsContext _context;

    public async Task CreateAndSeedDatabaseAsync()
    {
      if (!_databaseChecked)
      {
        _databaseChecked = true;

        await _context.Database.MigrateAsync();

        if (_context.MenuCards.Count() == 0)
        {
          _context.MenuCards.Add(
```

```
          new MenuCard { Name = "Breakfast", Active = true, Order = 1 });
        _context.MenuCards.Add(
          new MenuCard { Name = "Vegetarian", Active = true, Order = 2 });
        _context.MenuCards.Add(
          new MenuCard { Name = "Steaks", Active = true, Order = 3 });
      }

      await _context.SaveChangesAsync();
    }
  }
}
```

有了数据库和模型,就可以创建服务了。

41.9.3 创建服务

在创建服务之前,创建了接口 IMenuCardsService,它定义了服务所需的所有方法(代码文件 MenuPlanner/Services/IMenuCardsService.cs):

```
using MenuPlanner.Models;
using System.Collections.Generic;
using System.Threading.Tasks;

namespace MenuPlanner.Services
{
  public interface IMenuCardsService
  {
    Task AddMenuAsync(Menu menu);
    Task DeleteMenuAsync(int id);
    Task<Menu> GetMenuByIdAsync(int id);
    Task<IEnumerable<Menu>> GetMenusAsync();
    Task<IEnumerable<MenuCard>> GetMenuCardsAsync();
    Task UpdateMenuAsync(Menu menu);
  }
}
```

服务类 MenuCardsService 实现了返回菜单和菜单卡的方法,并创建、更新和删除菜单(代码文件 MenuPlanner/Services/MenuCardsService.cs):

```
using MenuPlanner.Models;
using Microsoft.EntityFrameworkCore
using System.Collections.Generic;
using System.Linq;
using System.Threading.Tasks;

namespace MenuPlanner.Services
{
  public class MenuCardsService : IMenuCardsService
  {
    private MenuCardsContext _menuCardsContext;
    public MenuCardsService(MenuCardsContext menuCardsContext)
    {
      _menuCardsContext = menuCardsContext;
```

```csharp
    }

    public async Task<IEnumerable<Menu>> GetMenusAsync()
    {
      await EnsureDatabaseCreated();

      var menus = _menuCardsContext.Menus.Include(m => m.MenuCard);
      return await menus.ToArrayAsync();
    }

    public async Task<IEnumerable<MenuCard>> GetMenuCardsAsync()
    {
      await EnsureDatabaseCreated();

      var menuCards = _menuCardsContext.MenuCards;
      return await menuCards.ToArrayAsync();
    }

    public async Task<Menu> GetMenuByIdAsync(int id)
    {
      return await _menuCardsContext.Menus.SingleOrDefaultAsync(
        m => m.Id == id);
    }

    public async Task AddMenuAsync(Menu menu)
    {
      _menuCardsContext.Menus.Add(menu);
      await _menuCardsContext.SaveChangesAsync();
    }

    public async Task UpdateMenuAsync(Menu menu)
    {
      _menuCardsContext.Entry(menu).State = EntityState.Modified;
      await _menuCardsContext.SaveChangesAsync();
    }

    public async Task DeleteMenuAsync(int id)
    {
      Menu menu = _menuCardsContext.Menus.Single(m => m.Id == id);

      _menuCardsContext.Menus.Remove(menu);
      await _menuCardsContext.SaveChangesAsync();
    }

    private async Task EnsureDatabaseCreated()
    {
      var init = new MenuCardDatabaseInitializer(_menuCardsContext);
      await init.CreateAndSeedDatabaseAsync();
    }
  }
}
```

为了使服务可用于依赖注入，使用 AddScoped 方法在服务集合中注册服务(代码文件 MenuPlanner/Startup.cs)：

```
public void ConfigureServices(IServiceCollection services)
{
  // etc.
  services.AddScoped<IMenuCardsService, MenuCardsService>();
  // etc.
}
```

41.9.4 创建控制器

ASP.NET MVC 提供搭建功能来创建控制器,以直接访问数据库。为此,可以在 Solution Explorer 中选择 Controllers 文件夹,并从上下文菜单中选择 Add | Controller。打开 Add Scaffold 对话框。在该对话框中,可以使用 Entity Framework 选择 MVC 6 Controller 视图。单击 Add 按钮,打开 Add Controller 对话框,如图 41-13 所示。使用此对话框,可以选择 Menu 模型类和 Entity Framework 数据上下文 MenuCardsContext,配置为生成视图,给控制器指定一个名称。用视图创建控制器,查看生成的代码,包括视图。

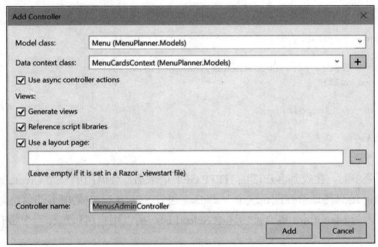

图 41-13

图书示例不直接在控制器中使用数据上下文,而是把一个服务放在其中。这样做提供了更多的灵活性。可以在不同的控制器中使用服务,还可以在服务中使用服务,如 ASP.NET Web API。

注意:ASP.NET Web API 参见第 42 章。

在下面的示例代码中,ASP.NET MVC 控制器通过构造函数注入来注入菜单卡服务(代码文件 MenuPlanner/Controllers/MenuAdminController.cs):

```
public class MenuAdminController : Controller
{
  private readonly IMenuCardsService _service;
  public MenuAdminController(IMenuCardsService service)
  {
    _service = service;
  }
```

```
    // etc.
}
```

只有当控制器通过 URL 来引用而没有传递动作方法时，才默认调用 Index 方法。这里，会创建数据库中所有的 Menu 项，并传递到 Index 视图。Details 方法传递在服务中找到的菜单，返回 Details 视图。注意错误处理。在没有把 ID 传递给 Details 方法时，使用基类的 HttpBadRequest 方法返回 HTTP Bad Request 错误(400 错误响应)。如果在数据库中没有找到菜单 ID，就通过 HttpNotFound 方法返回 HTTP Not Found 错误(404 错误响应)：

```
public async Task<IActionResult> Index()
{
  return View(await _service.GetMenusAsync());
}

public async Task<IActionResult> Details(int? id = 0)
{
  if (id == null)
  {
    return HttpBadRequest();
  }
  Menu menu = await _service.GetMenuByIdAsync(id.Value);
  if (menu == null)
  {
    return HttpNotFound();
  }
  return View(menu);
}
```

用户创建新菜单时，在收到客户端的 HTTP GET 请求后，会调用第一个 Create 方法。在这个方法中，把 ViewBag 信息传递给视图。这个 ViewBag 包含 SelectList 中菜单卡的信息。SelectList 允许用户选择一项。因为 MenuCard 集合被传递给 SelectList，所以用户可以选择一个带有新建菜单的菜单卡。

```
public async Task<IActionResult> Create()
{
  IEnumerable<MenuCard> cards = await _service.GetMenuCardsAsync();
  ViewBag.MenuCardId = new SelectList(cards, "Id", "Name");
  return View();
}
```

 注意：要使用 SelectList 类型，必须给项目添加 NuGet 包 Microsoft.AspNet.Mvc.ViewFeatures。

在用户填写表单并把带有新菜单的表单提交到服务器时，在 HTTP POST 请求中调用第二个 Create 方法。这个方法使用模型绑定，把表单数据传递给 Menu 对象，并将 Menu 对象添加到数据上下文中，向数据库写入新创建的菜单：

```
[HttpPost]
```

```csharp
[ValidateAntiForgeryToken]
public async Task<ActionResult> Create(
  [Bind("Id","MenuCardId", "Text", "Price", "Active", "Order", "Type", "Day")]
  Menu menu)
{
  if (ModelState.IsValid)
  {
    await _service.AddMenuAsync(menu);
    return RedirectToAction("Index");
  }

  IEnumerable<MenuCard> cards = await _service.GetMenuCardsAsync();
  ViewBag.MenuCards = new SelectList(cards, "Id", "Name");
  return View(menu);
}
```

为了编辑菜单卡,定义了两种动作方法 Edit,一个用于 GET 请求,另一个用于 POST 请求。第一个 Edit 方法返回一个菜单项;第二个 Edit 方法在模型绑定成功后调用服务的 UpdateMenuAsync 方法:

```csharp
public async Task<IActionResult> Edit(int? id)
{
  if (id == null)
  {
    return HttpBadRequest();
  }

  Menu menu = await _service.GetMenuByIdAsync(id.Value);
  if (menu == null)
  {
    return HttpNotFound();
  }

  IEnumerable<MenuCard> cards = await _service.GetMenuCardsAsync();
  ViewBag.MenuCards = new SelectList(cards, "Id", "Name", menu.MenuCardId);
  return View(menu);
}

[HttpPost]
[ValidateAntiForgeryToken]
public async Task<IActionResult> Edit(
    [Bind("Id", "MenuCardId", "Text", "Price", "Order", "Type", "Day")]
    Menu menu)
{
  if (ModelState.IsValid)
  {
    await _service.UpdateMenuAsync(menu);
    return RedirectToAction("Index");
  }

  IEnumerable<MenuCard> cards = await _service.GetMenuCardsAsync();
  ViewBag.MenuCards = new SelectList(cards, "Id", "Name", menu.MenuCardId);
  return View(menu);
}
```

控制器的实现的最后一部分包括 Delete 方法。因为这两个方法有相同的参数(这在 C#中是不可能的)，所以第二个方法的名称是 DeleteConfirmed。第二个方法可以在第一个 Delete 方法所在的 URL 链接中访问，但是它用 HTTP POST 访问，而不是用 ActionName 特性的 GET。该方法调用服务的 DeleteMenuAsync 方法：

```csharp
public async Task<IActionResult> Delete(int? id)
{
  if (id == null)
  {
    return HttpBadRequest();
  }
  Menu menu = await _service.GetMenuByIdAsync(id.Value);
  if (menu == null)
  {
    return HttpNotFound();
  }
  return View(menu);
}

[HttpPost, ActionName("Delete")]
[ValidateAntiForgeryToken]
public async Task<IActionResult> DeleteConfirmed(int id)
{
  Menu menu = await _service.GetMenuByIdAsync(id);
  await _service.DeleteMenuAsync(menu.Id);
  return RedirectToAction("Index");
}
```

41.9.5 创建视图

现在该创建视图了。视图在文件夹 Views/MenuAdmin 中创建。要创建视图，可以在 Solution Explorer 中选择 MenuAdmin 文件夹，并从上下文菜单中选择 Add | View。这将打开 Add View 对话框，如图 41-14 所示。使用此对话框可以选择 List、Details、Create、Edit、Delete 模板，安排相应的 HTML 元素。在这个对话框中选择的 Model 类定义了视图基于的模型。

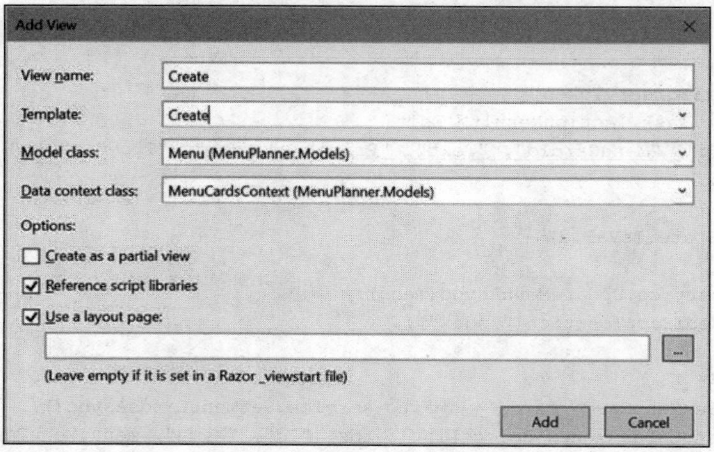

图 41-14

Index 视图定义了一个 HTML 表，它把 Menu 集合作为模型。对于表头元素，使用带有 Tag Helper asp-for 的 HTML 元素标签来访问用于显示的属性名称。为了显示项，菜单集合使用@foreach 迭代，每个属性值用输入元素的标记辅助程序来访问。锚元素的标记辅助程序为 Edit、Details 和 Delete 页面创建链接(代码文件 MenuPlanner/Views/MenuAdmin/Index.cshtml)：

```
@model IList<MenuPlanner.Models.Menu>
@{
    ViewBag.Title = "Index";
}
<h2>@ViewBag.Title</h2>
<p>
    <a asp-action="Create">Create New</a>
</p>
@if (Model.Count() > 0)
{
  <table>
    <tr>
      <th>
        <label asp-for="@Model[0].MenuCard.Item"></label>
      </th>
      <th>
        <label asp-for="@Model[0].Text"></label>
      </th>
      <th>
        <label asp-for="Model[0].Day"></label>
      </th>
    </tr>
    @foreach (var item in Model)
    {
      <tr>
        <td>
          <input asp-for="@item.MenuCard.Name" readonly="readonly"
            disabled="disabled" />
        </td>
        <td>
          <input asp-for="@item.Text" readonly="readonly"
            disabled="disabled" />
        </td>
        <td>
          <input asp-for="@item.Day" asp-format="{0:yyyy-MM-dd}"
            readonly="readonly" disabled="disabled" />
        </td>
        <td>
          <a asp-action="Edit" asp-route-id="@item.Id">Edit</a>
          <a asp-action="Details" asp-route-id="@item.Id">Details</a>
          <a asp-action="Delete" asp-route-id="@item.Id">Delete</a>
        </td>
      </tr>
    }
  </table>
}
```

在 MenuPlanner 项目中，MenuAdmin 控制器的第二个视图是 Create 视图。HTML 表单使用

asp-action 标记辅助程序来引用控制器的 Create 动作方法。用 asp-controller 辅助程序引用控制器不是必要的，因为动作方法与视图位于相同的控制器中。表单内容使用标签和输入元素的标记辅助程序建立。标签的 asp-for 辅助程序返回属性的名称；输入元素的 asp-for 辅助程序返回其值(代码文件 MenuPlanner/Views/MenuAdmin/Create.cshtml)：

```
@model MenuPlanner.Models.Menu
@{
    ViewBag.Title = "Create";
}

<h2>@ViewBag.Title</h2>

<form asp-action="Create" method="post">
  <div class="form-horizontal">
    <h4>Menu</h4>
    <hr />
    <div asp-validation-summary="ValidationSummary.All" style="color:blue"
      id="FileName_validation_day" class="form-group">
      <span style="color:red">Some error occurred</span>
    </div>

    <div class="form-group">
      <label asp-for="@Model.MenuCardId" class="control-label col-md2"></label>
      <div class="col-md-10">
        <select asp-for="@(Model.MenuCardId)"
          asp-items="@((IEnumerable<SelectListItem>)ViewBag.MenuCards)"
          size="2" class="form-control">
          <option value="" selected="selected">Select a menu card</option>
        </select>
      </div>
    </div>
    <div class="form-group">
      <label asp-for="Text" class="control-label col-md-2"></label>
      <div class="col-md-10">
        <input asp-for="Text" />
      </div>
    </div>
    <div class="form-group">
      <label asp-for="Price" class="control-label col-md-2"></label>
      <div class="col-md-10">
        <input asp-for="Price" />
        <span asp-validation-for="Price">Price of the menu</span>
      </div>
    </div>
    <div class="form-group">
      <label asp-for="Day" class="control-label col-md-2"></label>
      <div class="col-md-10">
        <input asp-for="Day" />
        <span asp-validation-for="Day">Date of the menu</span>
      </div>
    </div>
    <div class="form-group">
      <div class="col-md-offset-2 col-md-10">
        <input type="submit" value="Create" class="btn btn-default" />
```

```
      </div>
    </div>
  </div>
</form>
<a asp-action="Index">Back</a>
```

其他视图的创建与前面所示的视图类似,因此这里不作介绍。只需要从可下载的代码中获得视图即可。

现在可以使用应用程序在现有的菜单卡中添加和编辑菜单。

41.10 实现身份验证和授权

身份验证和授权是 Web 应用程序的重要方面。如果网站或其中一部分不应公开,那么用户就必须获得授权。对于用户的身份验证,在创建 ASP.NET Web 应用程序时可以使用不同的选项(参见图 41-15): No Authentication、Individual User Accounts、Work And School Accounts。Windows Authentication 选项不可用于 ASP .NET Core 1。

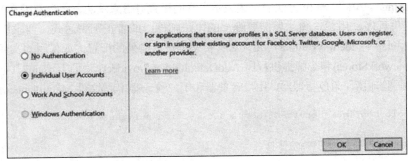

图 41-15

对于 Work And School Accounts,可以从云中选择 Active Directory,进行身份验证。

使用 Individual User Accounts 时,可以在一个 SQL Server 数据库中存储用户配置文件。用户可以注册和登录,也可以使用 Facebook、Twitter、Google 和 Microsoft 中现有的账户。

41.10.1 存储和检索用户信息

为了管理用户,需要把用户信息添加到库中。IdentityUser 类型(名称空间 Microsoft.AspNet.Identity.EntityFramework)定义了一个名称,列出了角色、登录名和声明。用来创建 MenuPlanner 应用程序的 Visual Studio 模板创建了一些明显的代码来保存用户:类 ApplicationUser 是项目的一部分,派生自基类 IdentityUser(名称空间 Microsoft.AspNet.Identity.EntityFramework)。ApplicationUser 默认为空,但是可以添加需要的用户信息,这些信息存储在数据库中(代码文件 MenuPlanner/Models/IdentityModels.cs):

```
public class ApplicationUser : IdentityUser
{
}
```

数据库连接通过 IdentityDbContext<TUser>类型建立。这是一个泛型类,派生于 DbContext,因此使用了 Entity Framework。IdentityDbContext<TUser>类型定义了 IDbSet<TEntity>类型的 Roles 和 Users 属性。IDbSet<TEntity>类型定义了到数据库表的映射。为了方便起见，创建 ApplicationDbContext，把 ApplicationUser 类型定义为 IdentityDbContext 类的泛型类型：

```
public class ApplicationDbContext : IdentityDbContext<ApplicationUser>
{
  protected override void OnModelCreating(ModelBuilder builder)
  {
    base.OnModelCreating(builder);
  }
}
```

41.10.2 启动身份系统

数据库连接通过启动代码中的依赖注入服务集合来注册。类似于前面创建的 MenuCardsContext，ApplicationDbContext 被配置为使用 SQL Server 和 config 文件中的连接字符串。身份服务本身使用扩展方法 AddIdentity 注册。AddIdentity 方法映射身份服务所使用的用户和角色类的类型。类 ApplicationUser 是前面提到的源自 IdentityUser 的类；IdentityRole 是基于字符串的角色类，派生自 IdentityRole<string>。AddIdentity 方法的重载版本允许的配置身份系统的方式有双因素身份验证；电子邮件令牌提供程序；用户选项，如需要唯一的电子邮件；或者正则表达式，要求用户名匹配。AddIdentity 返回一个 IdentityBuilder，允许对身份系统进行额外的配置，如使用的实体框架上下文(AddEntityFrameworkStores)和令牌提供程序(AddDefaultTokenProviders)。可以添加的其他提供程序则用于错误、密码验证器、角色管理器、用户管理器和用户验证器(代码文件 MenuPlanner/Startup.cs)：

```
public void ConfigureServices(IServiceCollection services)
{
  services.AddEntityFramework()
    .AddSqlServer()
    .AddDbContext<ApplicationDbContext>(options =>
      options.UseSqlServer(
        Configuration["Data:DefaultConnection:ConnectionString"]))
    .AddDbContext<MenuCardsContext>(options =>
      options.UseSqlServer(
        Configuration["Data:MenuCardConnection:ConnectionString"]));

  services.AddIdentity<ApplicationUser, IdentityRole>()
    .AddEntityFrameworkStores<ApplicationDbContext>()
    .AddDefaultTokenProviders();

  services.Configure<FacebookAuthenticationOptions>(options =>
  {
    options.AppId = Configuration["Authentication:Facebook:AppId"];
    options.AppSecret = Configuration["Authentication:Facebook:AppSecret"];
  });

  services.Configure<MicrosoftAccountAuthenticationOptions>(options =>
  {
    options.ClientId =
      Configuration["Authentication:MicrosoftAccount:ClientId"];
    options.ClientSecret =
      Configuration["Authentication:MicrosoftAccount:ClientSecret"];
```

```
    });

    // etc.
}
```

41.10.3 执行用户注册

现在进入为注册用户而生成的代码。功能的核心在 AccountController 类中。控制器类应用了 Authorize 特性，它将所有的动作方法限制为通过身份验证的用户。构造函数接收一个用户管理器、登录管理器和通过依赖注入的数据库上下文。电子邮件和 SMS 发送方用于双因素身份验证。如果没有实现生成代码中的空 AuthMessageSender 类，就可以删除 IEmailSender 和 ISmsSender 的注入(代码文件 MenuPlanner/Controllers/AccountController.cs)：

```
[Authorize]
public class AccountController : Controller
{
  private readonly UserManager<ApplicationUser> _userManager;
  private readonly SignInManager<ApplicationUser> _signInManager;
  private readonly IEmailSender _emailSender;
  private readonly ISmsSender _smsSender;
  private readonly ApplicationDbContext _applicationDbContext;
  private static bool _databaseChecked;

  public AccountController(
    UserManager<ApplicationUser> userManager,
    SignInManager<ApplicationUser> signInManager,
    IEmailSender emailSender,
    ISmsSender smsSender,
    ApplicationDbContext applicationDbContext)
  {
    _userManager = userManager;
    _signInManager = signInManager;
    _emailSender = emailSender;
    _smsSender = smsSender;
    _applicationDbContext = applicationDbContext;
  }
```

要注册用户，应定义 RegisterViewModel。这个模型定义了用户在注册时需要输入什么数据。在生成的代码中，这个模型只需要电子邮件、密码和确认密码(必须与密码相同)。如果想获得更多的用户信息，可以根据需要添加属性(代码文件 MenuPlanner/Models/AccountViewModels.cs)：

```
public class RegisterViewModel
{
  [Required]
  [EmailAddress]
  [Display(Name = "Email")]
  public string Email { get; set; }

  [Required]
  [StringLength(100, ErrorMessage =
    "The {0} must be at least {2} characters long.", MinimumLength = 6)]
  [DataType(DataType.Password)]
  [Display(Name = "Password")]
```

```csharp
  public string Password { get; set; }

  [DataType(DataType.Password)]
  [Display(Name = "Confirm password")]
  [Compare("Password", ErrorMessage = 
    "The password and confirmation password do not match.")]
  public string ConfirmPassword { get; set; }
}
```

用户注册对于未经过身份验证的用户也必须可用。这就是为什么 AllowAnonymous 特性应用于 AccountController 的 Register 方法的原因。这会否决这些方法的 Authorize 特性。Register 方法的 HTTP POST 变体接收 RegisterViewModel 对象，通过调用方法 _userManager.CreateAsync 把 ApplicationUser 写入数据库。用户成功创建后，通过 _signInManager.SignInAsync 登录(代码文件 MenuPlanner/Controllers/AccountController.cs)：

```csharp
[HttpGet]
[AllowAnonymous]
public IActionResult Register()
{
  return View();
}

[HttpPost]
[AllowAnonymous]
[ValidateAntiForgeryToken]
public async Task<IActionResult> Register(RegisterViewModel model)
{
  EnsureDatabaseCreated(_applicationDbContext);
  if (ModelState.IsValid)
  {
    var user = new ApplicationUser
    {
      UserName = model.Email,
      Email = model.Email
    };
    var result = await _userManager.CreateAsync(user, model.Password);
    if (result.Succeeded)
    {
      await _signInManager.SignInAsync(user, isPersistent: false);
      return RedirectToAction(nameof(HomeController.Index), "Home");
    }
    AddErrors(result);
  }

  // If we got this far, something failed, redisplay form
  return View(model);
}
```

现在视图(代码文件 MenuPlanner/Views/Account/Register.cshtml)只需要用户的信息。图 41-16 显示要求用户提供信息的对话框。

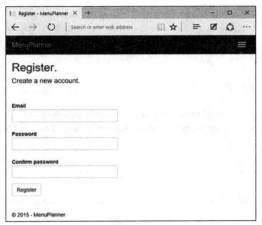

图 41-16

41.10.4 设置用户登录

用户注册时,在注册成功后,会直接开始登录。LoginViewModel 模型定义了 UserName、Password 和 RememberMe 属性——用户登录时要求提供的信息。这个模型有一些注解与 HTML 辅助程序一起使用(代码文件 MenuPlanner/Models/AccountViewModels.cs):

```
public class LoginViewModel
{
  [Required]
  [EmailAddress]
  public string Email { get; set; }

  [Required]
  [DataType(DataType.Password)]
  public string Password { get; set; }

  [Display(Name = "Remember me?")]
  public bool RememberMe { get; set; }
}
```

为了登录已注册的用户,需要调用 AccountController 的 Login 方法。用户输入登录信息后,就使用登录管理器通过 PasswordSignInAsync 验证登录信息。如果登录成功,用户就重定向到最初请求的页面。如果登录失败了,会返回同样的视图,再给用户提供一个选项,以正确输入用户名和密码(代码文件 MenuPlanner/Controllers/AccountController.cs):

```
[HttpGet]
[AllowAnonymous]
public IActionResult Login(string returnUrl = null)
{
  ViewData["ReturnUrl"] = returnUrl;
  return View();
}

[HttpPost]
[AllowAnonymous]
[ValidateAntiForgeryToken]
```

```
public async Task<IActionResult> Login(LoginViewModel model,
  string returnUrl = null)
{
  EnsureDatabaseCreated(_applicationDbContext);
  ViewData["ReturnUrl"] = returnUrl;
  if (ModelState.IsValid)
  {
    var result = await _signInManager.PasswordSignInAsync(
      model.Email, model.Password, model.RememberMe, lockoutOnFailure: false);
    if (result.Succeeded)
    {
      return RedirectToLocal(returnUrl);
    }
    if (result.RequiresTwoFactor)
    {
      return RedirectToAction(nameof(SendCode),
        new { ReturnUrl = returnUrl, RememberMe = model.RememberMe });
    }
    if (result.IsLockedOut)
    {
      return View("Lockout");
    }
    else
    {
      ModelState.AddModelError(string.Empty, "Invalid login attempt.");
      return View(model);
    }
  }
  return View(model);
}
```

41.10.5 验证用户的身份

有了身份验证的基础设施，就很容易使用 Authorize 特性注解控制器或动作方法，要求用户进行身份验证。把这个特性应用到类上需要为类的每一个动作方法指定角色。如果不同的动作方法有不同的授权要求，Authorize 特性也可以应用于动作方法。使用这个特性，会验证调用者是否已经获得授权(检查授权 cookie)。如果调用者还没有获得授权，就返回一个 401 HTTP 状态代码，并重定向到登录动作。

应用特性 Authorize 时如果没有设置参数，那么就需要用户通过身份验证。为了拥有更多的控制，可以把角色赋予 Roles 属性，指定只有特定的用户角色才可以访问动作方法，如下面的代码段所示：

```
[Authorize(Roles="Menu Admins")]
public class MenuAdminController : Controller
{
```

还可以使用 Controller 基类的 User 属性访问用户信息，允许更动态地批准或拒绝用户。例如，根据传递的参数值，要求不同的角色。

 注意： 用户身份验证和其他安全信息参见第 24 章。

41.11 小结

本章介绍了一种使用 ASP.NET MVC 6 框架的最新 Web 技术。这提供了一个健壮的结构，非常适合需要恰当地进行单元测试的大型应用程序。通过本章可以看到，使用 ASP.NET MVC 6 时，提供高级功能十分简单，其逻辑结构和功能的分离使代码很容易理解和维护。

下一章继续讨论 ASP.NET Core，但重点是以 ASP.NET Web API 的形式与服务通信。

第42章

ASP.NET Web API

本章要点
- ASP.NET Web API 概述
- 创建 Web API 控制器
- 使用存储库和依赖注入
- 调用 REST API 创建.NET 客户端
- 在服务中使用 Entity Framework
- 使用 Swagger 创建元数据
- 使用 OData

本章源代码下载地址(wrox.com):

打开网页 http://www.wrox.com/go/professionalcsharp6,单击 Download Code 选项卡即可下载本章源代码。本章代码分为以下几个主要的示例文件:
- 图书服务示例
- 图书服务分析示例
- 图书服务客户应用程序
- 元数据示例

42.1 概述

.NET 3.0 发布 WCF 时,WCF 是一种通信技术,替代了.NET 栈中的其他几个技术(其中的两个是.NET Remoting 和 ASP.NET Web 服务)。其目标是只用一种非常灵活的通信技术来满足所有需求。但是,WCF 最初基于 SOAP。现在有许多情形都不需要强大的 SOAP 改进功能。对于返回 JSON 的 HTTP 请求这样的简单情形,WCF 过于复杂。因此在 2012 年引入了另一种技术:ASP.NET Web API。在 Visual Studio 2015 和 ASP.NET MVC 6 中,发布了 ASP.NET Web API 的第三个重要版本 3.0。ASP.NET MVC 和 ASP.NET Web API 以前有不同的类型和配置(以前的版本是 ASP.NET MVC 5 和

ASP.NET Web API 2)，但 ASP.NET Web API 现在是 ASP.NET MVC 6 的一部分。

　　ASP.NET Web API 提供了一种基于 REST(Representational State Transfer)的简单通信技术。REST 是基于一些限制的体系结构样式。下面比较基于 REST 体系结构样式的服务和使用 SOAP 的服务，以了解这些限制。

　　REST 服务和使用 SOAP 协议的服务都利用了客户端-服务器技术。SOAP 服务可以是有状态的，也可以是无状态的；REST 服务总是无状态的。SOAP 定义了它自己的消息格式，该格式有标题和正文，可以选择服务的方法。而在 REST 中，使用 HTTP 动词 GET、POST、PUT 和 DELETE。GET 用于检索资源，POST 用于添加新资源，PUT 用于更新资源，DELETE 用于删除资源。

　　本章介绍 ASP.NET Web API 的各个重要方面——创建服务、使用不同的路由方法、创建客户端、使用 OData、保护服务和使用自定义的宿主。

注意：SOAP 和 WCF 参见第 44 章。

42.2　创建服务

　　首先创建服务。使用新的.NET Core 框架时，需要从 ASP.NET Web 应用程序开始，并选择 ASP.NET Core 1.0 Template Web API(参见图 42-1)。这个模板添加了 ASP.NET Web API 需要的文件夹和引用。如果需要 Web 页面和服务，还可以使用模板 Web Application。

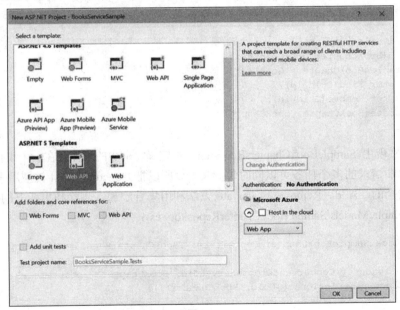

图 42-1

注意：ASP.NET MVC 参见第 41 章。ASP.NET MVC 的基础核心技术参见第 40 章。

用这个模板创建的目录结构包含创建服务所需要的文件夹。Controllers 目录包含 Web API 控制器。第 41 章介绍过这样的控制器，事实上 ASP.NET Web API 和 ASP.NET MVC 使用相同的基础设施。以前的版本不是这样。

Models 目录用于数据模型。在这个目录中可以添加实体类型，以及返回模型类型的存储库。

所创建的服务返回图书的章列表，并允许动态增删章。提供该服务的示例项目的名称是 BookServiceSample。

42.2.1 定义模型

首先需要一个类型来表示要返回和修改的数据。在 Models 目录中定义的类的名称是 BookChapter，它包含表示一章的简单属性(代码文件 BookServiceSample/Models/BookChapter.cs)：

```csharp
public class BookChapter
{
  public Guid Id { get; set; }
  public int Number { get; set; }
  public string Title { get; set; }
  public int Pages { get; set; }
}
```

42.2.2 创建存储库

接下来创建一个存储库。库中提供的方法用 IBookChapterRepository 接口定义——用于检索、添加和更新书中章的方法(代码文件 BookServiceSample/Models/IBookChaptersRepository.cs)：

```csharp
public interface IBookChaptersRepository
{
  void Init();
  void Add(BookChapter bookChapter);
  IEnumerable<BookChapter> GetAll();
  BookChapter Find(Guid id);
  BookChapter Remove(Guid id);
  void Update(BookChapter bookChapter);
}
```

存储库的实现由 SampleBookChaptersRepository 类定义。书中的章保存在一个集合类中。因为来自不同客户端请求的多个任务可以同时访问集合，所以把 ConcurrentList 类型用于书的章。这个类是线程安全的。Add、Remove 和 Update 方法利用集合添加、删除和更新书的章(代码文件 BookServiceSample/Models/SampleBookChapterRepository.cs)：

```csharp
public class SampleBookChaptersRepository: IBookChapterRepository
{
  private readonly ConcurrentDictionary<Guid, BookChapter> _chapters =
    new ConcurrentDictionary<Guid, BookChapter>();

  public void Init()
  {
    Add(new BookChapter
    {
      Number = 1,
      Title = "Application Architectures",
```

```csharp
      Pages = 35
    });
    Add(new BookChapter
    {
      Number = 2,
      Title = "Core C#",
      Pages = 42
    });
    // more chapters
  }

  public void Add(BookChapter chapter)
  {
    chapter.Id = Guid.NewGuid();
    _chapters[chapter.Id] = chapter;
  }

  public BookChapter Find(Guid id)
  {
    BookChapter chapter;
    _chapters.TryGetValue(id, out chapter);
    return chapter;
  }

  public IEnumerable<BookChapter> GetAll() => _chapters.Values;

  public BookChapter Remove(Guid id)
  {
    BookChapter removed;
    _chapters.TryRemove(id, out removed);
    return removed;
  }

  public void Update(BookChapter chapter)
  {
    _chapters[chapter.Id] = chapter;
  }
}
```

> **注意**：在示例代码中，Remove 方法确保用 id 参数传递的 BookChapter 不在字典中。如果字典不包含书的章节，则没关系。如果传递的书中章节没有找到，则 Remove 方法的另一种实现会抛出异常。

> **注意**：并发集合参见第 12 章。

启动时，用依赖注入容器的 AddSingleton 方法注册 SampleBookChapterRepository，为请求服务的所有客户端创建一个实例。在这个代码段中，使用 AddSingleton 的重载方法允许传递以前创建的实例，这样就可以调用 Init 方法，初始化实例(代码文件 BookServiceSample/Startup.cs)：

```
public void ConfigureServices(IServiceCollection services)
{
  services.AddMvc();
  IBookChaptersRepository repos = new SampleBookChaptersRepository();
  repos.Init();
  services.AddSingleton<IBookChaptersRepository>(repos);

  // etc.
}
```

42.2.3 创建控制器

ASP.NET Web API 控制器使用存储库。控制器可以通过 Solution Explorer 上下文菜单 Add New Item | Web API Controller Class 创建。管理图书中章的控制器类被命名为 BookChaptersController。这个类派生自基类 Controller。到控制器的路由使用 Route 特性定义。该路由以 api 开头，其后是控制器的名称，这是没有 Controller 后缀的控制器类名。BooksChapterController 的构造函数需要一个实现 IBookChapterRepository 接口的对象。这个对象是通过依赖注入功能注入的(代码文件 BookServiceSample/Controllers/BookChaptersController.cs)：

```
[Route("api/[controller]")]
public class BookChaptersController: Controller
{
  private readonly IBookChapterRepository _repository;
  public BookChaptersController(IBookChapterRepository bookChapterRepository)
  {
    _repository = bookChapterRepository;
  }
```

模板中创建的 Get 方法被重命名，并被修改为返回类型为 IEnumerable<BookChapter>的完整集合：

```
// GET api/bookchapters
[HttpGet]
public IEnumerable<BookChapter> GetBookChapters() => _repository.GetAll();
```

带一个参数的 Get 方法被重命名为 GetBookChapterById，用 Find 方法过滤存储库的字典。过滤器的参数 id 从 URL 中检索。如果没有找到章，存储库的 Find 方法就返回 null。在这种情况下，返回 NotFound。NotFound 返回一个 404(未找到)响应。找到对象时，创建一个新的 ObjectResult 并返回它：ObjectResult 返回一个状态码 200，其中包含书的章：

```
// GET api/bookchapters/guid
[HttpGet("{id}", Name=nameof(GetBookChapterById))]
public IActionResult GetBookChapterById(Guid id)
{
  BookChapter chapter = _repository.Find(id);
  if (chapter == null)
  {
```

```
      return NotFound();
    }
    else
    {
      return new ObjectResult(chapter);
    }
  }
```

 注意：路由的定义参见第 41 章。

要添加图书的新章，应添加 PostBookChapter。该方法接收一个 BookChapter 作为 HTTP 体的一部分，反序列化后分配给方法的参数。如果参数 chapter 为 null，就返回一个 BadRequest(HTTP 400 错误)。如果添加 BookChapter，这个方法就返回 CreatedAtRoute。CreatedAtRoute 返回 HTTP 状态码 201(已创建)及序列化的对象。返回的标题信息包含到资源的链接，即到 GetBookChapterById 的链接，其 id 设置为新建对象的标识符：

```
// POST api/bookchapters
[HttpPost]
public IActionResult PostBookChapter([FromBody]BookChapter chapter)
{
  if (chapter == null)
  {
    return BadRequest();
  }
  _repository.Add(chapter);
  return CreatedAtRoute(nameof(GetBookChapterById), new { id = chapter.Id },
    chapter);
}
```

更新条目需要基于 HTTP PUT 请求。PutBookChapter 方法在集合中更新已有的条目。如果对象还不在集合中，就返回 NotFound。如果找到了对象，就更新它并返回一个成功的结果状态码 204，其中没有内容：

```
// PUT api/bookchapters/guid
[HttpPut("{id}")]
public IActionResult PutBookChapter(Guid id, [FromBody]BookChapter chapter)
{
  if (chapter == null || id != chapter.Id)
  {
    return BadRequest();
  }
  if (_repository.Find(id) == null)
  {
    return NotFound();
  }
  _repository.Update(chapter);
  return new NoContentResult();
}
```

对于 HTTP DELETE 请求,从字典中删除图书的章:

```
// DELETE api/bookchapters/5
[HttpDelete("{id}")]
public void Delete(Guid id)
{
  _repository.Remove(id);
}
```

有了这个控制器,就可以在浏览器上进行第一组测试了。打开链接 http://localhost:5000/api/BookChapters,返回 JSON。

当使用 Kestrel Web 服务器时,端口 5000 是默认端口号。可以在项目属性的 Debug 部分通过选择 Web 配置文件来选择这个服务器(参见图 42-2)。

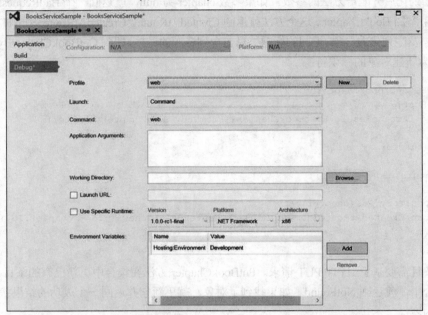

图 42-2

用浏览器打开这个链接,会返回一个 JSON 数组:

```
[{"Id":"2d0c7eac-cb37-409f-b8da-c8ca497423a2",
  "Number":6,"Title":"Generics","Pages":22},
 {"Id":"d62e1182-3254-4504-a56b-f0441ee1ce8e",
  "Number":1,"Title":"Application Architectures","Pages":35},
 {"Id":"cb624eed-7e6c-40c6-88f2-28cf03eb652e",
  "Number":4,"Title":"Inheritance","Pages":18},
 {"Id":"6e6d48b5-fa04-43b5-b5f5-acd11b72c821",
  "Number":3,"Title":"Objects and Types","Pages":30},
 {"Id":"55c1ea93-2c0d-4071-8cee-cc172b3746b5",
  "Number":2,"Title":"Core C#","Pages":42},
 {"Id":"5c391b33-76f3-4e12-8989-3a8fbc621e96",
  "Number":5,"Title":"Managed and Unmanaged Resources","Pages":20}]
```

42.2.4 修改响应格式

ASP.NET Web API 2 返回 JSON 或 XML，这取决于由客户端请求的格式。在 ASP.NET MVC 6 中，当返回 ObjectResult 时，默认情况下返回 JSON。如果也需要返回 XML，可以添加 NuGet 包 Microsoft.AspNet.Mvc.Formatters.Xml，再添加一个对 Startup 类的 AddXmlSerializerFormatters 的调用。AddXmlSerializerFormatters 是 IMvcBuilder 接口的一个扩展方法，可以使用流畅 API(fluent API)添加到 AddMvc 方法中(代码文件 BooksServiceSample/Startup.cs)：

```
public void ConfigureServices(IServiceCollection services)
{
  services.AddMvc().AddXmlSerializerFormatters();

  IBookChaptersRepository repos = new SampleBookChaptersRepository();
  repos.Init();
  services.AddSingleton<IBookChaptersRepository>(repos);
}
```

在控制器中，使用 Produces 特性可以指定允许的内容类型和可选的结果(代码文件 BooksServiceSample/Controllers/BookChaptersController.cs)：

```
[Produces("application/json", "application/xml")]
[Route("api/[controller]")]
public class BookChaptersController: Controller
{
  // etc.
}
```

注意：本章后面的 42.4.2 节将介绍如何接收 XML 格式的响应。

42.2.5 REST 结果和状态码

表 42-1 总结了服务基于 HTTP 方法返回的结果：

表 42-1

HTTP 方法	说明	请求体	响应体
GET	返回资源	空	资源
POST	添加资源	要添加的资源	资源
PUT	更新资源	要更新的资源	无
DELETE	删除资源	空	空

表 42-2 显示了重要的 HTTP 状态码、Controller 方法和返回状态码的实例化对象。要返回任何 HTTP 状态码，可以返回一个 HttpStatusCodeResult 对象，用所需的状态码初始化：

表 42-2

HTTP 状态码	Controller 方法	类　　型
200 OK	Ok	OkResult
201 已创建	CreatedAtRoute	CreatedAtRouteResult
204 无内容	NoContent	NoContentResult
400 错误请求	BadRequest	BadRequestResult
401 未授权	Unauthorized	UnauthorizedResult
404 未找到	NotFound	NotFoundResult
任何 HTTP 状态码		StatusCodeResult

所有成功状态码都以 2 开头，错误状态码以 4 开头。状态码列表在 RFC 2616 中可以找到：http://www.w3.org/Protocols/rfc2616/rfc2616-sec10.html。

42.3　创建异步服务

前面的示例代码使用了一个同步存储库。使用 Entity Framework Core 和存储库的话，可以使用同步或异步的方法。Entity Framework 支持两者。然而，许多技术(例如使用 HttpClient 类调用其他服务)只提供了异步的方法。这可能会导致一个异步存储库，如项目 BooksServiceAsyncSample 所示。

在异步项目中，IBookChaptersRepository 已经改为异步的版本。这个接口定义为通过存储库访问异步方法，如网络或数据库客户端。所有的方法都返回 Task (代码文件 BooksServiceAsyncSample/Models/IBookChaptersRepository.cs)：

```
public interface IBookChaptersRepository
{
  Task InitAsync();
  Task AddAsync(BookChapter chapter);
  Task<BookChapter> RemoveAsync(Guid id);
  Task<IEnumerable<BookChapter>> GetAllAsync();
  Task<BookChapter> FindAsync(Guid id);
  Task UpdateAsync(BookChapter chapter);
}
```

类 SampleBookChaptersRepository 实现了异步方法。读写字典时，不需要异步功能，所以返回的 Task 使用 FromResult 方法创建(代码文件 BooksServiceAsyncSample/Models/SampleBookChaptersRepository.cs)：

```
public class SampleBookChaptersRepository: IBookChaptersRepository
{
  private readonly ConcurrentDictionary<string, BookChapter> _chapters =
    new ConcurrentDictionary<string, BookChapter>();

  public async Task InitAsync()
  {
    await AddAsync(new BookChapter
    {
```

```csharp
    Number = 1,
    Title = "Application Architectures",
    Pages = 35
  });
  //... more book chapters
}

public Task AddAsync(BookChapter chapter)
{
  chapter.Id = Guid.NewGuid();
  _chapters[chapter.Id] = chapter;
  return Task.FromResult<object>(null);
}

public Task<BookChapter> RemoveAsync(Guid id)
{
  BookChapter removed;
  _chapters.TryRemove(id, out removed);
  return Task.FromResult(removed);
}

public Task<IEnumerable<BookChapter>> GetAllAsync() =>
  Task.FromResult<IEnumerable<BookChapter>>(_chapters.Values);

public Task<BookChapter> FindAsync(Guid id)
{
  BookChapter chapter;
  _chapters.TryGetValue(id, out chapter);
  return Task.FromResult(chapter);
}

public Task UpdateAsync(BookChapter chapter)
{
  _chapters[chapter.Id] = chapter;
  return Task.FromResult<object>(null);
}
}
```

API 控制器 BookChaptersController 只需要一些变化，以实现为异步版本。控制器方法也返回一个 Task。这样，就很容易调用存储库的异步方法(代码文件 BooksServiceAsyncSample/Controllers/BookChaptersController.cs)：

```csharp
[Produces("application/json", "application/xml")]
[Route("api/[controller]")]
public class BookChaptersController: Controller
{
  private readonly IBookChaptersRepository _repository;
  public BookChaptersController(IBookChaptersRepository repository)
  {
    _repository = repository;
  }

  // GET: api/bookchapters
  [HttpGet()]
```

```csharp
public Task<IEnumerable<BookChapter>> GetBookChaptersAsync() =>
  _repository.GetAllAsync();

// GET api/bookchapters/guid
[HttpGet("{id}", Name = nameof(GetBookChapterByIdAsync))]
public async Task<IActionResult> GetBookChapterByIdAsync(Guid id)
{
  BookChapter chapter = await _repository.FindAsync(id);
  if (chapter == null)
  {
    return NotFound();
  }
  else
  {
    return new ObjectResult(chapter);
  }
}

// POST api/bookchapters
[HttpPost]
public async Task<IActionResult> PostBookChapterAsync(
  [FromBody]BookChapter chapter)
{
  if (chapter == null)
  {
    return BadRequest();
  }
  await _repository.AddAsync(chapter);
  return CreatedAtRoute(nameof(GetBookChapterByIdAsync),
    new { id = chapter.Id }, chapter);
}

// PUT api/bookchapters/guid
[HttpPut("{id}")]
public async Task<IActionResult> PutBookChapterAsync(
  string id, [FromBody]BookChapter chapter)
{
  if (chapter == null || id != chapter.Id)
  {
    return BadRequest();
  }
  if (await _repository.FindAsync(id) == null)
  {
    return NotFound();
  }

  await _repository.UpdateAsync(chapter);
  return new NoContentResult();
}

// DELETE api/bookchapters/guid
[HttpDelete("{id}")]
public async Task DeleteAsync(Guid id)
{
```

```
        await _repository.RemoveAsync(id);
    }
}
```

对于客户端来说,控制器实现为同步还是异步并不重要。客户端会为这两种情形创建相同的 HTTP 请求。

42.4 创建.NET 客户端

使用浏览器调用服务是处理测试的一种简单方法。客户端常常使用 JavaScript(这是 JSON 的优点)和.NET 客户端。本书创建一个控制台应用程序(包)项目来调用服务。

BookServiceClientApp 的示例代码使用了以下依赖项和名称空间:

依赖项

```
NETStandard.Library
Newtonsoft.Json
System.Net.Http
System.Xml.XDocument
```

名称空间

```
Newtonsoft.Json
System
System.Collections.Generic
System.Linq
System.Linq.Xml
System.Net.Http
System.Net.Http.Headers
System.Text
System.Threading.Tasks
static System.Console
```

42.4.1 发送 GET 请求

要发送 GET 请求,应使用 HttpClient 类。这个类在第 25 章有介绍。在本章中,这个类用来发送不同的 HTTP 请求。要使用 HttpClient 类,需要添加 NuGet 包 System.Net.Http,打开名称空间 System.Net.Http。要将 JSON 数据转换为.NET 类型,应添加 NuGet 包 Newtonsoft.Json。

注意:JSON 序列化和使用 JSON.NET 的内容参见第 27 章。

在示例项目中,泛型类 HttpClientHelper 创建为对于不同的数据类型只有一种实现方式。构造函数需要服务的基地址(代码文件 BookServiceClientApp/HttpClientHelper.cs):

```
public abstract class HttpClientHelper<T>
```

```
  where T: class
{
  private Uri _baseAddress;

  public HttpClientHelper(string baseAddress)
  {
    if (baseAddress == null)
      throw new ArgumentNullException(nameof(baseAddress));
    _baseAddress = new Uri(baseAddress);
  }
  // etc.
}
```

方法 GetInternalAsync 发出一个 GET 请求来接收一组项。该方法调用 HttpClient 的 GetAsync 方法来发送 GET 请求。HttpResponseMessage 包含收到的信息。响应的状态码写入控制台来显示结果。如果服务器返回一个错误，则 GetAsync 方法不抛出异常。异常在方法 EnsureSuccessStatusCode 中抛出，该方法在返回的 HttpResponseMessage 实例上调用。如果 HTTP 状态码是错误类型，该方法就抛出一个异常。响应体包含返回的 JSON 数据。这个 JSON 信息读取为字符串并返回(代码文件 BookServiceClientApp/HttpClientHelper.cs)：

```
private async Task<string> GetInternalAsync(string requestUri)
{
  using (var client = new HttpClient())
  {
    client.BaseAddress = _baseAddress;
    HttpResponseMessage resp = await client.GetAsync(requestUri);
    WriteLine($"status from GET {resp.StatusCode}");
    resp.EnsureSuccessStatusCode();
    return await resp.Content.ReadAsStringAsync();
  }
}
```

服务器控制器用 GET 请求定义了两个方法：一个方法返回所有章，另一个方法只返回一个章，但是需要章的标识符与 URI。方法 GetAllAsync 调用 GetInternalAsync 方法，把返回的 JSON 信息转换为一个集合，而方法 GetAsync 将结果转换成单个项。这些方法声明为虚拟的，允许在派生类中重写它们(代码文件 BookServiceClientApp/HttpClientHelper.cs)：

```
public async virtual Task<T> GetAllAsync(string requestUri)
{
  string json = await GetInternalAsync(requestUri);
  return JsonConvert.DeserializeObject<IEnumerable<T>>(json);
}

public async virtual Task<T> GetAsync(string requestUri)
{
  string json = await GetInternalAsync(requestUri);
  return JsonConvert.DeserializeObject<T>(json);
}
```

在客户端代码中不使用泛型类 HttpClientHelper，而用 BookChapterClient 类进行专门的处理。这个类派生于 HttpClientHelper，为泛型参数传递 BookChapter。这个类还重写了基类中的 GetAllAsync

方法,按章号给返回的章排序(代码文件 BookServiceClientApp/BookChapterClient.cs):

```csharp
public class BookChapterClient: HttpClientHelper<BookChapter>
{
  public BookChapterClient(string baseAddress)
    : base(baseAddress) { }

  public override async Task<IEnumerable<BookChapter>> GetAllAsync(
    string requestUri)
  {
    IEnumerable<BookChapter> chapters = await base.GetAllAsync(requestUri);
    return chapters.OrderBy(c => c.Number);
  }
}
```

BookChapter 类包含的属性是用 JSON 内容得到的(代码文件 BookServiceClientApp/BookChapter.cs):

```csharp
public class BookChapter
{
  public Guid Id { get; set; }
  public int Number { get; set; }
  public string Title { get; set; }
  public int Pages { get; set; }
}
```

客户端应用程序的 Main 方法调用不同的方法来显示 GET、POST、PUT 和 DELETE 请求(代码文件 BookServiceClientApp/Program.cs):

```csharp
static void Main()
{
  WriteLine("Client app, wait for service");
  ReadLine();
  ReadChaptersAsync().Wait();
  ReadChapterAsync().Wait();
  ReadNotExistingChapterAsync().Wait();
  ReadXmlAsync().Wait();
  AddChapterAsync().Wait();
  UpdateChapterAsync().Wait();
  RemoveChapterAsync().Wait();
  ReadLine();
}
```

ReadChaptersAsync 方法从 BookChapterClient 中调用 GetAllAsync 方法来检索所有章,并在控制台显示章的标题(代码文件 BookServiceClientApp/Program.cs):

```csharp
private static async Task ReadChaptersAsync()
{
  WriteLine(nameof(ReadChaptersAsync));
  var client = new BookChapterClient(Addresses.BaseAddress);
  IEnumerable<BookChapter> chapters =
    await client.GetAllAsync(Addresses.BooksApi);

  foreach (BookChapter chapter in chapters)
  {
```

```
    WriteLine(chapter.Title);
  }
  WriteLine();
}
```

运行应用程序(启动服务和客户端应用程序)，ReadChaptersAsync 方法显示了 OK 状态码和章的标题：

```
ReadChaptersAsync
status from GET OK
Application Architectures
Core C#
Objects and Types
Inheritance
Managed and Unmanaged Resources
Generics
```

ReadChapterAsync 方法显示了 GET 请求来检索单章。这样，这一章的标识符就被添加到 URI 字符串中(代码文件 BookServiceClientApp/Program.cs)：

```
private static async Task ReadChapterAsync()
{
  WriteLine(nameof(ReadChapterAsync));
  var client = new BookChapterClient(Addresses.BaseAddress);
  var chapters = await client.GetAllAsync(Addresses.BooksApi);
  Guid id = chapters.First().Id;
  BookChapter chapter = await client.GetAsync(Addresses.BooksApi + id);
  WriteLine($"{chapter.Number} {chapter.Title}");
  WriteLine();
}
```

ReadChapterAsync 方法的结果如下所示。它显示了两次 OK 状态，因为第一次是这个方法检索所有的章，之后发送对一章的请求：

```
ReadChapterAsync
status from GET OK
status from GET OK
1 Application Architectures
```

如果用不存在的章标识符发送 GET 请求，该怎么办？具体的处理如 ReadNotExistingChapterAsync 方法所示。调用 GetAsync 方法类似于前面的代码段，但会把不存在的标识符添加到 URI。在 HttpClientHelper 类的实现中，HttpClient 类的 GetAsync 方法不会抛出异常。然而，EnsureSuccessStatusCode 会抛出异常。这个异常用 HttpRequestException 类型的 catch 块捕获。在这里，使用了一个只处理异常码 404(未找到)的异常过滤器(代码文件 BookServiceClientApp/Program.cs)：

```
private static async Task ReadNotExistingChapterAsync()
{
  WriteLine(nameof(ReadNotExistingChapterAsync));
  string requestedIdentifier = Guid.NewGuid().ToString();
  try
  {
```

```csharp
    var client = new BookChapterClient(Addresses.BaseAddress);
    BookChapter chapter = await client.GetAsync(
      Addresses.BooksApi + requestedIdentifier.ToString());
    WriteLine($"{chapter.Number} {chapter.Title}");
  }
  catch (HttpRequestException ex) when (ex.Message.Contains("404"))
  {
    WriteLine($"book chapter with the identifier {requestedIdentifier} " +
      "not found");
  }
  WriteLine();
}
```

注意：处理异常和使用异常过滤器的内容参见第 14 章。

方法的结果显示了从服务返回的 NotFound 结果：

```
ReadNotExistingChapterAsync
status from GET NotFound
book chapter with the identifier d38ea0c5-64c9-4251-90f1-e21c07d6937a not found
```

42.4.2 从服务中接收 XML

在 42.2.4 节中，XML 格式被添加到服务中。服务设置为返回 XML 和 JSON，添加 Accept 标题值来接受 application/xml 内容，就可以显式地请求 XML 内容。

具体操作如下面的代码段所示。其中，指定 application/xml 的 MediaTypeWithQualityHeaderValue 被添加到 Accept 标题集合中。然后，结果使用 XElement 类解析为 XML(代码文件 BookService-ClientApp/BookChapterClient.cs)：

```csharp
public async Task<XElement> GetAllXmlAsync(string requestUri)
{
  using (var client = new HttpClient())
  {
    client.BaseAddress = _baseAddress;
    client.DefaultRequestHeaders.Accept.Add(
      new MediaTypeWithQualityHeaderValue("application/xml"));
    HttpResponseMessage resp = await client.GetAsync(requestUri);
    WriteLine($"status from GET {resp.StatusCode}");
    resp.EnsureSuccessStatusCode();
    string xml = await resp.Content.ReadAsStringAsync();
    XElement chapters = XElement.Parse(xml);
    return chapters;
  }
}
```

注意：XElement 类和 XML 序列化参见第 27 章。

在 Program 类中，调用 GetAllXmlAsync 方法直接把 XML 结果写到控制台(代码文件 BookService-

ClientApp/Program.cs):

```csharp
private static async Task ReadXmlAsync()
{
  WriteLine(nameof(ReadXmlAsync));
  var client = new BookChapterClient(Addresses.BaseAddress);
  XElement chapters = await client.GetAllXmlAsync(Addresses.BooksApi);
  WriteLine(chapters);
  WriteLine();
}
```

运行这个方法,可以看到现在服务返回了 XML:

```
ReadXmlAsync
status from GET OK
<ArrayOfBookChapter xmlns:xsi="http://www.w3.org/2001/XMLSchema-instance"
  xmlns:xsd="http://www.w3.org/2001/XMLSchema">
  <BookChapter>
    <Id>1439c261-2722-4e73-a328-010e82866511</Id>
    <Number>4</Number>
    <Title>Inheritance</Title>
    <Pages>18</Pages>
  </BookChapter>
  <BookChapter>
    <Id>d1a53440-94f2-404c-b2e5-7ce29ad91ef6</Id>
    <Number>3</Number>
    <Title>Objects and Types</Title>
    <Pages>30</Pages>
  </BookChapter>
  <BookChapter>
    <Id>ce1a5203-5b77-43e9-b6a2-62b6a18fac44</Id>
    <Number>38</Number>
    <Title>Windows Store Apps</Title>
    <Pages>45</Pages>
  </BookChapter>
  <!--... more chapters ...-->
```

42.4.3 发送 POST 请求

下面使用 HTTP POST 请求向服务发送新对象。HTTP POST 请求的工作方式与 GET 请求类似。这个请求会创建一个新的服务器端对象。HttpClient 类的 PostAsync 方法需要用第二个参数添加的对象。使用 Json.NET 的 JsonConvert 类把对象序列化为 JSON。成功返回后,Headers.Location 属性包含一个链接,其中,对象可以再次从服务中检索。响应还包含一个带有返回对象的响应体。在服务中修改对象时,Id 属性在创建对象时在服务代码中填充。反序列化 JSON 代码后,这个新信息由 PostAsync 方法返回(代码文件 BookServiceClientApp/HttpClientHelper.cs):

```csharp
public async Task<T> PostAsync(string uri, T item)
{
  using (var client = new HttpClient())
  {
    client.BaseAddress = _baseAddress;
    string json = JsonConvert.SerializeObject(item);
    HttpContent content = new StringContent(json, Encoding.UTF8,
```

```
    "application/json");
  HttpResponseMessage resp = await client.PostAsync(uri, content);
  WriteLine($"status from POST {resp.StatusCode}");
  resp.EnsureSuccessStatusCode();
  WriteLine($"added resource at {resp.Headers.Location}");

  json = await resp.Content.ReadAsStringAsync();
  return JsonConvert.DeserializeObject<T>(json);
  }
}
```

在 Program 类中，可以看到添加到服务的章。调用 BookChapterClient 的 PostAsync 方法后，返回的 Chapter 包含新的标识符(代码文件 BookServiceClientApp/Program.cs)：

```
private static async Task AddChapterAsync()
{
  WriteLine(nameof(AddChapterAsync));
  var client = new BookChapterClient(Addresses.BaseAddress);
  BookChapter chapter = new BookChapter
  {
    Number = 42,
    Title = "ASP.NET Web API",
    Pages = 35
  };
  chapter = await client.PostAsync(Addresses.BooksApi, chapter);
  WriteLine($"added chapter {chapter.Title} with id {chapter.Id}");
  WriteLine();
}
```

AddChapterAsync 方法的结果显示了创建对象的一次成功运行：

```
AddChapterAsync
status from POST Created
added resource at http://localhost:5000/api/BookChapters/0e99217d-8769-46cd-93a4-
2cf615cda5ae
added chapter ASP.NET Web API with id 0e99217d-8769-46cd-93a4-2cf615cda5ae
```

42.4.4 发送 PUT 请求

HTTP PUT 请求用于更新记录，使用 HttpClient 方法 PutAsync 来发送。PutAsync 需要第二个参数中的更新内容和第一个参数中服务的 URL，其中包括标识符(代码文件 BookServiceClientApp/HttpClientHelper.cs)：

```
public async Task PutAsync(string uri, T item)
{
  using (var client = new HttpClient())
  {
    client.BaseAddress = _baseAddress;
    string json = JsonConvert.SerializeObject(item);
    HttpContent content = new StringContent(json, Encoding.UTF8,
      "application/json");
    HttpResponseMessage resp = await client.PutAsync(uri, content);
    WriteLine($"status from PUT {resp.StatusCode}");
    resp.EnsureSuccessStatusCode();
```

在 Program 类中，章 Windows Store Apps 更新为另一个章编号，标题更新为 Windows Apps (代码文件 BookServiceClientApp/Program.cs)：

```csharp
private static async Task UpdateChapterAsync()
{
  WriteLine(nameof(UpdateChapterAsync));
  var client = new BookChapterClient(Addresses.BaseAddress);
  var chapters = await client.GetAllAsync(Addresses.BooksApi);
  var chapter = chapters.SingleOrDefault(c => c.Title == "Windows Store Apps");
  if (chapter != null)
  {
    chapter.Number = 32;
    chapter.Title = "Windows Apps";
    await client.PutAsync(Addresses.BooksApi + chapter.Id, chapter);
    WriteLine($"updated chapter {chapter.Title}");
  }
  WriteLine();
}
```

UpdateChapterAsync 方法的控制台输出显示了 HTTP NoContent 结果和更新的章标题：

```
UpdateChapterAsync
status from GET OK
status from PUT NoContent
updated chapter Windows Apps
```

42.4.5 发送 DELETE 请求

示例客户端的最后一个请求是 HTTP DELETE 请求。调用 HttpClient 类的 GetAsync、PostAsync 和 PutAsync 后，显然发送 DELETE 请求的方法是 DeleteAsync。在下面的代码段中，DeleteAsync 方法只需要一个 URI 参数来识别要删除的对象(代码文件 BookServiceClientApp/HttpClientHelper.cs)：

```csharp
public async Task DeleteAsync(string uri)
{
  using (var client = new HttpClient())
  {
    client.BaseAddress = _baseAddress;
    HttpResponseMessage resp = await client.DeleteAsync(uri);
    WriteLine($"status from DELETE {resp.StatusCode}");
    resp.EnsureSuccessStatusCode();
  }
}
```

Program 类定义了 RemoveChapterAsync 方法(代码文件 BookServiceClientApp/Program.cs)：

```csharp
private static async Task RemoveChapterAsync()
{
  WriteLine(nameof(RemoveChapterAsync));
  var client = new BookChapterClient(Addresses.BaseAddress);
  var chapters = await client.GetAllAsync(Addresses.BooksApi);
  var chapter = chapters.SingleOrDefault(c => c.Title == "ASP.NET Web Forms");
```

```csharp
if (chapter != null)
{
  await client.DeleteAsync(Addresses.BooksApi + chapter.Id);
  WriteLine($"removed chapter {chapter.Title}");
}
WriteLine();
```

运行应用程序时，RemoveChapterAsync 方法首先显示了 HTTP GET 方法的状态，因为是先发出 GET 请求来检索所有的章，然后发出成功的 DELETE 请求来删除 ASP.NET Web Forms 这一章：

```
RemoveChapterAsync
status from GET OK
status from DELETE OK
removed chapter ASP.NET Web Forms
```

42.5 写入数据库

第 38 章介绍了如何使用 Entity Framework 将对象映射到关系上。ASP.NET Web API 控制器可以很容易地使用 DbContext。在示例应用程序中，不需要改变控制器；只需要创建并注册另一个存储库，以使用 Entity Framework。本节描述所需的所有步骤。

42.5.1 定义数据库

下面开始定义数据库。为了使用 Entity Framework 与 SQL Server，需要把 NuGet 包 EntityFramework.Core 和 EntityFramework.MicrosoftSqlServer 添加到服务项目中。为了在代码中创建数据库，也要添加 NuGet 包 EntityFramework.Commands。

前面已经定义了 BookChapter 类。这个类保持不变，用于填充数据库中的实例。映射属性在 BooksContext 类中定义。在这个类中，重写 OnModelCreating 方法，把 BookChapter 类型映射到 Chapters 表，使用数据库中创建的默认唯一标识符定义 Id 列的唯一标识符。Title 列限制为最多 120 个字符(代码文件 BookServiceAsyncSample/Models/BooksContext.cs)：

```csharp
public class BooksContext: DbContext
{
  public DbSet<BookChapter> Chapters { get; set; }

  protected override void OnModelCreating(ModelBuilder modelBuilder)
  {
    base.OnModelCreating(modelBuilder);
    EntityTypeBuilder<BookChapter> chapter = modelBuilder
      .Entity<BookChapter>();
    chapter.ToTable("Chapters").HasKey(p => p.Id);
    chapter.Property<Guid>(p => p.Id)
      .HasColumnType("UniqueIdentifier")
      .HasDefaultValueSql("newid()");
    chapter.Property<string>(p => p.Title)
      .HasMaxLength(120);
  }
}
```

为了允许使用.NET CLI 工具创建数据库，在 project.json 配置文件中定义了 ef 命令，把它映射到 EntityFrameworkCore.Commands(代码文件 BookServiceAsyncSample/project.json)：

```
"tools": {
  "dotnet-ef": "1.0.*"
},
```

对于依赖注入容器，需要添加 Entity Framework 和 SQL Server 来调用扩展方法 AddEntityFramework 和 AddSqlServer。刚才创建的 BooksContext 也需要注册。使用方法 AddDbContext 添加 BooksContext。在该方法的选项中，传递连接字符串(代码文件 BookServiceAsyncSample/ Startup.cs)：

```
public async void ConfigureServices(IServiceCollection services)
{
  services.AddMvc().AddXmlSerializerFormatters();

  // etc.

  services.AddEntityFramework()
    .AddSqlServer()
    .AddDbContext<BooksContext>(options =>
      options.UseSqlServer(
        Configuration["Data:BookConnection:ConnectionString"]));

  // etc.
}
```

连接字符串本身用应用程序设置定义(代码文件 BookServiceAsyncSample/appsettings.json)：

```
"Data": {
  "BookConnection": {
    "ConnectionString":
      "Server=(localdb)\\mssqllocaldb;Database=BooksSampleDB;
      Trusted_Connection=True;MultipleActiveResultSets=true"
  }
},
```

有了这些代码，现在可以创建迁移和数据库了。为了在项目中添加基于代码的迁移，可以在 Developer Command Prompt 中启动这个 dnx 命令，在其中把当前目录改为项目的目录——放置 project.json 文件的目录。这条语句使用 project.json 文件中定义的 ef 命令调用迁移，在该项目中添加 InitBooks 迁移。成功运行这条命令后，可以看到项目中的 Migrations 文件夹包含创建数据库的类：

```
>dotnet ef migrations add InitBooks
```

下面的命令基于启动代码定义的连接字符串创建数据库：

```
>dotnet ef database update
```

42.5.2 创建存储库

为了使用 BooksContext，需要创建一个实现接口 IBookChaptersRepository 的存储库。类 BookChaptersRepository 利用 BooksContext，而不是像 SampleBookChaptersRepository 那样使用内存中的字典(代码文件 BookServiceAsyncSample/Models/BookChaptersRepository.cs)：

```csharp
public class BookChaptersRepository: IBookChaptersRepository, IDisposable
{
  private BooksContext _booksContext;

  public BookChaptersRepository(BooksContext booksContext)
  {
    _booksContext = booksContext;
  }

  public void Dispose()
  {
    _booksContext?.Dispose();
  }

  public async Task AddAsync(BookChapter chapter)
  {
    _booksContext.Chapters.Add(chapter);
    await _booksContext.SaveChangesAsync();
  }

  public Task<BookChapter> FindAsync(Guid id) =>
    _booksContext.Chapters.SingleOrDefaultAsync(c => c.Id == id);

  public async Task<IEnumerable<BookChapter>> GetAllAsync() =>
    await _booksContext.Chapters.ToListAsync();

  public Task InitAsync() => Task.FromResult<object>(null);

  public async Task<BookChapter> RemoveAsync(Guid id)
  {
    BookChapter chapter = await _booksContext.Chapters
      .SingleOrDefaultAsync(c => c.Id == id);
    if (chapter == null) return null;

    _booksContext.Chapters.Remove(chapter);
    await _booksContext.SaveChangesAsync();
    return chapter;
  }

  public async Task UpdateAsync(BookChapter chapter)
  {
    _booksContext.Chapters.Update(chapter);
    await _booksContext.SaveChangesAsync();
  }
}
```

如果考虑是否要使用上下文,可以阅读第38章,它涵盖了 Entity Framework Core 的更多信息。要使用这个存储库,必须在容器的注册表中删除 SampleBookChaptersRepository(或将其注释掉),并添加 BookChaptersRepository,让依赖注入容器在要求提供接口 IBookChapterRepository 时,创建这个类的一个实例(代码文件 BookServiceAsyncSample/Startup.cs):

```csharp
public async void ConfigureServices(IServiceCollection services)
{
  services.AddMvc().AddXmlSerializerFormatters();
```

```
// comment the following three lines to use the DookChaptersRepository
//IBookChaptersRepository repos = new SampleBookChaptersRepository();
//services.AddSingleton<IBookChaptersRepository>(repos);
//await repos.InitAsync();

services.AddEntityFramework()
 .AddSqlServer()
 .AddDbContext<BooksContext>(options => options.UseSqlServer(
   Configuration["Data:BookConnection:ConnectionString"]));

services.AddSingleton<IBookChaptersRepository, BookChaptersRepository>();
}
```

现在，不改变控制器或客户端，就可以再次运行服务和客户端。根据最初在数据库中输入的数据，可以看到 GET/POST/PUT/DELETE 请求的结果。

42.6 创建元数据

为服务创建元数据允许获得服务的描述，并允许使用这种元数据创建客户端。通过使用 SOAP 的 Web 服务，元数据和 Web 服务描述语言(WSDL)自 SOAP 的早期就已经存在。WSDL 详见第 44 章。如今，REST 服务的元数据也在这里。目前它不像 WSDL 那样是一个标准，但描述 API 的最流行的框架是 Swagger(http://www.swagger.io)。自 2016 年 1 月起，Swagger 规范已经更名为 OpenAPI，成为一个标准(http://www.openapis.org)。

要给 ASP.NET Web API 服务添加 Swagger 或 OpenAPI，可以使用 Swashbuckle。NuGet 包 Swashbuckle.SwaggerGen 包含生成 Swagger 的代码，包 Swashbuckle.SwaggerUi 提供了一个动态创建的用户界面。这两个包都用于扩展 BooksServiceSample 项目。

在添加 NuGet 包之后，需要把 Swagger 添加到服务集合中。AddSwaggerGen 是一个扩展方法，可以把 Swagger 服务添加到集合中。为了配置 Swagger，调用方法 ConfigureSwaggerDocument 和 ConfigureSwaggerSchema。ConfigureSwaggerGen 配置标题、描述和 API 版本，以及定义生成的 JSON 模式。示例代码配置为不显示过时的属性，而枚举值应显示为字符串(代码文件 BooksServiceSample /Startup.cs)：

```
public void ConfigureServices(IServiceCollection services)
{
  // Add framework services.
  services.AddMvc();

  IBookChaptersRepository repos = new SampleBookChaptersRepository();
  repos.Init();
  services.AddSingleton<IBookChaptersRepository>(repos);

  services.AddSwaggerGen();
  services.ConfigureSwaggerDocument(options =>
  {
    options.SingleApiVersion(new Info
    {
      Version = "v1",
```

```
            Title = "Book Chapters",
            Description = "A sample for Professional C# 6"
        });
        options.IgnoreObsoleteActions();
        options.IgnoreObsoleteProperties();
        options.DescribeAllEnumsAsStrings();
    }
}
```

剩下的就是在 Startup 类的 Configure 方法中配置 Swagger。扩展方法 UseSwagger 指定应该生成一个 JSON 模式文件。可以用 UseSwagger 配置的默认 URL 是/swagger/{version}/swagger.json。对于前面代码段中配置的文档，URL 是/swagger/v1/swagger.json。方法 UseSwaggerUi 定义了 Swagger 用户界面的 URL。使用没有参数的方法的话，URL 是 swagger/ui。当然，使用 UseSwaggerUi 的不同重载方法可以改变这个 URL：

```
public void Configure(IApplicationBuilder app, IHostingEnvironment env,
    ILoggerFactory loggerFactory)
{
    loggerFactory.AddConsole(Configuration.GetSection("Logging"));
    loggerFactory.AddDebug();

    app.UseIISPlatformHandler();
    app.UseStaticFiles();
    app.UseMvc();

    app.UseSwagger();
    app.UseSwaggerUi();
}
```

配置 Swagger 后运行应用程序，可以看到服务提供的 API 信息。图 42-3 显示了 BooksService-Sample 提供的 API、Values 服务生成的模板和 BooksService 示例，还可以看到用 Swagger 文档配置的标题和描述。

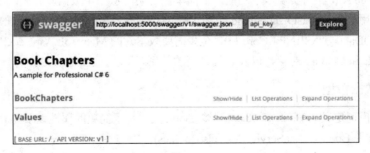

图 42-3

图 42-4 显示了 BookChapters 服务的细节。可以看到每个 API 的细节，包括模型，还测试了 API 调用。

第42章 ASP.NET Web API

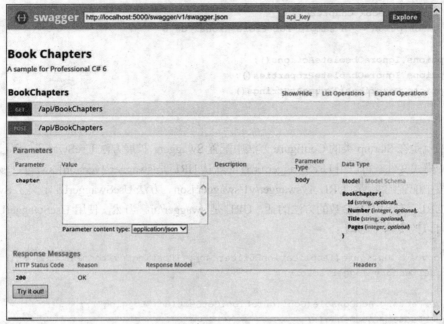

图 42-4

42.7 创建和使用 OData 服务

ASP.NET Web API 为 OData(Open Data Protocol)提供了直接支持。OData 通过 HTTP 协议提供了对数据源的 CRUD 访问。发送 GET 请求会检索一组实体数据，POST 请求会创建一个新实体，PUT 请求会更新已有的实体，DELETE 请求会删除实体。前面介绍了映射到控制器中动作方法的 HTTP 方法。OData 基于 JSON 和 AtomPub(一种 XML 格式)进行数据序列化。ASP.NET Web API 也有这个功能。OData 提供的其他功能有：每个资源都可以用简单的 URL 查询来访问。为了说明其工作方式以及 ASP.NET Web API 如何实现这个功能，下面举例说明，从一个数据库开始。

对于服务应用程序 BooksODataService，为了提供 OData，需要添加 NuGet 包 Microsoft.AspNet.OData。要使用 OData 与 ASP.NET Core 1.0，至少需要版本 6 的 Microsoft.AspNet.OData 包。示例服务允许查询 Book 和 Chapter 对象，以及它们之间的关系。

42.7.1 创建数据模型

示例服务为模型定义了 Book 和 Chapter 类。Book 类定义了简单的属性以及与 Chapter 类型的一对多关系(代码文件 BooksODataService/Models/Book.cs)：

```
public class Book
{
  public Book()
  {
    Chapters = new List<Book>();
  }

  public int BookId { get; set; }
```

```
  public string Isbn { get; set; }
  public string Title { get; set; }
  public List<Chapter> Chapters { get; set; }
}
```

Chapter 类定义了简单的属性以及与 Book 类型的多对一关系(代码文件 BooksODataService/Models/Book.cs)：

```
public class Chapter
{
  public int ChapterId { get; set; }
  public int BookId { get; set; }
  public Book Book { get; set; }
  public string Title { get; set; }
  public int Number { get; set; }
  public string Intro { get; set; }
}
```

BooksContext 类定义了 Books 和 Chapters，以及 SQL 数据库关系(代码文件 BooksODataService/Models/BooksContext.cs)：

```
public class BooksContext: DbContext
{
  public DbSet<Book> Books { get; set; }
  public DbSet<Chapter> Chapters { get; set; }

  protected override void OnModelCreating(ModelBuilder modelBuilder)
  {
    base.OnModelCreating(modelBuilder);
    EntityTypeBuilder<Book> bookBuilder = modelBuilder.Entity<Book>();
    bookBuilder.HasMany(b => b.Chapters)
      .WithOne(c => c.Book)
      .HasForeignKey(c => c.BookId);
    bookBuilder.Property<string>(b => b.Title)
      .HasMaxLength(120)
      .IsRequired();
    bookBuilder.Property<string>(b => b.Isbn)
      .HasMaxLength(20)
      .IsRequired(false);

    EntityTypeBuilder<Chapter> chapterBuilder = modelBuilder.Entity<Chapter>();
    chapterBuilder.Property<string>(c => c.Title)
      .HasMaxLength(120);
  }
}
```

42.7.2 创建服务

在 ASP.NET Core 5 中，很容易添加 OData 服务。不需要对控制器进行许多改变。当然，需要把 OData 添加到依赖注入容器中(代码文件 BooksODataService/Startup.cs)：

```
public void ConfigureServices(IServiceCollection services)
{
  services.AddMvc();
```

```
services.AddEntityFramework()
 .AddSqlServer()
 .AddDbContext<BooksContext>(options => options.UseSqlServer(
   Configuration["Data:BookConnection:ConnectionString"]));
services.AddOData();
}
```

BooksController 类只需要应用 EnableQuery 特性。这会把它建立为一个 OData 控制器。可以使用 OData 查询访问控制器。应用到 BooksController 类的 Route 特性定义了路径的 odata 前缀。这只是一个约定，可以随意修改路径(代码文件 BooksODataService/Controllers/BooksController.cs)：

```
[EnableQuery]
[Route("odata/[controller]")]
public class BooksController: Controller
{
  private readonly BooksContext _booksContext;

  public BooksController(BooksContext booksContext)
  {
    _booksContext = booksContext;
  }

  [HttpGet]
  public IEnumerable<Book> GetBooks() =>
    _booksContext.Books.Include(b => b.Chapters).ToList();


  // GET api/values/5
  [HttpGet("{id}")]
  public Book GetBook(int id) =>
    _booksContext.Books.SingleOrDefault(b => b.BookId == id);

  // etc.
}
```

除了 EnableQuery 特性的变化以外，控制器不需要其他特殊的动作。

42.7.3 OData 查询

使用下面的 URL 很容易获得数据库中的所有图书(端口号可能与读者的系统不同)：

```
http://localhost:50000/odata/Books
```

要只获取一本书，可以把该书的标识符和 URL 一起传递给方法。这个请求会调用 GetBook 动作方法，并传递返回单一结果的键：

```
http://localhost:50000/odata/Books(9)
```

每本书都有多个结果。在一个 URL 查询中，还可以获取一本书的所有章：

```
http://localhost:50000/odata/Books(9)/Chapters
```

OData 提供的查询选项多于 ASP.NET Web API 支持的选项。OData 规范允许给服务器传递参数，以分页、筛选和排序。下面介绍这些选项。

为了只给客户端返回数量有限的实体，客户端可以使用$top参数限制数量。也允许使用$skip进行分页；例如，可以跳过 3 个结果，再提取 3 个结果：

```
http://localhost:50000/odata/Books?$top=3&$skip=3
```

使用$top 和$skip 选项，客户端可确定要检索的实体数。如果希望限制客户端可以请求的内容，例如一个调用不应请求上百万条记录，那么可以配置 EnableQuery 特性来限制这个方面。把 PageSize 设置为 10，一次最多返回 10 个实体：

```
[EnableQuery(PageSize=10)]
```

EnableQuery 特性还有一些命名参数来限制查询，例如最大的 top 和 skip 值、最大的扩展深度以及排序的限制。

为了根据 Book 类的属性筛选请求，可以将$filter 选项应用于 Book 的属性。为了筛选出 Wrox 出版社出版的图书，可以使用 eq 操作符(等于)和$filter 选项：

```
http://localhost:50000/odata/Books?$filter=Publisher eq 'Wrox Press'
```

$filter 选项还可以与 lt(小于)和 gt(大于)操作符一起使用。下面的请求仅返回页数大于 40 的章：

```
http://localhost:50000/odata/Chapters?$filter=Pages gt 40
```

为了请求有序的结果，$orderby 选项定义了排序顺序。添加 desc 关键字按降序排序：

```
http://localhost:50000/odata/Book(9)/Chapters?$orderby=Pages%20desc
```

使用 HttpClient 类很容易给服务发出所有这些请求。但是，还有其他选项，例如使用 WCF Data Services 创建的代理。

注意：对于服务，还可以设置 EnableQuery 特性的 AllowedQueryOptions，以限制查询选项。也可以使用属性 AllowedLogicalOperators 和 AllowedArithmeticOperators 限制逻辑和算术运算符。

42.8 小结

本章描述了 ASP.NET Web API 的功能，它现在是 ASP.NET MVC 的一部分。这种技术允许使用 HttpClient 类创建服务，并在任何客户端(无论是 JavaScript 还是.NET 客户端)调用。返回 JSON 或 XML。

依赖注入已经用于本书的好几章中，尤其是第 31 章。本章介绍了很容易把使用字典的、基于内存的存储库替换为使用 Entity Framework 的存储库。

本章还介绍了 OData，它使用资源标识符，很容易引用树中的数据。

下一章继续讨论 Web 技术，提供发布和订阅技术的信息，例如 WebHooks 和 SignalR。

第43章

WebHooks 和 SignalR

本章要点
- SignalR 概述
- 创建 SignalR 集线器
- 用 HTML 和 JavaScript 创建 SignalR 客户端
- 创建 SignalR .NET 客户端
- 使用分组和 SignalR
- WebHooks 概述
- 为 GitHub 和 Dropbox 创建 WebHook 接收器

本章源代码下载地址(wrox.com):
打开网页 www.wrox.com/go/professionalcsharp6,单击 Download Code 选项卡即可下载本章源代码。本章代码分为以下几个主要的示例文件:
- 使用 SignalR 的聊天服务器
- 使用 SignalR 的 WPF 聊天客户端
- SaaS WebHooks 接收器示例

43.1 概述

通过.NET 可以使用事件获得通知。通过事件可以注册一个事件处理方法,也称为订阅事件。一旦另一个地方触发事件,就调用方法。事件不能用于 Web 应用程序。

前面的章节介绍了很多关于 Web 应用程序和 Web 服务的内容。这些应用程序和服务的共同点是,请求总是从客户应用程序发出。客户端发出一个 HTTP 请求,接收响应。

如果服务器有一些消息要发布,该怎么办?我们没有可以订阅的事件。不过使用到目前为止介绍的 Web 技术,这可以通过客户端轮询新信息来解决。客户端必须向服务器发出一个请求,询问是否有新信息。根据定义的请求间隔,这样的通信会导致网络上的请求有很高的负载,导致"没有新信息可用"或客户端错过实际的信息，请求新信息时，接收到的信息已经旧了。

如果客户端本身就是一个 Web 应用程序，则通信的方向可以反转，服务器可以给客户端发送消息。这是 WebHooks 的工作方式。

由于客户端在防火墙后面，服务器使用 HTTP 协议无法向客户端发起连接。连接总是需要从客户端启动。因为 HTTP 连接是无状态的，客户端经常不能连接到除端口 80 以外的端口上，所以 WebSocket 可以提供帮助。WebSocket 通过一个 HTTP 请求启动，但是它们升级到一直打开的 WebSocket 连接。使用 WebSocket 协议，一旦服务器有新信息，服务器就可以通过打开的连接给客户端发送信息。

注意：在低级 API 调用中使用 WebSocket 的内容参见第 25 章。

SignalR 是一个 ASP.NET Web 技术，在 WebSocket 上提供了一个简单的抽象。使用 SignalR 比使用套接字接口编程更容易。另外，如果客户端不支持 WebSocket API，则 SignalR 会自动切换到一个轮询机制，无须修改程序。

注意：在撰写本书时，SignalR for ASP.NET Core 1.0 还不可用。所以本章介绍了使用 SignalR 2、使用 ASP.NET 4.6 和 ASP NET Web API 2 的内容。SignalR 3 for ASP.NET Core 1.0 的其他示例可以访问 http://www.github.com/ProfessionalCSharp，因为 SignalR 3 是可用的。

WebHooks 是许多 SaaS(软件即服务)提供者提供的一个技术。可以注册这样一个提供者，给服务提供者提供一个公共 Web API。这样，只要有可用的新信息，服务提供者就可以尽快回调(call back)。

本章介绍了 SignalR 和 WebHooks。这些技术是相辅相成的，可以结合使用。

43.2 SignalR 的体系结构

SignalR 包含多个 NuGet 包(如表 43-1 所示)，可以用于服务器和客户端。

表 43-1

NuGet 包	说 明
Microsoft.AspNet.SignalR	这个包引用其他包，用于服务器端实现
Microsoft.AspNet.SignalR.Core	这是 SignalR 的核心包。这个包包含 Hub 类
Microsoft.AspNet.SignalR.SystemWeb	这个 NuGet 包包含对 ASP.NET 4.x 的扩展，用来定义路由
Microsoft.AspNet.SignalR.JavaScript	这个 NuGet 包包含用于 SignalR 客户端的 JavaScript 库
Microsoft.AspNet.SignalR.Client	这个 NuGet 包包含用于 .NET 客户端的类型。HubProxy 用于连接到集线器

有了 SignalR，服务器会定义一个供客户端连接的集线器(参见图 43-1)。集线器维护着到每个客

户端的连接。使用集线器，可以将消息发送给连接的每一个客户端。消息可以发送到所有客户端，或选择特定的客户端或客户端组来发送消息。

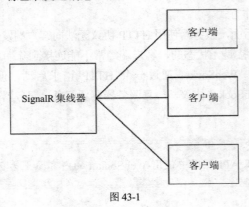

图 43-1

43.3 使用 SignalR 的简单聊天程序

第一个 SignalR 示例是一个聊天应用程序，使用 SignalR 很容易创建它。在这个应用程序中，可以启动多个客户端，通过 SignalR 集线器相互通信。当一个客户应用程序发送消息时，所有连接的客户端都会依次接收此消息。

服务器应用程序用 ASP.NET 4.6 编写，一个客户应用程序用 HTML 和 JavaScript 创建，另一个客户应用程序是使用 WPF 用户界面的.NET 应用程序。

43.3.1 创建集线器

如前所述，ASP.NET Core 不支持 SignalR——至少撰写本书时不支持。所以是先使用新的 ASP.NET Web Application 创建集线器，选择 Empty ASP.NET 4.6 模板，并命名为 ChatServer。创建项目后，添加一个新项，并选择 SignalR Hub Class(参见图 43-2)。添加这个条目还增加了服务器端需要的 NuGet 包。

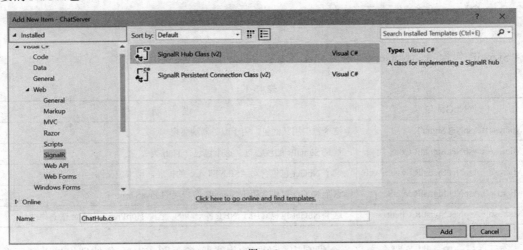

图 43-2

为了定义 SignalR 的 URL,可以创建一个 OWIN Startup 类(使用 OWIN Startup Class 项模板),给 Configuration 方法添加 MapSignalR 的调用。MapSignalR 方法定义了 signalR URI,作为请求 SignalR 集线器的路径(代码文件 ChatServer/Startup.cs):

```
using Microsoft.Owin;
using Owin;

[assembly: OwinStartup(typeof(ChatServer.Startup))]

namespace ChatServer
{
  public class Startup
  {
    public void Configuration(IAppBuilder app)
    {
      app.MapSignalR();
    }
  }
}
```

SignalR 的主要功能用集线器定义。集线器由客户端间接调用,接着客户端被调用。ChatHub 类派生自基类 Hub,以获得所需的集线器功能。Send 方法定义为由客户应用程序调用,把消息发送到其他客户程序。可以使用任何方法名称与任意数量的参数。客户端代码只需要匹配方法名和参数。为了给客户端发送消息,使用 Hub 类的 Clients 属性。Clients 属性返回一个 IHubCallerConnectContext<dynamic>,它允许把消息发送给特定的客户端或所有连接的客户端。示例代码使用 All 属性给所有连接的客户端调用 BroadcastMessage。All 属性(Hub 类是其基类)返回一个 dynamic 对象。这样,就可以调用任何方法名称并使用任意数量的参数,客户端代码只需要匹配它们(代码文件 ChatServer/ChatHub.cs):

```
public class ChatHub: Hub
{
  public void Send(string name, string message)
  {
    Clients.All.BroadcastMessage(name, message);
  }
}
```

注意:dynamic 类型参见第 16 章。

注意:在集线器的实现中可以不使用 dynamic 类型,而采用客户端调用的方法定义自己的接口。在添加分组功能时,其步骤参见本章后面的 43.4 节。

43.3.2　用 HTML 和 JavaScript 创建客户端

使用 SignalR JavaScript 库,可以轻松地创建一个 HTML/JavaScript 客户端,来使用 SignalR 集

线器。客户端代码连接到 SignalR 集线器,调用 Send 方法,并添加一个处理程序来接收 BroadcastMessage 方法。

对于用户界面,定义了两个简单的输入元素,允许输入名称和要发送的消息,然后定义一个按钮来调用 Send 方法,最后定义一个无序列表来显示所有接收到的消息(代码文件 ChatServer/ChatWindow.html):

```
Enter your name <input type="text" id="name" />
<br />
Message <input type="text" id="message" />
<button type="button" id="sendmessage">Send</button>
<br />
<ul id="messages">
</ul>
```

需要包含的脚本如下面的代码段所示。版本可能会与读者的实现有所不同。jquery.signalR 定义了 SignalR 实现的客户端功能。集线器代理用来调用 SignalR 服务器。对脚本 signalr/hubs 的引用包含自动生成的脚本代码,这些代码创建了集线器代理,匹配集线器代码中的自定义代码(代码文件 ChatServer/ChatWindow.html):

```
<script src="Scripts/jquery-1.11.3.js"></script>
<script src="Scripts/jquery.signalR-2.2.0.js"></script>
<script src="signalr/hubs"></script>
```

包括脚本文件后,可以创建自定义脚本代码来调用集线器和收听广播。在下面的代码段中,$.connection.chatHub 返回一个集线器代理来调用 ChatHub 类的方法。chat 是一个变量,定义为使用这个变量,而不是访问$.connection.chatHub。通过把一个函数赋予 chat.client.broadcastMessage,就定义了服务器端集线器代码调用 BroadcastMessage 时调用的函数。BroadcastMessage 方法为名称和消息传递两个字符串参数,所以所声明的函数匹配相同的参数。参数值被添加到列表项元素中的无序列表项。定义 broadcastMessage 调用的实现代码后,用$.connection.hub.start()启动连接,以连接服务器。连接的启动完成后,就调用分配给 done 函数的函数。这里,定义了 sendmessage 按钮的单击处理程序。单击这个按钮时,使用 chat.server.send 把一条消息发送到服务器,传递两个字符串值(代码文件 ChatServer/ChatWindow.html):

```
<script>
  $(function () {
    var chat = $.connection.chatHub;

    chat.client.broadcastMessage = function (name, message) {
      var encodedName = $('<div />').text(name).html();
      var encodedMessage = $('<div />').text(message).html();
      $('#messages').append('<li>' + encodedName + ':    ' +
        encodedMessage + '</li>');
    };

    $.connection.hub.start().done(function () {
      $('#sendmessage').click(function () {
        chat.server.send($('#name').val(), $('#message').val());
        $('#message').val('');
        $('#message').focus();
```

            });
        });
    });
</script>
```

运行应用程序时，可以打开多个浏览器窗口——甚至可以使用多种浏览器，为聊天输入名称和消息(参见图 43-3)。

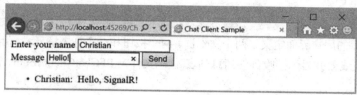

图 43-3

使用 Internet Explorer Developer Tools(在 Internet Explorer 打开时按 F12 功能键)，可以使用 Network Monitoring 查看从 HTTP 协议到 WebSocket 协议的升级，如图 43-4 所示。

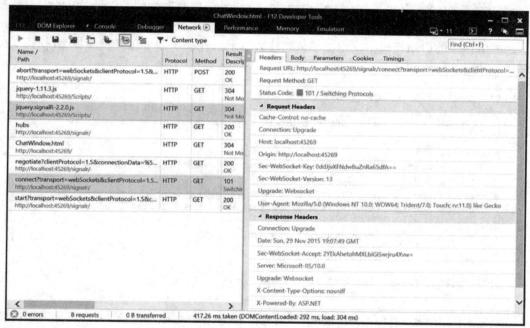

图 43-4

### 43.3.3 创建 SignalR .NET 客户端

使用 SignalR 服务器的示例.NET 客户应用程序是一个 WPF 应用程序。其功能类似于前面所示的 HTML/JavaScript 应用程序。该应用程序使用下列 NuGet 包和名称空间：

**NuGet 包**

```
Microsoft.AspNet.SignalR.Client
Microsoft.Extensions.DependencyInjection
Newtonsoft.Json
```
```

名称空间

```
Microsoft.AspNet.SignalR.Client
Microsoft.Extensions.DependencyInjection
System
System.Collections.ObjectModel
System.Net.Http
System.Windows
```

WPF 应用程序的用户界面定义了两个文本框、两个按钮和一个列表框元素，用于输入名称和消息、连接到服务集线器并显示接收到的消息列表(代码文件 WPFChatClient/MainWindow.xaml)：

```xml
<TextBlock Text="Name" />
<TextBox Text="{Binding ViewModel.Name, Mode=TwoWay}" />
<Button Content="Connect" Command="{Binding ViewModel.ConnectCommand}" />
<TextBlock Text="Message" />
<TextBox Text="{Binding ViewModel.Message, Mode=TwoWay}" />
<Button Content="Send" Command="{Binding ViewModel.SendCommand, Mode=OneTime}" />
<ListBox ItemsSource="{Binding ViewModel.Messages, Mode=OneWay}" />
```

在应用程序的启动代码中，定义了依赖注入容器，注册了服务以及视图模型(代码文件 WPFChatClient/App.xaml.cs)：

```csharp
public partial class App: Application
{
  protected override void OnStartup(StartupEventArgs e)
  {
    base.OnStartup(e);
    IServiceCollection services = new ServiceCollection();
    services.AddTransient<ChatViewModel>();
    services.AddTransient<GroupChatViewModel>();
    services.AddSingleton<IMessagingService, MessagingService>();

    Container = services.BuildServiceProvider();
  }

  public IServiceProvider Container { get; private set; }
}
```

在视图的代码隐藏文件中，使用依赖注入容器把 ChatViewModel 分配给 ViewModel 属性(代码文件 WPFChatClient/MainWindow.xaml.cs)：

```csharp
public partial class MainWindow: Window
{
  public MainWindow()
  {
    InitializeComponent();
    this.DataContext = this;
  }

  public ChatViewModel ViewModel { get; } =
    (App.Current as App).Container.GetService<ChatViewModel>();
}
```

注意：WPF 参见第 34 章。Model-View-ViewModel(MVVM)模式参见第 31 章。

集线器特定的代码在 ChatViewModel 类中实现。首先看看绑定属性和命令。绑定属性 Name 用于输入聊天名称，Message 属性用于输入消息。ConnectCommand 属性映射到 OnConnect 方法上，发起对服务器的连接；SendCommand 属性映射到 OnSendMessage 方法上，发送聊天消息(代码文件 WPFChatClient/ViewModels/ChatViewModel.cs)：

```
public sealed class ChatViewModel: IDisposable
{
  private const string ServerURI = "http://localhost:45269/signalr";
  private readonly IMessagingService _messagingService;
  public ChatViewModel(IMessagingService messagingService)
  {
    _messagingService = messagingService;

    ConnectCommand = new DelegateCommand(OnConnect);
    SendCommand = new DelegateCommand(OnSendMessage);
  }

  public string Name { get; set; }
  public string Message { get; set; }

  public ObservableCollection<string> Messages { get; } =
    new ObservableCollection<string>();

  public DelegateCommand SendCommand { get; }

  public DelegateCommand ConnectCommand { get; }

  // etc.
}
```

OnConnect 方法发起到服务器的连接。首先，给服务器传递 URL，创建一个新的 HubConnection 对象。有了 HubConnection，可以使用 CreateHubProxy 传递集线器的名称，创建代理。使用代理可以调用服务的方法。为了用服务器返回的信息注册，调用 On 方法。传递给 On 方法的第一个参数定义由服务器调用的方法名称，第二个参数定义待调用方法的委托。方法 OnMessageReceived 的参数用 On 方法的泛型参数指定：两个字符串。最后为了发起连接，调用 HubConnection 实例的 Start 方法(代码文件 WPFChatClient/ViewModels/ChatViewModel.cs)：

```
private HubConnection _hubConnection;
private IHubProxy _hubProxy;

public async void OnConnect()
{
  CloseConnection();
  _hubConnection = new HubConnection(ServerURI);
  _hubConnection.Closed += HubConnectionClosed;
  _hubProxy = _hubConnection.CreateHubProxy("ChatHub");
```

```csharp
    _hubProxy.On<string, string>("BroadcastMessage", OnMessageReceived);

    try
    {
        await _hubConnection.Start();
    }
    catch (HttpRequestException ex)
    {
        _messagingService.ShowMessage(ex.Message);
    }
    _messagingService.ShowMessage("client connected");
}
```

给 SignalR 发送消息只需要调用 IHubProxy 的 Invoke 方法。第一个参数是服务器应该调用的方法名称，其后的参数是服务器上方法的参数(代码文件 WPFChatClient/ViewModels/ChatViewModel.cs):

```csharp
public void OnSendMessage()
{
    _hubProxy.Invoke("Send", Name, Message);
}
```

收到消息时，调用 OnMessageReceived 方法。因为这个方法从后台线程中调用，所以需要切换回更新绑定属性和集合的 UI 线程(代码文件 WPFChatClient/ViewModels/ChatViewModel.cs):

```csharp
public void OnMessageReceived(string name, string message)
{
    App.Current.Dispatcher.Invoke(() =>
    {
        Messages.Add($"{name}: {message}");
    });
}
```

运行应用程序时，可以从 WPF 客户端收发消息，如图 43-5 所示。也可以同时打开 Web 页面，在它们之间通信。

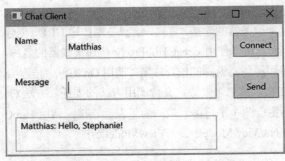

图 43-5

43.4 分组连接

通常不希望与所有客户端通信，而是希望与一组客户端交流。SignalR 支持这种情形。

本节用分组功能添加另一个聊天集线器，也看看使用 SignalR 集线器时的其他选项。WPF 客户应用程序扩展为输入分组,给选中的分组发送消息。

43.4.1 用分组扩展集线器

为了支持分组聊天,应创建类 GroupChatHub。在以前的集线器中,学习了如何使用 dynamic 关键字来定义发送到客户端的消息。不使用 dynamic 类型的话,也可以创建一个自定义界面,如下面的代码段所示。这个接口用作基类 Hub 的泛型参数(代码文件 ChatServer/GroupChatHub.cs):

```
public interface IGroupClient
{
  void MessageToGroup(string groupName, string name, string message);
}

public class GroupChatHub: Hub<IGroupClient>
{
  // etc.
}
```

AddGroup 和 LeaveGroup 方法被定义为由客户端调用。注册分组后,客户端用 AddGroup 方法发送一个组名。Hub 类定义了 Groups 属性,在其中可以注册对组的连接。Hub 类的 Groups 属性返回 IGroupManager。这个接口定义了两个方法:Add 和 Remove。这两个方法需要一个组名和一个连接标识符,来添加或删除对组指定的连接。连接标识符是与客户端连接关联的唯一标识符。客户端连接标识符以及客户端的其他信息可以用 Hub 类的 Context 属性访问。下面的代码段调用 IGroupManager 的 Add 方法向连接注册一个分组,Remove 方法则用于注销分组(代码文件 ChatServer/GroupChatHub.cs):

```
public Task AddGroup(string groupName) =>
  Groups.Add(Context.ConnectionId, groupName);

public Task LeaveGroup(string groupName) =>
  Groups.Remove(Context.ConnectionId, groupName);
```

> **注意**:Hub 类的 Context 属性返回一个 HubCallerContext 类型的对象。通过这个类,不仅可以访问与连接相关联的连接标识符,还可以访问客户端的其他信息,如 HTTP 请求中的标题、查询字符串和 cookie 信息,以及访问用户的信息。此信息可以用于用户的身份验证。

调用 Send 方法(这次使用三个参数,包括分组)可把信息发送给与分组相关联的所有连接。现在 Clients 属性用于调用 Group 方法。Group 方法接受一个分组字符串,用于把 MessageToGroup 消息发送给所有与组名相关联的连接。在 Group 方法的一个重载版本中,可以添加应该排除在外的连接 ID。因为 Hub 实现了接口 IGroupClient,所以 Groups 方法返回 IGroupClient。这样,MessageToGroup 方法可以使用编译时支持调用(代码文件 ChatServer/GroupChatHub.cs):

```
public void Send(string group, string name, string message)
{
```

```csharp
Clients.Group(group).MessageToGroup(group, name, message);
}
```

其他几个扩展方法定义为将信息发送到一组客户端连接。前面介绍了 Group 方法将消息发送到用组名指定的一组连接。使用这个方法，可以排除客户端连接。例如，发送消息的客户端可能不需要接收它。Groups 方法接受一个组名列表，消息应该发送给它们。前面讨论过 All 属性给所有连接的客户端发送消息。OthersInGroup 和 OthersInGroups 是拒绝把消息发送给调用者的方法。这些方法把消息发送给不包括调用者的特定分组或分组列表。

也可以将消息发送到不基于内置分组功能的自定义分组。在这里，它有助于重写 OnConnected、OnDisconnected 和 OnReconnected 方法。每次客户端连接时，都调用 OnConnected 方法；客户端断开连接时，调用 OnDisconnected 方法。在这些方法中，可以访问 Hub 类的 Context 属性，访问客户端信息以及与客户端关联的连接 ID。在这里，可以把连接信息写入共享状态，允许使用多个实例伸缩服务器，访问同一个共享状态。也可以根据自己的业务逻辑选择客户端，或在向具有特定权限的客户端发送消息时实现优先级。

```csharp
public override Task OnConnected()
{
    return base.OnConnected();
}

public override Task OnDisconnected(bool stopCalled)
{
    return base.OnDisconnected(stopCalled);
}
```

43.4.2 用分组扩展 WPF 客户端

集线器的分组功能准备好后，可以扩展 WPF 客户端应用程序。对于分组功能，定义另一个与 GroupChatViewModel 类相关联的 XAML 页面。

与前面定义的 ChatViewModel 相比，GroupChatViewModel 类定义了更多的属性和命令。NewGroup 属性定义了用户注册的分组。SelectedGroup 属性定义了用于继续通信的分组，例如给分组发送消息或退出分组。SelectedGroup 属性需要更改通知，以在改变这个属性时更新用户界面；所以 INotifyPropertyChanged 接口用 GroupChatViewModel 类实现，SelectedGroup 属性的 set 访问器触发一个通知。另外还定义了加入和退出分组的命令：EnterGroupCommand 和 LeaveGroupCommand 属性(代码文件 WPFChatClient/ViewModels/GroupChatViewModel.cs)：

```csharp
public sealed class GroupChatViewModel: IDisposable, INotifyPropertyChanged
{
    private readonly IMessagingService _messagingService;
    public GroupChatViewModel(IMessagingService messagingService)
    {
        _messagingService = messagingService;
        ConnectCommand = new DelegateCommand(OnConnect);
        SendCommand = new DelegateCommand(OnSendMessage);
        EnterGroupCommand = new DelegateCommand(OnEnterGroup);
        LeaveGroupCommand = new DelegateCommand(OnLeaveGroup);
    }
```

```csharp
private const string ServerURI = "http://localhost:45269/signalr";

public event PropertyChangedEventHandler PropertyChanged;

public string Name { get; set; }
public string Message { get; set; }
public string NewGroup { get; set; }

private string _selectedGroup;
public string SelectedGroup
{
  get { return _selectedGroup; }
  set
  {
    _selectedGroup = value;
    PropertyChanged?.Invoke(this, new PropertyChangedEventArgs(
      nameof(SelectedGroup)));
  }
}

public ObservableCollection<string> Messages { get; } =
  new ObservableCollection<string>();
public ObservableCollection<string> Groups { get; } =
  new ObservableCollection<string>();

public DelegateCommand SendCommand { get; }
public DelegateCommand ConnectCommand { get; }
public DelegateCommand EnterGroupCommand { get; }
public DelegateCommand LeaveGroupCommand { get; }
// etc.
}
```

EnterGroupCommand 和 LeaveGroupCommand 命令的处理方法如下面的代码段所示。这里，AddGroup 和 RemoveGroup 方法在分组集线器中调用(代码文件 WPFChatClient/ViewModels/GroupChatViewModel.cs)：

```csharp
public async void OnEnterGroup()
{
  try
  {
    await _hubProxy.Invoke("AddGroup", NewGroup);
    Groups.Add(NewGroup);
    SelectedGroup = NewGroup;
  }
  catch (Exception ex)
  {
    _messagingService.ShowMessage(ex.Message);
  }
}

public async void OnLeaveGroup()
{
  try
  {
```

```csharp
    await _hubProxy.Invoke("RemoveGroup", SelectedGroup);
    Groups.Remove(SelectedGroup);
  }
  catch (Exception ex)
  {
    _messagingService.ShowMessage(ex.Message);
  }
}
```

发送和接收消息非常类似于前面的示例,区别是现在添加了分组信息(代码文件 WPFChatClient/ViewModels/GroupChatViewModel.cs):

```csharp
public async void OnSendMessage()
{
  try
  {
    await _hubProxy.Invoke("Send", SelectedGroup, Name, Message);
  }
  catch (Exception ex)
  {
    _messagingService.ShowMessage(ex.Message);
  }
}

public void OnMessageReceived(string group, string name, string message)
{
  App.Current.Dispatcher.Invoke(() =>
  {
    Messages.Add($"{group}-{name}: {message}");
  });
}
```

运行应用程序时,可以为所有已经加入的分组发送消息,查看所有已注册分组收到的消息,如图 43-6 所示。

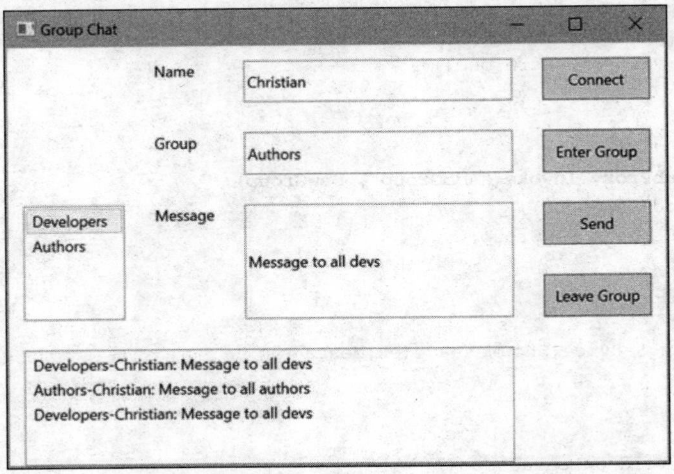

图 43-6

43.5 WebHooks 的体系结构

WebHooks 通过 Web 应用程序提供了发布/订阅功能。这是 WebHooks 和 SignalR 之间唯一的相似之处。在其他方面，WebHooks 和 SignalR 大不相同，但可以彼此利用。在讨论如何联合使用它们之前，先概述 WebHooks。

在 WebHooks 中，可以把 SaaS(软件即服务)服务调入网站。只需要向 SaaS 服务注册网站。接着 SaaS 服务调用网站(参见图 43-7)。在网站上，接收控制器从 WebHooks 发送器中接收所有消息，并将其转发给相应的接收器。接收器验证安全性，检查消息是否来自已注册的发送器，然后将消息转发给处理程序。处理程序包含处理请求的自定义代码。

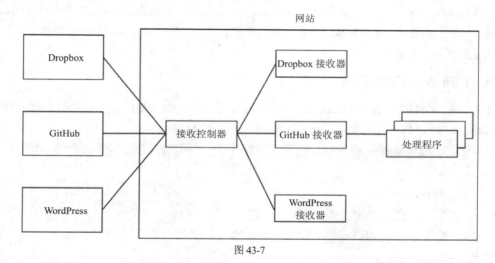

图 43-7

与 SignalR 技术相反，发送器和接收器并不总是连接起来的。接收器只提供了一个服务 API，由发送器在需要时调用。接收器需要在公共互联网地址上可用。

WebHooks 的优点是在接收端易于使用，支持接收来自许多 SaaS 提供者的消息，如 Dropbox、GitHub、WordPress、PayPal、Slack、SalesForce 等。每星期都会涌现出更多的新提供者。

创建发送器并不比创建接收器容易，但 ASP.NET Framework 提供了大力支持。发送器需要 WebHook 接收器的一个注册选项，这通常使用 Web UI 完成。当然，也可以通过编程方式创建一个 Web API 来注册。注册后，发送器收到来自接收器的密钥和需要调用的 URL。这个密钥由接收器验证，只允许具备该密钥的发送器使用。发送器触发事件时，就启动 WebHook，实际上这涉及调用接收器的 Web 服务，传递(大部分)JSON 信息。

Microsoft 的 ASP.NET NuGet 包 WebHooks 可以抽象出差异，便于为不同的服务实现接收器。也很容易创建 ASP.NET Web API 服务，验证发送器发出的密钥，把调用转发给自定义处理程序。

为了查看 WebHooks 的易用性和优点，下面的示例应用程序创建 Dropbox 和 GitHub 接收器。当创建多个接收器时，可以看到提供者和 NuGet 包提供的功能之间的区别。可以用类似方式给其他 SaaS 提供者创建一个接收器。

43.6 创建 Dropbox 和 GitHub 接收器

为了创建并运行 Dropbox 和 GitHub 接收器示例，需要 GitHub 和 Dropbox 账户。对于 GitHub，需要存储库的管理员访问权限。当然，为了学习 WebHooks，最好只使用这些技术之一。无论使用什么服务，要使用所有的接收器，只需要设法让网站公开可用，例如发布到 Microsoft Azure 上。

Dropbox(http://www.dropbox.com)在云上提供了一个文件存储。可以在其中保存文件和目录，并与他人分享。有了 WebHooks，可以收到 Dropbox 存储中的更改信息，例如添加、修改和删除文件时可以收到通知。

GitHub(http://www.github.com)提供源代码存储库。.NET Core 和 ASP.NET Core 1.0 在 GitHub 的公共存储库上可用，本书的源代码也可用(http://www.github.com/ProfessionalCSharp/ProfessionalCSharp6)。有了 GitHub WebHook，就可以接收推送事件的信息或对存储库的所有更改，如分叉、Wiki 页面的更新、问题等。

43.6.1 创建 Web 应用程序

首先创建一个名为 SaasWebHooksReceiverSample 的 ASP.NET Web Application。选择 ASP.NET 4.6 Templates 中的 MVC，并添加 Web API 选项(参见图 43-8)。

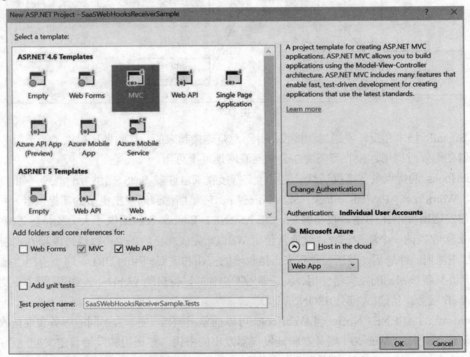

图 43-8

接下来，添加 NuGet 包 Microsoft.AspNet.WebHooks.Receivers.Dropbox 和 Microsoft.AspNet.WebHooks.Receivers.GitHub。这些 NuGet 包支持从 Dropbox 和 GitHub 上接收消息。使用 NuGet 包管理器，会发现更多支持其他 SaaS 服务的 NuGet 包。

43.6.2 为 Dropbox 和 GitHub 配置 WebHooks

调用扩展方法 InitializeReceiveDropboxWebHooks 可以为 Dropbox 初始化 WebHooks，调用扩展方法 InitializeReceiveGitHubWebHooks 可以为 GitHub 初始化 WebHooks。在启动代码中通过 HttpConfiguration 调用这些方法(代码文件 SaaSWebHooksReceiverSample/App_Start/WebApiConfig.cs)：

```
using System.Web.Http;

namespace SaaSWebHooksReceiverSample
{
  public static class WebApiConfig
  {
    public static void Register(HttpConfiguration config)
    {
      config.MapHttpAttributeRoutes();

      config.Routes.MapHttpRoute(
        name: "DefaultApi",
        routeTemplate: "api/{controller}/{id}",
        defaults: new { id = RouteParameter.Optional }
      );

      config.InitializeReceiveDropboxWebHooks();
      config.InitializeReceiveGitHubWebHooks();
    }
  }
}
```

为了只允许接收定义的 SaaS 服务的消息，应使用密钥。可以通过应用程序设置配置这些密钥。用于设置的键在 NuGet 包的代码中预定义。对于 Dropbox，使用 MS_WebHookReceiverSecret_Dropbox 键，对于 GitHub 使用 MS_WebHookReceiverSecret_GitHub 键。这个密钥需要至少 15 个字符长。

如果想使用不同的 Dropbox 账户或不同的 GitHub 库，可以使用不同的密钥，通过标识符定义多个密钥，如下面的代码段所示(代码文件 SaaSWebHooksReceiverSample/Web.config)：

```xml
<appSettings>
  <add key="webpages:Version" value="3.0.0.0" />
  <add key="webpages:Enabled" value="false" />
  <add key="ClientValidationEnabled" value="true" />
  <add key="UnobtrusiveJavaScriptEnabled" value="true" />
  <add key="MS_WebHookReceiverSecret_Dropbox"
    value="12345123451234512345678906789067890,
    dp1=9876543210009876543210000988" />
  <add key="MS_WebHookReceiverSecret_Github"
    value="12345678901234567890123456789067890,
    gh1=9876543210987654321, gh2=8765432109876543210" />
</appSettings>
```

43.6.3 实现处理程序

WebHook 的功能在 WebHookHandler 中实现。在这个处理程序中可以做些什么呢？可以把信息写入数据库、文件，以调用其他服务等。只是请注意，实现代码不需要执行太长时间——几秒钟即可。如果实现代码需要执行太长时间，则发送器可能会重发请求。对于更长时间的活动，最好把信息写入队列，在方法完成后遍历队列，例如使用一个后台进程。

示例应用程序在接收事件时，会把一条消息写进 Microsoft Azure Storage 队列。要使用这个队列系统，需要在 http://portal.azure.com 上创建一个 Storage 账户。在示例应用程序中，Storage 账户名为 professionalcsharp。为了使用 Microsoft Azure Storage，可以给项目添加 NuGet 包 WindowsAzure.Storage。

创建 Azure Storage 账户后，打开门户，复制账户名称和主要访问密钥，并将这些信息添加到配置文件中(代码文件 SaaSWebHooksSampleReceiver/web.config)：

```
<add key="StorageConnectionString"
  value="DefaultEndpointsProtocol=https;
    AccountName=add your account name;AccountKey=add your account key==" />
```

要向队列发送消息，需要创建 QueueManager。在构造函数中，读取配置文件中的配置，创建一个 CloudStorageAccount 对象。CloudStorageAccount 允许访问不同的 Azure Storage 设备，例如队列、表和 blob 存储。CreateCloudQueueClient 方法返回一个 CloudQueueClient，它允许创建队列和把消息写入队列。如果队列不存在，它就由 CreateIfNotExists 创建。队列的 AddMessage 写入一条消息(代码文件 SaaSWebHooksSampleReceiver/WebHookHandlers/QueueManager.cs)：

```
public class QueueManager
{
  private CloudStorageAccount _storageAccount;

  public QueueManager()
  {
    _storageAccount = CloudStorageAccount.Parse(
      ConfigurationManager.AppSettings["StorageConnectionString"]);
  }

  public void WriteToQueueStorage(string queueName, string actions,
    string json)
  {
    CloudQueueClient client = _storageAccount.CreateCloudQueueClient();

    CloudQueue queue = client.GetQueueReference(queueName);
    queue.CreateIfNotExists();
    var message = new CloudQueueMessage(actions + "--" + json);
    queue.AddMessage(message);
  }
}
```

接下来，进入 WebHook 实现中最重要的部分：Dropbox 和 GitHub 事件的自定义处理程序。WebHook 处理程序派生自基类 WebHookHandler，重写了基类的抽象方法 ExecuteAsync。使用此方法，可从 WebHook 中收到接收器和上下文。接收器包含 SaaS 服务的信息，例如示例代码中的 github 和 dropbox。负责的接收器收到事件后，就一个接一个地调用所有处理程序。如果每个处理程序都用于不同的服务，则最好首先检查接收器，比较它和对应的服务，之后执行代码。在示例代码中，两个处理程序调用相同的功能，唯一的区别是队列的名称不同。这里，只要一个处理程序就足够了。然而，基于 SaaS 服务，通常有不同的实现，所以在示例代码中实现两个处理程序，每个都检查接收器的名称。使用 WebHookHandlerContext 可以访问一组动作(这是触发 WebHook 的原因列表)、来自调用者的请求的信息和从服务发送的 JSON 对象。动作和 JSON 对象被写入 Azure Storage 队列(代码文件 SaaSWebHooksSampleReceiver/WebHookHandlers/GithubWebHookHandler.cs）：

```csharp
public class GithubWebHookHandler: WebHookHandler
{
  public override Task ExecuteAsync(string receiver,
    WebHookHandlerContext context)
  {
    if ("GitHub".Equals(receiver, StringComparison.CurrentCultureIgnoreCase))
    {
      QueueManager queue = null;
      try
      {
        queue = new QueueManager();
        string actions = string.Join(", ", context.Actions);
        JObject incoming = context.GetDataOrDefault<JObject>();

        queue.WriteToQueueStorage("githubqueue", actions, incoming.ToString());
      }
      catch (Exception ex)
      {
        queue?.WriteToQueueStorage("githubqueue", "error", ex.Message);
      }
    }
    return Task.FromResult<object>(null);
  }
}
```

对于生产场景中的实现，可以从 JSON 对象中读取信息，并作出相应的反应。然而请记住，在处理程序中应该用几秒钟完成这项工作。否则，服务会重新发送 WebHook。这种行为随提供者的不同而不同。

在实现的处理程序中，可以构建项目，将应用程序发布到 Microsoft Azure。可以直接从 Visual Studio 的 Solution Explorer 中发布。选择项目，选择 Publish 上下文菜单，再选择 Microsoft Azure App Service 目标。

注意：将网站发布到 Microsoft Azure 的内容参见第 45 章。

发布后，可以配置 Dropbox 和 GitHub。对于这些配置，网站需要是公开可用的。

43.6.4 用 Dropbox 和 GitHub 配置应用程序

为了启用 WebHooks 和 Dropbox，需要在 Dropbox 应用控制台中创建应用程序：https://www.dropbox.com/developers/apps，如图 43-9 所示。

为了在 Dropbox 上接收 WebHooks，需要注册网站的公共 URI。通过 Microsoft Azure 托管站点时，主机名是<hostname>.azurewebsites.net。接收器的服务在/api/webhooks/incoming/provider 上监听——例如，对于 Dropbox 是在 https://professionalcsharp.azurewebsites.net/api/webhooks/incoming/dropbox 上。如果注册了多个密钥，而不是其他密钥的 URI，就把其密钥添加到 URI 中，如/api/webhooks/incoming/dropbox/dp1。

Dropbox 发送一个必须返回的挑战来验证有效的 URI。可以使用接收器试一试，对于 Dropbox 将接收器配置为访问 URI：hostname/api/webhooks/incoming/dropbox/?challenge=12345，返回字符串 12345。

为了启用 WebHooks 和 GitHub，打开 GitHub 库的 Settings 选项卡(参见图 43-10)。这里需要添加一个负载链接，对于这个项目是 http://<hostname>/api/webhooks/incoming/github。同时，别忘了添加密钥，它必须与配置文件中定义的相同。对于 GitHub 配置，可以从 GitHub 中选择 application/json 或基于表单的 application/x-www-form-urlencoded 内容。使用事件，可以选择只接收推送事件、接收所有事件或选择单个事件。

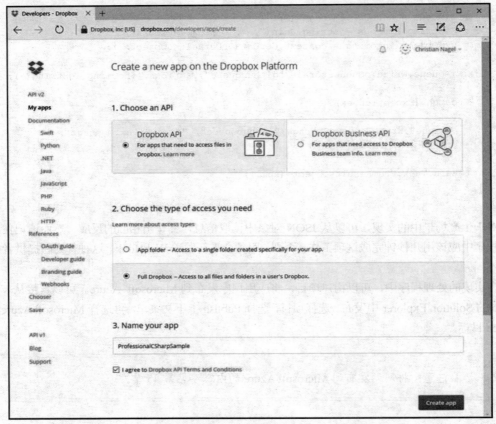

图 43-9

注意：如果使用 ASP.NET Web App，就可以使用向导启用 WebHooks 和 GitHub。

43.6.5 运行应用程序

配置好公共 Web 应用程序后，因为改变了 Dropbox 文件夹或 GitHub 库，所以新消息会到达 Microsoft Azure Storage 队列。在 Visual Studio 内部，可以使用 Cloud Explorer 直接访问队列。在 Storage Accounts 树中选择 Storage Accounts，可以看到 Queues 条目显示了生成的所有队列。打开队列，可以看到消息，如图 43-11 所示。

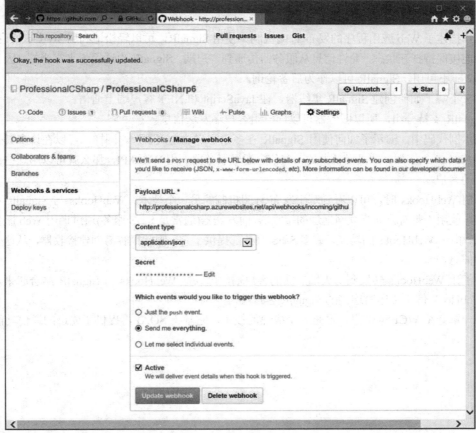

图 43-10

图 43-11

43.7 小结

本章描述了 Web 应用程序的发布/订阅机制。使用 SignalR，可以轻松地利用 WebSocket 技术，使网络连接保持打开状态，允许信息从服务器传递到客户端。SignalR 也适用于老客户端，因为如果 WebSocket 不可用，SignalR 可以作为后备轮询。

本章了解了如何创建 SignalR 集线器，在 JavaScript 和.NET 客户端上通信。

SignalR 支持分组，所以服务器可以向一组客户端发送信息。

在示例代码中，演示了如何使用 SignalR 在多个客户端之间聊天。同样，可以在许多其他场景中使用 SignalR。例如，如果设备中的一些信息通过服务器调用 Web API，那么就可以用这些信息通知连接的客户端。

介绍 WebHooks 时，可以看到基于发布/订阅机制的另一个技术。WebHooks 与 SignalR 不同，因为它只能用于带有公共互联网地址的接收器，而发送器(通常是 SaaS 服务)通过调用 Web 服务来发布信息。由于 WebHooks 的功能，许多 SaaS 服务都提供了它，因此很容易创建接收器，从这些服务中接收信息。

为了让 WebHooks 转发到防火墙后面的客户端，可以把 WebHooks 与 SignalR 结合起来。只需要把 WebHook 信息传递给连接的 SignalR 客户端。

下一章介绍 WCF 的信息，这是一个成熟的技术，它基于 SOAP，提供了先进的通信功能。

第44章

WCF

本章要点

- WCF 概述
- 创建简单的服务和客户端
- 定义服务、操作、数据和消息协定
- 服务的实现
- 对通信使用绑定
- 创建服务的不同宿主
- 通过服务引用和编程方式创建客户端
- 使用双工通信
- 使用路由

本章源代码下载地址(wrox.com):

打开网页 http://www.wrox.com/go/professionalcsharp6,单击 Download Code 选项卡即可下载本章源代码。本章代码分为以下几个主要的示例文件:

- 简单的服务和客户端
- WebSocket
- 双工通信
- 路由

44.1 WCF 概述

第 42 章介绍了 ASP.NET Web API,这个通信技术基于 Representational State Transfer(REST)。用于客户端和服务器之间通信的老大哥是 Windows Communication Foundation(WCF)。这项技术最初在.NET 3.0 中引入,替换了一些不同的技术,如在.NET 应用程序和 ASP.NET Web Services 之间快速通信的.NET Remoting 和用于独立于平台进行通信的 Web Services Enhancements(WSE)。如今,

WCF 相比 ASP.NET Web API 要复杂得多，也提供了更多的功能，如可靠性、事务和 Web 服务安全性。如果不需要任何这些先进的通信功能，ASP.NET Web API 可能是更好的选择。WCF 对于这些额外的功能而言很重要，而且还支持旧应用程序。

本章用到的名称空间是 System.ServiceModel。

> **注意:** 尽管本书的大多数章节都基于新的.NET Framework 堆栈——.NET Core 1.0，但本章需要完整的框架。WCF 的客户端部分可用于.NET Core，但服务器端需要完整的.NET Framework。在这些示例中，使用了.NET 4.6。不过作者还是会尽可能使用.NET Core。用于定义协定和数据访问的库是使用.NET Core 构建的。

WCF 的功能包括：

- **存储组件和服务**——与联合使用自定义主机、.NET Remoting 和 WSE 一样，也可以将 WCF 服务存放在 ASP.NET 运行库、Windows 服务、COM+进程或 WPF 应用程序中，进行对等计算。
- **声明行为**——不要求派生自基类(.NET Remoting 和 Enterprise Services 有这个要求)，而可以使用属性定义服务。这类似于用 ASP.NET 开发的 Web 服务。
- **通信信道**——在改变通信信道方面，.NET Remoting 非常灵活，WCF 也不错，因为它提供了相同的灵活性。WCF 提供了用 HTTP、TCP 和 IPC 信道进行通信的多条信道。也可以创建使用不同传输协议的自定义信道。
- **安全结构**——为了实现独立于平台的 Web 服务，必须使用标准化的安全环境。所提出的标准用 WSE 3.0 实现，这在 WCF 中被继承下来。
- **可扩展性**——.NET Remoting 有丰富的扩展功能。它不仅能创建自定义信道、格式化程序和代理，还能将功能注入客户端和服务器上的消息流。WCF 提供了类似的可扩展性。但是，WCF 的扩展性用 SOAP 标题创建。

最终目标是通过进程或不同的系统、通过本地网络或通过 Internet 收发客户端和服务之间的消息。如果需要以独立于平台的方式尽快收发消息，就应这么做。在远距离视图上，服务提供了一个端点，它用协定、绑定和地址来描述。协定定义了服务提供的操作，绑定给出了协议和编码信息，地址是服务的位置。客户端需要一个兼容的端点来访问服务。

图 44-1 显示了参与 WCF 通信的组件。

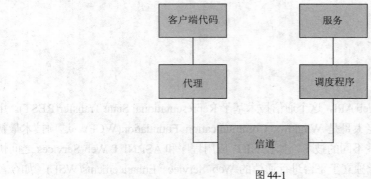

图 44-1

客户端调用代理上的一个方法。代理提供了服务定义的方法，但把方法调用转换为一条消息，并把该消息传输到信道上。信道有一个客户端部分和一个服务器端部分，它们通过一个网络协议来通信。在信道上，把消息传递给调度程序，调度程序再把消息转换为用服务调用的方法调用。

WCF 支持几个通信协议。为了进行独立于平台的通信，需要支持 Web 服务标准。要在.NET 应用程序之间通信，可以使用较快的通信协议，其系统开销较小。

第 42 章描述了 HTTP 上的通信使用 REST 编程样式，用 JSON 格式传递对象，还用 Swagger 描述了服务 API。在 WCF 中，还有几个重要的技术：SOAP 是一个独立于平台的协议，它是几个 Web 服务规范的基础，支持安全性、事务和可靠性。WSDL(Web Services Description Language，Web 服务描述语言)提供了描述服务的元数据。

44.1.1 SOAP

为了进行独立于平台的通信，可以使用 SOAP 协议，它得到 WCF 的直接支持。SOAP 最初是 Simple Object Access Protocol 的缩写，但自 SOAP 1.2 以来，就不再是这样了。SOAP 不再是一个对象访问协议，因为可以发送用 XML 架构定义的消息。现在它不是这个缩写词了，SOAP 就是 SOAP。

服务从客户端中接收 SOAP 消息，并返回一条 SOAP 响应消息。SOAP 消息包含信封，信封包含标题和正文。

```xml
<s:Envelope xmlns:s="http://schemas.xmlsoap.org/soap/envelope/">
  <s:Header>
  </s:Header>
  <s:Body>
    <ReserveRoom xmlns="http://www.cninnovation.com/RoomReservation/2015">
      <roomReservation xmlns:a=
        "http://schemas.datacontract.org/2004/07/Wrox.ProCSharp.WCF.Contracts"
        xmlns:i="http://www.w3.org/2001/XMLSchema-instance">
        <a:Contact>UEFA</a:Contact>
        <a:EndTime>2015-07-28T22:00:00</a:EndTime>
        <a:Id>0</a:Id>
        <a:RoomName>Athens</a:RoomName>
        <a:StartTime>2015-07-28T20:00:00</a:StartTime>
        <a:Text>Panathinaikos-Club Brugge</a:Text>
      </roomReservation>
    </ReserveRoom>
  </s:Body>
</s:Envelope>
```

标题是可选的，可以包含寻址、安全性和事务信息。正文包含消息数据。

44.1.2 WSDL

WSDL(Web Services Description Language，Web 服务描述语言)文档描述了服务的操作和消息。WSDL 定义了服务的元数据，这些元数据可用于为客户端应用程序创建代理。

WSDL 包含如下信息：
- 消息的类型——用 XML 架构描述。
- 从服务中收发的消息——消息的各部分是用 XML 架构定义的类型。

- 端口类型——映射服务协定，列出了用服务协定定义的操作。操作包含消息，例如与请求和响应序列一起使用的输入和输出消息。
- 绑定信息——包含用端口类型列出的操作并定义使用的 SOAP 变体。
- 服务信息——把端口类型映射到端点地址。

> **注意**：在 WCF 中，WSDL 信息由 MEX(Metedata Exchange，元数据交换)端点提供。

44.2 创建简单的服务和客户端

在详细介绍 WCF 之前，首先看一个简单的服务。该服务用于预订会议室。

要存储会议室预订信息，应使用一个简单的 SQL Server 数据库和 RoomReservations 表。可以使用 Entity Framework Migrations 创建这个数据库和示例应用程序。

下面是创建服务和客户端的步骤：
(1) 创建服务和数据协定。
(2) 使用 Entity Framework Core 创建访问数据库的库。
(3) 实现服务。
(4) 使用 WCF 服务宿主(Service Host)和 WCF 测试客户端(Test Client)。
(5) 创建定制的服务宿主。
(6) 使用元数据创建客户应用程序。
(7) 使用共享的协定创建客户应用程序。
(8) 配置诊断设置。

44.2.1 定义服务和数据协定

首先，创建一个新的解决方案 RoomReservation，在其中添加一个新的类库项目，命名为 RoomReservationContracts。

RoomReservationContracts 库的示例代码使用如下依赖项和名称空间：

依赖项

```
System.ComponentModel.DataAnnotations
System.Runtime.Serialization
System.ServiceModel
```

名称空间

```
System
System.Collections.Generic
System.ComponentModel
System.ComponentModel.DataAnnotations
System.Runtime.CompilerServices
```

```
System.Runtime.Serialization
System.ServiceModel
```

创建一个新类 RoomReservation。这个类包含属性 Id、RoomName、StartTime、EndTime、Contact 和 Text 来定义数据库中需要的数据，并在网络中传送。要通过 WCF 服务发送数据，应通过 DataContract 和 DataMember 特性对该类进行注解。System.ComponentModel.DataAnnotations 名称空间中的 StringLength 属性不仅可用于验证用户输入，还可以在创建数据库表时定义列的模式(代码文件 RoomReservation/RoomReservationContracts/RoomReservation.cs)。

```csharp
using System;
using System.Collections.Generic;
using System.ComponentModel;
using System.ComponentModel.DataAnnotations;
using System.Runtime.CompilerServices;
using System.Runtime.Serialization;

namespace Wrox.ProCSharp.WCF.Contracts
{
  [DataContract]
  public class RoomReservation : INotifyPropertyChanged
  {
    private int _id;

    [DataMember]
    public int Id
    {
      get { return _id; }
      set { SetProperty(ref _id, value); }
    }

    private string _roomName;

    [DataMember]
    [StringLength(30)]
    public string RoomName
    {
      get { return _roomName; }
      set { SetProperty(ref _roomName, value); }
    }

    private DateTime _startTime;

    [DataMember]
    public DateTime StartTime
    {
      get { return _startTime; }
      set { SetProperty(ref _startTime, value); }
    }

    private DateTime _endTime;

    [DataMember]
    public DateTime EndTime
```

```
    {
      get { return _endTime; }
      set { SetProperty(ref _endTime, value); }
    }

    private string _contact;

    [DataMember]
    [StringLength(30)]
    public string Contact
    {
      get { return _contact; }
      set { SetProperty(ref _contact, value); }
    }

    private string _text;

    [DataMember]
    [StringLength(50)]
    public string Text
    {
      get { return _text; }
      set { SetProperty(ref _text, value); }
    }

    protected virtual void OnNotifyPropertyChanged(string propertyName)
    {
      PropertyChanged?.Invoke(this,
        new PropertyChangedEventArgs(propertyName));
    }

    protected virtual void SetProperty<T>(ref T item, T value,
      [CallerMemberName] string propertyName = null)
    {
      if (!EqualityComparer<T>.Default.Equals(item, value))
      {
        item = value;
        OnNotifyPropertyChanged(propertyName);
      }
    }

    public event PropertyChangedEventHandler PropertyChanged;
  }
}
```

接着创建服务协定,服务提供的操作可以通过接口来定义。IRoomService 接口定义了 ReserveRoom 和 GetRoomReservations 方法。服务协定用 ServiceContract 特性定义。由服务定义的操作应用了 OperationContract 特性(代码文件 RoomReservation/RoomReservationContracts/IRoomService.cs)。

```
using System;
using System.ServiceModel;

namespace Wrox.ProCSharp.WCF.Contracts
{
```

```csharp
[ServiceContract(
  Namespace="http://www.cninnovation.com/RoomReservation/2016")]
public interface IRoomService
{
  [OperationContract]
  bool ReserveRoom(RoomReservation roomReservation);

  [OperationContract]
  RoomReservation[] GetRoomReservations(DateTime fromTime, DateTime toTime);
}
```

44.2.2 数据访问

接着，创建一个库 RoomReservationData，通过 Entity Framework 6.1 来访问、读写数据库中的预订信息。定义实体的类已经用 RoomReservationContracts 程序集定义好了，所以需要引用这个程序集。另外还需要 NuGet 包 Microsoft.EntityFrameworkCore 和 Microsoft.EntityFrameworkCore.SqlServer。

RoomReservationData 库的示例代码使用如下依赖项和名称空间：

依赖项

```
Microsoft.EntityFrameworkCore
Microsoft.EntityFrameworkCore.Commands
Microsoft.EntityFrameworkCore.SqlServer
```

名称空间

```
Microsoft.EntityFrameworkCore
System
System.Linq
Wrox.ProCSharp.WCF.Contracts
```

现在可以创建 RoomReservationContext 类。这个类派生于基类 DbContext，用作 ADO.NET Entity Framework 的上下文，还定义了一个属性 RoomReservations，返回 DbSet<RoomReservation>(代码文件 RoomReservation/RoomReservationData/RoomReservationContext.cs)。

```csharp
using Microsoft.EntityFrameworkCore;
using Wrox.ProCSharp.WCF.Contracts;

namespace Wrox.ProCSharp.WCF.Data
{
  public class RoomReservationContext : DbContext
  {
    protected void override OnConfiguring(
      DbContextOptionsBuilder optionsBuilder)
    {
      optionsBuilder.UseSqlServer(@"server=(localdb)\mssqllocaldb;" +
        @"Database=RoomReservation;trusted_connection=true");
    }

    public DbSet<RoomReservation> RoomReservations { get; set; }
  }
}
```

Entity Framework 定义了 OnConfiguring 方法和可以配置数据上下文的 DbContext。UseSqlServer 扩展方法(在 NuGet 包 EntityFramework.MicrosoftSqlServer 内定义)允许设置数据库的连接字符串。

创建数据库的命令取决于是创建.NET 4.6 类库还是.NET Core 类库。对于.NET 4.6 类库，可以使用 NuGet Package Manager Console 创建数据库并应用以下命令。使用 Add-Migration 命令，在项目中创建 Migrations 文件夹，其中的代码用于创建表 RoomReservation。Update-Database 命令运用迁移并创建数据库。

```
> Add-Migration InitRoomReservation
> Update-Database
```

服务实现使用的功能用 RoomReservationRepository 类定义。ReserveRoom 方法将一条会议室预订记录写入数据库。GetReservations 方法返回指定时间段的 RoomReservation 集合(代码文件 RoomReservation/RoomReservationData/RoomReservationRepository.cs)。

```csharp
using System;
using System.Linq;
using Wrox.ProCSharp.WCF.Contracts;

namespace Wrox.ProCSharp.WCF.Data
{
  public class RoomReservationRepository
  {
    public void ReserveRoom(RoomReservation roomReservation)
    {
      using (var data = new RoomReservationContext())
      {
        data.RoomReservations.Add(roomReservation);
        data.SaveChanges();
      }
    }

    public RoomReservation[] GetReservations(DateTime fromTime,
      DateTime toTime)
    {
      using (var data = new RoomReservationContext())
      {
        return (from r in data.RoomReservations
                where r.StartTime > fromTime && r.EndTime < toTime
                select r).ToArray();
      }
    }
  }
}
```

注意：ADO.NET Entity Framework 详见第 38 章，包括用.NET Core 项目配置迁移。

44.2.3 服务的实现

现在开始实现服务。创建一个 WCF 服务库 RoomReservationService。这个库默认包含服务协定和服务实现。如果客户应用程序只使用元数据信息来创建访问服务的代理,则这个模型是可用的。但是,如果客户端直接使用协定类型,则最好把协定放在一个独立的程序集中,如本例所示。在第一个已完成的客户端,代理是通过元数据创建的。后面将介绍如何创建客户端来共享协定程序集。把协定和实现分开是共享协定的一个准备工作。

RoomReservationService 服务类实现了 IRoomService 接口。实现服务时,只需要调用 RoomReservationData 类的相应方法(代码文件 RoomReservation/RoomReservationService/RoomReservationService.cs)。

```
using System;
using System.ServiceModel;
using Wrox.ProCSharp.WCF.Contracts;
using Wrox.ProCSharp.WCF.Data;

namespace Wrox.ProCSharp.WCF.Service
{
  [ServiceBehavior(InstanceContextMode = InstanceContextMode.PerCall)]
  public class RoomReservationService : IRoomService
  {
    public bool ReserveRoom(RoomReservation roomReservation)
    {
      var data = new RoomReservationRepository();
      data.ReserveRoom(roomReservation);
      return true;
    }

    public RoomReservation[] GetRoomReservations(DateTime fromTime,
        DateTime toTime)
    {
      var data = new RoomReservationRepository();
      return data.GetReservations(fromTime, toTime);
    }
  }
}
```

图 44-2 显示了前面创建的程序集及其依赖关系。RoomReservationContracts 程序集由 RoomReservationData 和 RoomReservationService 使用。

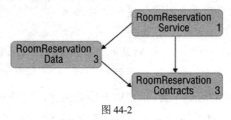

图 44-2

44.2.4 WCF 服务宿主和 WCF 测试客户端

WCF Service Library 项目模板创建了一个应用程序配置文件 App.config,它需要适用于新类名和新接口名。service 元素引用了包含名称空间的服务类型 RoomReservationService,协定接口需要用 endpoint 元素定义(配置文件 RoomReservation/RoomReservationService/app.config)。

```xml
<?xml version="1.0" encoding="utf-8" ?>
<configuration>
  <system.web>
    <compilation debug="true" />
  </system.web>
  <system.serviceModel>
    <services>
      <service name="Wrox.ProCSharp.WCF.Service.RoomService">
        <endpoint address="" binding="basicHttpBinding"
          contract="Wrox.ProCSharp.WCF.Service.IRoomService">
          <identity>
            <dns value="localhost" />
          </identity>
        </endpoint>
        <endpoint address="mex" binding="mexHttpBinding"
          contract="IMetadataExchange" />
        <host>
          <baseAddresses>
            <add baseAddress=
"http://localhost:8733/Design_Time_Addresses/RoomReservationService/Service1/"
            />
          </baseAddresses>
        </host>
      </service>
    </services>
    <behaviors>
      <serviceBehaviors>
        <behavior>
          <serviceMetadata httpGetEnabled="True" httpsGetEnabled="True"/>
          <serviceDebug includeExceptionDetailInFaults="False" />
        </behavior>
      </serviceBehaviors>
    </behaviors>
  </system.serviceModel>
</configuration>
```

注意：服务地址 http://localhost:8731/Design_Time_Addresses 有一个关联的访问控制列表(ACL)，它允许交互式用户创建一个监听端口。默认情况下，非管理员用户不允许在监听模式下打开端口。使用命令行实用程序 netsh http show urlacl 可以查看 ACL，用 netsh http add urlacl url=http://+:8080/MyURI user=someUser listen=yes 添加新项。

从 Visual Studio 2015 中启动这个库会启动 WCF 服务宿主，它显示为任务栏的通知区域中的一个图标。单击这个图标会打开 WCF 服务宿主窗口，如图 44-3 所示。在其中可以查看服务的状态。WCF 库应用程序的项目属性包含 WCF 选项的选项卡，在其中可以选择运行同一个解决方案中的项目时是否启动 WCF 服务宿主。默认打开这个选项。另外在项目属性的调试配置中，会发现已定义了命令行参数/client:"WcfTestClient.exe"。WCF 服务主机使用这个选项会启动 WCF 测试客户端，如图 44-4 所示，该测试客户端可用于测试应用程序。双击一个操作，输入字段会显示在应用程序的右边，可以在其中填充要发送给服务的数据。单击 XML 选项卡，可以看到已收发的 SOAP 消息。

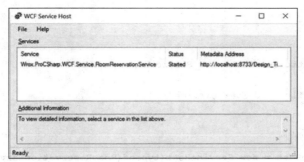

图 44-3

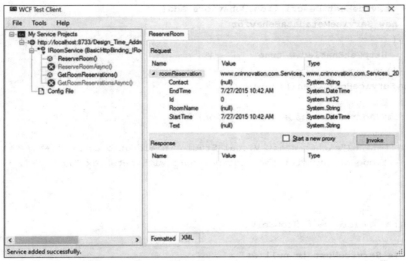

图 44-4

44.2.5 自定义服务宿主

使用 WCF 可以在任意宿主上运行服务。可以为对等服务创建一个 WPF 应用程序。可以创建一个 Windows 服务，或者用 Windows Activation Services(WAS)或 Internet Information Services(IIS)存放该服务。控制台应用程序也适合于演示简单的自定义宿主。

对于服务宿主，必须引用 RoomReservationService 库和 System.ServiceModel 程序集。该服务首先实例化和打开 ServiceHost 类型的对象。这个类在 System.ServiceModel 名称空间中定义。实现该服务的 RoomReservationService 类在构造函数中定义。调用 Open 方法会启动服务的监听器信道，该服务准备用于监听请求。Close 方法会停止信道。下面的代码段还添加了 ServiceMetadataBehavior 类型的一个操作。添加该操作，就允许使用 WSDL 创建一个客户应用程序(代码文件 RoomReservation/RoomReservationHost/Program.cs)：

```
using System;
using System.ServiceModel;
using System.ServiceModel.Description;
using Wrox.ProCSharp.WCF.Service;
using static System.Console;

namespace Wrox.ProCSharp.WCF.Host
```

```csharp
{
  class Program
  {
    internal static ServiceHost s_ServiceHost = null;

    internal static void StartService()
    {
      try
      {
        s_ServiceHost = new ServiceHost(typeof(RoomReservationService),
          new Uri("http://localhost:9000/RoomReservation"));
        s_ServiceHost.Description.Behaviors.Add(
          new ServiceMetadataBehavior
          {
            HttpGetEnabled = true
          });
        myServiceHost.Open();
      }
      catch (AddressAccessDeniedException)
      {
        WriteLine("either start Visual Studio in elevated admin " +
          "mode or register the listener port with netsh.exe");
      }
    }

    internal static void StopService()
    {
      if (s_ServiceHost != null &&
        s_ServiceHost.State == CommunicationState.Opened)
      {
        s_ServiceHost.Close();
      }
    }

    static void Main()
    {
      StartService();

      WriteLine("Server is running. Press return to exit");
      ReadLine();

      StopService();
    }
  }
}
```

对于 WCF 配置，需要把用服务库创建的应用程序配置文件复制到宿主应用程序中。使用 WCF Service Configuration Editor 可以编辑这个配置文件，如图 44-5 所示。

除了使用配置文件之外，还可以通过编程方式配置所有内容，并使用几个默认值。宿主应用程序的示例代码不需要任何配置文件。ServiceHost 构造函数的第二个参数定义了服务的基地址。通过这个基地址的协议来定义默认绑定。HTTP 的默认值是 BasicHttpBinding。

使用自定义服务宿主,可以在 WCF 库的项目设置中取消用来启动 WCF 服务宿主的 WCF 选项。

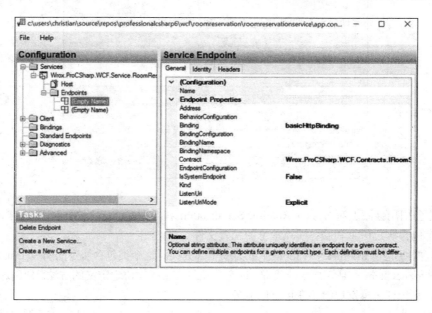

图 44-5

44.2.6 WCF 客户端

对于客户端,WCF 可以灵活选择所使用的应用程序类型。客户端可以是一个简单的控制台应用程序。但是,对于预订会议室,应创建一个包含控件的简单的 WPF 应用程序,如图 44-6 所示。

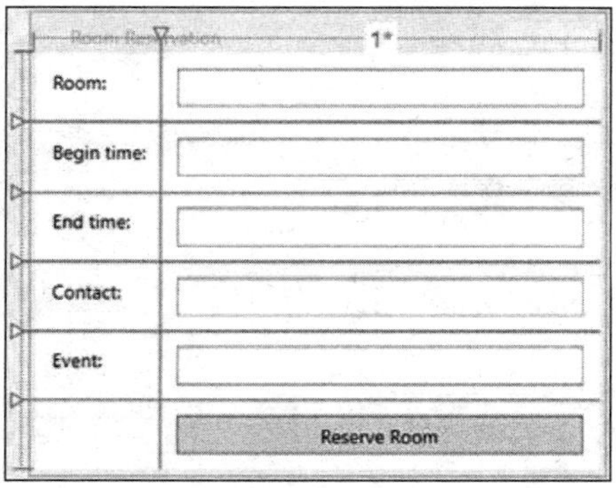

图 44-6

因为服务宿主用 ServiceMetadataBehavior 配置,所以它提供了一个 MEX 端点。启动服务宿主后,就可以在 Visual Studio 中添加一个服务引用。在添加服务引用后,会弹出如图 44-7 所示的对话框。用 URL http://localhost:9000/RoomReservation?wsdl 输入服务元数据的链接,把名称空间设置为 RoomReservationService。这将为生成的代理类定义名称空间。

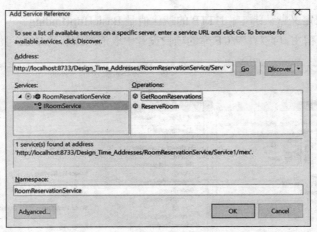

图 44-7

添加服务引用会添加对 System.Runtime.Serialization 和 System.ServiceModel 程序集的引用,还会添加一个包含绑定信息和服务端点地址的配置文件。

根据数据协定把 RoomReservation 生成为一个部分类。这个类包含协定的所有[DataMember]元素。RoomServiceClient 类是客户端的代理,该客户端包含由操作协定定义的方法。使用这个客户端,可以将会议室预订信息发送给正在运行的服务。

在代码文件 RoomReservation/RoomReservationClient/MainWindow.xaml.cs 中,通过按钮的 Click 事件调用 OnReserveRoom 方法。通过服务代理调用 ReserveRoomAsync。reservation 变量通过数据绑定接收 UI 的数据。

```csharp
public partial class MainWindow : Window
{
  private RoomReservation _reservation;

  public MainWindow()
  {
    InitializeComponent();
    _reservation = new RoomReservation
    {
      StartTime = DateTime.Now,
      EndTime = DateTime.Now.AddHours(1)
    };
    this.DataContext = _reservation;
  }

  private async void OnReserveRoom(object sender, RoutedEventArgs e)
  {
    var client = new RoomServiceClient();
    bool reserved = await client.ReserveRoomAsync(_reservation);
    client.Close();
    if (reserved)
    {
      MessageBox.Show("reservation ok");
    }
  }
}
```

在 RoomReservation 解决方案的设置中,可以配置多个启动项目,在本例中是 RoomReservation-Client 和 RoomReservationHost。运行服务和客户端,就可以将会议室预订信息添加到数据库中。

44.2.7 诊断

运行客户端和服务应用程序时,知道后台发生了什么很有帮助。为此,WCF 使用一个需要配置的跟踪源。可以使用 Service Configuration Editor,选择 Diagnostics 节点,启用 Tracing and Message Logging 功能来配置跟踪。把跟踪源的跟踪级别设置为 Verbose 会生成非常详细的信息。这个配置更改把跟踪源和监听器添加到应用程序配置文件中,如下所示:

```xml
<?xml version="1.0" encoding="utf-8" ?>
<configuration>
  <connectionStrings>
    <add
      name="RoomReservation" providerName="System.Data.SqlClient"
      connectionString="Server=(localdb)\mssqllocaldb;Database=RoomReservation;
      Trusted_Connection=true;MultipleActiveResultSets=True" />
  </connectionStrings>

  <system.diagnostics>
    <sources>
      <source name="System.ServiceModel.MessageLogging"
        switchValue="Verbose,ActivityTracing">
        <listeners>
          <add type="System.Diagnostics.DefaultTraceListener" name="Default">
            <filter type="" />
          </add>
          <add name="ServiceModelMessageLoggingListener">
            <filter type="" />
          </add>
        </listeners>
      </source>
      <source propagateActivity="true" name="System.ServiceModel"
        switchValue="Warning,ActivityTracing">
        <listeners>
          <add type="System.Diagnostics.DefaultTraceListener" name="Default">
            <filter type="" />
          </add>
          <add name="ServiceModelTraceListener">
            <filter type="" />
          </add>
        </listeners>
      </source>
    </sources>
    <sharedListeners>
      <add initializeData=
        "c:\logs\wcf\roomreservation\roomreservationhost\app_messages.svclog"
        type="System.Diagnostics.XmlWriterTraceListener, System,
        Version=4.0.0.0, Culture=neutral, PublicKeyToken=b77a5c561934e089"
        name="ServiceModelMessageLoggingListener"
        traceOutputOptions="DateTime, Timestamp, ProcessId, ThreadId">
```

```xml
        <filter type="" />
      </add>
      <add initializeData=
        "c:\logs\wcf\roomreservation\roomreservationhost\app_tracelog.svclog"
        type="System.Diagnostics.XmlWriterTraceListener, System,
        Version=4.0.0.0, Culture=neutral, PublicKeyToken=b77a5c561934e089"
        name="ServiceModelTraceListener"
        traceOutputOptions="DateTime, Timestamp, ProcessId, ThreadId">
        <filter type="" />
      </add>
    </sharedListeners>
  </system.diagnostics>
  <startup>
    <supportedRuntime version="v4.0" sku=".NETFramework,Version=v4.6" />
  </startup>
  <system.serviceModel>
    <diagnostics>
      <messageLogging logEntireMessage="true" logMalformedMessages="true"
        logMessagesAtTransportLevel="true" />
      <endToEndTracing propagateActivity="true" activityTracing="true"
        messageFlowTracing="true" />
    </diagnostics>
  </system.serviceModel>
</configuration>
```

注意: WCF 类的实现使用 System.ServiceModel 和 System.ServiceModel.MessageLogging 跟踪源来写入跟踪消息。跟踪和配置跟踪源及监听器的更多内容详见第 20 章。

启动应用程序时，使用 verbose 跟踪设置的跟踪文件会很快变得很大。为了分析 XML 日志文件中的信息，.NET SDK 包含了一个 Service Trace Viewer 工具 svctraceviewer.exe。图 44-8 显示了输入一些数据的客户应用程序，图 44-9 显示了这个工具选择跟踪和消息日志文件后的视图。BasicHttpBinding 用传送来的信息突出显示。如果把配置改为使用 WsHttpBinding，就会看到许多消息都与安全性相关。根据安全性需求，可以选择其他配置选项。

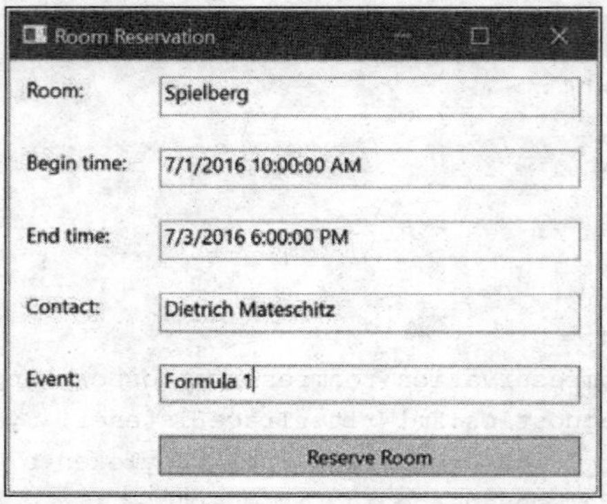

图 44-8

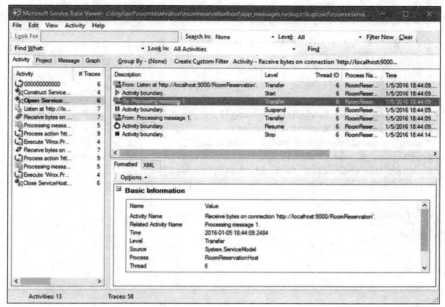

图 44-9

下面详细介绍 WCF 的细节和不同的选项。

44.2.8 与客户端共享协定程序集

在前面的 WPF 客户应用程序中，使用元数据创建了一个代理类，用 Visual Studio 添加了一个服务引用。客户端也可以用共享的协定程序集来创建，如下所示。使用协定接口和 ChannelFactory<TChannel>类来实例化连接到服务的通道。

类 ChannelFactory<TChannel>的构造函数接受绑定配置和端点地址作为参数。绑定必须与服务宿主定义的绑定兼容，用 EndPointAddress 类定义的地址引用了当前运行的服务的 URI。CreateChannel 方法创建了一个连接到服务的通道，接着就可以调用服务的方法了(代码文件 RoomReservation/RoomReservationClientSharedAssembly/MainWindow.xaml.cs)。

```
using System;
using System.ServiceModel;
using System.Windows;
using Wrox.ProCSharp.WCF.Contracts;

namespace RoomReservationClientSharedAssembly
{
  public partial class MainWindow : Window
  {
    private RoomReservation _roomReservation;

    public MainWindow()
    {
      InitializeComponent();
      _roomReservation = new RoomReservation
      {
        StartTime = DateTime.Now,
```

```csharp
      EndTime = DateTime.Now.AddHours(1)
    };
    this.DataContext = _roomReservation;
}

private void OnReserveRoom(object sender, RoutedEventArgs e)
{
    var binding = new BasicHttpBinding();
    var address = new EndpointAddress(
      "http://localhost:9000/RoomReservation");
    var factory = new ChannelFactory<IRoomService>(binding, address);
    IRoomService channel = factory.CreateChannel();
    if (channel.ReserveRoom(_roomReservation))
    {
      MessageBox.Show("success");
    }
  }
 }
}
```

44.3 协定

协定定义了服务提供的功能和客户端可以使用的功能。协定可以完全独立于服务的实现。

由 WCF 定义的协定可以分为 4 种不同的类型：数据协定、服务协定、消息协定和错误协定。协定可以用.NET 特性来指定：

- 数据协定——数据协定定义了从服务中接收和返回的数据。用于收发消息的类关联了数据协定特性。
- 服务协定——服务协定用于定义描述了服务的 WSDL。这个协定用接口或类定义。
- 操作协定——操作协定定义了服务的操作，在服务协定中定义。
- 消息协定——如果需要完全控制 SOAP 消息，那么消息协定就可以指定应放在 SOAP 标题中的数据以及放在 SOAP 正文中的数据。
- 错误协定——错误协定定义了发送给客户端的错误消息。

下面几节将详细探讨这些协定类型，并进一步讨论定义协定时应考虑的版本问题。

44.3.1 数据协定

在数据协定中，把 CLR 类型映射到 XML 架构。数据协定不同于其他.NET 序列化机制。在运行库序列化中，所有字段都会序列化(包括私有字段)，而在 XML 序列化中，只序列化公共字段和属性。数据协定要求用 DataMember 特性显式标记要序列化的字段。无论字段是私有或公共的，还是应用于属性，都可以使用这个特性。

```csharp
[DataContract(Namespace="http://www.cninnovation.com/Services/2016"]
public class RoomReservation
{
  [DataMember] public string Room { get; set; }
  [DataMember] public DateTime StartTime { get; set; }
  [DataMember] public DateTime EndTime { get; set; }
  [DataMember] public string Contact { get; set; }
```

```
[DataMember] public string Text { get; set; }
}
```

为了独立于平台和版本，如果要求用新版本修改数据，且不破坏旧客户端和服务，则使用数据协定是指定要发送哪些数据的最佳方式。还可以使用 XML 序列化和运行库序列化。XML 序列化是 ASP.NET Web 服务使用的机制，.NET Remoting 使用运行库序列化。

使用 DataMember 特性，可以指定表 44-1 中的属性。

表 44-1

用 DataMember 指定的属性	说　明
Name	序列化元素的名称默认与应用了[DataMember]特性的字段或属性同名。使用 Name 属性可以修改该名称
Order	Order 属性指定了数据成员的序列化顺序
IsRequired	使用 IsRequired 属性，可以指定元素必须经过序列化才能接收。这个属性可以用于解决版本问题。如果在已有的协定中添加了成员，则协定不会被破坏，因为在默认情况下字段是可选的(IsRequired=false)。将 IsRequired 属性设置为 true，就可以破坏已有的协定
EmitDefaultValue	EmitDefaultValue 属性指定有默认值的成员是否应序列化。如果把 EmitDefaultValue 属性设置为 true，则具有该类型的默认值的成员就不序列化

44.3.2 版本问题

创建数据协定的新版本时，要注意更改的种类，如果应同时支持新旧客户端和新旧服务，则应执行相应的操作。

在定义协定时，应使用 DataContractAttribute 的 Namespace 属性添加 XML 名称空间信息。如果创建了数据协定的新版本，破坏了兼容性，就应改变这个名称空间。如果只添加了可选的成员，就没有破坏协定——这就是一个可兼容的改变。旧客户端仍可以给新服务发送消息，因为不需要其他数据。新客户端可以给旧服务发送消息，因为旧服务仅忽略额外的数据。

删除字段或添加需要的字段会破坏协定。此时还应改变 XML 名称空间。名称空间的名称可以包含年份和月份，如 http://www.cninnovation.com/Services/2016/08。每次做了破坏性的修改时，都要改变名称空间，如把年份和月份改为实际值。

44.3.3 服务协定和操作协定

服务协定定义了服务可以执行的操作。ServiceContract 特性与接口或类一起使用来定义服务协定。由服务提供的方法通过 IRoomService 接口应用 OperationContract 特性，如下所示：

```
[ServiceContract]
public interface IRoomService
{
  [OperationContract]
  bool ReserveRoom(RoomReservation roomReservation);
}
```

可能用 ServiceContract 特性设置的属性如表 44-2 所示。

表 44-2

用 ServiceContract 设置的属性	说明
ConfigurationName	这个属性定义了配置文件中服务配置的名称
CallbackContract	当服务用于双工消息传递时，CallbackContract 属性定义了在客户端实现的协定
Name	Name 属性定义了 WSDL 中<portType>元素的名称
Namespace	Namespace 属性定义了 WSDL 中<portType>元素的 XML 名称空间
SessionMode	使用 SessionMode 属性，可以定义调用这个协定的操作时是否需要会话。其值用 SessionMode 枚举定义，包括 Allowed、NotAllowed 和 Required
ProtectionLevel	ProtectionLevel 属性指定了绑定是否必须支持保护通信。其值用 ProtectionLevel 枚举定义，包括 None、Sign 和 EncryptAndSign

使用 OperationContract 特性可以指定如表 44-3 所示的属性。

表 44-3

用 OperationContract 指定的属性	说明
Action	WCF 使用 SOAP 请求的 Action 属性把该请求映射到相应的方法上。Action 属性的默认值是协定 XML 名称空间、协定名和操作名的组合。该消息如果是一条响应消息，就把 Response 添加到 Action 字符串中。指定 Action 属性可以重写 Action 值。如果指定值"*"，服务操作就会处理所有消息
ReplyAction	Action 属性设置了入站 SOAP 请求的 Action 名，而 ReplyAction 属性设置了回应消息的 Action 名
AsyncPattern	如果使用异步模式来实现操作，则把 AsyncPattern 属性设置为 true。异步模式详见第 15 章
IsInitiating IsTerminating	如果协定由一系列操作组成，且初始化操作本应把 IsInitiating 属性赋予它，则该系列的最后一个操作就需要指定 IsTerminating 属性。初始化操作启动一个新会话，服务器用终止操作来关闭会话
IsOneWay	设置 IsOneWay 属性，客户端就不会等待回应消息。在发送请求消息后，单向操作的调用者无法直接检测失败
Name	操作的默认名称是指定了操作协定的方法名。使用 Name 属性可以修改该操作的名称
ProtectionLevel	使用 ProtectionLevel 属性可以指定消息是应只签名，还是应加密后签名

在服务协定中，也可以用[DeliveryRequirements]特性定义服务的传输要求。RequireOrderedDelivery 属性指定所发送的消息必须以相同的顺序到达。使用 QueuedDeliveryRequirements 属性可以指定消息以断开连接的模式发送，例如使用消息队列。

44.3.4 消息协定

如果需要完全控制 SOAP 消息，就可以使用消息协定。在消息协定中，可以指定消息的哪些部分要放在 SOAP 标题中，哪些部分要放在 SOAP 正文中。下面的例子显示了 ProcessPersonRequest-

Message 类的一个消息协定。该消息协定用 MessageContract 特性指定。SOAP 消息的标题和正文用 MessageHeader 和 MessageBodyMember 特性指定。指定 Position 属性，可以确定正文中的元素顺序。还可以为标题和正文字段指定保护级别。

```
[MessageContract]
public class ProcessPersonRequestMessage
{
  [MessageHeader]
  public int employeeId;

  [MessageBodyMember(Position=0)]
  public Person person;
}
```

ProcessPersonRequestMessage 类与用 IProcessPerson 接口定义的服务协定一起使用：

```
[ServiceContract]
public interface IProcessPerson
{
  [OperationContract]
  public PersonResponseMessage ProcessPerson(
    ProcessPersonRequestMessage message);
}
```

与 WCF 服务相关的另一个重要协定是错误协定，这个协定参见 44.3.5 节。

44.3.5 错误协定

默认情况下，在服务中出现的详细异常消息不返回给客户应用程序。其原因是安全性。不应通过服务把详细的异常消息提供给第三方。异常应记录到服务上(为此可以使用跟踪和事件日志功能)，包含有用信息的错误应返回给调用者。

可以抛出一个 FaultException 异常来返回 SOAP 错误。抛出 FaultException 异常会创建一个非类型化的 SOAP 错误。返回错误的首选方式是生成强类型化的 SOAP 错误。

应与强类型化的 SOAP 错误一起传递的信息用数据协定定义，如下面的 RoomReservationFault 类所示(代码文件 RoomReservation/RoomReservationContracts/RoomReservationFault.cs)：

```
[DataContract]
public class RoomReservationFault
{
  [DataMember]
  public string Message { get; set; }
}
```

SOAP 错误的类型必须用 FaultContractAttribute 和操作协定定义：

```
[FaultContract(typeof(RoomReservationFault))]
[OperationContract]
bool ReserveRoom(RoomReservation roomReservation);
```

在实现代码中，抛出一个 FaultException<TDetail>异常。在构造函数中，可以指定一个新的 TDetail 对象，在本例中就是 StateFault。另外，FaultReason 中的错误信息可以赋予构造函数。

FaultReason 支持多种语言的错误信息。

```
FaultReasonText[] text = new FaultReasonText[2];
text[0] = new FaultReasonText("Sample Error", new CultureInfo("en"));
text[1] = new FaultReasonText("Beispiel Fehler", new CultureInfo("de"));
FaultReason reason = new FaultReason(text);

throw new FaultException<RoomReservationFault>(
  new RoomReservationFault() { Message = m }, reason);
```

在客户应用程序中，可以捕获 FaultException<RoomReservationFault>类型的异常。出现该异常的原因由 Message 属性定义。RoomReservationFault 用 Detail 属性访问。

```
try
{
  // etc.
}
catch (FaultException<RoomReservationFault> ex)
{
  WriteLine(ex.Message);
  StateFault detail = ex.Detail;
  WriteLine(detail.Message);
}
```

除了捕获强类型化的 SOAP 错误之外，客户应用程序还可以捕获 FaultException<Detail>的基类的异常：FaultException 异常和 CommunicationException 异常。通过捕获 CommunicationException 异常还可以捕获与 WCF 通信相关的其他异常。

> 注意：在开发过程中，可以把异常返回给客户端。为了传播异常，需要使用 serviceDebug 元素配置一个服务行为配置。serviceDebug 元素的 IncludeException-DetailInFaults 特性可以设置为 true 来返回异常信息。

44.4 服务的行为

服务的实现代码用 ServiceBehavior 特性标记，如下面的 RoomReservationService 类所示：

```
[ServiceBehavior]
public class RoomReservationService: IRoomService
{
  public bool ReserveRoom(RoomReservation roomReservation)
  {
    // implementation
  }
}
```

ServiceBehavior 特性用于描述 WCF 服务提供的操作，以截获所需功能的代码，如表 44-4 所示。

表 44-4

用 ServiceBehavior 指定的属性	说　　明
TransactionAutoComplete-OnSessionClose	当前会话正确完成时，就自动提交该事务。这类似于 Enterprise Services 中的 AutoComplete 特性
TransactionIsolationLevel	要定义服务中事务的隔离级别，可以把 TransactionIsolationLevel 属性设置为 IsolationLevel 枚举的一个值
ReleaseServiceInstanceOn-TransactionComplete	完成事务处理后，可回收服务的实例
AutomaticSessionShutdown	如果在客户端关闭连接时没有关闭会话，就可以把 AutomaticSessionShutdown 属性设置为 false。在默认情况下，会关闭会话
InstanceContextMode	使用 InstanceContextMode 属性，可以确定应使用有状态的对象还是无状态的对象。默认设置为 InstanceContextMode.PerCall，用每个方法调用创建一个新对象。其他可能的设置有 PerSession 和 Single。这两个设置都使用有状态的对象。但是，PerSession 会为每个客户端创建一个新对象，而 Single 允许在多个客户端共享同一个对象
ConcurrencyMode	因为有状态的对象可以由多个客户端(或同一个客户端的多个线程)使用，所以必须注意这种对象类型的并发问题。如果把 ConcurrencyMode 属性设置为 Multiple，则多个线程可以访问对象，但必须处理同步问题。如果把该属性设置为 Single，则一次只有一个线程能访问对象，但不必处理同步问题；如果客户端较多，则可能出现可伸缩性问题。Reentrant 值表示只有从调用返回的线程才能访问对象。对于无状态的对象，这个设置没有任何意义，因为每个方法调用都会实例化一个新对象，所以不共享状态
UseSynchronizationContext	在用户界面代码中，控件的成员都只能从创建者线程中调用。如果服务位于 Windows 应用程序中，其服务方法调用控件成员，则把 UseSynchronizationContext 属性设置为 true。这样，服务就运行在 SynchronizationContext 属性定义的线程中
IncludeExceptionDetailInFaults	在.NET 中，错误被看作异常。SOAP 指定 SOAP 错误返回给客户端，以防服务器出问题。出于安全考虑，最好不要把服务器端异常的细节返回给客户端。因此，异常默认转换为未知错误。要返回特定的错误，可抛出 FaultException 类型的异常。为了便于调试，返回真实的异常信息很有帮助。此时应把 IncludeExceptionDetailInFaults 属性的设置改为 true。这里抛出 FaultException<TDetail>异常，其中原始异常包含详细信息
MaxItemsInObjectGraph	使用 MaxItemsInObjectGraph 属性，可以限制要序列化的对象数。如果序列化一个对象树型结构，则默认的限制过低
ValidateMustUnderstand	把 ValidateMustUnderstand 属性设置为 true 表示必须理解 SOAP 标题(默认)

为了演示服务行为，IStateService 接口定义了一个服务协定，其中的两个操作用于获取和设置状态。有状态的服务协定需要一个会话。这就是把服务协定的 SessionMode 属性设置为 SessionMode.Required 的原因。服务协定还将 IsInitiating 和 IsTerminating 属性应用于操作协定，以定义启动和关闭会话的方法。

```
[ServiceContract(SessionMode=SessionMode.Required)]
```

```csharp
public interface IStateService
{
    [OperationContract(IsInitiating=true)]
    void Init(int i);

    [OperationContract]
    void SetState(int i);

    [OperationContract]
    int GetState();

    [OperationContract(IsTerminating=true)]
    void Close();
}
```

服务协定由 StateService 类实现。服务的实现代码定义了 InstanceContextMode.PerSession，使状态与实例保持同步。

```csharp
[ServiceBehavior(InstanceContextMode=InstanceContextMode.PerSession)]
public class StateService: IStateService
{
    int _i = 0;

    public void Init(int i)
    {
        _i = i;
    }

    public void SetState(int i)
    {
        _i = i;
    }

    public int GetState()
    {
        return _i;
    }

    public void Close()
    {
    }
}
```

现在必须定义对地址和协议的绑定。其中，将 basicHttpBinding 赋予服务的端点：

```xml
<?xml version="1.0" encoding="utf-8" ?>
<configuration>
  <system.serviceModel>
    <services>
      <service behaviorConfiguration="StateServiceSample.Service1Behavior"
        name="Wrox.ProCSharp.WCF.StateService">
        <endpoint address="" binding="basicHttpBinding"
            bindingConfiguration=""
            contract="Wrox.ProCSharp.WCF.IStateService">
        </endpoint>
```

```xml
      <endpoint address="mex" binding="mexHttpBinding"
         contract="IMetadataExchange" />
      <host>
        <baseAddresses>
          <add baseAddress="http://localhost:8731/Design_Time_Addresses/
                      StateServiceSample/Service1/" />
        </baseAddresses>
      </host>
    </service>
  </services>
  <behaviors>
    <serviceBehaviors>
      <behavior name="StateServiceSample.Service1Behavior">
        <serviceMetadata httpGetEnabled="True"/>
        <serviceDebug includeExceptionDetailInFaults="False" />
      </behavior>
    </serviceBehaviors>
  </behaviors>
</system.serviceModel>
</configuration>
```

如果用定义的配置启动服务宿主，就会抛出一个 InvalidOperationException 类型的异常。该异常的错误消息是"协定需要会话，但绑定 BasicHttpBinding 不支持它或者没有正确配置为支持它"。

并不是所有绑定都支持所有服务。因为服务协定需要用[ServiceContract(ServiceMode=ServiceMode.Required)]特性指定一个会话，所以主机会因为所配置的绑定不支持会话而失败。

只要修改对绑定的配置，使之支持会话(如 wsHttpBinding)，服务器就会成功启动。

```xml
<endpoint address="" binding="wsHttpBinding"
  bindingConfiguration=""
  contract="Wrox.ProCSharp.WCF.IStateService">
</endpoint>
```

在服务的实现代码中，可以通过 OperationBehavior 特性将表 44-5 所示的属性应用于服务方法。

表 44-5

通过 OperationBehavior 应用的属性	说　　明
AutoDisposeParameters	默认情况下，所有可释放的参数都自动释放。如果参数不应释放，那么可以把 AutoDisposeParameters 属性设置为 false。接着，发送方将负责释放该参数
Impersonation	使用 Impersonation 属性，可以模拟调用者，以调用者的身份运行方法
ReleaseInstanceMode	InstanceContextMode 使用服务行为设置定义对象实例的生命周期。使用操作行为设置，可以根据操作重写设置。ReleaseInstanceMode 用 ReleaseInstanceMode 枚举定义实例发布模式。其 None 值使用实例上下文模式设置。BeforeCall、AfterCall 和 BeforeAndAfterCall 值用于定义操作的循环次数
TransactionScopeRequired	使用 TransactionScopeRequired 属性可以指定操作是否需要一个事务。如果需要一个事务，且调用者已经发出一个事务，就使用同一个事务。如果调用者没有发出事务，就创建一个新的事务

(续表)

通过 OperationBehavior 应用的属性	说　　明
TransactionAutoComplete	TransactionAutoComplete 属性指定事务是否自动完成。如果把该属性设置为 true，则在抛出异常的情况下终止事务。如果这是一个根事务，且没有抛出异常，则提交事务

44.5 绑定

绑定描述了服务的通信方式。使用绑定可以指定如下特性：
- 传输协议
- 安全性
- 编码格式
- 事务流
- 可靠性
- 形状变化
- 传输升级

44.5.1 标准绑定

绑定包含多个绑定元素，它们描述了所有绑定要求。可以创建自定义绑定，也可以使用表 44-6 中的某个预定义绑定：

表 44-6

标 准 绑 定	说　　明
BasicHttpBinding	BasicHttpBinding 绑定用于最广泛的互操作，针对第一代 Web 服务。所使用的传输协议是 HTTP 或 HTTPS，其安全性仅由传输协议保证
WSHttpBinding	WSHttpBinding 绑定用于下一代 Web 服务，它们用 SOAP 扩展确保安全性、可靠性和事务处理。所使用的传输协议是 HTTP 或 HTTPS；为了确保安全，实现了 WS-Security 规范；使用 WS-Coordination、WS-AtomicTransaction 和 WS-BusinessActivity 规范支持事务；通过 WS-ReliableMessaging 的实现支持可靠的消息传送。WS-Profile 也支持用于发送附件的 MTOM(Message Transmission Optimization Protocol，消息传输优化协议)编码。WS-*标准的规范可参见 http://www.oasis-open.org
WS2007HttpBinding	WS2007HttpBinding 派生自基类 WSHttpBinding，支持 OASIS(Organization for the Advancement of Structured Information Standards，结构化信息标准促进组织)定义的安全性、可靠性和事务规范。这个类提供了更新的 SOAP 标准
WSHttpContextBinding	WSHttpContextBinding 派生自基类 WSHttpBinding，开始支持没有使用 cookie 的上下文。这个绑定会添加 ContextBindingElement 来交换上下文信息。Windows Workflow Foundation 3.0 需要上下文绑定元素

(续表)

标准绑定	说　　明
WebHttpBinding	这个绑定用于通过 HTTP 请求(而不是 SOAP 请求)提供的服务，它对于脚本客户端很有用，如 ASP.NET AJAX
WSFederationHttpBinding	WSFederationHttpBinding 是一种安全、可交互操作的绑定，支持在多个系统上共享身份，以进行身份验证和授权
WSDualHttpBinding	与 WSHttpBinding 相反，WSDualHttpBinding 绑定支持双工的消息传送
NetTcpBinding	所有用 Net 作为前缀的标准绑定都使用二进制编码在.NET 应用程序之间通信。这个编码比 WSxxx 绑定使用的文本编码快。NetTcpBinding 绑定使用 TCP/IP 协议
NetTcpContextBinding	类似于 WSHttpContextBinding，NetTcpContextBinding 会添加 ContextBindingElement，与 SOAP 标题交换上下文信息
NetHttpBinding	这是.NET 4.5 新增的绑定，支持 WebSocket 传输协议
NetPeerTcpBinding	NetPeerTcpBinding 为对等通信提供绑定
NetNamedPipeBinding	NetNamedPipeBinding 为同一系统上的不同进程之间的通信进行了优化
NetMsmqBinding	NetMsmqBinding 为 WCF 引入了排队通信。这里消息会被发送到消息队列中
MsmqIntegrationBinding	MsmqIntegrationBinding 是用于使用消息队列的已有应用程序的绑定，而 NetMsmqBinding 绑定需要位于客户端和服务器上的 WCF 应用程序
CustomBinding	使用 CustomBinding，可以完全定制传输协议和安全要求

44.5.2 标准绑定的功能

不同的绑定支持不同的功能。以 WS 开头的绑定独立于平台，支持 Web 服务规范。以 Net 开头的绑定使用二进制格式，使.NET 应用程序之间的通信有很高的性能。其他功能包括支持会话、可靠的会话、事务和双工通信。表 44-7 列出了支持这些功能的绑定。

表 44-7

功　　能	绑　　定
会话	WSHttpBinding、WSDualHttpBinding、WSFederationHttpBinding、NetTcpBinding、NetNamedPipeBinding
可靠的会话	WSHttpBinding、WSDualHttpBinding、WSFederationHttpBinding、NetTcpBinding
事务	WSHttpBinding、WSDualHttpBinding、WSFederationHttpBinding、NetTcpBinding、NetNamedPipeBinding、NetMsmqBinding、MsmqIntegrationBinding
双工通信	WSDualHttpBinding、NetTcpBinding、NetNamedPipeBinding、NetPeerTcpBinding

除了定义绑定之外，服务还必须定义端点。端点依赖于协定、服务的地址和绑定。在下面的代码示例中，实例化了一个 ServiceHost 对象，将地址 http://localhost:8080/RoomReservation、一个 WSHttpBinding 实例和协定添加到服务的一个端点上。

```
static ServiceHost s_host;

static void StartService()
{
  var baseAddress = new Uri("http://localhost:8080/RoomReservation");
  s_host = new ServiceHost(typeof(RoomReservationService));

  var binding1 = new WSHttpBinding();
  s_host.AddServiceEndpoint(typeof(IRoomService), binding1, baseAddress);
  s_host.Open();
}
```

除了以编程方式定义绑定之外，还可以在应用程序配置文件中定义它。WCF 的配置放在 <system.serviceModel>元素中，<service>元素定义了所提供的服务。同样，如代码所示，服务需要一个端点，该端点包含地址、绑定和协定信息。wsHttpBinding 的默认绑定配置用 XML 特性 bindingConfiguration 修改，该特性引用了绑定配置 wsHttpBinding。这个绑定配置在<bindings>部分，它用于修改 wsHttpBinding 配置，以启用 reliableSession。

```xml
<?xml version="1.0" encoding="utf-8" ?>
<configuration>
  <system.serviceModel>
    <services>
      <service name="Wrox.ProCSharp.WCF.RoomReservationService">
        <endpoint address=" http://localhost:8080/RoomReservation"
          contract="Wrox.ProCSharp.WCF.IRoomService"
          binding="wsHttpBinding" bindingConfiguration="wsHttpBinding" />
      </service>
    </services>
    <bindings>
      <wsHttpBinding>
        <binding name="wsHttpBinding">
          <reliableSession enabled="true" />
        </binding>
      </wsHttpBinding>
    </bindings>
  </system.serviceModel>
</configuration>
```

44.5.3 WebSocket

WebSocket 是基于 TCP 的一个新通信协议。HTTP 协议是无状态的。服务器利用 HTTP，可以在每次回应请求后关闭连接。如果客户端需要从服务器连续接收信息，使用 HTTP 协议就总是会有一些问题。

因为 HTTP 连接是保持的，所以解决这个问题的一种方式是让一个服务运行在客户端，服务器连接到该客户端，并发送回应。如果在客户端和服务器之间有防火墙，这种方式通常无效，因为防火墙阻塞了入站的请求。

解决这个问题的另一种方式是使用另一个协议替代 HTTP 协议。这样连接可以保持活跃。使用其他协议的问题是端口需要用防火墙打开。防火墙总是一个问题，但需要用防火墙来禁止坏人进入。

这个问题的通常的解决方法是每次都实例化来自客户端的请求。客户端向服务器询问，是否有新的信息。这是有效的，但其缺点是要么客户端询问了很多次，都没有得到新信息，因此增加了网络通信量，要么客户端获得了旧信息。

新的解决方案是使用 WebSocket 协议。这个协议由 W3C 定义(http://www.w3.org/TR/websockets)，开始于一个 HTTP 请求。客户端首先发出一个 HTTP 请求，防火墙通常允许发送该请求。客户端发出一个 GET 请求时，在 HTTP 头中包含 Upgrade: websocket Connection: Upgrade，再加上 WebSocket 版本和安全信息。如果服务器支持 WebSocket 协议，则它会用一个升级来回应，并从 HTTP 切换到 WebSocket 协议。

在 WCF 中，.NET 4.5 提供的两个新绑定支持 WebSocket 协议：netHttpBinding 和 netHttpsBinding。

现在创建一个使用 WebSocket 协议的示例。开始是一个空白的 Web 应用程序，用于保存服务。

HTTP 协议的默认绑定是前面介绍的 basicHttpBinding。定义 protocolMapping 来指定 netHttpBinding，就可以修改它，如下所示。这样就不需要配置服务元素，来匹配端点的协定、绑定和地址了。有了配置，就启用 serviceMetadata，允许客户端使用 Add Service Reference 对话框来引用服务(配置文件 WebSocketsSample/WebSocketsSample/Web.config)。

```
<configuration>
  <!- etc. ->
  <system.serviceModel>
    <protocolMapping>
      <remove scheme="http" />
      <add scheme="http" binding="netHttpBinding" />
      <remove scheme="https" />
      <add scheme="https" binding="netHttpsBinding" />
    </protocolMapping>
    <behaviors>
      <serviceBehaviors>
        <behavior name="">
          <serviceMetadata httpGetEnabled="true" httpsGetEnabled="true" />
          <serviceDebug includeExceptionDetailInFaults="false" />
        </behavior>
      </serviceBehaviors>
    </behaviors>
    <serviceHostingEnvironment aspNetCompatibilityEnabled="true"
      multipleSiteBindingsEnabled="true" />
  </system.serviceModel>
</configuration>
```

服务协定由接口 IDemoServices 和 IDemoCallback 定义。IDemoServices 是定义了方法 StartSendingMessages 的服务接口。客户端调用方法 StartSendingMessages 启动过程，使服务可以给客户端返回消息。所以客户端需要实现 IDemoCallback 接口。这个接口由服务器调用，由客户端实现。

接口的方法定义为返回任务，于是服务很容易使用异步功能，但这不会遵从协定。以异步方式定义方法独立于所生成的 WSDL(代码文件 WebSocketsSample/WebSocketsSample/IDemoServices.cs)：

```
using System.ServiceModel;
using System.Threading.Tasks;

namespace WebSocketsSample
{
  [ServiceContract]
```

```
public interface IDemoCallback
{
  [OperationContract(IsOneWay = true)]
  Task SendMessage(string message);
}
[ServiceContract(CallbackContract = typeof(IDemoCallback))]
public interface IDemoService
{
  [OperationContract]
  void StartSendingMessages();
}
```

服务的实现在 DemoService 类中完成。在方法 StartSendingMessages 中,要返回给客户端的回调接口通过 OperationContext.Current.GetCallbackChannel 来检索。客户端调用该方法时,它在第一次调用 SendMessage 方法后立即返回。线程在完成 SendMessage 方法之前不会阻塞。在完成 SendMessage 方法后,使用 await 把一个线程返回给 StartSendingMessages。接着延迟 1 秒,之后客户端接收另一个消息。如果关闭通信通道,则 while 循环退出(代码文件 WebSocketsSample/WebSocketsSample/DemoService.svc.cs)。

```
using System.ServiceModel;
using System.ServiceModel.Channels;
using System.Threading.Tasks;

namespace WebSocketsSample
{
  public class DemoService : IDemoService
  {
    public async Task StartSendingMessages()
    {
      IDemoCallback callback =
        OperationContext.Current.GetCallbackChannel<IDemoCallback>();

      int loop = 0;
      while ((callback as IChannel).State == CommunicationState.Opened)
      {
        await callback.SendMessage($"Hello from the server {loop++}");
        await Task.Delay(1000);
      }
    }
  }
}
```

客户应用程序被创建为一个控制台应用程序。因为元数据可以通过服务获得,所以添加服务引用会创建一个代理类,它可以用于调用服务,实现回调接口。添加服务引用不仅会创建代理类,还会把 netHttpBinding 添加到配置文件中(配置文件 WebSocketsSample/ClientApp/App.config):

```
<?xml version="1.0" encoding="utf-8" ?>
<configuration>
  <startup>
    <supportedRuntime version="v4.0" sku=".NETFramework,Version=v4.6" />
  </startup>
```

```xml
<system.serviceModel>
  <bindings>
    <netHttpBinding>
      <binding name="NetHttpBinding_IDemoService">
        <webSocketSettings transportUsage="Always" />
      </binding>
    </netHttpBinding>
  </bindings>
  <client>
    <endpoint address="ws://localhost:20839/DemoService.svc"
      binding="netHttpBinding"
      bindingConfiguration="NetHttpBinding_IDemoService"
      contract="DemoService.IDemoService"
      name="NetHttpBinding_IDemoService" />
  </client>
</system.serviceModel>
</configuration>
```

回调接口的实现代码只把一条消息写入控制台，并带有从服务接收的信息。要启动所有的处理过程，应创建一个 DemoServiceClient 实例，它接收一个 InstanceContext 对象。InstanceContext 对象包含 CallbackHandler 的一个实例，这个引用由服务接收，并返回给客户端(代码文件 WebSocketsSample/ClientApp/Program.cs)。

```csharp
using System;
using System.ServiceModel;
using ClientApp.DemoService;
using static System.Console;

namespace ClientApp
{
  class Program
  {
    private class CallbackHandler : IDemoServiceCallback
    {
      public void SendMessage(string message)
      {
        WriteLine($"message from the server {message}");
      }
    }

    static void Main()
    {
      WriteLine("client… wait for the server");
      ReadLine();
      StartSendRequest();
      WriteLine("next return to exit");
      ReadLine();
    }

    static async void StartSendRequest()
    {
      var callbackInstance = new InstanceContext(new CallbackHandler());
      var client = new DemoServiceClient(callbackInstance);
      await client.StartSendingMessagesAsync();
```

```
        }
      }
}
```

运行应用程序，客户端向服务请求消息，服务作出与客户端无关的回应：

```
client... wait for the server
next return to exit
message from the server Hello from the server 0
message from the server Hello from the server 1
message from the server Hello from the server 2
message from the server Hello from the server 3
message from the server Hello from the server 4
Press any key to continue . . .
```

44.6 宿主

在选择运行服务的宿主时，WCF 非常灵活。宿主可以是 Windows 服务、WAS 或 IIS、Windows 应用程序或简单的控制台应用程序。在用 Windows 窗体或 WPF 创建自定义宿主时，很容易创建对等的解决方案。

44.6.1 自定义宿主

先从自定义宿主开始。下面的示例代码列出了控制台应用程序中的服务宿主。但在其他自定义宿主类型中，如 Windows 服务或 Windows 应用程序，可以用相同的方式编写服务。

在 Main 方法中，创建了一个 ServiceHost 实例。之后，读取应用程序配置文件来定义绑定。也可以通过编程方式定义绑定，如前面所示。接着，调用 ServiceHost 类的 Open 方法，使服务接受客户端调用。在控制台应用程序中，必须注意在关闭服务之前不能关闭主线程。这里实际上在调用 Close 方法时，会要求用户"按回车键"，以结束(退出)服务。

```csharp
using System;
using System.ServiceModel;
using static System.Console;

class Program
{
  static void Main()
  {
    using (var serviceHost = new ServiceHost())
    {
      serviceHost.Open();

      WriteLine("The service started. Press return to exit");
      ReadLine();

      serviceHost.Close();
    }
  }
}
```

要终止服务宿主，可以调用 ServiceHost 类的 Abort 方法。要获得服务的当前状态，State 属性会返回 CommunicationState 枚举定义的一个值，该枚举的值有 Created、Opening、Opened、Closing、Closed 和 Faulted。

注意：如果从 Windows 窗体或 WPF 应用程序中启动服务，并且该服务的代码调用 Windows 控件的方法，就必须确保只有控件的创建者线程可以访问该控件的方法和属性。在 WCF 中，通过设置[ServiceBehavior]特性的 UseSynchronizationContext 属性可以实现该行为。

44.6.2　WAS 宿主

在 WAS 宿主中，可以使用 WAS 工作者进程中的功能，如自动激活服务、健康监控和进程回收。

要使用 WAS 宿主，只需要创建一个 Web 站点和一个.svc 文件，其中的 ServiceHost 声明包含服务类的语言和名称。下面的代码使用 Service1 类。另外，还必须指定包含服务类的文件。这个类的实现方式与前面定义 WCF 服务库的方式相同。

```
<%@ServiceHost language="C#" Service="Service1" CodeBehind="Service1.svc.cs" %>
```

如果使用 WAS 宿主中可用的 WCF 服务库，就可以创建一个.svc 文件，它只包含类的引用：

```
<%@ ServiceHost Service="Wrox.ProCSharp.WCF.Services.RoomReservationService" %>
```

注意：使用 IIS 和 WAS 并没有限制为采用 HTTP 协议。通过 WAS，可以使用.NET TCP 和 Message Queue 绑定。在内联网中，这是一个有用的场景。

44.6.3　预配置的宿主类

为了减少配置的必要性，WCF 还提供了一些带预配置绑定的宿主类。一个例子是 System.ServiceModel.Web 名称空间中 System.ServiceModel.Web 程序集中的 WebServiceHost 类。如果没有用 WebHttpBinding 配置默认端点，这个类就为 HTTP 和 HTTPS 基址创建一个默认端点。另外，如果没有定义另一个行为，这个类就会添加 WebHttpBehavior。利用这个行为，可以执行简单的 HTTP GET、POST、PUT、DELETE(使用 WebInvoke 特性)操作，而无需额外的设置(代码文件 RoomReservation/RoomReservationWebHost/Program.cs)。

```
using System;
using System.ServiceModel;
using System.ServiceModel.Web;
using Wrox.ProCSharp.WCF.Service;
using static System.Console;

namespace RoomReservationWebHost
{
  class Program
```

```
    {
       static void Main()
       {
          var baseAddress = new Uri("http://localhost:8000/RoomReservation");
          var host = new WebServiceHost(typeof(RoomReservationService),
            baseAddress);
          host.Open();

          WriteLine("service running");
          WriteLine("Press return to exit…");
          ReadLine();

          if (host.State == CommunicationState.Opened)
          {
             host.Close();
          }
       }
    }
```

要使用简单的 HTTP GET 请求接收预订信息，GetRoomReservation 方法需要一个 WebGet 特性，把方法参数映射到来自 GET 请求的输入上。在下面的代码中，定义了一个 UriTemplate，这需要待添加到基址中的 Reservations 后跟 From 和 To 参数。From 和 To 参数依次映射到 fromTime 和 toTime 变量上(代码文件 RoomReservationService/RoomReservationService.cs)。

```
[WebGet(UriTemplate="Reservations?From={fromTime}&To={toTime}")]
public RoomReservation[] GetRoomReservations(DateTime fromTime,
  DateTime toTime)
{
  var data = new RoomReservationData();
  return data.GetReservations(fromTime, toTime);
}
```

现在可以使用简单的请求来调用服务了，如下所示。返回给定时间段的所有预订信息。

```
http://localhost:8000/RoomReservation/Reservations?From=2012/1/1&To=2012/8/1
```

注意：System.Data.Services.DataServiceHost 是另一个带预配置功能的类。这个类派生自 WebServiceHost。

44.7 客户端

客户应用程序需要一个代理来访问服务。给客户端创建代理有 3 种方式：
- Visual Studio Add Service Reference——这个实用程序根据服务的元数据创建代理类。
- Service Model Metadata Utility 工具(Svcutil.exe)——使用 Svcutil 实用程序可以创建代理类。该实用程序从服务中读取元数据，以创建代理类。

- **ChannelFactory 类**——这个类由 Svcutil 实用程序生成的代理使用，然而它也可以用于以编程方式创建代理。

44.7.1 使用元数据

从 Visual Studio 中添加服务引用需要访问 WSDL 文档。WSDL 文档由 MEX 端点创建，MEX 端点需要用服务配置。在下面的配置中，带相对地址 mex 的端点使用 mexHttpBinding，并实现 ImetadataExchange 协定。为了通过 HTTP GET 请求访问元数据，应把 behaviorConfiguration 配置为 MexServiceBehavior。

```xml
<?xml version="1.0" encoding="utf-8" ?>
<configuration>
  <system.serviceModel>
    <services>
      <service behaviorConfiguration="MexServiceBehavior"
        name="Wrox.ProCSharp.WCF.RoomReservationService">
        <endpoint address="Test" binding="wsHttpBinding"
          contract="Wrox.ProCSharp.WCF.IRoomService" />
        <endpoint address="mex" binding="mexHttpBinding"
          contract="IMetadataExchange" />
        <host>
          <baseAddresses>
            <add baseAddress=
         "http://localhost:8733/Design_Time_Addresses/RoomReservationService/" />
          <baseAddresses>
        </host>
      </service>
    </services>
    <behaviors>
      <serviceBehaviors>
        <behavior name="MexServiceBehavior">
          <! - To avoid disclosing metadata information,
          set the value below to false and remove the metadata endpoint above
          before deployment  - >
          <serviceMetadata httpGetEnabled="True"/>
        </behavior>
      </serviceBehaviors>
    </behaviors>
  </system.serviceModel>
</configuration>
```

类似于 Visual Studio 中的服务引用添加，Svcutil 实用程序需要元数据来创建代理类。Svcutil 实用程序可以通过 MEX 元数据端点、程序集的元数据或者 WSDL 和 XSD 文档创建代理。

```
svcutil http://localhost:8080/RoomReservation?wsdl /language:C# /out:proxy.cs
svcutil CourseRegistration.dll
svcutil CourseRegistration.wsdl CourseRegistration.xsd
```

生成代理类后，它需要从客户端代码中实例化，再调用方法，最后必须调用 Close 方法：

```
var client = new RoomServiceClient();
client.RegisterForCourse(roomReservation);
client.Close();
```

44.7.2 共享类型

生成的代理类派生自基类 ClientBase<TChannel>，该基类封装 ChannelFactory<TChannel>类。除了使用生成的代理类之外，还可以直接使用 ChannelFactory<TChannel>类。构造函数需要绑定和端点地址；之后，就可以创建信道，调用服务协定定义的方法。最后，必须关闭该工厂。

```
var binding = new WsHttpBinding();
var address = new EndpointAddress("http://localhost:8080/RoomService");

var factory = new ChannelFactory<IStateService>(binding, address);

IRoomService channel = factory.CreateChannel();
channel.ReserveRoom(roomReservation);

// etc.
factory.Close();
```

ChannelFactory<TChannel>类有几个属性和方法，如表 44-8 所示。

表 44-8

ChannelFactory 类的成员	说 明
Credentials	Credentials 是一个只读属性，可以访问 ClientCredentials 对象，该对象被赋予信道，对服务进行身份验证。凭据可以用端点来设置
Endpoint	Endpoint 是一个只读属性，可以访问与信道相关联的 ServiceEndpoint。端点可以在构造函数中分配
State	State 属性的类型是 CommunicationState，它返回信道的当前状态。CommunicationState 是一个枚举，其值是 Created、Opening、Opened、Closing、Closed 和 Faulted
Open	该方法用于打开信道
Close	该方法用于关闭信道
Opening、Opened、Closing、Closed 和 Faulted	可以指定事件处理程序，从而确定信道的状态变化。这些事件分别在信道打开前后、信道关闭前后和出错时触发

44.8 双工通信

下面的示例程序说明了如何在客户端和服务之间直接进行双工通信。客户端会启动到服务的连接。之后，服务就可以回调客户端了。前面的 WebSocket 协议也演示了双工通信。除了使用 WebSocket 协议(只有 Windows 8 和 Windows Server 2012 支持它)之外，双工通信还可以使用 WSHttpBinding 和 NetTcpBinding 来实现。

44.8.1 双工通信的协定

为了进行双工通信，必须指定一个在客户端实现的协定。这里用于客户端的协定由 IMyMessageCallback 接口定义。由客户端实现的方法是 OnCallback。操作应用了 IsOneWay=true 操作协定设置。这样，服务就不必等待方法在客户端上成功调用了。默认情况下，服务实例只能从一个线程中调用(参见服务行为的 ConcurrencyMode 属性，其默认设置为 ConcurrencyMode.Single)。

如果服务的实现代码回调客户端并等待获得客户端的结果，则从客户端获得回应的线程就必须等待，直到锁定服务对象为止。因为服务对象已经被客户端的请求锁定，所以出现了死锁。WCF 检测到这个死锁，抛出一个异常。为了避免这种情况，可以将 ConcurrencyMode 属性的值改为 Multiple 或 Reentrant。使用 Multiple 设置，多个线程可以同时访问实例。这里必须自己实现锁定。使用 Reentrant 设置，服务实例将只使用一个线程，但允许将回调请求的回应重新输入到上下文中。除了改变并发模式之外，还可以用操作协定指定 IsOneWay 属性。这样，调用者就不会等待回应了。当然，只有不需要返回值，才能使用这个设置。

服务协定由 IMyMessage 接口定义。回调协定用服务协定定义的 CallbackContract 属性映射到服务协定上(代码文件 DuplexCommunication/MessageService/IMyMessage.cs)。

```
public interface IMyMessageCallback
{
  [OperationContract(IsOneWay=true)]
  void OnCallback(string message);
}

[ServiceContract(CallbackContract=typeof(IMyMessageCallback))]
public interface IMyMessage
{
  [OperationContract]
  void MessageToServer(string message);
}
```

44.8.2 用于双工通信的服务

MessageService 类实现了服务协定 IMyMessage。服务将来自客户端的消息写入控制台。要访问回调协定，可以使用 OperationContext 类。OperationContext.Current 返回与客户端中的当前请求关联的 OperationContext。使用 OperationContext 可以访问会话信息、消息标题和属性，在双工通信的情况下还可以访问回调信道。泛型方法 GetCallbackChannel 将信道返回给客户端实例。接着可以调用由回调接口 IMyMessageCallback 定义的 OnCallback 方法，使用这个信道将消息发送给客户端。为了演示这些操作，还可以从服务中使用独立于方法的完成的回调信道，创建一个接收回调信道的新线程。这个新线程再次使用回调信道，将消息发送给客户端(代码文件 DuplexCommunication/MessageService/MessageService.cs)。

```
public class MessageService: IMyMessage
{
 public void MessageToServer(string message)
  {
    WriteLine($"message from the client: {message}");
    IMyMessageCallback callback =
        OperationContext.Current.GetCallbackChannel<IMyMessageCallback>();

    callback.OnCallback("message from the server");

    Task.Run(() => TaskCallback(callback));
  }
```

```
private async void TaskCallback(object callback)
{
  IMyMessageCallback messageCallback = callback as IMyMessageCallback;
  for (int i = 0; i < 10; i++)
  {
    messageCallback.OnCallback/#$"message {i}");
    await Task.Delay(1000);
  }
}
```

存放服务的方式与前面的例子相同，这里不再赘述。但是对于双工通信，必须配置一个支持双工通信的绑定。支持双工信道的其中一个绑定是 wsDualHttpBinding，它在应用程序的配置文件中配置(配置文件 DuplexCommunication/DuplexHost/app.config)。

```xml
<?xml version="1.0" encoding="utf-8" ?>
<configuration>
  <system.serviceModel>
    <services>
      <service name="Wrox.ProCSharp.WCF.MessageService">
        <endpoint address="" binding="wsDualHttpBinding"
          contract="Wrox.ProCSharp.WCF.IMyMessage" />
        <host>
          <baseAddresses>
            <add baseAddress=
  "http://localhost:8733/Design_Time_Addresses/MessageService/Service1" />
          </baseAddresses>
        </host>
      </service>
    </services>
  </system.serviceModel>
</configuration>
```

44.8.3 用于双工通信的客户应用程序

在客户应用程序中，必须用 ClientCallback 类实现回调协定，该类实现了 IMyMessageCallback 接口，如下所示(代码文件 DuplexCommunication/MessageClient/Program.cs)：

```
class ClientCallback: IMyMessageCallback
{
  public void OnCallback(string message)
  {
    WriteLine($"message from the server: {message}");
  }
}
```

在双工信道中，不能像前面那样使用 ChannelFactory 启动与服务的连接。要创建双工信道，可以使用 DuplexChannelFactory 类。这个类有一个构造函数，除了绑定和地址配置之外，它还有一个参数。这个参数指定 InstanceContext，它封装 ClientCallback 类的一个实例。把这个实例传递给工厂时，服务可以通过信道调用对象。客户端只需要使连接一直处于打开状态。如果关闭连接，则服务就不能通过它发送消息。

```
private async static void DuplexSample()
{
  var binding = new WSDualHttpBinding();
  var address = new EndpointAddress("http://localhost:8733/Service1");

  var clientCallback = new ClientCallback();
  var context = new InstanceContext(clientCallback);

  var factory = new DuplexChannelFactory<IMyMessage>(context, binding,
    address);

  IMyMessage messageChannel = factory.CreateChannel();

  await Task.Run(() => messageChannel.MessageToServer("From the client"));
}
```

启动服务宿主和客户应用程序,就可以实现双工通信。

44.9 路由

与 HTTP GET 请求和 REST 相比,使用 SOAP 协议有一些优点。SOAP 的一个高级功能是路由。通过路由,客户端不直接寻址服务,而是由客户端和服务器之间的路由器传送请求。

可以在不同的情形下使用这个功能,一种情形是故障切换(如图 44-10 所示)。如果服务无法到达或者返回了一个错误,路由器就调用另一个宿主上的服务。这是从客户端抽象出来的,客户端只是接收一个结果。

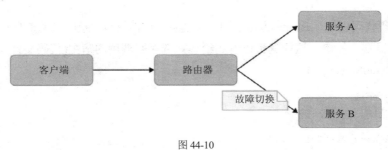

图 44-10

路由也可以用于改变通信协议(如图 44-11 所示)。客户端可以使用 HTTP 协议调用请求,把它发送给路由器。路由器用作带 net.tcp 协议的客户端,调用服务来发送消息。

图 44-11

使用路由来实现可伸缩性是另一种情形(如图 44-12 所示)。根据消息标题的一个字段或者来自消息内容的信息,路由器可以确定把请求发送给三个服务器中的其中一个服务器。来自客户的、以 A~F 字母开头的请求会发送给第一个服务器,以 G~N 字母开头的请求会发送给第二个服务器,以 Q~

Z 字母开头的请求会发送给第三个服务器。

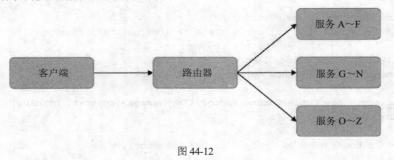

图 44-12

44.9.1 路由示例应用程序

在路由示例应用程序中,定义一个简单的服务协议,其中调用者可以从 IDemoService 接口调用 GetData 操作(代码文件 RoutingSample/DemoService/IDemoService.cs):

```
using System.ServiceModel;
namespace Wrox.ProCSharp.WCF
{
  [ServiceContract(Namespace="http://www.cninnovation.com/Services/2016")]
  public interface IDemoService
  {
    [OperationContract]
    string GetData(string value);
  }
}
```

服务的实现代码仅用 GetData 方法返回一条消息,该消息包含接收到的信息和一个在宿主上初始化的服务器端字符串。这样就可以看到给客户端返回调用的宿主(代码文件 RoutingSample/DemoService/DemoService.cs)。

```
using System;
using static System.Console;

namespace Wrox.ProCSharp.WCF
{
  public class DemoService : IDemoService
  {
    public static string Server { get; set; }

    public string GetData(string value)
    {
      string message = $"Message from {Server}, You entered: {value}";
      WriteLine(message);
      return message;
    }
  }
}
```

两个示例宿主仅创建了一个 ServiceHost 实例,打开它以启动监听器。每个定义的宿主都把不同的值赋予 DemoService 的 Server 属性。

44.9.2 路由接口

对于路由，WCF 定义了接口 ISimplexDataGramRouter、ISimplexSessionRouter、IRequestReplayRouter 和 IDuplexSessionRouter。根据服务协定，可以使用不同的接口。ISimplexDataGramRouter 可用于 OperationContract 为 IsOneWay 的操作。对于 ISimplexDataGramRouter，会话是可选的。ISimplexSessionRouter 可用于单向消息，例如 ISimplexDataGramRouter，但这里会话是强制的。IRequestReplayRouter 用于最常见的情形：请求和响应消息。接口 IDuplexSessionRouter 用于双工通信(例如前面使用的 WSDualHttpBinding)。

根据所使用的消息模式，定制路由器需要实现对应的路由器接口。

44.9.3 WCF 路由服务

不创建定制路由器的话，可以使用名称空间 System.ServiceModel.Routing 中的 RouterService。这个类实现了所有的路由接口，因此可以用于所有的消息模式。它可以像其他服务那样驻留。在 StartService 方法中，通过传递 RoutingService 类型实例化了一个新的 ServiceHost。这类似于前面的其他宿主(代码文件 RoutingSample/Router/Program.cs)。

```
using System;
using System.ServiceModel;
using System.ServiceModel.Routing;
using static System.Console;

namespace Router
{
  class Program
  {
    internal static ServiceHost s_routerHost = null;

    static void Main()
    {
      StartService();
      WriteLine("Router is running. Press return to exit");
      ReadLine();
      StopService();
    }

    internal static void StartService()
    {
      try
      {
        _routerHost = new ServiceHost(typeof(RoutingService));
        _routerHost.Faulted += myServiceHost_Faulted;
        _routerHost.Open();
      }
      catch (AddressAccessDeniedException)
      {
        WriteLine("either start Visual Studio in elevated admin " +
          "mode or register the listener port with netsh.exe");
      }
    }
```

```csharp
    static void myServiceHost_Faulted(object sender, EventArgs e)
    {
      WriteLine("router faulted");
    }

    internal static void StopService()
    {
      if (_routerHost != null &&
        _routerHost.State == CommunicationState.Opened)
      {
        _routerHost.Close();
      }
    }
  }
}
```

44.9.4 为故障切换使用路由器

比宿主代码更有趣的是路由器的配置。路由器用作客户应用程序的服务器和服务的客户端，所以两者都需要配置。如下所示的配置提供了 wsHttpBinding 作为服务器部件，使用 wsHttpBinding 作为客户端来连接服务。服务端点需要指定用于该端点的协定。使用服务提供的请求-回应操作，协定由 IRequestReplyRouter 接口定义(配置文件 Router/App.config)。

```xml
<system.serviceModel>
  <services>
    <service behaviorConfiguration="routingData"
      name="System.ServiceModel.Routing.RoutingService">
      <endpoint address="" binding="wsHttpBinding"
        name="reqReplyEndpoint"
        contract="System.ServiceModel.Routing.IRequestReplyRouter" />
      <endpoint address="mex" binding="mexHttpBinding"
        contract="IMetadataExchange" />
      <host>
        <baseAddresses>
          <add baseAddress="http://localhost:8000/RoutingDemo/router" />
        </baseAddresses>
      </host>
    </service>
  </services>
  <!- etc. ->
```

路由器的客户端部件为服务定义了两个端点。为了测试路由服务，可以使用一个系统。当然，通常是宿主运行在另一个系统上。协定可以设置为*，以允许所有的协定传送给这些端点覆盖的服务。

```xml
<system.serviceModel>
  <!- etc. ->
  <client>
    <endpoint address="http://localhost:9001/RoutingDemo/HostA"
      binding="wsHttpBinding" contract="*" name="RoutingDemoService1" />
    <endpoint address="http://localhost:9001/RoutingDemo/HostB"
      binding="wsHttpBinding" contract="*" name="RoutingDemoService2" />
  </client>
```

```
<!- etc. ->
```

服务的 behavior 配置对路由很重要。behavior 配置 routingData 通过前面的服务配置来引用。在路由时，必须用行为设置路由元素，这里使用特性 filterTableName 来引用路由表。

```
<system.serviceModel>
  <!- etc. ->
  <behaviors>
    <serviceBehaviors>
      <behavior name="routingData">
        <serviceMetadata httpGetEnabled="True"/>
        <routing filterTableName="routingTable1" />
        <serviceDebug includeExceptionDetailInFaults="true"/>
      </behavior>
    </serviceBehaviors>
  </behaviors>
  <!- etc. ->
```

过滤表 routingTable1 包含一个 filterType 为 MatchAll 的过滤器。这个过滤器匹配每个请求。现在来自客户端的每个请求都路由到端点 RoutingDemoService1。如果这个服务失败，不能访问，则后备列表就很重要。后备列表 failOver1 定义了第二个端点，在第一个端点失败时使用它。

```
<system.serviceModel>
  <!- etc. ->
  <routing>
    <filters>
      <filter name="MatchAllFilter1" filterType="MatchAll" />
    </filters>
    <filterTables>
      <filterTable name="routingTable1">
        <add filterName="MatchAllFilter1" endpointName="RoutingDemoService1"
          backupList="failOver1" />
      </filterTable>
    </filterTables>
    <backupLists>
      <backupList name="failOver1">
        <add endpointName="RoutingDemoService2"/>
      </backupList>
    </backupLists>
  </routing>
```

有了路由服务器和路由配置，就可以启动客户端，通过路由器调用服务。如果一切顺利，客户端就会从运行在宿主 1 上的服务中获得回应。如果停止宿主 1，而客户端发出了另一个请求，宿主 2 负责返回一个回应。

44.9.5 改变协定的桥梁

如果路由器应改变协议，那么可以配置宿主，使用 netTcpBinding 替代 wsHttpBinding。对于路由器，客户端配置需要改为引用另一个端点。

```
<endpoint address="net.tcp://localhost:9010/RoutingDemo/HostA"
  binding="netTcpBinding" contract="*" name="RoutingDemoService1" />
```

这就改变了协定。

44.9.6 过滤器的类型

在示例应用程序中，使用了 MatchAll 过滤器。WCF 提供了更多过滤器类型，如表 44-9 所示。

表 44-9

过滤器类型	说　　明
Action	Action 过滤器根据消息上的动作来启用过滤功能。参见 OperationContract 的 Action 属性
Address	Address 过滤器对位于 SOAP 标题的 To 字段中的地址启用过滤功能
AddressPrefix	AddressPrefix 过滤器不匹配完整的地址，而匹配地址的最佳前缀
MatchAll	MatchAll 过滤器会匹配每个请求
XPath	使用 XPath 消息过滤器，可以定义一个 XPath 表达式来过滤消息标题。可以使用消息协定给 SOAP 标题添加信息
Custom	如果需要根据消息的内容进行路由，就需要 Custom 过滤器类型。使用这个类型，需要创建一个派生于基类 MessageFilter 的类。过滤器的初始化用一个带 string 参数的构造函数来完成。string 参数可以通过配置初始化传递

如果把多个过滤器应用于一个请求，就可以给过滤器使用优先级。但是，最好避免使用优先级，因为这会降低性能。

44.10 小结

本章学习了如何使用 Windows Communication Foundation 在客户端和服务器之间通信。WCF 可以采用独立于平台的方式与其他平台通信，并且它还可以利用特定的 Windows 功能。

WCF 主要利用服务协定、数据协定和消息协定来简化客户端和服务的独立开发，并支持独立的平台。可以使用几个特性定义服务的行为和对应操作。

我们探讨了如何通过服务提供的元数据创建客户端，以及如何使用.NET 接口协定来创建客户端。本章介绍了不同绑定选项的功能。WCF 不仅提供了独立于平台的绑定，还提供了在.NET 应用程序之间快速通信的绑定。本章还探讨了如何创建自定义宿主和如何使用 WAS 宿主。另外介绍了如何定义回调接口、应用服务协定和在客户应用程序中实现回调协定来进行双工通信。

第45章

部署网站和服务

本章要点
- 部署准备
- 部署到 Internet Information Server
- 部署到 Microsoft Azure
- 使用 Docker 部署

本章源代码下载地址(wrox.com):

打开网页 www.wrox.com/go/professionalcsharp6,单击 Download Code 选项卡即可下载本章源代码。本章代码分为以下几个主要的示例文件:
- WebDotnetFramework
- WebDotnetCore

45.1 部署 Web 应用程序

ASP.NET Web 应用程序传统上部署在 Internet Information Server(IIS)上。另外,服务器上.NET Framework 的版本与开发过程中使用的版本必须相同。在.NET Core 上,不再是这样。.NET Core 不仅在 Windows 上运行,而且在 Linux 上运行。同时,应用程序需要的运行库作为应用程序的一部分交付。这些变化提供了运行应用程序的更多部署选项。

本章展示了部署 Web 应用程序的不同选项。当然,其中一个选项是把应用程序部署在本地 IIS 上。也很容易部署到 Microsoft Azure 上。使用 Microsoft Azure,可以轻松地伸缩应用程序,不需要预先购买可能需要的所有系统。也可以根据需要添加额外的系统,只在需要时购买这些系统。

本章介绍如何用 Visual Studio 创建 Docker 图像。Docker 允许为应用程序准备所需的基础设施。可以直接在目标系统上使用这些 Docker 图像和所有的基础设施。

注意：本书并没有涵盖用于 IIS、Microsoft Azure 和 Docker 的所有不同配置选项。更多细节参见其他图书。本章只提供关于这个话题的、开发人员需要知道的最重要的信息。

45.2 部署前的准备

部署 Web 应用程序需要什么？静态文件(如 HTML、CSS、JavaScript 和图像文件)、从 C#源文件中编译的二进制图像和数据库。还需要配置文件。配置文件包含应用程序设置，包括连接到数据库的连接字符串。最有可能的是，应用程序设置在测试和生产环境中是不同的。也可能使用分阶段的环境，以便在进入生产环境之前，进行最后的一些测试。还需要在不同的环境之间改变配置。

为了部署示例应用程序，将创建两个应用程序：一个应用程序使用.NET Framework 4.6，另一个应用程序使用 ASP.NET Core 1.0 和.NET Core。两个应用程序使用的数据库都通过 Entity Framework Core 访问。

 注意：Entity Framework Core 参见第 38 章。

45.2.1 创建 ASP.NET 4.6 Web 应用程序

用 Visual Studio 项目模板 ASP.NET Web Application 创建第一个应用程序 WebDotnetFramework。选择 ASP.NET 4.6 模板 MVC，并选择 Authentication Individual User Accounts(参见图 45-1)。

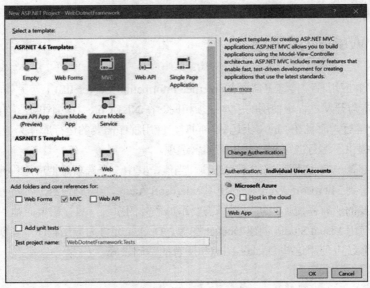

图 45-1

运行这个应用程序时，有几个屏幕可用，可以注册一个新用户(参见图 45-2)。这个注册在随 Visual Studio 一起安装的 SQL LocalDB 实例上创建了一个数据库。

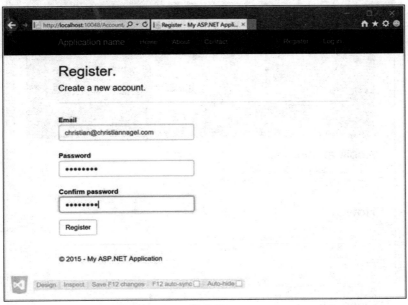

图 45-2

45.2.2　创建 ASP.NET Core 1.0 Web 应用程序

再次使用 Visual Studio 项目模板 ASP.NET Web Application 创建第二个应用程序 WebDotnetCore，但是现在选择 ASP.NET Core 1.0 模板 Web Application，再次使用 Authentication with Individual User Accounts(参见图 45-3)。

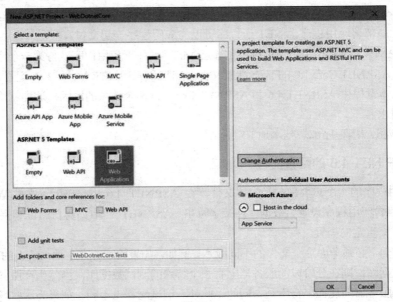

图 45-3

运行该应用程序，得到的屏幕如图 45-4 所示。注册一个用户时，也会创建一个 LocalDB 数据库。

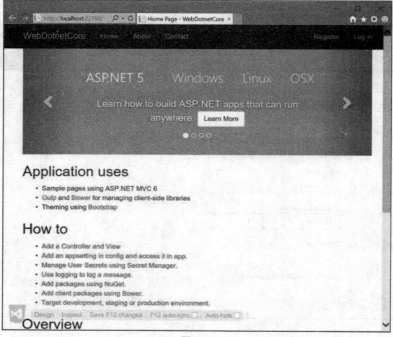

图 45-4

使用这两个要部署的应用程序来演示不同的场景：使用 Web 应用程序运行.NET 4.6 需要在目标系统上安装.NET Framework，之后才能部署应用程序。需要一个可使用.NET 4.6 的系统；通常使用 IIS (也在 Microsoft Azure 上)进行部署。

在 ASP.NET Core 1.0 上，可以使用.NET 4.5 或更高版本托管应用程序，也可以使用.NET Core 1.0。使用.NET 5 Core，也可以在非 Windows 系统上托管应用程序，它不要求在目标系统上安装.NET 运行库，之后才能部署应用程序。.NET 运行库可以与应用程序一起交付。

使用 ASP.NET Core 1.0，仍然可以决定通过.NET 4.6 托管应用程序，与第一个应用程序的部署相似。然而，ASP.NET Core 1.0 的 Web 配置文件看起来和 ASP.NET 4.6 的 Web 配置文件大不相同；这就是为什么本章提供 ASP.NET 4.6 和 ASP.NET Core 1.0 两个选项的原因，这样就给出了应用程序的典型部署需求。

首先把 Web 应用程序部署到本地 IIS 上。

45.2.3 ASP.NET 4.6 的配置文件

Web 应用程序的一个重要部分是配置文件。在 ASP.NET 4.6 中，该配置文件(Web.config)采用 XML 格式，包含应用程序设置、数据库连接字符串、ASP.NET 配置(如身份验证和授权)、会话状态等，以及程序集重定向配置。

在部署方面，必须考虑这个文件的不同版本。例如，如果给运行在本地系统上的 Web 应用程序使用不同的数据库，则在分阶段的服务器上有一个特殊的测试数据库，当然生产服务器有一个实时数据库。这些服务器的连接字符串是不同的。此外，调试配置也不同。如果为这些场景创建单独的 Web.config 文件，然后给本地 Web.config 文件添加一个新的配置值，就很容易忽视其他配置文件的变更。

  Visual Studio 提供了一个特殊的功能来处理这一问题。可以创建一个配置文件，定义文件应该如何传输给分阶段服务器和部署服务器。默认情况下，对于 ASP.NET Web 项目，在 Solution Explorer 中有 Web.config、Web.Debug.config 和 Web.Release.config 文件。后面的这两个文件只包含转换。也可以添加其他配置文件，例如用于分阶段的服务器。为此，可以在 Solution Explorer 中选择解决方案，打开 Configuration Manager，添加一个新的配置(例如，如图 45-5 所示的临时配置)。一旦新的配置可用，就可以选择 Web.config 文件，从上下文菜单中选择 Add Config Transform 选项。这会增加一个配置转换文件，它使用配置的名称，例如 Web.Staging.config。

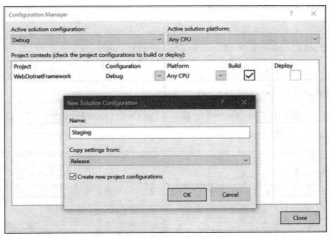

图 45-5

  转换配置文件的内容只是定义了从原始配置文件的转换。例如，system.web 下面的编译元素改为删除 debug 特性，如下所示：

```
<system.web>
    <compilation xdt:Transform="</i>RemoveAttributes(debug)<i>" />
```

45.2.4 ASP.NET Core 1.0 的配置文件

  ASP.NET Core 1.0 的配置文件非常不同于之前的 ASP.NET 版本。默认情况下，使用 JSON 配置文件，但是也可以使用其他文件格式，如 XML 文件。

  project.json 是项目的配置文件，其中包含 NuGet 包的依赖关系、应用程序元数据和支持的.NET Framework 版本。与前面的 ASP.NET 版本不同，这些信息与应用程序设置和连接字符串分隔开。

  可以在 Startup 类的构造函数中添加所有不同的应用程序配置文件。生成的默认代码用扩展方法 AddJsonFile 添加 appsettings.json 文件，用扩展方法 AddEnvironmentVariables 添加环境变量。ConfigurationBuilder 的 Build 方法创建一个 IConfigurationRoot，可以用来访问配置文件中的设置。在 ASP.NET 4.6 中，包含为不同环境创建不同配置的转换。在 ASP.NET Core 1.0 中，处理方式是不同的。这里使用一个 JSON 文件(其文件名中包含环境名)来定义不同的设定(代码文件 WebCoreFramework/Startup.cs)：

```
public Startup(IHostingEnvironment env)
{
```

```
var builder = new ConfigurationBuilder()
  .AddJsonFile("appsettings.json")
  .AddJsonFile($"appsettings.{env.EnvironmentName}.json",
    optional: true);

if (env.IsDevelopment())
{
  builder.AddUserSecrets();
}

builder.AddEnvironmentVariables();
Configuration = builder.Build();
}

public IConfigurationRoot Configuration { get; set; }
```

如果喜欢 XML 配置而不是 JSON，那么可以添加 NuGet 包 Microsoft.Extensions.Configuration.Xml，使用 AddXmlFile 方法添加一个 XML 文件。

为了测试 Visual Studio 中的不同环境配置，可以在 Project Properties 的 Debug 设置中改变环境变量 EnvironmentName，如图 45-6 所示。

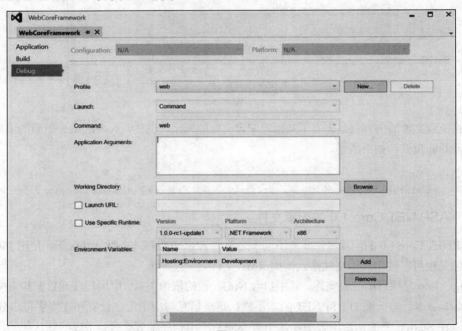

图 45-6

 注意：在开发环境中，用 AddUserSecrets 方法添加用户密钥。密钥(如用于云服务的密钥)最好不要在用源代码存储库检入的源代码中配置。用户密钥把当前用户的这些信息存储在其他地方。这个功能参见第 40 章。

45.3 部署到 IIS

下面部署到 IIS。将 Web 应用程序部署到 IIS 之前，需要确保 IIS 在系统上是可用的。可以用 Windows Features 安装 IIS(选择 Programs and Features，使用 Turn Windows Features On or Off 链接)，如图 45-7 所示。

至少需要这些选项：
- .NET Extensibility 4.6
- ASP.NET 4.6
- 默认文档
- 静态内容
- IIS Management Console
- IIS Management Scripts and Tools
- IIS Management Service

图 45-7

根据安全性和其他需求，还可能需要其他选项。

45.3.1 使用 IIS Manager 准备 Web 应用程序

启动 IIS Manager 之后，就可以准备服务器、安装 Web 应用程序了。图 45-8 显示了 Windows 10 系统上启动的 IIS Manager。

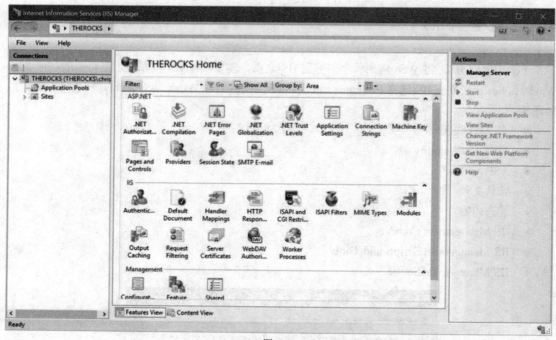

图 45-8

1. 创建应用程序池

Web 应用程序需要在一个进程中运行。为此，需要配置一个应用程序池。在 IIS Manager 中，Application Pools 节点在左边的树视图中。选择这个节点来配置现有应用程序池，以及创建新的应用程序池。

图 45-9 显示创建一个新的应用程序池 ProCSharpPool。在 Add Application Pool 对话框中可以选择.NET 运行库的版本(.NET CLR 版本)。对于.NET Framework 4.6 和其他 4.x 版本，需要选择.NET CLR 4.0 运行库。注意，.NET Framework 4.0 以后的版本更新了 4.0 运行库，所以需要在系统上安装这些更新。在 Windows 10 和 Windows Server 2016 中，已经安装了.NET 4.6。在这个对话框中也可以选择 Managed Pipeline Mode。这里只需要知道，使用 Classic 管道模式时，本地处理程序和模块在应用程序池内运行，而在 Integrated 管道模式中，使用.NET 模块和处理程序。所以在较新的应用程序中，通常最好坚持使用 Integrated 管道模式。

图 45-9

在创建应用程序池后，可以在 Advanced Settings 中配置更多的选项(参见图 45-10)。这里可以配

第 45 章 部署网站和服务

置要使用的 CPU 核的数量、进程的用户身份、健康监控、Web Garden(要使用的多个进程)等。

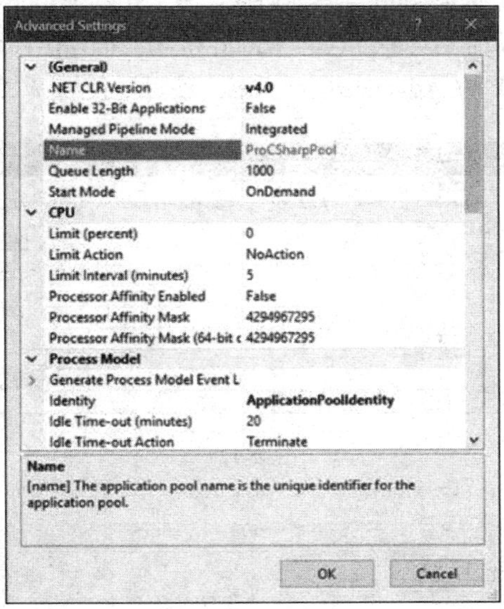

图 45-10

2. 创建网站

定义应用程序池之后，就可以创建网站。默认网站监听端口 80 上系统的所有 IP 地址。可以使用这个现有的网站或配置一个新的。图 45-11 使用 ProCSharpPool 应用程序池配置一个新的网站，它在物理路径 c:\inetpub\ProCSharpWebRoot 内定义，监听端口 8080。对于多个网站，需要使用不同的端口号，在系统上配置多个 IP 地址，不同的网站可以通过不同的地址或使用不同的主机名来访问。对于不同的主机名，客户端需要发送在 HTTP 标题中请求的主机名。这样，IIS 可以决定请求应该转发到哪些网站。

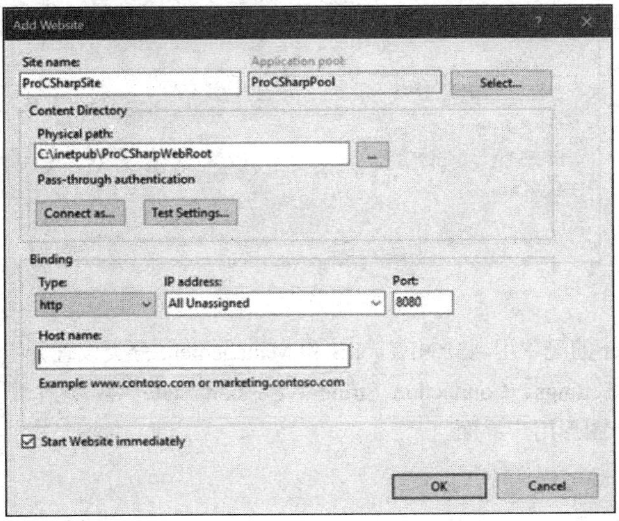

图 45-11

之后可以在 Site Binding 对话框(参见图 45-12)中单击 Edit 按钮,修改对 IP 地址、端口号和主机名的绑定。还可以定义 net.tcp 或 net.http 等其他协议,用于托管 Windows Communication Foundation (WCF)应用程序。为了使用它,需要安装可选的 Windows 功能:使用 Turn Windows Features On or Off 管理工具中的.NET Framework 4.6 Advanced Services,就可以使用 WCF 服务。

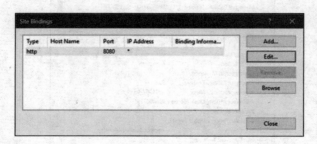

图 45-12

 注意:WCF 参见第 44 章。

3. 创建应用程序

接下来,可以创建一个应用程序。在图 45-13 中,在网站 ProCSharpSite 中创建了应用程序 ProCSharpApp,该站点运行在 ProCSharpPool 应用程序池内。

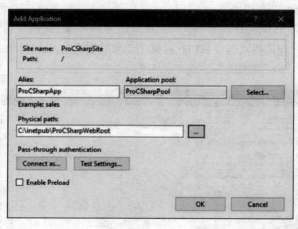

图 45-13

可用于 IIS Manager 的配置用 ASP.NET、IIS 和 Management 分类设置分组(参见图 45-14)。这里可以配置 Application Settings、Connection Strings、Session State 等。这个配置给 XML 配置文件 Web.config 提供了一个图形用户界面。

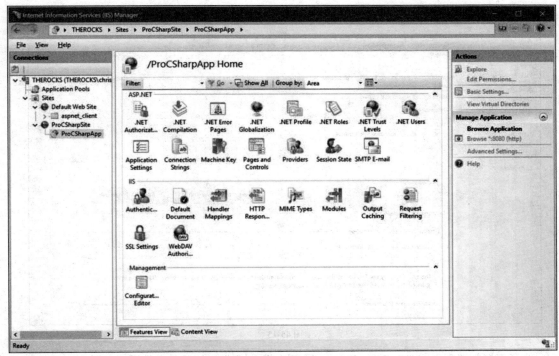

图 45-14

45.3.2 Web 部署到 IIS

在 IIS Manager 中准备应用程序时，可以直接在 Visual Studio 中把 Web 应用程序部署到 IIS。在此之前，在服务器(localdb)\MSSQLLocalDB 上用 IIS 创建一个新的空数据库 ProCSharpWebDeploy1。可以从 Visual Studio 内部的 SQL Server Object Explorer 中完成这个操作。选择 SQL Server、Databases 和 Add New Database。

在 Web.Staging.config 配置文件中，添加对新 SQL Server 数据库实例的连接字符串，添加如下所示的转换，更改 Web.config 定义的连接字符串(代码文件 WebDotnetFramework/Web.Staging.config)：

```xml
<connectionStrings>
  <add name="DefaultConnection"
    connectionString="Data Source=(localdb)\MSSQLLocalDB;
    Initial Catalog=WebDeploy1;Integrated Security=True;
    Connect Timeout=30;Encrypt=False;
    TrustServerCertificate=False;ApplicationIntent=ReadWrite;
    MultiSubnetFailover=False"
    providerName="System.Data.SqlClient"
    xdt:Transform="SetAttributes" xdt:Locator="Match(name)" />
</connectionStrings>
```

直接部署数据库时，可以通过 Project Properties 配置 Package/Publish SQL(参见图 45-15)。在这里可以从 Web.config 文件中导入连接字符串。还可以添加自定义的 SQL 脚本，仅部署数据库模式或者也复制数据。

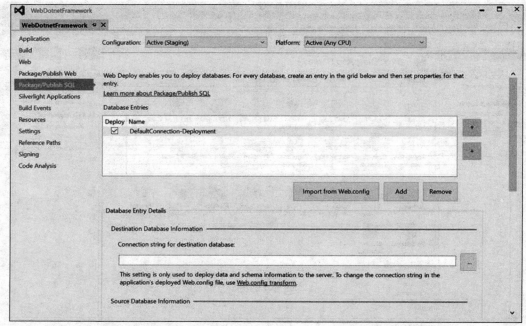

图 45-15

为了直接部署到本地 IIS，Visual Studio 需要在提升模式(以管理员身份运行)下启动。

打开前面创建的项目 WebDotnetFramework 后，在 Solution Explorer 中选择项目，打开应用程序上下文菜单 Publish。在打开的 Publish Web 对话框(参见图 45-16)中，需要选择 Custom 作为发布目标。把概要文件命名为 PublishToIIS，因为这是接下来的工作。

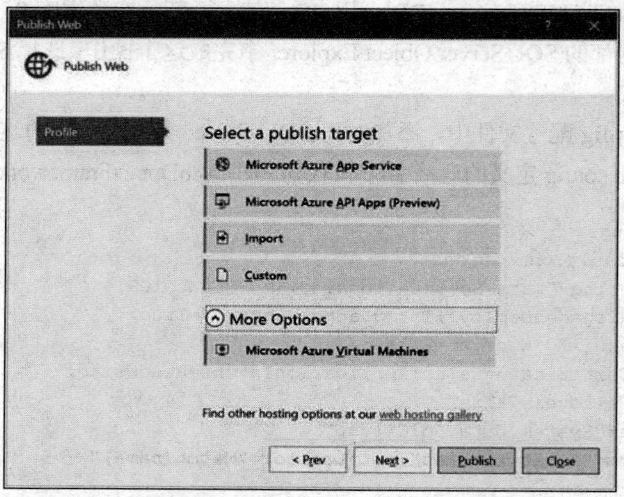

图 45-16

对于 Connection 配置，在 Publish Method 下拉菜单中选择 Web Deploy。定义服务器、网站名称和目标 URL，发布到本地 IIS(参见图 45-17)。

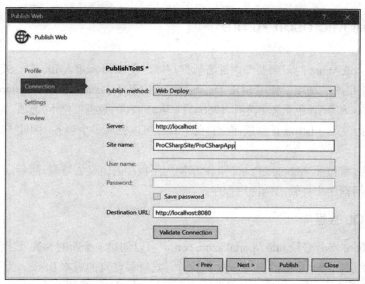

图 45-17

在 Settings 选项卡(参见图 45-18)中，配置文件发布选项。这里可以选择配置，以选择相应的网络配置文件。可以在发布期间预编译源文件。这样就不需要交付 C#源文件和包。同样，可以从 App_Data 文件夹中去除文件。这个文件夹可以用于文件上传和本地数据库。如果在这个文件夹中只有测试数据，那么可以安全地从包中排除这个文件夹。另外，可以用 Package/Publish SQL 配置选择数据库连接字符串。

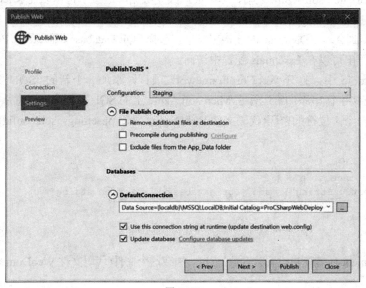

图 45-18

发布成功时，在 IIS 中会发现复制到之前配置的应用程序中的文件，而浏览器显示主页。

45.4 部署到 Microsoft Azure

部署到 Microsoft Azure 时，需要考虑部署数据存储。在 Microsoft Azure 中，SQL Database 是部署关系数据的一个很好的选项。使用 SQL Database，会有基于 Database Transaction Unit(DTU)和数据库大小(从 5 DTU 和 2GB 的数据到至多 1750 DTU 和 1 TB 的数据)的不同选项。DTU 是一个基于数据库事务的计量单位。Microsoft 测量在全负荷下每秒可以完成多少事务，因此 5 DTU 表示每秒完成 5 个事务。

创建数据库后，就按照 WebCoreFramework 示例应用程序的定义创建表。然后，用 Microsoft Azure 创建一个 Web 应用程序来托管示例应用程序。

45.4.1 创建 SQL 数据库

在 SQL Database 部分登录 http://portal.azure.com，可以创建一个新的 SQL 数据库。创建数据库时，可以选择定价层。第一个测试使用 SQL 数据库，选择最便宜的版本 Basic。为了运行 Web 应用程序，不需要任何额外的功能。之后可以根据需要改变它。本书的数据库名为 ProfessionalCSharpDB。读者需要使用另一个名称，因为这个名称是独一无二的。

为了在 Visual Studio 中直接访问数据库，需要更改 SQL 服务器的防火墙设置，并允许本地 IP 地址访问服务器。本地 IP 地址在防火墙设置中显示。

45.4.2 用 SQL Azure 测试本地网站

把网站部署到 Microsoft Azure 之前，可以尝试改变数据库连接字符串以在 Microsoft Azure 上使用 SQL 数据库并在本地测试网站。

首先，需要得到 Azure Database 的连接字符串。选择 SQL Database，在 Azure Portal 中找到连接字符串。连接字符串可以在 Essentials 配置中访问。

在 Visual Studio 中，打开 WebCoreFramework 项目，添加一个新的 JSON 文件 appsettings.staging.json。将连接字符串添加给运行在 Microsoft Azure 上的 SQL 数据库。注意从门户复制连接字符串，添加只有一个占位符的密码(代码文件 WebDotnetCore/appsettings.json.config)：

```
{
  "Data": {
    "DefaultConnection": {
      "ConnectionString": "add your database connection string"
    }
  }
}
```

Host:Environment 环境变量设置为 Staging 时，加载这个文件(代码文件 WebDotnetCore/Startup.cs)：

```
var builder = new ConfigurationBuilder()
 .AddJsonFile("appsettings.json")
 .AddJsonFile($"appsettings.{env.EnvironmentName}.json", optional: true);
```

记住，在 Project | Debug 属性中，可以将这一设置配置为当在 Visual Studio 中运行应用程序时使用(参见图 45-6)。

要将表添加到 SQL 数据库中，可以使用 Entity Framework 迁移。使用 ApplicationDbContext 给 Entity Framework 模型配置迁移。

在本地运行应用程序时，创建数据库表，因为 Migrations 文件夹包含所需表和模式的信息，以及 Startup 代码中 Database.Migrate 的调用(代码文件 WebCoreFramework/Startup.cs)：

```
try
{
  using (var serviceScope = app.ApplicationServices
    .GetRequiredService<IServiceScopeFactory>().CreateScope())
  {
    serviceScope.ServiceProvider
      .GetService<ApplicationDbContext>()
      .Database.Migrate();
  }
}
catch { }
```

为了手动处理迁移和创建最初的表，可以启动开发人员命令提示符，将当前目录改为存储项目的 project.json 文件的目录，并设置环境变量，为连接字符串使用正确的配置文件：

```
>set Hosting:Environment-staging
```

也可以使用如下命令启动 Web 服务器：

```
>dotnet run
```

用 database 命令启动迁移：

```
>dotnet ef database update
```

现在，网站在本地通过 SQL 数据库运行在云中。该把网站移到 Microsoft Azure 上了。

45.4.3 部署到 Microsoft Azure Web 应用

使用 Azure Portal，可以创建一个能托管网站的 Azure Web 应用。在 Visual Studio 的 Solution Explorer 中，可以选择 Publish Web 上下文菜单。Microsoft Azure App Service 是一个可用的选项。使用这个选项，可以将网站部署到 Microsoft Azure。

选择 Microsoft Azure App Service 后，可以登录到 Microsoft Azure，选择一个 Web 应用。还可以直接从这个对话框中创建新的 Web 应用。

部署完成后，就可以在云中使用该网站。

45.5 部署到 Docker

另一个发布选项是 Docker。Docker 为部署提供了一个新概念。在安装 Web 应用程序之前，不是安装所有的需求和在目标系统上准备正确的配置，而是可以提供一个完整的 Docker 映像，其中包含所需的所有内容。

使用虚拟机映像并在 Hyper-V 服务器上加载它不能完成同样的操作吗？虚拟机映像的问题是它们太大，包含了完整的操作系统和所有需要的工具。当然，可以使用虚拟机映像与 Microsoft Azure。

准备一个映像，在安装 Web 服务器基础设施后安装 Web 应用程序。

这非常不同于 Docker。Docker 使用洋葱式的系统建立。一层建立在另一层的上面。每一层只包含不同于其他层的内容。可以使用一个已经准备好的系统，其中包括操作系统的需求，再给 Web 服务器添加另一层，然后为要部署的网站添加一个或多个层。这些映像很小，因为只记录了更改。

如果添加了 Visual Studio Extension Tools for Docker，就可以看到 Publish 菜单的另一个选项：部署 Docker 映像。此部署可用于 Windows Server 2016 以及不同的 Linux 变体。只需要选择喜欢的映像，部署网站。当然，在 Linux 上运行时，只有.NET Core 是可用的。

45.6 小结

Web 应用程序的部署在过去几年发生了巨大的变化。创建安装程序包现在很少使用。相反，可以在 Visual Studio 中直接发布。

本章学习了如何发布到可以本地托管的 IIS(一个自定义托管的 IIS)上，以及如何发布到 Microsoft Azure 的服务器上。使用 Microsoft Azure，可以避免很多管理基础设施的工作。

本章还介绍了 Docker，这个部署选项允许创建准备好的小映像，其中包括运行准备好的应用程序所需的一切内容。